U0642325

铁路供电运行安全与技术研究

（2020 版）

李志锋　主　编
董叶青　副主编

·长　沙·

图书在版编目(CIP)数据

铁路供电运行安全与技术研究：2020版／李志锋主编.
—长沙：中南大学出版社，2020.11
ISBN 978-7-5487-4159-6

Ⅰ.①铁… Ⅱ.①李… Ⅲ.①电气化铁道—供电—运行—安全技术—研究—中国 Ⅳ.①U223.8

中国版本图书馆CIP数据核字(2020)第165865号

铁路供电运行安全与技术研究
(2020版)

主编　李志锋

□**责任编辑**　刘　辉
□**责任印制**　周　颖
□**出版发行**　中南大学出版社
社址：长沙市麓山南路　　邮编：410083
发行科电话：0731-88876770　　传真：0731-88710482
□**印　　装**　北京金特印刷有限责任公司

□**开　　本**　889 mm×1194 mm　1/16　□**印张** 55.75　□**字数** 1887千字
□**版　　次**　2020年11月第1版　□2020年11月第1次印刷
□**书　　号**　ISBN 978-7-5487-4159-6
□**定　　价**　680.00元

编委会

序

截至2019年底，全国铁路营业里程达到13.9万公里以上，其中高铁3.5万公里以上，电气化铁路营业里程达到10.0万公里，电气化率达到71.9%，电力牵引完成运输任务比重达到80%以上，形成了世界上规模最大的电气化铁路网和最发达的高铁网。

为了管好用好这张快速扩展、庞大而先进的电气化铁路网，全体供电人贯彻“简统、集约、绿色、智能”的发展理念，勠力同心、锐意进取，通过完善机制、精益管理，着力构建世界一流的供电设备养护维修体系，努力推进供电工作高质量发展，并在实践中创造了一系列特色鲜明、成效明显的经验做法。

为更好地交流经验、推动工作，中国国家铁路集团有限公司工电部、世界轨道交通发展研究会、《世界轨道交通》杂志，突出实用性、前瞻性、资料性和创新性，联合编制了《铁路供电运行安全与技术研究(2020版)》。

本书系统总结了近两年我国铁路供电系统在技术创新、管理创新等方面取得的最新成果，交流了各单位在运营维护、检测监测、安全管理等方面创造的鲜活经验，汇集了科研、设计、建设、施工、装备制造、运营维护等单位的智慧和心血，相信一定能为推动中国铁路供电系统的健康快速发展起到积极作用。

在本书编写过程中，编委会贯彻了“用户主导创新”的理念，铁路供电系统各单位既是问题的提出者，又是其他单位遇到问题的解答者，体现了鲜明的问题导向和需求牵引。希望通过本书的编纂和出版，能够启发行业对供电工作中存在问题的深入探讨，促进铁路供电系统整体工作水平的提高，促进铁路供电向着更有效率、更可持续、更为安全的方向发展。

中国国家铁路集团有限公司工电部

2020年5月

前　言

《铁路供电运行安全与技术研究(2020版)》是由中国国家铁路集团有限公司工电部与世界轨道交通发展研究会共同编纂，为全路供电系统提供行业相关技术问题的解决方案以及研究项目的成果汇编。《铁路供电运行安全与技术研究(2014版)》编纂工作从2014年8月开始第一版的文集内容收集、审核、编辑，一直到(2016版)、(2018版)和(2020版)的出版，得到了铁路供电系统各部门和技术人员的高度重视和大力支持，为铁路供电行业提供了技术研究和探讨的重要参考，也为大家的成果汇集提供了重要平台。

为了继续汇集全行业的技术探讨和研究成果，我们征集了《铁路供电运行安全与技术研究(2020版)》，经由世界轨道交通发展研究会和中南大学出版社的编辑加工，最终集结成书。

本书汇集了来自中国铁路哈尔滨局集团有限公司、中国铁路沈阳局集团有限公司、中国铁路北京局集团有限公司、中国铁路太原局集团有限公司、中国铁路呼和浩特局集团有限公司、中国铁路郑州局集团有限公司、中国铁路武汉局集团有限公司、中国铁路西安局集团有限公司、中国铁路济南局集团有限公司、中国铁路上海局集团有限公司、中国铁路南昌局集团有限公司、中国铁路广州局集团有限公司、中国铁路南宁局集团有限公司、中国铁路成都局集团有限公司、中国铁路昆明局集团有限公司、中国铁路兰州局集团有限公司、中国铁路乌鲁木齐局集团有限公司、中国铁路青藏集团有限公司等18家铁路局下属供电部、供电段等运营单位的研究成果，有来自中铁第一勘察设计院集团有限公司、中铁二院工程集团有限责任公司、中国铁路设计集团有限公司、中铁第四勘察设计院集团有限公司、中铁第五勘察设计院集团有限公司等设计院，以及中铁电气化局集团有限公司、中铁建电气化局集团有限公司、中铁十二局集团有限公司、中铁武汉电气化局集团有限公司等电气化铁路运维单位积极参与，共征集了200多篇论文，涵盖了当前供电系统中运营、设计、维护、管理、设备等方面存在的诸多方面，具有很强的研究和实际应用意义。

论文提交后，经过专家的评审和编辑工作，最终从提交的近200多篇论文中进行了精选和编辑，最终选定了161篇论文汇集成书。

编辑出版《铁路供电运行安全与技术研究(2020版)》的目的是为了配合全路供电系统的

中心工作，全力打造安全、优质、高效的供电网，规范管理、提升质量、推进标准化建设、改进生产过程控制、加强检测体系建设、完善快速应急机制、强化专业管理责任、提高基层专业队伍快速解决问题的能力，全面推动供电工作整体发展，使供电管理向更高水平迈进。

《铁路供电运行安全与技术研究(2020版)》旨在集中交流我国铁路供电系统近年来在技术创新、管理创新、技术装备现代化、运营维护安全体系方面取得的最新成果和思考，交流行业在运营、维护、安全管理、科学体系方面的经验，汇集科研、设计、建设、施工、装备制造、运营维护等单位的智慧，打造安全、优质、高效的中国铁路供电网。

《铁路供电运行安全与技术研究(2020版)》的主要内容含有安全风险管理、供电专业管理规范化、高铁供电安全管理、设备运行质量、季节性安全工作、检测监测技术应用和应急处置等主要内容，分为接触网、变电、电力、安全管理等几个部分。本书出版后，将有针对性地发行到中国国家铁路集团有限公司及相关单位，全国十八个铁路局集团公司供电部、供电段、运营维护单位，铁路电气化设计、建设、咨询、研究等单位，往届“中国铁路电气化技术与装备交流会”参会代表。

我们相信，《铁路供电运行安全与技术研究(2020版)》是各铁路局集团公司供电部、供电段、运营维护单位、设计部门对照问题、发现问题的一本专业参考，更是供电系统内运营、设计、工程、装备等不同单位相互交流的一个平台。

本书的出版，要感谢各铁路局集团有限公司、设计院、工程局等单位为本书提供了研究成果，感谢所有参与审核、编辑的专家们，他们从专业、技术、运营等诸多角度，秉持着认真负责的严谨态度，对所有论文提出了修改建议和审核意见；还要感谢世界轨道交通发展研究会、《世界轨道交通》杂志和中南大学出版社的编辑们，他们从研究成果邀约、文章收集、专家审核沟通、编辑、排版设计等方面做了大量的辛勤工作。有我们大家的积极参与，《铁路供电运行安全与技术研究(2020版)》新版图书才能保质保量地与广大读者见面。在此，对参与工作的专家们表示衷心的感谢！

由于此书的内容涉及面广，审核及编纂工作量大，可能的疏漏，请大家指点，提出宝贵意见，我们将在今后的工作中修正和提升。

编者

2020年5月

目 录

第一篇 供变电

第二篇　电　力

第三篇 接触网

第四篇 安全管理

第五篇　其　他

第一篇

供　变　电

高速铁路牵引变电所主变非电量保护优化设计

张　强

摘　要：非电量保护是牵引变压器的重要保护，其误动会对高速动车组的运行产生严重影响。本文以沪蓉高铁某牵引变电所为例，分析非电量保护误动的原因，提出可行的技术解决方案并优化设计非电量保护装置以满足技术要求。通过实验证明，优化后的非电量保护装置有效避免了交流串扰，具有较强的抗干扰能力，为防止感应电压引起的非电量保护装置误动提供必要的防护措施。

0　引言

牵引变电所主变是高速铁路的供电枢纽，一旦停电对铁路运输秩序会造成很大影响。近年来，由于主变非电量保护误动导致的停电事故，在我国不同区域的电气化铁路和不同干线铁路中多次发生，具有一定的普遍性，须予以重视。例如，2016 年 5 月衡柳线某牵引变电所因雷击感应电压引起 2 台牵引变压器的非电量保护装置误动；2018 年 6 月 13 日，哈大高铁某牵引变电所因雷击感应电压引起正在运行的 1 台牵引变压器非电量保护装置误动；2018 年 6 月 26 日沪蓉高铁因馈线保护跳闸造成 3 台牵引变压器非电量保护装置误动。这些变压器非电量保护误动均造成多趟列车不同程度晚点，影响了铁路运输正常秩序。为了避免类似事故再次发生，需要对主变非电量保护的误动原因进行深入分析，进而提出解决措施。

本文从沪蓉高铁牵引变电所主变非电量保护误动案例入手展开研究，通过现场检查、录波分析、装置测试等手段确认非电量保护误动的原因，从提高回路自身抗干扰能力方面进行优化研究，重点从优化设计分析和实现的角度提出解决方案，并进行实际测试分析验证效果。

1　故障概况

2018 年 6 月 26 日，天气晴，沪蓉高铁某牵引变电所 5#、7# 主变运行，6#、8# 主变备用。在 12:25 时，30、31 馈线单元因接触网故障跳闸，引发所内 6#、7#、8# 主变压器非电量保护同时误动作，全所停电 14 min，造成 17 列动车组列车不同程度晚点。

2　非电量保护动作原因分析

2.1　现场检查试验情况

针对 5#、7# 主变重瓦斯等非电量保护动作情况，对 5#、7# 主变绕组进行了绝缘电阻和直流电阻测试，绝缘电阻测试结果如表 1、表 2 所示。测试结果均合格。

表 1　5#、7# 主变绕组绝缘电阻测试结果（mΩ）

绝缘电阻		5# 主变	7# 主变
高对低/地	60 s	1650	1050
	60 s[20℃]	3287	2092
低对高/地	60 s	7490	4200
	60 s[20℃]	14922	8368

表 2 5#、7#主变绕组直流电阻测试结果

电阻值			5#主变	7#主变
高压侧直流电阻/Ω	AX		2.063	2.053
		[75℃]	2.351	2.340
低压侧直流电阻/mΩ	TF		130.62	129.76
		[75℃]	148.87	147.89
	TN		65.45	65.23
		[75℃]	74.59	74.34
	FN		65.75	64.52
		[75℃]	74.94	73.53

对 5#、7#主变油进行抽取化验，溶解气体组分量色谱分析结果如表 3、表 4 所示。检测结果均合格。

表 3 5#主变油溶解气体组分量色谱分析结果

气体成分	含量/(μL·L^{-1})
氢气(H_2)	0
一氧化碳(CO)	557.54
二氧化碳(CO_2)	1236.5
甲烷(CH_4)	2.16
乙烷(C_2H_6)	0
乙烯(C_2H_4)	0.41
乙炔(C_2H_2)	0
总烃	2.57

表 4 7#主变油溶解气体组分量色谱分析结果

气体成分	含量/(μL·L^{-1})
氢气(H_2)	0
一氧化碳(CO)	557.54
二氧化碳(CO_2)	1236.5
甲烷(CH_4)	2.16
乙烷(C_2H_6)	0
乙烯(C_2H_4)	0.41
乙炔(C_2H_2)	0
总烃	2.57

对 5#、7#主变绕组也进行了介损和电容测试，同时对非电量保护二次电缆进行绝缘试验、铠装护层接地状态测试，并对电缆沟及电缆夹层内高低压电缆敷设情况进行了检查，主变、二次电缆、保护设备未发现明显异常情况。

以上现场测试表明，7[#]主变重瓦斯、压力释放和超温等非电量保护动作属于受外界干扰后误触发动作。

2.2　故障录波分析和谐波分析

图 1、图 2 分别显示了故障前后 218 馈线和 217 馈线的电压电流波形，图 3、图 4 分别显示了故障前后馈线电压电流的谐波含量分布。

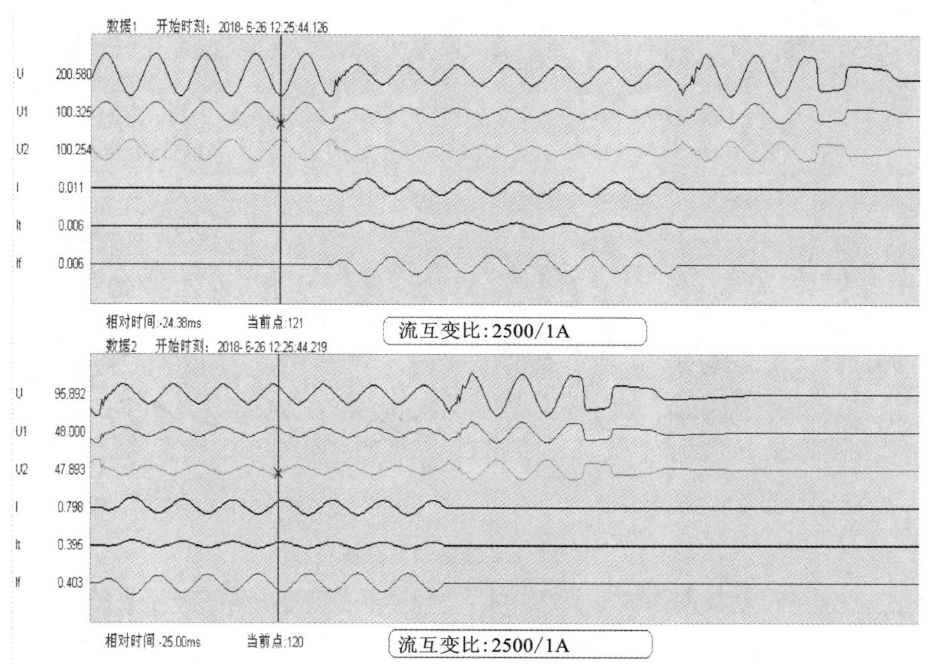

图 1　218 馈线故障录波

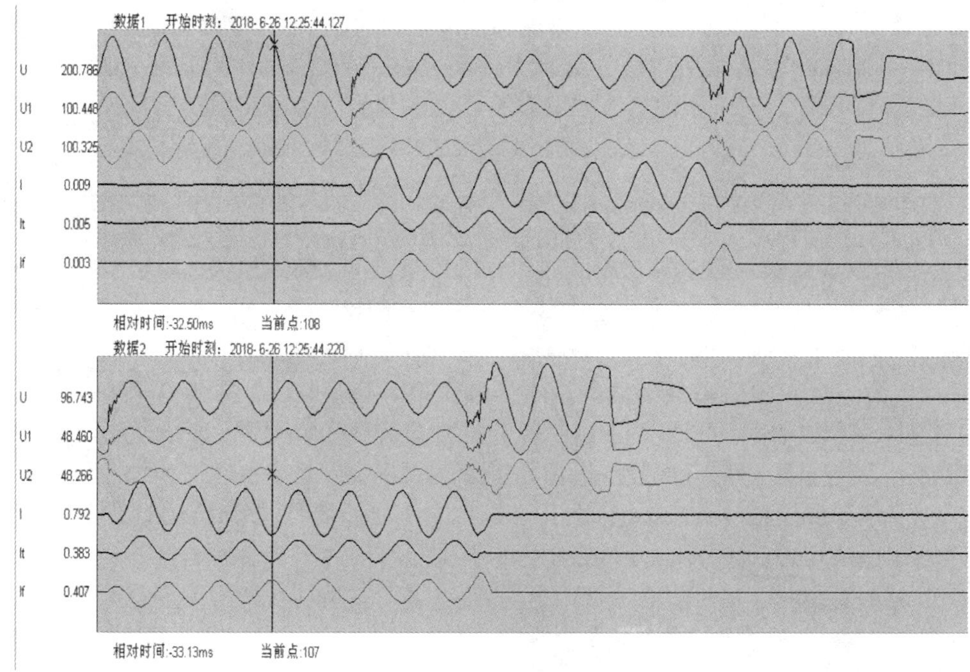

图 2　217 馈线故障录波

从 218 和 217 馈线故障录波可看出，馈线发生接地故障由断路器切除故障电流，使母线电压恢复正常后的 2～3 个周波(40～60 ms)内母线电压消失，说明 7[#]主变 3 个非电量保护同时动作出口，造成主变高低压侧断路器分闸。

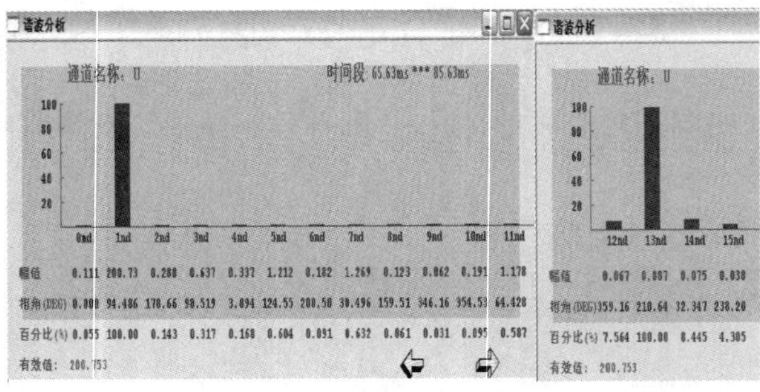

故障前电压谐波(1～15次)

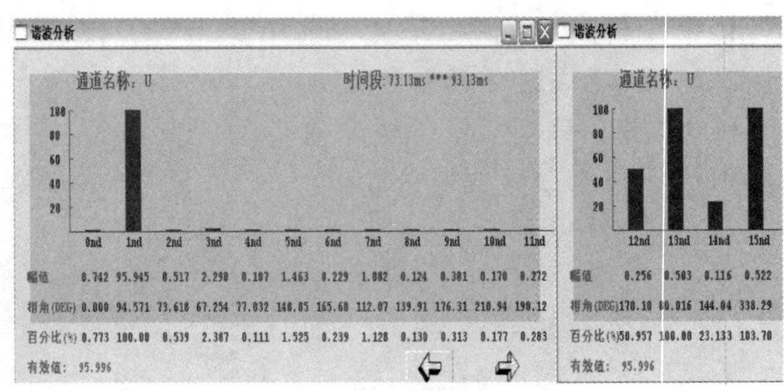

故障中电压谐波(1～15次)

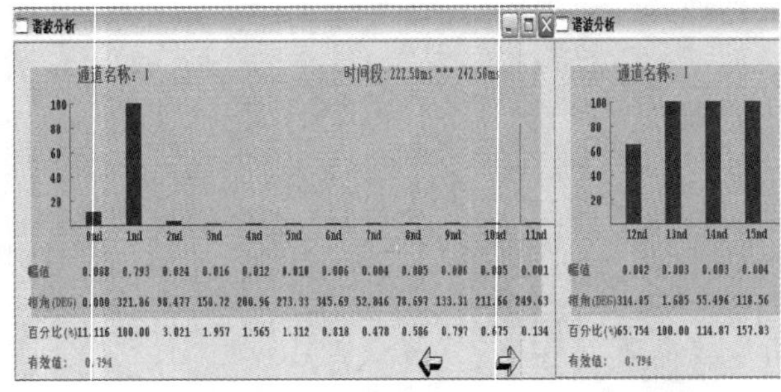

7#主变非电量保护动作前20 ms

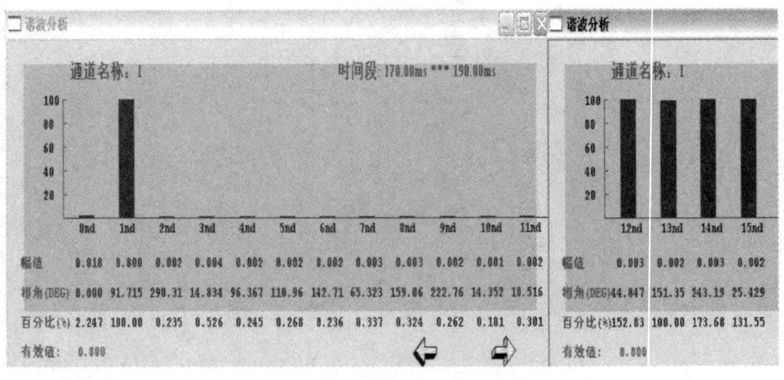

故障中电流谐波(1～15次)

图 3　218 馈线谐波分析

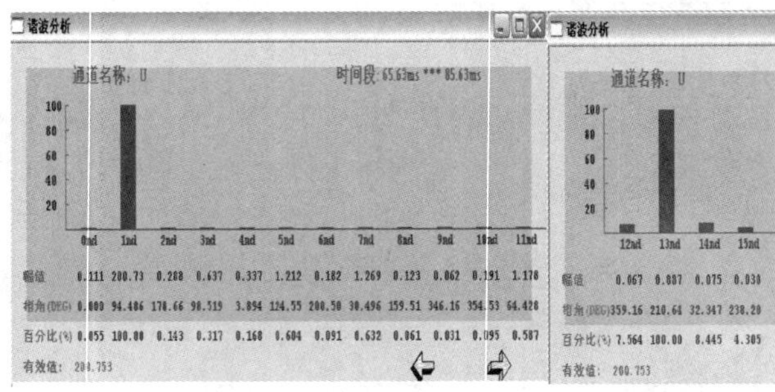

故障前电压谐波(1～15次)

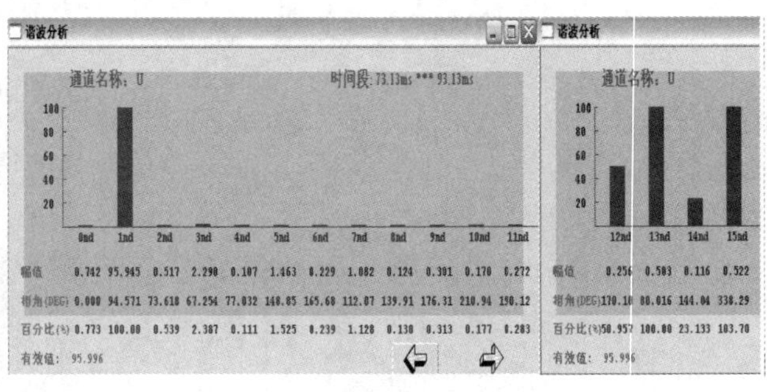

故障中电压谐波(1～15次)

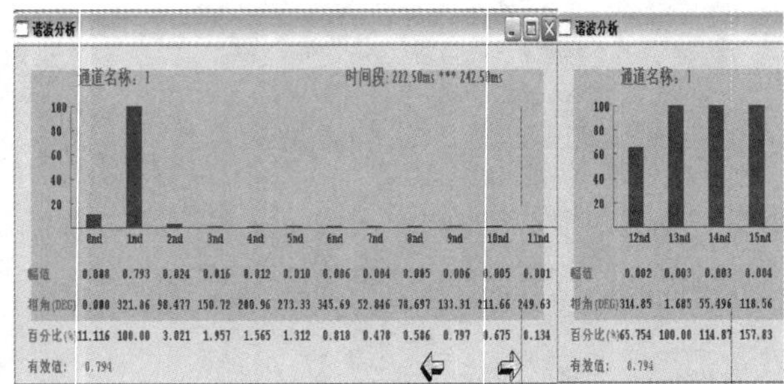

7#主变非电量保护动作前20 ms

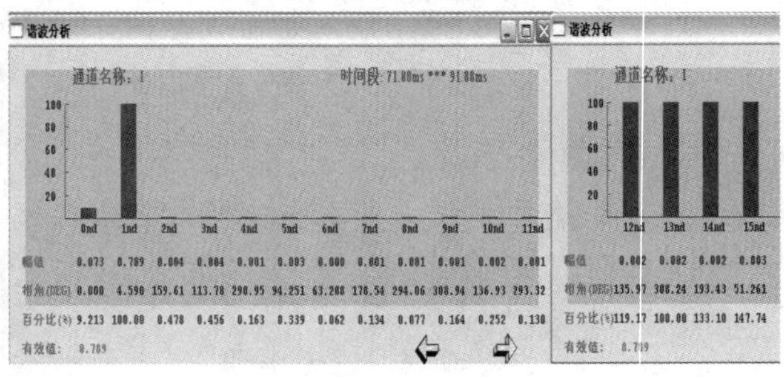

故障中电流谐波(1～15次)

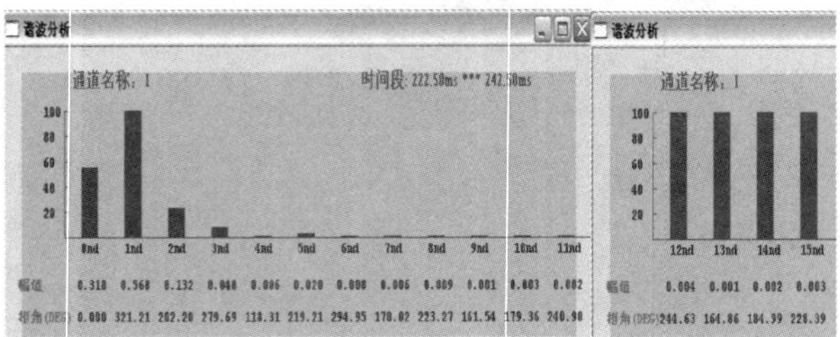

电流谐波(1～15次)

图 4　217 馈线谐波分析

从 218 和 217 馈线谐波含量分布可看出，故障前后电压、电流基波幅值和含量同其余各次谐波幅值和含量相比，其特点是以基波电压、电流为主，12～15 次谐波幅值很小，含量较高。

2.3　主变非电量保护回路分析

目前该牵引变电所主变非电量保护回路采用继电器过渡回路，原理如图 5 所示。

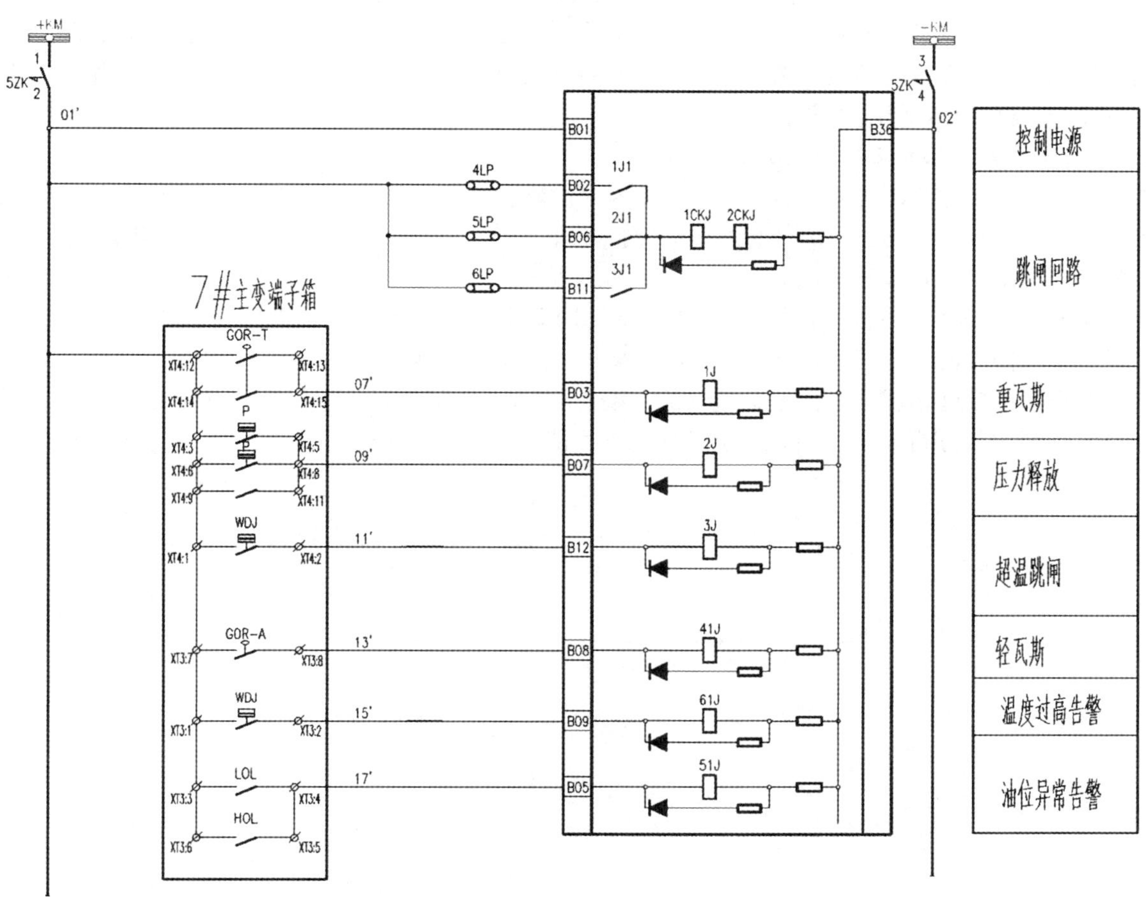

图 5　主变非电量保护回路原理图

(1) 对非电量回路的动作功率进行了检测，回路总动作功率约为 1 W，该非电量继电器动作时间约为 8 ms。

(2) 对 5#、7#主变非电量保护装置模块信号引入回路进行了启动电压测试(故障发生后倒切为 6#、8#主变运行，6#、8#主变因运行未测试)，测试结果如表 5 所示。

表 5　启动电压测试

名称	5#主变	7#主变
重瓦斯动作电压/V	70	68
压力释放电压/V	70	68
超温动作电压/V	67	66

对应本次 7#主变非电量保护动作种类为重瓦斯、压力释放和超温，6#主变非电量保护动作种类为重瓦斯和压力释放，而 8#主变非电量保护动作种类为压力释放和超温。说明 5#主变非电量保护启动所需功率大于 7#主变。

6#、7#、8#主变非电量保护动作时，同一控制电缆中的相应缆芯的辅助报警信号回路均无动作信号产生

(如轻瓦斯、温度Ⅰ段、低油位信号等,预告信号设有遥信去抖时间),非电量仪器上(安装于主变本体)产生外界干扰源的可能性较小,外界干扰源对 5#主变非电量保护回路同时产生过影响,但 5#主变非电量保护回路相对 6#、7#、8#主变来说,抗干扰性略强,故未产生类似保护动作信号。

(3)经过综合分析认为,6#、7#、8#主变压器非电量保护误动作的原因是:该所本体保护装置回路自身存在缺陷,启动功率偏小,抗干扰能力较弱,在馈线断路器跳闸瞬间产生的较大干扰电压冲击下而出口动作。当 217、218 馈线短路接地时,存在某一干扰源使该牵引变电所 6#、7#、8#主变的全部或部分非电量主保护回路继电器受电而发出跳闸信号,造成 5#、7#主变两侧断路器跳闸失电后,6#、8#主变无法实现自投,沪汉蓉侧馈线全部停电,影响了高铁运输。

2.4 主变非电量保护误动原因分析

结合现场实际动作情况分析,多路本体重信号同时动作,与之共线的本体轻信号均未发出,重信号瞬时发出即可锁存出口及上传,轻信号通过遥信去抖处理上传,表明必然存在严重的瞬态电磁耦合干扰或本体信号公共电源瞬时异常 2 种可能。

直流电源回路经现场检查,中点接地良好,故障时刻未发现直流接地告警信号,但由于直流系统监测单元采样频率受限,难以完全记录瞬态电压波动事项,需加强监测。

再结合现场的实际情况,综合考虑悬空长电缆存在对地分布电容、变电所电流变化波动较大等因素,绘制电路模型图用以分析误动原因。以重瓦斯保护回路为例,如图 6 所示。

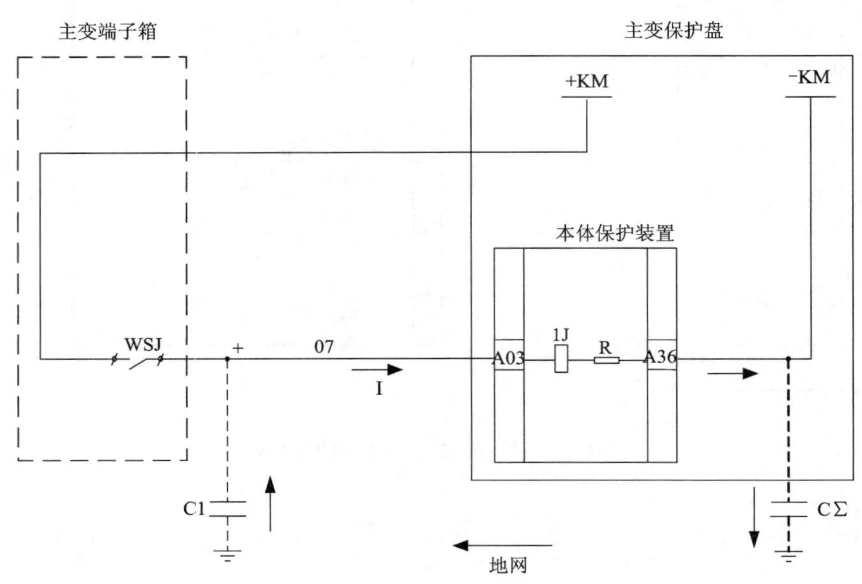

图 6 重瓦斯保护回路模型

控制电缆中的每根芯线对地、对金属屏蔽层以及对钢铠存在分布电容,其大小与电缆的几何尺寸、绝缘材质、长度和天气情况等因素有关,电缆长度越长,对地分布电容越大。如图 6 中,重瓦斯保护回路电缆由户外主变端子箱敷设到控制室的主变保护盘,现场实测长度为 130 m,回路对地存在分布电容,用集中于一点的等效电容 C1 表示;同理,负控母回路对地也存在分布电容,用等效电容 C∑表示。重瓦斯回路与 C∑电容、地网、C1 电容之间会形成一个闭合回路。

当接触网发生短路故障时,故障电流突然升高而且数值很大,变电所内的磁场发生急剧变化,重瓦斯回路线缆因处于磁场环境中会产生感应电压,当感应电压和聚集的能量大到一定程度时,串入非电量回路触发本体保护装置内的 1 J 重瓦斯继电器动作,从而造成非电量保护误跳闸现象。

综合以上分析,本次事件可能是由于接触网发生短路,故障电流突然升高,重瓦斯回路线缆因处于磁场环境产生感应电压,对非电量保护回路产生干扰电压,导致了非电量保护发生误动作。

3 非电量保护设计方案优化

3.1 非电量保护优化技术方案

针对主变非电量保护误动作的原因，根据 DL/T 478—2013《继电保护和安全自动装置通用技术条件》中第 4.5.1 条“对装置开关量输入的要求如下：a. 装置中所有开入回路的直流电源应与装置内部电源隔离；b. 强电开入回路的启动电压值不应大于 0.7 倍额定电压值，且不应小于 0.55 倍额定电压值；c. 装置中所有涉及直接跳闸的强电开入回路的启动功率不应低于 5W”，对非电量保护插件的抗干扰能力进行优化改进，主要有以下几点：

(1)抗感应电压干扰：通过在非电量继电器线圈两端并接大功率电阻的方式，提高整个回路的动作功率，动作功率大于 5 W，避免电磁感应电压、静电感应电压等外部干扰引起非电量保护误动作；同时，当非电量保护动作之后，自动将大功率电阻支路切除，避免电阻长期受电发热引发装置回路烧损导致其他事故发生。设计启动电压取值为额定直流电源电压的 64% 左右，满足规范要求。

(2)抗外部接点抖动干扰。控制整个回路动作时间在 20 ~ 30 ms 范围内，一方面可以满足变压器发生内部故障时保护快速动作的要求；另一方面，当变压器本体接点如重瓦斯继电器、压力释放阀接点发生抖动时，可通过动作延时躲开，避免发生误动作，具有良好的抗外部接点抖动干扰能力。

(3)抗交流电压干扰。当有交流电压串入非电量回路时，因为非电量继电器采用直流型，且动作时间大于半个工频周期 10 ms，能够可靠不动作，具有很好的抗交流电压干扰能力。

(4)新设计版本插件的端子定义与现场插件完全一致，现场整改时只需要更换插件即可，装置接线不需要做任何改动，尽量减少整改工作量和难度。

3.2 非电量保护参数优化设计

根据“所有涉及直接跳闸的重要回路应采用动作电压在额定直流电源电压的 55% ~70% 范围以内的中间继电器，并要求其动作功率不低于 5W”的技术要求和 3.1 节所提出的技术方案，经过重新设计得到改进后非电量保护重信号输入回路如图 7 所示。

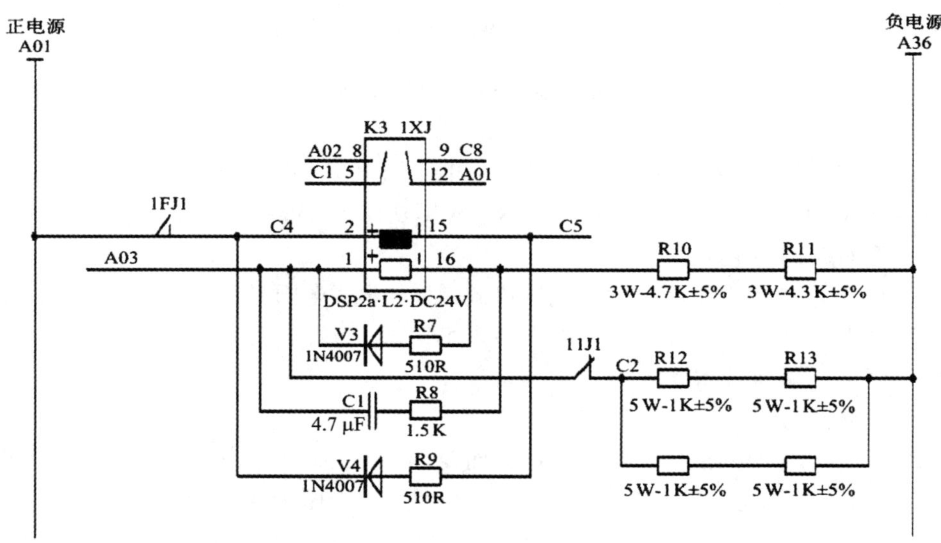

图 7 改进后非电量保护重信号输入回路原理图

非电量保护装置参考值设置如表 6 所示。

表 6 改进后非电量保护参考值

参数	设计值	启动条件
端电压/V(额定电压 110 V)	88	—
线圈启动电压/V	15.7	—
线圈启动电压筛选范围/V	11.5 ~ 12.5	70 V
线圈电阻/Ω	1.92 k ±10%	—
重信号启动功率/W	≥5	70 V
动作延时/ms	20	110 V

线圈电压 – 功率曲线如图 8 所示。

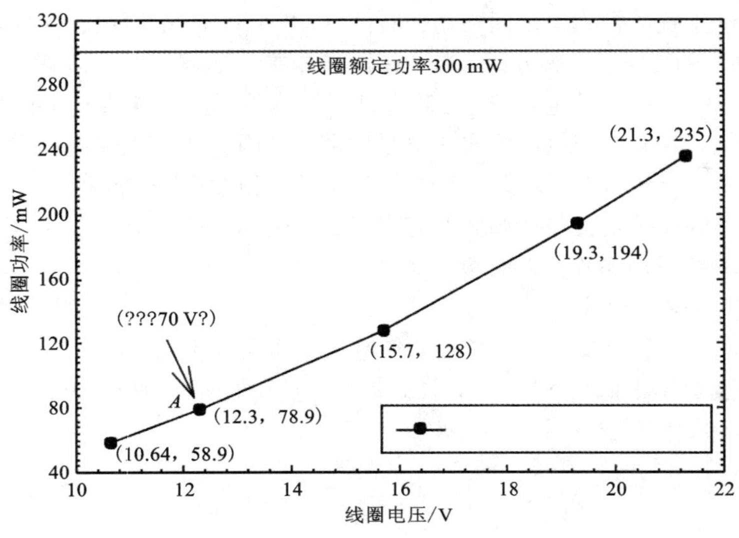

图 8 线圈电压 – 功率曲线

由图 8 可知，线圈功率随线圈电压变大而增大；线圈额定电压 24 V，额定功率 300 mW；当 110 V 电压正向波动 10% 至 121 V 时，线圈实际分压为 21.3 V，实际功率为 235 mW，二者均略小于额定值。

电阻电压 – 功率曲线如图 9 所示。

由图 9 可知，串/并联电阻功率随电阻端电压单调递增；串联电阻最大功率为 1.1 W，每个电阻功率为 0.55 W；并联电阻最大功率为 14.3 W，每个电阻为 3.575 W；当端电压为 70 V 时，由图 8、图 9 可知，A、B、C 三点之和大于 5 W，满足技术要求。

回路电压 – 延迟动作时间曲线如图 10 所示。

由图 10 可知，延迟动作时间随回路端电压增大而变小，且在 D 点左侧变化率较大，右侧较小；当回路端电压为 110 V 时，E 点平均延迟动作时间为 20 ms；当回路端电压为 88 V 时，D 点平均延迟动作时间 25 ms；当电压波动至 88 V 时，即图 10 中的 D 点处，回路总动作时间约为 29 ms；由于在线圈两端并联了电容，该方案有效避免了交流串扰，满足了设计要求。

3.3 非电量保护优化测试分析

(1)利用改进后的板件进行干扰试验。按现场图纸将非电量回路做好接线，在 EMC 实验室对板件进行快速瞬变干扰试验、浪涌(冲击)抗扰度试验、静电干扰试验等 3 项电磁干扰试验测试，以验证板件在外部干扰情况下是否会出现误动作情况。测试结果如表 7 ~ 表 9 所示。

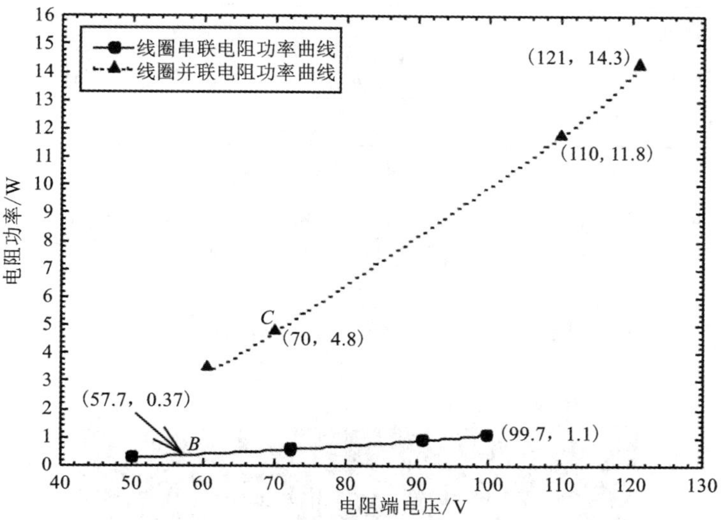

图 9　电阻电压－功率曲线

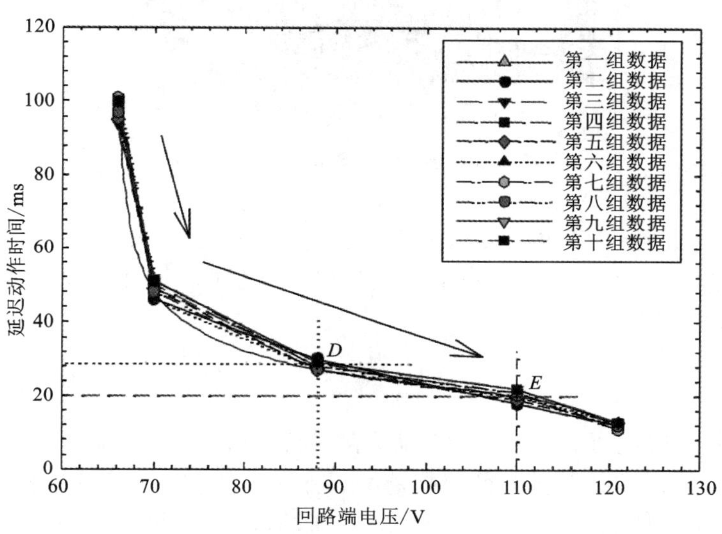

图 10　回路电压－延迟动作时间曲线

表 7　快速瞬变干扰试验

试验电压	共模 ±4 kV
脉冲重复率	5 kHz, 100 kHz
测试时间	60 s, 重复 6 次
试验结果	非电量继电器未动作

表 8　浪涌(冲击)抗扰度试验

试验电压	共模 ±4 kV, 差模 ±2 kV
脉冲重复率	1 次/20 s
检验次数	共模差模各 10 次
试验结果	非电量继电器未动作

表 9 静电干扰试验

静电强度	施加 7.97 kV
测试次数	重复 2 次
试验结果	非电量继电器未动作

可以看出，在实验室施加电磁干扰，并未发现非电量继电器有误动作情况。

(2)当端电压为 110 V 时，非电量保护装置延迟时间测试，结果如图 11 所示。

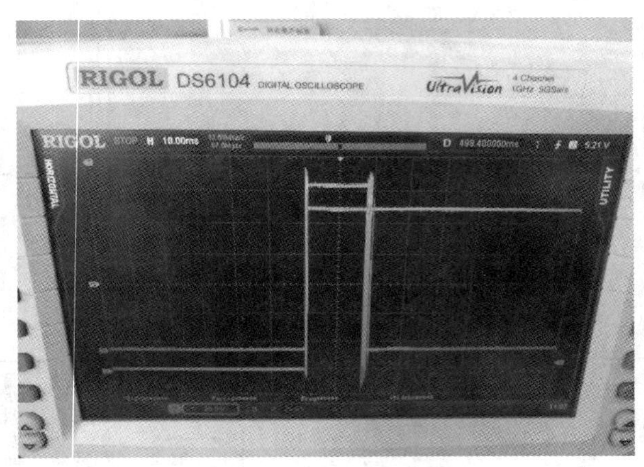

图 11 端电压 110 V 时的延迟时间测试

由图 11 可知，在端电压为 110 V 时，测试得到的延迟时间约为 20 ms。

通过上述分析可知，优化改进后的板件达到了设计目标，改进后板件的技术参数均满足技术要求，且稳定性、抗干扰性与可靠性均较好。

4 结束语

本文以沪蓉高铁某牵引变电所非电量保护误动为例进行分析，认为误动原因是由于感应电压干扰了非电量保护回路。为增强本体保护装置抗外部干扰能力，有效降低、抑制外部干扰问题，结合 DL/T 478—2013《继电保护和安全自动装置通用技术条件》第 4.5.1 条的规定，分别在抗感应电压干扰、抗外部接点抖动干扰、抗交流电压干扰等方面对主变非电量保护装置进行了设计优化，经测试验证，有效地避免交流串扰，具有较强的抗干扰能力。

参考文献

[1] 于洲春，苏文博，于清杰. 变压器非电量保护误动问题分析与对策[J]. 中国电力，2003，36(3)：33－36.

[2] 继电保护和安全自动装置通用技术条件(DL/T478—2013)[S]. 中华人民共和国国家能源局，2013.

[3] 梁欢喜. 变压器非电量保护误动解决方案[J]. 电工技术，2004，(8)：3－4.

[4] 白国钢. 主变压器非电量保护误动原因分析及预防措施[J]. 华电技术，2017，39(7)：39－41.

[5] 贺家李，宋从矩. 电力系统继电保护原理[M]. 北京：中国电力出版社，1994.

作者简介

张强，中国国家铁路集团有限公司工电部，高级工程师

牵引变电所一体化巡检解决方案

裴绍福

摘　要：定期巡视是对变电站电气设备检查的一项重要工作。目前路内大多数牵引变电所采用人工方式对设备进行巡视，与现代化发展很不匹配。本文通过对牵引变电所一体化巡检机器人的安装结构和应用方法进行研究，给出了实现变电站巡检机器人的实现方案。

0　引言

一般牵引变电所距离城镇较远，供电段运维人员生活单调，较为封闭的工作环境在较长的时间内会对人员造成一定的职业心理健康影响；在运维工作效率及质量方面，牵引站巡检内容主要包含大量的温度缺陷采集点以及设备运行状态检测仪表等等，采用人工巡查的方式存在漏检、误检的情况；并且由于人工方式对数据的处理效率较低，存在对设备运行实际状态判定的及时性较差的问题；由于人工巡查方式仅对异常数据进行关注，可能造成同一设备整体运行状态无法追踪、缺陷发育情况无法分析等情况。本方案拟通过智能巡检机器人系统替代部分牵引站人工巡视作业，重点在对日常设备运行状态(如温度、表计、外观等)进行自动化、智能化巡视，提升整体运维质量、效率，实现对牵引站的有机巡检。

1　巡检方案介绍

根据对某 AT 牵引变电所的实地踏测，此次计划纳入机器人巡检的区域为牵引变室外一次设备区及主控楼小室。针对牵引变的巡检区域规划，本方案拟采用一套地面轮式智能巡检机器人(以下简称智能巡检机器人)搭配自动防火门系统对以上两个区域进行巡检。

图 1　牵引变电所现场图

系统架构。牵引站一体化系统由机器人本体、微气象系统、通讯系统、供电系统、自动防火门系统及本地后台管理系统组成。

智能巡检机器人携带高清可见光摄像头，红外热成像仪等数据采集设备，通过自主或者遥控的方式，完成系统平台设定的任务，预设区域设备进行巡检。主要包括对仪表数据的识别，开关状态、指示灯状态的识别，设备外观的检测以及红外测温等。

微气象系统是主要对变电站内的气候和流动气象进行监测。通过在线监测变电站环境参数，及时了解变电站微气象区的气象数据以制定相应的巡检策略。系统同时与机器人巡检功能相结合，合理的调整巡检的时间，同时也可在环境变化时下达针对紧急状况的巡检任务变更。另外通过对变电站区域环境的长期微气象数据积累、统计和分析，为后期线路运行维护和其他变电站设施投运提供运行数据依据。

网络通讯系统包括机器人与本地监控后台的通讯。机器人和本地监控后台采用 WIFI 通讯技术，在变电站内合适位置设置无线设备，保证变电站内无线信号全覆盖无盲区。

电源系统包括充电房供电系统和便携式充电机，能够直接对机器人供电，同时对机器人本体锂电池充电。当机器人实时监测到自身电量过低时，会自动驶向充电桩，机器人本体与充电系统自动实现连接并进行充电。便携式充电机则通过人工充电，它与机器人充电接口连接，直接进行充电。

自动防火门在机器人巡检现场，为满足机器人进入室内巡检的需求，需要增加自动防火门系统，达到机器人自主开门、关门的效果。自动防火门系统由防火门、动力系统、自动门控制箱以及传感系统等组成。

后台管理系统。变电站智能巡检机器人的后台分为本地监控后台和远程集控后台。智能巡检机器人监控后台，能够对机器人巡检路线进行规划和修改，机器人按照预定路线，自动检测目标设备运行状况。远程集控后台除了具备本地监控后台的具体功能外，最重要的一点是能管理多个本地监控后台；同时对多个变电站智能巡检机器人进行控制及相关数据分析，对所辖变电站进行更高层次的综合控制和管理。

2 系统功能

2.1 智能视频识别

变电站智能巡检机器人视频识别是变电站智能巡检机器人系统的核心功能之一，通过机器人自身携带的可见光摄像机，完成视频图像的数据采集，利用高精度图像识别算法，对视频数据进行智能分析处理，识别视频内容。目前，视频识别功能能够准确识别变电站内的仪表、刀闸、开关、油位、设备外观等，从而全面掌握站内电力设备及环境的状态信息。

2.2 红外精确测温

机器人利用自身携带的红外热成像仪对站内电力设备温度数据进行采集，然后将采集的数据进行分析，进而诊断出致热型设备故障及热缺陷，触发相应报警。红外测温功能包括红外普测、精确测温、遥控测温和测温预警等。巡检任务执行完成后会自动生成任务报表，对设备温度进行有效的诊断，尤其是对电流致热型和电压致热型缺陷会生成相关的处理建议。

2.3 音频智能采集

机器人系统搭载有高灵敏度的声音采集设备，并随云台一同转动，定向采集变压器等电力设备的音频信息。采用声音识别技术，减轻环境噪音干扰，增强音频信息识别的准确性和可靠性，同时音频数据经过处理后进行存储。

2.4 实时数据传输

实现实时的音视频数据传输，采集的音视频包括：现场实时的可见光视频、热成像视频和现场实时音频，这些信息通过无线网络传输到服务器进行存储，并且通过音视频的转发再下发到各客户端。

2.5 地图路径规划

根据现场的实际情况及需求生成直观的可视化现场电子地图，用以显示机器人的巡检路径及所在位置。

2.6 智能巡检

机器人的自动巡检功能使其能够自主完成变电站的巡检工作，从而代替人工巡检，具有高度自动化和智能化的特征。智能巡检的模式主要有：定时巡检、例行巡检、特殊巡检、单次巡检及人工控制巡检等，各种模式支持互相切换。机器人能够按照事先设定的巡检模式完成任务，按照既定的规则完成变电站内各处的表计读数、电力设备温度测量及环境监测等巡检活动。

2.7 机器人能在变电站内自主运动，到达各个不同的巡检点获取数据，实现自动巡检，主要依靠导航定位，电子地图建立及路径规划等作为支撑

2.8 数据智能分析

机器人系统通过对数据分析，能够提前预测变电站可能出现的设备故障和运行环境缺陷，并及时发出预警信息通知后台管理人员，从而在异常发生之前主动采取预防措施，避免发生事故，减少损失。

2.9　后台管理

智能巡检机器人后台，能够对机器人巡检路线进行规划和修改，机器人按照预定路线，自动检测目标设备运行状况。朗驰变电站智能巡检机器人的后台主要由实时监控、数据统计模块、报表系统、地图编辑、任务管理、系统设置和系统集成等组成；除了能控制机器人执行相关巡检任务外，还有采集、统计、检索、报表、智能分析等多种功能。

3　实施方案

智能机器人在变电站中的实施分为了：站点勘测、施工实施、系统调试及系统验收等多个阶段。本着工程实施简单、快速安装部署的原则，尽量避免对现场进行施工改造。

3.1　站点前期勘测

变电站勘测主要确定机器人巡检路径、通讯布置位置、充电房安装位置及后台安装位置等，对现场不满足机器人运行要求的区域进行记录，后期进行相应的改造。同时记录整个牵引变通过改造后人无法满足机器人巡检的点位、区域等。

3.2　机器人巡检路径规划

机器人巡视路径的规划及修建主要为了对牵引站进行最大程度的巡检点位覆盖(见图2)。机器人可在现有路面平整并硬化的人工巡视通道上进行巡视，但地面宽度及运行空间高度均不能小于1.2 m，规划巡视路径内若存在5 cm以上台阶或10 cm以上沟渠的情况，需进行相应改造，在现有道路上，人体模拟机器人高度(约900 mm)观察巡检点，若存在10 m以外或因角度问题无法看清表盘及指针的表计，需要新建巡视通道，巡视通道坡度修建不超过10度，尽量平缓等。

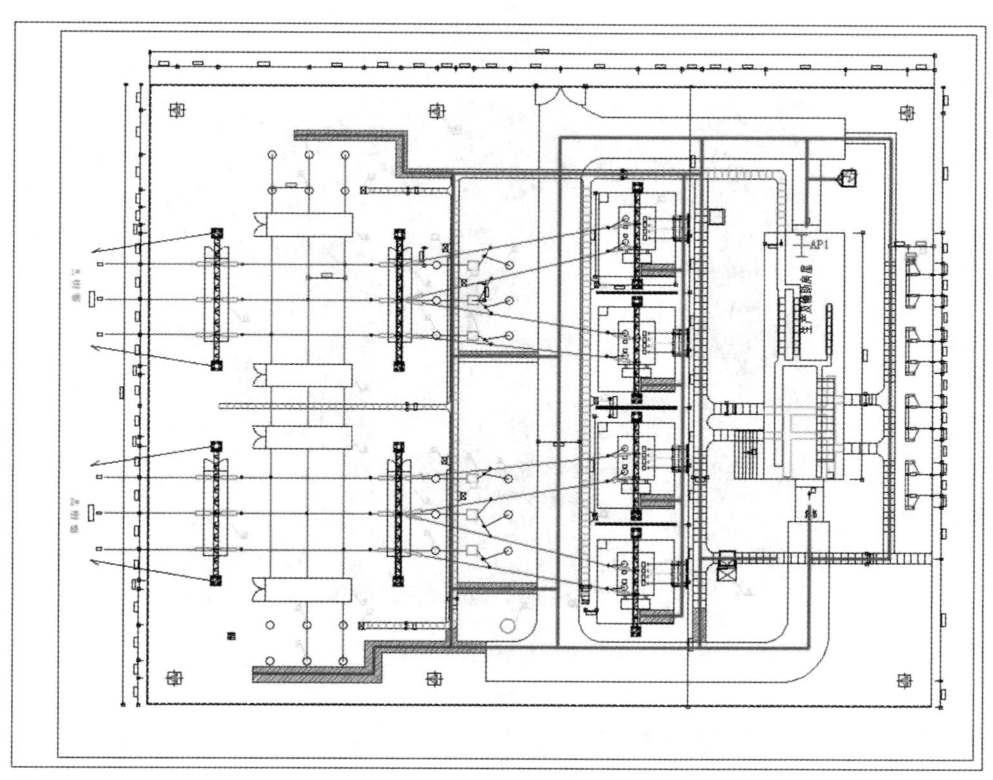

图2　机器人巡视路线示意图

为满足机器人对该类表计的巡检覆盖，将新建通道用于机器人巡视通行(见图3红色框区域)

因机器人需要进入室内进行巡检，而室内与室外之间通行的防火门区域存在台阶，机器人无法通行，需要将现场台阶进行改造，在图4红色区域增加斜坡，用于机器人室外到室内的平稳过度。

图 3　现场改造示意图

图 4　斜坡改造示意图

从高压室现有的防火门来看，该设备室防火门均为双开防火门，并有防鼠挡板，利用现有的防火门进行自动化改造，增加自动开门机等，增加自动化控制设备用于防鼠挡板开闭。改造后见图 5。

3.3　通讯基站勘测

通讯天线的安装位置必须要对巡检区域的通信进行全覆盖；

单基站在无遮挡的情况下覆盖范围为半径 300 米，当最远巡检点与天线距离大于 300 米时选择多基站方式；

3.4　充电房安装

周围无设备、无遮挡、空旷宽敞、无积水等。

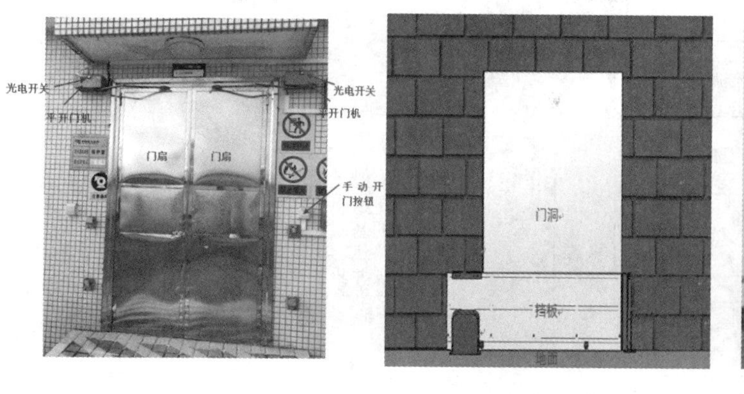

图5　改造后的开门及挡鼠板

3.5　为了满足机器人在室外巡检以及进入室内巡检的需求，需要对牵引变电所中部分区域进行改造以及安装自动防火门，并在合适的位置安装微气象、通讯、供电、系统后台等以满足机器人在双城牵引变电所进行智能巡检。

3.6　通讯及微气象系统

室外通讯安装于生产及辅助房屋楼顶，用于地面机器人在室外的巡检通讯。为了增加通讯系统的覆盖范围，可以使用馈线将通讯天线分开布置。室外通讯系统的安装示意见图6。

图6　室外通讯系统安装示意图

3.7　室内通讯安装

当机器人在进入室内巡检时，为了让机器人与后台进行实时的数据交互，将在室内合适位置安装室内通讯系统。通讯天线安装位合适的室内高处，以便于覆盖更多的机器人巡检区域，若一套室内通讯系统无法满足整个室内巡检区域的通讯覆盖，则可使用多套通讯系统对室内巡视区域进行通讯覆盖。

3.8　充电桩供电安装

由于是东北寒冷低温气候，充电桩安装在工具室内。充电房安装空间需求为：L1200 × W1200 × H1500（mm），取电点满足 220 V，15 A 的取电需求。

4　系统调试

调试是整个项目最核心的过程，调试流程（见图7）主要包含巡检点表格的制作、巡检地图制作、巡检点录制、仪表配置和红外框图等数据处理、任务建立与测试、任务后整改等过程。

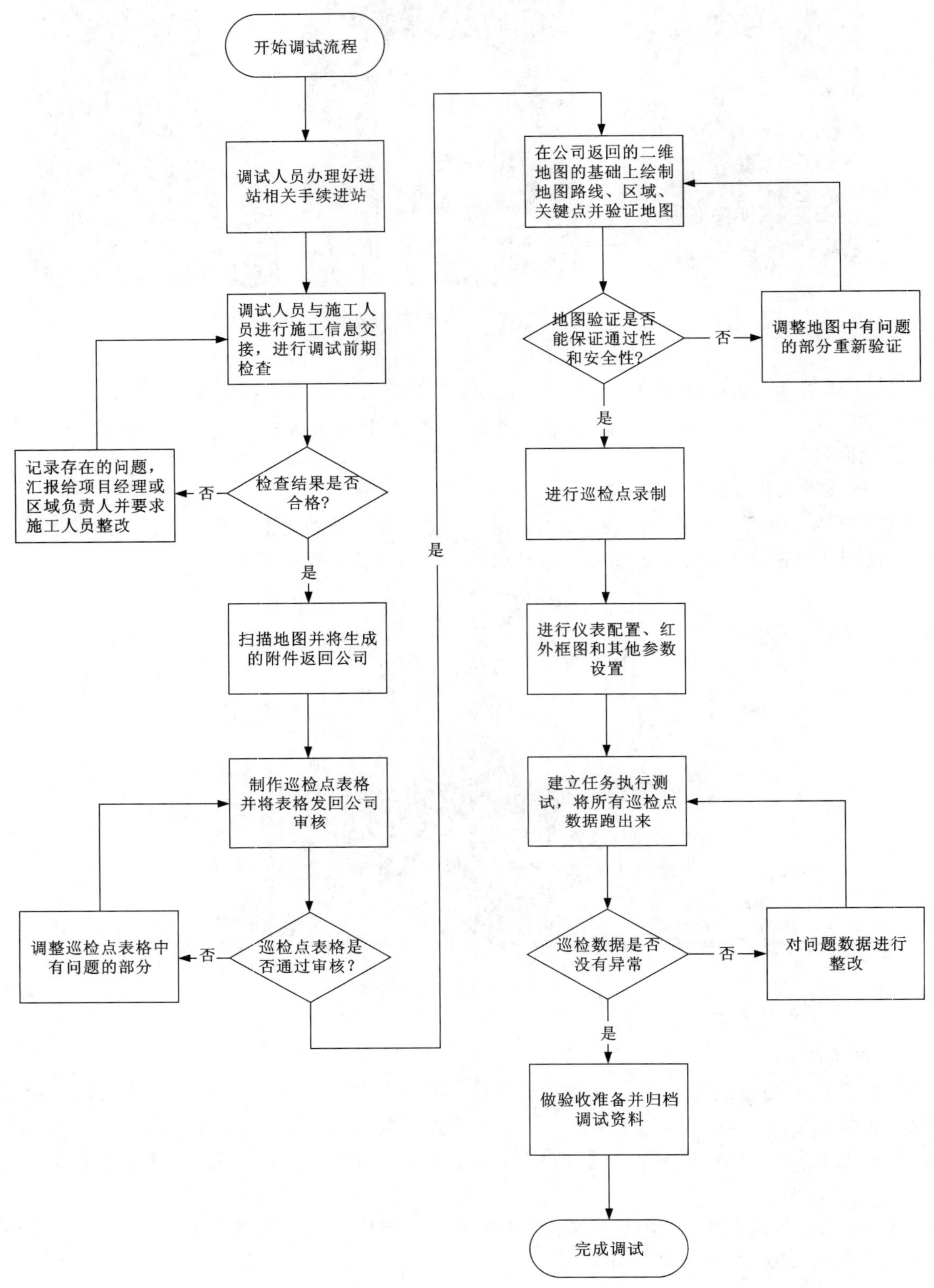

图 7 调试流程图

其中巡检点表格主要为录入整个牵引变电所需要机器人进行智能巡检的巡检点位；巡检地图制作主要为机器人智能巡检规划巡检路径；巡检点录制则是利用前期制作的巡检点表格及巡检地图将牵引变电所中每个巡点的位置信息录入机器人管理系统，用于后期机器人对每个巡检点位的精确监测。

同时，在录入了巡检点信息后，为了后台系统能够准确的对每个巡检点进行精准的数据分析，数据处理则是必不可少的一个环节。我公司将可见光类仪表与红外类测温巡检点进行了分别的数据处理，使巡检结果能够更加精确。在经历了以上的系统调试阶段后，整个机器人巡检系统已可在站内进行独立的任务巡检，但为了确保前期调试的正确性，还需进行结果测试。任务建立与测试、任务后整改则是通过机器人在牵引变电所中自主完成任务巡检后，人工检查巡检、验证调试成果，对有误的巡检位进行重新调试的过程，保证整个巡检系统准确无误地交互客户使用。

5　系统验收

整个系统调试完成之后，运维单位就可开始对整个机器人系统进行预验收工作，并出具预验收报告。预验收报告内容应包括：变电站智能机器人巡检系统基本情况介绍、技术资料完整性、信息安全指标、性能指标、机器人监控系统应用、施工质量、巡检覆盖率和表计数字识别率等项目的验收情况，并对存在的问题提出整改意见。变电站智能机器人巡检系统通过预验收后，按照要求应进行不少于一个月的试运行，运维人员对变电站智能机器人巡检系统的功能正确性、运行可靠性、数据准确性进行考核，并填写试运行记录。变电站智能机器人在完成试运行后，由供电运营单位验收，合格后出具相应验收报告。

参考文献

[1] 徐海贵，王春香，杨汝清，等. 磁传感系统在室外移动机器人导航中的研究[J]. 机器人，2007，29(1)：61－66.
[2] 赵家庆. 220 kV 无人值班变电站远方监控系统建设[J]. 电力系统自动化，2003，27(8)：78－80.

作者简介

裴绍福，中国铁路哈尔滨局集团有限公司牡丹江供电段，副段长(高工)

关于广深线牵引供电回流系统缺陷分析及解决对策

林胡根

摘　要: 回流系统是牵引供电系统的重要组成部分，其技术状态的好坏直接影响供电设备的运行安全。本文从 2018 年广深线一起牵引回流系统事故出发，分析研究事故原因，对广深线牵引供电回流系统存在的缺陷隐患从技术层面进行研究和分析，制定了解决对策。

0　引言

2018 年 7 月 28 日，广深线茶山变电所发生一起因牵引回流不畅引发的事故，为深刻吸取事故教训，本文从这件事故的原因和暴露出的问题对广深线牵引供电回流系统存在的缺陷隐患等从技术层面进行了研究和分析，找出问题症结，并对症下药制定了解决对策。

1　广深线“7.28”事故概况

2018 年 7 月 28 日 15 时 18 分 47 秒，广深线茶山变电所 212 断路器跳闸，重合闸成功。15 时 18 分 52 秒，茶山变电所 212 断路器再次跳闸，重合闸未启动。16 时 17 分，排查发现广深线Ⅱ线常平至东莞间 120 号支柱处斜腕臂底座受损、回流线肩架抱箍烧断悬在空中。17 时 26 分，抢修完毕申请正常开通线路。17 时 40 分，茶山变电所 212DL 再次发生跳闸，重合闸不成功，排查发现常平 – 东莞Ⅱ线 K72 + 950 至 K73 + 150 处接触网故障：46 号至 54 号支柱承力索断线约 200 米、回流线断线、50 号、52 号支柱支持定位装置被破坏，茶山变电所内 4 根回流电缆全部烧毁。随后集团公司供电调度退出茶山变电所，采用越区方式恢复送电。

2　广深线设备现状调查

2.1　设备概况及设计情况

2.1.1　广深线Ⅰ、Ⅱ线(广深准高速线)电气化工程开始于 1993 年，于 1998 年 8 月 28 日开通运营，是中国第一条时速 200 km 并成功投入商业运营的电气化铁路。工程设计的技术标准执行当时中华人民共和国铁道部发布的《关于广深线准高速技改及增减第二线续建工程(站后部分)技术设计的批复》(铁建函 1993〔647〕号文)的要求。

2.1.2　广深线Ⅲ线电气化工程在 1999 年开工建设，于 2000 年 9 月开通运营，技术标准与Ⅰ、Ⅱ线广州东至石牌及平湖至深圳段保持一致。作为Ⅰ、Ⅱ线的重要补充，主要通行货物列车和长途旅客列车，行车速度最高可达到 140 km/h。第Ⅳ线设计标准与Ⅲ线保持一致，于 2005 年进入工程实施阶段，于 2007 年 4 月 5 日正式开通运营。

2.1.3　广深线牵引网供电系统采用带回流线的直接供电方式，Ⅰ、Ⅱ、Ⅲ、Ⅳ线共用下元、茶山和平湖 3 座牵引变电所，全线设有仙村、樟木头和笋岗 3 座分区所以及广州东、石牌客技站和平湖南 3 座开闭所。各牵引变电所内均设两台互为备用且额定容量为 40 MVA 的阻抗匹配平衡变压器，2016 年对茶山变电所主变压器进行更新改造，将主变压器调整为三相 V/V 接线方式油浸自冷变压器，主变压器容量调整为 2 MVA × (16 + 16) MVA。

2.1.4　广深Ⅰ、Ⅱ线接触网广州东至石牌及平湖至深圳段采用的 TJ – 127 + Ris120(17 kN + 13 kN)全补偿简单链形悬挂，导线高度 5600 mm，结构高度 1100 mm，多线路接触网悬挂基本采用软横跨形式；石牌至平湖段采用的是 TJ – 127 + RiS120(20 kN + 15 kN)全补偿简单链形悬挂，导线高度 5600 mm，结构高度 1400 mm，多线路接触网悬挂基本采用硬横梁形式，正线道岔采用无交叉道岔设计。

2.1.5　广深三线接触网采用的是 TJ – 127 + Ris120(17 kN + 13 kN)全补偿简单链形悬挂，技术标准与

Ⅰ、Ⅱ线广州东至石牌及平湖至深圳段保持一致。广深四线接触网在广州东至下元段采用 THJ－95＋Ris120(17 kN＋13 kN)全补偿简单链形悬挂，在下元至深圳段采用 TJ－127＋Ris120(17 kN＋13 kN)全补偿简单链形悬挂，技术标准与第三线保持一致。

2.1.6　广深线单腕臂柱均采用环形等径混凝土支柱，支柱装配均采用平头绝缘旋转腕臂结构；硬横跨采用格构式硬横梁结构，横梁跨度不大于20米时采用环形等径混凝土支柱，20米以上时采用钢柱；软横跨支柱采用15米及20米高格构式镀锌钢柱。

2.2　回流系统设备情况

2.2.1　接触网侧回流线

广深线Ⅰ、Ⅱ、Ⅲ、Ⅳ线接触网上每行单独架设单根 LGJ－95 钢芯铝绞线作为回流线；三条线或四条线并行区段在并行线路最外侧每侧各设一根 LGJ95 钢芯铝绞线回流线。混凝土支柱区段回流线采用非绝缘安装方式(见图1)，钢柱区段采用绝缘安装(见图2)。

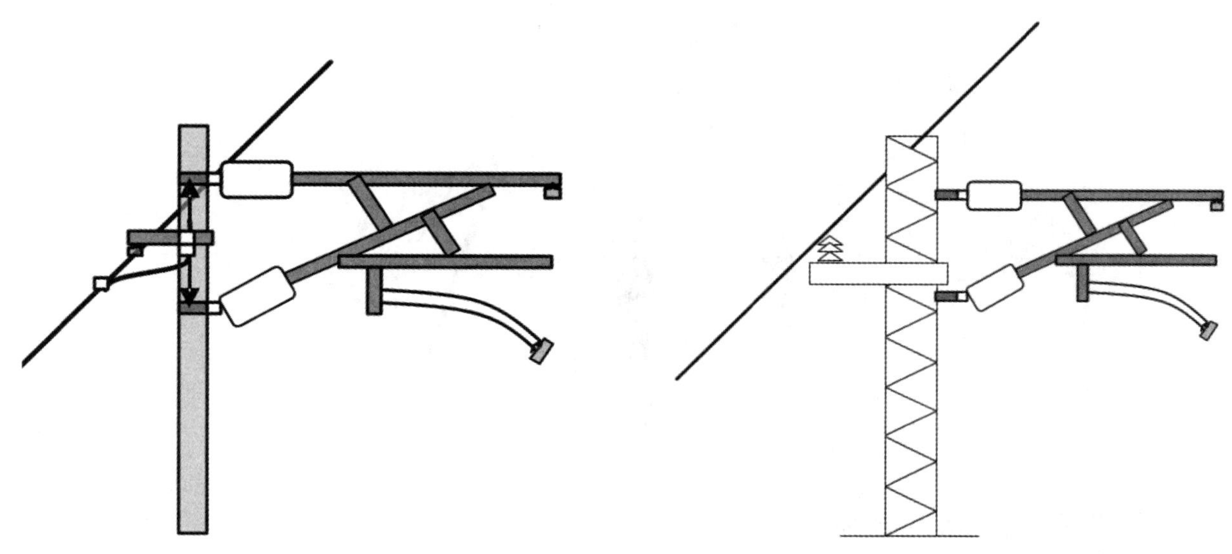

图1　混凝土支柱回流线安装方式图　　**图2　钢支柱回流线安装方式图**

2.2.2　变电所侧回流线

变电所内两台主变压器共用一组(2条)回流架空母线，一端与主变的 N 相相连并通过回流电缆(4根 VLV150 电缆)与所外的接触网回流线相连，回流电缆采用直埋铺设；另外架空回流母线通过 T 接接地放电装置与变电所主地网相连，但未与变电所接地网直接相连。

2.2.3　吸上线

广深线每1.5~2 km 在线路两侧各安装一处吸上线。安装于变电所(分区所、开闭所)馈线出口附近的吸上线安装采用2×VLV150 电缆，其余的采用单根 VLV150 电力电缆，在就近支柱进行安装，全线现有吸上线99处。

2.2.4　回流线接地

全线回流线每隔300~500 m 设一处接地极，接地电阻不大于10 Ω，回流线接地共设置安装510处。

2.3　广深线列车开行情况

广深线原始设计中，Ⅰ、Ⅱ线为客运线，列车为动车组、SS8、SS9；Ⅲ线、Ⅳ线为客货混跑，列车包括货机 SS6B，客机 SS8、SS9，市郊列车为动车组。线路牵引质量：货物列车3500 t，旅客列车1100 t。目前，Ⅰ、Ⅱ线广州东至深圳区间为客运专线，列车为和谐号动车组，周末高峰线开行97对，平日开行88对；Ⅰ、Ⅱ线广州至广州东区间和Ⅲ线、Ⅳ线为客货混跑，列车包括和谐号动车组、HXD、SS8，货机 HXD1C、DF4，目前开行跨线动车组16对。

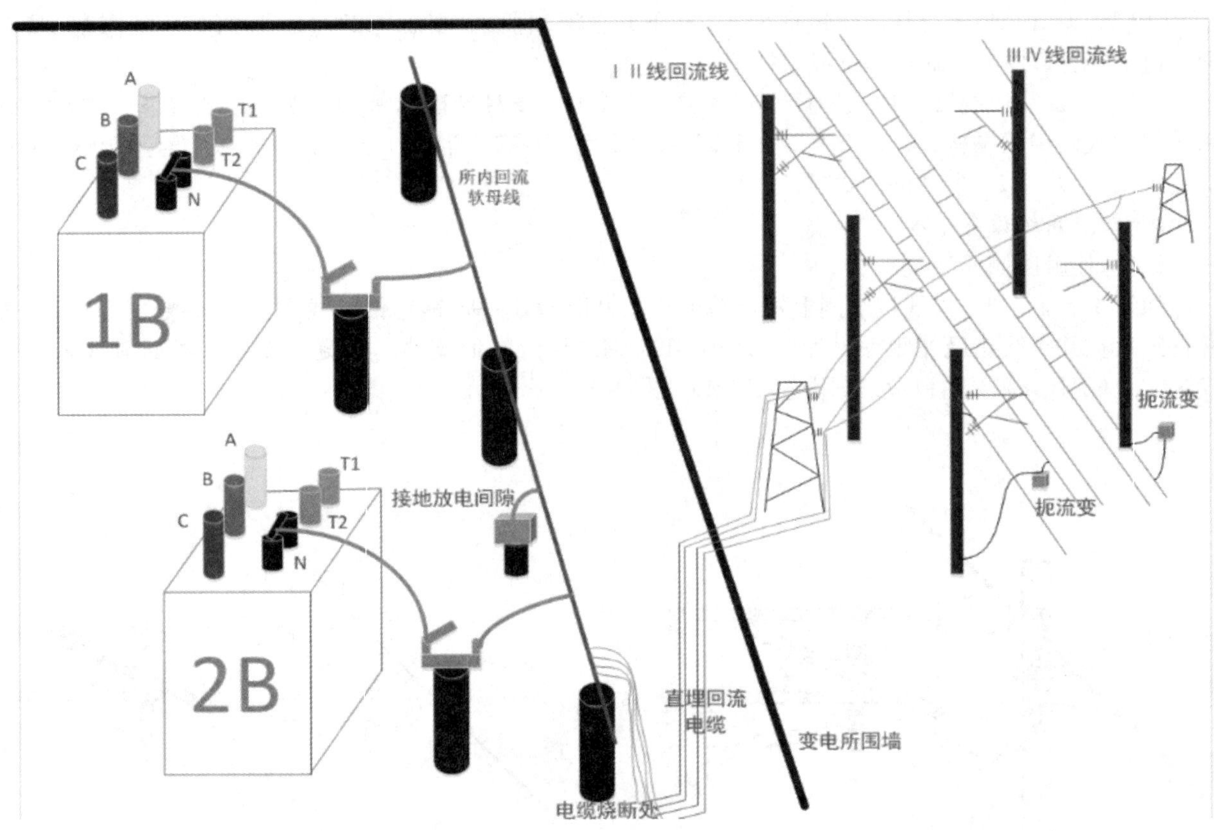

图3　变电所既有回流示意图

3　“7.28”事故原因及技术分析

3.1　“7.28”事故直接原因分析

3.1.1　2016 年茶山牵引变电所主变更换改造时变电所主变压器 N 相(回流相)未与主地网连接，地网中的电流无回流通路，地网中电流只有窜入回流电缆最薄弱处所，回到主变压器 N 相形成回流通路。地网中电流长期在回流电缆最薄弱处窜入，逐步损伤回流电缆，最终造成回流电缆烧损直至烧断(见图 4)。

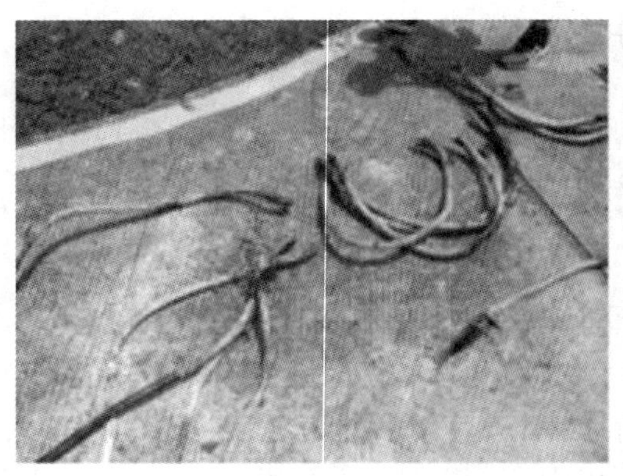
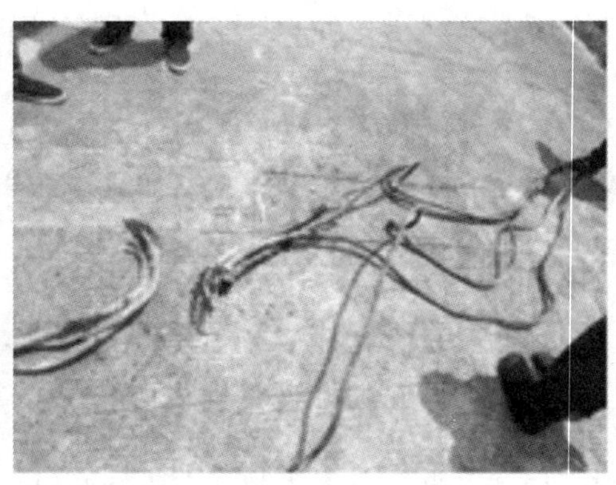

图4　所内回流电缆烧断图

3.1.2　东莞至常平Ⅱ线 120 号、50 号、52 号、56 号支柱为混泥土等径圆杆，回流线采用非绝缘安装方式。当Ⅱ线跳闸停电后，Ⅰ线、Ⅲ线、Ⅳ线仍在正常行车，当茶山变电所内回流线缆烧断后，整个牵引回流通道被断开，线路上回流线电位升高。回流电流经腕臂抱箍对支柱钢筋放电形成泄流通道。因抱箍与支柱内部钢筋之间接触电阻较大，在抱箍与支柱接触处形成高温，造成离变电所最近的 120 号、50 号、52 号接触网腕臂底座抱箍烧断；120 号、50 号、52 号、56 号回流线肩架抱箍烧断脱落（见图 5）。

3.1.3　东莞至常平Ⅱ线 52 号接触网腕臂底座的抱箍烧断后下垂，支撑定位装置低于接触线，与通过的 C7068 次受电弓碰撞缠绕拉断承力索。

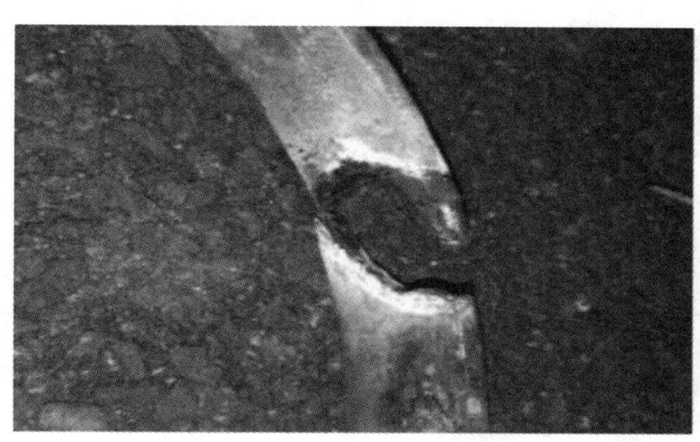
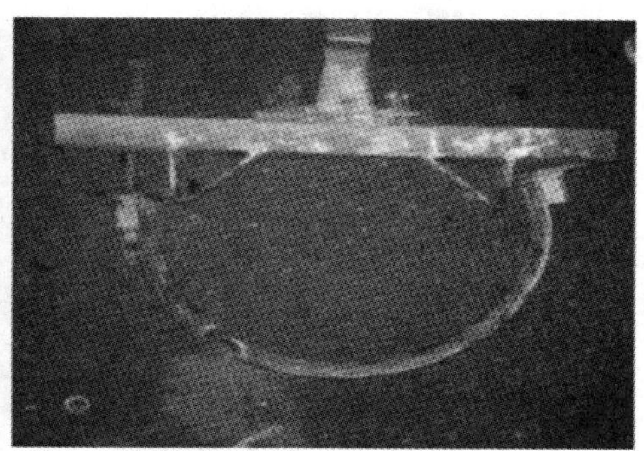

图 5　接触网底座抱箍烧断图

3.2　“7.28”事故深层原因剖析

3.2.1　广深线牵引回流系统设计缺陷，回流方式单一。既有变电所牵引回流一般分为回流线回流、轨回流和地回流三种，设置集中接地箱。回流线回流是指通过吸上线与电务的扼流变压器中性点接入架空回流线回所、轨回流是指在变电所附近通过回流电缆或扁钢与扼流变压器中性点相连接接入变电所变压器 N 相、地回流是通过变电所主接地网流回变压器 N 相。茶山变电所仅设单一架空回流线回流，没有考虑地回流通道。原设计通过接地放电保护装置接地网、正常情况为断开状态，只有当地网电位达到 3 kV 时该装置才导通主变 N 相，日常全部牵引回流电流仅能从这个单一回路进行回流，造成该回路负荷繁重。且当该回路出现故障后，无第二回流回路，会造成回流系统整体电压抬升，从而烧伤、击穿回流系统中对地绝缘薄弱部位，最终酿成系统性故障。

3.2.2　广深线行车组织发生变化后牵引供电系统回流系统未同步进行更新改造，导致长期过负荷运行。广深线目前运行列车种类与设计已经有了很大不同，列车的牵引功率和牵引质量都有了增长，列车对数较设计时也大幅增加。根据茶山变电所综合自动化系统后台统计数据，主变低压侧单相的最大负荷电流超过 1500 A，两相综合瞬间负荷电流最大超过 2000 A，全天平均有效电流超过 500 A，这对牵引回流系统造成极大的负荷压力，截面积为 95 mm 的钢芯铝绞线极限长期通过电流大约为 300 A。所以，长期过负荷运行的回流线材逐渐出现烧损，最终烧断。所内回流电缆为 4 根截面积为 150 mm 的普通橡皮电缆，直埋电缆散热能力较差，4 根回流电缆的最大长期载流为 960 A。该回流电缆至今已运行 11 年，长时间超负荷运行，埋在地网侧电缆发热受损，地回流在所内回流电缆绝缘薄弱处击穿既有的回流电缆绝缘，最终熔断所内回流电缆。

3.2.3　变电所内回流系统监测手段缺失。广深线开通年限较早，未设计安装电流互感器，加上变电所内的回流线缆直接埋设在距地面 350 毫米的地下，日常对牵引回流电流数据情况和回流系统的设备状态缺乏有效监测检查手段，不能及时发现牵引回流不畅，可能烧损供电设备的隐患。

3.2.4　接触网侧回流线安装方式存在缺陷。接触网侧单杆混凝土圆杆支柱采用非绝缘安装方式，回流线直接与支柱外表面铁抱箍直接相连，与腕臂固定抱箍直接相连接，由于支柱外表对内部钢筋的绝缘能力较弱，导致长期有回流电流径支柱表面进入内部钢筋形成异常回流通路，相关连接部位在电流长期作用下产生电气腐蚀，迅速老化，最终烧毁。

4　回流系统缺陷解决对策

牵引供电回流系统是由钢轨、回流线（PW 线）和大地（综合接地）三条回流通路与牵引主变、牵引网构成的完整电气回路，其技术状态的好坏直接影响供电设备的运行安全。牵引供电回流系统缺陷整治必须从变电所与接触网两个方面整体考虑入手，进行系统的整治方能解决问题。

4.1 变电所内

4.1.1 在平湖、茶山和下元三个牵引变电所各增加一台集中接地箱(见图6)，用于汇总架空、钢轨及地回流，形成完整三种方式回流，并在每个回流回路上增加电流互感器用于回流数据监测。

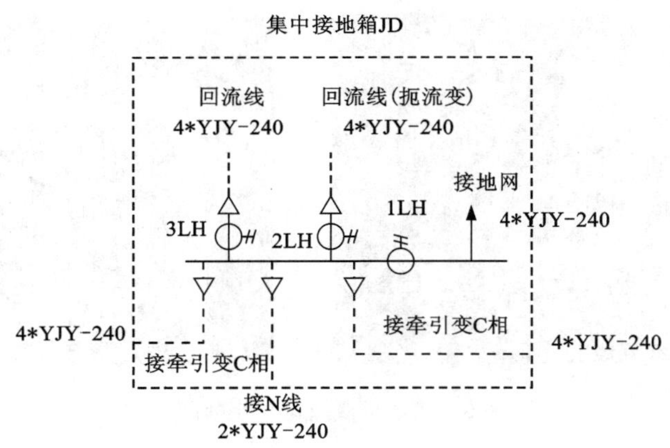

图6 集中接地箱原理图

4.1.2 加强变电所内回流数据监控管理，变电所控制室增设回流测控装置，对三种方式的回流数据进行实时监控，并汇总形成电子报表，从而实现对变电所回流电流进行科学有效的管理，及时发现回流异常问题并尽快组织整治，防止缺陷进一步发展形成故障。

4.2 接触网侧

4.2.1 对牵引变电所两侧距离所最近的既有吸上线间回流线载流截面积由 95 mm^2 大修为 240 mm^2，形成具有更大汇总载流能力的架空回流通道。

4.2.2 增设单独轨回流通道，在每一行距离变电所所最近的扼流变压器至牵引变电所间架设单根 JL/LB20 A－240/30 回流线，形成独立可靠的轨回流通道。

4.2.3 对回流线的安装方式进行调整，混凝土支柱的回流线安装方式统一调整为绝缘安装，每处加设一个针式绝缘子，同时对腕臂绝缘子进行改造，按双重绝缘标准进行改造，在第二层绝缘处增设单独回流跳线(见图7)。

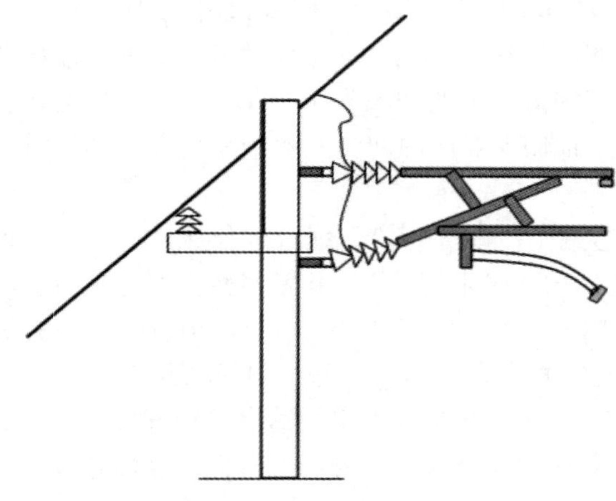

图7 改造后混凝土支柱回流线安装图

5　回流系统运行管理中值得注意的几个问题

5.1　应关注回流电缆隐患隐蔽性

早期从接触网回流线引到主变的回流电缆一般采用直埋方式，也没有采取穿管防护安装。由于该电缆与高压电缆不同，该电缆电压级别低，且无继电保护设备对其进行保护和监测，虽然电缆破损后仍可继续运行，但破损后持续运行后加速电缆绝缘老化，发热量增加，最终可能导致电缆完全烧毁。所以，该回流电缆铺设应尽可能采用电缆沟铺设，并且完善相应的巡视、检查制度，确保回流电缆的可靠运行。

5.2　回流跳线容量应按最大短路电流选定

回流线采用绝缘安装区段，一般会采用加装回流跳线的形式，该跳线主要考虑到接触网绝缘设备击穿后为短路电流提供可靠的回流回路，保证继电保护设备的可靠动作。但由于该跳线正常情况不承载电流，所以大部分线路将该跳线按较小的载流要求进行设计，但实际运营中发现，当发生短路时，通过该跳线的瞬间电流可达5000 A左右。虽然单次的短路电流不足以使跳线烧毁，但多次电流通过之后，可使跳线烧断，从而造成短路电流没有直接回流通道，回流电流通过支柱进行泄露造成支柱与回流线相关设备烧损。严重的情况下，可能会造成继电保护拒动，最终酿成更严重的系统性故障。所以，回流跳线应尽按短路电流设计相关截面大小，且在每次跳闸后对附近回流跳线进行检查，发现问题及时处理。

5.3　主变结线型式变化后应注意牵引回流电流的变化

由于主变结线型式变化会造成主变低压侧两相负荷之间的角度发生变化，当两相电流进行矢量计算时，当角度变小之后，该矢量电流和会增加，这无疑对回流线缆的通流能力提出了更高的要求。茶山变电所主变结线型式由平衡结线更换为 *V/V* 结线之后，牵引回流电流增加了约23%，但主变更换时并未同步对回流设备同步进行更新，最终加剧了回流电缆的老化和烧毁。所以，当对主变压器进行更换改造时，特别是主变结线型式发生变化时，回流系统设备是否应进行更新应同步纳入设计。

5.4　应进一步提高对牵引回流系统的认识，重视日常的维护保养和技术管理

一是要通过专题研讨和攻关，提高各级管理人员和现场作业人员对牵引供电回流系统技术原理、结构方式、日常运行维护知识的掌握，提高对牵引回流系统重要性的认识。二是要进一步厘清牵引回流系统的管理思路。必须将牵引回流（吸回装置）单独作为一个维修项目，制定专项的作业指导书，明确检查项目、周期、流程和标准，在年度检测维修计划内统一安排。三是要按照“一所一图”的方式，建立回流系统技术档案，并在日常运行中加大对回流监测数据的分析管理，发现异常及时排查原因并予以整治。

6　结束语

本文通过对一起牵引回流系统事故直接原因进行分析，对其深层原因进行剖析，研究采取了增设回流通道、增大架空回流线导线截面积、改变回流线安装方式等解决对策。同时对牵引回流系统运行管理中需重点关注的几点问题进行阐述，通过相关对策的落实到位，大大提高广深线牵引回流系统的运行稳定、可靠程度，牵引供电网整体运行质量大幅提升。

作者简介

林胡根，中国铁路广州局集团有限公司深圳供电段，副段长，高级工程师

基于荧光机理的光纤温度在线监测系统的应用研究

康利军

摘　要：电力工业 130 多年来，高压电气设备热点温度直接监测一直很迫切，但一直没有很好的技术手段解决。荧光光纤测温技术不仅能够实现实时在线监测，而且具有互换性好、测温精度高、安全可靠，性价比高、免维护等优点，荧光光纤测温技术在铁路智能供电系统具有广泛的应用前景。

0　引言

铁路供电系统主要是由铁路沿线牵引变电所、AT 所、箱式变电所中的电力设备(包括牵引变压器、自耦变压器、干式变压器、开关柜、环网柜等)及二次监测设备构成。铁路沿线变电所的温差大、列车通过时振动频繁，当这些关键设备使用时间过长、过载、绝缘老化或接触不良时，均会产生局部过热现象，监测和维护这些电力设备的温度正常运行是整个系统可靠供电的基本保证。

近年来，随着我国铁路迅速发展，用电需求快速增长，铁路电力系统正向智能化的方向发展。然而传统的电力设备温度监测远远不能满足铁路供电系统智能化的需求，如牵引变压器和自耦变压器采用的是热电偶测量变压器油温，干式变压器采用的是热电偶测量变压器环氧树脂表面温度，环网电缆头采用的是无线测温测量电缆头绝缘层表面的温度，等等。这些测温传感器普遍都不是测量电力设备“热点”真实温度，往往存在着测量精度低、易受电磁干扰、容易误报、容易漏报、寿命短、可靠性差等问题，不能从根本上降低或避免电力设备由于温度异常引起事故的发生。

1　荧光光纤测温系统设计方案

1.1　电力设备常见的测温方式及对比

随着信息化技术的发展，在线监测温技术逐步在电力设备中得到应用，例如红外测温、有源无线测温、感应式取电无线测温、无线无源(声表面波)测温、光纤光栅测温等。红外测温经常受灰尘、天气影响，测量数据不准，而且需要人工巡检，漏检、误检概率大。有源无线测温易受电磁干扰，寿命短(电池耗尽)，电池本身漏液、起火，存在爆炸隐患。感应取电无线测温对被测设备的工作电流有要求，体积大，成本高，不能测到热点真实温度。无线无源(声表面波)测温易受震动和电磁干扰，寿命短，测温应用范围局限。光纤光栅测温虽然不受电磁干扰，寿命长，但成本过高，系统体积大，安装困难，不易跟电力设备集成。

为克服现有测温技术在电力设备热点监测存在的不足，本文提出一种基于荧光光纤测温技术的温度在线监测装置。根据稀土荧光材料寿命与温度相关，通过解调仪获得实时温度信息，具备荧光探头可深入到电力设备发热点实时测量，抗电磁干扰，绝缘性能好、探头使用寿命长(30 年以上)，免维护，安装方面容易集成，组网灵活。

1.2　荧光光纤测温基本原理

荧光光纤传感探头是一种特殊稀土荧光物质，这种物质受到激发后，会发出荧光，温度的高低决定了这种物质被激发出荧光寿命的长短。荧光光纤测温原理正是基于通过测量荧光寿命来反演出温度。如图 1 所示，激发光在 0 时刻停止发射，但是荧光还要持续一段时间后才会消失，此时的荧光寿命可以反演出时间，温度越高，衰减得越快，荧光寿命也越短，通过不同的荧光寿命就可以计算得出对应的温度。

应用这种测温技术最大优点是被测目标的温度是材料发出荧光寿命的单值函数，与系统的其他变量无关。即光源强度的变化、传输损耗、光耦合效率等都不影响测量的准确性，因此相对于其他测温方法具有明显的优势，具有互换性高、稳定性好、无须标定、寿命长等优点。

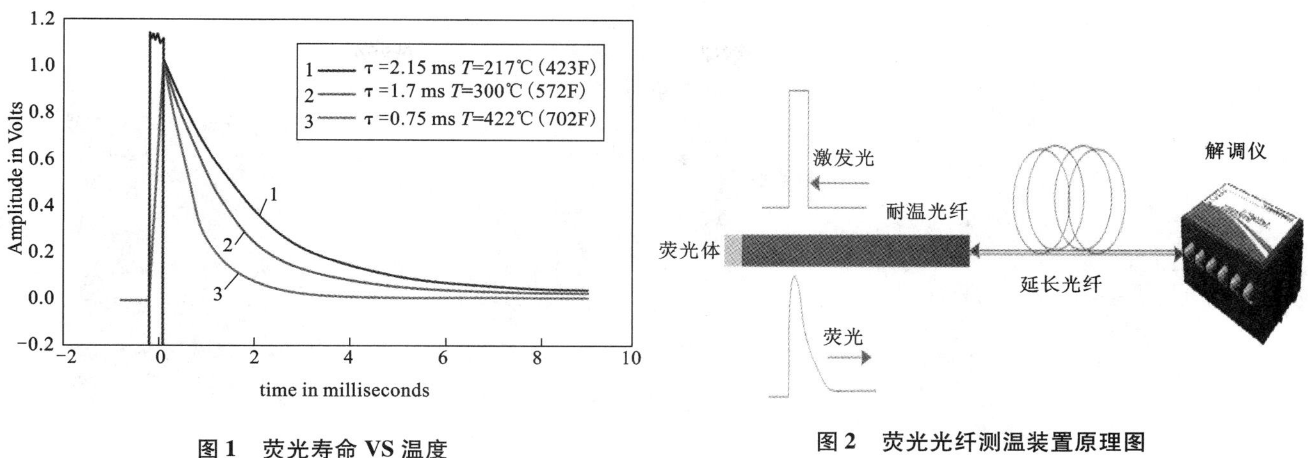

图1　荧光寿命 VS 温度

图2　荧光光纤测温装置原理图

1.3　荧光光纤测温装置介绍

荧光光纤测温装置原理如图2所示：温度解调系统驱动LED发出一个光脉冲，光脉冲通过光纤到达涂有稀土物质的探头激发出荧光，这些荧光通过光纤传输到温度解调系统中进行光电转化得到相应的温度数据显示在相应的面板上，并通过解调仪对温度进行传输显示处理。

荧光光纤测温装置主要包括光纤温度解调仪、荧光光纤传感探针、监控主机和人机交互界面等。(1)光纤温度解调仪(如图3所示)实时发射光脉冲并接收荧光光纤传感探针传输的携带有温度信息的光信号，并把其解调为温度数值，并将温度数值传送到显示仪表，由显示仪表根据温度情况进行相应的告警等提示。当实际测量值大于报警设定值时发出报警信号。它既可单机独立工作，也可多台组网使用，适用于各种规模应用需求。还可选配相应的显示模块用于就地显示，显示仪表采用嵌入式安装方式安装在门板等地。(2)荧光光纤传感探针尺寸极小，可直接安装在被测点上，其测温准确、响应迅速；其尾纤选用特制光纤，它具有传输带宽大、信号稳定、抗电磁干扰、抗挠曲、抗冲击强度高和连接快捷等优点；尾纤护套具有耐高温、耐老化、耐腐蚀、高绝缘、不黏附等特性，可适应高压、高温、强电磁等恶劣的使用环境。(3)监控主机能实时接受、处理来自多个光纤温度解调仪发来的正常信息、故障信息、灾害信息，并对其进行快速处理和管理，监控主机具有故障监控、显示、报警、信息交换等功能，同时通过网络可实现远程监控。(4)人机交互界面软件系统主要功能包含实时温度的本地监控、实时数据的远程监控、高/低温报警、高/低温预警、历史数据回放、报警前后曲线、温度导出至Excel等功能。

2　荧光光纤测温技术设备应用实例介绍

目前，荧光光纤测温技术在铁路智能供电系统中的已经广泛应用测量油浸式变压器绕组和铁芯温度、干式变压器绕组和铁芯温度、开关柜触头温度、环网柜电缆头温度等领域。

2.1　油浸式变压器中的应用

变压器绕组光纤温控系统具备直接、在线、实时、精确测量绕组热点温度等特性，可实现动态负载时“热点”温度的实时和精确监测，如图3所示。越来越多的铁路电力部门的变压器已经或正在安装光纤温控系统，采用光纤温度传感探针直接、在线、实时测量变压器绕组温度正逐渐成为铁路行业通用的测量方式。

2.2　干式变压器绕组测温应用

光纤传感器的探头可以直接浇注到干式变压器环氧树脂里面(如图4所示)，探头跟铁芯和绕组直接接触，测量的温度更加准确，通过监测变压器绕组的实时温度来预测可能发生的故障，防止电气火灾的发生。这种技术的特点是既没有破坏绝缘性能，又能测量真实的热点温度，而且很好地解决爬电绝缘的问题，安装方便。

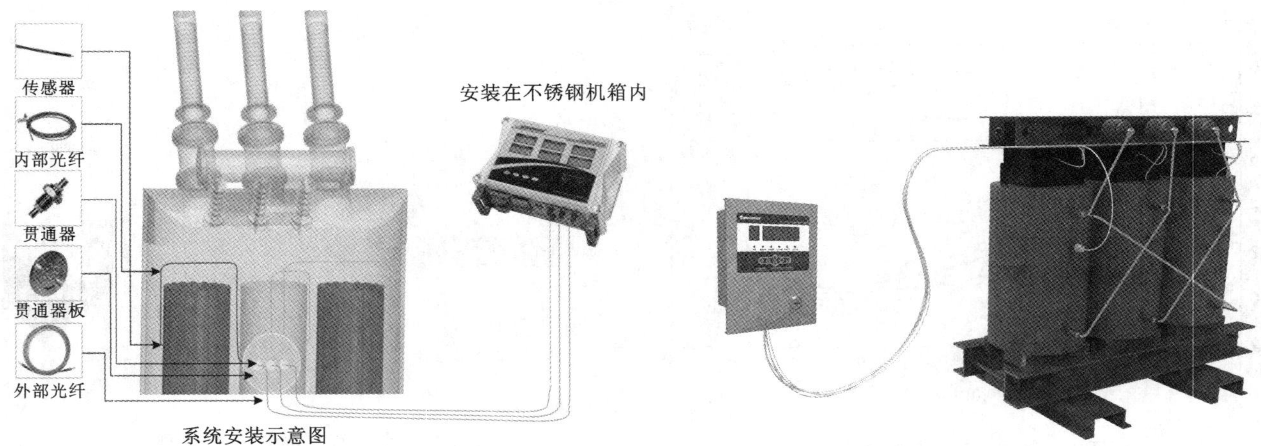

图 3 荧光光纤测温技术在油浸式变压中的应用

图 4 荧光光纤测温技术干式变压器中的应用

2.3 开关柜触头测温中应用

开关柜的主要发热点位于静动触头的接合部位，但此部位处于绝缘套筒的保护之下，里面的空间非常狭小。为了更准确地测量触头的发热温度，荧光光纤温度传感探针的直径为2.8 mm，可以从套筒后部沿汇流排伸入套筒内部，然后用导热硅胶黏结在温度热点处，也可以使用专门针对静触头设计了耐高温、高绝缘的安装卡具，可以将传感头牢牢的固定在静触头上。如图 5 所示。

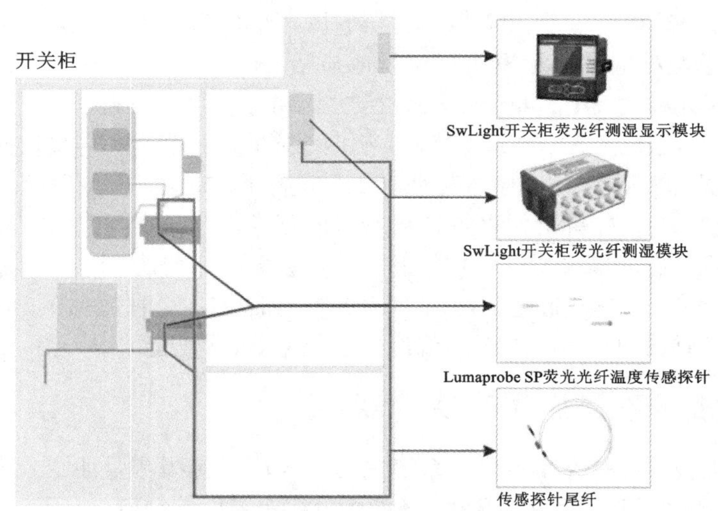

图 5 荧光光纤测温技术在开关柜中的应用

2.4 环网柜电缆头测温应用

在环网柜电缆的绝缘塞内部浇注测温嵌件(如图 6 所示)，可实时监测绝缘塞内部铜的热点温度。这种方法测温的最大优点是既能探测真实温度，又不破坏绝缘和局放，而且安装方便。光纤接口留在绝缘塞外部，并通过转接光纤连接温度解调仪，通过 485 与 GSM/GPRS 无线数据传输设备进行通信，将系统将接收到的温度数据传输到 RTU 或定时发送至值班人员手机，

3 现场测试结果及效益分析

2017 年 6 月 30 日，西安铁路局宝鸡供电段管内宝兰客专宝鸡南至东岔电力箱变 01X1242、04XB1246 安装荧光光纤电缆头测温系统，包含现场电力箱式变电站电缆终端头安装测温传感器设备，光纤解调仪

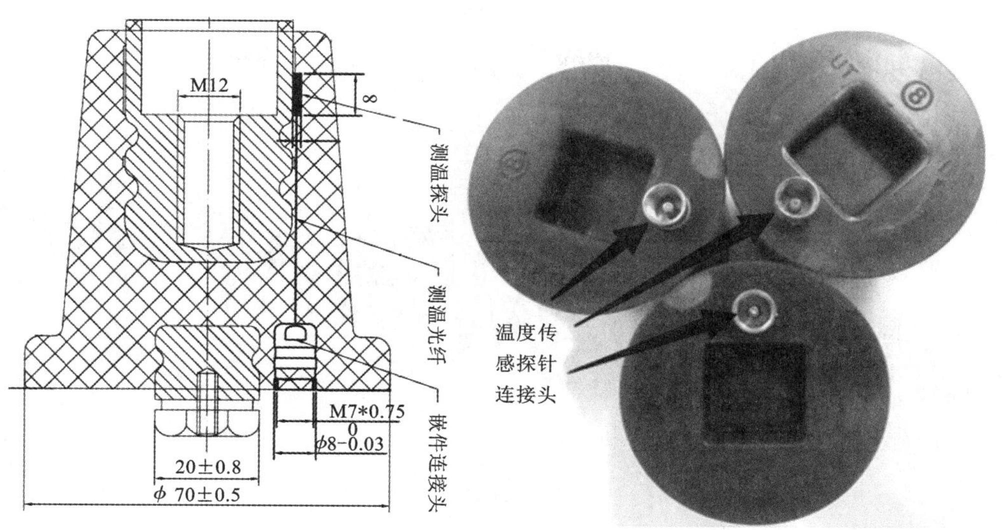

图 6　荧光光纤测温技术在环网柜电缆头中的应用

485 接口用屏蔽双绞线接到环控平台备用节点上，搭建现场至监控后台之间的光纤、公网信息传输通道，组建温度测温监控后台(移动终端、供电段服务器)，并完成调试及现场试运行实验。截至 2018 年 12 月 10 日，两台光纤测温业绩连续无故障运行 540 天，共计 12960 小时，通过 GSM 准确回传全部 12600 个温度数据，无漏报，误报。

通过回传数据分析(如图 7 所示)，监控出一次温度异常，具体为 04XB1246 环网柜内电缆头兰州端 C 相电缆头温度从 9 月 12 日开始温度一直在上升，到 9 月 23 日上升到 53.5℃，而兰州端 A 相和兰州端 C 相的温度基本保持在 25℃左右，随后在 9 月 24 日停电检修时，更换了电缆头，温度数据恢复正常。有效避免由于电缆头过热可能引起的事故。

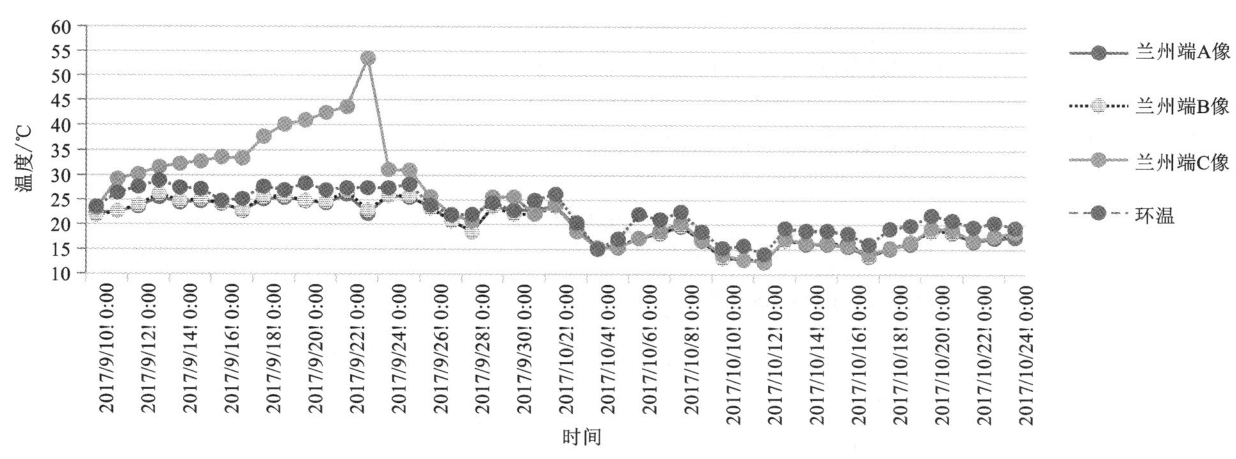

图 7　宝兰铁路箱变环网柜电缆头测温监测曲线

2018 年哈牡高铁变电所牵引变压器安装变压器绕组光纤测温装置，投运两年来，变压器在运行过程高压绕组温升平均上升 6.7℃，最高 17℃，低压绕组温升平均上升 10.7℃，最高 21℃，铁芯平均温上升 50℃，最高 70℃。对变压器运行状态进行有效的实时监测，期间装置运行可靠，未出现故障，且能保证不间断运行。

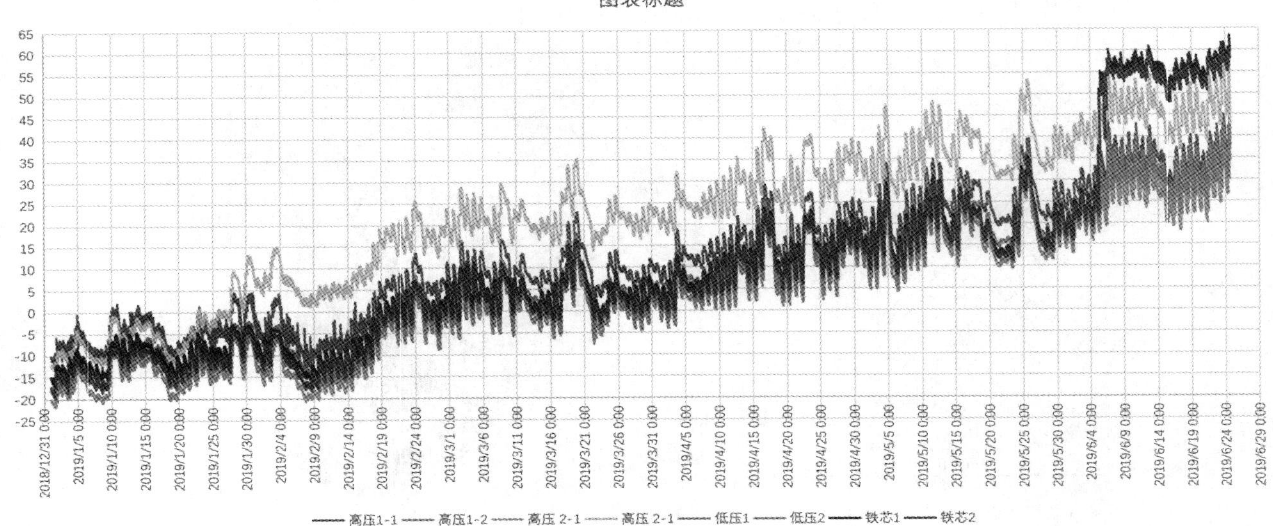

图 8　哈牡高铁变电所牵引变压器绕组铁芯温度数据曲线

4　结束语

本文对几种常见电力设备温度监测技术进行了对比分析，重点针对荧光光纤测温原理经行了介绍，提出了荧光光纤测温技术在电力设备中多种应用方案。通过两个典型现场应用数据分析，得出该项技术不仅能够对设备运行状态进行实时在线监测，而且系统运行稳定，无误、报漏现象，并能有效避免由于电力设备过热可能引起的事故。充分说明了荧光光纤测温技术在电力设备中具有广泛应用前景，具有推广价值。

参考文献

[1] 王志勇. 变电站高压开关柜在线测温系统设计[J]. 企业科技与发展，2011，20:39 - 41.
[2] 王冬生，王桂梅，王玉田等. 基于稀土荧光材料的光纤温度传感器[J]. 仪器仪表学报，2007，28(4)：123 - 127.
[3] 王光伟. 基于荧光光纤测温的开关柜温度在线检测系统研究[D]. 南京：南京理工大学，2012.

作者简介

康利军，西安和其光电科技股份有限公司，副总经理

浅谈铁路牵引变电所无人值守系统安装

边山宝 孙世华

摘 要： 铁路牵引变电所无人值守系统具有高灵活性、高准确性、高可靠性，同时区别于旧的人工值守方式又有很高的经济效益与社会效益，可以广泛应用到铁路沿线牵引变电所、AT所、分区所、开闭所等处所。本文以鄂尔多斯220 kV牵引变电所无人值守系统应用为例，对铁路牵引变电所无人值守系统安装进行归纳，为今后铁路牵引变电所无人值守系统安装积累相关经验，并提供参考。

1 引言

鄂尔多斯牵引变电所应用的无人值守系统由智能远程终端、图像处理系统、报警转发系统、远程信息显示系统、巡检任务系统、语音对讲系统等仪器仪表组成。具有对变电所进行无死角全天候监控的功能。

无人值守系统的应用基于完整的安装方案，只有准确的安装才能发挥无人值守系统的作用。实现作业方式超前、自动化程度高、覆盖率全面，在数据的积累和互通方面相较于人工巡检更加完备，保证全所设备无死角全覆盖的巡视，对可能发生的故障及时做出判断，并进行实时报警等功能。

2 无人值守系统安装

2.1 无人值守系统组成部分及安装侧重

一部分是“静态值守”。“静态值守”是指无人值守系统通过摄像头、传感器等硬件采集反馈的信息进行分析比较，从而得出设备的运行状态，这一部分主要实现了无人值守系统点对点的值守巡视功能，不足之处就是设备需要特殊巡视时摄像头或是传感器作用有一定的局限性。

此部分在安装方面侧重确定摄像头、传感器等硬件的信息采集的最佳位置并安装。

另一部分是“动态值守”。“动态值守”是指依靠两个巡检机器人有轨迹的巡视，实现设备巡视的全覆盖以及特殊情况下的巡视功能，是静态值守的补充。

此部分安装时侧重点在于规划巡检机器人的动态路径，同时也要保证规划出的动态路径的全面性与可靠性。

2.2 无人值守系统“静态值守”安装

2.2.1 传感器的安装

从鄂尔多斯牵引变电所无人值守系统传感器监测及设备控制程序模块结构图（见图1）可以看出，无人值守系统应用的传感器有很多种类、且功能不一。这样的情况下，采用同一种安装方法显然就是不适用的。所以结合鄂尔多斯牵引变电所场地的布局在实际安装过程中遵从了以下原则：

（1）室外传感器布线尽量以预埋的方式进行，预埋深度不少于800 mm，预埋时不得破坏现有接地设备及线缆。

（2）室外传感器线缆预埋必须装备连贯的保护线管，线管转弯处不得小于1/4圆弧，线管两端漏口部分必须使用堵料封堵。

（3）室外传感器线缆进入电缆沟后，必须统一置于电缆沟最上层电缆支架，并进行绑扎，绑扎距离不得大于1000 mm。

（4）室内传感器线缆地上部分必须有固定的保护线管，地下部分线缆需挂牌对线缆所属设备、走向、长度等信息进行标注。

（5）室内外传感器及线缆安装要严格按照《牵引变电所安全工作规程》中规定的安全距离进行。

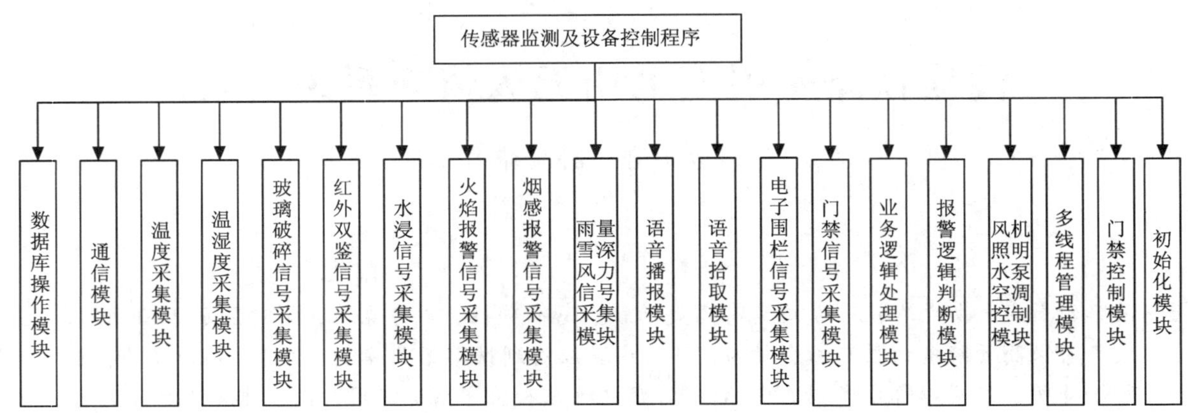

图 1　传感器监测及设备控制程序模块结构图

2.2.2 摄像头的安装

无人值守系统完成布局后共使用了 53 组高清摄像头：分别用于设备监控巡视、所内安防，安装的基础有金属立柱、绝缘支架等。

设备安装主要涉及两个方面的内容，一方面安装必须保证摄像头能够正常使用且实现最佳成像效果，另一方面鄂尔多斯牵引变电所在布局上严格的按照“横平竖直”要求进行，所以无人值守系统摄像头的安装依旧要“横平竖直”。

保证摄像头安装能够正常使用且实现最佳成像效果的关键因素一是摄像头到被摄物之间的距离，二是摄像头的摄录参数。在鄂尔多斯牵引变电所无人值守系统安装时，先确定了摄像头到被摄物之间的距离，然后通过距离长短适配摄像头型号。

这样的顺序有两个优势，一是先确定距离可以提前开始摄像头基础部分的施工，同时选择好适配的摄像头后，摄像头安装可以与后期调试同时进行极大的节约了施工时间，为后期调试留足空间；二是可以满足无人值守系统摄像头的安装要“横平竖直”的要求，即美观。经多次试验，鄂尔多斯牵引变电所室外断路器与其摄像头的间距固定在 1600 mm，进线侧避雷器与对应摄像头的间距固定在 1400 mm，室外馈线侧避雷器与其摄像头的间距固定在 2700 mm。

室内摄像头安装包括牵引变电所主控室以及高压室两部分，主控室部分的安装需要结合日常值守巡视要求进行，日常巡视的主要内容即是对各项仪表的读数进行监控、记录，无人值守系统设计依靠 6 组高清摄像头完成，所以在安装上采用了“就近原则”：安装的高清摄像头处于被监控仪表的正前方，监控距离最短，可视效果最佳。

在高压室安装摄像头时按照“就近原则”结合被摄设备位置、监控位置等因素的不同，在被摄设备斜侧安装了 2200 ~ 3200 mm 不同高度的摄像头支架，这样摄像头距地 2100 ~ 3100 mm，以便在可视范围内更好的对设备进行智能巡视(见图 2)。

图 2　高压室摄像头安装实景图

高压室设备斜侧安装了2200～3200 mm不同高度的摄像头支架，这样摄像头距地2100～3100mm。这样的安装方法是出于对高压室设备多、设备体积大的考虑。

以断路器小车为例，断路器小车指示灯至摄像头距离约为2800 mm，摄像头距地面高度约2100 mm，其夹角约为45°摄像头在此位置可以发挥最大功能，最有效地监控了被摄断路器的运行状态，同时摄像头此角度可视范围还可以涵盖临近设备，基本实现单个摄像头监测两到三个设备，充分利用了摄像头（见图3）。

图3　高压室断路器小车与摄像头安装位置关系实景图

2.3　无人值守系统"动态值守"安装

2.3.1　无人值守系统"动态值守"工作原理

"动态值守"是指依靠两个巡检机器人有轨迹地巡视，实现设备巡视的全覆盖以及特殊情况下的巡视功能，包括室外巡检机器人与高压室内吊轨机器人两部分，两个机器人的工作原理就是控制端下达巡视命令，两个机器人在安装完成的路线上进行巡视。

2.3.2　无人值守系统室外巡检机器人巡视路径安装

室外巡检机器人的使用范围定位就是室外，所以对室外的环境要求并不苛刻。在安装时主要是为机器人铺路：

（1）对现有巡视道路的改造。现有人员使用的巡视道路基本满足室外巡视机器人使用，安装主要改造了台阶，按照机器人大于15°的爬坡能力安装了25°～35°之间的防滑斜坡。

（2）新建了统一标准的巡视道路，按照人工巡视道路宽度，新建混凝土材质巡检机器人巡视道路28 m，新建道路与现有人工巡视道路配合，形成全所环形巡视道路。

2.3.3　无人值守系统室内巡检机器人巡视路径安装（见图4）

室内巡检机器人即是高压室内吊轨机器人，其巡视是在高压室内环形吊轨完成的，室内巡检机器人巡视路径安装就是完成高压室内的吊轨安装。高压室顶装吊轨全长58000 mm，配套顶装吊架57组，通过反复试验，结合顶装机器人特点得出以下安装工艺要求：一是57组顶装吊架均需要在6500 mm高的高压室顶部安装，且要求吊架中心点必须保持在同一条线上，且吊轨轨面与水平面倾斜角不得超过5°。吊轨机器人完成安装后机器人摄像头距被检测设备指示灯（或设备本体）水平面垂直距离约为3500 mm，摄像头与被检测设备指示灯（或设备本体）直线距离约4700 mm至5000 mm，摄像头垂直线与被检测设备间夹角为40°至50°，此角度正处于吊轨机器人摄像头活动范围的中心区域，可视范围最广，可获取的信息量最大。

吊轨安装时，由于作业处所在屋顶，要特别注意使用激光水平仪与模具的使用。水平仪可以保证安装的连贯性，同时免去划线环节可以大幅增加施工进度；模具的使用可以减少高空作业的风险，保证人员安全。

图 4　高压室巡视机器人安装位置实景图

3　结束语

鄂尔多斯牵引变电所无人值守系统安装是一次关于无人值守系统安装的有益探索，以鄂尔多斯牵引变电所无人值守系统因地制宜地进行了合理的安装为实例，展开了对传感器、摄像头、巡视机器人等多元素多设备的安装探讨，本文涉及的安装顺序、安装方法、安装原则操作性强，可以为无人值守系统的安装提供参考。

作者简介

边山宝，中国铁建电气化局集团第二工程有限公司南部维管段，总工程师
孙世华，中国铁建电气化局集团第二工程有限公司南部维管段，科员

铁路牵引变电所运行维修管理模式探索与分析

何祥照

摘　要：本文针对铁路牵引变电所运行、维修管理现状，遵循一体化、专业化、信息化管理原则，探索分析牵引变电所设备缺陷分级、状态评价、状态维修等关键要素，提出牵引变电所运行、维修管理改革思路。

0　引言

近年来，随着我国电气化铁路快速发展，牵引供电设备运行、维修管理的内外环境发生了巨大变化，牵引变电所作为电气化铁路的重要组成部分，规模迅速扩大，专业运行、维修能力不足的问题日益显现。与国内外同行业相比，牵引变电专业化、集约化、精细化管理差距明显，运行维修人员按部就班、频繁检修，设备运行稳定性没有得到实质性提高，导致广大从业人员疲于奔命、劳而无功。随着计算机、互联网技术的发展，牵引变电所已广泛采用综合自动化、远程控制、在线监测、辅助监控等技术，为探索创新牵引变电所运行、维修管理模式奠定了基础，创造了条件。

1　运行维修管理现状

牵引变电所长期沿用有人值班值守及定期检修管理模式。运行、检测、维修工作界面不清，管理策略缺乏统筹，维修计划大而全，作业组织小而散，盲目修、过度修与漏检失修并存，既不适应设备寿命周期技术管理，也不适应状态维修生产管理。

1.1　人力资源沿线分散，难以有效集约管理

目前，牵引变电所主要采用运行、检修分开的管理模式，运行由供电车间负责，检修由变电检修车间负责。从事变电专业的生产人员，分散在供电车间的技术人员及其管辖沿线牵引变电所的值班值守人员占比过大，集中于变电检修车间的技术人员、修试人员占比过小，导致专业技术管理力量分散，周期性巡检、维护保养、修理试验能力捉襟见肘。

同时，供电车间专业管理范围除牵引变电所外，还包括接触网、作业车、给水、电力等，大多数管理人员重视直接影响线路行车的接触网、作业车及电力专业，对技术性相对较强的牵引变电所敬而远之。变电检修车间按照预定检修周期，既有检修方法，对牵引变电所设备进行循环修试，纵向管理链条过长、结合部过多，难以形成有效的专业化、集约化管理，导致牵引变电所运行维系管理呈弱化趋势。

1.2　监测检测手段单一，智能分析水平不高

近年来，牵引变电所在辅助监控、在线监测、带电检测等领域有所触及，也充分认识到这些技术能够有效推动运维管理体制改革。除远动系统应用较好之外，辅助监控、在线监测等设施设备较长时间内没有形成统一技术方案和标准，缺乏软件平台统一汇集监测检测信息并智能分析，导致远动系统、辅助监控系统、在线监测系统等名头虽响，实际各自为阵，难以充分运用自动化、智能化信息处理技术，大量运行、检测、维修等工作仍需要劳动力堆砌，人为干预因素过多。

同时，由于在线监测检测设备尚未全面纳入运行设备管辖范围，在设备选型、入场检验和运行维护管理方面缺乏规范依据和标准，部分劣质甚至冒牌设备流入现场，不能服务于监测检测，反而频繁误报拒报，给牵引变电所运维管理带来不利影响。可以说，牵引变电所监测检测水平现状在很大程度上限制了牵引变电所运行维修管理体制改革的进程。

1.3　管辖设备不断增加，运维能力矛盾突现

“十二五”以来，我国高速铁路建设事业迅猛发展，运营里程已超过25000公里，仅高速铁路牵引变电

所数量快速增加至 500 座以上，将 AT 所、分区所工作量进行换算，实际新增牵引变电所工作量达 1000 座以上。以某集团公司为例，仅牵引变电所数量达 200 座以上，而值班值守人员不足 700 人，检修人员不到 300 人；某变电检修车间年度计划需完成牵引变电所(亭)、电力配电所等周期检修达 130 座，月均完成 10 座以上，安全盯控能力极度不足，质量控制水平下滑十分严重，运维能力与减员增效的矛盾日益突出。

1.4 职责分工界面模糊，重检慎修难以落地

牵引变电所值班值守历经多人值班、两人值班、无人值班有人值守、无人值守四个阶段，《高速铁路牵引变电所运行检修规程》虽规定采用有人值守模式，鉴于高速铁路安全供电意义极为重大，对分散于供电臂内的 AT 所、分区所采用无人值守模式，牵引变电所基本采用两人值守模式，很多值守人员将工作职责简单等同于安全保卫，形同虚设。

长期以来，牵引变电所主要执行“周期检修”管理模式，修程修制分为小修、中修和大修。设备存在缺陷则立即组织处理，达到周期则严格落实检修计划，不管设备运行状态，不问设备检修效果，更不管是否该修，害怕未按期检修出现故障甚至事故，该缩短检修周期的没有缩短，该延长检修周期的没有延长，期望面面俱到，实际处处冒泡，设备故障频发，检修效果不佳。

2 运行维修管理改革思路

随着综合自动化、远动控制及辅助监控等技术日益成熟，牵引变电所的监控手段更加可靠，智能化技术更加先进，为深入推进运行维修改革提供了技术保障。同时，经过多年探索实践，牵引变电所在一体化、专业化、信息化管理等方面，积累了一定经验，取得了一定成效，为深入推进运行维修改革奠定了基础。

2.1 优化生产组织机构，缩短纵向管理链条

按照纵向缩短管理链条、横向减少专业结合部的基本思路，根据地域特性、管辖范围成立变电运维、修试车间，为运维一体化、修试专业化创造条件。运维车间负责值班值守、巡视检查、维护保养、应急处置等工作；修试车间负责专业性较强的修理试验工作，增强专业管理系统性、可靠性和控制力。按照“车间组织生产”的基本思路，学习借鉴先进成熟管理经验，在管理理念、管理方式和管理手段等方面探索创新，建立全系统、全过程的管理体系，构建生产组织结构标准化工作框架，统筹人、机、料等生产资源，统一组织巡检、试验、检修以及故障处理，实现标准化和规范化管理。

2.2 充分共享社会资源，不断盘活既有存量

运维管理单位按照保证安全、管理规范、运行高效的总体要求，充分共享社会资源，不断盘活既有存量。首先，逐所分析设备设施技术条件、评估安全风险，实施远动通道、辅助监控系统等专项整治，积极稳妥推进无人值班值守。其次，深度融合沿线运维资源，分离变电运行人员，集中专业技术人员，统一纳入相应运维车间管理，不仅负责运行工作，并由车间组织设备维护保养，不断加强设备状态分析，增强现场作业盯控力量，为实施运维一体化、修试专业化夯实人力资源基础。同时，要充分利用市场优势积极推进人力资源市场化，将远动系统、GIS 柜等专业性较强的检修业务外包给有能力的专业机构。

2.3 理顺运维业务界面，深入推进状态维修

遵循“分级管理、差异化维修”的基本原则，综合考量设备性能、检修能力，理顺牵引变电所运行、检测、维修业务界面。依托生产管理信息系统，综合利用 SCADA 系统、辅助监控系统、一闸一档等信息资源，充分发挥大数据作用，系统掌握设备变化趋势和影响因素，强化设备状态检查，及时定期分析诊断，分级管理设备缺陷，准确开展状态评价，深入推进状态维修，确保设备状态全面受控。

2.4 不断依靠科技进步，提升技术保障水平

预防性试验的试验电压往往远低于被试品运行电压，考虑到环境温度、湿度、电磁干扰、设备老化等因素的影响，预防性试验往往难以完全准确反映设备实际运行状态。而在线监测系统在发现被监测设备缺陷方面，具有其他手段难以发挥的作用，为及时有效发现设备缺陷，预防设备突发性故障，保障设备安全运行起到了良好的作用。

运维管理单位在实际运用过程中，应立足实际、循序渐进，牢牢把握好两个方面。首先，要充分挖掘远动系统功能，专门设置远程监测人员，实时盯控报警信息，分析牵引变电所设备运行状态，弥补无人值班值守设备状态监视的短板。同时，拓展生产管理系统应用，将远动系统、辅助监控系统、在线监测检测

系统及周期离线检测数据等进行融合，配套修程修制改革所建立的状态评价模型，搭建牵引变电所设备“状态维修”智能辅助决策平台，减少人为干预程度，努力实现设备全寿命周期动态管理和生产组织全过程管控，提升安全生产信息化管理水平。

3　运行维修改革实施方案

牵引变电所运行、检测、维修是通过对设备实时监测、定期检测、分析诊断、状态评价和质量鉴定，并依据结果实施修理，恢复设备正常运行状态的循环管理过程，核心在于准确评价设备状态，为设备维修提供决策依据。

3.1　优化生产组织，明确工作范围

遵循“运行维护一体化、修理试验专业化”的基本思路，运维管理单位应加快“运行、检测、维修”组织和业务分离进程，固化生产组织架构，明确运维车间、修试车间工作职责和范围，不断提升标准化、规范化、专业化管理水平。

3.1.1　组织机构设置

综合考虑牵引变电所供电范围及布点现状，运维车间管辖营业里程宜为1000 km，AT供电区段可适当缩短至800 km，运维车间下设运维工区、监测工区，运维工区管辖营业里程宜为200 km，枢纽地区宜单独设置运维工区；监测工区管辖营业里程宜为1000 km，宜设置在运维车间所在地。修试车间管辖营业里程宜为1000 km，宜设置在供电段所在地，下设3～5个专业修试工区。当管辖营业里程小于800 km时，须至少设置一个变电车间，统一负责牵引变电所的运行、检测、维修工作。

3.1.2　工作职责范围

运维车间负责运行管理、设备监测、巡视检查、分析诊断、状态评价和质量鉴定，按规定组织一级修、二级修、施工配合和应急处置等，跟踪验收修试质量。修试车间负责预防性试验，按规定组织一级修、二级修及大修。运维工区负责值班值守、巡视检查、倒闸操作，实施一级修、二级修、施工配合和应急处置等，按规定验收修试质量。监测工区负责通过远动系统、辅助监控系统、在线监测系统等，实施动态监测，分析运行数据，诊断电气设备及周边环境状态。修试工区负责按规定实施预防性试验、一级修、二级修及大修。

运维工区、修试工区应按规定配置检测设备。检测数据作为设备状态评价的重要信息来源，按照有利于设备状态评价的管理思路，主动适应信息资源共享管理需求，检测设备应充分运用带电检测和在线传输技术。

3.2　依托远程监测，优化值班值守

2018年，国铁集团下发《牵引供变电所实施无人值班值守工作的指导意见》，明确无人值班值守设备设施技术条件、巡检维护及修试、应急保障及工作要求等内容，在牵引变电所实施无人值班值守，归根结底要解决好以下问题。

3.2.1　建立健全规章制度

相对电网公司变电站而言，铁路牵引变电所地理位置、抢修半径、运行环境等差异较大，无人值班值守面临困难更多，应急响应要求更高，必须从制度源头明确设备技术条件、运行维修、倒闸操作及应急抢修管理，建立健全管理、技术和执行体系，解决好无人值班值守面临的刚性问题。不仅要求运维单位强化设备质量管理，保证设备运行状态有序可控，还要求加大设备状态监测力度，能够及时发现问题和判断设备运行状态，更要结合每座牵引变电所实际情况，逐所研究制定应急抢修预案，确保应急恢复供电。

3.2.2　畅通信息传递渠道

在生产组织机构规范设置的基础上，无人值班值守牵引变电所直接涉及集团公司供电调度、运维单位综合调度、变电车间及工区、牵引变电所等环节，必须建立标准化工作流程，明确管理权限和职责范围，完善信息资源共享平台，畅通信息渠道。

具体来讲，供电调度作为指挥中心的作用不变，而终端执行层由牵引变电所变为运维工区，运维工区作用发挥将直接影响无人值班值守改革成败；供电调度与运维工区协作程度，将直接影响无人值班值守牵引变电所运行安全。

3.2.3 理性改造设备设施

随着综合自动化设备、远动系统逐步稳定，视频监控系统纳入综合视频系统管理，牵引变电所很多硬件设备已具备无人值班值守条件，进行设备设施改造时需理性分析，强化关键设备、重点项目技术升级，核心在于保护装置、交直流系统、开关设备运行稳定，越区(迂回)供电及远程监控可靠。若牵引变电所开关设备拒分、拒合现象严重，对无人值守变电所而言无异于灾难。若保护装置运行过程中存在死机或故障报告不能上传至供电调度，应急响应决策和时间就会大打折扣，实施无人值班值守就会得不偿失。

3.2.4 科学安排运行方式

牵引变电所一旦停电，势必引起接触网线路停电，打乱铁路运输秩序，甚至产生不良社会影响，结合牵引变电所主接线形式，合理安排运行方式能够从源头上增强牵引变电所运行可靠性和适应性。复线直接供电区段馈线优先采用上、下行并联运行，AT 供电区段馈线优先采用上、下行全并联 AT 供电。直供区段采用并联运行，能够有效改善供电质量，若分区所越区断路器与牵引变电所馈线断路器保护配置得当，会有效缩小线路故障停电范围，并有利于故障查找；按上下行并联运行方式，还可以借鉴 AT 供电系统故障测距方式，采用“上下行电流比”精算故障点，为快速查找故障提供依据。

3.2.5 放开单人倒闸操作

目前，牵引变电所倒闸操作主要分为遥控操作和当地操作两种方式，当地操作一般执行监护操作，单人操作尚无明确规定。当牵引变电所远动操作失灵且必须通过当地操作恢复供电时，对单人值守变电所而言，单人操作不可回避，应适当放开单人倒闸操作权限，即在辅助监控及通讯设施完善的前提下，能够适时远程监视单人操作和及时远方叫停危险操作的前提下，可以由单人倒闸操作完成必须的倒闸项目。

3.3 做强监测检测，落实状态评价

随着铁路维修管理体制改革不断推进，必将推动牵引变电所加快运行、检测、维修业务分离进程，为全面落实“重检慎修”的基本理念，必须做强监测检测，落实状态评价。

3.3.1 实时远程监测

远程监测主要通过远动系统、辅助监控系统及在线监测系统等实现。为弥补各级远程监测的不足，集团公司、供电段(运维单位)、运维车间应设置复示终端，配置专职远程监测分析人员，建立和完善三级远程监测体系，对实施无人值守的牵引变电所，按照有利于执行层畅通信息渠道的原则，运维工区应适应性配置复示终端。

远程监测人员发现告警信息后，应迅速确认并实时处置，对于监测人员无法完成闭环处理的监测信息，运维管理单位应及时安排运维、修试车间进行处理。

3.3.2 规范巡视检查，强化周期试验

为规范设备巡视检查工作，结合牵引变电所的实际特点，巡视检查可按一般巡视、特殊巡视和专业巡检进行分类，将夜间熄灯巡视、设备跳闸后巡视等固定性巡视一并纳入一般巡视。一般巡视主要由值班值守人员为掌握设备设施运行状态开展的常规性巡查。专业巡检主要为深入掌握设备运行状态，在一般巡视项目的基础上，充分应用红外热像仪、在线监测、带电检测等手段，对变配电所内设备、工器具等进行的全面巡视和检查。对比分析一般巡视和专业巡检，一般巡视和特殊巡视所得数据对评价设备状态大多为局部性的，而专业巡检相对而言较为全面，既能弥补值班值守巡视，又能弥补周期试验时间跨度过长的不足，要顺利推行状态维修管理模式，专业巡检工作举足轻重。

周期试验是为获取设备状态信息量，准确评估设备状态、及时发现事故隐患，由修试车间定期组织开展的各种预防性试验。周期试验大多反映设备本体参数状态，但其试验电压值往往远低于设备运行电压值，存在不能全部反映设备状态的不足。相比专业巡检而言，周期试验数据准确性更高，鉴于不同电气设备受结构、运行环境、绝缘介质等影响，故障特征、表征周期等差异很大，相应的试验项目、试验周期应区别对待，当试则试，切实执行差异化管理。

3.3.3 及时定期分析诊断，精准组织状态评价

分析诊断是根据监测、巡视检查、周期试验结果，判定缺陷等级，判断设备状态，为维修提供依据。对应于状态维修分级，设备缺陷原则上可按其严重程度分为一级、二级、三级缺陷，一级缺陷纳入需立即组织处理的一级修，二级缺陷可纳入二级修，三级缺陷一般纳入二级修或三级修。运维管理单位要充分运用

自动化、信息化等手段，加强生产组织和技术管理，加强运维、修试人员专业培养，保证分析诊断质量。

设备状态评价对实施状态维修至关重要，要准确评价设备状态，需根据运行实际，合理选择设备状态参量权重，准确界定裂化程度，科学量化标准限值，细化主要设备缺陷及其等级，不断提高设备状态评价精准性。状态评价应基于监测、巡视检查、周期试验、设备缺陷状态信息，包括其现象强度、量值大小以及发展趋势，结合与同类设备的比较，做出综合判断。参照国内同行业相关规定，设备状态按其参量裂化程度、状态量值大小等可分为正常状态、注意状态、异常状态和严重状态。处于正常运行状态的设备，要求运行数据稳定，所有状态量符合标准限值的规定。处于注意状态时，设备单项(或多项)状态量变化趋势朝接近标准限值方向发展，但未超过标准限值，设备仍可以继续运行，但应加强运行巡视和巡检。处于异常状态时，单项重要状态量变化较大，已接近或略微超过标准限值，设备应重点监视运行，并适时安排停电检修。当单项重要状态量严重超过标准限值，即认定为设备处于严重状态，应尽快安排停电检修。

3.4　状态维修管理策略

精准开展设备状态评价，合理划分设备缺陷等级，为牵引变电所实施状态维修创造了有利条件。状态维修与定期检修相比，落脚点在于当修必修、修必修好，而不是到期必修、全面维修，要落实好状态维修，必须处理好与大修的逻辑关系。状态维修是牵引变电所设备实际运行状态出现不允许的偏差或发生故障时，对其进行必要修复、恢复正常功能，以及通过精确检测、调整修理，恢复设备标准状态的过程。大修是对设备进行解体检修，更换不合标准的零部件，恢复设备原有性能，必要时应根据寿命限值管理要求进行整体技术改造，提高电气和机械性能。

3.4.1　状态维修分级

综合考虑设备缺陷严重程度、处理时限等因素，状态维修可按一级修、二级修和三级修进行分级。一级修是为保持设备运行状态，对导致牵引变电所功能障碍的一级缺陷、故障后需立即投入、无事先计划的临时性检修。二级修是为保持设备运行状态，对设备进行全面维护保养，二级修原则上每年 1 次。所谓维护保养类检修是指无需使用大型机械，无需专业检测、调试设备，不涉及设备整体更换、设备大范围拆卸等检修工作，主要为各种简单维修和保养，如污秽清扫、螺丝紧固、防腐处理、易损件更换、功能确认等。三级修主要通过精确检测、调整修理，恢复设备标准状态的专业化检修过程，除维护保养以外的其他大型检修、设备整体更换等技术性较强检修工作，均应纳入专业化检修范畴。

3.4.2　状态维修决策

状态维修以保证设备安全可靠为前提，以设备状态评价为依据，综合分析设备风险、维修能力、维修成本等因素，动态确定设备维修策略，明确维修类别、项目和时间等内容。

当设备状态评价为“正常状态”时，按正常周期可延长 1 年开展二级修、三级修。当设备状态评价为“注意状态”时，应首先安排二级修，对注意状态的设备适当缩短巡检周期，及时做好跟踪分析工作。当设备状态评价为“异常状态”时，根据设备具体情况确定检修类别并及时安排，必要时进行整体更换，实施维修前应加强巡检和带电监测检测工作，及时编制应急预案。当设备状态评价为“严重状态”时，根据设备具体情况确定维修类别，必要时纳入一级修管理，可根据设备的严重情况对设备进行更换，实施维修前应加强巡检和带电监测检测工作，及时编制应急预案。超过大修周期的服役设备，应根据设备状态评价结果，确定是否继续投入使用。若继续投入使用，应视具体情况缩短巡检、周期试验周期。

3.4.3　状态维修实施

运维管理单位应建立健全各级维修管理体系，积极采用先进的材料、工艺、方法及维修工器具，减少人为干预程度，确保维修作业安全，努力提高维修质量。在维修计划实施过程中，应严格落实修前准备、修中控制、修后总结，严格执行现场标准化作业。

4　应急抢修有序可控

从理论上讲，运用先进的科学技术，加强设备在线检测，强化设备运行维护、检修，能够使设备质量处于有序可控状态，也就可以减少甚至消灭牵引变电所事故抢修，但对牵引供电系统而言，设备仍存在较多不可控因素所导致的应急抢修。为此，运维管理单位应结合无人值班值守牵引变电所设备设施技术条件、运行环境、生产力布局等情况，建立健全应急响应机制，完善应急供电能力建设，逐所细化制订应急预案。

应急预案须明确应急抢修组织、出动方式、行走路线和需其他专业配合的内容，明确应急供电方式、倒闸操作流程，对特殊设备(如隧道内AT所、分区所、组合电器等)应明确应急供电条件，制定专项应急处理预案。

当无人值班值守牵引变电所发生故障时，供电调度应优先采用远动倒闸隔离故障，必要时启动迂回、越区供电预案，及时恢复送电。当远动系统故障、高低压设备故障危及行车安全、牵引变压器系统跳闸、安全监控系统告警且短时不能复归等情况时，供电调度应立即通知运维管理单位赶赴现场，恢复有人值班模式。当牵引变电所遇有危及人身、设备安全等紧急情况且远动操作失效时，可由值守人员进行单人操作，单人操作且执行困难时，供电调度应安排就近符合条件人员到所内进行监护操作，必要时应及时协调上一级电源停电，相应的安全工作规程应配套修订。

5 结束语

综上所述，牵引变电所运行维修管理改革重点是将运行、检测、维修业务分离，关键在于要根据设备状态确定维修策略，实现由“到期必修”向“当修必修”转变，既有利于加强运行管理，又能提高维修针对性和有效性；既有利于缓解生产能力不足的当务之急，又能持续改善广大从业人员生产生活条件，为确保牵引变电所安全、可靠、稳定运行具有极为重要的意义。要求广大从业人员广泛借鉴国内外先进管理经验，大胆创新实践，积极采用信息化、智能化手段，统筹思考设备修程修制、生产布局调整、管理职能划分、生产组织流程再造等顶层设计，盘活既有资源，建立科学的设备服役状态评价机制，运维体制改革才能取得实效。

参考文献

[1] 国家电网公司生产技术部编.电网设备状态维修技术标准汇编[M].北京：中国电力出版社，2012.

[2] 中国铁路总公司供电部编.高速铁路牵引变电所运行检修规则[M].北京：中国铁道出版社，2015.

作者简介

何祥照，中国铁路成都局集团有限公司供电部，供电科科长，正高级工程师

关于一起变压器差动保护动作原因分析及探讨

卢海燕

摘　要：在电气化铁道牵引变电所中，差动保护是变压器内部、套管及引出线上发生短路故障时的主保护。由于供电制式的不同，牵引变压器也有不同的接线形式，与之相应的主变差动保护也不尽相同。本文对梅汕线龙湖变电所一起变压器差动保护动作的原因进行分析探讨，查找存在的不足，并提出合理防范建议。

0　前言

梅汕线龙湖变电所于2018年12月31日开通运行，2019年1月6日2号变压器发生差动保护动作，变压器高低压侧的102断路器、203断路器、204断路器同时跳闸，所内备自投启动后失败，造成了梅汕线潮汕站至汕头站间上、下行接触网同时停电。这起变压器差动保护动作是在新线开通设备投入运营不满一周时间就发生的主变保护动作跳闸，值得我们深入分析原因及进行探讨。

1　概况

1.1　差动保护跳闸基本情况

2019年1月6日9时47分27秒，梅汕线龙湖变电所运行中的2号变压器差动保护动作，2号变压器高低压侧102断路器、203断路器、204断路器跳闸，所内备自投启动后失败，造成梅汕线潮汕站至汕头站间上、下行接触网同时停电。9时53分，变电所值班人员对所内设备进行巡视未发现异常，9时54分，供电调度通过远动合101断路器、201断路器、202断路器、2011隔离开关和2021隔离开关，重新投入1回1变运行方式，恢复了正常供电。

1.2　差动保护动作跳闸数据

差动保护装置动作时各相电流数据：A相差流5.51 A；B相差流225.04 A；C相差流0.25 A。B相差流达到225.04 A，变比为250/5，换算至二次值为4.5 A，达到比率差动B相保护定值，B相比率差动保护动作。

1.3　设备基本情况

龙湖变电所于2018年12月31日正式开通运行，主变为*V/V*变压器，生产厂家为云南某公司；所内综合自动化保护装置厂家为成都某公司，明确*V/V*变压器电流平衡系数（B相为中间相）为负数。

2　故障处置情况

2.1　2019年1月6日9时47分，深圳供电段调度通过复视终端得知龙湖变电所2号主变差动保护动作，随即启动应急响应。9时50分至53分，龙湖变电所值班人员对所内相关设备进行了巡视检查，发现2号主变电流互感器、102断路器本体外观及102断路器气压均正常；2号变压器瓦斯继电器内未发现气体，箱体和阀门无渗漏油，高低压套管无破损和烧伤现象，主变油温、油位、油色均正常，外观检查无异常；2号系统软母线、设备引线、母线支持绝缘子、线夹无放电烧伤痕迹。通过判断变电所设备无其他异常情况后，9时54分，供电调度远动投入1号进线带1号主变。

2.2　2019年1月6日，深圳供电段组织对2号变压器进行了试验，直流电阻、绝缘电阻、介损试验，各项试验数据均合格，2号变压器油化验结果合格。

3　原因分析

通过对龙湖变电所现场一次设备的巡视与检查、试验及故障波形分析，可排除因一次设备及主变压器内部故障引起的差动保护动作，于是我们继续组织追溯设计源头、产品质量和施工相关情况，终于发现了端倪。

3.1 根据《牵引供电系统继电保护配置及整定计算技术导则》5.1.3 条款“差动保护电流平衡系数由保护装置内部根据变压器接线型式、变压器变比以及高低压侧流互变比实现”。在保护装置厂家未明确平衡系数前，2018 年 6 月，设计院根据变压器高低压侧流互变比设定平衡系数为“1”。2018 年 11 月，综合自动化厂家根据牵引变压器的接线形式建议设计院把主变差动保护的 B 相平衡系数修正为“ -1”，设计院于 2018 年 11 月 26 日出具定值文件，将平衡系数修改为“ -1”，但在技术交底中仅对平衡系数变更为“ -1”进行了交待，却未对平衡系数与变压器高压侧 B 相差动保护的电流互感器接线方式之间的关系进行全面技术交底，造成施工单位只将平衡系数调整为“ -1”，而却未对变压器高压侧 B 相差动保护的电流互感器接线方式进行相应的调整。

3.2 施工单位施工完毕后进行保护装置整组试验时，发现变压器高压侧 B 相差动保护试验不成功，与设计院进行了简单的电话沟通，在未经设计院书面同意的情况下，私自改变主变压器高压侧 B 相电流互感器差动保护的二次接线极性，从而通过了差动保护试验，并在改变接线方式通过差动保护试验后也未向设计院反馈情况，造成错误的接线方式一直运行至故障发生。

3.3 设计院将 B 相的平衡系数由“1”改为“ -1”后，施工单位、保护装置厂家、运营接管单位相关技术人员均没有认识到平衡系数的更改会影响保护装置差动保护的算法，因而没有在定值更改后对流互的极性进行核对。

3.4 施工单位在绘制竣工图时，未按照现场实际施工情况进行绘制，造成最后提供给运营接管单位的竣工图中变压器高压侧 B 相电流互感器差动保护的接线方式与现场不符。运营接管单位在收到施工单位的竣工图后，也未认真组织人员与现场设备情况逐一进行核对，未能及时发现竣工图与现场实际不一致的错误。

3.5 在主变压器高压侧 B 相差动保护定值的平衡系数由“1”改为“ -1”，差动保护的电流互感器在错误接线的情况下，却从 2018 年 12 月 31 日至 2019 年 1 月 5 日正常运行了 6 天，主要是在此期间每天线上只有 5 对动车组运行，其中录得 2 号主变压器 B 相最大负荷电流仅为 69 A，虽然有差动电流，但是却未达到差动保护定值，因此差动保护未动作。在 1 月 6 日动车组对数增加至 13.5 对后，负荷逐渐增大，差动电流达到整定值，从而引起主变压器差动保护动作。

3.6 备自投失败原因。

3.6.1 根据《改建铁路广梅汕龙湖南至汕头增建第二线及厦深联络线施工图第九篇电气化》施工设计说明：“牵引变电所处于Ⅱ回 110 kV 电源向 2 号主变供电方式时，若 2 号主变故障时，通过综合自动化系统的主变自投功能，自动切换到Ⅱ回 110 kV 电源向 1 号主变供电方式”，变电所投入运行后一直采用此备自投方式。

3.6.2 由于在龙湖变电所验收时二路外电源未送电，只能用微机继电保护测试仪分别在两路进线的 110 kV 电压互感器空气开关二次侧加 100 V 电压，模拟两路进线失压试验(当时 1011、1021 两路进线隔离开关没电，1011、桥隔 1001 在分开，1021 在合位)，倒交叉及直列方式自投试验，自投均成功。

3.6.3 龙湖变电所两回路 110 kV 电源，一路投入运行时，另一路处于热备用状态。当进线隔开 1011、1021 使一个处于常闭，一个处于常开时，可以实现备自投倒交叉，但由于进线压互安装于 1011、1021 隔开的后端，此种情况下总有一路外电源无法进行监测。当备自投启动时，配置文件没有设置对进线电源隔离开关进行分闸，导致桥隔 1001 无法合闸(当时 1011 和 1021 是都处于合闸状态，而 1001 要合闸必须保证 1011 和 1021 有一个处于分闸状态)，从而导致备自投失败。

4 原理分析

龙湖牵引变电所变压器采用的是 *V/V* 变压器，B 相为公共端，依据综自保护厂家变压器保护装置的说明，其电流关系见图 1。按照电流关系保护装置电流接线设计见图 2。

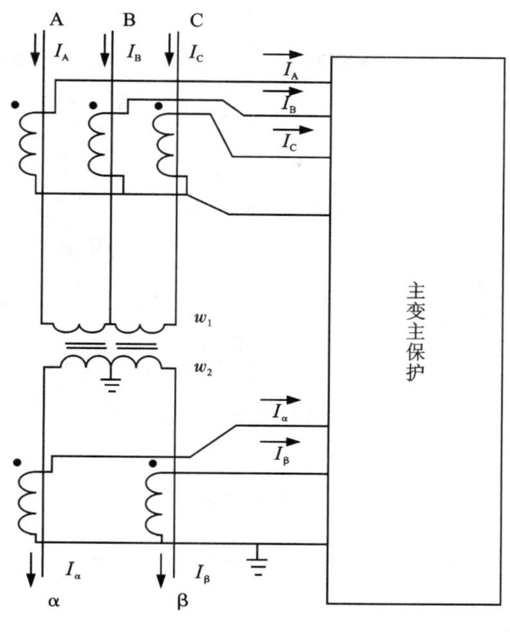

图1　电流关系

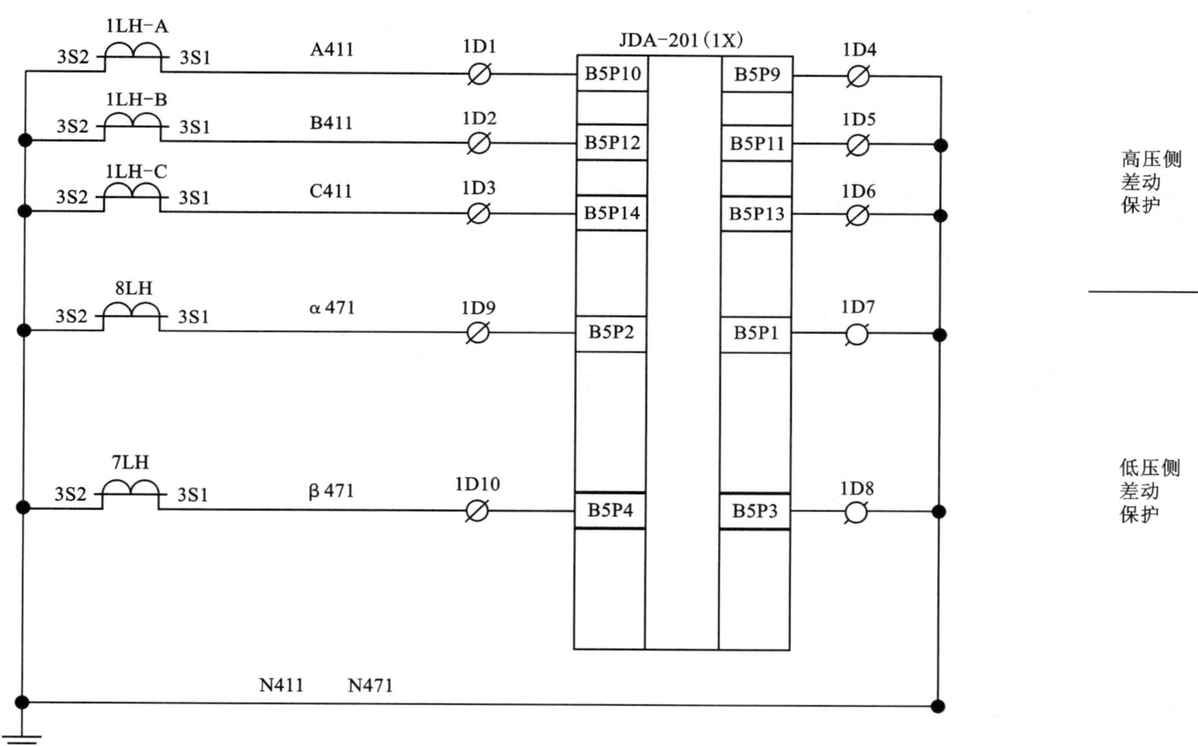

图2　电流接线设计

差动电流计算公式如下：

$$\begin{bmatrix}\dot{I}_{DIFF\_A}\\ \dot{I}_{DIFF\_B}\\ \dot{I}_{DIFF\_C}\end{bmatrix}=\begin{bmatrix}\dot{I}_A\\ \dot{I}_B\\ \dot{I}_C\end{bmatrix}-\begin{bmatrix}K_{A1} & K_{A2} & K_{A3} & K_{A4}\\ K_{B1} & K_{B2} & K_{B3} & K_{B4}\\ K_{C1} & K_{C2} & K_{C3} & K_{C4}\end{bmatrix}\times\begin{bmatrix}\dot{I}_\alpha\\ \dot{I}_\beta\\ \dot{I}_{\alpha F}\\ \dot{I}_{\beta F}\end{bmatrix}$$

公式中的K_{A1}、K_{A2}、K_{A3}、K_{A4}、K_{B1}、K_{B2}、K_{B3}、K_{B4}、K_{C1}、K_{C2}、K_{C3}、K_{C4}为高低压侧电流平衡系数，平衡系数表明了在特定接线方式下，高压侧电流与低压侧电流的换算关系及相对应的电流流进流出的方向。龙湖牵引变电所为 VV 变，B 相为公共端。其特点就是高压侧 A 相电流和低压侧 α 相电流极性(电流由 S1 流出，回流到 S2)相同，高压侧 C 相电流和低压侧 β 相电流极性(电流由 S1 流出，回流到 S2)相同。高压侧 B 相和高压侧 A，C 一起组成矢量平衡关系，也就是说，在运行时低压侧 α 相有电流的时候，由于高压侧电流平衡关系，高压侧 B 相电流(电流由 S2 流出，回流到 S1)和 A 相极性(电流由 S1 流出，回流到 S2)矢量差 180°，所以此时低压侧 α 相电流与高压侧 B 相电流极性也相差 180°，根据差动公式，高压侧 A，B 两相电流相对于低压侧 α 相电流的平衡系数刚好相反。

各项具体平衡系数计算方法见下表，V/V 变压器电流平衡系数(B 相为中间相)

$K_{A1}(KA_\alpha)$	$\frac{n_{CT\_\alpha}}{K\times n_{CT\_A}}$
$K_{A2}(KA_\beta)$	0
$K_{B1}(KB_\alpha)$	$\frac{-1\times n_{CT\_\alpha}}{K\times n_{CT\_B}}$
$K_{B2}(KB_\beta)$	$\frac{-1\times n_{CT\_\beta}}{K\times n_{CT\_B}}$
$K_{C1}(KC_\alpha)$	0
$K_{C2}(KC_\beta)$	$\frac{n_{CT\_\beta}}{K\times n_{CT\_C}}$

其中 K 定义为变压器高低压侧绕组匝数比，龙湖变电所高压侧为 110 kV，低压侧为 27.5 kV，所以 $K=110/27.5=4$，n_{CT_α}，n_{CT_A}等为低压侧和高压侧的流互变比，代入计算

$KA_\alpha=1$；$KA_\beta=0$；$KB_\alpha=-1$；$KB_\beta=-1$；$KC_\alpha=0$；$KC_\beta=1$。

差动保护依据变压器高压侧电流与低压侧电流相减值的大小判断变压器是否运行正常。当平衡系数为“1”时，差动电流计算公式为高压侧电流减去平衡系数与低压侧电流的乘积，经施工单位调整流互极性，差动保护试验合格；而当平衡系数为“-1”时，因电流互感器二次接线未做相应更改，流互极性不正确，此时的差动电流变为由高压侧电流与低压侧电流相加，负荷电流增大触发差动保护动。

5 存在的不足与建议

5.1 设计变更交底不全面。设计院在将龙湖变电所保护装置平衡系数变更为“-1”后，未对平衡系数与变压器高压侧 B 相差动保护电流互感器接线方式之间的关系进行全面技术交底，造成施工单位只将平衡系数调整为“-1”，未对变压器高压侧 B 相差动保护的电流互感器接线方式进行相应的调整。

5.2 设计存在缺陷。龙湖变电所两回 110 kV 电源，一路投入运行时，另一路处于热备用状态。但由于设计缺陷，进线压互安装在 1011、1021 隔离开关的后端，总有一路外电源无法进行监测。若要对另一路外电源进行监测，则进线隔离开关 1011、1021 处于常闭状态，此时启动备自投时会闭锁，不能实现备自投。

5.3 施工单位、接管验收人员业务素质不高，对平衡系数与电流互感器差动保护接线方式之间的关系不清楚，仅仅知道修改了平衡系数，但却未对电流互感器差动保护接线方式进行相应的调整；对平衡系数由“1”改为“-1”后的重大变化不重视，未认真组织交接试验，未能及时发现设备隐患。

5.4 设备交接试验不全面、不到位。龙湖变电所备自投有 8 个场景，施工单位只组织了 1 路进线电源情况下的 4 个场景备自投交接试验，未组织两路进线电源备自投交接试验；龙湖变电所 1 号进线进行模拟

110 kV 电源失压保护跳闸试验时，1011、1021 隔离开关是有一个处于分闸状态下的，故模拟 110 kV 电源失压保护跳闸试验可以成功合上 1001 隔离开关，备自投试验成功，但未进行两路进线隔离开关在合位时的备自投试验。

5.5　建议：在牵引变电所投入运营前，应该组织设计、综合自动化厂家、变压器厂家、施工及运营接管单位进行一次全面对接，明确运行方式、开关位置、保护定值及保护配置的关系是否合理，特别对厂家内部的参数设置与设计及现场是否相符，再进行交接试验；不断完善保护定值修改后的交接试验办法，明确哪些保护定值进行了修改就必须进行交接试验。

6　结束语

分析此次梅汕线龙湖变电所 2 号变压器差动保护动作的原因涉及设计、设备生产厂家、施工单位、运营接管单位等诸多单位及多个环节，但每个环节都出现了大小不同的疏忽，最后造成变压器差动保护动作故障，由此也提醒我们对待工作必须精益求精，不可有任何的疏忽大意。在开展保护装置预防性试验时，如果出现保护装置不动作时，必须准确找到原因，不可仅为了通过试验而擅自改变设计，确保为设备运行安全提供可靠的保障。

参考文献

[1] 张保会. 电力系统继电保护[M]. 北京：中国电力出版社，2005.
[2] 王亚妮. 综合自动化系统[M]. 北京：中国铁道出版社，2013.
[3] 中国铁路总公司. 牵引供电系统继电保护配置及整定计算技术导则(Q/CR 687—2018)[S]. 北京：中国铁道出版社，2018.

作者简介

卢海燕，中国铁路广州局集团有限公司供电部，高级工程师

重载铁路牵引回流技术与电子设备抗干扰措施探讨

张宝奇　丁再超

摘　要： 目前我国已有多条重载铁路投入运行。我国高铁已明确采用综合接地技术，重载铁路目前均未采用综合接地。本文结合已开通高铁牵引变电所的负荷电流实际安全运行情况，参考国外铁路设计标准，对我国重载铁路是否需要采用综合接地等问题调查研究和探讨。

0　引言

目前我国电气化铁道牵引回流接地方式主要有两种：一是普速铁路的信号、接触网等专业分别采取接地措施。二是和高速铁路普遍采用的综合接地方式，沿线敷设贯通接地线，接触网、信号、轨道设备共用接地方式。

高速铁路、重载铁路共同的特点是牵引负荷增大，牵引变电所的回流电流也随之增大。牵引变电所接地系统面临 2 个问题：一是回流电流增大造成地网电位不相等，这种情况对人身安全造成威胁。二是机车运行时起动、制动等操作造成母线电流波动增大，这种波动产生的电磁信号将对电务、供电、工务异物侵限防灾等电子设备中信号与通信回路造成干扰。随着铁路自动化系统的发展，这些问题表现得更加严重，因此发展综合接地系统成为一种必然的趋势。

目前我国已有多条重载铁路投入运行。我国重载铁路未采用综合接地，其实际安全运行情况究竟如何？牵引变电所的负荷电流究竟有多大？重载铁路是否也需要采用综合接地？有无改进的必要和可能？本文针对上述问题调查研究和探讨，仅供参考。

1　相关铁路规范要求

1.1　电气化铁道牵引网回流技术要求

《电气化铁道牵引网回流技术要求》(TB/T 2802—1997)，因成文早，未提及重载铁路，未提及目前重载铁路普遍采用的全并联 AT 供电方式，也未提及高铁普遍采用的综合接地技术。

1.2　其他电气化铁道相关设计规范的要求

《重载铁路设计规范》(TB 10625—2017)和《铁路电力牵引供电设计规范》(TB 10009—2016)均未对重载铁路是否采用综合接地提出明确要求。关于回流线截面，《重载铁路设计规范》(TB 10625—2017)的 11.2.4 和《铁路电力牵引供电设计规范》的 4.13.15 内容一致，即回流线截面应满足回流电流的要求。《铁路防雷及接地工程技术规范》(TB 10180—2016)也未明确重载、普速铁路是否采用综合接地。

2　国外高速铁路接地系统的特点

据文献 1，国外高速铁路接地系统以德国、法国和日本最具代表性。德国、法国等欧洲国家铁路强、弱电系统的接地一般采用综合接地系统方式。日本铁路则采用各铁路子系统接地相互独立、相互隔离的方式，使得钢轨电位较高。

日本采取了通过在车站、变电所设置放电间隙等措施来弥补，并采用车站封闭式管理等辅助措施，尽可能减少高电位差对人身安全的威胁。具体做法是站台与轨道之间设放电间隙，当电压差超过 3 kV 时放电间隙动作，降低钢轨电位。接触网保护线与支柱之间采用绝缘安装(见图 1)，加设闪络保护线或 S 形放电间隙(见图 1，放电间隙为 4 – 5 mm 间隙，放电电压 8 kV)，日本变电所、车辆段附近安装的放电器见图 2。不考虑利用支柱基础接地。变电所在回流中性线上设置放电器(见图 3，放电电压 5 kV)。

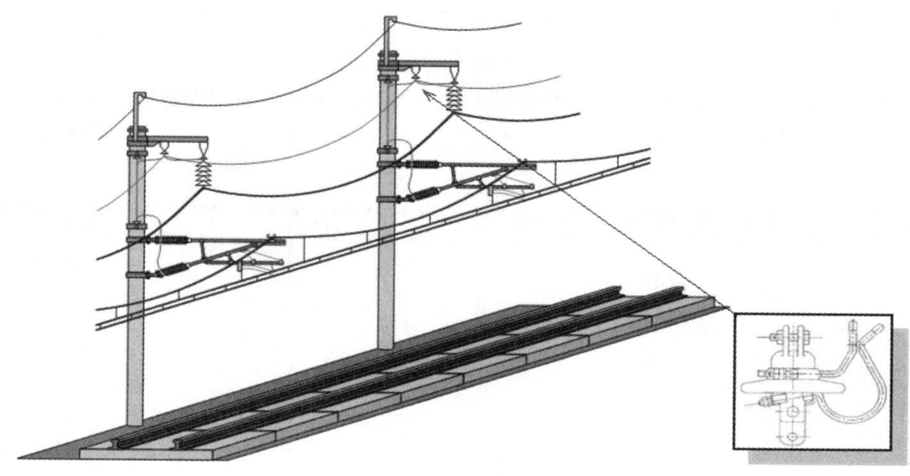

图 1　日本接触网闪络保护方式

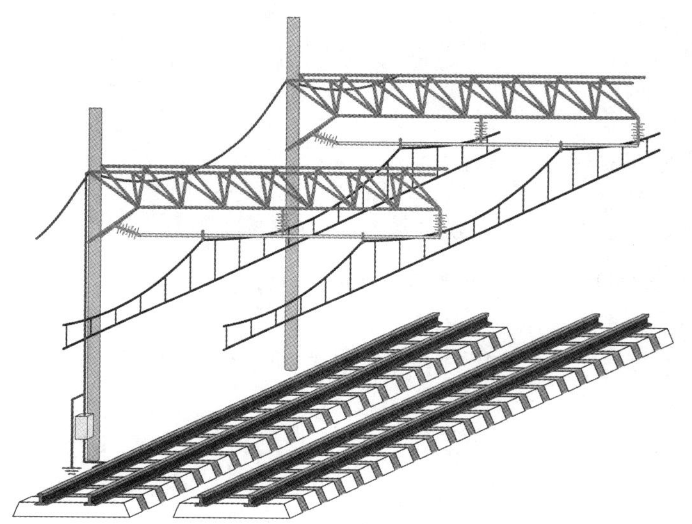

图 2　日本变电所、车辆段附近安装的放电器

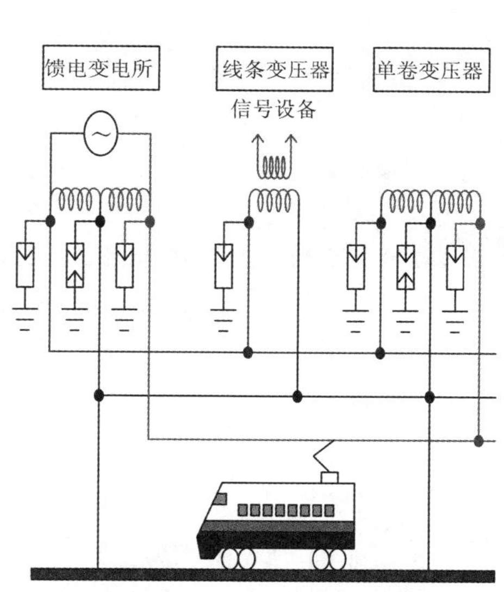

图 3　日本变电所中性线安装放电间隙

3　我国重载铁路工程实例

瓦日线是我国近年来投运的重载铁路，开行万吨列车，牵引供电系统采用了与高铁一样的全并联 AT 供电方式。有砟区段均未采用综合接地设计，仅在无砟轨道区段设置综合接地。瓦日线牵引变电所 N 线电缆为 6 × VLV – 1 kV – 400。与回流线或保护线连接的吸上线在有信号轨道回路区段直接接扼流变压器线圈中性点（完全横向电连接处）。每隔一个闭塞区间（1200 ~ 3400 m），上下行分别设一处吸上线，吸上线自扼流变（或空心线圈）中性点引至回流线或保护线。站场一般在咽喉区信号机附近设吸上线。吸上线除在变电所附近采用 2 × VLV – 1 kV – 185 电缆，其余按 1 × VLV – 1 kV – 185 电缆考虑。接触网有接地要求的桥梁上需要预留接触网接地端子，桥梁是接地体利用桥梁墩台内结构钢筋，参照《综合接地通用参考图纸》（通号 9301）实施，接地极接地电阻应不大于 10 欧姆。接触网桥上接地为专用接地，接触网有接地要求的墩台，不得作为其他专业接地。

4　普铁大负荷地段、重载、高铁牵引回流对比分析

根据有关资料，重载铁路机车功率大：和谐型大功率交流传动电力机车单轴功率 1200 kW，HXD1 型交流传动机车额定功率达 9600 kW（8 轴车）；HXD3 型交流传动机车额定功率达 7200 kW（6 轴车），而重载

铁路万吨列车需双机牵引，机车额定功率高达 19200 kW（8 轴车）、14400 kW（6 轴车）。重载铁路机车电流大：一列 2 × HXD1 型交流传动牵引万吨列车的接触网侧电流约达 770 A。实际满图运行情况下负荷情况如何呢？利用 SCADA，截取了普铁大负荷地段、重载、高速铁路牵引回流对比波形，见图 4 至图 6(2019 年 8 月 20 日瓦日线实施了调图，瓦日线货物列车增加至 59 对，其中万吨列车 6 对，普通直达列车 51 对)

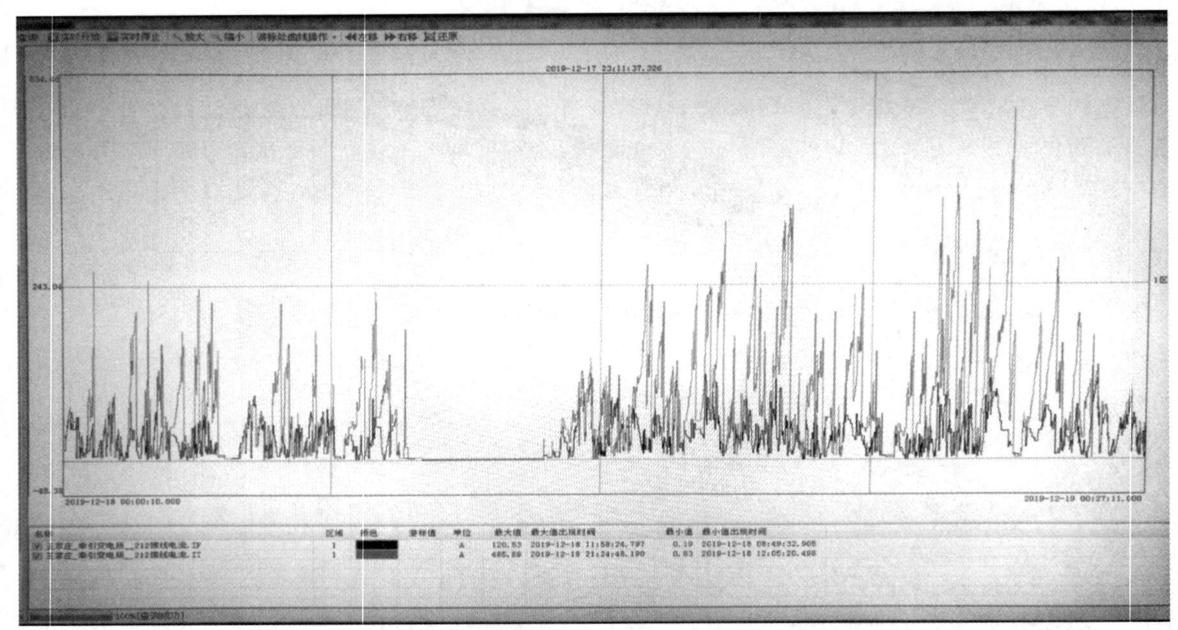

图 4　瓦日线王家庄牵引变电 27.5 kV 母线和北甘泉 AT 所电流（2019.12.18）

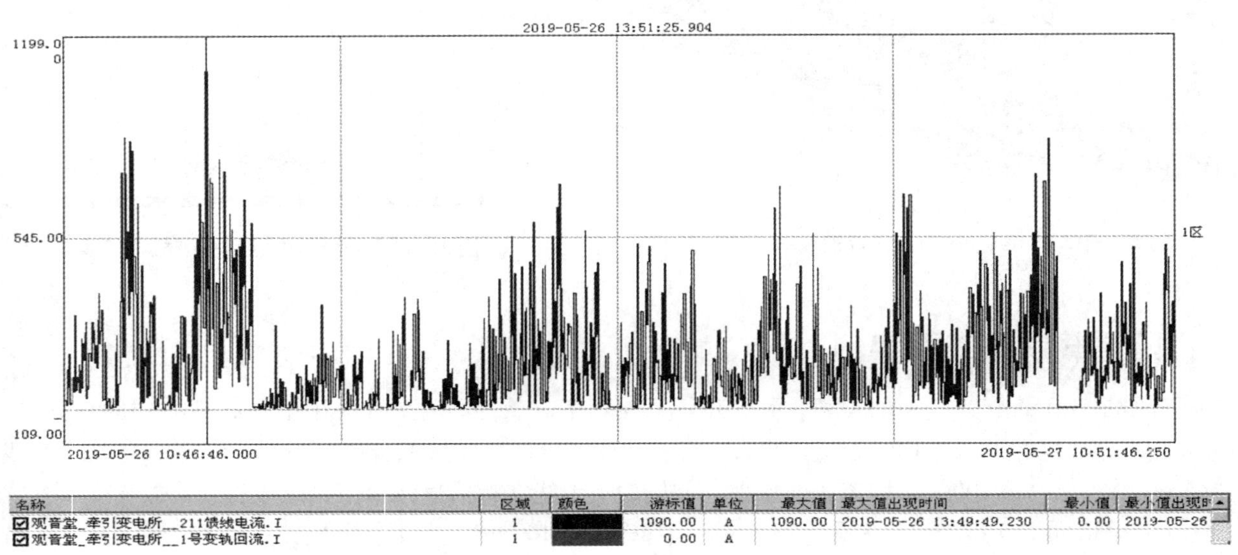

图 5　普铁陇海线观音堂变电所 211 馈线电流负荷曲线(2019.5.26 – 5.27)

从图 4 至图 6 分析，徐兰高铁荥阳南变电所 213 馈线电流最大约 1230 A。采用直供 + 回流供电方式的普铁陇海线观音堂变电所 211 馈线供电臂，最大电流 1000 A(处于大坡道地段)。重载铁路瓦日线王家庄牵引变电所 27.5 kV 母线和北甘泉 AT 所电流最大电流约 486 A。另据现场监测，瓦日线各所馈线电流不大于 700 A。受供电方式的影响，直供 + 回流供电方式的普铁接触网电流高于 AT 供电方式的重载铁路。

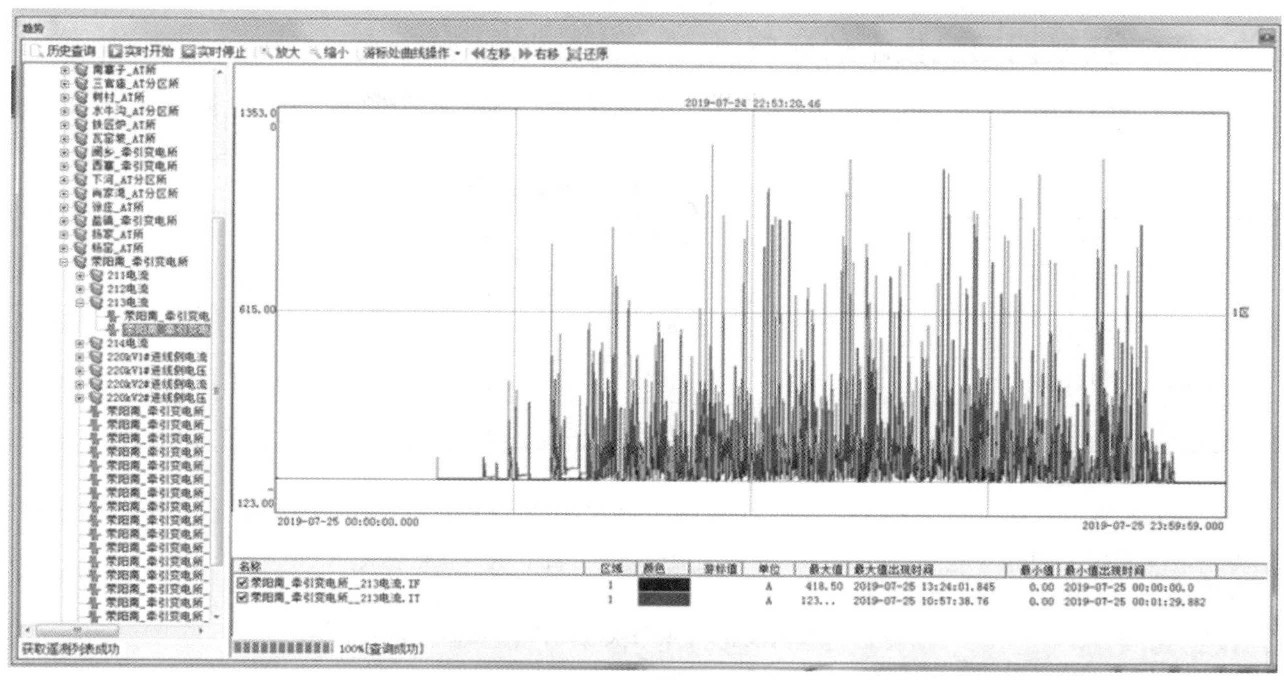

图 6　徐兰高铁荥阳南变电所馈线电流曲线(2019.7.25)

5　牵引回流引起的故障案例

目前，因地回流不畅造成牵引供电设备故障和牵引回流造成信号回路故障发生多起。下面选择典型的 2 种进行介绍。

5.1　地网回流不畅造成接触网设备烧毁

2018 年 7 月 28 日，××线××变电所，因主变压器 N 相(接地相)未与主地网连接，地网中的电流无回流通路，造成回流电缆烧损熔断，区间多处接触网回流线肩架、腕臂抱箍烧损、脱落，其中 052#支柱平、斜腕臂装置脱落后，与动车组发生刮碰，造成接触网承力索断线，动车组司机室挡风玻璃被腕臂击打破碎。构成铁路交通一般 C 类事故。

5.2　2019 年两起异物侵限装置故障

一是 7 月 24 日 -29 日××高铁 k603 附近的 6 座跨线桥异物侵限装置先后出现电网板烧损故障。其中 7 月 27 日专业技术人员监测到了异物侵限装置电缆线路出现 50 Hz，21.8 V 的干扰电压(系统工作电源为 12 Hz，5 V 左右)，见图 7。二是 7 月 16—22 日××线×××区间 k170 +340 处异物侵限系统，每天均发生监控单元防雷模块烧毁故障。

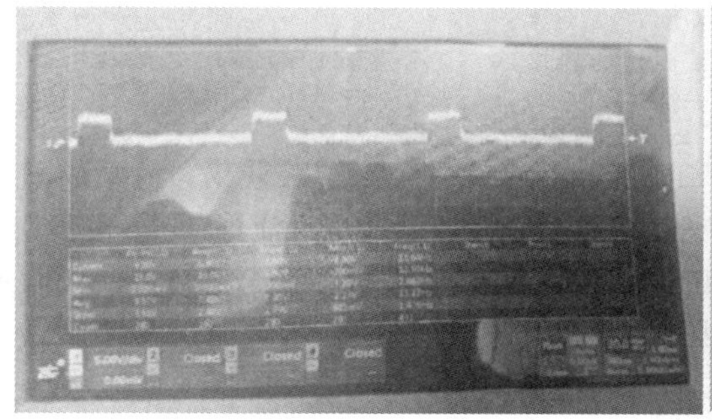
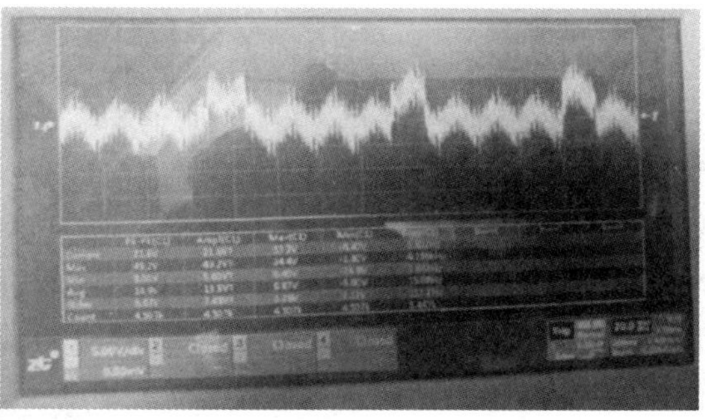

图 7　××高铁异物侵限装置监测到的干扰电压(左右图分别为正常和干扰电压波形)

6 德国对接触网回流技术的研究

文献 3 介绍了德国测量的接触网回流线和带式接地网(实际为综合接地，下同)的电流分布，见表 1。

表 1 两种情况下接触网系统的回流分布

回流	只用回流线/%	只用带式接地网/%
轨道	33.4	52.4
回流线	38.3	—
带式接地网	—	4.6
大地	28.3	43.0

德国在高铁和普铁均采用了综合接地。文献 4 介绍了德国 Re330 - Y 和 Re330 - H 在采用综合接地 + 回流线情况下接触网部分电气特性参数。其中回流部分所占比例(%)见表 2。

表 2 德国 Re330 - Y 和 Re330 - H 接触网回流占比

回流	Re330 - Y	Re330 - H
回流线/%	46.9	51.6
钢轨/%	36.4	31.1
大地/%	23.0	19.2

文献 7 中第 12.6 条：对德国交流牵引系统的回流回路和接地装置作用进行了论证介绍。认为安装综合接地的效果主要有：架空接触网阻抗减少了 2% ~3%；位于线路中心线 3.5 m 且高于轨面 0.1 m 处导电部件中的感应电压减少了大约 7%；钢轨对大地电压减少了大约 53%。因此综合接地的主要优点是降低了钢轨对地电压。第 12.6.5 条：与没装回流线的系统相比，回流线使流经大地的电流减少了约 40%，回流线使流经钢轨的电流减少了约 35%。

文献 1 中我国高速铁路轨道电路的道床漏泄电阻应不小于 3 Ω · km。在日本晴天有砟轨道的泄露电阻仅为 2 ~5 Ω · km，而采用无砟轨道的新干线泄露电阻高达 100 ~500 Ω · km。

文献 11 中德国专家认为，在轨道—大地漏导很小和每次列车都有很大运行电流的线路，必须采取专门措施，即综合接地技术。无砟轨道原则上是有问题的，必须采取专门措施。为使电压不超过允许值，双线铁路的最大电阻值规定如下：600 A/列车，2.5 Ω · km 的线路；900 A/列车，1.25 Ω · km 的线路；1200 A/列车，0.83 Ω · km 的线路。单线铁路规定的最大电阻值为双线的 2 倍。

7 建议

7.1 重载铁路应推广采用全并联 AT 供电方式

该供电方式在我国高铁普遍应用，实践已证明其环保节能特性，适合高速、重载大的牵引负荷。复线全并联 AT 供电方式电流回路(以某高铁线短路实验)见图 8。接触悬挂、钢轨只流通了部分机车(短路)电流，减少了电磁干扰。尽管存在半段效应，但正馈线和接触网电流大小相等、方向相反，最大限度减小了对沿线电子设备干扰。在 AT 所、分区所处全并联的供电方式，则使各部分负荷电流进一步减小。负荷电流减小，则电磁干扰减小。

7.2 加强重载铁路回流和防干扰技术的研究

《重载铁路设计规范》(TB 10625—2017)第 14.8.2 条规定车站站区宜设置贯通地线，自动闭塞区段应全线设置贯通地线。《中国铁路总公司普速铁路信号维护规则(技术标准)》(铁总运〔2015〕238 号)第 16.4.3 条要求，电气化区段、繁忙干线、铁路枢纽、编组场、强雷区和埋设地线困难地区及微电子设备集中的

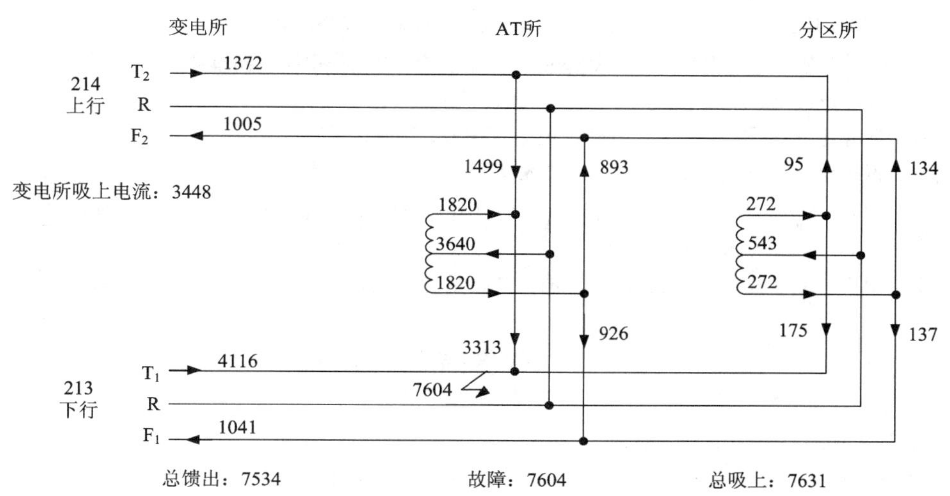

图8　复线全并联AT供电方式电流回路（某高铁线短路实验）

区段，应设置贯通地线；贯通地线任意一点的接地电阻不得大于1 Ω。被《铁路防雷及接地工程技术规范》（TB 10180—2016）取代的《铁路防雷、电磁兼容及接地工程技术暂行规定》（铁建设〔2007〕39号）第5.3.3条规定：桥梁、隧道地段、车站范围及牵引变电所附近的区段应在铁路两侧敷设贯通地线；160 km/h及以下铁路自动闭塞区段、电子设备集中区段可在一侧敷设贯通地线。

目前我国重载铁路列车最大2万吨。按照我国国民经济快速发展以及大宗货物"公转铁"要求，以后可能增吨。某些地段既然电务专业已经明确要求设置贯通地线，那这些地段就有条件按照综合接地实施。建议参照德、日铁路相关技术标准，开展重载铁路钢轨电位和回流情况测试，摸清规律，完善重载铁路回流接地规范标准。

7.3　电气化铁道通信信号设备应严格按照抗干扰电压不小于60 V进行防护

按照文献10即EN50122要求，采取措施确保实现限制电压60 V。相关信号、通信、电气化控制电缆应严格按照《电信线路遭受强电线路危险影响的容许值》（GB 6830—1986）要求的电气化铁道区段抗干扰电压不小于60 V进行防护。具体防护标准按照《高速铁路电力牵引供电细部设计和工艺质量标准》（Q/CR 9523—2018），采取外铠单端接地措施。2019年7月，对××高铁K603附近6个防异物侵限装置故障回路干扰电压监测结果表明，干扰电压与牵引回流大小有关。原因排查时监测到40 V左右的干扰电压。我国在与重载铁路同样供电方式的高速铁路普遍开展的动态验收中综合接地检测，接触网短路试验时也检测到40 V的电压。

7.4　修订《电气化铁道牵引网回流技术要求》（TB/T 2802—1997）

《电气化铁道牵引网回流技术要求》（TB/T 2802—1997）成文较早。近年来高铁和重载铁路的快速发展对该标准修订提出了迫切要求。目前我国高铁普遍采用的综合接地系统尚无明确的轨道回流、综合接地回流、保护线回流及变电所地网回流比例的规范标准要求。高铁运行经验及每条高铁均开展的动态验收综合接地和电磁干扰测试为完善标准创造了条件。

毫无疑问，牵引供电电流是电气化铁路电磁干扰的"源"，是要治理的"本"。只有最大限度做好源头治理，才谈得上采取"抗"干扰的措施。牵引供电方式、牵引变电所（亭）回流方式、回流导线材质、截面大小以及连接方式都应明确规范。

参考文献

[1] 张立，杨岗，刘立峰，等.铁路综合接地和信号设备防雷系统工程设计指南：第二版[M]. 北京：中国铁道出版社，2018.
[2] 电气化铁道牵引网回流技术要求（TB/T 2802—1997）[S].北京：中华人民共和国铁道部，1997.
[3] BRODKORB A，SEMROU M，吴成三.德国接触网发展现状.电气化铁道，1997，（2）

[4] 罗庆中，赵淑贞. 德国铁路新 Re330 型高速接触网[J]. 中国铁路，1995，(8)
[5] 重载铁路设计规范(TB 10625—2017)[S]. 北京：中华人民共和国铁道部，2017.
[6] 铁路电力牵引供电设计规范(TB 10009—2016)[S]. 北京：中华人民共和国铁道部，2016.
[7] Kieβling，Puschmann，Schmieder. 电气化铁道接触网(德). 2008.
[8] 刘明和. 如何有效防止电化区段信号电缆烧损. 铁道通信信号，2011，(8)
[9] 赵世耕. 牵引网杂散电流的研究[J]. 西铁科技，1997，(2)
[10] BS EN50122 - 1：2011 + A3:2016 Railway applications—Fixed installations—Electrical safety，earthing and the return circuit Part 1：Protective provisions against electric shock.
[11] FREYSTEIN H，MUNCKE M，SCHOLLMEIER P. 德国铁路基础设施设计手册(德国)[M]. 北京：中国铁道出版社，2007.

作者简介

张宝奇，中国铁路郑州局集团有限公司工电检测所，正高工
丁再超，中国铁路郑州局集团有限公司安阳综合段

关于新(改)建线路供电 SCADA 系统远动联调作业实践的思考

李志宇　李少杰

摘　要: 供电 SCADA 远动系统是各路局实施供电调度的主要工具,相对于供电专业接触网等设备施工质量问题后期运营中易发现、易纠错特点,由于后台数据高度隐匿,主站与被控站、实体设备与虚拟指令代码图形高度关联,及专业属性强等特点,供电 SCADA 远动联调目前仅能在新线建设期间,在投入营运前由各施工单位、多设备厂家联合完成,具有很强的"一次调成、长期不变"特点,联调质量对后期运营使用极其关键。本文专对供电 SCADA 远动联调组织、质量要求、卡控关键点进行全面论述。

铁路供电 SCADA 远动联调是指供电远动系统单点调试、本地后台调试完成后进行的调度主站系统与被控站系统间进行的整体调试。SCADA 系统投运或新设备接入前,应由路局供电部组织相关单位进行远动联调,SCADA 远动联调结果是供电远动系统验收、调度权交接的重要依据。经 SCADA 联调合格的受控站点,方可向调度所进行调度权交接。

按铁路行业集中统一调度指挥要求,自 2009 年武广高铁供电 SCADA 远动系统首次接入广州局调度所并投入使用以来,按每年 3 -4 条线路频率,广州局调度所供电调度相继接入新建电化、远动改造线路近 30 条。作为主站 SCADA 远动系统使用主体,集团供电调度积极参与调试作业,承担调试质量把关责任,积累了较丰富的供电 SCADA 远动系统联调经验。借武广高铁开通十年之际,将实践经验进行系统总结,分享如下。

1　供电 SCADA 远动联调的特点

供电 SCADA 远动系统作为各路局实施供电调度的主要工具、作业平台,在供电调度中具有举足轻重的作用。"工欲善其事,必先利其器",平台工具的建成与交接,对供电调度作用的正常发挥极其关键,必须严把交接前联调质量环节。但目前供电 SCADA 远动联调仅能在新线建设期间,在投入营运前由各施工单位、多设备厂家联合完成,具有很强的"一次调成、长期不变"特点,联调质量对后期运营使用极其关键。其特点具体体现在以下三个方面:

(1)具有高度隐匿特点。

一是数据的高度隐匿。相对于供电专业接触网、变电、电力设备可视可查可触及性质,供电 SCADA 远动系统由一系列具有高度对应性的点表、代码构成,其相互间关系,隐藏在调度主站、被控站数据库中,具有难识难验、无法触及特点。

二是遗留缺陷的高度隐匿。由于站点数量多、各站点数量量庞大,后台数据及对应关系的复杂性,因联调不到位导致的缺陷一旦形成,在新(改)建线路联调最后一道关口未及时发现、纠错,后期极可能长期隐伏,形成影响供电安全的"深水炸弹",经年后方才引发。

(2)具有高度关联特点。

一是实体设备、状态、控制动作必须与虚拟代码、指令高度密切关联。如遥信代码 DIB080 代表隔离开关 2411,状态值 01 代表"分位"、10 代表"合位";遥控码 DOA24577 代表断路器 241,指令码 01 代表"遥控分"、10 代表"遥控合";DIC425 代表"241 柜气室压力异常及闭锁",状态值 0 代表"消失"、1 代表"产生",主站与被控站、实体设备与虚拟指令代码图形高度关联不能出错,编码差之毫厘便失之千里。

二是被控站后台数据必须与主站后台数据规约、编码、解析及描述高度关联。由于被控站(变配电所、箱变低压所网开关)、主站在空间维度相隔甚远,其后台数据均各自独立存储于不同数据库及服务器中,要保持其表述意义的一致性,必须保证其被控站后台数据与主站后台数据规约、编码、解析及描述一致性,不能出现某报警状态主站收值"01"人机界面解析显示文字为"消失"、而被控站状态"01"实际代表报警为

“产生”的差异表述。

三是远动联调中软、硬件厂家、被控站、主控站设备厂家、施工单位、接收单位高度关联。如变配电所远动调试时必须有开关柜厂家、综自厂家、交直流系统厂家、主站设备厂家、继保试验车人员联合参加，才能完成全所遥控、遥信、遥测、保护、交直流系统的主控站和被控站联合调试及缺陷处理，实现实体设备向虚拟通信的转化，各级各类报警、故障的人为触发并传导至主站进行人机界面展示。

(3)具有高度时效要求特点。

一是远动调试应在联调联试前完成。未在联调联试前完成的，有可能影响整条线路联调联试程序的正常开展。由于各线路远动站点的持续增多，部分工程单位对远动调试工期重视不够，常导致远动调试进度滞后于其他专业进度而陷入被动。应尽可能按变电所综自站点 3 ~ 4 天、其他站点 1 ~ 2 天，整体进度 2 ~ 3 月安排调试工期。

二是远动调试应在各系统人员集中时一次组织完成。由于远动调试作业必须由软硬件厂家、被控站、主控站设备厂家、施工单位、接收单位联合参予方能完成，必须妥善组织人员与作业面，采取集中时段连续作业方式，保证作业一次全面推进，以充分利用人力和工期。

2 供电 SCADA 远动联调的内容

供电 SCADA 远动联调应在调度主站与被控站间进行，主要分为以下五项内容：一是对供电远动系统调度主站的显示页面、各级图形、各种图表、各项功能等进行全面检查；二是校核各种保护、报警定值，模拟故障产生时故障报告报文、故障录波是否与故障现象一致；三是通过供电远动系统操作开关验证遥控功能及关联反应的遥信、遥测、报警等功能是否正确；四是校核调度主站与被控端时钟是否一致；五是核对历史记录是否准确、全面。

按调试报告传统格式亦可细分为图显(TX)、遥测(YC)、遥信(YX)、遥控/遥调(YK/YT)、保护扩展(BH)、调度集成(DD)五大模块：

图显模块(TX)：核对调度主站各级显示画面与供电设备设计、现场安装实际是否相符。

遥测模块(YC)：检查核对各远动单元电压、电流等有关电量参数。

遥信模块(YX)：检查核对各远动单元开关当前位置、故障报警等是否正常。

遥控/遥调模块(YK/YT)：接受并执行指令控制开关分合闸、档位调节等是否正常。

保护扩展模块(BH)：检查核对保护跳闸时故障报告是否及时、正确上传，故障录波、定值是否可实时调阅。

调度集成模块(DD)：检查核对调度端 SCADA 界面带电推导、实时报警、报表统计等功能是否正常。

3 供电 SCADA 远动联调的组织

3.1 供电 SCADA 远动联调前期准备。

(1)提前组织予备会确定联调方案。予备会应在正式调试开始前 1 个月组织召开。新线建设 SCADA 联调方案由施工单位负责制定，路局供电部应组织设备接管单位、供电调度、施工单位及设备厂家等进行联合审查。

(2)认真组织前期技术资料及图纸点表审查。予备会召开后两周内完成。路局供电部应组织设备接管单位、供电调度、调度主站维护单位对设计、施工单位、被控站设备厂家提供的通道结构、IP 分配、供电示意图、主接线图、调试点表等技术资料进行联合审查。供电示意图、主接线图必须与现场实际相符，站点名、设备名、设备编号符合规范要求。站点名定义要表述准确，不得重复命名，一旦确定，不得随意修改。调试点表(含扩展保护点表)应经综自(RTU)本地调试验证正确，不得缺失遗漏，报文定义描述需清晰。对点表缺失遗漏，文字表述不清晰、准确的须共同商议修改。

(3)及时组织远动通道测试。通道通是联调的充分必要条件。远动通道测试应在 SCADA 联调之前开展，必须确认 SCADA 远动通道良好满足联调要求。

3.2 新线供电 SCADA 远动联调组织及职责划分。

新线供电 SCADA 远动联调通常按照“即调即验”要求组织，一次全员全程参与并做好记录，不再分批分层组织验收或抽检。新线运营接管(既有线更新改造)前调度端远动调试，应由施工单位、设备厂家、接管验收方三方人员组成。各方职责及要求如下：

施工单位：主要职责是负责调试具体工作落实。应按调试现场调试小组数量安排调度端对应人员数量，实行主站人员与现场人员相对固定方式，主站被控站同步填写调试记录。

调度端设备厂家：主要职责是负责具体设备调试点表的技术解析及设备性能技术支持。在数据部署到位情况下，按每2个调试组至少安排一名厂家人员配合进行调试。具体负责点表数据制作、通道测试、被控站主站联调问题处理、SCADA图形界面修改等。

接管验收方：调度端接管验收方人员由设备管理单位、供电调度人员担任。主要职责为负责被控站、调度端SCADA系统质量全面验收。按每天每组至少保证一名验收人员要求，全程跟踪、监督调试过程，履行质量验收责任。

远动调试方案中，应有调试工作推进的整体轮廓计划、每日推进计划。每日调试计划应于前一日由施工单位编制并送达相关配合单位签收确认。

3.3　新线供电SCADA远动联调过程控制。

应按照“三个全面覆盖”要求开展过程验收：

(1)站点全面覆盖。不同站点实际地址与IP地址不同、设备数量不同必须导致编码不能雷同，必须逐站点进行调试，绝不允许以典型站点调试替代逐一验证调试。

(2)功能全面覆盖。遥控、遥信、遥测、保护、交直流系统各模块调试须保证不遗漏。

(3)点码全面覆盖。随着SCADA技术的进步，交直流系统、在线监测、辅助监控系统与综自的交互融合，除传统的开关分合遥信外，各系统报警及故障自检、自诊断遥信愈发完善，为今后所亭故障查找远程化，先期预警判断，值班值守无人化奠定了坚实基础，从而也导致各站点远动点码数据愈发庞大，有的站点各系统融合后远动点位多达3000多项。要按报警“应报尽报”要求必须一一验证，以防“应报未报”或“应报错报”问题发生。

4　供电SCADA远动联调的安全质量总原则

4.1　调试质量总体原则

联调应坚持“先验界面后调功能、点表逐项确认、电气关系同步验证”原则。

(1)先验界面后调功能原则：根据设计和竣工图纸首先对SCADA界面进行验收，必须保证诸元素具备，不得缺失遗漏，所有SCADA设备运行编号须执行国铁集团及路局供电部文件要求。要根据现场设备情况对SCADA界面进行核实，保证“图实相符”。现场设备与主站人机界面复核时调度端调试人员须同步复诵确认。

(2)点表逐项确认原则：要严格按照点表进行调试，调试一项，确认一项，发现问题及时记录，严禁事后全面勾选确认，保证点表100%覆盖。现场无法调试的内容须及时做好记录，写明原因。

(3)电气关系同步验证原则：调试过程中同步对远动开关本体闭锁关系，设备上下行对应关系，电缆进出线关系，开关位置与遥测值数据逻辑关系进行验证。

4.2　调试安全保障要求

联调应明确安全第一原则，严明安全卡控措施。

(1)严禁远动调试作业与高压设备检修作业同时进行。

(2)需要高压设备停电的远动调试作业，应在设备退出运行情况下进行，已经进入联调联试线路应严格按照“施工不行车、行车不施工”要求在“天窗”期间进行调试作业。

(3)在既有线路所亭备用设备进行调试作业应向供电调度办理工作票，经供电调度批准后方可进行远动调试作业。

(4)在进行遥控调试作业时，必须严格遵循“先核图后调试、先遥信后遥控，先当地后远动”原则。

(5)既有线路所亭进行远动调试作业时，除须进行遥控作业外，其他时间综自屏内保护装置均置于“当地”位，通信管理机置于“所内控”位。调度端SCADA界面送电馈线及运行设备加挂“重要”标志牌。

(6)既有线路遥控调试前，对所有遥控点表先行检查，防止点码错乱重码。调试过程中如发现开关有异常，应立即采取措施恢复供电，停止调试进行原因分析。

(7)既有线路所有压互、流互加量工作只能在保护测控屏进行。进行保护与加量测试时，其他开关控制电源可短时退出运行，防范开关误跳，测试完毕后立即恢复。

5 供电SCADA远动联调具体流程卡控

以变配电所调试为例，一般调试应遵循以下流程要求(见图1)，逐个环节卡控关键项点。

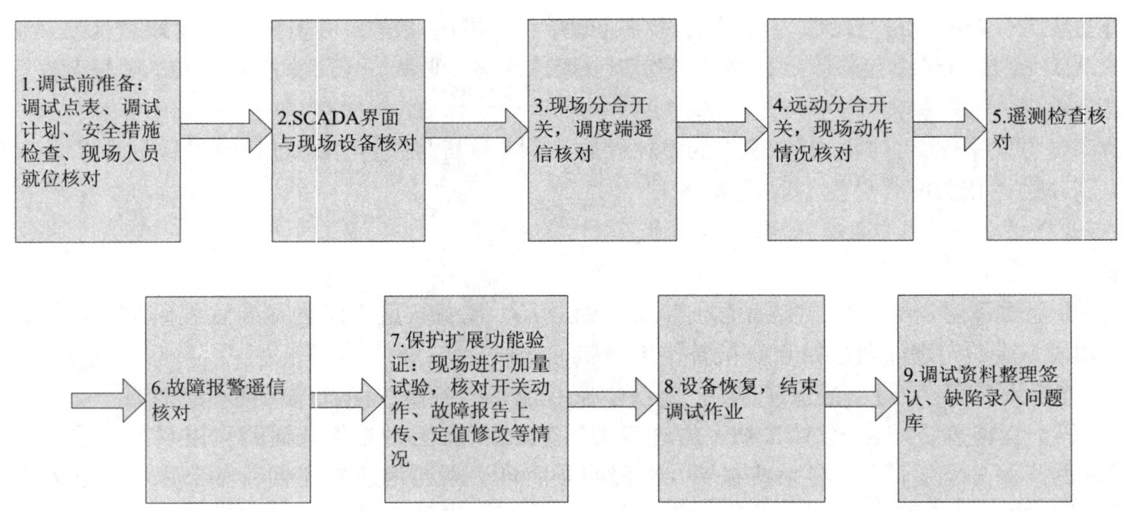

图1 变电所亭(配电所)SCADA远动调试程序

5.1 核图步骤关键环节及项点

(1)SCADA图形界面核对应坚持以“图实相符”为唯一标准，确保调度端SCADA图形界面、后台图形界面与实际设备状态一致。

(2)SCADA图形界面核对应坚持“双核对”工作方法：即同时与设计图、现场设备实际情况进行对照检查，如有出入，应以现场设备实际情况作为修改标准。

(3)核图前将SCADA主接线图打印成纸质版，如有错误，直接在纸质版上标出，签名后交调度主站或综自后台人员进行修改。

(4)核图时，应按照“先进线后出线、先高压后低压、母线分段先Ⅰ段后Ⅱ段”顺序核图，电气关系同步检证。

5.2 遥控调试关键环节及项点

(1)遥控调试作业过程中应严格执行“先核图后调试、先遥信后遥控、先当地后远方”原则，未经核图正确、当地分合遥信正确，严禁进行遥控操作。实际作业时应先核对“当地、远方”遥信正确再进行控制操作。

(2)当地分合闸(非远动分合闸)时，调度端应同步做到“三确认”，即“实时事件、实时报警、主接线图开关变位”同时确认，确认“实时事件”、“实时报警”、“主接线图”三窗口信息描述一致，方可进行下一步遥控操作。

(3)遥控调试过程中，调度端调试人员与现场调试人员应落实“呼唤应答，相互确认”要求。

(4)在调试网开关时，必须先确认开关本身支柱号(或相邻支柱号)，确证上/下行、T/F线关系。

5.3 遥信调试关键环节及项点

(1)除开关分合遥信在遥控调试作业中同步验证外，其他报警遥信应分别进行单独验证。

(2)报警遥信应按下列要求由现场人员进行触发，调度端确认“实时事件、实时报警、遥信列表”三窗口报文显示正确，并与现场调试人员落实“呼唤应答，相互确认”要求。

5.4　遥测调试关键环节及项点

(1)对正常带电后已有电气参数量遥测，可直接与现场人员就相关遥测量进行核对，确保调度、现场遥测量一致。

(2)对正常情况下遥测数值偏小或仅故障情况下才有值显示的相关参数量，应带齐加量设备进行加量检查核对。

(3)现场人员进行遥测加量或读数时，调度端调试人员应同步确认“主接线图、遥测列表”两窗口遥测值显示正确，并与现场调试人员落实“呼唤应答，相互确认”要求。

(4)对遥测实时变动量，应用调度端 SCADA 界面“召唤”按钮进行召唤，确保当前值为最新数值。

5.5　保护扩展功能验证关键环节及项点

(1)扩展功能检查调试主要验证各综自保护装置定值、故障报告、故障录波等信息上传功能。在变配电所的保护扩展测试时，只要是涉及电流、电压量的保护，必须采用加量设备模拟二次电流及电压，达到动作值，依次测试各个设备的保护回路。

(2)现场人员进行保护加量试验后，调度端调试人员应同步确认“实时故障、实时报警、主接线图开关变位”三窗口信息显示正确，并与现场调试人员落实“呼唤应答，相互确认”要求。

(3)在核对故障报告时，必须逐一核对装置名称、动作时间、动作类型、重合(备自投)情况、故障电量参数等，并进行综合判断，确认现场各参数与调度端一致。

(4)在进行扩展保护试验时，同步验证整定值读写、故障报告、故障录波调阅及整定值切区功能。

5.6　调度集中功能验证关键环节及项点。

(1)调度报表功能测试。结合“遥信、遥控、遥测、遥调”四遥调试，同步验证调度报表功通。验证开关动作记录、报警记录，抽查遥测历史曲线，验证与调试过程是否一致。

(2)调度主站与被控端时间校验。结合“遥信、遥控、遥测、遥调”四遥调试，检查被控站是否具备 GPS 校时功能。对无 GPS 的站点应核查是否具备接收主站授时遥调功能，保持调度端与被控端时钟一致。

(3)通信双通道切换测试。分别断主、备通道或通信服务器，检查被控站数据是否通过另一通道或备用通信服务器正确上传；恢复通道后检查被控站数据是否正确上传，检查调度主站是否能实时、准确地反映通道状态。

(4)逐级送电测试。按照停送电顺序逐个闭合牵引变电所、AT 所、分区所、开闭所开关、接触网开关，测试遥控是否正确；遥信、遥测是否与开关动作相对应；带电推导是否正确。按照停送电顺序逐个闭合电力变配电所、车站变电所、箱式变电站开关，测试遥控是否正确；遥信、遥测是否与开关动作相对应；带电推导是否正确。

(5)自动投切测试。测试电力车站变电所失压跳闸功能是否正常，PLC 自动控制功能的投入与退出是否能够远程控制；电源恢复后母联与电源进线开关的自投自复、自投手复功能是否正常。测试两相邻配电所一级、综合贯通故障跳闸，邻所是否具备自动投切功能。

6　关于 SCADA 部图规范性的实践

自 2009 年武广高铁首次接入广州局调度所以来，广州局调度所供电调度相继接入新建电化、远动改造线路近 30 条。配合供电调度员台际流动、人员快速适应的需要，为保证各线路 SCADA 人机界面制图保持规范统一，我们对路 SCADA 人机界面制图提出了严格规范要求，确保 SCADA 各级图部图合理、简洁、统一。

6.1　主接线图画面制作要求

(1)主接线图的画面名称命名规则为“所名称 + 所类型”。“所类型”为“牵引变电所”、“分区所”、“开闭所”、“分区所兼开闭所”“AT 所”、“配电所”、“箱变”、“10/0.4 kV 低压变电所”、“接触网开关控制站”，主接线图的布局要求做到对称、对齐、清爽、美观又突出重点。

(2)主接线图主要描述一次设备的电气接线关系，并显示相关的开关状态、重要测量值信息；同一层次的开关线要水平对齐。除非变电所或配电所规模太大，主接线图一般应完全显示在单幅画面中。制图时注意上行侧方向馈线布置在左侧，下行侧方向馈线布置在右侧，下行馈线靠左，上行馈线靠右；馈线编号从左至右依次编号。

(3)牵引所(包括:牵引变电所、分区所、开闭所、AT 所)的进线电源名称、电源相序、开关、流互、压互、避雷器编号与图纸布设一致,属供电局管辖的开关进行双重命名(所内编号、供电局编号),并与供电局核对一致。主接线图下方应简单绘制接触网示意图;若有接触网控制开关,则应绘制出相应开关。

(4)在画面名称的正下方绘制图标符号显示该被控站通信状态及站控制状态:红色表示通信中断,绿色表示通信正常;站控制状态绿色表示“调度控”,红色表示“所内控”。主接线图右上角应有链路状态及 IP 显示;红色表示链路中断,绿色表示通信链路正常。

(5)在被控站为综合自动化系统的主接线画面中(包括:牵引变电所、分区所、开闭所、AT 所、变配电所、接触网开关控制站),在画面的左上角处自上而下依次分别绘制“配置图”、“遥信列表”、“遥测列表”、“交直流列表”按钮。点击按钮,应能够进入相应的被控站系统配置图、遥信列表画面、遥测列表画面、交直流盘画面。主接线图右上角处自上而下依次分别绘制“站复归”、“实验开关”、“程控”按钮。

(6)在被控站为“接触网开关控制站”的主接线画面中,电气接线关系应与接触网图一致,并尽量在上部展示;应列表显示远动微断开关状态;下部区域应将接触网开关遥信列表逐开关平铺展示。

(7)在主接线画面上只需标注电流、电压值遥测量,其余测量项标注在遥测列表中。电流量就近标注在流互安放位置,电压量就近标注在压互安放位置。同一层次的电流、电压值上要水平对齐。

(8)电力配电所主接线图一级贯通馈出线布置在上方,综合贯通馈出线布置在下方;一级贯通、综合贯通馈出线上行侧方向在左,下行侧方向在右。进线电源显示线电压;主母互及贯通母互均显示相电压、线电压、零序电压、零序电流值;一级贯通及综合贯通馈出柜显示线电压、相电压值及电流值。

(9)低压所、箱变主接线图地方电源要标示上级变电所名称及线路名称。一级贯通、综合贯通母线设备按母线压互、上行方向侧进线、馈线变压器、下行方向侧出线依次排列。

6.2 接触网供电示意图、接触网供电臂图

(1)接触网供电示意图、接触网供电臂图下行线在上方,上行线在下方,车站正线用罗马数字标示,车站股道站台标示清晰。上跨桥、隧道处用符号画出,并标示名称、里程。各所亭、车站、接触网开关、分相处标示里程。

(2)供电线、正线应采用不同粗细线条区分。不同变电所供电的供电臂,应用不同颜色标出。

(3)纳入远动和未纳入远动的接触网开关要用不同的开关图标来标示(未纳入远动的开关要有人工置位和带电显示功能),全线各设备编号统一、摆放位置整齐。

(4)接触网供电臂图左侧为小里程公里标方向,右侧为大里程公里标,各回路供电关系与现场设备一致。隔离开关、断路器编号正确,重合闸标出,位置统一整齐。

6.3 电力供电示意图、电力供电臂图

(1)电力供电示意图、电力供电臂图左侧为上行侧方向,右侧为下行侧方向。一级贯通在上方、综合贯通在下方。

(2)电力供电示意图、电力供电臂图各回路供电关系与现场设备一致,隔离开关、断路器编号正确,箱变母线电压、馈线电流标示正确。箱变为中继站的,需标出用途(如信号中继站、通信中继站等)。

参考文献

[1] 中国铁路总公司. 铁路供电远动系统(SCADA)主站暂行技术条件(铁总运〔2015〕88 号)[S]. 北京:中国铁路总公司, 2015.

[2] 中国铁路总公司. 铁路供电远动系统运行维护管理规则(铁总运〔2014〕195 号)[S]. 北京:中国铁路总公司, 2014.

作者简介

李志宇,中国铁路广州局集团有限公司供电部高铁科,工程师

李少杰,中国铁路广州局集团公司供电部调度所供电调度室,副主任,工程师

基于机器学习的智能牵引变电所健康状态评估

胡记绪　梁景昆

摘　要： 近年来，牵引变电所在标准制定、方案设计、设备研制、工程建设和运行维护等领域实现了重大突破。智能牵引变电所数字化平台更加完善，智能一次设备研制成功，从而可以获得大量的系统运行数据。如果能够充分利用这些数据，对牵引变电所进行评估，将有利于整个牵引供电系统的安全平稳运行。因此，文中提出了一种基于机器学习算法——朴素贝叶斯算法（NaiveBayesian Algorithm）和层次分析法（The Analytic Hierarchy Process，简称 AHP）的智能牵引供电系统的健康状态评估方法。利用拉普拉斯平滑技术解决历史数据不全面的问题，并通过交叉验证、混淆矩阵可视化检测了算法模型的准确性。最后应用本评估方法对牵引变电所进行了实例评估，并得到了变电所的健康等级。

0　引言

随着数字化时代的到来，智能牵引变电所无疑成为未来变电所的发展趋势，智能牵引变电所是指采用可靠、经济、集成、节能、环保的设备与设计，以全站信息数字化、通信平台网络化、信息共享标准化、系统功能集成化、结构设计紧凑化、高压设备智能化和运行状态可视化为基本要求，能够支持牵引供电实时在线分析和控制决策，进而提高牵引供电运行可靠性及经济性的牵引变电所。与传统牵引变电所相比具有设备状态可视化、告警与分析、故障信息综合分析决策等高级功能。智能牵引变电所中采用智能一次设备，由设备本体、传感器、智能组件等构成，完成数字测量，信息互动等功能，可以实时监测设备状态，然后将监测数据上传至智能辅助系统进行可视化，然后上传至故障预测与健康管理系统进行健康状态评估。面对这些数据，如何进行有效的数据分析、数据挖掘成为了研究的热点。智能牵引变电所作为高速铁路的动力来源，它的正常运行关乎整个牵引供电系统的稳定，因此智能牵引变电所的健康状态评估至关重要，传统的维护理论与维修技术相对落后，对电力设备的健康状态判断不准确，经常是故障出现后才被发现，然后进行检修维护，然而已经对供电系统，甚至生命安全造成了严重损失，同时耗费大量的人力物力。如果能对变电所进行有效的健康状态评估，在故障前进行故障设备的更换，可以有效地解决上述问题。目前，在该研究领域已采用神经网络，模糊理论，支持向量机算法（SVM）和灰色理论等评估方法，其中神经网络存在局部极小化问题，算法容易陷入局部极值计算困难；模糊理论在隶属度函数等方面需要过多的人为参与，存在较大的主观因素的影响；SVM 主要是借助二次规划求解支持向量，当样本量较大时，涉及的 n 阶矩阵运算量很大，计算困难；灰色理论适合于解决少数据，贫信息的不确定性问题。

文中提出了一种基于朴素贝叶斯算法和层次分析法模型的智能牵引变电所健康状态评估方法，有效地利用了智能牵引变电所的监控平台收集的大量数据，从历史运行数据出发，很大程度上避免了主观因素对评估结果的影响，并且根据交叉验证和矩阵可视化对算法模型进行调整，提取出性能报告，验证模型准确性。以上方法主要通过 python 的 scikit-learn，pandas，matplotlib 实现。最后进行了实例评估，得到了智能牵引变电所的健康等级。

1　机器学习

机器学习已经成为数据挖掘的重要手段，应用机器学习应根据用户需求选择合适的模型和算法，机器学习算法可以根据用户需要的分类目标是否已知分为有监督学习算法和无监督学习算法。有监督学习算法主要包括朴素贝叶斯算法，逻辑回归算法，支持向量机（SVM），决策树算法等，对应的主要是分类和回归模型；无监督学习主要包括 K－Means 算法，EM 算法等，对应的主要是聚类模型。在实际应用中主要是通过原始数据集进行训练，形成模型，为了检测模型准确性，通常将数据集划分成训练集和测试集，使用训练数据集进行训练，然后使用测试数据集进行测试，检验模型准确性。对于待分类数据，只需通过已形成的模型进行分类，给出预测结果。文中采用朴素贝叶斯算法。

1.1 朴素贝叶斯算法核心思想

对于给出的待分类项 $x\{a_1, a_2, a_3, \cdots, a_n\}$，求解在此项出现的条件下各个类别 y_i 出现的概率，哪个最大，就认为待分类项属于那个类别。

在概率论中，假设有 A，B 两个事件，则在事件 A 发生的情况下事件 B 发生的概率为 $P(B|A)$，由条件概率公式可知

$$P(B|A) = P(AB)P(A)$$

同理可知

$$P(A|B) = P(AB)P(B)$$

所以不难得出

$$P(B|A) = \frac{P(A|B)P(B)}{P(A)}$$

1.2 朴素贝叶斯模型

假设模型样本为$(x_1^{(1)}, x_2^{(1)}, x_3^{(1)}, x_4^{(1)}, \cdots, x_n^{(1)})$，$(x_1^{(2)}, x_2^{(2)}, x_3^{(2)}, x_4^{(2)}, \cdots, x_n^{(2)})$，…，$(x)_1^{(m)}, x_2^{(m)}, x_3^{(m)}, x_4^{(m)}, \cdots, x_n^{(m)})$。即我们有 m 个样本，每个样本有 n 个特征，特征输出有 k 个类别，定义为 $w_1, w_2, w_3, \cdots, w_K$。

从样本可以学习到朴素贝叶斯的先验概率 $P(Y=w_k)(k=1, 2, \cdots, K)$，然后学习条件概率分布

$$P(X=x|Y=w_k) = P(X_1=x_1, X_2=x_2, \cdots, X_n=x_n|Y=w_k)$$

然后就可以用贝叶斯公式得到 X 与 Y 的联合分布 $P(X, Y)$了，联合分布 $P(X, Y)$定义为：

$$\begin{aligned}P(X, Y=w_k) &= P(Y=w_k)P(X=x|Y=w_k)\\ &= P(Y=w_k)P(X_1=x_1, X_2=x_2, \cdots, X_n=x_n|Y=w_k)\end{aligned}$$

从上面的式子可以看出 $P(Y=w_k)$很容易由最大似然法求出，得到的 $P(Y=w_k)$就是类别 w_k 在训练集里面出现的频数，假设 x 的 n 个维度相互独立，可以得出

$$\begin{aligned}&P(X_1=x_1, X_2=x_2, \cdots, X_n=x_n|Y=w_k)\\ &= P(X_1=x_1|Y=w_k)P(X_2=x_2|Y=w_k)\cdots P(X_n=x_n|Y=w_k)\end{aligned}$$

最后对于测试样集$(x_1^{\text{test}}, x_2^{\text{test}}, \cdots, x_n^{\text{test}})$，只需计算出所有的 k 个条件概率 $P(Y=w_k|X=x^{\text{test}})$，其中最大的条件概率对应的类别就是模型所预测的类别，如图 1 所示。

图 1 朴素贝叶斯算法模型

1.3 朴素贝叶斯算法过程

算法流程如下：

(1)如果没有 Y 的先验概率，则计算 Y 的 K 个先验概率：

$$P(Y=w_k) = (m_k+\lambda)/(m+k\lambda)$$

否则 $P(Y=w_k)$为输入的先验概率。(拉普拉斯平滑)

(2)分别计算第 k 个类别的第 j 维特征的第 l 个取值条件概率：$P(X_j=x_{jl}|Y=w_k)$，如果是离散值

$$P(X_j=x_{jl}|Y=w_k) = (m)_{jkl}+\lambda)/(m_k+S_j\lambda)$$

λ 可以取 1，或者其他大于 0 的数；如果是稀疏二项离散值：

$$P(X_j=x_{jl}|Y=w_k) = P(j|Y=w_k)x_{jl} + (1-P(j|Y=w_k)(1-x_{jl})$$

如果是连续值，不需要计算各个 l 的取值概率，直接求正态分布的参数：

$$P(X_j = x_j \mid Y = w_k) \frac{1}{\sqrt{2\pi}} \exp\left(-\frac{(x_j - \mu_k)^2)}{2\,\sigma_k^2} \right)$$

(3)对于实例 x^{test}，分别计算：

$$P(Y = w_k) \prod_{j=1}^{n} P(X_j = x_j^{\text{test}} \mid Y = w_k)$$

(4)确定 x^{test}的分类：

$$w_{\text{result}} = \max\left\{ P(Y = w_k) \prod_{j=1}^{n} P(X_j = x_j^{\text{test}} \mid Y = w_k) \right\}$$

不难看出，计算过程不涉及复杂的求导，积分等，所以效率很高。

2　分层评估模型

本文采用层次分析法(AHP)的分层分析模型对智能牵引变电所进行逐层评估，如图 2 所示，第一层是系统层；第二层是元件层：智能牵引变压器、电动隔离开关、智能断路器、GIS 高压柜和氧化锌避雷器等；第三层是指标层，包含各个原件的评估参数。由每个元件的参数形成特征向量，对元件进行评估，然后由各个元件的健康等级构成特征向量对牵引变电所做出健康状态评估。智能牵引变电所设备相关参数及稳定运行临界值如表 1 所示，健康状态可以划分为五个等级，如表 2 所示。

表 1　稳定运行临界值

评估参数						
GIS 高压柜参数	低回路绝缘电阻	主回路电阻	SF6 气体湿度	触头温升	局部放电	相对漏气率
临界值	≥1 MΩ	≤100 μΩ	≤500 μL/L	≤65 k	≤50 pc	≤0.5%
智能牵引变压器参数	介质损耗因数	顶层油温升	油气成分	局部放电	微含水量	吸收比
临界值	≤0.8%	<60 k	<150 μL/L	<500 pc	≤25 mg/L	≥1.3
智能断路器参数	累计开合次数	分合闸时间	分合闸线圈电流	SF6 气体压力	微含水量	
临界值	<3000 次	<60 ms	<2 A	<0.5 MPa	<150 μL/L	
隔离开关参数	母线转换电流	触头温升	合闸速度		动作时间	
临界值	<1600 A	<35 k	1～1.5 m/s		2～3 s	
氧化锌避雷器参数	全电流		阻性电流		三相电流是否均衡	
临界值	≤1.5 mA		≤0.25 mA		是/否	

表 2　健康状态等级划分

健康状态	健康	亚健康	轻微病态	中度病态	严重病态
符号	R1	R2	R3	R4	R5

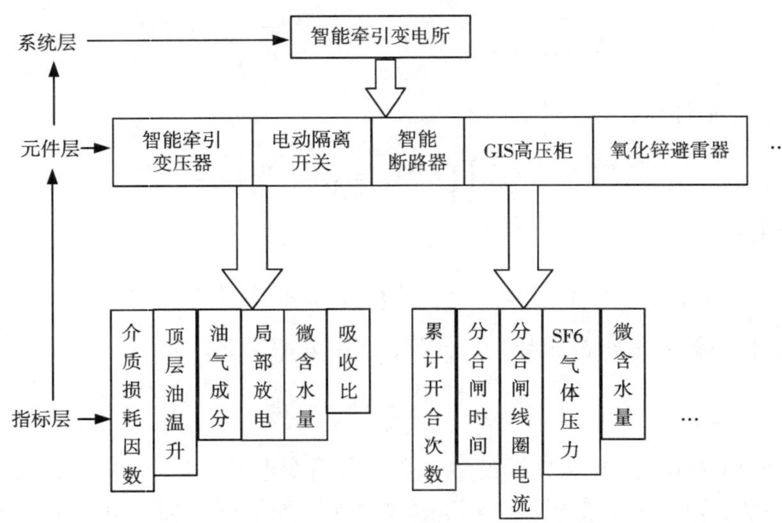

图 2　牵引变电站的分层评估模型

3　实例评估

首先将数据集划分为训练数据集和测试数据集，然后使用训练数据集对模型进行训练，但是如果只是对待定的子集进行验证，最终可能导致过度拟合模型。交叉验证是算法中的一个重要概念，它可以产生很多子集进行交叉验证，增加模型的稳定性。这样使模型不但可以很好地处理已知的训练数据集，面对未知的待测数据集也能准确地分类。

要修正机器学习模型以达到我们的要求，首先要了解相关的指标。精度(precision)：指被分类器正确分类的样本数占总分类样本数的百分比；召回率(recall)：指本应正确分类的样本数占某分类样本总数的百分比；F1 得分(F1 score)：精度和召回率总是对立的，不同的模型倾向不同，F1 得分指的是两者的合成指标，即

$$\text{F1score} = \frac{2 \times \text{precision} \times \text{recall}}{(\text{precision} + \text{recall})}$$

下面以智能牵引变压器为例对模型进行验证，采用 1000 组数据，利用交叉验证生成数量为 600 的训练数据集，数量为 400 的测试数据集，运行程序后可以提取性能报告，如图 3 所示，可以看出测试样本总数为 400，总体精度达到 0.94，召回率 0.94，F1 得分为 0.93，不难看出，R1 类的数量达到 135 个，占比 33.75%，同样 R2，R3 占比也较高；而 R5 类的数量只有 12 个，占比 3%，与前三类相差很大，导致模型的精度有所下降，只要数据增加，样本均衡，模型的各个指标都会有所提升。

	precision	recall	f1-score	support
R1	0.93	0.94	0.93	135
R2	0.91	0.98	0.94	100
R3	0.98	0.91	0.94	134
R4	0.86	0.95	0.90	19
R5	1.00	0.75	0.86	12
avg / total	0.94	0.94	0.93	400

图 3　牵引变压器交叉验证性能报告

为了进一步了解模型的性能，可以通过混淆矩阵(confusion matrix)可视化来直观的观察分类效果。混淆矩阵是理解分类模型性能的数据表，有助于理解如何把测试数据分成不同类，可以直观的看出错误的分类情况。上例中的混淆矩阵如图 4，图中非对角线上的元素为浅蓝色，对应的样本数量很小，而对角线上的元素的颜色对应的样本数量比较高，说明模型的准确性很好，而 R5 对应的对角元素的颜色对应的样本数量也很小，表明样本中 R5 类别的样本数量很少。R5 代表处于严重病态，而在变电所实际运行中，很少

遇到这种重大事故，所以相应的数据比前几类运行状态的数据量小很多，随着智能变电站的不断发展，运行数据会越来越完善，样本更加均衡，模型性会更优。

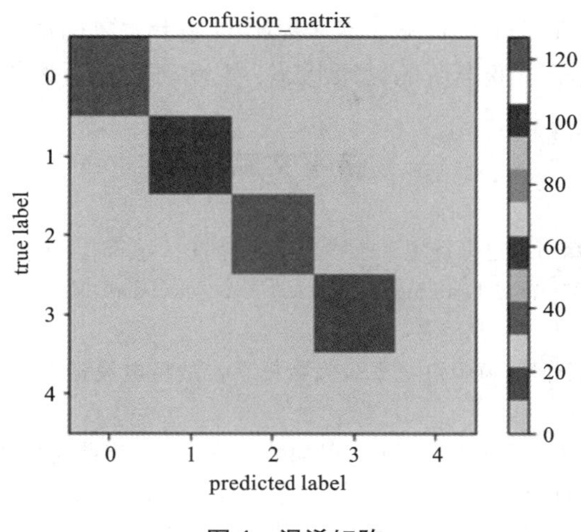

图 4　混淆矩阵

采用某一时刻 IED 记录的设备运行数据对变电站进行健康状态评估，以智能牵引变压器为例，智能牵引变压器指标层的参数构成向量为(0.0065，23，130，190，10，1.8)，各数据与图 1 中参数一一对应。评估结果如图 5 所示。

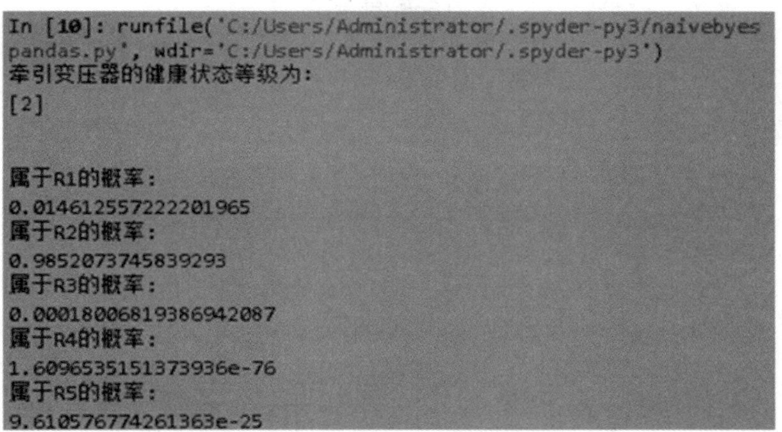

图 5　牵引变压器评估结果

图中显示牵引变压器健康等级为 R2，且属于 R2 等级的概率达到了 98.52%。其他设备评估结果整理如表 2 所示。

表 2　变电站健康等级评估结果

设备	牵引变压器	隔离开关	断路器	GIS 高压柜	氧化锌避雷器	变电站
健康等级	R2	R1	R1	R2	R3	R2

由表 2 可知，智能牵引变压器处于亚健康状态，电动隔离开关处于健康状态，智能断路器处于健康状态，GIS 高压柜处于亚健康状态，氧化锌避雷器处于轻微病态，整个牵引变电所处于亚健康状态，根据评估结果可以对氧化锌避雷器进行检测，避免造成严重后果，防患于未然。

4 结束语

牵引变电所作为高速铁路的动力源，它的健康状态至关重要，传统的检修维护策略很“被动”，大多是故障发生后才采取检修措施，已造成重大损失。本文提出的基于大数据机器学习算法的智能牵引变电所健康状态评估方法可以有效地确定牵引变电所的健康状态，主动对其进行维护，有效避免重大事故的发生。

参考文献

[1] 王玘. 基于健康状态的高速铁路牵引供电系统主动维护策略研究[D]. 成都：西南交通大学，2018.
[2] Swami A，Jain R . Scikit-learn：Machine Learning in Python[J]. Journal of Machine Learning Research，2012，12(10)：2825 - 2830.
[3] 刘巍，曾涛，侯启方，卢凌云. 基于智能牵引供电系统大数据平台的供电设备寿命预测研究[J]. 铁道机车车辆，2018，38(04)：75 - 78.
[4] 程文平，余涛，尹华杰. 基于加权灰靶理论的隔离开关健康状态评估[J]. 电测与仪表，2016，53(14)：84 - 89 + 95.
[5] 肖怀硕. 基于振动信号的断路器故障诊断与状态评估[D]. 济南：山东大学，2018.
[6] 李弘博. 智能断路器运行状态评估模型研究[D]. 西安：西安工程大学，2017.
[7] 靳文娟. 基于多参量的高压断路器的状态监测和故障诊断技术研究[D]. 广州：华南理工大学，2017.
[8] 刘博垚. 氧化锌避雷器在线监测与故障预警方法研究[D]. 沈阳：沈阳工业大学，2018.
[9] 何正友. 复杂配电网潜隐性故障预测与健康诊断方法研究[J]. 学术动态，2012(02)：7 - 10.
[10] JOSHI P. Python machine learning cookbook [M]. Birmingham：Packt Publishing，2016.

作者简介

胡记绪，中铁电气化局集团有限公司京沪高铁维管公司，副段长，工程师
梁景昆，中铁电气化局集团有限公司京沪高铁维管公司，工程师

浅谈电气化铁路牵引变电所差动保护动作原因及对策

梁建国　马雄江

摘　要： 牵引供电系统是电气化铁路电力机车的动力来源，是电气化铁路的心脏，其能否安全、可靠、高效的运行直接影响铁路的运行。本文基于近年现运行及新建铁路牵引变电所变压器差动保护动作原因进行了分析，对比分析了不同供电方式，不同投运年限的牵引变电所变压器差动保护动作的原因，并结合日常运营维护提出了改进措施。

0　引言

截止2019年底中国高铁运营里程已达3.5万公里，高速铁路牵引变电所也逐步增多，牵引变电所设备故障给铁路运输造成的影响越来越大，牵引供电可靠性在铁路运输中的重要性日益凸显，差动保护作为主变压器的主保护，在运行中如何防止其非真正保护范围内一次设备故障引起保护动作尤为关键，通过日常运营维护、检测，及时发现并处置设备缺陷愈发重要。

1　牵引供电常用差动保护接线型式

我国电气化铁路中牵引变电所变压器常用的差动保护接线型式有Y/△-11变压器(见图1)、Y/V阻抗匹配平衡变压器(见图2)、Y/A阻抗匹配平衡变压器(见图3)、三相V/V变压器(见图4)、SCOTT变压器(见图5)等。

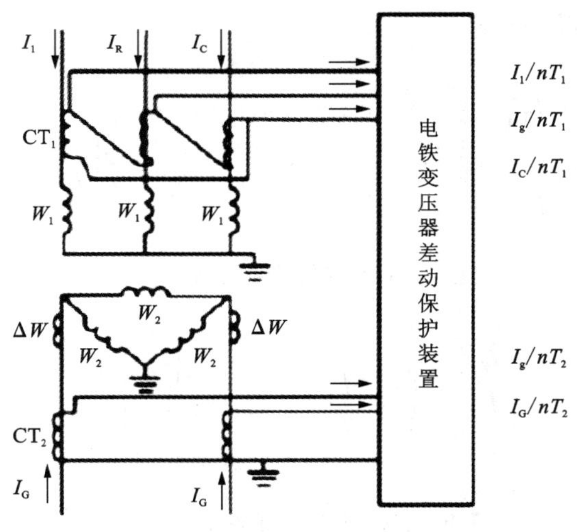

图1　Y/△-11变压器接线型式

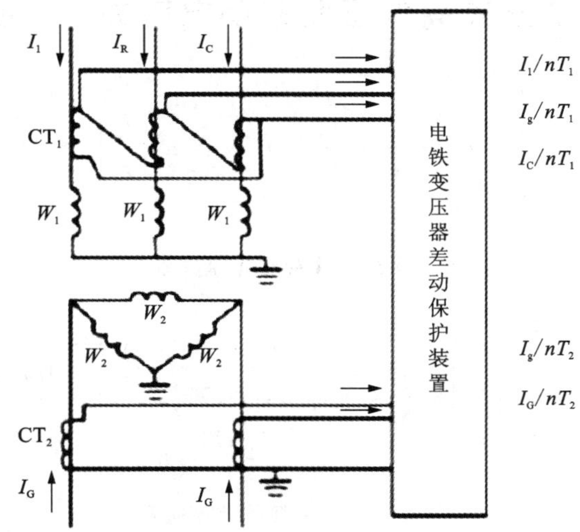

图2　Y/V阻抗匹配平衡变压器接线型式

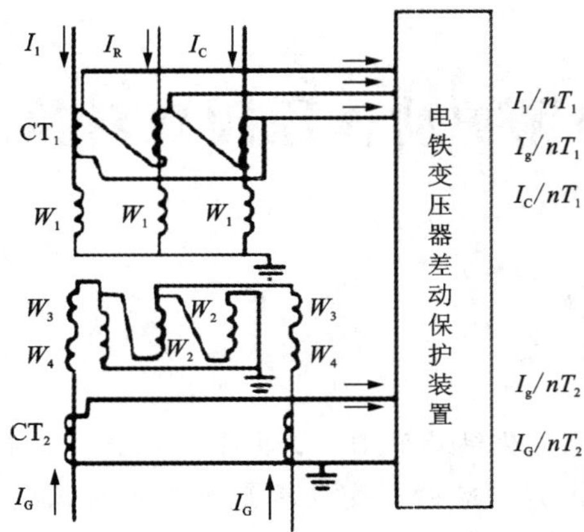

图 3　Y/A 阻抗匹配平衡变压器接线型式

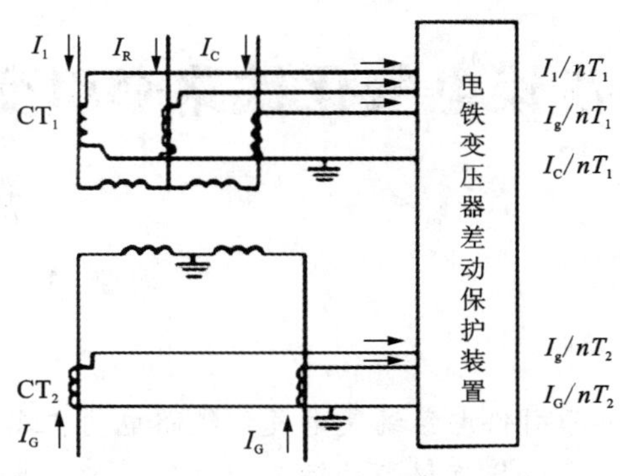

图 4　三相 V/V 变压器接线型式

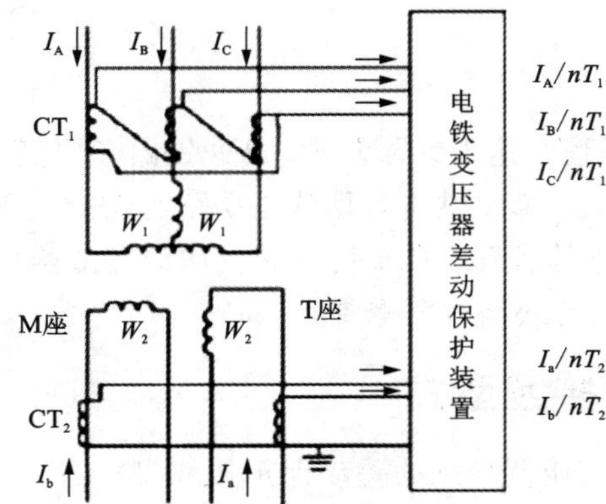

图 5　SCOTT 变压器接线型式

2　变压器高低压侧差动电流关系(见图 6 ~ 图 10)

$$\begin{bmatrix} \dot{I}_A - \dot{I}_B \\ \dot{I}_B - \dot{I}_C \\ \dot{I}_C - \dot{I}_A \end{bmatrix} = \frac{1}{K} \times \frac{nT_2}{nT_1} \begin{bmatrix} -1 & 0 \\ 0 & -1 \\ 1 & 1 \end{bmatrix} \begin{bmatrix} \dot{I}_\alpha \\ \dot{I}_\beta \end{bmatrix}$$

图 6　Y/△—11 接线差流关系

$$\begin{bmatrix} \dot{I}_A - \dot{I}_B \\ \dot{I}_B - \dot{I}_C \\ \dot{I}_C - \dot{I}_A \end{bmatrix} = \frac{1}{K} \times \frac{nT_2}{nT_1} \begin{bmatrix} -1.366 & 0.366 \\ 0.366 & -1.366 \\ 1 & 1 \end{bmatrix} \begin{bmatrix} \dot{I}_\alpha \\ \dot{I}_\beta \end{bmatrix}$$

图 7　Y/V 接线差流关系

$$\begin{bmatrix} \dot{I}_A - \dot{I}_B \\ \dot{I}_B - \dot{I}_C \\ \dot{I}_C - \dot{I}_A \end{bmatrix} = \frac{1}{K} \times \frac{nT_2}{nT_1} \begin{bmatrix} 2.154 & -0.577 \\ -0.577 & 2.154 \\ -1.577 & -1.577 \end{bmatrix} \begin{bmatrix} \dot{I}_\alpha \\ \dot{I}_\beta \end{bmatrix}$$

图 8　Y/A 接线差流关系

$$\begin{bmatrix} \dot{I}_A \\ \dot{I}_B \\ \dot{I}_C \end{bmatrix} = \frac{1}{K} \times \frac{nT_2}{nT_1} \begin{bmatrix} -1 & 0 \\ 0 & -1 \\ 1 & 1 \end{bmatrix} \begin{bmatrix} \dot{I}_\alpha \\ \dot{I}_\beta \end{bmatrix}$$

图 9　三相 V/V 接线差流关系

$$\begin{bmatrix} \dot{I}_A - \dot{I}_B \\ \dot{I}_B - \dot{I}_C \\ \dot{I}_C - \dot{I}_A \end{bmatrix} = \frac{1}{K} \times \frac{nT_2}{nT_1} \begin{bmatrix} -1.732 & 1 \\ 1.732 & 1 \\ 0 & -2 \end{bmatrix} \begin{bmatrix} \dot{I}_\alpha \\ \dot{I}_\beta \end{bmatrix}$$

图 10　SCOTT 接线差流关系

3　不同接线方式变压器差流平衡系数及差动保护特性

$$KPH=\frac{U_{eH}\times n_{H}}{U_{eL}\times n_{L}}\times\frac{1}{\sqrt{2}}$$

图 11　平衡变压器

$$KPH=\frac{U_{eH}\times n_{H}}{U_{eL}\times n_{L}}\times\frac{1}{\sqrt{3}}$$

图 12　Y/A 及 Y/△-11 变压器

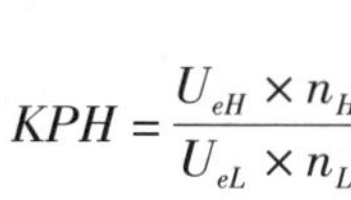

$$KPH=\frac{U_{eH}\times n_{H}}{U_{eL}\times n_{L}}$$

图 13　SCOTT 和三相 V/V 接线变压器

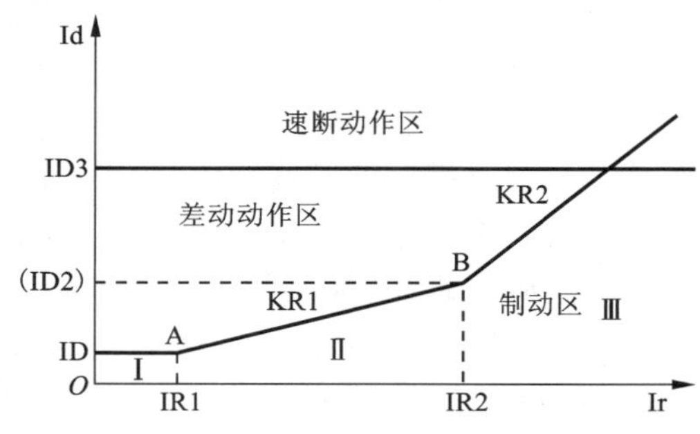

图 14　差动保护特性

4　现场常见差动保护动作原因分析

4.1　主变压器及其套管引出线发生短路故障。

此类故障在现场出现相对较少，人为造成故障发生相对较多。例如 2019 年 9 月 9 日 7 时 32 分 58 秒 440 毫秒，陇海线某变电所 2#B 主变差动速断、比率差动保护动作。原因为装设接地线时，操作不当，地线抬高造成地线钩与 202ADL 上刀口(主变低压侧断路器电源侧)对应母排绝缘距离不足放电，造成主变差动保护动作。

4.2　一次接线倒接后二次回路未同步倒接引起差动保误动作

差动回路接线方式应严格根据变压器的接线方式进行接线，若改变高压侧接线方式，二次回路相关差动、过电流等回路应逐项更改，不然会引起差动保护误动或采样异常。例如：××年××月××日 9 时 51 分 16 秒 346 毫秒，上海局集团青阜线××变电所 1 号主变差动保护动作，9 时 51 分 39 秒 247 毫秒，备自投动作，所内由 1#进线 1#系统倒为 2#进线 2#系统运行，9 时 52 分 20 秒 372 毫秒，2 号主变差动保护动作，造成全所停电，影响该变电所所有馈出线路供电。原因该所为新投入运行，在验收结束后，因为发现相邻分区所两个方向供电臂相位差为 180°，之后设计单位出具了设计变更，施工单位对变电所 1、2 号主变低压侧 27.5 kVα 相和 β 相电缆进行了倒接(见图 15)，但未对差动二次回路进行同步修改(见图 16)，导致 1、2#主变在馈线有负荷时，差动回路出现差动电流且大于整定值，因此造成主变差动保护动作。

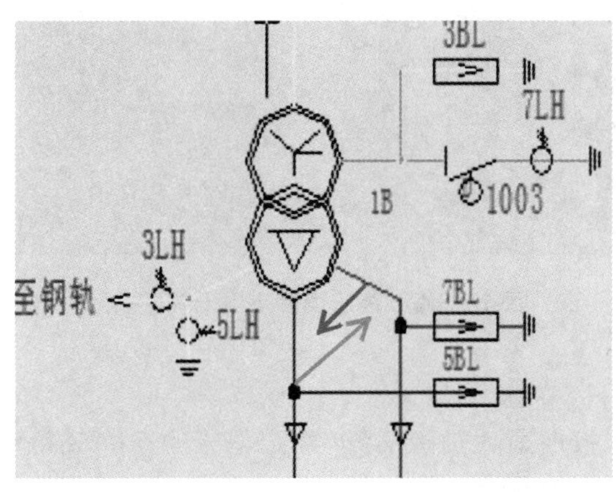

图 15　主变低压侧倒接 α、β 电缆倒接

图 16　差动回路二次未倒接

4.3　保护二次线松动或接线错误发生差动保护误动作

二次接线松动(开路、断路)、接线错误在现场出现较为频繁，尤其对差动回路综自试验后，未恢复接线或恢复错误易导致差动保护误动作。如 2019 年 9 月 18 日 10 时 55 分，徐盐铁路××牵引变电所 2#、4#B 主变比率差动保护动作，原因为 202DL 端子箱内差动回路短联片误接，致使主变低压侧差动保护及后备保护二次回路被短接，保护装置低压侧未能采集到电流数据，引起差动保护动作(见图 17)。

图 17　差动回路低压侧短路片短接

4.4　电流互感器短路或开路

主变高低压侧电流互感器开路或短路后会导致差动回路保护装置采样异常，形成差流，引起差动保护动作。例如 2013 年 1 月 30 日 4 时 42 分 9 秒 970 毫秒，京沪线××变电所 1#主变差动保护动作，ICDA：1.440 A，ICDB：0.030 A，ICDC：1.410 A，原因为高压侧 A 相电流互感器本身质量问题，高压侧存在类似开路现象，导致差动保护动作。

4.5　保护装置接线方式参数错误引起保护误动作

综自装置一些重要参数需要录入，一般保护定值经过设计院核算后基本能适用于现场，但现场人员未按照设计差动保护相关定值进行录入易导致差动保护误动作。例如 2019 年 9 月 6 日 23 时 46 分 4 秒 930 毫秒，徐盐线××牵引变电所对接触网送电冲击分区所变压器时，2、4#主变比率差动保护动作，原因为现场人员在输入变压器接线方式时选择错误，导致差流产生，引起保护误动作。

4.6　平衡系数与变压器实际运行工况不一致引起差流告警

按照《牵引供电系统继电保护配置及整定计算导则》(Q/CR 687—2018)要求，一般变压器差动保护投入了差流越线告警功能，整定值为 0.2 Ieh/nct. h，平衡系数现多为装置进行计算，额定电压为 110 kV(220 kV)，未考虑变压器实际档位，当负荷侧电流较大时，引起差流越线告警。例如 2020 年 5 月 30 日，京沪线××变电所综自改造完毕，投运 1 回 1#B 后，在馈线负荷增大时发生差流越线告警事件，原因为实际变压器档位为Ⅰ档，即 118.25 kV/27.5 kV，其保护装置差动回路参数高压侧额定电压输入为 110 kV，根据平衡系数计算公式发现，实际平衡系数为额定平衡系数的 1.075 倍，导致馈线小电流时差流不明显，负荷增大时差流明显，引起差流越线告警。

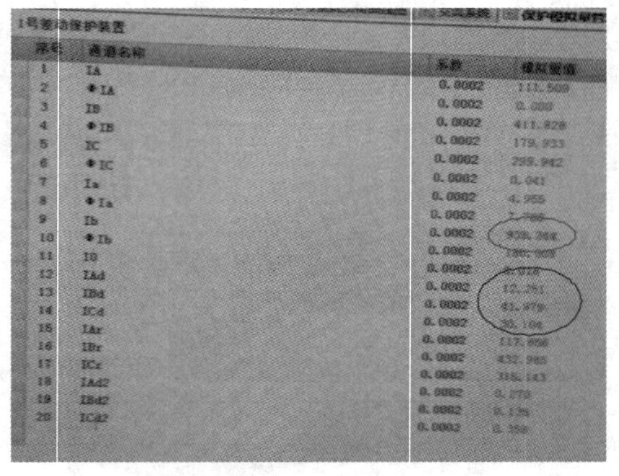

图 18　未修改高压侧额定电压参数前

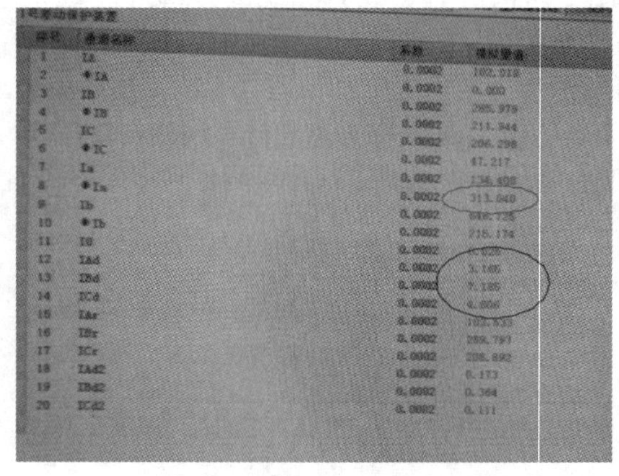

图 19　修改高压侧额定电压参数前

4.7　励磁涌流引起差动保护动作

变压器在送电时有较大的励磁涌流，若差动速断电流未按照最大励磁涌流(额定电流的 6－8 倍)整定及 1.2 倍可靠系数整定，在变压器冲击时极易引起差动速断保护动作。如 2018 年 12 月 20 日，符夹线××牵引所变压器送电冲击时，差动保护动作，原因为差动速断保护定值整定偏小，励磁涌流取值为 5 倍的额定电流。

4.8　主变压器内部故障

此类故障现场相对出现少，主要由于变压器内部匝间短路，绕组对外壳绝缘不良等引起差动保护动作。如2014年陇海线××牵引变电所因变压器内部故障，引起差动保护动作，并伴有变压器着火(见图20)。

图20　变压器内部故障起火

5　对策和建议

5.1　新投运牵引所差动回路完整性要认真检查

现场差动回路接线相对复杂，尤其要对极性进行校验，二次接线要正确，并与接线方式相对应，检查完毕要进行加量试验，查看差流、角度等情况，确保回路的正确性、完整性。

5.2　差动保护试验完毕二次线恢复要正确，连接良好

投运后的牵引变电所，差动保护试验应按周期试验，拆除和恢复二次接线要一人操作一人监护，并做好标记，试验完毕要及时恢复，恢复后要专人检查，确保接触良好，二次线的绝缘情况也要进行检查，并对差动回路二次接线绝缘检查，应符合500 V导线绝缘要求。

5.3　差动保护范围内设备按规定进行检修和试验

为避免差动保护范围内一次设备故障引起差动保护动作，差动保护区内一次设备应确保状态良好，各项试验数据合格，运行中的变压器差动保护动作后必须查明原因，并对相关设备进行必要的试验，确认各设备状态无异常后方可投运，否则不允许投运。

5.4　保护定值、参数设置要正确，现场加强核对和验算

差动保护设置的保护定值和相关参数要符合《牵引供电系统继电保护配置及整定计算导则》(Q/CR 687—2018)和综自厂家说明书要求，并充分考虑实际高压侧额定电压(变压器实际档位额定电压)对平衡系数的影响，避免差流越限告警或差动保护误动作事件发生。

5.5　避免外界因素引起保护动作

作业人员要经过相关培训，人员及所持工器具必须离带电设备保持足够的安全距离，作业前充分预想，地线位置选择适当，尤其要防止误操作接地线触碰高压设备，引起保护误动作，另外在所内使用大型机械作业时，要求防误碰带电体措施，避免引起断路接地，致使人身、设备安全事故发生。

5.6　必要时临时撤除差动保护，防止误动作

在确定差动保护范围内一次设备状态良好的情况下，非新投运牵引所通过向供电调度临时申请退出差动保护，待负荷增大时查看差流情况，确认正确无误后及时投入差动保护，可有效避免差动保护误动作。

6　结束语

牵引变压器是牵引变电所的心脏，其运行状态直接关系到电气化铁路的安全、可靠、稳定运行，本文结合新投运和已投运中常见变压器差动保护接线型式、差动电流关系、平衡系数计算及差动动作跳闸的原因进行了分析和举例，对如何防止差动保护误动作制定了对策和建议，对电气化铁路运营维护工作中如何避免差动保护误动作具有指导意见。

参考文献

[1] 中国铁路总公司. Q/CR687—2018 牵引供电系统继电保护配置及整定计算导则. 中国铁道出版社有限公司出版,2019.

[2] 中国铁路总公司. 牵引供电系统继电保护配置及整定计算导则(Q/CR 687—2018)[S]. 北京：中国铁道出版社有限公司出版，2019.

作者简介

梁建国，中铁电气化铁路运营管理有限公司上海维管处，副处长，工程师

马雄江，中铁电气化铁路运营管理有限公司上海维管处徐州维管段生产技术科，副科长，工程师

基于准 PR 调节器的三相逆变器非线性行为分析

刘长志　王一森　陈庆花

摘　要：三相逆变器作为电力牵引交流传动系统中的一种典型的电力电子装置，多年来被广泛应用于城市轨道交通和铁路机车牵引系统中，由于其自身特性，在运行过程中可能会出现分岔、混沌等非线性现象。本文针对基于准 PR 调节器的三相逆变器，在两相静止坐标系下建立其在正弦脉宽调制时的离散数学模型，对其在快时间尺度上的非线性行为进行了分析。通过分岔图法、Jacobian 矩阵法，折叠图法等有效方法得出三相逆变电路的稳定运行域，并通过 Simulink 仿真验证了理论分析的正确性。本文所得出的相关结论，为准 PR 调节下的三相逆变电路的分析与设计提供了参考。

0　引言

三相逆变器作为一种典型的电力电子装置，被广泛应用于城市轨道交通和铁路机车牵引系统的电气传动以及逆变电源等领域。由于逆变器中存在开关器件，因此其属于强非线性电路，在一定条件下会表现出一些复杂的不规则行为，可能导致系统的不稳定，影响系统的正常运行，这是工程设计和调试运行中需要注意的问题。

目前，绝大多数针对逆变器的非线性现象研究是围绕单相逆变器展开的，并取得了一定的成果。文献[4-5]首先研究了单相 H 桥变换器的混沌和分岔现象，并给出非线性行为抑制方法，文献[6]首次分析了比例调节下单相 SPWM 逆变器分岔与混沌现象，文献[7]对单相全桥逆变器的快变和慢变稳定性及混沌行为进行了分析，文献[8]使用平均模型法和菲利波夫理论研究了单相全桥逆变电路的 Hopf 分岔现象以及倍周期分岔现象，文献[9]对带 LCL 型滤波器的单相逆变器的非线性现象进行了分析，给出了低频振荡的发生机理。

但是三相全桥逆变器在以往的分岔研究中仍较少涉及，鲜见有文献将分岔与混沌理论应用于该装置，并建模与分析。文献[10]对比例调节下的三相全桥逆变器的非线性现象进行了分析，文献[11]对比例积分调节下的三相全桥逆变器的非线性现象进行了分析。虽然比例积分调节器可以改善系统稳定性能但其在高频部分幅值裕度较低，难以做到对电流指令的快速、无静差调节，无法实现交流系统的输出无静差。并且在三相对称系统中，dq 坐标系下 PI 控制器对并网电流进行调节时，需要进行多次坐标变换，且需对电流分量解耦，计算复杂；而基于静止坐标系的准 PR 调节器无需对电流分量进行解耦，其控制算法简单，并且准 PR 控制基波频率处增益有限，不会造成系统不稳定。

本文基于上述已有理论，以准 PR 调节器控制下的三相全桥逆变器为研究对象，对 SPWM 调制的逆变器建立了离散映射方程，选取比例系数作为分岔参数，得到系统随着参数变化的动态分岔图和折叠图，并通过 Matlab/Simulink 仿真验证了其正确性。最后选取比例系数和积分系数作为双分岔参数以及比例系数、积分系数和直流侧电压为三分叉参数，以系统雅克比矩阵特征值为依据得出系统在多个参数变化下的稳定范围，为准 PR 调节下的三相全桥逆变器的参数设计和调试提供了理论依据。

1　电路工作原理及离散模型的建立

1.1　三相逆变电路工作原理

基于准 PR 调节器的三相全桥逆变电路工作原理图如图 1 所示，设开关管为理想的。其中直流侧电压为 E，$V_{T1}-V_{T6}$为六个开关管，输出负载为 L_a，L_b，L_c 和 R_a，R_b，R_c，设三相负载为对称的，令 $L_a=L_b=L_c=L$，$R_a=R_b=R_c=R$。采样输出电流经过 Clarke 变换与给定电流 $i_{\alpha ref}$，$i_{\beta ref}$比较，比较结果 $i_{\alpha e}$，$i_{\beta e}$经准 PR 调节器调节后通过反 Clarke 变换得到调制信号 u_{conx}(x = a，b，c)，经峰值为 1 的三角载波调制后形成 SPWM 波来驱动各个开关管工作。

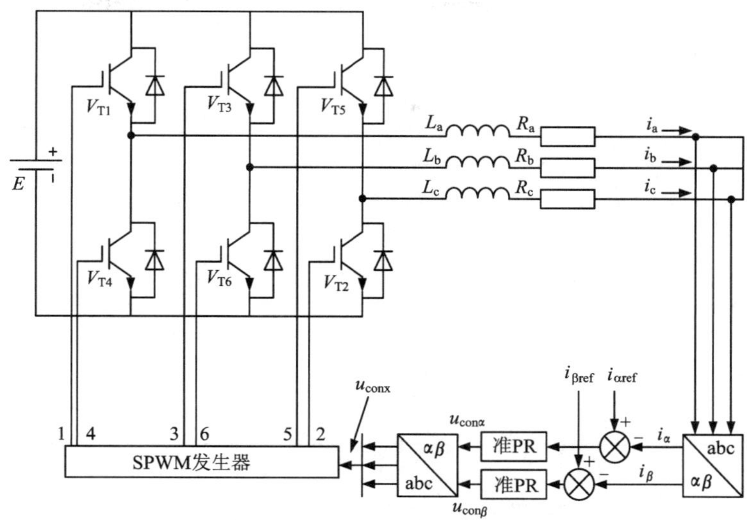

图 1　基于准 PR 调节器的三相逆变器原理图

根据电力电子开关管工作状态，以电感电流为状态变量，则系统的状态方程可写为

$$\begin{cases} \dfrac{\mathrm{d}i_a}{\mathrm{d}t} = \dfrac{S_aE - \dfrac{E}{3}\sum\limits_{x=a,\ b,\ c} S_x - Ri_a}{L} \\ \dfrac{\mathrm{d}i_b}{\mathrm{d}t} = \dfrac{S_bE - \dfrac{E}{3}\sum\limits_{x=a,\ b,\ c} S_x - Ri_b}{L} \\ \dfrac{\mathrm{d}i_c}{\mathrm{d}t} = \dfrac{S_cE - \dfrac{E}{3}\sum\limits_{x=a,\ b,\ c} S_x - Ri_c}{L} \end{cases} \tag{1}$$

其中 $S_x(x=a,\ b,\ c)$ 为开关状态，当 $S_x=1$ 时，上桥臂导通，当 $S_x=0$ 时，下桥臂导通。正弦脉宽调制(SPWM)是三相逆变电路广泛应用的调制方式，本文选取规则采样法，三相调制信号 u_{cona}，u_{conb}，u_{conc} 依次相差 120°相角，SPWM 调制过程如图 2 所示。

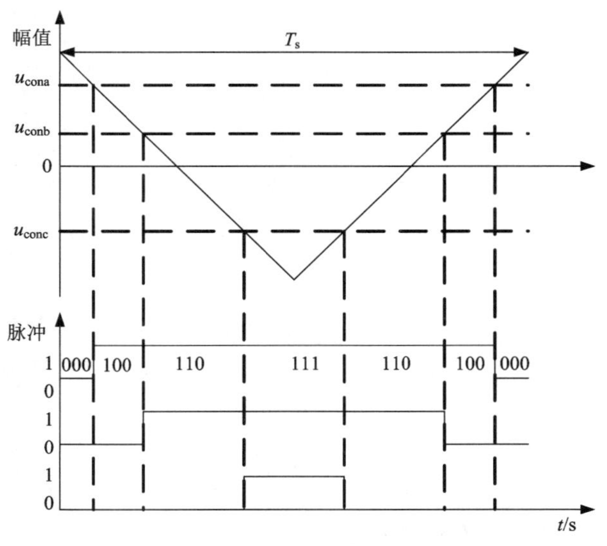

图 2　SPWM 调制过程

由图 2 可知系统的一个开关周期为 T_s，在一个开关周期内，系统的调制占空比为

$$d_x = 0.5(1+u_{conx}) \tag{2}$$

1.2　主电路数学模型的建立

在三相逆变电路中 $i_a+i_b+i_c=0$，因此选取 i_a，i_b 为状态变量。

$$\begin{cases} \dfrac{\mathrm{d}i_a}{\mathrm{d}t} = A_1 i_a + B_1 E \\ \dfrac{\mathrm{d}i_b}{\mathrm{d}t} = A_2 i_b + B_2 E \end{cases} \tag{3}$$

根据系统占空比的不同状态，系统主电路的拓扑可分为八种，其中 $A_1=A_2=-R/L$，B_1，B_2 对应的值如表 1 所示。

表 1　开关函数与平均模型系数关系

$(S_a\ S_b\ S_c)=(000),(111)$	$B_1=0,\ B_2=0$
$(S_a\ S_b\ S_c)=(001)$	$B_1=-\dfrac{1}{3L},\ B_2=-\dfrac{1}{3L}$
$(S_a\ S_b\ S_c)=(010)$	$B_1=-\dfrac{1}{3L},\ B_2=\dfrac{2}{3L}$
$(S_a\ S_b\ S_c)=(011)$	$B_1=-\dfrac{2}{3L},\ B_2=\dfrac{1}{3L}$
$(S_a\ S_b\ S_c)=(100)$	$B_1=\dfrac{2}{3L},\ B_2=-\dfrac{1}{3L}$
$(S_a\ S_b\ S_c)=(101)$	$B_1=\dfrac{1}{3L},\ B_2=-\dfrac{2}{3L}$
$(S_a\ S_b\ S_c)=(110)$	$B_1=\dfrac{1}{3L},\ B_2=\dfrac{1}{3L}$

由图 2 可知，本文所采用的 SPWM 调制方式符合七段式调制原则，以图 2 为例，系统在一个开关周期内经历的模态为 000→100→110→111→110→100→000。根据频闪映射理论，由图 2，表 1 及式(3)可以得出每个模态结束后 i_a，i_b 的状态。令 $A_1=A_2=A$，设第 n 个开关周期开始时刻 $i_a=i_a(n)$，$i_b=i_b(n)$，则有

$$\begin{cases}
i_{a1}=e^{AaT_s}i_a(n)\\
i_{a2}=e^{AbT_s}i_a(n)+\dfrac{B_{1a}E(e^{A(b-a)T_s}-1)}{A}\\
i_{a3}=e^{AcT_s}i(n)+\dfrac{B_{1a}E(e^{A(c-a)T_s}-e^{A(c-b)T_s})+B_{1b}E(e^{A(c-b)T_s}-1)}{A}\\
i_{a4}=e^{AdT_s}i_a(n)+\dfrac{B_{1a}E(e^{A(d-a)T_s}-e^{A(d-b)T_s})+B_{1b}E(e^{A(d-b)T_s}-e^{A(d-c)T_s})}{A}\\
i_{a5}=e^{AeT_s}i_a(n)+\dfrac{B_{1a}E(e^{A(e-a)T_s}-e^{A(e-b)T_s})+B_{1b}E(e^{A(e-b)T_s}-e^{A(e-c)T_s})+B_{1c}E(e^{A(e-d)T_s}-1)}{A}\\
i_{a6}=e^{AfT_s}i_a(n)+\dfrac{B_{1a}E(e^{A(f-a)T_s}-e^{A(f-b)T_s})+B_{1b}E(e^{A(f-b)T_s}-e^{A(f-c)T_s})+B_{1c}E(e^{A(f-d)T_s}-e^{A(f-e)T_s})}{A}\\
\qquad+\dfrac{B_{1a}E(e^{A(f-e)T_s}-1)}{A}\\
i_a(n+1)=e^{AT_s}i_a(n)+\dfrac{B_{1a}E(e^{A(1-a)T_s}-e^{A(1-f)T_s})+B_{1b}E(e^{A(1-b)T_s}-e^{A(1-e)T_s})+B_{1c}E(e^{A(1-c)T_s}-e^{A(1-d)T_s})}{A}
\end{cases}\tag{4}$$

其中

$$\begin{cases}
a=(1-d_{an})/2,\ b=(1-d_{bn})/2,\\
c=(1-d_{cn})/2,\ d=(1+d_{cn})/2,\\
e=(1+d_{bn})/2,\ f=(1+d_{an})/2,\\
B_{1x}=\dfrac{2}{3L},\ -\dfrac{1}{3L},\ -\dfrac{1}{3L},(x=a,\ b,\ c)。
\end{cases}\tag{5}$$

同理可得经过迭代运算后 i_b 的值

$$i_b(n+1)=e^{AT_s}i_b(n)+\frac{\sum\limits_{x=a,\ b,\ c}(e^{AT_s(1+d_{xn})/2}-e^{AT_s(1-d_{xn})/2})B_{2x}}{A}\tag{6}$$

其中

$$\begin{cases} a=(1-d_{an})/2,\ b=(1-d_{bn})/2, \\ c=(1-d_{cn})/2,\ d=(1+d_{cn})/2, \\ e=(1+d_{bn})/2,\ f=(1+d_{an})/2, \\ B_{2x}=-\dfrac{1}{3L},\ \dfrac{2}{3L},\ -\dfrac{1}{3L},(x=a,\ b,\ c)。\end{cases} \tag{7}$$

系统在一个周期所经历的其他模态(000→p1→p2→111→p2→p1→000，[p1，p2] =[100，101]，[010，011]，[010，110]，[001，011]，[001，101])，所得的结果是一致的。

综上可得主电路离散数学模型

$$\begin{cases} i_a(n+1)=e^{AT_s}i_a(n)+\dfrac{\sum\limits_{x=a,b,c}(e^{AT_s(1+d_{xn})/2}-e^{AT_s(1-d_{xj})/2})B_{1x}}{A} \\ i_b(n+1)=e^{AT_s}i_b(n)+\dfrac{\sum\limits_{x=a,b,c}(e^{AT_s(1+d_{xn})/2}-e^{AT_s(1-d_{xn})/2})B_{2x}}{A} \end{cases} \tag{8}$$

1.3　控制电路离散模型的建立

本文选取规则采样法得到 SPWM 调制波形，载波频率 f_s 远大于输出电流频率 f，若采用数字控制方法，采样周期为一个开关周期，因此可认为调制信号 u_{conx}(x = a，b，c)和输出电流在一个开关周期内为恒值。由图 1 可得，输出采样电流经 Clarke 变换后

$$\begin{cases} i_\alpha(n)=\sqrt{\dfrac{2}{3}}(i_a(n)-0.5i_b(n)-0.5i_c(n))=\sqrt{\dfrac{3}{2}}i_a(n) \\ i_\beta(n)=\sqrt{\dfrac{2}{3}}(\dfrac{\sqrt{3}}{2}i_b(n)-\dfrac{\sqrt{3}}{2}i_c(n))=\dfrac{2i_b(n)+i_a(n)}{\sqrt{2}} \end{cases} \tag{9}$$

α 轴和 β 轴的准 PR 调节器参数一致，因此设准 PR 调节器的传递函数为 $G(s)$，因此结合图 1 有 α 轴的传递函数

$$\begin{cases} G_\alpha(s)=K_p+\dfrac{2K_i\omega_c s}{s^2+2\omega_c s+\omega_0^2} \\ u_{con\alpha}(s)=G_\alpha(s)(i_{\alpha ref}(s)-i_\alpha(s)) \end{cases} \tag{10}$$

其中，K_p 为比例增益系数；K_i 为积分增益系数；ω_c 为截止频率；ω_0 为谐振频率；

对式(10)引入状态变量 x_1，x_2，$X=[x_1x_2]^T$，将传递函数用状态方程表示：

$$\begin{cases} \begin{bmatrix}\dot{x}_1\\ \dot{x}_2\end{bmatrix}=A_\alpha\begin{bmatrix}x_1\\ x_2\end{bmatrix}+B_\alpha i_{\alpha e}(t) \\ u_{con\alpha}=C_\alpha\begin{bmatrix}x_1\\ x_2\end{bmatrix}+K_p i_{\alpha e}(t) \end{cases} \tag{11}$$

其中 $A_\alpha=\begin{bmatrix}0 & 1\\ -\omega^2 & -2\omega_c\end{bmatrix}$，$C_\alpha=[0\quad 2K_i\omega_c]$，$B_\alpha=\begin{bmatrix}0\\ 1\end{bmatrix}$。

对方程组(11)进行离散，可得

$$\begin{cases} X_{n+1}=e^{A_\alpha T_s}X_n+(e^{A_\alpha T_s}-I)A_\alpha^{-1}B_\alpha i_{\alpha e}(n) \\ u_{con\alpha}(n)=C_\alpha X_n+K_p i_{\alpha e}(n) \end{cases} \tag{12}$$

其中，I 为二阶单位矩阵。

同理可得 β 轴的离散数学模型

$$\begin{cases} X_{n+1}=e^{A_\beta T_s}X_n+(e^{A_\beta T_s}-I)A_\beta^{-1}B_\beta i_{\beta e}(n) \\ u_{con\beta}(n)=C_\beta X_n+K_p i_{\beta e}(n) \end{cases} \tag{13}$$

其中 $A_\beta=A_\alpha$，$B_\beta=B_\alpha$，$C_\beta=C_\alpha$。

因此经反 Clarke 变换可以得出三相系统的在第 n 个开关周期的占空比

$$
\begin{cases}
d_{\mathrm{an}}=\dfrac{1}{2}\left(1+\sqrt{\dfrac{2}{3}}u_{\mathrm{con}\alpha}\right) \\
d_{\mathrm{bn}}=\dfrac{1}{2}\left\{1+\sqrt{\dfrac{2}{3}}\left(-\dfrac{1}{2}u_{\mathrm{con}\alpha}+\dfrac{\sqrt{3}}{2}u_{\mathrm{con}\beta}\right)\right\} \\
d_{\mathrm{cn}}=\dfrac{3}{2}-d_{\mathrm{an}}-d_{\mathrm{bn}}
\end{cases}
\tag{14}
$$

综上所述，式(8)和式(12)，(13)构成了三相逆变器的离散数学模型。

2 稳定性分析与数值分析

本节首先采用分岔图、折叠图以及 Jacobin 矩阵特征值轨迹分析了比例系数 K_{p} 对系统性能的影响，然后在 Matlab/Simulink 平台下搭建了符合实际电路运行情况的仿真电路，得到了不同比例系数下的时域波形图，验证理论分析的正确性。本文选取逆变器参数为：$E=200$ V，$R=2$ Ω，$L=4$ mH，$\omega_{\mathrm{c}}=5$，$\omega_0=314$，$i_{\alpha\mathrm{ref}}=(5\sqrt{3})\sin(100\pi t)/2$，$i_{\beta\mathrm{ref}}=(10\sin(100\pi t-120°)+5\sin(100\pi t))/\sqrt{2}$，$K_{\mathrm{i}}=100$，$T=100$ μs，开关周期 $f_{\mathrm{s}}=10$ kHz，输出电流频率为 $f=50$ Hz。

2.1 分岔图分析

以上述参数为基础，以比例系数 K_{p} 作为变量，其他参数不变，通过离散模型的迭代运算，在稳定后每个正弦周期的固定时刻进行采样，即可得到电感电流 i_a 随比例系数变化的分岔图。本文选取稳定后的 50 个正弦周期的峰值进行采样，得到以比例系数为变量的系统动态分岔图如图 3 所示。

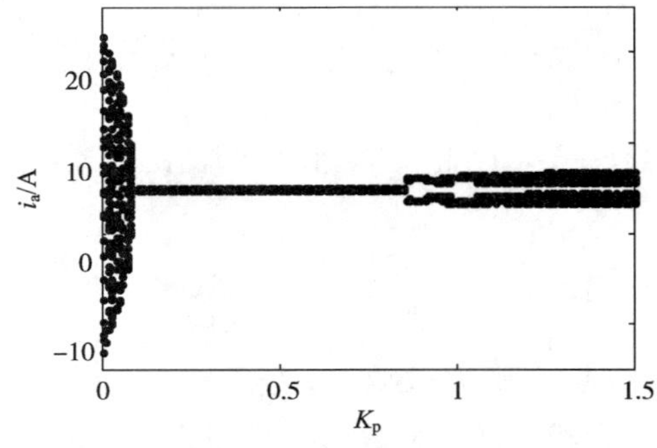

图 3 输出电流随 K_{p} 变化的分岔图

由图可知当 $0<K_{\mathrm{p}}<0.08$ 时，系统采样点出现多个不同的值，系统处在不稳定状态，并 K_{p} 约等于 0.08 时发生 Hopf 分岔；当 $0.08<K_{\mathrm{p}}<0.85$ 时，系统的电流采样值重合成一点，表明系统处于稳定态；当 $0.85<K_{\mathrm{p}}<0.88$ 时，采样电流分岔成两点，系统发生倍周期分岔状态；当 $K_{\mathrm{p}}>0.88$ 时，系统采样点出现多个采样值，并出现在一定密集区域，表明系统此时正处于混沌状态。

2.2 折叠图分析

折叠图是非线性系统分析的数值分析手段。本节选取 50 个正弦周期按采样时刻对齐后折叠，系统折叠图如图 4 所示。

当 $K_{\mathrm{p}}=0.05$ 时，系统折叠图如图 4(a)所示，此时系统的 50 个周期的采样值出现在不规则正弦轨道内，表明系统处于混沌状态；当 $K_{\mathrm{p}}=0.5$ 时，系统折叠图如图 4(b)所示，系统的 50 个周期的采样点重合成一个正弦轨道，此时系统处于 1 周期稳定状态；当 $K_{\mathrm{p}}=0.86$ 时，系统折叠图如 4(c)所示，系统采样点重合成两个正弦周期轨道，此时系统处于倍周期分岔状态；当 $K_{\mathrm{p}}=1.2$ 时，系统采样点不在重合成规则正弦周期轨道，表明系统此时处于混沌状态。

在不同分岔数值下，得到了系统输出电流的折叠图，其结果证明了本文动态分岔图对单分岔参数下系统运行稳定域划分的正确性，也验证了本文推导出的准 PR 调节下三相逆变器离散模型的正确性。

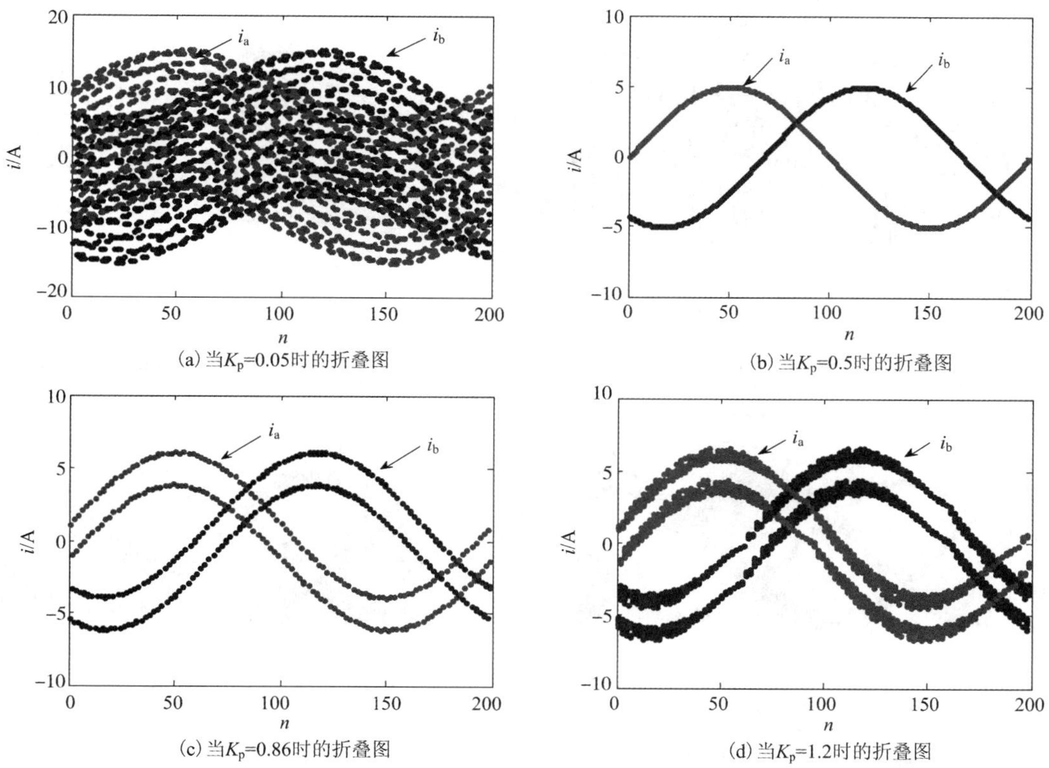

(a) 当K_p=0.05时的折叠图　(b) 当K_p=0.5时的折叠图

(c) 当K_p=0.86时的折叠图　(d) 当K_p=1.2时的折叠图

图 4　输出电流的折叠图

2.3　Simulink 仿真分析

根据图 1 所示的三相逆变电路工作原理图，在 Simulink 中搭建仿真电路，仿真参数与上述参数保持一致，改变比例系数 K_p，在不同分岔参数下得到不同的输出电流波形图如图 5 所示。

与折叠图描述一致，图 5(a)为当 $K_p=0.05$ 时，系统输出电流波形图，此时系统处于混沌状态；图 5(b)为当 $K_p=0.5$ 时，系统输出电流波形图，此时系统处于 1 周期稳定状态；图 5(c)为当 $K_p=0.86$ 时系统电流波形图，此时系统处于倍周期分岔状态；图 5(d)为当 $K_p=1.2$ 时，系统处于混沌状态时的输出电流波形图。

由图 5 可知，随着比例系数 K_p 变化，该逆变器系统经历了由不稳定到稳定再到不稳定的状态，系统输出电流纹波也经历了由大变小再增大的状态，这与前面得出的结论是一致的，验证了离散模型的正确性。

3　多分岔参数下系统的稳定性分析

本节利用 Jacobian 矩阵特征值首先分析了单个参数下系统的稳定性，然后利用 Jacobian 矩阵特征值的特性对双分岔参数同时变化的情况下，系统的稳定域分布，为实际电路的设计提供参考和借鉴。

将式(1)中的开关函数 S_x 换成系统占空比 d_{xn}，可得

$$\frac{\mathrm{d}i_a}{\mathrm{d}t}=\frac{d_{an}E-\frac{E}{3}\sum_{x=a,b,c}d_{xn}-Ri_a}{L} \tag{15}$$

对式(12)系数线性化，并令式(1)和式(10)的导数等于零，即可得到系统在某个开关周的平衡点 i_{aQ}，x_{1Q}，x_{2Q}如下式所示

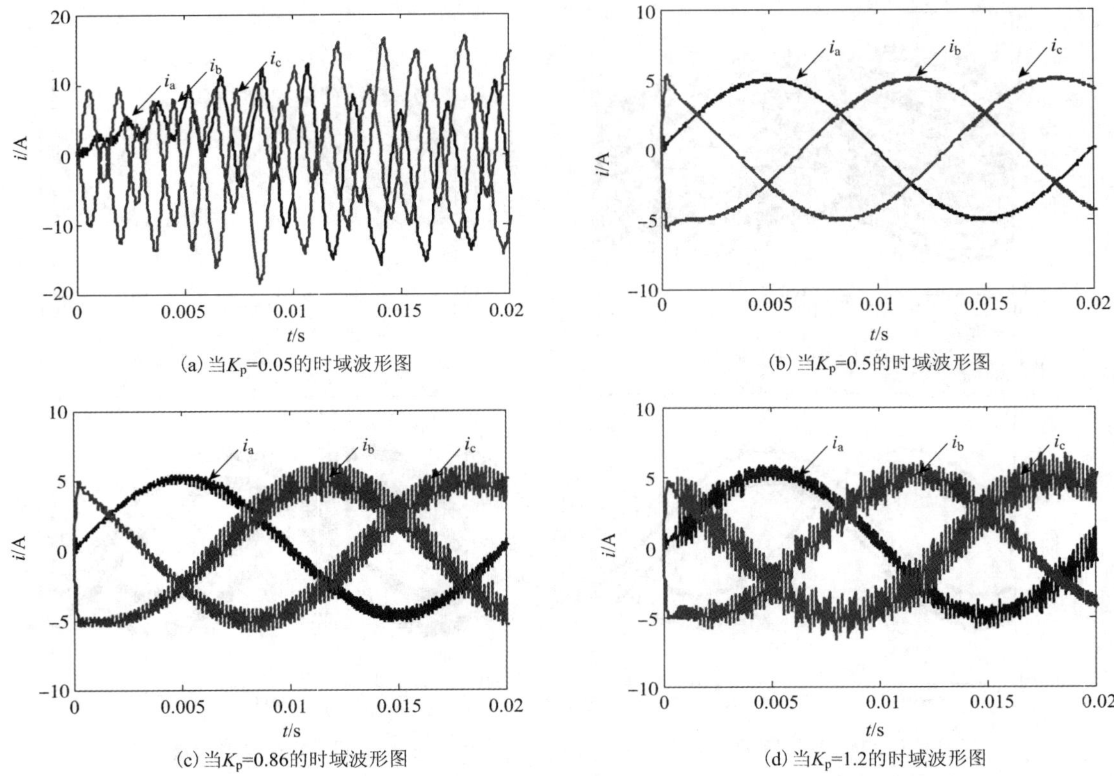

(a) 当K_p=0.05的时域波形图

(b) 当K_p=0.5的时域波形图

(c) 当K_p=0.86的时域波形图

(d) 当K_p=1.2的时域波形图

图 5 当比例系数变化时输出电流时域波形图

$$\begin{cases} i_{aQ} = \dfrac{\dfrac{1}{\sqrt{6}} K_p E i_{\alpha refQ}}{0.5 K_p E + R} \\ x_{2Q} = 0 \\ x_{1Q} = \dfrac{i_{\alpha refQ} - i_{\alpha Q}}{\omega_0^2} \end{cases} \tag{16}$$

由上式可以得到平衡点处占空比 d_{aQ}:

$$d_{aQ} = \frac{1}{2}\left(1 + K_p\left(i_{\alpha refQ} - \sqrt{\frac{3}{2}} i_{aQ}\right)\right) \tag{17}$$

对系数线性化后的式(12)和(4)分别对 $i_a(n)$，x_{1n}，x_{2n}求偏导，可得系统的 Jacobian 矩阵

$$\mathrm{J} = \begin{bmatrix} \dfrac{\partial i_a(n+1)}{\partial i_a(n)} & \dfrac{\partial i_a(n+1)}{\partial x_{1n}} & \dfrac{\partial i_a(n+1)}{\partial x_{2n}} \\ \dfrac{\partial x_{1,n+1}}{\partial i_a(n)} & \dfrac{\partial x_{1,n+1}}{\partial x_{1n}} & \dfrac{\partial x_{1,n+1}}{\partial x_{2n}} \\ \dfrac{\partial x_{2,n+1}}{\partial i_a(n)} & \dfrac{\partial x_{2,n+1}}{\partial x_{1n}} & \dfrac{\partial x_{2,n+1}}{\partial x_{2n}} \end{bmatrix} \tag{18}$$

化简后可得

$$\mathrm{J} = \begin{bmatrix} z_1(n) & z_2(n) & z_3(n) \\ 0 & 1 & T_s \\ -\sqrt{\dfrac{3}{2}} T_s & -\omega_0^2 T_s & 1 - 2\omega_c T_s \end{bmatrix} \tag{19}$$

其中

$$\begin{cases} z_1 = e^{AT_s} + \frac{1}{4}K_p T_s\left(-\frac{2E}{3L}(e^{AT_s f} + e^{AT_s a}) + \frac{E}{3L}(e^{AT_s c} + e^{AT_s d})\right) \\ z_2 = 0 \\ z_3 = -\frac{1}{3\sqrt{3}}K_i \omega_c \frac{E}{L}T_s(e^{AT_s f} + e^{AT_s a}) + \frac{1}{6\sqrt{6}} \cdot K_i \omega_c \frac{E}{L}T_s(e^{AT_s c} + e^{AT_s d} + e^{AT_s b} + e^{AT_s e}) \end{cases} \tag{20}$$

将平衡点处的值带入式(19)中，并在 MATLAB 中进行处理，即可得到随着系统参数 K_p 从 0 到 1.5 变化时系统 Jacobin 矩阵特征值轨迹如图 6(a)所示，图 6(b)，(c)为局部放大图。从图中可以看出当 $K_p = 0.08$ 时，系统两个特征值为共轭复数并穿越单位圆，另一个特征值在圆内，可知此时系统发生 Hopf 分岔，当 $K_p = 0.85$ 时，只有一个特征值沿虚轴穿越单位圆，而其他特征值在圆内，可知，此时系统发生倍周期分岔。这与前面的结论保持一致，进一步验证了离散模型的正确性。

根据 Jacobin 矩阵特征值的特性，当最大特征值模$|\lambda|$大于 1 时，系统开始不稳定。因此以比例系数 K_p 和积分系数 K_i 为双分岔参数，系统其他参数不变，选择 K_p 和 K_i 为变量，通过 Matlab 编程寻找当双分岔参数同时变化时，系统雅克比矩阵最大特征值模$|\lambda|$过"1"点的变化曲线，由此可以绘出双分岔参数下系统稳定域分布图，如图 7 所示。

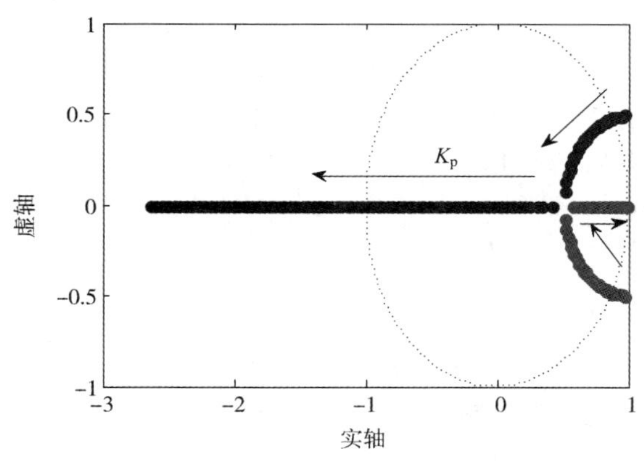

图 6　系统特征值随着 K_p 的变化轨迹

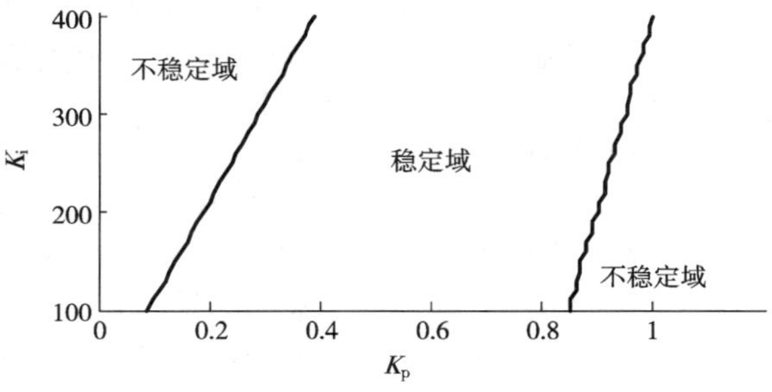

图 7　系统稳定域分布图

当用于直流侧电压不稳定的逆变器时，直流侧电压与控制器参数决定了系统的稳定性。因此，以直流侧电压和两个控制器参数为三分岔参数时，经过 MATLAB 编程，即可得到三分岔参数下的稳定分布域如图 8 所示。

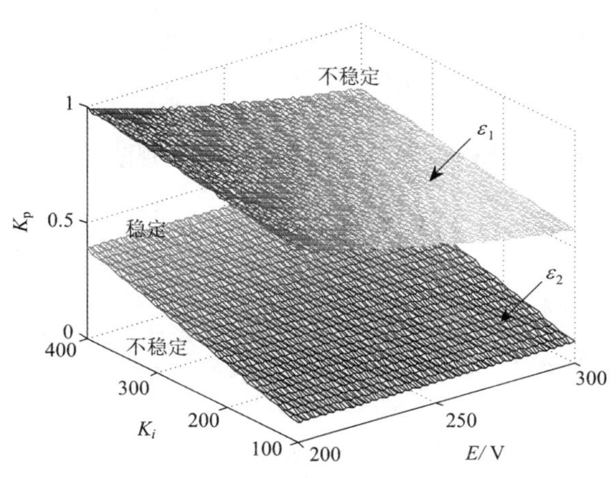

图 8　三分岔参数下的系统稳定域分布

由图 7 和图 8 可以看出两者具有一致性。从图 7 和图 8 可以得到随内部参数以及外部参数变化的逆变器系统的稳定区域与不稳定区域，根据在一定参数下的稳定域分布情况有利于对整个实际系统进行设计。

4 结束语

本文基于频闪映射方法建立推导出了准 PR 调节下三相全桥逆变器的离散模型，深入地研究了准 PR 调节下逆变器的运行稳定性。根据准 PR 传递函数的特点，提出一种准 PR 调节下的逆变器的离散方法，对准 PR 调节的以及其他高阶控制器调节的逆变器非线性研究打下基础。基于本文的离散模型所做的系统分岔图准确描绘了准 PR 调节下的系统由稳定到不稳定的演化过程，研究了 K_p 变化时系统的整体运行情况，就系统分岔图得到了系统稳定运行的参数范围，利用折叠图从理论上展现出了准 PR 调制下单相全桥逆变器的具体运行状态，并通过 Simulink 仿真验证了本文推导出的离散模型的正确性。最后，通过雅克比矩阵特征值对以系统比例系数 K_p 和积分系数 K_i 为双分岔参数以及以直流侧电压和控制器参数为三分岔参数进行了分析，得到双分岔参数和三分岔参数下逆变变器系统的稳定区域与不稳定区域。鉴于此，本文对准 PR 调节下的三相逆变器的稳定性分析、参数设计以及设备调试提供了实际的指导和借鉴作用。

参考文献

[1] 翁星方，邹档兵. 城市轨道交通车辆牵引逆变器的技术发展[J]. 机车电传动，2012，01(14)：47 – 51.

[2] 高文祥，王明渝，王立健，等. 光伏微型逆变器研究综述[J]. 电力系统保护与控制，2012，40(21)：147 – 155.

[3] 王成山，肖朝霞，王守相. 微网中分布式电源逆变器的多环反馈控制策略[J]. 电工技术学报，2009，24(2)：100 – 107.

[4] ROBERT B，ROBERT C. Border collision bifurcations in a one dimensional piecewise smooth mapfor a PWM current-programmed H – Bridge inverter[J]. International Journal of Control，2002，75(16/17)：1356 – 1367.

[5] IU H H C，ROBERT B. Control of chaos in a PWM current-mode H – bridge inverterusing time-delayed feedback[J]. IEEE Trans. Circuits Syst. I，2003，50(8)：1125 – 1129.

[6] 王学梅，张波. 单相 SPWM 逆变器的分岔及混沌现象分析[J]. 电工技术学，2009，24(1)：101 – 107.

[7] 王学梅，张波，丘东元. H 桥正弦逆变器的快变和慢变稳定性及混沌行为研究[J]. 物理学报，2009，58(4)：2248 – 2 254.

[8] SHANKAR D P，GOVINDARAJAN U，KARUNAKARAN K. Period-bubbling and mode-lockingInstabilitiesin a full-bridge DC – AC buck inverter[J]. IET Power Electronics. 2013，6(9)：1956 – 1970.

[9] LEI BO，XIAO G C，WU X L，et al. A unified “scalar” discrete-time model for enhancing bifurcation prediction in digitally controlled H-bridge grid-connected inverter[J]. International Journal of Bifurcation and Chaos，2013，23(7)：1350126_1350126_17.

[10] 雷博，肖国春，吴旋律. 一种数字控制三相逆变电路的局部振荡行为分析[J]. 物理学报，2011，62(4)：040502_1 – 040502_11.

[11] 施烨，吴在军，窦晓波，等. 三相全桥逆变器分岔特性研究[J]. 中国电机工程学报，2016，36(19)：5334 – 5349.

[12] 雷亚雄，李建文，李永刚. 基于准 PR 调节器电流双闭环 LCL 三相并网逆变器控制[J]. 电力系统保护与控制，2014，42(12)：44 – 50.

[13] 周林，龙崦平，郭珂，等. 基于系数线性化模型的逆变器分岔与混沌现象研究[J]. 电力自动化设备，2013，33(7)：100 – 104.

作者简介

刘长志，中铁第五勘察设计院集团有限公司电化通号院，院长

王一森，中铁第五勘察设计院集团有限公司电化通号院，工程师

陈庆花，中铁第五勘察设计院集团有限公司电化通号院，工程师

基于多导体回路法的电气化铁路牵引网链式参数模型

邓云川

摘　要：电气化铁路牵引网数学模型是相关电气参数计算、安全校验及工程设计的基础，本文以带回流线直接供电方式牵引网为例，提出了基于多导体回路法的牵引网链式参数模型。首先，将牵引网中的导体按传输导体和回流导体分类，并两两构成回路；接着，推导各回路电感系数矩阵，并结合各回路单位长度电阻矩阵，构建各回路单位长度阻抗矩阵，最终得到系统单位长度综合等效阻抗；然后，推导各回路电位系数矩阵，得到牵引网的单位长度综合电容；最后，根据多导体传输线系统等值电路，推导多导体传输线方程，结合双端口链参数方程矩阵，最终建立牵引网的链式参数模型。研究结果表明，基于多导体回路法的牵引网链式参数模型与实际情况相符合，避免了传统上以大地为参考的牵引网模型容易被误解为大地是所有导体的回流通道这一问题，计算过程简洁清晰，计算结果精确有效，具有较大的理论研究及工程应用价值。

0　引言

复杂多导体传输线系统求解一般利用基于 Maxwell 方程的天线理论，但是，当线缆的电气尺寸相对较长时，天线理论方法需要非常长的计算时间和计算资源。另一种技术途径是传输线(TL)理论，其主要假设为:(1)波的传播沿着线缆的轴向;(2)在线缆上任何位置处截面的线电流之和为零;(3)线缆对耦合电磁场的响应具有横向电磁特征，也就是说，线缆上的电荷和电流产生的电磁场被限定在横向平面且垂直于线缆轴向方向。

对于通常研究的多导体传输系统，包括牵引网系统，波(能量)沿线缆轴向传输。当考虑其他系统对于所研究多导体传输系统产生的散射电磁场影响时，需要考虑由此产生的天线模式电流，即共模电流。此时，在线缆上任何位置处截面的线电流之和不为零。多导体传输系统空间尺寸为小截面尺寸(不超过激励电磁场最小波长的十分之一)时，采用横向电磁场(TEM)模型得到的结果与基于天线理论和试验结果得到的结果非常吻合，对于牵引供电系统而言，完全满足小截面尺寸要求。因此，对于牵引网系统，在不考虑共模干扰的情况下，采用传输线理论开展分析和计算，其准确性满足要求。

文献[5]和文献[6]提出了以回路为基本单元开展空间电场和磁场描述的理论和方法，以此为基础，分别开展了牵引网综合等效阻抗和综合等效电容的计算、分析和研究。利用多导体回路法，文献[7]和文献[8]分别开展了带回流线直接供电方式牵引网综合载流能力以及隧道牵引网阻抗的计算和研究。本文基于上述研究，以带回流线直接供电方式牵引网为例，建立了双端口牵引网链式参数模型，将为牵引网的分析和研究带来极大便利。

1　系统构成及回路构建

设置有贯通地线并采用带回流线直接供电方式牵引网的系统结构如图 1 所示，其传输及回流导体如图 2 所示。其中，接触线和承力索为传输导体，钢轨 1、钢轨 2、回流线、贯通地线和大地为回流导体。因此，该牵引网系统为 2 传输导体 5 回流导体的多回路传输系统，如表 1 所示，传输导体接触线与回流导体(钢轨 1、钢轨 2、回流线、贯通地线和大地)之间分别构成回路 1 ~ 回路 5，前四个回路中两导体之间的距离依次为 $d_1 \sim d_4$；传输导体承力索与回流导体(钢轨 1、钢轨 2、回流线、贯通地线和大地)之间分别构成回路 6 ~ 回路 10，这五个回路中前四个回路中两导体之间的距离依次为 $d_6 \sim d_9$。接触线、承力索、钢轨 1、钢轨 2、回流线和贯通地线的半径分别为 $r_1 \sim r_6$。承力索与接触线、钢轨 1 与钢轨 2、钢轨 1 与回流线、钢轨 1 与贯通地线、钢轨 2 与回流线、钢轨 2 与贯通地线和回流线与贯通地线之间的距离为 l_{12}、l_{34}、l_{35}、l_{36}、l_{45}、l_{46} 和 l_{56}。

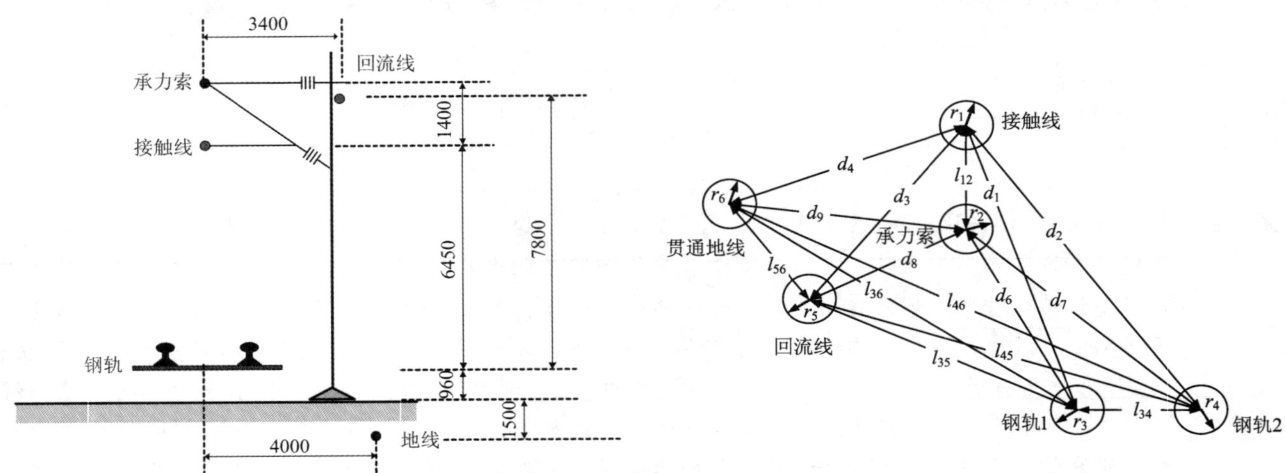

图 1　回流线直接供电方式牵引网系统结构(mm)　　**图 2　带回流线直接供电方式牵引网的传输与回流导体示意图**

表 1　带回流线直接牵引网的回路构建

导体名称	钢轨 1	钢轨 2	回流线	贯通地线	大地
接触线	1	2	3	4	5
承力索	6	7	8	9	10

2　牵引网综合等效阻抗计算

根据所构建的回路系统，基于空间磁场分析，推导回路内自感系数和回路间互感系数，进而构建电感系数矩阵，通过求解电感系数矩阵即可得到带回流线直接供电方式牵引网的单位长度综合电感。

2.1　各回路电感系数计算

首先，计算回路 i 的自感系数 l_{ii}。以回路 1 为例说明非大地回流回路的自感系数，假设回路 1 中回路电流为 I_1，则回路在接触线中电流为 I_1，在钢轨 1 中电流为 $-I_1$，二者共同构成基本空间磁场单元，按照两导体间磁链计算公式可得 l_{11} 为：

$$l_{11} \approx \frac{\mu}{2\pi}\ln\frac{d_1^2}{r_1 r_3} \tag{1}$$

式中，m 为磁导率。同理，可得回路 2 ~ 回路 4 及回路 6 ~ 回路 9 的自感系数 l_{ii}($i=1, 2, 3, 4, 6, 7, 8, 9$)

以回路 5 为例说明大地回流回路的自感系数。设回路 5 中的自阻抗系数 l_{55} 为：

$$l_{55} = \frac{\mu}{2\pi}\ln\frac{D_g}{r_1} \tag{2}$$

式中，$D_g = 659\sqrt{\rho/f}$ 为大地等值深度，ρ 为大地电阻率($\Omega \cdot m$)，f 为频率。同理，可得回路 10 中的自感系数 l_{1010}。

接着，计算回路 i 和回路 j 之间互感系数 $l_{ij} = l_{ji}$。以回路 1 和回路 7 为例说明非大地回流回路之间的互感系数了 l_{17}。根据回路 1 电流 I_1 通过接触线在回路 7 中产生的磁链 Y_1 及通过钢轨 1 在回路 7 中产生的磁链 Y_2，可得回路 1 在回路 7 中产生的综合磁链 $Y_1 + Y_2$，磁链与电流相比可进一步求得 l_{17} 为：

$$l_{17} = \frac{\psi_1 + \psi_2}{I_1} = \frac{\mu}{2\pi}\ln\frac{l_{12} l_{34}}{d_2 d_6} \tag{3}$$

同理，可求得非大地回流回路和各回路之间的互感系数 l_{ij}。

2.2　各回路单位长度电感矩阵

由上步可得设置有贯通地线的带回流线直接供电方式牵引网各回路单位长度电感矩阵 L，其中，l_{ii}为回路 i 的自感系数，l_{ij}为回路 i 和回路 j 之间的互感系数，$l_{ij}=l_{ji}$，则有：

$$L=\begin{bmatrix} l_{11} & l_{12} & \cdots & l_{10} \\ l_{21} & l_{22} & \cdots & l_{20} \\ \vdots & \vdots & \ddots & \vdots \\ l_{1001} & l_{1002} & \cdots & l_{1010} \end{bmatrix} \tag{4}$$

2.3　各回路电位长度电阻矩阵

假设接触线、承力索、钢轨 1、钢轨 2、回流线、贯通地线和大地的单位长度电阻为 R_1、R_2、…、R_7，牵引网综合电阻为 R，分以下三种情况考虑：

(1)各回路内自电阻：各回路内自电阻为构成回路的传输导体和回流导体的电阻之和，即在牵引网综合电阻矩阵 R 中，对角线位置的值为回路内两导体电阻之和。

(2)共传输导体或共回流导体回路间的互电阻：根据回路电流与压降的关系，可得共传输导体或共回流导体回路间的互电阻等于共用导体的电阻值。

(3)独立两回路间的互电阻(即非共传输导体又非共回流导体回路)：独立两回路间的互电阻为 0。

因此，牵引网综合电阻 R(对称矩阵)可表示为：

$$R=\begin{bmatrix} R_1\cdot ones(5,5)+diag(R_3,R_4,R_5,R_6,R_7) & diag(R_3,R_4,R_5,R_6,R_7) \\ diag(R_3,R_4,R_5,R_6,R_7) & R_2\cdot ones(5,5)+diag(R_3,R_4,R_5,R_6,R_7) \end{bmatrix} \tag{5}$$

式中，$ones(5,5)$表示元素均为 1 的 5 维矩阵，$diag(*)$表示对角阵。

2.4　各回路单位长度阻抗矩阵

由式(4)和式(5)可得各回路单位长度阻抗矩阵为：

$$Z=R+\mathrm{j}\omega L \tag{6}$$

2.5　牵引网单位长度阻抗

假设 ΔU_1、ΔU_2、…、ΔU_{10}分别为回路 1 至回路 10 的电压降；I_1、I_2、…、I_{10}分别为通过回路 1 至回路 10 的电流。由于 10 条回路并联，假设 I_0 为所有传输导体(或所有回流导体)的总电流，则有 $\Delta U_1=\Delta U_2=\cdots=\Delta U_{10}=\Delta U$，$I_1+I_2+\cdots+I_{10}=I_0$。假设 k_1、k_2、…、k_{10}为 10 条回路的电流分配系数，则有 $I_1=k_1I_0$、$I_2=k_2I_0$、…、$I_{10}=k_{10}I_{10}$。根据各回路电压降与回路磁链的关系，可得各回路电压降，电感和电流间的关系如下：

$$\begin{bmatrix} \Delta U_1 \\ \Delta U_2 \\ \vdots \\ \Delta U_{10} \end{bmatrix}=\begin{bmatrix} k_1(\mathrm{j}\omega l_{11}+R_{11}) & k_2(\mathrm{j}\omega l_{12}+R_{12}) & \cdots & k_{10}(\mathrm{j}\omega l_{110}+R_{110}) \\ k_1(\mathrm{j}\omega l_{21}+R_{21}) & k_2(\mathrm{j}\omega l_{22}+R_{22}) & \cdots & k_{10}(\mathrm{j}\omega l_{210}+R_{210}) \\ \vdots & \vdots & \ddots & \vdots \\ k_1(\mathrm{j}\omega l_{101}+R_{101}) & k_2(\mathrm{j}\omega l_{102}+R_{102}) & \cdots & k_{10}(\mathrm{j}\omega l_{1010}+R_{1010}) \end{bmatrix}\begin{bmatrix} I_0 \\ I_0 \\ \vdots \\ I_0 \end{bmatrix} \tag{7}$$

可求得系统对应的等效单位长度综合等效阻抗 Z 为：

$$Z=\frac{\Delta u}{I_0}=k_1(\mathrm{j}\omega l_{11}+R_{11})+k_2(\mathrm{j}\omega l_{12}+R_{12})+\cdots+k_{10}(\mathrm{j}\omega l_{110}+R_{110}) \tag{8}$$

3　牵引网综合等效电容计算

3.1　各回路电位系数计算

首先，计算各回路自电位系数。以回路 1 为例说明非大地回流回路的自电位系数。记 P_{ii} 为回路 i 内的自电位系数。在回路 1 中，假设接触线携带单位长度电荷 q_1 c/m，则钢轨 1 携带单位长度电荷为 $-q_1$ c/m，二者共同构成基本空间电场单元，按照构成回路的两导体间电位计算公式可得回路 1 内的自电位系数 p_{11}为：

$$p_{11}=\frac{1}{2\pi\varepsilon}\ln\frac{(d_1-r_1)(d_1-r_3)}{r_1r_3} \tag{9}$$

式中，ε 为回路空间介电常数。同理可得回路2～回路4及回路6～回路9内的自电位系数 p_{ii}($i=1, 2, 3, 4, 6, 7, 8, 9$)。进一步求得大地回流回路的自电位系数 p_{ii}($i=5, 10$)。

接着，计算各回路间互电位系数。记 p_{ij} 为回路 i 和回路 j 之间的互电位系数，$p_{ij}=p_{ji}$。以回路1和回路7为例说明非大地回流回路之间的互电位系数 p_{17}。根据接触线在回路7中产生的电势 V_{c17} 及钢轨1在回路7中产生的电势 V_{h17}，可得回路1在回路7中产生的电势 V_{Z17}，进一步求得 p_{17} 为：

$$p_{17}=\frac{V_{Z17}}{q_1}=\frac{1}{2\pi\varepsilon}\ln\frac{l_{12}l_{34}}{d_2 d_6} \tag{10}$$

基于以上原理，参照互阻抗系数计算，继续推导可得非大地回流回路之间共传输导体、非大地回流回路之间共回流导体、非大地回流回路与大地回流回路之间、非大地回流回路与大地回流回路之间共传输回路及大地回流回路之间的互电位系数。

3.2 各回路单位长度电容矩阵

通过上述步骤，即可得到 $n=10$ 维回路电位系数矩阵 P，其中，p_{ii} 为回路 i 的自电位系数，p_{ij} 为回路 i 和回路 j 之间的互电位系数，$p_{ij}=p_{ji}$。

进而可得各回路单位长度电容矩阵 $\boldsymbol{C}=P^{-1}$，即：

$$C=\left.\begin{bmatrix} p_{11} & p_{12} & \cdots & p_{1n} \\ p_{21} & p_{22} & \cdots & p_{2n} \\ \vdots & \vdots & \ddots & \vdots \\ p_{n1} & p_{n2} & \cdots & p_{nn} \end{bmatrix}^{-1}\right|_{n=10} \tag{11}$$

3.3 牵引网单位长度综合电容

将各回路单位长度电容矩阵 $\boldsymbol{C}$ 与各回路电荷以及产生电荷的电压之间的关系式 $Q=CU$ 展开为：

$$\begin{bmatrix} q_1 \\ q_2 \\ \vdots \\ q_n \end{bmatrix}=\begin{bmatrix} c_{11} & c_{12} & \cdots & c_{1n} \\ c_{21} & c_{22} & \cdots & c_{2n} \\ \vdots & \vdots & \ddots & \vdots \\ c_{n1} & c_{n2} & \cdots & c_{nn} \end{bmatrix}\begin{bmatrix} u_1 \\ u_2 \\ \vdots \\ u_n \end{bmatrix} \tag{12}$$

可得，各回路总电荷为 $q=q_1+q_2+\cdots+q_n$。同时，由于带回流线直接供电方式牵引网各回路间为并联关系，则 $u=u_1=u_2=\cdots=u_n$。因此，可得设置有贯通地线并采用带回流线直接供电方式牵引网的单位长度综合电容 C 为：

$$C=\frac{q}{u}=\frac{q_1+q_2+\cdots+q_n}{u}=\sum_{i=1,j=1}^{i=n,j=n}c_{ij} \tag{13}$$

4 基于多导体回路法的牵引网链式参数模型

4.1 多导体传输线方程

对于多导体传输线系统，通常采用链式方程进行描述，链式方程基于多导体传输线系统等值电路，如图3所示。

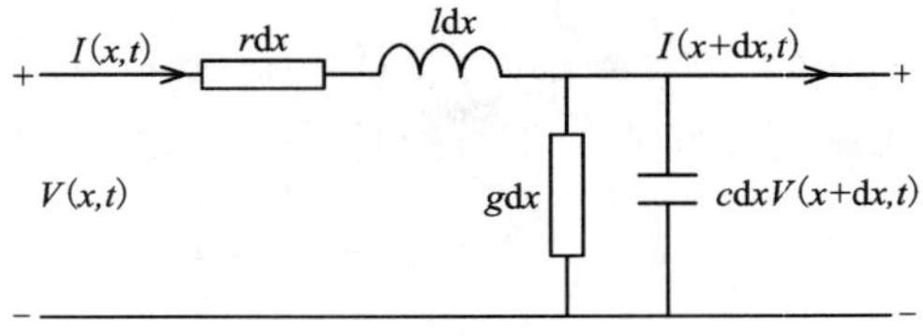

图3 传输导体链式等值电路图

根据电压方程可得传输线第1方程为：

$$\frac{\partial V(x,t)}{\partial x}=-rI(x,t)-l\frac{\partial I(x,t)}{\partial t} \tag{14}$$

根据电流方程可得传输线第2方程为：

$$\frac{\partial I(x,t)}{\partial x}=-gV(x,t)-c\frac{\partial V(x,t)}{\partial t} \tag{15}$$

考虑激励源为单频正弦信号，则 $\frac{\partial}{\partial x}\Leftrightarrow \mathrm{j}\omega$，进一步得：

$$\frac{\partial V(x,t)}{\partial x}=-rI(x,t)-l\frac{\partial I(x,t)}{\partial t}\Leftrightarrow\frac{\mathrm{d}V(x)}{\mathrm{d}x}=-(r+\mathrm{j}\omega l)I(x) \tag{16}$$

$$\frac{\partial I(x,t)}{\partial x} = -gV(x,t) - c\frac{\partial V(x,t)}{\partial t} \Leftrightarrow \frac{\mathrm{d}I(x)}{\mathrm{d}x} = -(g+\mathrm{j}\omega c)V(x) \tag{17}$$

将上述公式两边关于位置 x 微分并相互代换，可得：

$$\frac{\mathrm{d}^2V(x)}{\mathrm{d}x^2} = (r+\mathrm{j}\omega l)(g+\mathrm{j}\omega c)V(x) \tag{18}$$

$$\frac{\mathrm{d}^2I(x)}{\mathrm{d}x^2} = (g+\mathrm{j}\omega c)(r+\mathrm{j}\omega l)I(x) \tag{19}$$

上述方程的通解为：

$$V(x) = V^+ r\mathrm{e}^{-\alpha x}\mathrm{e}^{-\mathrm{j}\beta x} + V^- r\mathrm{e}^{-\alpha x}\mathrm{e}^{\mathrm{j}\beta x} \tag{20}$$

$$I(x) = \frac{V^+}{Z_c} r\mathrm{e}^{-\alpha x}\mathrm{e}^{-\mathrm{j}\beta x} + \frac{V^-}{Z_c} r\mathrm{e}^{\alpha x}\mathrm{e}^{\mathrm{j}\beta x} \tag{21}$$

式中，$\gamma = \alpha + \mathrm{j}\beta = \sqrt{(r+\mathrm{j}\omega l)(g+\mathrm{j}\omega c)}$ 为波传播系数，a 为波沿导体传输过程中的衰减系数，b 则表征波沿导体传输过程中的相位移；$Z_c = \sqrt{\frac{(r+\mathrm{j}\omega l)}{(g+\mathrm{j}\omega c)}}$ 为波传播特性阻抗。

4.2　多导体传输线链参数方程矩阵

将多导体传输线系统视为双端口模型，如图 4 所示。

则双端口链参数方程矩阵为：

$$\begin{bmatrix} V(x) \\ I(x) \end{bmatrix} = \begin{bmatrix} \varphi_{11} & \varphi_{12} \\ \varphi_{21} & \varphi_{22} \end{bmatrix} \begin{bmatrix} V(0) \\ I(0) \end{bmatrix} \tag{22}$$

将传输线方程代入链参数方程矩阵，引入 $V(0)$、$I(0)$ 作为边界条件，可得：

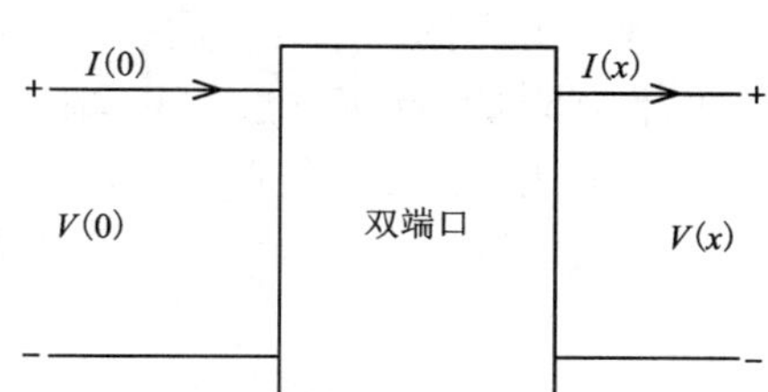

图 4　传输导体双端口模型示意图

$$\begin{bmatrix} V(x) \\ I(x) \end{bmatrix} = \begin{bmatrix} \frac{\mathrm{e}^{\gamma x}+\mathrm{e}^{-\gamma x}}{2} & -Z_c\frac{\mathrm{e}^{\gamma x}-\mathrm{e}^{-\gamma x}}{2} \\ -\frac{1}{Z_c}\frac{\mathrm{e}^{\gamma x}-\mathrm{e}^{-\gamma x}}{2} & \frac{\mathrm{e}^{\gamma x}+\mathrm{e}^{-\gamma x}}{2} \end{bmatrix} \begin{bmatrix} V(0) \\ I(0) \end{bmatrix} \tag{23}$$

式中，

$$\varphi_{11} = \frac{\mathrm{e}^{\gamma x}+\mathrm{e}^{-\gamma x}}{2} = \cosh(\gamma x)、\varphi_{12} = -Z_c\frac{\mathrm{e}^{\gamma x}-\mathrm{e}^{-\gamma x}}{2} = -Z_c\sinh(\gamma x)$$

$$\varphi_{21} = -\frac{1}{Z_c}\frac{\mathrm{e}^{\gamma x}-\mathrm{e}^{-\gamma x}}{2} = -\frac{1}{Z_c}\sinh(\gamma x)、\varphi_{22} = \frac{\mathrm{e}^{\gamma x}+\mathrm{e}^{-\gamma x}}{2} = \cosh(\gamma x)$$

根据电压的通解 $V(x) = V^+ r\mathrm{e}^{-\alpha x}\mathrm{e}^{-\mathrm{j}\beta x} + V^- r\mathrm{e}^{\alpha x}\mathrm{e}^{\mathrm{j}\beta x}$，$V^+\mathrm{e}^{-\alpha x}\mathrm{e}^{-\mathrm{j}\beta x}$ 为沿线路方向正向传播的入射电压波，而 $V^-\mathrm{e}^{\alpha x}\mathrm{e}^{\mathrm{j}\beta x}$ 为沿线路方向反向传播的反射电压波，同理，电流也由入射电流波和反射电流波组成。如图 5 所示。

负载阻抗为 Z_L，传输线路特征阻抗为 Z_c，则传输线系统在负载处的反射系数为：

$$\xi_L = \frac{V^-\mathrm{e}^{\alpha L}\mathrm{e}^{\mathrm{j}\beta L}}{V^+\mathrm{e}^{-\alpha Lx}\mathrm{e}^{-\mathrm{j}\beta L}} = \frac{Z_L - Z_0}{Z_L + Z_0} \tag{24}$$

图 5　传输线等效电路示意图

线路任一处的反射系数为：

$$\xi(x) = \frac{V^-\mathrm{e}^{\alpha x}\mathrm{e}^{\mathrm{j}\beta x}}{V^+\mathrm{e}^{-\alpha x}\mathrm{e}^{-\mathrm{j}\beta x}} = \xi_L\mathrm{e}^{2\alpha(x-L)}\mathrm{e}^{\mathrm{j}2\beta(x-L)} \tag{25}$$

任一位置的输入阻抗为：

$$Z(x) = \frac{V(x)}{I(x)} = Z_c\frac{1+\xi(x)}{1-\xi(x)} \tag{26}$$

由负载处反射系数给出的传输线电压、电流表达式为：

$$V(x) = V^+\mathrm{e}^{-\alpha x}\mathrm{e}^{-\mathrm{j}\beta x}\left[1+\xi_L\mathrm{e}^{2\alpha(x-L)}\mathrm{e}^{\mathrm{j}2\beta(x-L)}\right] \tag{27}$$

$$I(x)=\frac{V^{+}}{Z_c}e^{-\alpha x}e^{-j\beta x}\left[1+\xi_L e^{2\alpha(x-L)}e^{j2\beta(x-L)}\right] \tag{28}$$

为求解该方程组，需要计算待定常数 V^{+}，为此，引入 $x=0$ 位置的边界条件，因为：

$$Z(0)=\frac{V(0)}{I(0)}=Z_c\frac{1+\xi(0)}{1-\xi(0)} \tag{29}$$

由图 5 可得：

$$V(0)=\frac{Z(0)}{Z(0)+Z_s}u_s \tag{30}$$

代入负载处反射系数给出的传输线电压表达式可得：

$$V^{+}=\frac{V(0)}{1+\xi_L e^{-2\alpha L}e^{-j2\beta L}}=\frac{V(0)}{1+\xi(0)} \tag{31}$$

5 算例分析

5.1 带回流线直接供电方式牵引网综合阻抗及综合电容

牵引网各个导体的主要参数如表 2 所示，导体之间的空间几何距离如图 1 所示(单位：mm)，按照“回路自阻抗和互阻抗”计算方法，构建阻抗系数矩阵，按照各回路为并联关系，得出单位长度综合阻抗，计算结果如表 3 和表 4 所示，按照“回路自电容和互电容”计算方法，构建分布电容系数矩阵，按照各回路为并联关系，得出单位长度综合电容，计算结果如表 5 所示。

表 2 导线主要参数表

导体名称	导线符号	导线型号	直流电阻 /(Ω·km^{-1})	导体计算半径 /cm	水平坐标 /cm	垂直坐标 /cm
接触线	JW	CTS-150	0.15967	0.72	0	645
承力索	CW	JTMH-120	0.242	0.7	0	785
钢轨	R	60kg	0.135	1.279	-71.75 71.75	0
回流线	NW	LBGLJ-185/25	0.1453	0.945	340	780
综合地线	EW	DH-70	0.312	0.437	400	-246

表 3 单位长度电阻系数矩阵计算表(单位：Ω/km)

回路	1	2	3	4	5	6	7	8	9	10
1	0.2947	0.1597	0.1597	0.1597	0.1597	0.135	0	0	0	0
2	0.1597	0.2947	0.1597	0.1597	0.1597	0	0.135	0	0	0
3	0.1597	0.1597	0.305	0.1597	0.1597	0	0	0.1453	0	0
4	0.1597	0.1597	0.1597	0.4717	0.1597	0	0	0	0.312	0
5	0.1597	0.1597	0.1597	0.1597	0.2087	0	0	0	0	0.049
6	0.135	0	0	0	0	0.377	0.242	0.242	0.242	0.242
7	0	0.135	0	0	0	0.242	0.377	0.242	0.242	0.242
8	0	0	0.1453	0	0	0.242	0.242	0.3837	0.242	0.242
9	0	0	0	0.312	0	0.242	0.242	0.242	0.554	0.242
10	0	0	0	0	0.049	0.242	0.242	0.242	0.242	0.291

表 4 单位长度电感系数矩阵计算表(单位: 10^{-8} H/km)

回路	1	2	3	4	5	6	7	8	9	10
1	0.2656	0.1712	0.1234	0.1532	0.141	0.1592	0.0647	0.017	0.0467	0.0346
2	0.1712	0.2656	0.1248	0.1584	0.141	0.0647	0.1592	0.0183	0.0519	0.0346
3	0.1234	0.1248	0.2488	0.1286	0.1296	0.0116	0.013	0.1369	0.0167	0.0177
4	0.1532	0.1584	0.1286	0.3035	0.1492	0.0453	0.0505	0.0207	0.1956	0.0413
5	0.141	0.141	0.1296	0.1492	0.2403	0.0307	0.0307	0.0192	0.0389	0.13
6	0.1592	0.0647	0.0116	0.0453	0.0307	0.27	0.1756	0.1225	0.1562	0.1416
7	0.0647	0.1592	0.013	0.0505	0.0307	0.1756	0.27	0.1238	0.1614	0.1416
8	0.017	0.0183	0.1369	0.0207	0.0192	0.1225	0.1238	0.2425	0.1262	0.1247
9	0.0467	0.0519	0.0167	0.1956	0.0389	0.1562	0.1614	0.1262	0.3051	0.1483
10	0.0346	0.0346	0.0177	0.0413	0.13	0.1416	0.1416	0.1247	0.1483	0.237
单位长度综合阻抗/($\Omega\cdot km^{-1}$)						0.1272 + 0.3442i				

表 5 单位长度电容系数矩阵计算表(单位: 10^{-9} s/km)

回路	1	2	3	4	5	6	7	8	9	10
1	2.3340	-0.5883	-0.00193	-0.0914	-0.1772	1.9107	-1.0120	-0.4257	-0.5152	-0.6008
2	-0.5883	2.3788	-0.0167	-1.1776	-0.148	-1.012	1.9551	-0.4405	-0.6013	-0.5717
3	-0.0019	-0.0167	2.0273	-0.0104	-0.2403	-0.3884	-0.4032	1.6408	-0.3969	-0.6268
4	-0.0914	-1.1776	-0.0104	1.8266	-0.2204	-0.5047	-0.5909	-0.4237	1.4132	-0.6337
5	-0.1772	-0.148	-0.2403	-0.2204	2.4242	-0.5703	-0.5411	-0.6334	-0.6135	2.0311
6	1.9107	-1.012	-0.3884	-0.5047	-0.5703	2.3056	-0.6172	0.0064	-0.1099	-0.1755
7	-1.0119	1.9551	-0.4032	-0.5909	-0.5411	-0.6172	2.3498	-0.0085	-0.1962	-0.1464
8	-0.4256	-0.4405	1.6408	-0.4237	-0.6334	0.0064	-0.0085	2.0728	0.0083	-0.2014
9	-0.5151	-0.6013	-0.3969	1.4132	-0.6135	-0.1099	-0.1962	0.0083	1.8184	-0.2083
10	-0.6008	-0.5717	-0.6268	-0.6337	2.0311	-0.1755	-0.1464	-0.0201	-0.2083	2.4565
综合电容						1.0244×10^{-8}				
单位长度综合容抗/($\Omega\cdot km^{-1}$)						3.2165×10^{-6}				

5.2 带回流线直接供电方式牵引网链参数矩阵

根据综合阻抗及综合电容技术结果，得到波传播系数为 0.0002 + 0.0011j，波传播特性阻抗为 332.49 - 5.947j，进而得到链参数矩阵为：

$$\begin{bmatrix} V(x) \\ I(x) \end{bmatrix} = \begin{bmatrix} \cosh(0.0002+0.0011j)x & -(332.49-5.947j)\sinh(0.0002+0.0011j)x \\ -\dfrac{1}{(332.49-5.947j)}\sinh(0.0002+0.0011j)x & \cosh(0.0002+0.0011j)x \end{bmatrix} \begin{bmatrix} V(0) \\ I(0) \end{bmatrix}$$

5.3 链式参数模型的相关应用

假定，牵引供电系统采用 220 kV 进线电源，系统短路容量为 2000 MVA，牵引变压器采用 *Vv* 接线形式，安装容量为 25 MVA，短路阻抗 10.5%，牵引网采用带回流线直接供电方式，相关参数如表 6 所示，供电臂长度为 20 公里，末端负荷额定功率为 11000 kW，功率因数接近 1。利用链参数模型开展反射系数、输入阻抗、电压、电流等相关电气参数计算，计算结果如表 7 所示。

表 6 基础参数计算结果表

负载阻抗/Ω	系统及变压器阻抗/Ω	负荷处反射系数	电源侧输入阻抗/Ω
56. 8182	3. 9325	- 0. 7068 + 0. 0735i	59. 3873 + 6. 6678i

表 7 电气参数计算结果表

项目		最大值	最小值	平均值	有效值
反射系数	幅值	0. 7161	0. 7106	0. 7134	0. 7134
	角度/°	176. 5	174. 1	175. 3	175. 3
输入阻抗	幅值/Ω	59. 76	56. 82	58. 22	58. 19
	角度/°	0	6. 406	3. 258	3. 286
电压	幅值/kV	27. 24	25. 91	26. 55	26. 53
	角度/°	- 3. 714	- 10. 33	- 6. 97	- 6. 942
电流	幅值/A	456	455. 9	455. 9	455. 9
	角度/°	- 10. 12	- 10. 33	- 10. 23	- 10. 23

牵引网沿线各处反射系数曲线、输入阻抗曲线、电压曲线和电流曲线分别如图 6、图 7、图 8 和图 9 所示。由图 6 可以看出，反射系数比较稳定，基本在 0. 71 左右，方向由负荷端向电源端；由图 7 可以看出，输入阻抗基本在 58 Ω 左右，近似为阻性；由图 8 可以看出，沿线电压逐步降低，角度大约变化 6°左右；由图 9 可以看出，电流幅值和角度变化很小。

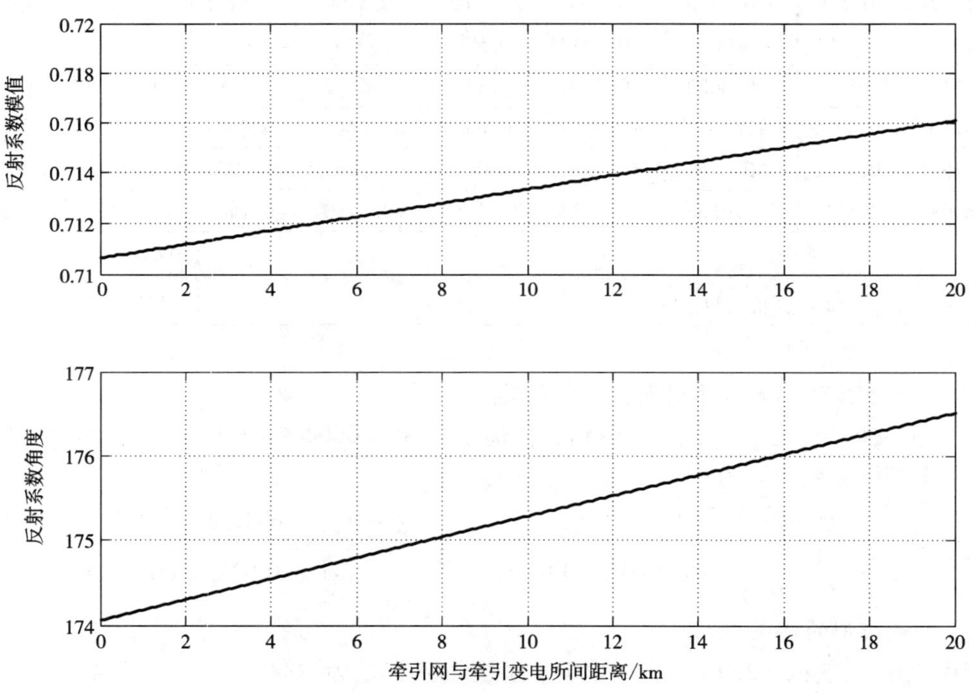

图 6 牵引网沿线各处反射系数曲线

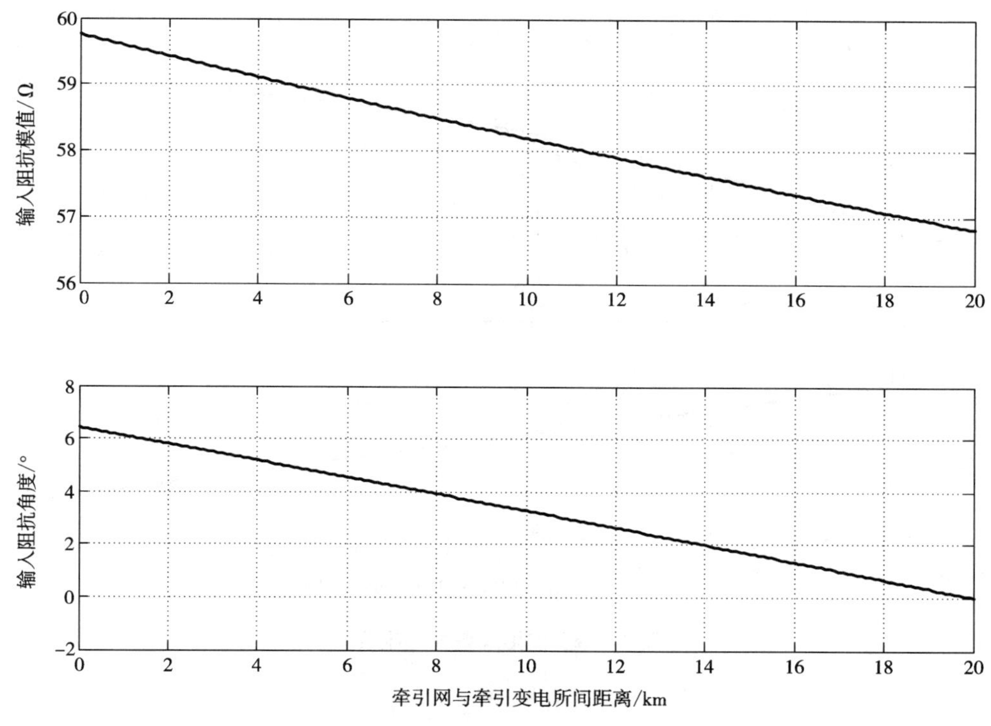

图 7　牵引网沿线各处输入阻抗曲线

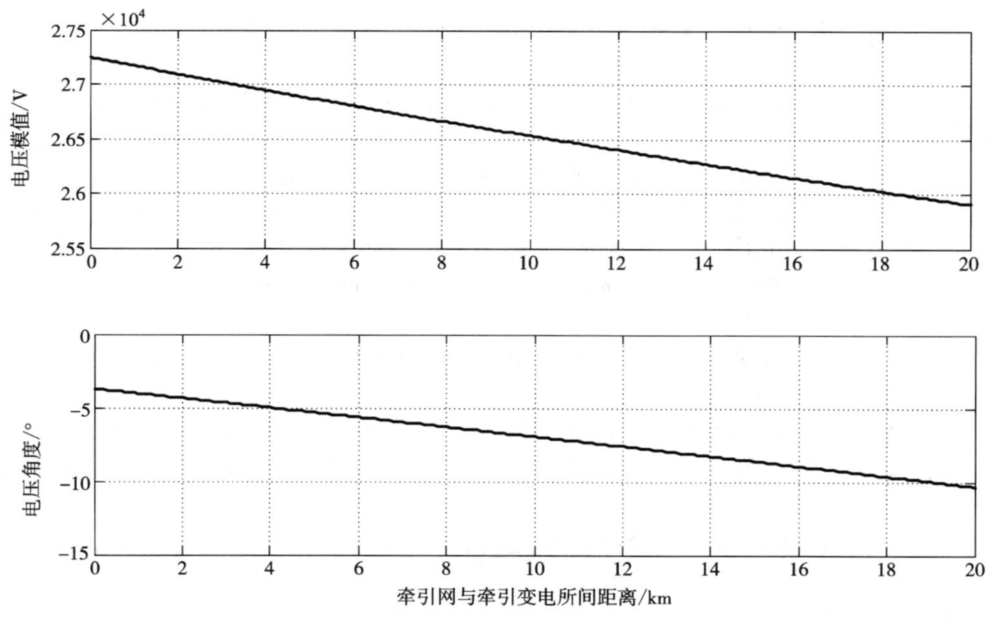

图 8　牵引网沿线各处电压曲线

5　结束语

本文采用多导体回路法开展带回流线直接供电方式牵引网系统的电场和磁场描述，通过求解电场和磁场描述方程得到牵引网综合阻抗和综合电容，以此为基础，应用双端口链式模型理论，建立了基于多导体回路法的带回流线直接供电方式牵引网系统链式参数模型，并利用该模型开展了相关计算和分析。研究结果表明，基于多导体回路法的牵引网链式参数模型与实际情况相符合，牵引网相关电气参数的计算过程简洁、清晰、有效，具有较大推广应用价值。

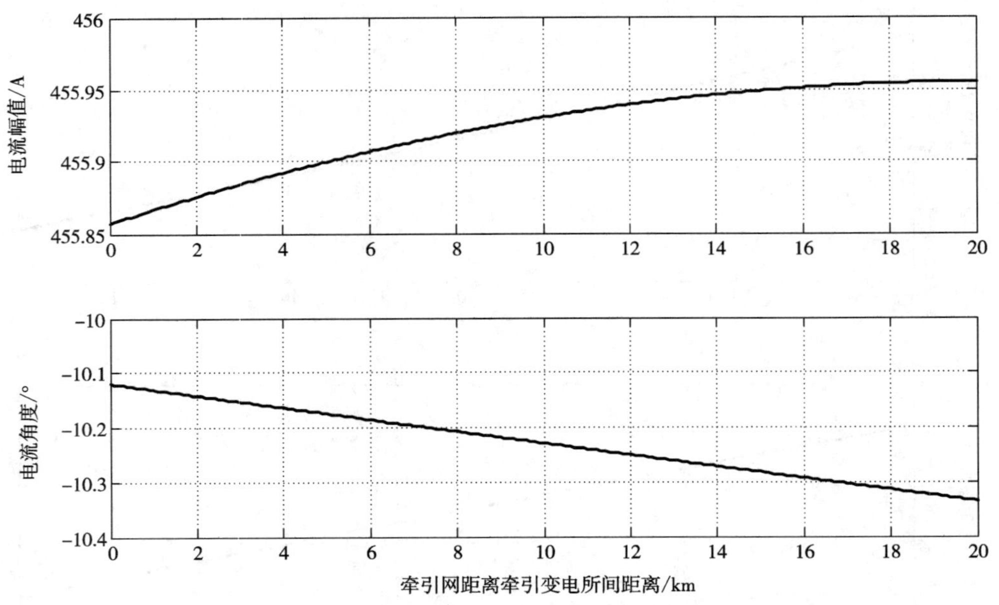

图 9 牵引网沿线各处电流曲线

参考文献

[1] TESCHE M, IANOZ M, KARLSSON T. EMC analysis methods and computational models[M]. New York: Wiley Interscience, 1997.

[2] BHATTACHARYYA K. EMC Analysis Methods and Computational Models[J]. IEEE Antennas and Propagation Magazine, 1998, 39(6): 68 - 70.

[3] PAUL R. Analysis of multiconductor transmission lines[M]. New York: John Wiley and Sons, 1994.

[4] TAYLOR C, SATTERWHITE R, HARRISON C. The Response of A Terminated Two-Wire Transmissionline Excited by A Nonuniform Electromagnetic Field[J]. IEEE Transactions on Antennas and Propagation, 1965, 13(6): 987 - 989.

[5] NUCCI A, RACHIDI F. Interaction of electromagnetic fields generated by lightning with overhead electrical networks[M]. The Lightning Flash: IEE, 2003.

[6] 邓云川, 刘志刚, 黄可, 等. 基于多导体回路系统的带回流线直接供电方式隧道牵引网阻抗计算和应用[J]. 中国电机工程学报, 2017, 37(23): 6846 - 6854.

[7] 邓云川, 刘志刚, 黄可, 等. 基于多导体回路法的牵引网电气参数计算研究[J]. 铁道学报, 2018, 40(8): 38 - 46.

[8] 邓云川, 刘志刚, 黄可, 等. 直接带回流线供电方式的牵引网综合载流能力计算研究[J]. 铁道学, 2018, 40(12): 17 - 25.

[9] 邓云川, 高宏, 陈建君. 基于拓展 Carson 理论的单线隧道内牵引网电气参数计算研究[J]. 大功率变流技术, 2016, (3): 6 - 11.

[10] 克莱顿. Analysis of multiconductor transmission lines - 2nd edition[M]. 杨晓宪等译, 北京: 中国电力出版社, 2013.

[11] 马苏德, 法泽内谢哈布, 法若克威廉, 等. Electricaldesign of overhead power transmission lines[M]. 蒋兴良等译, 北京: 机械工业出版社, 2016.

[12] 法哈德. 拉奇迪, 谢尔盖. 特卡琴科. Electromagneticfield interaction with transmission lines from classical theory to hf radiation effects[M]. 谢彦召译, 北京: 清华大学出版社, 2013.

作者简介

邓云川, 中铁二院工程集团有限责任公司电气化设计研究院, 总工程师

牵引所二次系统强电侵入研究

彭雅峰

摘　要：为了有效防范故障大电流给铁路牵引供电系统二次回路带来的危害，组织现场实地近端短路试验。分析短路试验数据、设备损坏情况，进而分析牵引变电所二次系统防强电措施中存在的问题，提出牵引供电二次回路系统防强电侵入的防护措施。

0　引言

为了有效防范牵引供电系统发生近端短路给铁路牵引供电系统二次回路带来的危害，同时考虑到各地地理环境不同、牵引变电所的电源线路及设备配置情况也可能存在较大的差异，结合现场实际情况，组织对某新建铁路牵引变电所进行近端短路试验，以验证目前牵引所二次系统防强电侵入的保护措施可靠性，进一步实施更加具有针对性的二次系统防强电侵入技术方案及配置，其测试数据和结论对完善、推广防强电系统也具有更高层次的借鉴意义。

1　试验场景的设置

采用直供 + 回流的供电方式的某牵引变电所(平衡变，容量为 40000 kVA)214 供电臂 G7 号带隔离开关的供电杆(以下统称设备杆，此杆距变电所 70 m)进行了二次近端短路试验，牵引变电所供电示意图见图 1。G7 号设备杆处安装有上网隔离开关一台，避雷器一台。G7 号设备杆接地设计为采用 35 mm^2 铜缆直接引外作单独接地极，设备杆避雷器接地通过计数器与线路内综合贯通地线相连。设备杆上隔离开关装有电动操作机构箱和远动操作 RTU 箱，电动操作机构箱和远动操作 RTU 箱箱体接地分别采用 50 mm^2 铜缆接在设备杆引外接地处。

G7 号设备杆隔离开关电动操作机构箱控制电源从牵引变电所交流盘接触网开关 2 引入，中间在所内设隔离变压器，控制电源引出后分别在交流屏和所内隔离变压器处装有浪涌保护器 SPD。交流盘接触网开关 2 分别并接有三台隔离开关的控制电源，先进入 G7 号设备杆远动操作 RTU 箱内，再并接到线路内 301 分相开关 RTU 箱处、最后并接到 G09 号设备杆 3131 上网隔离开关 RTU 箱。每台开关通过 RTU 箱将控制电源接到各自的操作机构箱内。G7 号设备杆隔离开关远动操作 RTU 箱光缆从变电所接触网开关监控盘光缆终端盒引入，光缆采用点对点的形式，每台隔离开关分别接入接触网开关监控盘光缆终端盒，每根光缆中间在所内做绝缘节。

设备杆接地短路设置为隔离开关支持瓷瓶直接短接接地，通过操作馈线侧相应断路器进行短路试验。

试验前测量，G7 号设备杆避雷器引下线不带贯通地线，引外接地不与设备杆连接的接地电阻为 14.04 Ω；引外接地与设备杆连接后的设备杆接地电阻为 2.7 Ω(试验后复测为 5.3 Ω)；G7 号设备杆基础引外接地与避雷器引下接贯通地线双接地后的接地电阻为 1.1 Ω。

2　试验现场测试点布设

对于测试参量的选择，主要考虑短路测试对关键设备及线路的影响。在设备杆处，因短路产生的过电压、过电流会对 RTU 及操作机构箱的外壳、220 VAC 控制电源线、各接地端点及接地线路产生直接影响，此处测试参量的选择主要考虑这些关键点的测试。因隔离变压器的作用为阻隔过电压沿 220 VAC 控制线路传导到牵引变电所内，因此，在短路试验的情况下，有必要监测其副边、原边的过电压、过电流情况。在牵引变电所内部，工频过电压主要通过地电位抬升对所内设备产生影响，因此要对地网的对地电位差、以及地网内部不同接地点之间的相对地电位差进行测量。

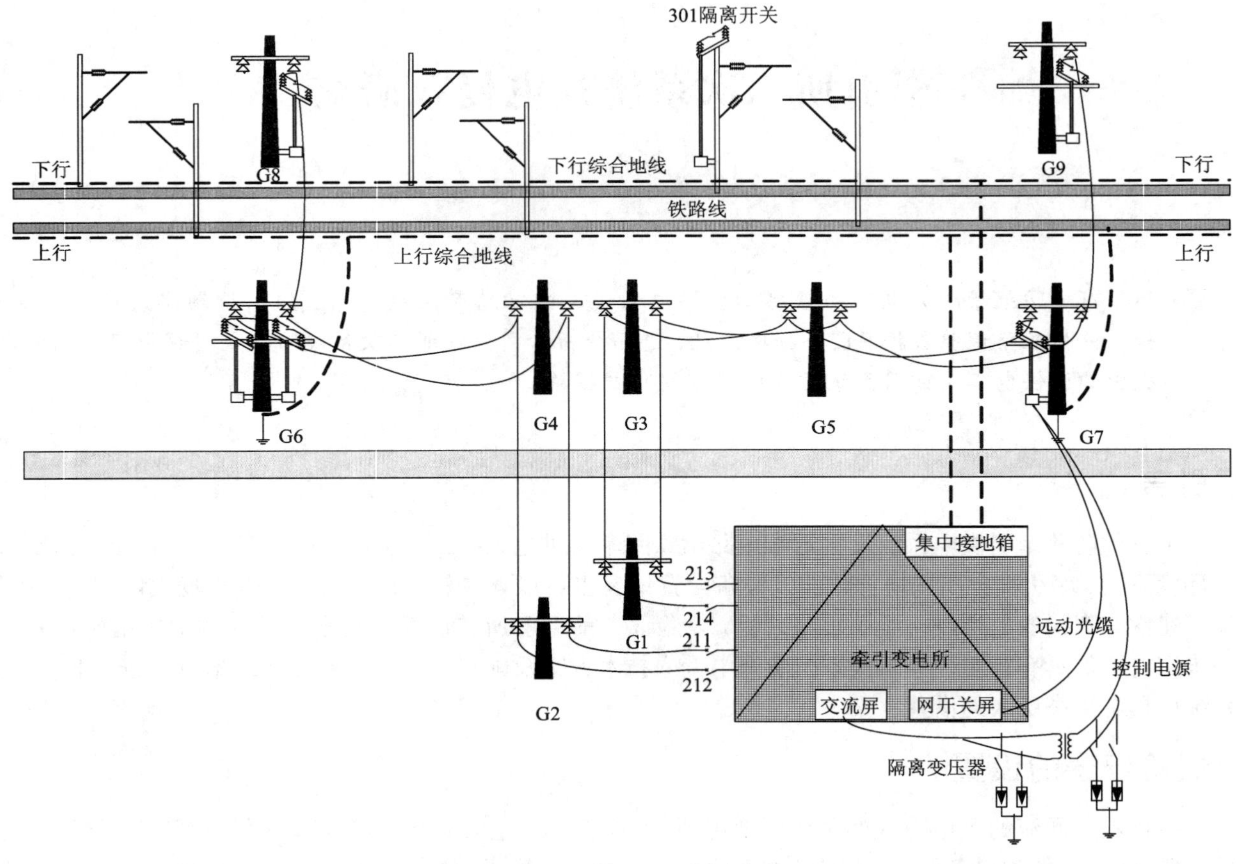

图 1　牵引变电所供电示意图

(1)接触网 G7 设备杆监测点布置：本次短路试验以牵引变电所内集中接地箱作为共同参考电位，主要对 G7 号设备杆塔接地端口、雷电计数器端口(雷电计数器电流采集点设置在综合贯通地线连接处)、RTU 箱控制电源线、隔离开关操作杆位置及 RTU 箱光纤加强芯等处的各项参数进行监测。连接线采用同轴电缆，且单根长度在 3 m 左右。

(2)牵引变电所内监测点布置：牵引变电所内监测点利用高精密测量仪器进行整体测试，分别对变电所内交流屏接地母排、所内主接地网离设备杆最近的垂直接地体处、隔离变压器原边、副边浪涌保护器 SPD 处进行统一监测。

3　短路试验分析

3.1　第一次短路试验：G7 设备杆基础有直接连通综合接地的金属性短路分析

变电所回流情况分析：牵引变电所 214 电流速断保护动作(距离一段保护动作)出口，重合闸未投入，馈线电压 2.2 kV，馈线电流 4651 A，电阻 0.07 Ω，电抗 0.46 Ω，阻抗角 81.1°。

本次试验完成后，所内、所外设备正常运行。

3.2　第二次短路试验：G7 设备杆基础无直接连通综合接地的金属性短路分析

变电所回流情况分析：牵引变电所 214 电流速断保护动作(距离一段保护动作)出口，重合闸未投入，馈线电压 2.9 kV，馈线电流 4634 A，电阻 0.34 Ω，电抗 0.51 Ω，阻抗角 56.0°。

本次试验后，所内设备正常运行；在接触网端，隔离开关 3141 机构箱及 RTU 箱烧损，电源线相连的隔离开关 301 机构箱及 RTU 箱烧损。具体的设备烧损情况如下：

(1)G7 设备杆上的 3141 隔离开关 RTU 箱烧损情况：从现场检查看出，箱内端子排处浪涌保护器、计数器、空气开关烧损。远程监控单元内部无明显烧损痕迹，交流输入保险无烧断。与端子排连接的箱体拆开后有两处击穿点，一处为控制电源进线端子排处、另一处为供浪涌的空气开关端子排处。这两处接端子排的控制电源铜导线直接烧熔断。

（2）G7 设备杆上的 3141 隔离开关机构箱烧损情况：通过拆解 3141 隔离开关机构箱，发现从 RTU 箱接至机构箱端子排的电源线从接线柱处烧断，机构箱端子排接到加热器的电源线烧熔，加热器空气开关烧熔，机构箱内给操作电机的整流器烧坏。

（3）隔离开关 301 的 RTU 箱烧损情况：从 301 开关 RTU 箱外观来看，箱内端子排处浪涌保护器 SPD 浪涌保护器烧坏，控制电源进线接端子排压接处烧断，固定端子排的铁片已经烧熔并发现明显击穿点，箱内其他设备未见烧损。

（4）隔离开关 301 机构箱烧损情况：检查发现 301 开关 RTU 箱接至机构箱端子排处的控制电源线从接线柱处烧断，机构箱端子排接到加热器的电源线、空气开关烧熔，机构箱内给操作电机的整流器烧坏。

3.3　两次短路试验设备烧损情况分析

本次短路试验为 G7 设备杆基础有无直接连通综合接地的金属性短路。设备杆基础有直接连通综合接地的金属性短路试验无出现设备烧损情况，设备杆基础无直接连通综合接地的金属性短路试验出现设备不同程度的烧损。

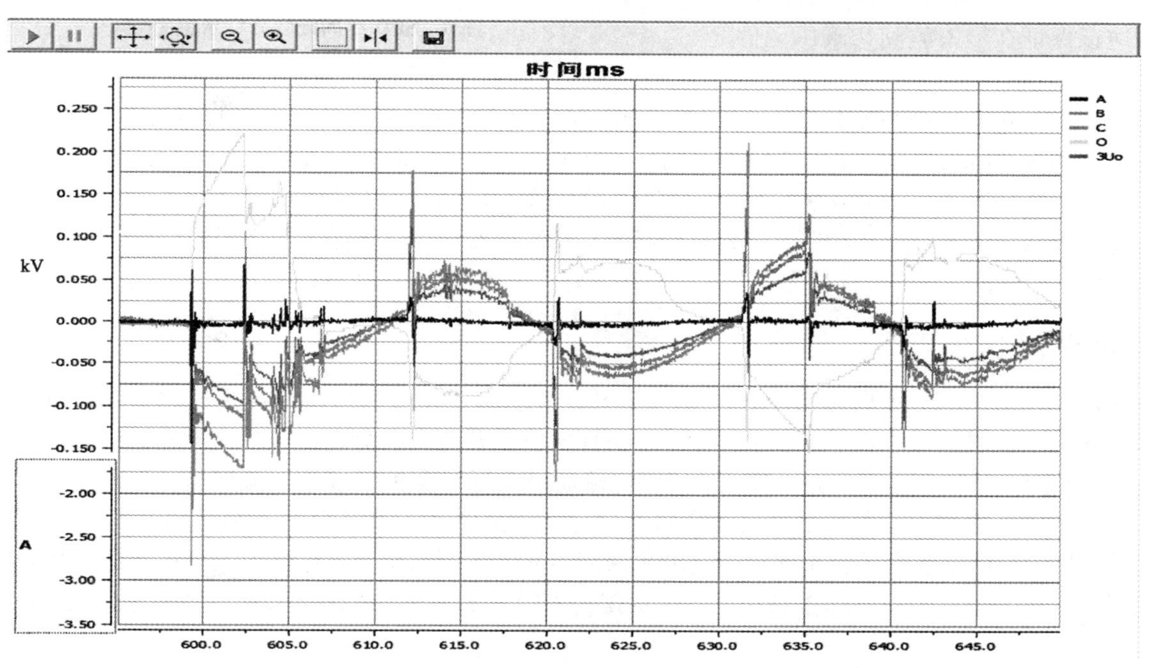

图 2　第二次试验杆塔处电压电流（线路端）

从图 2 中可见：（a）在短路瞬间，系统产生快速暂态过电压，发生第一次击穿现象（有残压，部分电流从杆塔接地流入大地），此时浪涌保护器 SPD（简称为 SPD）处于导通状态，对短路电流进行一次释放；（b）G7 设备杆塔螺栓处和 RTU 箱内 SPD 电压快速上升，不到 1/4 个周期后，发生第二次击穿现象（电压下降，杆塔电流下降到接近为 0）；（c）在第一个周期负半周，电流过零时电弧熄灭，绝缘部分恢复，但电压过零后，随着电压上升迅速击穿，并在每半个周期会伴随产生一个由短路击穿引起的暂态过电压。

综上所述，结合设备损坏情况，击穿过程为：接触网侧发生短路时，隔离开关 3141 的 RTU 箱外壳及操作机构箱外壳电压上升；SPD 动作，短路电流通过 SPD 进入 220 V 交流电源通道；加热器、RTU 箱内三孔插座内部击穿；浪涌保护器 SPD 爆炸，端子排击穿；隔离开关 301 开关加热器、RTU 箱的电源端子排、SPD 处端子排击穿，与贯通线形成短路电流回路；工频短路电流将上述各处接线柱熔断。

3.4　浪涌保护器级间配合的理论分析

由上文可以看出，牵引供电二次系统虽然通过设置浪涌保护装置作为过压保护，但部分二次回路依然存在遭受大电流的侵入而使设备损坏。因此如何对现存的 SPD 合理配置、如何对强电流冲击下的二次回路进行有效地分级泄流，成为难点所在。

在实际情况中不可能在每一设备端口都装设 SPD，而是用一个 SPD 保护其周围的几个设备(见图 3)。SPD 到设备之间的接线上波过程(振荡)使设备上的过电压超过 SPD 残压。两者差距与距离有关。因此，处在一个 SPD 有效保护范围之内的设备均能得到可靠保护。假设 SPD 直接接到被保护设备上，那么只须 SPD 的电压保护水平低于被保护设备的冲击耐压即可。

在弱电系统的过压保护中，第一级常常采用放电间隙，以泄放大部分过电流，第二级采用限压元件，将残压控制在设备的冲击绝缘水平以下。由于限压元件(MOV)的响应时间较快，一般约为几十 ns，而放电间隙的响应时间比较慢，约为数百 ns。假如强电侵入波沿着电缆侵入，首先到达放电间隙，由于放电间隙有响应时延，侵入波将继续向前行进，有效的级间配合应该保证在侵入波到达限压元件之前放电间隙动作。

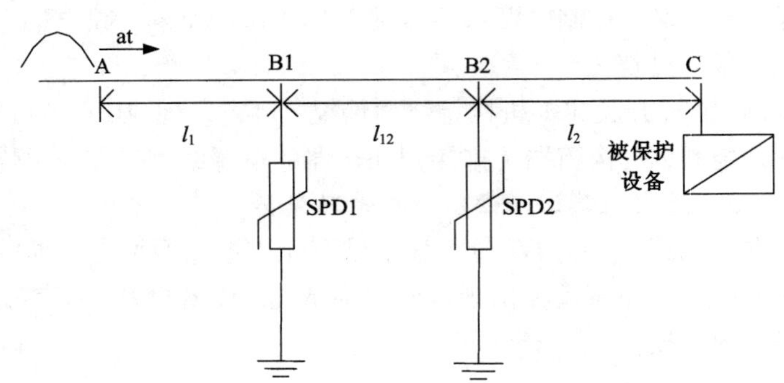

图 3 SPD 级间配合分析示意图

一般，波在电缆中的传播速度为 $v \approx (1.5 \times 10^8)$ m/s，设放电间隙的动作响应时间 t 为 100 ns，限压元件的响应时间为 25 ns，因此，波在这个时间差 $t = (100 - 25)$ ns 内向前行进的距离 S 为：

$$S = v \times t = 1.5 \times 10^8 \times (100 - 25) \times 10^{-9} = 11.25(\text{m})$$

如果假设两级的动作电压相等，那么只有当第一级保护器和第二级保护器之间的距离(电缆长度)大于 11.25 m 时，才能够保证前级保护先动作，从而达到将大电流先泄放掉的目的。

4 改进措施

通过对两次短路试验数据对比分析可知，G7 设备杆基础有无直接连通综合接地对二次设备防强电侵入意义重大。当接触网发生近端短路故障时，设备杆电位抬升与二次交流回路系统形成电位差致使故障电流侵入二次回路；当低压电源回路击穿后，短路电流通过附近综合贯通接地回流回所，导致与之共用低压电源回路的设备击穿烧损；支柱侧接地系统是否良好，对保护支柱设备及防工频短路过电压入侵作用较小；设置隔离变压器能够有效防止强电通过电源回路侵入变电所二次交直流设备。二次设备防接触网侧工频短路时的强电侵入的基础是回流路径。同时从现场试验效果来看，现有的 SPD 设备无法长期工作于工频短路电流状况。

4.1 增设分支贯通地线直接连通综合接地回流对二次回路的防护效果

在以上试验中，G7 设备杆基础有无直接连通综合接地网，相比于其他铁路干线增加一条大容量低电阻的电流回流通道，当牵引供电系统发生近端短路时，增设分支贯通地线直接连通综合接地网的可将故障大电流通过与其电气连接的接触网支柱分点注入到综合接地系统中，起到了良好的分流效果。当牵引供电系统中接触网支柱侧没有增设分支电缆时，现有的回流路径(轨回流、回流线和地回流)无法将故障大电流全部回流至集中接地箱，导致部分残余电流窜入 220 V 低压交流电源控制回路造成部分低压设备(主要包括相连的 RTU 箱、机构箱及其他相邻网开关控制单元)烧毁。因此，在支柱基础侧增设分支贯通地线连入综合接地网可有效防止 220 V 交流控制回路及相关联的旁支线路设备损坏，大大降低了由反击过电压导致的系统风险。

4.2 设置隔离变压器对二次回路防强电侵入的隔离作用

当电气化铁路接触网电动隔离开关由牵引变电所所用交流电源系统提供电源供电时，为防止强电侵入影响所用电源系统，从交流屏引出的接触网隔离开关操作电源回路宜在所内设置隔离变压器，再由隔离变压器馈出至接触网隔离开关。

牵引变电所所用交流电源系统的交流屏馈出回路直接向接触网电动隔离开关提供交流电源时，通常采用一对一供电、环形供电等方式。隔离变压器安装在交流屏馈出回路，其电源侧接交流屏馈线开关，负荷侧馈出至接触网隔离开关，每路馈线均设置一台隔离变压器，隔离变压器馈线回路设置 SPD。从而实现对由户外接触网隔离开关电源回路侵入的浪涌电压的泄放和隔离。隔离变压器两侧均不接地。

根据具体工程实际情况，隔离变压器可采用屏式、箱式等布置于户内或户外。当采用户外箱式布置时，隔离变压器两侧还需配置电涌保护器(SPD)。当交流屏两路馈线为一台或多台接触网隔离开关环形供电时，交流屏馈线回路应引自同一电源、同一相序，隔离变压器的各项参数应一致、档位调节应保持同步，容量根据负荷大小确定。

4.3 合理配置浪涌保护器对二次回路的保护作用

在实际现场，通过对牵引变电所进线、馈线电动隔离开关等接入控制室的二次回路线缆、网开关控制屏交流输入端、保护测控屏交流输入端、其他室外用电设备馈电出口等部位安装 SPD 能够在一定程度上抑制过电压通过二次系统回路反击侵入保护屏、监控屏等，损坏二次设备及电缆屏蔽层绝缘击穿，同时要尽量避免分散安装各设备系统的 SPD 长时间运行而不能及时检测导致模块劣化失效的危险。

因此现场在安装 SPD 的过程中应参照以下原则：为了防止雷击过电压对系统的冲击，第一级 SPD 应尽可能靠近装置的电源安装；为了避免 SPD 老化损毁之后对系统的供电可靠性造成影响，安装浪涌保护器时，在 SPD 之前加装过流保护装置(标准推荐采用熔断器或断路器)作为后备保护；SPD 连接导线尽量做到短、粗、直；为了避免电磁振荡的发生，设备端的 SPD 应尽可能靠近设备安装(保护距离不大于 10 m)；同时应做好不同级 SPD 之间的能量配合。具体要求见表 1。

表 1 牵引供电二次系统各级 SPD 配置要求

防护等级	第一级 SPD	第二级 SPD	第三级 SPD
标称放电电流(8/20 μs)/kA	≥60	≥30	≥5
直流 1 mA 参考电压/V	≥570	≥540	≥额定电压的 2 倍
残压/kV	200 kA 下≤2.5	10 kA 下≤2.0	≤额定电压的 6 倍

需要注意的是，浪涌保护器是保护设备不受雷电电涌电流的冲击，减少设备损坏和相关损失的有效措施之一，但浪涌保护器的设置只是防雷工程的一部分而不应以设置浪涌保护器来代替防雷工程。

参考文献

[1] 牵引变电所二次系统防强电侵入优化技术方案指导意见(铁运供设备函〔2016〕325 号)[S]. 北京：中国铁路总公司，2016.

[2] 张永健. 高速铁路接触网短路试验的实施组织研究[J]. 上海铁道科技，2012，(1)：1－2.

[3] 李强. AT 牵引供电网络短路试验方法研究[J]. 铁道机车车辆，2013，33(2)：115－118.

[4] 胡晓艳. 综合自动化变电站防雷接地[D]. 浙江：浙江大学，2011.

[5] 吴广宁，曹晓斌，李瑞芳. 轨道交通供电系统的防雷与接地[M]. 北京：科学出版社，2011.

[6] 吴广宁，黄渤，曹晓斌，等. 高速铁路路基综合接地系统雷电冲击特性[J]. 高电压技术，2014，40(3)：669－675.

[7] 魏敏敏. 雷击高速铁路综合接地系统的冲击响应特性研究[D]. 成都：西南交通大学，2014.

[8] 李天鸷. 高速铁路综合接地系统雷电冲击特性的研究[D]. 成都：西南交通大学，2013.

[9] 牵引变电所综合应急保护装置技术方案(铁运供设备函[2017]240 号)[S]. 北京：中国铁路总公司，2017.

[10] 李祥超，张枨，张鹏，等. 限压型 SPD 能量配合中退耦电感参数的选择[J]. 电磁避雷器，2012，(6)：102－106.

作者简介

彭雅峰，中国铁路广州局集团有限公司衡阳供电段，党委书记

10 年武广看成长
——京广高铁(广铁管段)牵引供电设备运行质量分析

贾明汉

摘 要: 故障跳闸原因中雷击占 61.35%、过负荷占 12.08%、动车组占 5.38%、轻飘异物占 5.23%,4 项累计占总跳闸件数的 84.04%。故障停电时间从 2010 年的 1415 分钟,逐年减少到 2017 年的最好成绩 77 分钟。随着工程遗留缺陷的逐步消除和精检细修的深入开展,接触网运行可靠性已经由开通初期的 99.68% 提高到 2019 年的 99.96%,接近通常意义上 99.98% 以上的高可靠目标。

自 2009 年 12 月 26 日至今,京广高铁武广段已开通运营近 10 年。10 年来,中国高铁累计开通运营已达到 3 万公里,不仅数量上得到快速发展,而且运营管理水平也取得长足的进步。武广段作为首条开通运营的长大高铁线路,其运行和管理状况可以说是中国高铁运营管理的缩影,也具有指标意义。现就京广高铁(广铁管段)10 年来牵引供电的运行情况进行分析,旨在进一步寻求运行规律和研究改进措施。

1 工作量

从供电专业的角度讲,完成的牵引供电量和接触网通过的弓架次可以比较准确地描述牵引供电完成的工作量(见表 1)。

表 1 京广高铁(广铁管段)2010—2019 年弓架次及牵引供电量统计表

年度		2010 年	2011 年	2012 年	2013 年	2014 年	2015 年	2016 年	2017 年	2018 年	2019 年	累计
弓架次/次	赤壁北—长沙南段	16000	16680	22192	33795	37551	38240	44715	45905	49965	52853	357896
	长沙南—衡阳东段	27000	27600	30934	38628	46833	51195	54985.5	64538	68904	71452	482069.5
	衡阳东—广州南段	27000	27600	30934	38628	46833	49283	50189.5	61678	65850	68668	466663.5
牵引供电量/(亿千瓦·时)		8.398	9.797	10.894	12.539	14.29	17.52	19.42	20.41	21.4	29.12	163.788

从表 1 中可以看出,完成的牵引供电量和接触网通过的弓架次逐年都有大幅度增加。其中赤壁北—长沙南段弓架次累计增加 2.3 倍,平均每年增加 25.6%;长沙南—衡阳东段弓架次累计增加 1.65 倍,平均每年增加 18.3%;衡阳东—广州南段弓架次累计增加 1.54 倍,平均每年增加 17.1%;牵引供电量累计增加 2.45 倍,平均每年增加 27.4%。在工作量逐年大幅度增加的条件下,牵引供电的各项安全技术指标如何变化呢?本文试图找到量化的答案。

2 故障跳闸分析

故障跳闸件数的多少,综合体现供电运行安全的品质。它不仅反映出供电设备自身的安全可靠性,同时也反映出结合部的管理水平,以及运行环境的综合防控能力。

2.1 件数分析

2010 年—2019 年,累计发生故障跳闸 1448 件,其中 1219 件重合闸成功,重合闸成功率为 84.2%。根据故障原因,我们将跳闸分为供电、动车组、天气以及外部环境四大类(见图 1)。统计结果表明:按大类分别是天气原因占 51%、外部环境原因占 23%、供电原因占 21%、动车组原因占 5%(见图 2);按小项分,频次较高的前四项分别是雷击原因占 61.35%、过负荷原因占 12.08%、动车组原因占 5.38% 和轻飘异物原因占 5.23%,4 项累计占总跳闸件数的 84.04%。现对主要原因跳闸分述如下(见图 3):

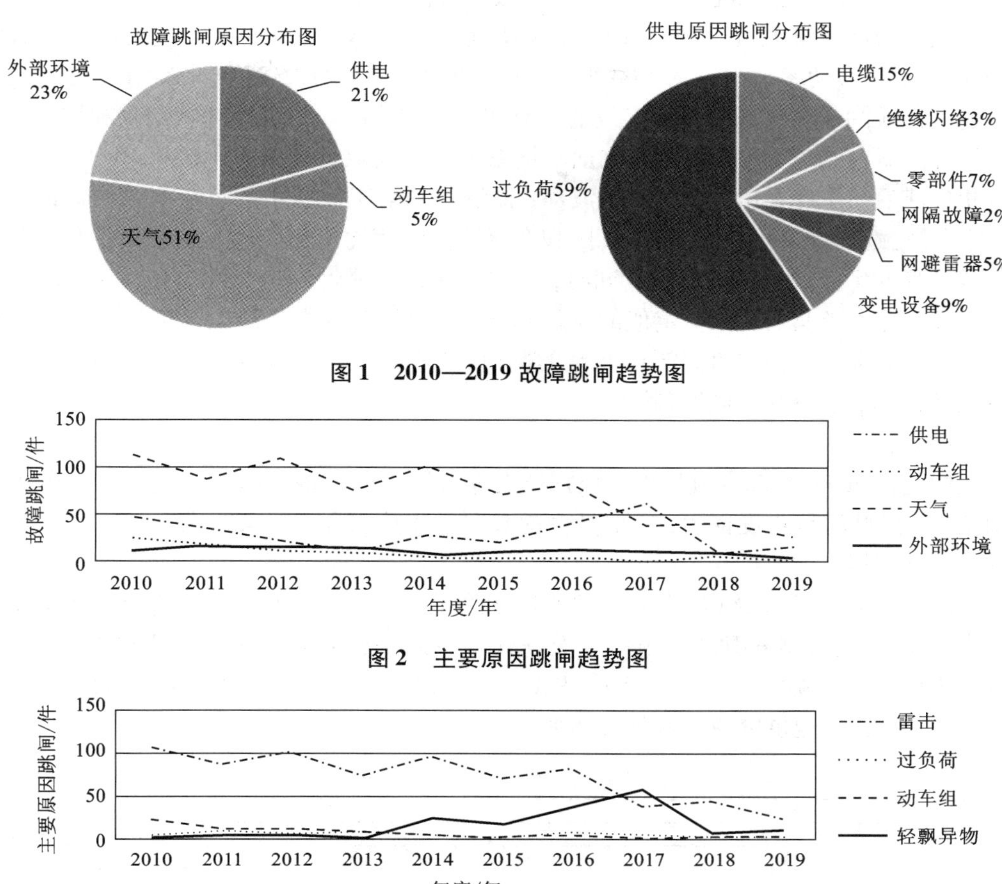

图3　主要原因跳闸趋势图

2.1.1　雷击

雷击跳闸是在接触网等供电设备遭受雷电直击(或感应)，致使绝缘闪络或损坏而引起的跳闸。从图3可见，由于每年的气候状况差异，雷击跳闸件数也随之变化，2016年之前雷击跳闸件数在每年90件左右上下波动。但之后，雷击跳闸件数大幅度下降，主要是得益于对重点区段实施增设避雷线改造的缘故。笔者曾对广铁管内各条高铁线路的雷击跳闸进行过统计和比对分析，其结果表明：

①相同的地理条件，高铁的雷击跳闸率高于普速线路；

②相同的区段和地点，每年的雷击跳闸率有较大的差异；

③避雷线加避雷器的防护方式远优于单独避雷器的防护效果；

④长大线路的雷击跳闸分布差异很大，区段最大雷击跳闸率是平均值的3～5倍；

⑤京广高铁(广铁管段)区段最大雷击跳闸率是海南东环铁路线的10倍左右。

高铁空旷和高架的自然条件，加之贯通良好的接地系统，比普速线具有更强的“引雷”作用，这是高铁的雷击跳闸率高于普速线的主要原因。海南东环铁路相比武广高铁具有更高的雷暴日，但其雷击跳闸率仅有武广高铁的十分之一，这是因为海南东环铁路接触网雷电防护全线采用了架空避雷线的措施。

2.1.2　动车组

动车组原因跳闸主要表现在动车组自身质量，错误操作进入无电区、无网区以及错误操作隔离开关等。从图3可以看出，在动车组上线数量逐年增加的情况下，跳闸件数不但没有增加，而且呈逐年下降的趋势，这说明动车组质量及运用管理水平在不断提高。

2.1.3　过负荷

过负荷跳闸是因为供电臂上动车组瞬间获取的负荷电流值超过了该供电臂馈线设定的继电保护动作值，不属于故障跳闸的范畴。从图3可以看出，过负荷跳闸从开通初期车流密度相对较小、平均负荷不太大时就有发生，这是因为动车组车型、功率及重联数量与设计不同，加之几个动车组因某种原因同时处在一个供电臂，且处于大负荷牵引工况。为此，在征求设计部门意见后，2012 年底对过负荷多发的梅子牵引变电所麻塘方向上下行馈线最大负荷电流由 1382 A 调整为 2062 A，一段时间内过负荷跳闸有所减少。但是，随着 CRH380 A(B)大功率动车组的大量运用，列车密度不断增加，过负荷跳闸又日趋频繁。尤其是 2016 年之后，过负荷跳闸从频次到处所呈多发蔓延态势。2017 年，广铁又会同铁四院和综自厂家等单位开展测试分析和研究。研究结论表明：馈线跳闸前车网系统的负荷取流异常，存在 0.4 ~ 1.4 Hz 的低频振荡和明显的电流相位滞后，并且无功有同频率的波动；馈线跳闸前车网系统的负荷电流波动的频率越快，波动时间越长，越容易触发保护跳闸。建议主机厂和变流器供应商优化相应动车组的牵引传动控制策略，通过抑制车网耦合系统发生低频振荡来解决。同时，在保证保护可靠性和选择性的条件下，对电流增量保护程序进行优化升级，适当降低阻抗保护定值的电阻部分，从保护装置本身最大限度地释放过负荷能力。需要说明的是，在进一步研究保护定值修改可能性的同时，我们采取了“认定过负荷跳闸，后续不做行车限制”的措施，基本消除了过负荷跳闸的影响。

2.1.4 轻飘异物

轻飘异物跳闸是由风筝、气球、孔明灯、轻飘垃圾等搭接供电设备短路接地造成的。由于轻飘异物具有较强的不确定性，因此防范难度很大，需要社会的共同关注和综合施策来解决。

2.1.5 供电原因跳闸

供电原因跳闸是供电设备自身质量缺陷，检修或操作不当，以及供电能力不适应等而引发的跳闸。在供电原因跳闸中，过负荷、电缆故障、变电所亭设备故障、接触网零部件故障、接触网避雷器故障、绝缘闪络和网开关分别占供电原因跳闸的 59%、15%、9%、7%、5%、3%和 2%(见图 4)。过负荷跳闸已在前主要跳闸原因中分析，现就其他供电原因跳闸分述如下。

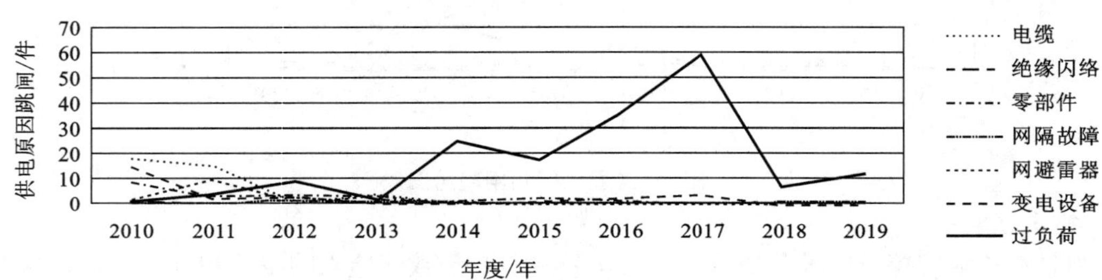

图 4 供电原因跳闸趋势图

2.1.5.1 电缆故障

接触网馈线电缆故障开通初期就呈高发态势。欧洲高铁资料显示，电缆线路的可靠性是架空电线路的 4 倍，为什么我们的结果却如此反常？从故障点位置来看，大都在终端头和中间头处。事后的解剖分析表明，主要原因在于施工质量和交叉施工对电缆本体的破坏损伤，工艺粗糙，芯线内部进水等。客观上讲，缺乏专业电缆施工安装队伍，以及没有合理的工期保证也是导致电缆施工质量低下的主要原因之一。为此，经多次专项检查整治，并对广州南站的 200 余个电缆中间头进行了重新更换制作，使电缆故障高发的局面基本得到遏制。

2.1.5.2 变电所亭设备

变电设备原因跳闸主要表现在开通运行初期，因变电所、AT 所、分区所内 GIS、PT 等设备因质量或安装缺陷引发。通过批量等换 PT 之后，运行趋于稳定。

2.1.5.3 接触网零部件

该故障主要表现为零部件的松脱断，虽然件数仅占跳闸总件数的 1.45%、占供电原因跳闸的 7%，但其后果和影响很大，大都长时间影响行车，打坏动车受电弓等。分析结果告诉我们，造成零部件松脱断的原因有以下几个方面：一是产品质量缺陷，锻造或铸造时内部存在气孔、夹渣，焊接不牢等；二是施工安装不标准，部件缺失或功能失效、紧固力矩超标、安装位置严重超差等；三是检查验收和运行检修不到位，对一些显性的问题缺陷没能及时发现、及时消除。通过对所有零部件进行全面的排查、确认、整治、再确认等多次反复，继而全数更换了接触线中心锚结线夹、定位线夹、可调整体吊弦等零部件，此后从2015年至今松脱断的现象也基本消除。

2.1.5.4　接触网避雷器

接触网避雷器击穿炸裂均发生在2010年底和2011年初，因当时有新车CRH380 A上线运行试验，怀疑与该动车组有关。通过对变电所及末端分区所电能质量监测分析，确定在CRH380 A动车组运行时，出现分区所末端电压高于变电所首端电压的情况，系统出现53次谐波震荡。经动车组工厂对变流器频谱调整后系统谐震现象消失。之后，接触网避雷器击穿炸裂的情况再未发生。

2.1.5.5　绝缘闪络

该故障是指在没有大气过电压的情况下，因绝缘件表面潮湿、脏污，沿表面爬电直至贯通而导致的绝缘失效接地跳闸。绝缘闪络是电气化铁路供电设备的惯性故障之一。局部的绝缘闪络基本都会重合闸成功，但大面积的绝缘闪络会导致频繁跳闸甚至无法送电。2014年5月24日，发生一起在连续多雨多雾的气象条件下，作业结束隧道内绝缘闪络无法送电的故障，教训深刻。发生绝缘闪络跳闸，说明在绝缘管理上不适应、不到位。一是绝缘清扫不及时，存在确定的清扫周期不合理；二是停电施工作业时间不恰当，在覆冰、大雾等恶劣天气，非特殊情况应避免长时间停电。从开通运行以来绝缘闪络跳闸的绝对件数来看，绝缘管理基本处于受控状态。

2.1.5.6　接触网隔离(负荷)开关

网开关的故障主要表现为引线驰度不当、远动误动拒动等。该故障虽然概率很低，但后果很严重。尤其是在故障应急处置的情况下，如果远动无法正常操作，势必延误抢修时间。因此，网开关设备是接触网最关键的设备之一。

2.2　停电时间分析

故障停电时间的多少，反映出故障的严重程度和发生故障以后的应急处置能力。它是影响供电和行车指标的最直接体现。

2.2.1　总停电时间

在累计1448件故障跳闸中，有229件中断供电，累计停电4766分钟，平均每件20.8 min。统计结果表明，故障件数逐年下降，故障停电时间也从开通之初2010年的1415 min，逐年减少到2017年的最好成绩77 min，说明在车流密度大幅度增加的运行条件下，设备运行日趋稳定，对运输的干扰逐年减少。每件故障平均停电时间基本都在20 min左右。但在2013年，因故障件数相对较少，且分别发生一起弹性吊索折断打坏受电弓和电缆终端头烧损殃及远动设备等较大类型的故障，致使平均停电时间大幅增加。

2.2.2　原因分布

根据故障原因的分类统计，供电原因造成的停时占总停电时间的45%，动车组原因占28%，天气和外部环境分别占15%和12%(见图5)。由此可以看出，尽管供电原因跳闸只占总跳闸的21%，但影响的停电时间却占总停时的近一半(见图6)；动车组原因跳闸虽然占总跳闸5%，但影响的停电时间却达到总停时的28.4%，尤其是在动车段(所)，由于作业试验频繁，发生多次较长时间的动车原因故障停电(见图7)。因此，加强弓网质量控制和弓网关系管理，提高接触网设备质量，优化净化安全运行环境是我们永恒的主题。

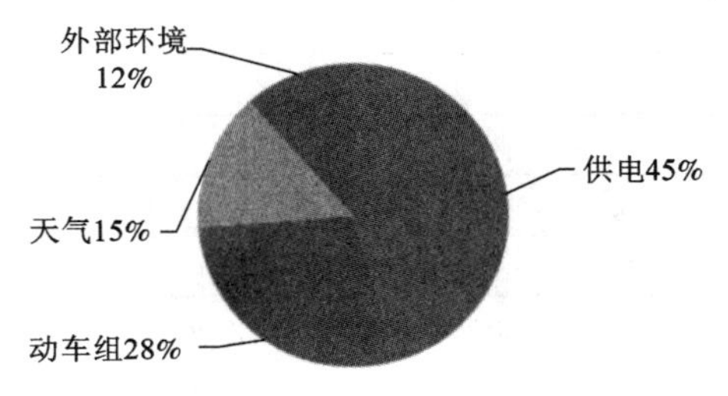

图5　故障跳闸停电时间分布图

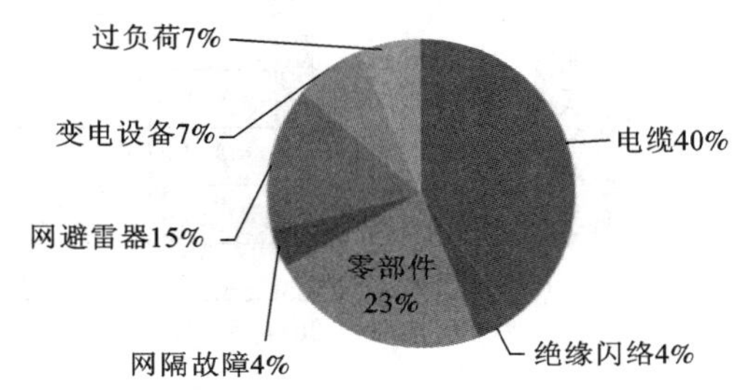

图6　供电原因跳闸停电时间分布图

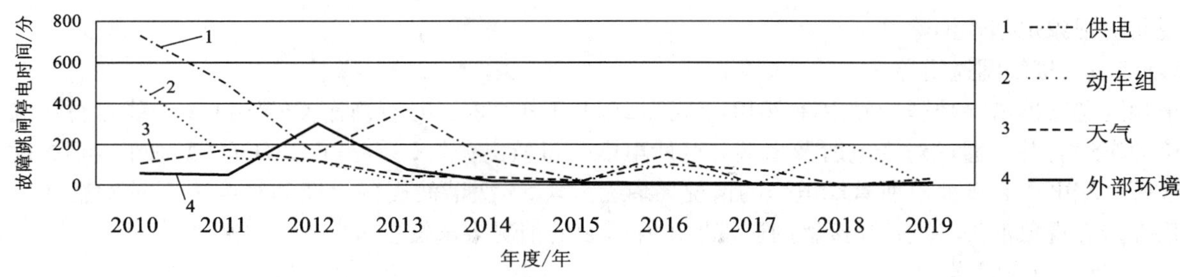

图 7 故障跳闸停电时间趋势图

2.2.3 供电原因停时

统计结果表明，供电电缆、零部件及避雷器故障分别占供电原因停时的 40%、23% 和 15%。三者占供电总停时 78%。但是，经过多轮的设备检修整治，零部件松脱断、网避雷器故障的现象基本消除，不再是影响供电原因停电时间的主要因素。趋势分析告诉我们，近年来，供电电缆、变电设备故障，以及过负荷跳闸已成为影响供电停时的主要因素(见图 8)。

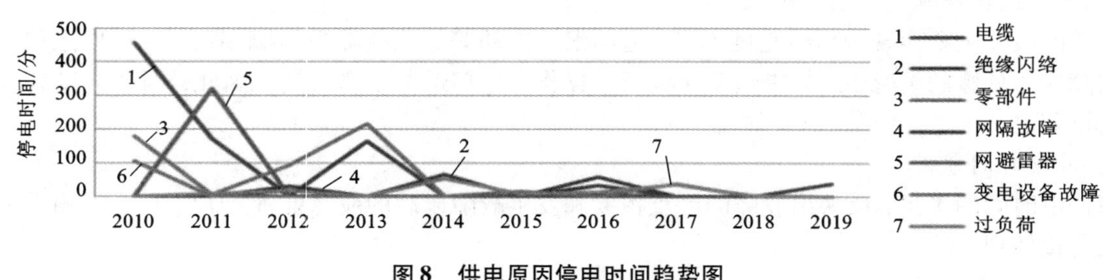

图 8 供电原因停电时间趋势图

3 可靠性分析

3.1 故障率

无论何种原因，只要中断供电就视其为故障。统计结果表明，开通初期的 2010 年故障率最高，达到 6.88 件/(百公里·年)，逐年下降至 2019 年以来的 0.64 件/(百公里·年)，10 年的平均故障率为 2.41 件/(百公里·年)。有资料显示，法国高铁的平均故障率仅为 0.6 件/(百公里·年)。可见，武广高铁开通以来的最好水平仅相当于法铁的平均水平。所以，如何大力减少“小而广”故障，提高整体运行品质任重而道远。

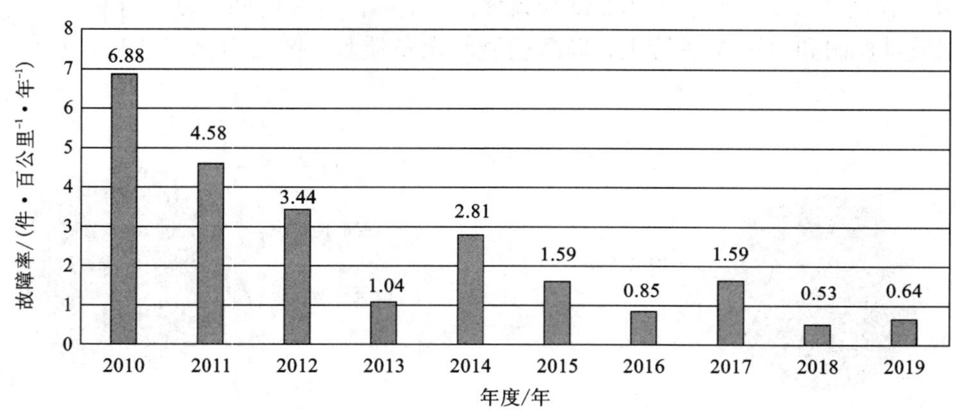

图 9 百公里年故障率趋势图

3.2　应急能力

据统计，在229件中断供电的故障跳闸中，停电时间大于30 min的有35件，大于60 min的有23件，大于90 min的有18件，大于120 min的有11件，最长的一件停电时间达220 min（见图10）。在停电时间超过60 min的故障中，大都表现为接触网零部件脱落、电缆故障并伴随远动失效、动车组故障，以及恶劣天气伴随倒树等大型故障。但是，同样与法国高铁停时超过4 h的0.2件/（百公里·年）平均故障率相比（相当于1/3的故障处置时间大于4 h），我们的快速抢通能力还是值得肯定的，这主要是以牺牲劳动生产率为代价。

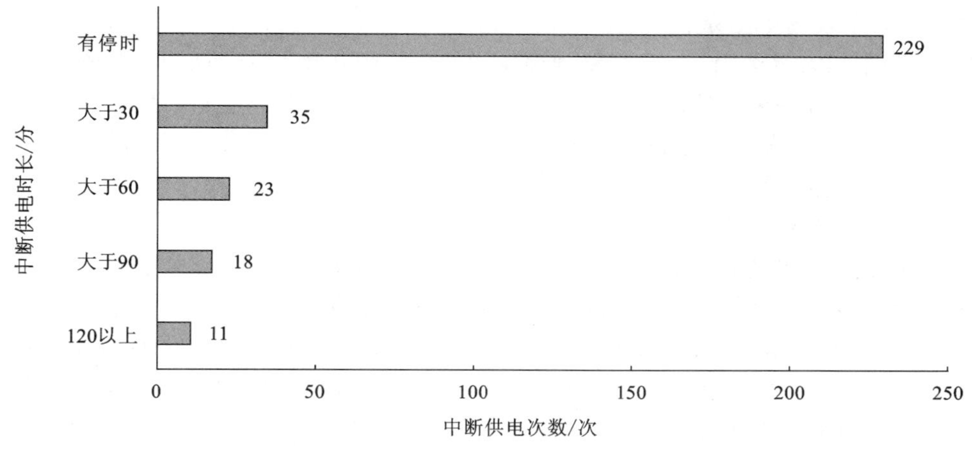

图10　停电时间分类统计图

3.3　可靠性

固定检修天窗时间之外的故障总停电时间决定设备系统的可使用性，即可靠性。统计结果表明，随着工程遗留缺陷的逐步消除和精检细修的深入开展，接触网运行可靠性已经由开通初期的99.68%提高到2019年的99.96%。已经接近通常意义上的高可靠的目标(99.98%以上)。

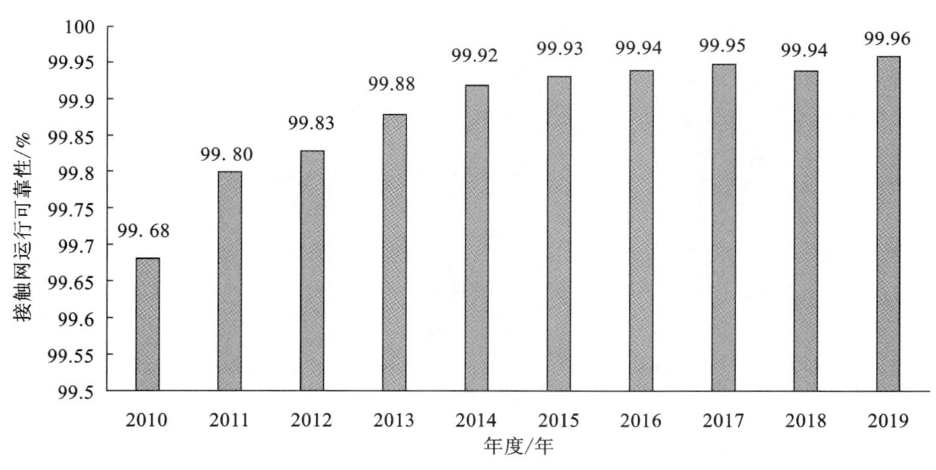

图11　接触网可使用时间趋势图

4　主要问题及改进措施

4.1　雷击跳闸居高不下

接触网工程在按设计标准和要求完成以后，其自身的耐雷水平和防护能力就已经被确定，之后的运行检修除保证避雷装置状态良好外，无法通过其他检修手段来提高其雷电防护性能。实践证明，武广高铁防雷设计采用避雷器的方式不能满足实际的雷电防护需要。因此，要彻底解决雷击跳闸，只有通过加设避雷线等工程措施来解决。

4.2 零部件断裂没有根治

尽管对接触线中心锚结线夹、定位线夹、可调整体吊弦和电联结器进行了全数更换，但单(双)耳套筒、定位器支座、防风拉线环等铸造铝合金零件，以及弹吊线夹仍有偶发断裂的情况，说明其内部的应力腐蚀还在持续作用。尤其是整体吊弦，腐蚀和疲劳折断增加趋势明显。防止零部件断裂脱落，一是要通过周期性的认真检查及早发现；二是发现隐患及时按标准更换和调整；三是通过具体分析适时开展专项整治，吊弦折断的问题已经通过三级修对分相、关节、线岔等重点部位和处所进行了全数更换。

4.3 供电能力冗余考虑不充分

由于大功率重联车的大量运用，过负荷跳闸逐年增加，尤其是每年春运期间。为满足运量不断增加的需要，一是坚持每次调图高峰时段负荷监测，及时掌握负荷增量的变化情况；二是加强电联结器的在线检测研究，有效利用 C3 接触网测温超限自动检出功能，防止电气烧伤断线；三是根据负荷监测分析结果，适时在部分第一 AT 段增设接触网加强线。

4.4 管理水平相对薄弱

主要表现在机械化检修能力没有得到充分发挥、作业效率低下；检测手段不适应，过多依赖于人工分析，超前防范控制能力薄弱；应急处置能力依然不能满足快速抢通的要求，应急值守与日常维修高劳效的矛盾难以把握；安全运行环境的社会化管理困难，缺少有效的机制和抓手。一是不断优化修程修制，提升检修机具装备水平和使用能力，加强专业和现场培训，实现素质过硬、机具先进、高效可靠的目标；二是加快检测监测装备建设，实现信息共享、智能分析、超前预警；三是在应急预案、演练和机制建设上下功夫，坚持优先利用动车组实现快速响应、及时到达、快速抢通；加强与地方政府的联系，促进将高铁安全运行环境管理纳入地方性法规，并严格执行。

作者简介

贾明汉，中国铁路广州局集团有限公司供电部，副处长

关于牵引变电所高低压设备防烧损的原因分析及改进建议

刘　永

摘　要： 在电气化铁路运行当中，因牵引变电所所内、所外设备发生接地短路，短路电流沿着低压电缆侵入牵引变电所控制室，造成交直流盘、保护盘烧损，致使所内高压设备发生严重损毁的问题。本文针对运行当中出现的上述问题进行讨论分析，并提出相关的改进建议。

0　引言

在电气化铁路运行当中，因所外及所内短路大电流的侵入，造成控制室内保护装置、直流系统烧损，所内保护功能全部失去，无法切除短路故障，致使牵引变电所内高压设备长时间承受短路电流而发生损毁。本文对上述故障现象结合设备运行当中存在的问题进行讨论分析，并提出相关的改进建议。

1　牵引变电所所内接地短路故障状况

依据设备安装情况，牵引变电所所内结构最复杂，绝缘最薄弱的部分为27.5 kV 高压室，其发生短路接地的故障概率最高，对设备损伤最严重的是母线上所带的断路器及母线支持绝缘子发生闪络击穿，此种情况严重时会使控制电缆起火，在烧损电缆的同时，会烧损控制、保护设备，从而造成牵引变电所瘫痪。

1.1　产生此种后果的原因有以下几点：

1.1.1　控制电缆铠装层采用两端接地及电流回路 N 线采用多点接地的方式，也就相当于电缆铠装层及电流回路 N 线成了地网的并联支路，在运行或接地短路中电缆铠装层及电流回路 N 线势必会产生分流。

1.1.2　地网经过长年运行酸、碱腐蚀包括地回流对地网的电气腐蚀，会使地网产生断线造成回流不畅，或因接地点处的地网不良，会使电缆铠装层产生明显分流。

1.1.3　断路器流互发生闪或烧损，短路电流会直接由阻抗较小的芯线进行分流。

1.1.4　27.5 kV 高压室内短路接地故障的主保护是低压过流保护，其动作时限一般整定为0.7～1 s，当27.5 kV 母线发生接地时，相当于主变二次侧直接发生了相间短路，其短路电流会达到上万安，大电流长时间作用于地网及分流的电缆芯线及铠装层上，势必会产生很大的热量，造成电缆燃烧。

1.1.5　电缆分流的路径是：27.5 kV 高压室接地点附近的电缆—馈线控制、保护盘—主变保护（控制盘）盘—主变端子箱—主变接地箱。

其中在主变保护盘—主变端子箱内还存在以下并联支路：

1.1.5.1　主变保护（控制）盘—110 kV 断路器端子箱—110 kV 断路器机构外壳（110 kV 流互外壳）—地网—主变端子箱；

1.1.5.2　主变保护（控制）盘—110 kV 断路器端子箱—地网（电缆）—主变端子箱；

1.1.5.3　主变保护（控制）盘——主变中性点隔开机构箱——电缆（地网）——主变端子箱。

1.2　解决措施

1.2.1　牵引变电所院内有两张网，一张是地网、一张是控制电缆铺设的电缆网，两者是并联关系。因在设计及后期维护当中，对地网的关注度较低，地网铺设密度不足及腐蚀断线后造成地网回流不畅的现象时有发生，在牵引变电所院内发生短路接地时，因地网问题势必会造成控制电缆分流，情况严重时会烧损电缆及所内控制保护设备，因此建议加大高压设备区地网的铺设密度，以降低短路接地点的电位，同时建议地网联络线尽量采用铜线，以增强地网抗自然腐蚀及电气腐蚀的耐久性，减少地网断线情况的发生。

1.2.2　施工规范规定控制电缆铠装层接地时需采用单端接地的方式，但在实际施工当中往往做不到，建议督促施工单位在施工当中严格遵守此条规定，同时接地端统一设置在高压设备侧。

1.2.3 在发生主变二次侧断路器低压过流保护动作跳闸后，可以明确判断是所内设备存在故障，严禁在故障未消除的情况下再次强行送电。防止在接地故障未消除的情况下再次合闸，大电流再次侵入低压设备区造成控制、保护设备发生烧损的问题。

2 牵引变电所所外接地短路故障状况

在设备运行当中，因设备安装布置方式存在差异，往往在馈线侧出现短路接地时，造成所内保护控制设备损坏，致使所内高压设备长时间承受短路电流而烧损的状况发生。

2.1 易发生此种情况设备布置安装方式主要有以下类型

2.1.1 在牵引变电所出口处分相或较大站场安装的远程控制电动隔离开关，有从牵引变电所交流盘引接交流电源的情况。同时将隔离开关集中控制盘设置在牵引变电所主控室内，并与牵引变电所主控盘就近安装。

2.1.2 采用集中控制的接触网隔离开关集中控制盘安装在牵引变电所控制室内，工作电源虽未从牵引变电所引接，但其控制回路仍从集中控制盘出线，有些采用了光纤进行远程控制。

2.1.3 牵引变电所馈线采用单芯电缆馈出，在上网处的接触网支柱上安装有隔离用的电动隔离开关，电动隔离开关有直接从牵引变电所交流盘或直流盘引接操作电源的情况。

2.2 以上安装方式存在的安全隐患

2.2.1 控制电缆、电源电缆铠装层依据施工安装规范必须是单端接地，但在实际施工当中大多将电动隔离开关控制电缆及电源电缆铠装层两端进行了接地，因牵引变电所地网与接触网支柱接地属于两个接地系统，由此造成铁路线路上的地回流在顺着回流线(大地)返回牵引变电所的同时，也将顺着电缆铠装层返回变电所内，即隔离开关机构箱——电源电缆(控制电缆)铠装层——交直流盘(控制保护盘)返回牵引变电所。

2.2.2 光纤有金属加强芯及铠装层，安装时在隔离开关机构箱及牵引变电所集中控制盘处存在两端接地的情况，此种情况也会形成短路电流回流通路。

2.2.3 在上网点安装的电动隔离开关杆塔发生接地短路时，因牵引变电所地网与接触网支柱接地属于两个接地系统(有通过PW线将两地网进行连接的)，因短路点处电位较高，此时会造成隔离开关机构箱内控制及电源电缆发生击穿烧损，将高电位大电流顺着控制及电源电缆引入牵引变电所控制室内的情况。

2.2.4 上述三种情况因短路电流沿着控制电缆、电源电缆及光纤侵入牵引变电所交、直流盘及控制保护盘处，会造成牵引变电所控制室内保护、控制设备发生严重烧损的状况。

2.3 防范建议

2.3.1 建议在牵引变电所建设当中要尽量减少所内控制、保护及交直流设备与所外设备在低压回路上的联系，如有些设备必须在低压控制上建立联系，则要将其安装在牵引变电所地网防护范围内。

2.3.2 对室外隔离开关引接的电源电缆及控制电缆铠装层严格依据施工规范采取单端接地方式，接地侧设置在上网点隔离开关机构箱内。

2.3.3 对接触网隔离开关集中控制盘在牵引变电所控制室内安装的，建议其单独从交流盘引接电源，并且自身具备整流系统供网隔使用，尽量不要与所内直流盘产生连接。同时其盘体安装位置要尽量远离所内控制保护盘，尽量靠近主变回流箱方向。

2.3.4 对所外电动隔离开关远程控制系统安装在牵引变电所控制室内的，建议采用光纤进行远程控制，同时光缆接线盒在隔离开关机构箱内进行接地，在牵引变电所室内在满足光纤接线规范的前提下，尽量与所内接地系统采用绝缘隔离措施。

2.3.5 将上网点处安装的电动隔离开关电源尽量由所外电源进行提供，如必须从牵引变电所内引接，建议对其单独设置交、直流电源系统，同时其交、直流系统安装位置要尽量远离所内主用交、直流盘及控制保护盘，尽量靠近主变回流箱方向。

2.3.6 建议对上网点隔离开关支柱单独设置接地，不要与高铁综合地线相连，同时单独铺设接地线直接与牵引变电所主地网相连接，以减轻在控制、电源电缆铠装层错误采用两端接地分流，同时降低短路接地故障情况下隔离开关机构箱处的电位，以免将控制电缆主绝缘击穿后将大电流引入所内控制保护系统。

2.3.7　高压电缆采用上网侧接地时，建议其不要与架空地线或钢柱进行连接，以免施工当中将所内电缆头一侧铠装层进行接地，或未依据施工设计要求安装电缆护层电压限制器而直接将铠装层进行接地，致使电缆铠装层长时间通流烧损电缆的情况发生。

2.3.8　建议在上网点将电缆铠装层接地采用双重绝缘的方式，即电缆铠装层不直接接地，而是经过绝缘后再接至单独架设的回流线或单独铺设的回流电缆直接返回牵引变电所内集中回流箱，以防高压电缆绝缘击穿后，短路电流经杆塔——上网点处安装的隔离开关机构箱——机构箱电源或控制电缆回流而烧损牵引变电所内保护及直流系统的情况发生。

3　保护设置及其他建议

3.1　建议供电公司变电站供向牵引变电所的电源线保护范围，应尽量保护到牵引变电所主变二次侧即27.5 kV馈线断路器前，以作为牵引变电所的后备保护。在牵引变电所发生故障，造成控制、保护及直流设备发生烧损全所失去保护功能，主变高压侧及低压侧断路器同时出现拒动时，供电公司变电站能有效起到后备保护作用，将我方故障予以切除，以解决故障长时间无法切除，造成主变过流烧损的问题。

3.2　建议在馈线隔离开关出线处设置易处置的载流薄弱点，在牵引变电所所有保护均拒动的情况下，短路电流先行将载流薄弱点处烧断，硬性将故障点进行切除隔离，从而起到保护牵引变电所主变等重要设备的作用。

4　结束语

通过对牵引变电所所内、所外设备发生接地短路，短路电流造成变电所控制、保护设备烧损后，致使牵引变电所主要设备损毁的原因进行分析，提出了一些改进建议供大家参考，望能为牵引变电所的安全运营提供一些帮助。

参考文献

[1] 詹广振，王金志. 并联电容补偿装置断路器绝缘击穿原因分析. 电气化铁道，2007，1.

作者简介

刘永，中国铁路兰州局集团有限公司，工电检测所主任

牵引变电所继电保护整定计算存在问题及改进建议

刘 永

摘 要:电气化铁路牵引变电所继电保护整定关系到牵引变电所保护功能是否能正常发挥,是否能正确、迅速地切除设备故障,本文对日常运行过程中牵引变电所保护整定计算中存在的问题进行了分析,并提出了相关改进建议。

0 引言

电气化铁路牵引变电所继电保护整定在实际运行中因整定计算方式不当而存在误动和拒动的问题,严重时因保护拒动将会造成牵引变电设备严重烧损的问题发生。本文对运行中牵引变电所保护整定计算存在的问题进行了分析,并提出了相关改进建议。

1 牵引变电所保护整定中存在的问题及改进建议

1.1 馈线距离保护整定中存在的问题及改进建议

1.1.1 因电气化铁路设计开通初期运行机车功率普遍偏小,同时牵引定数也较小,因此在计算牵引变电所馈线距离保护时,采用整定计算的负荷电流普遍偏小,采用的母线电压普遍偏高,造成在进行距离保护整定计算电阻值时计算整定的数值普遍偏大。在牵引机型产生变化大功率机车上线运行或列车密度、牵引定数增加时,因负荷电流的增大,母线电压的降低,致使距离保护频繁发生误动。

1.1.2 建议在进行距离保护电阻定值计算时,不再以模拟运行工况计算或抄录的负荷电流及电压进行运算,而是以接触网短时载流量及主变过负荷倍数取值进行计算,即以牵引供电系统的实际最大供电能力来计算距离保护的电阻值。此种情况下从设计初期即将保护定值计算到位,就解决了后期随着机型或牵引定数的增加而频繁计算调整保护定值的问题,同时避免了因定值调整不及时造成距离保护在大负荷情况下误动的问题。

如设计直接按照牵引供电系统的最大供电能力来计算整定距离保护电阻定值,如在这种情况下距离保护在重负荷情况下还会动作,即可说明牵引供电系统已满负荷运行了。

1.2 馈线低压过流保护整定中存在的问题及改进建议

1.2.1 馈线低压启动过电流保护范围为接触网馈线末端短路接地状态。其整定计算公式如下:

(1)动作电压

按躲过母线最低运行电压整定:

$$U_{\mathrm{dz.\,pt}}=\frac{U_{\min}}{K_{\mathrm{k}}n_{\mathrm{PT}}} \tag{1}$$

式中,$U_{\min}$表示母线最低运行电压;K_{k}表示可靠系数,取 1.2;n_{PT}表示电压互感器变比。

(2)动作电流

按躲过馈线最大负荷电流并保证末端故障有足够灵敏度整定:

$$I_{\mathrm{dz.\,pt}}=\min\left(K_{\mathrm{k}}I_{\mathrm{fh.\,max}},\ \frac{1}{K_{\mathrm{lm}}}I_{\mathrm{dmin}}\right)\frac{1}{n_{\mathrm{CT}}} \tag{2}$$

式中,K_{k}表示可靠系数,取 1.2;K_{lm}表示灵敏系数,一般取 1.2;$I_{\mathrm{fh.\,max}}$表示正常运行时馈线的最大负荷电流;$I_{\mathrm{d\,min}}$表示本线路末端故障时的最小短路电流;n_{CT}表示流互变比。

1.2.2 在实际运行当中会出现以下两种状况:

(1)在系统容量较大及接触网供电臂较短时,这时的供电臂末端短路电流远大于负荷电流。

(2)在牵引供电系统外部电源较弱且接触网供电臂较长时，接触网供电臂末端短路电流会较小，有时会与正常的牵引负荷大小基本一致甚至小于负荷电流。同时接触网末端短路时变电所出口处的电压有可能会与正常负荷时的变电所出口处电压相同，甚至高于正常负荷时的出口电压。

1.2.3　存在问题

(1)因初期计算采用的母线运行电压较高，负荷电流较小，造成在牵引机型产生变化或列车密度、牵引定数增加时，因负荷电流的增大，造成馈线低压过流保护频繁动作。

(2)在牵引供电系统外部电源较弱且接触网供电臂较长时，动作电压如果按照式1进行计算整定，在接触网末端发生接地短路时，因出口处电压高于给定的定值，此时低压过流保护无法动作。

1.2.4　建议

(1)建议在进行低压过流保护整定计算时不再以模拟运行工况计算或抄录的负荷电流及电压进行运算，而是以接触网短时载流量及主变过负荷倍数取值进行计算，即以牵引供电系统的实际最大供电能力来计算低压过流保护整定值。由此将低压过流保护功能动作理念确定为牵引网过负荷保护功能，即在满足最大供电能力的情况下，如负荷超过牵引供电系统的最大供电能力，则让低压过流保护正常出口。

(2)建议在采用牵引供电系统的最大供电能力计算整定低压过流保护定值时，采用正常运行时的短路试验采取的27.5 kV出口处的电压和供电臂末端短路电流来校核低压过流保护定值，在采用最大供电能力计算整定低压过流保护定值时，如其电压低于短路出口电压，则以短路出口电压计算低电压定值，电流也以末端短路电流来进行计算校核。

1.3　越区供电时馈线低压过流整定存在的问题及改进建议

1.3.1　如牵引供电系统外部电源较弱且接触网供电臂较长时，接触网末端短路时变电所出口处的电压有可能会与正常负荷时出口电压基本相同，甚至高于正常负荷时的电压，此种情况下如按照式1进行计算越区供电电压定值，则此电压定值将会更低，在越区情况下接触网末端发生接地短路时，因出口处电压高于给定的定值，此时低压过流保护功能将失去作用。

1.3.2　建议越区供电时不再进行低压过流保护定值的再次计算，即以越区前该供电臂的实际最大供电能力计算的低压过流保护整定值作为越区时的整定值。

1.4　越区供电定值整定存在的问题及改进建议

1.4.1　目前牵引变电所给定的保护定值为正常运行时一套，越区运行时一套，在越区供电调整定值时存在整定区调整错误，或运行人员不会调整造成耽误越区供电时间的问题发生。

1.4.2　电流速断保护范围为供电臂近端短路，在正常运行和越区时，其保护的范围是一样的，因近端短路电流都非常大，一般情况下其远远大于正常及越区时的负荷电流，因此越区供电时不需再重新计算电流速断定值。

1.4.3　因牵引网正常运行时，其距离保护电阻定值已按照牵引供电系统的实际最大供电能力来进行计算。同时低压过流保护定值也采用了牵引供电系统的最大供电能力来进行了计算整定，并以正常运行时的短路试验采取的27.5 kV出口处的电压和末端短路电流来进行了校核。电流速断也采用了近端短路电流进行了计算。因此在越区供电情况下已没必要再重新计算整定距离保护电阻定值、低压过流保护定值及电流速断定值。

因为电抗定值的大小与负荷无关，只与供电臂长度有关，由此可采用一套定值以满足牵引变电所正常运行及越区运行时的需求；以解决在越区供电时存在的整定区调整错误，或运行人员不会调整定值造成耽误越区供电时间的问题。

1.5　主变后备低压过流保护整定存在的问题及改进建议

1.5.1　主变27.5 kV侧低压过流保护承担着接触网馈线断路器拒动的后备保护功能，其整定计算公式如下：

(1)动作电压

按躲过变压器低压侧母线最低工作电压整定：

$$U_{dz}=\frac{U_{min}}{K_k n_{PT}} \tag{3}$$

式中，U_{min}表示低压侧母线最低工作电压；K_k表示可靠系数，取 1.2；n_{PT}表示压互变比。

(2)动作电流

动作电流按躲过额定电流整定。

$$I_{dz.1}=\frac{K_k I_{e.1}}{n_{CT.1}} \tag{4}$$

式中，$I_{dz.1}$表示主变低压侧动作电流定值；K_k表示可靠系数，取 1.2 ~ 1.5；$I_{e.1}$表示主变低压侧额定电流；$n_{CT.1}$表示主变低压侧流互变比。

1.5.2 在牵引供电系统外部电源较弱且接触网供电臂较长时，动作电压如果按照式 3 进行计算整定，在接触网末端发生接地短路时，因出口处电压高于给定的定值，如果馈线断路器发生拒动，此时主变低压侧低压过流保护功能将失去后备作用。因此其电压定值应该以馈出的最长供电臂末端短路时采集的电压来进行计算，以防主变 27.5 kV 侧断路器后备保护失去作用，造成整所保护均拒动的情况发生。

1.5.3 因牵引变电所主变保护给定的都为一套定值，在越区供电情况下，在重负荷供电区段越区末端发生短路时，如馈线断路器发生拒动，此时因主变二次侧采集的电压高于整定的低压过流电压定值，此时主变二次侧断路器将发生拒动，因此建议在主变二次侧增加保护功能，以便完善主变二次侧断路器作为馈线后备保护的功能。

1.6 主变过负荷保护整定存在的问题及改进建议

在实际使用当中，因有些变电所主变过负荷只投入了Ⅰ段过负荷报警功能，过负荷Ⅱ段跳闸功能并未投入。在供电臂末端发生短路而馈线断路器又发生拒动恶劣情况时，因供电臂末端短路时 27.5 kV 母线电压存在高于主变低压过流给定的电压定值情况，这时主变高、低压侧断路器低压启动过流保护无法动作，同时主变差动速断整定值因定值过大也不会动作，此时能对整个牵引变电系统起到保护作用的就只有主变过负荷和主变温度保护了。现场因对主变温度保护在校准及预防性试验检测当中存在较多疏漏，其在可靠性上存在一定欠缺，这种情况下如主变过负荷跳闸功能处于退出状态，将会造成牵引变电所所有保护功能失效致使设备发生烧损的问题，因此应该将主变过负荷跳闸功能定义为牵引变电所保护的最后一道防线，应该强制将其投入运行。

1.7 PT 断线闭锁电压定值整定中存在的问题及改进建议

1.7.1 PT 断线闭锁电压定值计算公式：

$$U_{dz.pt}=\frac{U_{min}}{k_k k_{lm} n_{PT}} \tag{5}$$

式中，U_{min}表示母线最低工作电压；K_k表示可靠系数，取 1.2；K_{lm}表示灵敏度系数，取 1.5 ~ 2；n_{PT}表示压互变比。电压定值一般整定为 30 ~ 40 V。

1.7.2 将 PT 断线闭锁电压定值整定为 30 ~ 50 V，现场运行当中在发生 27.5 kV 压互高压熔断器熔断后，其电压表往往指示为 19 kV 左右，这种情况下的二次电压为 70 V 左右，建议将电压整定数值依据现场实际采集的电压数值进行计算整定。

1.8 开闭所馈线距离保护整定存在的问题及改进建议

1.8.1 开闭所馈线距离保护按保护线路全长整定。因有的馈线距离过短，造成计算的电抗定值过小，在线路故障时过渡阻抗的影响下，会造成故障电抗大于给定的保护定值，造成保护无法动作的情况发生。

1.8.2 此种情况下建议电抗定值统一按照开闭所馈出的最长供电臂电抗值进行整定，不再纠结供电臂的长短问题。即长供电臂保护定值肯定能满足短供电臂的保护需求。对于牵引变电所馈出的站场或机务段供电臂也按此种方式进行计算整定。

2 其他建议措施

建议将分区所距离保护上行供电臂接地短路距离保护动作定义为距离Ⅰ段，并采用正向。将下行供电臂接地短路距离保护定义为距离Ⅱ段，并采用反向。此种情况下在分区所断路器因机构问题发生拒动，造成上行、下供电臂同时跳闸时，可通过分区所保护动作情况，判断出发生接地短路的线别。

3　结束语

本文对电气化铁路牵引变电所运行中继电保护整定中存在的问题进行了分析，并提出相关改进建议，为牵引变电专业从业人员在进行保护定值计算时提供参考，以便为牵引变电所保护功能正常发挥，能正确、迅速地切除设备故障提供准确的计算方式及依据。

作者简介

刘永，中国铁路兰州局集团有限公司，工电检测所主任

关于苏古尔牵引变电所组合电器烧损事故分析

勾永直

摘　要：2013 年 6 月 28 日，苏古尔牵引变电所倒切电源，组合电器室 1#进线系统避雷器烧损，西安西电厂家于 2014 年 6 月 30 日修复(花费 60 万元)；2015 年 8 月 24 日，苏古尔牵引变电所倒切电源，组合电器室 1#进线系统避雷器再次烧损，乌鲁木齐供电段于 2015 年 10 月 24 自行组织修复(花费 30 万元)；2017 年 4 月 15 日苏古尔牵引变电所倒切电源，组合电器室 2#进线系统避雷器烧损。对三次苏古尔牵引变电所 110 kV 避雷器烧损进行综合分析，找出了故障原因，并针对类似故障发生，提出意见和建议。

0　引言

2013 年 6 月 28 日，苏古尔牵引变电所倒切电源时，组合电器室 1#进线系统避雷器烧损；2015 年 8 月 24 日，苏古尔牵引变电所组合电器室 1#进线系统避雷器在倒切电源时再次烧损；2017 年 4 月 15 日，苏古尔牵引变电所组合电器室 2#进线系统避雷器在倒切电源时烧损。三次避雷器烧损故障均发生在苏古尔牵引变电所倒切电源期间，由于变电所倒闸操作引起操作过电压，电磁式电压互感器励磁特性饱和，感抗减小，激发铁磁谐振，引起幅值较高并且连续性较强的谐振过电压，多次谐振过电压冲击最终导致避雷器烧损。

1　避雷器炸裂烧损情况

精伊霍线气体绝缘全封闭组合电器(GIS)牵引变电所 110 kV 避雷器采用的是 Y10WF－100 无间隙金属氧化物避雷器，其额定电压是 100 kV，持续运行电压是 78 kV，三次避雷器炸裂烧损的程度相似，如图 1 所示，均有被高温灼烧断裂的现象，有放电痕迹。

图 1　避雷器烧损情况

2　原因分析

经过对 3 起避雷器烧损情况进行分析，原因均是由 GIS 隔离开关频繁操作引起多次铁磁谐振过电压冲击造成的。

如图 2 精伊霍线 GIS 所主接线图所示，进线回路电压互感器(1YH、2YH)前端隔离开关(1013GK、1023GK)均一直处于合位，将 1#进线 +1#变压器(1B)运行方式倒切至 2#进线 +2#变压器(2B)运行方式的倒闸程序是依次断开 1#主变负荷侧断路器(201 ADL、201BDL)、1#主变电源侧断路器(101DL)、1#进线隔离开关(1011GK)，合上 2#进线隔离开关(1021GK)、2#主变电源侧断路器(102DL)、2#主变负荷侧断路器

(202 ADL、202BDL)，2#进线 +2B 倒切至 1#进线 +1B 操作顺序相反。由于 1011GK、1021GK 操作中触头运动速度较慢，断口在 SF_6 气体中发生预击穿和多次重燃，加之 GIS 母线长度相对较小等原因，致使 GIS 内产生行波的传播时间很短，形成波前很陡的电压波，从而引起了比传统设备具有上升沿更陡和频率更高的快速暂态过电压(Very Fast Transient Overvoltages，VFTO)，使电压互感器铁芯饱和，电感减小，产生铁磁谐振过电压。

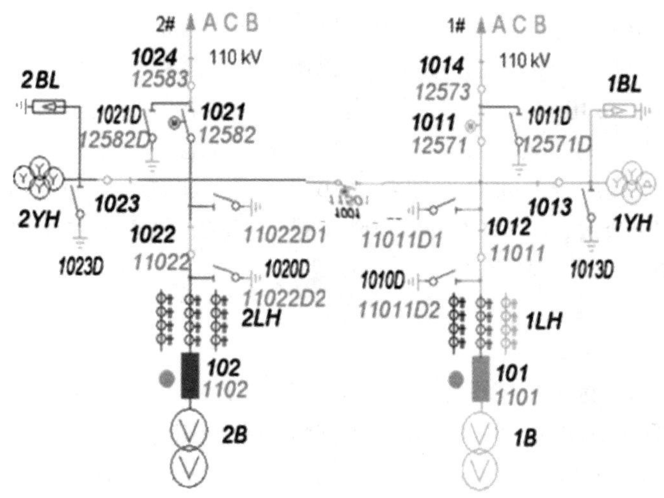

图 2　精伊霍线 GIS 牵引变电接线图

铁磁谐振过电压的发生机理说明电路及该电路的伏安特性曲线如图 3、图 4 所示。

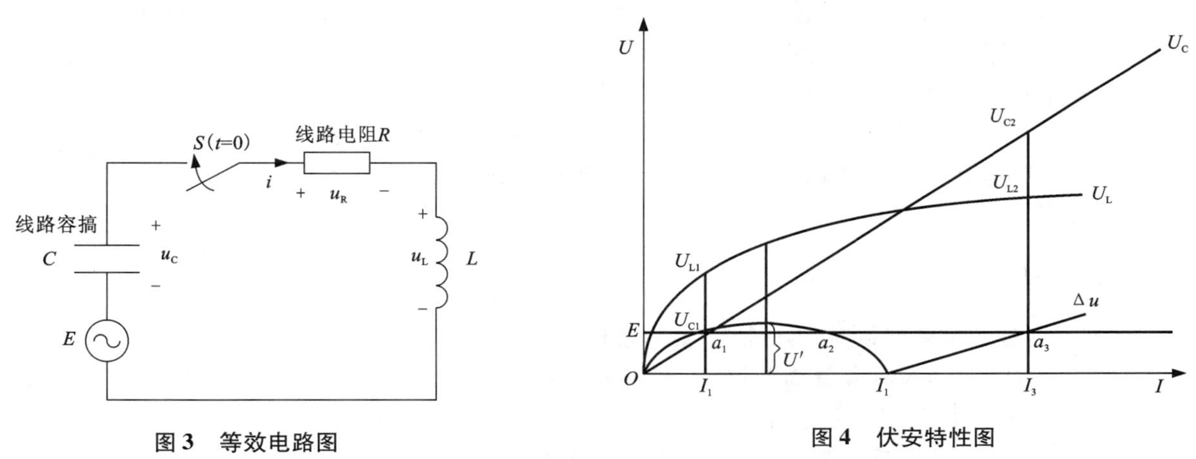

图 3　等效电路图　　图 4　伏安特性图

其中电容上的电压随电流变化的曲线 $U_C = f(I)$ 是一条直线，其斜率为容抗 $1/\omega C$，由于铁芯电感的饱和特性使得电感的伏安特性曲线 $U_L = f(I)$ 为一条曲线，其每一点的斜率就是在该点电流下的等值感抗 ωL。

在正常运行条件下，铁芯未饱和时的感抗要大于电容的容抗，即 $\omega L_o > 1/\omega C$，当出现感抗和容抗相等($\omega L = 1/\omega C$)，甚至感抗小于容抗，形成回路电流相位反转时，引起铁磁谐振。

若忽略回路中的电阻，则根据 kVL 可得：

$$\vec{E} = \overrightarrow{U_L} + \overrightarrow{U_C}$$

由于 $\overrightarrow{U_L}$ 和 $\overrightarrow{U_C}$ 相位相反，则向量方程可表示为代数方程：

$$E = |U_L - U_C| = \Delta U$$

从图 4ΔU 曲线和 E 可得，存在 3 个平衡点，通过“小扰动”法可判定 a_1、a_3 是稳定的平衡点，a_2 则为不稳定平衡点。在 a_1 点当 $U_L > U_C$ 时，回路电流呈感性，回路电流和电感与电容电压均不高，此时不会产生过电压，回路处于非谐振工作状态；当电源电压 $E < U$时，即使电源有某种程度的波动，仍可回到工作状态；但当 $E > U$时，铁芯趋于饱和，感抗下降，U_L 与 U_C 差值减小，电源电压 E 越来越大于电路的总电压降 ΔU，当 $\Delta U = 0$ 时，发生串联谐振，之后电流迅速增大，直至达到 I_3，在新的工作点 a_3重新稳定下来，此时 $U_L < U_C$，回路电流呈容性，且回路电流及 U_L 与 U_C 都比在 a_1 点工作状态高很多，出现回路电流相位发生 180°突变，电流幅值激增，因为变压器不能快速投入，谐振过电压将持续一定时间，过电压倍数达到 2.5 - 3.5 Uph(相电压)。110 kV GIS 避雷器的主要工作部件是金属氧化物非线性阀片，当大气过电压或者操作过电压侵入时，阀片的电阻立刻变得非常低，几乎呈导体状态，对地瞬间放电后自复，但谐振过电压是持续的，长时间在避雷器工频续流过零时大于避雷器灭弧电压，避雷器短时不能灭弧，阀片快速老化。

苏古尔牵引变电所位于上级电源末端，其线路电容、高压套管等设备电容与设备电感参数满足 $\omega L_0 > 1/\omega C$ 这一铁磁谐振过电压产生的必要条件。另外，由于其山区地理位置的特殊性，上级电源因自然环境影响频繁跳闸，所内进线随之频繁自投切，每年可达 16 ~ 17 次，加之每年需倒切 4 ~ 6 次进行设备维护，所内运行方式切换更是达到 20 余次，该所 GIS 自 2009 年投运以来，隔离开关频繁操作引起多次铁磁谐振过电压不断冲击避雷器，最终导致避雷器炸裂。

3 预防措施

鉴于苏古尔牵引变电所 PT 饱和铁磁谐振过电压已多次发生，其谐振过电压的激发是具有随机性的，主要发生在牵引变电所倒切电源期间，多次冲击、严重时导致避雷器炸裂，危及避雷器附近一次设备，影响铁路行车运输，为确保精伊霍线牵引变电设备稳定运行，特提出以下措施。

3.1 更改倒切电源倒闸程序

如图 1 所示，精伊霍线 GIS 所进线回路电压互感器(1YH、2YH)前端隔离开关(1013GK、1023GK)均一直处于合位，倒切电源，操作进线隔离开关时，110 kV 母线上只有电压互感器及避雷器，电压互感器易出现谐振过电压，造成避雷器或互感器故障。为避免谐振出现，倒切送电时先断开压互隔离开关，当主变投入运行后再投入电压互感器，倒切停电时顺序相反，这样能有效避免谐振过电压，但在应急倒切电源时，值班员操作进线的压互隔离开关用时较长，对行车影响较大。

3.2 拆除 GIS 室避雷器，在户外加装避雷器及检压互感器

如图 5 所示，将避雷器迁至 GIS 室外，并在进线侧加装检压装置，避雷器长期带电运行。当倒切电源时，检压装置相当于电感，可以破坏谐振条件，即使发生谐振，室外避雷器烧损，对其他一次设备的影响较小，且便于更换。

4 设备改进建议

根据铁路设计交付使用条件，GIS 所无备品备件，GIS 设备故障后需要厂家调货或生产替换件后才能修复，少则 3 个月多则半年，修复周期较长，期间牵引供电设备无备份运行，供电可靠性难以保障。为了彻底解决此类问题，特提出以下设备改进建议。

4.1 在进线电动隔离开关下端增加一组断路器及流互

我局除 220 kV 及以上 GIS 所进线设有断路器外其他均只有隔离开关。如图 6 所示，在进线隔开下端加装一组断路器及流互，加装断路器后，一是倒切电源不易产生操作电压，即使产生串联谐振，也可以快速投入变压器破坏谐振条件，确保设备运行安全；二是避免本所进线设备故障造成上级变电站跳闸，可以有效缩小故障影响范围。

4.2 新建 GIS 所设备选取

采用电容式电压互感器或在母线上接入 1 个电容器，使 $X_C/X_L < 0.01$，可从根本上破坏产生铁磁谐振的条件；如果采用电感式电压互感器，应优选铁芯不易饱和、励磁感抗高的产品。

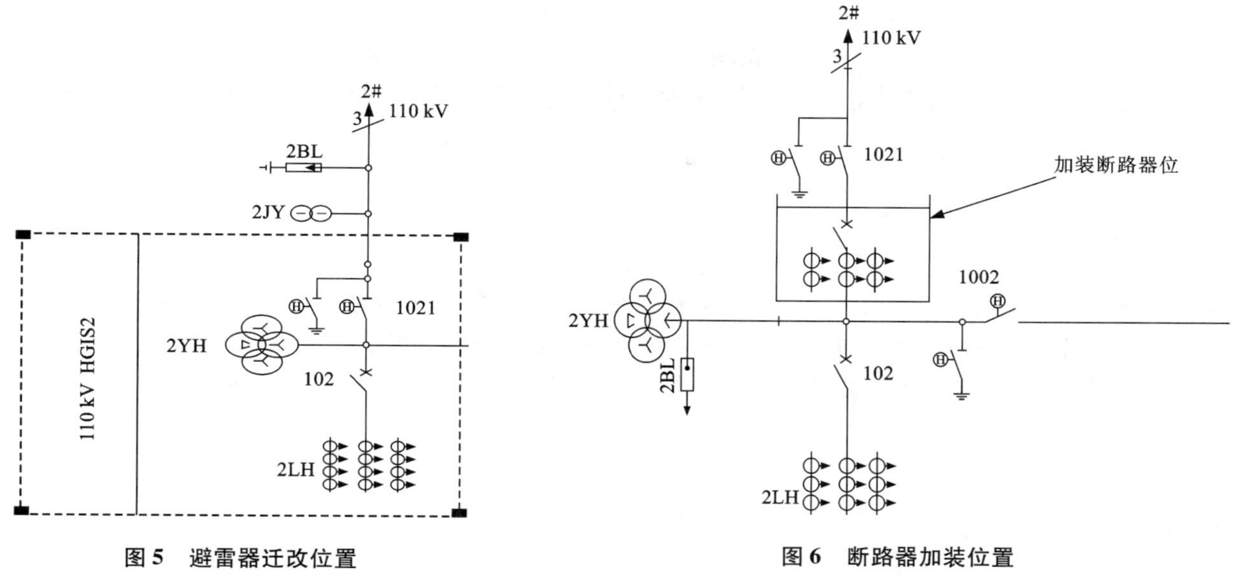

图 5　避雷器迁改位置

图 6　断路器加装位置

5　结束语

乌鲁木齐供电段管内精伊霍线 110 kV GIS 牵引变电所，隔离开关频繁操作引起多次铁磁谐振过电压不断冲击避雷器，最终导致避雷器炸裂，已烧损 3 台避雷器，对于铁磁谐振分析、认识不足，未采取有效的预防措施，或将继续造成故障，影响铁路供电稳定。GIS 所倒切电源出现谐振过电压具有一定的几率和偶然性，虽对谐振研究及定量计算较为困难，但经过原因分析，谐振现象具有一定的规律和特点，在采取必要技术措施后，必定可以破坏谐振条件，降低谐振发生的概率，有效确保设备安全稳定运行。

参考文献

[1] 尹小芳. 封闭式组合电器隔离开关产生的过电压 [J]. 中国工程学报，2002，(7).

[2] Working Group 33/13 –09. Very fast transient phenomena associated with gas insulated substation[R]. CIGRE Report, 33 –12. Paris: International Council on Large Electric Systems, 1988.

[3] 董振亚. 电力系统的过电压保护[M]. 北京：中国电力出版社，1997.

作者简介

勾永直，中国铁路乌鲁木齐局集团有限公司乌鲁木齐供电段，科长

移动高压室结构优化及与牵引变电所保护系统配合方案

李 栋 王生旭 吴艳斌 朱志增

摘 要: 随着铁路建设的不断推进,牵引供电技术也得以快速发展,铁路项目改造工程也越来越多,牵引变电所作为铁路运输的心脏,其设备更新改造的安全问题直接影响铁路运行。本文对高压室设备的改造方案进行了分析,并根据丰沙大线牵引变电所改造移动高压室过渡方案提出了一些优化建议。

0 引言

在普速铁路中,牵引变电所通常采用直供加回流的供电方式,牵引变压器高压侧设备采用户外集中布置,27.5 kV 侧设备除隔离开关外均采用户内布置,设备为开关柜或小车式网栅布置。牵引变压器高压侧设备更新改造时,可以利用备用系统进行设备更换,对铁路运输影响较小,采用网栅布置的高压室27.5 kV 设备更新改造时,受高压室条件限制,改造需要接触网馈线停电,若设备母线距离较近,高压室需全部停电才能施工,需要停电天窗多,对铁路运输影响较大,投入施工生产资源多,资源浪费严重。因此探讨牵引变电所高压室的改造方案,提高施工效率,保证铁路运输的安全性、稳定性也是很有必要。

1 既有牵引变电所高压室改造方案的比选

铁路牵引变电所在高压室设备更新改造时,通常有两种方案:一种采用天窗点进行设备更换,这种方案需要停电天窗较多,天窗点时间长短直接影响施工效率,对铁路运输影响较大,在繁忙干线和铁路枢纽变电所一般很难实现;另一种采用移动高压室过渡方案,用移动高压室代替既有高压室,只需要在移动高压室投运和退出时需要停电天窗,对铁路运输影响小,既有高压室整体退出进行改造,人身安全也能得到保障,在有条件的情况下优先采用移动高压室过渡方案。

2 移动高压室结构优化

在昆广扩能改造工程中,过渡移动高压室结构采用 2 路主变进线,主变进线设为双极隔离开关,6 路馈线为真空断路器,A、B 相各 3 路馈线,双极隔离开关进线侧设母线电流互感器,用于差动保护,如图 1 所示。丰沙大线地处山区,运输条件较差,所内设备布置紧凑,开阔空间较小,变电所站馈线较多,移动高压室尺寸不能太大,但移动高压室馈出回路需要很多。针对丰沙线实际情况,对移动高压室主接线图进行优化,将移动高压室裂解为 2 台单相移动高压室,解决现场出现的问题。将移动高压室 A、B 相分开,每相移动高压室设 2 路主变进线,3 路馈线,每套移动高压室由两台单独的单相移动高压室组成,减小移动高压室的尺寸;将主变进线双极隔离开关改为真空断路器;将其中一台馈线断路器设置两套保护装置,可以作为接触网馈线断路器用,也可以作为无功补偿装置断路器用;单相移动高压室设置高压套管可以采用硬母线相互连接,2 台连接时将主变进线真空断路器作为馈线断路器使用,在站馈线较多的变电所也能满足改造需求,这样提高移动高压室的利用率,如图 2、图 3 所示。移动高压室馈出采用上馈出,在移动高压室顶部设穿墙套管,高压电缆在箱体后垂直连接,保证高压电缆头不弯曲受力,如图 4、图 5 所示。

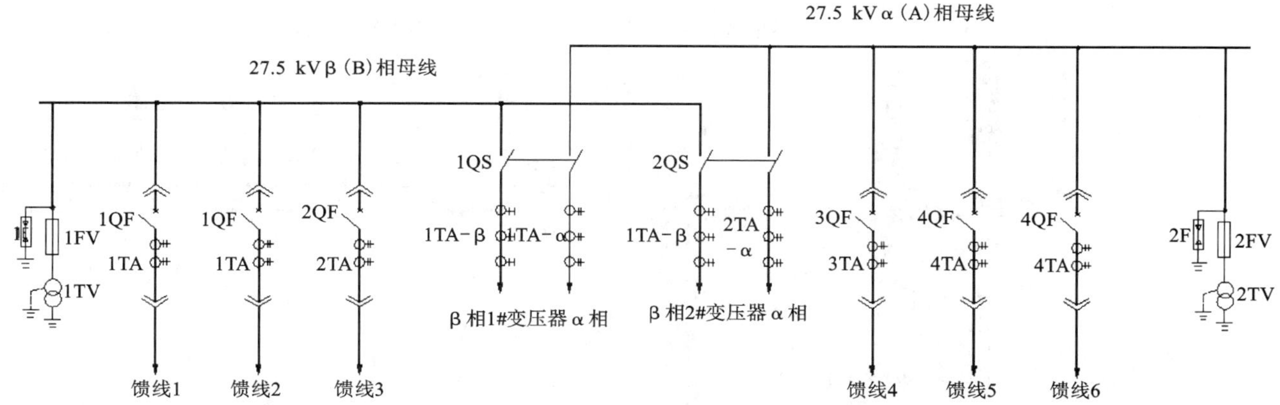

图 1　昆广扩能改造移动高压室主接线图

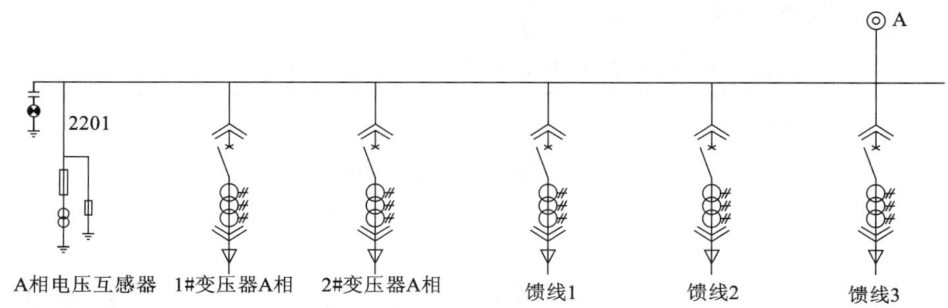

图 2　优化后单相移动高压室主接线图

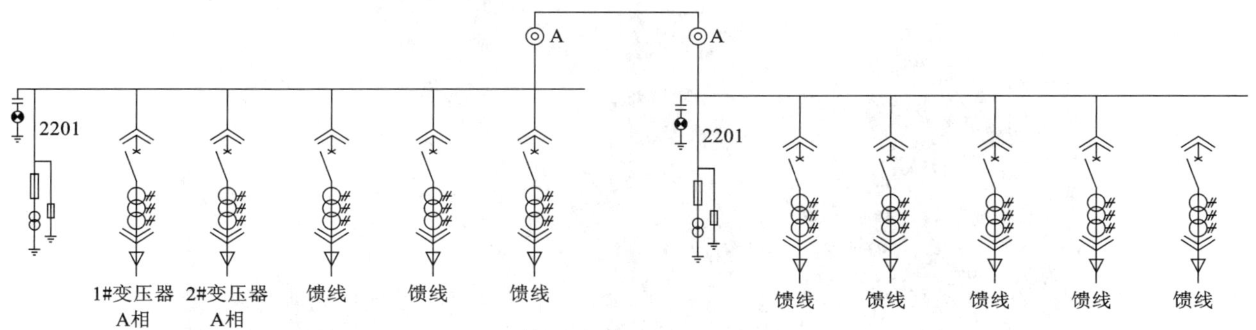

图 3　站馈线较多时两台移动高压室连接主接线图

3　移动高压室过渡改造保护装置配合方案及投退方案

3.1　移动高压室保护装置和既有 110 kV 保护装置配合方案

采用移动高压室过渡代替既有高压室运行时，移动高压室真空断路器自带保护装置，在控制室设置移动高压室监控后台，对移动高压室的设备状态进行监控。

在过渡改造期间，110 kV 侧系统保护继续采用原保护装置，但差动保护和后备保护需要判定 27.5 kV 侧的电压值和 27.5 kV 母线断路器的电流值，因此需要将移动高压室 4 台 27.5 kV 母线断路器差动电流回路、电压回路接入主变保护屏，4 台断路器的过流保护由移动高压室保护装置控制，差动保护、后备保护跳闸只对 110 kV 断路器进行跳闸，27.5 kV 母线断路器不联动跳闸，故障跳闸后自投装置启动备用系统。移动高压室 27.5 kV 母线断路器的电流互感器变比为 1600/5 A，雁翅变电所既有高压室 27.5 kV 母线断路器的电流互感器变比为 1250/5 A，在移动高压室投运期间需要修改 110 kV 侧的保护定值(电流互感器变比及接线方式、二次回路额定电流、差动保护平衡系数)。

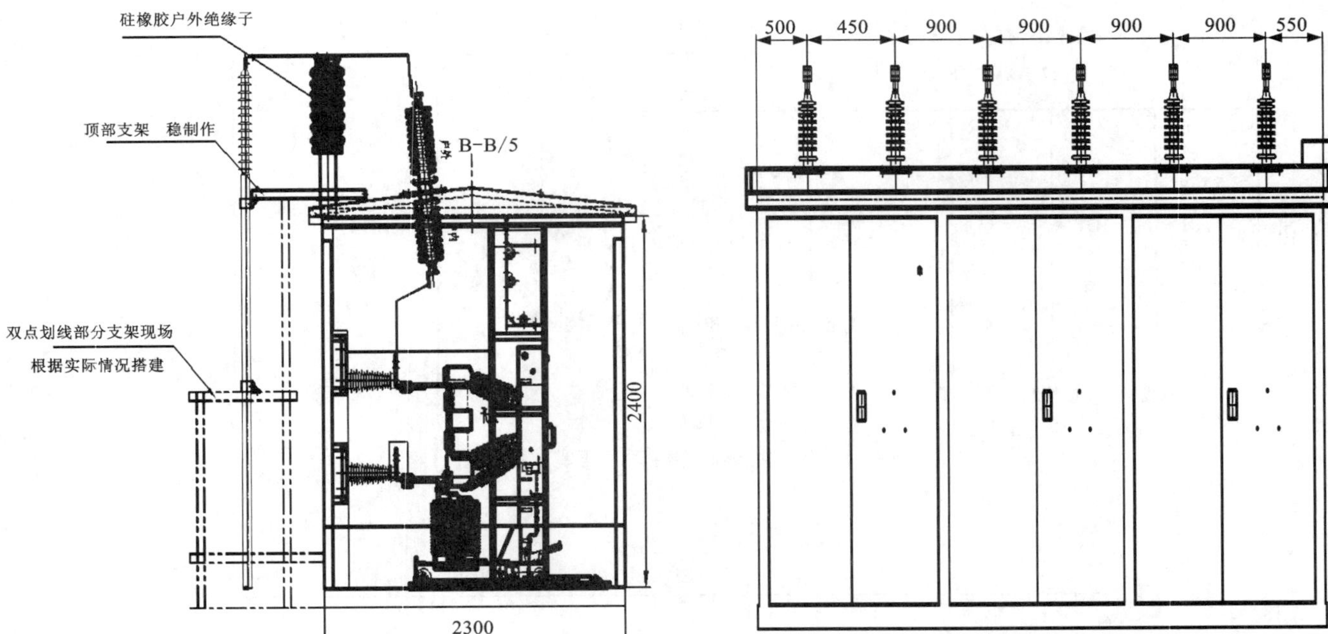

图 4 优化后移动高压室结构图(mm)

图 5 移动高压室高压电缆安装图

二次回路额定电流计算公式为 $I_2 = I_2e/NL_2$

其中 I_2e 指主变压器 25.7 kV 侧额定电流，NL_2 指 27.5 kV 母线断路器的电流互感器变比。

Y/V 接线阻抗匹配平衡变压器差动保护接线如图 6 所示，平衡系数和变压器高低压电流互感器变比、接线方式等都有关系，对于 110 kV 电压 Y/V 平衡变压器平衡系数(以天津凯发保护装置为例)计算公式为 $K_{ph} = NL_2/K \times NL_1$

其中 $K = 4/\sqrt{2}$，NL_1 指 110 kV 侧电流互感器变比；NL_2 指 27.5 kV 母线断路器的电流互感器变比。

雁翅牵引变压器容量为 40 MVA，110 kV 电流互感器变比为 600/5 A，因此 110 K 侧保护定值需要修改为：

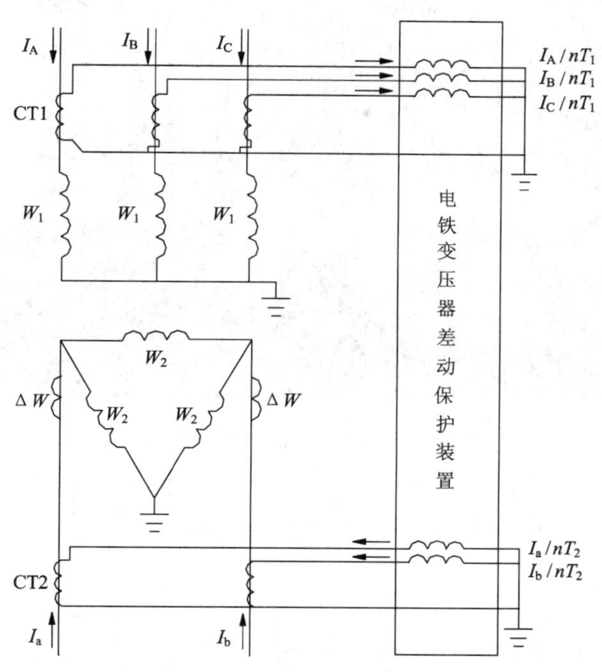

图6　Y/V 接线阻抗匹配平衡变压器差动保护接线图

表1　保护定值对照表

	原保护定值	过渡保护定值
电流互感器变比及接线方式 27.5 kV 侧	250	320
二次回路额定电流/A 27.5 kV 侧	2.91	2.27
平衡系数(凯发保护盘)	0.74	0.94

牵引变电所备自投分进线自投和主变自投，根据天津凯发保护装置自动投切技术说明书，变电所备自投装置在满足启动条件时，若正常系统内运行的隔离开关、断路器处于合位置，则跳开工作系统的隔离开关、断路器，确认跳开后，根据自动投切逻辑依次合备用系统开关；如果备自投一次动作完毕、各个开关状态不满足自投模式、有备自投闭锁输入信号、备自投投入开关处于退出位置情况出现，备自投退出。根据这个保护原理，将4 台27.5 kV 母线断路器远动分闸、远动合闸、自投分位信号、自投合位信号接入备自投保护装置，拆除原高压室的自投装置二次线，这样就实现了改造期间所内自投功能，保证供电的可靠性。

3.2　移动高压室投退方案

为保证所内正常供电，需要将 2 个系统主变压器接入移动高压室，在主变低压侧和馈线侧设置临时隔离开关，便于高压电缆线路故障的切除，临时隔离开关安装如图 7 所示，临时馈线隔离开关一端与高压电缆相连，另一端采用并沟线夹与接触网馈线连接。利用 110 kV 侧系统停电，将两个系统依次接入移动高压室，并对移动高压室进行冲击试验和保护联动试验，流程图如图 8 所示。待高压室改造完成后，再将两个系统依次接入新高压室，移动高压室退出运行，高压室设备改造完成，高压室接入系统的流程和移动高压室接入系统的流程一样。为保证移动高压室投运期间的变电所供电系统的运行安全，在备用系统接入移动高压室进行冲击送电后，备用系统还是要具备送电功能，需要恢复备用系统既有差动回路和电压回路，并修改相应的保护定值。

牵引变电所移动高压室过渡期间主接线图如图 9 所示，所内按正常规定进行倒闸操作。在移动高压室运行期间，作为应急措施，备用一台真空断路器，运行中移动高压室真空断路器出现故障，更换故障断路器；预制一条备用高压电缆，作为高压电缆故障的应急备用，高压电缆出现问题后及时更换故障高压电缆。

图7 牵引变电所临时馈线隔离开关安装图

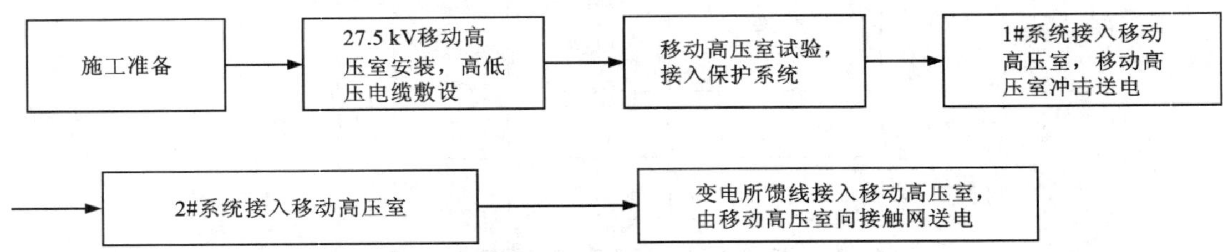

图8 移动高压室投运流程图

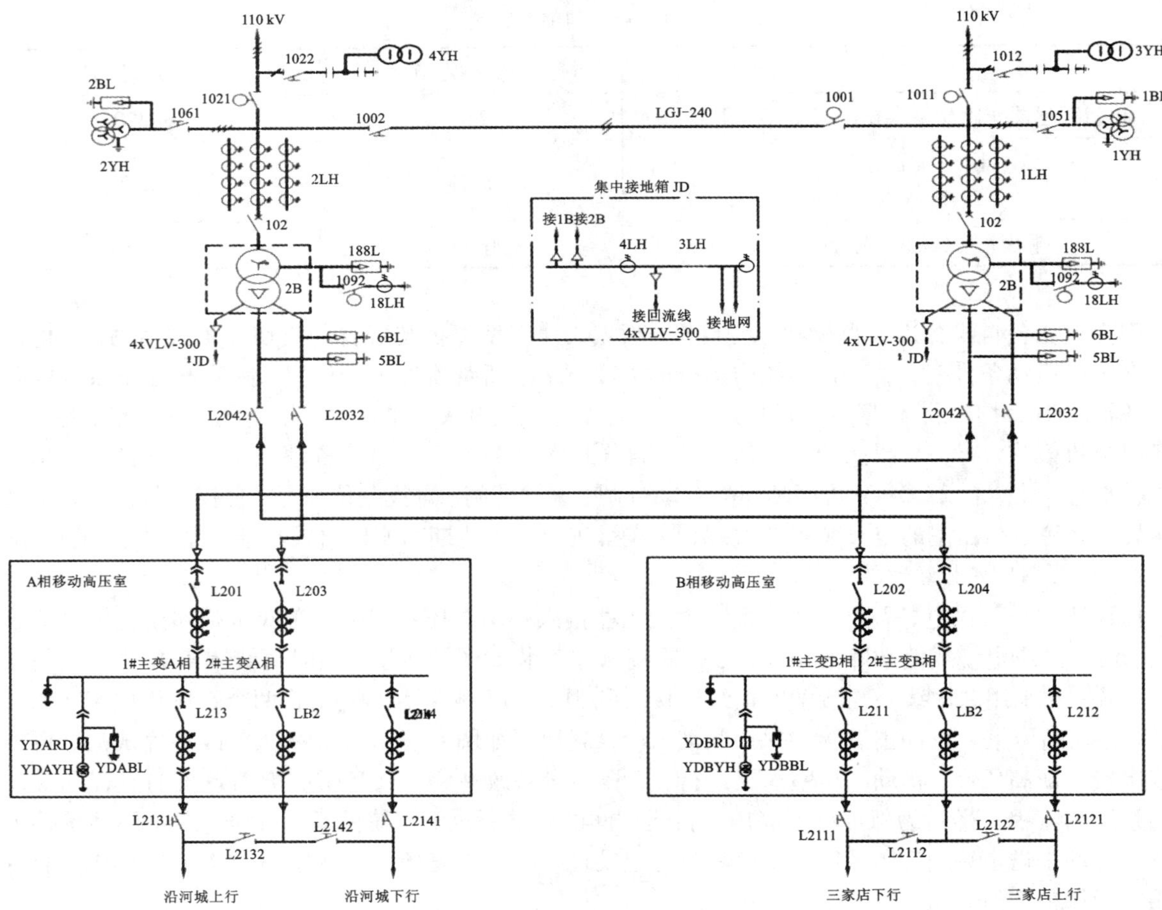

图9 移动高压室接入系统主接线图

4　结束语

通过对移动高压室结构优化，自带保护装置和既有变电所保护装置配合使用，是移动高压室在改造期间能够代替既有高压室的全部功能，并能够实现联动保护和备自投功能，大大提高了改造期间系统运行的稳定性。由于既有高压室退出运行，不受停电天窗影响，尤其是在繁忙干线和枢纽牵引变电所改造中，对提高施工效率，缩短施工周期，保证人身及设备安全，减少对铁路运行的影响方面有显著优势。

参考文献

[1] 田科，魏存祥. 牵引变电所施工用移动高压室的研究[J]. 电气化铁道，2005，(6)：11－13.
[2] 文斯良，冯新伟，王凯，等. 浅谈移动高压室在变电所施工改造中的应用[J]. 科技与企业，2016，(2)：138－139，142.
[3] 中铁电气化勘察设计研究院有限公司. 丰沙大扩能改造变电所施工图纸[Z]. 中铁电气化勘察设计研究院有限公司.

作者简介

李栋，中铁电气化局集团第一工程有限公司，高级工程师
王生旭，中铁电气化局集团第一工程有限公司，高级工程师
吴艳斌，中国铁路北京局集团有限公司北京供电段，高级工程师
朱志增，中国铁路北京局集团有限公司北京供电段，工程师

关于高速铁路牵引变电所智能辅助监控系统的探讨

魏 尧 杨孝忠 花祥兵 李秋格 王学良

摘 要: 保障牵引变电所运行状态对高速铁路安全稳定运行至关重要。通过徐州至盐城铁路工程实例,介绍利用辅助监控系统对所内设备运行进行全方位监测,保障电气设备的安全可靠运行,减少了供电段的运维成本,具有十分重要的理论意义和工程价值。

0 引言

我国高速铁路沿线间隔每 50 km 设置牵引变电所,从公用高压电网获取电能为高速动车组提供牵引动力,变电所的运行状态直接影响高速铁路运输的安全稳定性。随着京沈、京张等高速铁路陆续开通,智能化牵引变电所相关前沿技术已经在我国逐步得到工程化应用,其中智能辅助监控系统作为智能化牵引变电所的重要子系统之一,在这些新建高铁线路项目施工中已经取代了既有的牵引变电所安全监控系统,为牵引供电系统运行提供了多维度、高精度的智能化监控服务,今后该系统将成为我国高速铁路电气化工程的关键组成部分。

1 智能辅助监控系统技术体系

智能化高速铁路,在各牵引变电所、分区所及 AT 所内设置智能辅助监控系统,构成覆盖视频监控、环境监控、安全防范、PHM 终端、供电设备远程视频巡检的智能化运行状态监控体系。

1.1 视频监控

对牵引供电关键设备和基础设施的运行状态与动态操作实现全过程可视化监控,为供电调度系统的作业提供辅助。在智能辅助监控系统中视频监控功能模块应能对牵引供电设施及安装地点、变电所周边环境、变电所安全监管区域进行全天候的视频监视,以保障供电设施的外部安全。

1.2 环境监控

对牵引供电设施所在地的温度、湿度、风力、水浸、六氟化硫(SF_6)浓度等环境信息进行实时采集、处理和上传。在智能辅助监控系统中环境监控功能模块应能设置不同级别的环境信息告警值。环境信息数据的变化以 IEC61850 协议统一上传到辅助系统监控平台。应支持本地/远程控制空调、照明、排风扇等设备的起停。

1.2.1 温度、湿度、风力

在室外设置温度、湿度、风力监测装置,室内设置温度、湿度监测装置。

1.2.2 水浸

在电缆沟、电缆夹层设置水浸监测装置,对电缆沟、电缆夹层积水情况进行监测。

1.2.3 SF_6 环境在线监控系统

SF_6 环境在线监控系统对 27.5 kV 的 GIS 开关柜及电缆夹层内环境 SF_6 气体含量及氧气含量进行监测,当环境中的 SF_6 气体含量超标或缺氧时,系统能实时进行报警,具备远传报警、历史数据查询等,同时具备输出接点信号启动通风风机进行通风的功能。

SF_6 环境在线监控系统由环境监测主机、SF_6 气体采集器、氧气探测器等组成。

1.3 安全防范

在智能辅助监控系统中安全防范功能模块对供电设施所在地的周界进行安全警戒、对各种安全防范信息进行采集管理,对所内各功能室大门实现出入口管理,防止对供电设施的盗窃和破坏,维护供电设施的安全。

安防设施包括围墙设置激光报警装置,在大门、主控制室门、通信机械室门及高压室门设置门禁系统,在主控制室设置玻璃破碎报警系统,在主控制室、高压室设置自动烟雾报警装置(如图 1 所示)。

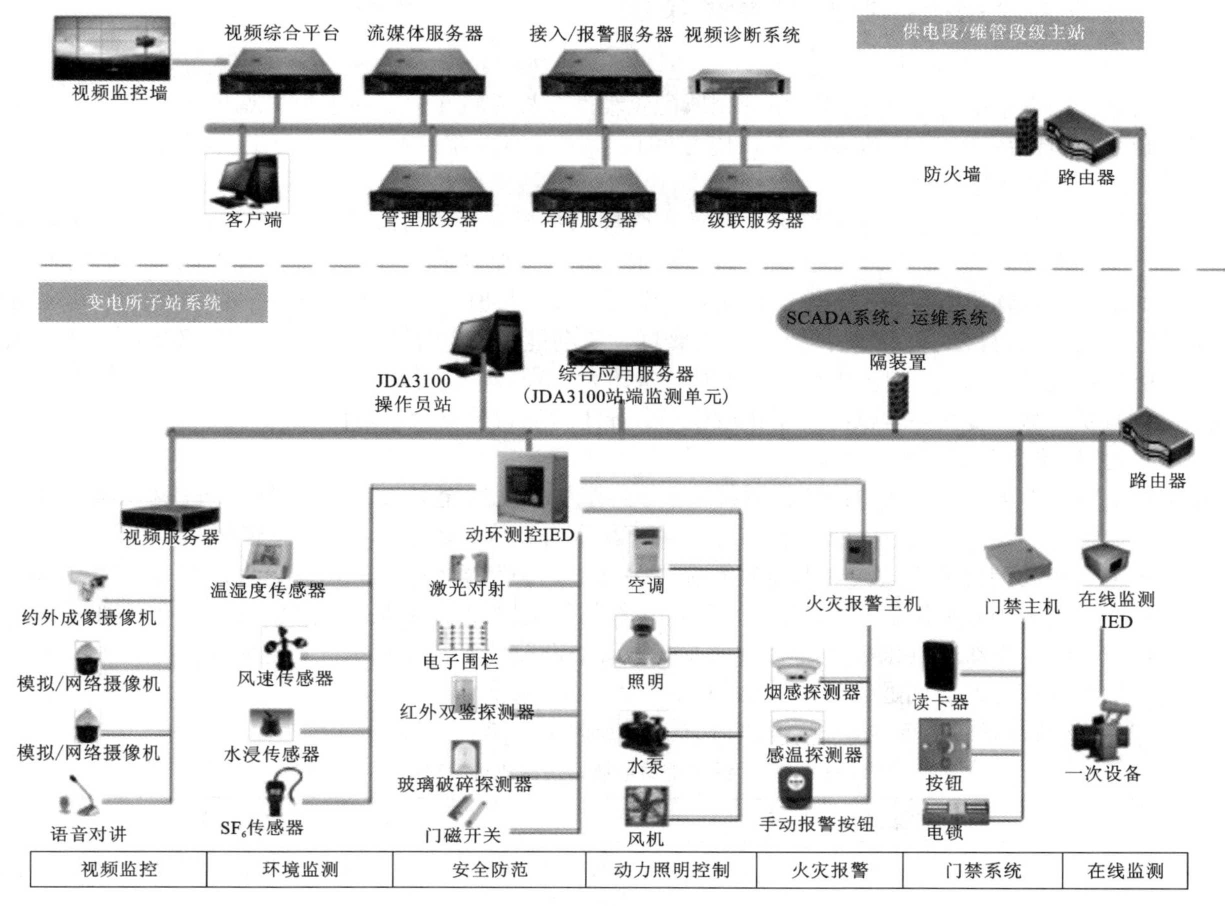

图1 智能安防设施

1.4 故障预测与健康管理(PHM)

在线监测牵引变压器、断路器等主要牵引供电设备的状态信息，应能实现对以上设备故障的预测预警、对系统健康状态的综合评估，并为智能检修系统提供全寿命周期可靠性分析数据和风险评估，提供智能化维修决策支持。

1.5 供电设备远程视频巡检

应能配置巡航路线，并将供电设备添加到摄像机预置点序列中，自动在各个需要巡检的设备上显示图像和停留，完成远程自动化巡检功能，使巡检人员无需去现场就能对重要牵引供电设备进行巡检，有效提高巡检效率并避免漏检现象。

1.6 智能调度系统联动

当智能调度系统在下发遥控命令或者智能供电设备产生遥信变位、故障报告等告警信息时，应能将相关断路器刀闸信息、报告告警信息传送至智能辅助系统。智能辅助系统按照预先设置的预置点，自动将摄像机对准到相关设备，实现多角度视频信息的实时监控，便于工作人员对设备变位结果或设备状况进行确认，避免了去现场确认的环节。

1.7 智能图像复核和分析

辅助监控系统可对安全防范系统等上送的报警信息进行图像复核，确认是否为真实有效的报警，解决传统周界防范系统误报率高的问题。

辅助监控系统可采用智能分析技术，自动对设备变位后状态进行确认，辨别出一次设备的实际状态，提高了倒闸效率并保证了切换质量，解除程序化操作中的人为干预，实现一键式顺序控制。

2 智能辅助监控系统工程应用典型案例

2.1 徐盐铁路变电所亭升级方案

徐盐铁路在四座牵引变电所及翠屏山开闭所配置辅助监控系统子站；在上海局调度中心、徐州供电段各设置一套辅助监控系统主站；在淮安东供电车间设置一套辅助监控系统复示终端。辅助监控系统由主站、子站、复示终端及通道构成。

其中子站包含视频监控巡检子系统和动环测控管理子系统。各辅助监控设备的功能应满足高度集成和一体化监控，支持采集接入、数据存储、告警处理、传输通信、联动和监控等功能。要求该系统纵向上可以与供电调度系统、上级视频管理系统等信息交互，横向上可以与所内综自系统进行信息交互。子站之间或全部辅助设备信息需要集成，实现信息共享、告警联动等功能，为牵引供变电所集中监控和运维提供支撑。

辅助监控系统投运后，牵引变电所、开闭所具备无人值守条件，可减少定员 4 人/所，5 座所减员共计 20 人，实现减员增效，提高徐盐铁路牵引供变电所、开闭所运行的安全稳定性。

2.2 徐盐铁路通信通道升级方案

根据供变电专业要求，新增辅助监控系统通道，各牵引变电所至邻近车站由通信传输网承载，邻近车站至上海局调度所、徐州供电段由数据通信网承载。其中自双沟、宿迁、泗阳、阜宁南四座牵引变电和徐州东开闭所至上海局调度所徐盐线辅助监控系统主站之间通道带宽均为 20 Mbps，为 2 路/系统。自双沟、宿迁、泗阳、阜宁南四座牵引变电和徐州东开闭所至徐州供电段徐盐线辅助监控系统主站之间通道带宽均为 20 Mbps，为 2 路/系统。在淮安东综合维修车间设置辅助监控系统复示系统，复示系统与上海局调度所徐盐线辅助监控系统主站之间通道带宽为 10 Mbps，为 2 路/系统。

2.3 徐盐铁路辅助监控系统构成情况对比说明(如表 1 所示)

表 1 徐盐铁路辅助监控系统构成情况对比

设备名称		安监系统构成情况	辅助监控系统构成情况
辅助监控系统子站	动环测控子系统	配置：温湿度、水浸、感烟等环境监测探测器；空调、照明控制器；红外激光对射、双鉴探头、门禁、碎窗探测器。 设备间功能单一，事故发生后不能做出联动反应，不能满足无人值守情况，且设备没有全部纳入到统一的系统中，集成度低	在徐盐铁路牵引所/开闭所安监以及动照系统原有基础上进行升级改造。 配置：在生产房屋顶装设微型气象站；增设水泵、风机控制器；所内安装电子围栏和门口的一对红外对射取代四角的红外对射。 功能：将新增设备、所有原设计安全监控系统中已配置的传感器以及空调、照明控制器、门禁系统等纳入辅助监控系统。可测量风速、雨雪量；能对所内风机、水泵、照明、空调实现远程控制，也能根据所内温度实现空调的自启动/关闭；能对门禁系统实现远程控制，并具有内部解锁和应急情况解锁功能。辅助监控设备间与视频巡检子系统应具有联动功能
	视频监控及巡检子系统	配置：所内无专用的视频监控巡检设备，仅有通信的综合视频系统。 不能全面监视、模拟人工巡检等要求，不能在动环设备发生事故告警后切换摄像头让调度人员实现远程监控	在维持既有综合视频监控系统不变的情况下，根据辅助监控系统要求，徐盐铁路牵引所/开闭所内的不同位置配置不同种类摄像机。 配置：增设云台摄像机、红外成像仪、枪机摄像机、数字高清摄像机等，全部纳入辅助监控系统。 功能：正常情况下摄像头能清晰反映出室内外设备的状态，尤其是牵引变压器油位表、断路器分合位等重要设备细节。视频监控巡检设备应能与综自系统联动。红外成像仪能对一次系统主要进行红外温度监视，对温度异常触发告警。当所内一次设备事故时能够及时切换出该设备的图像。视频系统应与动环辅助设备实时交互，当发生故障时及时切入事故画面
	在线监测子系统	原设计中在线监测纳入所内综合自动化系统	不增加新的在线监测设备，将原设计的在线监测设备纳入辅助监控系统
	辅助监控系统基础平台	未配置满足辅助系统运行的基础平台设备	在徐盐铁路牵引所/开闭所增设辅助监控系统子站基础平台，接入上述子系统设备。包括综合应用服务器、视频服务器、动环监控 IED、交换机、远动通信单元等。实现子站各辅助监控设备、巡检摄像设备一体化通信、控制、交互功能

续上表

设备名称	安监系统构成情况	辅助监控系统构成情况
辅助监控系统主站及复示终端	未配置辅助监控系统主站，未配置复示终端	在徐盐铁路牵引供电调度所和徐州供电段原有设备基础上增设辅助监控系统的通信及应用服务器、流媒体服务器、数据库服务器、WEB 服务器、防火墙、通信接口设备、网络交换机、工作站电脑等设备，实现辅助监控系统的远程巡视、监控、监测统一管理平台。在淮安东供电车间增设复示终端设备，实现主站功能的复示
通信设备	无辅助监控系统通道	增加辅助监控通道，上海局调度所能够满足辅助监控系统的通道需求，徐州供电段既有 2 套 SR6616 路由器需扩容 2 块光接口板

2.4　徐盐铁路辅助监控系统实施方案

2.4.1　辅助监控系统构成，如图 2 所示。

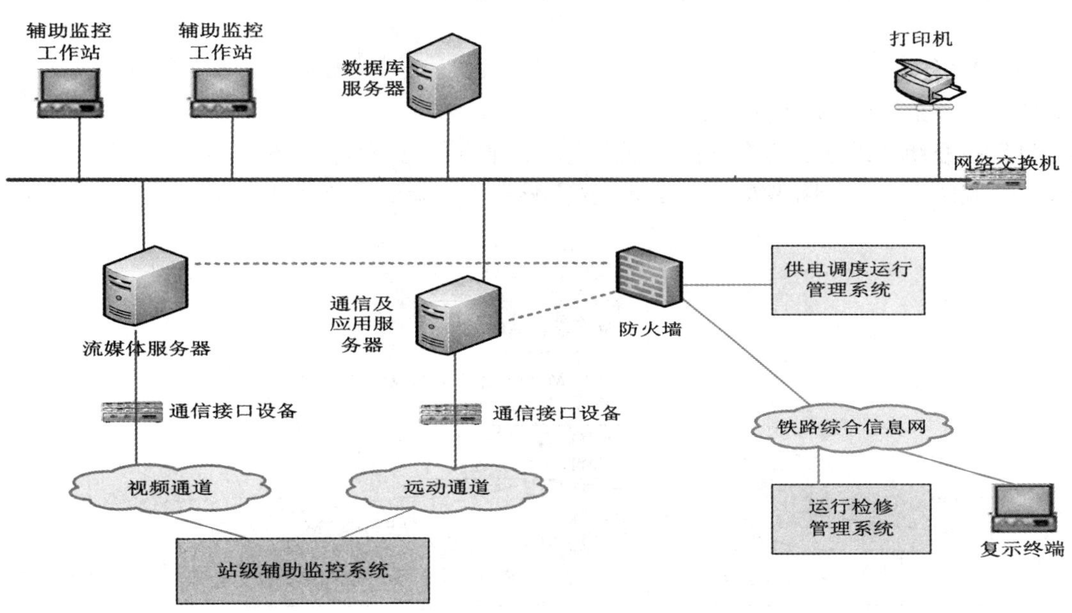

图 2　辅助监控系统

(1)辅助监控系统主站

辅助监控系统主站位于上海局调度中心以及徐州供电段。所内的辅助监控系统子站能将用于监控、巡检的视频信息和报警信息上传至台辅助监控系统主站，调度人员和运维人员实现远程监控、操作等。

(2)辅助监控系统子站

辅助监控系统子站置于徐盐线四座牵引变电所和徐州东开闭所内。该系统集视频监控巡检、动力照明、环境监测、安全防范、在线监测等功能于一体，各辅助设备之间可以实现联动控制；辅助设备与综自系统可以实现联动控制。

(3)辅助监控系统复示终端

辅助监控系统复示终端置于淮安东供电车间。功能与主站类似，通过调度所调度人员向供电段调度人员授权，实现监控或操作权限。

2.4.2　系统接口方案

(1)系统内部接口

站控层设备应采用以太网接口，交互协议应采用 DL/T860 协议或其他国际、国家、行业统一标准。视频设备采用以太网接口或者 BNC 接口，视频传输采用 ONVIF、PSIA、RTSP 等国际、国家、行业统一标准。

对其他具备通信接口的间隔层设备宜采用 RS485 等现场总线接口。

(2)与所内综合自动化系统的接口要求

辅助监控系统与所内综自系统采用专用通道进行通信，传输接口处应设置网络安全设备进行安全隔离。

(3)与供电调度系统、供电段的通道要求

牵引所和开闭所内辅助监控系统至牵引供电调度所辅助监控系统主站、供电段辅助监控系统主站均为点对点的通信方式，且通道为 2 路 20 Mbps。

(4)与供电车间的通道要求

牵引供电调度所辅助监控系统主站与供电车间进行通信，通道为 2 路 10 Mbps。

(5)与上级视频系统的接口要求

辅助监控系统应能与上级视频系统通信，通信通道采用专用视频通道，信息传输采用国际、国内、行业统一标准，并接受上级视频系统的控制命令，实现视频图像的切换、录像及控制。

(6)与数据服务平台接口要求

预留与数据服务平台的接口，采集的数据可汇聚到数据服务平台，并基于数据平台开展大数据分析应用。

2.4.3 系统功能

(1)辅助监控系统主站，如图 3 所示。

新增辅助监控系统主站通过综合联网实现变电所、开闭所统一监控和统一管理，通过系统无缝级联实现分级控制、分域使用。不间断多媒体全方位、全天候监视，降低了维护人员的工作量，提高运维管理的效率。

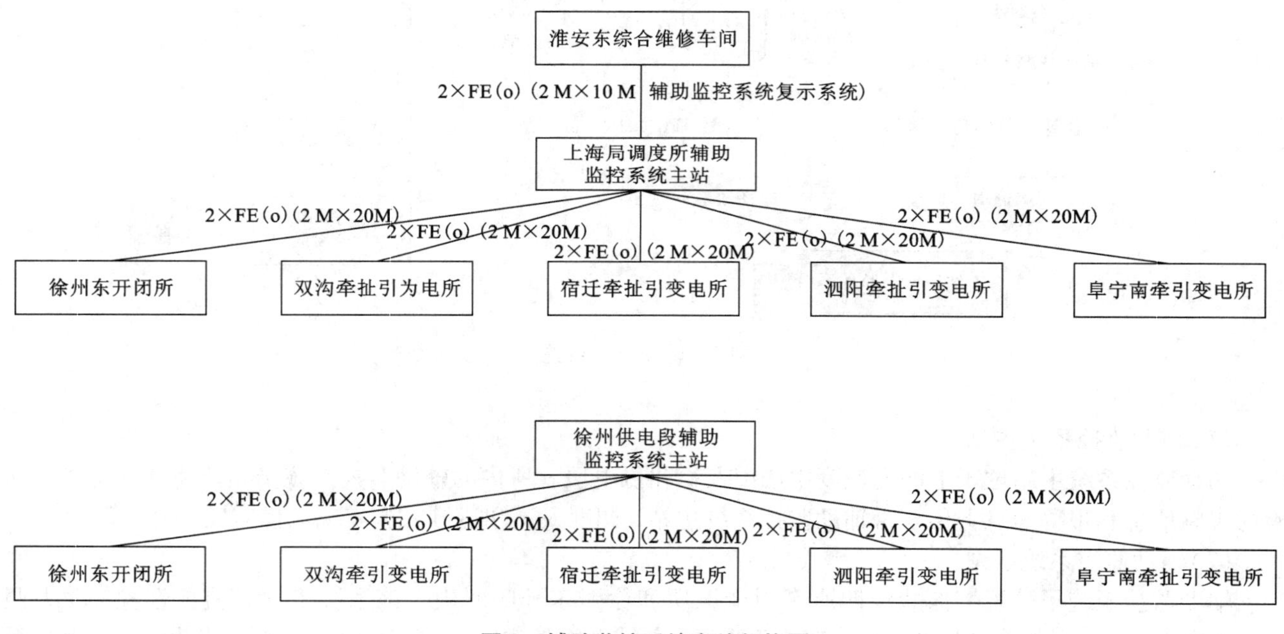

图 3 辅助监控系统主站架构图

主站主要包括管理服务器、流媒体服务器、数据库存储服务器等设备。

管理服务器负责对用户、设备、信息进行统一集中管理，其后台安装网络数据库，实现信息集中存储，并对站端上传的视频信号和动力环境信号进行接收和处理；流媒体服务器转发来自各变电所的视频数据流给各个客户端，以解决多个客户端并发访问同一变电所视频时的带宽占用问题；为确保系统的安全运行，在系统对外接口链路处均部署有防火墙。

主站具有实时监控、远程巡视、SCADA 联动、变电所内动力环境数据采集及处理、报警管理、图像分析、图像关联性显示、网络宽带自适应、远程设备温度自动监控等功能。所内的辅助监控系统能将用于监控、巡检的视频信息和报警信息上传至调度中心和供电段的主站系统，并通过调度中心主站复示至供电车间。

（2）采集、存储功能

辅助监控系统具备采集布置在所内场坪的辅助设备信息的功能，主要包括视频监控及巡检信息、动环测控管理信息、在线监测信息等数据；具备对变电所、开闭所视频信息、环境信息、设备状态、告警信息等各类数据的存储功能。所有历史数据均可查询，可支持按照时间、设备对象、事件等多种条件或线索组合进行查询。

（3）视频监控巡检子系统

视频监控具备视频显示、图像存储与回放、视频控制、视频巡检、图像识别、红外热成像监测等功能。

视频巡检能模拟和替代人工巡视，实现对牵引变电所、开闭所的远程智能巡视。具备巡检记录功能，巡检结束自动生成巡检记录表，并能按照巡检时期、巡检人员等条件进行历史记录查询。

视频监控巡检子系统还具有智能图像识别、红外热成像监测的功能。

（4）动环测控管理子系统

①安全防范及门禁管理。通过各种探测和传感技术的综合应用，对围墙、大门、窗户等进行监视和入侵探测，对非法侵入进行提示警告，保障变电所场地及周边环境的安全。

门禁支持远程控制功能，能从内部手动解锁，支持应急情况下的解锁功能。

新增设电子围栏系统，取代四角红外激光对射装置，（包含电子围栏，以及大门围栏缺口设置一对红外对射）。通过传感技术的应用，对围墙进行监视和入侵探测，对非法侵入进行提示警告，并通过摄像头的联动将图像上传至主站。

②环境及火灾监测子系统。通过各种探测和传感技术的综合应用，对站内温度、湿度、水浸、风速、雨雪量等环境信息实时采集、处理和上传。将火灾报警信息接入本系统，实现对火灾的报警监测。支持环境量实时数据的可视化展示，能设置报警上下限值。

③动力及照明子系统。采集原设计中的空调控制模块和照明控制器信息接入辅助监控系统；新增水泵控制器和风机控制器，并采集控制器信息接入辅助监控系统。

（5）在线监测子系统

将一次设备在线监测信息接入本系统，主要包括光纤测温、油色谱等。

（6）控制与联动控制

①各子系统之间有联动功能。当某一探测器发生报警时，能自动启动对应的系统解决该处问题。

②能与综自系统进行联动，在操作开关设备或发生事故跳闸时能自动联动周围的摄像机，能对整个操作过程进行全程录像。

2.5 辅助监控系统升级建议

在现场施工过程中，主变运行监视系统云端摄像头徐盐单独组立钢柱进行安装，安装位置位于两主变间，安装高度6.5米，此位置摄像机需要停电检修，建议牵引变压器厂家进行安装位置及管线集成。所内投光灯采用灯柱杆安装，建议灯柱杆顶进行云端摄像头底座集成，减少所内钢柱数量，减少投资。

3 结束语

徐盐高铁牵引变电所智能辅助监控系统建成后，上海铁路局集团有限公司各级职能部门（路局调度中心、徐州供电段、车间等）可对变电所实现远程实时监控、远程故障和意外情况告警接收处理，把传统人工巡检升级为远程智能监测，逐步实现铁路供电系统的可视化监控和调度。

牵引变电所智能辅助监控系统能有效地降低企业或单位的人力成本，提高变电所运行和维护的效率，使供电段的牵引供电生产运更加安全稳定，是未来高速铁路牵引供电系统监控技术的发展趋势。

参考文献

[1] 牵引变电所综合辅助监控系统技术研究[M]. 北京：中国铁道出版社，2018.
[2] 铁路电力牵引供电设计规范(TB 10009—2016)[S]. 北京：中国铁道出版社，2016.
[3] 高速铁路电力牵引供电工程施工质量验收标准(TB 10758—2018)[S]. 北京：中国铁道出版社，2019.

作者简介

魏尧，中铁电气化局集团第一工程有限公司，工程师
杨孝忠，中铁第五勘察设计院集团有限公司，工程师
花祥兵，中国铁路上海局集团有限公司徐州供电段，工程师
李秋格，中国铁路北京局集团有限公司石家庄供电段，经济师
王学良，中铁建电气化局集团第三工程有限公司，工程师

安全防护评估在浩吉铁路牵引变电所接入电力系统的应用

马阳柏　侯　琪　寇宗坤　张　泽

摘　要： 安全防护评估是从风险管理角度，运用科学的方法和手段，系统地分析评估对象所面临的威胁及其存在的脆弱性，其目的主要是掌握信息系统的安全状况，对系统安全隐患和薄弱环节进行检测排查，明确信息系统安全建设整改需求；衡量信息系统的安全保护管理措施和技术措施是否具备了相应的安全保护能力。本文以浩吉重载铁路牵引变电所为例，介绍相关安全防护测评工作方法及采取的主要措施，阐述了安全防护评估在浩吉铁路接入电网系统的重要性。

0　引言

铁路牵引变电所是确保电气化铁路运输系统的重要组成部分，是安全运输、可靠供电、不间断运行的最基础设施，因此确保其供电质量，是直接影响到列车能否安全可靠运行的关键因素。

为保障浩吉铁路安全、稳定、高效运行，抵御黑客、病毒、恶意代码等通过各种形式对牵引变电所的SCADA 系统、调度数据网系统、站内主机及操作系统、数据监测系统及安全防护系统等发起的恶意破坏和攻击，特别是能够抵御集团式攻击，防范电力监控系统的瘫痪，并由此导致电力系统事故或大面积停电事故，公司聘请专业测评机构对浩吉重载铁路牵引进行了专项的安全防护评估。通过安全防护评估，从风险管理角度，运用专业的方法和手段，系统地分析评估对象所面临的威胁及其存在的脆弱性。对评估安全事件一旦发生可能造成的危害程度，提出有针对性抵御威胁的防护策略和整改措施。

1　项目概况

1.1　开展必要性

如今我们越来越依赖信息化所带来的诸多便利的同时，信息化带来的安全威胁也日益严重。2015 年 12 月 23 日网络攻击导致乌克兰电网 SCADA 系统，7 个 110 kV 和 23 个 35 kV 变电站受到严重威胁。2016 年 10 月 21 日，美国大量物联网摄像设备 DDoS 攻击域名服务。2017 年 5 月 12 日勒索病毒攻击全球上百个国家等。

1.2　安全防护评估工作内容

为了落实信息安全等级保护要求，健全信息安全防护体系，统一信息安全防护标准和策略，按照信息系统不同安全等级，通过合理分配资源，规范信息系统安全建设与防护，对信息系统分等级实施全面保护，以提高公司信息安全的整体防护水平。通过安全防护评估工作，对牵引站电力监控系统现有安全状况进行全面、完整地了解，通过测评比较其与《电力行业信息系统安全等级保护基本要求》对应级别的差距，达到以检查促安全的目的，将安全保护落实到点，实现信息系统的完整性、保密性和可用性，增强电力监控系统安全防范的有效性，确保监控系统的生命周期。

（1）物理环境脆弱性分析

从机房场地、机房防火、机房供配电、机房防静电、机房接地与防雷、电磁防护、通信线路的保护、机房区域防护、机房设备管理等方面进行识别。

（2）基础网络脆弱性分析

从网络结构设计、边界保护、外部访问控制策略、内部访问控制策略、网络设备安全配置、安全设备配置等方面进行识别。

（3）主机系统脆弱性分析

从主机口令策略、访问控制、用户帐号、补丁安装、安全审计、资源控制等方面进行识别

(4)数据库系统脆弱性分析

从数据库口令策略、访问控制、示例数据库管理、日志审计等方面进行识别。

(5)应用系统脆弱性分析

从审计机制、审计存储、访问控制策略、数据完整性、通信保密性、鉴别机制、密码保护等方面进行识别。

(6)数据安全及备份恢复脆弱性分析

从审计存储、访问控制策略、数据完整性、通信保密性、鉴别机制、密码保护等方面进行识别。

(7)管理安全脆弱性分析

从物理和环境与运维安全管理、通信与操作管理、访问控制管理、系统开发与维护管理、业务连续性管理、安全策略、组织安全、资产分类与控制、人员安全、符合性等方面进行识别。

1.3 测评方法

安全管理评估：访谈，查看制度文件及相关记录文档

技术评估：漏洞扫描(仅适用于新建重要及关键信息系统的上线前评估以及管理信息大区非重要系统评估)人工检查。

2 风险评估

2.1 风险评估描述

浩吉铁路牵引变电所依据《电力监控系统安全防护评估规范》的要求及国家电网《关于印发电力监控系统网络安全监测装置技术规范的通知》(调网安〔2017〕35 号)开展对电力监控系统的安全防护评估工作，评估工作贯穿于电力监控系统的规划、设计、实施、运维和废弃阶段。

风险评估是通过威胁分析、脆弱性分析等方法对电力监控系统的安全风险状况进行掌握和了解的过程。其主要目的是发现系统现有的安全风险，并对风险数据进行合理分析和判断的基础上提出解决方法，为提高系统的安全水平提供数据依据和实施指导。

2.2 风险评估步骤

安全防护评估一般分为：安全管理及技术评估。

安全管理方面包括访谈及查看文件制度。技术评估方面通过漏洞扫描及人工检查的方式。

项目共分为四个步骤：

(1)项目准备阶段

本阶段评估机构与委托单位进行了沟通，召开项目启动会，共同成立评估工作组，明确项目组织和人员职责，委托单位配合的事项。同时，双方共同确定了评估范围，制定了工作计划和实施计划，签署了项目的《保密协议》，对被评系统进行了现场详细调研，制定了实施方案、保密措施、准备现场评估工具和作业指导书。

(2)现场实施阶段

评估机构首先与被评估单位就评估方案达成一致意见，并进一步确定评估配合人员，完成了作业指导书中各项评估工作内容，获取了足够的评估证据。现场评估活动的主要任务包括：现场实施和结果记录、结果确认和资料归还。

(3)综合分析阶段

评估人员对现场评估获得的评估证据和资料进行分析，对现场数据进行整理，完成资产、威胁和脆弱性的识别和赋值，根据威胁及威胁利用脆弱性的难易程度判断安全事件发生的可能性，计算脆弱性的严重程度及安全事件所作用的资产的价值计算安全事件的损失，计算事件一旦发生对被评估单位的影响，最终得出被评单位信息系统的风险值

(4)项目验收

在这个阶段进行项目验收准备工作，包括验收报告的编写、与用户的沟通、项目总结等工作。

3　项目实施情况

3.1　被测系统系统情况

3.1.1　承载业务情况

浩吉铁路 MHSD－1 标段 6 座牵引变电所通过站内开关设备、供电线、接触网向重载牵引 HXD1、HXD3 型电力机车提供动能输入。浩吉铁路牵引站外网两路主、备电源均从国家电网陕西省各地、州、市所属的变电站引入。电压等级涉及 330 kV、550 kV、750 kV 主供变电站、开关站等，安全管控等级为Ⅰ级，均由国网电网调控，全程通过架空输电线路为牵引变电所变压供电器供电，牵引站设 330/27.5 kV/*VV* 接线单相变压器 4 台主备方式分别承载着向铁路牵引网和电力机车连续不间断的供电系统。

3.1.2　网络结构，如图 1 所示。

牵引变电所严格按照《电力监控系统安全防护规定》(国家发展和改革委员会令第 14 号)要求，实施了安全分区、网络专用、横向隔离、纵向认证的总体安全防护方针和策略。牵引变电所电力监控系统与纵向连接处采用经过国家指定部门检测认证的电力专用纵向加密认证装置，开启加密策略，实现数据纵向传输的保密性；省调、地调和铁调信息通道传输全程采用专线光端机将业务数据传输至陕西省调和西安铁调集控中心。图 1 为牵引变电站涉网自动化系统安全监控系统拓扑图：

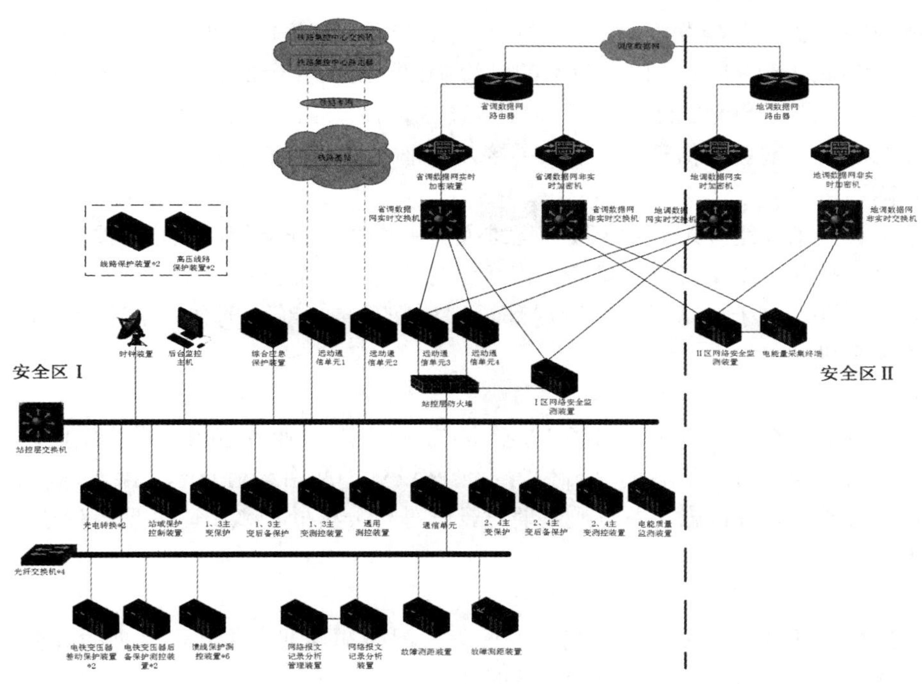

图 1　网络结构图

3.1.3　系统构成

铁路牵引站电力监控系统主要包括：①业务应用软件；②数据库；③主机/存储设备；④网络设备；⑤安全设备等。

3.1.4　系统评估结果

通过对牵引变电所电力监控系统开展安全评估工作，全方位地掌握了牵引变电所电力监控系统的安全防护现状，并分析存在的安全风险及隐患，从技术和管理两个方面提出对应的安全整改措施。通过对牵引变电所电力监控系统安全整改加固，消除了对系统安全运行造成影响最大的高风险，并对部分中风险也进行整改加固处置，对现阶段无法整改的安全风险通过加强安全管理措施，保障安全风险的有效可控，降低安全风险的影响范围。并将部分安全风险列入整改计划。牵引变电所严格按照《电力监控系统安全防护规定》(国家发展和改革委员会令 2014 年第 14 号)要求，积极开展电力监控系统安全整改加固工作，遵循“安全分区、网络专用、横向隔离、纵向认证”的十六字原则。

部分问题示例：

机房的出入口未安装门禁管理系统，不具备人员授权分级管理、日志管理功能。

使用南瑞 NetKeeper－2000 电力专用纵向加密认证装置，并进行了安全有效的配置。站控层与调度远动通信装置之间部署防火墙，但防火墙访问控制策略未精确到业务端口。

3.2　整体防护措施及效果

(1)物理安全

在信息安全事件发生时能够执行对设备物理接触行为的审核追查，防止外部或内部人员通过破坏业务系统的外部物理特性以达到使系统停止服务的目的。确保了现场建筑物、防盗窃和破坏、非法访问、防火防水、空调和电力供应、电磁防护等安全要求。

(2)主机安全

实现如下目标：严密了主机登录身份标识和鉴别；限制用户对主机的访问与操作；主机出现故障时可查询；主服务器服使用安全加固的操作系统，控制访问能力；关闭或拆除服务器和工作站的光、软驱动、USB 接口、串行口等严格监控；删除多余、过期帐户，避免共享帐户的存在，开启了主机日志审计功能，设置了密码安全策略；通过安全补丁、安装软件防火墙、安装防病毒系统加固措施等。

(3)网络安全

牵引变电所网络设备与安全设备关闭或限定了网络服务、避免使用默认路由、网络边界关闭 OSPF 路由功能、采用安全增强的 SNMPv2 及以上版本的网管协议、使用安全的管理方式、设置受信任的网络地址范围、记录设备日志、设置高强度的密码、开启访问控制列表、封闭空闲的网络端口等。在管理信息大区业务系统使用无线网络传输业务信息时，采取了接入认证、加密等安全措施。

(4)应用安全措施

应用软件系统具备了专用登录模块，根据运维人员工作情况分配相应用户；授予不同账户为完成各自承担任务所需的最小权限，并在它们之间形成相互制约的关系；可根据身份与权限进行访问控制，并可对登录行为进行安全审计。对于在牵引变电所内部远程访问业务系统的时候，需进行会话控制，会话认证、加密与抗抵赖等安全机制。

(5)审计安全

监控系统应当具备安全审计功能，能够对操作系统、数据库、业务应用的重要操作进行记录、分析，及时发现各种违规行为以及病毒和黑客的攻击行为。全站设置了网络运行日志、操作系统运行日志、数据库访问日志、业务应用系统运行日志。即时或定期对日志进行分析处理以及时发现各种违规行为以及病毒和黑客的攻击行为。

(6)入侵检测

电力监控系统根据业务需求设置合理规则以优化入侵检测性能，并制定合理的报警或日志记录方式，入侵检测探头部署于各安全分区核心交换机，及时捕获网络异常行为、分析潜在威胁，每月对入侵检测日志进行审计。

(7)备份与容灾

定期对关键业务的数据与系统进行多种方式备份，建立历史归档数据的异地存放制度。重要系统的关键主机设备、网络设备或关键部件需要冗余配置，或者有备用设备。重要数据应当建立异地存放制度，设置多个在线备份，同时在重大修改后、重要节假日前、每月对数据进行离线备份。备份周期应保障每天增量备份、每周全盘备份、每月/季度全盘异地备份，建立适合本变电站的备份制度要求。

(8)恶意代码防范

牵引变电所应当及时更新特征码，查看查杀记录。恶意代码更新文件的安装应经过测试。禁止生产控制大区与管理信息大区共用一套防恶意代码管理服务器。并定期或及时更新使用国家规定的、具有计算机使用系统安全专用产品销售许可证的计算机防计算机病毒产品。

(9)专用安全产品管理

牵引变电所安全防护工作中涉及使用纵向加密认证装置等专用安全产品，应当禁止选用未经国家相关管理部门检测认定并经国家能源局通报存在漏洞和风险的系统及设备；生产控制大区中除安全接入区外，应当禁止选用具有无线通信功能的设备。

(10)应急预案

牵引变电所应制定电力监控系统安全防护应急预案，内容包括突发事件发现、应急安全隔离措施、事件上报、安全处理、事件反馈等几个方面并定期开展演练，并根据演戏结果不断完善应急预案。一旦出现安全事故，及时向所属电力调度机构和本地信息安全主管部门报告。发现系统正被黑客攻击的维护，该按照预先制订的应急方案进行处理。根据不同情况分别采用加强保护、中断对方连接、反跟踪以及其他处理措施。当系统因自然或人为的原因遭到破坏，应当按照预先制定的应急方案实施系统恢复，可采用立即完全恢复或部分恢复或启用备份系统恢复(保护现场)等措施。

(11)安全管理

网络安全管理、系统安全管理有专人负责，针对可能出现的不同状况制定各种应急预案。

管理制度中涵盖(人员安全管理、资产管理、机房安全管理、网络安全管理、服务器系统安全管理、终端用户安全管理、移动存储介质安全管理、无线网络安全管理、数据安全管理)等内容。资产管理实施统一采购、运行监督、事后报废等有具体的管理条款。

4　结束语

本项目已于2019年9月顺利实施完成，通过本次评估掌握并一定程度量化了信息系统安全现状和存在的各种安全风险，在风险分析的基础上，对改进与完善电力监控系统现有安全水平提供了较好的指导性尝试，为今后的铁路牵引站全面实施应用积累了宝贵经验。由此也说明了电力监控系统安全防护评估对于铁路的安全运行完全安全可靠的保障。

参考文献

[1] 电力监控系统安全防护规定(国家发展和改革委员会令第14号)[S].北京：中华人民共和国发展和改革委员会，2014.

[2] 国家电网关于印发电力监控系统网络安全监测装置技术规范的通知(调网安〔2017〕35号)[S].北京：国家电网，2017.

[3] 国家能源局关于印发电力监控系统安全防护总体方案等安全防护方案和评估规范的通知(国能安全〔2015〕36号)[S].北京：国家能源局，2015.

[4] 电力监控系统安全防护总体方案(国能安全〔2015〕36号附件1)[Z].北京：国家能源局，2015.

[5] 变电站监控系统安全防护方案(国能安全〔2015〕36号附件5)[Z].北京：国家能源局，2015.

[6] 配电监控系统安全防护方案(国能安全〔2015〕36号附件6)[Z].北京：国家能源局，2015.

[7] 电力监控系统安全防护评估规范(国能安全〔2015〕36号附件7)[S].北京：国家能源局，2015.

作者简介

马阳柏，中国中铁武汉电气化局集团有限公司，工程师

侯琪，中国中铁武汉电气化局集团第一工程有限公司，工程师

寇宗坤，浩吉铁路股份有限公司蒙陕指挥部工程技术部，副部长

张泽，浩吉铁路网络安全测试中心，工程师

牵引变压器局放缺陷案例分析

严 华

摘 要：随着高速铁路建设提速，我段近期连续接管新开通高铁线路。本文通过新线交接试验发现的牵引变压器典型局放缺陷分析，为后续新线牵引变压器交接试验提供参考。通过不断优化、固化变电交接试验方法手段，有效开展牵引变电设备交接试验工作，提高牵引变电设备缺陷诊断有效性和准确性，保证牵引变电设备安全稳定运行。

1 背景

根据集团公司及段对新开通线路变电设备交接试验要求，我段在新线变电设备交接验收试验过程中，严格按照铁总运〔2015〕号《高速铁路牵引变电所运行检修规则》要求，参考 GB50150—2016《电气装置安装工程电气设备交接试验标准》进行变电设备交接试验，在变电设备交接试验过程中对牵引变压器进行绕组变形、外施耐压、长时感应耐压(带局放测量)试验，发现一起主变压器局放超标典型缺陷，经变压器厂家返厂处理后恢复正常。

通过发现并处理本起典型缺陷，为我们后续新线牵引变压器交接试验提供参考。通过不断优化、固化变电交接试验方法、手段，有效开展牵引变电设备交接试验工作，提高牵引变电设备缺陷诊断有效性和准确性，保证牵引变电设备安全稳定运行。

2 梅州西变电所 2#主变压器局放缺陷案例

2.1 概况

2019 年 7 月至 10 月，我段高铁技术科组织变配电检修车间、新线介入组、施工单位开展梅汕客专新线变电设备交接试验工作。按照专用标准优于通用标准，近期制(修)定标准优于早期制(修)定标准的原则，现场交接试验依据铁总运〔2015〕号《高速铁路牵引变电所运行检修规则》要求，同时参考 GB50150—2016《电气装置安装工程电气设备交接试验标准》，在牵引变压器交接试验过程中新增绕组变形、外施耐压、长时感应耐压(带局放测量)试验。

2019 年 7 月 18 日，在梅汕客专梅州西变电所进行交接试验过程中，发现 2#主变压器局放不合格，随后进行油化分析，发现油色谱中含有乙炔。在变压器厂家技术人员进行现场排查后未发现明显异常，重新滤变压器油后进行第二次局放测试依旧不通过。

经返厂检测发现该牵引变压器线圈底部中间位置绝缘板移位、箱体底部存在水珠及杂物、线圈解体发现高压侧 X 相线圈第十五、十六盘之间挡油板烧损，存在明显烧损击穿点。经厂家返厂重新进行处理后，恢复正常。

2.2 2#主变交接试验情况

梅州西变电所 2#主变常规交接试验项目无明显异常。查阅出厂技术资料，出厂试验合格，出厂无绕组变形试验记录。梅州西变电所现场安装过滤油后，7 月 15 日进行常规变压器试验及油化试验均合格，7 月 18 日进行绕组变形、外施耐压合格，长时感应电压(带局部放电测量)试验过程中出现局放超标及试验电源跳闸，随后取油样分析发现有乙炔含量。厂家现场排查未发现明显异常，7 月 29 日进行第二次长时感应电压(带局部放电测量)试验未通过。

2.2.1 主变压器参数

梅州西 2#主变压器参数如下：

生产厂家：卧龙电气银川变压器有限公司

出厂序号：1029309

型号：DQY－40000/220；

额定电压(kV/kV)：(220 ±4 ×2.5%)/(2 ×27.5)

额定电流(A/A)：182.82/909.09/909.09；

额定容量(kVA)：40000/25000/25000；

单相牵引变、油浸自冷，接线组别：I I0；

绝缘水平：h.v.线路端子 LI/AC 950/395 kV；

l.v.线路端子 LI/AC 200/85 kV。

2.2.2　特性试验仪器清单(见表1)

表1

仪器编号	仪器名称	型号规格	测量范围	精度等级	仪器有效期	备注
111001	绕组变形仪	TDT6U	1～1000 kHz	/	2020.02.28	
1105XY381	多通道数字式局部放电综合分析仪	TWPD－2B	/	1.0	2020.06.12	
B1001107C	交直流高压　测量系统	HV－100	0～100 kV	1.0	2020.02.27	
1202320007	工频谐振　试验装置	VFER－264/220	/	0～220 kV	2020.02.27	

2.2.3　绕组变形试验

采用频率响应法，扫描范围：1～1000 kHz，扫描电压：20 V_{p-p}。测量梅州西变电所2#牵引变压器高、低压绕组频谱特性曲线(如图1、图2、图3所示)，通过对各绕组频谱特性曲线进行纵向及横向对比，判断分析变压器绕组是否存在明显机械变形现象，为以后测量、判断该变压器绕组有否变形提供参考(分接位置I)。

试验日期：2019年7月18日 环境温度：28～36℃ 湿度：55%～60%。

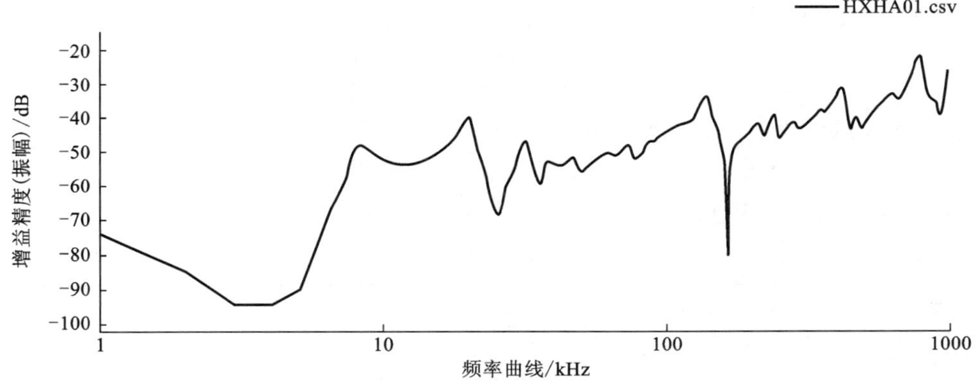

图1　变压器高压绕组 HAHX 频谱特性曲线

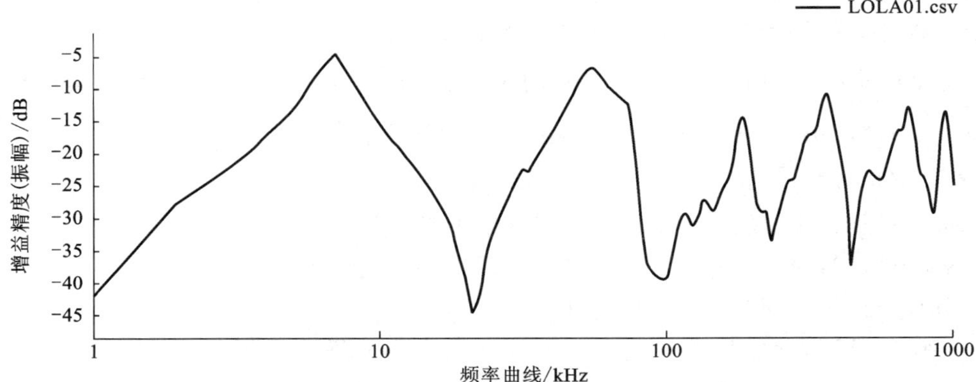

图2　变压器低压绕组 La1Lo 频谱特性曲线

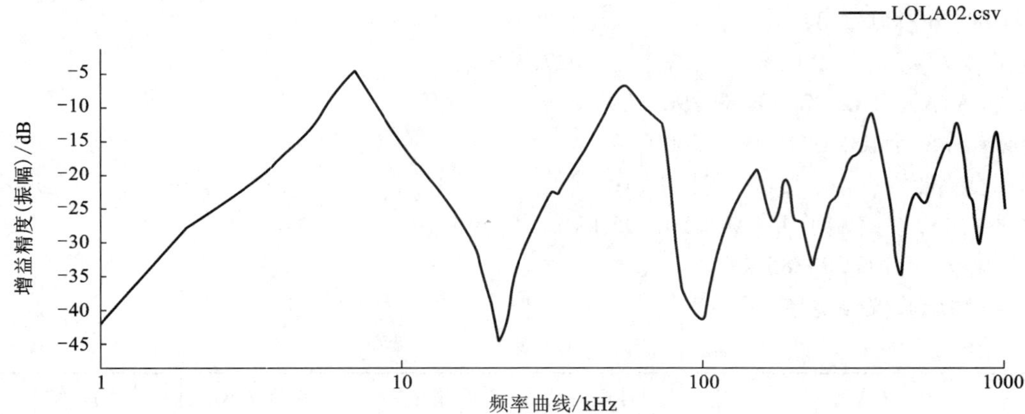

图 3　变压器低压绕组 La2Lo 频谱特性曲线

2.2.4　外施耐压试验

检验变压器安装后的绝缘状况及特性参数。本次采用低压侧绕组试验电压为 68 kV(出厂试验电压 85 kV×80% kV);耐压时间 60 s,试验合格。

(1)外施耐压试验接线图(如图 4 所示)

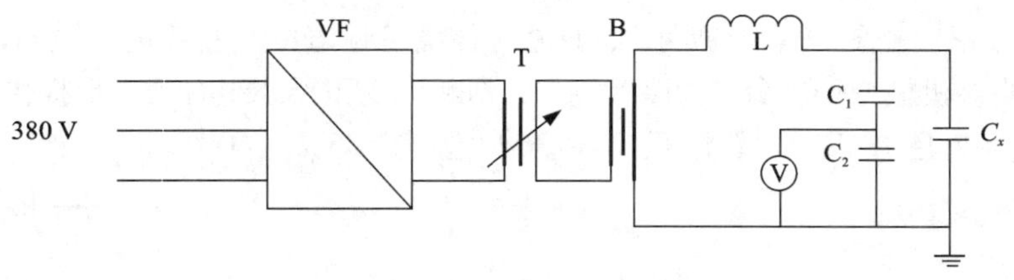

图 4　调频谐振耐压试验装置

VF—变频电源;T—调压器;B—励磁变压器;L—高压电抗器;C_1、C_2—分压器电容;C_x—试品

(2)外施耐压试验结果(见表 2)

表 2

试验位置	试验电压/kV	耐压时间/s	试验结论
低压绕组-高压、地	68	60	通过

2.2.5　长时感应电压(带局部放电测量)试验

检验该变压器安装完成后绝缘状况、特性参数等是否满足相关标准要求。试验标准:试验电压不产生突然下降;在线端电压为 1.5 $Um/\sqrt{3}$的长时试验期间,局部放电量的连续水平不大于 100 pC;在线端电压为 1.5 $Um/\sqrt{3}$ 下,局部放电不呈现持续增长的趋势,偶然出现的较高幅值脉冲,可以不计入;在线端电压为 1.1 $Um/\sqrt{3}$下,局部放电量的连续水平不大于 100 pC。

(1)长时感应电压(带局部放电测量)试验加压程序(如图 5 所示);

(2)长时感应电压(带局部放电测量)试验接线(以 A 端为例)(如图 6 所示);

(3)长时感应电压(带局部放电测量)试验(第一次)。

试验日期:2019 年 7 月 18 日;环境温度:28～36℃;湿度:55%～60%。

长时感应电压(带局部放电测量)试验过程中,先进行 A 端的试验,当电压加到 1.1 $Um/\sqrt{3}$且持续 3 分钟后,试验电源跳闸,试验过程出现疑似局放信号,起始电压为 0.5 $Um/\sqrt{3}$,1.1 $Um/\sqrt{3}$下为 700,之后尝

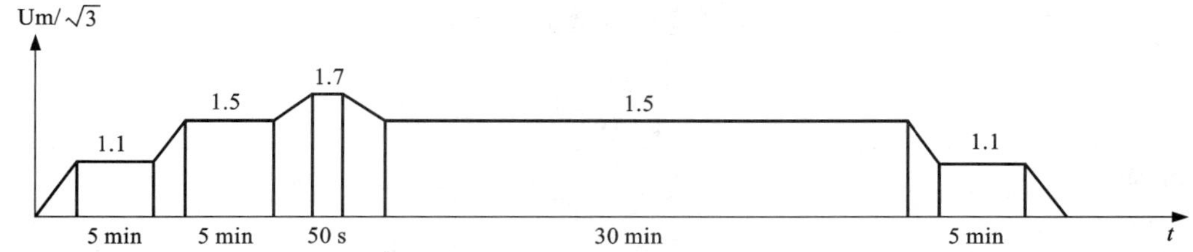

图 5　长时感应电压(带局部放电测量)试验加压程序图

单位：$Um/\sqrt{3}$，Um = 252 kV

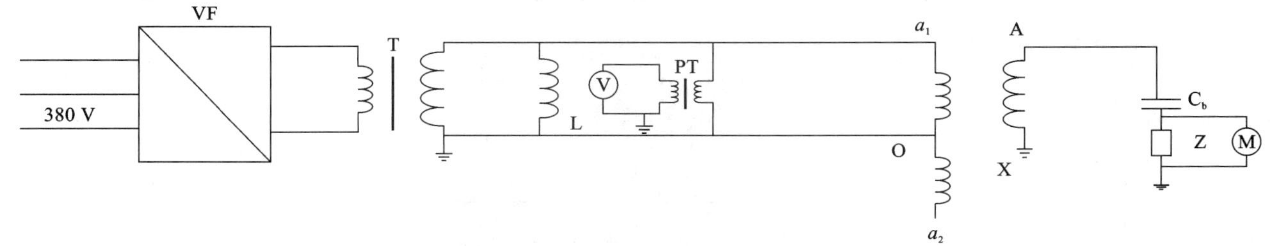

图 6　长时感应电压(带局部放电测量)试验接线图

VF—变频电源；Z—检测阻抗；T—中间变压器；PT—电压互感器；L—补偿电抗器；Cb—套管电容；M—局放检测仪

试重新加压，均出现试验电源跳闸情况，换到 X 端进行试验，亦出现类似情况；试验过程中试验电源跳闸试验不通过。第二天取油样进行色谱分析，发现油样存在乙炔(试验前未检出)。

(4)长时感应电压(带局部放电测量)试验（第二次）

通过变压器厂家技术人员现场进入变压器内部初步排查，未见明显异常。7 月 29 日进行第二次长时感应电压(带局部放电测量)试验。试验过程中发现变压器存在异常局部放电信号，局部放电量超出规程要求，试验不合格。

2#主变长时感应电压(带局部放电测量)试验不合格数据见表 3(7 月 29 日)：

表 3

试验时间/min	高压试验电压/($Um\cdot\sqrt{3}^{-1}$)	局部放电量/pC	
		A	X
0	1.1	35	150
5	1.1	35	150
0	1.5	133	170
5	1.5	310	104
38 s	1.7	/	/
0	1.5	411	174
5	1.5	371	215
10	1.5	436	205
15	1.5	432	261
20	1.5	30000	51000
25	1.5	36000	37000
30	1.5	34000	34000
0	1.1	1100	640
5	1.1	900	700
结果		34000	34000

1#主变长时感应电压(带局部放电测量)试验合格数据见表 4(7 月 17 日):

表 4

试验时间 /min	高压试验电压/($Um \cdot \sqrt{3}^{-1}$)	局部放电量/pC	
		A	X
0	1.1	80	80
5	1.1	80	80
0	1.5	90	90
5	1.5	90	90
42 s	1.7	通过	通过
0	1.5	90	90
5	1.5	90	86
10	1.5	90	86
15	1.5	90	90
20	1.5	90	90
25	1.5	90	90
30	1.5	90	90
0	1.1	80	80
5	1.1	80	80
结果		90	90

2.2.6 特性试验前后油化数据对比

(1)7 月 15 日油样试验数据合格(试验前滤油后乙炔含量 0 μl/L)(如图 7 所示)。

设备型号:
取样位置:
自 编 号:
样品包装: 玻璃瓶、玻璃针筒，500mL×2、100mL×2，包装完好
备 注: 油品使用状态：运行油。

收样日期: 2019.07.15
检测日期: 2019.07.15～2019.07.18
报告日期: 2019.07.18
设备时间: —
油品时间: —

结 论

1.送检样品所测理化指标符合GB/T 7595-2017 运行中变压器油的国家质量标准。
2.该油中溶解气体组分含量符合DL/T 722-2014 运行中变压器油的要求。

理化指标		检测结果	GB/T 7595-2017 运行油 220kV	检测方法
外观	—	透明、无沉淀物和悬浮物	透明、无沉淀物和悬浮物	目测
酸值	mgKOH/g	<0.01	≤0.1	GB/T 264-1983(2004)
闭口闪点	℃	145.0	≥135	GB/T 261-2008
油泥与沉淀物	%(m/m)	<0.02	<0.02	GB/T 8926-2012 方法A
水溶性酸(pH值)	—	6.38	≥4.2	GB/T 7598-2008
体积电阻率 90℃	Ω · m	6.5×10^{11}	$\geq 5 \times 10^{9}$	DL/T 421-2009
击穿电压(球形电极)	kV	42.1	≥40	GB/T 507-2002(2004)
介质损耗因数 90℃	—	0.0015	≤0.040	GB/T 5654-2007
界面张力	mN/m	44.4	≥25	GB/T 6541-1986(2004)
污染指标		**检测结果**	**GB/T 7595-2017 运行油 220kV**	**检测方法**
水分	mg/L	25	≤25	GB/T 7600-2014
色谱分析		**检测结果**	**DL/T 722-2014**	**检测方法**
氢气	μL/L	10.93	≤150	GB/T 17623-2017
一氧化碳	μL/L	5.56	—	
二氧化碳	μL/L	144	—	
甲烷	μL/L	0.44	—	
乙烷	μL/L	0.65	—	
乙烯	μL/L	1.65	—	
乙炔	μL/L	未检出	≤5	
总烃	μL/L	2.74	≤150	

图 7 特性试验前油化合格数据

(2)7 月 20 日油化色谱分析发现出现乙炔含量(局放试验后乙炔含量 0.67 μl/L)(见表 5)。

表 5　特性试验后油化出现乙炔含量数据

污染指标		检测结果	GB/T 7595—2017 运行油 220 kV	检测方法
水分	/(mg・L^{-1})	8.5	≤25	GB/T 760—2014
色谱分析		检测结果	DL/T 722—2014	检测方法
氢气	/(μL・L^{-1})	12.80	≤150	GB/T 17623—2017
一氧化碳	/(μL・L^{-1})	11.72	—	
二氧化碳	/(μL・L^{-1})	184	—	
甲烷	/(μL・L^{-1})	0.38	—	
乙烷	/(μL・L^{-1})	0.26	—	
乙烯	/(μL・L^{-1})	0.26	—	
乙炔	/(μL・L^{-1})	0.67	≤5	
总烃	/(μL・L^{-1})	1.57	≤150	

2.3　缺陷排查

2.3.1　现场排查

(1)7 月 18 日进行 2#B 特性试验。绕组变形试验、外施交流耐压(低压侧)试验合格；在进行长时感应耐压(带局部放电测量)试验时试验电源跳闸，同时发现局放量严重超标。

(2)7 月 19 日重新取 2#B 油样，加急油化验送检后发现油色谱报告中有乙炔含量(7 月 20 日报告单，试验前 0 μl/L，试验后 0.67μl/L)。

(3)7 月 20 日通知运输安装厂家、生产厂家卧龙银川(梅汕线自耦变中标方)赶到现场排查处理。

(4)7 月 25 日变压器厂家技术人员对 2#主变放油后进入内部排查(如图 8 所示)，排查未发现明显缺陷。厂家技术人员初步判断梅州西 2#主变压器运输过程中造成引线破损松动或变压器内部存在匝间短路，在长时感应耐压(带局部放电测量)试验时放电，造成局放超标、油化验出现乙炔含量。

变压器厂家及施工单位建议重新滤油后，重做一次变压器长时感应耐压(带局部放电测量)试验进一步验证。

图 8　现场放油后进入内部检查

(5)7 月 26 日经厂家确认后对梅州西 2#B 重新注油，并开展滤油工作。

(6)7 月 28 日滤油静置 48 h 后，重新对 2#B 取油样。

(7)7 月 29 日对 2#主变进行第二次长时感应耐压(带局部放电测量)试验不通过。变压器厂家技术人员建议对 2#主变进行返厂处理。

2.3.2 返厂处理

2019 年 8 月 20 日至 2019 年 8 月 22 日梅州西变电所 2#主变压器在卧龙银川变压器厂进行返厂处理。经过外部清理及外部检查，变压器无明显变形，变压器所有密封面检查无明显渗漏油现象。

(1)8 月 20 日梅州西变电 2 号主变在卧龙银川厂家进行吊罩作业(如图 9 所示)，随后进行烘干作业。变压器身无明显变形，器身围板完好，高低压侧引线及器身压钉连接紧固可靠，无明显位移，发现线圈底部中间位置绝缘板移位(如图 10 所示)、油箱底部有明显水珠痕迹(如图 11 所示)。

图 9 返厂吊罩检查

图 10 线圈底部中间位置绝缘板移位

图 11 线圈底部水珠及杂物痕迹

(2)8 月 21 日下午进行 2 号主变线圈解体作业(如图 12 所示)，整体拔出 AX 相高低压线圈，拆除高压线圈围板检查发现 X 相高压线圈上部低压侧部位，第十五盘与第十六盘挡油板位置有放电现象(如图 13 所示)，挡油板严重损坏，翘起线盘检查发现第十五盘线段下方外侧有四处放电痕迹，匝间绝缘完好无损，第十六盘线段上方外侧有六处放电痕迹，线圈整体无明显变形(如图 14 所示)，其余部位未见明显烧损痕迹。

图 12　线圈解体检查

图 13　X 相高压线圈上部第十五盘与第十六盘挡油板位置放电痕迹

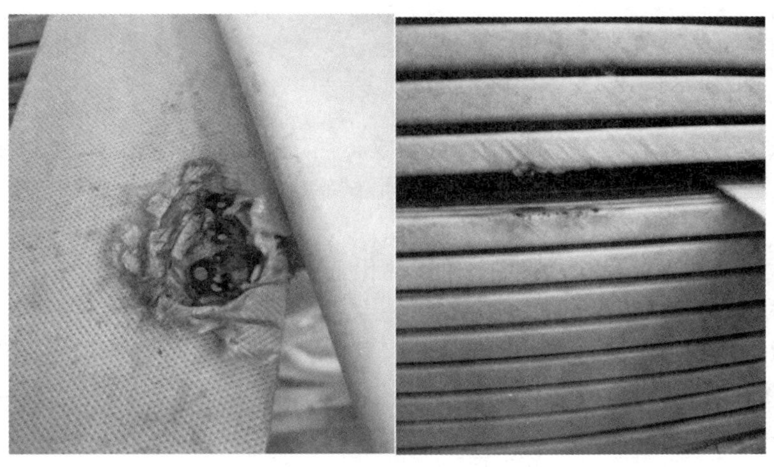

图 14　挡油板烧损、第十五盘线段下方外侧四处、十六盘线段上方外侧六处放电痕迹

(3)9月17日返厂处理完毕后2#主变运输至梅州西变电所，经安装后9月23日完成2#主变试验，试验合格。10月18日开始受电启动，10月20日完成冲击试验、负载试验并空载运行，11月3日梅州西新2#主变压器带负载运行正常。

2.4 原因分析

根据现场特性试验数据、油化分析，通过现场排查及返厂解体处理，确认本次缺陷为“盘间”放电引起。引起盘间放电的原因存在多种可能：一是厂家生产过程中存在工艺缺陷；二是运输及更换安装过程中带入异物；三是变压器注油放油过程中带入异物；异物在故障点形成搭接，造成变压器内部局部放电。

3 本次缺陷处理收获

通过本次牵引变压器交接试验发现的典型局放缺陷处理，我们积累了一定现场经验。对我段管内常见的110 kV、220 kV油浸式牵引变压器交接试验过程中除进行常规试验之外，需关注绕组变形试验、外施耐压试验、长时感应电压(带局部放电测量)试验项目。同时在牵引变压器运行过程中，重点关注油化分析，结合特性试验判别牵引变压器内部缺陷，及时排除设备安全隐患。

3.1 绕组变形试验

依据电力行业反事故措施要求及近年来运行事故的实际情况，为考核变压器抗短路能力，引入现场绕组变形试验。运行中的变压器短路后绕组变形较为成熟的表征参数是绕组频率响应特性曲线的变化。由于变压器三相绕组频率响应特性曲线不一致，不可以做比较。因此，要求投运前进行绕组频率响应特性曲线测量或低电压下的工频参数测量，并将测量数据作为原始指纹型参数保存。对110 kV及以上电压等级变压器，推荐采用频率响应法测量绕组特征图谱。进行试验时，分接开关位置应在I分接位置。

3.2 外施耐压试验

外施耐压试验用来验证线端和中性点端子它们所连接的绕组对地及对其他绕组的外施耐受强度；短时感应耐压试验(ASCD)用来验证每个线端和它们所连绕组对地及对其他绕组的耐受强度以及相间被试绕组纵绝缘的耐受强度。考虑到交接试验主要考核运输和安装环境的缺陷，进行一次交流耐压试验即可。感应电压试验时，为防止铁芯饱和及励磁电流过大，试验电压频率应适当大于额定频率，试验耐受电压标准为出厂试验电压值的80%。

3.3 长时感应电压(带局部放电测量)试验

长时感应电压试验(ACLD)用以模拟瞬变过电压和连续运行电压作用的可靠性，附加局部放电测量用于探测变压器内部非贯穿性缺陷。ACLD下局部放电测量作为质量控制试验，用来验证变压器运行条件下无局放，是目前检测变压器内部绝缘缺陷最为有效的手段。

结合近年来运行经验，参考最新修订的国家标准有关规定要求，要求电压等级220 kV及以上变压器在新安装时，必须进行现场长时感应电压及局部放电测量试验。对于电压等级为110 kV的变压器，对绝缘有怀疑时，应进行局部放电试验。

4 下一步措施

4.1 收集近年来牵引变压器典型缺陷情况，形成案例进行分析学习。参照验收标准最新修订情况，补充完善牵引变压器交接试验项目，重点关注绕组变形试验、外施耐压试验、长时感应电压(带局部放电测量)试验。

4.2 在牵引变压器日常运行检修过程中，重视油化分析，严格按照6个月一次的取样周期进行，在发现数据异常时缩短取样周期，分送不同试验部门对比，结合特性试验综合分析判断。

4.3 在对油化数据发现异常且对变压器绝缘有怀疑时，分别取油样送不同的化验部门进行对比检测，提高缺陷分析、处理综合能力。

5 结束语

我段近期连续接管梅汕客专、穗深城际等新开通高铁线路，后续将继续接管赣深高铁、广汕高铁等线路，牵引变电设备交接试验验收工作任务量加剧。本文通过牵引变压器交接试验局放缺陷典型案例分析，为后续新线牵引变压器交接试验及日常运行检修提供参考。根据现场实际情况通过不断优化、固化变电设备交接试验方法和手段，有效开展牵引变电设备交接试验工作，提高牵引变电设备缺陷诊断有效性和准确性，保障新线设备开通运行安全，保证牵引变电设备安全稳定运行，希望与牵引供电同仁共勉。

参考文献

[1] 高速铁路牵引变电所运行检修规则（铁总运〔2015〕50号）[S]. 北京：中国铁路总公司，2015.
[2] 牵引变电所运行检修规程（铁运〔1999〕101号）[S]. 北京：中国铁道出版社，1999.
[3] 电气装置安装工程电气设备交接试验标准（GB 50150—2016）[S]. 北京：中国计划出版社，2016.
[4] 梅汕铁路梅州西变电所交接试验报告[R]. 武汉：中铁武汉电气化局，2019.

作者简介

严华，中国铁路广州局集团有限公司深圳供电段高铁技术科，助理工程师

牵引变电所智能巡检机器人的应用

李 欣

摘 要：牵引变电所智能巡检系统实现牵引变电所远程监控、环境监测、设备状态检测等功能，为无人值守模式牵引变电所安全运行提供技术保障。使用机器人可见光识别技术，红外测温技术实现信息的获取，通过图像识别技术对获得的信息进行分析，获得现场设备数据，状态，颜色，再通过后台预置数据比对确定设备(表计)是否正常，不正常的发出报警信息。

1 问题的提出

传统的变电所巡检工作中存在以下问题：

(1)巡检工作需要耗费大量的人力和时间，尤其对偏远地区的变电所；

(2)由于变电所内高压设备多，人工巡检具有很大的人身伤害危险；

(3)人力巡检为定时巡检，巡检工作周期长，有突发事件发生时不能及时发现；

(4)人力巡检具有人为不确定性，受环境因素、人员素质等各方面的影响，容易造成巡视效率和质量往往达不到预期效果。

根据以上原因，变电所智能巡检机器人的研发应用，将解决传统变电所人工巡检的问题，能大大提升变电所巡检水平、智能化管理水平，为变电所无人化创造一定的条件。

2 确定巡检内容

根据调查，变电所主要巡检内容包括以下内容：指针表读数，数字表读数；开关颜色辨别；分合闸状态辨别：手柄开关位置辨识；设备本体，线缆本体，设备线夹等温度识别。

根据以上巡检内容，数字、表计位置、刻度、颜色、状态等信息可以使用高清摄像机拍摄实物照片，本地监控后台通过模式识别实现，设备，线缆，接头温度识别项目可以通过拍摄红外热图，本地监控后台通过分析红外热图分析识别。

3 巡检方案制定

3.1 智能巡检系统方案制定

系统主要包括巡检机器人、接口通信层、功能服务层和应用层。整个系统的图示见图1。

3.2 巡检机器人

巡检机器人是本系统的核心，是完成自动巡检的执行体，主要包括如下模块：

(1) 嵌入式主控模块：该模块需采用工业级嵌入式控制模块。

(2) 车载蓄电池及充电模块：机器人需要选用一种无爆炸、高安全、寿命长的动力电池；

(3) 导航定位模块：该模块是机器人系统的关键部件。

(4) 安全防护模块：通过在机器人上安装各种传感器，检测机器人工作环境与巡检路径状况，保证机器人本身和变电所设备的安全。

(5) 运动控制模块：控制机器人的运动，避障，升降等动作，该模块需要具备高可靠性。

(6) 云台控制模块：通过控制云台调整红外热成像仪和可见光摄像头的角度。

(7) 云台升降系统：设计一种云台在一定范围内移动的控制系统，改善近距离，小视角表计识别精度。

(8)图像识别模块：包括红外热像仪、可见光摄像机，通过自身的接口向控制中心传输数据。

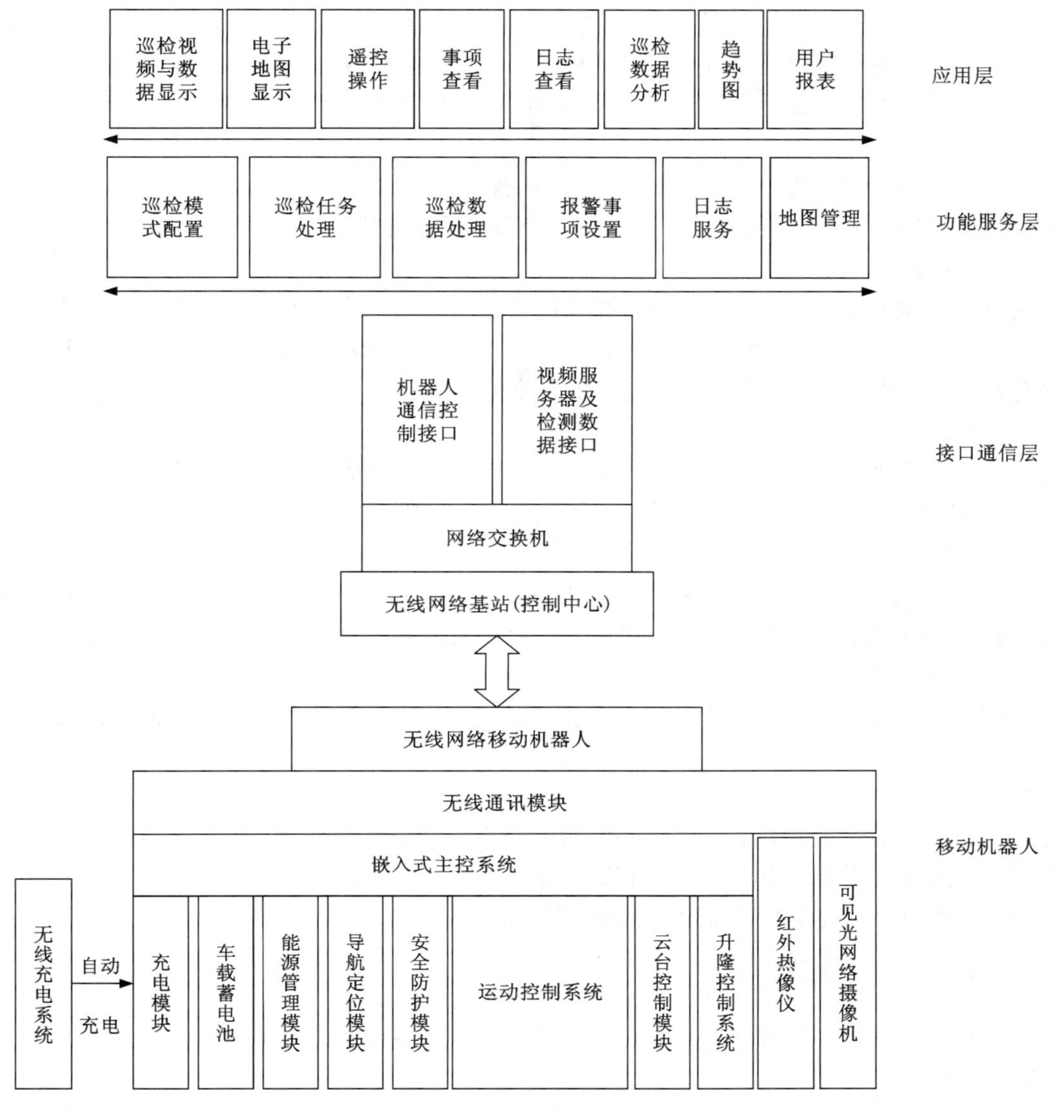

图1　系统图

3.3　接口通信层

是指通过无线网络设备，实现巡检机器人与控制中心的交互，主要包括：巡检机器人检测图像、数据、机器人自身状态以及控制中心对机器人的遥控指令。

3.4　功能服务层

该层主要围绕变电所巡检业务提供一些基本功能服务，为应用层提供支撑，主要包括：巡检模式配置、巡检任务设置与调度、巡检数据处理、巡检数据检索、报警事项设置、日志服务及变电所地图管理。

3.5　应用层

该层主要给用户提供一个可操作的界面，包括地图建立，管理，检测数据观看，统计，手动操作控制等。用户能在应用层得到自己需要的信息。

4　实现功能

本系统要实现基于激光导航的变电所智能巡检机器人完整的一套软件系统，包括机器人自主导航系统的设计、变电所设备的位置信息的测量、通过摄像机对设备的智能专拍、各种仪器仪表设备状态的智能检测。

4.1 检测功能

通过在线式红外热像仪检测一次设备的热缺陷，包括电流致热型、电压致热型设备的本体及接头的红外测温；通过在线式可见光摄像仪进行一次设备的外观检查，包括破损、异物、锈蚀、松脱、漏油等；断路器、刀闸的位置；表计读数、油位计位置；通过音频模式识别，分析一次设备的异常声音等。

4.2 导航功能

按预先规划的路线行驶，能动态调整车体姿态；差速转向，原地转弯，转弯半径小；激光导航时超声自动停障；最优路径规划和双向行走，指定观测目标后计算最佳行驶路线。

4.3 分析及报警

设备故障或缺陷的智能分析并自动报警；自动生成红外测温、设备巡视等报表，报表格式可由用户定制，可通过 IEC61580 接口上送信息一体化平台；按设备类别提供设备故障原因分析及处理方案的辅助系统，提供设备红外图像库，协助巡检人员判别设备的故障。

4.4 控制功能

设备巡检人员可在监控后台进行巡视；可对车体、云台、红外及可见光摄像仪进行手动控制；实现变电所设备巡检的本地及远程控制；与顺序控制系统相结合，代替人工实现开关、刀闸操作后位置的校核。

4.5 特殊巡视

当因天气恶劣或设备附近存在安全隐患等原因，运行人员不便靠近该设备时，机器人可代替运行人员到达指定设备的观测位置，运行人员在后台通过调整机器人云台位置对准被观测设备进行检测。

4.6 固定视频点接入

设备巡检机器人系统还可接入变电所的固定视频监测点，覆盖机器人无法到达的观测死角，实现全站的视频监测。

4.7 与外部系统接口

与变电所综合自动化系统接口，获取设备实时负荷电流进行设备温升分析；作为 IEC61850 服务端与综合自动化或智能变电所信息一体化系统接口，配合遥控或顺序控制进行被控设备的位置校核。与生产管理信息系统(MIS)接口，上送红外测温和设备外观异常信息。

5 实际应用

在津霸客专赵家柳变电所试验了室外移动式巡检机器人和室内吊轨升降机器人。

5.1 巡检路线

巡检路线制定完成的同时，根据需要巡检的位置设置巡检停靠点，每个停靠点可以根据云台不同位置设置有不同的巡检点。每个巡检点需要单独设置停靠点，云台的水平角度，垂直角度等信息，室内机器人还要设置升降杆的高度。室外巡检机器人的巡检路线图见图 2。

5.2 图像识别

对前期采集的样品照片进行训练，使机器人认识这些图形，并能准确识别图形中的信息。机器人识别图像的过程会是一个不断学习的过程，识别的图形越多，准确率越高。

5.3 应用过程

按照预先设定的巡检路径和例行巡检方案，测试室内和室外机器人实际运行情况。机器人能够正常运行，完整完成巡检任务，所有目标正确识别，识别正确率 95% 以上，符合要求。

5.4 应用效果

智能巡检机器人全自动全方位自主巡检，也支持定点或定任务巡检，可以自动进行数据判别，并生成巡检记录报表。对巡检发现的问题点形成告警信息，极大减少了巡检人员的工作量。目前，该智能巡检机器人在变电所内使用正常，为变电所实现自动检测和无人化创造了条件，具有较高的应用价值。

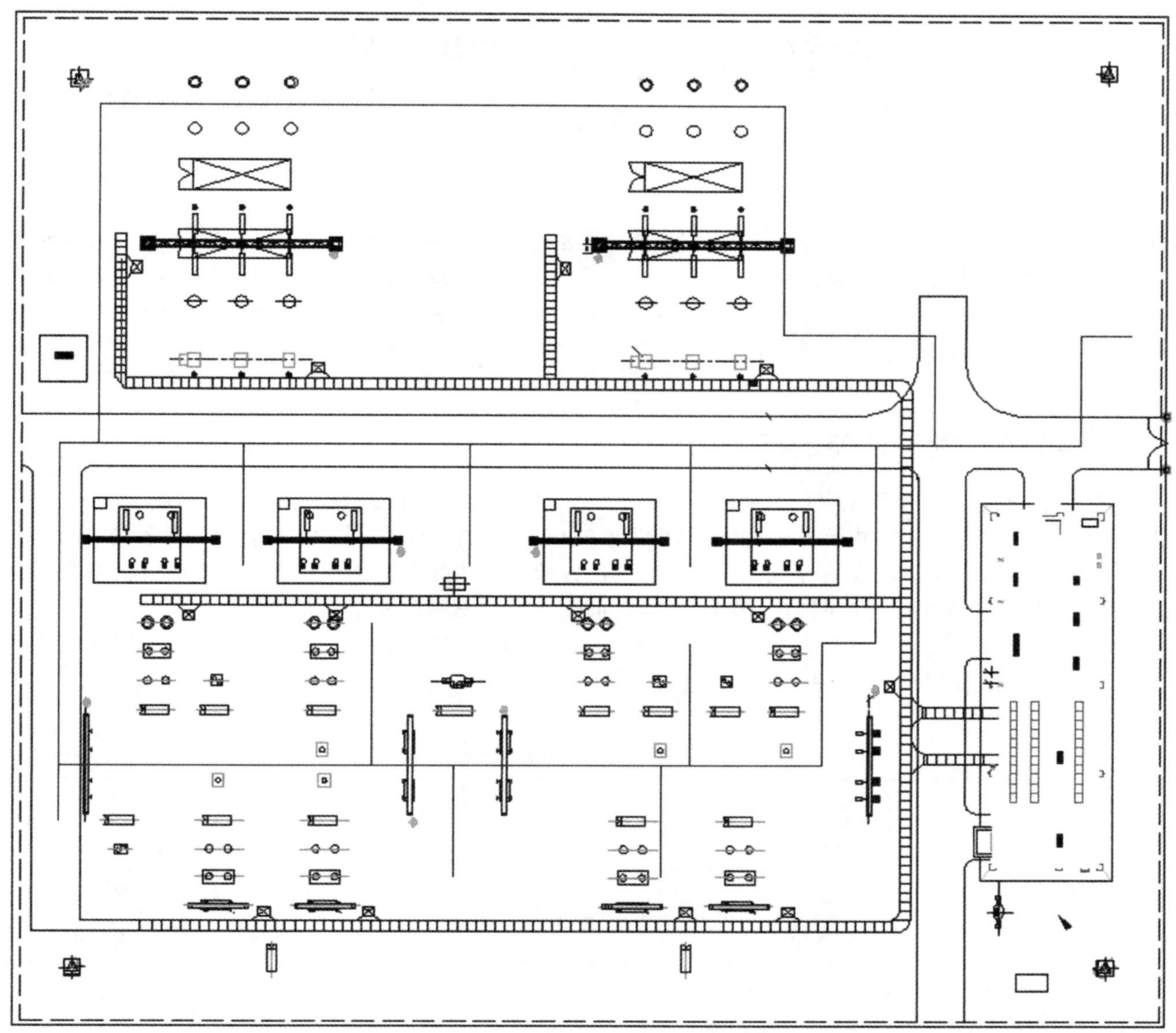

图 2　巡视线路图

作者简介

李欣，中国铁路北京局集团有限公司天津供电段，业务指导，工程师

几种特殊情况下的 AT 故障短路分析

苏旭磊

摘　要：由于 AT 供电系统结构较为复杂，对于保护装置的准确性、同步性均有较高的要求，对于设备的安装调试，也有固定的模式要求，如果其间任何一个环节出现问题，均会极大地影响 AT 供电下的保护测距，本文通过分析 AT 供电故障测距的基本原理，结合实际运行当中的数据，列举了三种可能出现的特殊情况，对其进行了分析，并提出了对应的整改措施和改进方案。

0 AT 供电方式故障测距的概述

目前我国高速铁路牵引供电普遍采用 AT 供电方式，在线路发生短路故障时，相较于直接供电方式只需要牵引变电所提供电压、电流数据，由于 AT 供电方式的复杂性，对保护装置、故障测距装置的时间同步性，及牵引变电所、AT 所、分区所设备的同步性、设备的安装调试状态及是否处于正常运行状态均有要求，无论是哪一个地方出现了不同步、极性错误等问题，均会造成故障测距的不准确。

目前 AT 供电方式，采用广泛的测距方式主要有吸上电流比测距、横联线电流比测距及上下行电流比测距三种，其中在全并联 AT 供电方式下，各种测距方式的使用情况如表 1 所示。

表 1　AT 供电方式故障各种测距方式

故障方式	吸上电流比测距	横联线电流比测距	上下行电流比测距
T－R	适用	适用	变电所－AT 区间故障适用
F－R	适用	适用	变电所－AT 区间故障适用
T－F	一般不适用	适用	变电所－AT 区间故障适用

一个典型的 AT 供电方式，如图 1 所示：

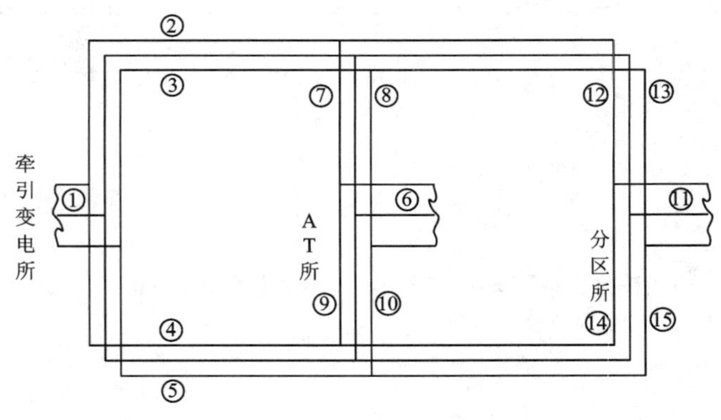

图 1　AT 供电方式

图 1 中 1－15 号电流分别表示为：1－牵引变电所吸上电流、2－牵引变电所上行 T 线电流、3－牵引变电所上行 F 线电流、4－牵引变电所下行 T 线电流、5－牵引变电所下行 F 线电流、6－AT 所吸上电流、7－AT 所与上行接触网连接处 T 线电流、8－AT 所与上行接触网连接处 F 线电流、9－AT 所与下行接触网连接处 T 线电流、10－AT 所与下行接触网连接处 F 线电流、11－分区所吸上电流、12－分区所与上行接触网连接处 T 线电流、13－分区所与上行接触网连接处 F 线电流、14－分区所与下行接触网连接处 T 线电流、15－分区所与下行接触网连接处 F 线电流(以下图例皆同)。

在发生故障时，一般情况下需要牵引变电所、AT 所、分区所的故障测距装置，分别同时采集图 1 中 1－15 号编号处的电流，进行数据分析后计算测距结果，目前常用的保护装置，各个电流的采集情况如表 2 所示。

表 2　AT 供电网络电流采集模式表

编号	电流定义	采集情况
1	牵引变电所吸上电流	一般可选为直接采集或由 2－5 号电流计算
2	牵引变电所上行 T 线电流	直接采集
3	牵引变电所上行 F 线电流	直接采集
4	牵引变电所下行 T 线电流	直接采集
5	牵引变电所下行 F 线电流	直接采集
6	AT 所吸上电流	直接采集
7	AT 所与上行接触网连接处 T 线电流	三断路器为采集或由 6 号等电流计算、四断路器结构多为直接采集
8	AT 所与上行接触网连接处 F 线电流	三断路器为采集或由 6 号等电流计算、四断路器结构多为直接采集
9	AT 所与下行接触网连接处 T 线电流	三断路器为采集或由 6 号等电流计算、四断路器结构多为直接采集
10	AT 所与下行接触网连接处 F 线电流	三断路器为采集或由 6 号等电流计算、四断路器结构多为直接采集
11	分区所吸上电流	直接采集
12	分区所与上行接触网连接处 T 线电流	三断路器为采集或由 11 号等电流计算、四断路器结构多为直接采集
13	分区所与上行接触网连接处 F 线电流	三断路器为采集或由 11 号等电流计算、四断路器结构多为直接采集
14	分区所与下行接触网连接处 T 线电流	三断路器为采集或由 11 号等电流计算、四断路器结构多为直接采集
15	分区所与下行接触网连接处 F 线电流	三断路器为采集或由 11 号等电流计算、四断路器结构多为直接采集

由于不同测距方式所需要的计算电流不同，且不同电流的获得方式不同，有的为直接通过电流互感器采集，有的通过计算获得。电流互感器采集的电流，其准确性受采样的同步性、电流互感器安装极性影响，通过计算获得的电流，受其他电流的正确性影响，一旦其中一个电流的采样精度或者极性不正确，将会直接影响到故障测距装置给出的测距结果。

因此，每次故障后需要技术人员进行电流分布图的验算，对各个电流的准确性及是否适用于所采用的测距方式进行核算，从而发现可能存在的测距问题，帮助更好地找到正确的故障点。

1　流互变比设置错误，造成的故障测距误差案例分析

某 350 km 高速铁路牵引变电所，某次故障跳闸数据如表 3 所示。

表 3　流互变比设置错误故障跳闸数据表

214馈线保护装置	211馈线保护装置	故障测距装置		
		牵引变电所	AT所	分区所
2017-06-09 15:27:34.758	2017-06-09 15:27:34.740	2017-06-09 15:27:34.827	2017-06-09 15:27:34.806	2017-06-09 15:27:34.806
已跳闸	已跳闸	故障性质：故障	下行失压动作	下行失压动作
电流速断元件动作	电流速断元件动作	AT故障断路器号=211	下行母线电压=8.41 kV	下行母线电压=5.42 kV
阻抗I段元件动作	阻抗I段元件动作	故障类型：T线故障	上行母线电压=8.68 kV	上行母线电压=5.73 kV
重合闸成功	重合闸成功	故障公里标（公里）=8 km	下行T线电流=1663.00 A	下行T线电流=2865.00 A
故测距离=19.09 km	故测距离=19.05 km	故障公里标（米）=280 m	下行F线电流=491.00 A	下行F线电流=885.00 A
馈线电压=15.31 kV	馈线电压=17.21 kV	横联电流比测距法	上行T线电流=676.00 A	上行T线电流=1078.00 A
馈线电流=2303.00 A	馈线电流=2825.00 A	上行失压动作	上行F线电流=477.00 A	上行F线电流=877.00 A
阻抗=6.72 Ω	阻抗=6.10 Ω	下行母线电压=15.34 kV	下行AT吸上电流=0.00 A	下行AT吸上电流=0.00 A
阻抗角=67.90°	阻抗角=67.80°	上行母线电压=15.54 kV	上行AT吸上电流=1957.00 A	上行AT吸上电流=2132.00 A
		下行T线电流=1503.00 A	AT故测横联电流=1172.00 A	AT故测横联电流=1980.00 A
		下行F线电流=1014.00 A	AT故测横联电流角度=246.00°	AT故测横联电流角度=240.06°
		上行T线电流=1300.00 A		
		上行F线电流=990.00 A		
		AT故测合成吸上电流=807.00 A		
		相对距离=25.60 km		
		吸上电流比=0.63		
		AT故测横联电流=114.00 A		

1.1 根据故障测距装置数据，得出电流分布图(如图 2 所示)

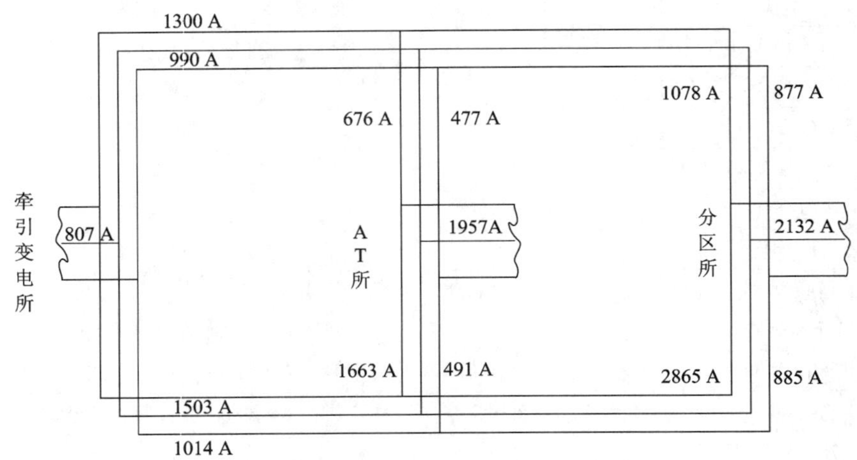

图 2 电流分布图

1.2 根据跳闸数据，结合电流分布图，分析本次跳闸数据存在的问题

(1)从整体电流分布图(图2)来看，判断故障为 AT 所 – 分区所间下行 T 线故障。电流分布图网孔节点在 AT 所上网处 T、F 线上下行 4 处均无法平衡。

(2)从 AT 所、分区所 AT 变压器连接母线处节点来看，AT 所电流可以平衡、分区所电流无法平衡。

(3)牵引变电所上下行电流约 4800 A、吸上电流之和约 4896 A、电流分布图短路点电流约 6031 A。从馈线 211、214 的电流与故障测距装置上下行电流一致来看，变电所的上下行电流采样应该正常。从吸上电流比电流与变电所上下行 T、F 线电流关系来看，变电所 4800 A、吸上流和为 4896 A，基本平衡。初步判断判断吸上流采样数据应该准确。

(4)综合 1 – 3 条来看，分区所上下行电流出问题的概率大。

(5)假定分区所上下行电流有问题，且故障为下行 T 线故障，反推分区所电流：

下行 T = 4800 – 1503 – 1663 = 1634，

下行 F = 1014 – 491 = 523(显然可以排除 F = 1014 + 491 = 1500 A 的可能性)，

上行 T = 1300 – 676 = 624(同理，显然排除 1300 + 676)，

下行 F = 990 – 477 = 513(同理，显然排除 990 + 477)，

此时，电流分布图平衡(分区所的 AT 变压器接入母线节点也平衡)。

(6)从分区所的电流平衡来看，实际电流为 5 中计算电流可能性较高。

(7)此时对比计算电流与实测电流的关系：

下行 T 计算电流/下行 T 电流 = 1634/2865 = 0.57，

下行 F 计算电流/下行 F 电流 = 523/855 = 0.61，

上行 T 计算电流/上行 T 电流 = 624/1078 = 0.59，

上行 F 计算电流/上行 F 电流 = 513/877 = 0.58，

从各电流比例来看，4 个电流占比相近，均为 60% 左右。

(8)综合 1 – 7 的结论来看，分区所 4 个电流均有问题，为一二次设备原因造成问题的可能性较小，因为 4 个电流同比例出现问题的可能性较低，保护装置设置原因造成的采样问题的可能性较大。

即：分区所实际电流可能为采样电流的 60% 左右。因为 4 个电流同时出现此种情况，最大可能性为流互变比录入的问题或者微调系数的问题，同时不排除二次回路或者流互本体的原因。

若按照 60% 比例进行修正，能够得到较为符合电流分布规律的分布图，即理论计算的电流应该为实际电流。

1.3 排查方式

(1)首先应确认故障测距装置的采样是否确实有问题，可以在远动等系统或现场，在大负荷时对馈线装置及故障测距装置采样的数据进行对比，看是否一致。

(2)若发现馈线保护装置与测距装置电流显示不一致，则排查是否是保护装置设置的问题，检查故障测距装置的各项参数设置是否正常，若发现参数设置不正常(如变比错误)，则及时修改相关参数；

(3)在设置无问题时，应进行停电检查。直接在测距装置交流插件处加二次电流，若正常，说明是外部问题，若不正常，说明是装置问题。

(4)保护装置设置与采样无误的情况下，应对外部进行检查。首先做电流互感器的二次回路全回路升流测试，在流互二次端子处施加二次电流，看故障测距装置采用是否正常，若不正常，则检查二次回路的多点接地或接触不良的问题。若正常，则需要对电流互感器本体进行试验，确定故障测距绕组是否存在问题。

1.4　实际排查结果

最终经过现场确认，分区所流互变比设置问题，造成电流不能平衡。

2　流互双点接地，造成测距误差

某 250 km 高速铁路牵引变电所，某次故障跳闸数据如表 4 所示。

表 4　双点接地故障跳闸数据表

215馈线保护装置	216馈线保护装置	故障测距装置		
		牵引变电所	AT所	分区所
2017-08-05 15:02:27.842	2017-08-05 15:02:27.840	2017-08-05 15:02:26.060	2017-08-05 15:02:27.073	2017-08-05 15:02:28.891
已跳闸	已跳闸	AT测距装置断路器号=216	AT测距装置断路器号=FFFF	AT测距装置断路器号=FFFF
电流速断元件动作	电流速断元件动作	下行外启动	下行母线失压启动	下行母线失压启动
阻抗I段元件动作	阻抗I段元件动作	上行故障	下行母线电压=12.50 kV	下行母线电压=10.34 kV
重合闸成功	重合闸成功	F型故障	上行母线电压=12.69 kV	上行母线电压=9.77 kV
故测距离=19.55 km	故测距离=19.05 km	故障报告	下行T线电流=630.56 A	下行T线电流=823.20 A
馈线电压=17.30 kV	馈线电压=17.21 kV	AT吸上电流比测距	下行F线电流=646.67 A	下行F线电流=759.28 A
馈线电流=2777.00 A	馈线电流=2825.00 A	下行母线电压=17.16 kV	上行T线电流=682.57 A	上行T线电流=796.95 A
阻抗=6.25 Ω	阻抗=6.10 Ω	上行母线电压=17.11 kV	上行F线电流=1958.73 A	上行F线电流=2379.30 A
阻抗角=68.00°	阻抗角=67.80°	下行T线电流=1432.52 A	预留T线电流=630.35 A	预留T线电流=823.22 A
		下行F线电流=1383.70 A	预留F线电流=646.85 A	预留F线电流=759.26 A
		上行T线电流=1452.38 A	下行AT吸上电流=0.94 A	下行AT吸上电流=0.23 A
		上行F线电流=699.83 A	上行AT吸上电流=2625.82 A	上行AT吸上电流=3240.30 A
		预留T线电流=17.40 A	AT吸上合成电流=2626.25 A	AT吸上合成电流=3240.26 A
		预留F线电流=17.40 A	横连线电流=1276.48 A	横连线电流=1582.43 A
		下行AT吸上电流=0.16 A	下行电抗=0.00 Ω	下行电抗=0.00 Ω
		上行AT吸上电流=0.07 A	上行电抗=0.00 Ω	上行电抗=0.00 Ω
		AT吸上合成电流=805.58 A	预留电抗=8.22 Ω	预留电抗=5.67 Ω
		横连线电流=331.87 A		
		下行电抗=5.70 Ω		
		上行电抗=7.44 Ω		
		预留电抗=0.00 Ω		
		电流比=0.55		
		距离=18.83 km		
		公里标=663.83 km		

2.1　根据故障测距装置，得到电流分布图(如图 3 所示)

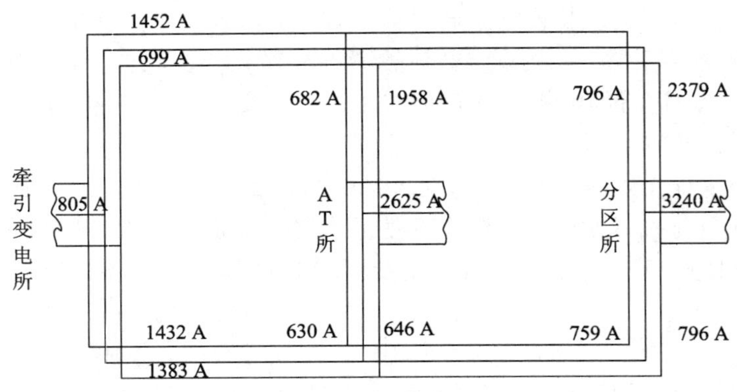

图 3　电流分布图

2.2　存在问题

根据跳闸数据结合电流分布图(图 3)可以看出，此次故障为上行 F 线故障，但此时牵引变电所上行 F 线电流却为最小电流，不符合正常跳闸电流数据分布规律。

牵引变电所的上行 F 线电流明显偏小，根据牵引变电所故障测距装置的报告可以看出，该牵引变电所的吸上电流是通过上下行供电臂 T、F 电流计算，而不是由集中接地箱中的电流互感器所采集的，所以报告中的吸上电流数据同样存在问题，且通过电流分布图无法判断出问题所在，电流分布图显示全部电流都符合基尔霍夫原理。

根据全并联 AT 供电下的跳闸原理，结合本次跳闸的特点，该故障应该发生在第二个 AT 段后端，对于牵引变电所，上、下行馈线电流大小应基本相等。结合馈线 215、216 跳闸报告，可以看出(保护出口时间相差 2 ms，可忽略)，馈线保护装置报告符合上述原理，电流分别为 2777 A、2825 A。此时故障测距装置采集到的电流，215 为 2815 A，216 为 2151 A，可以看出，216 的电流明显偏小。

因故障为 F 线故障，所以变电所上、下行 T 线电流应该基本一致，故障测距装置采集电流分别为 1432 A、1452 A，符合该规律。而故障测距装置采集的上行 F 线电流偏小，因为 215 保护装置与测距装置电流基本一致，故此时 216 馈线电流大小也应该与故障测距出口时的大小基本一致，故可以通过 216 馈线电流反算故障测距上行 F 线电流大小，应该接近于 1373 A，所以牵引变电所实际吸上电流应接近于 10 A。

2.3　可能的原因

(1)故障测距装置本身的问题：一是电流互感器变比设置错误，造成电流数据偏小；二是微调系数等装置参数设置错误，造成数据误差大；三是采样模块有问题，造成采样错误。

(2)电流二次回路问题：一是测距装置专用的电流互感器二次绕组存在多点接地现象；二是存在接触不良，阻抗过大的问题；

(3)电流互感器本身问题：给测距装置的流互绕组不满足精度、可靠度等要求。

2.4　本次故障测距没有受到影响的原因及可能受到影响的情况

对于本次跳闸，因保护装置采用了吸上电流比测距原理，且故障发生在第二个 AT 段，计算故障距离所需要的数据没有受到上行 F 线电流的影响，所以对故障距离没有影响。

对于吸上电流比测距法，故障发生在第一 AT 段时，若牵引变电所采用直接采集吸上电流的方式，则不受影响，选择上、下行电流计算的方式计算吸上电流比大小事，测距因吸上电流比大小误差大，而受影响。

对于横联线电流比测距，当故障在第一个 AT 段时，因需要变电所上下行电流计算横联线电流，会对测距产生影响，在第二个 AT 段时，则不受影响。

对于上下行电流比测距，因需要变电所上下行电流，故均影响测距结果。

2.5　排查和解决方法

(1)首先应确认故障测距装置的上行 F 线电流是否确实偏小，应采取负荷观察法，在大负荷时，观察故障测距装置遥测值与馈线装置保护、测量电流是否相同，初步判断电流大小是否确有问题。

(2)排查是否是保护装置设置的问题，检查故障测距装置的各项参数设置是否正常，若发现参数设置不正常(如变比错误)，则及时修改相关参数。

(3)在确认电流确实偏小，确认测距装置采用的问题，直接在测距装置交流插件处加二次电流，若正常，说明是外部问题，若不正常，说明是装置问题。

(4)在保护装置设置与采样无误的情况下，采取停电检查的方式，首先做电流互感器的二次回路全回路升流测试，在流互二次端子处施加二次电流，看故障测距装置采用是否正常，若不正常，则检查二次回路的多点接地或接触不良的问题。若正常，则需要对电流互感器本体进行试验，确定故障测距绕组是否存在问题。

2.6　实际排查结果

经过现场排查，造成电流不平衡的原因是上行 F 相电流互感器故障测距绕组双点接地。

3　双点故障造成故障测距不准确

某 350 km 高速铁路牵引变电所，某次故障跳闸数据如表 5 所示。

表 5　双点故障跳闸数据汇总

牵引变电所	AT所	分区所	牵引变电所	牵引变电所
故测装置	故测装置	故测装置	214馈线保护装置	211馈线保护装置
故障性质：故障	下行失压动作	下行失压动作	已跳闸	已跳闸
AT故障断路器号=211	下行母线电压=6.00 kV	下行母线电压=5.81 kV	电流速断元件动作	电流速断元件动作
故障类型：F线故障	上行母线电压=6.03 kV	上行母线电压=5.82 kV	阻抗I段元件动作	阻抗I段元件动作
故障公里标（公里）=27 km	下行T线电流=371.00 A	下行T线电流=58.00 A	重合闸成功	重合闸成功
故障公里标（米）=70 m	下行F线电流=408.00 A	下行F线电流=61.00 A	故测距离=4.67 km	故测距离=4.30 km
横联电流比测距法	上行T线电流=377.00 A	上行T线电流=59.00 A	馈线电压=8.54 kV	馈线电压=8.52 kV
上行失压动作	上行F线电流=349.00A	上行F线电流=58.00 A	馈线电流=4533.00 A	馈线电流=4717.00 A
下行母线电压=8.46 kV	下行AT吸上电流=1511.00 A	下行AT吸上电流=239.00 A	阻抗=1.92 Ω	阻抗=1.78 Ω
上行母线电压=5.89 kV	上行AT吸上电流=0.00 A	上行AT吸上电流=0.00 A	阻抗角=67.80°	阻抗角=69.30°
下行T线电流=424.00 A	AT故测横联电流=53.00 A	AT故测横联电流=3.00 A		
下行F线电流=4325.00 A	AT故测横联电流角度=285.00°	AT故测横联电流角度=245.00°		
上行T线电流=426.00 A				
上行F线电流=4183.00 A				
AT故测合成吸上电流=7666.00 A				
相对距离=6.81 km				
吸上电流比=0.43				
AT故测横联电流=69.00 A				

3.1　根据故障测距装置得到电流分布图

3.2　电流分析情况

根据电流分布图可以看出，此次故障应为 F 线的双点故障，故障测距装置判断为上行故障、F 线故障，因双点故障故障测距装置无法判断出，故本次故障测距判断结果有误；

只有单点故障时，横联线电流从非故障行别流向故障行别，从而反映故障位置在 AT 段当中的相对位置。本次故障为双故障，横联线电流不再能够真实反映故障位置在 AT 段中的相对位置。故本次报告中的

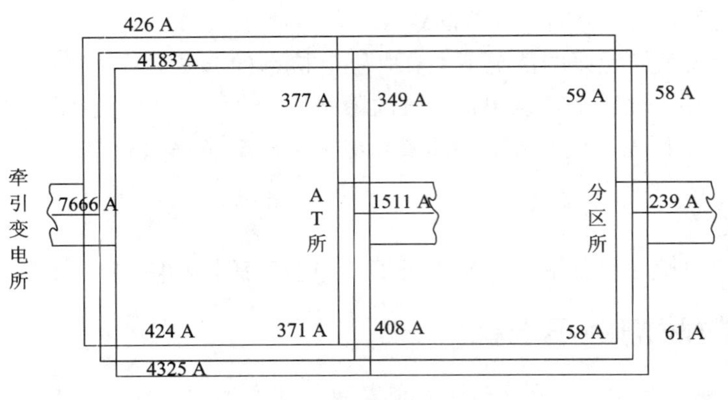

图 4 电流分析

横联线电流比测距的距离不再具备参考价值。

3.3 故障测距的估算情况

从牵引变电所的故障测距装置和两条馈线的跳闸数据来看，上行馈线电流 4533 A、下行故障电流 4717 A，上、下行电流相近，因此可以近似的认为上、下行的故障位置应该相近；故可近似看成单线的 AT 供电。此时吸上电流比测距的原理仍然适用。

故可以根据三所的故障数据和 $Q-L$ 表，通过吸上电流比测距来重新对故障点的位置进行估算，估算的数据可以作为查找故障点的重要参考依据。

4 结束语

由于 AT 供电方式情况结构复杂，常常会因为设备原因或短路情况的不同，造成故障测距结果偏差较大，如果能够通过对每一次跳闸进行专业技术分析，能够从中发现设备或者跳闸上的问题，能够指导运营单位进行缺陷处理或者技术改进，对于提高故障测距的准确性有着积极的意义。

作者简介

苏旭磊，中国铁路成都局集团有限公司成都供电段，成都东变配电车间主任，工程师

牵引供电系统高阻接地故障保护

傅　祺

摘　要：牵引供电系统发生高阻接地故障时的故障电流很小，常规过电流保护装置无法可靠检测。本文介绍了高阻接地故障的主要特征、保护动作不灵敏的原因、电流增量保护的基本原理、增量保护实际应用情况以及整定设置需注意的要点。

高阻故障可分为接地和不接地两种情况，接地故障的次数在所有故障中占绝大部分。不接地高阻故障，例如接触网断线未接地的情况，由于可检测的电流很小，现有的牵引供电保护装置很难感知这类事件。本文主要对牵引网高阻接地故障检测、判别和保护进行探讨。

1　牵引网高阻接地故障电流与牵引负荷电流的不同

牵引网发生高阻接地故障时，故障电流很小，故障电压降低少，其测量阻抗较常规故障时的测量阻抗要高数倍至十数倍，常规过电流保护装置无法可靠检测，阻抗保护也不能正确动作。高阻接地故障还表现出随机性，电流水平不稳定、波动大，反映高阻接地故障的故障量不明显，不易与移动取流，负荷电流大小随时变化，谐波含量丰富的交流牵引负荷相区分的特点，导致保护动作不灵敏。

宝成线沙溪坝变电所发生高阻接地故障跳闸的故障录波（如图 1 所示）：在本来有机车取流的情况下，发生高阻接地短路跳闸，在短路瞬间，电流由 420 A 左右突增到 800 A 左右，前后波形之间的突变量达到 380 A，波形整体平滑，谐波含量为 14.6%，但是因为高阻接地故障前线路中有机车运行，谐波含量中二次谐波和三次谐波占比较大，可以认为谐波大部分是由机车负荷造成的。这次短路跳闸的原因经查明是居民钓鱼时抛甩钓鱼线造成的异物侵界，很好地体现出了高阻接地短路电流小，电压降低少（短路电压 22 kV），不易于机车负荷电流区分的特点。如果整定过大保护会失去灵敏性，如果整定过小，又会使保护容易误动，失去选择性。

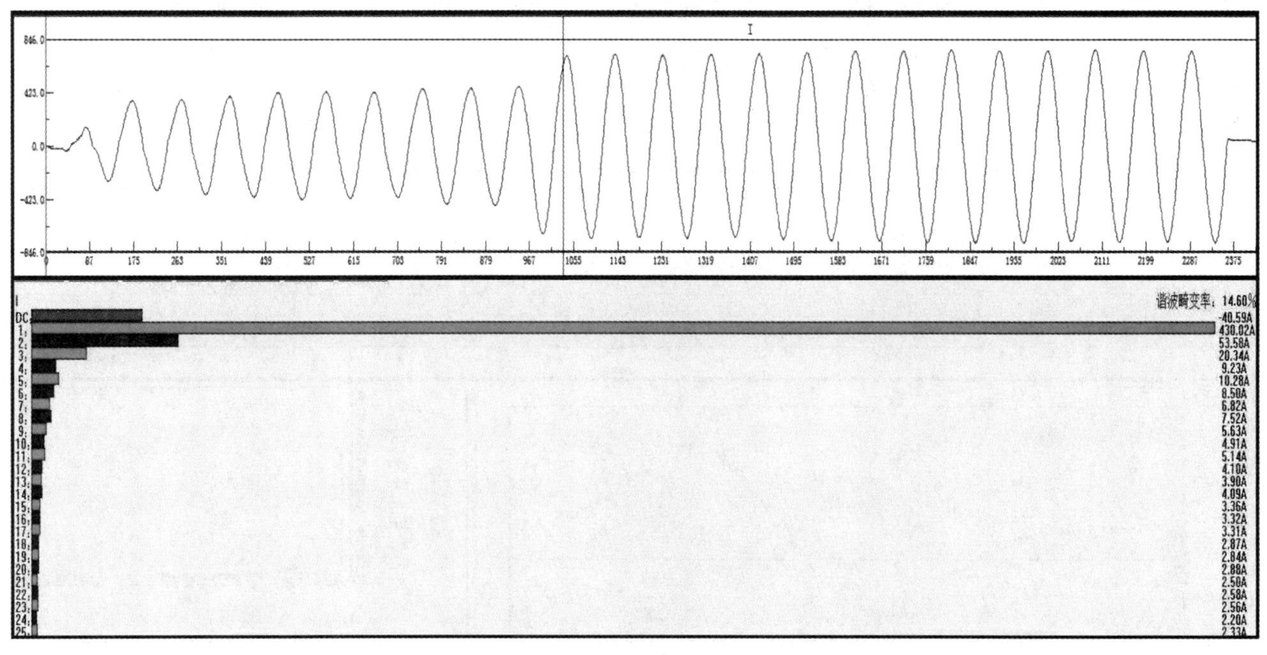

图 1　高阻接地保护故障电流采样曲线及谐波分析

由这个例子我们可以看出区分出高阻接地故障电流与交流牵引负荷电流的不同之处，是解决高阻接地故障保护动作灵敏性、选择性问题的根本途径。

以高铁变电所内江北变电所，贵阳北变电所的录波检测分析结果为例，我们分三种情况来研究高阻接地故障电流与高铁交流牵引负荷电流的不同之处：

首先电力机车正常运行工况下，如图 2 所示，取流曲线是平缓的，电流有变化也是渐变的，谐波含量低(不到 10%)，波形平滑、完整。而对比图 1 高阻接地故障发生时电流虽小，但是在短路瞬间前后波形之间的突变量还是比较大的。可以采用突变量大小来区分高阻接地故障电流与交流牵引负荷电流。

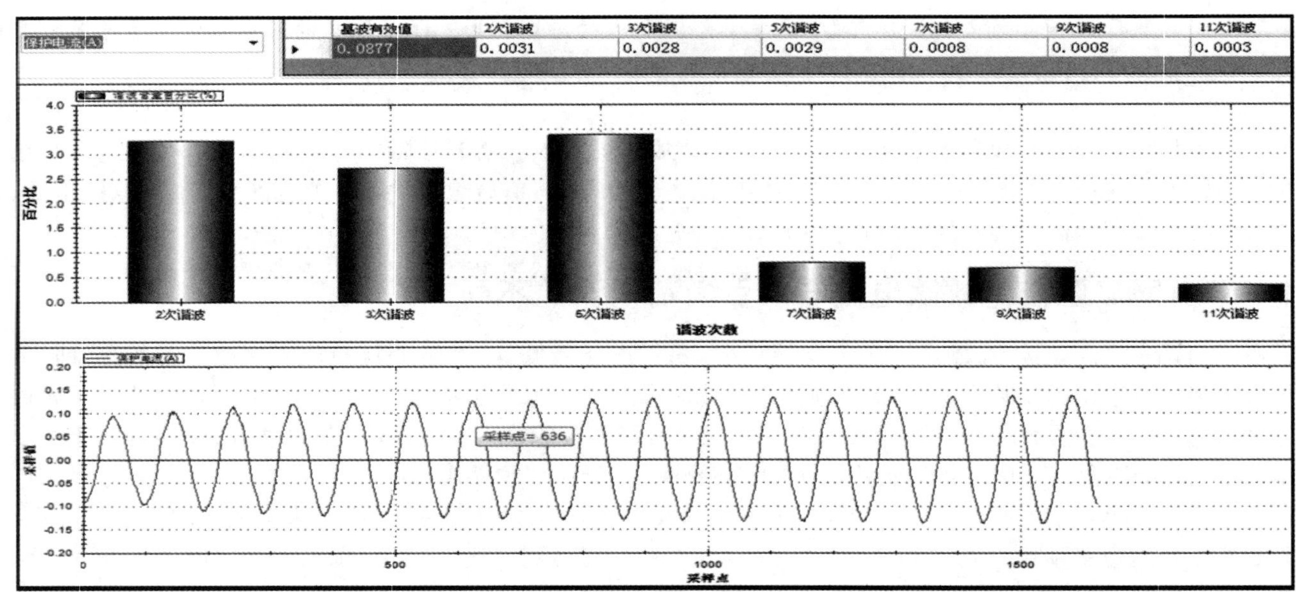

图 2　机车正常取流采样曲线及谐波分析

电力机车启动工况下，如图 3 所示，合闸时的机车变压器励磁涌流造成电流冲击比较大。目前我们测试到的最大电流突变量达到前后两个周波增加 264.96 A，故障初始 2 周波谐波含量高，二次谐波含量达到 59.72%，三次谐波的含量为 12.307%。故障 2 周波波形不完整。故障 2 周波后，励磁涌流衰减，波形基本平滑、完整，二次谐波含量降低，三次谐波反而增加，超过 15%。电力机车启动的合闸励磁涌流含有一定量的高次谐波，尤其是大量的二次谐波，使励磁涌流波形出现明显的单侧尖顶波，这个电流增量很明显是由机车启动造成的。

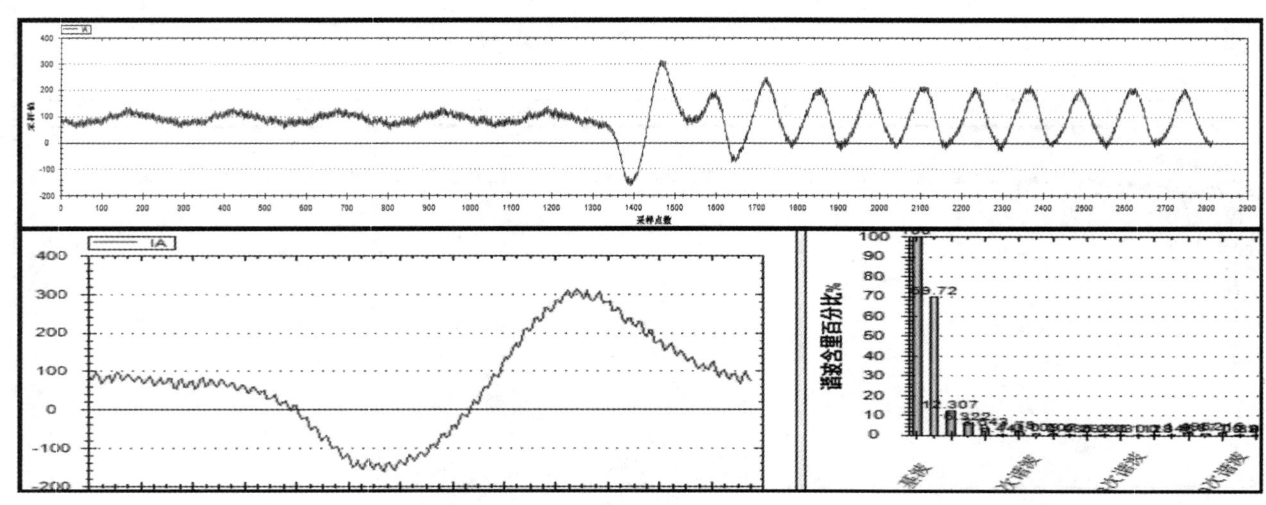

图 3　机车启动取流采样曲线及谐波分析

二次谐波含量是高阻接地短路电流和机车启动负荷电流的不同之处，不过机车启动电流的二次谐波基本上两个周波就衰减了，因此这种情况可以用延时或者二次谐波闭锁的方式实现保护的选择性。

电力机车突然加速进级工况下，如图4所示，取流曲线会有突变，通常这时的电流增量比机车启动增量值小，谐波含量小，波形平滑。这种情况，只要设置可靠的整定值大小，也可以实现保护的选择性。

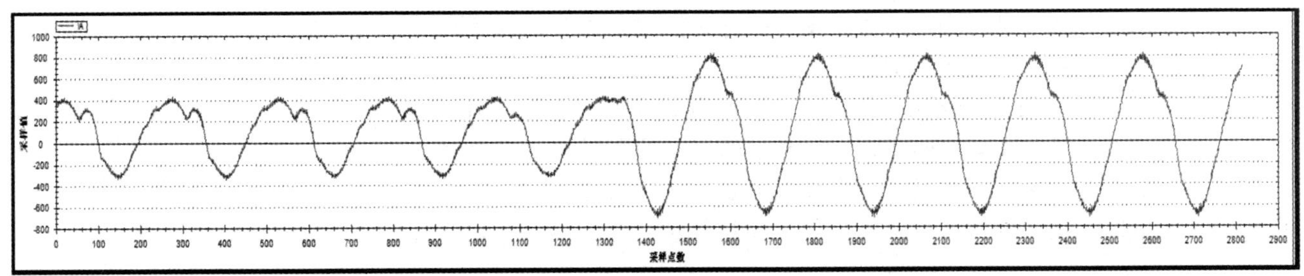

图4　机车加速取流采样曲线及谐波分析

铁路牵引负荷电流与高阻接地电流的区别主要是电流突变量大小和谐波含量。对普速铁路，相较高速铁路运用交直交机车，运行时谐波含量较低的情况，普速铁路采用交直机车较多，交流牵引负荷电流与高阻接地电流的区别也主要是电流突变量大小和谐波含量，只是机车正常运行负荷电流中的三次，五次谐波含量很高，更有利于保护装置谐波抑制功能的运用。

2　增量保护的原理

为防止发生高阻接地故障阻抗时，阻抗保护、电流速断保护拒动，增量保护（高阻接地保护）成为牵引网保护的有力补充。电流增量取的是故障电流同故障前一周波电流的差，当电流中的高次谐波含量达到整定值时，高次谐波抑制保护动作，其抑制动作方程如图5所示：

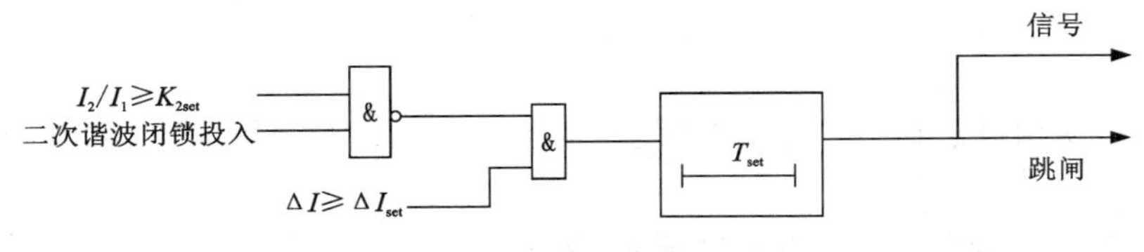

图5　电流增量保护原理框图

图中：

I_1、I_2、I_3、I_5：基波、二次、三次、五次谐波电流有效值；

ΔI_{set}：电流增量保护整定值；

K_{2set}：二次谐波含量整定值；

ΔI：电流增量值（当前时刻基波电流和两周波前基波电流差值）。

考虑综合谐波抑制元件，ΔI 的算法为：

$$\Delta I = I_{1q} - I_{1h} - K_{235} I_{1h}$$

式中：I_{1q}、I_{1h}为故障前后两时刻基波电流；

$K_{235} = (I_2 + I_3 + I_5)/I_1$ 为综合谐波含量。

从保护原理上分析，在正常负荷时，考虑电力机车负荷和线路的感性，以及负荷的畸变，谐波含量较大，基波含量较小，而电流在两三个周波内激增的电流值也较小，而且持续时间不会太长；在高阻接地故障时，即使电弧电阻很大时，电流突增量较大，谐波含量小且一直持续下去，增量保护能够很好地区分出负荷和高阻接地短路的区别，实现选择性跳闸。

3 增量保护的设置

针对高阻短路的特征及高阻接地短路电流与负荷电流的区别，可以将增量保护整定设置为：

整定值：根据目前测到的最大电流突变量，将增量保护电流整定值设置为普铁 240 A，高铁 300 A。根据线路具体情况有些特殊区段需要根据实际情况调整。

时限：为躲过机车启动励磁涌流，我们将时限整定为 0.5 ~0.6 秒。

综合谐波抑制系数：整定为 15% ~20% 。

鉴于高铁主要采用交直交机车，运行中谐波含量很低，新研发增量保护已经取消了综合谐波抑制，采用二次谐波闭锁，但是我局目前运行的保护装置还是采用综合谐波抑制。

需要注意的是很多保护装置增量保护还设置有一个小电流突变量启动门槛值，电流突增量超过设定值才会进入增量保护启动通道，否则不会启动增量保护，这个小电流突变量的设定值必须合理设置。

4 实际应用

牵引网发生高阻接地故障时，增量保护起到了很好的补充作用，对过电流保护和阻抗保护延伸不到的区域起了很大作用。表 1 中几次典型跳闸过度电阻都较大，短路电流较小，如果用常规的过电流保护和阻抗保护，会造成保护无法动作。

表 1 高阻接地增量保护正常动作

线别	所别	线路性质	电压/kV	电流/A	角度/°	电抗/Ω	电阻/Ω	跳闸原因
宝成线	沙溪坝变电所	普速直供	22.69	1259.89	10.5	3.14	17.74	蝙蝠侵界造成短路跳闸
成昆线	新凉变电所	普速直供		610	8.8	6.72	43.12	路外人员误攀登接触网支柱引起跳闸
成昆线	乐山北变电所	普速直供	28.44	570	356.5	-3.04	49.8	机车带电闯分相
渝贵线	商桥变电所	普速直供	27.717	675	41.22	2.08	41.17	飞鸟短接绝缘

同时，运行中增量跳闸也遇到很多误动的问题，对此进行了梳理分析，希望能给牵引变电所增量保护整定提供一些经验。

表 2 中的三次跳闸是比较有代表性的角度值 80 多度的跳闸，经过与跳闸时间段供电臂机车负荷情况对比，基本可以判断为机车励磁涌流造成增量保护误动。原因是整定初期，对动作时限要求过短，只有 0.1 ~0.2 s，导致保护动作未能躲过机车涌流，重新整定为 0.5 s 后，这种情况就很少见了。但理论上多机同时取流造成供电臂涌流叠加，时间延长的情况还是有可能发生，这就需要谐波闭锁功能可靠运行了。这几个例子也说明时限设置为 0.5 ~0.6 s 时，电流增量保护定值才有下调空间，如果用增大定值得方法来躲过励磁涌流，就会造成保护动作的灵敏性变差。

表 2 机车涌流造成增量保护误动作

线别	所别	线路性质	电压/kV	电流/A	角度/°	电抗/Ω	电阻/Ω	跳闸原因
成昆线	普雄变电所	普速直供	26.809	336	86.9	79.57	4.40	增量保护时限 0.1 S，造成误动作，整定为 0.5 S
宝成线	德阳变电所	普速直供		269.75	83.98	99.03	10.35	
成渝客专	荣昌北变电所	高铁 AT	26.97	369	83.7			

表 3 中的跳闸是在大负荷时并列运行倒馈线，或者大负荷情况下操作分区所并联开关，导致负荷突然转移加载，使增量保护误动作的情况。这就要求供电调度或值班人员在倒闸操作之前必须确认线路负荷情况，一定要在无负荷情况下进行操作。

表 3　调度操作造成保护装置误动

线别	所别	线路性质	电压/kV	电流/A	角度/°	电抗/Ω	电阻/Ω	跳闸原因
沪昆线	马场变电所	普速直供	22.96	389.1	37.68	36.48	46.57	上下行供电臂上各有 3 列车在运行，馈线大负荷时调度操作分区所上下行并联时，负荷较大供电臂分流至负荷相对较小供电臂引起增量保护动作

在枢纽地区，供电臂之间装设分段器的，机车过分段器时，负荷会突然转移，导致馈线电流瞬间上升，增量保护动作跳闸。表 4 中的跳闸就是这种原因引起的。这种情况下，只有适当放大增量保护定值来避免误动。

表 4　机车过分段造成增量保护误动

线别	所别	线路性质	电压/kV	电流/A	角度/°	电抗/Ω	电阻/Ω	跳闸原因
成都枢纽	成都北编开闭所	普速直供	26.5	257.94	357.3	-5	100.69	10560 次列车过 H08#分段绝缘器时，负荷瞬间从分段两端的成都北下行到达场供电臂转移到成都北上行出发场供电臂，造成成都北上行出发场供电臂增量保护动作跳闸

5　结束语

目前对高阻接地故障保护的研究还是远远不够的，既要实现保护的选择性，又要确保保护的灵敏度，这需要保护厂家和运行单位共同努力。增量保护对测量时间、测量精度、运算时间、谐波分析能力要求较高，许多保护装置在功能上还有测量和运算上不能满足要求的情况，无法实现增量电流准确检测，或者无法正确闭锁综合谐波，这也是造成增量保护误动较多的原因之一。另外牵引负荷运行情况千变万化，很多特殊情况不是短时间的录波检测就能分析得到的，还有很多未解之谜，需要我们用更先进的检测设备、检测手段进行长期的跟踪观察，要科学地解决问题还需要我们持之不懈的努力。

参考文献

[1] 李勇. 基于支持向量机的牵引供电系统高阻接地故障诊断方法[J]. 中国铁路，2016(3)：26－30.
[2] 王浩民. 大秦线牵引供电系统高阻接地问题探讨[J]. 科技情报开发与经济，2009，19(28)：157－159.
[3] 高仕斌. 高速铁路牵引供电系统新型保护原理研究[D]. 成都：西南交通大学，2004.
[4] 孙兴虎. 牵引网保护整定计算的探讨[J]. 电气化铁道，2019，30(s1)：119－124.

作者简介

傅祺，中国铁路成都局集团有限公司供电部，高级工程师

新建铁路线重载列车试验牵引供电数据分析探讨

李学山

摘　要：通过对新建瓦日线重载铁路组合万吨和单元万吨试验列车通过期间牵引供电系统运行数据统计分析，从牵引变电所系统容量、主变容量、馈线供电能力等方面进行分析，说明瓦日线瓦塘－临县北区段牵引供电系统能够满足正常供电方式和越区供电方式下开行组合万吨和单元万吨重载列车的条件。

1　概况

中南通道铁路又称瓦日铁路，西起山西省吕梁市兴县瓦塘镇，东至山东省日照港。是我国“十一五”铁路建设重点工程，连接我国东西部的重要煤炭资源运输通道，国家中长期铁路网规划的重要组成部分。该铁路线于2014年12月30日正式建成通车，为双线电气化铁路。中国铁路太原局集团公司管辖瓦塘站至长子南站，正线长度501.417 km，牵引供电系统采用AT供电方式，牵引变电所进线电压等级为220 kV。为充分发挥新建重载铁路线的运输能力，瓦日铁路线计划开行万吨重载货物列车，在万吨重载货物列车开行前，组织进行了重载牵引试验。本文通过对万吨重载试验列车通过时牵引供电数据进行统计分析，判断牵引供电能力是否满足要求。

2　万吨重载货物列车牵引试验概况

2.1　重载试验列车工况

2017年11月13日和23日在瓦日线分别组织了组合万吨货物列车试验和单元万吨货物列车试验。

组合万吨重载货物列车试验，列车编组情况为：HXD2机车主控、HXD1机车从控，总车辆数109辆。试验列车在瓦塘－长子南间开行。单元万吨重载货物列车试验，试验列车编组情况为：HXD1机车本务＋HXD1机车重联，车辆数为97辆(含牵引试验车)。试验列车在瓦塘－长子南间开行。

2.2　牵引供电运行方式

2.2.1　组合万吨货物列车试验时瓦塘－三交间牵引供电运行方式

因前期瓦日线运量较小，为节约牵引电费，避免不必要的浪费，部分变电所退出运行，采取越区供电的方式。以瓦塘－三交间牵引供电系统为例，白文变电所退出运行。康宁分区所、临县北分区所处于越区供电方式同时上下行并联的运行方式，瓦塘AT所、曹家坡AT所、临县隧道AT所上下行并联运行方式。列车运行在瓦塘－三交间共通过3个供电区段(供电臂)：兴县北变电所－瓦塘供电臂、兴县北变电所－白文供电臂、三交变电所－白文供电臂。如图1所示：

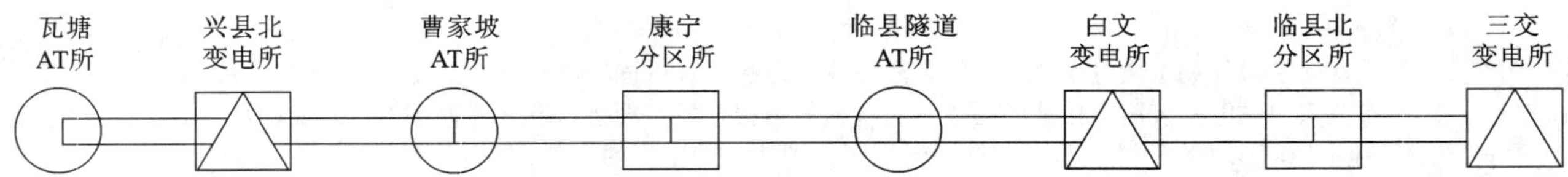

图1　白文变电所退出运行时越区供电方式示意图

2.2.2　单元万吨货物列车试验时瓦塘－三交间牵引供电运行方式

白文变电所主变于11月21日投入运行，白文变电所馈线于11月22日送电，康宁分区所、临县北分区所退出越区供电方式。瓦塘－三交间各所亭处于正常供电方式。康宁分区所、临县北分区所、瓦塘AT所、曹家坡AT所、临县隧道AT所上下行并联运行方式。列车运行在瓦塘－三交间共通过5个供电区段（供电臂）：兴县北变电所－瓦塘供电臂、兴县北变电所－康宁供电臂、白文变电所－康宁供电臂、白文变电所－临县北供电臂、三交变电所－临县北供电臂。如图2所示：

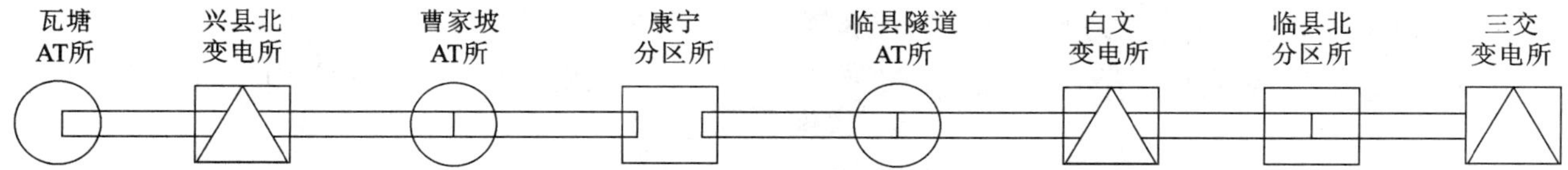

图2　瓦塘－三交间正常运行方式示意图

2.3　牵引变电所设计运行数据

兴县北变电所主变为三相 V/V 接线，其中瓦塘方向额定容量25000 kVA、康宁方向额定容量31500 kVA。220 kV侧额定电流 I_{Ae} 143.18 A、I_{Be} 222.9 A、I_{Ce} 113.64 A；白文变电所主变为三相 V/V 接线，其中康宁方向额定容量25000 kVA、临县北方向额定容量20000 kVA。220 kV侧额定电流 I_{Ae} 90.91 A、I_{Be} 177.51 A、I_{Ce} 113.64 A。

兴县北变电所供电臂设计最大负荷电流：瓦塘方向960 A、康宁方向972 A。白文变电所供电臂设计最大负荷电流：康宁方向998.67 A、临县北方向714.67 A。

3　万吨列车运行供电监测数据

3.1　组合万吨货物列车试验期间供电监测数据

组合万吨货物列车运行在瓦塘－白文区段时，兴县北变电所220 kV进线电压监测值见表1。

表1　兴县北变电所220 kV进线电压监测数据

U_{ab}/kV			U_{bc}/kV			U_{ca}/kV		
MAX	MIN	波动幅度	MAX	MIN	波动幅度	MAX	MIN	波动幅度
228	226.5	0.68%	228.4	225.4	1.36%	229	225.4	1.64%

兴县北变电所220 kV进线电流监测值见表2。

表2　兴县北变电所220 kV进线电流监测数据

I_a/A		I_b/A		I_c/A	
Max	达到额定值	Max	达到额定值	Max	达到额定值
103.2	72%	107.3	48%	102.4	90%

从表1和表2中看出，220 kV进线三相电压波动幅度均小于2%，220 kV三相最大电流均小于主变压器额定电流。

列车运行在瓦塘－白文区段时，兴县北变电所27.5 kV母线电压YMT1、TMF1、YMT2、YMF2波动幅度分别是：3.35%、3.31%、2.36%、1.89%。

列车运行区段馈线电流及电压监测值见表3。

表 3 兴县北变电所馈线电流、电压监测数据

运行区段	供电臂最大电流/A		母线最低电压/V	末端最低电压/V
	ITmax	IFmax	Umin	U2 min
瓦塘 - 兴县北	482	54	27.03	27.13
兴县北 - 白文	634	82	27.34	27.14

3.2 单元万吨货物列车试验期间供电监测数据

单元万吨货物列车运行在瓦塘 - 兴县北 - 康宁区段时，兴县北变电所 220 kV 进线电压监测值见表 4。

表 4 兴县北变电所 220 kV 进线电压监测数据

U_{ab}/kV			U_{bc}/kV			U_{ca}/kV		
MAX	MIN	波动幅度	MAX	MIN	波动幅度	MAX	MIN	波动幅度
231.4	228.1	1.50%	230.7	227	1.68%	230.6	227.7	1.30%

兴县北变电所 220 kV 进线电流监测值见表 5。

表 5 兴县北变电所 220 kV 进线电流监测数据

I_a/A		I_b/A		I_c/A	
MAX	达到额定值	MAX	达到额定值	MAX	达到额定值
94	66%	90	40%	83	73%

从表 4 和表 5 中看出，兴县北变电所 220 kV 进线三相电压波动幅度均小于 2%，220 kV 三相最大电流均小于主变压器额定电流。

单元万吨货物列车运行在康宁 - 白文 - 临县北区段时，白文变电所 220 kV 进线电压监测值见表 6。

表 6 白文变电所 220 kV 进线电压监测数据

U_{ab}/kV			U_{bc}/kV			U_{ca}/kV		
MAX	MIN	波动幅度	MAX	MIN	波动幅度	MAX	MIN	波动幅度
231.4	230.8	0.27%	230.6	229	0.70%	229.9	227.7	1.00%

白文变电所 220 kV 进线电流监测值见表 7。

表 7 白文变电所 220 kV 进线电流监测数据

I_a/A		I_b/A		I_c/A	
Max	达到额定值	Max	达到额定值	Max	达到额定值
38.4	42%	88.4	50%	87.6	77%

从表 6 和表 7 中看出，白文变电所 220 kV 进线三相电压波动幅度均小于 2%，220 kV 三相最大电流均小于主变压器额定电流。

列车运行在瓦塘 - 康宁区段时，兴县北变电所 27.5 kV 母线电压 YMT1、TMF1、YMT2、YMF2 波动幅度分别是：1.27%、1.13%、1.42%、1.20%。列车运行在康宁 - 临县北区段时，白文变电所 27.5 kV 母线电压 YMT1、TMF1、YMT2、YMF2 波动幅度分别是：0.51%、0.62%、1.82%、1.89%。

列车运行各区段馈线电流及电压监测值见表 8。

表 8　变电所馈线电流、电压监测数据

运行区段	供电臂最大电流/A		母线最低电压/V	末端最低电压/V
	ITmax	IFmax	Umin	U2min
瓦塘 - 兴县北	432	92	27.64	27.31
兴县北 - 康宁	524	78	27.77	27.19
康宁 - 白文	270	100	27	26.6
白文 - 临县北	178	52	27.5	27.43

3.3　监测数据分析

万吨重载试验期间，兴县北、白文变电所 220 kV 进线电压波动幅度均小于 2%，电压波动幅度不大。在非越区供电工况下，2 个变电所 27.5 kV 母线电压波动幅度均小于 2%；越区供电方式下，兴县北变电所 27.5 kV 母线电压波动幅度最大为 3.35%。220 kV 系统进线及 27.5 kV 母线电压波动幅度均较小。

万吨重载试验期间，兴县北、白文变电所 220 kV 三相电流最大值 I_A、I_B、I_C 均小于变电所主变额定电流。

万吨重载列车试验期间，供电臂最大电流 634 A 出现在兴县北 - 康宁区段（越区供电工况下），达到该供电臂设计最大负荷电流 972 A 的 65%。正常供电运行方式下，兴县北 - 瓦塘、兴县北 - 康宁、白文 - 康宁、白文 - 临县北 4 个供电臂的最大负荷电流分别是设计最大负荷电流的 45%、54%、27%、25%。

4　结束语

通过对瓦日线两次万吨重载列车试验期间瓦塘 - 临县北区段的牵引供电数据统计分析，可以得出如下结论：一是牵引变电所系统容量、系统电压质量能够满足万吨列车运行的要求；二是兴县北、白文变电所主变容量完全能够满足万吨列车运行要求；三是馈线供电能力满足万吨列车运行需求。瓦日线瓦塘 - 临县北区段牵引供电能力，无论是越区供电还是正常供电方式，均满足开行组合万吨和单元万吨重载列车的要求。

作者简介

李学山，中国铁路太原局集团有限公司大同西供电段，高级工程师

关于兰新高铁AT所、分区所测距装置通道故障情况下的故障距离速算方法

梁军贤

摘　要：本文针对兰新高铁因AT所、分区所测距装置通道故障，造成跳闸数据缺失，故测距离不准确的问题，通过现有的跳闸数据，快速推算出故障距离，用以减少查找故障点的时间。

1　兰新高铁在AT所、分区所测距装置通道故障情况下存在的测距问题

目前，兰新高铁牵引变电所在AT所、分区所测距装置通道故障情况下发生跳闸时，因AT所、分区所测距装置跳闸数据缺失，造成故测距离不准确，不能迅速查找到具体故障地点，给查找具体故障点带来困难。为此，结合现有跳闸数据，快速推算出故障距离，成为急需解决的问题。

1.1　实例说明

2017年9月5日15时08分，南华镇牵引变电所213、214断路器跳闸，距离Ⅰ段保护动作。故测距离为13.86 km，对应公里标K2205+100 m。由于苦水山分区所故障测距装置通道故障，无法采集故测数据，造成跳闸公里标不准确。实际故障点对应的公里标为K2219+100 m，与故测距离相差14 km。

1.2　测距问题

兰新高铁牵引变电所故测装置的测距原理采用吸上电流比值法(在发生接地故障时)，需要采集故障供电臂所带的AT所、分区所的吸上电流。AT所、分区所测距装置通道故障情况下发生跳闸时，AT所、分区所测距装置跳闸数据缺失，造成故测距离不准确，不能迅速查找到具体故障地点，给查找具体故障点带来困难。

2　AT所、分区所测距装置通道故障情况下的故障距离推算方法

在AT所、分区所只有一个所跳闸数据缺失的条件下，先计算出AT所或分区所的吸上电流，然后依据吸上电流判别跳闸区段，再由测距公式推算出故障距离。

2.1　计算吸上电流

依据公式 $\sum I_k = \sum I_{at}$，计算出缺失的AT所或分区所吸上电流。式中 $\sum I_k$ 为牵引变电所上下行馈线电流之和，$\sum I_{at}$ 为牵引变电所、AT所、分区所的吸上电流之和。

具体计算过程：以2017年9月5日南华镇变电所跳闸数据(分区所无数据)为例，进行说明。

南华镇变电所跳闸数据，1#T电流：954 A，1#F电流：895 A，2#T电流：954 A，2#F电流：888 A，吸上电流：121 A。

AT所跳闸数据，1#T电流：198 A，1#F电流：417 A，2#T电流：187 A，2#F电流：31 A，吸上电流：778 A。

$\sum I_k$ =1#T电流+1#F电流+2#T电流+2#F电流

=954+895+954+888

=3691 A；

$\sum I_{at}$ =变电所吸上电流+AT所吸上电流+分区所吸上电流，

则分区所吸上电流= $\sum I_k$ −变电所吸上电流−AT所吸上电流

=3691−121−778

=2792 A。

2.2　判别跳闸区段

由最大吸上电流(I_{atmax})和次大吸上电流($I_{atmax}-1$)初步判断故障区段。

当I_{atmax}在一端时，即在变电所或分区所时，则区段可立即确定。

当I_{atmax}在AT所时，此时需注意变电所吸上电流和分区所吸上电流的数据大小，当其中一个大于另一个较多时，可确定区段，故障即在次大值所在区段。当两者数据相近时，则需考虑供电臂中变电所到AT所区段和AT所到分区所区段长度对电流分布的影响，故障可能靠近AT所，在两侧都有可能。需根据实际情况确定。

如供电臂区段长度大者电流也大，则故障必在此区段，如供电臂区段长者电流稍小，则故障可能发生在AT所两侧，需分头查找故障点。

查看2017年9月5日南华镇变电所跳闸数据：$I_{atmax}=2792$ A(分区所吸上电流)，$I_{atmax}-1=778$ A(AT所吸上电流)，则故障区段必在AT所和分区所之间。

2.3　推算故障距离

故障区段不同，测距公式也不同。

(1)故障区段在AT所和分区所之间时，利用测距公式一推算出故障距离见公式1：

$$L=L_n+D_n/(100-Q_n-Q_{n+1})\times[100\times K_{n+1}\times I_{n+1}/(K_nI_n+K_n+1I_{n+1})-Q_n] \tag{1}$$

式中：L_n为变电所至AT所的距离；D_n为AT所至分区所的距离；Q_n、Q_{n+1}分别为AT所、分区所的AT漏抗(定值为7 Ω)；K_n、K_{n+1}分别为AT所、分区所的电流分布系数(定值为1.0)；I_n、I_{n+1}分别为AT所、分区所的吸上电流。

具体计算过程：以2017年9月5日南华镇变电所跳闸数据(分区所无数据)为例，进行说明。

查阅变电所测距装置定值：L_n为南华镇变电所至AT所的距离(13.86 km)；D_n为AT所至分区所的距离(15.89 km)；Q_n、Q_{n+1}定值为7 Ω；K_n、K_{n+1}定值为1.0。

I_n、I_{n+1}分别为AT所、分区所的吸上电流(778 A、2792 A)。

将以上数值带入测距公式：$L=13.86+15.89/(100-7-7)\times[100\times1\times2792/(1\times778+1\times2792)-7]=27.02$ km

实际故障点的距离为27.7 km。此方法测算出的距离与实际距离的差值为0.68 km，结合调取的视频资料，可迅速查找出具体的故障点，极大提升了故障查找速度。

(2)故障区段在变电所和AT所之间时，利用测距公式二推算出故障距离见公式2：

$$L=2\times L_n\times I_b/\sum I_k \tag{2}$$

式中：L_n为变电所至AT所的距离；I_b为变电所非故障行别电流(T线电流与F电流之和)；$\sum I_k$为变电所上下行馈出电流之和。

具体计算过程：以2017年6月20日木兰城变电所为例，进行说明。

变电所跳闸数据：1#馈线电流=594 A，1#T线电流=363 A，1#F线电流=226 A，2#馈线电流=3466 A，2#T线电流=363 A，2#F线电流=3102 A。可以看出2#馈线电流明显大于1#馈线电流，则1#馈线电流为非故障行别电流。

L_n为木兰城变电所至AT所的距离(13.84 km)。

$$L=2\times L_n\times I_b/\sum Ik$$
$$=2\times13.84\times594/(594+3466)$$
$$=4.06\text{ km}$$

故障测距装置数据：4.04 km。

此方法测算出的距离与故障测距数据的差值为0.02 km。

3　利用Excel表格编辑公式 实现故障距离的快速测算

为便于快速测算出故障距离，可利用Excel表格编辑公式。

通过查阅测距装置定值，可得到L_n、D_n、Q_n、Q_{n+1}、K_n、K_{n+1}的值，事先将L_n、D_n的值输入表格，并输入测距公式，在发生跳闸故障后，只要将I_n(AT所吸上电流)、I_{n+1}(分区所吸上电流)数值输入，便可得出故障距离与公里标，实现故障距离的快速测算。

各变电所依据故障测距公式1、公式2可分别建立馈线跳闸故障距离速测表，在馈线发生跳闸后，计算出AT所或分区所的吸上电流，依据吸上电流判别跳闸区段。跳闸区段在AT所和分区所之间时，利用速测表1推算出故障距离，跳闸区段在变电所和AT所之间时时，利用速测表2推算出故障距离。

表1为利用公式一编辑的故障距离速测表

表1 南华镇变电所馈线跳闸故障距离速测表

L_n	D_n	I_n	I_{n+1}	变电所公里标	测距公式	测距	故障点公里标
15.56	13.99	778	2792	2191.6	$L_n+D_n/(100-Q_n-Q_{n+1})\times[100\times K_n+1\times I_{n+1}/(K_nI_n+K_{n+1}I_{n+1})-Q_n]$	27.56	变电所公里标+(-)测距

表2为利用公式二编辑的故障距离速测表

表2 木兰城变电所馈线跳闸故障距离速测表

L_n	I_b	$\sum I_k$	变电所公里标	测距公式	测距	故障点公里标
13.84	594	4060	2361.6	$2\times L_n\times I_b/\sum I_k$	4.06	变电所公里标+(-)测距

参考文献

[1] 天津凯发电气股份有限公司.牵引供电综合自动化系统技术文档[Z].天津：天津凯发电气股份有限公司，2014.

作者简介

梁军贤，中国铁路兰州局集团有限公司嘉峪关供电段，车间副主任，助理工程师

关于隔开误动作的分析及整改措施

李晋永　刘亚伟

摘　要： 隔离开关作为牵引变电所重要的供电设备，确保隔离开关不因误动造成接触网停电是一项重要工作。本文通过对隔离开关因为保护装置导致隔开误动作的一起案例，对如何改进进行可行性分析及应用。

本文就我单位长垣变电所因电调远方操作馈线隔离开关停电时，隔开未分开的情况，现场检查隔开，电调远方再次进行操作隔离开关出现合－分－合的情况进行原因分析及整改，确保牵引变电所设备可靠供电。

1　问题发现过程

2020 年 4 月 21 日 09 时 06 分电调对长垣变电所 214 馈线停电时出现 2141GK 远动无法分闸的情况见表 1：

表 1　故障表

17	2020－4－21 09:07:33.380	长恒_牵引变电所	27.5 kV	单控	2141 隔开	分 选择	樊相举
18	2020－4－21 09:07:10.650	长恒_牵引变电所	27.5 kV	单控	2141 隔开	分 选择	樊相举
19	2020－4－21 09:07:10.650	长恒_牵引变电所	27.5 kV	单控	2141 隔开	分 选择	樊相举
20	2020－4－21 09:07:10.650	长恒_牵引变电所	27.5 kV	单控	2141 隔开	分 选择	樊相举
21	2020－4－21 09:07:10.650	长恒_牵引变电所	27.5 kV	单控	2141 隔开	分 选择	樊相举
22	2020－4－21 09:07:10.650	长恒_牵引变电所	27.5 kV	单控	2141 隔开	分 选择	樊相举
23	2020－4－21 09:07:10.650	长恒_牵引变电所	27.5 kV	单控	2141 隔开	分 选择	樊相举
24	2020－4－21 09:07:10.650	长恒_牵引变电所	27.5 kV	单控	2141 隔开	分 选择	樊相举

如表 1 所示电调连续两次操作 2141 隔开均未执行命令。随即检修组前往现场对隔离开关进行检查。现场办理工作票检查后，发现停电时因为远动通道短时不通，通讯管理机未接收到操作指令，导致隔开无法操作。

现场在本体及保护测控盘上进行 15 次左右分合正常后，申请电调远方进行操作，当电调远方进行隔离开关合闸时出现一次合－分－合情况，再次对隔离开关操作时执行命令正确，开关动作正常（见图 1）。

2　原因分析

经过对现场截取报文，查看调度端的操作信息，检测现场通道质量等工作。分析认为是现场远动通道质量不好，通道时通时断，造成了通讯下发、上送报文丢失，保护装置遥控预置继电器没有接收到正确的命令无法撤销，从而造成了遥控分合继电器同时动作的情况。

3　优化方案

经询问管内各变电所亭，焦作、获嘉变电所均出现过此情况；郑州局集团公司安阳综合段沙浴变电所因为隔开出现上述情况造成接触网停电。为确保隔离开关可靠动作，对天津凯发综合自动化系统进行系统优化。

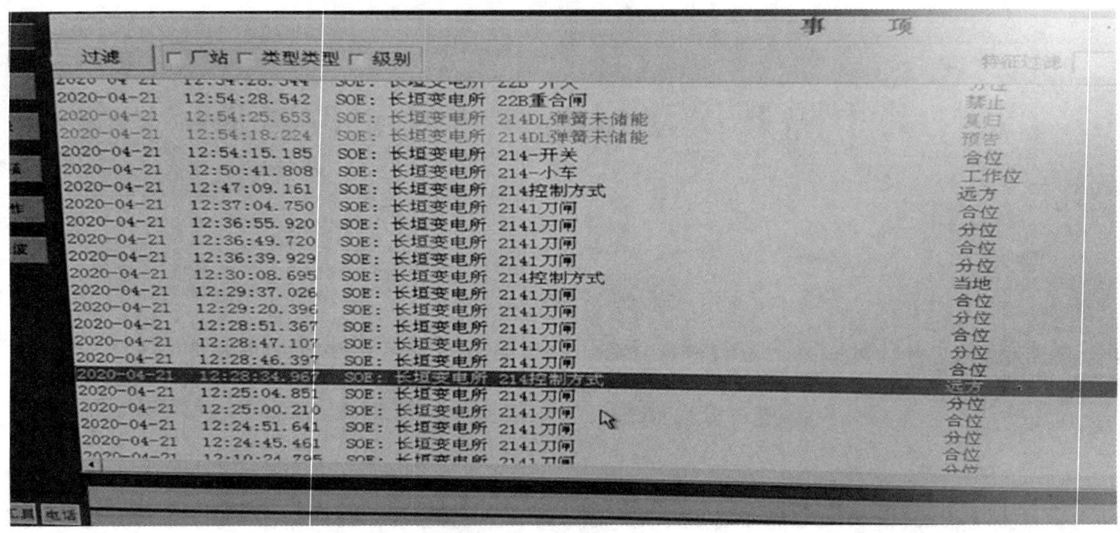

图 1　优化方案图

4　整改措施

4.1　建议加强远动通道质量的检查。避免现场远动通道时通时断对正常通讯报文产生干扰的情况。

4.2　加强调度端操作流程。遥控的过程分为：遥控选择(成功或超时)、遥控执行(成功或超时)；当选择超时后，可以进行一步遥控撤销，将原先选择的继电器首先撤销掉，然后再进行重新的遥控操作。因为调度端如果下发了遥控选择分的命令，而综自系统也接收到了遥控选择分的报文，遥控分继电器动作，并给调度端回复遥控选择成功的报文，但此时通道中断，造成了调度端没有接收到遥控选择成功的报文，超过延时后，调度端显示遥控选择超时。调度端可能就进行其他开关的操作。造成了综自装置没有收到任何的报文命令，遥控分继电器一直保持的情况。如果遥控选择超时，当通道恢复后，调度操作人员可以对上一次选择超时的开关进行一次遥控撤销后，再进行正常的遥控操作也可以避免此类事件的发生。

4.3　为减少调度端的操作负担，综自系统也修改远动规约程序。当遥控选择 30 S(时间可以与主站厂家进行协商)内没有遥控执行或遥控撤销的报文下发。综自系统的通讯管理机自动下发遥控撤销报文，撤销原先动作预置继电器。从而保障不多次出现分合开关情况的发生。但是如果选择某一个开关失败后，30 S 内(从选择那一刻计时 30 S)不能再对另一个开关进行选择。否则综自通讯管理机无法对保护装置发送自动撤销报文。

5　结束语

隔离开关是否可靠运行，对牵引变电不间断供电有着重要意义。针对本文所说情况，现场值班人员应急能力薄弱的现状，将综合自动化系统进行升级，可以将隔离开关误动缺陷消除，确保不因开关误动造成接触网停电，保障铁路运输正常有序。

作者简介

李晋永，中国铁路郑州局集团有限公司新乡供电段新乡变电车间，高级技师

刘亚伟，中国铁路郑州局集团有限公司新乡供电段，助理工程师

牵引变电所主变差动保护试验浅析

曾　嶒　郭海涛

摘　要： 针对当前牵引变电所主变差动保护误动，导致接触网非正常停电，影响高速铁路行车的现象，本文提出一种基于“熟悉装置、定值计算、装置校验、核图校线、整组试验”的差动保护试验“五步法”，拟通过一套系统有效的试验方法，验证主变差动保护功能的正确性，保障牵引网可靠供电。

0　引言

当前，我国铁路已进入全面电气化阶段，高速铁路网呈八横八纵之势逐渐铺开，高速列车的正点运行成为人们一直以来关注的焦点。牵引变电所作为牵引网供电的枢纽，在牵引供电系统中的作用至关重要。牵引变压器作为变电所的核心，发挥着传输电能的重要作用，而作为变压器主要保护的差动保护，是保证变压器安全稳定的关键。因此，研究差动保护，对确保牵引变压器可靠运行具有重要意义。

1　背景

近年来，集团管内发生过多起由于主变压器差动保护误动作，导致牵引网停电，影响行车的事故。由于现场条件所限，新建牵引变电所交接验收时无法带负载进行，特别是调试、试运行期间不能按设计要求满负荷运行，变压器差动保护接线错误、定值错误等隐患不能及时发现，导致线路开通后引发事故。因此，本文将从差动保护的原理出发，提出一种贴合现场实际，具有普遍可操作性的差动保护试验方法。

2　差动保护原理

差动保护是基于流入电流互感器两端的电流矢量差，对达到设定的动作值时启动动作元件的一种保护方式，作为牵引变压器的主保护，其动作特性分为三段，即差动速断动作区、比率差动动作区和制动区，如图 1 所示。

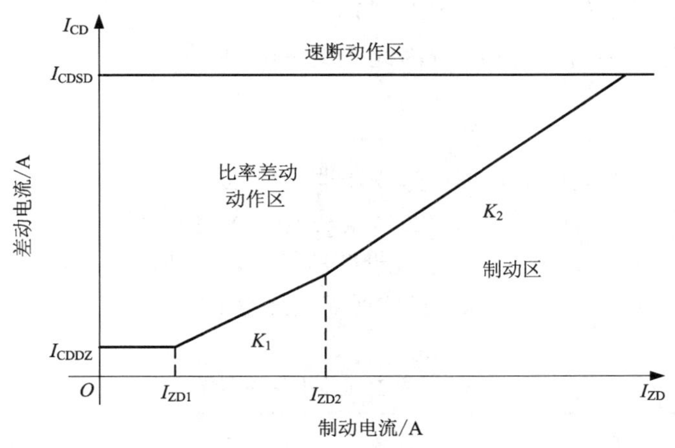

图 1　比率差动保护动作特性

图 1 中，横坐标为制动电流，纵坐标为差动电流，I_{CDSD}为差动速断电流，I_{CDDZ}为比率差动动作电流，I_{ZD1}为一段比率制动电流，I_{ZD2}为二段比率制动电流，K_1为一段比率制动系数，K_2为二段比率制动系数。

差动电流与制动电流计算公式如下：

差动电流（公式 1）：

$$
\begin{aligned}
I_{ACD} &= |I_A - K_{A\alpha}I_\alpha| \\
I_{BCD} &= |I_B - (K_{B\alpha}I_\alpha + K_{B\beta}I_\beta)| \\
I_{CCD} &= |I_C - K_{C\beta}I_\beta|
\end{aligned} \tag{1}
$$

制动电流(公式 2):

$$
\begin{aligned}
I_{AZD} &= \frac{1}{2}(I_A + K_{A\alpha}I_\alpha) \\
I_{BZD} &= \frac{1}{2}[I_B + (K_{B\alpha}I_\alpha + K_{B\beta}I_\beta)] \\
I_{CZD} &= \frac{1}{2}(I_C + K_{C\beta}I_\beta)
\end{aligned} \tag{2}
$$

式中:I_A、I_B、I_C 分别为高压侧流入保护装置的电流,I_α、I_β 分别为低压侧流入保护装置的电流,$K_{A\alpha}$、$K_{B\alpha}$、$K_{B\beta}$、$K_{C\beta}$分别为高低压侧对应相的电流平衡系数。

3 差动保护试验方法

3.1 熟悉装置

保护装置是整个保护系统的核心,不同厂家的装置逻辑功能略有不同,通过翻阅保护装置说明书,是掌握差动保护原理(包括接线方式(如图 2 所示)、平衡系数计算(公式 3)等)最直接、最有效的方式。

$$
K_{Aa} = \frac{\eta_{LH\alpha}}{K \times \eta_{LHA}} \tag{3}
$$

其中 K 为变压器变比,对于 110 kV 变压器,此数值为 4,对于 220 kV 变压器,此数值为 8。η_{LHA}、$\eta_{LH\alpha}$分别为高低压侧电流互感器的变比。

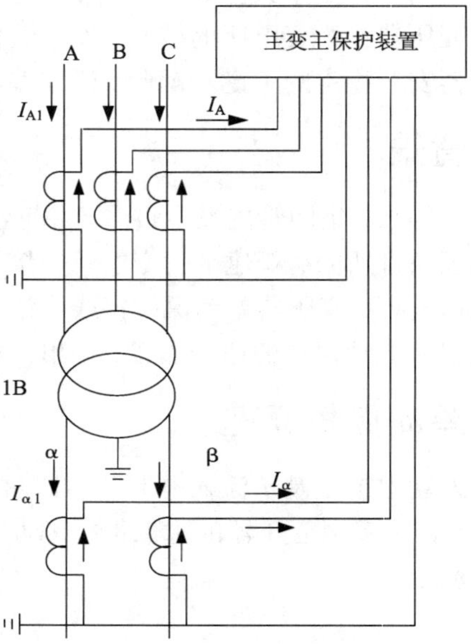

平衡系数是高压侧流入保护装置电流与低压侧流入保护装置电流的比值,由变压器类型、变压器变比、电流互感器接线系数、高低压侧电流互感器变比等因素决定。

计算平衡系数时应考虑高低压侧电流互感器的接线系数,当流互采用星型接线时,接线系数为 1,当采用三角形接线时,接线系数为$\sqrt{3}$,由于管内流互多为星型接线,因此本文讨论中取接线系数为 1。

主变主保护装置
A B C
I_{A1}
I_A
1B
α
β
$I_{\alpha 1}$
I_α

图 2 差动保护接线

3.2 定值计算

实际运行中,差动电流和制动电流根据流过变压器高低压侧的电流计算求得,而做保护试验时则相反,已知差动电流和制动电流,反推高低压侧需要加的电流值。由于差动保护原理与其他速断、过流保护不同,设计院制定的整定值表(如表 1 所示)中的数据不能直接在试验中使用,因此,要在试验前计算出做保护试验所需的加量值。

表 1 主变压器主保护定值

保护类型	A 相	B 相	C 相
差动速断电流值/A	11.9	22.5	14.5
比率差动电流值/A	2.3	4.5	2.9
一段比率制动电流/A	2.3	4.5	2.9
二段比率制动电流/A	6.9	13.5	8.7

续表 1

保护类型	A 相	B 相	C 相
一段比率制动系数/A	0.5	0.5	0.5
二段比率制动系数/A	0.75	0.75	0.75
二次谐波制动系数/A	0.15	0.15	0.15
平衡系数：Aα：1　Bα：-1 Bβ：-1　Cβ：1			

以 A 相为例，将一段比率制动电流 2.3 A，二段比率制动电流 6.9 A，差动保护电流 2.3 A，差动速断电流 11.9 A，一段比率制动系数 0.5，二段比率制动系数 0.75，代入比率差动保护的动作特性，画出动作特性图如图 3 所示。红线所包围的区域为比率差动保护动作区域，线段 AB、BC、CD 分别为比率差动的动作边界。做保护试验时，在 AB 上选 1 个点，在 BC、CD 上选择几个点(可选 2 个，选择的点越多，验证得越准确)，验证保护装置在边界条件下是否可靠动作。由所选点的差动、制动电流，结合平衡系数，根据公式 1、公式 2 计算出高低压侧需要加的电流值，形成电流加量表，如表 2 所示。

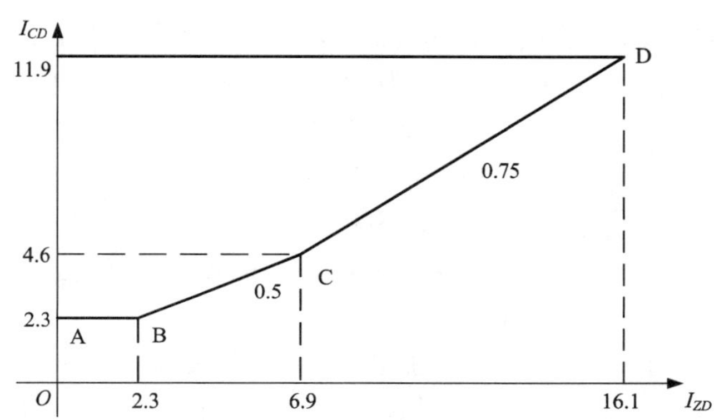

图 3　代入数据后的动作特性

表 2　比率差动保护试验电流加量表

		差动电流/A	制动电流/A	高压侧 A 相电流/A	低压侧 α 相电流/A	高压侧 B 相电流/A
AB	①	2.3	1.15	2.3	0	0
BC	②	3.2	4.1	5.7	2.5	-2.5
	③	4.4	6.5	8.7	4.3	-4.3
CD	④	6.3	9.2	12.35	6.05	-6.05
	⑤	9.9	13.9	18.85	8.95	-8.95

根据公式 1 可知，当在低压侧 α 相加电流时，高压侧 B 相将产生差动电流和制动电流，为防止 B 相保护误动，需要在高压侧 B 相施加一个平衡电流，抵消 B 相的差动电流，或者将 B 相差动保护退出。表 2 中高压侧 B 相的负电流可通过将电流的角度设置成 180°(A 相和 α 相电流 0°)来实现。

3.3　装置校验

当满足动作条件时，保护装置是否按照说明书中的原理正确启动，驱使断路器可靠动作，验证装置的可靠性显得尤为必要。

试验时，采用多功能微机继电保护测试仪(如图 4 所示)，分别引出三相电流接入保护装置的高压侧 A 相、B 相、低压侧 α 相采样回路，如图 5 所示。以表 2 中 BC 段的②号点为例，仪器参数设置为：A 相电流 5 A，角度 0°，加量步长 0.1 A，α 相电流 2.5 A，角度 0°，B 相电流 2.5 A，角度 180°，当在装置内加入以上电流量后，由于差动电流未达到整定值，保护可靠不动作。按 0.1 A 的步长缓慢增加 A 相电流，由 5.6 A 加到 5.7 A 时，保护装置发出故障报文，断路器可靠动作，证明在②号点保护动作正常。同理，验证装置在其他点的动作可靠性，选取的点越多，验证结果越准确，当选取的点均动作无误时，可确定装置的比率差动保护动作特性正确。

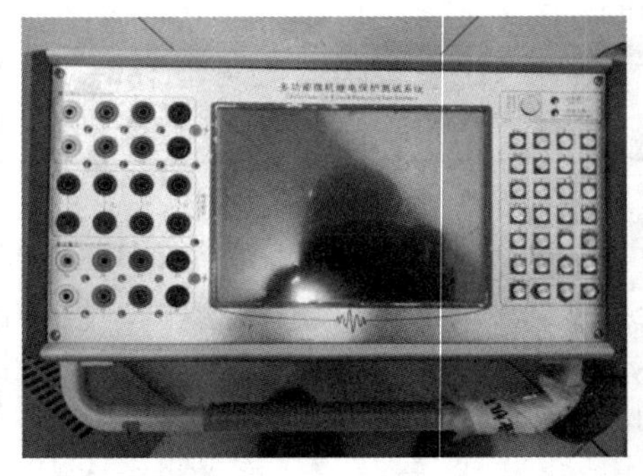

图 4 多功能微机继电保护测试仪

图 5 端子排接线

为防止励磁涌流引起保护误动，装置一般设置二次谐波闭锁比率差动保护，当差动电流的二次谐波含量大于整定值时，闭锁比率差动保护，其闭锁判据如公式 4 所示：

$$\begin{cases} I_{\mathrm{ACD2}} \geqslant K_{22} \times I_{\mathrm{ACD}} \\ I_{\mathrm{BCD2}} \geqslant K_{22} \times I_{\mathrm{BCD}} \\ I_{\mathrm{CCD2}} \geqslant K_{22} \times I_{\mathrm{CCD}} \end{cases} \tag{4}$$

式中，I_{ACD2}、I_{BCD2}、I_{CCD2}分别为 A、B、C 三相差动电流中的二次谐波电流，K_{22}为 2 次谐波含量整定值，一般为 0.15。

以图 3 中 AB 段①号点为例，在高压侧 A 相加电流，设置基波电流 2.3 A 固定不变，二次谐波含量为 0.2，以 0.01 的步长每 1 s 递减，开始加量时差动保护不动作，当经过 6 s，二次谐波含量由 0.2 降为 0.14 时，差动保护动作，则二次谐波闭锁有效。

3.4 核图校线

根据主变电流输入回路原理图、高压开关柜端子排图、主变保护测控屏端子排图等，验证从电流互感器本体至开关柜端子排，再到保护测控盘端子排，再到保护装置，这一回路接线是否完整、编号是否与图纸一致、是否存在两点接地，为下一步整组试验奠定基础，同时，也便于后续运行中的检修维护。

3.5 整组试验

由于电流互感器一次侧的电流流向在其安装后不易核对，使得流互极性校验存在困难，同时，设计院与施工单位的沟通不畅，也可能导致现场流互二次侧极性接反或电流平衡系数取反，通过整组试验，可方便地发现这一系列隐患。

差动整组试验的基本原理为：在变压器高压侧保护用的电流互感器外侧接入 380 V 正序电源，变压器低压侧母排或馈线短接接地，验证变压器整个差动回路的正确性，当回路、流互极性、平衡系数均正确时，装置中差动电流为零，制动电流不为零(约 10 - 20 A)，接线示意图如下图 6 所示。

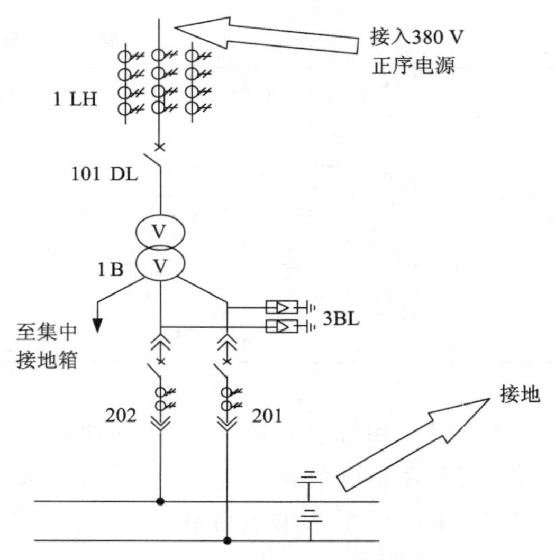

图 6 差动整组试验接线示意图

当前管内 110 kV 侧进线接线方式主要分为户外敞开式和户内 GIS 气室式，现分别予以介绍。

3.5.1　户外敞开式

此种接线方式直观明了，可借助接地线，将黄绿红三相的380 V电源分别加在室外ABC母线上，如图7所示，低压侧分别在α、β母排处短接接地，如图8所示(也可采用馈线接地，如图13所示)。当380 V电源接通，电流由“电源、高压侧流互、101DL、变压器、201(202)DL、低压侧流互、27.5 kV母排、大地、电源”，形成通路。此时，若差动保护回路正常，在保护装置上将显示三相差动电流为0，制动电流不为0(具体数值由电源电压、变压器短路电压百分比、导线电阻等参数决定)，如图9所示。若差动保护回路不正常，某一相流互二次侧接反，或平衡系数取反，则在保护装置上将显示该相差动电流不为0(约为正常时制动电流的2倍)，制动电流为0，如图10所示，图9、图10中的主要电流量如表3所示。

图7　高压侧加380 V电源

图8　低压侧母排接地

当前遥测 1T主变主保护装置|高压侧AB相电压　历史数据

序号	遥测名称	遥测值	更新时间	时间来源	信息地址	CPU号
1	高压侧AB相电压	114.47 kV	2019-03-22 02:16:32.741	装置时间	701H	1
2	高压侧AB相电压角度	0.00 °	2019-03-22 02:16:31.741	装置时间	702H	1
3	高压侧BC相电压	114.65 kV	2019-03-22 02:16:32.741	装置时间	703H	1
4	高压侧BC相电压角度	239.99 °	2019-03-22 02:16:32.741	装置时间	704H	1
5	高压侧CA相电压	114.60 kV	2019-03-22 02:16:32.741	装置时间	705H	1
6	高压侧CA相电压角度	119.83 °	2019-03-22 02:16:32.741	装置时间	706H	1
7	高压侧A相电流	4 A	2019-03-22 02:16:36.741	装置时间	707H	1
8	高压侧A相电流角度	142.52 °	2019-03-22 02:16:36.741	装置时间	708H	1
9	高压侧B相电流	8 A	2019-03-22 02:16:36.741	装置时间	709H	1
10	高压侧B相电流角度	355.49 °	2019-03-22 02:16:36.741	装置时间	70AH	1
11	高压侧C相电流	5 A	2019-03-22 02:16:36.741	装置时间	70BH	1
12	高压侧C相电流角度	203.29 °	2019-03-22 02:16:36.741	装置时间	70CH	1
13	低压侧α相电流	19 A	2019-03-22 02:16:36.741	装置时间	70DH	1
14	低压侧α相电流角度	143.55 °	2019-03-22 02:16:36.741	装置时间	70EH	1
15	低压侧β相电流	22 A	2019-03-22 02:16:36.741	装置时间	70FH	1
16	低压侧β相电流角度	202.96 °	2019-03-22 02:16:36.741	装置时间	710H	1
17	低压侧α相电压	0.00 kV	2019-03-22 02:16:31.741	装置时间	715H	1
18	低压侧β相电压	0.00 kV	2019-03-22 02:16:31.741	装置时间	716H	1
19	进线电压	0.00 kV	2019-03-22 02:16:31.741	装置时间	717H	1
20	A相差动电流	0 A	2019-03-22 02:16:31.241	装置时间	718H	1
21	A相制动电流	4 A	2019-03-22 02:16:33.241	装置时间	719H	1
22	B相差动电流	0 A	2019-03-22 02:16:36.241	装置时间	71AH	1
23	B相制动电流	9 A	2019-03-22 02:16:33.241	装置时间	71BH	1
24	C相差动电流	0 A	2019-03-22 02:16:28.241	装置时间	71CH	1
25	C相制动电流	6 A	2019-03-22 02:16:33.241	装置时间	71DH	1

图9　正常接线时整组试验结果

当前装置:　牵引变电所->1T主变主保护装置　所属网关:

遥 测 | 遥 信 | 遥 控 | 装置信息 | 定 值 | 故障报告 | 事件报告 | 自检报告 | 录波文件 | 历史数据

当前遥测 1T主变主保护装置|高压侧AB相电压　历史数据

序号	遥测名称	遥测值	更新时间	时间来源	信息地址	CPU号
1	高压侧AB相电压	114.38 kV	2019-03-22 02:11:17.741	装置时间	701H	1
2	高压侧AB相电压角度	0.00 °	2019-03-22 02:11:16.741	装置时间	702H	1
3	高压侧BC相电压	114.58 kV	2019-03-22 02:11:17.741	装置时间	703H	1
4	高压侧BC相电压角度	239.99 °	2019-03-22 02:11:17.741	装置时间	704H	1
5	高压侧CA相电压	114.52 kV	2019-03-22 02:11:17.741	装置时间	705H	1
6	高压侧CA相电压角度	119.82 °	2019-03-22 02:11:17.741	装置时间	706H	1
7	高压侧A相电流	4 A	2019-03-22 02:11:25.241	装置时间	707H	1
8	高压侧A相电流角度	322.41 °	2019-03-22 02:11:25.241	装置时间	708H	1
9	高压侧B相电流	8 A	2019-03-22 02:11:25.241	装置时间	709H	1
10	高压侧B相电流角度	355.42 °	2019-03-22 02:11:25.241	装置时间	70AH	1
11	高压侧C相电流	5 A	2019-03-22 02:11:25.241	装置时间	70BH	1
12	高压侧C相电流角度	202.34 °	2019-03-22 02:11:25.241	装置时间	70CH	1
13	低压侧α相电流	18 A	2019-03-22 02:11:25.241	装置时间	70DH	1
14	低压侧α相电流角度	141.84 °	2019-03-22 02:11:25.241	装置时间	70EH	1
15	低压侧β相电流	22 A	2019-03-22 02:11:25.241	装置时间	70FH	1
16	低压侧β相电流角度	202.32 °	2019-03-22 02:11:25.241	装置时间	710H	1
17	低压侧α相电压	0.00 kV	2019-03-22 02:11:16.741	装置时间	715H	1
18	低压侧β相电压	0.00 kV	2019-03-22 02:11:16.741	装置时间	716H	1
19	进线电压	0.00 kV	2019-03-22 02:11:16.741	装置时间	717H	1
20	A相差动电流	9 A	2019-03-22 02:11:22.741	装置时间	718H	1
21	A相制动电流	0 A	2019-03-22 02:11:23.741	装置时间	719H	1
22	B相差动电流	1 A	2019-03-22 02:11:23.741	装置时间	71AH	1
23	B相制动电流	9 A	2019-03-22 02:11:22.741	装置时间	71BH	1
24	C相差动电流	0 A	2019-03-22 02:11:23.741	装置时间	71CH	1
25	C相制动电流	6 A	2019-03-22 02:11:22.741	装置时间	71DH	1

图 10　A 相流互极性接反时整组试验结果

表 3　整组试验主要电流量

电流值	正常时/A	A 相流互接反时/A
高压侧 A 相	4	4
高压侧 B 相	8	8
高压侧 C 相	5	5
低压侧 α 相	19	18
低压侧 β 相	22	22
A 相差动	0	9
A 相制动	4	0
B 相差动	0	1
B 相制动	9	9
C 相差动	0	0
C 相制动	6	6

3.5.2　户内 GIS 气室式

此种方式主接线如图 11 所示，试验时拆除高压侧 1014D 的接地线和该处三相短接螺栓，分别在三相接入 380 V 电源。为保证升压过程安全可控，可在电源回路中串接三相调压器，如图 12 所示。变压器低压侧采用馈线接地法，如图 13 所示，在馈线电缆头前端接地。对于两组线圈容量不等的三相变压器，可分别在 α、β 母排对应的馈线处选择一个接地点，通过控制各自馈线断路器的分合，观察变压器高低压侧及馈线侧电流量、母线电压量，判断变压器大小线圈对应的母排及馈线是否与图纸一致。

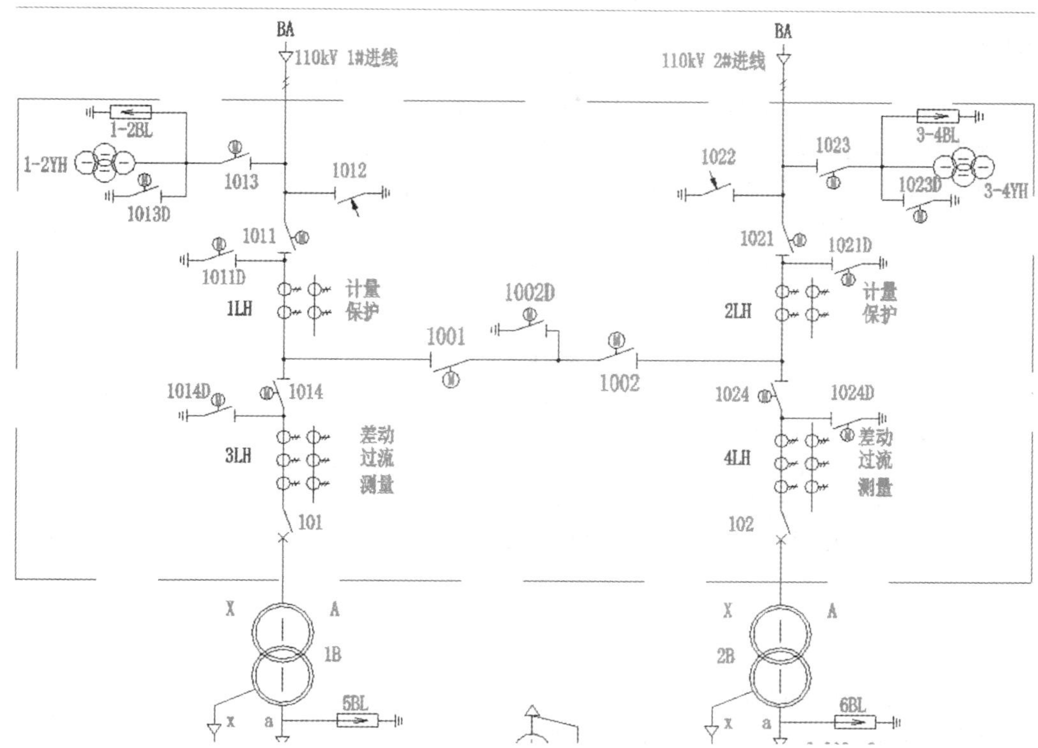

图 11　GIS 气室进线的主接线图

图 12　户内 GIS 气室式高压侧 380 V 电源接线

图 13　馈线处接地

4 结束语

通过以上差动保护试验“五步法”，可验证包括装置逻辑、平衡系数、图纸接线在内的主变差动保护功能的完整性，排除施工中遗留的隐患，提高供电可靠性。

随着新建铁路线路陆续开通，更多的牵引变电所将进行交接验收试验，针对不同接线方式、不同厂家设备等，保护试验方法不尽相同。用理论指导实践，从实践总结经验，经验与理论有机结合，再作用于实践，将成为今后开展工作的主要方向。

参考文献

[1] 刘学军.继电保护原理[M].北京：中国电力出版社，2007.
[2] JDA－301/201 主变主保护装置 V2.0 说明书[Z].成都交大运达电气有限公司.
[3] DK3530 A 电铁变压器差动保护装置技术说明书[Z].天津凯发电气股份有限公司.
[4] XWJK－3100/TD 型铁道配电所自动化系统 WBH－881 变压器主保护测控装置说明书[Z].成都交大许继电气有限公司.

作者简介

曾嶒，中国铁路广州局集团有限公司深圳供电段变配电检修车间，技术员，工程师
郭海涛，中国铁路广州局集团有限公司供电部，副科长，高级工程师

牵引变电所智能辅助监控系统建设方案浅谈

银鹏邦

摘　要： 牵引变电所设备是电气化铁路的重要行车设备，在保障铁路运输安全、提高运输效率、降低运输能耗等方面发挥重要作用。随着修程修制改革，供电系统变配电所将逐步走向“无人值班”；通过建设一套全方位、立体化的智能辅助监控系统，可有效补强无人化后对变配电所设备运行状态的监控和检测，在统筹解决变配电专业缺员矛盾的同时，提高劳动效率。

1　建设总体思路

(1)牵引变电所作为铁路供电的重要设施，稳定供电的重要性不言而喻。通过视频监控子系统、安防子系统、环境监控子系统、门禁系统的建立，组成一套全方位、立体化的智能辅助监控系统；可实现变电所设备状态监控、环境监控、安防报警等功能，达到对变电所运行环境及设备运行状态等实时监控分析及异常告警的功能，从而全面实现变电所施行“无人值班”的目标。

(2)智能辅助系统在满足日常巡视的同时，还可以通过后台软件对摄像头的角度和路径进行预设，形成标准化巡视路线，通过摄像头对设备进行逐一巡视，还可通过视频聚焦对重点设备(如设备线夹、供电线断股等薄弱环节进行巡视)，避免因人为因素造成的漏项，能够及时发现问题进行处理，提高设备质量。

(3)实现供电 SCADA 系统与智能辅助系统的联动。当 SCADA 系统在进行设备操作时，智能辅助系统在获取 SCADA 系统断路器、隔离开关遥控“选取”指令时，能够将视频摄像头自动对焦并将画面切换到操作设备。为了确保 SCADA 系统的信息安全，需要在 SCADA 系统与智能辅助监控系统间部署单向网闸，实现信息的单向隔离，只允许 SCADA 系统向智能辅助监控系统发送信息。

2　视频监控系统

2.1　系统介绍

视频监控子系统主要负责对变电所内主要电气设备及运行环境进行全天候的监控，同时能与其他子系统进行报警联动，满足运行管理对安全、生产的需求。系统既可抓图监控也可进行实时预览。

2.2　系统构成

视频监控子系统主要由热成像摄像机、全景红外高速球机、全景检测摄像机、硬盘刻录机等设备构成，将现场实时画面上传至智能辅助监控系统。视频监控子系统具备以下功能：

(1)红外热成像报警功能。

设备温度是检查变电所设备是否处于正常运行状态的一个很重要参数。变电所内变压器、流互、压互等重要设备可以用热成像摄像机通过非接触方式检测运行中的设备温度和运行状态，可以实时自动巡检运行设备的温度情况；并按智能辅助系统后台预先设定的越限值发出报警信号，从而尽早分析处理，确保设备运行的安全，提高运行人员对设备缺陷的识别能力和预见性。

(2)画面对比报警功能。

对变电所内所有视频监控摄像头进行预设，安装时达到设备全覆盖。智能辅助监控系统应具备画面对比功能，当所内视频摄像头实时监控到的设备状态与前一帧画面发生变化应判别出画面形态发生了变化，智能辅助监控系统应报警，并立刻将画面切换至该设备，并自动对焦。

(3)自动对焦功能。

变电所在通过红外摄像机进行监控过程中，对于不同设备在智能辅助系统后台可以设定不同的越限值，当检测到被控端设备异常时，系统后台能够自动判别异常设备，并进行自动对焦，发现和记录设备异常情况，便于分析和查找原因。

(4)操作追踪功能。

智能辅助系统应能够实现与供电 SCADA 系统的联动。当 SCADA 系统在进行设备操作时，智能辅助系统在获取 SCADA 系统断路器、隔离开关遥控“选取”指令时，能够将视频摄像头自动对焦并将画面切换到操作设备。在进行程控操作时，对所有需要操作的设备通过智能辅助系统对摄像头位置进行预设定，当 SCADA 系统进行“选取”程控卡片后，能够将画面自动切换至操作设备，从而及时确认现场设备的分合闸状态。

3 安防系统

3.1　系统介绍

牵引变电所作为反恐防暴的重要场所，一般建在郊外和一些较偏僻的地方，无人所的建设，需具备安全、可靠的安防报警措施。安防子系统的建立，在实时监控非法人员入侵的同时，还可具备报警功能，进行有效防范。

3.2　系统构成

安防报警子系统主要由报警主机、振动探测器、烟感探测器、声光报警器、电子围栏等设备组成。各设备与报警主机连接，当发生报警时，报警信息能够及时上传给报警主机，同时上传给调度室的智能辅助系统后台，接收到告警信息后分析人员即可迅速做出反应及时处置；并且能联动相关设备(照明灯光、声光报警器等)，对试图入侵者进行威慑，进行有效防范；同时通过智能辅助系统后台软件联动到附近的视频进行监控，用于辅助报警防区的监控、以及过程的记录，事后的分析取证等。

4　动态环境监控系统

4.1　系统介绍

根据变电所的实际需求，配置温湿度传感器、水浸传感器、火灾烟感传感器等环境监测设备，这些环境信息通过动环监控主机实现数据集中上传至智能辅助监控系统后台；并通过辅助监控系统软件设置不同设备区域的温、湿度范围，在超出设备正常运行值后，满足越限报警功能；同时具备与空调、风机、除湿机等设备进行联动的功能。

4.2　系统构成

动态环境监控子系统主要由温湿度传感器、水浸传感器、火灾烟雾传感器等组成，连接至监控主机，同时将数据上传至调度室智能辅助监控系统，具备报警功能。动态环境监控子系统还可通过控制主机与空调、风机、除湿机等设备进行联动，具备自启动/关闭功能，达到加强被控端设备运行管理的目的。

(1)温湿度传感器可实时监控变电所内室外及高压室、主控室等主要设备运行场所温、湿度，实时掌握被控端设备运行环境的同时，可通过控制主机联动高压室、主控室风机、除湿机、空调等设备。

(2)水浸传感器可对变电所内各电缆沟积水情况进行监控，及时掌握连续降雨后所内的排水问题，对个别排水不畅的所，还可安装排水泵，当积水超过设定警戒值后可自启动进行抽水。

(3)火灾烟感探测器检测到火灾时，烟感探测器输出报警信息到视频动环监控主机。主机可根据预置规则联动相应功能：报警信息上传至辅助系统后台，并联动相应的灯光照明，调用视频摄像头，以便运行人员能及时了解现场情况。

(4)变电所内的相关辅助控制设备较多，许多设备都需要在前端实现联动，还需要实现远程控制功能，如远程打开现场风机、红外灯、空调等，通过所内控制主机将变电所辅助控制设备集中、整合，能够远程手动、联动控制。现场的控制设备分为两大类：智能设备、开关设备。空调控制器属于智能设备，需要通过协议控制。其他如对流扇、红外灯可通过视频动环监控主机外接的智能控制器控制，属于开关控制。

5　门禁系统

5.1　系统介绍

门禁系统管理主要实现变电所出入口的安全管理，对门禁资源、人员、权限、报警等进行一体化管理。门禁系统具备人脸识别、IC 卡、动态密码等多种根据不同作业内容或人员权限提供多种入所方式。

5.2　系统构成

门禁系统主要有人脸识别摄像机、灵性锁等设备组成。在变配电所大门、主控室大门、高压室大门等安装人脸识别摄像机和灵性锁，根据管理要求，可配置不同权限进入指定区域。

6　辅助系统功能开发思路

6.1　完善辅助监控系统后台软件功能

完善数据库配置。①利用红外热成像摄像机，对变压器、流互、压互、穿墙套管、设备线夹等变电所重要部位设置预置点，进行温度测量，并将测量温度记录到数据库，形成温度曲线图，我们可以通过调阅，对比设备温度变化情况，同时可利用去年同一阶段的对比，发现设备运行情况。②利用红外热成像摄像机对各设备重要位置的预置点，设置路径，进行巡检功能，智能后台可根据不同位置的正常温度进行范围设定，当热成像摄像机在巡检过程中发现设备有超过设定的正常温度范围时，要在后台软件进行实时告警。

6.2　实现自定义巡视线路、巡视步骤、巡视对象、巡视点位、巡检时间

可根据室内外智能球机，根据不同巡视项目重点和设备，配置不同的巡视、巡检周期和巡检路径，设置一健巡视功能。利用调度端 SCADA 分析人员直接进行巡视，防止由于巡视人员由于业务素质不同，造成的漏巡；同时充分发挥摄像头高清、变焦的功能，打破既有巡视人员通过肉眼无法看到供电线断股、散股，绝缘子绝缘破损等弊端，提高巡视、巡检质量。

6.3　后台进行生产任务管理

年度计划编制、月计划编制、周计划生成、日计划执行都应形成一体化管理，后台数据应自动进行生成任务统计和分析。

6.4　后台应充分利用 3D 建模技术

对每一个变配电所进行 3D 建模，并将所有设备的履历、检修情况进行录入，并根据设备质量健康评价、周期检测、巡检等结果，对设备状态进行动态管理，使我们的设备管理更立体、更直观。

6.5　辅助系统后台应实现报警等级分类

将设备告警、环境监控报警、安防报警等以文字、推图、闪烁、音响等方式对报警信息进行分级分类提示。

6.6　通过与综自系统对接，由综自系统开放数据

进行联动，实现报警信息与摄像头联动，方便后台监控人员及时确认。

6.7　提高应急处理能力

辅助系统后台数据库应可编制事故应急处置流程，当接收到 SCADA 故障报告时，可推送应急处置决策建议，实现应急处置流程记录，提供处置过程的自动统计分析。

作者简介

银鹏邦，中国铁路成都局集团有限公司达州供电段，工程师

浅谈流互接线方式对主变差动保护的影响

潘正府

摘　要：牵引变压器是牵引变电所中尤为重要的设备，并配置完善可靠的继电保护。差动保护就是其中一种，当前新投入运行的牵引变压器差动保护都是微机式保护。根据差动保护接线以及变压器高低压侧的电流平衡关系，差动电流和制动电流可以由保护软件计算得到。在我国牵引供电系统中，直供和 BT 供电方式下常用的变压器接线种类较多。如双绕组单相变压器、Y/d11 接线变压器、V/v 接线变压器、阻抗匹配平衡变压器等。不同种类变压器，其差动保护接线方式也有所不同，主要体现在电流互感器的接线方式上。因此，在牵引变电所内进行主变更换等涉及变压器接线形式变化的大修施工作业时，需要注意电流互感器接线方式，防止变压器差动保护误动。

0　引言

差动保护的原理为基尔霍夫定理，当牵引变压器正常工作或区外故障时，将其看作理想变压器，则流入变压器的电流和流出电流相等，差动继电器不动作；当牵引变压器内部故障时，两侧(三侧)向故障点提供短路电流，流入变压器的电流和流出电流不等，达到定值后差动继电器动作。

1　接线方式

电流互感器常见的接线方式共计有 6 种，分别为：单相接线、V 形接线、差接线、Y 接线、△接线以及零序接线。

根据牵引变电器种类，常见的变压器差动保护接线有以下 8 种：V/v 变差动接线、平衡变差动保护接线、Scott 差动接线、V/x 变差动接线、十字交叉变差动接线以及自耦变差动接线。本文主要对 V/v 变差动保护接线及平衡变差动保护接线进行介绍。

1.1　V/v 变差动保护接线

V/v 接线即用两台单相变压器连接成开口三角形，两台单相变压器的高压侧分别接 AB 相和 BC 相，低压侧各取一端接到牵引变电所的 α 相和 β 相。V/v接线变压器结结构简单，两套绕组容量可分别配置。由图 1 可以看出，电流互感器采用的是 Y 形接线方式。

1.2　平衡变差动保护接线

平衡变压器是我国自行研发的一种牵引变压器，是在普通的 Y/d11 接线变压器的自由相上端部增加两个绕组，使次边绕组阻抗的匹配原则达到原边平衡。平衡变压器能够较好地抑制负序电流对牵引供电系统的影响。由图 2 可以看出，电流互感器采用的是△接线方式。

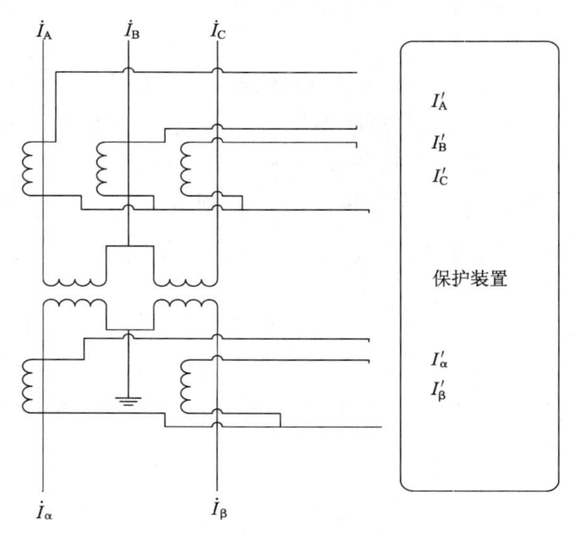

图 1　Y 形接线图

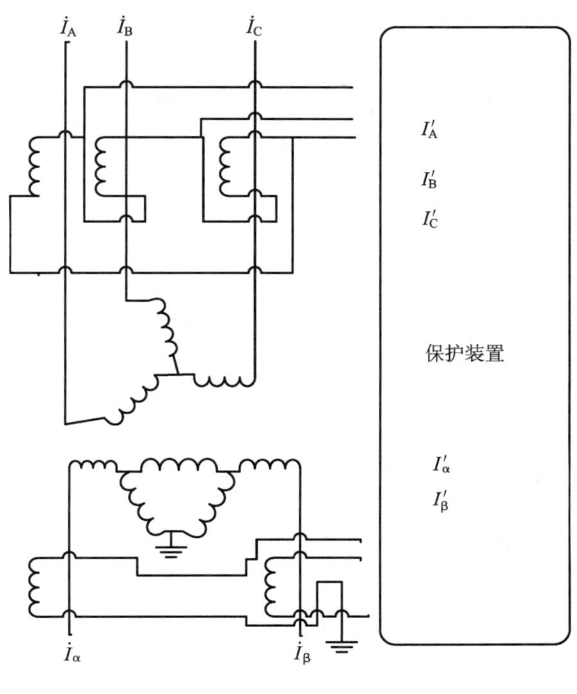

图 2　△接线图

2　案例分析

为了更直观地解释电流互感器接线形式对变压器差动保护的影响，这里以某一牵引变电所主变更换过程中，差动保护误动跳闸为案例，进行分析。

2.1　跳闸参数(见表 1)

表 1　某牵引变电所差动保护跳闸参数

序号	高压侧故障电流	$I_A=0$ A; $I_B=0$ A; $I_C=0$ A;
1	低压侧故障电流	$I_\alpha=0$ A; $I_\beta=0.18$ A;
2	差动电流	$I_{CDA}=0.05$; $I_{CDB}=0.20$; $I_{CDC}=0.14$;
3	制动电流	$I_{ZDA}=0.02$; $I_{ZDB}=0.09$; $I_{ZCC}=0.07$;

2.2　整定值设置

牵引变电所变压器差动保护装置整定值设置如下：

a 相平衡系数为 1.27；

b 相平衡系数为 1.27；

A 相差动速断为 1.46；

B 相差动速断为 1.46；

C 相差动速断为 1.46；

A 相差动动作电流为 0.19；

B 相差动动作电流为 0.19；

C 项差动动作电流为 0.19。

2.3　原因分析

该牵引变电所主变由 V/v 接线牵引变压器更换为容量更小的平衡变压器；差动保护动作时，主变压器高压侧电流互感器接线未由 Y 形接线更改为△接线，同时整定值中主变类型为平衡变类型。

运行过程中，保护装置会自动将主变低压侧电流通过平衡关系折算至高压侧，并将折算后的高压侧电流与实际电流做差，当差动电流大于整定值时，保护动作。

根据平衡变压器，平衡关系为：

$$\begin{bmatrix} \dot{I}'_a \\ \dot{I}'_b \\ \dot{I}'_c \end{bmatrix} = \frac{1}{KPH}\begin{bmatrix} 1.366 & -0.366 \\ -0.366 & 1.366 \\ -1 & -1 \end{bmatrix}\begin{bmatrix} \dot{I}_\alpha \\ \dot{I}_\beta \end{bmatrix}$$

计算跳闸时高压侧装置计算电流：

$$I'_a = \frac{1}{1.27} \times (1.366 \times 0 - 0.366 \times 0.18) = 0.05\ \text{A}$$

$$I'_b = \frac{1}{1.27} \times (-0.366 \times 0 + 1.366 \times 0.18) = 0.193\ \text{A}$$

$$I'_c = \frac{1}{1.27} \times (-1 \times 0 - 1 \times 0.18) = -0.14\ \text{A}$$

则本次跳闸差动电流为：

$$I_{CDA} = |0 - 0.050| = 0.050\ \text{A};$$

$$I_{CDB} = |0 - 0.193| = 0.193\ \text{A};$$

$$I_{CDC} = |0 + 0.140| = 0.140\ \text{A}$$

由此可见为 B 相达到整定值，导致差动保护动作。

根据主变差动保护整定原则，差动电流的大小与电流互感器接线系数有关。当电流互感器采用△接线时，其接线系数为 1.732；当电流互感器采用 Y 接线时，其接线系数为 1。

由于接线系数的原因，导致差动定值取值偏小，从而误动。

3 措施

当牵引变电所发现该种类似情况时，为防止主变保护误动，可采取以下措施：

(1)临时退出差动保护，同时确保重瓦斯保护投入。

(2)根据差动定值设置，改变电流互感器接线形式。

(3)重新核算修订定值，及时对保护定值进行修改。

4 结束语

不同类型的变压器，电流互感器接线形式有所不同，但最常用的是△接线和 Y 接线，不同流互接线对应的接线系数不同，也导致差动保护定值不同。

在进行牵引变压器整定值计算过程中，尤其需要注意牵引变压器的类型以及电流互感器接线形式。

在进行主变更换等大修施工作业过程中，需要充分考虑电流互感器的接线形式，并根据实际情况考虑是否对接线进行修改。

作者简介

潘正府，中国铁路成都局集团有限公司达州供电段，工程师

电气化铁路牵引电费常见问题分析及优化

乔永梅

摘　要： 通过电气化铁路牵引电费常见问题分析，为其应用的电气化铁路在实行基本电费的计量选择中提供较为合理和有效的理论依据。

0　前言

随着国家对于高铁建设工程的不断推进，对于电气化的铁路建设越来越受到社会的关注。由电气化电力与普通的电力负荷相对比可知，其电气化铁路在其自身特性上存在着较强的波动性。通过大量调研表明电气化铁路在具体实施过程中往往会采用两部电价的计费方式进行结算，在该计算之中的基本电费是按照其牵引变压器的运行容量进行相应的计费，而除此之外的另一种计量其牵引电费的基本方法是使用最大需量法进行结算，其最大需量法的意义是在一个实际周期性的电费结算期限内，通过具体的每单位间的用电平均负荷的最大值实现其用电费用的核算。在实际的运行过程中往往会因为其电气化铁路的牵引过程中存在负荷剧烈波动性问题，故在电费结算过程中按照其最大需量法进行相关的电费核算，继而在进行计算牵引负荷的用电收费过程中往往会存在着其结算结果有可能小于按照其容量计费的方式，因此在核算时，可有效地降低电气化铁路在实际运行过程中的基本电费开支，从而实现其运行的经济性。

1　最大需量法和容量计费法的对照分析

在进行电气化铁路牵引电费常见问题分析之前需要先明确电价制度，在此基础上才可以实现通过分析最大需量法计费和普通容量计费的差异性处理，最终可以实现对于企业在基本电费的缴纳方式中利弊分析，在实现企业相关的核算电气化铁路牵引电费中需要根据实际所使用的牵引过程负荷数据而具体地计算得到相应的实际最大需量，只有这样才可以切实有效地确定其企业在选用核算基本电费方式中的适合的最大需量，从而实现其企业的基本电费使用为最小，提高企业在电费运营成本的经济性。企业在计算其最大量的过程中往往会使用现有的数据软件对其所需要的电荷量进行具体处理，继而得到实际运行过程中的牵引负荷数据，通过最大需量的确定，结合数学上数据的滑差法或者区间法等多种有效方法对于其所使用的最大需量进行对比分析。通过对比分析得到其牵引过程中不同需量周期下的所关注的最大需量的变化继而可以得到其不同线路的有效规律，使用该种核算方法可以针对不同的线路而进行具体化的选择，继针对其铁路特性不同而得出需量周期也会有差异。

最大需量的计费方法为以多功能电表一个月内连续十五分钟测得的平均功率最大值作为最大需量进行收费。例如电力用户的变压器容量参数为 S(kVA)，容量计价单价参数为：C kVA(RMB/kVA)，总价是 Vs(RMB)；按最大需量计价的话，月最大需量为(kW)，单价是 C(RMB/kVA)元，总价是为 Vp(RMB)。

按容量法计算基本电费为：$Vs = S \times C$

按最大需量法计算基本电费：$Vp = Preal \times C$

2　电气化铁路牵引电费常见问题分析

在对于电气化铁路牵引电费研究之前首先应该明确其最大需量法在各铁路线上的电气化铁路的具体适用程度，对于电气化铁路进行分析前，应该区别对于具体的铁路应用用途进行具体的最大需量分析，在整个电气化铁路的牵引运行分析的具体问题，在于对其运行过程中具体的安装容量参数间的对比，通过其参数化而设置对比可以计算出两种计费方式下不同的基本电费。在电气化铁路的具体周期牵引的负荷过程中，需要进行重点关注的参量是牵引负荷中的具体化数字特征，在此之中包括有平均值的计算、平均有效值的设置、最大值的估算、概率最大值的统计等详细问题。

在对于电气化铁路的电费的核算过程中，除了最大需量的应对，还应该考虑其功率因数及直购电力占比等因素进行考虑，在进行对电费的整体核算过程中应该从多因素提出相应的问题及应对措施。

(1)在进行核算的过程中对牵引负荷的用户而言，往往会因为日牵引负荷的波动性差异较大，继而月与月之间的牵引负荷量势必也会有差异，故若根据某月的牵引负荷数据而确定的适合的最大需量网内网不能通用，继而无法有效针对具体月份做到通用需量的确定。

(2)对于新建的线路，往往会没有现场实测数据，因而第一次无法确定其最大需量。在对电气化铁路的牵引电费进行选择的过程中，应该首先明确电力产业对于其自身所具体的特点和属性的要求，在电力企业其之一奉行的行业规则过程为多方式的发电、合理化的输电、配电的有效性和售电区域化的整体构建的产业运营形式。

(3)其功率因素的影响会使得输变电回路中电压损失加大。在实际的运营中高压输电网络回路因为回路阻抗的电阻分量较之电抗分量小，而被其忽略。当负荷的功率因数变差时，电压损失将显著增加，继而使得其电费增加。

(4)在功率因素变大时会造成发电、输电、变电和供电各个环节设备容量的增加，继而会增加其电费的增加。

(5)直购电的占比也会影响到其大企业和电力企业间的整体占比比例，继而会影响到整个电力费用的配比，从而影响到用电企业的经济效益。

在解决该类问题，往往会在执行最大需量计费之前，对其线路进行试运行一年，以而实时记录负荷变化，找到每个月最大需量当中的最大值作为以后与供电公司签订合同的契约值，并在后续的实际运行过程中，以互联网技术的精确的行车计划为基础，严格控制其供电臂下的列车数量，并在该过程中采用需量控制技术，减少列车集中启动、集中加速，实时监控最大需量变化，尽量做到上、下行均衡运输。保证月最大需量在合理的区间内；随着运输量的不断增大，当其契约值不再能满足需要时，可适量增加最大需量，重新签订合同以达到经济性的目的。在处理电气化铁路的功率因数的应对措施中，应该加大电力牵引负荷的无功补偿，其具体方法中可以使用加装 L – C 谐波和无功综合补偿装置来实现良好的负荷补偿，提高容量利用率，也可以使用其他电力牵引负荷方法进行补偿。面对直购电力占比的因素，应该适当调整其功率因数区间从而实现其牵引电费的合理调配。

3 最大需量的理论确定方法及设置优化

在对最大需量的理论的过程中，需要充分考虑的最大需量确定的合理性。在此之中如果所确定的约定最大需量设置得太过于庞大的话，势必会因为其设置量的不合理而给铁路企业部门造成较大的经济损失，继而无法实现其最大需量法所能带来的经济效果；同时如果所约定量设置的最大需量太过于小的话，其又不能充分地满足用户在日常生产生活的电力需要，这样反而不如使用安装容量计费方法进行计费。因此在实际的过程中，其所采用的最大需量计费的重点是在于如何选择适合其相应企业的最大需量值。

在最大需量的计算过程中，其现在主要的方法是根据国家制定的《销售电价管理暂行办法》相关规定进行计算，在对于实施两部制电价的客户，其对于基本电费的计算是按照以月为单位进行计算的，继而在制定相关的契约限额的过程是其对于整个计算体制的计算基本电费的基础，当最大需量的值低于其变压器以及不通过变压器的高压电动机容量总和之时，就应该根据容量总和计算，通常以年来计算。

在实现最大需量进行相关牵引电费来设置最低值之中，需要根据企业运行的具体情况而进行核算；归纳实际情况设置其合理的核算配比，不能满足用户在生产生活需求，同时当实际最大需量大于相关实际值的时候，相对比与容量计费法的经济性更低。

4 结束语

电气化铁路在具体实施过程中往往会采用两部电价的计费方式进行结算，在此类计算中的基本电费是按照其牵引变压器的运行容量进行相应的计费或者根据负荷最大需量进行计费。对电气化铁路牵引电费研究应该明确其最大需量法在各铁路线上电气化铁路的具体适用程度，明确具体的铁路应用的用途进行的最大需量的计算。通过对于电气铁路线运行过程中具体的安装容量参数间的对比，实现其参数化而设置对比可以计算出两种计费方式下不同的基本电费。为其所具体应用的电气化铁路在选择基本电费的计量时提供较为合理且有效的依据。

参考文献

[1] 毛洁. 浅谈铁路供电段如何加强牵引变电所基本电费的经营管理[J]. 中国国际财经(中英文), 2017, (14): 133-134.
[2] 杨凡. 电气化铁路最大需量计费方法分析[D]. 成都: 西南交通大学, 2014.

作者简介

乔永梅，中国铁路兰州局集团有限公司嘉峪关供电段，工程师

一起变压器差动保护动作的分析及处理

杨发杰

摘　要: 本文针对一起电流互感器级次接线错误，导致变压器差动保护误动进行分析。通过数据计算、相位、故障录波三个方面进行主变差动保护动作分析，对故障录波波形的分析，可以准确、直观地判断故障性质。根据故障录波严重畸变、录波存在间断角，分析判断主变低压侧电流互感器饱和。由于在施工新建、改造过程中易造成电流互感器接线错误而造成设备隐患，在差动误动故障处理中对电流互感器接线错误的检查试验进行了阐述，为检修人员准确判断保护误动作原因查找提供一些经验。

0　引言

2017 年 10 月 09 日 15 时 51 分 15 秒 533 毫秒，嘉峪关中心配电室锅炉回路 173 断路器跳闸，过流 I 段保护动作。15 时 51 分 15 秒 569 毫秒 1#B 差动保护动作，301、101 断路器跳闸。锅炉回路电缆头击穿 173 断路器跳闸，1#B 因穿越电流引起差动保护误动作。

表 1　1#B 差动故障报告(二次值)

高压侧电流	$I_{ah}=29.61$	$I_{bh}=37.22$	$I_{ch}=27.16$
低压侧电流	$I_{al}=20.19$	$I_{bl}=20.98$	$I_{cl}=19.98$
差动动作值	$I_a=16.16$	$I_b=18.42$	$I_c=7.24$
差动制动值	$I_{zda}=0.02$	$I_{zdb}=0$	$I_{zdc}=0.02$

表 2　1#B 相关参数

比率差动定值	2.65	平衡系数	1.143
高压侧 CT 变比	20	低压侧 CT 变比	80
动力变接线方式	Y/d	高压侧 CT	Y 接
动力变电压比	35/10.5	低压侧 CT	Y 接

1　差动保护原理及保护配置介绍

嘉峪关中心配电室 1#B 为 Y/d11 接线，采用北京国控 MTM－10M 差动保护装置，CT 为 Y/Y 接线，原理接线图见图 1。其高低压电流相量图见图 2，由图 2 看出($\dot{I}_A-\dot{I}_B$)与 $\dot{I}_a$ 同相位，其比率差动保护平衡方程即依此列出。

以 A 相为例，国控 MTM－10M 差动保护动作方程如下：

差动电流：$i_{CDA}=(i_A-i_B)/\sqrt{3}-k_{ph}\times i_a$，

制动公式：$i_{ZDA}=\frac{1}{2}[(i_A-i_B)/\sqrt{3}+k_{ph}\times i_a]$。

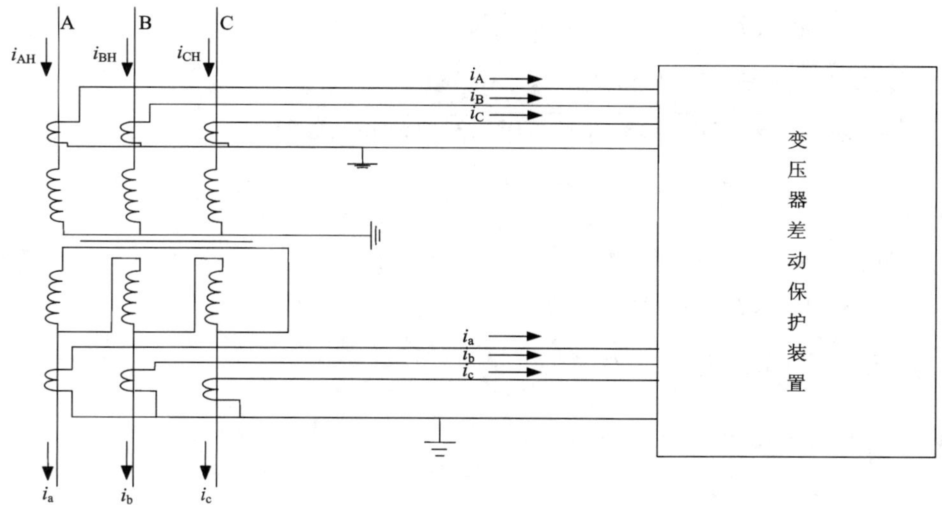

图 1　Y/△ -11 变压器差动保护接线图

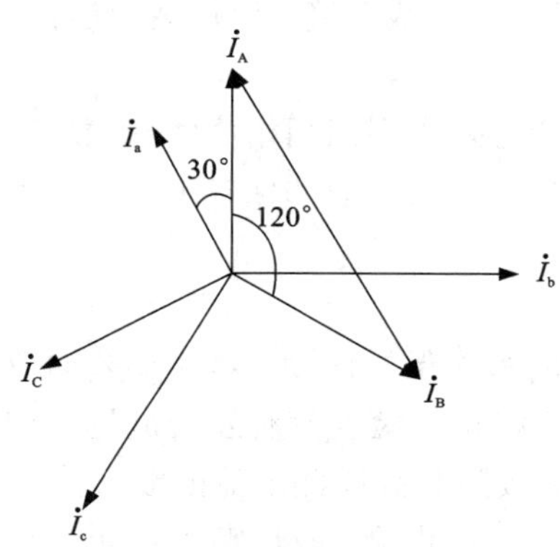

图 2　变压器高低压侧电流相量

2　差动保护误动作原因分析

1#B 运行中多次出现穿越电流引起差动保护动作，故障跳闸后由检修人员对设备巡视、进行各种设备的绝缘试验、特性试验完成后没有发现主导电回路短路、设备绝缘下降、相关设备特性性能均正常，判断为锅炉回路因为电缆头击穿短路故障，造成穿越性电流引起变压器差动保护误动作。针对 1#B 差动误动具体情况，对 1#B 差动保护主要从以下几方面进行分析。

2.1　运行数据分析

变压器正常负荷情况下数据相当于低压通电法对差动保护装置及二次回路进行校验，在正常运行时数据进行记录见表 3。

表 3　1#B 正常运行数据(二次值)

高压侧电流	$I_{ah}=1.74$	$I_{bh}=1.8$	$I_{ch}=1.76$
低压侧电流	$I_{al}=1.55$	$I_{bl}=1.55$	$I_{cl}=1.53$
差动动作值	$I_a=0.02$	$I_b=0.04$	$I_c=0$
差动制动值	$I_{zda}=1.74$	$I_{zdb}=1.80$	$I_{zdc}=1.74$

差动电流验算：

$$I_{CDA}=(\dot{I}_A-\dot{I}_B)/\sqrt{3}-K_{ph}\times\dot{I}_a$$
$$=\sqrt{I_A^2+I_B^2-2I_AI_B\cos\theta}/\sqrt{3}-K_{ph}\times\dot{I}_a$$
$$=\sqrt{1.74^2+1.8^2-2\times1.74\times1.8\times\cos120°}/\sqrt{3}-1.143\times1.55$$
$$=0.01\ \text{A}$$

同理计算：

$$I_{CDB}=(\dot{I}_B-\dot{I}_C)/\sqrt{3}-K_{ph}\times\dot{I}_b=0.008\ \text{A}$$
$$I_{CDC}=(\dot{I}_C-\dot{I}_A)/\sqrt{3}-\text{K}_{ph}\times\dot{I}_C=0.001\ \text{A}$$
$$i_{ZDA}=\frac{1}{2}[(i_A-i_B)/\sqrt{3}+k_{ph}\times i_a]=1.77\ \text{A}$$
$$i_{ZDB}=\frac{1}{2}[(i_B-i_C)/\sqrt{3}+k_{ph}\times i_b]=1.78\ \text{A}$$
$$i_{ZDC}=\frac{1}{2}[(i_C-i_A)/\sqrt{3}+k_{ph}\times i_c]=1.74$$

经过计算可以看出北京国控 MTP－10M 差动保护装置正常负荷时差动动作值和制动值数据显示(见表 3)与计算结果一致，说明差动保护 CT 二次接线正确，保护装置运行正常。

2.2 相位分析

保护装置正常负荷时在差动保护装置处利用三相相位伏安表进行测量，高低压侧相位如图 3。

根据变压器正常负荷时电流相位分析，说明差动保护 CT 二次接线正确，保护装置运行正常。

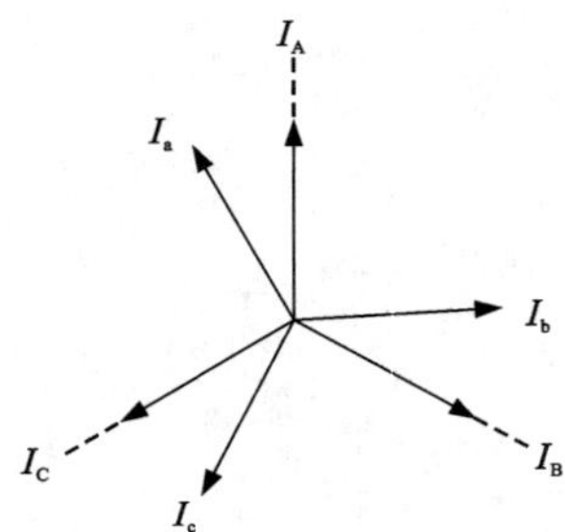

图 3 高低压侧相位

2.3 故障录波分析

现场 1#B 差动保护由于馈线故障时多次保护误动，对误动差动数据计算高低压电流无法平衡，运行数据计算和相位检查没有发现问题，重点对故障录波进该行调阅分析，图 4 为馈线故障时高压侧电流的波形图。

低压侧电流录波曲线，录波曲线存在间断角，波形畸变严重，从曲线判断低压侧电流互感器严重饱和，差动保护误动原因在主变低压侧。重点对低压侧电流互感器进行检查。

2.3.1 差动保护动作前后录波

从图 4 故障录波来看，478 ms 到 520 ms，1#B 差动保护动作前高压侧 A 相幅值较大，调阅启动录波前高、低压侧电流有效值，高压测 A 相、低压侧 a 相电流最大，高压侧 B、C 相以及低压侧 b、c 相电流小，询问现场 1#B 差动保护动作前信号回路运行中已经发出接地信号，故障录波显示与低压侧 a 相有单相接地故障吻合。

520 ms 到 533 ms，高压测 A 相电流录波发生突变波形呈现不均匀，高压侧 C 相电流是 A、B 相的 2 倍左右。并且放大低压侧 520 ms 到 533 ms 时间段内 a、b、c 相波形后发现低压侧 b、c 相相位相差 180 度且幅值相等，540 ms a 相电流波形滞后一个周波后出现，这与 Y/d11 接线变压器△侧差动区外 b、c 相短路故障时波形相吻合。综上所述在对现场了解情况时知道信号回路运行中已经发出接地信号，在信号回路单相接地运行时，其他两相对地电压升高，锅炉回路电缆头绝缘薄弱处击穿又发生 b、c 相短路，波形图与现场实际情况吻合。

2.3.2 差动保护动作时刻故障录波分析

对图 4、图 5 高低压侧差动保护出口时 533 ms 电流波形分析，此时高压侧 A 相由于异地接地短路负荷不平衡，电流很小，而高压侧 B 相电流到达峰值，低压侧 a 相电流小。从而导致 A 相差动电流增大，而对于 B、C 相差动电流而言由于变压器△侧区外 a、b、c 穿越电流在录波图中严重畸变，波形断角严重。有效值误差、角度误差均增大，导致表 1 中差动电流过大，制动电流为 0 的现象出现。最终判断为因变压器△侧电流互感器饱和导致采样精确度降低，比率差动对穿越电流制动作用减小，差动保护误动作。

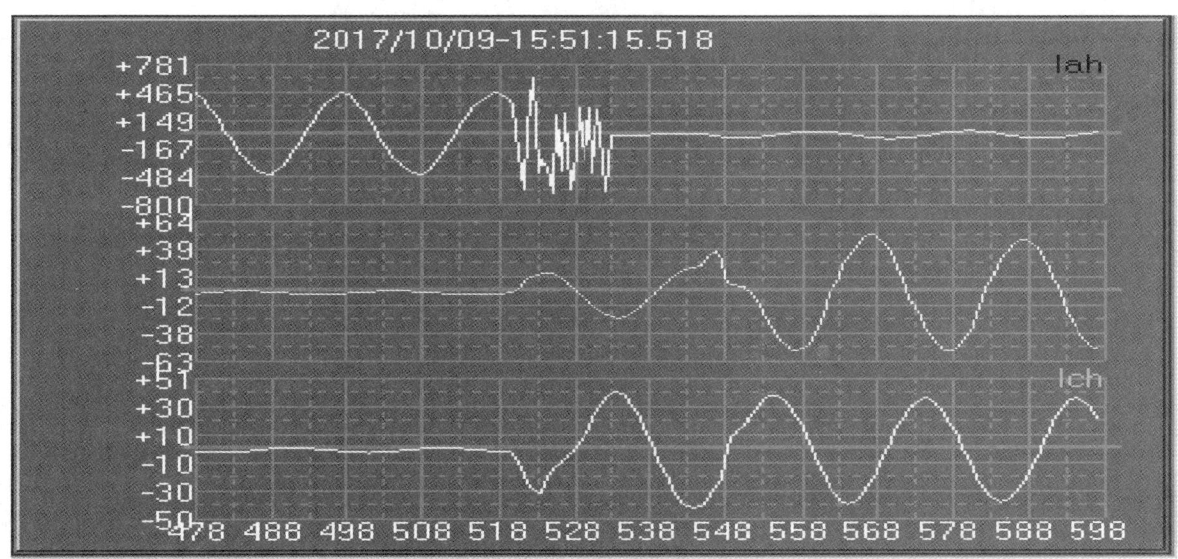

图 4　变压器高压侧电流故障时波形图

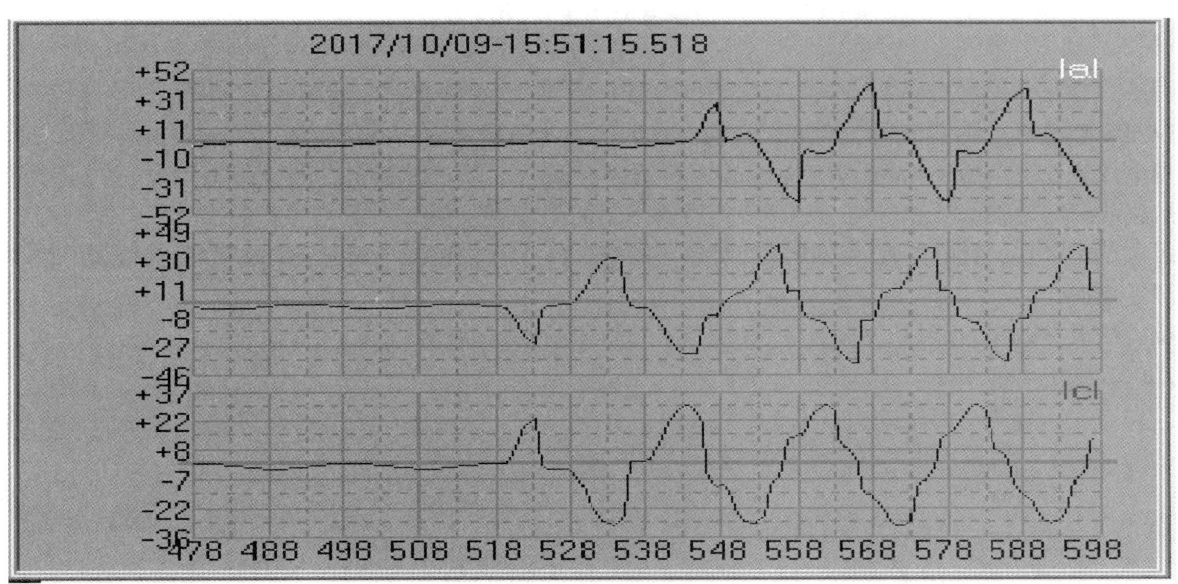

图 5　低压侧电流录波曲线放大后

3　电流互感器相关特性参数

对主变低压侧电流互感器进行大概验算，低压侧电流互感器变比 400/5、容量 15 VA 准确级 5P10 的电流互感器，低压侧保护级采用 5P10 电流互感器，在 10 倍的额定电流时综合误差不超过 5%，在 4000 A（400×10）的短路电流时综合误差不超过 5%，满足运行要求。

电流互感器保护级容量 15 VA，通过国控差动装置说明书查阅电流回路功率消耗，交流回路不大于 0.5 VA/相。互感器容量远大于负载容量，满足运行要求。

电流互感器饱和一是一次电流过大引起铁芯磁通密度过大。二是二次负载过小或过大引起铁芯磁通密度过大。电流互感器正常短路电流和二次负载不会造成电流互感器饱和。

3.1　现场保护用电流互感器试验检查情况

通过故障录波分析重点需要对差动保护低压侧电流互感器检查并进行伏安特性试验，按照图纸在柜内端子排处对该级绕组进行伏安特性试验时曲线如图 6 所示，拐点电压为 5 V。

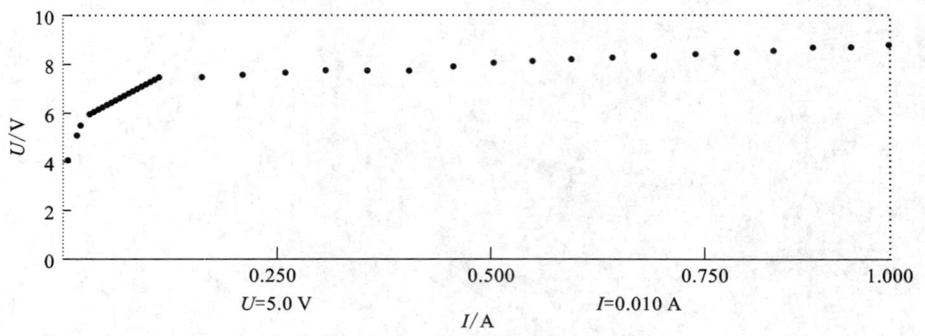

图 6 LZZB6 型电流互感器差动绕组伏安特性

电流互感器额定二次极限电动势计算

$$E_{S1}=K_{alf}I_{sn}R_{ct}+R_{bn}$$

式中：K_{alf}为准确限值系数；I_{sn}为额定二次电流；R_{ct}为电流互感器二次绕组电阻(二次负荷仅计电阻可忽略不计)；R_{bn}为电流互感器额定负荷。

$$\begin{aligned}E_{S1}&=K_{alf}I_{sn}R_{ct}+R_{bn}\\&=10\times5\times0.6\\&=30(\mathrm{V})\end{aligned}$$

LZZB6 型电流互感器额定二次极限电动势最低应为 30 V，主变低压侧差动保护用绕组进行伏安特性试验拐点电压为 5 V，说明差动保护用的电流互感器存在问题。差动级绕组二次极限电动势不符合要求，在馈线短路故障时电流大于饱和电流，1#变低压侧采集数据失真，导致 1#变差动保护误动。由此判断电流互感器级次使用错误，对电流互感器级次接线进行检查，高压开关柜内电流互感器级次接线错误，差动保护接到测量级次绕组。

重新核对并调整接线后，对保护级次绕组进行伏安特性试验曲线如图 7 所示，拐点电压为 37 V，满足额定二次极限电动势要求。

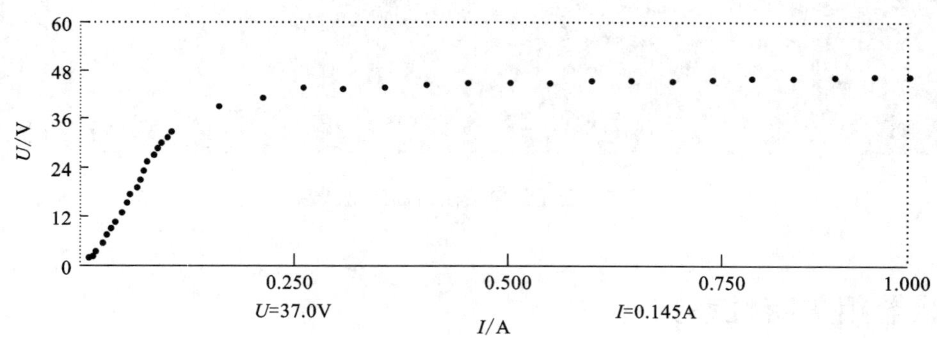

图 7 LZZB6 型电流互感器保护用 5P10 级绕组伏安特性

3.2 电流互感器特性试验结果

有上述试验及验算结果可知大电流情况下，保护用电流互感器特性不会发生突变，会成正比增长，但是变压器△侧差动保护用电流互感器接线错误，是从 0.2 级抽头引出的，额定电流情况下二次电流是成正比增长的，但是在大电流情况下，互感器特性会发生大的变化，二次电流达到饱和，不能成正比增长。故障电流越大，0.2 级精确度下的二次电流与 5P10 级精确度下的二次电流相差就越大。

3.3 保护用电流互感器 10% 误差曲线试验

同时对保护级次进行 10% 误差曲线试验，曲线见图 8。

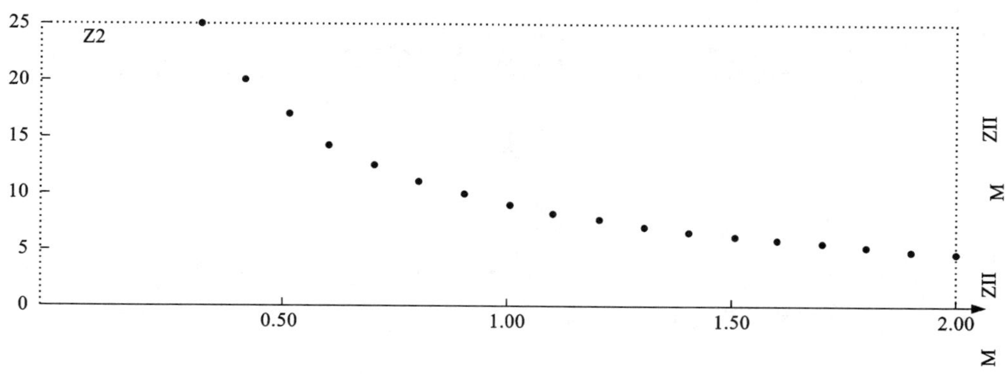

图 8　LZZB6 型电流互感器保护用 5P10 级绕组 10%误差曲线

从 10%误差曲线可以看出，电流互感器 10 倍的额定电流时，二次负载 0.8 Ω，该互感器满足负荷要求。对差动回路进行检查时发现由于级次接线错误，差动回路存在多点接地情况，高压柜内和保护屏内都有接地点，核对后保证差动回路只有一点接地。并且对电流互感器级次接线从 0.2 级抽头改接到保护用 5P10 级抽头上。主变投运，投运后再次对装置处相位进行测量，测量结果显示正常。目前主变已正常投运。

4　结束语

本次事故的变压器采用的是纵联差动保护，能反映变压器内部相间短路故障、高压侧单相接地短路及匝间层间短路故障，正常情况流进的电流和流出的电流在保护内大小相等，方向相反，相位相同两者刚好抵消，差动电流等于零；然而通过对变压器差动回路电流互感器二次接线错误导致变压器差动保护误动作造成重大电气事故的实际案例分析，说明了不同电流互感器精确等级绕组的特性，强调了由于电流互感器错误的接线对电网继电保护、电气设备以及二次仪表所带来的安全隐患，提醒电气工作者必须严格执行电气安全及安装规程要求，避免麻大意造成重大安全隐患，同时也为查找解决类似故障积累了现场经验。

参考文献

[1] 薛峰. 怎样分析电力系统故障录波图[M]. 北京：中国电力出版，2014.

作者简介

杨发杰，中国铁路兰州局集团有限公司嘉峪关供电段敦煌检修车间，主任

一起电流增量保护动作原因分析及对策

付春华

摘　要：京广高铁线卫辉变电所至白马分区所下行供电臂跳闸，对此件跳闸，从表现形式及实质原因进行了浅析，提出了相应的改进建议。

1　事件概况

2018 年 9 月 29 日 12 时 54 分 18 秒 508 毫秒，京广高铁线卫辉变电所至白马分区所下行供电臂跳闸，重合成功。具体数据如下：卫辉变电所郑州下行 213 跳闸，电流增量保护动作，重合成功。T 线故障距离：5.68 km，F 线故障距离：18.86 km；馈线电压：50.50 kV，T 线电压：25.18 kV，F 线电压：25.33 kV。馈线电流：2092.59 A，T 线电流：1530.86 A，F 线电流：561.73 A；线路阻抗角：7.70°，电阻：23.91 Ω，电抗：3.23 Ω。该区间采用全并联 AT 供电方式。

2　原因分析

2.1　接触网设备情况

13 时 35 分至 14 时 06 分通过登乘、使用 4K 高速高清摄像机检查鹤壁东至郑州东区间接触网设备，未发现设备异常。13 时 50 分至 14 时 49 分，抢修人员对该区间设备，使用单兵系统进行网外巡视，未发现异常。9 月 30 日、10 月 11 日、10 月 14 日、10 月 15 日利用天窗安排轨道车对鹤新区间 213#馈线内设备进行上网检查，均未发现接触网设备异常。

2.2　列车运行情况

12 时 54 分，卫辉变电所至白马分区所下行供电臂跳闸时，根据列车运行图来看，该供电臂内只有 1 趟列车，车型为 CRH380 AL。

2.3　保护动作分析

2.3.1　电流增量保护的启动条件

该保护厂家设定的电流增量保护的启动条件有以下两个方式，任意一个条件达到保护均可以启动。

(1)突变量启动：故障前 2 个采样点的电流变化大于突变量启动定值。

距离保护主要保护线路的金属性短路，同时为了躲过线路的最大负荷，整定值一般较小，当线路短路接地电阻较大时，如存在过渡电阻或非金属性短路时，距离保护可能无法动作，降低了供电系统的可靠性。此时要求装置设置电流增量保护。比较短路与负荷两状态可知，无论是在牵引运行状态还是在再生制动状态，负荷电流中均含有大量的高次谐波(三次谐波为主)，另外，当 AT 投入或机车变压器投入时，产生的励磁涌流含有很高的二次谐波分量，而短路故障时，故障电流基本是基波，故利用高次谐波抑制，二次谐波闭锁功能，并判断基波电流增量而动作的 ΔI 保护，可以不受机车再生负荷的影响，作为距离保护的后备对高阻接地故障能起到较好的保护作用。增量保护逻辑框图见图 1。原理为：

$$\Delta I = I_{1h} - I_{1q} - K_{hr2}(I_{gh} - I_{gq}) > 50\mathrm{DIC} \tag{1}$$

$$K_{h1} < I_2/I_1 \tag{2}$$

式中：K_{hr2}为增量保护谐波加权系数，通过定值整定；K_{h1}为二次谐波闭锁系数，通过定值整定；50DIC 为增量保护电流定值；I_{1h}、I_{1q}为故障前后两时刻基波电流；I_{gh}、I_{gq}为故障前后两时刻三次、五次谐波电流之和；I_1、I_2为故障后基波、二次谐波电流。

电流增量保护启动后在动作延时内如果电流小于增量保护小电流闭锁定值 50DIL0 时，增量保护返回。任一保护动作也使该保护返回。

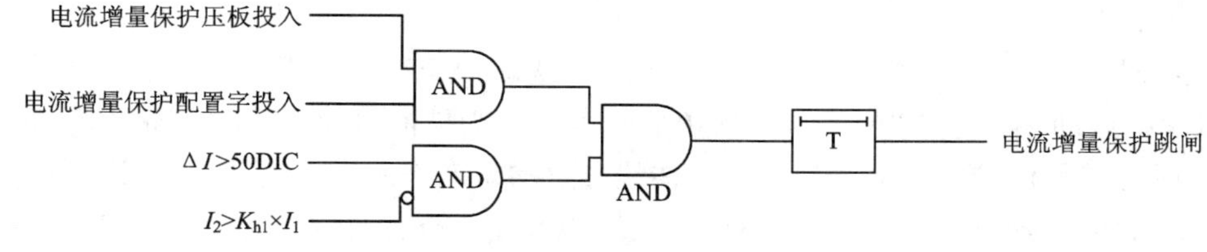

图 1　电流增量保护逻辑框图

（2）模值启动：电流采样值大于速断、电流保护的定值，且无返回。

保护装置设有启动元件，启动元件动作的前提是保护投入工作（距离保护、电流速断、过电流、电流增量保护、低压保护、后加速至少有一项投入），启动元件动作后开放出口 24 V 电源。启动元件由以下两种电气量综合启动：

a）电流突变量启动，动作判据为：

$$\Big|\,|i(k)-i(k-T)|-|i(k-T)-i(k-2T)|\,\Big|>Iqd \tag{3}$$

T——采样周期，Iqd——突变量启动定值

b）模值启动，在最大电流大于电流速断、三段过流或反时限过流保护定值或电压小于低压保护电压定值时启动（某一段保护只有投入时，该保护启动功能才有效）。

电流增量保护启动后，在 1S 内如果故障前后 2 个时刻电流的变化大于电流增量的保护定值（0.52 A）则电流增量保护延时 0.7S 出口。

2.3.2　变电所保护投入情况

表 1　卫辉变电所馈线保护投入情况（部分）

名称	211		212		213		214	
距离保护（软压板）	投		投		投		投	
电流速断（软压板）	投		投		投		投	
过流保护（软压板）	投		投		投		投	
电流增量保护（软压板）	投		投		投		投	
重合闸（软压板）	投		投		投		投	
距离Ⅰ段	投		投		投		投	
距离Ⅰ段正向	投		投		投		投	
距离Ⅱ段	投		投		投		投	
距离Ⅱ段正向	投		投		投		投	
平行四边形	投		投		投		投	
距离谐波闭锁	投		投		投		投	
距离谐波抑制	投		投		投		投	
电流速断	投		投		投		投	
过流Ⅰ段	投		投		投		投	
过流Ⅰ段低压闭锁	投		投		投		投	
电流增量保护	投		投		投		投	
过流Ⅰ段加速	投		投		投		投	
过流Ⅱ段加速		退		退		退		退
过流Ⅲ段加速	投		投		投		投	
PT 断线检查	投		投		投		投	

2.3.3　跳闸数据分析

电流增量保护动作定值为0.52 A(一次值1040 A)，从保护录波波形看出，12:54:16:937 电流值为0.527 A 电流增量保护启动，并无突变量变化，所以启动条件应为模值启动，查看现场定值，过流三段后加速的定值为0.52，刚好满足保护的启动条件。所以馈线装置增量动作的启动条件是通过过流三段后加速的模值启动。12:54:18:507 故障电流约为1.054 A(一次值2108 A)(与启动值差值为0.53 A)，刚好满足电流增量保护动作的定值0.52，且无返回，所以电流增量保护出口。电流增量保护从启动到出口的总时限为 18.508 - 16.938 = 1570 ms，也说明电流增量保护一直启动。保护录波波形见图 2：

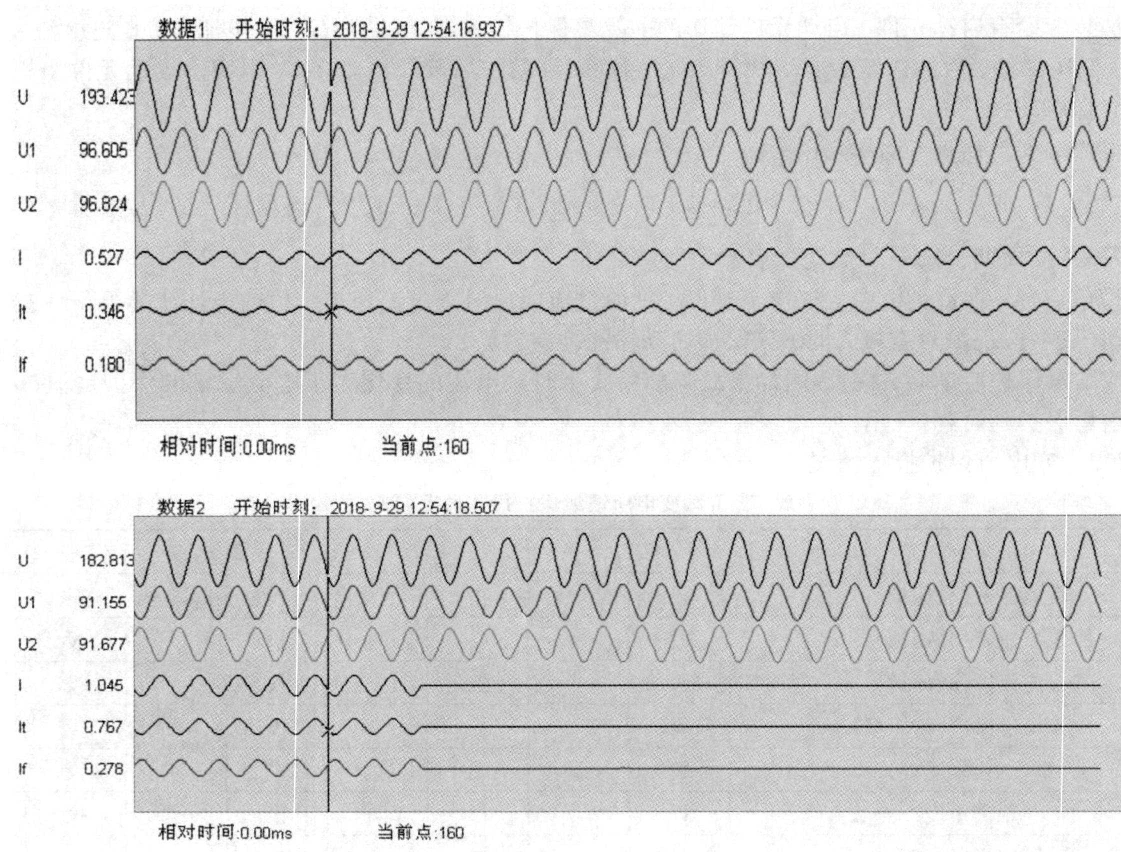

图 2　故障录波波形

214 保护装置未动作原因：查看 214 保护装置的启动报告，12:54:05、12:54:12、12:54:46 有三次保护启动记录，电流值为0.51 A 左右。没有大于增量保护定值的突变动作电流，故 214 保护装置保护并未动作出口(跳闸)，所以 214 馈线(上行)未同时跳闸。

故标装置未动作的原因，因为故测装置无过流三段后加速的功能，所以过流的最小启动模值为 1.36，并不满足条件启动条件，所以最终未出口。

其他保护动作条件分析：

电流速断保护：

从本次跳闸数据分析，故障电流为1.046 A(一次电流值 2092.59 A)，动作值为2.44 × 2000 = 4880 A，不满足电流速断保护的动作条件。

过流Ⅰ段保护：

从本次跳闸数据分析，故障电流为1.046 A(一次电流值 2092.59 A)，电压为 184 × 275 = 50.6 kV(一次电压值)，动作值为1.36 × 2000 = 2720 A，电压 22 kV，是不满足过流Ⅰ段保护的动作条件。

阻抗保护：

阻抗保护采用平行四边形阻抗保护方式，见图3：

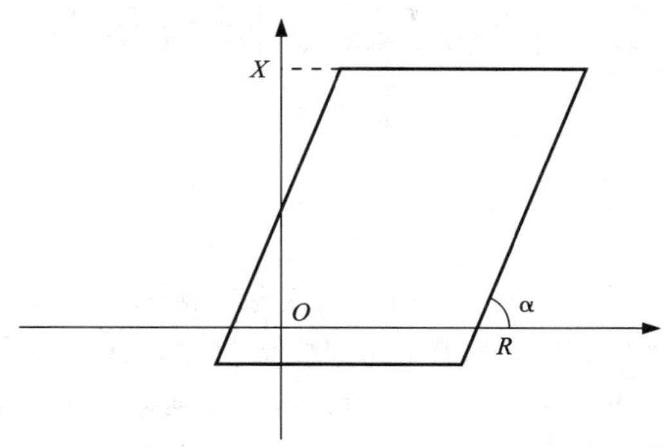

图3 平行四边形特性

正常运行时阻抗保护范围为平行四边形内，电阻值为111.26 Ω(一次值为15.30 Ω)，电抗值为159.94 Ω(一次值为21.99 Ω)，时限0.1 s。通过计算正常阻抗保护线路阻抗角为7.70度时，阻抗值动作边界为116.385 Ω(一次值为16 Ω)。而本次跳闸电阻值为23.91 Ω(一次值为173.891 Ω)，电抗值为3.23 Ω(一次值为23.491 Ω)，通过计算跳闸线路阻抗角为7.70度时，阻抗保护的阻抗值为24.105 Ω(一次值为175.309 Ω)，跳闸时阻抗保护的阻抗值大于阻抗保护动作边界值，不满足阻抗保护动作条件。

2.4 结论分析

通过上述分析，可以归纳出以下结论：

确定本次电流增量保护启动是由于过流三段后加速保护的模值启动，而不是增量突变启动，这样判据不合理，造成了电流增量保护误动，也会造成与故标装置判据的不一致，引起误判。

3 采取措施

保护厂家增设过流三段后加速功能的初衷仅是增加增量保护的后加速功能，通过本次跳闸来看，意义不大且易引起增量保护误动。由凯发保护厂家出具保护定值修改建议，取消全线变电所过流三段后加速功能，退出过流三段后加速功能配置字，每次判据直接由增量保护自行完成启动和出口，消除过流三段后加速保护模值启动的干扰。取消全线变电所过流三段后加速功能，此类保护误动再无出现。

4 结束语

该次跳闸分析，对于高速铁路运营管理有一定的借鉴意义。供电设备运营单位应根据实际运行情况，梳理、掌握牵引供电系统的保护配置及整定计算，以确定满足保护装置运行、整定和可靠性的要求。

参考文献

[1] 中国铁路总公司.铁路技术管理规程(高速铁路部分)(TG/01—2014)[S].北京：中国铁路总公司，2014.
[2] 中国铁路总公司.高速铁路牵引变电所检修规程(TG/GD122—2015)[S].北京：中国铁路总公司，2015.
[3] 刘学军.继电保护原理[M].北京：中国电力出版社，2008.
[4] 江苏省电力公司.电力系统继电保护原理与实用技术[M].北京：中国电力出版社，2007.
[5] 国家电力调度通信中心.电力系统继电保护实用技术问答[M].中国电力出版社，2011.

作者简介

付春华，中国铁路郑州局集团有限公司新乡供电段，副主任，高级工程师

备自投典型问题分析与优化方案

刘　翠

摘　要: 基于对铁路运输供电可靠性的要求，牵引供电设备应保证不间断行车的可靠供电。牵引变电所应具备双电源、双回路受电，牵引变压器采用固定备用方式并具备自动投切功能。当一路电源或主变故障时，要求另一路电源或主变自投成功，确保不间断供电。备自投装置程序是否设置得当，是否动作可靠，直接影响到供电连续性。探讨并解决备自投问题，在目前变电运营管理工作中尤为重要。本文通过对太焦线东田良变电所备自投存在的问题进行分析，针对该问题积极采取有效解决方案，确保备自投满足运行需要，增强了牵引变电所进线及主变高压侧设备运行可靠性。

本文就太焦线东田良变电所备自投误启动事件，结合备自投启动条件，分析引起的原因和存在的问题，并采取有效的优化方案将该问题彻底解决，确保牵引变电所备自投回路满足不间断供电要求。

1　问题发现过程

××××年××月××日××时××分，东田良变电所 102DL 发气压报警信息(压力 0.45 MPa)，值班员联系供电调度，将运行方式由 2#进线供 2#变，改为 2#进线供 1#变，将 102DL 撤出运行。检修班组向供电调度申请办理第一种工作票，进行 102DL 检查补气。“必须采取的安全措施”中要将 202A、202B 开关小车拉至试验位，拉开 1022GK 并加锁。当值班人员拉开 1022GK 时，2#进线失压启动备自投，运行方式由 2#进线供 1#变改为 1#进线供 1#变。

2　原因分析

东田良变电所一次侧电气主接线采用分支接线(见图 1)，一回路电源线路主供，另一回路电源线路备用；两台主变压器，一台投入运行，另一台备用。供电方式可采用直列供电和交叉供电，以直列供电优先。

现场对备自投装置检查，发现该装置内一号进线三相电压分别为 $U_1=60.1$ V，$U_2=59.9$ V，$U_3=59.8$ V；二号进线三相电压分别为 $U_4=0.1$ V，$U_5=0$ V，$U_6=0$ V(见图 2、图 3)；主变二次 a 相电压为 $U_7=0.4$ V，b 相电压为 $U_8=98.5$ V(见图 3)；主变二次 a 相电压显示不正确，用万用表测量装置接线 A13(yma)对 A14(ymn)，电压为 100 V 左右，说明进入装置电压回路正常，而装置采样电压为 0.4 V 显示不正常，由此判断，装置交流采样插件异常，U7 电压(主变二次 a 相)未采到。当拉开 1022GK 后，2YH 三相电压全部失压，而自投装置交流采样插件异常采集不到主变二次 a 相电压，此时 2#进线失压备自投逻辑条件(2#进线一次、二次单相失压，1#进线一次三相采压正常)全部成立，2#进线失压备自投启动，是造成此次失压备自投误启动的原因。

3　存在问题

3.1　备自投装置交流采样插件异常，存在设备质量问题。

3.2　值班人员对设备检查巡视不到位，没能及时发现备自投装置主变二次侧电压显示不正常，是备自投保护误启动的主要原因。

3.3　车间检修人员对备自投采压情况及备自投逻辑程序掌握不够。在 2#进线供 1#主变运行方式下(交叉供电)，备自投采压为 2YH。作业人员对该备自投逻辑程序未掌握清楚，没有提前检查巡视设备，是造成备自投误启动的直接原因。

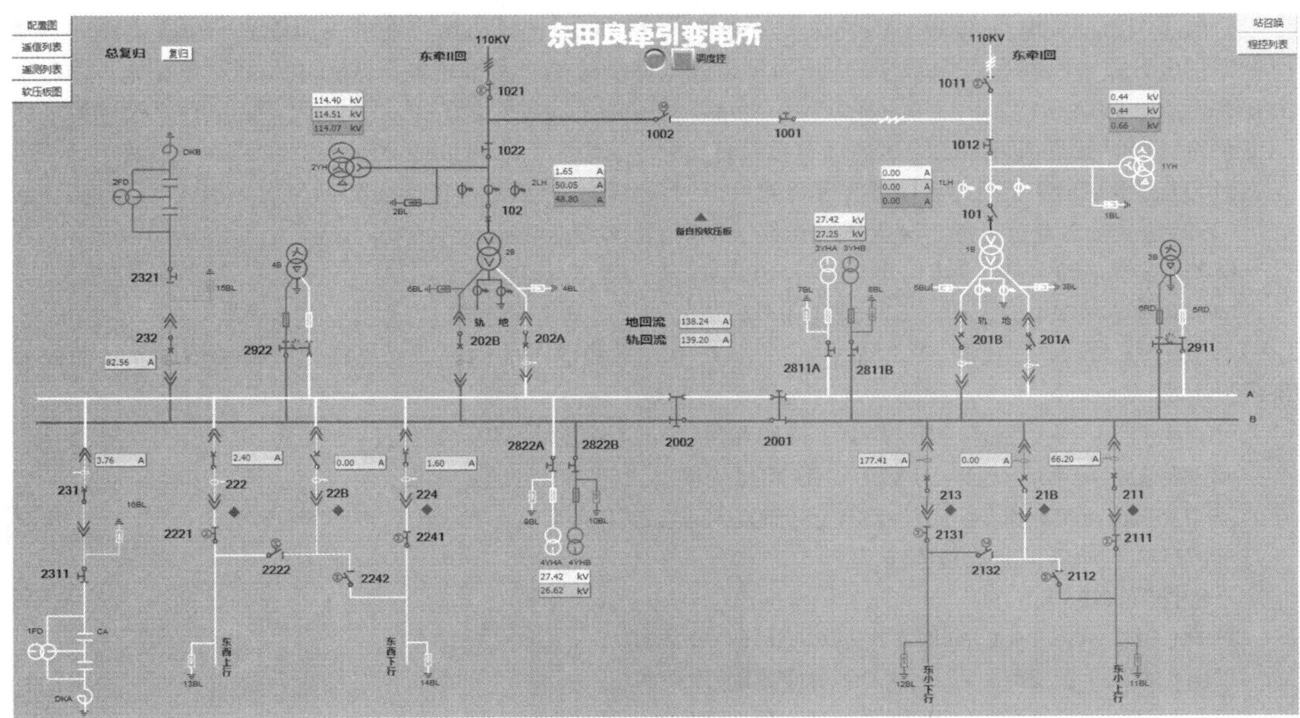

图 1　东田良变电所主接线图

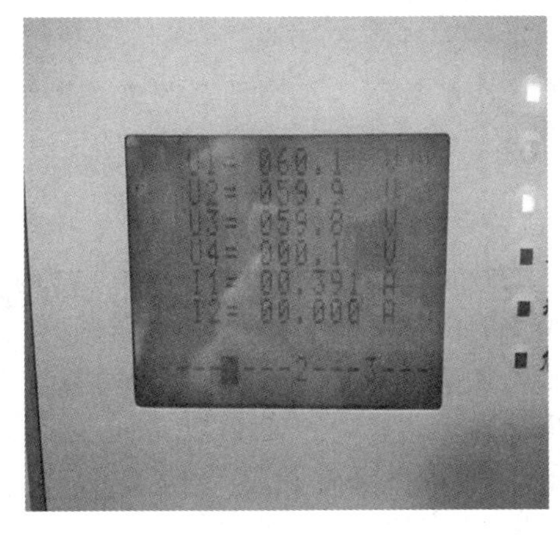

图 2　采压显示 1

图 3　采压显示 2

3.4　检修人员作业前对作业风险辨识不足，未辨识到“2#进线失压备自投误启动风险”，未提前请求供电调度撤除备自投保护。

4　处理措施

4.1　当日对备自投装置交流采样插件进行更换，恢复二次正常电压采样。

4.2　要求进行此类作业前，办理及恢复安全措施时，对备自投装置先撤后投。

4.3　从设备运行安全性考虑，为避免再次发生备自投误启动，对备自投程序进行优化升级。

5　优化方案

5.1　增加 PT 断线告警功能

通过保护定值中增加配置字解决，实现采压异常时发报警信号功能。

5.2 备自投程序升级

为消除东田良变电所110 kV系统交叉供电方式下倒闸时自投检压存在的失压隐患，经研究决定对该所交叉供电方式自投程序进行修改，失压启动自投条件由检单回路单相电压改为检双回路单相电压，直供方式失压启动条件不变。

东田良变电所目前采用的失压启动自投条件为：

(1)1#进线+1#B运行时，1#进线和母线失压时，启动备自投；

(2)2#进线+2#B运行时，2#进线和母线失压时，启动备自投；

(3)1#进线+2#主变运行时，1#进线和母线失压时，启动备自投；

(4)2#进线+1#主变运行时，2#进线和母线失压时，启动备自投。

由于交叉运行时1YH和2YH同时有压，且压互在进线隔开的内侧容易出错误操作的情况。从而修改备自投逻辑为：

(1)1#进线+2#主变运行时，1YH、2YH和母线同时失压时，启动备自投；

(2)2#进线+1#B运行时，1YH、2YH和母线同时失压时，启动备自投；

(3)1#进线+1#B和2#进线+2#B运行时，不做改变。

东田良变电所新旧自投逻辑方程：

原自投逻辑方程：

T1 =！ M1 ；1#线+1B方式不对应延时T1 放电

T2 =！ M2 ；2#线+2B方式不对应延时T2 放电

T3 =！ M3 ；1#线+2B方式不对应延时T3 放电

T4 =！ M4 ；2#线+1B方式不对应延时T4 放电

RCHR1 = T1 +！ LGINBZT + LOCK + H4 ；1#线+1#变方式放电继电器字

TCHR1 = LGINBZT * M1 * R59U1 * R59U2 * R59U3 *！ LOCK *！ H4

；1#线+1#变方式充电时间继电器字********************************

CHR1 = TCHR1

；1#线+1#变 充电继电器字

T5 = SYBZT * CHR1 *(R27U1 * R27U2 * R27U3 * R27U7 * R27U8 *！ R50I1 * IN29 +(！ IN29 * IN27)

；1#进线及母线无压

PI1 = T5 ；1#线+1#变方式失压自投

PI2 = ZBBZT * CHR1 *(/IN5 *！ IN6 * IN29 +(！ IN29 * IN28)) ；1#主变自投

RCHR2 = T2 +！ LGINBZT + LOCK + H4 ；2#线+2#变方式放电继电器字

TCHR2 = LGINBZT * M2 * R59U4 * R59U5 * R59U6 *！ LOCK *！ H4

；2#线+2#变方式充电时间继电器字********************************

CHR2 = TCHR2 ；2#线+2#变 充电继电器字

T6 = SYBZT * CHR2 *(R27U4 * R27U5 * R27U6 * R27U7 * R27U8 *！ R50I2 * IN29 +(！ IN29 * IN27))；2#进线无压*****************************

PI3 = T6；2#线+2#变方式失压自投

PI4 = ZBBZT * CHR2 *(/IN6 *！ IN5 * IN29 +(！ IN29 * IN28))；2#主变自投*******************************

RCHR3 = T3 +！ LGINBZT + LOCK + H4 ；1#线+2#变方式放电继电器字

TCHR3 = LGINBZT * M3 * R59U1 * R59U2 * R59U3 *！ LOCK *！ H4

；1#线+2#变方式充电时间继电器字********************************

CHR3 = TCHR3 ；1#线+2#变 充电继电器字

T7 = SYBZT * CHR3 * (R27U1 * R27U2 * R27U3 * R27U7 * R27U8 * ! R50I2 * IN29 + (! IN29 * IN27)); 1#进线无压* *

PI5 = T7 ; 1#线 + 2#变方式失压自投

PI6 = ZBBZT * CHR3 * (/IN6 * ! IN5 * IN29 + (! IN29 * IN28)) ; 2#主变自投

RCHR4 = T4 + ! LGINBZT + LOCK + H4

; 2#线 + 1#变方式放电继电器字

TCHR4 = LGINBZT * M4 * R59U4 * R59U5 * R59U6 * ! LOCK * ! H4

; 2#线 + 1#变方式充电时间继电器字* *

CHR4 = TCHR4 ; 2#线 + 1#变 充电继电器字

T8 = SYBZT * CHR4 * (R27U4 * R27U5 * R27U6 * R27U7 * R27U8 * ! R50I1 * IN29 + (! IN29 * IN27)) ; 2#进线无压

PI7 = T8 ; 2#线 + 1#变方式失压自投

PI8 = ZBBZT * CHR4 * (/IN5 * ! IN6 * IN29 + (! IN29 * IN28)) ; 1#主变自投

新自投逻辑方程:

T1 = ! M1 ; 1#线 + 1B 方式不对应延时 T1 放电

T2 = ! M2 ; 2#线 + 2B 方式不对应延时 T2 放电

T3 = ! M3 ; 1#线 + 2B 方式不对应延时 T3 放电

T4 = ! M4 ; 2#线 + 1B 方式不对应延时 T4 放电

RCHR1 = T1 + ! LGINBZT + LOCK + H4 ; 1#线 + 1#变方式放电继电器字

TCHR1 = LGINBZT * M1 * R59U1 * R59U2 * R59U3 * ! LOCK * ! H4

; 1#线 + 1#变方式充电时间继电器字* *

CHR1 = TCHR1

; 1#线 + 1#变 充电继电器字

T5 = SYBZT * CHR1 * (R27U1 * R27U2 * R27U3 * R27U7 * R27U8 * ! R50I1 * IN29 + (! IN29 * IN27)

; 1#进线及母线无压

PI1 = T5 ; 1#线 + 1#变方式失压自投

PI2 = ZBBZT * CHR1 * (/IN5 * ! IN6 * IN29 + (! IN29 * IN28)) ; 1#主变自投

RCHR2 = T2 + ! LGINBZT + LOCK + H4 ; 2#线 + 2#变方式放电继电器字

TCHR2 = LGINBZT * M2 * R59U4 * R59U5 * R59U6 * ! LOCK * ! H4

; 2#线 + 2#变方式充电时间继电器字* *

CHR2 = TCHR2 ; 2#线 + 2#变 充电继电器字

T6 = SYBZT * CHR2 * (R27U4 * R27U5 * R27U6 * R27U7 * R27U8 * ! R50I2 * IN29 + (! IN29 * IN27)); 2#进线无压* *

PI3 = T6 ; 2#线 + 2#变方式失压自投

PI4 = ZBBZT * CHR2 * (/IN6 * ! IN5 * IN29 + (! IN29 * IN28)); 2#主变自投* *

RCHR3 = T3 + ! LGINBZT + LOCK + H4 ; 1#线 + 2#变方式放电继电器字

TCHR3 = LGINBZT * M3 * R59U1 * R59U2 * R59U3 * ! LOCK * ! H4

; 1#线 + 2#变方式充电时间继电器字* *

CHR3 = TCHR3 ; 1#线 + 2#变 充电继电器字

T7 = SYBZT * CHR3 * (R27U1 * R27U2 * R27U3 * R27U4 * R27U5 * R27U6 * R27U7 * R27U8 * ! R50I2 * IN29 + (! IN29 * IN27)) ; 1#进线无压* *

PI5 = T7 ; 1#线 + 2#变方式失压自投

PI6 = ZBBZT * CHR3 * (/IN6 * ! IN5 * IN29 + (! IN29 * IN28)) ; 2#主变自投

RCHR4 = T4 + ! LGINBZT + LOCK + H4

; 2#线 + 1#变方式放电继电器字

TCHR4 = LGINBZT * M4 * R59U4 * R59U5 * R59U6 * ! LOCK * ! H4

; 2#线 + 1#变方式充电时间继电器字* *

CHR4 = TCHR4 ; 2#线 + 1#变 充电继电器字

T8 = SYBZT * CHR4 * (R27U4 * R27U5 * R27U6 * R27U1 * R27U2 * R27U3 * R27U7 * R27U8 * ! R50I1 * IN29 + (! IN29 * IN27)) ; 2#进线无压

PI7 = T8 ; 2#线 + 1#变方式失压自投

PI8 = ZBBZT * CHR4 * (/IN5 * ! IN6 * IN29 + (! IN29 * IN28)) ; 1#主变自投

6 结束语

备自投装置运行可靠与否，对不间断供电有着重要意义，也是衡量一个变电所供电安全的重要指标。针对管内近几年牵引变电所进线电源故障失压几率较大，值班人员应急能力薄弱的现状，新乡供电段将自投回路专项整治作为每年必修功课。通过自投回路试验，及时发现存在的设备缺陷，消除隐患，确保主用进线及主变故障情况下成功启动备自投，实现不间断供电，保障铁路运输正常秩序。

参考文献

[1] 天津凯发电气股份有限公司，DK3582 A 电铁自动投切装置技术说明书，2008.

[2]《铁路技术管理规程(普速铁路部分)》(铁总科技〔2014〕172 号)，中国铁道出版社，2014.

[3] 林永顺. 电气化铁道供变电技术[M]. 北京：中国铁道出版社，2006.

作者简介

刘翠，中国铁路郑州局集团有限公司新乡供电段供电技术科，助理工程师

DGA 诊断技术在牵引供电系统中的具体运用

杨金忠

摘　要：油中溶解气体分析(Dissolved Gas Analysis 简称 DGA)作为诊断变压器内部潜伏性故障的先进技术已在电力设备预防性试验规程中排在首位，其重要性毋庸置疑。近年来，有关应用 DGA 技术诊断变压器内部故障实例的报道不胜枚举；分析油中溶解气体含量能提前预测设备的内部故障，防止设备损坏，并且可以随时监视设备的运行状态，尤其在运行中原因不明的差动、重瓦斯保护动作是设备外部原因还是内部故障所致，DGA 诊断技术在此体现了其他电气试验无法比拟的实际运用价值，诊断可靠，准确度高。实际经验表明 DGA 诊断技术在维护变压器的安全运行中发挥了重要作用。本文举证了不同实例阐述了在实际运用中的价值。

1　DGA 诊断技术的特点

DGA 诊断技术在最近几年的实践中已取得了丰富的经验，与其他现有测试项目相比，它是发现变压器及充油设备内部早期故障最为有效的方法，它具有高效能，能分析沸点十分相近和极为复杂的多种混合物；高灵敏度、高选择性且分析速度快，一般的在几分钟至几十分钟便可完成，运行中即可检测，不需停电。

2　DGA 诊断技术故障的分类

变压器的故障基本可分两大类：电性故障和热性故障。从发展过程上又可分两大类，即突发性故障和潜伏性故障，突发性故障发展过程很快，瞬间就会造成严重后果，潜伏性故障一般有三种，即变压器内部局部放电、局部过热和变压器绝缘老化。

3　DGA 诊断技术在实际工作中的运用

在铁路牵引供电运行系统中，变压器原因不明的故障现象时有发生，很难就一些现象下一个正确的结论，是继续运行，还是撤除进行吊芯检查，盲目走向哪一端往往事倍功半，事与愿违，看似简单，实则很辣手，盲目投运会烧毁价值昂贵的变压器，盲目撤除吊芯又会带来不必要的人力、财力、物力的浪费。下面是我们在实际工作中遇到的典型事故及运用监测判断技术对牵引供电设备的诊断概况。

1992 年，在对太焦线各牵引变电所开展日常的气相色谱周期性分析检测中，发现月山变电所 1 号变压器中含有乙炔，含量虽小且未超过国标注意值，针对这一新发现，基于乙炔是变压器放电故障的特征气体，首先对该主变进行了运行状况，负荷的历史考察，积极采取了不停电追踪分析措施，在追踪分析当中，发现乙炔含量呈增长趋势，且故障产气速率已超过国家标准，判断设备内部存在故障，及时上报，引起了上级领导的高度重视，经组织吊芯检查，发现分接开关处有严重的放电现象，避免了一起设备隐患的发生，避免了一起故障性设备破坏，从而保证了连续安全的优质供电秩序。从日常工作的周期性分析当中，发现设备隐患，经过采取有效的检测措施，做好了对设备运行的预警预告工作，及时消除了设备隐患，不仅保证了正常的牵引供电，避免了设备隐患故障的扩大化，为该段节约了几十万元的设备资金。

1998 年 8 月 7 日，淇县变电所动力变发生保护跳闸，经取样色谱分析其数据(见表 1)。

表 1 淇县变电所动力变色谱分析数据

分析	组分及含量/($\mu L \cdot L^{-1}$)								备注
1998 年 8 月 7 日	H_2	CO	CO_2	CH_4	C_2H_4	C_2H_6	C_2H_2	C_1+C_2	保护 跳闸
	5819	4281	5925	1608	2098	111	5298	9115	

从分析数据可以看出，故障特征气体均远超过国标规定注意值，我们根据 IEC599 推荐的 $0.09 > CO/CO_2 > 0.33$ 比值范围判断(IEC599 认为 $0.09 > CO/CO_2 > 0.33$ 时可能有固体绝缘材料裂解的故障)，本实例 $CO/CO_2 = 0.7$，大于 0.33 表明电弧放电已破坏了固体绝缘。利用三比值法诊断为设备内部为高能量放电，后经吊芯检查，现场发现动力变内底部有许多小铜珠，此为放电烧灼迹象，经返厂检修，实际结果与气相色谱理论判断的完全吻合。

1998 年 12 月 20 日，太焦线晋城变电所 1 号主变喷油，瓦斯保护动作，事故原因不明，针对这一现象，内部故障不能断然排除，现场进行了有关电气试验，某些试验项目数据稍有偏差不符合规定，故障存在与否还是难以定论，然而通过采用气相色谱分析诊断技术，得到分析数据(见表 2)。

表 2 晋城变电所 1 号主变色谱分析数据

分析	组分及含量/($\mu L \cdot L^{-1}$)								备注
1998 年 12 月 20 日	H_2	CO	CO_2	CH_4	C_2H_4	C_2H_6	C_2H_2	C_1+C_2	保护 跳闸
	8	622	4919	24	36	14	0	74	

根据上述数据，故障特征气体均未超过国家规定的注意值(见表 3)[3]，且放电特征气体 C_2H_2 含量为零，我们得出结论是正常，无内部潜伏性故障，后经有关检修班组配合技术部门对变压器进行了仔细检查，发现油枕胶囊破裂，从而找到了事故真正的原因，相应也充分证实了气相色谱诊断技术的准确性，晋城变电所 1 号主变很快并顺利地投入了使用。

表 3 油中溶解气体含量注意值

设备	气体组分	含量/($\mu L \cdot L^{-1}$)
变压器 和 电抗器	总烃	150
	乙炔	5
	氢	150

2006 年 8 月 25 号，京广线汤阴牵引变电所运行的 1 号牵引供电系统发生了差动及重瓦斯保护动作，牵引主变是否存在故障，是否能够继续投入运行是摆在面前的首要问题，没有可靠的检测数据，盲目决策往往事倍功半，欲速则不达。DGA 检测技术在此发挥了其他电气检测无法替代的实用价值，“采一滴血”便可诊断正常与否，通过化验专业人员的检测试验与分析，诊断为：设备内部不仅存在故障而且是高能量放电，试验数据见表 4。

表4 气相色谱分析报告单

送样单位：汤阴变电所　　取样日期：2006－08－26
设备型号：SF－QY40000/110　　设备类型：牵引主变压器
设备容量：40000 kVA　　取样位置：下部
电压等级：110 kV　　油量(吨)：13.510

气体名称	实测数据/(μL·L^{-1})	气体名称	实测数据/(μL·L^{-1})
H_2	214	C_2H_6	11
CO	950	C_2H_4	156
CO_2	2552	C_2H_2	266
CH_4	63	总烃	496

结论：

设备内部异常（高能量放电）

意见：

三比值判断1，0，2该设备存在电弧放电。故障已经涉及固体绝缘。故障点温度=1000℃以上。

故障可能部位：

局部短路造成高能放电；

低压对地、线圈之间、绕组和铁心之间的短路。

铁心紧固螺丝之间放电

处理建议：

应退出运行，查明原因

填写人：孙贵芹　　审核人：杨金忠化验部门(签章)：新乡化验室

2006年9月10日经现场吊芯检查，发现低压线圈中部绕组烧断，高能量放电所致，设备故障与气相色谱检测结果完全吻合。

4 结束语

通过实例再显了DGA技术在维护变压器安全运行中的作用是对故障判断的正确可靠和及时预报。近年来人工智能技术在DGA中的应用使得故障判断的正确率得到很大提高，而正确判断故障的效果在于及时预报，只有这样设备的安全才有保障，DGA先进技术的意义才得以体现。显然，运用DGA诊断技术不仅能用于故障诊断，更重要的是对设备潜伏性故障的发现，运行状况的追踪及预警，及时提出对策，把潜伏性故障消灭在萌芽状态。

参考文献

[1] 电力设备预防性试验规程(DL/T 596—1996)[S]. 北京：中国电力出版社，1996.

[2] IEC Publication 599. Interpretation for the Analysis of Gases in Transformer and Other Oil－Filled Electrical Equipment in Service [S]. 1978.

[3]《变压器油中溶解气体分析和判断导则》(DL/T 722—2000)[S].

作者简介

杨金忠，中国铁路郑州局集团有限公司新乡供电段化验室负责人，技师

牵引变电所交直流系统防强电入侵研究及现场实施

唐永海　黄积江

摘　要：针对铁路牵引变电所交直流系统强电入侵的问题进行研究，了解强电入侵路径，借助现有技术实施交直流系统防雷方案，以防止强电入侵烧损设备。

0　前言

交直流系统作为铁路牵引变电所重要的组成部分，其安全稳定运行尤为重要，而目前威胁该系统运行最大的分析是强电入侵，损坏二次设备，为此做好防强电入侵迫在眉睫。

1　交直流系统现状

铁路牵引变电所交流系统电源(见图 1)分别 T 接 27.5 kV 母排及 10 kV 贯通线，经所用变压器转换为三相交流 380 V，并设置双母线运行，主要负荷有生活电器、照明系统、办公设备、直流系统及其他交流用电设备；直流系统电源(见图 2)由交流系统两端母线分别引入，经交流转直流模块变为 110 V 直流电源，并设置单母线运行，主要负荷有开关控制、开关电机、保护装置、通讯设备、指示灯及供蓄电池充电等。

交直流系统作为铁路牵引变电所重要组成部分，其各支路均与室外设备进行相连接，雷暴天气时，无法完全避免被强电入侵。

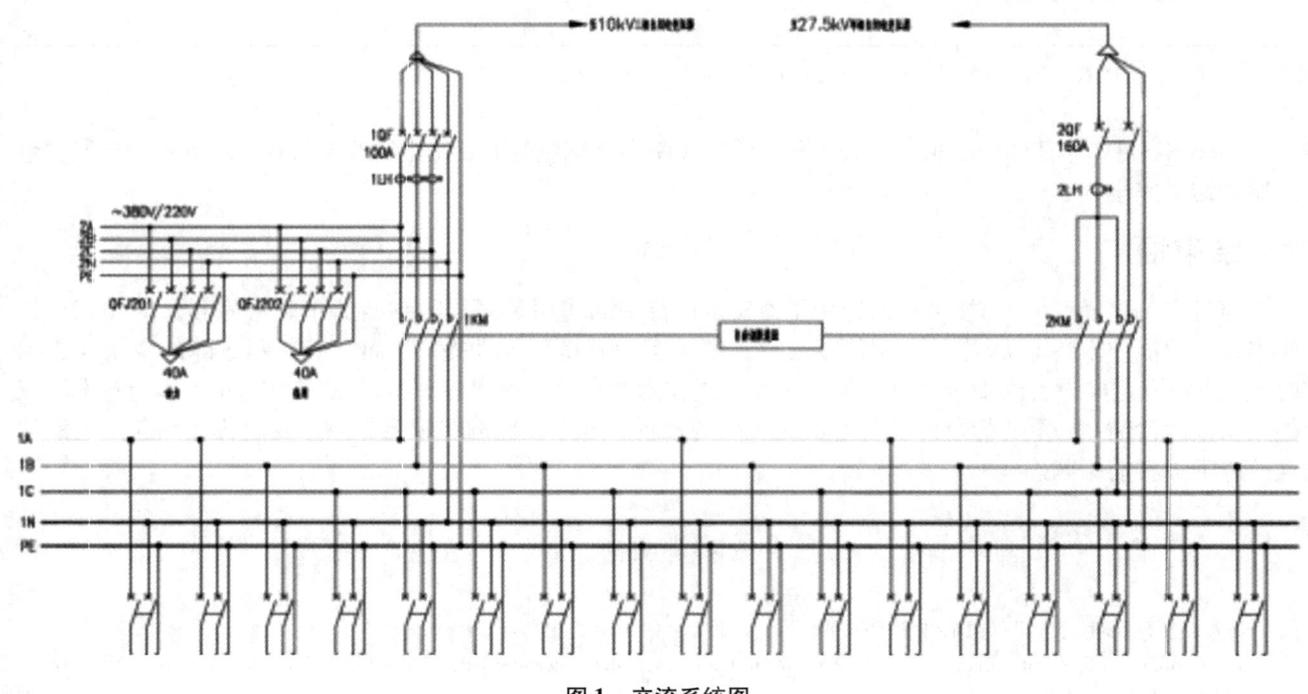

图 1　交流系统图

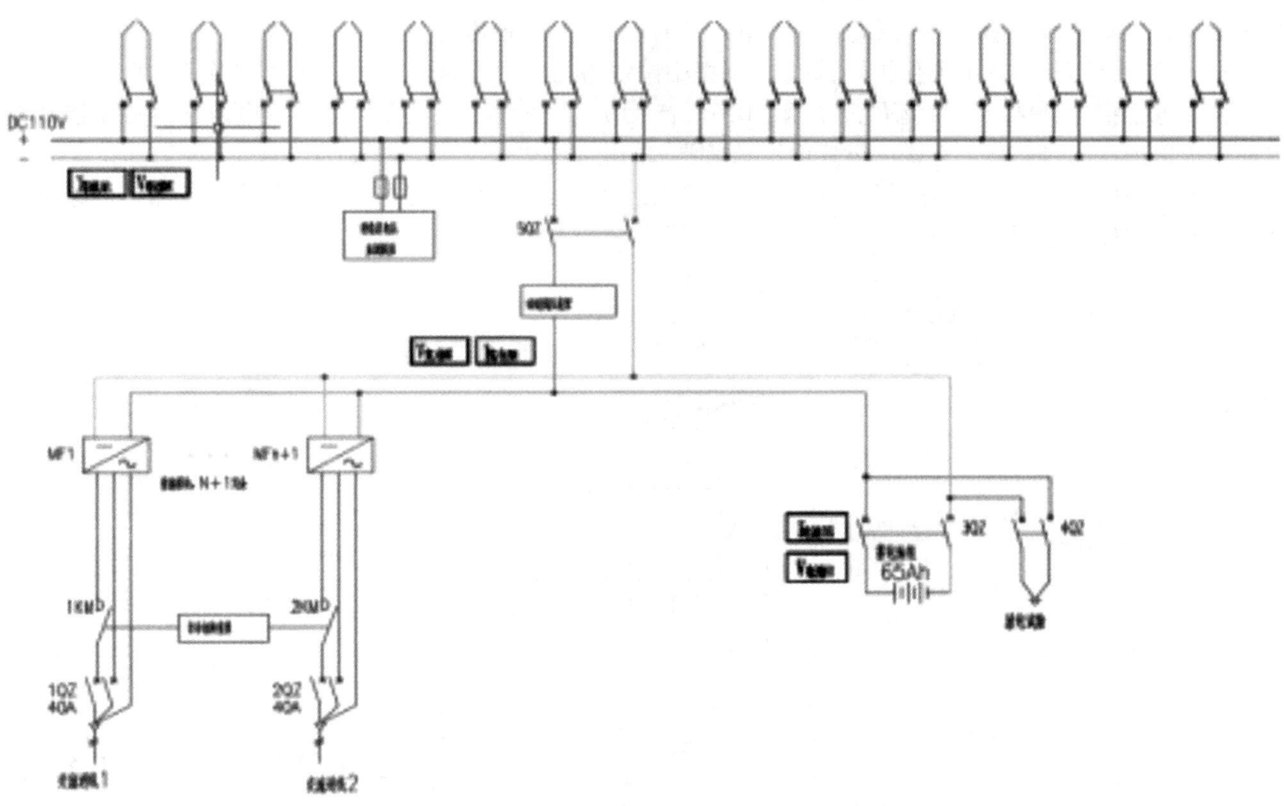

图 2　直流系统图

2　强电入侵路径分析

2.1　交流系统强电入侵路径分析

路径一：交流系统 27.5 kV 路电源 T 接至牵引变电所母排，而牵引变电所母排实际分多条供电臂供线路接触网供电，当接触网设备遭遇雷击时，雷电过电压将可能直接经所用变压器导通至交流系统侧，如果现场交流系统电源侧未安装防雷设备，将会引起交流系统的大面积烧损，直接影响牵引变电所的运行。

路径二：交流系统 10 kV 路电源强电入侵路径与 27.5 kV 路电源路径相类同。

路径三：交流系统负荷支路均导通至室外，供设备运行，当雷击室外设备时，雷击过电压通过交流支路反送至交流系统母排，如果现场交流系统电源侧未安装防雷设备，将会引起交流系统的大面积烧损，直接影响牵引变电所的运行。

2.2　直流系统强电入侵路径分析

路径一：直流系统电源分别 T 接交流系统两端母线，当交流系统遭受雷击时，在无任何防雷措施情况下，雷击过电压将通过 T 接线导通至直流系统，引起直流系统设备大面积烧损，直接影响所内保护系统运行、开关操作等。

路径二：直流系统部分支路供室外开关电机运行、操作电源，当室外设备遭受雷击时，雷击过电压将通过直流支路导通至直流系统母排，引起直流系统设备大面积烧损，直接影响所内保护系统运行、其他开关操作等。

3　交直流系统防强电入侵方案研究及实施

结合现有防雷单元即电涌保护器的工作原理：当供电系统正常时，它内部的压敏电阻处于高阻状态；当线路中出现雷电过电压或操作过电压时，压敏电阻以纳秒级的速度响应，呈低阻状态，将过电压限制在较低的水平，过电压过后压敏电阻续流值为零，从而保护了设备免遭过电压的破坏。对既有交直流系统防强电入侵方案主要为改造既有防雷单元，提高防雷能力，并对直流系统母线进行分段，提高运行可靠性，为避免交直流系统瘫痪情况，增设应急保护单元，保证牵引变电所内开关能应急操作。

3.1 防雷单元(SPD 电涌保护器)改造，根据中国铁路总公司运输局《牵引变电所二次系统防强电侵入优化技术方案指导意见》(铁总运供设备函〔2016〕325 号)，对未设置电涌保护器的变电所交直流系统增设电涌保护保护器。对交直流系统已设置但不满足要求的电涌保护器进行改造更换。

(1)第一级：交流屏交流进线入口(开关型或限压型)、至室外照明配电箱、至室外设备加热回路增设并联电涌保护保护器(见图 3)。

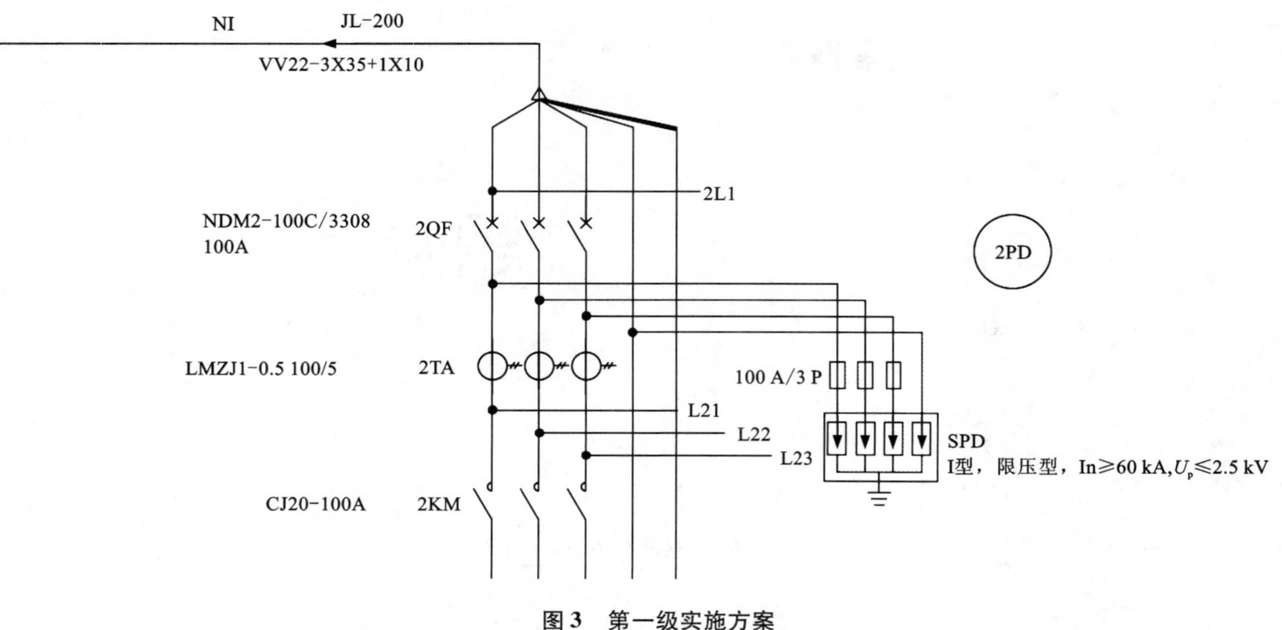

图 3 第一级实施方案

(2)第二级：直流屏充电模块入口增设并联电涌保护器。

(3)在直流屏的直流母线至室外电机馈出回路设置一组具有正负极间、正负极对地保护模式的第一级直流电涌保护器，正负极对地保护采用压敏电阻串联气体放电管模式。

(4)各级电涌保护器(SPD)配置见表 1。

表 1 牵引变电所电源回路各级 SPD 配置要求

防护等级	第一级 SPD	第二级 SPD	直流 SPD
标称放电电流(8/20μs))/kA	≥60	≥30	≥5
直流 1MA 参考电压/V	≥570	≥540	≥倍额定电压的 2 倍
残压/kV	200 kA 下≤2.5	10 kA 下≤2.0	≤倍额定电压的 6 倍

3.2 *直流系统母段分组优化*

按照运供设备函〔2016〕325 号文件规定，将目前牵引变电所综合自动化系统直流电源经过总开关后接至控制小母线的方式优化为分组供电方式。即将既有牵引变电所小母线分段按 1#主变保护、2#主变保护、馈线保护分成三段设置。三组电源分别从直流屏的两段母线预留馈线引入，并做分段处理，确保供电的可靠性及综自设备的安全性，同时综自屏内增设相应的控制电源总开关。

3.3 *应急保护装置设置*

(1)按照运供设备函〔2016〕325 号、〔2017〕240 号文件规定，在各所设置一面应急保护屏，该应急屏保护屏由应急保护装置和一体化电源(隔离变压器、电源监控单位、绝缘监察单元、蓄电池)组成。在牵引变电所原有保护系统的电源失效情况下，应急保护根据保护触发信号跳开主变压器高压侧断路器，切断牵引变电所电源，避免事故进一步扩大(见图4)。

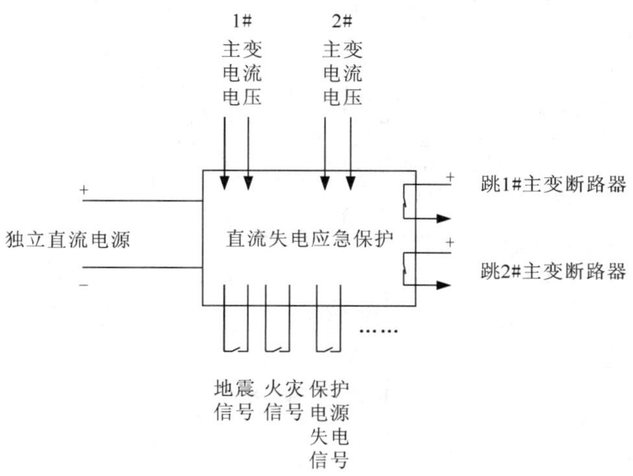

图4　综合应急保护原理图

(2)主要实施方案如下：

①保护电源失电信号(见图5)

保护电源失电信号监测地点设置于综合自动化系统保护盘直流电源母线。在改造综自系统小母线采用分组环供的情况下，1#主变、2#主变保护盘和馈线保护盘电源分开，设置三段控母电源小母线。对于每段控母电源小母线，均冗余设置两台电压继电器同时检测控母电压，两台电压继电器的接点以串联方式接入装置的信号输入端。只有当两台继电器的接点均动作了，才确定该段母线是真正失电。这样就提高了失电监视功能的可靠性，避免因单个继电器故障而导致误判断。

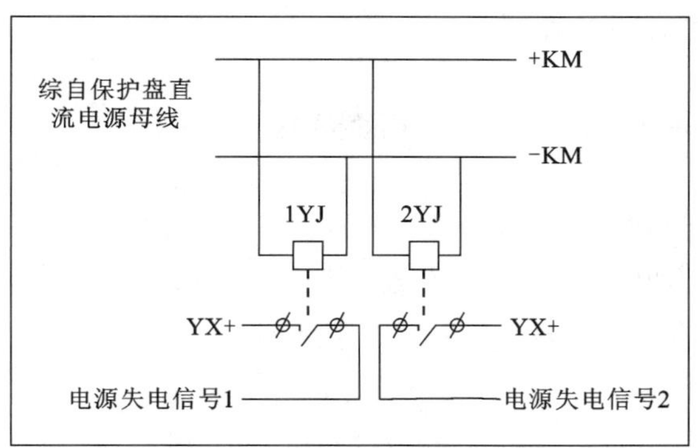

图5　失电信号采集原理图

②模拟量信号输入

应急保护装置利用既有高压侧电流互感器的备用保护绕组，采集主变高压侧的电流信号。

③控制命令输出

应急保护跳闸接点独立接入主变高压侧断路器预留的第二个分闸线圈。跳闸回路设置硬压板连接片，综合应急保护跳闸回路见图6：

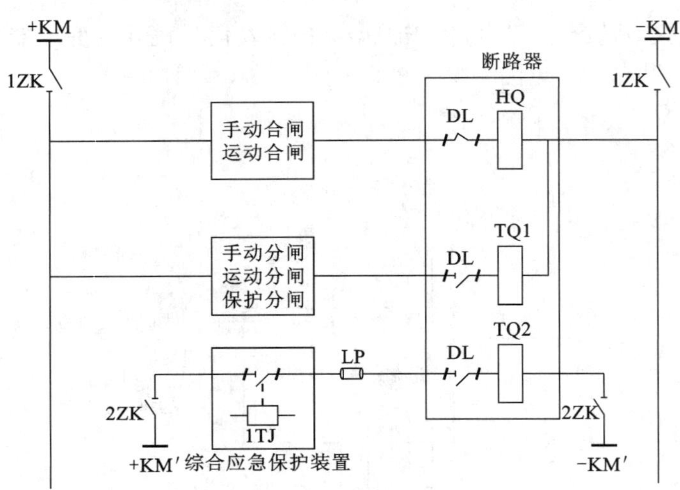

图 6 应急保护跳闸原理图

4 结束语

既有牵引变电所交直流系统回路未按中国铁路总公司运输局《牵引变电所二次系统防强电侵入优化技术方案指导意见》(铁总运供设备函〔2016〕325 号)要求安装防雷保护模块，通过对既有设备进行升级改造，确保交直流系统设备免遭强电入侵。

参考文献

[1] 中国铁路总公司运输局. 牵引变电所二次系统防强电侵入优化技术方案指导意见(运供设备函〔2016〕325 号)[S]. 北京：中国铁路总公司运输局, 2016.

[2] 李家深. 牵引变电所交直流系统防过电压的探讨[J]. 西铁科技, 2006, (4)：16.

[3] 蔡娟, 杨涛. 高铁牵引变电所的防雷保护研究[J].

作者简介

唐永海，中国铁路南宁局集团有限公司南宁供电段，高级工程师

黄积江，中国铁路南宁局集团有限公司南宁供电段，助理工程师

肃格线变电所后台机轨地回流测量误差较大问题研究

杨海旭

摘　要：本文对肃格线轨地回流测量接线及测量装置进行了探讨，并对运行过程中发生的问题进行分析，对后台机轨地回流测量误差较大的问题提出校正意见。

0　引言

电气化铁路牵引变电所馈出的电流经接触线、受电弓被机车采流后经钢轨、回流线及大地返回到牵引变电所，经集中接地箱流回变压器构成回路，当轨回流不畅时，大部分电流经大地流回变压器会加速变电所地网的腐蚀速度，使变电所部分设备接地不可靠从而为设备正常运行和作业期间人身安全埋下隐患并对通信设备的运行造成影响，为保证轨地回流的畅通，对轨地回流的精确监测就显得至关重要，管内肃格段轨地回流测量采用的流互均为德力西集团仪器仪表有限公司生产的流互，精度均为 0.5，但在开通后 2019 年 12 月 19 日通过重载试验列车时各所轨地回流采样数据与正常运行时轨地回流之比经验值相差较大，存在一定问题。

1　轨地回流数据测量及现状

运行经验表明，牵引变电所轨、地回流之比一般为 2.5 ~ 5 属正常。变电所可根据轨、地回流比例来判断轨、地回流状况。当架空回流与钢轨回流不畅时，地回流将成为主要的回流方式，轨、地回流之比在一般在 1 左右，甚至小于 1。肃格段牵引变电所轨地回流测量二次接线图如图 1 所示。

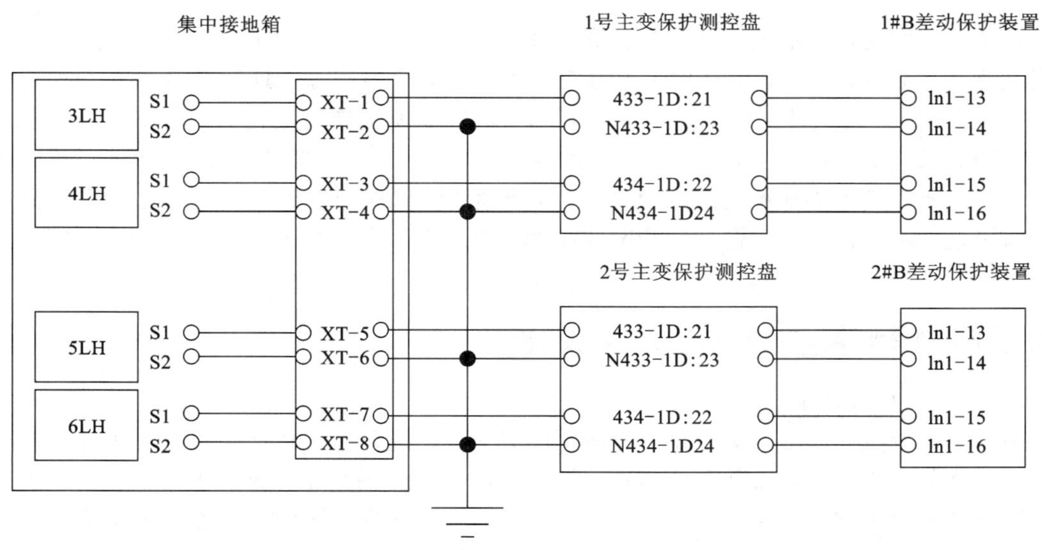

图 1　肃格段牵引变电所轨地回流测量二次接线图

根据二次接线图(图 1)可知采样值会受到保护装置测量误差的影响，国电南自 WBZ－65 A 微机变压器保护测控装置测量元件电压、电流的误差在 ±0.2% 范围内。

2019 年 12 月 19 日重载试验列车通过时各变电所后台机轨地回流数据采样值如表 1 所示。

表 1 黑石沟变电所轨地回流采样数据比对

所别	主变回流值/A			对应负荷电流监测情况	
	轨回流	地回流	运行主变 C 相	供电臂名称	负荷电流/A
黑石沟变电所	534.9	83.9	560.1	211	606.7
				213	0
	580.6	94.4	632.6	211	0
				213	673.7
当金山变电所	534.9	94.4	618.6	211	617.8
				213	0
	359.1	309.6	633.1	211	0
				213	639.1
苏干湖变电所	562.7	22.9	586.8	211	578.5
				213	0
	621	28.4	647.6	211	0
				213	578.2

对以上数据进行分析得出黑石沟变电所轨地回流采样数据比正常，轨地回流采样数据之和与 C 相回流采样数据相比较误差在允许范围内。当金山变电所轨地回流当列车在 1#馈线供电臂范围内运行时其轨地回流采样数据比正常，轨地回流采样数据之和与 C 相回流采样数据相比较误差在允许范围内；当列车在 3#馈线供电臂范围内运行时，轨地回流采样数据之比为 1.1，反映出轨回流可能不畅的问题，轨地回流采样数据之和与 C 相回流采样数据相比较误差在允许范围内。苏干湖变电所轨地回流采样数据比正常，轨地回流采样数据之和与 C 相回流采样数据相比较误差在允许范围内。

2 日常运营巡视检查内容

为及时发现轨地回流存在的问题，变电所值守及巡检人员要对集中接地箱及后台机轨回流、地回流、总回流数据进行日常巡视检查，集中接地箱重点查看集中接地箱内各螺栓连接是否紧固，测温片颜色是否正常，后台机重点查看轨地回流采样值数据是否正常，轨地回流采样值之比大概为 3:1，轨地回流采样值之和约等于总回流采样值，后台机主接线界面轨回流、地回流、总回流随馈线负荷实际情况发生变化。

由于牵引变电所在集中接地箱内未设置保护，当轨地回流采样值发生异常时不会发出告警信息，这就需要变电所值班人员对巡视中的采样异常情况要能及时发现并反馈至车间及技术科相关主管，分析原因，及时处理。

3 轨地回流数据测量校正方法及相关建议

3.1 轨地回流采样误差主要原因分析

目前管内各牵引变电所轨地回流及总回流数据的采集均是通过集中接地箱的流互实现，这就要求流互的配置及精度的选取要与现场设备及负荷的实际情况相匹配。管内集中接地箱流互精度均为 0.5，一般保证准确度的测量范围为额定电流量的 5% ~120%(GB 17167)，按照国标规定其精度应该能达到测量要求；通过与厂家技术人员沟通，在电流互感器选取时按照实际负荷大于等于电流互感器额定电流时其测量精度较高，在额定电流范围内当符合电流为额定电流的 50% ~100% 时测量精度能达到名牌标定的要求，当负荷电流小于额定电流的 50% 时，厂家也未进行相关试验，其精度无法保证，由于产品批次及变比不同具体每个流互的测量下限电流也无法提供。结合厂家提供的信息，目前使用的电流互感器当负荷电流为额定电流的 5% ~50% 时，其测量精度有待试验论证。

3.2 线路负荷统计及流互选取情况

由于敦格线目前未开通列车，以敦煌线负荷数据为基准，敦煌线全线负荷电流最大值为 2019 年 3 月

10 日四工农场变电所 3#KX 754 A，日常运营过程中敦煌线负荷基本上分布在 100～200 A，均在 300 A 以下。

敦格线南湖店、阿克塞变电所轨地回流箱电流互感器选取型号及变比如表 2 所示：

表 2 轨回流厂家型号选取

	厂家	型号	变比
轨回流	保定市新思达电气科技有限公司	LMK－0.66/100	1250/5
地回流	保定市新思达电气科技有限公司	LMK－0.66/100	600/5
总回流	保定市新思达电气科技有限公司	LMK－0.66/100	2000/5

敦格线黑石沟、当金山、苏干湖变电所轨地回流箱电流互感器选取型号及变比如表 3 所示：

表 3 回流厂家型号选取

	厂家	型号	变比
轨回流	德力西集团仪器仪表有限公司	LMK(BH)－0.66 100	1250/5
地回流	德力西集团仪器仪表有限公司	LMK(BH)－0.66 100	600/5
总回流	德力西集团仪器仪表有限公司	LMK(BH)－0.66 100	2000/5

通过上表可以看出，管内集中接地箱内电流互感器的选取额定电流远大于实际负荷电流，按照管内集中接地箱流互测量精度均能达到国家标准对待，总回流电流达到 100 A 以上，轨回流电流达到 62.5 A 以上，地回流电流达到 30 A 以上时测量值才能达到测量精度精度为 0.5。

3.3 轨地回流采样误差校正方法及相关建议

通过前文分析可知轨地回流采样值测量误差来源于两个方面，一是电流互感器测量时存在一定误差，二是微机变压器保护测控装置测量元件测量时存在一定误差。笔者认为管内轨地回流流互变比选取过大，导致正常负荷下流互的测量精度达不到要求是后台机采样误差产生的主要原因。

根据实际情况，建议由检修车间对管内集中接地箱电流互感器进行大电流试验，通过试验测出每个电流互感器的下限电流，在今后的数据采样中，后台机轨地回流采样数据以高于下线电流的值为可信值进行记录。也可在今后运行一段时间后根据线路实际负荷情况对电流互感器变比进行调整以提高测量精度。

4 结束语

综上所述，采取可行的方法可有效降提高轨地回流采样的准确度，从而更有效地掌握变电所回流线的运行状态，降低回流对沿线通信设备及变电所地网的影响，减小对铁路运输的干扰。笔者水平有限，还请同仁批评指正。

参考文献

[1] 刘艺. 牵引变电所轨、地回流存在的问题分析与处理[J]. 楚商，2016，(2)

作者简介

杨海旭，中国铁路兰州局集团有限公司嘉峪关供电段肃北供电车间黑石沟变电所，工长

红外测温在变电运营中的应用及推广

程　鹏

摘　要： 红外测温技术具有非接触测量、易操作、精度高等优点，可以迅速准确地检测到设备发热缺陷，以便及时采取预防和检修措施。将红外测温应用在变电运营中，发现线夹接触不良等设备缺陷十余处，使安全隐患在最佳时间被发现并处理，为变电设备的安全运行提供了可靠保障。

0　引言

随着我国铁路建设日趋现代化，运营里程不断扩大，变电设备也随之不断增加，设备带来的隐患也与日俱增。为保证牵引变电设备安全稳定运行，需要加强对变电所内主导电回路的设备检测。传统的主导电回路检测手段是通过试温片颜色变化来判断设备发热缺陷，这种方法由于其滞后性及准确度低等缺点，已不满足现代化铁路设备的运营要求。因此，将红外测温技术应用于对运行中的变电设备进行检测，可以迅速准确地检测到设备的缺陷、异常或者故障情况，对于提高变电设备运行的安全性起到了重要作用。

1　红外测温技术的基本原理

红外测温技术的基本工作原理是：任何物质都会因内部电子等构成成分的不断运动而产生热辐射，运行中的变电设备也会产生不同的热辐射。红外测温技术就是通过采集这些设备的热辐射，将热辐射转变为图像信号，用以判断设备是否处于正常温度，从而达到检测设备是否存在异常或者故障的目的。

2　红外测温比传统检测手段的应用优势

在牵引变电设备的日常运营过程中，为了能够及时掌握设备的运行状态，变电专业必须要在规定时间内对变电所亭内所有设备进行检查，并检测其温度是否在正常范围内。在以往对变电所亭设备进行温度检测时，通常情况下是在主导电回路粘贴试温片，通过试温片颜色的变化来判断设备温度。而在我段以往根据试温片颜色变化进行设备检修的工作中，总结出试温片在应用中存在的一些弊端和问题，主要有以下几方面：

（1）局限性大，对一些有发展性的缺陷较难准确发现，往往要到设备发热到一定的程度后才能被发现，但此时，设备一般已经有一定程度的损坏，延误了消除缺陷的最佳时间。

（2）准确度不高，试温片由于自身产品质量以及粘贴环境等因素，往往出现误变色，影响值班人员对设备温度的判断。

（3）使用麻烦，试温片需要在设备停电情况下对主导电回路各部位进行粘贴，且不易粘牢，在风吹、雨淋、震动等情况下易脱落，需要人工再次粘贴，增加工作量。

相比之下，红外测温技术在现场应用的优势则比较突出：

（1）红外测温技术在测量时距离被检测物体较远，且能够得出非常准确的温度数据，极大程度地保障值班人员的人身安全。

（2）红外测温技术的测量精度非常高，能够对发热的物体进行扫描并形成图像显现出来，使值班人员直观地观察到故障点。

（3）红外测温仪携带方便，易操作，极大地提升了工作效率。

3　红外测温在变电运营中的重要性

在变电所亭的各种设备当中，线夹是一种应用非常广泛的设备。由于线夹是连接固定引线的设备，因此所有引接线的部分都会有线夹存在。当线夹出现松动或接触不良时，可能会导致连接部分发热，成为很大的安全隐患。线夹的松动和接触不良一方面是由于弹簧垫片长时间暴露在空气当中，可能会发生氧化而导致线夹的松动从而产生线夹发热；另一方面，变电检修人员在对设备进行检修试验时，也有可能由于紧固不牢而导致线夹发生松动或者接触不良，从而引起线夹发热。因此，利用红外测温技术对运行时的线夹进行检测，能够及时发现线夹是否存在安全隐患，并且有利于检修班组第一时间采取措施处理，避免引发设备烧损事故。

除了线夹之外，隔离开关在变电所亭中的应用也非常广泛，并且也非常容易发热，存在一定的安全隐患。隔离开关之所以会变热，是由于其触头间接触电阻增大后，电流经过时产生了大量的热量从而引起的。而隔离开关触头的接触电阻增大，一方面可能是由于其触头一般都是暴露在空气当中，表面非常容易被氧化从而产生保护膜，而这层保护膜增加了隔离开关的电阻，使电流通过时产生了大量的热量，从而引发设备故障；另一方面，还可能是由于经常操作，触头压紧弹簧弹性下降，使触头间压力不够，从而引起触头间接触电阻增大。接触电阻的增大会使触头接触面温度升高，温度升高又会使压紧弹簧弹性进一步下降，形成恶性循环。这种现象如果得不到及时处理，就会酿成触头烧损，从而扩大为火灾事故和绝缘破坏事故。因此，在变电所日常设备巡视中，要及时采用红外测温技术对隔离开关进行温度检测，确保第一时间发现隔离开关触头是否异常发热，从而采取措施进行更换或者检修，保障变电设备的安全运行。

4 红外测温技术在变电运营中的实例分析

2019 年 7 月 28 日，新乡供电段长垣变电所值班员利用红外测温仪对设备测温时，发现 201A 断路器室外穿墙套管引线连接处温度 120 度，而室内穿墙套管引线连接处温度为 35 度。值班人员立即联系供电调度由 1 回供 1#B 切换至 2 回供 2#B，并告知车间主管副主任。车间主管副主任立即带领检修班组人员到达现场办理工作票检修，在对 201 A 室外穿墙套管引线处线夹打开检查，发现线夹内部导电膏老化结块（见图 1），接触电阻增大导致发热，现场对线夹打磨处理后设备运行正常。通过红外测温有效地避免了一起因设备发热引起的非正常停电事故。

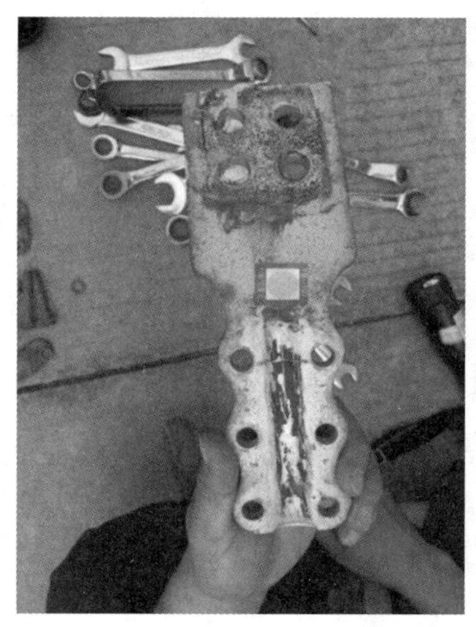

图 1 处理前线夹

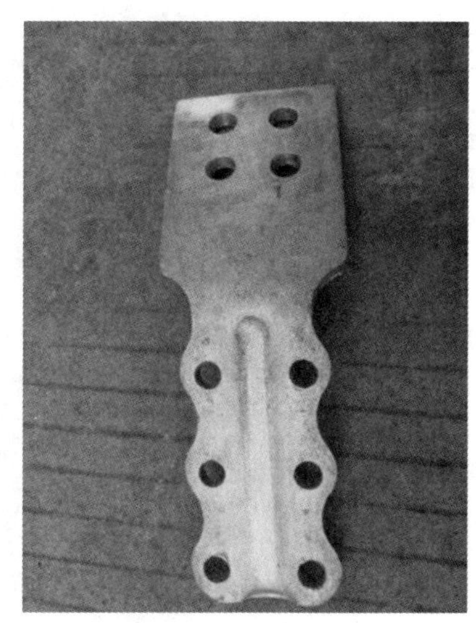

图 2 处理后线夹

5 红外测温技术在变电运营中的推广

为充分发挥红外测温的优势，我段自 2016 年开始利用红外测温仪检测设备温度，为每个变电所及检修班组均配备一台红外测温仪，并编制下发《新乡供电段普速铁路变电专业红外热像仪使用管理办法》，对红外测温仪的使用方法、检测要求及检测地点进行阐述，力求最大限度的发挥红外测温优势。自使用以来，共计发现设备缺陷 16 处，其中引线连接部位 8 处，主变二次回流线夹 3 处，隔离开关触头部分 5 处，现场测温时缺陷部位温度为 60 度至 120 度，打开检查后均为线夹松动或接触不良导致接触电阻增大而引起的发热。

从实践中总结经验，通过日常红外测温数据分析，发现设备温度与同等运行条件下的其他设备对比相差 10℃及以上，或测量温度超过 60℃，则说明此处设备有异常。因此，为保证变电设备安全运行，要求各变电所加强设备温度检测，红外测温由原来的每月一次改为每周一次，且红外测温时要选择负荷较大时进行，每次测量结束后应将本次测量数据进行综合分析，与同等运行条件下的其他设备对比分析，如相差 10℃及以上，或测量温度超过 60℃视为异常。如发现设备温度异常，应及时上报车间及段技术科，保证设备缺陷被及时发现，及时处理。

6　结束语

红外测温技术的应用给变电运营人员的工作带来了很大的方便，可以及时准确地发现设备缺陷，使设备缺陷在最佳时间得到处理，防止引发不必要的事故乃至威胁人员和设备安全的情形出现。但在现场实际应用中，还有个别人员测温方法不对，设备检测不全面，这就需要我们在现场工作中不断学习，总结经验，研究出更加科学合理的测温方法，规范红外测温工作，为变电运营工作提供安全保障。

作者简介

程鹏，中国铁路郑州局集团有限公司新乡供电段，技术员，工程师

侯月线牵引供电综合节能利用可行性分析

张红亮

摘 要： 通过对侯月线部分区段再生制动能量的现场测试数据分析，提出铁路牵引供电系统电能的综合利用，确定建设铁路牵引供电综合节能装备是可以实行的，具有较大的经济效益。通过该系统可实现对铁路牵引供电系统电能的综合利用，降低了铁路运输能耗，提高了铁路电能的利用效率，节约了能源，实现可持续发展的能源消费方式，促进低碳社会的建设朝着资源节约型、环境友好型的方向发展。

1 概述

随着中国铁路的快速发展，高速客运、重载货运已成为时代趋势，铁路交通节能减排需求日益突出。牵引供电系统是铁路的第一大能耗部门(占总能耗的70% ~85%以上)，因此，牵引供电系统的节能直接影响到整个铁路行业的节能效果。

为了进一步满足铁路交通节能减排的要求，实现再生制动能量的充分利用和功率削峰，降低电度电费和基本容量电费支出，达到通过节电获取经营收益的目的。同时，还能够调节牵引供电接触网的电压，减小在电力系统中产生的负序电流，具有良好的间接经济效益。

2 现状及存在问题

2.1 铁路牵引供电系统现状

铁路行业不断提高铁道线路的电气化比例，牵引动力多数采用大功率交流传动方式，使得再生制动成为主流。随着列车运行速度的持续提高，每个车站之间的间隔相对缩短，而为了提高区间通过能力，列车追踪间隔时间也在不断减少，这就造成列车制动的频率更高，从而产生巨量的再生制动能量。

这些年随着铁路运量的提升和发车密度的增加，产生的再生能量随之增多，然而，这些再生能量目前却不能得到充分利用。回送的再生能量导致牵引供电电压抬升，危及电力系统设备运行，同时再生能量的浪费数额也大的惊人。

2.2 目前系统存在问题

目前铁路系统在运行中由于其自身的大功率、非线性、单相供电、不对称性的特点，对电力系统造成不良的影响，而其快速移动特性又使得这一影响的波及面广。

铁路线路、运行工况、气候和司机操纵等因素，造成列车运行时的电流大幅度剧烈波动，很难保持平稳。为了满足负荷峰值功率要求，牵引变压器的容量一般都选择偏大，从而造成使用时容量的浪费。

另一方面，列车再生制动时产生的能量，除了一部分被其他牵引运行的列车吸收之外，由于没有利用手段，有很大一部分再生制动能量被白白浪费掉了。

3 分析统计数据

通过分析侯月线相关区段近3年的实际统计数据(见表1、表2)，可以得知，每个月的通过总重是线性逐步波动增加的，而随着通过总重的增加，实际耗电量则按幂函数关系增长，即前期增长快一些，后期增长慢一些。

表 1　侯月铁路相关区段近 3 年的实际统计数据

时间	供电局抄表用电度数/kW·h			通过总重/万吨公里			
	阳城站	盘谷寺	合计	阳城站	盘谷寺		合计
				HXD2C	HXD2C	SS4	
2017 年 1 月	3061060	5102084	8163144	62300	89054		151354
2017 年 2 月	3297360	4830971	8128331	51536	75152		126688
2017 年 3 月	2566740	4821565	7388305	52891	77280		130171
2017 年 4 月	3129720	5109589	8239309	52061	76254		128315
2017 年 5 月	3211560	5424366	8635926	52475	76436		128911
2017 年 6 月	3226080	5133067	8359147	53573	77772		131345
2017 年 7 月	2928420	5147994	8076414	50523	74564		125087
2017 年 8 月	3525060	5811832	9336892	57893	83722		141615
2017 年 9 月	3592380	5957074	9549454	56799	83349		140148
2017 年 10 月	3655080	6329146	9984226	57256	83682		140938
2017 年 11 月	3905220	6247338	10152558	54439	77316		131756
2017 年 12 月	3655080	6645833	10300913	56793	82113		138906
2018 年 1 月	3595680	7108426	10704106	61473	88722		150195
2018 年 2 月	4519020	4691274	9210294	48822	70071		118892
2018 年 3 月	3493380	6896432	10389812	59232	86814		146046
2018 年 4 月	3756720	6104834	9861554	61929	89878		151807
2018 年 5 月	3521760	6072449	9594209	58246	84582		142829
2018 年 6 月	3632640	6017834	9650474	57620	84411		142031
2018 年 7 月	3474200	6282508	9756708	60305	87795		148100
2018 年 8 月	3796980	6547413	10344393	63030	91469		154499
2018 年 9 月	3925680	6527146	10452826	61389	84883		146272
2018 年 10 月	3717120	6634354	10351474	65380	90539		155919
2018 年 11 月	3525060	5974249	9499309	58569	80541		139110
2018 年 12 月	3841860	6408812	10250672	60115	82596		142711
2019 年 1 月	3507900	6218143	9726043	54962	77772	2452	132734
2019 年 2 月	4018080	5823439	9841519	58653	85572	3450	144225
2019 年 3 月	3113220	6189634	9302854	64997	93733	3470	158730
2019 年 4 月	3453780	6227135	9680915	62258	90649	3859	152907
2019 年 5 月	3517800	6352323	9870123	64168	93657	4179	157825
2019 年 6 月	3614820	6103307	9718127	60089	86079	4098	146168
2019 年 7 月	3579840	6680768	10260608	62949	97915	3971	160865
2019 年 8 月	3785760	6673452	10459212	67897	96834	4145	164731

表 2　侯月铁路相关区段近 3 年机车趟数

时间	牵引电力机车趟数(日均)/趟	
	阳城站	盘谷寺站
	HXD2C	HXD2C
2018 年 1 月	169.2	187.1
2018 年 2 月	138.5	158.9
2018 年 3 月	134.4	156.6
2018 年 4 月	135.3	158.7
2018 年 5 月	135.9	160

续表 2

时间	牵引电力机车趟数(日均)/趟	
	阳城站	盘谷寺站
	HXD2C	HXD2C
2018 年 6 月	142	167.9
2018 年 7 月	126.7	154.9
2018 年 8 月	150.2	174.4
2018 年 9 月	149.4	180.5
2018 年 10 月	143.9	173.8
2018 年 11 月	140.3	165
2018 年 12 月	140.8	167.4
2019 年 1 月	155.4	179.5
2019 年 2 月	145.5	171.3
2019 年 3 月	149.5	173.8
2019 年 4 月	159	184.1
2019 年 5 月	146.2	171.3
2019 年 6 月	147.8	178.7
2019 年 7 月	149.3	174.4
2019 年 8 月	154.9	178.7
2019 年 9 月	155.2	167.4
2019 年 10 月	162.7	167.7
2019 年 11 月	150.4	160.2
2019 年 12 月	152.5	164

盘古寺牵引所再生制动能量利用现场测试数据见图 1、图 2、图 3 和图 4。

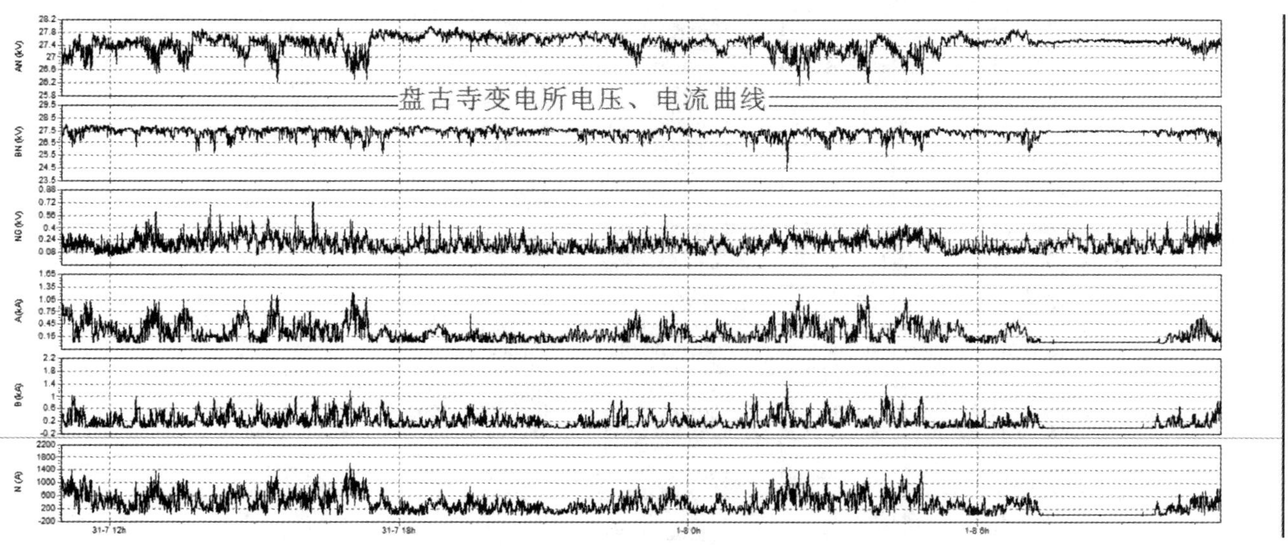

图 1　盘古寺变电所电压电流曲线

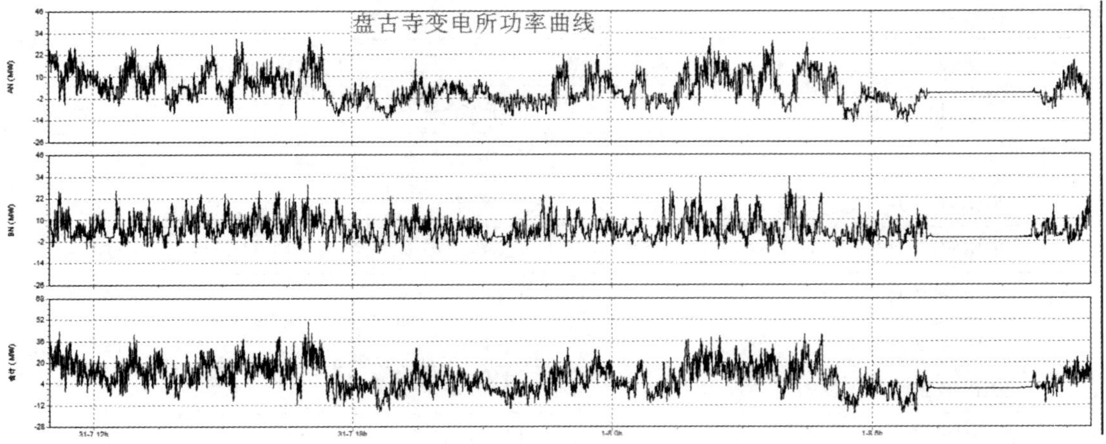

图 2 盘古寺变电所功率曲线

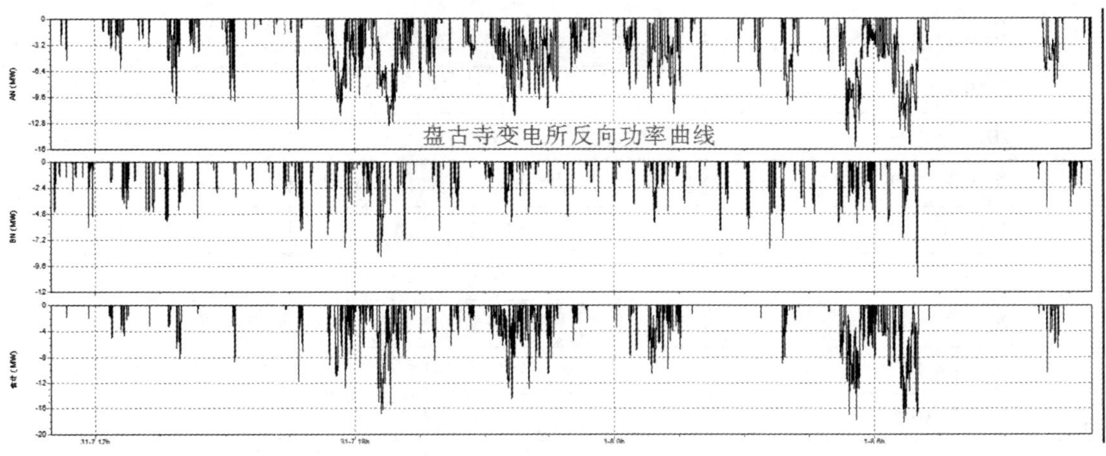

图 3 盘古寺变电所反向功率曲线

郑州局侯月线盘古寺所.txt - 记事本

文件(F) 编辑(E) 格式(O) 查看(V) 帮助(H)

		AN Avg	BN Avg	T Avg
2018/7/31	11:00:00.131	17970000.000	6830000.000	24810000.000
2018/7/31	11:00:00.381	17860000.000	6880000.000	24750000.000
2018/7/31	11:00:00.631	18310000.000	7040000.000	25350000.000
2018/7/31	11:00:00.881	18580000.000	6650000.000	25230000.000
2018/7/31	11:00:01.131	18390000.000	6810000.000	25200000.000
2018/7/31	11:00:01.381	18200000.000	6860000.000	25050000.000
2018/7/31	11:00:01.631	17840000.000	6820000.000	24660000.000
2018/7/31	11:00:01.881	18110000.000	6820000.000	24930000.000
2018/7/31	11:00:02.131	18410000.000	6670000.000	25080000.000
2018/7/31	11:00:02.381	17910000.000	6780000.000	24690000.000
2018/7/31	11:00:02.631	17990000.000	7250000.000	25230000.000
2018/7/31	11:00:02.881	17700000.000	7760000.000	25440000.000
2018/7/31	11:00:03.131	17750000.000	8110000.000	25860000.000
2018/7/31	11:00:03.381	18110000.000	8720000.000	26820000.000
2018/7/31	11:00:03.631	18390000.000	8970000.000	27360000.000
2018/7/31	11:00:03.881	18090000.000	9420000.000	27510000.000
2018/7/31	11:00:04.131	17830000.000	9480000.000	27330000.000
2018/7/31	11:00:04.381	17590000.000	9300000.000	26880000.000
2018/7/31	11:00:04.631	18060000.000	9570000.000	27630000.000
2018/7/31	11:00:04.881	18170000.000	10000000.000	28170000.000
2018/7/31	11:00:05.131	18170000.000	10380000.000	28530000.000
2018/7/31	11:00:05.381	18010000.000	10750000.000	28740000.000
2018/7/31	11:00:05.631	17680000.000	11270000.000	28950000.000
2018/7/31	11:00:05.881	17920000.000	11820000.000	29730000.000
2018/7/31	11:00:06.131	18030000.000	12140000.000	30180000.000
2018/7/31	11:00:06.381	18110000.000	12500000.000	30600000.000
2018/7/31	11:00:06.631	17910000.000	13010000.000	30900000.000
2018/7/31	11:00:06.881	17620000.000	13490000.000	31110000.000

图 4 现场测试数据

计算软件包括 Simview 和 DataAnalyzing，见图 5 和图 6。

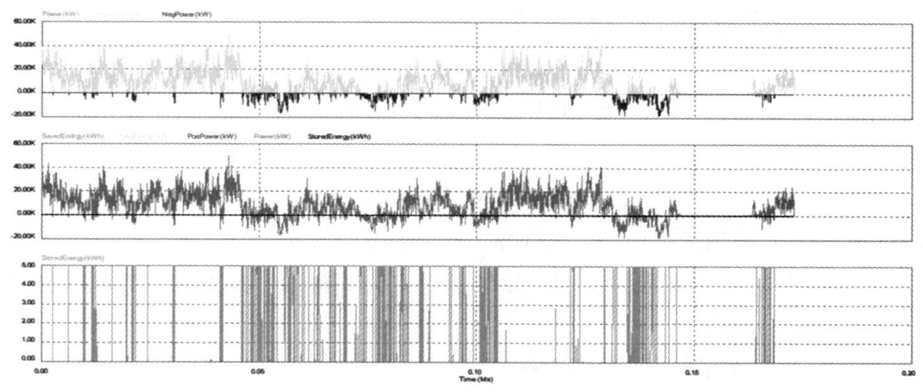

图 5 Simview 界面

同样，根据阳城牵引变电所现场 24 h 测试数据见图 7。

图 6 盘古寺每天节电量 DataAnalyzing 计算界面

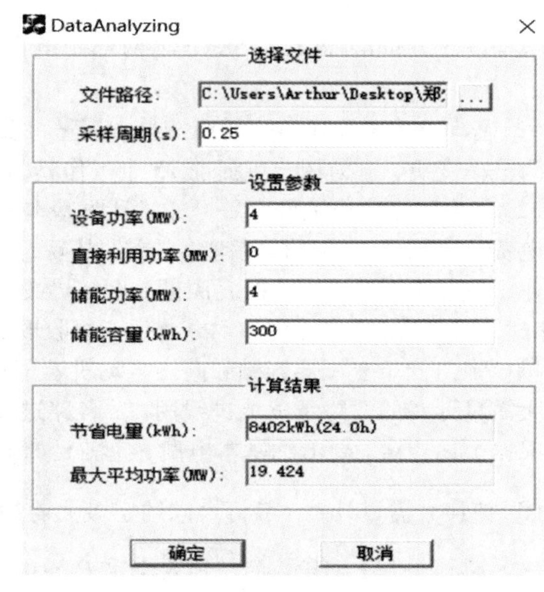

图 7 阳城每天节电量 DataAnalyzing 计算界面

对以上实际统计数据进行趋势拟合，可以得出以下计算公式：

盘古寺牵引变电所供电臂区段，能耗基准 E_{b1} 为：

$$E_{b1} = x_1 10^4 f(x_1)$$

$$= x_1 10^4 \begin{cases} (13.149\, x_1 - 36.696), & 7.4 \leqslant x_1 < 8.2 \\ (3.9105\, x_1 + 38.711), & 8.2 \leqslant x_1 < 8.8 \\ (2.5474\, x_1 + 50.649), & x_1 \geqslant 8.8 \end{cases}$$

式中：x_1 为通过总重(为方便计算，单位换算为 10^8 t · km)；

当 x_1 小于 7.4 时，由于缺乏实际数据支持，如果仍然按公式计算，计算值将大幅偏离实际值，故按 7.4 保底计算。

因此，盘古寺牵引变电所节能量 E_{s1} 的计算公式为：

$$E_{s1} = E_{r1} - E_{b1}$$

式中：E_{r1} 为盘古寺牵引变电所运行期能耗(kW · h)，为盘古寺牵引变电所电度表每月读数。

由于受偶然因素的影响，例如节假日、抄表日期等，每月电能表读数会有所波动。由前面分析得知，盘古寺牵引变电所每月可节省电量 320354 kW·h。

阳城牵引变电所供电臂区段，能耗基准 E_{b2} 为：

$$E_{b2} = x_2 10^4 f(x_2)$$

$$= x_2 10^4 \begin{cases} (6.7481x_2 + 22.3), & 5.1 \leqslant x_2 < 5.7 \\ (1.9325x_2 + 49.47), & 5.7 \leqslant x_2 < 6.1 \\ (1.2437x_2 + 53.655), & x_2 \geqslant 6.1 \end{cases}$$

式中：x_2 为通过总重(为方便计算，单位换算为 108 t·km)；

当 x_2 小于 5.1 时，由于缺乏实际数据支持，如果仍然按公式计算，计算值将大幅偏离实际值，故按 5.1 保底计算。

因此，阳城牵引变电所节能量的计算公式为：

$$E_{s2} = E_{r2} - E_{b2}$$

式中：E_{r2} 为阳城牵引变电所运行期能耗(kW·h)，为阳城牵引变电所电度表每月读数。

4 经济效益分析

4.1 基本电费计算

根据发改办价格〔2016〕1583 号《两部制电价用户基本电价执行方式的通知》，基本电费按下述规定收取：

(1)基本电价按变压器容量或按最大需量计费，由用户选择。基本电价计费方式变更周期从现行按年调整为按季变更，电力用户可提前 15 个工作日向电网企业申请变更下一季度的基本电价计费方式。

(2)电力用户选择按最大需量方式计收基本电费的，应与电网企业签订合同，并按合同最大需量计收基本电费。合同最大需量核定值变更周期从现行按半年调整为按月变更，电力用户可提前 5 个工作日向电网企业申请变更下一个月(抄表周期)的合同最大需量核定值。电力用户实际最大需量超过合同确定值 105%时，超过 105%部分的基本电费加一倍收取；未超过合同确定值 105%的，按合同确定值收取；申请最大需量核定值低于变压器容量和高压电动机容量总和的 40%时，按容量总和的 40%核定合同最大需量；对按最大需量计费的两路及以上进线用户，各路进线分别计算最大需量，累加计收基本电费。

根据上述规定，要节约基本电费，应满足如下条件：

(3)按最大需量计费，签订合同约定最大需量 $P_C \leqslant S \times \dfrac{U_S}{U_P \times 1.05}$。

(4)实际的月最大需量 P_r 一定要满足 $P_C \times 0.4 \leqslant P_r \leqslant P_C \times 1.05$。

上述条件中，S 为电力用户的变压器容量(kVA)；U_S 为所在地区的按容量计价单价(元/kVA/月)；U_P 为按最大需量计价单价(元/kW/月)。

约定最大需量 P_C 应在小于平衡点设定，实际的月最大需量 P_r 落在阴影范围内，可以节约基本电费(见图 8)。

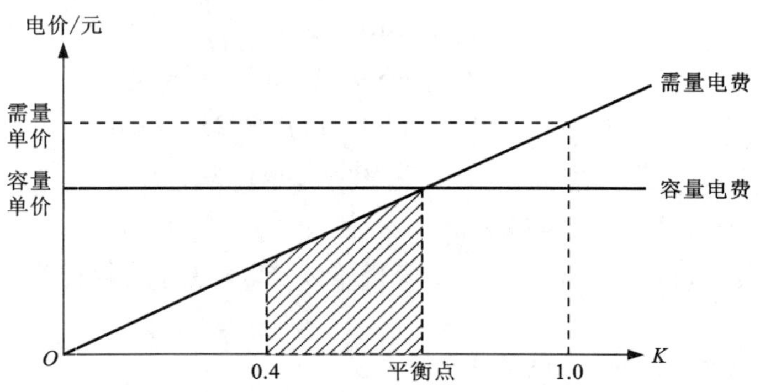

图 8 基本电费曲线(K 为需量与容量的比值)

按容量计费的基本电费总价 $V_S = S \times U_S$

按最大需量计费的基本电费总价 $V_P = P_r \times U_P$

由于牵引变压器的负荷为一种非线性的冲击负荷，负荷的大小与供电臂中运行的列车数量、铁路线路情况及列车运行速度等因素有关。实测某牵引变电所负荷曲线实例见图9。

牵引变电所负荷的特点是：(1)负荷波动频繁；(2)负荷大小不均衡；(3)峰值负荷时间短。牵引变压器在选型时，考虑了满足峰值负荷的要求，容量选择偏大。目前，牵引变电所普遍采用按最大需量计费方式，部分采用按容量计费方式。

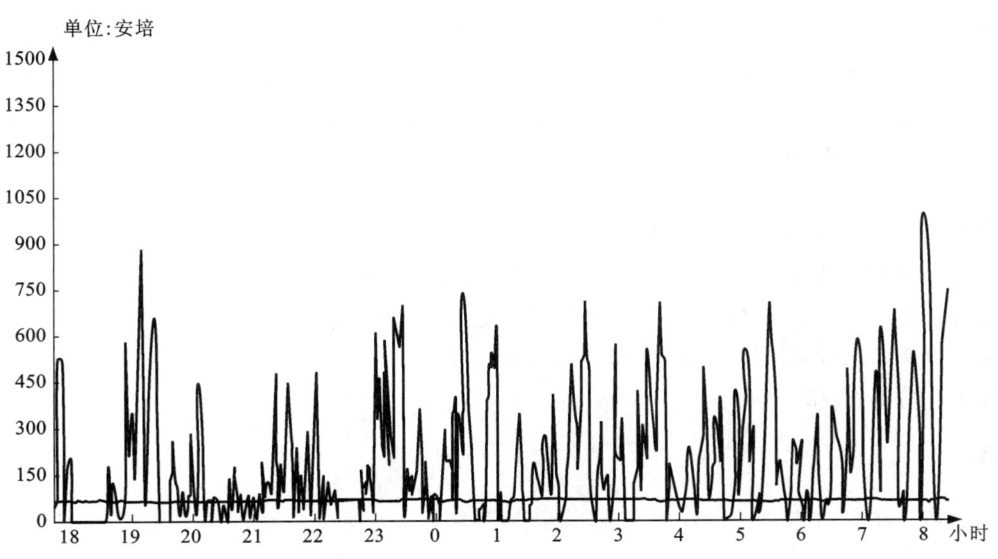

图9　实测牵引变电所负荷曲线

通过采取功率削峰，可以等效将牵引变压器的使用容量降低相当大的数额，因此，无论原先采用按容量方式计费，还是采用按最大需量方式计费，以后全部都可以改为按最大需量方式计费，而且最大需量 P_C 值可以设定得更小，从而达到节约基本电费的目的。

如果原先按容量计费，基本电费总价 $V_S = S \times U_S$。现在可以按最大需量计费，考虑最保守的情况，假设最大需量取 $P_C = S \times \frac{U_S}{U_P \times 1.05}$，则现在可以节约基本电费总价：

$$\begin{aligned}\Delta V &= V_S - V_P \\ &= S \times U_S - P_r \times U_P \\ &= S \times U_S - (P_C - \Delta S) \times U_P \\ &= S \times U_S - \left(S \times \frac{U_S}{U_P \times 1.05} - \Delta S\right) \times U_P \\ &= S \times U_S \times \left(1 - \frac{1}{1.05}\right) + \Delta S \times U_P\end{aligned}$$

如果原先按最大需量计费，则现在可以节约基本电费总价：

$$\begin{aligned}\Delta V &= V_S - V'_P \\ &= P_C \times U_P - P_r \times U_P \\ &= P_C \times U_P - (P_r - \Delta S) \times U_P \\ &= P_C \times U_P - (P_C - \Delta S) \times U_P \\ &= \Delta S \times U_P\end{aligned}$$

比较以上两种情况可知，每月节约的基本电费，最保守的估算可取 $\Delta V = \Delta S \times U_P$

盘古寺牵引所按最大需量计价单价 $U_P = 28$ 元/kW/月；$\Delta S = 4$ MW(额定功率)，故每年可以节约基本电费总价：

$\Delta V_{year}=12\times U_P=12\times4000\times28=134.4$ 万元

阳城牵引所按最大需量计价单价 $U_P=36$ 元/kW/月；$\Delta S=4$ MW(额定功率)，故每年可以节约基本电费总价：

$\Delta V_{year}=12\times\Delta S\times U_P=12\times4000\times28=172.8$ 万元

4.2 节能总量

根据总电费的计算公式：总电费 = 基本电费 + 电度电费，可以计算出：盘古寺牵引变电所每年可以节约总电费为：134.4 + 147.7 = 282.1 万元。

阳城牵引变电所每年可以节约总电费为：172.8 + 148.8 = 321.6 万元。

在牵引变电所两个供电臂上，实现每个牵引变电所两个供电臂之间的互联互通，同时，在所间分区亭采用设备关联方式，实现盘古寺和阳城两个牵引变电所之间的互联互通。因此可以将牵引所剩余的再生制动电能相互利用。根据西南交通大学的研究，在这种情况下，至少利用储能电量的 40%。即每年可以额外节约电费：(147.7 + 148.8) × 40% = 118.6 万元。

节能总量为：

盘古寺牵引变电所每年节省电量：7523 × 1.4 × 365 = 3844253 kW · h；

阳城牵引变电所每年节省电量：8402 × 1.4 × 365 = 4293422 kW · h。

其中，乘以 1.4 是考虑了 40% 的变电所间互联互通节省的电量。

以上节省电量乘以相应的电度电费单价，换算成节省的电度电费，再加上两个变电所节省的基本电费，每年可以节省总电费 722.3 万元。

5 结束语

通过上述分析，在盘古寺牵引变电所和阳城牵引变电所，各建设一套铁路牵引供电综合节能装备是可以实行的，具有较大的经济效益。通过该系统可实现对铁路牵引供电系统电能的综合利用，降低了铁路运输能耗，提高了铁路电能的利用效率，节约了能源，实现可持续发展的能源消费方式，促进低碳社会的建设朝着资源节约型、环境友好型的方向发展。

同时为侯月线节能区段带来系统能力的提升，提供了下列各方面的改善：

(1)提高牵引变压器容量利用率，有效增加供电能力，增加行车密度，提高牵引运输能力；

(2)改善接触网供电电压的稳定性，提高牵引供电质量，保障机车及供电设备的安全可靠运行；

(3)在容量允许的范围内兼顾无功功率输出，提高牵引供电系统计量侧的功率因数，减小母线电流，降低谐波和功率损耗；

(4)通过功率融通，实现平衡供电，抑制负序，提高国家电网和牵引供电网的供电质量。

作者简介

张红亮，中国铁路郑州局集团有限公司新乡供电段，高级技师

一起 PT 断线导致距离保护误动作的分析

朱建平

摘　要： 通过分析某牵引变电所发生的一起 PT 断线造成距离 I 段保护误动作跳闸的原因，查找到馈线保护装置 PT 断线闭锁距离保护原理存在的问题，根据实际情况提出切实可行的解决方案，并验证了方案的正确性。

牵引变电所馈线距离保护通过采集 27.5 kV 母线电压和馈线电流来计算测量阻抗。在 27.5 kV 母线电压互感器二次回路短路、高压侧或低压侧熔断器熔断导致母线失压（即 PT 断线）时，距离保护应可靠闭锁，是对距离保护的基本要求。但是实际运行中，PT 断线情况下发生距离保护误动作的情况仍然时有发生。本文就某牵引变电所 PT 断线情况下发生的一起距离 I 段保护误动作跳闸进行深入分析，指出 PT 断线原理存在的问题，并结合实际提出了解决方案。

1　设备情况

某牵引变电所 T_2 相母线安装有两台 27.5 kV 电压互感器，分别为 202TV 和 204TV，正常运行时，二者均带电，202TV 主用，204TV 备用，主备用关系通过二次回路电压继电器触点切换实现。211、214 馈线均接于 T_2、F_2 相母线上，正常运行时为全并联 AT 供电方式。所内微机保护装置采用成都交大许继电气有限责任公司 TA21 型安全监控及综合自动化系统，其馈线保护装置型号为 WKH－892。T_2、F_2 相母线及相关馈线主接线如图 1 所示。

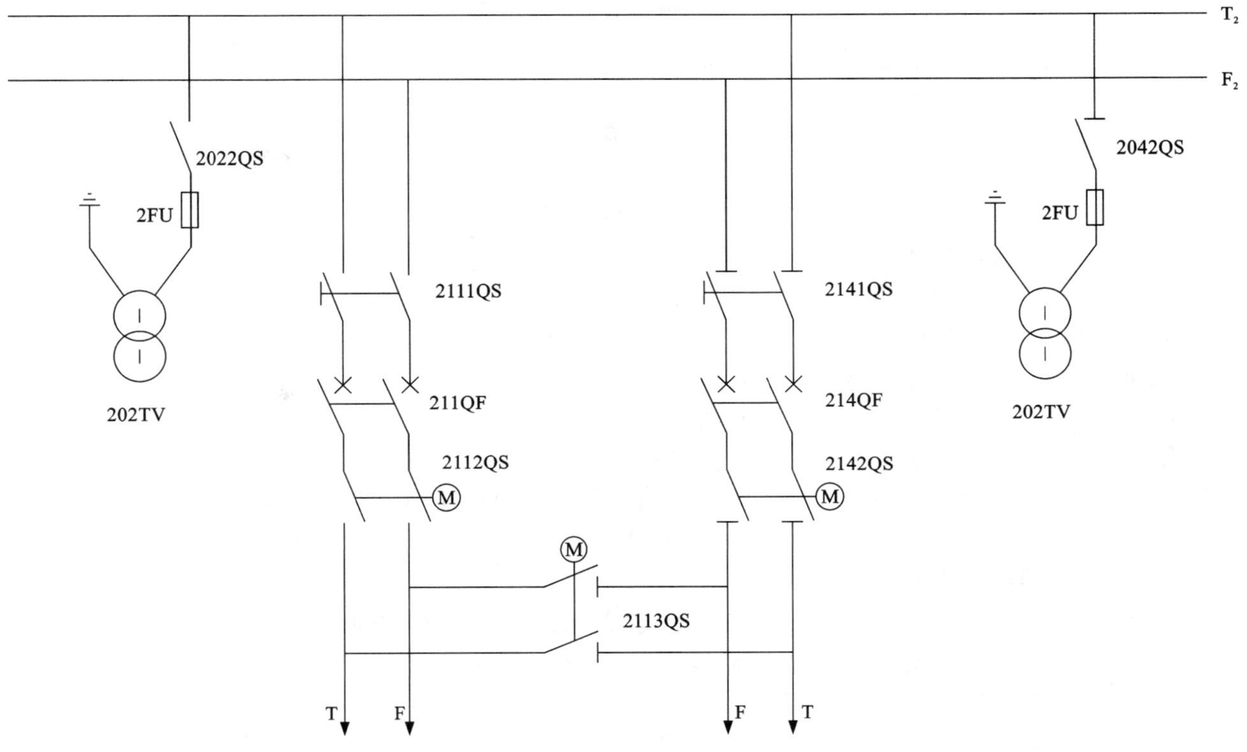

图 1　T_2、F_2 相母线及相关馈线主接线图

2 跳闸概况

2019 年 4 月 27 日 11 时 17 分 15 秒，该牵引变电所 211、214 馈线保护装置距离 I 段保护动作出口，211、214QF 跳闸，重合闸均成功。值班员巡视所内设备，未发现异常，查询后台监控机跳闸时的有关信息，显示 202TV 发出失压告警信号。经排查发现 202TV 高压侧熔断器熔断，其他设备无异常。相关保护动作数据如下：

211 馈线保护动作数据：$I_T=167.67$ A、$I_F=83.19$ A、$U_T=0.004$ kV、$U_F=0.004$ kV、$R=0.03\Omega$、$X=0.01\ \Omega$、$Z=0.03\ \Omega$、$\alpha=198.34°$；

214 馈线保护动作数据：$I_T=188.22$ A、$I_F=22.5$ A、$U_T=0.007$ kV、$U_F=0.006$ kV、$R=0.06\ \Omega$、$X=0\ \Omega$、$Z=0.06\ \Omega$、$\alpha=186.13°$。

3 原因分析

从故障排查情况和保护动作数据判断：主用 202TV 高压侧熔断器熔断即 PT 断线后，二次回路电压继电器触点向备用 204TV 切换过程中，211、214 馈线保护装置未采集到电压(即保护动作数据显示的 T 线和 F 线电压基本为0)，当时恰好有动车组运行取流，保护装置应该启动 PT 断线闭锁功能，无延时闭锁距离保护，但实际上 211、214 馈线保护装置发生了距离 I 段保护误动作。由此反推可知，211、214 馈线保护装置的 PT 断线闭锁功能失效。下面对其 PT 断线闭锁功能失效的原因进行深入分析。

211、214 馈线距离保护的 PT 断线闭锁原理如图 2 所示：

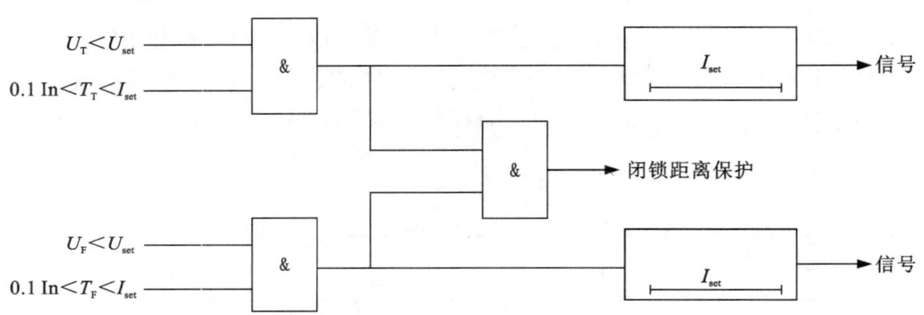

图 2 PT 断线原理框图

U_T、I_T、U_F、I_F分别为 T 线电压、T 线保护电流、F 线电压、F 线保护电流，in 为电流互感器额定电流，U_{set}、I_{set}分别为 PT 断线检测电压、电流整定值。

211、214 馈线距离保护的 PT 断线整定值如下：

T 线、F 线检测电压相同：$U_{set}=8.25$ kV

T 线、F 线检测电流相同：$I_{set}=537.5$ A

T 线、F 线电流互感器额定电流相同：In = 1250 A

结合 211、214 馈线距离 I 段保护动作数据对图 2 所示的 PT 断线闭锁功能分析如下：

211 馈线：$U_T<U_{set}$，$0.1\ \text{in}<I_T<I_{set}$，满足 T 线 PT 断线条件，逻辑判断为“与”；$U_F<U_{set}$，$I_F<I_{set}$但 $0.1\ \text{in}\nless I_F$，不满足 F 线 PT 断线条件，逻辑判断为“非”。综合二者可知，总的 PT 断线条件不满足要求，逻辑判断为“非”，不能闭锁 211 馈线距离保护。

214 馈线：$U_T<U_{set}$，$0.1\ \text{in}<I_T<I_{set}$，满足 T 线 PT 断线条件，逻辑判断为“与”；$U_F<U_{set}$，$I_F<I_{set}$但 $0.1\ \text{in}\nless I_F$，不满足 F 线 PT 断线条件，逻辑判断为“非”。综合二者可知，总的 PT 断线条件不满足要求，逻辑判断为“非”，不能闭锁 214 馈线距离保护。

由以上分析可知，211、214 馈线 F 线电流 I_F未达到 0.1 in 门槛值，是导致 PT 断线闭锁功能失效的直接原因。

4　改进措施

根据该牵引变电所实际运行情况，馈线 F 线电流超过 100 A 的概率很小，因此，利用图 2 所示的 PT 断线原理闭锁距离保护存在漏洞，即 PT 断线发生时，如果馈线电流互感器额定电流较大且 F 线电流较小，就会出现不能闭锁距离保护的情况，从而造成距离保护误动作。为此，必须对 PT 断线闭锁距离保护原理进行改进。具体改进措施如下：

(1)鉴于馈线电流互感器额定电流 in 较大，为降低 PT 断线检测电流门槛值，需提高保护装置精度，将 0.1 in 修改为 0.04 in；

(2)根据动车组正常运行取流情况，将 PT 断线检测电流判据由原来的分别判断 I_T和 I_F修改为判断 I_{TF}，即 T 线和 F 线保护电流数值之和；同时调整 PT 断线检测电流上限值 I_{set}，按照馈线最大负荷电流 1000 A 的 1.2 倍整定，即 $I_{set}=1200$ A，这样可保证 I_{TF}能可靠落在 PT 断线检测电流范围内；

(3)由于 F 线实际未安装电压互感器，其电压 U_F是通过 T 线电压互感器二次回路并联采集，因此，PT 断线检测电压只取 T 线电压 U_T作为判据即可，U_F判据取消。

改进的 PT 断线原理框图如图 3 所示：

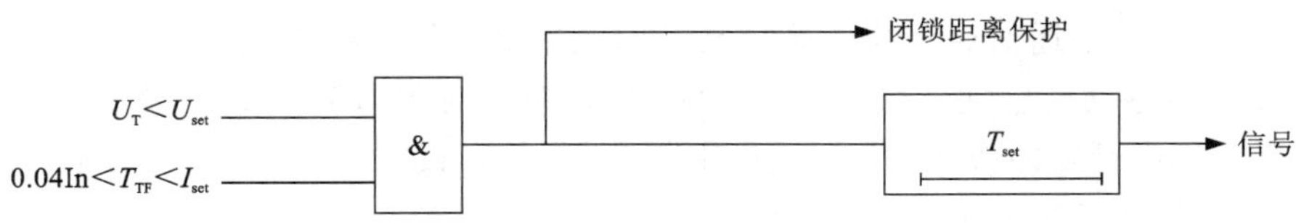

图 3　改进的 PT 断线原理框图

U_T为 T 线电压，I_{TF}为 T 线和 F 线保护电流数值之和，In 为电流互感器额定电流，U_{set}、I_{set}分别为 PT 断线检测电压、电流整定值。

用 211、214 馈线距离 I 段保护动作数据对图 3 所示的 PT 断线闭锁功能分析如下：

211 馈线：$U_T<U_{set}$，$I_{TF}=I_T+I_F=250.86$ A，0.04 in$<I_{TF}<I_{set}$，满足 PT 断线条件，逻辑判断为“与”，因此，能有效闭锁 211 馈线距离保护。

214 馈线：$U_T<U_{set}$，$I_{TF}=I_T+I_F=210.72$ A，0.04 in$<I_{TF}<I_{set}$，满足 PT 断线条件，逻辑判断为“与”，因此，能有效闭锁 214 馈线距离保护。

通过以上分析验证，可知改进后的 PT 断线原理能有效闭锁馈线距离保护。

5　结束语

通过对某牵引变电所 211、214 馈线距离 I 段保护误动作原因的分析，找到 PT 断线设计原理与运营实际不相符的问题，并根据实际情况对 PT 断线的电压、电流判据进行改进。经过分析验证，在动车组正常取流情况下，如果发生 27.5 kV 母线 PT 断线，改进的 PT 断线原理能有效闭锁馈线距离保护，防止其误动作跳闸，提高了馈线距离保护动作的正确性和可靠性。

参考文献

[1] TA21 型牵引变电所安全监控及综合自动化系统(V4.0)说明书[Z].成都：成都交大许继电气有限责任公司.

[2] 张建中.电力系统继电保护[M].北京：中国电力出版社，2011.

作者简介

朱建平，中国铁路南宁局集团有限公司工电检测所，工程师

供电 SCADA 主站系统丢失故障报文的原因与解决方案

谢　坡　胡金东

摘　要：本文针对南宁局集团有限公司供电 SCADA 主站系统一起故障报告的问题，从系统运行机制方面进行了系统性分析，提出了解决措施。

0　引言

随着 SCADA 系统、综合自动化系统以及通信网络的飞速发展，给铁路推广牵引变电所和配电所无人值班模式提供了必要手段，提高了劳动生产率，对铁路供电的安全、经济以及优质运行具有深远的意义。当前 SCADA 系统除了传统的四遥功能，故障报告在供电调度员处理紧急故障、保障铁路供电安全方面发挥着不可替代的作用。然而，通信通道的异常情况，远动终端、继电保护装置等设备不可预料的隐患，以及 SCADA 主站系统本身存在的软硬件缺陷，都影响供电调度员对 SCADA 系统的正常使用。本文将对一起基于 Wonderware 平台二次开发而成的 SCADA 主站系统丢失故障报文事件，从系统运行机制方面进行系统性原因分析，并提出对应的解决方案。

1　故障现象概述

2018 年 4 月 17 日 8:33，南广铁路某牵引变电所 212、213 馈线跳闸，某牵引变电所广州方向故障测距装置应上送 3 条故障报告，但调度工作站实时窗口只有 2 条故障报告(如图 1 所示)。

2018 - 4 - 17	08:33:33.710	藤县牵引变电所	广州方向故障测距装置	AT 测距装置动作标志	AT 测距装置断路器号：FFFF AT 测距装置动作标志：所 2 故障数据 T 线电压：一次值 =8.092242(kV) F 线电压：一次值 =7.83433(kV) 下行 T 线保护电流：一次值 =66.18589(A) 下行 F 线保护电流：一次值 =112.8588(A) 上行 T 线保护电流：一次值 =71.63063(A) 下行 F 线保护电流：一次值 =24.89659(A) 备用 T 线电流：一次值 =65.67661(A) 备用 F 线电流：一次值 =112.3619(A) 下行 AT 吸上电流：一次值 =1.131242(A) 上行 AT 吸上电流：一次值 =274.4463(A) AT 吸上合成电流：一次值 =275.4456(A) 横连线电流：一次值 =46.86128(A) ：一次值 =128.8818 下行电抗：一次值 =0(Ω) 上行电抗：一次值 =0(Ω) 备用电抗：一次值 =0(Ω)

2018－4－17	08:32:45.853	藤县牵引变电所	广州方向故障测距装置	AT 测距装置动作标志	AT 测距装置断路器号：213 AT 测距装置动作标志：下行母线失压启动，下行故障，F 型故障，故障报告，横联线电流比测距 T 线电压：一次值＝11.06477(kV) F 线电压：一次值＝11.05029(kV) 下行 T 线保护电流：一次值＝529.9196(A) 下行 F 线保护电流：一次值＝2880.548(A) 上行 T 线保护电流：一次值＝515.1685(A) 上行 F 线保护电流：一次值＝254.4765(A) 备用 T 线电流：一次值＝0.1609287(A) 备用 F 线电流：一次值＝0.2981163(A) 下行 AT 吸上电流：一次值＝0.8431602(A) 上行 AT 吸上电流：一次值＝0.1502444(A) AT 吸上合成电流：一次值＝2093.41(A) 横连线电流：一次值＝1320.346(A) :一次值＝290.7828 下行电抗：一次值＝3.016479(Ω) 上行电抗：一次值＝13.15939(Ω) 备用电抗：一次值＝0(Ω) 电流比：一次值＝0.3541964 距离：一次值＝4.779525(km) 公里标：一次值＝308.6645

图 1 调度工作站实时窗口故障报告

2 故障报告丢失原因分析

2.1 故障报告推送原理

通常，调度工作站推送的故障报告，需由综合自动化系统产生 16 进制的 IEC－60870－5－104 或 IEC－60870－5－101 协议故障报文，通过通信网络传送给 SCADA 主站系统，最后经过 SCADA 主站系统解析处理变成可供供电调度员看懂的故障报告，并在调度工作站人机界面上显示。基于 Wonderware 平台的供电 SCADA 主站系统由 AOS 服务器负责处理综合自动化系统上送的数据，具体处理由 DAServer 程序以及 aaEngine 进程完成。

2.2 故障报告丢失原因类别分析

根据故障报告推送原理，可知调度工作站的故障报告，主要经过四个节点，即跳闸后继电保护装置产生故障报告，继电保护装置将故障报告送给通信管理机，通信管理机通过通信网络将故障报告送给 SCADA 主站系统进行处理。

2.2.1 继电保护装置问题

继电保护装置主要有装置失电、装置通道故障、运行方式错误、保护板运行状态不良等问题，故障原因主要一般为主板、电源板和保护板等装置板件故障。

2.2.2 通信管理机问题

通讯管理机用于将变电所内所有的继电保护装置的通讯数据整理汇总后，实时上送 SCADA 主站系统，起到上传下达的作用。通讯管理机与 SCADA 主站系统通信异常最为常见，异常现象主要为两种，一种是应用层通信服务异常，即通讯管理机与 SCADA 主站系统建立的 IEC－60870－5－104 或 IEC－60870－5－101 协议通信中断，另一种是 TCP/IP 通信异常，一般为通讯管理机 LAN 接口故障。

2.2.3 通信通道问题

通信通道问题主要集中在通信管理机至数据网和传输网通信设备之间，一般为通信线路破损造成通信中断，线路受干扰造成通信丢包以及 SDH 通信机柜板件故障等。

2.2.4 供电 SCADA 主站系统问题

供电 SCADA 主站系统的 DAServer 程序负责与被控站通信管理机进行通信，采集通信管理机上送的 IEC－60870－5－104 或 IEC－60870－5－101 协议报文，同时 DAServer 程序还要将经过识别的报文送至 aaEngine 下的 Object 进一步处理。所以 DAServer 程序缺陷，以及 aaEngine 下的 Object 配置错误和脚本缺陷是导致故障报告丢失的重要原因。

2.3 故障报告丢失原因分析与解决方案

检查 AOS 服务器 SMC 日志(如图 2 所示)，发现 DAServer 程序收到了某牵引变电所广州方向故障测距装置的 3 条故障报告，可排除被控站设备以及通信通道原因。

LogViewer - [Log Viewer\Opened Log Files\H:\工作相关\征文投稿\4.17藤县变电所缺少故障报告\LogExport4172018.aaLGX]

文件(F) 操作(A) 查看(V) 帮助(H)

Start Time: 1900/12/31 23:59:59 End Time: 2100/12/31 23:59:59

No:	Date	Time	Process ID	Thread...	Log Flag	Component	Message
1885...	2018/4/17	8:33:41	10820	11752	Info	IEC104TCP	(藤县牵引变电所)收到报文: 68 32 DA DC EC 12 0D 05 03 00 01 00 75 40 00 04 F6 5F C5 00 76 40 00 2C 94 11 43 00 7E 40 00 83 D0 4C 44 00 81 40 ...
1885...	2018/4/17	8:33:41	10820	8120	Info	IEC104TCP	(藤县牵引变电所)[BG000042]上送故障报告(缓冲队列): 02 01 2A 00 FF 00 02 00 00 FC 00 1E B3 20 08 11 04 12 15 62 27 05 13 02 00 00 60 27 05 ...
1885...	2018/4/17	8:33:41	10820	11728	Warning	IEC104TCP	(藤县牵引变电所)上送缓冲队列非遥信信息至后台: BG000042=02 01 2A 00 FF 00 02 00 00 FC 00 1E B3 20 08 11 04 12 15 62 27 05 13 02 00 00 60 2...
1885...	2018/4/17	8:33:41	10820	11752	Info	IEC104TCP	(藤县牵引变电所)收到报文: 68 9C F4 DC EC 12 8C 01 03 00 01 00 00 00 00 2A 00 FF 00 02 00 00 FD 00 C6 AD 20 08 11 04 12 12 62 27 05 FF FF 00 0...
1885...	2018/4/17	8:33:41	10820	8120	Info	IEC104TCP	(藤县牵引变电所)[BG000042]上送故障报告(缓冲队列): 02 01 2A 00 FF 00 02 00 00 FD 00 C6 AD 20 08 11 04 12 12 62 27 05 FF FF 00 00 60 27 05 ...
1885...	2018/4/17	8:33:41	10820	8120	Info	IEC104TCP	(藤县牵引变电所)[BG000042]上送故障报告(缓冲队列): 02 01 2A 00 FF 00 02 00 00 FE 00 AE 83 21 08 11 04 12 12 62 27 05 FF FF 00 00 60 27 05 0...
1885...	2018/4/17	8:33:42	3696	7292	Info	ScriptRuntime	藤县牵引变电所_广州方向故障测距装置.缓存故障报告: 收到新故障报告: 02 01 2A 00 FF 00 02 00 00 FC 00 1E B3 20 08 11 04 12 15 62 27 05 13 02 00 0...
1885...	2018/4/17	8:33:43	10820	11728	Warning	IEC104TCP	(藤县牵引变电所)上送缓冲队列非遥信信息至后台: BG000042=02 01 2A 00 FF 00 02 00 00 FD 00 C6 AD 20 08 11 04 12 12 62 27 05 FF FF 00 00 60 2...
1885...	2018/4/17	8:33:43	3696	7308	Info	ScriptRuntime	藤县牵引变电所_广州方向故障测距装置.ProcessFaultReportInfo: 正在处理新故障报告: 02 01 2A 00 FF 00 02 00 00 FC 00 1E B3 20 08 11 04 12 15 62 27 ...
1885...	2018/4/17	8:33:44	10820	11728	Warning	IEC104TCP	(藤县牵引变电所)上送缓冲队列非遥信信息至后台: BG000042=02 01 2A 00 FF 00 02 00 00 FE 00 AE 83 21 08 11 04 12 12 62 27 05 FF FF 00 00 60 27...
1885...	2018/4/17	8:33:44	3696	7432	Info	ScriptRuntime	藤县牵引变电所_广州方向故障测距装置.缓存故障报告: 收到新故障报告: 02 01 2A 00 FF 00 02 00 00 FE 00 AE 83 21 08 11 04 12 12 62 27 05 FF FF 00 0...
1885...	2018/4/17	8:33:52	3696	7264	Info	ScriptRuntime	藤县牵引变电所_广州方向故障测距装置.ProcessFaultReportInfo: 正在处理新故障报告: 02 01 2A 00 FF 00 02 00 00 FE 00 AE 83 21 08 11 04 12 12 62 27 ...

图 2 SMC 日志

进一步分析 SCADA 主站系统报文处理机制(如图 3 所示)，AOS 服务器的 DAServer 程序收到 16 进制报文后，通过识别 16 进制报文类型标识数据位为 8C 判断该十六进制报文为故障报告，根据可变结构限定词识别出该报文携带的若干条故障报告以及装置序号，将故障报告送至缓冲队列，从 DIObject 中点表编号找出位于 aaEngine 进程的对象地址。DAServer 程序找到目标对象后，将故障报告通过'me. s 故障报告收发报文'变量目标对象的'缓存故障报告'脚本，该脚本再经'me. sFaultReportQueue'变量送给'ProcessFaultReportInfo'脚本进行解析，解析完成通过报警控件最终在调度工作站人机界面上显示出来。DAServer 程序设计为当缓冲队列中有同一个保护装置的多条故障报告需要上送至 aaEngine 进程时，会每隔 1.5 秒分别将这多条故障报告上送至 aaEngine 进程进行解析。根据处理机制，可将 SCADA 主站系统 AOS 服务器从接收到被控站上送的故障报告报文到目标对象解析报文的过程分为 5 步，即

1S：Daserver 收到故障报告；

2S：Daserver 将已处理报文放入缓存队列；

3S：Daserver 上送缓存队列报文给 aaEngine 进程对象；

4S：aaEngine 进程对象"缓存故障报告"脚本收到报文；

5S：aaEngine 进程对象"ProcessFaultReportInfo"脚本收到报文。

分析 SMC 日志打印的报文以及 Object Viewer 中相关进程的实时数据，发现 8:33:41.302 时 DAServer 程序收到第 1 条故障报告，并在同一时间将故障报告存入缓存队列，8:33:41.489 时 DAServer 程序从缓存队列上送第 1 条故障报告至 aaEngine 进程，8:33:41.910 时 DAServer 程序同时收到第 2 条和第 3 条故障报告，并在同一时间将 2 条故障报告存入缓存队列，8:33:43.096 时 DAServer 程序从缓存队列上送第 2 条故障报告至 aaEngine 进程，但 aaEngine 进程一直未获取到故障报告，直到 8:33:44.687 时 DAServer 程序从缓存队列上送第 3 条故障报告至 aaEngine 进程，8:33:44.921 时 aaEngine 进程获取到第 3 条故障报告，丢失了第 2 条故障报告。

如图 4 所示，故障报告丢失发生在 3S 和 4S 之间。正常情况下在 Daserver 程序上送缓存队列的故障报告至 aaEngine 进程之后的 0.7 秒内，aaEngine 进程就能够获取故障报告，因此新上送的故障报告不会因为给'me. s 故障报告收发报文'变量被重新赋值影响 aaEngine 进程处理之前的故障报告。

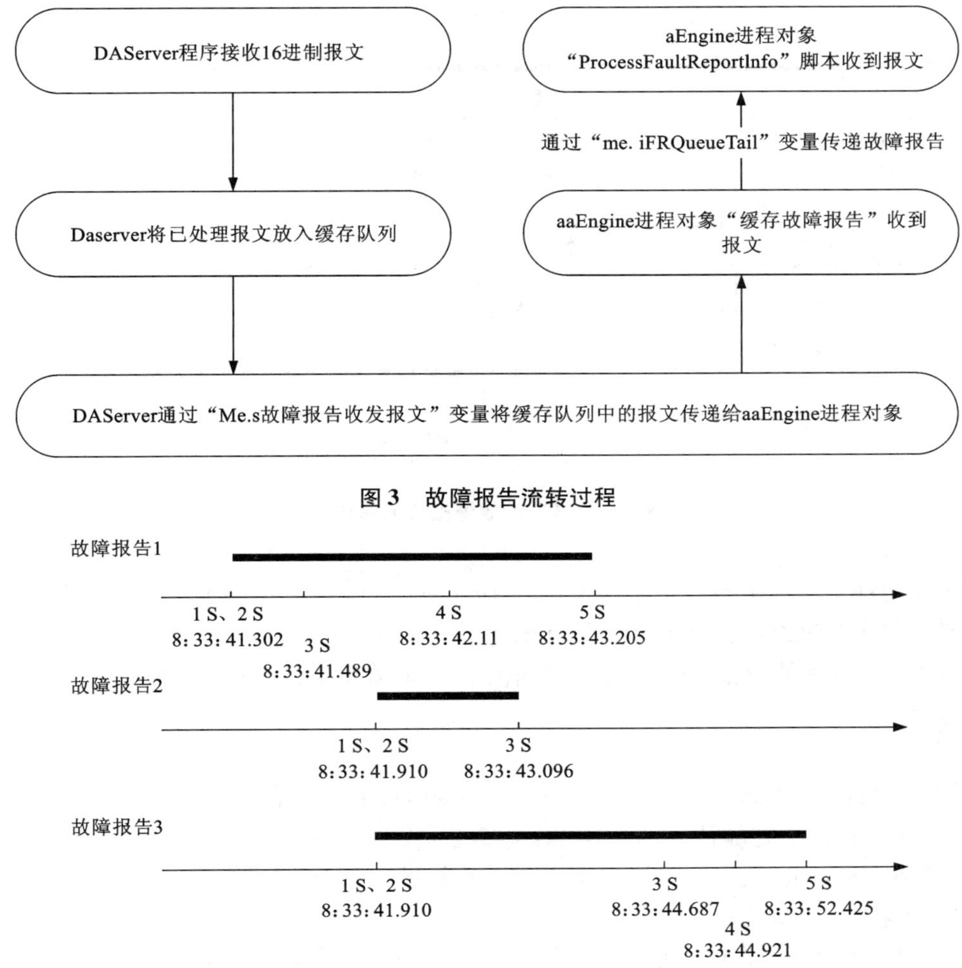

图 3　故障报告流转过程

图 4　某牵引变电所故障报告流转过程

为了还原故障，在测试环境中缩短 Daserver 程序上送故障报告的周期为 500 毫秒，同时延长 aaEngine 进程获取故障报告后“缓存故障报告”脚本的执行时间，即减慢了该进程获取新故障报告的速度，然后给 Daserver 程序连续发送 3 条故障报告报文(如图 5 所示)。测试发现 Daserver 程序从缓存队列上送第 1 条故障报告给 aaEngine 进程以后，“缓存故障报告”脚本很快就获取到‘Me. s 故障报告收发报文’变量中的故障报告并进行处理，由于延长了该脚本的执行时间，直到第 2、3 条故障报告都从缓存队列上送给 aaEngine 进程后，该脚本才执行完成，然后 aaEngine 进程“缓存故障报告”脚本去获取新的故障报告，此时只获取到了第 3 条故障报告，丢失了第 2 条故障报告(如图 6 所示)。

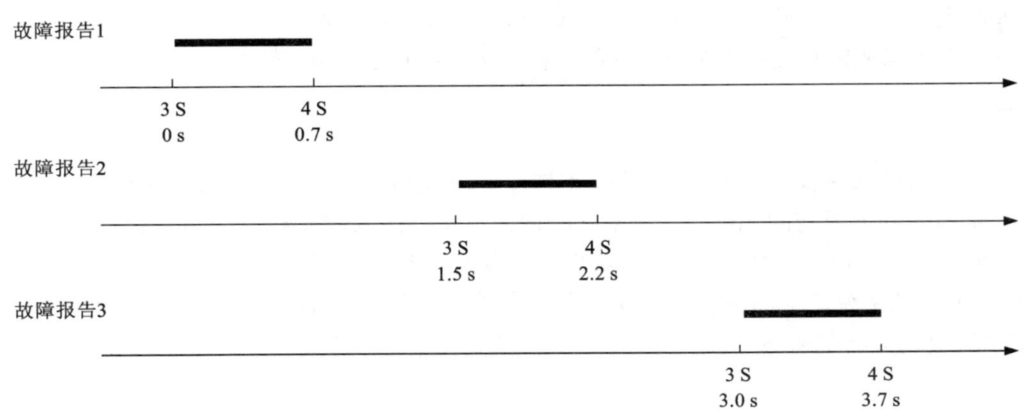

图 5　DAServer 程序正常上送故障报告缓存队列

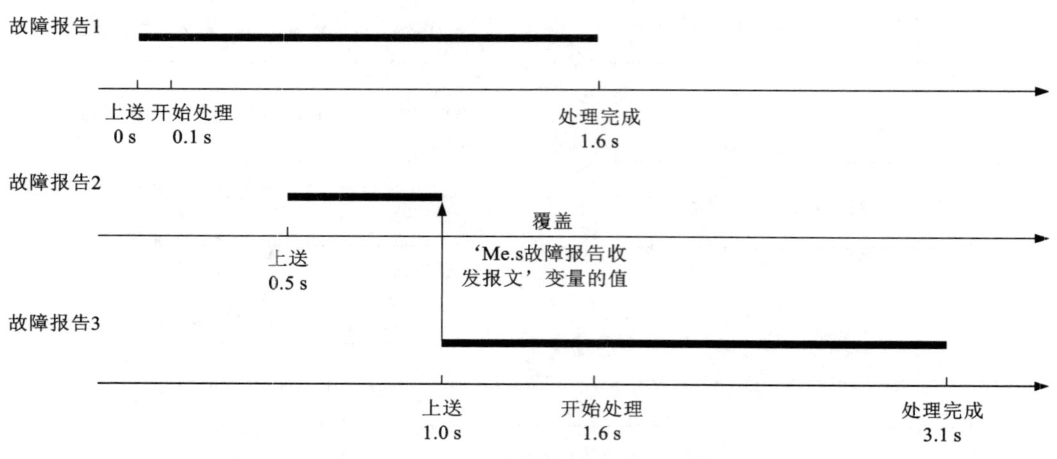

图 6　测试时的故障报告流转过程

故障还原测试证明丢失故障报告的根本原因是 Daserver 程序无法确定 aaEngine 进程“缓存故障报告”脚本是否获取到故障报告就继续上送新的故障报告至 aaEngine 进程，当“缓存故障报告”脚本来不及获取之前的故障报告时，‘Me. s 故障报告收发报文’变量中之前的故障报告被新的故障报告覆盖，造成丢失。

3　解决方案

针对该问题，需修改 DAServer 程序上送故障报告至 aaEngine 进程的机制，aaEngine 进程在获取到故障报告后，给 DAServer 程序发送确认信息，DAServer 程序收到确认信息后再继续上送新的故障报告至 aaEngine 进程，否者 DAServer 程序将等待60 秒超时后再继续上送新的故障报告至 aaEngine 进程。aaEngine 进程缓存故障报告脚本代码如下：

```
IF StringLeft( Me. s 故障报告收发报文, 2 ) = = "02" And StringLen( Me. s 故障报告收发报文 ) > = 6 And (StringLen( Me. s 故障报告收发报文 ) Mod 3) = = 0 THEN
me. sFaultReportQueue[ me. iFRQueueTail ] = me. s 故障报告收发报文;
LogMessage( "收到新故障报告: " + me. s 故障报告收发报文);
    me. iFRQueueTail = me. iFRQueueTail + 1;
    if me. iFRQueueTail > = 11 then
      me. iFRQueueTail = 1;
    endif;
      Me. s 故障报告收发报文 = "12 05 00 00";
endif;
```

当 aaEngine 进程“缓存故障报告”脚收到故障报告，脚本执行完成时返回确认信息"12 05 00 00"给 DAServer 程序，以确保故障报告在 DAServer 程序与 aaEngine 进程之间流转时不会丢失。

4　结束语

随着调度集中化的飞速发展，供电 SCADA 主站系统规模和功能将日趋强大。通过对供电 SCADA 主站系统运行时异常情况的分析与问题解决，使系统维护人员能更深入的了解系统运行原理，提高系统维护能力，为南宁局集团公司供电 SCADA 主站系统稳定运行保驾护航。同时总结经验教训，在未来新线接入前，加强供电 SCADA 主站系统厂家与被控站厂家对接，完善主站系统功能和技术指标检验方法，是推动供电 SCADA 主站系统更趋完善的有效手段。

参考文献

[1] 中国铁路总公司. 铁路供电远动系统(SCADA)主站暂行技术条件(铁总运〔2015〕88 号)[S]. 北京：中国铁路总公司, 2015.

[2] 金坤. 基于以太网和 TCP/IP 的 IEC60870 - 5 - 104 协议的性能分析[D]. 上海：上海交通大学, 2007.

[3] 刘永智, 刘晓川. 电力系统远动[M]. 北京：中国电力出版社, 2016.

[4] GM - 6000DAS 分布式调度管理自动化系统调度员工作站使用手册[Z]. 成都：成都交大光芒实业有限公司.

[5] Wonderware FactorySuite A^2部署指南[Z]. Invensys Systems, Inc.

作者简介

谢坡，中国铁路南宁局集团有限公司供电部，助理工程师

胡金东，中国铁路南宁局集团有限公司供电部，工程师

无线测温系统在电气化铁路供电系统中的应用

伍邦义 张 斌

摘 要：一种基于抗强电磁干扰通讯技术的无线温度在线监测系统，应用于电气化铁路变电所隔离开关馈线设备线夹处，系统温度监测仪无线发送实时温度，数据采集接收仪接收数据后有线传输至所内后台服务器，系统具有强大的预警功能，可以通过系统大数据以及温度曲线图分析电气化铁路供电系统设备电力参数，为及时排除故障，避免安全事故发生提供强有力的保证。

1 引言

1.1 测温的必要性

在牵引供电系统中，牵引变电所内设备的安全稳定性是保证铁路安全用电的前提。随着我国铁路事业的迅猛发展，对牵引变电所的安全运行要求愈发严格，牵引变电所内的许多高压带电设备以及电气连接点，如所内开关柜、电流电压互感器、断路器、隔离开关等等，由于一些无法预测的外界因素及机械振动、触头烧蚀等原因，可能造成设备接触处温度升高，引起接触点氧化，使接触电阻增加，温度上升，发生局部熔焊或者产生火花甚至电弧放电等现象，从而导致电气设备的损坏，引线脱落，甚至引发安全事故。

针对管内变电所馈线穿墙套管线夹在取流时承载电流较大，再加上由于线夹不合格或者螺丝松动等原因，很有可能会引起线夹局部温度升高，发生灼伤或脱落，造成安全事故。同时随着变电所亭单人(无人)值守模式的推行，很有必要对安全隐患点加强监控技术手段，在主要馈出线安装测温装置，实时监测运行温度，使隐患得到有效控制和处理。

1.2 实现的目标

选取电气化铁路牵引变电所内 27.5 kV 进出馈线穿墙套管线夹加装无线测温系统，监测设备线夹实时温度，所内安装温度数据接收终端，实时有线传输到后台监控电脑，发现温度超过警戒线时进行预警，从而快速发现温度异常点，为及时排除故障进而避免安全事故发生提供强有力的支撑，保障铁路安全运行。

2 技术方案的选取

2.1 国内电气化铁路测温技术发展趋势

由于电力设备的电磁干扰问题的制约，点对点的实时无线测温产品无法在铁路、国网等电力系统中广泛应用，目前，铁路对接点和设备的温度检测方式主要是红外测温设备、人工监测和光纤测温，测温手段多样，技术标准不一，易产生孤岛现象，不能进行区域内统一管理，不利于大数据分析、判断。

测温目前采用的主要方式是贴示温片和采用红外设备进行监测，比如红外热像仪、红外测温枪、机器人 + 红外设备、无人机 + 红外设备等。

在电气运行环境下在线智能监测自动综合治理系统的研发与应用，是电气化铁路智能化管理技术发展的重点和必然趋势。电气化铁路在线智能测温自动综合治理系统技术包括抗电磁干扰技术、通讯技术、组网技术、数据库技术、管理软件研发、数据库数据利用技术、自动化控制技术等等，这些技术的研发、实用化落地发展参差不齐，影响整体研发的推进，尤其是抗电磁干扰技术、通讯技术、组网技术、数据库技术是关键，只有这几项关键的技术突破和完善，电气化铁路在线智能测温系统才能实现真正的自动化控制和综合治理。

2.2 各种测温技术和方式的对比及选取(见表1、表2)

表1 温度在线监测技术优劣比较

产品类型	无线测温	红外 热像仪	红外测温枪	机器人巡检	声表面波测温
测温度	√	√	√	√	√
精确定位故障点	√				
区域管理	√				
大数据分析	√	√		√	
手机 APP 操控	√				
企事业单位配电房档案管理	√				
工作寿命	6年以上	6年以上	2年以上	3年以上	2年以上
运行费用	低	低	低	高	低
性价比	高	低	中	低	低

表2 高低压设备接点温度监测测量方式对比

监测项目	使用方式		
	高低压设备接点温度智能监测预警系统	红外测温枪	红外热像仪
温度测量	直接测量	非直接测量	非直接测量
隔离开关、互感器	可测	大部分可测	大部分可测
变压器连接点	可测	可测	可测
高压开关柜连接点	可测	不可测	不可测
测温方式	自动化	人工	自动化+人工判断
温度显示	直接显示	直接显示	非直接显示
检测方式	连续	不连续	连续
事故追忆	长期	不能	不能
温度变化智能预警	可以	不可以	可能
温度变化临界点报警	可以	不可以	可能
测量精度	±0.01℃	±5℃	不定
测量准确度	高	低	低
对使用环境要求	无	高	高
对其他设备干扰	无	无	可能无
测量场所安全性	安全	不定	安全
仪器能量补充方式	锂电池+太阳能	人工	人工
使用寿命	6年以上	中	中
维护费用	低	低	中
价格	中高	低	高

因此，抗电磁干扰通讯模块的小型化、监测仪器的微功耗和自动补能、测温传感器无缘模式、通讯采用有线或无线传输、测温点利用有线传输至服务器、数据库数据建模、自动化控制是技术研发的方向。

3 技术方案

3.1 系统组成(见图 1)

本系统由无线数据采集器、数字温度传感器、信号采集控制器、专用天线、总控信号接收机和计算机组成。

3.2 技术路线

技术线路采用目前应用较为广泛的 c/s 架构，这种模式的体系结构是一种以较为简单的客户端为网络基础，以带有数据库的服务器为中心的信息系统软件支持的结构模型。在这种体系结构中，用户所有的操作都在客户端进行，相关操作产生的数据信息可以及时地存储在数据库中，相互隔离，但是又可以随时交互。用户通过一些接口，随时访问服务器端的数据库，来获得自身所需要的网络资源，而服务器遍历数据库给用户(即客户端)提供所需要的服务。

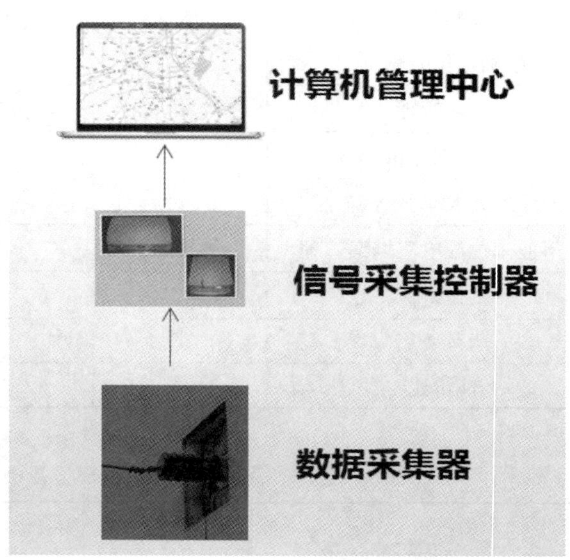

图 1 测温系统组成图

3.3 测温数据采集和接收

本系统属于接触式测温，测温系统包括上位机和下位机两部分，下位机负责数据的采集和发送(见图 2)，上位机负责数据的接收和汇总，然后再无线/有线发送后台系统(见图 3)。

3.3.1 下位机包括高低压测温度数据采集和温度数据接收设备，该设备安装微功耗通讯芯片，可有效的在牵引变电所的强电磁干扰环境下工作，顺畅传输数据，功耗低、寿命长。

3.3.2 上位机为无线/有线信号接收发射机，是温度管理单元，可实现对环网柜、交直流屏、干式变压器柜内电接点，电流电压互感器、断路器、隔离开关、穿墙套管引线设备线夹的温度在线监测数据的接收和传输、控制。

图 2 下位机图

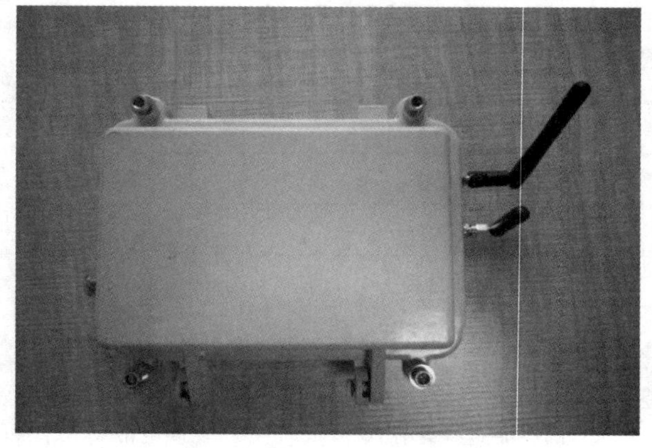
图 3 上位机图

4 技术原理

4.1 无线测温仪技术原理：通过数字温度传感器将被测设备温度转换成数字信号，再由温度测量微处理器将采集到的数字温度信息通过 2.4 G 通讯模块发射至信号接收发射机上。

4.2 信号接收发射机技术原理：信号接收发射机的温度测量处理器系统通过2.4G无线发射接收模块传将无线测温仪检测到的温度数据通过2.4G无线发射接收模块接收，信号接收发射机上再通过温度测量微处理器系统将采集到的温度信息通过有线把数据传输给了计算机终端。

4.3 专用天线技术原理：经对微带天线性能的参数方向图、方向性系数、效率和输入阻抗进行仿真测试，确定技术参数，利用一个介质层附上金属层作为接地板，另一个面做出相应的微带线，通过金属探针对天线供电，构成微带天线。

4.4 总控信号接收机技术原理：工作频段为2.4G，采用GFSK调制，内置校验纠错电路和协议，校验功率、工作频率等全部工作参数，通过计算机软件设置，工作电压3.6 V，同时编制特定的信号编码，可降低通讯时的误码率，大大提高通讯质量。

4.5 计算机管理软件技术原理：本软件底层通信基于TCP/IP的套接字网络连接。数据流首先由测温终端通过无线或有线的方式传于接收发射机，通过有线方式再传输至计算机管理中心服务器。本软件上层界面采用VB.NET设计。设计一个主画面统筹所有子画面，再设计若干个分画面细分各项数据和功能。

5 关键技术、创新点

5.1 关键技术

本系统通过自主创新研究抗强电磁干扰通讯技术和无线测温等多项技术，开发出一种电气化铁路在线温度智能监测系统产品，在供电安全运行在线智能监测方面，具有强大的预警功能，关键技术如下：

5.1.1 抗强电磁干扰技术

针对铁路变电所、分区所、开闭所等电力设备运行区域的强电磁干扰问题，所开发的通讯模块，采用国际先进通信技术配合特种天线，可通畅无阻的接收、发射无线信号，一举突破无线测温仪在复杂电磁环境下正常工作的技术瓶颈。

5.1.2 无线信号编码和解码技术

对测温数字信号重新编码、解码，配合独立开发的通讯模块，有效地解决了在强电磁干扰情况下，信号的顺畅发送和接收。

5.1.3 等电位和特种天线的外壳设计

适用于各等级电压的电力设备，不惧高压和大电流击穿，不会对其他无线设备干扰。使产品在铁路变电所、分区所、开闭所等复杂环境下能够正常传输无线信号。

5.1.4 铁路系统各运维区域统一监测管理技术

铁路系统各运维区域内，以局级为单位，对供电设备所有接点采取统一的检测手段，统一进行编码、组网，并标定地理坐标，对温度等电力参数进行统一监测、运维人员统一调度，智能预警、报警功能极大地提高了运维工作效率，降低了运维成本，减轻了运维人员的工作强度。

5.1.5 产品工作模块的低功耗长寿命技术

项目的所有产品均按微低功耗设计，同时所有产品均按军品要求生产、检验和验收，各类产品的实验室寿命达到8年以上，实际寿命预计在6年以上。

5.2 技术优越性

5.2.1 针对铁路变电所、分区所、开闭所等电力设备运行区域的强电磁干扰问题，所开发的通讯模块，采用自主研发的加密和解密器以及国际先进的CDMA通信技术配合特种天线，可通畅无阻的接收、发射无线信号，一举突破无线测温仪在复杂电磁环境下正常工作的技术瓶颈。

5.2.2 抗强电磁场干扰监测仪技术和组网技术瓶颈的突破，可改变目前供电系统安全生产监测方式，将各类接点和开关的电力参数监测由过去的多种监测方式变为一种，利用开发的计算机管理软件把运维工作由过去层级管理和维护，变为各路局统一管理、调度，可把有限的人、财、物有机的结合，提高运维工作质量和效率，从而确保安全运行，提高铁路供电安全经济效益。

5.2.3 项目实施后将把供电系统各类监测点的测温方式统一改变为自动化监测，减少以前各种监测方式的设备采购、维护、技术培训、人力巡查、数据采集、数据集中等工作，加大对监测点电力参数巡检周期、频次而不增加费用支出，并可消除监测盲点，降低运维人员工作强度和安全生产风险，同时通过网络对故障点进行智能预警、报警，可有效地提高监测点电力参数监测工作效率和质量，使供电安全事故最大程度的降低。

5.2.4　本系统通过对供电系统所有监测点电力参数监测数据的收集，结合监测点环境气候情况，积累运行数据，从中可发现和分析电力设备氧化变化趋势、电流过载与温度的关系、安全用电与温度变化的关系等，即可有效管控供电线路的利用率，还可推动运维工作从技术检修向状态检修转变。

6　现场应用(见图 4 至图 8)

图 4　温度监测仪安装图信号采集控制器安装图

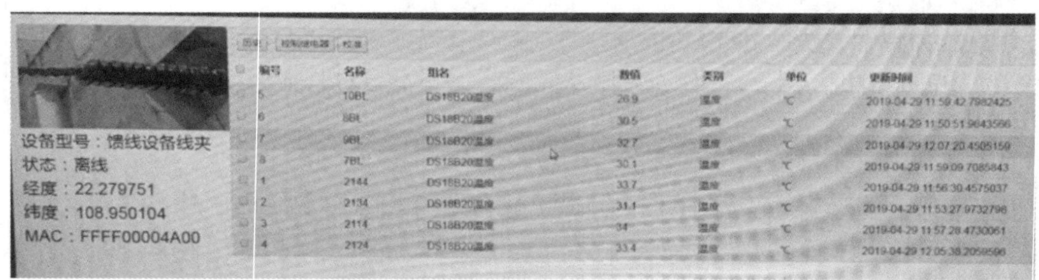

图 5　各监测点温度监测界面

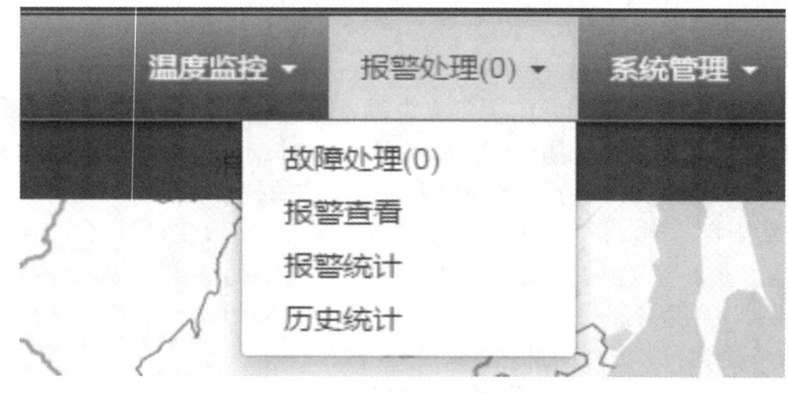

图 6　温度报警界面

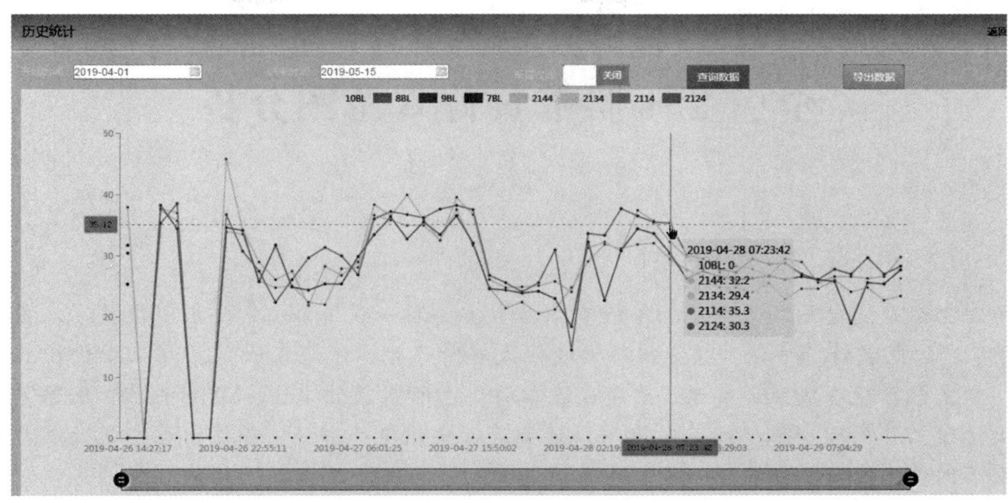

图 7　温度曲线图

图 8　温度数据输出

7　结束语

在电气化铁路变电所安装使用智能化无线测温系统，具有实时传输和预警、大数据自动分析等功能，可以有效的管控变电所内馈线设备线夹温度变化，为及时排除故障进而避免安全事故发生提供强有力的支撑，建议推广使用。

参考文献

[1] 徐俊毅. 智能电网前景可期[J]，电子与电脑，2010，(9)：27－30.
[2] 周彦伦，杨奖利，王琨，等. 浅议智能化改造对智能电网设备发展的启示[J]，高压电器，2011，47(6)：72－76.
[3] 苏东青，李实亿，陈建平. 110 kV 变电站断路器和隔离开关的智能化改造[J]. 电工技术，2012，(5)：9，18.
[4] 王海峰. 无线测温技术的研究与应用[J]. 电子电路，2018，(5).
[5] 徐波，杨帆. 高压开关柜无线测温系统的研究[J]. 电测与仪表，2012，(10).

作者简介

伍邦义，中国铁路南宁局集团有限公司柳州供电段
张斌，中国铁路南宁局集团有限公司柳州供电段

牵引变压器带负荷六角图分析

尤著龙

摘 要：六角图测试是变电站二次电流回路检查中非常重要的一项工作，它要求现场技术人员对系统运行方式、二次电流计算方法、电流回路接线方式非常清晰，才能在六角图测试中作出正确的分析判断。本文根据现阶段兰新高铁、兰新普速牵引变电所常用的 *V/V*、YNA 平衡变压器差动保护流互二次接线工作原理和现场情况对变压器带负荷六角图进行分析，并提出相应的改善措施。避免因为人为因素而导致判断失误，对继电保护工作人员的现场工作有很大的帮助。

0 引言

牵引变电所差动保护装置是为了在主变高、低压侧电流互感器之间相关设备发生相间短路、单相接地故障、变压器内部较严重的相间短路故障时，使高低压断路器迅速跳闸继而能迅速准确地切除故障点退出变压器，防止变压器受到更为严重的损害。然而新建所亭、流互端子箱、流互本体等设备更新改造后，变压器差动保护误动作时有发生。在误动作原因分析中，由于在施工过程中流互二次接线多种多样，导致差动保护电流回路接线往往较复杂而容易出现差错，当出现接线错误导致差动误动作时，查找方法过于繁琐无法准确判断故障点。为了避免新建变电所或者旧变电所改造更换新相关设备之后，因电流回路二次接线错误导致保护误动作，在投运之前都需要进行差动保护的校验试验，进行牵引变压器带负荷六角图分析，可以通过查看变压器高、低压侧电流相位关系以及差动电流、制动电流数值来检验差动保护各电流回路接线相序、极性以及平衡系数计算是否正确，避免变压器在冲击试验时或投入运行后差动保护发生误动作。是为了确定故障点使维护人员在故障现场及时处理故障，以缩短故障查找时间和中断停电时间的重要手段。

1 变压器带负荷六角图分析需掌握的知识

(1)兰新高铁、兰新普速牵引变电所常用的 *V/V*、YNA 平衡变压器的原理；

(2)变压器差动保护内部故障为正极性或外部故障为正极性的定义：变压器内部故障或外部故障用于确定变压器各侧电流的流向；“正极性”用于指明在变压器电流流向确定的情况下，CT 二次侧电流流入差动保护装置的方向。掌握以上知识后推导变压器带负荷六角图相位关系，可分为以下几个步骤：

(a)由外接进线电源的相序推导出变压器高压侧电压相位；

(b)由高压侧三相电压相序推导出低压侧电压相位；

(c)由低压侧电压推导出低压侧电流相位；

(d)由低压侧电流相位反推导出高压侧电流相位；

(e)得出高、低压侧电流相位之后，再结合差动保护装置各相电流接线对应关系，即可得出变压器带负荷六角图理路正确的电流相位。

2 兰新高铁 *V/V* 变压器带负荷六角图相位关系推导

2.1 高铁 *V/V* 变压器绕组连接图

兰新高铁 AT 供电方式中均采用 V/X 接线变压器，由于高速铁路牵引负荷大，单台三相牵引变压器安装容量大，制造和运输均困难，所以两台纯单相变压器组成 V/X 接线形式。如图 1 所示为两台单相变压器的原边线圈作 V 形连接形成与高压电网连接的三个输入端，副边线圈的四个端点形成 X 形连接的四个输出端子。副边线圈各引出中间接地点，为 X 中性点。

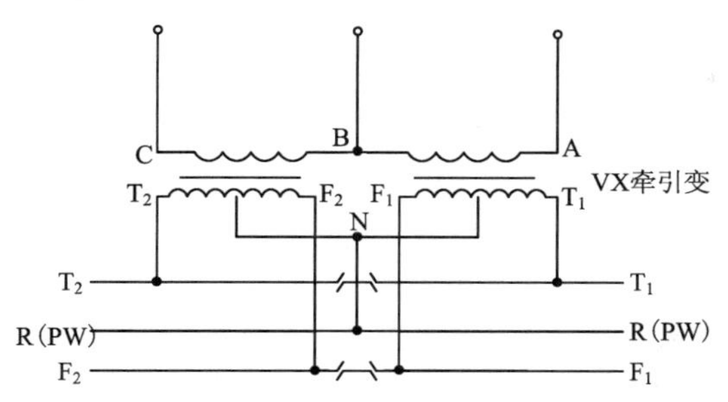

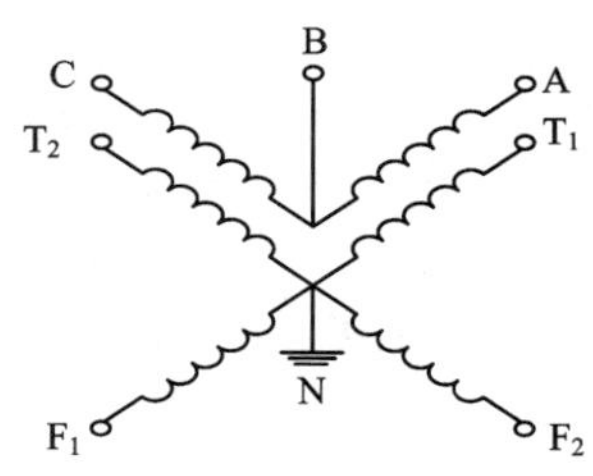

图 1　*V/V* 变压器绕组连接图

2.2　*V/V* 变压器高、低压侧电流相位推导

由两台单相 *V/V* 接线变压器特性得出高低压侧电压向量图（如图 2 所示），此时我们将相电压 $\dot{U}_A$ 作为基准相来得到各电压相位关系。

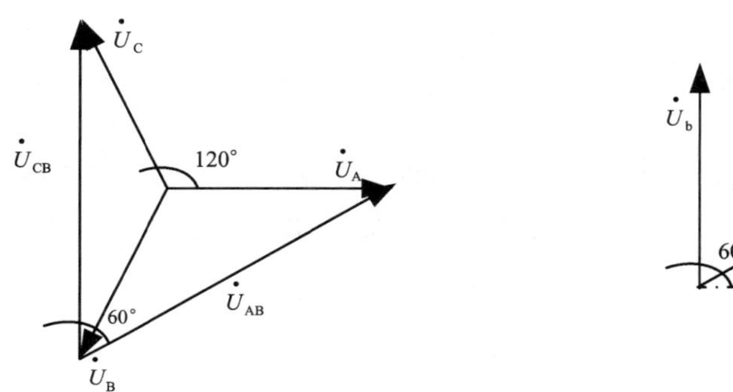

图 2　高低压侧电压向量图

其中 $\dot{U}_{AB}$ 与 $\dot{U}_{CB}$ 角度为 60°，$\dot{U}_{AB}$ 与 $\dot{U}_a$ 同向，$\dot{U}_{CB}$ 与 $\dot{U}_b$ 同向。由此可得低压侧基于 $\dot{U}$A 的向量图。当设备未发生差动保护动作变压器带正常负荷或差动保护范围以外故障时，也就是说低压侧母线 $\dot{U}_a$、$\dot{U}_b$ 带阻性负荷时，母线电压与电流的相位差即为变压器低压侧短路阻抗角，假设该短路阻抗角为 0（实际电力牵引负荷是感性负荷其阻抗角不为 0 后续分析），即 $\dot{U}_a$ 与 $\dot{I}_{a1}$ 同向，$\dot{U}_b$ 与 $\dot{I}_{b1}$ 同向，所以低压侧电流 $\dot{I}_{a1}$、$\dot{I}_{b1}$ 以 $\dot{U}_A$ 为基准时向量图如图 3 所示。

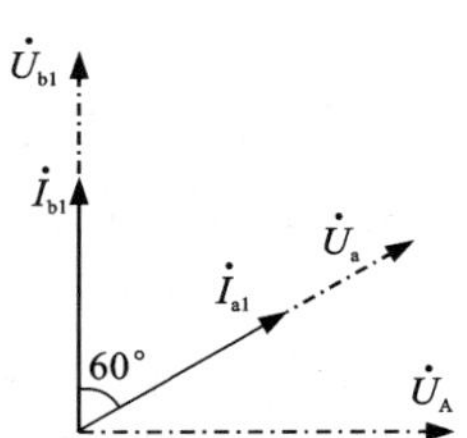

图 3　低压侧电压电流向量图

根据三相 *V/V* 接线变压器特性，通过磁势平衡原理可推导出高压侧电流 $\dot{I}_{A1}$、$\dot{I}_{B1}$、$\dot{I}_{C1}$ 与低压侧电流 $\dot{I}_{a1}$、$\dot{I}_{b1}$ 的向量关系（见式 1）。

$$\left.\begin{array}{l}\dot{I}_{A1}\times W_1=\dot{I}_{A1}\times W_2\\ \dot{I}_{A1}\times W_1=\dot{I}_{A1}\times W_2\\ \dot{I}_{A1}+\dot{I}_{B1}+\dot{I}_{C1}=0\end{array}\right\}\Rightarrow\left\{\begin{array}{l}\dot{I}_{A1}=\dfrac{1}{K}\dot{I}_{a1}\\ \dot{I}_{C1}=\dfrac{1}{K}\dot{I}_{b1}\\ \dot{I}_{B1}=-\dfrac{1}{K}(\dot{I}_{a1}+\dot{I}_{b1})\end{array}\right. \quad (1)$$

其中 $\frac{1}{K}=\frac{W_2}{W_1}$ > 绕组匝数比。

由关系式可知 $\dot{I}_{A1}$ 与 $\dot{I}_{a1}$ 同向、$\dot{I}_{C1}$ 与 $\dot{I}_{b1}$ 同向、$\dot{I}_{B1}$ 与 $\dot{I}_{a1}+\dot{I}_{b1}$ 反向，综上所述可得与 $\dot{U}_A$ 为基准时高低压侧电流向量如图 4 所示。

根据电流互感器二次电流的“正极性”即指明在变压器电流流向确定的情况下，CT 二次侧电流流入差动保护装置的方向。目前采用的差动保护装置以及 CT 二次电流接线均为星形接线，可知高压侧电流进入差动装置的方向不变，而低压侧电流旋转 180 度后进入差动保护装置，所以可得装置中高低压侧电流向量如图 5 所示。

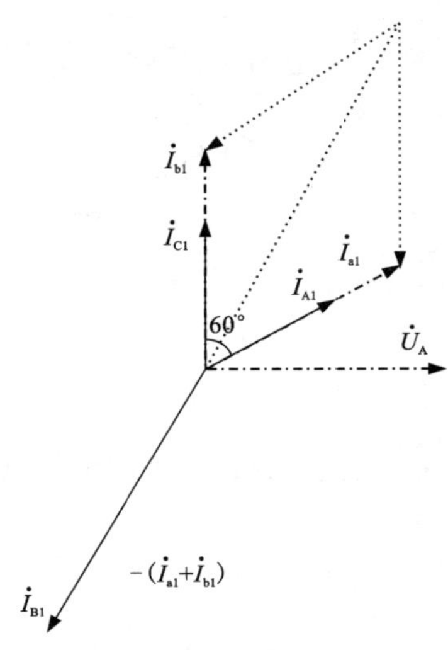

图 4 高低压侧电流向量

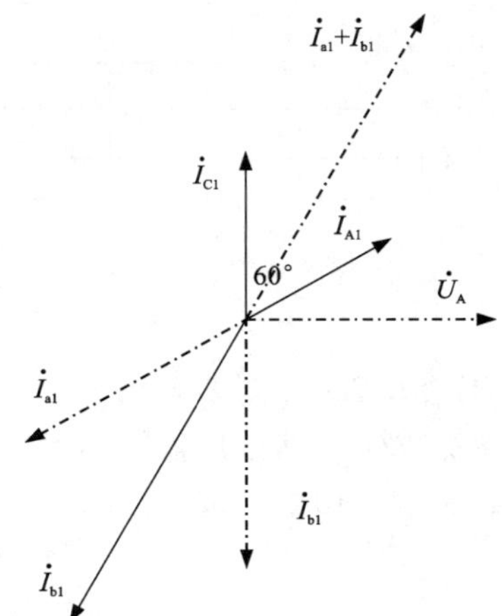

图 5 差动装置中高低压侧电流向量

通过图 5 直观地看到了差动电流的向量计算方法，而在电流模值上只需要考虑变压器高低压绕组电流平衡系数和流互变比即可，再由于目前兰新高铁将实际 B 相公共相接入差动装置显示为 C 相，从而得到式 2 来计算差动电流大小。

$$\begin{aligned}\dot{I}_A &= -\frac{1}{K}\frac{nL}{nH}\dot{I}_a \\ \dot{I}_B &= -\frac{1}{K}\frac{nL}{nH}\dot{I}_b \\ \dot{I}_C &= \frac{1}{K}\frac{nL}{nH}(\dot{I}_a+\dot{I}_b)\end{aligned} \tag{2}$$

2.3 *V/V* 变压器差动保护装置电流理论结果

通过图 5 进行向量比较，结合式 2 中的等式，保护装置中电流角度显示得到以下结论。

1. 当低压侧只有 I_a 有电流时，电流相位关系为：

I_A：0 I_a：180

I_B：无流 I_b：无流 I_C：180

2. 当只有 I_b 有流时，高压侧 I_A 为 0，所以相位没有比较的基准，各相电流的角度是不断变化的，但会有这么一个固定关系：I_C 与 I_b 相位差为 0，I_B 与 I_C 相位差为 180 度。

2.4 *V/V* 变压器差动保护装置实际电流

实际运行时：①电力系统进线接入变电所时要做换相连接，变电所的相序就可能跟图 1 中的不一致；不同的变电所外电源相序不一样，要根据实际相序利用 2 推导过程重新推导；②变电所的两个供电臂的负荷不相等；或者因为两个供电臂跑的机车型号不一样，导致负荷阻抗角不一致，I_a 与 I_b 之间的相位差就不再是 60°关系。

基于以上原因，实际运行时在差动保护装置里观察到的电流相位关系需要具体情况具体分析。以下是利用木兰城变电所新增数据采集系统对主变差动电流的实时记录。

可以看出数据基本符合理论推算，假如变压器带负荷六角图不对应时必定是由于二次接线相序或极性错误，可能造成负荷较大或有穿越性电流时差动保护误动作。

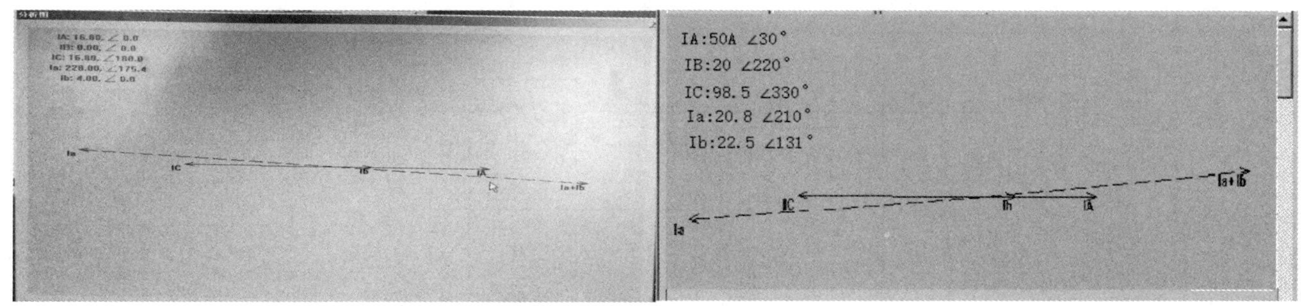

图6　主变差动电流的实时记录

3　兰新普铁 YNA 阻抗匹配平衡牵引变压器带负荷六角图相位关系推导

3.1　普铁 YNA 阻抗匹配平衡变压器绕组联结图(如图 7 所示)

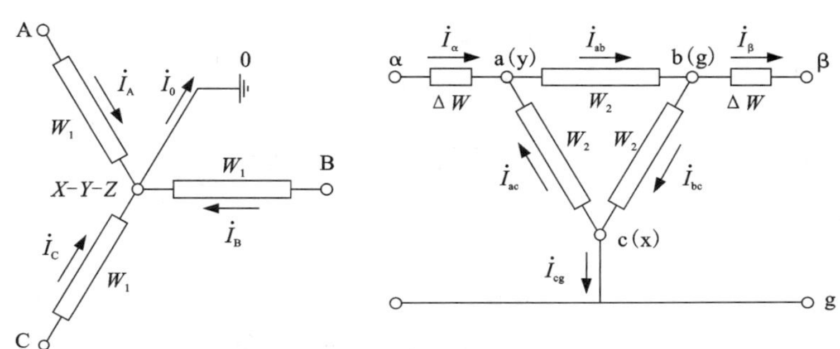

图7　YNA 平衡变压器绕组联结及电流分布图

平衡变压器低压侧绕组的△外，B 相设两个支臂线圈(两个△W)进行适当的匝数匹配，使 $\dot{U}_{\alpha C}$与 $\dot{U}_{\beta C}$组成二相电压(即 $U_{\alpha C}=jU_{\beta C}$)；再进行适当的阻抗匹配。关于平衡变特点、优越性的几条主要结论：

(1)副边 $I_\alpha \neq I_\beta$ 时，原边三相电流为平衡系，即 $I_n \approx 0$(无零序)。副边 $I_\alpha = I_\beta$ 时，原边三相电流转化为对称系。

(2)原边三相制的视在功率完全转化为副边二相制的视在功率。即 $3U_1\Phi I_1\Phi = U_1 lI_1 l = 2U_{\alpha C}I_\alpha$；在原边电流相同的情况下，变压器的 I_α 或 I_β 为相同标称容量 YNd11 变压器 1.323 倍。

(3)原边 YN 接法，中性点引出，与现有 110 kV 系统匹配方便。副边仍有△绕组，三次谐波电流可以流通，确保主磁通和电压波形有较好的正弦度。27.5 kV 低压侧 α 和 β 分别接上、下行牵引网；低压侧 C 点与“地”、“轨”、及“回流线”相接。

(4)由于 27.5 kV 侧 α、β 对 C 形成二相制电源，所以站用变，必须相应采用“逆斯考特变压器”(Inverse Scott Transformer)将 27500 V 的二相制电源再逆变为 YN 接法的三相四线制 400/230 V 电源，以解决所用电问题。

3.2　YNA 阻抗匹配平衡变压器高、低压侧电流相位推导

首先了解一下武嘉线高低压侧电流互感器二次电流进入国控保护装置如图 8 所示，图 8 中电流方向均为变压器带正常负荷或差动保护范围以外故障时。

根据变电所进线电压相序画出变压器高压侧三相电压相序，由 YNA 平衡变压器原理(Y/V 变压器是在 Y/△ -11 接线变压器的基础上发展而来，在高压侧三相电压对称的情况下，低压侧两相电压也对称，即大小相等，相位差为 90 度)可得出低压侧电压相位如图 9 所示。

当设备未发生差动保护动作，变压器带正常负荷或差动保护范围以外故障时，也就是说低压侧母线 $\dot{U}_a$、$\dot{U}_b$ 带阻性负荷时，母线电压与电流的相位差即为变压器低压侧短路阻抗角，假设该短路阻抗角为 0(实

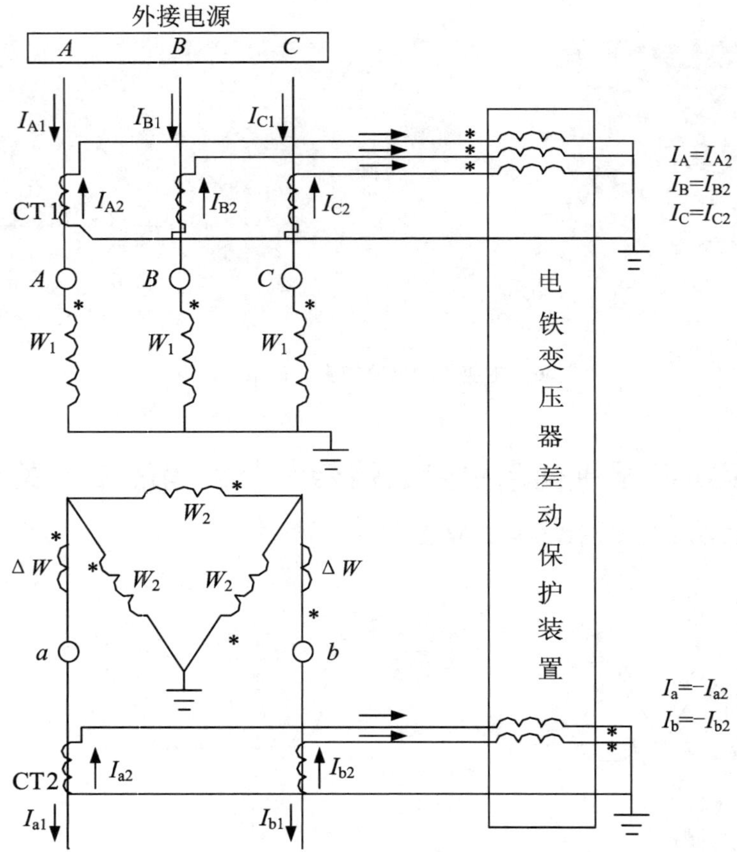

图 8　电流进入保护装置的示意图

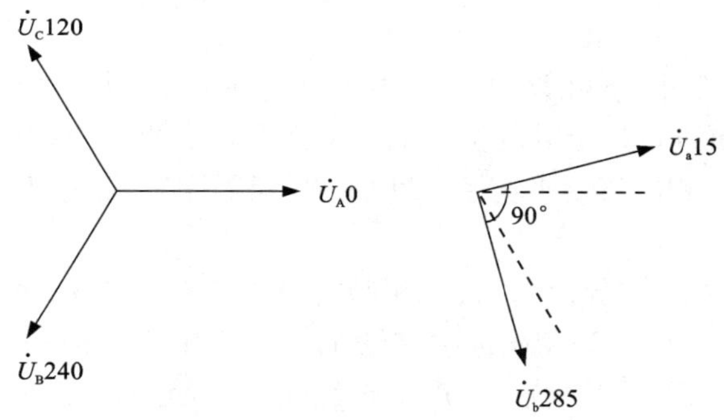

图 9　YNA 平衡变压器高低压侧电压相位

际电力牵引负荷是感性负荷其阻抗角不为 0 后续分析)，即 $\dot{U}_a$ 与 $\dot{I}_{a1}$ 同向，$\dot{U}_b$ 与 $\dot{I}_{b1}$ 同向，所以低压侧电流 $\dot{I}_{a1}$、$\dot{I}_{b1}$ 以 $\dot{U}_A$ 为基准时向量图如图 10 所示。

再通过 YNA 平衡变压器高、低压侧绕组的电流关系(推导过程比较繁琐，此处只列出结果不再做详细说明，若要做了解可查阅相关资料)，其中 k 为变压器高低压侧额定电流比。

$$
\begin{aligned}
\dot{I}_{A1} &= \frac{1}{2\sqrt{3}k}[(\sqrt{3}+1)\dot{I}_{a1} + (\sqrt{3}-1)\dot{I}_{b1}] \\
\dot{I}_{B1} &= \frac{1}{2\sqrt{3}k}[-2\dot{I}_{a1} + 2\dot{I}_{b1}] \\
\dot{I}_{C1} &= \frac{1}{2\sqrt{3}k}[-(\sqrt{3}-1)\dot{I}_{a1} - (\sqrt{3}+1)\dot{I}_{b1}]
\end{aligned} \tag{3}
$$

假设主变低压侧负荷相等，I_{a1}、I_{b1} 大小相等，相位差为 90°。令 $\dot{I}_{b1} = \dot{I}_{a1}e^{-j90^\circ}$ 代入式 3 简化后可得(简化

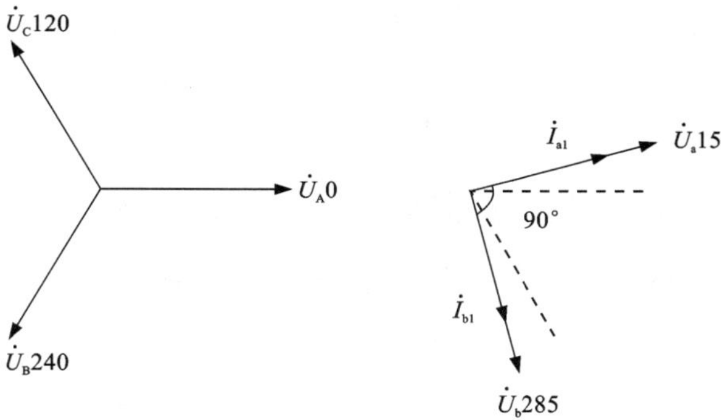

图 10　低压侧电流 $\dot{I}_{a1}$、$\dot{I}_{b1}$ 以 $\dot{U}_A$ 为基准时向量图

过程利用指数函数)。

$$\begin{aligned}\dot{I}_{A1} &= \frac{\sqrt{6}}{3k}\dot{I}_{a1}e^{-j15^\circ}\\ \dot{I}_{B1} &= \frac{\sqrt{6}}{3k}\dot{I}_{a1}e^{-j135^\circ}\\ \dot{I}_{C1} &= \frac{\sqrt{6}}{3k}\dot{I}_{a1}e^{j105^\circ}\end{aligned} \tag{4}$$

由式 4 可看出 I_{A1} 滞后 I_{a1} 15 度，I_{B1} 滞后 I_{a1} 135 度，I_{C1} 超前 I_{a1} 105 度，可得到电流相位关系如图 11 所示。

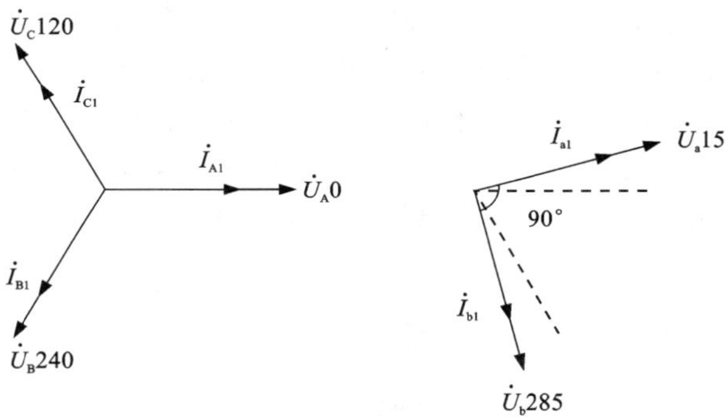

图 11　变压器各相电流相位关系

由图 11 变压器各相电流相位关系，再结合图 8 中差动保护装置各相接线对应关系(高压侧 I_A 与 I_{A2} 同相，高压侧 I_B 与 I_{B2} 同相，高压侧 I_C 与 I_{C2} 同相；低压侧 I_a 与 I_{a2} 反相，I_b 与 I_{b2} 反相)，可推导出差动保护装置的各相电流相位关系如图 12 所示。

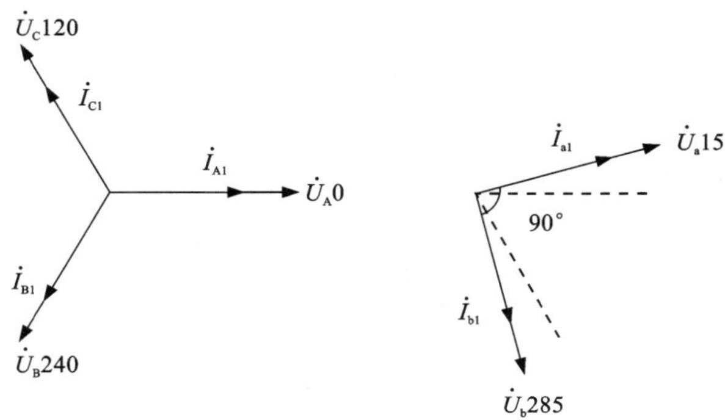

图 12　各相电流相位关系

所以，主变低压侧负荷相等，I_{a1}、I_{b1}大小相等时，YNA 阻抗匹配平衡变压器各相电流相位为

I_A：0　　I_a：195

I_B：240　　I_b：105

I_C：120

3.3 YNA 阻抗匹配平衡变压器差动保护装置电流理论结果

查看北京国控差动说明书及 CT 按 Y/Y 接线时，当低压侧只有 I_a 有电流时，电流相位关系为：

I_A：0　　I_a：195

I_B：180　　I_b：无流

I_C：180

当低压侧只有 I_b 有电流时，电流相位关系为：

I_A：0　　I_a：无流

I_B：0　　I_b：180

I_C：180

以上电流相位关系为理想状态下，现场调研值遵循上述规律，并且由于不同装置对差动电流的不同算法以及 CT 二次接线对角度的调整等因素要综合考虑才能准确通过电流相位关系判断流互二次接线的准确性。

4 结束语

在变电站的综合自动化系统中，电流互感器二次回路发挥着至关重要的作用，错误的二次电流回路往往会导致继电保护装置误动、拒动的发生。通常，带负荷六角图测试对现场工作人员的技术水平要求很高，不但要保证测试数据的正确性，还要通过大量的计算、作图来分析测试结果是否正确，本文利用六角图的基本原理对目前常用的铁路牵引变压器电流向量理论值推导结论与变压器带负荷实测值的对比来判断二次电流回路接线的正确性，当理论值和带负荷值相差比较小时就认为二次电流回路接线正确，反之就认为二次电流回路接线有问题。除了将理论值和带负荷值相比较得出结论外，也可以将理论值和试验值相比较得出结论，试验值一般采用钳形相位伏安表来测量，而理论值就需要通过计算得出。

参考文献

[1] 国家电力调度通信中心. 国家电网公司继电保护培训教材[M]. 北京：中国电力出版

[2] 天津凯发电气股份有限公司. DK3530 A 电铁变压器差动保护装置技术说明书[Z]. 天津：天津凯发电气股份有限公司.

作者简介

尤著龙，中国铁路兰州局集团有限公司嘉峪关供电段敦煌检修车间，技术员

暂态直流分量引起差动保护误动作的分析

尤著龙

摘　要：本文就暂态直流分量引起差动保护误动作进行分析，利用2012年12月4日狼尾山变电所典型案例，对电流互感器暂态饱和特性从二次侧波形、二次电流基波有效值和二次电流谐波含量几个方面进行分析总结。得出暂态直流分量引起差动保护误动作的结论，为准确迅速得出差动误动作原因查找提供依据。

0　引言

电流差动保护原理简单可靠，已广泛应用于电力系统的发电机、变压器、母线、大型电动机等元件设备的主保护。电气化铁道的牵引变压器均装设差动保护装置，它是采集牵引变压器高低压侧流互二次电流，利用实时测量得到的二次电流计算出流过差动保护装置差动继电器的电流差，并根据事先输入的差动动作定值相比较来判断两流互之间是否发生了短路，从而迅速切除故障点退出变压器，防止变压器受到更大的损伤，确保设备安全和供电质量。但是，通过对运行中出现的故障统计，差动保护误动作导致错误停电情况较突出，特别是27.5 kV侧馈线跳闸时由于穿越电流导致差动保护误跳闸。当通过设备巡视、各种设备的绝缘试验、特性试验完成后没有发现主导电回路短路、设备绝缘下降、特性性能正常的情况下，判断为差动保护误动作时，无法迅速准确的判断为何而误动。因此，如何提高差动保护误动作查找原因，准确迅速得出差动误动作是电气化铁道运行中迫切需要解决的一个难题。利用网络、相关书籍等资料对馈线跳闸时由于穿越电流导致差动保护误跳闸的原因有许多方面的因素，本文针对暂态直流分量引起差动保护误动作进行分析并分享了P级电流互感器暂态饱和特征。

1　电流互感器运行状态介绍

电流互感器（CT）是将一次回路的大电流成正比的变换为二次小电流以供给测量仪表、继电保护以及其他装置的电气设备。其在故障发生时的工作状态见图1所示。

由图1可知在t_0时刻故障发生，t_1时刻非周期直流分量衰减完，t_3时刻断路器分闸，在电力系统中将t_0到t_1时段称为故障电流暂态过程，t_1到t_2时段称为稳态过程。目前铁路系统微机保护电流保护主要采集稳态过程电流大小来确定是否保护动作。就主变压器差动保护而言，主变高低压侧电流对差动保护的影响至关重要，由于变压器高低压侧电流互感器的电压等级、结构、型号、厂家、材料、变流比等都不相同，所以电流互感器的励磁阻抗等特性差异较大，使高低压侧电流互感器之间在正常运行时存在误差。即使是在稳态情况下，不同工作条件下，不同的饱和程度也有不同的误差，铁芯越饱和误差越大。更由于差动饱和是瞬时性的动作，还需考虑在差动保护范围外故障时，暂态过程中差动电流不平衡电流的出现。在暂态过程中不平衡电流可达稳态过程电流值的许多倍并含有非周期分量，而短路电流中非周期分量是引起电流互感器铁芯饱和的主要原因。

1.1　相关案例概述及数据参数

结合2012年12月4日，狼尾山牵引变电所两次发生211馈线电流速断保护、1#主变压器比率差动保护同时动作，对1#主变压器巡视并进行相关试验，未见异常。高压侧电流角度符合阻抗匹配平衡牵引变压器在区外故障和正常运行时角度，故不存在二次接线导致相位错误的现象。

调阅故障报告、搜集相关参数见表1、表2、表3，此为211馈线电流速断保护、1#主变压器比率差动保护故障报告及相关保护整定值。

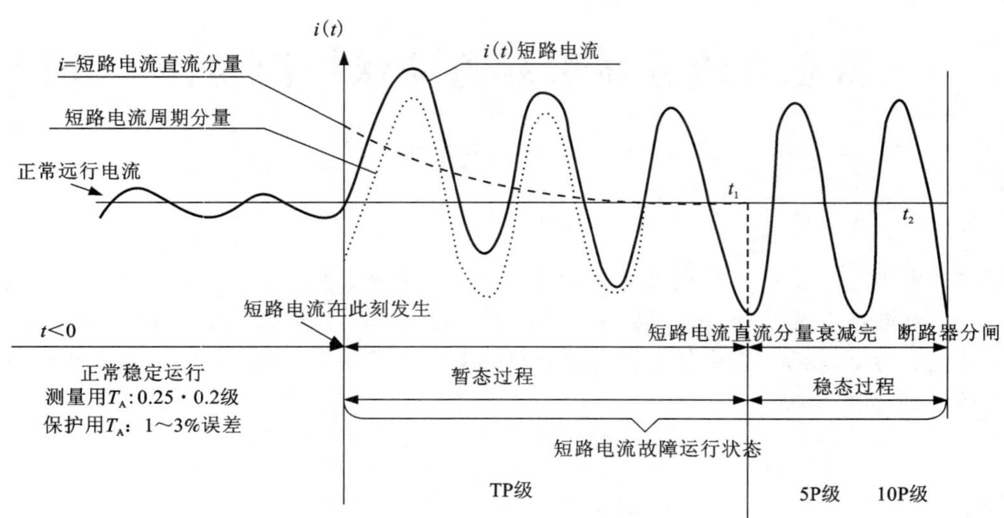

图 1 电流互感器(CT)故障发生时的工作状态

表 1 211 馈线电流速断保护故障报告(一次值)

保护动作时间	动作类型	电压 U/kV	基波电流 I_1/A	二次谐波电流 I_2/A	电阻/Ω	电抗/Ω	阻抗角/度	故障测距/km
2012 - 12 - 04 20:00:45:723	电流速断	8.618	1211	11	1.71	6.89	76	18.38

表 2 1#主变压器比率差动保护故障报告(二次值)

保护动作时间	故障报告数据			
2012 - 12 - 4 20:00:45:671	高压侧电流/A	$I_A=6.24$	$I_B=2.57$	$I_C=3.65$
	高压侧电流角度/度	$I_{AJD}=0$	$I_{BJD}=184.2$	$I_{CJD}=176.9$
	低压侧电流/A	$I_a=8.01$	$I_b=0.02$	$3I_0=0.01$
	低压侧电流角度/A	$I_{aJD}=353.5$	$I_{aJD}=83.6$	
	差动动作值/A	$I_{CDA}=3.6$	$I_{CDB}=0.5$	$I_{CDC}=3.48$
	差动电流二次谐波/A	$I_{CDA2}=0.28$	$I_{CDB2}=0.37$	$I_{CDC2}=0.41$
	制动电流/A	$I_{ZDA}=7.96$	$I_{ZDB}=2.57$	$I_{ZDC}=5.38$

表 3 主变压器比率差动保护整定值

序号	保护名称	定值
1	110 kV 侧流互变比	80
2	27.5 kV 侧流互变比	200
3	110 kV 侧额定电流(高压侧 CT 角接)/A	131.22
4	27.5 kV 侧额定电流/A	454.55
5	110 kV 侧二次额定电流/A	2.84
6	27.5 kV 侧二次额定电流/A	2.27

续表 3

序号	保护名称	定值
7	差动速断保护动作电流/A	19.89
8	比率差动差电流保护动作电流/A	1.42
9	比率差动制动电流Ⅰ段定值/A	2.84
10	比率差动制动电流Ⅱ段定值/A	8.52
11	比率制动系数 K_1	0.5
12	比率制动系数 K_2	0.7
13	平衡系数	1.13
14	二次谐波制动系数	0.2

1.2　*差动保护动作后相关试验及处理措施*

此次故障跳闸后由检修人员对设备巡视、进行各种设备的绝缘试验、特性试验完成后没有发现主导电回路短路、设备绝缘下降、相关设备特性性能均正常。对其高低压侧流互二次接线检查高压侧 CT 二次三角形接线，低压侧流互星形接线并且流互二次均只有一点接地，不存在二次接线错误引起差动保护。初步判断南自 WBZ－65 A 差动保护装置采样插件异常导致保护误动作，更换改装之后未发生相关保护误动作。

1.3　*对 1#B 差动动作特性分析*

利用表 2 数据根据南自 WBZ－65 A 差动保护装置差动动作公式，画出三段式比率差动动作特性见图 2。

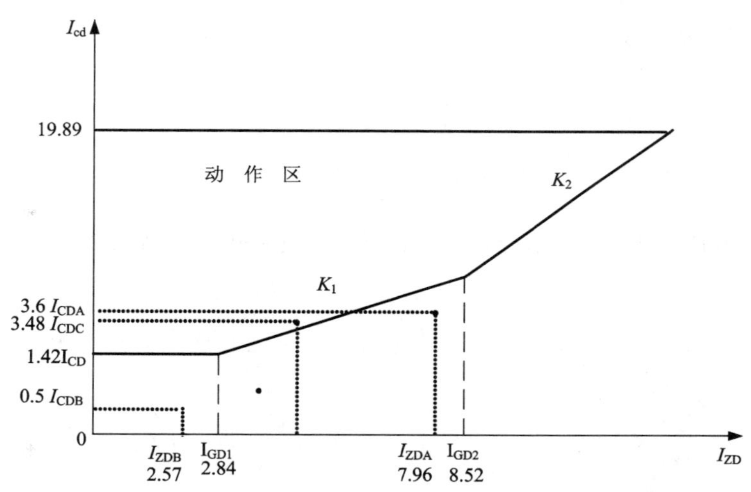

图 2　三段式比率差动动作特性图

目前投入的三段式比率差动具有制动特性，由于制动电流的制动作用与穿越电流的大小成正比，因而使保护动作电流随着制动电流的增大而自动增大进行比率制动，由图 2 我们可以看到 A、B 两相差动电流均在制动区被制动差动保护不动作，只有 C 相差动电流进入动作区造成主变差动保护动作，实际上目前牵引变电所微机保护采用三段式比率差动就是为了在任何大小的区外故障电流的作用下，实际动作电流均大于相应的不平衡电流，差动不会误动作。然而 C 相差动电流进入动作区导致制动特性失效，由差动动作特性图可以看到 C 相制动电流 I_{ZDC} 为 5.38 A 无法制动 C 相 3.48 A 的差动电流，也就是说此时由流互采集来进入装置的高低压侧电流并不是正真的穿越电流。为了找到真实原因我们需要通过馈线故障电流估算出变压器高低压侧真实电流是多少，进而得出此次差动保护误动作的真实原因。

2 变压器高低压侧真实电流分析计算

由表 1、表 2 中 211 馈线速断电流与主变低压侧 I_a 电流进行对比，采集时间分别为 45 秒 723 毫秒与 45 秒 671 毫秒时间相近，并且电流大小前者为 1211 A 与后者为 $8.01\times200\approx1600$ A 数值接近，而 I_b 电流为 0.02 A 与实际没有线路负荷一致，从而可以判断为主变低压侧流互采集电流真实可信。根据相关阻抗匹配平衡牵引变压器高电压电流分配关系工程计算高压侧各相电流工程近似值。

2.1 真实电流分析计算原理

阻抗匹配平衡牵引变压器电压向量图见图 3，低压侧的△外，B 相设两个支臂线圈(两个$\triangle W$)进行适当的匝数匹配，使 $U_{\alpha c}$与 $U_{\beta c}$组成二相电压(即 $U_{\alpha c}=jU_{\beta c}$)再进行适当的阻抗匹配。

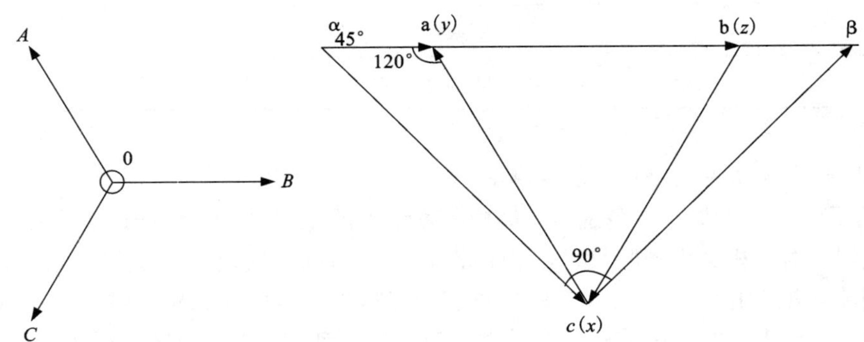

图 3 阻抗匹配平衡牵引变压器电压向量图

在额定电压激磁条件下，原边三相侧：$U_{AB}=U_{BC}=U_{CA}=110$ kV；副边二相侧：$U_{\alpha c}=U_{\beta c}=27500$ V

由三角函数可知：$\sin45^\circ=U_{\alpha c}/U_{\alpha\beta}$

所以有 $U_{\alpha\beta}=\sqrt{2}\times27500=38891$ V

由三角函数 $U_{\alpha c}/\sin120^\circ=U_{ac}/\sin45^\circ$

所以可以得到

$$U_{ca}=U_{bc}=U_{ab}=\frac{\sqrt{2}}{\sqrt{3}}\times27500=22454\ \text{V}$$

阻抗匹配平衡牵引变压器电流分布图见图 4，查阅相关使用说明书和公式推导结论。

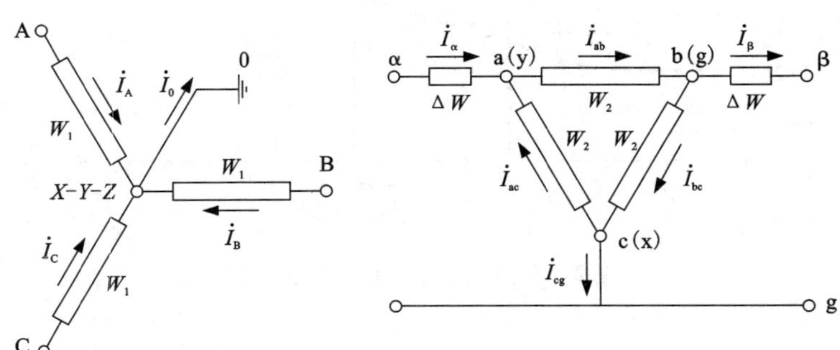

图 4 为阻抗匹配平衡牵引变压器电流分布图

在副边两臂负荷不相等时(包括其中一臂为空载的情况)原副边的电流映射关系如下：

$$\begin{bmatrix}\dot{I}_A\\ \dot{I}_B\\ \dot{I}_C\end{bmatrix}=\frac{1}{K}\begin{bmatrix}+\left(\dfrac{2+\sqrt{3}}{3+\sqrt{3}}\right) & -j\left(\dfrac{1}{3+\sqrt{3}}\right)\\ -\left(\dfrac{\sqrt{3}-1}{2}+\dfrac{1}{3+\sqrt{3}}\right) & -j\left(\dfrac{\sqrt{3}-1}{2}+\dfrac{1}{3+\sqrt{3}}\right)\\ -\dfrac{1}{3+\sqrt{3}} & j\left(\dfrac{2+\sqrt{3}}{3+\sqrt{3}}\right)\end{bmatrix}\begin{bmatrix}\dot{I}_\alpha\\ \dot{I}_\beta\end{bmatrix}$$

当 $I_\alpha \neq I_\beta$（包括 $I_\alpha=0$ 或 $I_\beta=0$）时，用上式计算 I_A、I_B、I_C 的工程近似值：

$$\begin{bmatrix}\dot{I}_A\\ \dot{I}_B\\ \dot{I}_C\end{bmatrix}=\frac{22454}{63509}\begin{bmatrix}0.7887 & -j0.2113\\ -0.5774 & -j0.5774\\ -0.2113 & j0.7887\end{bmatrix}\begin{bmatrix}\dot{I}_\alpha\\ \dot{I}_\beta\end{bmatrix}$$

2.2　真实电流分析计算过程及结果

由上式通过表 2 中 I_a 电流为 8.01 A，I_b 电流为 0.02 A 可以将 I_b 忽略不计进行计算。得到高压侧相电流 $I_A=5.58$ A，$I_B=4.09$ A，$I_C=1.497$ A。

由于高压侧流互二次接线为三角形接线所以进入差动保护装置的电流为经三角形变换后的电流。并且表 2 中高压侧电流角度符合阻抗匹配平衡牵引变压器在区外故障和正常运行时角度所以可以用来计算三角形变换后的电流向量。

$|\dot{I}_A-\dot{I}_B|=\sqrt{5.58^2+4.09^2-2\times5.58\times4.09\times\cos184.2°}=9.64$ A

$|\dot{I}_B-\dot{I}_C|=\sqrt{4.09^2+1.497^2-2\times4.09\times1.497\times \mathrm{COS}\,7.3°}=2.57$ A

$|\dot{I}_B-\dot{I}_C|=\sqrt{1.497^2+5.58^2-2\times5.58\times1.497\times \mathrm{COS}\,176.9°}=2.57$ A

以上计算结果也符合流互二次星形接线转变为三角形接线时模值线电流为相电流的 $\sqrt{3}$ 倍，关系式如下：

$(\dot{I}_A-\dot{I}_B)=\sqrt{3}\dot{I}_A=9.664$ A

$(\dot{I}_B-\dot{I}_C)=\sqrt{3}\dot{I}_B=2.593$ A

$(\dot{I}_C-\dot{I}_A)=\sqrt{3}\dot{I}=7.084$ A

综上所述我们可以得到此次穿越性电流故障时 1#主变高低压侧流入南自保护装置的电流工程近似值，并根据南自保护装置对差动电流、制动电流算法得到表 4 数据。

表 4　1#主变压器工程近似值(二次值)

故障数据			
高压侧电流/A	$I_A=9.64$	$I_B=2.57$	$I_C=7.08$
高压侧电流角度/度	$I_{AJD}=0$	$I_{BJD}=184.2$	$I_{CJD}=176.9$
低压侧电流/A	$I_a=8.01$	$I_b=0.02$	$3I_0=0.01$
低压侧电流角度/A	$I_{aJD}=353.5$	$I_{aJD}=83.6$	
差动动作值/A	$I_{CDA}=0.04$	$I_{CDB}=0.0$	$I_{CDC}=0.03$
差动电流二次谐波/A	$I_{CDA2}=0.28$	$I_{CDB2}=0.37$	$I_{CDC2}=0.41$
制动电流/A	$I_{ZDA}=9.66$	$I_{ZDB}=2.57$	$I_{ZDC}=7.10$

2.3　真实电流计算结果分析

从表 4 中可以看出差动电流很小，制动电流较大符合三段式比率差动的保护特点，现场对安装有平衡牵引变压器以及南自差动保护、后备保护装置的山丹、马莲井牵引变电所，在较大馈线负荷时进行带负荷数据记录与表 4 数据对比基本吻合。相关记录数据见图 5。

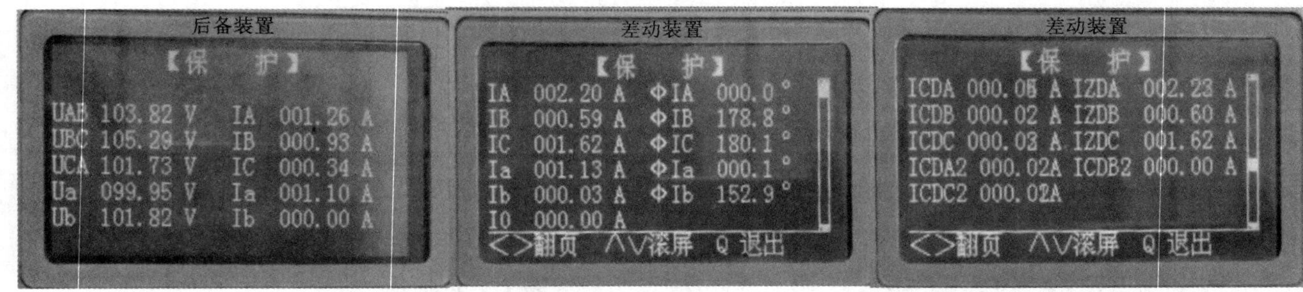

图 5 马莲井牵引变电所带负荷数据

由此可见表 4 与表 2 中高压侧电流 $I_A=6.24$ A，$I_B=2.57$ A，$I_C=3.63$ A，相比较只有 B 相电流吻合，而 A、C 两相电流进入微机保护装置是一个失真值，造成这种现象的因素很可能是因为穿越电流在暂态过程中，不平衡电流可达稳态过程电流值的许多倍并含有非周期分量，而短路电流中非周期分量引起电流互感器铁芯饱和导致电流采样异常。

3 故障电流录波分析

3.1 录波软件图形阅读

南自保护装置录波功能对此次故障时录波曲线进行分析如图 6

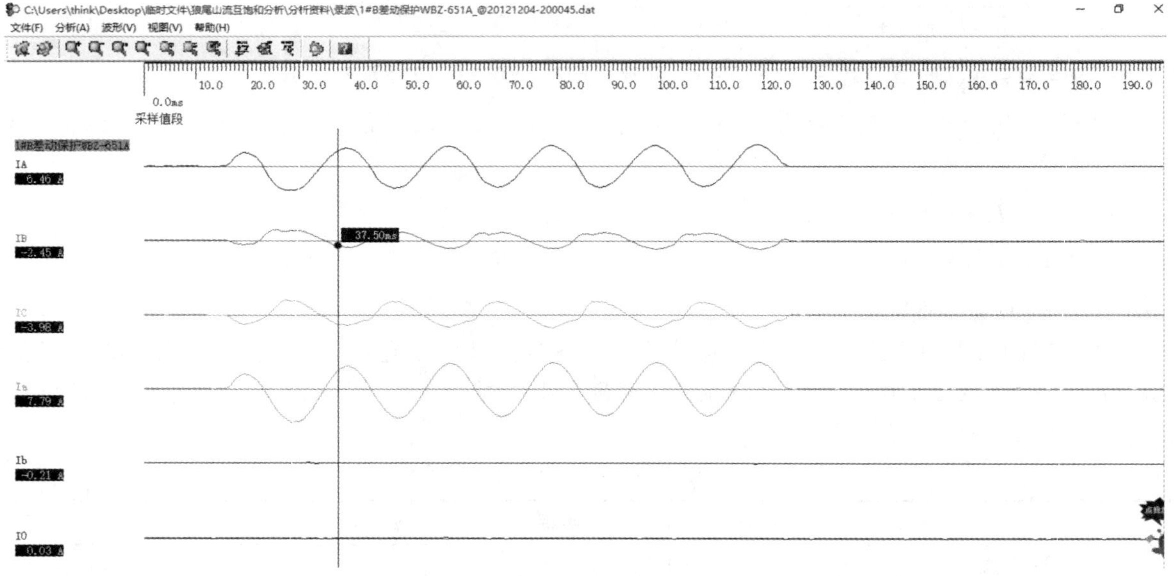

图 6 南自保护装置录波

由图 6 可知此次录波开始直至断路器燃弧结束为 125 ms，查看西安西电 LW24－126 罐式 SF_6 断路器额定开断时间 60 ms，南自 WBZ－65 A 差动保护装置比率差动固有动作时间不大于 30 ms 进行计算，比率差动动作时间大概为 37.5 ms，此时高压侧电流 $I_A=6.46$ A，$I_B=2.45$ A，$I_C=3.98$ A，$I_a=7.79$ A，$I_b=0.21$ A，与 WBZ－65 A 差动保护装置比率差动出口数值相近。由此对录波 15 ms 开始至 37.5 ms 时间段内穿越电流故障暂态过程直流分量及谐波含量进行统计见表 5，表 6。

3.2 录波非周期分量谐波含量分析

由表 5、图 6 数据可以看出发生故障后流互不会立即进入饱和，在第二个周波开始时流互进入深度饱和，饱和畸变主要发生在 31.6 ms 至 38.33 ms 之间在此期间高压侧 A 相电流二次侧电流基波有效值损失失真导致保护装置采样不准确，并且通过表 6 各次谐波含量百分比可以看出流互进入暂态饱和后二次、三次、五次谐波含量均大于故障稳态过程中的含量，此现象符合相关饱和特征试验。

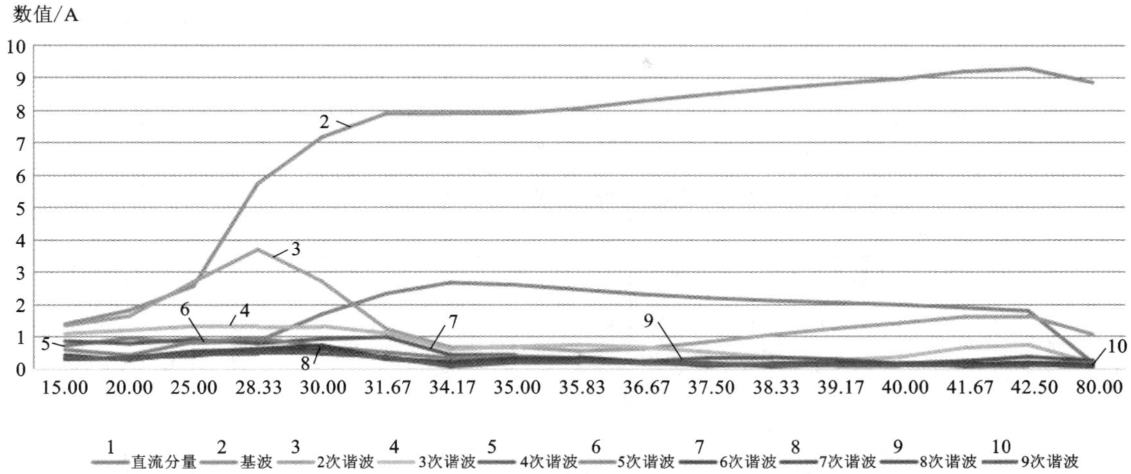

图7　直流分量及谐波含量统计图表

综上所述及相关数据表明流互暂态饱和主要是受非周期分量的影响及直流分量，使得流互铁芯磁通密度朝一个方向不断增大最终达到饱和磁通密度。所以故障发生后电流互感器不会立即饱和，需要一定的时间。波形畸变多时在一侧峰值附近，如图6所示在第一个周波后1/4周波时，并在另一侧峰值附近开始退出饱和。由于暂态饱和中谐波含量均较大主要为二、三和五次谐波，再加上衰减直流分量的影响，流互二次电流谐波以偶次为主所以二次谐波含量较三、五次谐波含量要大些。

表5　直流分量及谐波含量统计(二次值)

名称 数值(A) /ms	15.00	20.00	25.00	28.33	30.00	31.67	34.17	35.00	35.83	36.67	37.50	38.33	39.17	40	41.67	42.50	80
直流分量	0.700	0.934	0.789	0.844	1.673	2.314	2.650	2.585	2.438	2.291	2.183	2.101	2.031	1.966	1.874	1.777	0.153
基波	1.371	1.799	2.547	5.718	7.147	7.877	7.883	7.885	8.039	8.269	8.473	8.648	8.804	8.949	9.179	9.264	8.839
2次谐波	1.325	1.620	2.674	3.675	2.691	1.222	0.643	0.654	0.531	0.597	0.812	1.033	1.228	1.394	1.590	1.621	1.038
3次谐波	1.076	1.180	1.304	1.275	1.301	1.088	0.580	0.667	0.714	0.643	0.498	0.335	0.245	0.336	0.627	0.713	0.155
4次谐波	0.845	0.766	0.899	0.768	0.908	0.963	0.407	0.374	0.195	0.205	0.314	0.334	0.267	0.138	0.216	0.345	0.233
5次谐波	0.575	0.404	0.820	0.940	0.665	0.487	0.305	0.368	0.304	0.179	0.145	0.162	0.153	0.108	0.095	0.156	0.144
6次谐波	0.406	0.255	0.476	0.598	0.706	0.309	0.184	0.302	0.333	0.201	0.069	0.136	0.170	0.113	0.112	0.170	0.077
7次谐波	0.278	0.326	0.525	0.581	0.602	0.274	0.142	0.210	0.193	0.210	0.157	0.047	0.112	0.145	0.055	0.160	0.055
8次谐波	0.284	0.325	0.381	0.564	0.441	0.356	0.076	0.196	0.219	0.151	0.119	0.094	0.074	0.090	0.055	0.108	0.039
9次谐波	0.325	0.283	0.443	0.473	0.463	0.334	0.041	0.168	0.205	0.143	0.110	0.087	0.074	0.081	0.063	0.099	0.055

表 6　直流分量及谐波含量百分比(二次值)

名称 百分比 /ms	15.00	20.00	25.00	28.33	30.00	31.67	34.17	35.00	35.83	36.67	37.50	38.33	39.17	40	41.67	42.50	80
直流分量/%	51.06	51.92	30.98	14.76	23.41	29.38	33.62	32.78	30.33	27.71	25.76	24.29	23.07	21.97	20.42	19.18	1.73
基波/%	100.00	100.00	100.00	100.00	100.00	100.00	100.00	100.00	100.00	100.00	100.00	100.00	100.00	100.00	100.00	100.00	100.00
2 次谐波/%	96.64	90.05	104.99	64.27	37.65	15.51	8.16	8.29	6.61	7.22	9.58	11.94	13.95	15.58	17.32	17.50	11.74
3 次谐波/%	78.48	65.59	51.20	22.30	18.20	13.81	7.36	8.46	8.88	7.78	5.88	3.87	2.78	3.75	6.83	7.70	1.75
4 次谐波/%	61.63	42.58	35.30	13.43	12.70	12.23	5.16	4.74	2.43	2.48	3.71	3.86	3.03	1.54	2.35	3.72	2.64
5 次谐波/%	41.94	22.46	32.19	16.44	9.30	6.18	3.87	4.67	3.78	2.16	1.71	1.87	1.74	1.21	1.03	1.68	1.63
6 次谐波/%	29.61	14.17	18.69	10.46	9.88	3.92	2.33	3.83	4.14	2.43	0.81	1.57	1.93	1.26	1.22	1.84	0.87
7 次谐波/%	20.28	18.12	20.61	10.16	8.42	3.48	1.80	2.66	2.40	2.54	1.85	0.54	1.27	1.62	0.60	1.73	0.62
8 次谐波/%	20.71	18.07	14.96	9.86	6.17	4.52	0.96	2.49	2.72	1.83	1.40	1.09	0.84	1.01	0.60	1.17	0.44
9 次谐波/%	23.71	15.73	17.39	8.27	6.48	4.24	0.52	2.13	2.55	1.73	1.30	1.01	0.84	0.91	0.69	1.07	0.62

4　电流互感器饱和的其他因素

一次电流非周期分量引起的电流互感器饱和导致电流采集失真，直流分量含量大小和衰减时间共同决定的，如果非周期分量衰减缓慢随着一次电流非周期分量时间积分作用使得流互逐渐进入饱和，除此之外引起流互饱和的因素还有以下几点。

(1)电流互感器型号参数的影响。通过对武嘉线变电所高压侧流互铭牌的比较，目前牵引变电所保护用流互均采用非伏安特性较强的 P 级电流互感器，其配置不考虑暂态特性。所以在电网发生不对称短路故障时，经常发生由于 P 级电流互感器饱和引起保护误动作的现象。特别是带有自动重合闸的线路，由于切除线路时产生的剩磁不能消除，所以在重合闸后有可能会使得电流互感器传变特性恶化，更容易进入饱和且饱和程度加深。

(2)电流互感器二次负载的影响，由于 P 级电流互感器非线性励磁特性的存在，如果其二次阻抗较大时超出额定容量许多，则流互励磁电流数值就会大大增加，使铁芯进入饱和。这也就是狼尾山变电所差动误动作及时更换南自 WBZ－65 A 差动保护装置减小采样插件交流功耗后，保护稳定运行的一个原因。这就要求检修人员在流互采样失真后必须利用互感器特性测试仪对流互伏安特性、流互二次接入的总阻抗(包括二次接线负载、微机保护装置交流功耗)等进行测量计算得出饱和电流是否达到，来准确判断相关设备的运行状态。

5　结束语

文章首先对电流互感器在采集高压电流时运行状态进行简述。其次结合 2012 年狼尾山变电所因馈线故障有穿越电流使得 1#主变差动保护误动作进行了分析计算，并通过保护装置录波功能对非周期谐波含量进行分析得出高压侧电流采集失真是因为电流互感器饱和引起的，综合考虑二次负载阻抗较大也会导致电流互感器饱和，验证更换保护装置减小交流采样功耗后差动未在动作的处理结果。总结分析了因电流互感器饱和导致差动保护误动作的分析方法和设备试验建议，为确保电流互感器一次电流传变特性提供分析方法，使得检修人员准确判断查找故障原因。确保继电保护装置动作可靠，从而保证铁路牵引供电系统正常稳定运行。

参考文献

[1] 任龙飞，郝治国，张保会. 电流互感器传变特性研究[M]. 西安：西安交通大学电气工程学院.

[2] 袁季修. 保护用电流互感器应用指南[M]. 北京：中国电力出版社，2004.
[3] 吴光龙. YNA 联结平衡牵引变压器差动保护动作分析处理. 嘉峪关：2015.
[4] 汤兴科. 狼尾山牵引变电所 1#变差动保护校验情况. 嘉峪关：2015.
[5] 云南变压器电气股份有限公司. 阻抗匹配平衡牵引变压器使用手册. 2006.

作者简介

尤著龙，中国铁路兰州局集团有限公司嘉峪关供电段敦煌检修车间，技术员

电流互感器二次回路两点接地导致差动保护误动作分析及对策

张小琼

摘　要: 电流互感器作为保护、测控、计量装置的重要组成部分，是牵引供电系统安全、可靠运行的基础。本文结合京九线蓝口变电所主变压器保护装置差动保护误动作的案例，阐述电流互感器二次回路多点接地带来的危害以及提出相应防范措施，供专业人员借鉴参考。

1　电流互感器的接地

电流互感器二次接线直接关系继电保护的动作，DL/T 995—2006《继电保护和电网安全自动装置检验规程》及国家电网反事故措施要点都规定，电流互感器的二次回路必须有且只能有一点接地；由几组电流互感器二次组合的电流回路，如差动保护，应在有直接电气连接处一点接地。

电流互感器二次侧接地是防止电流互感器一次绝缘不好而使其击穿窜入到二次设备上，烧毁设备，伤及人员。在变电站的实际运行中，由于电流互感器公共回路连接比较多的设备，经常会出现连接错误的现象，导致在一个电气连接的二次回路中出现两点接地的现象，线缆绝缘损坏也容易出现两点接地。由于变电站接地网并非等电位面，在不同点存在电位差，两点接地就会在电流二次回路中引入实际并不存在的异常电流，从而使得二次电流与一次电流不一致，导致继电保护不正确动作。

2　故障案例

2.1　故障概况

2019 年 9 月 23 日 7:53:23 京九线蓝口变电所正在运行的 1#主变发生比率差动保护动作，触发备自投保护功能，系统转由 2#主变供电。蓝口变电所值班员检查 1#主变系统设备，1 - 3LH、1#主变、11LH/13LH 及其相关连接设备均无异常。

2.2　蓝口变电所主要设备情况

(1)蓝口变电所主变压器采用三相 VV 结线型式，额定电压为 110 kV，额定容量为(20 + 16)MVA。

(2)高压侧电流互感器规格型号为 LRGB - 110，有 4 组二次绕组，其中 2 个保护绕组(差动和过流)，1 个测量绕组和 1 个计量绕组，变比为 500/1。

(3)低压侧电流互感器规格型号为 LZZBJ/27.5，每个电流互感器设有 2 个二次绕组，均为保护绕组(差动和过流)，α 相变比为 1200/1，β 相为 1000/1。

2.3　跳闸数据及录波(见图 1)

(1)A 相差流 9.29 A，B 相差流 182.66 A，C 相差流 8.51 A。

(2)A 相制动电流 83.59 A，B 相制动电流 90.56 A，C 相制动电流 85.14 A。

(3)高压侧电流 $I_A = 88.24$ A，$I_B = 181.89$ A，$I_C = 89.78$ A，低压侧 $I_\alpha = 382.46$ A，$I_\beta = 7.76$ A。

(4)跳闸时蓝口变电所 β 相(211、212DL)无负荷电流，α 相(213、214DL)有负荷电流(见图 2)，1#主变系统(见图 3)高压侧 A 相有负荷电流，B 相无负荷电流。

2.4　数据分析

(1)从 A 相数据进行分析，I_A 为 88.24 A，I_α 为 382.46 A，差动电流 I_{cda} 为 9.29 A，高低压侧电流平衡，可排除 A 相回路问题。从 B 相数据进行分析，I_B 为 181.89 A，I_β 为 7.72 A，差动电流 I_{cdb} 为 182.66 A(整定值为 180 A)，保护动作判据成立，动作逻辑正常。

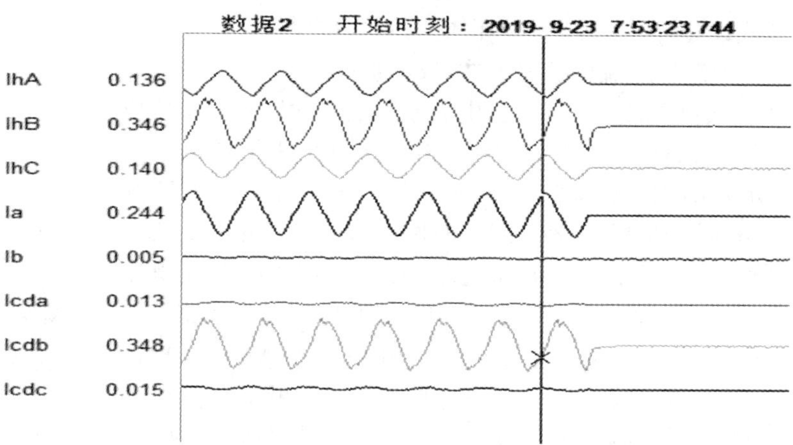

图1　故障录波

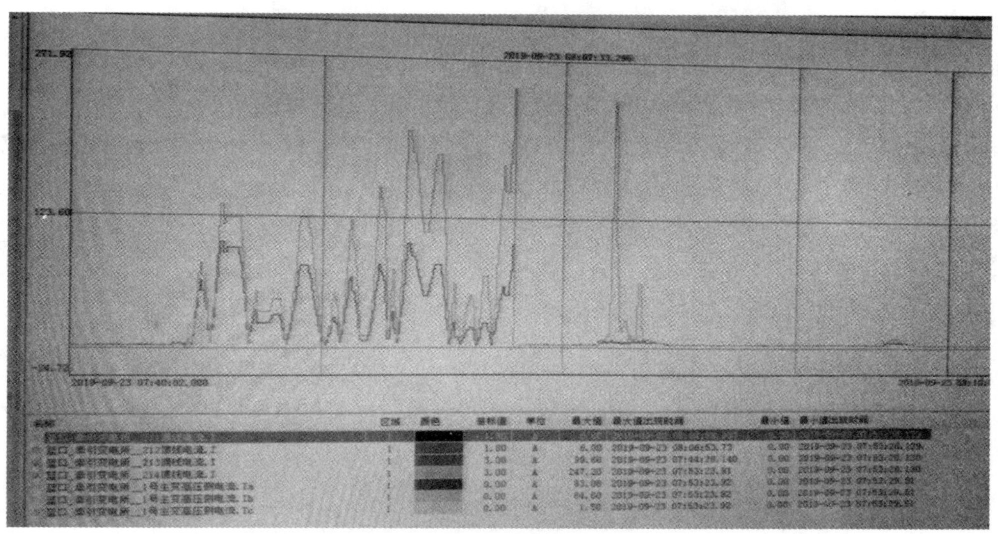

图2　213/214DL 负荷曲线图

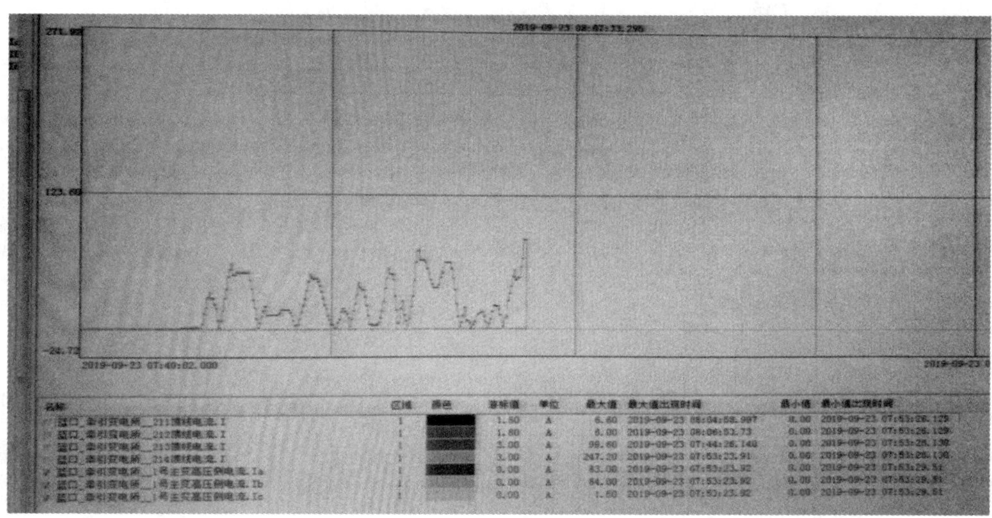

图3　1#系统进线三相电流曲线图

(2)分析造成 B 相差动动作的可能原因。一是高压侧 B 相一次设备绝缘故障。如果为该原因造成动作，B 相过流保护也应监测到相应故障电流，但查阅保护装置启动信息，未发现过流保护相关电流数值。所以一次设备故障造成差动跳闸的可能性较低；二是低压侧 β 相电流互感器二次回路异常造成差动保护误动作，如果该原因造成，其高压侧三相电流应形成平衡电流关系，但实际电流数据显示其高压三相电流不平衡($I_A+I_B\neq I_C$)，同时对跳闸时段 β 相(211/212DL)负荷情况进行调查，跳闸时 β 相没有负荷电流，所以 β 相 7.76 A 的电流可能为正常保护测量波动值，所以判断低压侧 β 相电流互感器二次回路问题可能性不大；三是高压侧 B 相电流互感器二次回路故障造成开关误动作，可假设异常保护电流来高压侧 B 相 181.89 A 这个电流，如果该电流为异常外来电流，实际该相电流为零，此时高压侧相之间形成平衡电流($I_A+I_B=I_C$)，且这与低压侧 β 相没有负荷电流的情况相吻合，从数据上来分析，该可能性成立，为较大故障可能。

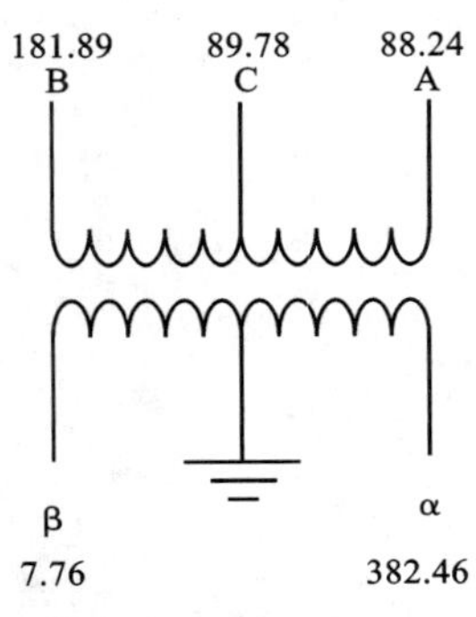

图 4　跳闸数据示意图

综合以上分析，最大故障可能为高压侧 B 相电流互感器二次回路异常。

2.5　排查情况

对高压侧 B 相电流互感器二次回路进行检查，发现 B 相差动保护电流二次回路 L 线电缆对地绝缘不良，用兆欧表测量时最低为 0 MΩ，最大为 0.3 MΩ，对 3LH 二次接线回路进行检查，该电缆共有 10 芯，其中用了 8 芯，2 芯备用，发现该电缆在靠近流互本体二次接线盒的位置有多处刮伤，其中差动保护回路 L 线及一根备用芯刮伤严重，均已出现线芯外露的情况。

可以看出，造成本次差动保护跳闸的原因为 1#主变系统 3LH 差动保护二次线圈 L 线对地绝缘不良，使差动保护电流二次回路存在两点接地，当牵引回流电流经地网时，在这两接地点间形成电压差，并形成电流(0.365 A)流经差动保护装置后造成差动保护误动作。示意图见图 5：

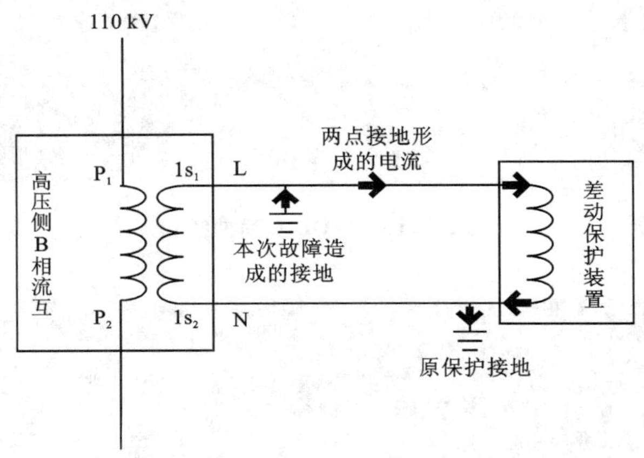

图 5　两点接地电流回路图

3　防范措施

3.1　加强电流互感器二次回路的维护

根据铁运〔1999〕101 号文《牵引变电所运行检修规程》第 108 条，继电保护装置电流测量回路的导线截面不得小于 2.5 mm，导线的绝缘应满足 500 V 工作电压要求，导线中间不得有接头，遇有油浸的处所，要用耐油绝缘导线。每年按检规规定对电流互感器进行绕组绝缘电阻测量、介损测试、交流耐压试验、极性检查、分接头变比检查、一次绕组直流电阻测量外，还需要有针对性地对保护电流回路电缆进行绝缘测试，一是采用 500 V 或 1000 V 兆欧表测量绝缘电阻，应不低于 2 兆欧；二是做交流耐压试验，试验电压 2000 V，持续 1 分钟，耐压试验后的绝缘电阻应不降低。

3.2　优化电缆敷设，减少屏蔽电流

在二次回路中良好的电缆屏蔽是防止干扰的重要措施，变电站采用双层屏蔽的控制电缆，屏蔽线必须与地网进行良好的压接保证屏蔽的效果。敷设电缆应注意以下几点：一是交流回路与直流回路不使用同一根电缆，可以减少交流窜入直流回路等交直流混联以及直流系统接地故障的发生。强电回路与弱电回路不使用同一根电缆，保护屏内连线不捆扎在一起，防止强电回路对弱电回路的干扰。二是二次电缆的路径应尽可能成辐射状或树枝状辐射，避免出现环路，即每一回路的往返导线要在全程内安排在同一根多芯电缆内，从控制室到配电装置的任一点，只能有一条道路可以到达。这样做的目的是避免与环路交链的磁通在屏蔽上产生环路电流。三是 CT 二次回路从高压设备引出时，应尽量靠近该高压设备的接地引下线，减少二次电缆与接地引下线之间链环的磁通。

3.3　抑制牵引变电所的地电位差

一是对接地网进行检查，确保变电站有一个完善的地电网，有条件时可以补充铜排连接，将各点可能产生的电位差降到最低。二是为了防止地位差在电缆芯线与地网形成闭合电流，在设计时，要做到在有电气连接的回路中只能有一个接地点。若一个电气回路存在两个接地点，电位差产生的地网电流会窜入该回路，影响保护的正确动作。

4　结束语

本文结合京九线蓝口变电站差动保护误动作的案例，阐述了电流互感器二次回路两点接地的危害。由于此次故障的产生，在每年一次的年度检修中我们单位已经将电流测量回路绝缘电阻测量纳入到检修项目中，有效地防止了电流互感器二次回路多点接地导致的保护装置误动作。

参考文献

[1] 汤磊. 变电站二次回路抗干扰问题研究[D]. 济南：山东大学，2009.

[2] 张敏. 变电站二次回路电缆的优化敷设及干扰措施的分析[J]. 广东科技，2011，(24)：154 - 155.

[3] 王其林，巩俊强，王哲，等[D]. 电流互感器多点接地检测技术研究[J]. 中国新技术新产品，2014，(13)：66 - 67.

作者简介

张小琼，中国铁路广州局集团有限公司深圳供电段技术科，助理工程师

高速铁路列车排布对牵引变电所最大需量的影响

苏旭磊

摘　要: 在重载、高速列车大面积使用以后，牵引供电电费已经成为电气化铁路运营当中的一项占比极重的成本支出，在铁路面临市场化改革的今天，对于经济运行的要求越来越高，本文通过西成客专(成都东－朝天段)的列车运行数据及列车运行图排布实例，计算了单组、重联机车通过各个区间、供电臂所需要的时间及通过各个变电所时的实际平均功率，并根据计算分析，提出了部分列车运行图排布的调整建议，能够极大地减小因列车短时紧密运行，而造成最大需量增加的问题，对电气化铁路经济运行有着重要的意义。

0　绪论

随着电气化铁路的里程不断增加，牵引供电的费用逐年增加，特别是在重载、高速列车大面积使用以后，牵引供电电费已经成为电气化铁路运营当中的一项占比极重的成本支出，在铁路面临市场化改革的今天，对于经济运行的要求越来越高，如何节省电费成本不可避免地成为了运营当中研究的一项重要课题。

目前我国电气化铁路依然实施两部制电价计算法，其中基本容量电费是按照客户的变压器容量计算的，目前主要分为容量法计费和需量法计费，其中需量法以 15 min 内的最大负荷值为计费标准，其计算公式如下：

基本电费(月)＝当月最大需量(kW)×基本电费需量法电价(元/kW)

目前我国采用的需量法计费包含实际需量法和最大需量法，其中最大需量法用户申请的变压器容量低于装机容量的40%时，按照总量的40%与供电公司签订合同(在特殊时期可不受此规定限制，如2020 年新冠疫情期间)，而实际需量法则按照实际最大负荷支付基本电费。目前部分省份执行的电费计价标准如表 1 所示。

表 1　部分省份基本容量收费情况表

计费方式	北京	江苏	山西	四川
容量法/(元·kVA^{-1})	29	30	25	26
需量法/(元·kVA^{-1})	39	40	37.5	39

目前我国高速铁路最小设计追踪时间为 3 min，每个变电所的供电臂长度在 50 km 左右，但绝大多是高速铁路线路的平均追踪时间是远远长于 3 min 的最小追踪时间的，每天只有少量几个时段，密集发车，使得最大需量在短暂几个时间点内突然增长，以 250 km/h 的高速铁路为例，列车平均通过一个变电所供电范围的时间为 12 min，若按照 6 min 的平均间隔发车，则一个变电所范围内单侧只有只有 2 台车在取流，若在短时间内增加为 3 min 发车间隔，则会有 4 台车取流，造成变电所最大需量突然增加，如果适当调整发车时间，平衡列车间隔，则可以在对运输影响很小的情况下，极大降低变电所最大需量，使得运行费用大幅度降低。

1　西成客专(成都东－朝天段)运行数据分析

本文收集了西成客专成都东－朝天段 8 个牵引变电所最大需量在 2020 年 1 月—4 月的变化情况，如表 2 所示。

表 2　西成客专变电所需量统计表

所亭	朝天变电所	广元变电所	剑门关变电所	青林口变电所	江油变电所	赖家变电所	付家变电所	成都东变电所
容量/kVA	40000	71500	40000	40000	45000	45000	40000	100000
1 月需量	20790	23997	21780	20790	18480	23760	21384	23760
2 月需量	23760	26624	22770	20790	19360	26840	23925	30800
3 月需量	19800	22908	18150	10890	11440	14960	12639	16720
4 月需量	19800	22908	18150	14520	11440	14960	12639	16720

从表 2 中可以看出，由于春运期间列车发车密集，在 1 月—2 月的最大需量各所均为最大，而随着 2020 年新冠疫情的影响，3 月—4 月的列车大幅度减小，造成了各牵引变电所的需量均有所下降的情况。

其中以 3 月—4 月疫情逐渐恢复期间，各所的需量变化为例，可以看出，3 月—4 月除青林口变电所外，其余各所的最大需量均未发生变化，说明青林口变电所所处区段可能存在因列车短时高密度运行，而造成最大需量突然增加的情况。

查 2020 年 4 月青林口变电所区间列车运行图及最大需量计算时间，如图 1 所示：

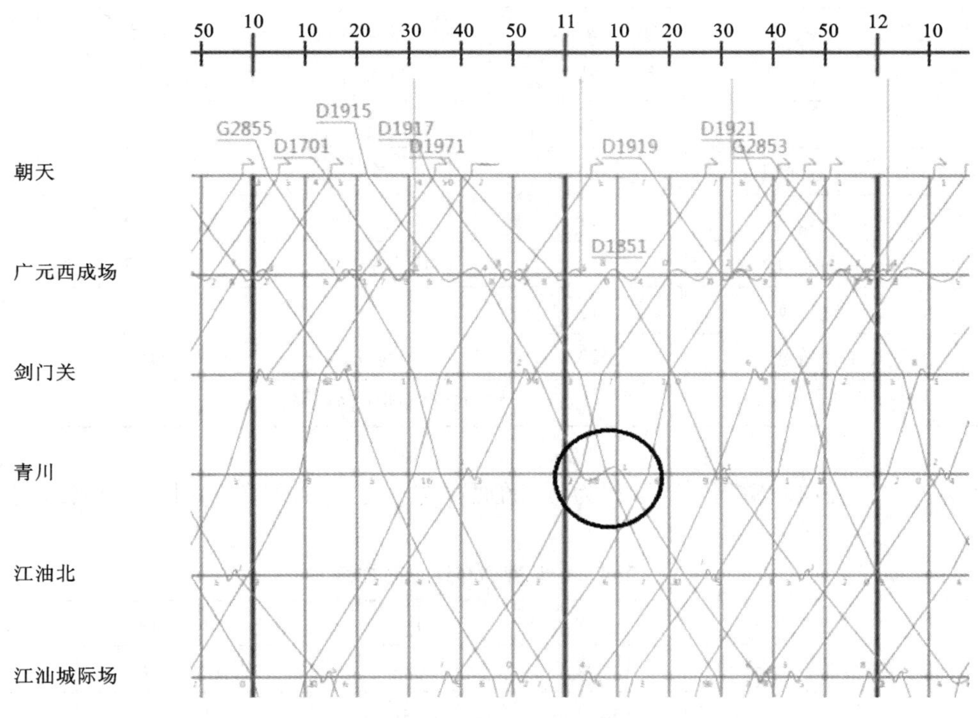

图 1　青林口变电所区间列车运行图

图 1 中圆圈所示，为 D1915 次列车于 11:05 在青川车站停车待避 D1917 次列车，造成 10 min 以后，4 列车辆同时在江油北站附近行车，且处于高速行车取流当中，造成青林口变电所在此时段内的需量明显提升。若能够改变行车排布，D1915 次列车多停靠 3～5 min，则可以使得 D1917 次列车通过青林口变电所供电范围以后，D1915 次列车再进入青林口变电所内取流。

按照青林口变电所 3 月份最大需量计费，青林口变电所的基本容量电费为：

$$基本容量电费 = 最大需量 \times 计费单价 = 10890 \times 39 = 42.47\ 万元$$

按照青林口变电所 4 月份最大需量计费，青林口变电所的基本容量电费为：

$$基本容量电费 = 最大需量 \times 计费单价 = 14520 \times 39 = 56.63\ 万元$$

若按照上文所示，调整 D1915 次列车运行图，从图 1 中可以看出，由于青川车站在 11:10 - 11:30 之间，均没有列车停靠，所以对于运输的影响是比较小的，然后调整以后，可以维持青林口变电所的最大需量不变，每月可节约费用 14.16 万元。

2 西成客专(成都东－朝天段)线路基本情况

西成客专(成都东－朝天段)总共设有 14 个停靠车站，8 个牵引变电所，中国铁路成都局集团有限公司管辖范围内数据如表 3 所示。

表 3 西成客专供电臂分布表

变电所	供电臂	供电臂长度/km	所含车站	按照 250 km/h 通行时间/min	离开变电所供电范围时间
成都东	成都东－朱王村	24	新都东	5.76	5.76
付家	付家－朱王村	23	广汉北	5.52	11.28
	付家－绵远	24	德阳	5.76	
赖家	赖家－绵远	26	罗江东	6.24	12.48
	赖家－石马坝	26	绵阳城际场	6.24	
江油	江油－石马坝	23	青莲	5.52	10.32
	江油－曹家炝	20	江油城际场	4.8	
青林口	青林口－曹家炝	24	江油北	5.76	10.8
	青林口－三河口	21	\	5.04	
剑门关	剑门关－三河口	26	青川	6.24	11.28
	剑门关－白龙江	21	剑门关	5.04	
广元	广元－白龙江	18	广元城际场	4.32	7.2
	广元－斑竹河	12	\	2.88	
朝天	朝天－斑竹河	23	朝天	5.52	暂不讨论
	朝天－白家沟	西安局集团公司管内			

根据列车运行图，以 G90 次列车时刻表为例，在西成客专运行的列车，实际通过各站时间数据如表 4 所示。

表 4 G90 次列车运行时刻表

序号	车站	通过时间	序号	车站	通过时间
0	成都东城际场	15:02	9	绵阳城际场	15:36
1	丛树村线路所	15:07	10	青莲	15:44
2	北湖线路所	15:08	11	江油城际场	15:49
3	新都东	15:11	12	江油北	16:01
4	青白江东	15:14	13	青川	16:11
5	广汉北	15:18	14	剑门关	16:16
6	旌阳	15:21	15	广元西成场	16:26
7	德阳城际场	15:23	16	朝天	16:37
8	罗江东	15:29			

根据 G90 次直通列车数据，结合列车运行图，可以得出，实际列车在西成客专(成都东－朝天段)运行时，在各个供电臂所需的实际时间如表 5 所示。

表 5　西成客专供电臂列车运行时间表

变电所	供电臂	供电臂长度/km	所含车站	供电臂上列车实际运行时间/min	变电所列车实际运行时间/min
成都东	成都东－朱王村	24	新都东	9	9
付家	付家－朱王村	23	广汉北	7	14
	付家－绵远	24	德阳	7	
赖家	赖家－绵远	26	罗江东	7	16
	赖家－石马坝	26	绵阳城际场	9	
江油	江油－石马坝	23	青莲	10	16
	江油－曹家焓	20	江油城际场	6	
青林口	青林口－曹家焓	24	江油北	6	13
	青林口－三河口	21	\	7	
剑门关	剑门关－三河口	26	青川	6	12
	剑门关－白龙江	21	剑门关	6	
广元	广元－白龙江	18	广元城际场	4	9
	广元－斑竹河	12	\	5	
朝天	朝天－斑竹河	23	朝天	6	暂不讨论
	朝天－白家沟	西安局集团公司管内			

3　负荷情况分析

目前西成客专所用机车，主要分为 2 种，成都局集团有限公司管内以到西安为重点的列车，部分采用 CRH3 A 型动车组(250 km/h 速度)，跨局车基本采用 CRH380 型动车组(350 km/h 速度，在西成客专以 250 km/h 速度运行)。单组功率约为 9000 kW，重联功率约为 18000 kW。若单台机车全功率运行，则最大需量为 9000 kW，重联机车全功率运行，需量约为 18000 kW，显然该取流情况与实际运行数据差异较大，不宜作为计算单列机车在该区段运行的实际标准。

本文选取了 DJ8861 次、C6305 次列车取流进行分析，作为该区段平均机车功率的参考数据，其运行图如图 2 所示。

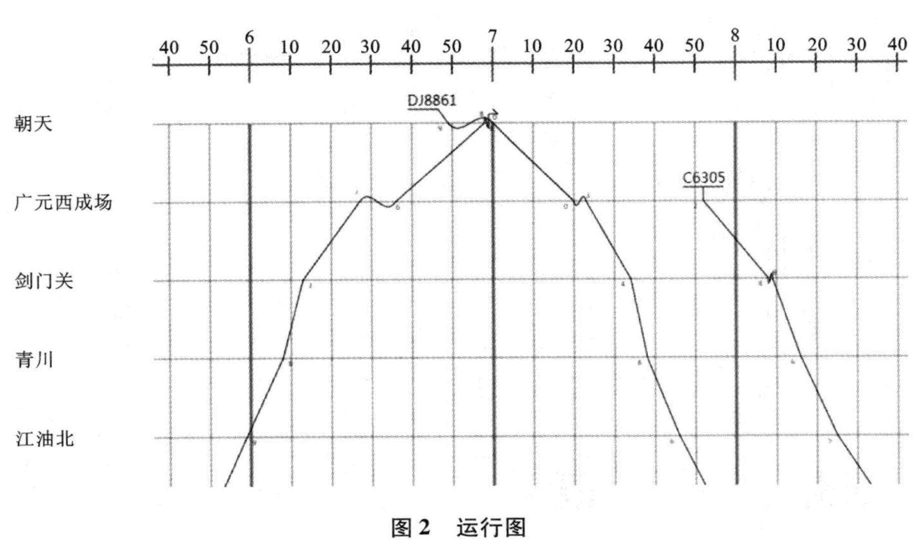

图 2　运行图

在 7:00－9:00 之间，供电臂上只有 DJ8861、C6305 次列车运行，根据列车运行情况，可以选取该区段变电所电流、电压数据作为对该区段单台机车功率情况的分析。

本文以 DJ8861(单组机车)、C6305(重联机车)在剑门关 - 白龙江、剑门关 - 三河口两条供电臂的运行情况为例，进行距离分析说明机车运行情况。

2020 年 5 月 1 日 07:28 - 07:40，剑门关牵引变电所通过 DJ8861 次列车时的剑门关变电器高压侧电流变化情况如图 3 所示。

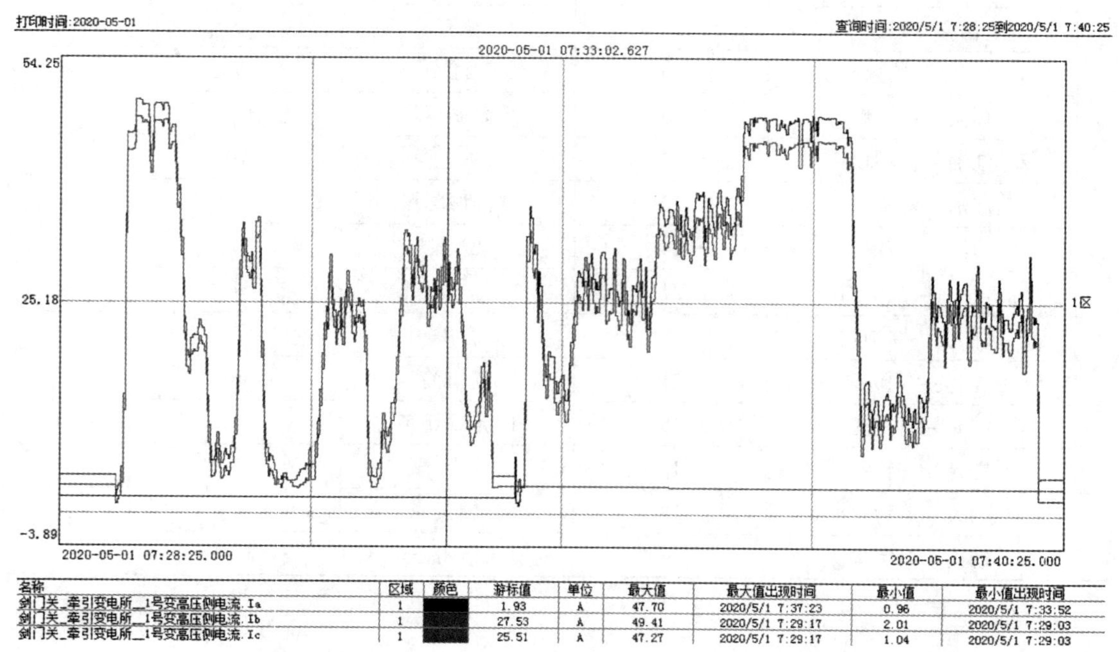

名称	区域	颜色	游标值	单位	最大值	最大值出现时间	最小值	最小值出现时间
剑门关_牵引变电所__1号变高压侧电流. Ia	1		1.93	A	47.70	2020/5/1 7:37:23	0.96	2020/5/1 7:33:52
剑门关_牵引变电所__1号变高压侧电流. Ib	1		27.53	A	49.41	2020/5/1 7:29:17	2.01	2020/5/1 7:29:03
剑门关_牵引变电所__1号变高压侧电流. Ic	1		25.51	A	47.27	2020/5/1 7:29:17	1.04	2020/5/1 7:29:03

图 3 电压侧电流变化情况图

从电流情况可以看出，DJ8861 由 07:29 进入剑门关 - 白龙江供电臂，07:33:36 进入分相中性区，07:33:51完成换相，进入剑门关 - 三河口供电臂，于 07:40 驶出剑门关牵引变电所范围，总共用时 12 min。

2020 年 5 月 1 日 07:58—08:22，剑门关牵引变电所通过 C6305 次列车时的变压器高压侧电流变化情况如图 4 所示。

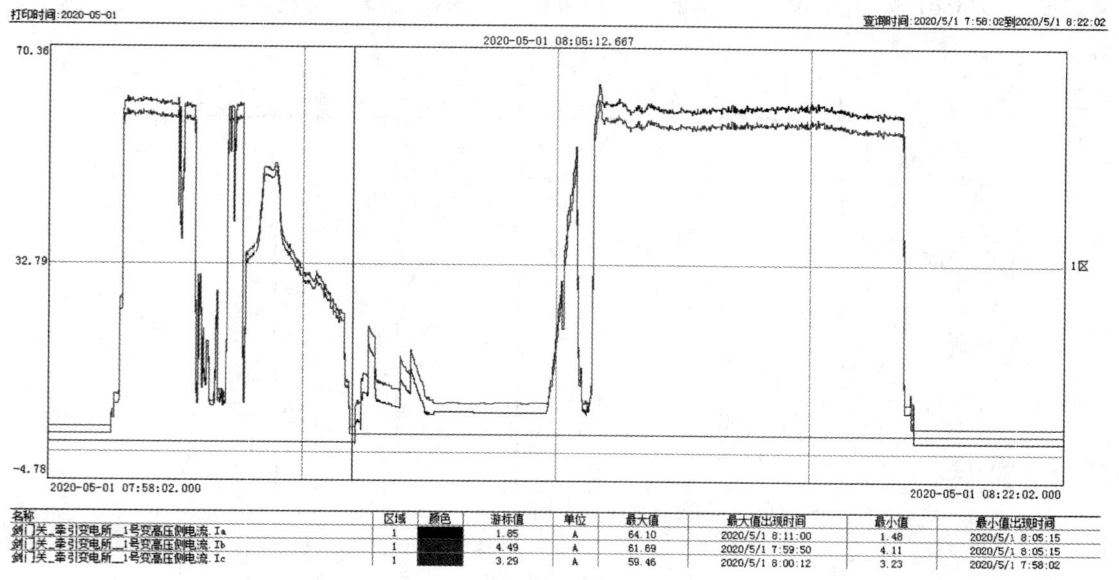

名称	区域	颜色	游标值	单位	最大值	最大值出现时间	最小值	最小值出现时间
剑门关_牵引变电所__1号变高压侧电流. Ia	1		1.85	A	64.10	2020/5/1 8:11:00	1.48	2020/5/1 8:05:15
剑门关_牵引变电所__1号变高压侧电流. Ib	1		4.49	A	61.69	2020/5/1 7:59:50	4.11	2020/5/1 8:05:15
剑门关_牵引变电所__1号变高压侧电流. Ic	1		3.29	A	59.46	2020/5/1 8:00:12	3.23	2020/5/1 7:58:02

图 4 变压器高压侧电流变化图

从电流情况可以看出，C6305 由 07:59 进入剑门关－白龙江供电臂，08:05:07 进入分相中性区，08:05:19 完成换相，进入剑门关－三河口供电臂，于 08:18 驶出剑门关牵引变电所范围，总共用时 19 min（其中在剑门关车站停车 2 min，故比上表计算时间长 6 min）。

调取该时段电压、电流原始数据进行积分运算，得出 C6305 在两条供电臂的平均功率为如表 6 所示。

表 6　C6305 在两条供电臂的平均功率表

车次	剑门关－白龙江	剑门关－三河口	剑门关变电所
DJ8861	4562 kW	6630 kW	5448 kW
C6305（重联，停站）	8921 kW	10442 kW	9534 kW

通过单独分析列车运行情况，得出各变电所的平均功率如表 7 所示（不含成都东、广元枢纽及朝天局集团公司分界口数据）。

表 7　变电所列车运行的平均功率表

车次	平均功率（单列）/kW	平均功率（重联）/kW
付家	5303	9280
赖家	5350	9203
江油	5403	9310
青林口	5449	9570
剑门关	5448	9534

4　经济运行分析

2020 年 1 月在列车正常运行时，各所的最大需量如表 8 所示。

表 8　变电所一月最大需量统计表

所亭	剑门关变电所	青林口变电所	江油变电所	赖家变电所	付家变电所
容量/kVA	40000	40000	45000	45000	40000
1 月需量/kVA	21780	20790	18480	23760	21384
15 min 平均列车数量/列	4	4	4	5	4
变动所范围列车平均运行时间/min	12	13	16	16	14

通过数据可以看出，由于赖家变电所内含有绵阳城际场（本段线路内最大的站场），为绝大部分列车必定停靠或者避让列车的地点，所以在赖家变电所的列车追踪时间和发车密度要远远大于其他变电所，造成赖家变电所的需量明显偏高。

以单组机车为例，若规划一个变电所内同时有 4 列单组机车运行（即上行 2 列、下行 2 列），根据列车通过各变电所的时间，可以计算出各所平均列车间隔时间如表 9 所示。

表 9　变电所供电范围平均列车间隔时间统计表

所亭	剑门关变电所	青林口变电所	江油变电所	赖家变电所	付家变电所
间隔时间/min	6	6.5	8	8	7

若按照 3 min 间隔排车，则最多只需要晚发车 5 min，就可以使得牵引变电所的最大需量不至于提升，以赖家变电所所处的绵阳城际场为例，列车运行图如图 5 所示，分别为上行 D1934 在绵阳城际场内待避 D1932，并于 3 min 后发车，下行 C6691 在绵阳城际场内待避 D1927，并于 3 min 后发车，造成同一供电臂内段时间有多辆列车同时运行，若列车为重联列车，则突然增加的负荷更加大。

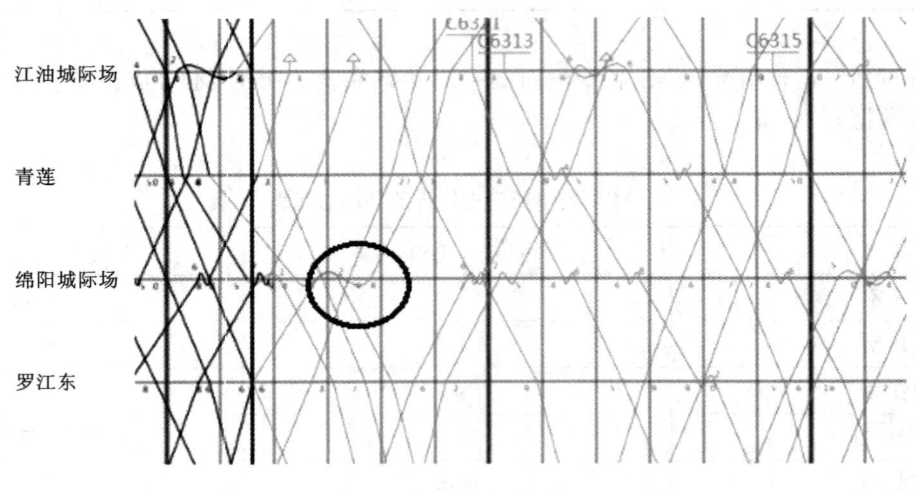

图 5　列车运行图

若 D1934 能够在该区段内晚发车 5 min，则按照平均功率，能够减少最大需量约 5000 kW。

调整后，按照平均功率计算，赖家变电所每月可节约基本电费支出 19.5 万元。

若在调整列车运行图时，能够严格按照区间内的列车对数排车，避免短时高密度排车，则可以在基本电费上，节约的成本预算如表 10 所示。

表 10　经济运行分析表

	剑门关变电所	青林口变电所	江油变电所	赖家变电所	付家变电所	总计
实际最大需量(2020 年 1 月)	21780	20790	18480	23760	21384	
以 3 列排车所需最大需量	16344	16347	16209	16050	15909	
减少需量	5436	4443	2271	7710	5475	
节约基本电费	212004	173277	88569	300690	213525	988065
以 2 列排车所需最大需量	10896	10898	10806	10700	10606	
减少需量	10884	9892	7674	13060	10778	
节约基本电费	424476	385788	299286	509340	420342	2039232

即若能够严格按照 3 列列车对运行图进行相关调整，则每月西成客专这 5 座变电所，就能节省基本容量费 98.8 万元。若能够在列车数量较少的情况下(如疫情期间)，合理安排列车运行，则每月可省基本容量费 203.9 万元，能够创造巨大的经济效益。

5　对运输的影响及下一步的工作

若按照本文所述，对高速铁路列车运行图进行优化，虽然能够创造非常可观的经济价值，但是对运输仍然有部分影响，如列车发车间隙增大，对旅客产生的情绪影响，以及在大面积列车晚点时，如果仍然严格按照 6 ~ 8 min 以上的列车间隙来发车，不利于迅速处置晚点问题，容易造成旅客情绪波动、车站旅客积压等问题。

下一步供电部门应该对各高速铁路的实际负荷情况进行进一步核算，分段、分区间的制定相关建议，为列车运行图排布提供参考，使得铁路运输在满足社会效益的同时，也能最大满足经济效益。

作者简介

苏旭磊，中国铁路成都局集团有限公司成都供电段，成都东变配电车间主任、工程师

级联常通型 SiC JFET 驱动和均压控制方案及其在高压直流断路器中的应用

张飞虎　杨　平　陈　曦　孔　倩

摘　要: 本文利用宽禁带功率器件的耐压等级高、耐温度高以及关断速度快的优势提出了一种级联常通型 SiC JFET 驱动和均压控制方案,仅使用一个专门的驱动电路就可以实现所用级联 SiC JFET 的驱动,使级联的功率器件驱动和均压变得简单,并将其应用于直流断路器解决了高压直流断路器因关断高电压需级联大量功率器件所致的功率器件驱动电路复杂、均压困难等技术难题,大大简化了直流断路器的控制结构,同时降低了直流断路器的成本。本文先分析了所提级联常通型 SiC JFET 驱动和均压控制方案以及直流断路器的工作原理,最后在 Pspice 软件上搭建了其仿真模型,仿真结果验证了所提级联常通型 SiC JFET 驱动和均压控制方案以及其应用于直流断路器的可行性。

0　引言

近几年,随着国家对环境保护的重视,加上全球煤炭、石油等不可再生能源的逐渐枯竭,国家加大了对可再生清洁能源的开发利用程度。我国从沿海地区的海上风力发电到西部的太阳能发电等清洁能源工程正在稳步建设中,而这些分布式能源进行远距离输电最好的方式就是高压直流输电。目前,高压直流输电的主要技术难题之一就为高压直流短路保护技术。

高压直流断路器作为维护直流电网安全运行的关键设备越来越受到人们重视。由于直流输电系统线路阻抗低,线路发生短路故障时,故障电流上升速度快,幅值高,要求直流断路器响应速度快,开断电流电压幅值大。另外与交流输电系统相比,直流输电系统是单极性的,电流没有过零点,无法套用交流断路器的开断原理,需要人工创造过零点来实现电流开断,技术难度大。

现有的直流断路器有机械式直流断路器、混合式直流断路器和固态直流断路器三种类型。机械式直流断路器以机械开关作为开断器件,不仅响应速度慢,而且机械分断过程中需要灭弧,容易造成机械开关触头烧毁甚至引起火灾,影响输电系统正常运行。固态直流断路器以电力电子功率器件作为分断电流的主要设备,具有响应速度快,无弧分断等优点,但是一个功率器件耐压电流等级有限,关断高电压电流需要串并联大量功率器件,存在多级联功率器件驱动和均压困难及通态损耗高等问题。混合式直流断路器克服了机械式的响应速度慢、灭弧难和固态式的通态损耗高等缺点,继承了机械式的开断容量大及通态损耗低和固态式的响应速度快、无弧等优点,成为高压直流断路器的最佳设计方案。ABB 公司生产的混合式高压直流断路器已经应用于实际工程,但其大量串并联的 IGBT 控制电路复杂,存在浮地驱动难、串联不均压和成本高等问题。

随着 SiC、GaN 等宽禁带半导体器件的出现,以其通态损耗小、击穿电场高、热导率大、开关速度快等优势迅速获得了市场的认可,也为要求响应速度快,开断电压电流幅值大的高压直流断路器的设计提供了解决方案,有望更好地解决高压直流输电系统保护的技术难题。文献[17 - 19]提出的采用常通型 SiC JFET 实现的自供电直流固态断路器就利用了 SiC 宽禁带器件的优势,但其设计开断故障容量比较小。

针对上述问题,文本结合宽禁带器件的优势以及混合式直流断路器的优点,提出了一种级联常通型 SiC JFET 驱动及均压设计方案,巧妙利用常通型器件的特点,仅使用一个专门的驱动电路就可以实现所用级联 SiC JFET 的驱动,使级联功率器件驱动和均压问题得以解决,并将其应用于直流断路器中,这样不仅提高了开断故障的容量,还简化了直流断路器的控制电路,同时也降低了直流断路器的成本。

1　级联常通型 SiC JFET 驱动及均压设计方案

1.1　级联常通型 SiC JFET 驱动及均压电路拓扑结构

本文提出的常通型 SiC JFET 串联电路拓扑结构如图 1 所示，该电路由一个专门驱动电路、若干个电阻、电容和稳压管实现 n 个常通型 SiC JFET 和 1 个 SiC MOSFET 的串联驱动及其动静态均压。与传统的每个功率器件都需要一个驱动电路的级联功率器件电路相比，本文提出的方案只需要一个驱动电路来驱动 SiC MOSFET，其余 n 个 SiC JFET 的驱动仅仅用分立式器件，$n+1$ 个电容、$n+1$ 个电阻和 n 个稳压管来实现，结构简单，成本低，易于实现。$J_1 \sim J_n$ 为常通型 SiC JFET；M 为 SiC MOSFE；$Z_1 \sim Z_n$ 为稳压管，保证 SiC JFET 关断时其栅源两端负电压的稳定；电容 $C_0 \sim C_n$ 和电阻 $R_0 \sim R_n$ 作为 n 个 SiC JFET 的驱动电路，同时还可保证 SiC JFET 的动态均压；电容 $C_{m0} \sim C_{mn}$ 和电阻 $R_{m0} \sim R_{mn}$ 保证了 n 个 SiC JFET 和 SiC MOSFET 的串联动态均压；电阻 $R_{s0} \sim R_{sn}$ 保证了 n 个 SiC JFET 和 SiC MOSFET 串联静态均压。

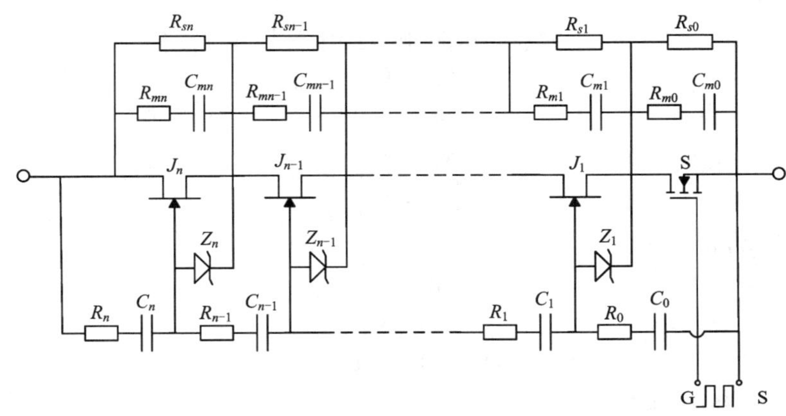

图 1　n 个常通型 SiC JFET 和 1 个 SiC MOSFET 串联电路拓扑

1.2　级联常通型 SiC JFET 驱动及均压电路原理分析

目前，串联可控硅技术有两个技术难题待解决，分别为浮地驱动和串联均压。本文提出的 n 个常通型 SiC JFET 串联电路仅仅用一个驱动电路和若干个分立式器件就可以解决串联浮地驱动难和不均压问题。与传统的 n 个可控硅串联就需要 n 个独立的驱动电路相比，本方案控制电路结构简单，易于实现，且大大降低了成本。本节将从 n 个串联常通型 SiC JFET 的导通和关断这两个状态详细验证提出方案的可行性。

(1) 导通状态

为验证本方案可行性，先从理论分析每个 SiC JFET 在实现关断和导通时其 V_{gs} 是否能被提供相应的电压。常通型器件 SiC JFET 在导通时，$V_{gs}=0$ 或者 $V_{gs}>0$ 即可。为了便于分析，可以先分析 SiC MOSFET 串联 2 个 SiC JFET 的电路导通时，每个 SiC JFET 的 V_{Jds} 电压是否满足导通条件，其电路图如图 2 所示。

当 M 的 G 和 S 极两端电压为高电平时，M 导通，由于 J 为常通型器件，且假设其 $V_{gs} \geqslant 0$，所以图 2 所示电路的 D 和 S 两端加上正电压时，就会有电流流过 J 和 M。J 和 M 导通后，由于 SiC 器件的同态电阻比较小(为 mΩ 级)，导通压降 V_{DS} 很小，每一个电容 C_2、C_1 和 C_0 分得的电压就很小，且其电容值远大于器件的寄生电容的，因此其电压也远大于器件寄生电容电压，所以当电路处于稳态时，可得

$$V_{C2} \approx V_{C1} \approx V_{C0} \approx V_{DS}/3 \tag{1}$$

由 KVL 可得

$$V_{C0} = V_{CJgs1} + V_{CMds} \tag{2}$$

由式(1)和(2)可得

$$C_{CJds1} \approx V_{DS}/3 - V_{CMds} \tag{3}$$

在图 2 所示电路导通时，每个器件的导通压降为

$$V_{ds} = R_{on} * I_{on} \tag{4}$$

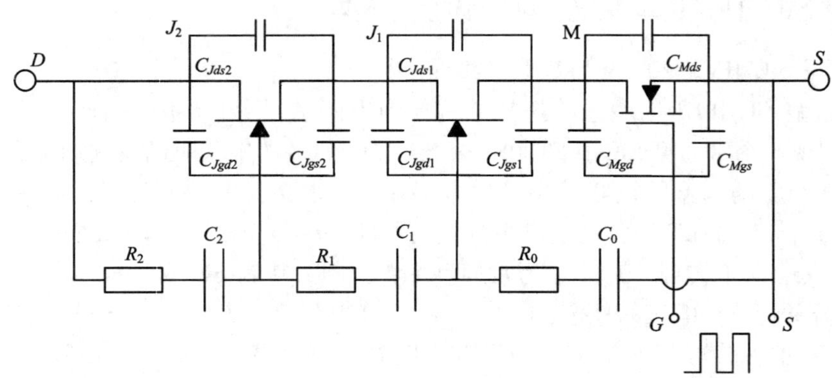

图 2　2 个 SiC JFET 与 SiC MOSFET 串联电路

由于所选 SiC MOSFET 和 SiC JFET 的通态电阻相同，由公式(4)可得

$$V_{Jds2}=V_{Jds1}=V_{Mds}=V_{DS}/3 \tag{5}$$

又有

$$V_{Jds}=V_{CJds}$$
$$V_{Mds}=V_{CMds} \tag{6}$$

结合式(3)、(5)和(6)得

$$V_{Jgs1}\approx 0 \tag{7}$$

由 KVL 可得

$$V_{CJgs2}=V_{C1}+V_{C0}-V_{CJds1}-V_{CMds} \tag{8}$$

结合式(1)、(5)、(6)和(8)可得

$$V_{Jgs2}\approx 0 \tag{9}$$

通过上述计算和分析可得，$V_{Jgs1}\approx 0$、$V_{Jgs2}\approx 0$，且通过仿真验证其值再 -0.5 V 和 1 V 范围内，满足 SiC JFET，J_2、J_1 导通条件。

推广到 n 个 SiC JFET 和 SiC MOSFET 串联电路再导通时，第 m 个 SiC JFET 的栅源极电压为

$$V_{Jgsm}=V_{CJgsm}=(V_{Cm-1}+\cdots+V_{C1}+V_{C0})-(V_{Jdsm-1}+\cdots+V_{Jds1}+V_{CMds}) \tag{10}$$

式(10)结合上述理论分析可得第 m 个 SiC JFET 的栅源极电压

$$V_{Jgsm}\approx 0 \tag{11}$$

通过上述理论计算和分析可得，n 个 SiC JFET 和 1 个 SiC MOSFET 串联电路导通时，每一个 SiC JFET 的栅源电压大约都为 0 V，满足每一个器件的导通条件。

(2)关断状态

当 SiC MOSFET，M 关断时，与其串联的每一个 SiC JFET 栅源极电压要被提供一个负电压能满足其关断条件，才能满足本方案的可行性。首先从理论来进行分析，与导通状态验证方法相同，为了便于分析，也先从 1 个 SiC JFET 与 1 个 SiC MOSFET 串联电路的关断分析开始。

1 个 SiC JFET 与 1 个 SiC MOSFET 串联关断均压电路如图 3 所示，当 SiC MOSFET M 的栅源电压为低电平时，M 开始关断，M 的漏源电压 R_0 开始增大，由公式(2)可得，R_0 的电压也增大，电路通过 R_0 给 R_0 充电，通过调节电阻 R_0 大小可以控制电流充电速度，即

$$V_{C0}=U_S(1-\mathrm{e}^{-\frac{t-t_0}{R_0C_0}})+U_{C0}\mathrm{e}^{-\frac{t-t_0}{R_0C_0}} \tag{12}$$

其中 U_{C0} 为电容 C_0 的初始电压，R_0 为电路的电源电压在 R_0 上的分电压。由式(2)得

$$V_{Jgs}=V_{CJgs}=V_{C0}-V_{CMds} \tag{13}$$

V_{C0} 是随着 M 的漏源电压增大而增大的，再调节 R_0 大小控制 V_{C0} 的增长速度，V_{C0} 的增速小于 V_{CMdg} 得增速。由式(13)可得，V_{Jgs} 变为绝对值增大的值，实现 SiC JFET，J 的关断。通过选择合适 R_1、C_1、R_0、C_0 控制 V_{Jgs} 的增加速度，进而控制 J 的关断速度，再结合 R_m、C_m 动态均压电路抑制 M 漏源两端关断电压尖峰，

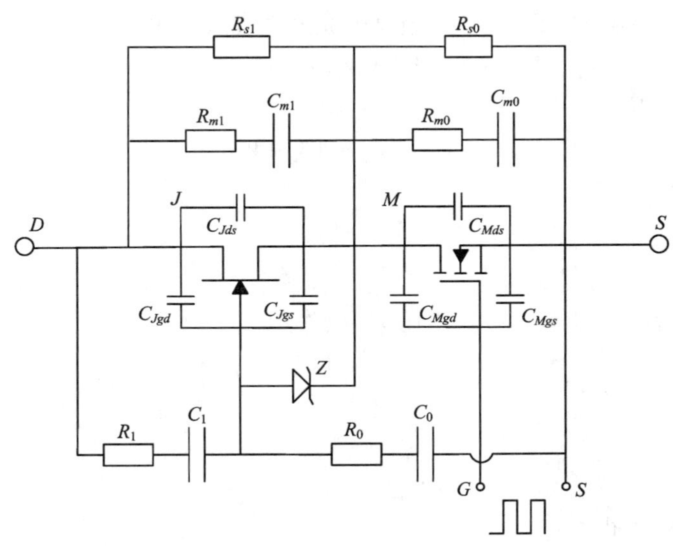

图 3　1 个 SiC JFET 与 SiC MOSFET 串联驱动与均压电路

实现 J 和 M 关断时的动态均压。完成关断后由静态均压电阻实现静态均压，即

$$V_{Jgs}=V_{Mds}=V_{DS}/2 \tag{14}$$

选择 $C_1<C_0$，则

$$V_{C0}<V_{C1} \tag{15}$$

由 KVL 得

$$V_{DS}=V_{C0}+V_{C1} \tag{16}$$

由式(15)和(16)可得

$$V_{C0}<V_{DS}/2 \tag{17}$$

由式(13)、(14)和(17)得 $V_{Jgs}<0$，且通过稳压管稳压，经过仿真验证得 $V_{Jgs}<-15$ V，满足 JFET 关断条件。

再分析 SiC MOSFET 串联 2 个 SiC JFET 电路关断时，每个 SiC JFET 的 V_{gs}电压是否满足关断条件，2 个 SiC JFET 与 SiC MOSFET 串联关断均压电路如图 4 所示。

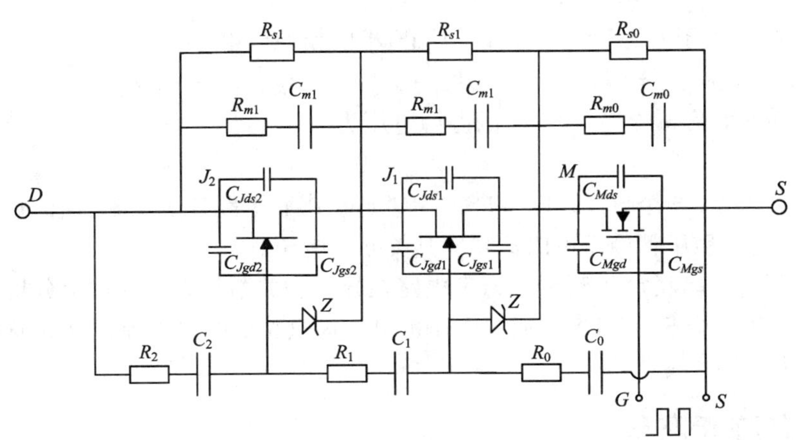

图 4　2 个 SiC JFET 与 SiC MOSFET 串联驱动与均压电路

由 1 个 SiC JFET 与 SiC MOSFET 串联关断均压电路分析可得，通过调节 R_2、C_2、R_1、C_1、R_0 和 C_0 的大小，来调节 SiC JFET 栅源电压大小，保证 SiC JFET 的可靠关断。尽量保证 $R_2C_2=R_1C_1=R_0C_0$，由公式

(12)可得每个电容的充电速度相同，可以保证电路在关断过程中每个 SiC JFET 的栅源电压 V_{gs}时刻保持相同，起到动态均压的作用。选择 $C_2 < C_1 < C_0$，当电容充电完成后，有

$$V_{C0} < V_{C1} < V_{C2} \tag{18}$$

当电路处于静态时，由 KVL 得

$$V_{DS} = V_{C2} + V_{C1} + V_{C0} \tag{19}$$

由式(18)和(19)可得

$$\begin{aligned} V_{C2} &> V_{DS}/3 \\ V_{C0} &< V_{DS}/3 \end{aligned} \tag{20}$$

$J2$、$J1$ 和 M 完成关断后，由于静态均压电阻 R_{sm}的作用，有

$$V_{Jds2} = V_{Jds1} = V_{Mds} = V_{DS}/3 \tag{21}$$

由 KVL 得

$$V_{Jgs1} + V_{Mds} = V_{C0} \tag{22}$$

$$V_{Jgs2} + V_{Jds1} + V_{Mds} = V_{C0} + V_{C1} \tag{23}$$

由式(19)、(21)和(23)可得

$$V_{Jgs2} = (V_{DS} - V_{C2}) - 2V_{DS}/3 \tag{24}$$

由式(20)、(22)、(22)和(24)可得

$$\begin{aligned} V_{Jgs1} &< 0 \\ V_{Jgs2} &< 0 \end{aligned} \tag{25}$$

经过上述分析计算可得 $V_{Jgs} < 0$，且通过稳压管稳压，经过仿真验证得 $-18\ \text{V} < V_{Jgs} < -15\ \text{V}$，满足 JFET 关断条件。

推广到 n 个 SiC JFET 和 SiC MOSFET 串联关断均压电路，尽量保证

$$R_nC_n = R_{n-1}C_{n-1} = \cdots = R_mC_m \cdots = R_1C_1 = R_0C_0 \tag{26}$$

通过公式(12)可得，每一个电容得充电速度相同，可以保证每个 SiC JFET 在关断过程中其 V_{Jgs}相同，起到动态均压的作用。选择电容

$$C_n < C_{n-1} < \cdots < C_m < \cdots < C_1 < C_0 \tag{27}$$

所以

$$V_{Cn} < V_{Cn-1} < \cdots < V_{Cm} < \cdots < V_{C1} < V_{C0} \tag{28}$$

电路完全关断后，均压电路 R_{sm}作用可得

$$V_{Jdsn} = V_{Jdsn-1} = \cdots = V_{Jdsm} = \cdots = V_{Jds1} = V_{Jds0} \tag{29}$$

由 KVL 可得，在电路处于稳态后，第 m 个 SiC JFET 的栅源极电压为

$$V_{Jgsm} = V_{CJgsm} = (V_{Cm-1} + \cdots + V_{C1} + V_{C1}) - (V_{Jdsm-1} + \cdots + V_{Jds1} + V_{CMds}) \tag{30}$$

再结合(28)、(29)可得第 m 个 SiC JFET 的栅源电压为

$$V_{Jgsm} < 0 \tag{31}$$

通过上述分析计算可得，n 个 SiC JFET 和 SiC MOSFET 串联电路处于关断状态时，每一个 SiC JFET 的栅源电压都小于 0，且通过稳压管稳压可以达到使其关断的电压。

通过上述对本文所提的串联常通型 SiC JFET 电路在导通和关断状态下的理论分析，可以得出在电路导通和关断两种状态下，每一个 SiC JFET 的栅源电压都可以提供相应的电压保证其导通与关断条件，从理论上验证了本方案的可行性。

2 提出的高压直流断路器

2.1 提出的高压流断路器拓扑结构

如图 5 所示为上文所提的 SiC JFET 串联电路应用到直流断路器的拓扑结构，由通流支路、转移支路和能量吸收支路三部分组成。其中通流支路由快速机械开关和低通态阻抗的 SiC MOSFET 组成，为正常通流支路，导通损耗小。转移支路由上述提出的 SiC JFET 串联电路组成，用来完成故障电流的切断工作。能量

吸收支路由金属氧化物可变电阻(MOV)组成，吸收线路中残余的能量。具体的工作过程将在下小节详细阐述。

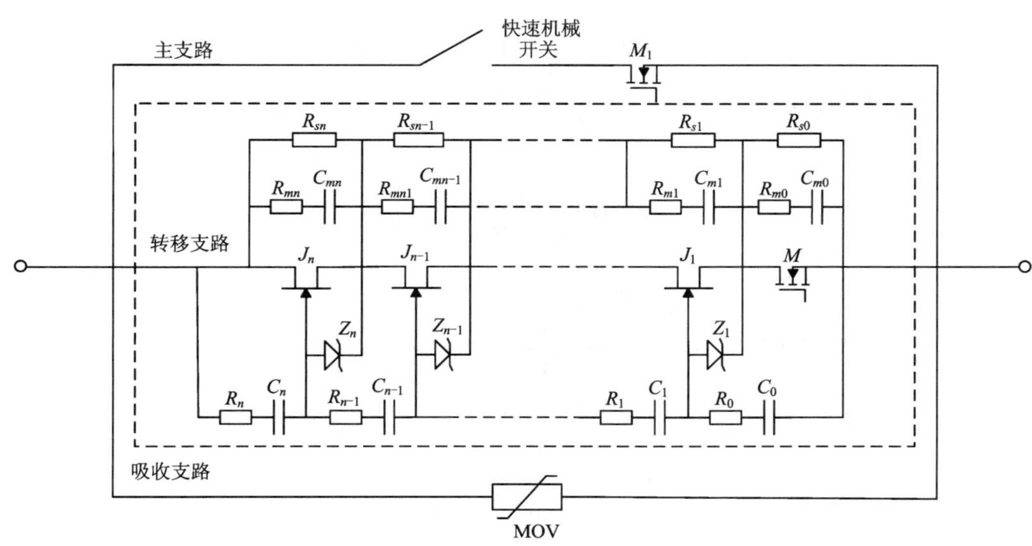

图5　串联 SiC JFET 应用于高压直流断路器的拓扑结构

2.2　工作原理

直流断路器有两个工作模式，分别为电路正常时的闭合工作模式和发生短路故障时，满足断路器开断条件时的开断工作模式。通过分析直流断路器这两个模式的工作过程，来详细介绍本文提出的高压直流断路器的工作原理。本文利用上文中提出的直流断路器搭建了如图6所示的直流断路器仿真模型，为了简化电路，驱动电路和均压电路没有给出，图中 U_{dc} 为模拟系统直流电源的恒压源，R_{Load} 和 L_{Load} 分别用于模拟输电系统的等效电阻和电抗，R_Z 为直流供电系统的等效直流负载。

2.2.1　闭合工作模式

线路和负载设备正常工作时，直流断路器工作在闭合工作模式下，电流从断路器的通流支路流过为负载提供能量，转移支路和能量吸收支路都处于断开状态，电流流向如图6中红线电流路径所示。由于通流支路由机械开关和少量 SiC MOSFET 组成，通态电阻较小，所以损耗比较小。

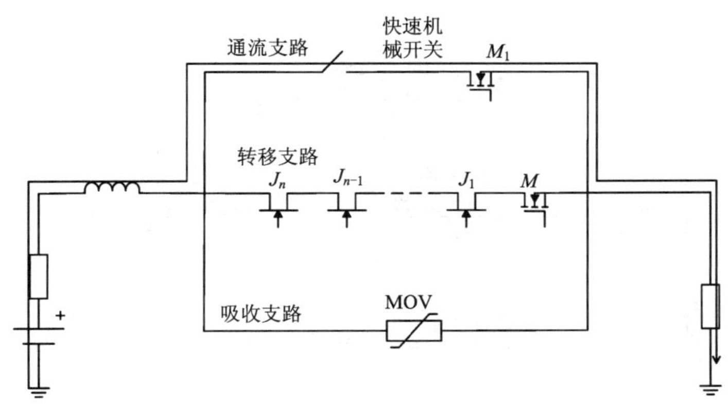

图6　直流断路器仿真模型

2.2.2　开断工作模式

当线路负载发生故障时，直流断路器将工作在开断模式下，将故障点与线路隔离，起到线路保护的作用。

(1)故障检测阶段

在 t_0 时刻，线路发生短路故障，线路电流急剧增大，故障电流流向为图 7 中红色实线的电流路径方向，电流大小为：

$$i(t) = \left(I_0 - \frac{U_{dc}}{R_{Load}}\right)e^{-\frac{R_{Load}}{L_{Load}}t} + \frac{U_{dc}}{R_{Load}} \tag{32}$$

其中 I_0 为短路故障发生前时的线路稳态电流，从式(32)可以看出故障电流以指数增长。

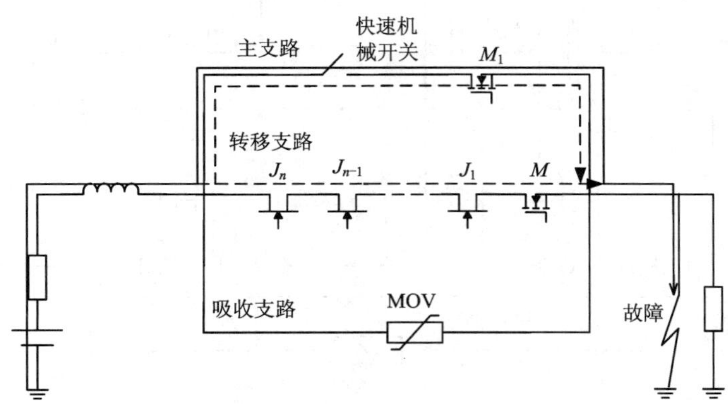

图 7　故障检测阶段($t_0 \to t_1$)及电流转移阶段($t_1 \to t_2$)电流路径

(2)故障电流转移阶段

在 t_1 时刻，故障检测单元检测到故障信号，控制单元给出使转移支路中的 M 导通的信号后，因为除 M 外，其余器件都为常通型器件，且常通型器件的驱动电压为 0，所以转移支路仅需 M 导通就会迅速导通，缩短故障电流从通流支路转移到转移支路的时间。转移支路导通后，故障电流同时从转移支路和通流支路流过，电流路径如图 7 橙色虚线所示。

(3)关断阶段及能量吸收阶段

t_2 时刻，转移支路完全导通后，通流支路 M_1 关断，故障电流全部从通流支路转移到转移支路，使快速机械开关在零电流低电压条件下无弧快速关断，电流路径如图 8 红色实线所示。

在 t_3 时刻，机械开关关断后，转移支路中 M 关断，随后转移支路中的 SiC JFET 也实现关断，和 M 进行分压，一起承受母线总电压。最后，电流转移到能量吸收支路，由 MOV 完成线路中故障能量的吸收，完成线路故障隔离，电路路径如图 8 橙色虚线所示。

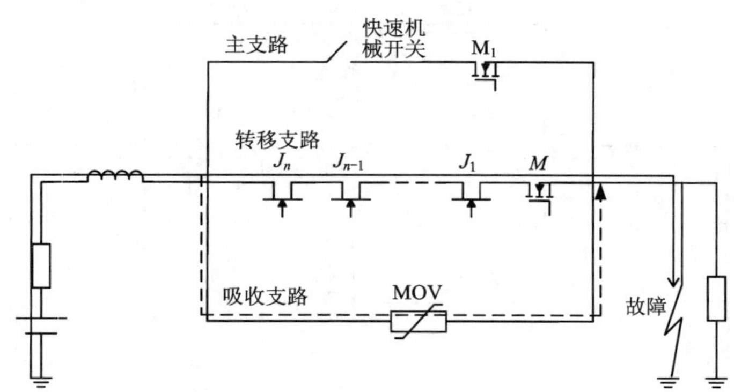

图 8　关断阶段($t_2 \to t_3$)及能量吸收阶段($t_3 \to t_\infty$)电流路径

2.3　控制方法

本文的混合式直流断路器控制电路如图 9 所示，包括故障电流检测模块、延迟电路模块、控制电路模块和驱动电路模块。故障电流检测模块可以采用霍尔传感器或者采样电阻输出采样电压通过比较器与参考电压比较输出故障信号传给控制电路，本仿真使用采样电阻和 TI 公司的电压采样芯片 INA193 型号的 Pspice 模型，该芯片放大倍数为 20 倍。延迟电路的原理为：将采样信号经过第一个电压比较器后输出的值进行 PI 调节，再与第二个电压比较器进行比较，才将结果送给控制模块，从而进行信号延迟。控制电路模块采用上升沿触发的 JK 触发器，在接收到故障电流检测模块和延迟电路模块输出的信号后，做出相应的控制信号送给驱动电路模块。驱动电路模块主要采用 MOSFET 驱动芯片，本仿真使用 TI 公司的 LM5111_1M 的 Pspice 模型，支持两路输出。

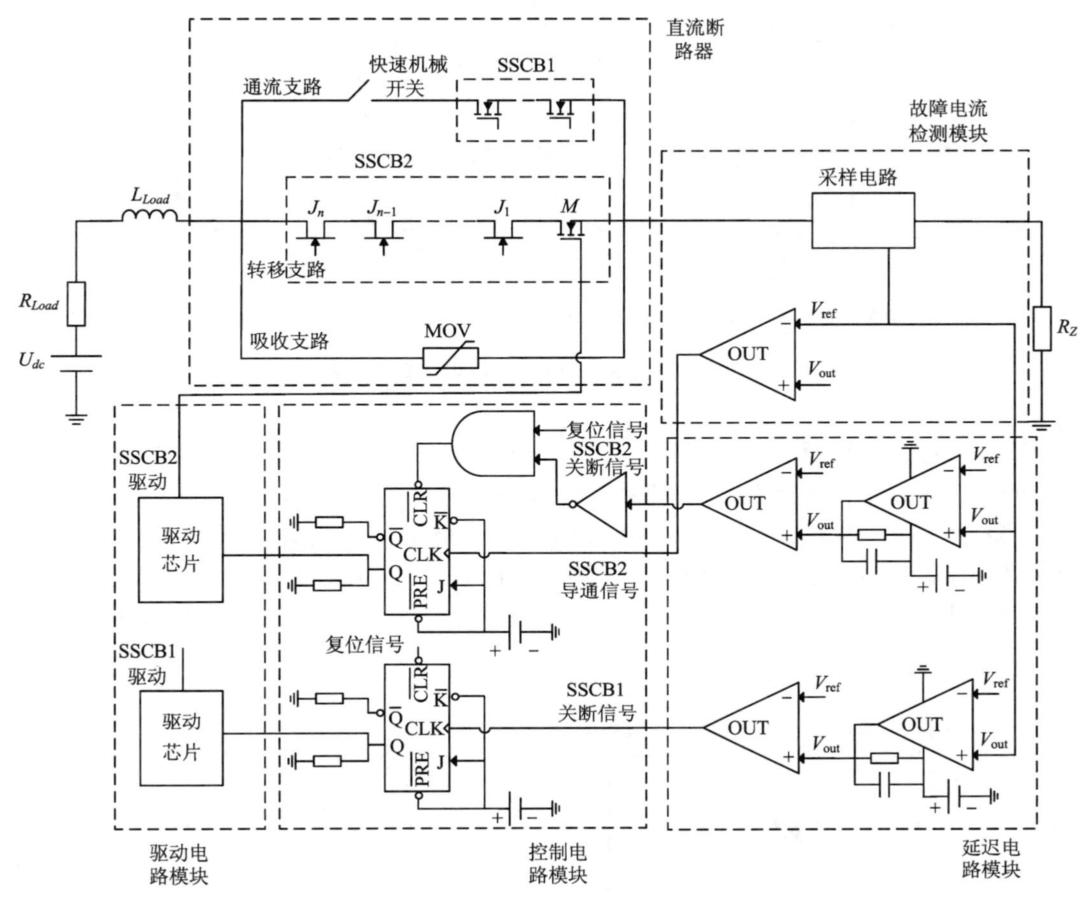

图 9　控制电路

3　仿真实验

3.1　提出的级联常通型 SiC JFET 电路仿真验证

为了验证本文提出的常通型 SiC JFET 串联电路的正确性，本文利用 PSpice 软件搭建图 1 所示的电路模型，仿真中 SiC JFET 使用 USCi 公司的 UJN1205K 型号的 PSpice 模型。UJN1205K 的额定漏源电压为 1200 V，栅源驱动电压为 -20 V 到 +3 V，漏极额定电流为 38 A，导通电阻最大为 45 mΩ。本仿真中电源电压设置为 1500 V，常通型 SiC JFET 串联电路采用 3 个 SiC JFET 和 1 个 SiC MOSFET 串联，仿真波形如图 10 所示。

从图 10 可以看出，本文提出的常通型 SiC JFET 串联电路在 SiC MOSFET 导通时，每一个 SiC JFET 的栅源电压近似为 0 V；SiC MOSFET 关断时，每一个 SiC JFET 的栅源极电压接近 -12 V，并且 SiC MOSFET 和 SiC JFET 可以实现串联均压，验证了本文所提方案的正确性。

3.2　提出的高压流断路器仿真验证

为了验证本文提出的高压直流断路器的有效性，也利用 PSpice 软件搭建如图 6 所示的电路模型。仿真中同样使用 USCi 公司的 SiC JFET 的 UJN1205K 型号的 Pspice 模型。本仿真以地铁供电系统为例，电源电

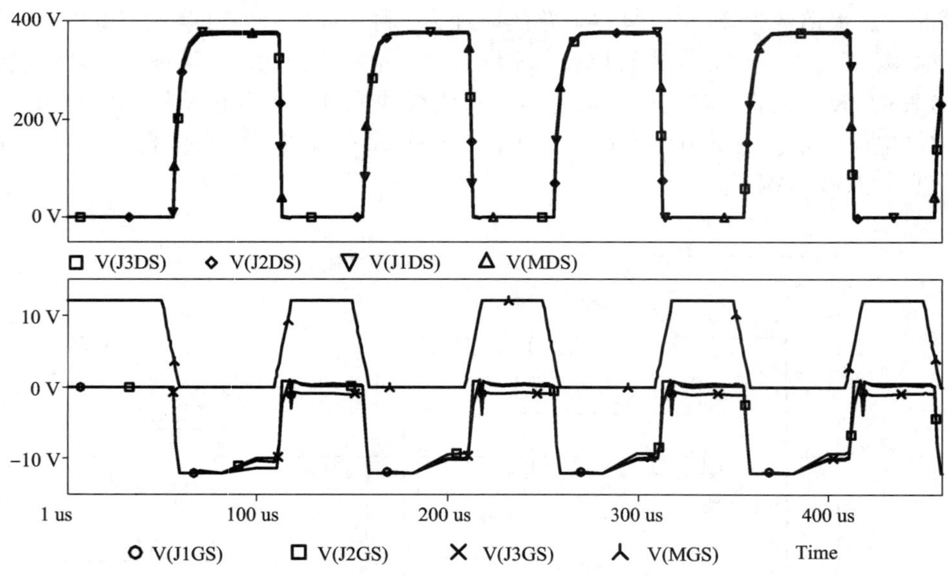

图 10 所提常通型 SiC JFET 串联电路测试仿真波形

压设置为 1500 V，转移支路采用 3 个 SiC JFET 和 1 个 SiC MOSFET 串联分压。直流断路器开断过程仿真波形图如图 11 所示，图(a)为转移支路中 SiC JFET 和 SiC MOSFET 的栅源电压，图(b)为主主路和转移支路的电流，图(c)为转移支路中 SiC JFET 和 SiC MOSFET 的漏源电压。如图所示，在 t_0 时刻，线路发生短路故障；在 t_1 时刻转移支路导通，电流开始转移；t_2 时刻主支路 M_1 关断，电流完全转移到转移支路，机械开关在零电流条件下关断，在机械开关达到安全开距后，在 t_3 时刻转移支路关断，SiC JFET 和 SiC MOSFET 一起分担母线电压。

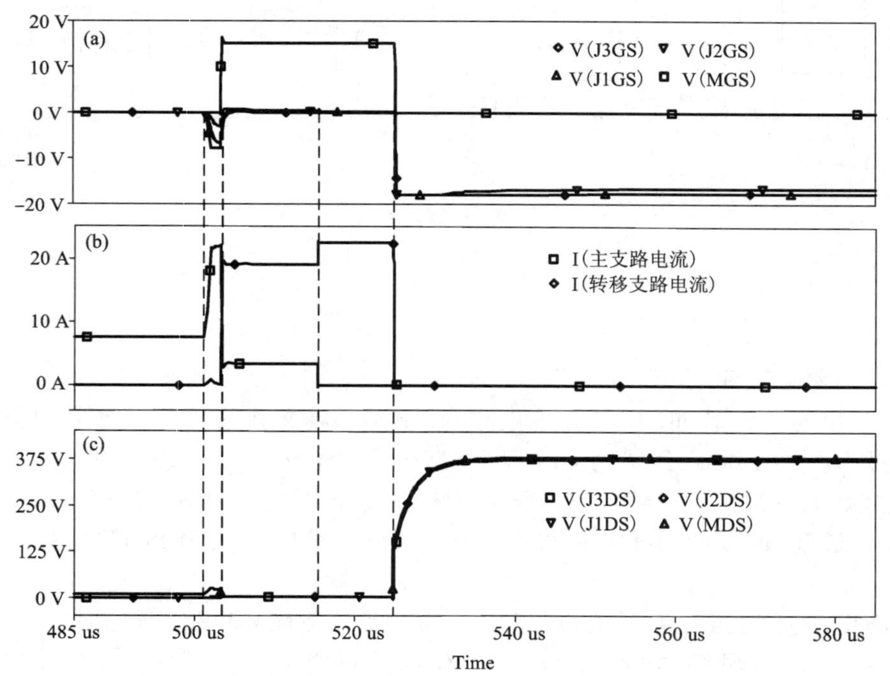

图 11 提出的高压直流断路器关断过程仿真波形图

在断路器关断过程中，转移支路关断时，其中的 3 个 SiC JFET 和 1 个 SiC MOSFET 串联分压局部放大图(如图 12 所示)，可以看出串联的四个器件两两之间的漏源极两端分压最大相差 6 V，每个器件的漏源极两端分压平均为 375 V，动静均压效果明显。

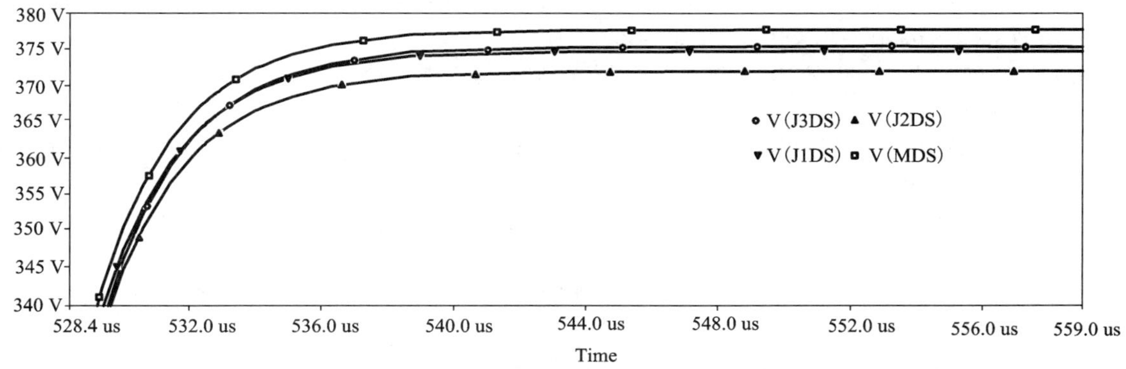

图 12　转移支路中串联 SiC JFET 和 SiC MOSFET 在关断过程中均压效果放大图

4　结束语

本文提出了一种级联常通型 SiC JFET 驱动和均压控制方案，并应用在高压直流断路器中，提高了直流断路器的故障隔离容量。通流支路通态电阻小，所以正常供电通态损耗低，对供电线路影响较小；多级联的常通型 SiC JFET 驱动方案仅需要一个专门的驱动电路就可以实现所有的常通型 SiC JFET 的驱动，具有结构简单和成本低等优点。

分析了所提的级联常通型 SiC JFET 驱动和均压控制方案的原理，及应用其方案的高压直流断路器的故障隔离过程，并通过仿真对分析结果进行验证，得出以下结论：

(1)所提的级联常通型 SiC JFET 驱动方案当 SiC MOSFET 关断时，每一个 SiC JFET 的栅源电压小于 -10 V，能满足 SiC JFET 关断条件；当 SiC MOSFET 导通时，每一个 SiC JFET 的栅源电压大于 -0.5 V，能满足其导通条件，验证了所提方案的可行性；

(2)所提的级联常通型 SiC JFET 均压方案，在多级联的常通型 SiC JFET 在关断过程中或关断后，都能保证每一个 SiC JFET 和 SiC MOSFET 的漏源电压相近，每一个器件漏源电压分得的电压为 375 V 时，最大压差仅为 6 V，具有非常好的均压效果。

(3)所提的直流断路器弥补了固态直流断路器通态损耗高和机械断路器动作速度慢的缺陷，继承了固态直流断路器响应速度快和机械断路器通态损耗低的优点，并且简化了直流断路器的控制电路，在提高了直流断路器可靠性的同时也降低了直流断路器的成本。

参考文献

[1] 周孝信，鲁宗相，刘应梅，等. 中国未来电网的发展模式和关键技术[J]. 中国电机工程学报，2014，34(29)：4999 -5008.

[2] 汤广福，罗湘，魏晓光. 多端直流输电与直流电网技术[J]. 中国电机工程学报，2013，33(10)：8 -17，24.

[3] 李斌，何佳伟，李晔，等. 多端柔性直流系统直流故障保护方案[J]. 中国电机工程学报，2016，36(17)：4627 -4637.

[4] 于海. 直流断路器的现状及发展[J]. 电力工程技术，2018，37(2)：114 -120.

[5] 刘路辉，叶志浩，付立军，等. 快速直流断路器研究现状与展望[J]. 中国电机工程学报，2017，37(4)：966 -978.

[6] 洪潮，郭彦勋，李海锋，等. 适用于直流电网的新型机械式直流断路器[J]. 高电压技术，2019:1 -7.

[7] 周猛，向往，饶宏，等. 并联机械式直流断路器的设计与控制[J]. 中国电机工程学报，2018，38(20)：5975 -5982.

[8] 陶宏. 基于栅控晶闸管的固态直流断路器优化设计[D]. 成都：电子科技大学，2018.

[9] REN Y，YANG X，ZHANG F，et al. A Compact Gate Control and Voltage-Balancing Circuit for Series-ConnectedSiC MOSFETs and Its Application in a DC Breaker[J]. IEEE Transaction Power Electron，2017，64(10)：8299 -8309.

[10] 于海跃. 高压固态开关关键技术研究[D]. 哈尔滨: 哈尔滨工业大学, 2017.

[11] 张帆, 杨旭, 任宇, 等. 一种适用于固态直流断路器的IGBT串联均压电路[J]. 中国电机工程学报, 2016, 36(03): 656-663.

[12] LIM T C, WILLIAMS B W, FINNEY SJ, et al. Series connected IGBTs using active voltage control technique[J]. IEEE Transaction Power Electron, 2013, 28(8): 4083-4103.

[13] 丁骁, 汤广福, 韩民晓, 等. IGBT串联阀混合式高压直流断路器分断应力分析[J]. 中国电机工程学报, 2018, 38(6): 1846-1856, 1922.

[14] 丁骁, 汤广福, 韩民晓, 等. 柔性直流电网用混合式高压直流断路器特征参数提取及应用[J]. 中国电机工程学报, 2018, 38(1): 309-319, 369.

[15] 封磊, 苟锐锋, 杨晓平, 等. 基于串联晶闸管强迫过零关断技术的混合式高压直流断路器[J]. 高电压技术, 2018, 44(2): 388-394.

[16] 刘路辉, 庄劲武, 江壮贤, 等. 混合型直流真空断路器触头技术——现状与发展[J]. 中国电机工程学报, 2014, 34(21): 3504-3511.

[17] Shen Z John, et al. Wide-Band gap Solid-State Circuit Breakers for DC Power Systems: Device and Circuit Considerations[J]. IEEE Transaction Power Electron, 2015, 62(2): 294-300.

[18] MIAO Z, SABUI G, ROSHANDEH AM, et al. Design and Analysis of DC Solid-State Circuit Breakers Using SiC JFETs[J]. IEEE Transaction Power Electron, 2016, 4(3): 863-873.

作者简介

张飞虎, 西南交通大学电气工程学院, 硕士研究生

杨平, 西南交通大学电气工程学院, 博士, 副教授

陈曦, 西南交通大学电气工程学院, 硕士研究生

孔倩, 西南交通大学电气工程学院, 硕士研究生

牵引变电所进线电压差较大时不停电倒系统的探讨

袁玉昌 钟 浩 杨唯唯 杨 姚

摘 要： 本文以两路进线电压差较大的石板滩牵引变电所为例，提出将两台变压器的变比进行合理匹配来减小变压器低压侧的电压差，将倒闸引起的环流控制在合理范围内，保证流经变压器电流不过载，实现不停电并联倒系统。

1 绪论

电气化铁道牵引负荷是一级负荷，电源要求双回路，牵引变压器必须为一主一备。因检修或运行需要，两回电源经常需要倒切。当两回电源来自同一电力系统(频率相等，相位相同，相角差为零，即两电源同期)，进线电压差较小(小于 3 kV)时，为减少对铁路运输的影响，通常采用不停电并联倒系统，即先后合上备用变压器高低压侧的断路器，让Ⅰ回进线带 1#B、Ⅱ回进线带 2#B 短时共同向牵引母线供电，然后再将两台主变压器解列为一路进线带 1 台变压器运行(以下简称为并联倒系统)。当电压差大于 3 kV 时，因担心倒闸时变压器环流过大影响安全运行，通常在天窗点内进行全所停电倒系统，当供电臂的天窗点不重合时，全所停电倒系统将变得非常困难。

本文以两路进线电压差较大的石板滩牵引变电所为例，提出将两台变压器的变比进行合理匹配来减小变压器低压侧的电压差，将倒闸引起的环流控制在合理范围内，让变压器和两路进线电源均不过载，实现并联倒系统。

2 变压器变比匹配

并联倒系统相当于两个同期的电源通过变压器低压侧并列短时运行。变压器并联运行一般需要满足三个条件：接线组别相同，电压比相差 0.5% 以内，短路阻抗相差 10% 以内。

变压器变比匹配原则要同时考虑直列供电时 27.5 kV 母线电压水平符合运行要求，以及系统不停电倒闸时环流不能造成变压器过载，还要兼顾交叉供电时 27.5 kV 电压尽可能符合要求。

石板滩变电所的两路 110 kV 电源为同期电源，Ⅰ回来自电力系统的蓉东 220 kV 变电站蓉板线为专用线路，平均电压为 117 kV；Ⅱ回从大面 220 kV 变电站的面河板公用线路上 T 接，平均电压为 110 kV，压差高达 7 kV。

综合考虑，将 1#B 变压器调至Ⅰ挡、2#B 调至Ⅲ挡，可较好地将两变压器低压侧的电压差控制在合理水平，在四种运行方式下确保 27.5 kV 母线电压满足质量又不超标。

表 1 四种运行方式对比

运行方式	1#进线带 1#B	1#进线带 2#B	2#进线带 1#B	2#进线带 2#B
变压器挡位	Ⅰ挡	Ⅲ挡	Ⅰ挡	Ⅲ挡
变 比	4.2	4	4.2	4
进线电压	117 kV	117 kV	110 kV	110 kV
低压侧电压	27.857 kV	29.25 kV	26.19 kV	27.5 kV
电压质量	良好	可以运行	可以运行	良好

3 计算过程

3.1 变压器基础数据

根据下表数据可计算出变压器阻抗归算至 27.5 kV 侧的有名值:

$$X_T = \frac{u_e^2}{S_N} \times U_k\% = \frac{27.5^2}{40} \times 10.48\% = 1.98\Omega \tag{1}$$

表 2 变压器基础数据

1	额定容量	40000 + 40000 kVA
2	额定频率	50 Hz
3	接线组别	V, v
4	额定电压	110/27.5 kV
5	额定电流(高压侧)	363.64/629.84/363.64 A
6	额定电流(低压侧)	1454.55/2519.35/1454.55 A
7	短路阻抗	10.48%

为计算方便取 2 Ω。用户在电业局申请的用电容量为: 25000 kVA, 变压器低压侧的额定电流为 454 A/787 A/454 A。

3.2 并联倒闸时流经两变压器的电流

将变压器归算至 27.5 kV 母线侧后, 利用网络等效简化电路分析, 可以绘出并联倒闸时电路图。其中 ΔU 表示两主变之间的压差, Z_{T1}、Z_{T2} 分别表示 1#B 和 2#B 的电抗(变压器电阻忽略不计), I_1、I_2 和 I_q 分别表示流经 1#B、2#B 的电流和 27.5 kV 侧母线牵引电流。

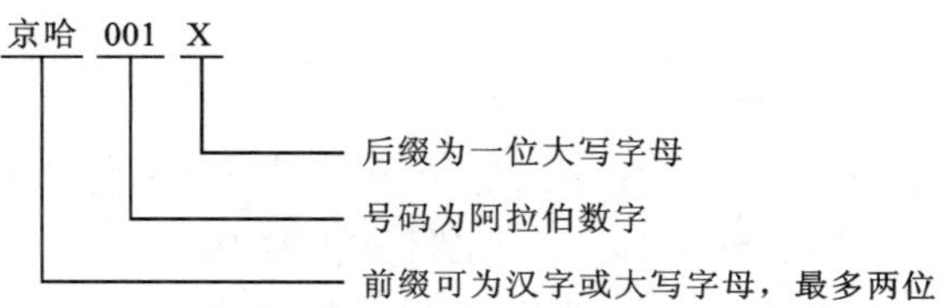

图 1 计算模型

根据网孔电流法, 有

$$\begin{cases} \Delta U = Z_{T1} \times I_1 - Z_{T2} \times I_2 \\ I_1 + I_2 = I_q \end{cases} \tag{2}$$

规定电压相位角为零以此为参考点; 在最大 $\Delta U = 7$ kV 时, 进线电压高的变压器采用Ⅰ挡、进线电压低的变压器采用Ⅲ挡, 分以下两种情况分析。

(1)在 27.5 kV 母线无负荷时进行并联倒系统, 即 I_q 为 0。

根据变压器低压侧母线电压 = 高压侧电压/变压器变比, 可计算出并联倒系统时变压器低压侧的电压差。查阅进线电压历史数据, 分别取进线 117 kV 和 110 kV, 对应变压器分别为Ⅰ挡和Ⅲ挡。可得:

$$\Delta U_T = \left| \frac{117}{4.2} - \frac{110}{4} \right| \times 1000 = 357 \text{ V} \tag{3}$$

$I_{环流} = \dfrac{\Delta U_T}{X_{T1} + X_{T2}} = 89.25$ A, 小于变压器额定电流, 负荷也未超过用户在电业局的申请容量, 可以安全进行不停电倒系统。

下表列出两路进线电压差为 7 kV, 不同电压情况下的环流电流计算结果, 均能满足安全地并联倒系统。

表 3　电压差为 7 kV 时变压器低压侧环流计算结果

1#进线电压/kV	2#进线电压/kV	变压器低压侧环流/A
114	107	98.9
115	108	96
116	109	93
117	110	90
118	111	87
119	112	84
120	113	81

(2)27.5 kV 母线有负荷时进行并联倒系统。取低压侧母线负荷电流 $I_q = 800$ A，功率因数为 1，计算流过两台变压器的电流。

根据 $\begin{cases}\Delta U = Z_{T1} \times I_1 - Z_{T2} \times I_2 \\ I_1 + I_2 = I_q\end{cases}$，$357 = j2I_1 - j2(I_q - I_1)$

解方程得到：

$I_1 = 400 - j89.5 = 409.89\angle -12.61°$

$I_2 = 400 + j89.5 = 409.89\angle 12.61°$

两台变压器分配的电流均小于变压器额定电流，即在低压侧母线带有 800 A 负荷时，仍能并联倒系统。

(3)直列供电倒交叉供电及交叉供电倒直列供电(不停电倒闸)

此种倒闸方式相当于一路进线短时带 2 台变压器并列运行，倒闸时环流只在两台变压器之间流动，不影响电力系统的潮流分配。

计算可知，1#进线带 1#B 不停电倒至 1#进线带 2#B 时的环流最大，当进线电压为 117 kV 时，压差 $\Delta U_T = 1393$ V，I 环流 $= 348$ A，可以安全倒闸。

以上分析未考虑变压器环流、牵引负荷、电力系统潮流可能引起进线电压变化，导致进线电压差进一步变大的情况。为了电力系统的运行安全，减少对电力系统潮流分配的影响，建议并联倒系统尽量在无负荷或负荷小于 500 A 时进行。

4　验证试验

为验证该方法可行性，可利用天窗点进行并联倒系统试验。试验前将 2#B 低压侧的单相低压启动过电流时限改为 0.1 s，高压侧过流时限改为 0.3 s，低压启动功能取消，然后合环观察环流大小。如果出现异常，将会导致 2#B 先跳，不影响正常供电。

5　结论

本文通过理论计算分析，提出了牵引变电所两路电源如果同期，当电源电压差较大时，可通过将两台变压器调整在不同的挡位来减少变压器低压侧并联时的电压差，从而将流经变压器的环流控制在合理的范围内，安全实现不停电并联倒系统。

参考文献

[1] 谭永霞. 电路分析[M]. 第三版. 四川：西南交通大学出版社，2019：49 - 54.

[2] 何仰赞，温增银. 电力系统分析[M]. 第三版. 武汉：华中科技大学出版社，2018：133 - 159.

作者简介

袁玉昌，中国铁路成都局集团有限公司成都供电段变配电技术科，科长
钟浩，中国铁路成都局集团有限公司成都供电段变配电技术科，助理工程师
杨唯唯，中国铁路成都局集团有限公司成都供电段变配电技术科，助理工程师
杨姚，中国铁路成都局集团有限公司成都供电段变配电技术科，助理工程师

浅谈牵引变电所电流互感器故障原因及预防措施

马雄江　房高基　苗丽霞

摘　要: 随着电气化铁路的飞速发展，铁路运输对一次高压设备运行稳定性要求越来越高，加上综合自动化装置、技术比较成熟，即使一次设备发生短路故障，综合自动化装置也可快速将故障切除，而一次设备故障可能引起一条馈线或多条馈线停电，影响铁路供电的可靠性，本文根据电气化铁路运营维护的相关要求，针对电流互感器故障的原因、处理方法和日常维护管理进行了深入的分析和研究。

0　引言

在电气化铁路中，电流互感器是牵引供电系统不可缺少的重要组成部分，是可以把数值较大的一次电流通过一定的变比转换为数值较小的二次电流，用来进行保护、测量等用途，起到高、低压电气隔离作用，其二次引入综合自动化装置或计量仪表后能有效监测一次设备的运行状态，并在一次设备发生故障时断路器配合微机保护能快速将故障切除，缩小故障停电范围，保障一次设备安全稳定运行。随着近几年电气化铁路建设增快，高速铁路投入运行，电流互感器故障对运输安全威胁越来越大。本文针对电流互感器故障成因、故障处置和故障预防性试验等方面进行主要探讨，在运行维护过程中防止因电流互感器故障的发生导致的牵引供电设备安全隐患。

1　名词术语

故障：设备在工作过程中，因某种原因“丧失规定功能”或危害安全的现象。

2　电流互感器本体故障的原因

2.1　制造工艺不良

电流互感器制造过程中存在绝缘包扎不均匀，存在绝缘薄弱点，电气连接部分焊接或紧固不到位，导致开始投入运行或长期运行过程中出现绝缘击穿，造成电流互感器故障发生，影响供电安全。

案例1:2014 年 11 月 25 日京沪线某牵引变电所主变低压侧 201bDL 过流保护动作跳闸，造成大范围设备停电 33 分钟，影响客车 10 列。故障原因是由于馈线 218DL 本体电流互感器生产过程中存在绝缘包扎不均匀，长期运行绝缘性能下降，导致发热，引起电流互感器本体绝缘击穿发生爆炸(见图1)，炸裂冲击导致网栅固定金属条崩开(见图2)，搭挂到 b 相母线上接地，再次引起 201bDL 跳闸。如图 1、图 2 所示。

图1　电流互感器爆炸点

图2　网栅固定金属条掉落

2.2 材质选择不合格

厂家在生产电流互感器时绝缘材质选择不当，使用的绝缘材质未充分考虑现场运行环境的影响，绝缘强度不符合规定要求，导致长期运行过程中出现绝缘击穿，造成电流互感器故障发生，影响供电安全。

案例 2:东陇海线××变电所 27.5 kV 电流互感器选用的为济源××厂家生产，该电流互感器在铁路系统没被广泛使用，由于制造时绝缘材质选用不适用于铁路工况电压，连续发生三起电流互感器爆炸事件，严重干扰了铁路运输秩序并危及人身安全，均为材质原因所致(见图 3)。

(a)

(b)

图 3 绝缘材质不合格

2.3 密封不严，进水受潮

电流互感器一次、二次电气连接部分因生产工艺不达标或运输保存不当造成其密封不严，例如连接部分顶盖密封不严，雨、雪后有积水积雪，破坏其绝缘性能；冬季由于积水成冰，导致电流互感器本体爆裂或爆炸故障发生，影响牵引供电安全运行。

2.4 维护不到位导致二次开路

在电流互感器运行中，检修维护人员对流互性能进行试验时将二次接线拆除，恢复时未将其进行紧固连接或紧固不到位，造成连接不良导致开路；巡视人员未查看有负荷时的测量和保护回路的电流值是否正常，以及巡视中发现运行的电流互感器有异常未及时汇报处理，导致电流互感器故障，影响供电安全。

图 4 流互二次开路、导线烧损

案例 3:符夹线某分区所馈线保护装置试验完成后，作业人员未将电流互感器回路试验端子保护、测量回路连片恢复原位，造成电流互感器二次开路，投运后该电流互感器发出异常声响，值班人员未及时发现，造成电流互感器二次侧烧毁，并将二次侧附件直流回路、信号回路烧毁，导致断路器拒动(见图 4)。

2.5 外部环境

电流互感器根据运行环境和运行条件要求，需安装在清洁、干燥、通风良好的处所，如安装处潮湿或屋顶渗水至电流互感器本体，将导致电流互感器绝缘性能下降，影响使用。

案例 4:雨季时京沪线某开闭所高压室渗水，滴至 297 断路器本体电流互感器，导致该电流互感器绝缘下降，发生异响，对其测试发现电流互感器一次对二次及地绝缘为 3 MΩ，标准为不小于 2500 MΩ，严重不合格，随即进行了设备更换，消除了安全隐患。

3　常见电流互感器的故障处理

3.1　电流互感器二次开路处理

电流互感器二次开路后二次电流为零，二次电压可达几千伏，对二次回路及其仪表、人身威胁巨大，达到一定时间可造成互感器热爆炸，严重时可造成火灾和人身事故发生。

3.1.1　异常现象

3.1.1.1　电流回路显示异常，一般降低或显示为零，显示电流时有时无或指针式电流表偏转幅度大，说明接触不良，总电流与各支路电流之和相差较大。

3.1.1.2　电流互感器本体有异常声响，不均匀，有发热、冒烟等现象，馈线无负荷或负荷较小时此现象不明显。

3.1.1.3　开路的二次端子有打火声音、烧伤现象。

3.1.1.4　继电保护发生越级跳闸。

3.1.2　故障处理

检查电流互感器二次回路时要注意安全，必须办理准许作业手续，要一人操作一人监护，认真核对图纸，并时刻与带电部分保持足够的安全距离。

3.1.2.1　发现电流互感器二次回路开路时要立即将故障现象报告供电调度。

3.1.2.2　根据故障现象判断是否会引起保护误动作，必要时进行系统投切或对相应故障设备停电及撤除相关保护(例如变压器差动保护)。

3.1.2.3　处理困难时尽量减小一次负荷，或增设旁路措施，进行负荷转移或将设备停运。

3.1.2.4　采取可行措施在电流互感器回路二次试验端子上用良好的短接线进行短接，然后进行开路点检查，短路时有打火现象，说明开路点在此短路点在下一级，若无打火现象则说明开路点在短路点上一级，逐步进行短接，缩小故障范围直至找到断开点，进行故障处置。

3.2　电流互感器二次绕组烧毁处理

3.2.1　异常现象

3.2.1.1　电流互感器本体有异常响音，有烧焦、冒烟等现象。

3.2.1.2　室外电流互感器在雷雨或冬季时可发现本体有热气蒸发现象。

3.2.1.3　查看后台监视系统，馈线开路的电流互感器电流值为0 A，且无变化曲线现象。

3.2.2　故障处理

3.2.2.1　当发现电流互感器本体有异常响音，有烧焦、冒烟、蒸汽等现象立即汇报上级部门。

3.2.2.2　电流互感器长期大电流运行，会使本体温度升高，随着运行时间的增长绝缘逐步老化，所以管理部门应建立健全电流互感器本体的巡视制度、测温制度，发现异常及时上报处理。

3.2.2.3　当馈线有负荷，但电流互感器二次无电流值或电流变化，应及时联系检修部门处理。

3.2.2.4　检查电流互感器负荷情况，若负荷超过额定值时应设法减小负荷或更换大容量的电流互感器。

3.3　电流互感器一次绕组烧损或绝缘下降处理

3.3.1　异常现象

3.3.1.1　一次绕组烧损一般伴有(越级)跳闸事件发生。

3.3.1.2　二次测量、保护回路电流变换较快，且不稳定。

3.3.2　故障处理

3.3.2.1　定期对电流互感器进行预防性试验。

3.3.2.2　试验数据不合格或已经发现放电时立即进行更换。

4　电流互感器故障预防措施

4.1　选用有良好信誉厂家生产的电流互感器

信誉较好的厂家生产的电流互感器相对工艺规范，试验监测项目较为齐全。对发生多次同一型号本身质量引起故障的电流互感器厂家及设备应进行更换。

4.2 按规定做好预防性试验

严格按照《牵引变电所运行检修规程》进行检修和试验，对不达标的数据要进行综合分析，必要时进行更换，避免事故的发生。

4.3 定期对电流互感器二次回路进行检查和绝缘测量，发现问题立即处理

4.4 建立电流互感器测温制度

一是利用红外线测温仪定期测量，二是在电流互感器本体粘贴测温片(见图5)，发现本体温度异常及时上报处理。

图5 电流互感器本体粘贴测温片

4.5 精检细修，严格按要求进行对电流互感器进行检修

对电流互感器二次回路进行紧固(见图6)，拆除和恢复试验连片时必须两人进行，并在投运后查看电流曲线，确保回路正常。

图6 电流互感器本体二次紧固

4.6 日常做好负荷监测

现场值守人员巡视时要对负荷变化异常的对测量和保护回路电流进行对比，当发现与明显差别时，及

时进行处理(见图7)。

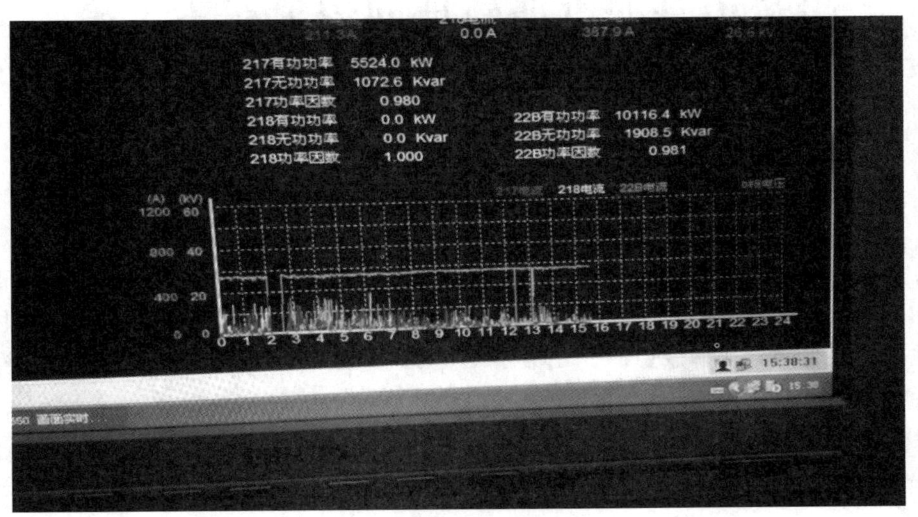

图7　负荷曲线查看

4.7　发现异常立即停运

对于达到《牵引变电所运行检修规程》规定的电流互感器立即停止运行条件时要立即停运，避免事故扩大，并立即查明原因，必要时进行更换。

4.8　日常巡视注意外部环境影响

当发现天气或异物可能引起电流互感器故障时及时采取专项处理措施。

5　结束语

电流互感器故障一般分为本体故障和二次回路故障，本体故障如果把好技术规格关，选用信誉较好的厂家生产的电流互感器一般能避免故障的发生；二次回路部分电气连接接点较多，且日常缺陷不易被发现，只有建立良好的巡检制度，加强该回路检查，不断总结经验，才能有效避免电流互感器故障的发生。

总之，提高电流互感器的运行质量，一直是铁路供电运营维护人员的追求，只有通过不断总结，采取高质量的技术规格、验收把关及有效检修控制措施，才能不断地促进牵引供电设备的安全、稳定、高效的运行，保障供电畅通。

作者简介

马雄江，中铁电气化铁路运营管理有限公司上海维管处徐州维管段生产技术科，副科长，工程师

房高基，中铁电气化铁路运营管理有限公司上海维管处徐州维管段生产技术科，科技工程师，助理工程师

苗丽霞，中铁电气化铁路运营管理有限公司上海维管处徐州维管段生产技术科，助理安技员，工程师

浅析山丹变电所轨地回流显示不正确故障处理暴露出的问题

杨海旭

摘　要：武嘉线开通以来由于设备老化以及历经几次改造造成轨地回流二次接线线号较为混乱，且因为轨地回流故障较为少见，故职工处理一些典型的轨地回流问题时缺乏经验，本文选取了武嘉线山丹变电所一起典型的轨地回流问题，通过对故障的出现及分析解决过程进行介绍，给读者提供了一个极具参考价值的轨地回流方面故障分析处理思路。

0　引言

2016 年 7 月 14 日张掖检修车间变配电检修组对山丹变电所轨回流流互进行了更换，运行一段时间后变电所装置及后台机轨地回流显示不正确。2016 年 12 月 7 日变配电检修组派出作业人员对山丹变电所轨地回流显示不正确进行处理，将集中接地箱内流互二次全部短封并在保护测控盘后加小电流装置及后台机显示正确，原因未找出。后又联系厂家进行处理，仍未找出故障点所在。2017 年 3 月 7 日，张掖检修车间主任仲应龙，变配电检修组郭谨堂、杨海旭赴山丹变电所对所内后台机及装置轨地回流显示不正确进行处理。

1　故障处理情况

1.1　现场检查及试验

到达所内后，作业组先将仪器接线工作准备好然后对集中接地箱内流互二次侧接线进行了查找明确并进行了记录，其中流互变比均为 1500/5，流互二次侧接线见图 1。

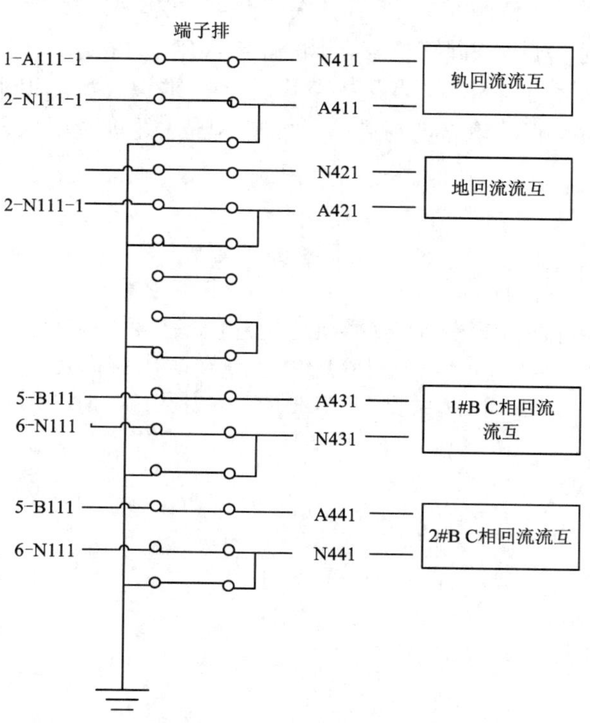

图 1　集中接地箱流互二次接线

通过检查接线连接均良好，检查测控装置后端子排接线，其接线见图2。

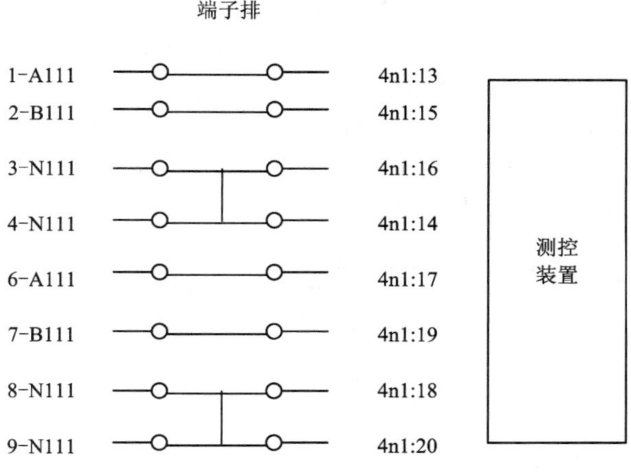

图2　测控装置二次接线

由于测控盘后端子排线号与集中接地箱内流互二次接线线号不一致，作业组通过在流互加大电流后根据后台机与测控装置实际显示数据推断故障点所在。

在轨回流流互、地回流流互、1#B C相流互、2#B C相流互分别加300 A和600 A的电流，实测数据见表1：

表1　一次加流数据

加流位置		轨回流流互		地回流流互		1#B C相回流流互		2#B C相回流流互	
电流大小/A		300	600	300	600	300	600	300	600
装置及后台机显示数据	轨回流	149	303	0	0	151	287	0	0
	地回流	0	0	297	603	0	0	0	0
	1#B C相回流	0	0	0	0	306	595	0	0
	2#B C相回流	0	0	0	0	0	0	301	600

在轨回流流互加大电流300 A，用卡流表在轨回流二次接线上测量后得到数据见表2：

表2　轨回流流互二次侧电流数据

线号	测得电流/A
1－A111－1	1
2－N111－1	0.5
A411	1
N411	1

1.2　试验数据分析

根据第一次与第三次加流的数据分析得出故障应该出在轨回流流互二次回路和1#B C相回流流互二次回路上，经过分析作业组提出如下故障接线方式：

第一次加流问题数据推出接线见图3。

第三次加流问题数据推出接线见图4。

经过讨论作业组成员讨论得出最终故障原因接线很可能为轨回流二次回路发生正相接地引起，故障接线方式见图5。

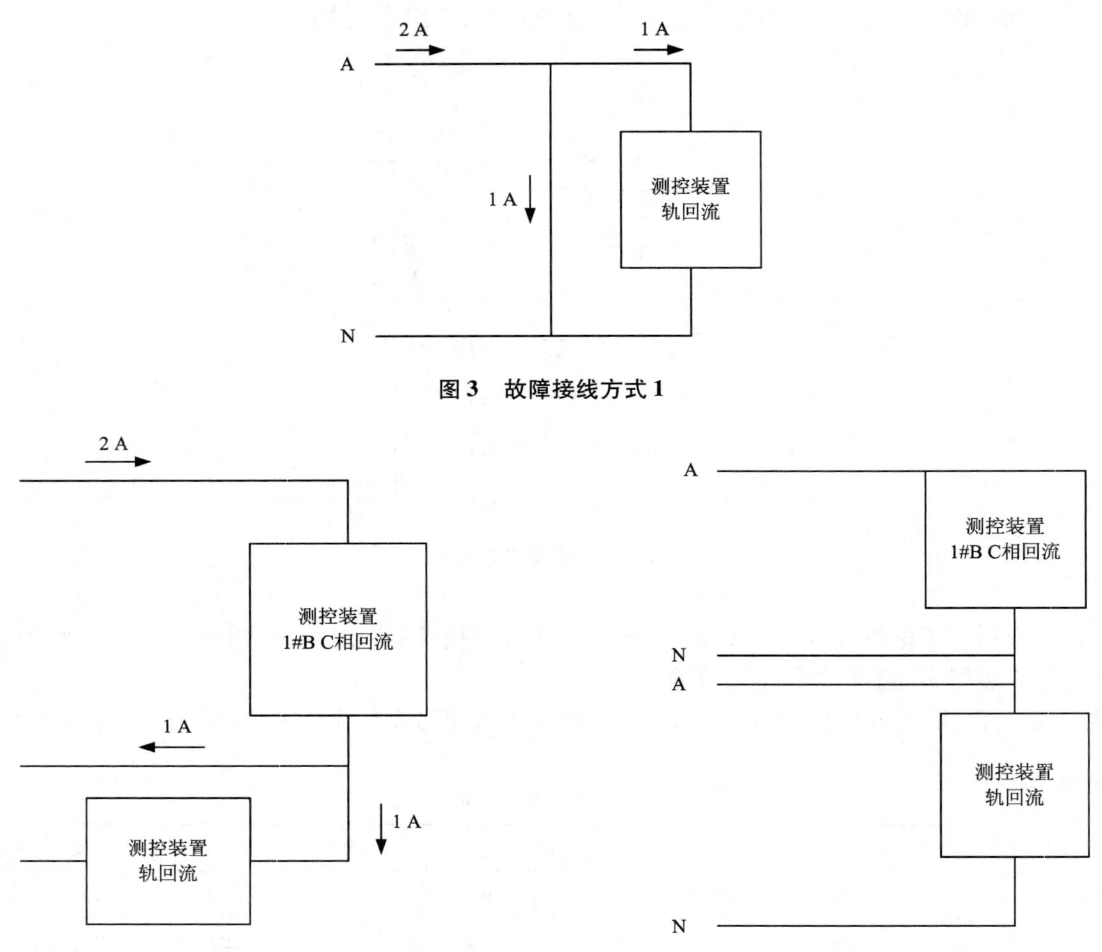

图 3　故障接线方式 1

图 4　故障接线方式 2

图 5　理论故障接线方式

1.3　故障处理情况

推断出故障点所在后，作业组将流互二次侧短封后甩开流互二次接线进行校线，校线之后得出轨回流流互二次回路与 1#B C 相回流流互二次回路集中接地箱内接线与测控装置后端子排上接线对应关系见图 6。

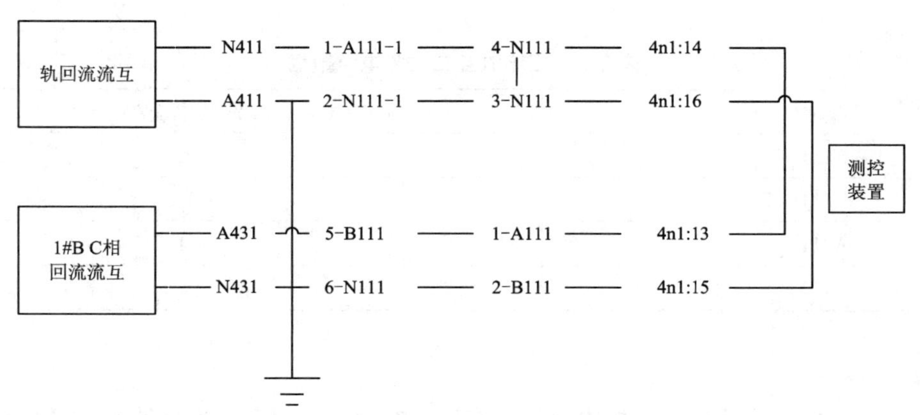

图 6　实际接线

注：4n1:13、4n1:14 为测控装置 1#B C 相回流的开入回路；4n1:15、4n1:16 为测控装置轨回流的开入回路。

当给 1#B C 相回流流互二次回路加流时，电流路径见图 7。

由图可知此时测控装置显示 1#B C 相电流为 2 A，轨回流为 1 A，与实际数据吻合。

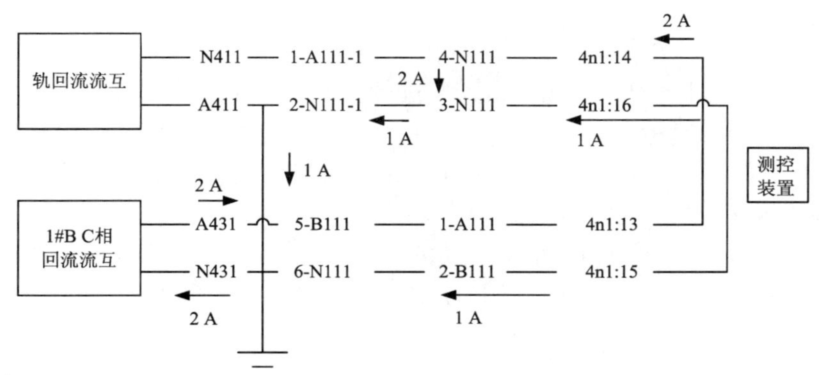

图 7　1#B C 相回流流互二次电流路径

当给轨回流流互二次回路加流时，电流路径见图 8。

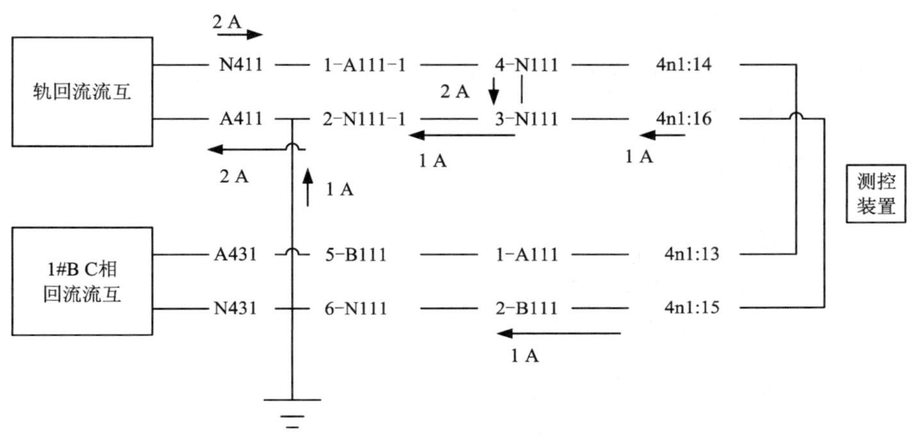

图 8　轨回流流互二次电流路径

由图 8 可知此时测控装置显示 1#B C 相电流为 0 A，轨回流为 1 A，与实际数据吻合。

将测控装置后端子排接线进行调整后回路接线见图 9。

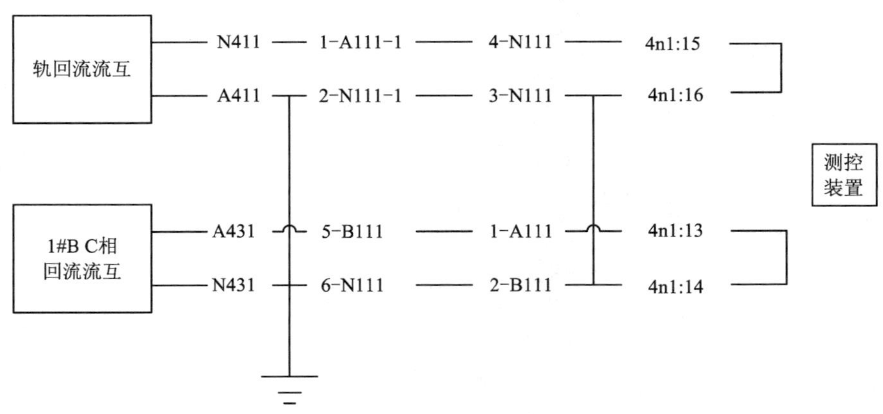

图 9　调整后接线

调整接线后在集中接地箱内对应流互二次回路加小电流，测控装置及后台机轨回流和 1#B C 相回流显示正常，至此，山丹变电所装置及后台机轨地回流显示不正确处理完毕。

2 暴露出的问题

(1)该故障主要由之前对山丹变电所轨回流流互进行更换时作业人员接线错误引起的，暴露出作业人员接线时马虎大意没有进行认真检查。

(2)该故障前后共处理三次，说明班组职工业务技能有待提高，作业人员处理故障主要依靠经验主义，对未曾见过的故障束手无策，业务技能不扎实。

(3)在前两次检修作业中，作业人员对故障的判断方法主要是凭借经验猜想故障点，而山丹变电所轨地回流二次接线混乱，增加了故障排查难度，同时反映出检修人员一个普遍存在问题—“经验主义严重”。

3 结束语

此次故障处理中作业组从故障数据下手，模拟出故障接线及故障点所在，然后再次通过加流验证，极大地减少了故障查找所需的时间，为今后检修作业的故障查找提供了很好的借鉴。

作者简介

杨海旭，中国铁路兰州局集团有限公司嘉峪关供电段肃北供电车间黑石沟变电所，工长

第二篇

电　力

铁路变电站智能化解决方案探讨

马晨鹏

摘　要：随着智能铁路技术体系的初步构建，铁路电力供配电系统的智能化应用也越来越受到重视，其中变电站作为供配电系统的关键节点，智能应用在电力系统中已逐步展开，但铁路领域目前尚处于起步阶段，为推动相关技术进步，需要对变电站智能化在铁路的应用进行探讨。

0　引言

近年来，随着铁路建设大规模推进，尤其是高速铁路、城际铁路等高标准铁路的建设，铁路技术装备水平也得到不断提高。作为保障铁路运输安全、可靠运行组成部分之一的铁路电力供配电系统，其设备自动化手段日新月异，在电力供配电系统的骨干节点——变电站中一般均设置了综合自动化系统、电力远动系统、视频监控系统、火灾自动报警系统等，可实现遥控、遥测、遥信、遥调、遥视“五遥功能”，实时对重要回路进行远方监控，实现了无人值班、无人值守及电力设施的故障定位、故障隔离等基本功能，为供配电系统的自动化运行提供了有效的支撑，同时也提升了变电站的运维水平。

由于信息标准不统一、信息化实现技术不同等原因，铁路变电站内自动化系统存在采集信息标准不一、通信规约繁琐、部分监控设备重复配置、系统设备间互操作性差等问题，进而造成全站信息化管理、在线决策等高级应用难以展开，在技术快速发展的环境下，已难以满足现场需要。

IEC61850《变电站网络与通信协议》发布后，我国也颁布了智能变电站技术导则（GB/T 30155—2013），对智能变电站技术发展、智能设备与系统的研制做出了引导，可为今后铁路电力变电站智能化建设提供借鉴。

1　变电站智能化的概念及特点

智能变电站是指采用可靠、经济、集成、节能、环保的设备和设计，以全站信息数字化、通信平台网络化、信息共享标准化、系统功能集成化、结构设计紧凑化、高压设备智能化和运行状态可视化等为基本要求，能够支持实时在线分析和控制决策，进而提高整个电网运行可靠性及经济性的变电站。变电站智能化的核心是信息一体化平台，同时通过拓展高级应用技术，具备智能监测、智能决策、智能运维等功能，其主要特点如下：

1.1　二次设备智能化

采用具有测量数字化、控制网络化、功能一体化及信息互动化的智能高压设备及电子互感器，用数字信号及光纤代替传统模拟信号和电缆，使现场的采集数据、设备信息可在全站范围内共享。

1.2　信息共享标准化的一体化信息平台

常规的变电站中各类监控系统信息建模方式和数据采集方式均不同。系统间信息交换需要在两个产品之间进行外部协议的转换和信息模型转换。而智能变电站在站控层构建一个集稳态、动态信息为一体的、遵循 IEC61850 标准的一体化信息平台，可对包括一二次设备状态监测数据、辅助系统数据、测控及保护数据等进行一体化传输处理，在站控层、间隔层设备间实现通信协议标准化，取消协议转换设备，实现“应用无缝集成、信息高度共享、功能灵活配置”的目标。

1.3　设备状态可视化

目前铁路设备检修正由传统的周期检修方式向状态检修方式转变，设备状态实时在线可视化正是实现状态检修的基础。通过对变电站的一、二次设备进行可视化状态监测，设备的运行历史、检修及试验状态和日常监测数据对其状态趋势加以预测、诊断，预估运行寿命，给出建议检修的项目和时机，对于改变传统上的设备运行、维护和检修方式，可大幅减少因设备自身缺陷引起的系统故障。

1.4 经济运行与优化控制

通过对站内信息的汇集、处理、判断，实现站内母联分合闸、无功补偿等自动装置的协调工作，适应各类运行运行方式及经济运行的需要。

1.5 辅助系统智能化

将机电设备监控、视频、安防及环境监控等系统一体化、智能化设计，将测量、报警信息接入一体化信息平台，在设备操控、事故处理时实现信息协同。

2 智能化系统构建方案

2.1 系统构建需满足可扩展性、可靠性、开放性、可维护性等原则。

2.2 系统结构参照 GB/T 30155—2013，可分为站控层、间隔层、过程层三层架构，如图 1 所示。

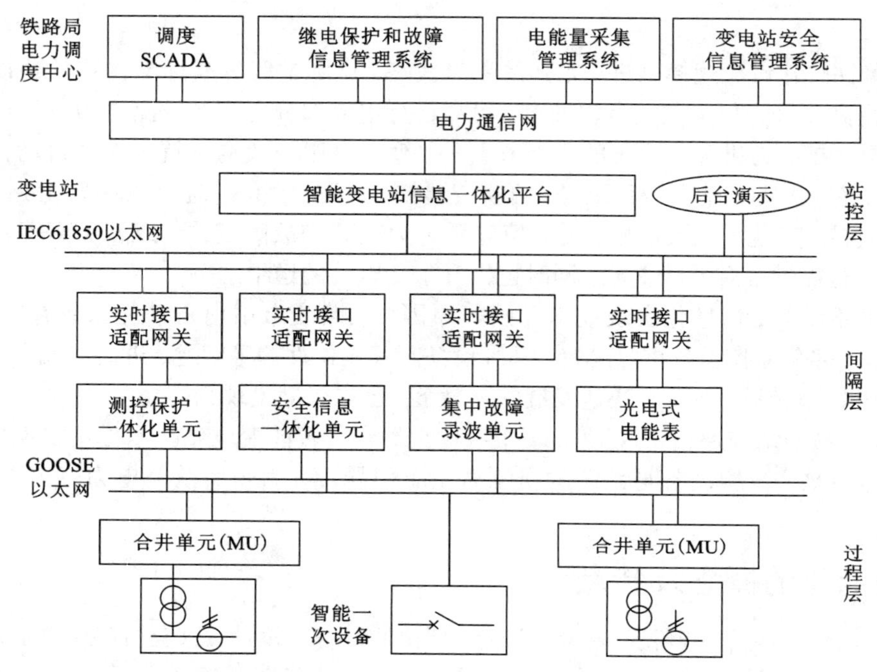

图 1 智能变电站系统结构图

(1)站控层由信息一体化平台、系统监控主机、相关系统功能主站、远动通信装置等组成，作为站内控制中心，负责管理间隔层、过程层设备，并实现与路局电调中心远动通信，可实现自动控制、智能调节、在线分析等功能。

(2)间隔层主要包括测控单元、故障录波单元、信息一体化单元、电度表等，负责过程层数据信息汇总，完成各种保护、自动控制，站内数据的承上启下等功能。

(3)过程层主要包括智能一次设备、电子式互感器、合并单元等设备，其中电子式互感器可采用有源或无源两种，智能一次设备可采用传统一次设备旁设智能终端或一次设备与智能终端集成的方式，如图 2、图 3 所示。

2.3 辅助智能系统

在变电站内设置视频监控、运行环境监控、安防等辅助系统，同时对所用电进行一体化设计、一体化监控，充分实现无人值班、无人值守。

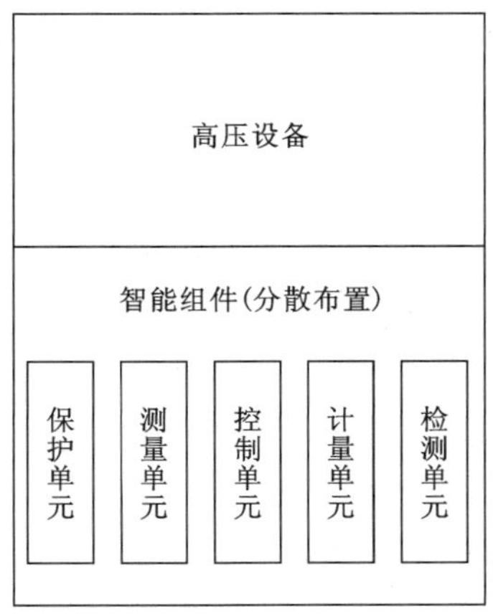

图2　分散方式

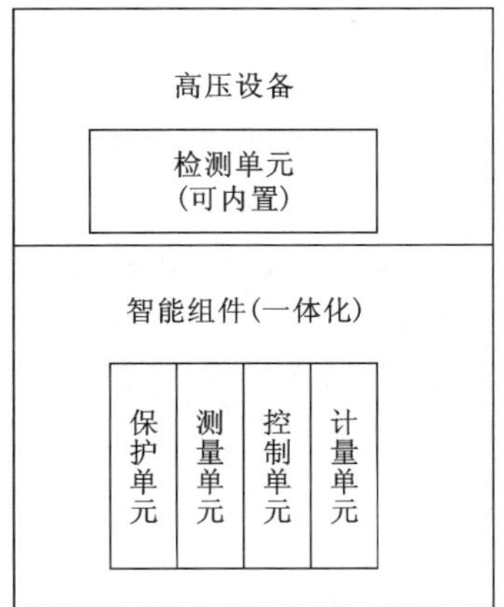

图3　集成方式

3　智能变电站与传统变电站对比的优势(如表1所示)

表1　优势对比

序号	项目	传统变电站	智能变电站
1	一次设备	常规断路器+分散监控	集测控保护于一体，实现智能控制
2	互感器	常规互感器，导线传输，二次接线繁琐，精度受磁饱和影响	数字化采样及传输，二次电缆及接线大大减少
3	数据一体化平台	无	实现变电站各类信息、数据的全景采集，为相关高级应用提供数据基础
4	设备可视化	无	将设备的监测状态与设备本体相结合进行可视化显示，为判断设备状态、寿命等提供依据
5	信息处理	各系统之间数据存在接口，模型不一致，无法实现信息流的融合	信息模型一致，可实现不同系统间、不同设备间互操作
6	智能巡检	人工巡检或通过定点视频监控	采用机器人等方式对设备状态进行全方位监控

4　智能变电站在铁路领域应用分析

我国铁路营业里程超过13.9万公里，其中高铁里程已达到3.5万公里，初步构建了智能建造、智能装备、智能运营的技术框架。智能变电站通过信息一体化平台等新技术的应用，极大促进变电站信息的融合和利用效率，具有传统变电站无可比拟的优势，可将铁路电力供电系统中的站场变配电所、区间变电站、站房变电所等供电节点真正实现数据化、智能化的网络管理，对提高铁路电力供配电系统的管理水平和运行效率、降低劳动强度、减少故障率、节能降耗等都有深远的意义，有必要根据实际进行研究、推广。

基于各条线路建设标准、既有设备自动化水平参差不齐的现状，智能变电站在铁路系统应用可分为两种类型，第一是工程建设阶段即考虑智能化建设或预留相应智能化条件，第二是在技术经济对比可行的情况下对既有变电站进行智能改造，即对断路器增设智能单元，对互感器配置合并单元，对各自动化系统进行升级改造满足IEC61850标准，满足智能化的一般要求。

5　结束语

当前国家在智能变电站领域，已颁布的规范大多还是指导性和原则性标准，尚未出台有明确量化指标和系统细节的技术规范，同时智能变电站中传统的物理链路被逻辑链路所取代，也给运营维护带来了新的课题，因此，智能变电站在铁路系统的推广应用也不是一蹴而就的，仍需借鉴电力系统的一些试点工程开展情况，不断摸索前进。

参考文献

[1] 智能变电站技术导则(GB/T 30155—2013)[S]. 北京：国家电网，2013(12).
[2] 邵建军. 智能变电站高级应用系统发展趋势浅析[J]. 科技信息，2012，(25)：375 – 376.
[3] 王强，贺洲强. 智能变电站运行维护管理探讨[J]. 电力安全技术，2012，(5).

作者简介

马晨鹏，京津冀城际铁路投资有限公司，高级工程师

北京至雄安城际铁路箱变接地降阻的探讨

西　穷　赵云翾　吕小征　门智堃　于　洋　郭学会　孟若曦　聂　辉

摘　要：通过北京至雄安新区城际铁路工程实例，介绍利用复合高导接地装置对箱变地网进行降阻处理，合理、有效、经济地解决地网降阻这一问题，保障电气设备的安全可靠运行，将具有十分重要的理论意义和工程价值。

0　引言

京雄城际铁路所处地形较复杂，地上覆地层均为粉土、角砾、碎石，土壤电阻率较高，经实际测量及理论计算，该线路土壤电阻率约为 100～2000 Ω·m。由于铁路箱变运行的可靠性要求较高，电阻值要求在 4.0 Ω 以下。该工程建设时间紧、难度大，必须在前期完成接地施工并达到设计要求。而箱变设置地点土壤电阻率较高，采用传统的施工方法，接地电阻达不到设计要求。经各种方案比选和论证，选用 SRFG－J630 型复合高导接地装置对接地网进行降阻处理，并总结形成此工法。

1　工法特点

施工工序衔接紧密，分工详细，各负其责，互相协作，既能确保工程质量，又能提高工作效率。

地网焊接采用通过放热熔焊接法，操作简单，焊接牢固，质量可靠，导电性好。

复合接地装置为新型材料，具有相当低的电阻率，在高电阻率地质条件下，可方便快捷有效地降低接地网的接地电阻，使其达到设计指标要求。

复合接地装置安装施工，工序简单，节省人力，降低施工成本，而且能更大地提高接地网的泄流作用，保证设备和人身安全。

利用此工法施工完成的接地网，阻值能保持长期稳定。

2　适用范围

可用于山区砂石地貌接地降阻，可以不受地理条件限制，特别适合地网深层为岩石的山区和丘陵地区等高电阻率地质的接地网施工。

3　工艺原理

3.1　复合高导接地装置

复合高导接地装置，由非金属导电粉末，高分子聚合物，超细纤维粘合剂等材料组合构成。具有相当低电阻率(电阻率 $\rho \leqslant 0.1$ Ω·m)。它的导电特性不受干湿度、高低温等季节变化的影响，可耐大工频破坏电流的冲击，阻值能保持长期稳定，也无变硬、发脆、断裂现象。

3.2　水平接地体

水平接地体采用截面 -40×4 镀锌扁钢，敷设后形成一个闭合的矩形方阵，垂直接地体采用 $\Phi 150 \times 400$ mm 复合高导接地装置，垂直接地体的敷设和排列位置，严格按照施工图纸标注的位置进行敷设施工。水平接地体、垂直接地体的每一个交叉点通过放热熔焊接法的方式进行焊接，完成接地网施工。接地网的连接方式主要有：镀锌扁钢与镀锌扁钢的“－”接、“＋”接、水平“T”接；镀锌扁钢与复合高导接地装置的垂直“T”接。

根据接地网的接地电阻要求，计算所需复合高导接地装置的数量，并围绕箱变四周进行敷设，同时与箱变基础网引出的扁钢相连。

4 工艺流程及操作要点

4.1 工艺流程

开挖沟槽→敷设(水平)镀锌扁钢→安装(垂直)复合高导接地装置→垂直接地装置与水平扁钢放热焊接→接地引线与箱变基础网引出的扁钢相连→电阻测试。

4.2 操作要点

4.2.1 施工准备

按照施工组织设计要求,配齐工程所需的所有施工机具、设备、仪表和材料等;对上场的施工机具要进行试运转,保持最佳状态,校准仪表,确保测量准确。

向参与施工的工作人员介绍施工方案,组织技术交底,明确作业岗位和职责任务。对施工人员进行安全培训。

根据施工图做好镀锌扁钢、复合高导接地装置等材料的计划,并报物资管理部按计划采购。材料进场必须具备相应的检测合格资料,并报监理认可。

做好施工人员安排计划,配置劳动力。与土建专业做好沟通,尽量减少交叉作业,合理安排作业面,保证施工进度。

4.2.2 接地网测量定位、放线

按照设计图纸,用经纬仪对接地网分布区域进行测量。并每 3 m 至 5 m 设置一根定位控制桩,便于挖沟放线,按测量的接地网路径画白灰线。在水平接地轴线边,每 5 m 设置一水平控制桩,用水准仪测出设计地面标高作为沟槽开挖深度的控制依据。

利用钢卷尺确定地网敷设的位置和路径,接地装置敷设的接地网相对箱变基础距离不应小于 3 m,与道路或建筑物入口的距离应大于 5 m。

4.2.3 接地网敷设路径的开挖

根据土建现场地坪的标高(±0.00)进行开挖,开挖的沟槽深度为 1.2 m,底部宽 0.4 m。与电缆沟或消防通道交叉的地方加深开挖深度,保证地网从其下方通过。

沟槽开挖后应人工进行场地整平,除去沟槽底部大粒径碎石,进行模板支护,采用 400 m×1500 m 的钢模版支护成 400 m×400 m 的接地沟槽。

根据测量的路径及标有的指示物进行开挖。

4.2.4 接地网水平接地体敷设

水平接地体采用截规格为 -40×4 镀锌扁钢。

按照设计图纸、开挖径路的实际情况,预算每一根水平接地体长度,用切割机对水平接地体进行切割。敷设时,镀锌扁钢在沟里有自然弯曲,预算长度时,在敷设路径长度基础上,增加 20% 富余量。为保证焊接工序顺利进行,预算长度增加 10 公分的预留。

按照开挖好的路径进行敷设。敷设镀锌扁钢时应平直,无明显弯曲;地沟底面应平整,不应有石块或其他影响接地体与土壤紧密接触的杂物;倾斜地形沿地形等高线敷设;采用人工敷设,至少保证 3 m 1 人的人员配备方案,防止镀锌扁钢断裂或打折;水平接地体顶面埋设深度不应小于 0.6 m。因为一般在地表下 0.15~0.5 m 处是处于土壤干湿交替的区域,接地导体易受腐蚀。

4.2.5 地网垂直接地体敷设

采用截面积 ϕ150 mm×400 mm 的复合高导接地装置,作为垂直接地体。

根据设计图纸结合开挖路径具体情况,确定每个垂直接地体的敷设位置。为提高接地装置的利用率,减小屏蔽作用对散流的影响,垂直接地装置的间距应不小于 5 m。接地装置需从沟底垂直埋入土中,外露 20 cm 以便和镀锌扁钢焊接。敷设需使用铁锤进行轻微敲打,敲打时注意控制力度,避免将接地装置打弯,以免损坏其内部结构,而造成接地装置预埋深度不达标。

4.2.6 地网进行放热熔焊接

水平接地体和垂直接地体敷设完成后,采用放热熔焊接法的方式对每一个预留焊接点进行焊接。

4.2.7 接地网回填覆盖

接地体敷设焊接完成之后，由质检人员沿沟巡查，核查沟内线缆敷设符合设计要求和施工规范后，方可回填土，每回填30 cm 土夯实一次，使回填密实度达到原土的80%以上，做到当天敷设、当天焊接、当天回填。

4.2.8　接地网的稳定电阻测量

利用 ZC－8 型接地电阻测试仪对箱变主接地网接地电阻进行测量。

4.2.9　估算需要接地装置的数量

（1）大地自然电阻率测试：

采用 ETCR3000B 土壤电阻率测试仪器对箱变区域土壤自然电阻率 ρ 进行测量，测量公式如下：

$$\rho = R\frac{S}{L}$$

式中：ρ 为自然电阻率；S 为箱变面积；L 为接地探针间距；R 为测得的电阻值。

（2）设计采用了垂直接地体与水平接地体组成的综合二维接地网，垂直接地体采用 $L=400$ mm 的复合高导接地装置，垂直接地体位于水平接地体的网格焦点上。

垂直接地极，工频接地电阻为：

$$R_n = \frac{\rho}{2\pi nl}\left(\ln\frac{8l}{d} - 1\right)$$

式中：ρ 为土壤电阻率，$\Omega \cdot$ m；l 为接地极长度，m；d 为接地极的直径或等效直径，m；n 为垂直接地体个数。

水平接地体的工频接地电阻为：

$$R_{\mathrm{P}} = \frac{\rho}{2\pi L}\left(\ln\frac{L^2}{hd} + A\right)$$

式中：L 水平接地体的总长，m；h 水平接地体的埋设深度，m；d 为水平接地体的直径或等效直径，m；A 水平接地体的形状系数，本项目采用"＋"接，$A=0.89$。

水平接地极连接的 n 根垂直接地体组成的接地装置，其冲击接地电阻计算如下：

$$R_i = \frac{R_n R_{\mathrm{P}}}{R_n + R_{\mathrm{P}}}\frac{1}{\varphi_i}$$

式中：n 垂直接地极的数量，个；φ_i 为各接地极间相互影响的冲击利用系数，$\varphi_i=0.7$。

（3）由以上推理可得，主接地网的电阻与水平接地极的长度成正比，与各接地极间相互影响的冲击利用系数 φ_i 成反比关系，所以假设需要敷设复合高导接地装置的长度为 L'，敷设复合高导接地装置后的电阻为 R'；需要敷设镀锌扁钢的长度为 L，敷设复合高导接地装置前主接地网接地电阻为 R_i。

由上可得：$L' = \dfrac{\varphi_i(R'_i - R')L}{R_i}$

4.2.10　接地装置敷设路径路径定测、开挖

（1）确定敷设方案

根据计算复合高导接地装置数量，结合现场地形地貌情况，估算出需要开挖的沟槽的长度，制定敷设方案。

（2）路径开挖：

根据方案开挖，开挖沟槽的深度不得小于1.2 m，宽度不得小于0.4 m。

4.2.11　接地装置的敷设、搭接

复合高导接地装置的敷设（见图1）：每隔5 m 敷设焊接复合接地装置，搭接位置专门制作 L 弧形连接件进行连接，增大其横截面积，达到更好的泄流作用。

镀锌扁钢的敷设：按照制定方案进行敷设，水平接地网的镀锌扁钢应横平竖直。

扁钢和复合高导接地装置的连接：接地装置连接扁钢采用搭接，搭接长度不应小于280 mm（即：宽度的2倍，至少三面施焊）。搭接处用制作 L 弧形连接件进行连接，保证可靠接触，保证导电性。

4.2.12　接地装置的回填、再次测量

接地装置入沟后，由质检人员沿沟巡查，核查沟内线缆敷设符合设计要求和施工规范后，方可回填细

图 1　复合高导接地装置安装图

土，每回填 30 cm 土夯实一次，使回填密实度达到原土的 80% 以上，做到当天敷设、当天回填。完成后再用 4.2.8 的测量方法对降阻处理后的接地网进行测量。

5　质量控制

5.1　质量控制措施

由项目经理、技术员、质检工程师、监理工程师、物资员和生产骨干组成质量管理领导小组。

对主要工程施工人员进行专业培训，提高技能，合格后方可上岗。

5.2　质量检验

材料敷设前由试验室负责检验，材料进货检验和试验由公司物资设备部负责，安质室定期对工程物资进行抽检，发现不合格材料，及时制止使用，查明原因后做好相应处理。

严格按照设计文件及施工技术标准进行施工，任何人不得随意更改设计文件。队技术人员根据设计院提供的图纸，制定相应的施工技术交底，直至工班，并监督该技术标准的落实情况。

严格执行工程三检制度。确保每道工序质量检验合格。

5.3　关键工序质量控制要求

复合高导接地装置敷设的间距应不小于 5 m。

复合接地体装置敷设沟槽的开挖深度不得小于 1.2 m，宽度不得小于 0.4 m。

复合接地装置与连接扁钢采用搭接，搭接长度不应小于 280 mm(即：宽度的 2 倍，至少三面施焊)。

6　工程实例

在京雄项目中，复合高导接地装置在箱变接地的降阻处理中，发挥了至关重要的作用，取得了可观的效果，具体的处理效果如表 1 所示。

表 1　地网降阻处理前后对照表

序号	地质	设计要求接地网阻值/Ω	处理前接地网阻值/Ω	处理后接地网阻值/Ω	效果
1	岩石	≤4.0	120.5	0.9	达到设计要求
2	岩石	≤4.0	78.9	0.8	达到设计要求
3	风化岩	≤4.0	143.9	1.2	达到设计要求
4	风化岩	≤4.0	392.1	1.3	达到设计要求
5	风化岩	≤4.0	611.2	1.7	达到设计要求

7　结束语

本文通过工程实例，对箱变接地降阻方案的探讨提供给大家，希望通过本文能给设计和施工人员提供一些帮助，起到一些抛砖引玉的作用，从而能继续向更深层次的领域迈进。目前此新型接地材料降阻效果明显、防腐性能好、电阻长期稳定、使用寿命长，已经在多条电气化铁路中推广使用，运行情况良好。展望绿色雄安新区，同时项目方在施工过程中均要求采用环保型产品，本产品做到了无毒、无害、无污染，满足了环境友好型材料要求，努力做到实现了绿色变电站的目标。

参考文献

[1] 铁路防雷及接地工程技术规范(TB 10180—2016)[S]. 北京：中国铁道出版社，2016.

[2] 交流电气装置的接地设计规范(GB/T 50065—2011)[S].北京：中国计划出版社，2011.

[3] 交流电气装置的接地(DL/T 621—1997)[S].北京：中国电力出版社，2010.

作者简介

西穷，中国铁建电气化局集团有限公司，高级工程师
赵云翾，中铁第五勘察设计院集团有限公司电通处，工程师
吕小征，中国铁路设计集团有限公司电化电信院，高级工程师
门智堃，中国铁路北京局集团有限公司供电部，副科长
于洋，中铁建电气化局集团第三工程有限公司，工程师
郭学会，中铁十二局集团建筑安装工程有限公司，工程师
孟若曦，中铁建工集团有限公司北京分公司，工程师
聂辉，湖北斯瑞电气技术有限公司，经理

关于高速铁路单芯电缆线路接地方式与运行维护

喻胜利

摘　要：分析了全电缆线路优点与不足；阐述了单芯电力电缆感应电压和金属护层的接地方式；介绍了单芯电力维护和安全事项。

我国普速铁路贯通线受经济指标及相关设计规范的要求，一般以架空线路的方式为主，在一些地形困难或建筑物、道路、河流等处所辅以电缆敷设。架空线路本身抗击自然灾害能力较弱，受外部环境影响较大，当遭遇严重自然灾害如冰冻灾害、强对流天气如台风、内陆地区洪水、线路两侧的树木侵限等都可能引起架空贯通线供电中断，严重影响铁路运输，干扰运输秩序。我国在高速铁路建设过程中，吸收和借鉴了国外高速铁路供电系统的经验，在高速铁路电力供电系统中逐渐采用了全电缆供电方式。

1　高速铁路全电缆线路优点与不足之处

1.1　与普速电力架空线路相比较有如下优点：

1.1.1　高铁电力电缆绝大部分敷设在封闭网内的成型电缆槽中，封闭性好，杜绝了外部施工破坏的影响，抗环境干扰能力强，且不受风雨、雷电等自然天气条件的影响，供电可靠性高。

1.1.2　电缆运行供电的可靠性非常高，发生短路、接地故障的概率较低，而且维护的成本大大降低。

1.1.3　电缆敷设在路基、桥梁两侧或铁路征地红线范围内，减少了额外的土地占用。

1.2　全电缆线路不足之处：

1.2.1　电缆线路建设投资较高，是架空线路的 3 ~5 倍；

1.2.2　电缆发生故障后，查找和修复的时间比较长。

1.3　电力电缆的分类

1.3.1　按电压等级可分为超高压、高压、中压和低压电力电缆。铁路供电系统一般使用 3 ~35 kV 范围的中压电缆和低压电力电缆。

1.3.2　按其品种规格可分为三芯和单芯电缆两种

目前高铁电力贯通线路选择单芯电力电缆构成供电线路，虽然单芯电缆的投资比普通三芯电缆大，可其优点也比较突出：

(1)生产厂家单轴制造长度更长，可以减少中间接头的数量。高速铁路平均每 2.5 ~3 km 设置一处基站，三芯电缆一轴制造长度 0.4 ~0.6 km，这样需要 5 ~6 个中间接头，而单芯电缆则可以定制出 3 km 的长度，从而减少了中间接头的存在。

(2)单芯电缆较三芯电缆更细、更轻，施工搬运敷设难度小，弯曲半径小，受空间影响小，适用范围广。

根据 TB 10621—2014 高速铁路设计规范要求，以及为减少中间接头，高速铁路电力贯通线路采用了单芯电缆线路模式。

2　单芯电力电缆的感应电压和金属护层的接地方式

单芯电缆从结构上可分为护层、屏蔽层、绝缘层和导体四个部分(如图 1 所示)。导体外面是由绝缘层包覆，起着电气绝缘的作用，保证了人身安全。屏蔽层是由内屏蔽层、绝缘屏蔽层、铜带屏蔽层构成，内屏蔽层其作用是使主绝缘层的厚度基本相等，达到电场均匀分布的目的。铜带屏蔽层具有传导电缆故障短路电流，以及屏蔽电磁场对临近通讯设备的电磁干扰，将导体产生的电磁场与外界隔离。护层是由包带、内护层、金属护层和外护层组成，作用是对电缆绝缘层进行保护，能承受各种机械力、化学品及大气环境腐蚀、防止火灾危害等。

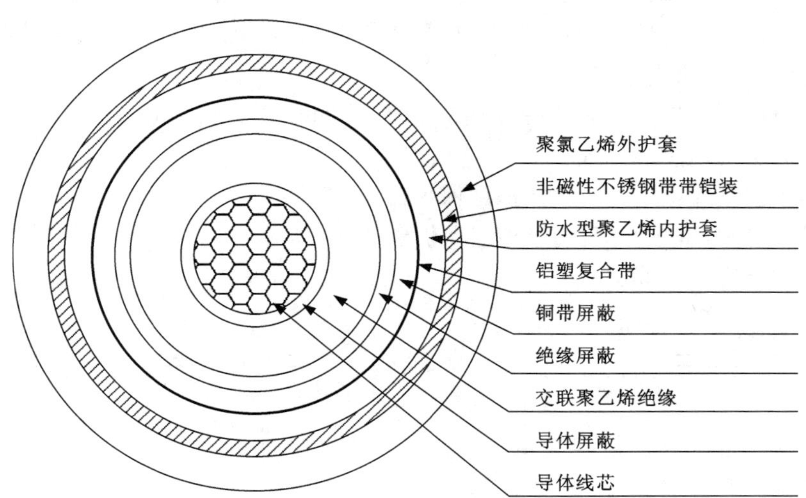

图1　单芯交联聚乙烯电缆横截面

三芯电缆的金属护层采用两端直接接地，由于三芯电缆芯线呈“三角形”对称排列，三相电流对称平衡，金属护层不会产生感应电流。单芯电缆的金属护层虽也必须接地，但只能一端接地，这是因为其芯线与金属护套近似于一台变压器的初级绕组与次级绕组。当电缆通过交流电流时，其周围产生的磁力线一部分将与金属护套铰链，在护套中产生感应电压(大小与电缆的长度及流过芯线的电流成正比)。此外接触网的运行在单芯电缆金属护层中也产生感应电压，同时还存在操作过电压等情况。

这种感应电压的存在，不但可能危及人身安全，还会产生电磁干扰，所以，采用正确合理的护层接地方式，降低护层中的感应电压是非常必要的。

2.1　单芯电缆金属护层的感应电压

当系统发生工频短路时会有工频电压作用在电缆护层上，采用护层保护器可以解决护层绝缘冲击过电压的问题，在工频电压的作用下，护层保护器会有电流通过，护层保护器不应损坏。

2.1.1　在正常平衡负载条件下，三根单芯电缆如图2所示的方式排列敷设，有研究表明，在三相电缆不同排列方式下，采用“等边三角形”排列时，金属护层上产生的感应电压最低。

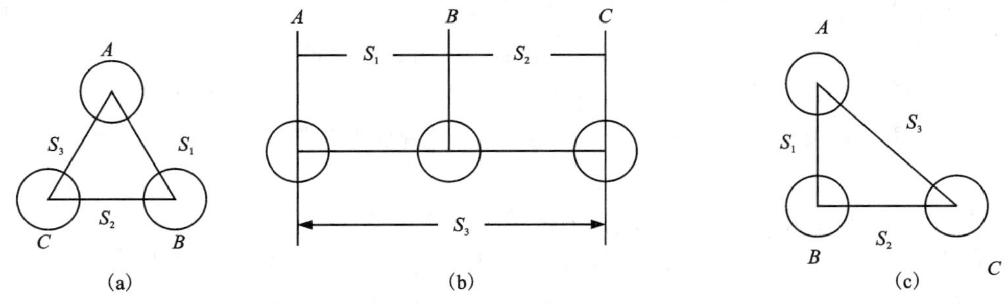

图2　三相电缆排列敷设方式

2.1.2　在发生单相接地时电缆护层中感应电压通过：a. 以大地为回路；b. 以综合贯通地线或金属护层为回路；c. 一部分以大地为回路，另一部分以综合贯通地线或金属护层为回路。研究表明由综合贯通地线可以降低电缆金属护层感应电动势，且综合贯通地线引至电源时要比不引至电源时护层感应电动势可降低。

TB 10621—2014 高速铁路设计规范规定了铁路沿线两侧应分别敷设1条综合贯通地线，其截面积要满足短路故障负荷条件下的牵引电流。

2.2　单芯电缆金属护层接地方式

根据 GB 50217—2007 的要求，在未采取有效防止人员任意解除金属护层的安全措施时，交流单芯电缆线路金属护层的非直接接地端的任意一点的感应电压不应超过 50 V，如果超过此范围时，应利用绝缘接头将电缆划分成适当的单元，降低感应电压。

通常单芯电缆金属护层接地方式有 4 种方式，如图 3 所示。

a. 单芯电缆金属护层两端接地方式；

b. 单芯电缆金属护层一端接地、一端接护层保护器方式；

c. 单芯电缆金属护层中点接地、两端接护层保护器方式；

d. 单芯电缆金属护层交叉互联方式。

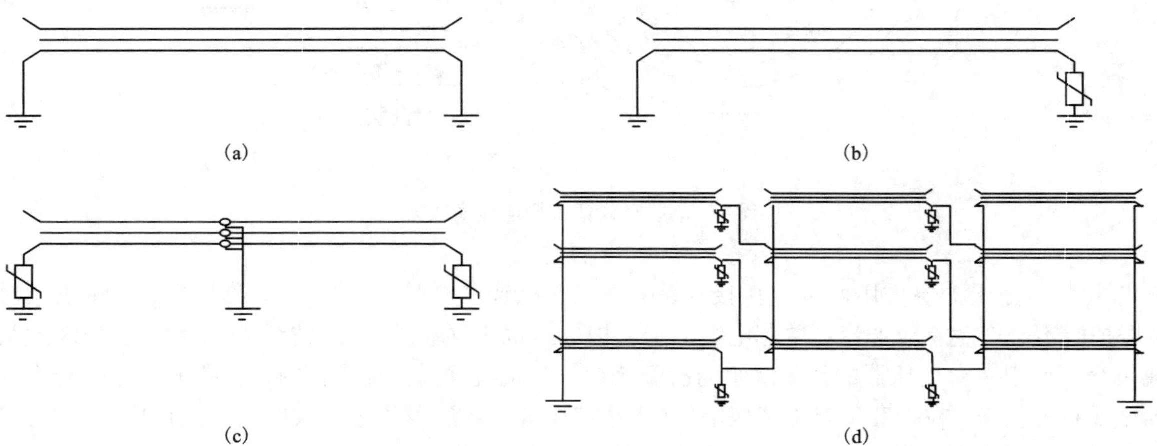

图 3　电缆接地方式

2.2.1　单芯电缆金属护层两端接地方式

单芯电缆金属护层如采用两端接地，护层中的感应电压与大地将形成闭合回路，护层中将产生环行电流。电缆正常运行时，金属护套上的环行电流与芯线的负载电流基本上为同一数量级，这时不仅将在金属护套上形成热能损耗，加速电缆绝缘层的老化，降低了电缆绝缘等级，寿命减少，而且还将使芯线的载流量降低，最大降幅可达 40%。

例如：某铁路贯通线路在 20 世纪 80 年代末开通，其中有一座特大桥长 21 km，当初建设时考虑三芯电缆敷设难度大、中间接头多，便采用了 10 kV 单芯电缆供电，金属护层就比照三芯电缆的接地方式，也采用两端直接接地的方式，在最初的几年，电缆线路基本平稳运行，到了 20 世纪 90 年代中期，电缆开始出现频繁的电缆绝缘击穿故障，以当时的技术手段来分析，只是简单地认为是电缆老化，质量下降，对单芯电缆的性能特点不了解，其实并没有找到故障根本的原因。现在回看当时的故障，就是没有正确选择金属护层接地方式造成的。

2.2.2　单芯电缆金属护层一端接地、另一端接护层保护器方式

金属护层采用一端接地，另一端通过护层保护器接地。该接地方式可以有效地减小及消除环流，提高电缆的传输容量及运行安全。但由于感应电压与电缆长度成正比，当电缆长度达一定数值时，护层上的感应电压有可能超过 50 V，会危及人身安全，可能导致设备事故。同时，还有当系统发生短路，短路电流流过芯线时，金属护层不接地端会出现很高的感应电压，当外护层绝缘不能承受这种过电压的作用而损坏时，将导致出现多点接地，构成环流。因此，一般在电缆非直接接地的一端加装过电压保护器的方式限制金属护层上的过电压。

2.2.3　电缆金属护层中点接地、两端保护接地方式

电缆线路较长时，在电缆线路的中点将电缆金属护层直接接地，电缆两端的金属护层通过保护器接地。此方式电缆不安装中间接头，避免了产生绝缘薄弱环节，有利于提高电缆寿命及载流量，减少运行维

护工作量。

2.2.4　电缆金属护层交叉互联方式

当电缆线路很长，金属护层可采用交叉互联方式安装。将电缆线路分成若干大段，每大段再分成长度相等的三小段，每小段之间装设绝缘接头。在绝缘接头处利用同轴引线和接线盒将前后两小段的护套换相连接，并在绝缘接头处装设一组保护器，每一大段的两端护套分别互联接地。这种方式可以减小金属护层感应电压及环流，提高了载流量。减少了对通信、信号等电子设备的电磁干扰，减少了对人身安全的危害。

3　单芯电缆维护和安全事项

（1）单芯高压电缆同其他电气设备一样，在运行中要定时进行检查，在线路出现接地故障或超负荷运行时，应加强巡视检查。主要内容有：

①负载电流是否过载；

②电缆头有无漏胶，放电痕迹；

③电气接头有无发热；

④电缆外皮有无损伤；

⑤外壳或屏蔽层接地是否良好。

（2）采用在线路一端或中央部位单点直接接地方式，另一端金属护层应经护层电压限制器接地，同时应检查护层限制器引线的绝缘，防止引线接地。

（3）电缆金属护层连续长度不宜大于3 km，且电缆线路的金属护层上任一点的正常感应电压最大值应符合以下规定：

当未采取能有效防止人员任意接触金属护层的安全措施时，不得大于50 V；高铁采用单端接地方式，电缆沟盖板视为防护措施，规程规定在此措施下，电压可以不超过50 V；其他情况，不得大于300 V。

（4）单端接地时，如发生另一点也接地，将是双端或多段接地，会造成电缆外皮长期导流过热导致电缆烧损。因此，单端接地时，也应考虑电缆外皮载流能力。

（5）金属护层截面的选择，应考虑最不利的可能，满足各种运行工况下的导流要求。通常牵引供电系统感应电流大于电缆芯线正常工作时的感应电流，电缆屏蔽层和铠装层截面可由牵引供电系统感应电流决定，并校验在三相短路电流时的动热稳定性。

此外，在施工时，应确保电缆外皮不被划伤、砸伤等外力损伤，如发现应及时进行外皮修复，确保对地绝缘良好。在运行期间还要定期停电检测，在检测其金属外表对地绝缘情况时，应确保金属外皮一点接地，严禁多点接地。

参考文献

[1] 中华人民共和国行业标准. 高速铁路设计规范（TB 10621—2014）[S]. 北京：中国铁道出版社，2014.

[2] 中华人民共和国行业标准. 铁路电力设计规范（TB 10008—2015）[S]. 北京：中国铁道出版社，2016.

[3] 杨林立. 高速铁路电缆贯通线电压发布与补偿研究 [D]. 成都：西南交通大学，2010.

[4] 江日洪. 交联聚乙烯电力电缆线路 [M]. 北京：中国电力出版社，1997.

[5] 马国栋. 电线电缆载流量 [M]. 北京：中国电力出版社，2003.

[6] 杜文学，王战. 35 kV 单芯电力电缆金属屏蔽层截面选择与运行实践 [J]. 电气应用，2006，25（8）：6－7.

[7] 张恩峰，孟凡民，李昆鹏. 35～110 kV 单芯电力电缆金属护层接地方式的探讨[J]. 中国煤炭，2008，34（8）：70－74.

作者简介

喻胜利，中国铁路郑州局集团公司郑州高铁基础设施段，副主任，工程师

10 kV 电力变压器经济运行分析

张占卫

摘　要: 本文针对呼和浩特局集团有限公司包头车辆段客整分时段进行整备的特点，以如何利用好客车整备时间段，降低损耗，提高变压器经济运行效率作为需要攻克的难点和重点进行了可行性分析。实施后，第一，减少了向供电局的报装容量，缩小了电费支出；其次，缩小了用户的电费支出；再次，变压器利用率提高后，提高了国家电网的功率因数，可改善整体电网环境，提高经济效益。

0　引言

变压器作为供电系统中的重要组成部分，在电力资源输送中占着举足轻重的地位。根据前人已完成的研究结果我们知道，变压器在升压或降压过程中必然会产生各种损失。整个系统约 10% 的电能都是由于变压器的损耗丢失了。所以，如何有效的降低变压器损耗，成为了电能生产和使用部门以及变压器生产厂家共同研究的重要课题。

1　目前存在的问题

在查阅多个国内相关变压器经济运行的理论分析和我们日常生产实践证明，由于国家没有针对变压器经济运行状态制定统一的技术标准，而且多数人对变压器经济运行都存在习惯性的错误认识，所以变压器非经济运行在我国各级电网中普遍存在，其主要表现在：

(1)一台变压器能满足的负载，却采用了两台或多台变压器运行，未考虑变压器自损对整个电网电能损失的影响；

(2)采用大容量的变压器，对较小用电负荷进行供电；

(3)一直以变压器容量的利用率来确定变压器“大马拉小车”的问题，其结果不仅不省电，反而浪费；

(4)普遍认为变压器是高效率的设备，不存在经济运行与否，达不到提高经济效益的目的；

(5)认为变压器的利用率越高，变压器的效率就高，损失的电能就会减少。

以上做法和观点不但不能降低变压器损失率节约电力资源，反而会使能耗的损失更大。

2　变压器经济运行在实际当中的应用及分析

2.1　包头车辆段供客车整备现状调查

目前包头车辆段供客车整备 DC600 设备，由包头供电段客整 1#、2#(2000 kVA)箱式变电亭分别提供电源，客整 1#、2#(2000 kVA)箱式变电亭现由包头 35 kV 配电所客整二高压回路供电。

经调查包头车辆段客整 DC600 每天分时段对客车进行整备，每日凌晨 1:00—4:00 左右有六列车陆续进行整备，中午 10:00 到 14:00 有三辆左右列车进行整备，晚上 21:00—24:00 左右陆续有六列列车进行整备，高峰时段在每日晚 23:00—次日凌晨 3:00，全天平均有两个时段近 12 个小时处于空载状态。

针对包头车辆段客整分时段进行整备的特点，如何利用好客车整备时间段，降低损耗，提高变压器经济运行效率；同时对每日上午 5:00—10:00，午后 15:00 到 20:00 没有客车整备，全天平均有两个时段近 12 个小时处于空载状态，将变压器全部退出，如何实现。而当有列车需进行整备时如何投入，是我们课题组需要攻克的难点和重点。而当以上问题全部解决后，是否能保证供电安全是我们课题组要实现的安全目标，是否能提高供电质量是我们课题组要实现的技术目标，能给企业带来多大的经济效益是我们课题组实现的经济目标。经调查统计，客整箱变 1 月有功电量 5.9427 万度；无功电量 4.92 万度；客整箱变 2 月有功电量 11.94 万度；无功电量 10.65 万度根据公式：

客整箱变 1 功率因数 4.92/5.94 = 0.8283 查表得功率因数为 77.33%。

客整箱变 2 功率因数 10.65/11.94 = 0.892 查表得功率因数为 74.7%。

有功和无功功率数据如图 1 所示，从图中我们可以看出，包头车辆段供 DC600 客车整备设备的 2000 kVA 变压器利用率较低，由于变压器空载或欠载导致的功率损耗过大，直接经济损失 102865.00 元/年。

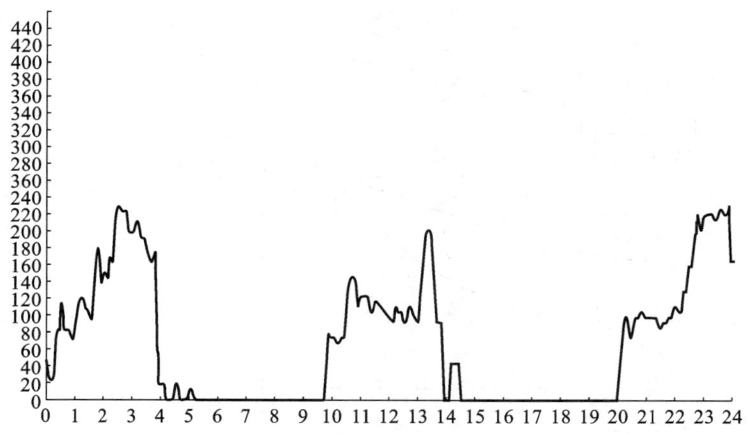

(a) 11月1日DC600客整高压有功功率曲线图功率曲

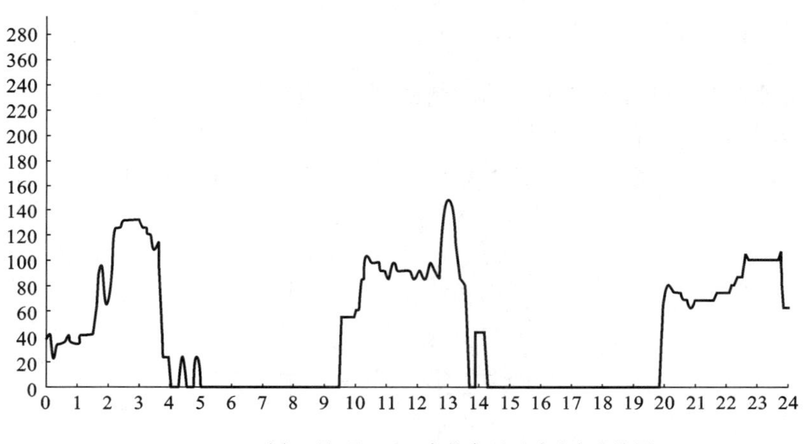

(b) 11月1日DC600客整高压无功功率曲线图

图 1　DC600 客整高压线路有功及无功功率曲线图

2.2　客车段 DC600 整备实际运行状况分析

通过客车段 DC600 整备库设备管理人员介绍，从包头供电段客整箱变 10 kV 变低压交流 380 V 后，同时供给客车段客整库三座箱变，经 1.3 倍升压变压器升至 500 V，再整流为 DC600 V，分别给客车充电整备，每辆客车整备耗能 400 kW，最高不超过 800 kW。下面我们分时段查找以下三种情况时的变压器经济运行临界负荷如图 2 所示。

(1) 在同一时段最高（每辆客车满载 800 kW）同时给三列客车进行整备，可用一台 2000 kVA 变压器运行（即 800 × 3/1.3 = 1846 kW，1846/2000 = 92.3%），当达到两列客车时 800 × 2/1.3 = 1230 kW 接近两台变压器经济运行的临界负荷值 1340 kVA，所以当超过三列客车则宜用两台变压器并列运行或分段运行更经济。

(2) 同理同一时段最高（每辆客车半载 400 kW）同时给六列客车进行整备时，可用一台 2000 kVA 变压器运行（即 400 × 6/1.3 = 1846 kW，1846/2000 = 92.3%），当达到四列客车时 400 × 4/1.3 = 1230 kW 接近两台变压器经济运行的临界负荷值 1340 kVA，当超过六列客车则宜用两台变压器并列运行或分段运行更经济。

(3) 当没有客车整备时，两台变压器高压开关按设定的时间自动断开，都退出运行，同时处于冷备用。当有客车进库需整备时，由客车库工作人员操作，合低压侧分控箱按钮开关，将变压器投入运行，并可以根据变压器所带负荷增加后利用智能控制系统来控制其他变压器的自动投入运行。

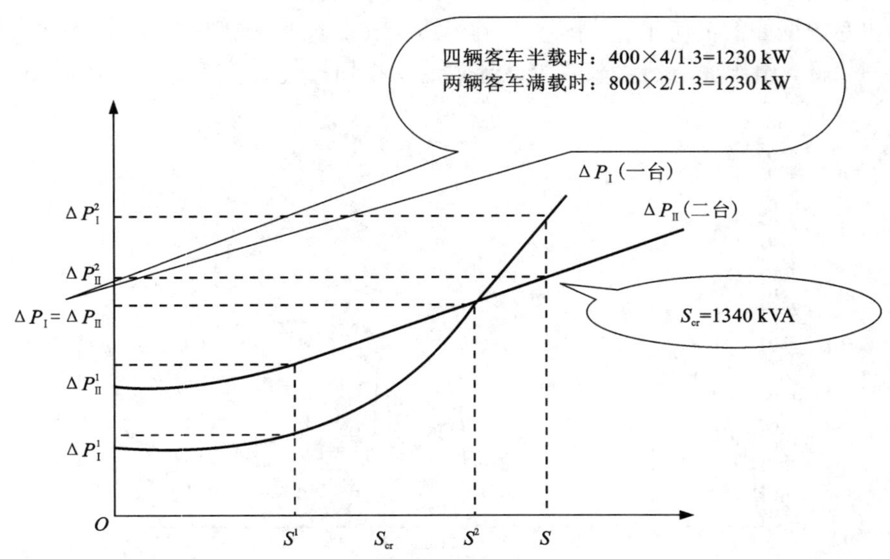

图 2　客整箱变变压器经济运行临界负荷

2.3　*系统原理及方法*

10 月课题组自主研制成功智能控制柜，其控制原理过程如下：

(1)经济运行方案主接线，如图 3 所示。

为叙述简练客整箱变 1 为 T_1，客整箱变 2 为 T_2，相应的客整箱变 1 侧的开关为 G1、K1；客整箱变 2 侧的开关为 G2、K2。

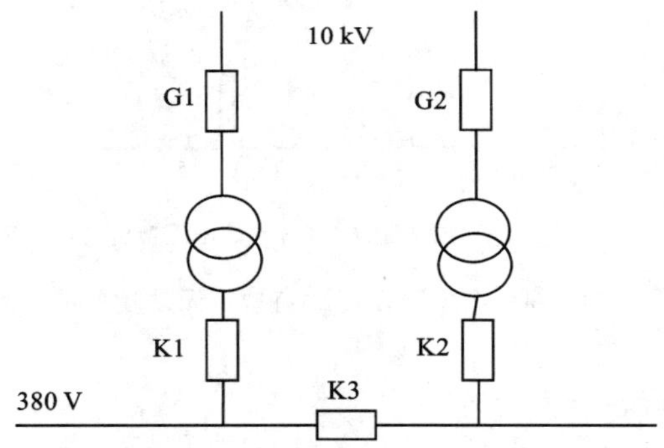

图 3　经济运行方案主接线图

(2)控制逻辑

①根据控制参数，当负荷较低时，只需一台变压器运行，另一台退出(如 T_2 退出)为冷备用：合低压母联 K3→分断 T_2 低压侧 K2→分断 T_2 高压侧 G2。

②单台变压器运行一定时间后(参数可设)，自动改变变压器运行方式，调整为另一台变压器运行，原来运行的变压器改为冷备用(如由 T_1 运行切换为 T_2 运行)：合 T_2 高压侧 G2→合 T_2 低压侧 K2→分断 T_1 低压侧 K1→分断 T_1 高压侧 G1。

③根据控制参数，当负荷较高时，一台变压器无法满足运行条件，则运行方式调整为两台变压器同时运行：合 T_2 高压侧 G2→合 T_2 低压侧 K2→分断低压母联 K3。

④母联备自投和低压总开关备自投：分列运行时，当一侧失压，母联备投；单台变压器经济运行时，当电源失压，备用变压器备投。

3 效果分析及应用

2014 年 10 月份经过课题组自主研制成功智能控制柜，将两座箱变与智能控制柜通过电力电缆联系起来，通过一个月连续试运行经测算 1 个月的有功电量约 17.88 万，无功电量 8.64 万度。

(1)从提高功率因数减少交电费角度分析：

经调查统计客整箱变 1 有功电量 5.9427 万度；无功电量 4.92 万度；客整箱变 2 有功电量 11.94 万度；无功电量 10.65 万度根据公式：

客整箱变 1 功率因数 4.92/5.94 =0.8283 查表得功率因数为 77.33%；

客整箱变 2 功率因数 10.65/11.94 =0.892 查表得功率因数为 74.7%。

经过经济运行后，经测算 1 个月的有功电量约 17.88 万，无功电量 8.64 万度，功率因数 =8.64/17.88 =0.4832，查表得 90.16%。

按单台不经济运行至少每年多交电费：

客整箱变 1 =5.9427 ×12 ×6390 ×0.065 =29620.00 元；

客整箱变 2 =11.94 ×12 ×6390 ×0.08 =73245.00 元。

两台合计多交电费为：102865.00 元(注：电费 6390 元/万度；功率因数为 74.7% 时月多交电费 8%；功率因数为 77.33% 时月多交电费 6.5%)。

经济运行后功率因数达到 90.16%，正好属于不多交电费的数值。

(2)从降低损耗，节约电费角度分析

变压器运行过程中的损耗电量：经查表得 2000 kVA 变压器空载损耗为 3.735 kW；负载损耗 15.3 kW；空载电流 1.2%；短路电压 6%；客整箱变 1 有功电量 5.9427 万度；无功电量 4.92 万度；客整箱变 2 有功电量 11.94 万度；无功电量 10.65 万度根据公式：

平均负载 $S_P = \sqrt{P_2 + Q_2}$；

$\Delta P + [\Delta P_0 + K\Delta PDL(S_P/S_e)]^2$；

$\Delta Q = [I(\%) \times S_e/100 + KU_{dl}(\%)S_e/100 \times (S_p/S_e)2]$

负载总损耗 $\Delta S = \sqrt{\Delta P_2 + \Delta Q_2}$

一年总损失电量费用：$\Delta S \times 24 \times 30 \times 12 \times 0.639$ 元。将上述数据分别带入以上公式得到：

当前单台运行客整箱变 1 + 客整箱变 2 =279361.00 元；

经济运行方式一年损耗电量测算费用 147962.00 元；

年节约费用：131399.00 元。

所以综合两方面分析得出建立最佳经济运行方式，从而提高变压器运行效率，降低空载损耗，改善功率因数，提高供电质量势在必行。

4 结束语

为使包头车辆段内客整 1#、2#箱变功率因数提高，从而提高变压器利用率，减少由于变压器空/欠载的损耗，特提出变压器经济运行方案，即当变压器利用率达到或未达到经济运行条件时，视情况投入或退出其中一台变压器。这样，第一，减少了向供电局的报装容量，缩小了电费支出；其次，缩小了包头车辆段的电费支出；再次，变压器利用率提高后，提高了国家电网的功率因数，此方案普及后，可改善整体电网环境，提高经济效益，并且非常具有推广价值。

参考文献

[1] 胡景生. 变压器经济运行[M]. 北京：中国电力出版社，1998.

[2] 丁毓山. 变压器最佳容量确定和经济运行[M]. 北京：中国水利水电出版社，1996.

[3] 王亚忠，单晓红，黎天珠，等. 多台同容量双绕组变压器经济运行分析[J]. 电力系统保护与控制，2009，37(4)：93 -94.

[4] XIA Z Z, REN X B, YANG R D. A Single-Phase Power Factor Correction with Current Control[C]. Proceedings of 2012 International Conference on Power Electronics Eigineering and ComputerTechnology, I: 2100 - 2109, 2012.

[5] GERTH M. Transformers for the electrician[M]. Boston: Cengage Learning, 2010.

作者简介

张占卫，中国铁路呼和浩特局集团有限公司包头供电段电力技术科，科长，工程师

高速铁路隧道照明施工技术研究

关　鑫　胡方全　李　猛

摘　要： 在设计时速350公里高速铁路隧道内，列车高速运行会形成强大的活塞风，隧道内设备安装施工质量直接决定着今后开通运营的行车安全。本文主要通过对高铁隧道内风动力各项参数进行分析，提炼隧道照明相关物资的技术规格要点，总结隧道照明施工工艺把控关键项，提出可优化及改进的措施，分析隧道照明各系统间的接口及关联内容，隧道内设备布局的合理优化及常见技术问题处理方案，争取达到对高速铁路施工技术的补充完善，对今后隧道照明施工提供参考与借鉴作用。

0　引言

随着我国新时代高速铁路建设发展需要，以打造中国高铁2.0、创建高速铁路“四电”精品工程、促进铁路建造技术和设备不断升级、建立世界领先的铁路建设标准体系为目标，以高铁运营安全为导向，通过总结施工经验，提升施工质量，为实现中国高速铁路建设高质量发展奠定基础。

在高速铁路中，隧道空气动力学效应将随着列车运行速度的提高而加剧，当列车运行速度达到350 km/h时，对隧道内的衬砌结构和设备产生强大的气动脉动压力影响。在脉动压力长期作用下，隧道内设备若是自身强度不足，会使产品结构产生形变；隧道内设备安装质量不到位，就会造成整体或局部脱落，设备无法正常使用，甚至威胁到列车的运行安全。

1　现状分析及提出问题

在目前高速铁路设计中，隧道内正线四周明装设备包含接触网系统、隧道动力照明系统、5公里以上隧道疏散指示系统、隧道照明控制系统、通信漏缆等后置吊装或壁挂设备。接触网导线及零部件安装有着详尽的设计标准及技术要求。本文针对隧道动力照明、疏散指示、控制系统进行分析。该类系统特点是设备种类繁多，零部件细小，人工安装精度因素对安全影响较大。通过分析隧道内照明设备受风动力影响的关键数据，提炼隧道照明物资技术规格要点，总结隧道照明施工工艺把控关键项，总结可优化及改进的措施，对提升施工质量、保障列车运行安全提供可借鉴的参考。

2　隧道内风动力参数分析

列车通过隧道时，会在隧道内产生脉动风压。在目前的设计时速下，当列车运行速度达到350－400 km/h时，引起的风压在±7000 Pa波动。按当下高铁设计时速达到极限的情况下，考虑安全系数，按7000 Pa的最大风压可以得到对应的最大风速为110 m/s。隧道照明灯具、洞室标志灯、疏散诱导灯、动力配电箱、电缆挂架、穿刺线夹盒、电缆等自身结构强度及连接件强度要满足这个风压要求。总结上述设备的风洞试验报告，在小角度范围五分力系数的最大值，换算到110 m/s列车风压时产生的力，如表1所示。

表 1 各设备在 110 m/s 的列车风作用下小角度内最大受力

	阻力/N	侧力/N	侧力矩/(N·m)	扭矩/(N·m)	阻力矩/(N·m)
隧道照明灯	80.86	46.80	6.36	1.87	12.51
洞室标志灯	183.34	67.39	18.24	8.48	39.28
疏散指示灯	184.66	88.49	17.69	13.44	21.35
隧道电气箱	288.91	45.27	8.48	4.11	68.34
电缆挂架	23.69	18.18	3.12	3.33	8.85
防水插座	14.55	4.03	0.27	0.27	2.26
穿刺线夹盒	29.62	8.20	0.71	0.71	5.92
电缆	116.79	37.36	4.72	4.25	20.15

以上隧道照明相关设备皆通过螺栓与洞壁连接，因此各设备所受到的气动力由螺栓承担，所以设备安装关键点就在锚栓与隧道混凝土壁结合部的承载力。经委托试验机构对后置金属锚栓抗拉力、剪力进行试验验证，试验结果如下：M10×40 自切底金属锚栓，在 C30 砼中锚固实测拉力平均值 21.5 kN，剪力平均值 28.2 kN；达到临界状态下，机械物理实测拉力平均值 53.6 kN，剪力平均值 43.2 kN。综上分析，隧道内列车行驶的气动力远低于螺栓的正常使用承载力，考虑振动及疲劳荷载情况下亦能满足要求，因此设备结构质量与施工安装质量便是最关键因素。

3 高铁隧道照明物资技术要点

在满足设计标准及验收标准基础上，提炼隧道照明物资技术规格要点如下，通过物资全方位管理进行控制。

3.1 固定照明灯：宜采用 30 W LED 灯，灯具应具有防潮、防风压、防腐蚀、防震动的性能，防护等级达到 IP65，光源寿命应不小于 50000 h。隧道灯具应能承受风速不小于 98 m/s 时的风压。

3.2 隧道照明控制箱、电源箱、按钮箱、插座箱箱体应防腐蚀、抗老化、坚固耐用。箱门内嵌装橡胶密封条，箱体外壳的密封性能等级达到 IP65。应能承受风速不小于 98 m/s 时的风压。

3.3 照明电缆：防火性能应满足 950～1000℃火焰下持续通电 180 min 下不击穿，650℃火焰下持续 15 min 后承受 15 min 的水喷淋不击穿，950℃火焰下承受 15 min 的敲击振动而不击穿及低烟(透光率达 70% 以上)、无卤。

3.4 智能控制系统：电源模块的节点间最大传输距离在 1～2 km 之间，满足监控信号长距离传输的要求。应保证在电源点间距 2 km 的情况下，照明开/关状态及命令在传输系统中可靠传输。隧道内应急照明灯采用分段两端控制，以一个供电臂为单位设首末端控制，分段开关设于隧道两端洞口和隧道侧壁上；

3.5 应急电源装置：当外供电源故障时，由蓄电池组经逆变器逆变后供电(正弦波)给应急照明负荷，要求供电时间不少于 120 分钟。要求 EPS 具有延时切换功能。

4 高铁隧道照明施工工艺标准

总结高速铁路隧道照明施工过程中的各个生产要素的结合和管理措施，通过施工方案的编制，施工工艺标准卡控，合理安排安装作业及有效的质量检查措施，工艺卡控要点如下：

4.1 锚栓孔位应距隧道二衬混凝土接缝处不小于 100 mm；金属锚栓紧固力矩 20 Nm；

4.2 隧道照明电缆沿隧道壁水平安装时，与通信漏缆平行间距保持 0.6 m 以上；

4.3 设置在隧道两侧的固定照明灯交错布置，水平间距 25 m，距疏散通道 3 m；洞室内壁挂式灯具安装高度 2.5 m，开关距地 1.3 m；电力洞室标识灯距地 4.9 m，综合洞室标识灯距地 2.85 m；

4.4 各配电箱、控制箱箱体底边距地高度 1.3 m；插座箱箱体底边距地高度 1.2 m；配电箱接地应牢固可靠，使用不小于 25 mm^2 铜芯电缆接地；

4.5　电缆中间接头的外壳与邻近电缆的距离不应小于0.25 m，多根电缆接头要前后错开，其距离不应小于0.5 m。电力电缆敷设时，在电缆终端头、中间头处应预留有适当的备用长度，高压电缆5 m，低压电缆3 m。电缆放完后用相应电压等级的绝缘摇表测量其绝缘，制作前后均不得小于10 MΩ。电缆头制作过程中，不应损伤电缆绝缘层；

4.6　电缆头固定好后，其带电引上部分相间距及至接地部分的距离不应小于75 mm，终端头引出线的绝缘包扎长度不应小于160 mm。

4.7　金属锚栓安装紧固力矩应达到20 NM。

5　高铁隧道照明施工方案优化及改进建议

根据设计技术标准，研究隧道照明施工标准化工艺来指导施工，相对于以往施工方案，重点研究系统集成与“四化”应用，从更宏观与实用的角度来解决隧道照明施工。

5.1　各系统接口分析(见图1)

高速铁路隧道照明系统集成了电力供电系统，隧道智能照明系统，应急照明及疏散指示，防灾通风电力配套，隧道防灾监控系统。各系统间皆存在接口关联。在各系统关联关系中，总结主要关系为：电力供电系统向其他系统供电；智能照明系统作为受电设备，控制灯具及应急照明系统；防灾监控系统辅助监控照明系统及应急系统工作状态，各系统通过电力供电系统中远动通道进行数据上传及命令下达。各系统相辅相成，应通盘考虑。

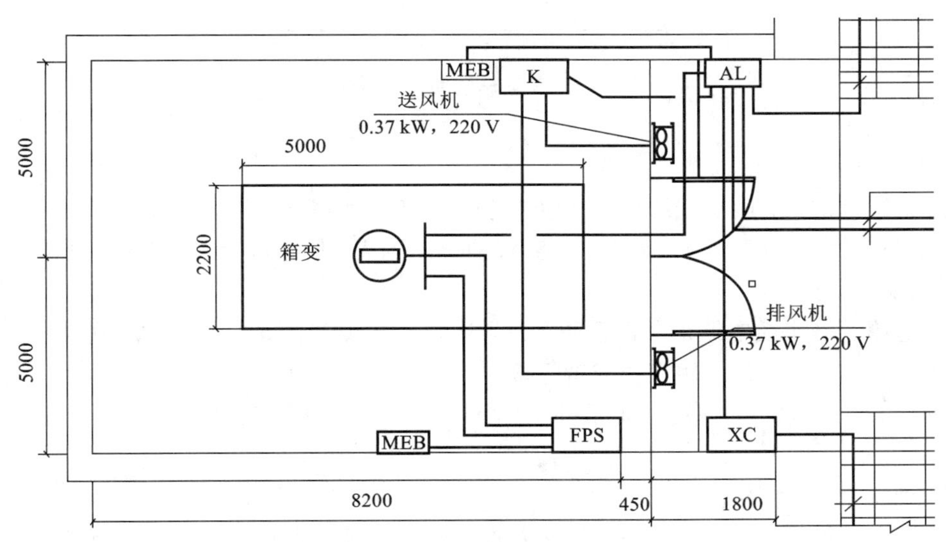

图1　各系统接口分析

5.2　洞室内布局优化

高铁隧道中，灯具及照明电缆安装于正线隧道侧壁上。电源设备及控制设备主要安装于洞室中。洞室按运行设备不同分为电力、通信、防灾、综合洞室。根据各洞室内设备大小及安装位置不同，对洞室内布局进行整体优化。以技术标准为原则，兼顾运行使用、方便检修。

5.3　扶壁梯车应用

根据隧道电缆沟结构特点，研究自制扶壁式梯车，并不断调整改进结构，使其更能满足于实际施工需求。扶壁梯车以隧道壁与电缆沟内外沿为行进轨道，即可保持稳定，又可避免电缆沟内状况复杂等特点，分上下两层设置操作平台与工器具平台，两人施工两人推进，在挂架打孔安装、灯具安装、壁挂电缆敷设等多工序使用，极大提高施工效率。

5.4　自切底锚栓应用

为满足高铁隧道内98 m/s风压，提高隧道壁挂设备抗风压能力，保证列车运行安全。针对固定设备用锚栓方案进行多方对比，采用M10×60 mm自切底锚栓，采用定位钻头进行钻孔，孔深46 mm，不会造成隧道二衬钢筋破坏，既满足抗拉力要求，又能达到便于安装。

5.5 轨道车辅助放缆施工(见图2)

在已铺轨区段，采用专业间穿插融合施工方案，利用接触网轨道作业车布放高低压电缆。在车站装配电缆盘上车，行进至施工区段，将电缆一端引出固定，轨道车开动后，1～2 人在车上转动电缆盘，使其在敷设时保持动态平衡，车速与电缆展放速度作良好配合(车速约30 m/min)，将电缆展放到地滑轮上。配合扶壁梯车进行电缆调直及上架固定，放缆调整一次完成，极大提高施工效率。

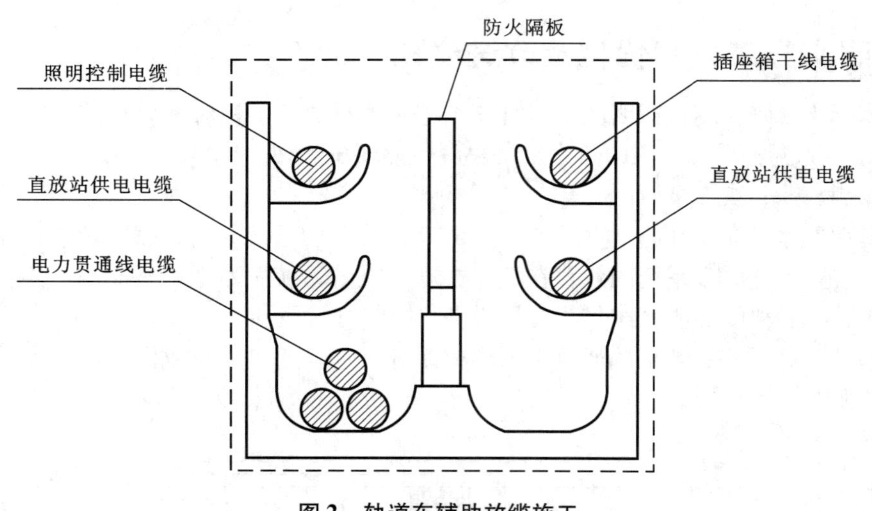

图2 轨道车辅助放缆施工

5.6 优化电缆槽内电缆隔离

电缆在隧道电缆槽敷设，由于线缆较多，为避免电缆交叉及故障面扩大，采用带防火隔离板的电缆支架进行隔离，电缆分层、分功能、分区域布置，替代防火沙隔离，便于以后电缆维护，改善电缆敷设环境。

5.7 钢管预配

灯具以及配电箱的进出线电缆采用钢管防护，为达到工艺美观，防止长期震动伤害电缆，所有明配钢管采用慢弯工艺一体加工，严禁使用弯头或者焊接。对全部固定照明灯具、疏散指示灯、配电箱进出线进行现场测量数据，在生产资源中心统一加工，形成工厂化加工，现场装配模式，保证加工质量，同时提升施工人员现场效率。

5.8 系统送电及调试方案

以电力系统送电为前提，隧道照明系统、隧道防灾监控系统、能源管理系统以隧道为单元，先进行单体调试，达到单体隧道功能完善，点位准确，控制满足设计要求；在电力 SCADA 远动通道具备条件后，进行系统联调。车站复视终端、车间复视终端、调度所系统主站同步进行调试。根据设计组网要求，向信息处提报 IP 分配需求，根据 IP 分配逐一配置，展开系统调试。最后各子系统调试完成后，进行子系统间联调。

6 结束语

通过对高铁隧道照明施工技术研究分析，总结形成了一套完整的隧道照明施工标准化工艺。以提升在典型高速铁路深隧道照明系统工程施工的有效性、规范性，可以显著提高施工效率，达到成本与质量兼顾。在京沈客专工程中进行了应用，实践证明，使用此施工方法能够保正质量保障安全，具有良好的社会效益和经济效益，具有一定的借鉴参考值。

参考文献

[1] 高速铁路 LED 隧道照明灯具等风洞试验报告[R].(2017-01-14)西南交通大学风工程试验研究中心. WT-201007.

[2] 铁路隧道固定式照明灯具技术条件(TBT 2796—1997)[S]. 北京：中国铁道出版社，1997.
[3] 中国铁路总公司. 铁路工程设计防火规范(TB10063—2016)[S]. 北京：中国铁道出版社，2016.
[4] 中国铁路总公司. 高速铁路电力工程施工技术规程(Q/CR 9608—2015)[S]. 北京：中国铁道出版社，2015.
[5] 乔斌. 隧道电力照明安装工艺的探讨[J]，中国新技术新产品，2010，(21)：80.

作者简介

关鑫，中铁电气化局集团有限公司沈阳电气化工程分公司，高级工程师
胡方全，中铁电气化局集团有限公司沈阳电气化工程分公司，工程师
李猛，中铁电气化局集团有限公司沈阳电气化工程分公司，工程师

基于 FPGA 的多通道自愈光端机的研究

马志广　霍红果　闫亮亮

摘　要: 针对在复杂组网环境下光纤自愈组网效率的要求，提出了一种多通道自愈光端机，以 LATTICE 公司的 FPGA(LFXP2)芯片为核心，对通信数据进行处理，结合链路侦测判定、状态迁移模型、冲突避让、环网数据过滤机制，实现了 4 种自愈环路，该方案解决了复杂环境下自愈网络的生存性和效率，系统工作稳定、误码率低、实时性强，实验结果证明了该方案的可行性。

0　引言

在高速铁路隧道照明和电力监控等领域，通信线的总线多选用 RS485 总线，但在远距离通信、复杂电磁干扰环境下，RS485 总线使用效果较差。

为了突破传输距离限制，同时提高通信的可靠性，特别是为了避免在采用手拉手布线方式时，因单个节点的断开，而影响其下行设备的通信的情况。本文研究了使用 FPGA 芯片实现多方向自愈光端机的详细步骤。

自愈技术能在极短时间内从时效故障中自动恢复传输业务，重新建立新的传送链路，提高了通道的可靠性，对比传统的环网自愈实现方式中多采用内、外环双环自愈，本文介绍的自愈光端机增加了左半环、右半环自愈方式，实现了 4 种自愈环路机制，可大大提高在极端情况下，网络通道的生存性。

1　光纤自愈环系统

1.1　系统总体结构

本文以京沈高速铁路隧道照明监控项目为例说明自愈环系统的设计，该系统主要由自愈光端机(主机)、自愈光端机(从机)、从机 RTU 设备、通信管理机组成，如图 1 所示：自愈光端机以 Lattice 公司的 FPGA(LFXP2)芯片为核心，通过编程实现了 3 组串口，并向外部提供了 1 个 RS485/RS232 接口、2 组环路光口，其中 RS485/RS232 接口和 RTU 设备或通信管理机进行通信。2 组环路光口实现自愈功能，为全双工的单模或多模光纤接口，环路光口须成对使用，TX 口为光发送端口，连接另一个光端机的一组光接口的接收端 RX，RX 口为光接收端口，连接同一个光端机同一组光接口的发送端 TX。

自愈环网组建时光端机须区分主、从机，一个环内必须有且仅有一个主机，使用时主机的“光口 1”连接下一个从机的“光口 2”，如此向下级联；最后一台从机的“光口 1”连接主光端机的“光口 2”。光端机 RS485/RS232 接口波特率自适应，透明转发通信数据。

1.2　环网自愈过程

自愈网络采用双纤双向保护方式，当链路节点全部正常时，默认走内环模式，在内环模式异常时，按照顺序尝试外环模式、左半环和右半环模式(左半环和右半环优先级一致)，表 1 列出了链路的状态类型及其相关参数。

状态类型的优先级也适用于链路特征变化时切换的级别，例如：当初态为“外环”模式时，一旦检测到“内环”链路畅通，则链路在完成检测判定后将切换到“外环”模式。

1.2.1　链路检测

链路检测过程是自愈的核心，其检测的速度直接决定了自愈的时间，系统中链路检测过程由光端机(主机)定时发送同步帧完成，而光端机(从机)根据接收到的同步帧类型完成相应的链路转换。

为保证在链路传输上同步帧不和来自通信管理机发送的数据帧冲突，提高链路检测效率，光端机(主机)的链路检测帧采用 15 M bps 的波特率每 10 ms 发送一次。

同步帧为 1 个字节的数据，同步帧包括以下 4 种格式，分别对应 4 种环路模式。如表 1 所示。

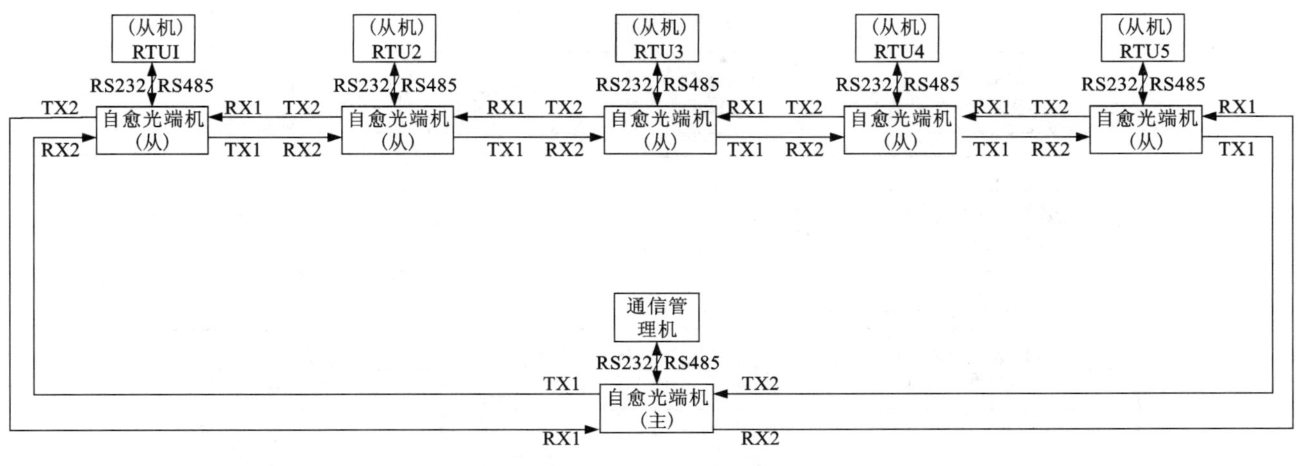

图 1　自愈环网系统图

表 1　链路状态类型描述

序号	优先级	状态类型	同步帧格式
1	高	内环模式	AA H
2		外环模式	BB H
3	低	左半环模式	CC H
		右半环模式	DD H

光端机(主机)通过同步帧检测链路是基于以下假设：

A. 内环状态

在内环状态下，光端机(从机)的 RX2 和 TX1 短接，因此光端机(主机)从 TX1 口发出“内环”同步帧后，预期将在其 RX2 口接收到该同步帧。

B. 外环状态

在外环状态下，光端机(从机)的 RX1 和 TX2 短接，因此光端机(主机)从 TX2 口发出“外环”同步帧后，预期将在其 RX1 口接收到该同步帧。

C. 左半环状态

在左半环状态下，光端机(从机)的 RX2 和 TX2 短接，因此光端机(主机)从 TX1 口发出“左半环”同步帧后，预期将在其 RX1 口接收到该同步帧。

D. 右半环状态

在右半环状态下，光端机(从机)的 RX1 和 TX1 短接，因此光端机(主机)从 TX2 口发出“右半环”同步帧后，预期将在其 RX2 口接收到该同步帧。

光端机(主机)的工作过程如图 2 所示。

自愈光端机(主机)链路检测过程：

光纤模块提供了其 RX 接口的(SD 引脚)无光检测信号，因此光端机可检出其 RX1 和 RX2 口的连接故障，但 TX 连接的故障无法检出，为了判定 TX 连接故障，光端机采用了“反向通知”机制，即任何一个光口的 RX 连接故障，则说明与其连接的“对向设备”的 TX 接口出现异常，此时该光端机向其 TX 端口发送故障帧，通知“对向设备”的 TX 连接故障。

光端机(从机)根据其接收到的同步帧类型、RX 口无光检测的状态、接收到的故障帧，判定链路状态完成状态转换和相应电路的切换，光端机从机的工作过程如图 3 所示。

1.2.2　同步帧和数据帧之间的冲突避让

由于光端机(主机)定时发起的同步帧存在和来自通信管理机的数据帧重叠的可能，本文设计了冲突避

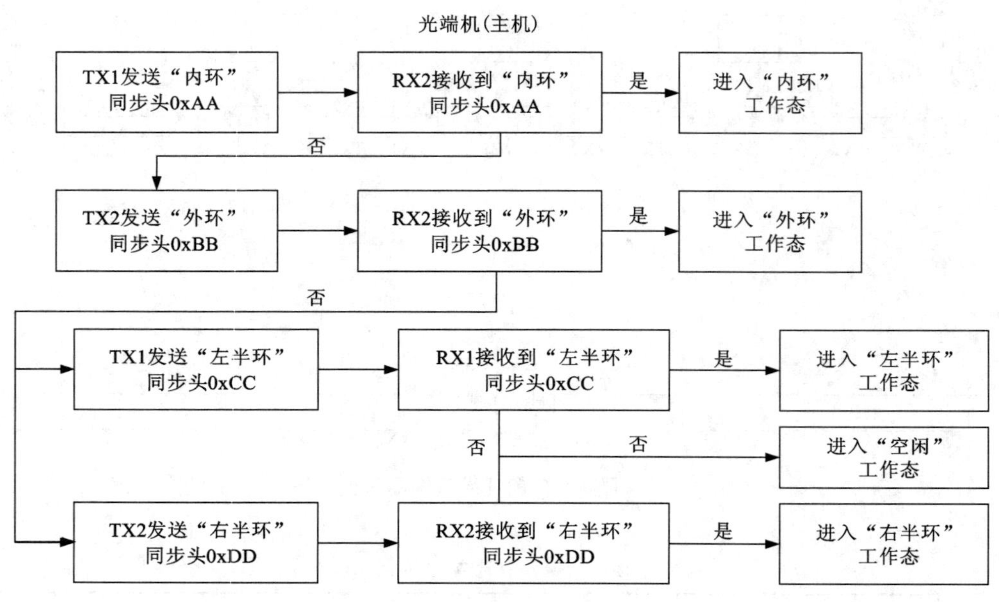

图 2 光端机工作过程

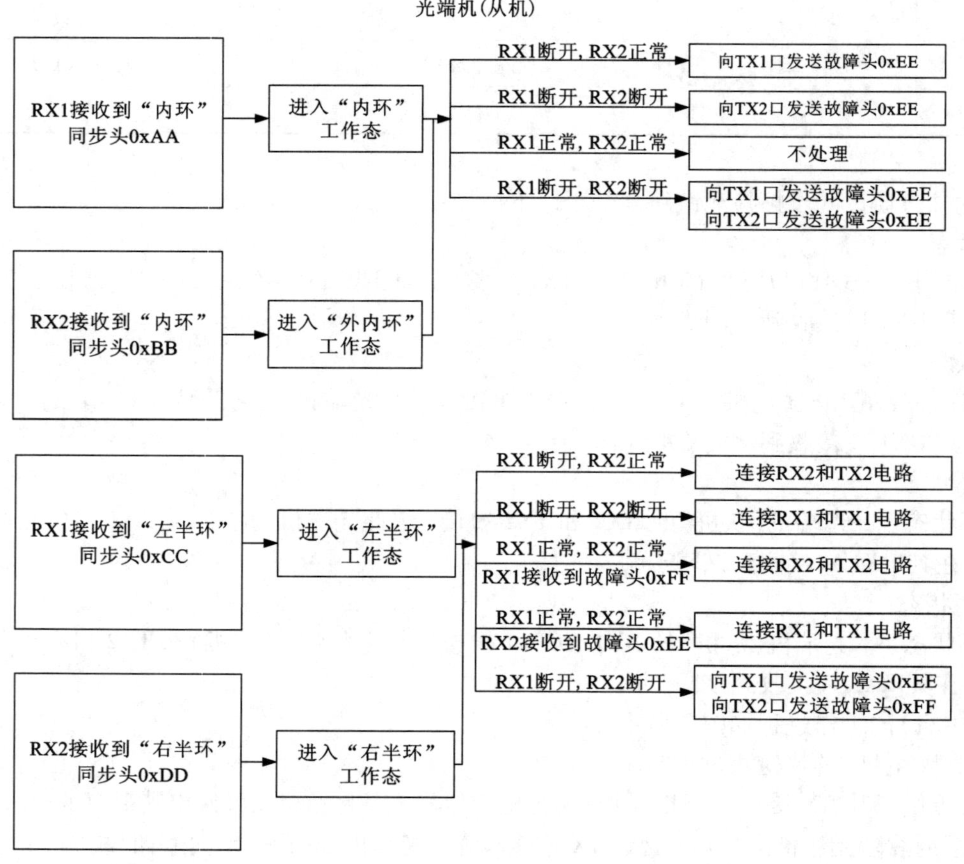

图 3 自愈光端机(从机)链路检测过程

让机制，避开数据帧和同步帧之间的冲突(如图 4 所示)。

根据串口数据传输的特点，TTL 电平在无数据传输情况下，数据线保持高电平，当有串口有数据时，起始位为低电平，根据此特点光端机(主机)可以通过对其 RS232/RS485 接口对应的 TTL 串口的 RX 接口电

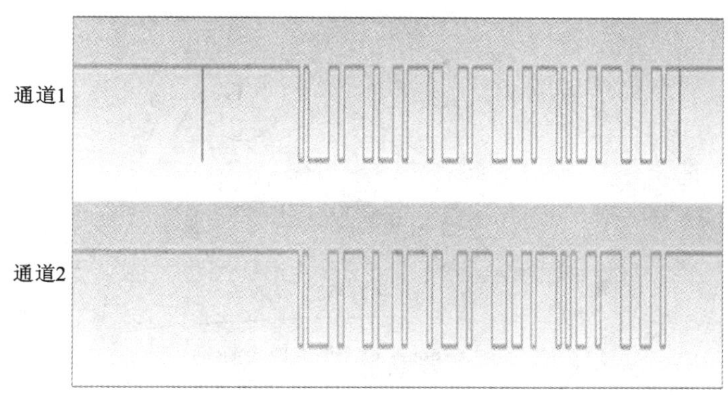

图 4　同步帧和数据帧冲突避让时序图

平的检测确定当前的数据传送状态，当检测到 RX 口为低电平后，延时 5 ms 停止当前的同步帧发送，避开来自通信管理机的数据帧发送，超时后重启发送。图 4 显示了同步帧和数据帧冲突避让的数据传送过程。

通道 1：表示光端机（主机）光口 TX1 的电平信号，对来自通信管理机的数据请求帧，在其最前面的 1 个字节和最后面的 1 个字节插入同步帧。

通道 2：表示光端机（主机）与通信管理机连接的 RX 接口，发送出数据请求帧。

1.2.3　光端机（主机）到通信管理机的数据过滤

根据建立的链路类型，通信管理机发送的数据帧经光端机（主机）TX 口转发，经过光端机（从机）处理后，将会在光端机（主机）的对应 RX 口同步接收到该数据帧，该数据帧如果直接转发给通信管理机，将会影响管理机的数据处理过程（数据回环）。为了避免该问题，光端机（主机）应对该部分进行过滤处理。

过滤处理的原则：光端机（主机）在检测到其通信管理机连接的 RX 口发送数据帧时（即低电平起始信号），则将其与通信管理机连接的 TX 接口电平拉高。如图 5 所示。

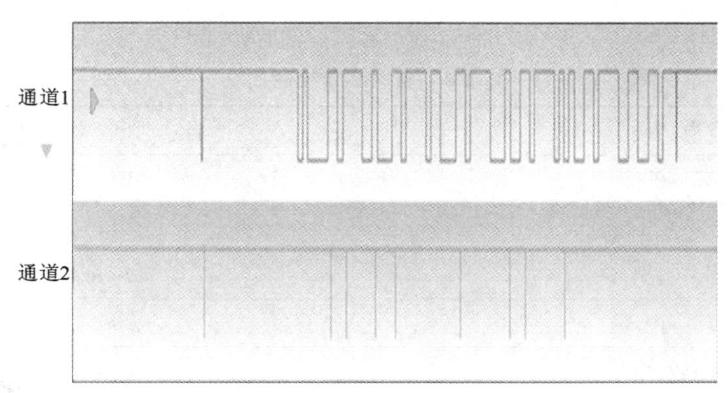

图 5　数据过滤时序图

通道 1：光端机（主机）RX 对通信管理机的 TX 接口电平数据。

通道 2：光端机（主机）TX 对通信管理机的 RX 接口电平数据。

2　自愈状态机设计

光端机（主机）是自愈系统的控制核心，主机通过对同步帧发送和接收的检测、超时处理机制，完成内部 4 种状态的迁移。

主机状态迁移有以下特点：

A. 空闲态时根据主机 TX、RX 状态，判断进入下一个状态。

B. 链路查找顺序按照内环、外环、半环从高到底的优先级尝试。

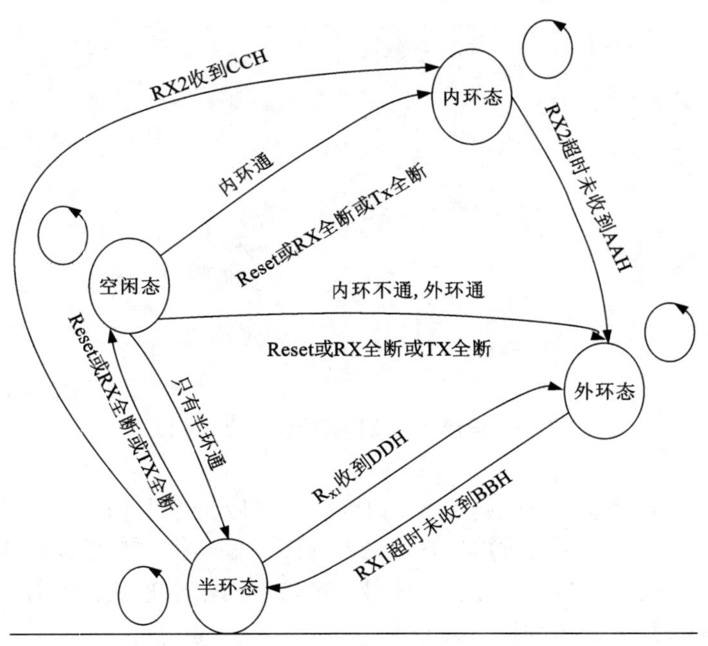

图 6　光端机(主机)状态图

从机的状态转移过程较为简单，主要是根据接收到的同步帧以及超时机制，判定其状态迁移过程。

3　自愈环测试

为了验证系统的自愈效果，使用了40个光端机(从机)节点进行试验，通过断开和恢复相应节点，验证自愈链路重新建立的时间。

测试的相应的指标如表2所示。

表 2　自愈环转换时间

序号	自愈切换	自愈时间(平均值)
1	内环→外环	10 ms
2	内环→左半环	20 ms
3	内环→右半环	20 ms
4	外环→内环	20 ms
5	外环→左半环	10 ms
6	外环→右半环	10 ms
7	右半环→外环	20 ms
8	左半环→外环	20 ms
9	右半环→内环	10 ms
10	左半环→内环	10 ms

实验中自愈时间的测定如图7所示的方法实现，该图描述了从内环到外环的自愈时间的测量方法，其中通道1和通道2分别对应主机的RX1和RX2口，通道1为内环状态的电平数据，通道2为外环状态的电平数据，两个通道同步帧间空闲的时间间隔T1即为自愈时间。

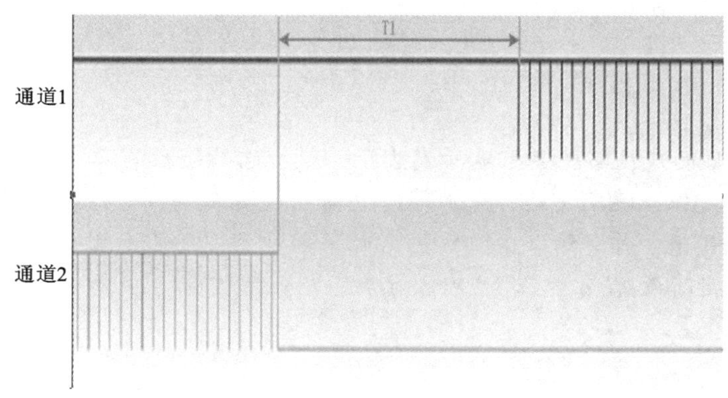

图7　内环到外环自愈时间时序图

4　结束语

多通道自愈光端机，在环网系统中的应用提高了通信网络的性能，相比传统的光端机装置信道恢复效率大大提高，本技术方案在京沈高铁隧道照明监控系统中应用实测情况证明，该方法将自愈时间控制在20 ms内，相比传统的内、外环模式，性能更加可靠稳定，适应能力强，应用前景广阔。

参考文献

[1] 韩晗，张德华，靳晓光，等. 基于FPGA的数字化光纤传输方案[J]. 机电工程，2010，(6)：83－86.
[2] 李欣，管绍军，胡晓天. 基于FPGA的光纤通信系统的设计与实现[J]. 电子设计工程，2012，(8)：85－88.
[3] 夏宇闻. Verilog数字系统设计教程[M]. 北京：北京航空航天大学出版社，2008.
[4] 邓文栋. 光纤自愈环网在变电站自动化系统中的设计和实现[J]. 电子技术应用，2002，28(1)：29－32.

作者简介

马志广，中铁电气化局集团第一工程有限公司，高级工程师
霍红果，中铁电气化局集团第一工程有限公司，工程师
闫亮亮，北京太格时代科技有限公司，工程师

一起特殊短路故障的原因分析和防范

韦 铁

摘 要：2020 年 4 月 16 日南广铁路藤县配电所发生了一起特殊的短路故障，电源一、电源二、母联断路器同时发生过流Ⅰ段保护跳闸。地方电源同时也发生过流跳闸、重合闸成功。配电所值班员巡视所内设备未发现故障点，作者结合主接线图对故障报文进行分析，初步判断出故障范围，经现场巡视检查核实，确定了故障点，经过处理，消除了安全隐患。

0 引言

2020 年 4 月 16 日南广铁路藤县配电所发生了一起特殊的短路故障，电源一、电源二、母联开关同时发生过流Ⅰ段保护跳闸，动作电流很大，但配电所值班员未能查找故障点，南宁水电检修车间现场检查人员也不清楚检查方法，不知道从哪里入手开展故障查找工作。作者结合主接线图对故障报文进行分析，初步判断出故障范围，经现场巡视检查核实，确定了故障点，经过处理，消除了安全隐患。对此次故障处理过程进行详细分析，对相关专业人员根据图纸和故障报文分析判断，快速准确进行故障处理有重要指导意义。

1 短路故障基本情况

4 月 16 日 0 时 45 分南广铁路藤县配电所显示电源一(911)、电源二(921 备用)过流Ⅰ段动作跳闸，母联(910)过流Ⅰ段跳闸，藤平综合贯通、藤郁一级贯通失压跳闸，对方配电所均自投成功。地方供电调度反馈电源一电流速断跳闸、重合闸成功。0:55 分配电所值班员巡视所内无异常。0:02 分远动操作恢复电源一供电及站馈送电正常。2:08 分恢复电力贯通线正常供电方式。

2 主接线图和保护整定值

(1)藤县配电所共计 2 路 10 kV 电源进线，6 路地区馈出线，4 路电力贯通线，此外还有所用变、计量柜等。主接线图如图 1 所示。

(2)与本次故障相关的各回路保护整定值如下：

电源一(911)、电源二(921)回路容量均为 1701 kVA，速断保护整定值均为 1000 A(一次侧值)，时限为 0 秒。母联(910)容量为 1280 kVA，速断保护整定值为 600 A(一次侧值)，时限为 0 秒。

3 配电所运行方式

由于藤县配电所电源二电能质量较差(谐波含量过高)，自 2015 年以来未投入正常运行，仅作为备用应急电源。当日南广铁路藤县配电所运行方式为电源一通过母联断路器带全所运行，电源二断路器处于断开状态。

4 断路器动作情况和故障数据分析

电源一断路器和母联断路器均发生跳闸，由于电源二断路器处于断开状态，保护装置发出了跳闸指令，但实际未发生动作，保持断开状态。

(1)故障回路的报文数据如表 1 所示。

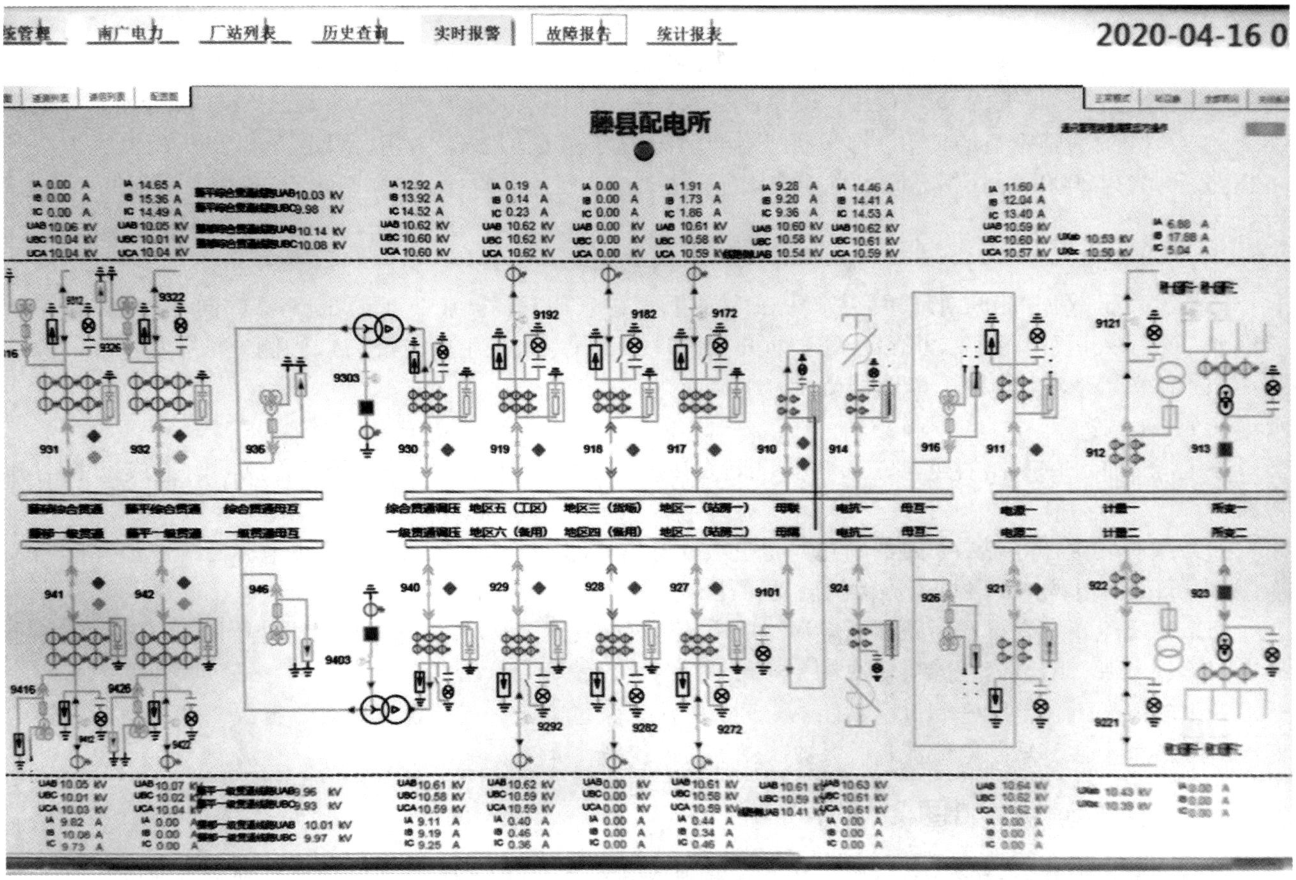

图 1　主线图

表 1　故障回路的报文数据表

断路器名称	报文时间	动作描述	故障电量
电源一	2020 年 4 月 16 日 0 时 45 分 26 秒	过流 I 段动作	A 相电流 2001. 813 A; B 相电流 1977. 985 A C 相电流 24. 34603 A; A 相电压 3. 036224 kV; B 相电压 2. 740197 kV; C 相电压 6. 361335 kV
电源二	2020 年 4 月 16 日 0 时 45 分 26 秒	过流 I 段动作	A 相电流 2004. 688 A; B 相电流 2005. 469 A; C 相电流 0. 2604167 A; A 相电压 3. 199009 kV; B 相电压 2. 909494 kV; C 相电压 6. 232395 kV
母联	2020 年 4 月 16 日 0 时 45 分 26 秒	过流 I 段动作	A 相电流 2004. 155 A; B 相电流 1991. 431 A; C 相电流 10. 90626 A; A 相电压 0. 3626202 kV; B 相电压 9. 095253 kV; C 相电压 0. 3437744 kV

(2)初步分析

从以上数据分析，有几个特点：一是电源一、电源二、母联断路器的故障动作时间相同，为同一个故障；二是各断路器对应的 A、B、C 相电流基本一致；三是动作电流非常大，远远大于整定值，电源一、电源二断路器动作值为整定值的 2 倍，母联断路器的动作值为整定值的 3.34 倍；四是 A 相和 B 相电流大小基本相同，均约为2000 A，C 相电流很小，最大的不到25 A；五是电源一、电源二的 A、B 相电压很低，约为2 ~3 kV。

(3)初步判断

一是发生了 A、B 相间对地短路故障；二是故障点在电源一、电源二、母联断路器的同一方向；三是由于电源二未投入运行，电源二断路器处于断开状态，故障点应该发生在电源二这一侧，如果发生在电源一那一侧，母联断路器和电源二断路器就没有电流通过。

(4)初步结论

在电源二回路的断路器至电流互感器之间发生了 A、B 两相对地短路故障，燃弧同时造成 C 相对地短路。

因为只有发生在电源二回路的断路器至电流互感器之间，才会有短路电流流过电源二的电流互感器一次侧，因而引起电源二 I 段过电流保护启动，发出跳闸指令。

如果故障点发生在母联断路器至电源二的电流互感器之间，由于电源二断路器处于断开状态，就不会有电流流过电源二的电流互感器一次侧，电源二保护装置就不会发出跳闸指令。

如果故障发生在电源一和母联断路器之间，电流只流过电源一的电流互感器，电源二和母联断路器的电流互感器都不会有短路电流流过，保护装置不会发出跳闸指令。

5 现场核实确认(如图 2 所示)

根据以上理论分析，4 月 16 日中午作者和南宁水电检修车间人员、配电所值班员到藤县配电所电源二(921)柜检查，从观察孔可以看到给带电显示器用的传感器接线母排有明显的烧伤痕迹，有铜排被高温灼烧后的的熔化痕迹，证实了我们的判断是对的。

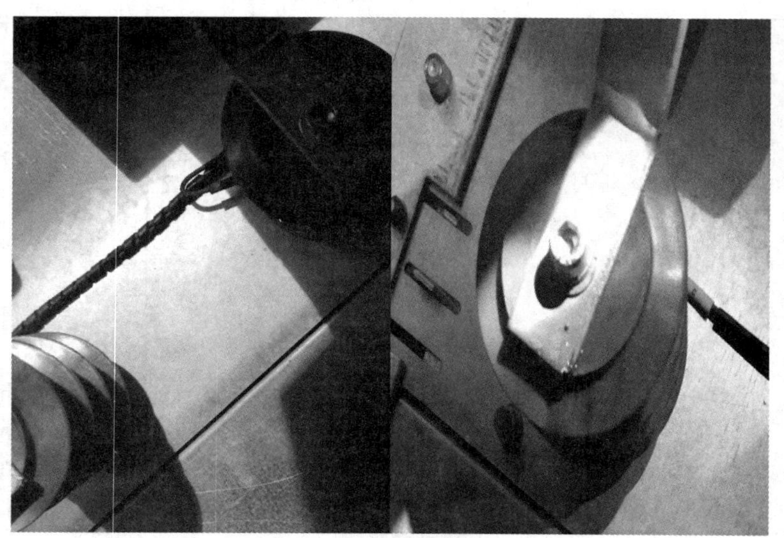

图 2 现场核实照片

6 原因分析

发生两相对地短路故障的原因，一个方面是设备本身结构不合理造成放电或者老化等原因造成绝缘强度下降；另一个方面是受外部环境的影响，比如脏污、潮气重等造成绝缘爬距变小，或者有老鼠、蛇等小动物入侵造成短路。

从现场情况看，没有发现小动物的尸体和活动的痕迹，但发现传感器表面有一些潮湿。另外，与传感器连接的铜排没有倒圆角，尖端比较突出，尖端烧灼痕迹最明显。

因此，可以判断造成此次故障的原因主要有两个方面，一是高压柜内有些潮气，造成相间绝缘强度下降；二是连接传感器的铜排未进行倒圆角处理，造成尖端放电效应，瞬时出现火花放电现象，使电离区域由铜排的尖端扩展至柜体，形成放电通道，造成两相间对地短路，同时引起第三相对地放电。

7　缺陷处理

确定故障点之后，段技术科和南宁水电检修车间根据现场情况明确了处理方案。南宁水电检修车间利用4月17日凌晨天窗点申请停电，对电源二柜进行详细检查处理，一是对受潮的传感器外壳、绝缘子进行干燥处理；二是对存在尖端现象的铜排进行打磨，做倒圆角处理，避免出现尖端效应。

8　结束语

从本次特殊的短路故障处理中，取得以下经验：一是相关专业人员（技术主管、调度员、配电所值班员、现场检修人员等）要擅于根据相关图纸和现场运行情况，从故障报文数据分析入手，分析判断故障处所，尽快查明故障点，及时排除故障隐患。二是设备管理单位在新建铁路电气工程建设介入配合工作中，必须注意掌握相关建设标准和技术规范，对施工单位进行监督检查，避免出现绝缘间距不足、存在尖端放电隐患等工艺问题。三是设备管理单位在日常运行维护中注意观察设备是否存在脏污、潮气重、小动物入侵等现象，及时采取措施，避免出现短路故障。

参考文献

[1] 谭秀炳. 铁路电力与牵引供电系统继电保护[M]. 成都：西南交通大学出版社，2007.

[2] 中华人民共和国铁道部. 铁路电力设备安装标准：第三版[M]. 北京：中国铁道出版社，2005.

作者简介

韦铁，中国铁路南宁局集团有限公司南宁供电段，高级工程师

一起高速铁路 10 kV 配电所有载分接开关故障引起的跳闸分析及运维建议

杨学伟

摘　要: 通过对一起高速铁路电力供电系统 10 kV 配电所调压器有载分接开关故障引起的断路器跳闸故障分析，找出引起设备故障的原因，结合日常运行维护的相关规定，提出了预防措施。

0　引言

高速铁路电力系统由外部电源线路、变配电所、高压配电线路和低压配电线路等几部分组成，变配电所是高速铁路电力系统的供电核心单元，沿铁路线每隔 40 km 到 60 km 的距离设置一座电力变配电所，为沿线及变配电所在地各运输生产负荷提供可靠电源。为保证各行车负荷的供电质量，在变配电所内设置有载调压器，经过调压后馈出高压贯通线路，确保各行车负荷的电压偏差保持在规定范围内。

1　故障经过

某高速铁路 10 kV 配电所的一次系统图如图 1 所示。

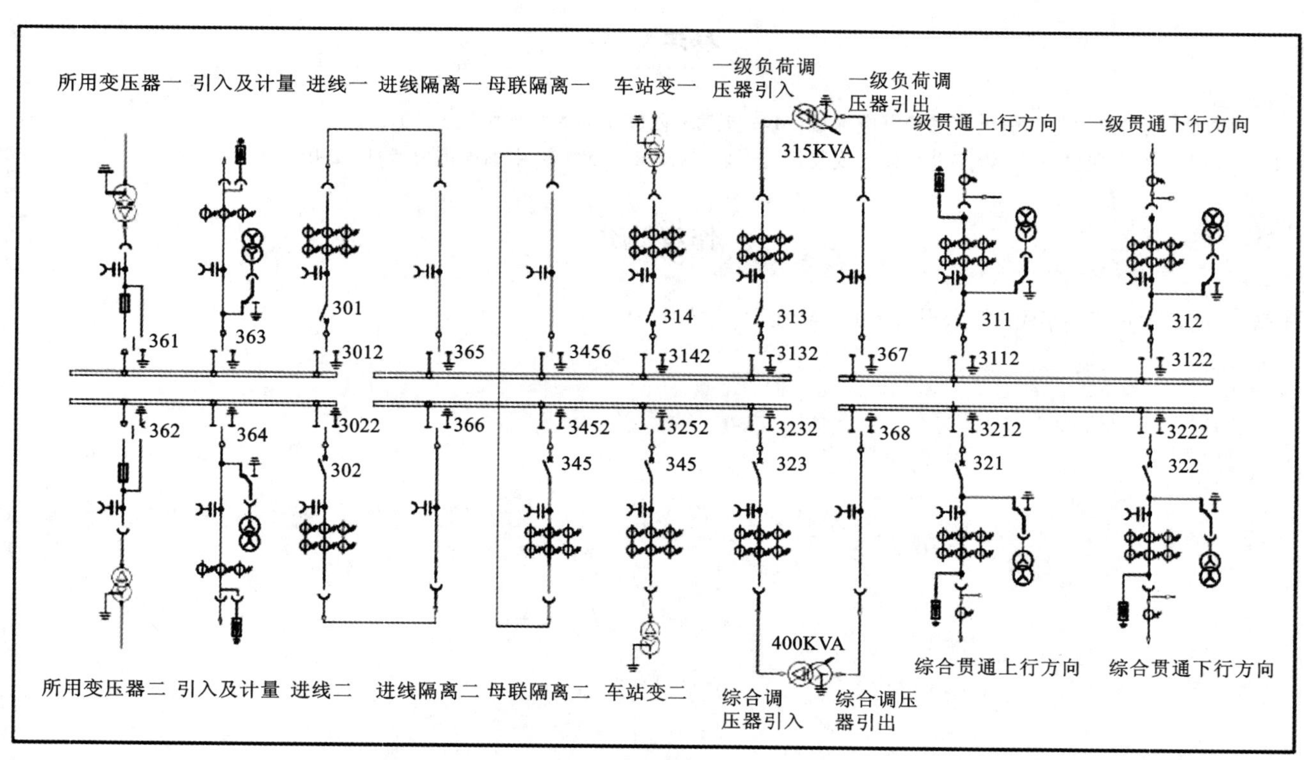

图 1　10 kV 配电所系统图

正常运行方式为两路 10 kV 电源同时受电，母联分段运行，一级贯通线路和综合贯通线路经过有载调压器调压后馈出，一级贯通线路由上行方向向下行方向主送电，综合贯通线路由下行方向向上行方向主送电，对方所分别备送电。

××日2时58分，该高速铁路的一座10 kV配电所进线二302#断路器电流速断保护动作跳闸，321#断路器失压保护动作跳闸。故障跳闸发生后，运行管理人员对所内高低压设备进行了全面巡视检查，当巡视10 kV综合调压器室时，发现室内有烧焦气味，空气中漂浮有黑色粉尘，立即将综合调压器退出运行，采取安全措施后进行了详细检查，发现调压器有载分接开关背部绝缘板B、C相间有放电烧伤痕迹，分接档位引线联结螺栓烧熔变形，调压器电源侧器身发黑等现象。对调压器及有载分接开关进行清扫处理后，分别进行了试验。

1.1 调压器试验数据如下：

绝缘电阻见表1。

表1 调压器绝缘电阻试验数据

试验电压	高对低及地/GΩ	低对高及地/GΩ	铁心对地/GΩ	A对B、C及地（电源侧）/GΩ	B对A、C及地（电源侧）/GΩ	C对A、B及地（电源侧）/GΩ
2500 V	172.5	195.0	50.0	200	201	200

调压器连同有载分接开关箱直流电阻试验数据见表2（换算至75℃时，单位Ω）。

表2 直流电阻试验数据

档位	1	2	3	4	5	6	7	8	9
AB	4.307	4.208	4.104	4.007	3.913	3.816	3.718	3.620	3.518
BC	4.306	4.210	4.104	4.006	3.912	3.815	3.718	3.617	3.517
AC	4.305	4.209	4.104	4.007	3.911	3.817	3.720	3.619	3.517

调压器本体一次侧相间交流耐压试验数据见表3。

表3 调压器侧相间交流耐压试验数据

试验电压	A对B、C及地	B对A、C及地	C对A、B及地
24 kV	无击穿	无击穿	无击穿

1.2 有载分接开关试验数据如下：

绝缘电阻见表4。

表4 有载分接开关试验数据

试验电压	B对A及地/GΩ	B对C及地/GΩ
2500 V	38.8	12.4

相间交流耐压试验数据见表5。

表5 相间交流耐压试验数据

试验电压	B对A及地	试验电压	B对C及地
24 kV	无击穿	12 kV	击穿、冒烟

有载分接开关B、C相在交流耐压试验电压值升到12 kV时，背部绝缘板发生放电、冒烟现象。通过以

上数据，初步判断跳闸原因为B、C相相间绝缘板状态不良引起。拆除有载分接开关烧熔的螺栓及其他档位的分接引线，对损坏的螺栓、分接引线和绝缘板进行了更换，更换后对各项参数进行了试验，试验数据如下：

有载分接开关绝缘电阻试验数据见表6。

表6 有载分接开关绝缘电阻试验数据

试验电压	B对A及地/GΩ	B对C及地/GΩ
2500 V	>252	>252

有载分接开关交流耐压试验数据见表7。

表7 有载分接开关交流耐压试验数据

试验电压	B对A及地	B对C及地
24 kV	无击穿	无击穿

调压器连同有载分接开关直流电阻试验数据见表8(换算至75℃时，单位Ω)。

表8 调压器连同有载分接开关直流电阻试验数据

档位	1	2	3	4	5	6	7	8	9
AB	4.292	4.194	4.089	3.907	3.813	3.716	3.618	3.520	3.418
BC	4.285	4.188	4.082	3.906	3.812	3.715	3.618	3.518	3.418
AC	4.285	4.188	4.083	3.907	3.811	3.717	3.620	3.518	3.417

分析各项数据合格，将调压器试送电运行正常后，利用天窗时间倒闸恢复了设备正常运行方式。

2 原因分析

经现场检查，调压器设备间防护设施状态良好，可以排除异物侵入造成跳闸的原因。通过试验数据分析，有载分接开关背部绝缘板材质为石棉纤维板，运行时间累计近12年，随着运行时间不断增长，绝缘板绝缘强度逐渐下降，最终致使B、C相相间击穿，是造成302#断路器短路跳闸的主要原因。击穿的绝缘板如图2所示。

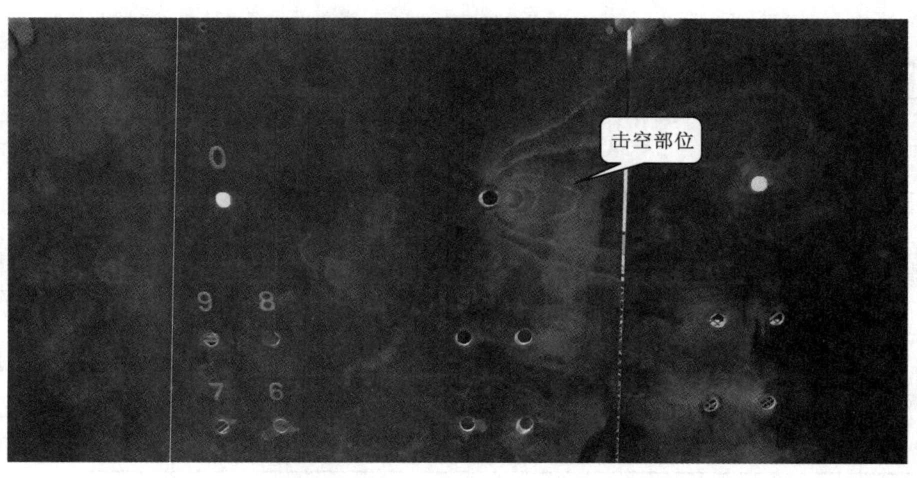

图2 击穿的绝缘板

试验数据显示 B、C 两相间绝缘强度下降，A、B 相间绝缘正常，但 302#断路器跳闸报文显示 A、B、C 三相故障电流值同时超过了速断保护动作值，跳闸时的故障电流分别为：A 相：5262 A、B 相：5314 A、C 相：5262 A，调取该所综自系统后台监控机查看 302#断路器的保护整定情况，电流速断保护二次整定值为：电流 9 A，延时 0.2 s，电流互感器变比 200/1。调取 302#断路器速断跳闸时故障录波如图 3 所示，从故障时录波波形的时标分析：302#断路器电流速断保护在 40 ms 处启动，持续到临近 180 ms 处，一直显示为 B、C 两相故障电流，从近 180 ms 处发展为 A、B、C 三相短路，在 240 ms 处断路器跳闸，从短路电流的发展过程不难分析得出：在故障初始 B、C 两相间发生相间短路，由于断路器保护定值有 0.2 S 的延时，B、C 两相间短路引起的电弧在持续近 140 ms 后窜到 A 相，最终引起 A、B、C 三相短路跳闸。

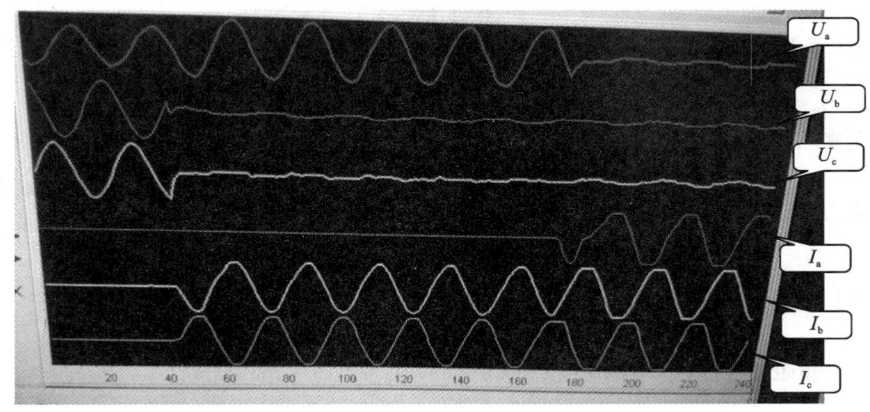

图 3　故障录波

3　存在问题及运维建议

该高速铁路 10 kV 配电所采用的调压器、有载分接开关型号分别为：SCZ9 －315/10、CVTⅢ －160D/11.5 －0909，2008 年 7 月随着高速铁路的开通投入运行。设备维护单位在年初对所内高低压设备进行了检修及预防性试验，对综合调压器进行了清扫；各处螺栓进行了紧固；试验调压装置试验动作可靠，正确；连同分接开关一起的调压器绝缘电阻和接地电阻试验数据符合要求。运行管理人员每日对设备进行巡视，未发现异常问题。故障发生后，对该高速铁路管内的其他同型号的有载分接开关逐一进行了排查试验，没有发现类似问题隐患。

相对于普速铁路采用的油浸有载调压器、埋入型分接开关的不同，高速铁路电力变配电所内普遍使用的是干式调压器、外置型分接开关，调压器的接线组别为 D/Y －11，从调压器电源侧三相线圈引出各分接抽头，各分接引线直接固定在了有载分接开关背部的绝缘板上，因此，绝缘板长期承受调压器正常运行时的相间、相对地电压及系统异常时的过电压。GB 10230.1《分接开关　性能要求和试验方法》及 CVTⅢ －160D/11.5 －0909《干式真空有载分接开关说明书》规定：10 kV 分接开关的对地及相间绝缘额定外施耐受电压值为 35 kV。

目前关于电力设备的试验标准我国主要使用的是以下两部规程：一是 GB 50150《电力设备交接试验标准》，用于电力设备交接时的试验；二是 DL/T 596《电力设备预防性试验规程》，用于发现设备的运行隐患，预防发生事故或设备损坏，对设备进行的检查、试验或检查。这两部规程中都有针对有载分接开关的试验及检查项目，但均侧重于操作及功能性的试验，如有载调压切换装置的切换过程试验以及所有分接下的直流电阻、电压比的测量等。不管 GB 50150 还是 DL/T 596 均没有进行相间绝缘检查的内容。采用这种分接引线连接方式的外置型分接开关，长期运行在自然环境下，随着投入运行时间的不断延长，绝缘材料不可避免存在不同程度的老化现象，因此将这种型式的有载分接开关的相间耐压试验纳入定期预防性试验的检查内容就显得非常必要，关于试验的周期和标准，因与变压器线圈的本体直接连接，因此可参照 DL/T 596 中电力变压器的耐压试验周期及标准进行。目前高速铁路采用的有载分接开关均具备进行相间耐压试验的结构条件。

4 结束语

我国第一条高速铁路自 2008 年开通以来，运行里程已将近 3.5 万公里，最早开通的高速铁路电力设备已运行 11 多年，由于高速铁路采用了大量不同于普速铁路电力设备，因此随着运行时间的不断延长，以往没有出现过的各类设备故障也将会逐步出现。本着“高铁无小事”的意识，认真分析每一件故障发生的原因，总结设备运行经验，掌握设备的运行规律，并逐步完善高铁电力设备各类管理规章及标准，不断提高设备运维技术，提前进行风险研判及预防，就显得尤为重要。

参考文献

[1] 电力设备交接试验标准(GB 50150—2016)[S].北京：中华人民共和国建设部，2016.
[2] 电力设备预防性试验规程(DL/T 596—1996)[S].北京：中华人民共和国电力工业部，1996.
[3] 分接开关性能要求和试验方法(GB 10230.1—2007)[S].北京：国家市场监督管理总局，2007.
[4] 干式真空有载分接开关说明书(CVTⅢ-160D/11.5-0909)[Z].

作者简介

杨学伟，中国铁路北京局集团有限公司供电部

浅谈铁路智慧电力构建

陈玉蓉

摘　要：根据集团公司全面深化安全风险管理，大力实施“强基达标、提质增效”工程，着力构建人防、物防、技防“三位一体”安全保障体系以及推进安全管理智能化的要求，结合国家正大力推进“互联网＋”建设，智慧电力、大数据建设等技术可以引进铁路电力日常安全管理，使得电力运行智能化、自动化，最终实现科技保安全目的。

如果把铁路系统比喻成人体生态系统，铁路电力专业可以定位为人体的血管，默默给铁路行车生产、沿线职工生活提供着能量。铁路电力粗放型管理模式与减员增效要求相矛盾，与减故障压延时要求相矛盾。那么，如何改变我们的管理模式，又能满足减故障压延时的要求？可以尝试引入智能电力管理，让科技技术为供电安全保驾护航。铁路智慧电力以电力远动系统为载体，融合设备分布位置信息、运行信息、健康信息，实现管理模块化、设备可视化、监测智能化、故障判别自动化、处置流程化。那么，对于如何实现铁路电力设备“五化”，推进铁路电力智能化管理，我觉得从以下方面进行工作。

1　设备基础数据收集，为数据库建立打基础

智慧电力，离不开数据分析，要进行数据分析，就必须建立数据库，首先是解决“3W”的问题，分别是“What”、“Where”、“When”。从2012年起，我段已经开始着手铁路智慧电力构建基础管理的工作，如电力设备“一杆一档”图片信息采集，电缆路径探测等，但缺乏核心思想指导和系统管理，使得我们收集回来的数据未能很好的服务生产。近年来，我段继续完善“一杆一挡”建设，加大新技术引进的投入，如电力巡视系统、电力设备GPS定位系统，均是为“3W”做准备。

What：就是要清楚我们有什么设备，其中包括设备规格型号、数量、几何参数、技术参数等信息。

Where：就是要清楚我们的设备具体地理位置信息，包括设备周边地理环境信息或GPS位置信息、其他专业设备位置关系、地方市政部门设施关系等。

When：就是要清楚我们设备投运时间、维修信息，包括维修时间、维修周期、维修项目、维修人，进行了哪些内容维修，更换了哪些部件，下一次维修是什么时候。

如何实现“3W”，具体可以从以下几方面着手：

(1)完善设备台帐档案

详细记录每根设备杆、每台变压器、每面配电屏并建立详细档案信息，包括建设时间，维护时间，维修内容，维修人，下次维修时间等，同时记录好维修前与维修后的图片。

(2)完善电缆路径资料

对每根电缆进行编号，标识电缆路径，电缆路径表层图像，电缆埋深，电缆建设工程名称年代，电缆中间头标注，电缆长度，电缆起末，沟内电缆与其他缆线关系等。

(3)完善设备、电缆检测数据

针对不同设备拟定数据收集表格，建立设备数据库，通过数据变化判断设备的运行状态，为设备大修更改提供数据支持。

(4)做好故障记录

记录故障类型、故障参数、故障原因、故障区间，通过全年或几年数据积累，充分发挥数据分析作用，做好故障预判、研判。

2　加强设备监测，完善数据库记录

“3W”主要设备基础信息收集，属于数据库建立基础。设备监测，就是了解设备运行状态(把设备运行

状态用 How 标识)，包括正常运行状态、故障状态、故障发生前状态等信息，属于数据库灵魂。如何实现“How”，是智慧电力构建最为关键的一步，我们可以通过“望、闻、问、切”四个步骤实现。

(1)望

日常设备巡视，利用各种配备的仪器，如望远镜、长焦距相机等，观察设备运行情况，但仅局限于设备外部故障信息判别。

(2)闻

日常巡视，闻取设备运行气味等，判断设备是否有故障，对于设备内部隐性故障无法得知。

(3)问

就是与设备对话，对关键设备或主要设备增加在线监测或带电检查功能，了解设备内部参数变化，通过实时采集或阶段性采取监测的数据，分析出设备内部是否健康。如给主要变压器、开关、高压电力电缆等增加局放监测设备，了解设备内部是否存在放弧等，从而判断设备运行状态。

(4)切

就是给设备把脉，通过给巡检人员配置手持检测仪器，如红外热成像检测仪、紫外成像放电检测仪等，包括无人机巡线技术，都可以通过配备这些仪器进行监测设备绝缘薄弱的环节，及时发现故障隐患等。

3 数据分析应用，实现智能电力

以“3W + H”为指导思想，通过“望、闻、问、切”手段，由外至内全方位了解我们的设备，以监测仪器为辅，在数据分析基础上，结合电力远动系统(SCADA)平台，实现故障预判及自动判别，科学指导我们日常生产，实现电力管理智能化。在结合我段现有设备情况下，我觉得还可以从以下几方面加以改进：

(1)信号应急发电机自动停启

目前我段在推进 100 kW 发电机远程启动改造，该方案基于 SCADA 控制平台，可以减少现场人工启停 100 kW 发电机步骤，大大缩短信号设备停电时间，但还存在人工控制，存在不能及时恢复供电安全隐患。利用现有平台，加入“备自投”功能，类似备供配电所贯通/自闭线“备自投”功能，实现信号设备失电快速恢复。当然，还需探讨是一路还是两路失电时才投入该功能，而且“备自投”投入时间还有待论证。

(2)故障区间自动切除

贯通/自闭线发生故障，需通过不断分断路器/隔离开关排除故障区间，除了故障判断时间延长外，若故障是断线，还存在增加人身伤亡风险。可以试点在电力远动设备增加监测仪器，采样电流、电源数据，实现自动判别故障区间，自动切除故障区间。

(3)重要设备在线监测

对重要设备、如信号变压器、调压变、电力电缆、大站站房变压器、高压开关设备等增加局放监测仪器，在线监测设备内部局放活动，监测导入数据库，对比分析，研断设备运行状态，对数据异常的设备，有针对性安排维修，有效改变故障修的被动局面。

(4)无人值班配电所远程巡检

配电所无人值班模式在试点逐步推行，配电所安全监控是急需解决的难题。推行配电所远程巡检，每面高压屏增加局放监测设备及温控监测设备，利用有固定轨道巡检摄像头，采集设备内部监测数据及设备外部运行状态，并把数据上传数据库进行比较分析，实现设备内、外巡检与异常自动报警，确保设备安全运行。

4 结束语

普速铁路电力在实际运行中还存在各种不同的问题，对智慧电力的探讨很有必要性，这样可以不断总结经验并改进工作方法，提高供电安全可靠性。本文只是从基础数据收集、设备监测及加强数据分析 3 方面进行了浅析，所列措施由于设备的实际环境、运行方式不一样可能略显不同。

作者简介

陈玉蓉，中国铁路广州局集团有限公司惠州电务段水电技术科，助工

普速铁路 10 kV 贯通、自闭线常见故障原因分析及防范措施

占达桃

摘　要： 普速铁路 10 kV 贯通、自闭线主要为信号机械室、通信机械室、5T 设备等铁路运输关键设备提供安全可靠供电，其供电质量对铁路运输安全有重大意义。普速线 10 kV 贯通、自闭线主要由架空裸导线、架空绝缘导线、电力电缆、T 接设备、电杆、横担金具、绝缘子等组成，受各方面的影响，发生故障的类型比较多。本文主要是对运行中 7 钟常见的故障进行分析，制定相应的防范措施，为沿线生产车间提供科学性、可行性的参考依据，实现贯通、自闭线安全可靠供电。

1　普速线 10 kV 贯通、自闭线基本组成及特点

普速线 10 kV 贯通、自闭线主要由架空裸导线、架空绝缘导线、电力电缆、T 接设备（箱变、变压器等）、电杆、横担金具、绝缘子、拉线、三极联动隔离开关、其他附属设施（避雷器、各类线夹、杆号牌等）等组成，并沿铁路两侧分布架设，有的穿越经济林区、有的跨越居民区、有的位于开发区周边、有的跨越公路主干道或位于公路边、有的跨越江河、有的位于重雷区；具有分布范围广、点多线长、周边外部环境复杂恶劣等特点。

2　普速线 10 kV 贯通、自闭线发生故障产生的影响

铁路 10 kV 贯通、自闭线作为铁路一级负荷供电设施，其供电质量的安全可靠性尤为重要，如发生故障将会严重影响到列车安全运行。比如会造成无线列调、通信基站（直放站）失电影响车机联控质量，导致列车不能正常呼叫应答；信号机械室失电会影响信号开放或红光带，可能发生列车冒进等严重事故；通信机械室失电会影响数据通道使用，造成各类数据无法传输等，严重干扰列车运输安全产生秩序。

3　普速线 10 kV 贯通、自闭线常见故障及原因分析

10 kV 贯通、自闭线故障原因较多，有内在的、有外在的，如果能够对产生的原因进行深入分析了解，对我们下一步制定防范措施具有一定的帮助，能够为我们提供科学的参考依据。常见故障主要有几下几种：

（1）树竹引发故障

普速线 10 kV 贯通、自闭线建设初期因考虑成本问题，大部分多为架空裸导线，绝缘导线占比不到 8%；极易收到外界因素的影响，树竹引发故障问题比较突出。经统计，2018 年树竹引发的贯通自闭线故障就有 24 件（占比 43%），2019 年 13 件（占比 29%），主要体现在树竹与导线间歇性接触放弧烧断导线、树竹倒在裸导线上造成短路或接地、树竹倒在线上造成断线等，主要原因有：一是设备巡视检查工作不到位，没有及时发现青害隐患问题；二是砍青工作不到位、滞后，没有及时对侵入供电限界的青害进行处理；三是砍青工作协调困难、推进滞后，沿线部分地区存在当地农民以种种缘由阻扰青害砍伐或修剪工作；四是恶劣天气将树木吹倒在电力线路上，预防外部环境因素能力较弱。

（2）绝缘子、避雷器绝缘击穿引发故障

我段贯通线于 1995 年—1997 年间相继投入使用，自闭线于 2004 年投入使用，大部分的绝缘子、避雷器使用年限均超过 15 年大修周期，其绝缘水平、泄流能力下降严重，存在绝缘子炸裂或击穿、避雷器绝缘击穿、避雷器绝缘外套放弧等现象，引发这些问题主要原因有：一是绝缘子、避雷器材质存在问题，绝缘水平差，没有达到标准，外力作用下极易破损。例如东水至林寨自闭线使用悬式瓷瓶绝缘子存在质量问题，

雷雨天气时极易发生炸裂而引发自闭线单相接地现象；惠州、河源水电车间管内使用的山西唯一电器有限公司的氧化锌避雷器本身存在问题，避雷器绝缘外套放弧引发接地或整条供电臂跳闸等；二是投入使用年限长，老化严重，防雷性能下降。因管内大部分避雷器使用年限都超过 8 年及以上，泄流抗压能力大大减弱，雷击易被击穿。2018、2019 年雷击造成避雷器击穿的故障均在 6 件以上，占比达 10% 以上，且击穿的避雷器均是使用超过 8 年及以上的普通氧化锌避雷器。

(3)高压电缆绝缘击穿造成故障

近年来，我段高压电缆故障呈上升趋势，给故障查找及供电应急恢复带来了一定的难度。2017 年—2019 年贯通自闭电缆故障有 7 件，总数较 2014 年—2016 年 1 件有比较明显的上升趋势。高压电缆故障情况主要有电缆中间头绝缘击穿、电缆终端头放弧、电缆遭受外力破坏绝缘击穿等，而造成这些问题的主要原因有：一是电缆中间头制作工艺不标准，造成中间头内容受潮、绝缘水平未达标，长期带电运行后被击穿；二是大型机械动工开挖时因防护措施不到位、电缆路径标识不清楚、电缆埋设路径不合理等造成挖伤或挖断电缆。

(4)电气连接处所断裂、脱落造成故障

贯通、自闭线各个耐张段或是不同类型设备、导体的连接主要是通过各种线夹及端子实现的，如耐张段的耐张线夹、并沟线夹；架空线与电缆连接的设备线夹、线鼻子；三极联动的隔离开关设备线夹等。一旦这些连接部件发生断裂或脱落，势必会造成供电的中断，故要引起对电气连接处所的重视。电气连接处所发生故障的现象主要有电缆头线鼻子断裂引发缺相、耐张段并沟线夹断裂引发缺相或接地、设备线夹断裂引发缺相等，原因有：一是设备保养检修不到位，停电检修时没有对导线连接处进行检查或是更换。二是导线连接处安装不规范，如电缆头与架空线连接时引线及电缆头固定不好，造成电缆头线鼻子长期受引线应力与电缆头重力，长时间后线鼻子出现断裂情况。

(5)外力破坏造成故障

贯通、自闭线架设时因受环境条件影响，造成部分电杆处于公路边、跨越居民区、开发区周边等，容易遭受到外力的破坏而引发故障，主要表现为电杆被撞断、拉线被撞断而引发倒杆或接地情况、导线被机械或车辆压断、机械车辆触碰导线引发短路等，原因有：一是当地居民野蛮施工，不听劝阻，铁路供电安全意识淡薄。二是标识不清楚，未能起到很好的安全警醒作用。三是车间积极性不够高，重视程度不够，没有对易被撞处所采取防护措施，存在“等靠”思想。如没有及时对处于路边的电杆砌防护墩、拉线安装保护管、电杆进行警示标识等。

(6)雷击造成故障

我段大部分设备处于雷区，有的甚至处于重雷区，7 月—10 月份雷击对设备影响较大，雷击故障主要集中在这几个月份。雷击故障主要有避雷器击穿、变压器击穿短路、绝缘子击穿炸裂等，原因有：一是泄流通道不畅通，避雷器老化，接地极电阻不合格；二是处于重雷区设备为架空线路，不能很好预防直击雷。如十二排站贯通设备每年均会遭雷击引发故障一次、安乐工区线路变压器每两三年就会被雷击坏一次等。三是变压器制作工艺不达标，抗雷能力较差。如管内的 100 kVA 以下青岛益和变压器连续 6 年均被雷击坏，占变压器故障的 66.7%。

(7)T 接设备设施原因

为能够更有效为负荷提供安全可靠的供电，10 kV 贯通、自闭线 T 接了较多的设备，如有信号专用变压器、贯通综合变压器、高压负荷开关环网柜、通信基站(直放站)箱变等，一旦这些 T 接设施发生故障也会引起贯通、自闭线的故障。近年来，T 接设施故障主要集中于通信基站(直放站)箱变，体现在柜内电缆头击穿、柜内高压连接导线放弧、柜内避雷器(绝缘子)闪络放弧击穿等，原因有：一是电缆头制作工艺不达标，没有对电缆进行耐压测试，造成电缆带隐患运行；二是高压连接导线材质不过关，外层为半导体材料，没有屏蔽层，造成长期与绝缘板进行放电产生弧光；三是通风不良，造成柜内形成凝露，久而久之导致避雷器(绝缘子)闪络防护、绝缘击穿。

4 防范措施

前面对造成贯通、自闭线故障的主要 7 种类型进行了描述分析，并对产生的原因也进行了说明，有客观的、有主观的。下面就针对这些问题制定相应的防范措施，以提高贯通、自闭线的供电可靠性，确保铁路行车安全。主要有：

(1)加大因设备巡视检查、检修工作不到位导致的故障考核力度。

制定相应的考核制度，明确规定但凡因巡视检查、维修不到位发生的故障一律按责任故障进行定责，并纳入月末综合排名、半年度平推检查、标准化建设等一系列考评中，反复出现的要求车间主任到段进行交班检查，从制度上严格管理。

(2)提高设备巡视检查、检修工作质量。

主要是针对各个设备的不同制定巡视检查、检修作业标准，编制巡视作业、检修作业指导书，规范填写内容、作业流程；同时还配备红外线测温仪、望远镜成像仪、扭力扳手等先进工具仪器，借助科技力量提高巡视、检修工作质量。

(3)加大砍青力度，对青害处所采取平推方式进行整治。

一是做好危树台账登记工作，每月对管内危树台账进行更新，并做好等级分类，及时向路内产权单位发函进行处理，提高危树整治工作效率。二是对青害进行平推式整治，针对某个区段集中力量进行砍伐或者是委外砍伐。例如我们2019 年上半年对兴宁至梅州、龙川至兴宁等区间青害进行集中砍伐后，青害造成的故障明显下降，2019 年度下半年因青害造成的故障为 3 件，而上半年则为 10 件，环比减少了 70%；2018年下半年因青害造成的故障就有 13 件，同期减少了 77%，效果比较显著。三是做好青害处置宣传工作，积极与当地政府协调，去函共同协商解决砍青难度较大的处所问题。

(4)及时对不良材质进行更换。

如果发现材质存在问题，应要及时组织人员进行更换，避免隐患设备等长期在线上运行，埋下安全隐患。例如将惠州西至惠州贯通区间的山西唯一电器有限公司生产的避雷器更换后东莞东至惠州区间贯通线再无发生不明原因跳闸。

(5)加大设备改造整治的投资投入。

充分利用年度更改大修计划对设备进行改造或大修，编制设备五年改造大修规划，分轻重缓急实施，逐步提高运行可靠性。例如将青害严重处所改为电力电缆、普通性氧化锌避雷器改为 ABB 型避雷器、位于危险区域的架空线或电力电缆进行迁移、将重雷区架空设备改为落地电缆或箱变以减少雷击风险等。段管内已投入使用的 ABB 避雷器至今未出现过雷击绝缘击穿情况。

(6)做好设备防护工作。

对处所公路边的电杆砌防护墩、拉线安装保护管，电缆敷设时采取相应的保护措施(如套管、盖砖)，在人员可到达处所悬挂安全警示标牌等；发现位于设备周边的动土开挖等大型机械施工时，及时进行制止，做好设备防护措施后才动工。

(7)合理选择路径。

在电力线路架设、电力电缆敷设时选择合理的路径，避开开发区、经济林区、污染区、居民区等处所，减少外界因素造成的影响。

(8)根据实际情况开展适应性的设备专项整治活动。

我们可以根据设备运行的情况开展相应性设备整治工作，如针对通信基站(直放站)柜内高压连接线放电问题将其更换为单芯高压电缆；规范导线连接安装，减少受力；对箱变基础进行通风，周边杂草进行清理，排水设施进行疏通；雷雨季节来临前开展接地极整治等。

5　结束语

普速铁路 10 kV 贯通、自闭线在实际运行中还存在各式各样的问题，对贯通、自闭线运行特点进行分析很有必要性，这样可以不断总结经验，不断改进工作方法，以提高供电安全可靠性。本文只是对 7 种主要问题进行了分析，制定的防范措施由于设备的实际环境不一样可能略显不同。

参考文献

[1] 楚树章.铁路电力技术问答[M].北京：中国铁道出版社，1996.
[2] 铁路电力设计规范(TB 10008—2015)[S].北京:国家铁路局，2015.

作者简介

占达桃，中国铁路广州局集团有限公司惠州电务段水电技术科，工程师

铁路电力远动系统调试作业探讨

江杨信

摘　要：目前，铁路电力设备的综合自动化程度越来越高，大大提高了设备的安全性、可靠性。电力系统综合自动化的实现离不开远动设备，远动系统调试成为实现电力系统综自化的关键。笔者根据广梅汕铁路龙湖南至汕头增建二线电力远动调试工作经历，探讨铁路电力远动调试的方法和如何提高调试工作效率、提升可靠性、保证调试作业安全，消除电力远动系统启用后安全隐患。

铁路电力远动系统是保证铁路运输安全畅通的主要技术装备，是保障电力设备安全可靠运行的基础设施，是铁路电力系统的重要组成部分。电力远动系统由主控站(电力调度)、远动传输通道、被控站和复示设备构成。电力远动系统在投入使用前，应严格按照国家、铁总和路局的有关技术标准进行调试验收，系统调试结果是电力远动系统验收的重要依据，调度结果直接影响远动系统是否投入运行。

近年，惠州电务段组织技术人员对广梅汕铁路龙湖南至汕头增建二线施工新装 4 座电力远动箱变和 2 座 10 kV 配电所进行远动调试，在调试过程中，发现了调试过程中的一些典型问题，总结调试方法，累积了一定的工作经验。本文对这些进行统计、归类、分析，探讨进一步优化铁路电力远动调试工作，提高调试工作效率和作业安全。

1　调试作业组织(见图 1)

(1)成立远动调试工作组

广梅汕铁路龙湖南至汕头增建二线电力远动设备在被控站本体安装调试完毕且远动通道合格后，施工单位向惠州电务段提出系统调试验收申请，考虑到其电力远动设备纳入惠州电务段调度主站监控，因此，段一级成立了远动调试工作组。组员包括水电技术科、安全调度科、远动设备所在现场水电车间、远动设备检修车间、施工单位、设备厂家工程技术人员。其中水电技术科负责调试方案审核、过程监控、结果审核；安调科负责方案审查、应急处置指挥、电源倒换协调；现场水电车间负责远动调试作业安全技术措施制定、工作票填发；检修车间负责电力远动设备现场和调度端调试作业；施工单位与设备厂家现场调试技术支持以及调试问题处理。

(2)成立现场远动调试作业小组

作业小组由现场水电车间、远动设备检修车间、远动设备厂家作业人员组成，根据调试作业方案，实施调试作业。

(3)成立调度端调试作业小组

作业小组由远动设备检修车间、电力调度员、远动设备厂家人员组成，负责调度端数据核对、远程操控、调度端系统调试。

(4)编制远动调试方案

远动调试工作组负责编制了《广梅汕铁路龙湖南至汕头增建二线电力远动调试方案》，方案明确了人员分工、调试计划安排、调试步骤、安全技术措施、劳动安全卡控措施、应急处置。

(5)编制远动调试作业指导书。

作业指导书明确了作业流程、作业方法、调试关键环节质量控制、安全控制、调试常见问题及处理。

(6)编制调试工作表单

《10 kV 配电所远动调试工作表单》和《电力远动箱变远动调试工作表单》详细记录了遥测、遥信、遥控“三遥”项点，调试人员照表单进行作业，不需要思考下一步该做什么，还有什么遗漏，只要按照表单逐项执行即可，每做一项后在相应项打钩或注明，最后从表单上一目了然可以看出是否有遗漏项目，缩短了调试时间，提高了远动调试效率。

(7)调试工器具准备

在调试进场作业前，远动调试工作组作提高做好调试工器具准备工作，主要是汽车交通、调试人员食宿安排、调试作业工具、试验仪器、远动设备图纸及说明书、远动点表、应急备品等，为了提高调试效率，建议使用公网对讲机(利用移动、电信公共网络的一种对讲机，可在全国任何有网络信号地方实时对讲)，一台置于调度端，一台置于现场。

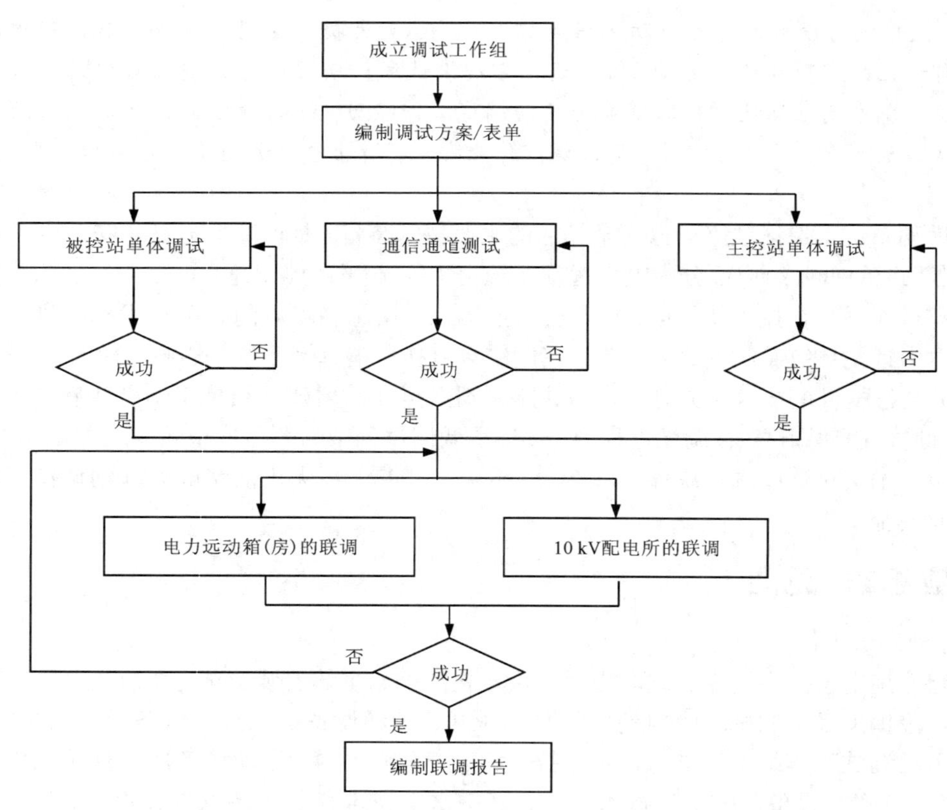

图 1 调试作业组织

2 调试作业方法

2.1 调试项目

远动调试方案 SCADA 调试项目应包括以下 5 项内容：

(1)遥测功能(YC)：检查核对各远动单元电压、电流、功率、电量、非电量等有关参数。

(2)遥信功能(YX)：检查核对各远动单元开关、刀闸、手车、当地远方位置、挂摘牌、故障告警等是否正常。

(3)遥控功能(YK)：接受并执行指令控制开关分合闸等是否正常。

(4)保护扩展功能：检查核对保护跳闸时故障报告是否及时、正确上传，故障录波、定值是否可实时调阅。

(5)调度功能：检查核对调度端 SCADA 界面、带电推导、实时报警、报表统计等功能是否正常。

2.2 调试原则

远动调试应坚持“先验界面后调功能、先遥测遥信后遥控、先当地后远方、点表逐项确认、电气关系同步验证”原则。

2.2.1 先验界面后调功能原则

(1)调度端 SCADA 图形界面核对应坚持以“图实相符”为唯一标准，确保调度端 SCADA 图形界面与实际设备状态一致。

(2)调度端 SCADA 图形界面核对应坚持“双核对”工作方法：即同时与设计图、现场设备实际情况进行对照检查，如有出入，应以现场设备实际情况作为修改标准。

(3)核图前将 SCADA 主接线图打印成纸质版，如有错误，直接在纸质版上标出，签名后交设备厂家人员进行修改。

(4)核图时，应按照“先进线后出线、先高压后低压、母线分段先Ⅰ段后Ⅱ段”顺序核图，电气关系同步检果。

2.2.2　先遥测遥信后遥控、先当地后远方原则

(1)未经核图正确、当地分合遥信正确，严禁进行遥控操作，实际作业时应先核对“当地、远方”遥信正确再进行控制操作。

(2)此原则是为了防止远动控制点有误，造成远方误分误合闸。

2.2.3　点表逐项确认原则

严格按照点表进行调试，调试一项，确认一项，发现问题，及时记录，严禁事后全面勾选确认，必须保证点表 100% 覆盖。现场无法调试时做好记录，写明原因。

2.2.4　电气关系同步验证原则

调试过程中同步对远动开关本体闭锁关系，设备上下行对应关系、电缆进出线关系，开关位置与遥测值数据的逻辑关系进行验证。

2.3　远动系统调试流程

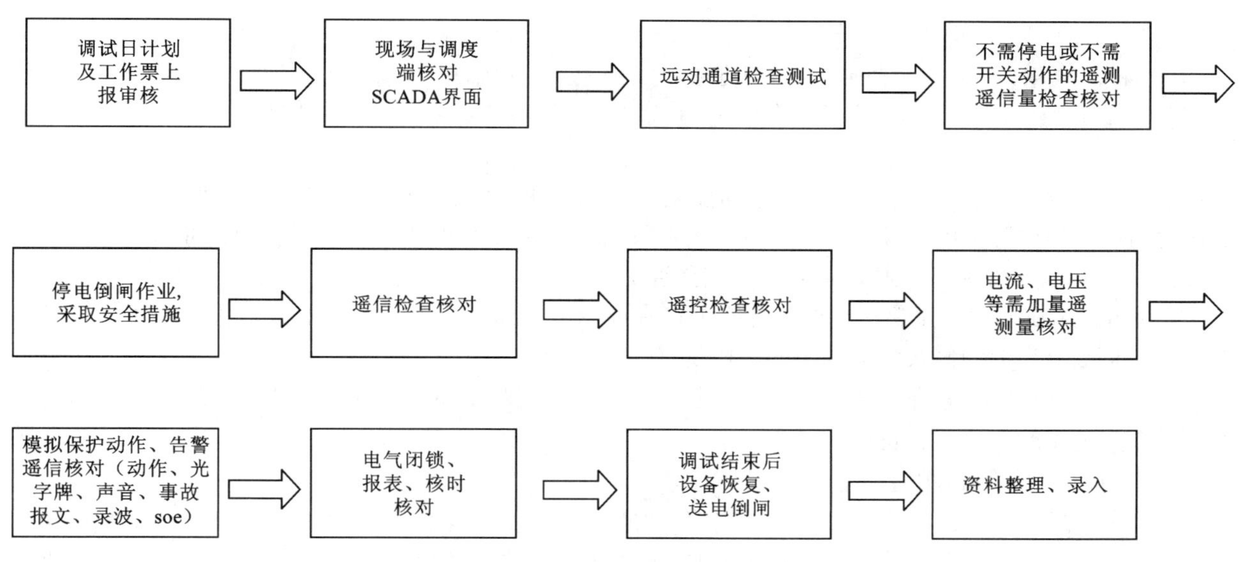

图 2　远动系统调试流程

2.4　调试关键作业环节控制

2.4.1　遥测调试关键作业环节控制

(1)对正常带电后已有电气参数量遥测，可直接与现场人员就相关遥测量进行核对，确保调度现场遥测量一致。考虑到调试效率，10 kV 配电所在带电运行情况下，可以采取临时退出失压保护方式，逐相断开 PT 二次接线或熔断管的方式，模拟电压突变和 PT 断线告警；采取逐相短接电流二次接线方式，模拟电流突变曲线，判断调度端电流测量相别是否一致。对于电力远动箱变，在带电运行情况下，高压侧电流、电压量核对方法可参考 10 kV 配电所，其低压侧电流因为比较小，可以采取并接大功率吹风筒、热风机方式进行加电流。

(2)对正常情况下遥测数值偏小或仅故障情况下才有值显示的相关参数量，应带齐加量设备进行加量检查核对，如采用微机保护测试仪从二次侧加量。

(3)现场人员进行遥测加量或读数时，调度端调试人员应同步确认“主接线图、遥测列表”两窗口遥测值显示正确，并与现场调试人员落实“呼唤应答，相互确认”要求。

(4)对遥测实时变动量，应用调度端 SCADA 界面“召唤”按钮进行召唤，确保当前值为最新数值。

2.4.2 遥信调试关键作业环节控制

(1)10 kV 配电所远动调试前，一般均处于运行状，其开关、刀闸、手车位置等遥信量应在停电状态下进行。

(2)电力远动箱变以下信号可以在带电情况下进行：开关门信号、烟感、凝露报警、主备通道切换、通道故障、UPS 失电、双电源切换装置转换。

(3)主要开关信号量：隔离开关分、合位置，断路器工作、试验位置，断路器分、合位置，地刀位置，弹簧储能信号，交直流空开跳开信号，转换开关位置，SF_6 气室压力报警，装置失电告警信号。

(4)通过操作变位的信号，应先在当地进行操作核对，如断路器分合闸位置，再核对调度端显示与实际是否一致。

(5)不能通过操作变位的信号，可通过以下方法进行检查。如电力远动箱变烟感报警，可通过点燃香烟或报纸靠近烟感器；变压器超温报警可拿出测温控探头，用打火机加温方式触发；主备通道切换、通道故障可通过现场插拨网线、光纤观察遥信变量；UPS 失电可通过分合上级电源空开进行启动，并观察遥信变量；变压器熔断发信可通过插取熔断器观察遥信变量。

(6)信号量检查要全面。在图纸中，所列出的信号量，都应校验到，不得有漏项，或错误项。

(7)大部分的保护装置的状态量输入为 DC220 V/110 V 空触点输入，装置内部光电隔离，可实现状态量变位遥信及 SOE 事件记录。

2.4.3 遥信调试关键作业环节控制

(1)当地分合闸(非远动分合闸)时，调度端应同步做到“三确认”，即“实时事件、实时报警、主接线图开关变位”同时确认，确认“实时事件”、“实时报警”、“主接线图”三窗口信息描述一致，方可进行下一步遥控操作。

(2)在做遥控命令之前，先检查在当地和控制盘上能否正常的合分开关，然后将转换开关打到“远方”位，在远动执行相应开关的遥控操作，如果遥控不成功，在后台先测试一下能否遥控，可以的话再检查调度下发的报文和远动管理机转发到装置的报文是否正确。

(3)在做故障试验时，先观察当地后台能否正常弹出故障报告，和调度核对故障报告。不对的话一般都是调度的问题，让他们修改相应的一些字段定义。

(4)从调度端做修改定值的试验时，不成功的话一般也是调度端的问题，成功的话要仔细核对每个定值数据，查看定值的变比是否正确。

2.4.4 保护动作调试关键作业环节控制

(1)保护调试主要验证各综自保护装置定值、故障报告、故障录波等信息上传功能。在变配电所的保护扩展测试时，只要是涉及电流、电压量的保护，必须采用加量设备模拟二次电流及电压，达到动作值，依次测试各个设备的保护回路。

(2)现场人员进行保护加量试验后，调度端调试人员应同步确认“实时故障、实时报警、主接线图开关变位”三窗口信息显示正确，并与现场调试人员落实“呼唤应答，相互确认”要求。

(3)在核对故障报告时，必须逐一核对装置名称、动作时间、动作类型、重合(备自投)情况、故障电量参数等，并进行综合判断，确认现场各参数与调度端一致。

(4)在进行扩展保护试验时，同步验证整定值读写、故障报告、故障录波调阅及整定值切区功能。

3 调试作业安全措施

3.1 防止设备误动

(1)电力远动箱变：对于电力远动箱变，一般分侧进行(一级贯通、综合贯通)，非调试侧可采取断开该侧高低压开关操作电源空开方式，转换开关置于“停止”位，防止误操作。

(2)10 kV 配电所：远动调试一般是母线分段进行，为了防止非调试母线段设备远程误操作，可采取将非调试母线段保护装置网线拔出方式和在后台机进行电子挂牌方式来防止误动。

3.2　防止误入带电间隔

(1)电力远动箱变：非调试侧高压柜、低压柜柜门上锁，装设警示标识。

(2)10 kV 配电所：非调试侧高压柜通道装设防护警示带，非调试侧保护屏柜门上锁，装设警示标识。。

3.3　防止影响行车供电

需要停电的远动调试作业，应在设备退出运行情况下进行，已经进入联调联试线路或既有线路应严格按照“施工不行车、行车不施工”要求在“天窗”点内进行调试作业。

3.4　防止人身触电

严格执行工作票制度，核对工作票上开具的安全措施是否完备、正确，作业人员按规定穿戴好防护用品，戴安全帽、穿绝缘鞋，使用绝缘工具作业；作业前要进行安全技术交底，作业时一人操作、一人监护；调试过程发现问题需要处理时，必须确认停电、验电、接地封线安全技术措施完备方可接触设备。

3.5　防止设备反送电

电压加量采取在电压互感器的二次回路加电压方式，为防止由二次侧向一次侧反充电，除将二次回路空开或熔断器断开外，还应取下一次保险或断开 PT 刀闸。

3.6　严格落实安全生产会议制度

调试作业要按要求召开日施工实施方案制定会、日施工实施方案布置会、开工会、完工会，做好会议录音、记录，详细交待安全注意事项和作业分工。

4　调试作业常见故障及处理

4.1　RTU 无工作电源电压

首先检查电源进线是否松动，接着检查控制器内空开、保险管熔丝。

4.2　通讯故障故障处理

(1)每个站都 PING 不通

检查调度室的 MODEM 是否正常工作，正常状况下的 LINK 常亮，ACT 闪烁。确认 MODEM 和通讯线路正常。

(2)某个站不通

首先 PING 当地的 IP 地址是否 PING 通。PING 正常装置不在线，为装置通讯板问题。PING 不通时判断通讯板问题或者是铁通通道问题。

(3)装置运行灯不闪或闪烁不正常

检查电源模块工作是否正常(直流指示灯是否亮，±5 V、±12 V、±24 V 的直流输出是否正常，交流输入指示灯是否亮)；用通讯口 B、通讯口 C 或通讯口 D 通过 RS232 串口线连接到笔记本，仍然通讯不上则可能主板出现问题，若能连接上则可能只是通讯板问题。

(4)对于新的 6U 结构的监控装置，由于采用的一体结构，装置内插件模块包括两块 PT/CT 板，CPU 板，电源板，控制板等。在面板上若通讯等不闪烁或者运行等不闪烁，说明主板工作不正常。

4.3　装置采集量不正常

(1)遥测量

电压不正常：检查接线正常无线头松动，用万用表测量装置的电压采集端子上的电压是否正常；检查电压相位是否错接线，进行调线。

电流不正常：检查接线正常无线头松动，用电流钳型表测量电流互感器的二次侧电流是否正常，电流表精度不够时可直接测量电流互感器的一次侧电流是否正常，正常后检查电流互感器的二次侧是否正确；检查电流相位是否错接线，进行调线。(注意：无钳型表而用普通万用表测电流时先将电流互感器的二次侧短接，防止二次侧开路产生高压。)

(2)遥信量

检查接线正常无线头松动的情况，将线头从装置端子取下后，用一短导线短接两端子看看后台调度机是否有遥信量上传，没有则装置采集遥信量的光耦有问题，能上传则装置没问题。检查外部遥信量是否正常，用万用表的通断档或电阻档(必须先确认遥信线上无电压才可测量)测量开关分断时是否正常。

4.4　遥控命令下发后开关不动作

(1)手动控制开关检查开关是否正常，开关是否在自动位置，储能机构、开关接线是否正常。

(2)命令下发后装置继电器板内的继电器是否已动作(“啪嗒”一声，时间持续 2 至 3 秒左右)。

(3)接线正常无线头松动的情况，用万用表的通断档或电阻档测量控制出口是否正常。

(4)如果控制出口短接导致开关误动，解掉控制出口，找出短接位置并处理。

(5)当装置内部出现问题影响信号供电时，应将装置退出运行。

(6)调度端 SCADA 系统界面测量、信号、控制与现场不符。常见原因为现场与调度遥信、遥测、遥控码不一致；调度端 SCADA 系统主接线图设备图元采点错；告警弹窗文字描述错误；未配置扩展数据或配错；调度端变比或变换系数出错；配置文件漏写项点等。

5　结束语

国内铁路电力系统普遍采用远动技术，以增强供电的可靠性。新线远动系统的调试多在现场设备验收完毕、线路正式投入运行前进行，既有线远动调试前设备通常处于运行，调试时间有限；如何短时间内做到调试项目全面、细致，另外考虑到远动系统投入运行后的使用、维护等方面的要求，这些都需要对调试工作进行科学的组织管理，形成一套成熟、高效的调试方法，从而才能保障整个供电系统的投运。以上浅见为笔者根据长期从事铁路电力系统运行维护的经验，结合专业技术理论和吸取兄弟站段经验，初步形成关于铁路电力远动系统调试工作的一些认识和体会，有助于应用于类似作业现场，其能够切实提高调试效率，确保调试工作的全面、有序和安全。

参考文献

[1] 谭秀炳. 铁路电力与牵引供电系统：继电保护[M]. 成都：西南交大出版社，2007.

[2] 谷水清. 配电系统自动化[M]. 北京：中国电力出版社，2004.

[3] 张怀玉，邓兴彦. 电力自动化中电力远动测试系统的应用探析[J]. 科技展望，2015.

[4] 铁路供电远动系统运行维护管理规则(铁总运〔2014〕195 号)[S]. 北京：铁总运，2014.

作者简介

江杨信，中国铁路广州局集团有限公司惠州电务段梅州水电车间，助理工程师

智能锁 + NB - IOT 技术在隔离开关操作中的应用探讨

侯赋亚

摘　要：在停电作业技术措施中首先是停电环节，停电作业在远动断开断路器(负荷开关)后，作业区段应有明显开断点，一般是作业两端现场人员对隔开开关进行开口操作，工作负责人或电力调度根据现场工作许可人使用 GSM 手机、对讲机的报告来核对采取安全措施执行情况，不能直观掌握隔离开关操作状态。引入 RFID(无线自动识别)技术，采用无源电子挂锁和广域网物联卡 NB - IOT 技术，对隔离开关操作授权、定位和开合状态的卡控，实时在 PC 终端屏幕显示，实现智能化识别、定位、跟踪、监控和管理，从而严控电力作业"五防"风险，确保停送电人身及设备安全。

1　停电作业现状及存在的问题

1.1　停电作业现状

对停电作业隔离开关操作监控通过书面记录来确认开关情况，不能直观确定作业区段是否形成明显开断点，给作业人员带来安全隐患。10 kV 自闭线、贯通线和变配电所馈线室外均设有隔离开关，没有对隔离开关位置进行定位，并针对位置授权操作，极易发生误分误合操作。电力调度、工作负责人(工作领导人、工作执行人)只能通过现场工作许可人的汇报来确认隔离开关开合状态，无法做到可视化管理。对隔离开关的开合操作要令、消令时间与实际开合口时间不能第一时间掌握，作业人员执行报告、确认程序工作繁琐，通讯联络经常出现障碍。

1.2　停电作业存在的主要问题

电力线路停电作业程序执行过程中，在远动断开断路器或负荷开关后，为满足作业区段应有明显开断点的技术要求，作业区段两端安排现场人员对隔开开关进行开口操作。作业区段经常达几十公里，作业人员相对较散，尤其是野外作业，对隔离开关的开合操作，仅凭靠电话、对讲机汇报核实，作为工作负责人和电力调度不能直观掌握隔离开关分合操作状态，现场作业容易发生误停电、误送电，危及人身和设备运行安全，如果影响行车设备供电，势必会给铁路运输秩序带来影响。

2　隔离开关操作监控方案的组成

2.1　隔离开关操作把手锁具的定位与授权

将隔离开关操作把手的普通挂锁更换为智能无源电子挂锁，参照高铁作业门的管理，解决原来机械挂锁管理问题，如借还登记、万能钥匙、多串钥匙等，采用智能锁，实现授权开锁，指定 APP 账号、指定作业时段、指定电子钥匙，开启指定的目标电子锁，从源头防止误分、误合隔离开关。

2.2　隔离开关开合位置状态传输

这里采用关于广域网 NB - IOT 技术，在隔离开关操作杆打孔安装行程开关，行程开关与隔离开关通过物理绑定实现同步联动(如图 1 所示)，在隔离开关操作底座装设一个防雨防锈盒子，盒子内安装 NB - IOT 控制器(如图 2 所示)。隔离开关开合的状态，通过行程开关反馈到 NB - IOT 控制器，控制器实时将信息反馈到终端服务器。现场人员接受到操作隔离开关命令后，操作完毕的隔离开关开合状态在调度室的联网 PC 终端能实时显示。

2.3　PC 屏显应用探讨

智能无源电子挂锁闭锁和开锁状态信号通过手机 APP 实时同步到服务器。隔离开关合位、开位状态的改变信息通过网络实时发送到服务器，无源电子挂锁与 NB - IOT 技术的二者结合，通过后端屏显，可实行对停电作业的实时监控和作业流程卡控，这样，电力调度或工作负责人在 PC 终端可以实时查看隔离开关

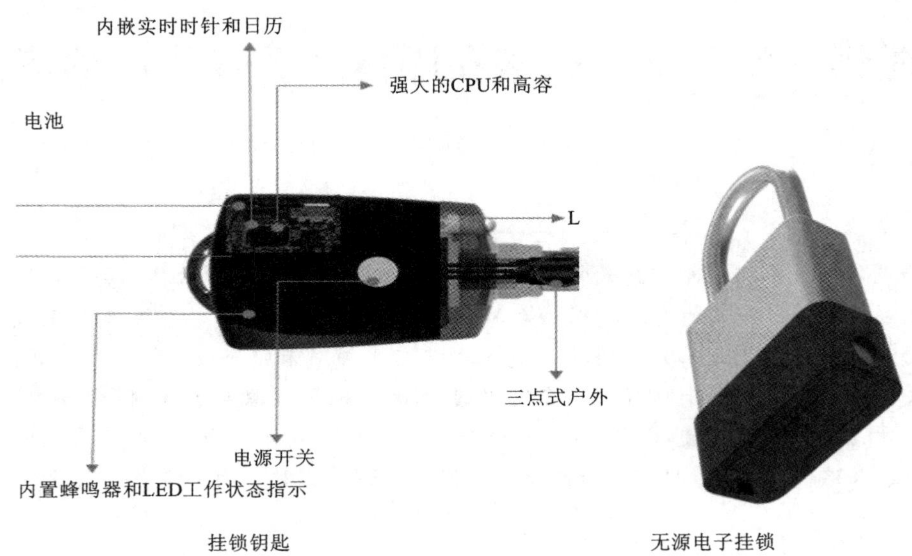

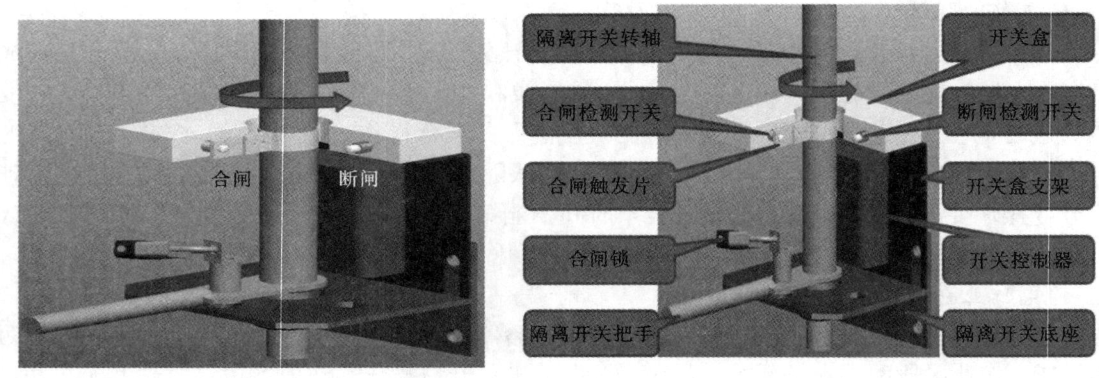

隔离开关的结构方案

图 1 隔离开关的结构方案

操作状态和操作把手挂锁的状态。

以某停电检修作业为例，停电范围为甲远动房 201 开关至乙远动房 202 开关，检修范围为该停电区段杆 059#(不含)至杆 0178#(不含)。电力调度远动断开甲远动房 201 开关、乙远动房 202 开关，屏显会自动弹出该固化检修单元示意图(如图 3 所示，负荷开关、隔离开关、挂锁处于合位状态则合位框显示红色，处于分位状态绿色框显示绿色)。通过鼠标点击该隔离开关操作把手锁具识别的 ID 和 NB－IOT 卡号查询状态改变的时间。

无源电子锁闭锁、开锁状态解读：正常情况锁具符号及闭锁框显示红色，锁具为闭锁状态；操作人获得授权打开密锁后，锁具符号及开锁框显示绿色，锁具为开锁状态；隔离开关操作完成后上锁，锁具符号及闭锁框显示红色，锁具为闭锁状态。

隔离开关开合状态结合无源电子锁状态解读：正常情况(线路带电)隔离开关符号及合位框显示红色，隔离开关为合位状态；当线路停电后锁具授权开锁，锁具符号及开锁框显示绿色，隔离开关仍在合位，开关符号及合位框显示红色；执行隔离开关“拉开”操作后，开关符号及开位框显示绿色，锁具符号及开锁框显示绿色，锁具仍为开锁状态；确认隔离开关操作完成后上锁，锁具符号及闭锁框显示红色，锁具为闭锁状态。

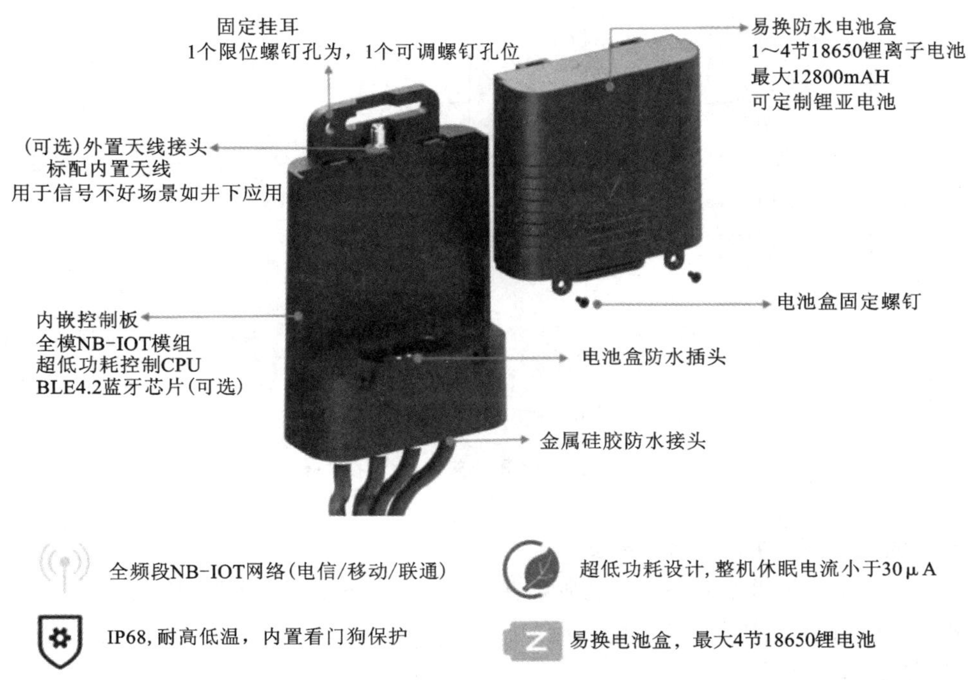

图2　NB－IOT控制器

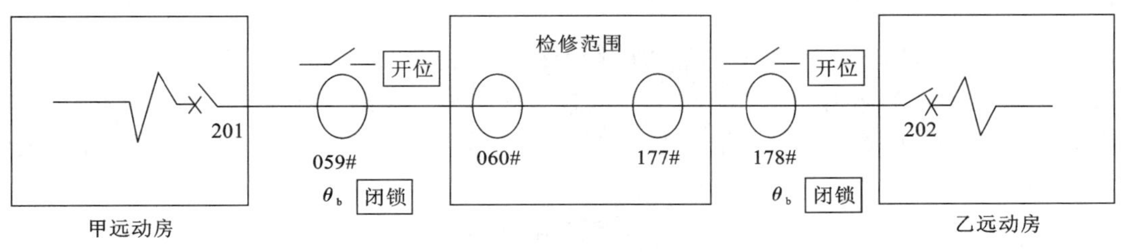

图3　分隔离开关后屏显检修单元供电示意图

3　现场应用操作（以上述停电检修单元杆059#分隔离开关操作为例）

作业流程如图4所示：工作许可人向电力调度申请作业命令→电力调度断开甲远动房201#开关、乙远动房202#开关→①电力调度下达授权059#隔离开关把手挂锁密码→②工作许可人将密码通知操作人，操作人打开密锁→③操作人分开隔离开关→④操作人对隔离开关把手上锁。

时间顺序图标变化：对应上述流程，无源电子锁和隔离开关图标颜色与现场操作对应，同时可以监控作业流程。

4　运用维护注意事项

4.1　远程控制系统的维护

PC终端对NB－IOT控制器每天一次检查，看行程开关的状态、电池电量；实时查看APP和后台的报警消息，实时解决问题；了解现场隔离开关，形成图表。在APP上设定定时月度自检，设备会根据设定的时间定时进行自检，可以防止设备自身问题导致反馈结果错误，以技术手段提高作业安全管控。

4.2　信号不稳定或网络不通的情况下的操作

锁具的开启，需要提前在信号稳定地段将连接钥匙相关开启数据下载到本地，按照“无网授权”模式完

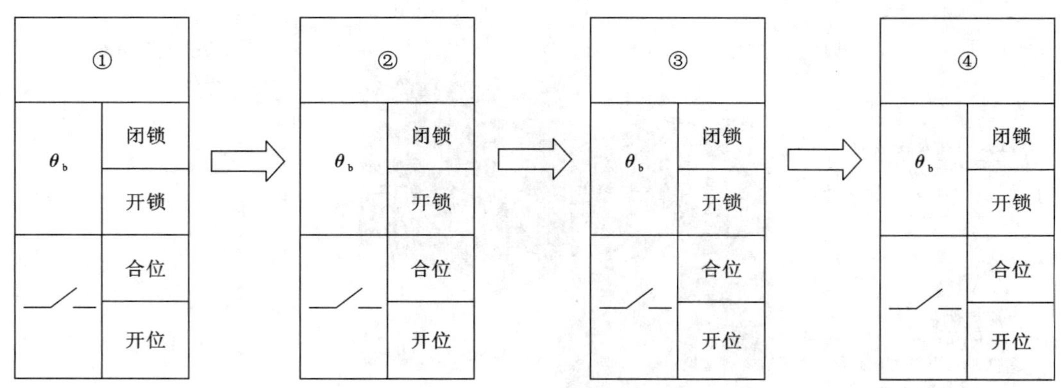

图 4 无源锁和隔离开关屏显变化示意图

成操作。网络不通的情况下，执行不授权模式。

隔离开关的开合状态，手机拍照备存，电话对讲确认开关状态，按照流程在电力作业票做好纸质记录，按照停、送电措施逐项划“√”确认。

4.3 固化检修单元的更新

固化检修单元的变更需要技术部门审核编号确认，并在检修系统上修订备存，远程执行完断路器或负荷开关停电操作后，确保检修单元自动弹窗正确，实现现场隔离开关分合操作的可靠监控。

5 结束语

广域网物联卡和无源挂锁 APP 技术已经在市场上得到广泛应用，安全密钥与 NB－IOT 技术在一个系统平台运行，结合电力 SCADA 系统，能有效远程监控线路隔离开关的开合状态和开关操作前位置确认、授权，从管理源头上严控电力停电一次作业流程，实现停送电的有效监控，确保现场停送电作业安全。

作者简介

侯赋亚，中国铁路广州局集团有限公司惠州电务段，技术科科长，工程师

提高广深线电力远动终端 RTU 数据采集精度研制

王 粤

摘 要：电力远动终端 RTU 系统是电力调度自动化系统的核心部分，是采集现场电力系统运行参数的重要装置。本文对广深线 10 kV 电力远动终端 RTU 的使用现状展开了论述，提出目前该电力远动 RTU 存在数据采集精度不高，速度不快的缺点，研究设计出一套新的 RTU 装置，使电压、电流测量精度更准。

1 研究背景及内容

1.1 RTU 的功能

RTU 是电网调度自动化系统的基础设备，安装于各变电站或发电厂内，是调度自动化系统在基层的“耳目”和“手脚”。RTU 采集所在变电站表征电力系统运行状态的模拟量和状态量等，监视并向调度中心传送这些量，执行调度中心发往变电站的控制和调节命令。其基本功能如下：

1.1.1 遥测（YC）功能将采集到的被监控变电站的母线电压、电流等主要参数及时编码成遥测信息。

1.1.2 遥信（YX）功能将采集到的被监控变电站的设备状态信号，按规约传送给调度中心。这些设备状态可能是断路器、隔离开关的位置状态，继电保护与自动装置的动作状态，漏电保护装置的运行状态，模拟操作中模拟开关器件位置等。

1.1.3 遥控（YK）功能由调度中心对变电站中的断路器等设备实行远方变位，其输出是一种开关量。

1.1.4 遥调（YT）功能是调度中心直接对被控站某些设备的工作状态和参数的调整。

1.2 广深线电力远动 RTU 的现状

广深线 10 kV 电力远动系统采用成都光芒公司生产的 GM2000 电力系统调度管理自动化系统，被控站采用 GM2000 系列的 RTU，系统 2007 年调试完毕并投入使用，至今运行已经超过 11 年。由于启用时间较早，当时较为先进的 RTU 设备在科学技术日益发达的今天，已经显得落后，远远满足不了生产的需要。其中最主要的问题体现为现场 RTU 设备硬件、交流数据采样算法落后，导致遥测数据精度不高，经测量，电压、电流值的采集相对误差达到 1.1%。所以，研究设计一套数据采集精度更高的 RTU 装置成了当务之急。

1.3 论文主要内容

本文在研究电力参数测量算法的基础上，提出一种基于 DSP 和 CAN 总线的分布式 RTU 设计方案。本文设计的 RTU 的交流采样误差等级要求为 0.2 级，即电力参数测量误差小于等于 0.2%。交流电压测量范围为 0 ~ 100 V，电流测量范围为 0 ~ 5 A，频率测量范围为 40 ~ 60 Hz。

论文的主要研究内容为：

1.3.1 通过研究交流电参量的采样方法，分析电压、电流等电力参数的测量算法。

1.3.2 构建远动终端装置（RTU）系统的总体方案，包括微处理器的选择，通信方式的实现等。

1.3.3 设计 RTU 系统信号测量模块和通信主控模块。

1.3.4 制作 RTU 装置并进行调试测量。

2 RTU 系统方案的构建

2.1 交流参数的测量

2.1.1 交流电参量的采样方法

根据采样定理，采样频率为输入信号最高频率的至少两倍时，才能复原输入信号，否则将产生失真，而在对数据进行类似于 FFT 变换时要求数据长度为 2 的整数倍。因此对于高精度数字化测量系统，实现信号的整周期采样，尤其是 2 的整数倍周期采样对于以后数据的分析乃至整个系统的精度都至关重要。要求实现采样信号与输入被测信号同步，也就是要求采样脉冲必须与输入信号实现同步。同步实质上是指采样间隔乃与信号周期 T 满足 $T=NTs$，N 为正整数，为计算方便，通常取 2 的整数倍。本文考虑到 RTU 的测试精度以及运算的方便，交流电量采样频率人取为 128 倍工频，即：

$$fs=fz\times128=50\times128=6400\ \text{Hz} \tag{1}$$

2.1.2　电流、电压测量的计算原理

对于电力系统来讲，输入量为周期函数的电流 $i(t)$、电压 $u(t)$，可以分解为含有直流分量 I、及各谐波的傅里叶级数：

$$i(t)=I_0+\sum_{k=1}^{\infty}I_{kt}\cos(kwt)t+\sum_{k=1}^{\infty}I_{kr}\sin(kwt) \tag{2}$$

$$u(t)=U_0+\sum_{k=1}^{\infty}U_{k1}\sin(kwt) \tag{3}$$

式中：k 为 k 次谐波($k=1,2,3,\cdots$)：I_k、I_{k1}、U_{kr}、U_{k1} 分别为 k 次谐波的余弦分量、正弦分量的电流、电压值。

根据傅里叶级数，从任一时刻 t_0 积分一周期 T，利用正交函数的特性，可得：

$$I_{kr}=\frac{2}{T}\int_0^T i(t)\cos(kwt)\mathrm{d}t$$

$$I_{k1}=\frac{2}{T}\int_0^T i(t)\sin(kwt)\mathrm{d}t$$

$$U_{k1}=\frac{2}{T}\int_0^T u(t)\cos(kwt)\mathrm{d}t$$

$$U_{k1}=\frac{2}{T}\int_0^T u(t)\sin(kwt)\mathrm{d}t$$

假设每个周期采样 N 次，上式分别由离散值表示为：

$$I_{kr}=\frac{2}{N}\sum_{n=1}^{N}\text{in}\cos k\frac{2n\pi}{N}$$

$$I_{k1}=\frac{2}{N}\sum_{n=1}^{N}\text{in}\sin k\frac{2n\pi}{N}$$

$$U_{kr}=\frac{2}{N}\sum_{n=1}^{N}\text{un}\cos k\frac{2n\pi}{N}$$

$$U_{k1}=\frac{2}{N}\sum_{n=1}^{N}\text{un}\sin k\frac{2n\pi}{N}$$

其中，in、un 是采样的离散量，也就是电流、电压的瞬时值。于是，电流、电压值以及各自的初始值相位角为：

$$I_k=\sqrt{I_{kr}^2+I_{k1}^2}$$

$$\tan\varphi_{k1}=\frac{I_{k1}}{I_{kr}}$$

$$U_k=\sqrt{U_{kr}^2+U_{k1}^2}$$

$$\tan\varphi_{k2}=\frac{U_{k1}}{U_{kr}}$$

2.2　计算微处理器的选择

目前，对于对数据处理要求不高的控制系统，采用单片机已绰绰有余。但对于一些比较复杂的系统，因其计算耗时较长，无法满足复杂控制算法的需要。伴随着日益完善的数字信号处理技术而发展起来的 DSP 芯片，为这种系统的设计提供了可能和便利。

关于 DSP 芯片的选取，TI 公司推出的 TMS320LF2407 主要应用于数字化控制等工业控制领域，具有处理性能好、外设集成程度高、程序存储器空间大等特点，在综合灵活性、易用性和性能等方面因素后，本设计选用了此款 DSP。它具有以下几个方面的特点：

(1)具有多达 41 个通用、双向数字 I/O 引脚；两个事件管理器 EVA 和 EVB、6 个比较单元、6 个捕获单元、12 路 PWM 输出电路和 4 路正交编码脉冲电路，具有很强的事件处理能力；

(2)采用改进的哈佛结构，片内有 6 条独立、并行的数据和地址总线，极大地提高了系统的数据吞吐能力；

(3)功耗低 TMS320LF2407 采用高性能静态 CMOS 技术，供电电压为 3.3 V，能充分地降低系统功耗。

2.3　通信方式的实现

CAN 总线是德国 BOSCH 公司开发的一种串行数据通信协议，它通信速率可达到 1 MPS/S。CAN 总线通信接口中集成了 CAN 协议的物理层和数据链路层功能，可完成对通信数据的成帧处理。

本设计将 CAN 总线引入到 RTU 的设计上，运用于变电站现场数据的通讯并由它组成了一个开放、可靠和实时的监控系统。

3　RTU 系统的设计方案

整个 RTU 系统分为两大模块：信号测量模块(如图 1 所示)，通信主控模块。信号测量模块完成对现场的原始信号的测量并将其转换成相应的电参量(遥测、遥信和遥脉)，通信主控模块完成与下位信号测控模块数据通讯；与 PC 的通讯功能。

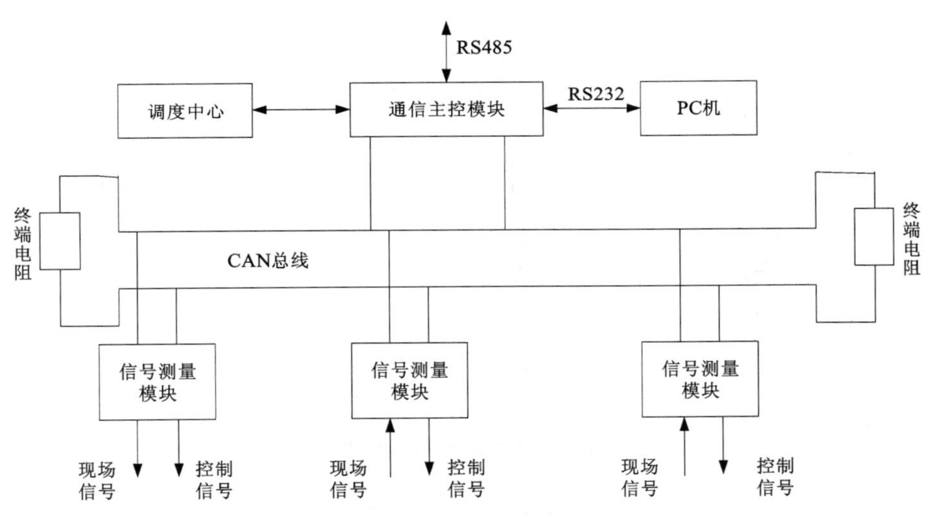

图 1　RTU 的总体结构图

3.1　信号测量模块

信号测量模块主要是对各种现场信号进行采集，并把它转换成相应的电参量显示出来，并通过 CAN 总线传送到上位模块。主要采集对象有：经过外部电压和电流互感器转化后的 0 – 100 V 标准三相交流电压和 0 – 5 A 三相电流；信号测量模块的结构原理如图 2 所示。模块由 DSP(TMS320LF2407)作为主处理器，完成对模拟量的处理。

具体电路设计如图 2、图 3 所示。

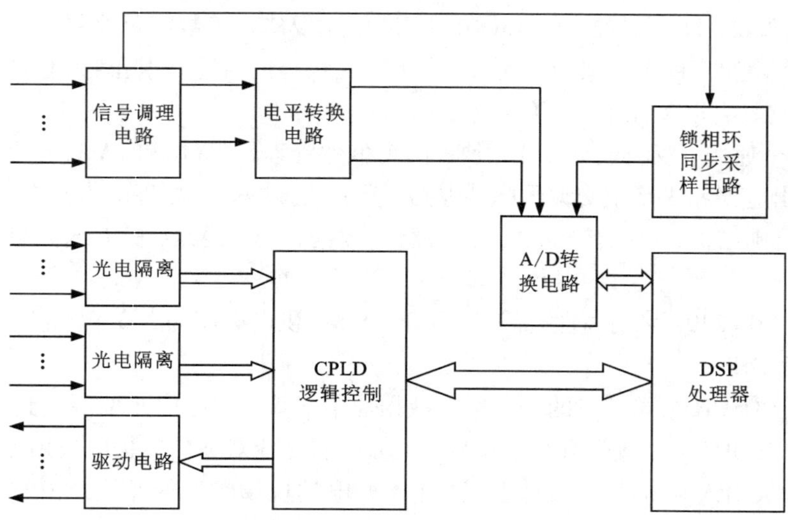

图 2　信号测量模块的结构原理图

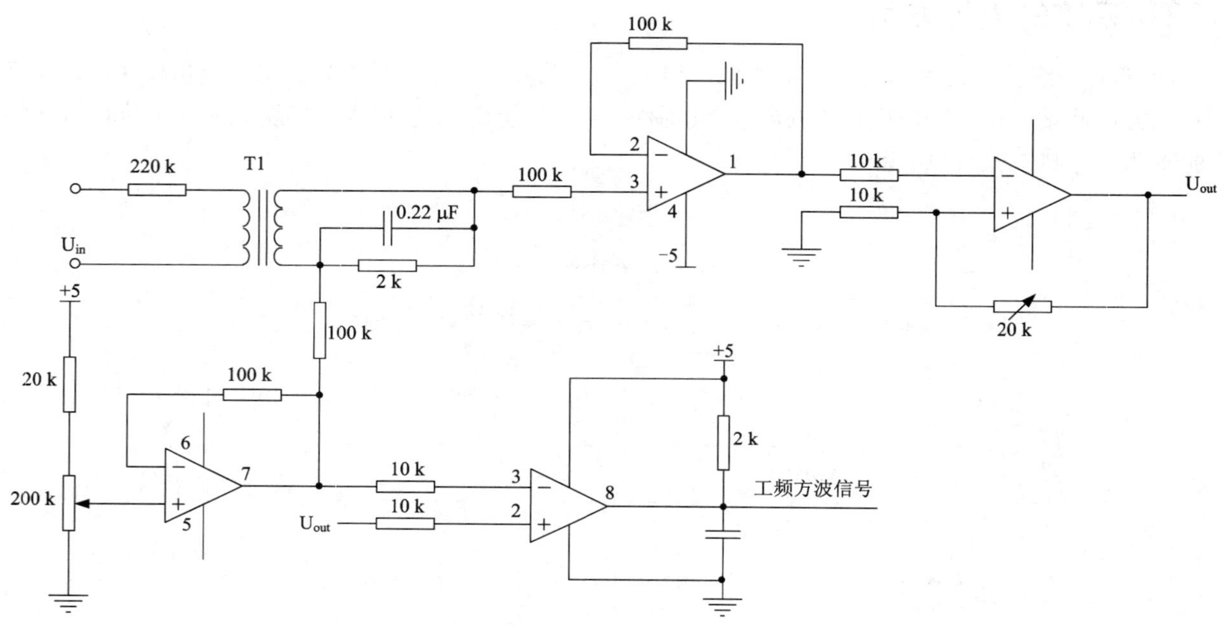

图 3　通信主控模块设计

3.2　通信主控模块的设计

本设计采用内置 CAN 控制器的了 TMS320LF2407 A(简称 LF2407 A)，作为通信主控模块的处理核心。用 CPLD 集成了处理器外围数字电路，CPLD 选择 ALTERA 公司的 MAX7000S 系列的具有 128 个宏单元的 100 脚的 EPM7128STC100 - 7，管脚到管脚的延时误差为 6 ns，完全满足处理器需要。

DSP 与 CAN 接口控制器电路设计如图 4 所示。

4　调试及数据测试

4.1　模拟调试

按照上述的设计要求，简易制作 RTU 装置一台。为了检验远动终端装置的数据采集精度，组织对该装置进行调试及数据测试，测试环境条件为：温度 20°C，相对湿度 55%。用瑞典保伽玛 Sverker760 继电保护测试仪产生特定的模拟信号，用安捷伦 34405 A 数字万用表对模拟信号进行测试，将其与装置测试结果做对比(如图 5 所示)。

本文给出交流工频输入量基本误差试验，测试实验结果如表 1、表 2 所示。

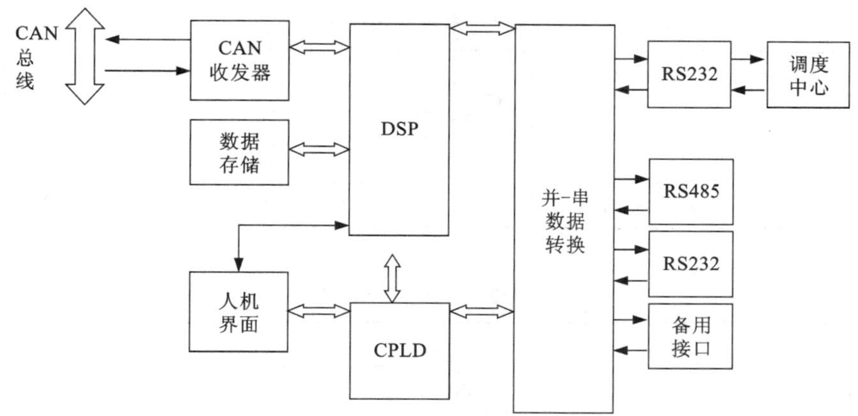

图 4 通信模块的结构原理图

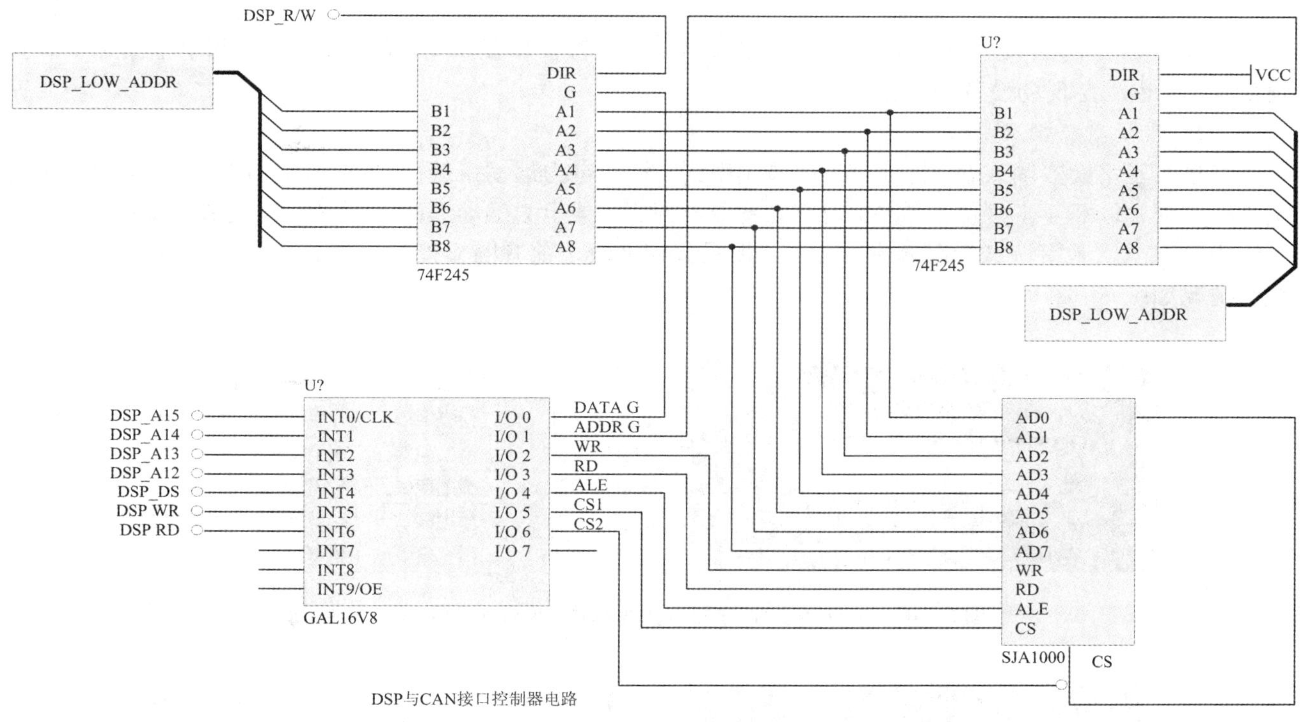

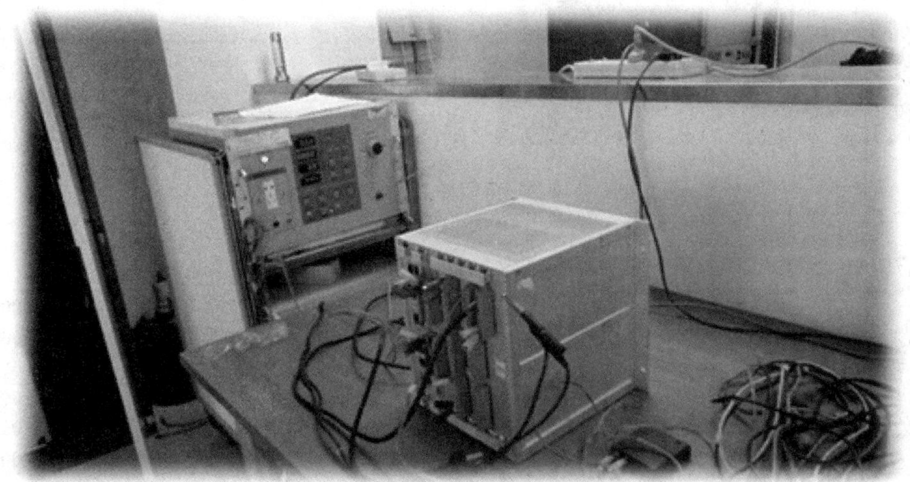

图 5 调试现场照片

表 1　电压测量结果

760 输出电压/V	20	40	60	80	100
34405 A 测试电压/V	20.142	40.109	59.899	80.032	100.030
本装置测试电压/V	20.17	40.17	60.00	80.18	100.20
相对误差/%	0.14	0.15	0.17	0.18	0.17

表 2　电流测量结果

760 输出电流/A	1	2	3	4	5
34405 A 测试电流/A	0.9981	2.1026	3.0128	3.9628	5.0316
本装置测试电流/A	0.999	2.106	3.018	3.970	5.040
相对误差/%	0.10	0.16	0.17	0.18	0.17

由以上测量结果可以看出，最大相对误差为 0.18%，符合装置 0.2% 的误差要求，基本上满足了装置设计要求，也满足现场设备运行要求。

4.2　现场数据情况

经过实验室模拟调试后，将该设计成果应用到广深线电力远动系统中进行现场应用，并对实际使用情况进行验证，2018 年 1 月份，将本次研究方案应用到广深线电力远动 RTU 改造中，经改造后试验，发现实际应用情况与实验室调试情况基本一致，数据采集精度较之前有明显提升，误差控制在 0.2% 以内，具体试验情况如图 6 – 图 9 所示。

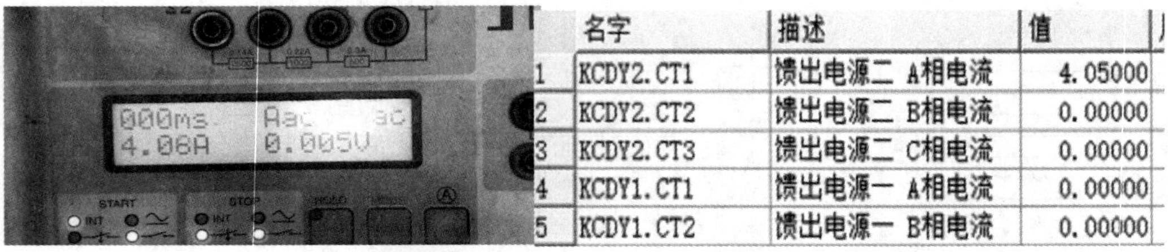

图 6　第一组电流数据(左侧为加量数据，右侧为 RTU 采集数据)

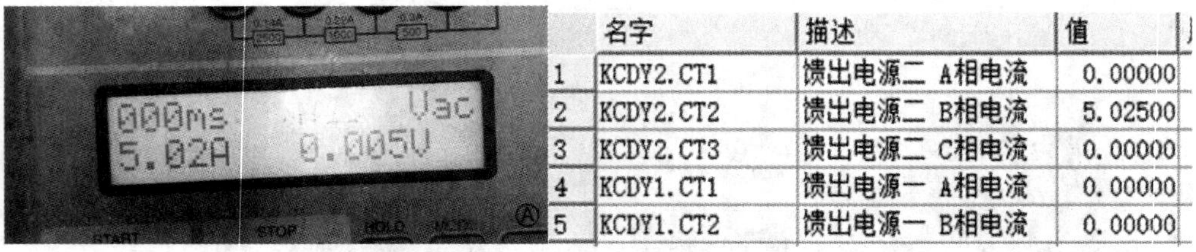

图 7　第二组电流数据

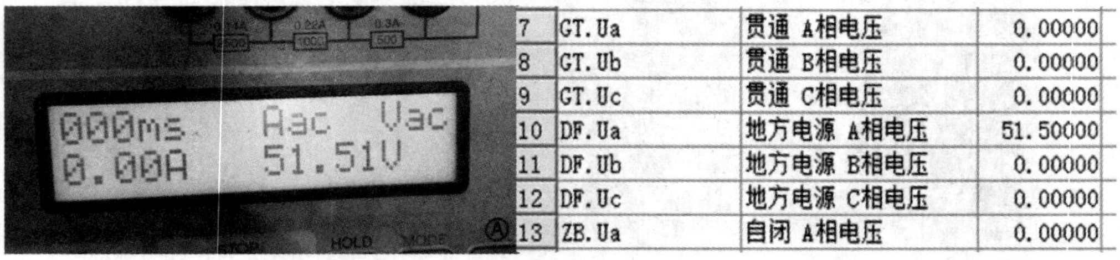

图 8　第一组电压数据

000ms　A　Vac
0.00A　40.01V

7	GT.Ua	贯通 A相电压	0.00000
8	GT.Ub	贯通 B相电压	0.00000
9	GT.Uc	贯通 C相电压	0.00000
10	DF.Ua	地方电源 A相电压	0.00000
11	DF.Ub	地方电源 B相电压	40.00000
12	DF.Uc	地方电源 C相电压	0.00000
13	ZB.Ua	自闭 A相电压	0.00000
14	ZB.Ub	自闭 B相电压	0.00000

图 9　第二组电压数据

由以上四组数据可得到，按照上述方案研制的 RTU 数据采集精度高，最大误差仅为 0.2%，最小误差为 0.002%，所以此方案极大地提高了 RTU 数据采集精度，达到了研究的预期目标。

5　广深线应用效果

由于数据采集精度较之前有明显提升，利用广深线各电力开关站传输的实时数据，提高广深线电力线路故障查找效率，缩短故障排查范围。

从 2018 年广深线电力跳闸处理情况来看，对于瞬间接地故障，跳闸后由于区间开关站缺乏数据、数据不精确等原因，基本都是安排对跳闸整个供电臂进行巡视，排查效果不佳。广深线共有 9 个供电臂，其中供电臂最长 52.868 km，最短 14.253 km，以往每次跳闸备自投成功后，由于故障现象消失，且没有明显故标，导致线路故障点排查难度大。如 2018 年 59 起跳闸中，有 40 起跳闸原因不明，占 67.8%。

将本次研究方案应用到广深线电力远动 RTU 改造后，达到以下效果：

一是当电力线路产生瞬间故障时，可通过各开关站实时传送电流数据判别故障区间，方便人员进行故障查找。如 2019 年 5 月 12 日 23:39:5 石龙配电所自闭北 331DL(供石龙－下元供电臂)过流Ⅱ段动作，按以往需对石龙－下元共 45.878 km 线路进行巡视，而现在通过后台数据可以判断故障区间在石滩－石龙Ⅰ场间，只需对石滩－石龙Ⅰ场 3.36 km 电力线路进行排查，大大缩短排查范围。

原理如图 10 所示，由于开关站数据采集精度提高，开关站的电流互感器能检测到精确的故障电流。当线路产生故障时，靠近电源侧的开关站能检测到故障电流，而故障点的后面开关站未流过故障电流，以此判别故障区间。

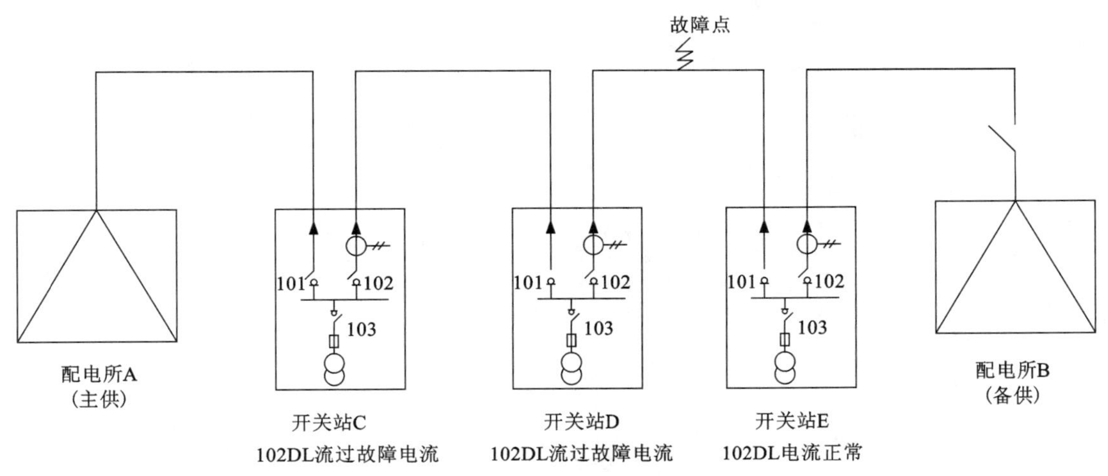

图 10　电力线路故障排查图

二是以往电力线路发生永久性故障时，调度通过试送电判别故障区间，试送过程中如多次试送不成功，故障电流和过电压会对既有的设备造成损坏，广深线 2018 年有 1 台调压器和 1 条电缆线路因为多次试送导致设备损坏。广深线电力远动 RTU 改造后，当线路产生永久性故障时调度可通过数据快速判别故障区间，进行开口，不需要通过试送电来判别故障区间，杜绝了试送电时对设备产生的冲击损伤。

6 结束语

远动终端装置 RTU 作为电力自动化系统的核心装置，完成对现场电力参数实时的测量和监控，对提高电力系统的供电安全和可靠性有着重要的意义。本文在提高终端数据采集的速度和精度上，设计了一种以傅里叶变化计算为基础的算法，以 TI 公司的 DSP TMS320LF2407 A 为微处理器、CAN 总线为通信载体的远动终端装置(RTU)。

最后通过对终端采集数据进行测试，结果表明终端抗干扰能力强，工作稳定可靠，数据采集精度高等特点，满足电力自动化系统的功能扩展对数据采集提出的实时性、可靠性和精度的要求。

参考文献

[1] 王元璋. 变电站综合自动化现场技术与运行维护[J]. 中国电力, 2007, 4 - 10.
[2] 柳永智. 电力系统远动原理及微机远动装置[M]. 成都: 成都科技大学出版社, 2004, 145 - 155.
[3] 刘和平. TMS320LF240XDSP 结构、原理及应用[M]. 北京: 北京航空航天大学出版社, 2002, 98 - 112.
[4] 邬宽明. CAN 总线原理和应用系统设计[M]. 北京: 北京航空航天大学出版社, 1996, 15 - 21.
[5] 张位平. 交流特征参量方法的探讨[J]. 工业自动化, 2002, (4): 5 - 8.
[6] 周彦. DSP 原理及应用[M]. 电子工业出版社, 2005, 18 - 330.

作者简介

王粤，中国铁路广州局集团有限公司深圳供电段，总工程师

浅谈 VR 技术在电力电缆培训中的应用

周白冰　常力彬　苏宇荣

摘　要： 本文分析了电力电缆培训的现状和难点，简述 VR 技术在电力电缆尤其是电缆头制作培训方面的探索及取得的效果，为在信息技术爆炸时代有效运用信息技术开展职工培训，尤其是在看不见、摸不着、成本高、无法真实体验等项目的培训提供了有益参考。

0　引言

随着 VR 技术的突破性发展和应用，使其在工作培训场景中的应用成为现实可能。UPS 使用 VR 来训练新手驾驶员以避免事故；肯德基利用 VR 培训员工炸鸡，效率提升 60%；我段也在积极探索将 VR 技术用于职工培训，如利用 VR 技术开展电缆头制作培训，以降低培训成本和培训效率；今后，还将逐步扩展用于看不见、摸不着、成本高、无法真实体验等培训项目，开启用虚拟现实技术开展人才培养的创新教育模式。

1　VR 技术概述

VR 即虚拟现实，是利用计算机设备模拟产生一个三维的虚拟世界，提供用户关于视觉、听觉等感官的模拟，有十足的"沉浸感"与"临场感"，具有沉浸性、交互性和构想性三种特性。由于 VR 技术的出现，给培训带来无限的可能性和想象空间。

首先，是教学场景的创设。有了 VR 技术，我们可以虚拟出任何培训场景，包括各种电压等级的变电所、配电所，各种作业现场，抢修现场，调度指挥现场，大面积停电、或自然灾害现场等等。实际工作中的任何场景都可以通过 VR 技术创设出来，为各种专业、各种岗位的培训提供了可能性。

其次，是设备的虚拟仿真。通过三维建模技术，可以对任何接触网、变电、电力、作业车等设备进行一比一的仿真，甚至内部结构、运行原理等的展示，再结合沉浸式 VR 技术，学员可以对设备进行任何角度的观察，以及拆卸、安装等的训练，使职工对设备构造、原理的理解更到位。

最后，VR 培训可以实现作业流程、规范、标准的模拟训练，学员可以在没有老师的情况下进行自主学习和反复训练。智能化 VR 培训系统还可以设置各种故障，考验学员解决实际问题的能力，后台还可以进行统计分析，给出针对性的改善建议。

2　铁路电力电缆培训的现状分析

随着我国高速铁路技术的快速发展，电力电缆取代了电力架空线，从 35 kV、10 kV 高压线路，到 380 V、220 V 的低压线路，均采用了电缆敷设，其运行质量直接影响着高速铁路的安全运行。目前业内对铁路电力电缆的研究不多，且专业人员培养滞后，未能跟上高铁技术快速发展的需求。如何提高运营队伍在电力电缆施工、电缆头制作接续、故障快速查找处置、日常检测维护等方面的能力，成为当前需要迫切解决的难题。根据相关数据统计，电力电缆故障中电缆头故障占 80% 以上，制作工艺不达标的达到 50% 以上。为此，培养一支训练有素、经验丰富的运行检修管理队伍，提高从业人员电缆头制作、接续技能水平，提高电缆头制作、接续工艺质量水平，提高电力电缆的安全稳定性，是确保高铁安全运行的迫切要求。

目前，对从业人员的培训唯一有效的方法就是真实的电缆头制作，通过反复制作操练提高其熟练程度和工艺水平。但由于电缆头及其附件价格昂贵，一般为 7000 ~ 10000 元一套，培养一个基本胜任的电缆头制作作业人员需消耗 10 万元以上的电缆头，同时还要消耗大量的电力电缆，且须定期进行适应性训练，经费和成本均无法承受，制作过程工艺也无法进行客观的考评。

3 VR技术在电缆头制作培训中的应用

为此，我们研究利用VR技术，开发一个环境逼真的电缆头接续仿真教学培训系统，充分利用虚拟现实技术沉浸性高、交互性强、感知性好的特点，通过采用虚拟现实操作平台结合高清虚拟现实显示器的方式，内置虚拟现实及增强现实软件，通过3D跟踪眼镜及触控笔，让受训人员在6个自由度的范围内，对眼前的全息影像进行选择、旋转、任意摆放、拼接，进行良好的人机交互，真实还原、感受电缆接续的操作工序和操作要点，满足日常电缆头制作、维修维护工作的培训需要。系统可完成电力电缆终端头、中间头制作、接续仿真培训，同时还预留扩展接口，今后可以根据需求，加入其他专业培训模块。

3.1 电缆头接续VR仿真教学培训系统的特点

3.1.1 沉浸感

虚拟现实技术是根据人类的视觉、听觉和生理、心理特点，由计算机产生逼真电力电缆头制作、接续过程的三维立体图像，学员成为虚拟场景中的一份子，其与虚拟环境中各种对象的相互作用就如同在现实世界中一样。当学员在场景中移动，改变自己在虚拟场景中的位置时，虚拟场景中的图像，声音等信息也实时地跟随变化，并对学员的动作进行反馈。虚拟的场景的沉浸感为学员提供了一种有利于其知识构建的情境性。

3.1.2 自主性

虚拟场景是一个三维立体的空间，学员处于虚拟场景中具有实时任意活动的自由，学员可以根据个人特点选择最佳认知策略，迅速掌握电力电缆头制作、接续技术的精华。

3.1.3 交互性

交互性是系统中最显著的特点，是一种自然的人机交互，且能够通过特殊眼镜、操控笔或者手指进行交互，系统能够根据学习者的头、手、眼、语言及身体的运动，调整系统呈现的图像和声音。学员通过自身的语言和动作就等于对电力电缆头制作、接续过程进行考察和操作。

3.1.4 多感知性

系统中装有视、听、触、动觉的传感及反应装置，学员可获得视觉、听觉、触觉、动觉等多种感知信息，因而可以充分调动各种感官的积极性，对电力电缆头制作、接续过程进行实时的全方位的学习。

3.1.5 一致性

培训标准一致，考核手段统一，不受人为影响，确保经培训的学员掌握的制作工艺都是标准的、一致的。

3.1.6 经济性

培训过程不消耗电缆头等工具材料，有效节约培训成本。

3.1.7 安全性

培训过程是在一个虚拟的环境下进行，待熟练掌握后再进行实物培训，有效保障培训过程中的学员人身安全。

3.2 电缆头接续VR仿真教学培训系统功能

3.2.1 依据总体目标进行总体方案设计。

培训的基本内容主要包括电力电缆头制作、接续过程模拟培训；按照电力电缆已有教学大纲实现教学、演练、自测、考核一体化。

3.2.2 设计系统UI功能

设计系统UI功能用来支持展示层功能。用于用户界面的交互展示功能。

3.2.3 设计系统三维数据支撑层。

三维场景库、工具库、表格库、视频库、文本库等相关三维或二维数据。

3.2.4 设计系统数据库服务层。

用于管理项目中的所有可以记录、调用的数据类型。

3.2.5 设计前台交互模式

包含学习、练习、考试三种模式。

3.2.6　设计后台图形化数据服务

包含学员、试卷、成绩、曲线、消息发送等内容的图形化操作。

3.3　电缆头接续 VR 仿真教学培训系统构成

系统包括软件和硬件两部分，软件部分采用面向对象的设计方法以及基于组件设计的理念和技术所开发的虚拟电缆头接续职教培训教学平台系统，硬件部分主要包含仿真黑板、桌面仿真试验台，另有 CAVE 虚拟显示系统、头戴显示器等设备。

3.4　应用效果

系统已运用于 2019 年集团公司组织的电缆专项修培训中，为深圳供电段、广州供电段、衡阳供电段、长沙供电段、怀化供电段、海口综合维修段等单位共培训学员 218 名，反应效果好，创新实景式、仿真式教学手段，寓教于乐，学员更容易理解和接受。内容丰富，具有较强的针对性和实用性，对规范牵引供电系统运营设施的日常维护，提高牵引供电系统运行人员的职业素质和岗位操作技能，特别是对出现突发异常情况的正确分析和及时做出反应措施、以及发生故障后的应急处置能力有着非常重要的作用。系统可替代传统现场实物模拟操作、减少实物操作训练设备损耗和损坏、克服现场操作安全问题，且具有可重复利用、低消耗的特点，相对于构建实物培训系统综合成本节约可达到 80% 以上。

4　结束语

随着科技的发展，VR 技术不仅突破了场地、设备、师资、时间、空间的局限，让培训更真实、更安全、更规范、更有效，而且 VR 资源可以重复利用、在线共享，大大降低了培训成本，提高了培训效益。今后，VR 技术将在培训领域应用越来越广泛，效果也将越来越好。

参考文献

[1] 黄心渊. 虚拟现实技术与应用[M]. 北京：科学出版社，1999.

[2] 张秀山. 虚拟现实技术及编程技巧[M]. 长沙：国防科技大学出版社，1999.

[3] 余莉. 王乘. 基于虚拟现实技术的数字校园三维仿真系统[J]. 计算机仿，2004，21(4)：98 - 101.

作者简介

周白冰，中国铁路广州局集团有限公司深圳供电段，职教科科员，助理工程师

常力彬，中国铁路广州局集团有限公司深圳供电段，职教科副科长，经济师

苏宇荣，中国铁路广州局集团有限公司深圳供电段，职教科科长，高级工程师

二维码在莞惠城际铁路电力设备管理中的应用

崔晓杰

摘　要：二维码作为一种工具，具有便利、易生产、成本低廉的优势；作为信息载体，它不仅容量大、容错率高，而且具有加密功能，对环境适应能力也比较高。随着二维码技术的发展和智能手机的普及，使得二维码可以方便地运用到生产管理中来提高生产效率。本文结合莞惠城际铁路电力设备运营中存在的问题，探讨二维码在铁路电力设备巡检、问题库管理等方面的应用，并提出解决信息安全问题的措施，提高现代化管理水平。

1　二维码概述

1.1　二维码定义

二维码又称二维条码，是用某种特定的几何图形按一定规律在平面(二维方向上)分布的黑白相间的图形记录数据符号信息的；在代码编制上巧妙地利用构成计算机内部逻辑基础的"0"、"1"比特流的概念，使用若干个与二进制相对应的几何形体来表示文字数值信息，通过图象输入设备或光电扫描设备自动识读以实现信息自动处理。它具有条码技术的一些共性：每种码制有其特定的字符集；每个字符占有一定的宽度；具有一定的校验功能等。同时还具有对不同行的信息自动识别功能以及处理图形旋转变化点。

1.2　二维码功能及特点

1.2.1　二维码常用的功能如下：

①信息获取(名片、地图、WIFI 密码、资料)

②网站跳转(跳转到微博、手机网站、网站)

③广告推送(用户扫码，直接浏览商家推送的视频、音频广告)

④手机电商(用户扫码、手机直接购物下单)

⑤防伪溯源(用户扫码、即可查看生产地；同时后台可以获取最终消费地)

⑥优惠促销(用户扫码，下载电子优惠券，抽奖)

⑦会员管理(用户手机上获取电子会员信息、VIP 服务)

⑧手机支付(扫描商品二维码，通过银行或第三方支付提供的手机端通道完成支付)

1.2.2　二维码具有以下特点：

①高密度编码，信息容量大。可容纳多达 1850 个大写字母或 2710 个数字或 1108 个字节，或 500 多个汉字，比普通条码信息容量约高几十倍。

②编码范围广。该条码可以把图片、声音、文字、签字、指纹等可以数字化的信息进行编码，用条码表示出来；可以表示多种语言文字；可表示图像数据。

③容错能力强，具有纠错功能。这使得二维条码因穿孔、污损等引起局部损坏时，照样可以正确得到识读，损毁面积达 30% 仍可恢复信息。

④译码可靠性高。它比普通条码译码错误率百万分之二要低得多，误码率不超过千万分之一。

⑤可引入加密措施。保密性、防伪性好。

⑥成本低，易制作，持久耐用。

⑦条码符号形状、尺寸大小比例可变。

⑧二维条码可以使用激光或 CCD 阅读器识读。

2　莞惠城际铁路电力设备运营管理存在的问题

莞惠城际 2016 年 3 月 30 日开通以来，在电力设备的日常运营中存在以下问题：

(1)电力设备位置难记。一是近年来，随着高铁及城际铁路的快速发展，铁路电力设备数量剧增。就莞惠城际铁路而言，99.8 公里线路有综合变电所 58 座、箱变 29 座、电缆分接箱 10 座、外电源 16 路等，呈现设备多、分布广的特点，人员很难记住众多的设备位置信息；二是铁路人员替代频繁，对于新人来说，难以在短时间内记住这么多位置信息。

(2)技术资料查阅不便。一是莞惠城际 2016 年刚开通，所内技术资料未及时配备到位，莞惠城际的综合变电所、箱变都只有一次图，缺乏上墙制度、二次图纸、设备厂家说明书、作业指导书、应急操作说明等资料；二是目前检修人员都是机械地从履历表、设备档案等查询资料，虽然设备档案存档有序，但是当数据较大时，资料查找极为不便。

(3)问题记录环节繁琐。传统模式下，工区人员在对设备进行巡视时，发现问题后首先用纸记录下问题后再用相机拍照，回到工区以后录入电子台账、用相机导出图片、编辑图片名称。此过程相对繁琐，容易出现录入数据时容易出错、照片与问题不对应、照片缺少等问题。

3 二维码的实际应用

针对以上的问题，利用现有的二维码技术可以解决，提高生产效率。以下解决问题的方法是基于“草料二维码”平台提供的制作二维码功能，具体方法如下。

3.1 位置导航

制作导航用的二维码是利用二维码的网站跳转功能得以实现的，即扫码后直接跳转到该网址，所以只需要把现有的设备位置信息转换成网址的形式，然后汇总，利用二维码平台就可以生成导航用的二维码。具体制作程序如图 1 所示。

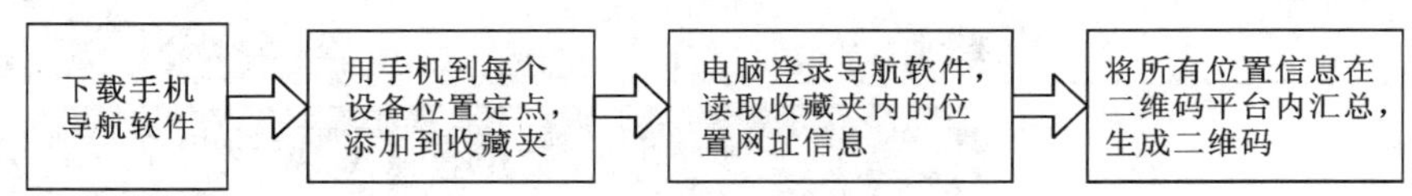

图 1 二维码生成流程图

在莞惠城际，根据电力工区的需求，制定了导航位置信息的框架(如图 1 所示)，共采集 53 个位置信息，制作了导航用的二维码(如图 2 所示)，并将其张贴在汽车内。工区人员只要有手机，就可以通过二维码找到对应的设备位置进行导航，解决了设备位置难记的问题。

需注意的是，铁路有部分箱变在山区内，不能直接导航，需采用分段导航方式(即定位 2 个点，1 个点为设备位置，1 个点为最近可以导航的路口)，确保人员能顺利到达。

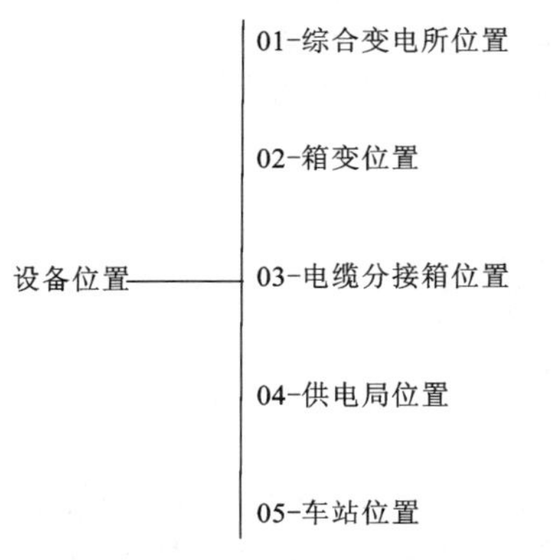

图 2 导航位置信息框架图

图 3 导航二维码

3.2 资料查阅

二维码储存容量大，利用二维码信息获取(名片、地图、WIFI 密码、资料)的功能，可解决技术资料查阅不便的问题。具体制作程序如图 4 所示。

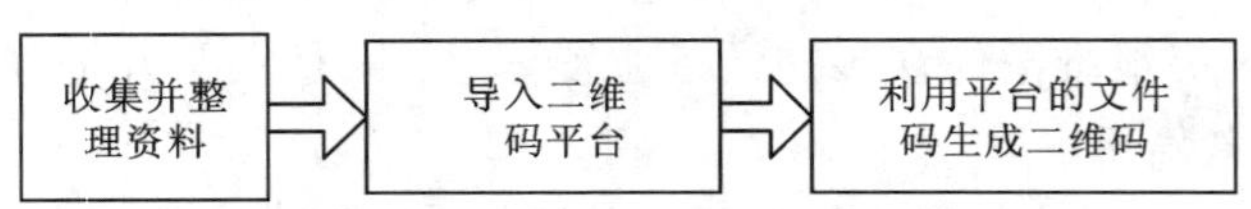

图 4　资料查阅制作程序

在莞惠城际，根据电力设备类型，就箱变、综合变电所、网开关各制作了一个二维码。内容包括一次图、二次图、供电示意图、产品说明书、作业指导书等，并张贴在设备上，人员在进行运行维护检修时，扫描该二维码读取需要的设备信息，满足了快速查阅资料的需要(综合变电所二维码展示如图 3 所示)。

需注意的是，制作时候对于没有电子档的厂家说明书、技术资料需采用扫描后上传图片的方式，对于供电示意图、抢修线路图采用 visio、coredraw 等手机查看不了的格式的文件需转化成图片格式进行查看。

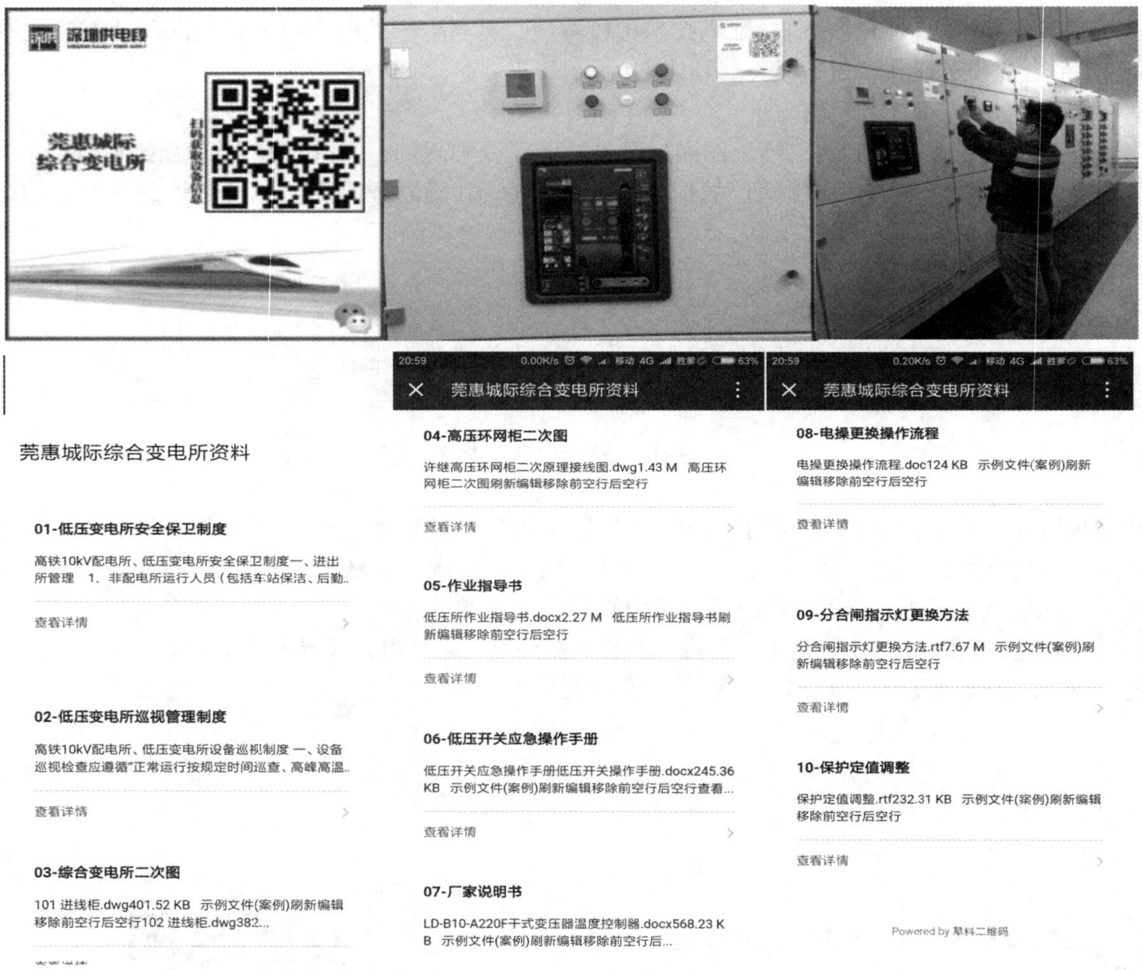

图 5　综合变电所二维码内容

3.3　设备缺陷记录

现有的二维码有实时记录功能，且在后台能实现数据的自动统计，查阅便捷。人员在现场巡视发现问题后，扫描该所亭的二维码，录入问题缺陷信息并拍照，工区值班员即可登录后台对数据进行整理。具体操作如下：

(1)在二维码平台上建立记录码(如图 6 所示)。

(2)巡视发现缺陷时扫描二维码，记录问题(如图 7 所示)。

图 6　二维码记录码

图 7　二维码记录问题

(3)后台整理数据(如图 8 所示)。

图 8　后台问题库数据

该记录码除了记录缺陷，还可应用于记录所内的维修记录、巡检记录、安装记录，方便工区和车间对现场数据进行收集、整理和分析。

3.4 小结

以上 3 个二维码已运用到莞惠城际上来解决电力设备位置难记、技术资料查阅不便、问题记录环节繁琐问题，提高电力巡检的精细化水平，实现人性化、信息化管理，为后期的巡检记录统计分析提供支持。随着二维码的日益广泛使用，二维码在铁路电力专业上仍有很多发展的空间，例如：

(1)提高电缆检修的效率。在电缆的两端张贴二维码，标注电缆的型号、长度、路径图、中间头数量以及绝缘电阻值，能大大提升电缆检修时的查找效率。利用二维码的容错性，有效避免原有标签因字体模糊清晰而影响识别的情况。

(2)有效利用设备、人员的位置信息，满足不同安全域的要求。利用配套设施、空间环境的二维码标识，有效标注现有巡检人员所在位置，提醒用户在不同安全区域的安全注意事项，杜绝误操作情况的存在。

(3)提升设备巡视的到位率和巡检质量。通过二位码的定位性，促使巡检人员必须到现场检查设备，避免巡检人员巡视不到位、不及时等现象。

4 信息安全防范措施

信息作为现代社会的一种重要资源，早已深入到社会生产、生活的方方面面，而越来越多地发生在社会层面、国家层面的信息安全事件，使得信息安全逐渐为人们所关注，而且越来越多的力量被投入到这方面的建设和研究当中。信息安全包括 5 个方面，即保证信息的保密性、完整性、可用性、可控性和不可否认性。现有对二维码涉及的设备管理系统的信息安全防范措有以下两个方案：

方案 1:二维码携带信息不涉及敏感信息，本身不进行额外加密。将扫码识别出来的设备编号进行处理，在编号头添加冗余码，此冗余码由二维码编码器设定，然后进行 md5 加密，再传输到服务器上与数据库种存储的 md5 码进行对比，将符合的数据列表传回。由于 md5 加密具有不可逆性，难以破解，能够较安全地过滤未经授权的查询，同时 md5 码能在一定程度上防止 SQL 注入。

方案 2:对二维码携带信息进行编码重组，从而达到隐藏信息内容，使无权用户无法获取信息真实内容的目的。使用特质二维码生成器，先对设备信息进行 DES 加密，再用加密后的代码生成二维码。由于 DES 加密是对称秘钥加密，所以必须由带有秘钥的专用扫码器解析，才能识别出设备信息。

5 结束语

铁路的发展离不开科技的应用，本文主要介绍了莞惠城际铁路利用二维码技术解决电力设备运营管理问题的方法，给其他线路提供借鉴作用。智能手机的普及和手机二维码的应用给电力运营管理提供了极大的方便，二维码技术是很适合用于电力设备管理方面的自动识别技术，能够作为接口补充设备管理系统的应用方式，提高信息利用率，优化运维流程。

参考文献

[1] 孔思豪，许远森，杨艾潇澜. 二维码在电力设备管理系统中的应用. 重庆电力高等专科学校学报，2016，21(5)：55－57.
[2] 杨茜. 基于二维码的供电公司信息运维精益化管理的研究[D]. 北京：华北电力大学，2016.
[3] 张霁明，吴没军. 基于二维码技术在电力二次设备中应用分析[J]. 电子世界，2017，(1)：108，110.
[4] 张俊东，何海平，郭文奇，等. 设备二维码在变电运维检修中的应用[J]. 电工技术，2016，(7)：109－110.
[5] 林知明，陈兴锋，林响. 基于移动终端的供电段设备跟踪管理系统[J]. 华东交通大学学报，2014，(1)：44－49.

作者简介

崔晓杰，中国铁路广州局集团有限公司深圳供电段技术科，技术员

感容无功自动补偿装置在10 kV低压配电系统的应用与自身优势

吴 超

摘 要：无功电容补偿在低压配电系统中的应用，有助于对配电系统中的电力线路损耗予以有效控制，降低配电系统线路导致的电力损耗，对于控制铁路电力成本而言意义重大。

0 引言

无功自动补偿根据性质的不同一般可以分为三相电容自动补偿以及分相电容自动补偿两种。在现阶段的配电系统中最为普遍的便是分相电容自动补偿装置，该装置实际应用中通常是根据相应的技术标准要求和目前工作中存在的各种无用电流通过相应回路予以处理，让三相电容自动补偿装置可以应用于三相负载平衡的配电系统之内。由于三相回路平衡，回路内的无功电流一致，因此在补偿过程中，对无功功率参数进行调节的信号源于三相中的其中一相，按照检测结果，三相同时投切能够确保三相电压质量。

在目前感容双向无功补偿装置就能很快完成感性无功输出和容性无功输出，适用于现代化铁路发展配电系统发展的需求。

1 现阶段运行状况

目前铁路10 kV配电所投入并联电抗器、SVG或MCR(磁控电抗器)的方式来解决问题。并联电抗器，只能输出感性电流，输出电流大小不可调，投入和退出运行靠人工干预，容易产生过补偿或欠补偿，也不能实现配电网三相不平衡无功的就地补偿平衡和感容转换补偿，造成重复投资，对人员安全也造成一定的影响。SVG使用大量的ICBT元件，自换相桥式电路通过电抗器或直接并联在电网上，适当地调节桥式电路交流侧输出电压的相位和幅值，由于其工作原理促使其工作方式来带了许多问题。

感容无功补偿装置的投入可以实现以下功能：①实现感性无功和容性无功双向的输出；②解决发热耗能问题；③解决设备产生谐波问题；④实现感性无功或容性无功输出三相连续可调，使电网三相平衡无功就地动态平衡；⑤解决电容投入对电网的冲击。

以高兴配电室感容无功补偿装置为例，补偿装置包括四大的部分组成：10 kV并联电抗器；10 kV 0.4/10升压变压器；低压分组电容器；无功补偿控制器。结构是：①并联电抗器(一组或几组)通过投切开并联在10 kV进线电源上的高压真空接触器实现投退；②升压变压器通过熔断器并联在10 kV进线电源上；③低压分组电容器通过电容投切开关并联在升压变压器的低压侧上；④无功补偿控制器与投切开关连接。

2 工作原理

通过电抗器的投入量和电力电容器的投入量来控制输出感性无功电流的大小，补偿电网中的容性无功；通过电抗器的切除和电力电容器的投入量来控制输出容性无功电流大小，补偿电网中的感性无功；实现了感性无功和容性无功的双向输出，此装置感性无功或容性无功的输出主要依靠电力电容和并联电抗投切的配合，没有使用ICBT和其他电阻性发热元器件，设备本身基本不发热或发热量很小，解决了依据目前技术方案开发的设备发热耗能问题；控制输出感性无功电流或容性无功电流的大小，主要依靠投入传统电力电容器的容值来调节，不需要调节电压的相位和幅值，也不需要调节晶闸管(即ICBT)控制角α，解决目前技术方案产生谐波问题。

此装置的补偿方式是电抗器可以投入一个定值，通过投入电容器的容值来控制输出感性无功电流的大小；通过电抗器的切除和电容器的投入容值来控制输出容性无功电流；电容可以做到分相分级投入，从而实现了感性无功电流或容性无功电流连续可调，使配电系统中三相不平衡无功就地补偿平衡；由于电容通过过零开关电压过零投入运行，加上升压变压器的隔离，对电网不产生冲击，有利于其他电气设备的安全运行。

原理如图 1 所示。

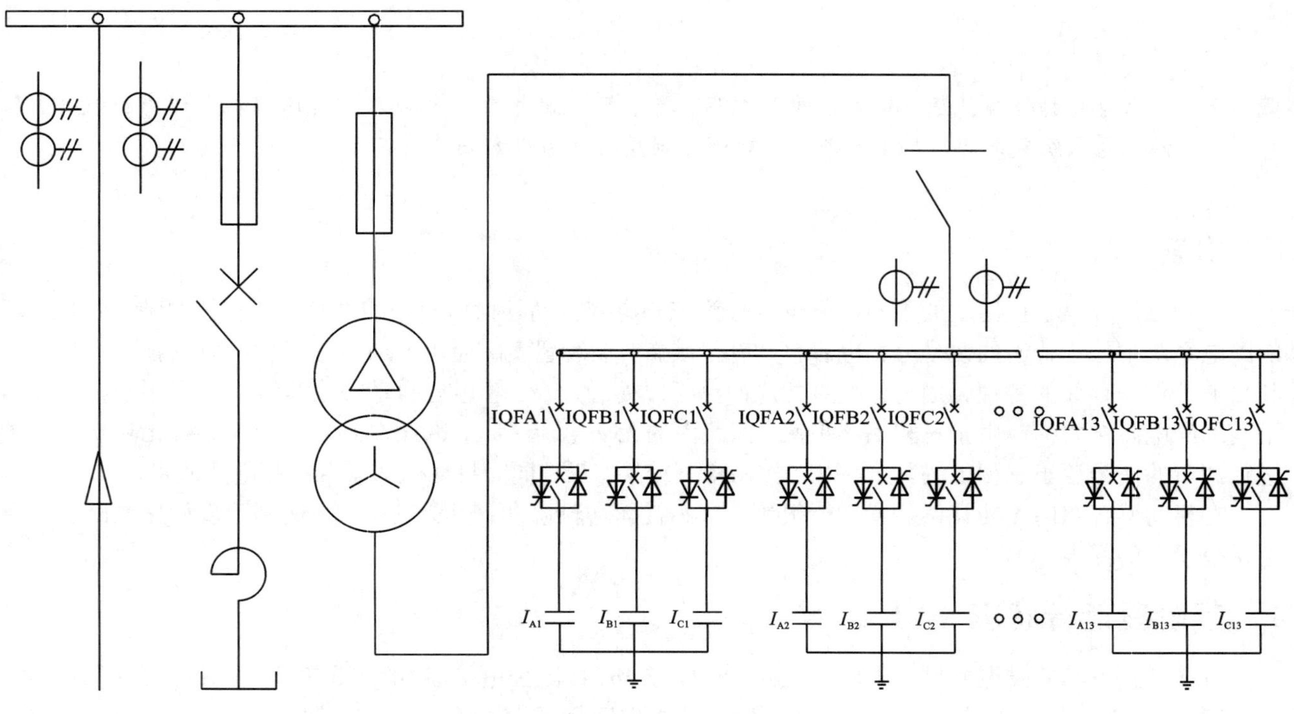

图 1　工作原理图

控制原理

◆电容器投条件

$U_L \leqslant U \leqslant U_H$（$U_L$ 电网电压下限定值，U 电网电压，U_H 电网电压上限定值）

$\cos\varphi$ 滞后

$Q \leqslant Q_e$（Q 电容器设置投电容容量，Q_e 电网无功）

延迟时间 $t \geqslant T_{d1}$（T_{d1} 为投在延时）

◆电容器切条件

$U_{L0} \geqslant U$ 或 $U \geqslant U_{H0}$（U_{L0}电网电压保护下限定值，U 电网电压，U_{H0}电网电压保护上限定值）

$\cos\varphi$ 超前

$Q_e \geqslant Q_f$（Q_f 电网允许过补容量，Q_e 电网无功）

延迟时间 $t \geqslant T_{d1}$（T_{d1} 为投切延时）

◆电抗器投条件

$U_L \leqslant U \leqslant U_H$（$U_L$ 电网电压下限定值，U 电网电压，U_H 电网电压上限定值）

$\cos\varphi$ 超前

$Q \leqslant Q_k$（Q 电抗器设置投容量，Q_k 电网无功）

延迟时间 $t \geqslant T_{d2}$（T_{d2} 为投切延时）

◆电抗器切条件

$U_{L0} \geqslant U$ 或 $U \geqslant U_{H0}$（U_{L0}电网电压保护下限定值，U 电网电压，U_{H0}电网电压保护上限定值）

$\cos\varphi$ 滞后

$Q_e \geqslant Q_f$（Q_k 电网允许过补容量，Q_e 电网无功）

延迟时间 $t \geqslant T_{d2}$（T_{d1} 为投切延时）

3　结束语

综上所述，感容无功补偿装置既能输出感性无功电流，也能输出容性无功电流，大小连续可调，补偿精度达 1 kvar，不会产生过补偿和欠补偿，实现精细化补偿。

如此一来，配电系统中的变压器以及输电线路负荷得以明显下降，输出有功能力提升。在输出一定有功功率的基础上，配电系统的损耗进一步减少，所以感容无功补偿装置在 10 kV 配电系统无功补偿中的普及应用是必然趋势。

作者简介

吴超，中国铁路成都局集团有限公司达州供电段，工程师

浅谈高铁电缆线路接地方式选择

常东霞

摘　要： 随着高速铁路的发展，铁路电力系统中电缆的应用范围越来越广泛，贯通线路逐步采用高压单芯电力电缆来取代架空线路，那么单芯电缆的接地方式就显得尤为重要，直接关乎设备的运行及电缆的使用寿命。

0　引言

高速铁路电力电缆大多采用单芯电缆，单芯电缆为了避免金属屏蔽层出现环流，导致绝缘老化加速而引起故障，本文通过对单芯电缆的几种接地方式进行分析比较，选择更适合高铁线路运行的接地方式，从而保证高速铁路电力电缆的可靠运行。

1　高速与普速铁路电力电缆选型与敷设方式

普速铁路电力贯通线和自闭线一般是电缆与架空混合线路，以架空线路为主，电缆采用三芯脚链聚乙烯绝缘钢芯电缆，敷设方式一般采用直埋。高速铁路一级和综合贯通线路均采用单芯交联聚乙烯，非磁性材料铠装铜芯电力电缆，沿铁路两侧电缆沟敷设，单芯电缆只需考虑相间绝缘，不像三芯电缆还要满足线间绝缘要求。

2　单芯电缆的结构(如图 1 所示)

单芯电缆从结构上可分为导体、绝缘层、屏蔽层和护层。绝缘层是包覆在导体外围四周起着电气绝缘作用的构件。屏蔽层由导体屏蔽层、绝缘屏蔽层、铜带屏蔽层等组成，它的作用是将电缆导体中的电磁场与与外界进行隔离的构件。护层由包带、内护层、外护层、和金属护层组成，它的作用是对电缆特别是对绝缘层进行保护。屏蔽层由铜带屏蔽和绝缘屏蔽组成。

3　单芯电缆不允许两端接地的原因

电气设备非带电的金属外壳都要接地，因此电缆的铝包或金属屏蔽层都要接地。通常 35 kV 及以下电压等级的电缆都采用两端接地方式，这是因为这些电缆大多数是三芯电缆，在正常运行中，流过三个线芯的电流总和为零，在铝包或金属屏蔽层外基本上没有磁链，这样，在铝包或金属屏蔽层两端就基本上没有感应电压，所以两端接地后不会有感应电流流过铝包或金属屏蔽层。但高速铁路电缆线路均采用单芯电缆，单芯电缆的线芯与金属屏蔽的关系，单芯电缆的导体和金属护层的关系可以看做是一个单匝变压器初级绕组和次级绕组的关系。当单芯电缆线芯通过电流时就会有磁力线交链铝包或金属屏蔽层，使它的两端出现感应电压。感应电压的大小与电缆线路的长度和流过导体的电流成正比，电缆很长时，护套上的感应电压叠加起来可达到危及人身安全的程度，在线路发生短路故障、遭受操作过电压或雷电冲击时，屏蔽上会形成很高的感应电压，甚至可能击穿护套绝缘。此时，如果仍将铝包或金属屏蔽层两端三相互联接地，则铝包或金属屏蔽层将会出现很大的环流，其值可达线芯电流的 50% ~95%，形成损耗，使铝包或金属屏蔽层发热，这不仅浪费了大量电能，而且降低了电缆的载流量，并加速了电缆绝缘老化，因此单芯电缆不应两端接地。案例 2 相当于金属护套两端都经护层保护器接地，在绝缘薄弱的处所遭到过电压导致绝缘破坏，对地放电，从而导致了贯通线过流跳闸。而正常运行时相当于两端都不接地状态，对人身和设备都构成巨大的威胁。

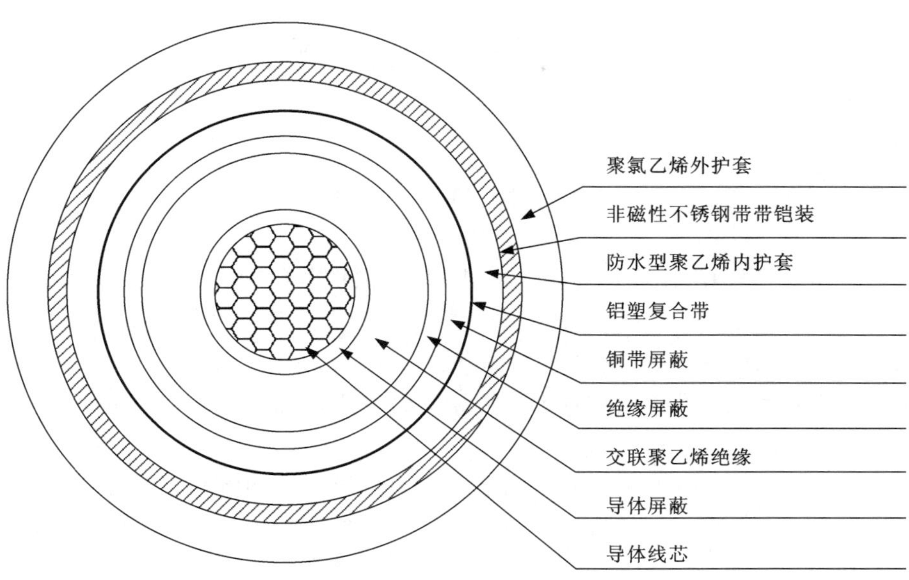

图 1　单芯电缆的结构图

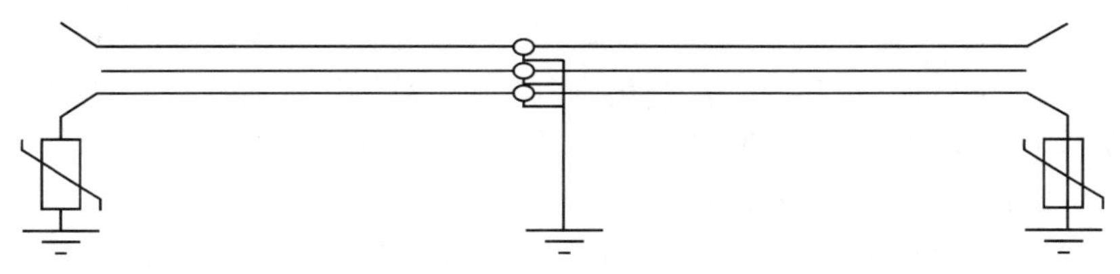

图 2　电缆接地方式

4　单芯电缆不允许一点接地的原因分析

金属护层采用一点接地时，当雷电流或操作过电压波沿线芯流动时，电缆铝包或金属屏蔽层不接地端会出现很高的冲击电压；在系统发生短路时，短路电流流经线芯时，电缆铝包或金属屏蔽层不接地端也会出现较高的工频感应电压。在电缆外护层绝缘不能承受这种过电压的作用而损坏时，将导致出现多点接地，形成环流。

5　单芯电缆不采用两端经护层保护器接地，中央部位单点直接接地的原因

采用两端通过护层保护器接地时，一条电缆可看作一端接地线路长度的两倍，护套中间必须接地，因高铁电缆线路均在路基两侧盖板下面，采取这种方式，一是不利于检查；二是在发生故障时，排查的点较多；三是应用的保护器较多，不经济；四是这种接地方式一般应用于电缆长度较短的情况，但高铁线路每根电缆长度均在 3 ~4 km。因此一般不采用这种方法。

6　单芯电缆采用一端接地，另一端经护层保护器接地的原因

6.1　护层保护器的作用

6.1.1　电缆护层保护器采用 ZnO 压敏电阻作为保护元件，无串联间隙，保护性能好，具有优良的电压电流特性曲线，目前广泛应用于电力系统高压电气设备的保护。

6.1.2　限制电缆线路金属护层中的工频感应电压。在电缆线路正常工作状态时，高压电缆护层呈高阻状态，截断电缆金属护层中的工频感应电流回路。

6.1.3　迅速减小电缆线路金属护层中的工频和冲击过电压。当电缆线路出现接地故障时，雷电过电

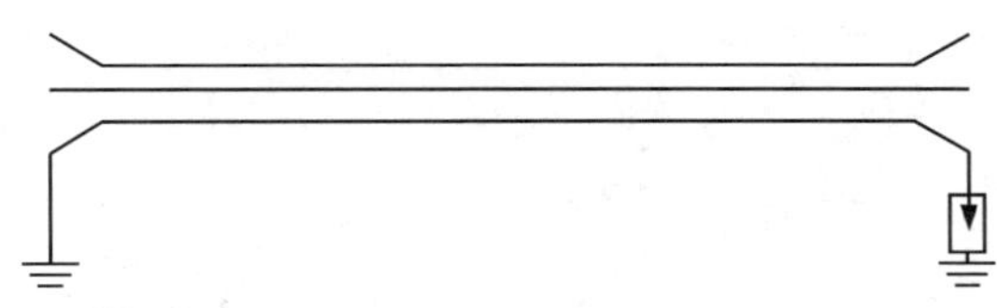

图 3 单芯电缆一端接地方式

压或内部过电压导致金属护层中出现很高的过电压时，护层保护器呈现出低电阻导通状态，使故障电流经保护器迅速泄入大地。

6.2 单芯电缆采用一端接地，另一端经护层保护器接地的原因

6.2.1 当雷电波侵入或系统严重过电压时，很高的过电压将使保护器护击穿，使过电压产生的过电流泄入大地。

6.2.2 在正常运行情况下，由于保护器在低电压作用下呈很高的电阻，相当于电缆金属护层一端开路，单芯电缆中的工作电流不会再金属护层上感应出环流，从而避免了由于环流烧损电缆金属外皮和由于环流发热降低电缆的载流量等问题，有效防止电缆护层绝缘被击穿。

7 实际案例

7.1 2016 年 10 月 15 日天窗点内，完成玉柳 10 号箱变气室更换，恢复箱变接线并完成远动调试后，联系局电调远动送电，在合上玉柳 11 号箱变 Z6 负荷开关时，现场人员发现玉柳 10 号箱变电缆头有异常的放电声，于是立即联系电调断开玉柳 11 号箱变 Z6 负荷开关，对设备进行检查。经检查发现，玉柳 10 号箱变进线电缆铠装外皮与护层保护器接引，但是未接地，导致与铠装外皮接引的接地编织带对地放电，对电缆护层保护器进行紧密连接后，送电恢复正常。

7.2 2016 年 10 月 15 日 23 时 42 分，军马场配电所军浩一级贯通线 112#断路器过流保护动作。经电调故障选线及电力工巡视发现浩军 24 号箱变至浩军 27 号箱变间，一级贯通高压电缆绝缘击穿后对地放电造成跳闸。再重新制作中间接头恢复送电时，发现浩军 24 号箱变高压环网柜一级贯通出线电缆头侧有放电声，再次进行检查，发现 24 号箱变出线电缆及 27 号箱变进线电缆的金属护套都是经护层保护器接地的，这不符合兰新客专电力贯通线敷设的技术规格，一条电缆应为一端直接接地一端经过护层保护器接地，随后拆除护层保护器改为直接接地后，恢复送电时设备运行正常。

8 结束语

单芯电缆金属护套接地时高铁综合接地系统的重要组成部分，是保证电缆贯通线路安全运行不可或缺的措施，也是减小单芯电缆线路电磁干扰，实现电测兼容的有效途径。电力工程设计和施工时，必须认识到单芯电缆金属护套接地方式的重要性，严格执行有关接地技术方面的规程、规范，把单芯电缆金属护套的接地做细做牢，同时在同一线路上，每一根电缆的接地方式要一致，确保电缆贯通线安全可靠运行，为铁路客运专线行车安全提供保障。

参考文献

[1] 铁路电力设计规范(TB 10008—2015)[S].北京：国家铁路局，2015.
[2] 交流电气装置接地(DL/T 621—1997)[S].北京：电力工业部电力科学研究院高压研究所，1997.
[3] 郑肇，王焜明. 高压电缆线路[M].北京：北京水利电力出版社，1983.

作者简介

常东霞，中国铁路兰州局集团有限公司嘉峪关供电段，技术员

浩吉铁路 27.5/10 kV 电源净化装置技术的应用

马阳柏　何宗飞　邓远毅

摘　要：本文介绍了目前铁路供电系统中两种常规的低压配电方式，分析了由铁路牵引站主变器 27.5 kV 低压侧主母线向支路低压配电系统供电存在的电能质量不稳定的问题，提出了利用电源净化装置处理该问题的解决方案，重点分析了电源净化装置工作的基本原理，通过电源净化装置的实际投运，解决了站内重要设施，设备电能质量问题，并在节能降耗方面取得显著效果。

0　引言

电气化铁路供电系统包含的范围主要由以下组成：机车牵引供电、上下行的贯通电缆线路供电、各开闭所供电，其中牵引供电主要通过外部电网 110 kV、220 kV、330 kV/27.5 kV 牵引变获取，综合贯通线及开闭所的 10 kV 供电来源普遍设计思想是：优先采用外部接引供电，当条件受限时可采用一路由外电源引入然后通过所用变压器逐级分配到下级低压配电系统，另一路则是由 27.5 kV/400 V 变压器直接供给低压配电。

浩吉(蒙华)铁路设计为电力牵引重载铁路，部分变电所不具备双路 10 kV 电源外部接引条件。从 27.5 kV 获取贯通电源有以下制约问题：牵引电源受机车运行的随机性影响，电压波动幅度大；机车主传动系统采用交 - 直 - 交传动方式，由于整流器的存在使牵引电源低次(不控或相控整流)或高次(PWM 整流)谐波含量较大；牵引网及电力机车牵引系统为单相交流系统，导致牵引变压器出口三相电压不平衡，不平衡度随着牵引功率而变化，通过直接降压获得的 10 kV 或 0.4 kV 三相电源将继承该不平衡；诸如上述电压波动、谐波、三相电压不平衡问题，不加处理直接供给贯通线，轻者造成铁路电力系统的微机保护误动作，保护值丢失；重者将导致设备烧毁、路信号灯无法使用影响行车安全。

针对上述供电方式存在的问题，本文提出了一种通过使用 27.5/10 kV 电源净化装置，从牵引系统获取三相 10 kV 电源，使用串联电压质量控制技术(SVQR：Series active voltage quality regulator)，对该 10 kV 电源进行净化处理，使其出口电压质量指标符合铁路电力系统要求的技术手段和装备。通过在浩吉(蒙华)铁路两处牵引变电所使用，达到了设计目标。

1　系统组成

1.1　主接线系统

浩吉(蒙华)铁路建华镇牵引所引入两路互为热备用的 330 kV 电源作为进线，采用线路变压器组型式，变电所设置 4 台 330 kV/27.5 kV 单相牵引变压器，每两台采用 V 型接法，分别作为列车上、下行牵引供电，作为一级贯通取电，并且两组变压器按照固定备用、一主一备方式运行；综合贯通取外网 10 kV 电源引入，另一路通过取自 27.5 kV 主母线，利用 27.5/10 kV 变压器经 27.5/10 kV 净化电源装置滤波后作为站内第二路电源输入，同时两路电源互为备用关系。具体如图 1 所示。

1.2　电源净化装置系统

27.5/10 kV 电源净化装置系统由以下几部分组成：户外 27.5 kV 油浸式变压器、高压输入开关柜 AH1、高压旁路开关柜 AH2、高压输出开关柜 AH3、低压功率柜、升压变压器柜、降压变压器柜等。电气原理图及电缆敷设示意图如图 2、图 3 所示。

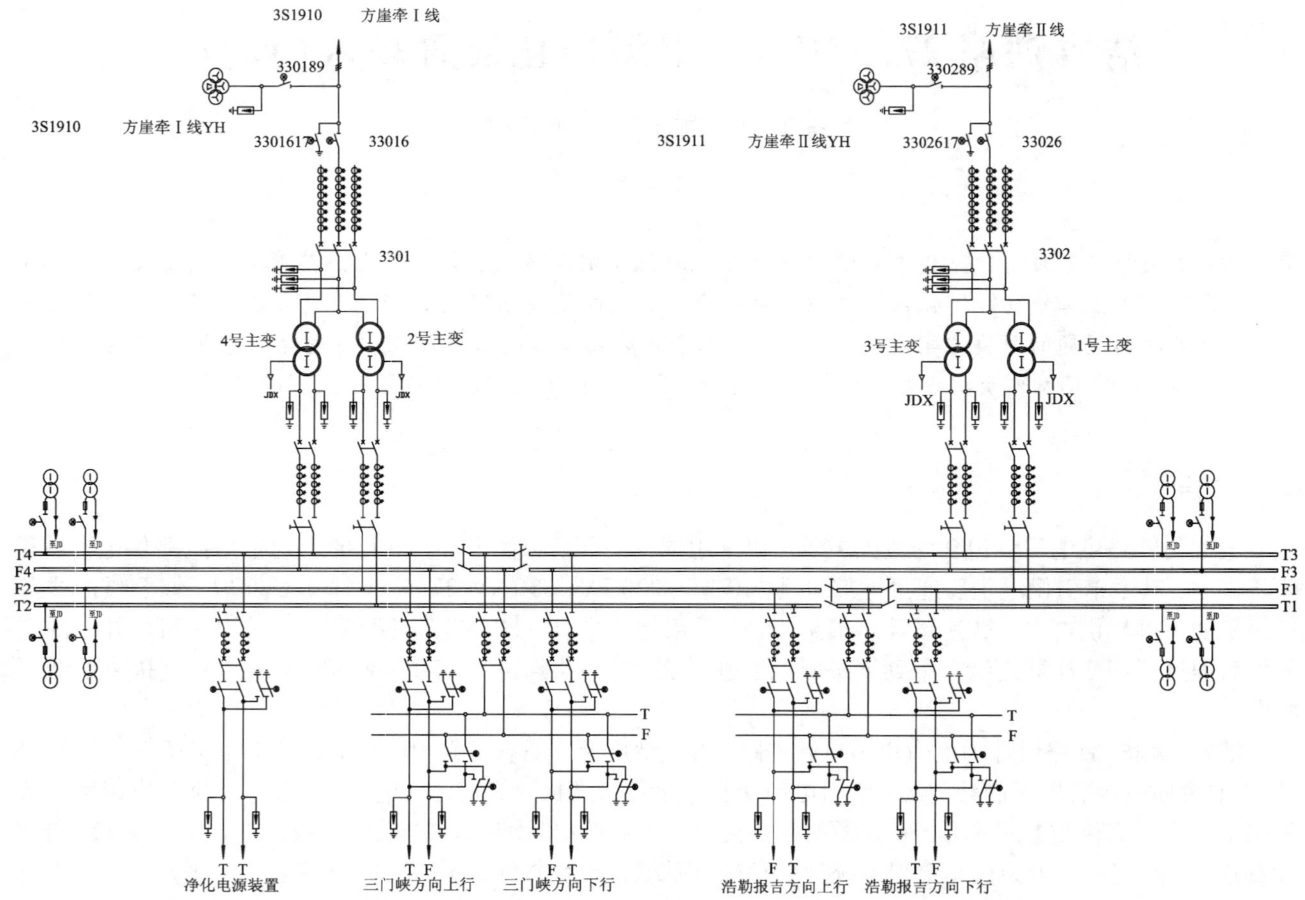

图1 带有净化电源装置支路铁路牵引所主接线图

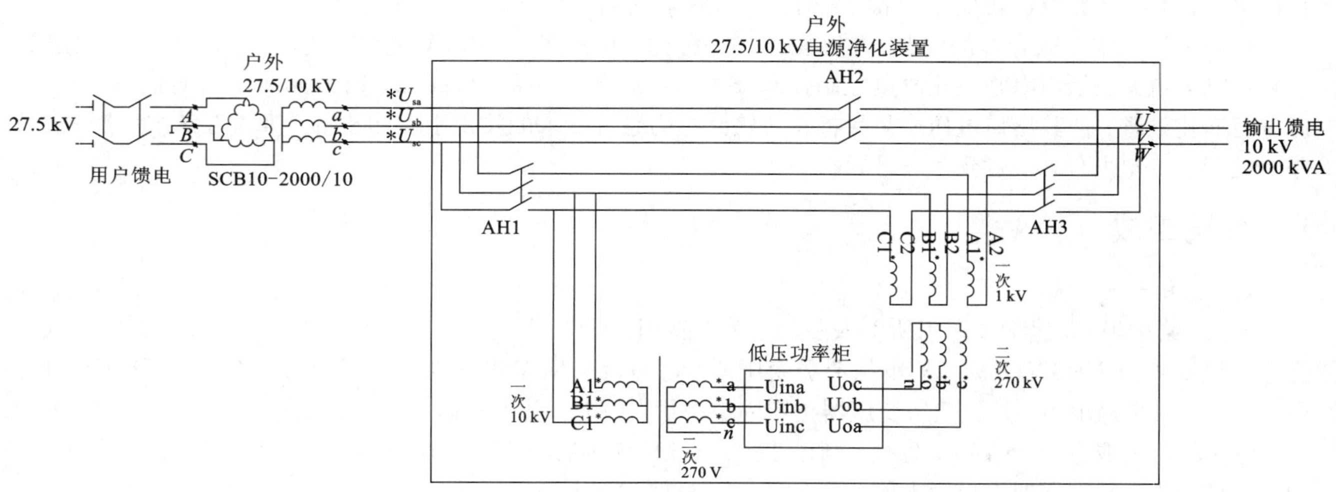

图2 电源净化装置工作原理图

27.5/10 kV 电源净化装置的功率柜和开关柜的综合保护装置能够通过 RS485 通信接口或以太网接口在站内后台组网的方式实现整个系统的遥信、遥测、遥控功能，满足远方调度实时管理与控制的需求。后台调试界面如下图 4、图 5 所示。

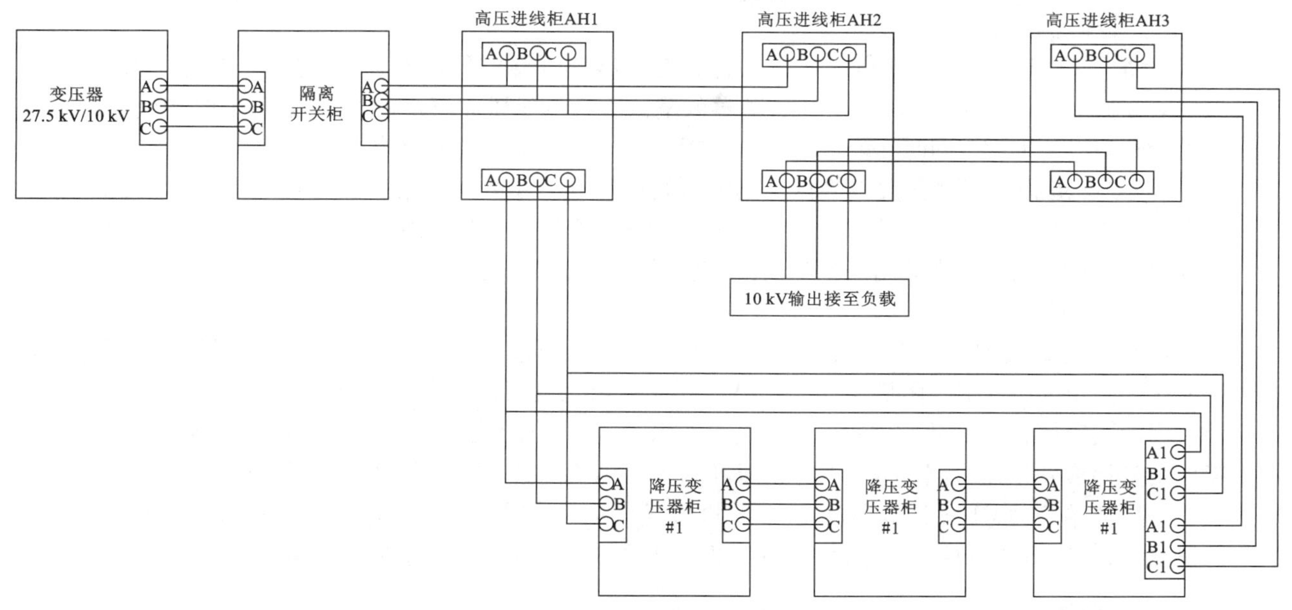

图 3　施工电缆敷设示意图

图 4　主接线系统后台界面

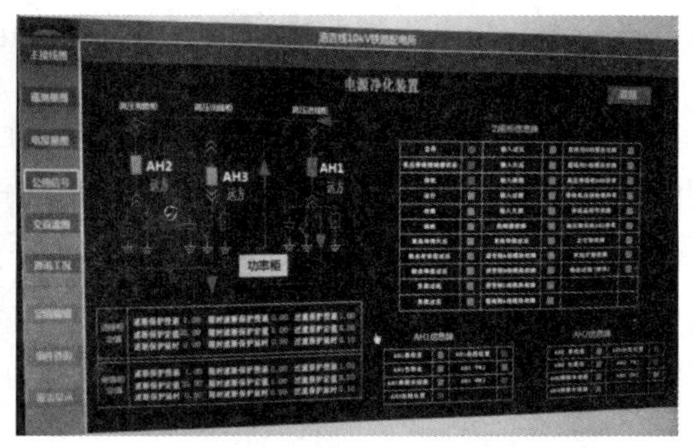

图 5　电源净化装置后台界面

1.2.1　户外 27.5/10 kV 变压器

为方便及时对变压器运行状态进行监测，变压器本体上安装了气体继电器、压力保护装置、温度监测装置，并将瓦斯、油箱压力、油温监测、绕组温度监测等信号接入后台，便于后台统一管理，同时为变压器的安全、可靠、高效运行提供保障。信号点表如表 1 所示。

表 1　变压器保护节点信号表

二次侧接线端口定义						
功能	瓦斯监测（常开）		油箱压力监测（常开）	油温监测（常开）	绕组温度监测（常开）	
端子	1/2	3/4/5	12/13	18/20	26/27	28/29
节点状态	闭合	闭合	闭合	闭合	闭合	闭合
定义	轻瓦斯报警	重瓦斯跳闸	压力释放报警	跳闸（80℃）	报警（80℃）	跳闸（80℃）
接口容量	AC 220 V 0.3 A DC 220 V 0.3 A		AC 220 V 5 A DC 220 V 0.3 A	AC 220 V 1.5 A	AC 250 V 3 A	
目标设备	综自		综自	综自	综自	
备注	4/5 两触点冗余设计，处部并接，3 为公共点					

1.2.2 升/降变压器柜

如图 2 所示 27.5/10 kV 净化电源装置内包含有降压变压器柜和升压变压器柜，其中降压变压器主要是将 10 kV 变换成低压作为功率柜 PWM 整流器的输入。升压变压器将逆变输出电压通过升压变压器的隔离转换耦合到 10 kV 回路，同时在变压器柜内设置高压电子开关，用于整个装置的快速高压保护，其切换速度在 10 ms 内，并设置机械开关以提供长期电流通路。电子开关与机械开关的复合使用，满足高压旁路与机械旁路切换的快速性。考虑噪音及节能降耗的要求，变压器散热风机通过柜内温湿度控制器设定相应的温湿度值来启停风机，在降低用电损耗的同时也增加了风机的使用寿命。

1.2.3 功率柜

低压功率柜是 27.5/10 kV 净化电源的核心部件。为保证整个装置对系统供电的可靠性，串联侧出口设置了低压旁路单元，其主要由低压晶闸管 N_1、N_2、N_3 和低压接触器 *KM* 并联组成电子/机械复合开关。晶闸管采用两组角接的方式并联，从最大程度上对系统进行冗余保护。晶闸管开通的快速性满足了低功率柜故障后快速切换到低压旁路的速度要求，低压接触器的稳定性保证了长期旁路运行的要求。同时整套装置设计了高压旁路开关 QF1(其本身也是电子/机械复合开关)，即使在低压功率柜内的低压旁路单元发生故障的情况下，装置的控制系统瞬间会将高压旁路开关 QF1 合闸，保证了后级供电的连续性。

2 装置工作原理

装置的控制系统实时监测 10 kV 输入侧系统电压，当 10 kV 输入侧系统电压偏低时，由低压功率柜输出与 10 kV 侧系统电压相位相同且幅值可调的电压，通过升压变压器 T_2 耦合，使系统电压与功率变换器输出电压相叠加，以达到稳定负载端电压的目的。

同理，当 10 kV 输入侧系统电压偏高时，低压功率柜输出与 10 kV 侧系统电压存在一定相位差且幅值可调的电压，通过升压变压器 T_2 耦合，使输出电压达标。当系统电压中存在一定谐波时，低压功率柜将输出与系统谐波电压大小相等方向相反的谐波电压与其抵消。同样原理，系统三相电压不平衡时，低压功率柜输出相应的补偿电压，通过升压变压器 T_2 与系统电压耦合叠加，使装置亏出电压达到平衡状态。补偿原理如图 6 所示。

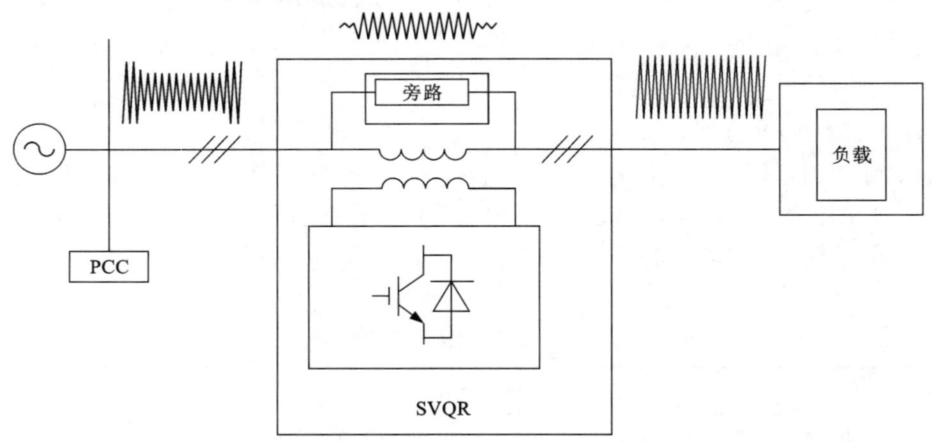

图 6 电源净化装置工作原理示意图

3 工程实例

3.1 系统规格参数

为解决浩吉(蒙华)铁路建华镇牵引所和宜川牵引所 10 kV 外电接引困难的问题，在两个所分别设置了 27.5/10 kV 净化电源装置。系统容量按照：2000 kVA 配置，户外油变参数为：27.5/10 kV，2000 kVA，净化电源设计规格为：WVQC3 -2000/10，开关柜的额定电流按照 630 A，短路电流 25 kA 规格计算。

3.2　安装调试

建华镇牵引所和宜川牵引所分别采用户内安装方式和室外箱变的安装方式，二者都有各自的优点，其中户外型为集装箱方式，具有一体化设计，减少房建工程量，一次电缆及二次线缆一体化成型，设备到场直接敷设接入输入输出线缆即可，设备安装工程量较少。户内式安装将设备分别放入独立的房间内，由于空间优势的存在，可以利于设备的散热和检修能工作。两种安装方式如图 7、图 8 所示。

图 7　户外式一

图 8　户外式二

3.3　运用效果

将净化电源投入运用，并通过后台录波功能，得到净化电源投入前和投入后的效果对比，从图 9、图 10 装置投入前后的波形对比分析来看，装置投入之前电压波形和谐波含量造成的电压畸变使得波形品质极差，装置投入后波形品质得到明显改善，可以看出装置效果明显。

对照装置投运和未投用出口电压 24 小时波动曲线，如图 11，波动范围从 10.54 ~ 11.27 kV 减小到 10.67 ~ 11.87 kV(出口电压设定为 10.5 kV)。

对照装置投运和未投用出口三相电压不平衡度 24 小时波动曲线，如图 12 所示，从最大 13.04% 降低到最大 2.36%。

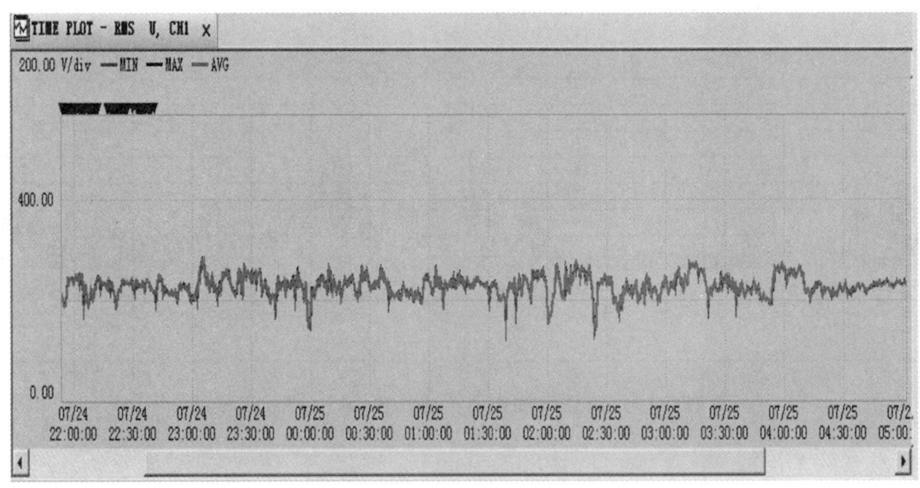

图 9　投入前系统电压图

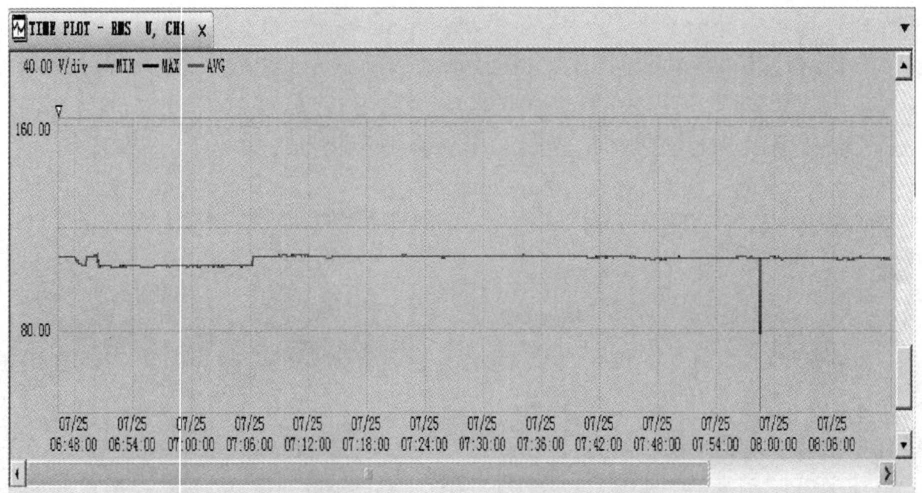

图 10　投入后系统电

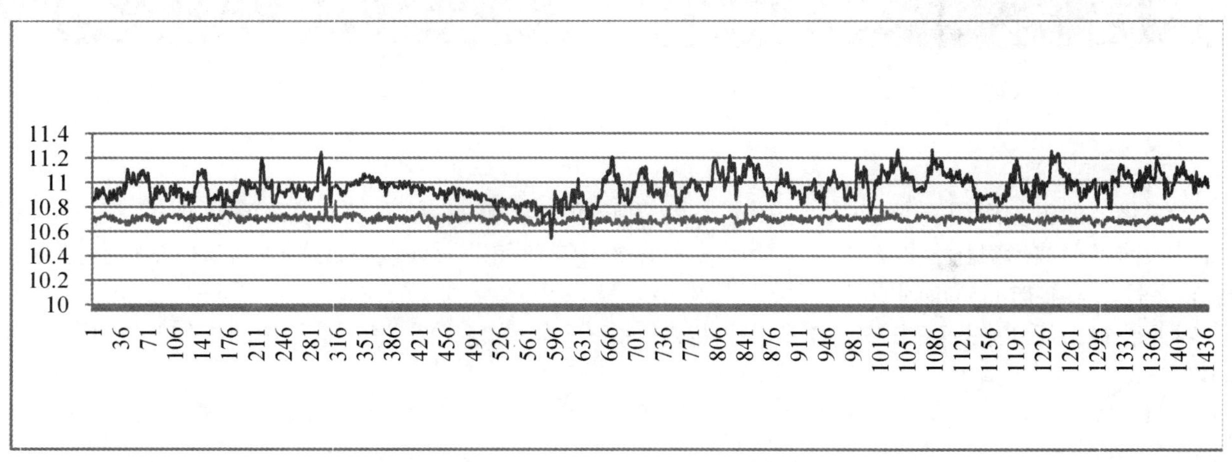

图 11　投入前后电压有效值 24 小时监测曲线

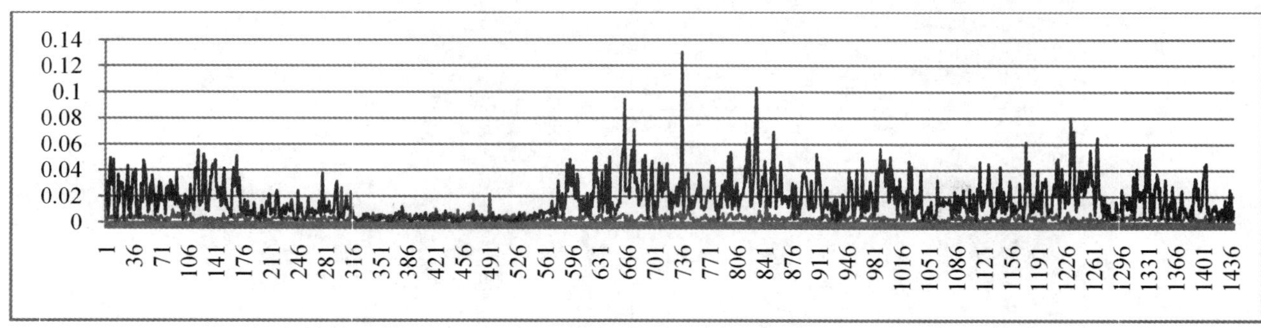

图 12　投入前后三相电压不平衡度 24 小时监测曲线

4　结束语

(1)通过 27.5/10 kV 电源净化装置，对直接从牵引电源获取的 10 kV 电源进行净化处理后，电压谐波含量、电压波动、三相电压不平衡等指标得到控制，满足铁路电力供电指标要求。实践证明：通过使用该装置，可以从牵引电源获取符合要求的贯通电源。

(2)通过 27.5/10 kV 电源净化装置采用变压器隔离耦合，两级 PWM 逆变器的主电路拓扑方案，具有占地面积小，损耗小、安装方式灵活等优点。根据不同的场地和施工条件，可采用室外或室内安装方案。

(3)通过 10 kV 电源净化装置具有较强的适应负荷变化的能力，可实现动态快速补偿电网电压波动，滤除谐波、避免无源滤波装置带来的谐振问题，同时低压侧旁路部分采用 SCR + 低压接触器的平滑切换，保证切换过程快速，不会影响给后级供电。

(4)通过工程实际应用表明，电源净化装置在解决 10 kV 侧电网电压波动，稳定负载电压、消除电压谐波等电能质量问题效果明显。

参考文献

[1] 王兆安，杨君，刘进军，等. 谐波抑制和无功功率补偿[M]. 北京：机械工业出版社，2005.

[2] 王森，李春龙，任翔涛，等. 一种无耦合变压器的串联交流电压质量治理装置的研制[J]. 电力电子年会，2016.

[3] 陆晶晶，刘正富，张剑，等. MMC 型统一电能质量控制器故障分析及其保护策略[J]. 电力建设，2015，36(5)：32 – 36.

[4] 胡志亮，肖国春，刘莉，等. 无变压器串联电压质量调节器的复合控制[J]. 电源技术学报，2007，5(4)：317 – 321.

[5] 姜齐荣，赵东元，陈建业. 有源电力滤波器 – 结构、原理、控制[M]. 北京：科学出版社，2005.

[6] 黄如海，谢少军. 基于比例谐振调节器的逆变器双环控制策略研究[J]. 电工技术学报，2012，27(2)：78 – 81.

[7] 徐海亮，廖自力，贺益康. 比例—谐振控制器在 PWM 变换器应用中的几个要点[J]. 电力系统自动化，2015，18(39)，151 – 159.

[8] 皮俊波，姜齐荣，魏应东. 一种链式结构 UPQC 的电气化铁路同相供电方案研究[J]. 电力设备，2008，9(10)：4 – 9.

作者简介

马阳柏，中铁武汉电气化局集团浩吉(蒙华)铁路 MHSD – 1 标项目部，工程师

何宗飞，中铁武汉电气化局集团机电分公司浩吉(蒙华)铁路 MHSD – 1 标项目部，物资部长

邓远毅，中国铁路西安局集团有限公司延安运营维修段供电维修技术中心，主任

盾构隧道施工用电方案研究

张　婧

摘　要: 本文从盾构机用电负荷类型和容量分析,提出采用两路 10 kV 电源并设置 10 kV 母联开关柜的供电方案。进一步提出对 10 kV 供电电缆和 10 kV 开关柜等进行永临结合使用的建议。虽然不同直径的盾构机用电负荷大小存在差异,但本文供电方案可提供可靠参考。

0　引言

盾构机是一种隧道掘进的专用工程机械,随着我国经济的高速发展,其广泛应用于铁路、地铁、公路、市政和水电等隧道建设工程。盾构机作为隧道掘进时使用的大型机电设备,用电量大、用电负荷复杂。同时其工作环境恶劣,对供电可靠性提出了更高的要求。

1　盾构法概述

隧道掘进机分类方法众多,根据围岩条件可以分为硬岩掘进机和软土掘进机,国内通常将硬岩掘进机简称为 TBM,而把软土掘进机称为盾构机。

国内的盾构隧道技术已十分成熟,已修建了直径 3 ~ 15 m 的多种用途隧道,包括大量的地铁区间隧道、铁路隧道以及大型的市政交通隧道工程,建设实例逐年增多(见表 1),代表性的有铁路狮子洋隧道、武汉长江隧道、南京长江隧道、杭州钱江隧道、杭州庆春路隧道、扬州瘦西湖隧道、武汉三阳路越江隧道等。

表 1　国内部分代表性盾构法隧道工程实例

工程实例	隧道长度/km	隧底最大水压/m	地质情况概述	隧道直径/m
佛莞城际铁路狮子洋隧道	6.2	67	粉细砂、粉砂岩、砾岩	13.1
广深港高铁狮子洋隧道	10.8	67	粉细砂、粉砂岩、砾岩	10.8
武汉长江隧道	3.6	57	粉细砂、中粗砂、黏土	11.0
上海长江隧道	7.6	60	粉细砂、黏土	15.0
杭州钱江隧道	3.25	40	淤泥质粉质黏土、粉土、粉质黏土	15.0
南京长江隧道	3.9	65	粉细砂、砾砂、黏土	14.5
扬州瘦西湖隧道	2.6	40	硬塑黏土	14.5
上海上中路隧道	1.5	40	灰色粉质黏土、砂质粉土	14.5
武汉市三阳路越江隧道	4.3	60	粉细砂、中粗砂、黏土	15.2

2　盾构机用电分析

当盾构机进行地下掘进,穿越江河、富水地层时,隧道内会有大量渗透水甚至涌水,其在岩层中掘进时也会产生凝结水。但是,隧道内空气流通不畅,再加上开挖面及运转设备的散热,造成其工作温度比较高。由于掘进机电气系统作业环境比较恶劣,所以对其供配电系统的可靠性要求也很高。

2.1　负荷等级

与掘进施工相关的设备主要有:

(1)盾构机本体，是盾构施工的主要设备。

(2)配套泥水分离系统，用于盾构泥浆的处理。

(3)泥水接力泵系统，用于盾构机对泥浆的输送。

(4)安全及同步施工用电，包括照明通风等负荷。

根据各类机械设备的用途和重要性，电气负荷分为二级：

一级负荷：照明、抽水设备及安全保障设备用电。

二级负荷：其他机械负荷。

2.2　盾构机装机总功率(见表2)

盾构机装机总功率的分析计算一般可以遵循两种办法：①在其他系统设计完成后，按照实际的用电负荷精确计算。

表2　掘进机装机功率表

掘进机直径/m	掘进机装机功率/kW
6～7	5200
7～8	6000
8～9	7000
9～10	7800
10～11	8500
11～12	9300

②按经验值估算，一般掘进机的开挖直径越大，装机功率也就越大，所需配置单变压器的容量也就越大。通常可按下式估算：

$$P=(250\sim500)D$$

式中：D 为掘进机直径，m；P 为掘进机的装机功率，kW。

考虑到洞内其他用电，实际设计时适当放大，则施工系统的装机总功率为$(1.5\sim2)P$。

3　施工供电方案

以国内某铁路工程直径14.5 m的盾构隧道为例，分析其施工供电方案。

3.1　设备用电

(1)盾构机系统

盾构机是一个相对独立的用电系统，配备有自带10 kV配变电系统，可由2路10 kV线路直接供电，用电设备全部安装在盾构机的主体结构上，随盾构机掘进而移动，其内部的主要用电设备见表3。

表3　盾构机系统用电表

名称	用途	额定功率/kW	数量/(台·套$^{-1}$)	总功率/kW	本工程计算使用负荷/kW	负荷特点	备注
主驱动电机	驱动盾构机刀盘掘进	250	15	3750	1068	变频驱动，可调功率	工程中设备采用30%转矩运行施工。掘进时工作，其余时间停止。分别由2台2300 kVA自备变压器带动运行

续表 3

名称	用途	额定功率/kW	数量/(台·套$^{-1}$)	总功率/kW	本工程计算使用负荷/kW	负荷特点	备注
推进油缸	推动刀盘前进	200	1	200	164		液压泵驱动设备，掘进时工作，其余时间停止
辅助液压	辅助液压系统	30	1	30	30		辅助设备用电
注浆泵	管片空隙注浆	30	2	60	60		掘进时工作，其余时间停止
砂浆搅拌	注浆用的砂浆罐搅拌	30	1	30	30		
空压机	工作面压力维护	90	4	360	360		空压机设备，间歇运行
中心冲刷泵 P0.1	用于掘进时泥浆冲刷	90	1	90	90		掘进时工作，其余时间停止
管片运输吊机	管片调运安装	65	1	65	65		间歇运行
转运吊机	管片转运	18	1	18	18		间歇运行
箱涵吊机	箱涵转运	40	1	40	40		间歇运行
辅助吊机	辅助设备	10	1	10	10		间歇运行
水系统	冷却、工业水、排水	160	1	160	160		设备合计功率，间歇运行
碎石机	泥浆循环口碎石	110	1	110	110		掘进时工作，其余时间停止
润滑	设备润滑	30	1	30	30		间歇运行
过滤/冷却循环	冷却水用	6	1	6	6		间歇运行
二次通风	一般通风	60	1	60	60		间歇运行
二次注浆	备用注浆	15	1	15	15		间歇运行
控制系统及照明		100	1	100	100		持续运行
P2.1 排浆泵	盾构机泥浆循环	1100	1	1100	1100	变频驱动，可调负荷	掘进时高功率，其余时间低功率间歇运行，属于接力泵性质，由 1 台 1600 kVA 自备变压器带动运行。电机为 690 V
设备合计容量		6234 kW		参考经验峰值负荷			约 1500 kW
最大计算峰值负荷		3516 kW		参考经验平均负荷			约 700 kW
备注	盾构机在的正常掘进时，设备才开始以较高功率运行。其中每工作循环可以分为掘进期和管片拼装期，每个周期各占总时间的 50%						

(2)配套泥水分离系统

泥水分离系统安装于隧道洞口地面上，是除盾构机外的最主要用电负荷，主要设备包括 380 V 和 690 V 两种不同低压设备，由专门为泥水分离设备配套的 10 kV 变压器进行供电。泥水分离设备主要在盾构机掘进的过程中运行，其他时间负荷较小。其主要用电设备有分离设备、调浆设备、压滤设备、弃浆设备、泥浆的进浆泵 P1.1 A 泵、P1.1B 泵及控制系统等。

(3)泥水接力泵系统

泥水接力泵系统用于洞内盾构机泥浆管路的接力输送，由专门为泥水分离设备配套的 10 kV/690 V 变压器进行供电。只有盾构机在的正常掘时，泥浆设备才开始以较高功率运行。工作负荷峰值与盾构机用电基本相同，此泵只作为 P2.1 泵的备用设备，不做全功率运行。

(4)安全及同步施工用电

为保证盾构掘进施工的安全正常进行，需要部分地面辅助负荷和洞内同步施工用电，主要洞口和进成型后的洞内同步施工用电，主要负荷包括临时照明、排污等。

(5)设备用电情况汇总

根据以上表格，数据汇总统计见表 4。

表 4　设备用电汇总表

回路名称	设备合计 /kW	计算峰值 /kW	参考峰值 /kW	参考平均 /kW	备注
盾构机主体	6234	3516	1500	700	部分安全相关负荷
泥水设备	4840	4840	2000	1500	
泥水接力	1100	200	650	300	在本工程内为备用负荷
其他负荷	792	792	414	178	比较重要的安全相关负荷
各项合计	12966	9348	4565	2678	

3.2　施工供电系统分析

(1)变压器装机情况

在盾构系统中，部分既有的盾构机及部分设备有自带专用变压器，自带变压器清单及配置的变压器情况见表 5。

表 5　变压器装机表

1、设备自带变压器						
编号	所属类别名称	安装位置	装设容量/kVA	计算使用/kW	主要用电设备	备注
1	盾构机一回路 1	盾构机上	1600	1100	P2.1 泥浆泵	设备自带 10/0.69 kV
2	盾构机一回路 2	盾构机上	2000	1348	盾构机其他负荷	设备自带
3	盾构机二回路 1	盾构机上	2300	500	主驱动电机 7 台组	设备自带
4	盾构机二回路 2	盾构机上	2300	570	主驱动电机 8 台	设备自带
5	洞内排泥浆泵	盾构洞内	1600	200	P2.3 泥浆泵	设备自带 690 V
2、其他配置的变压器情况						
编号	所属类别名称	安装位置	装设容量/kVA	计算使用/kW	主要用电设备	备注
6	盾构泥水分离设备站 1	泥水分离站	1250	1140	分离设备 1 台、压滤设备 4 台	
7	盾构泥水分离设备站 2	泥水分离站	1250	1100	分离设备 1 台、压滤设备 2 台、弃浆设备 1 台	
8	盾构泥水分离设备站 3	泥水分离站	1250	1100	分离设备 1 台、调浆设备 1 台、其他设备	

续表 5

编号	所属类别名称	安装位置	装设容量/kVA	计算使用/kW	主要用电设备	备注
9	盾构泥水分离设备站 4	泥水分离站	1250	750	P1.1 A 泵	690 V 设备
10	盾构泥水分离设备站 5	泥水分离站	1250	750	P1.1B 泵	690 V 设备
11	洞内施工变	盾构洞内	315	260	洞内照明施工	
12	洞口施工变	盾构洞口	630	532	洞口排水通风等	

(2)主要用电负荷特点

根据实际施工经验，由于盾构施工的工艺衔接紧密，各工序分工有序，因此盾构施工用电的同期使用率不高，明显低于装设变压器容量和理论峰值功率。考虑到施工地质条件的差别和必要的负荷备用裕量，负荷同期率按照 0.8 考虑。

考虑到用电的可行性及合理节约的目的，采用一般施工用电和盾构施工分别供电的方式考虑。其中一般施工用电采用前期土建施工电源，采用分散临时箱变供电，用于室外道路、房屋的土建施工。

(3)供电系统分析

盾构机用电采用 2 路 10 kV 电源，满足以施工现场的实际负荷使用需求为主，每路电源提供约 5500 kW 的可用功率。两路电源进入施工现场的 10 kV 临时配电站，进行计量统计和用电再分配。在两路 10 kV 电源间设 1 路母联，用于一般停电条件下的安全保障用电。

根据既有的变压器情况，结合实际用电负荷，现场变压器配置见表 6。

表 6 电源分配表

供电线路	1 线路					2#线路						
分配 10 kV 回路名称	盾构机 1 回路		盾构机 2 回路		洞内排泥浆泵	泥水分离站回路					洞口施工	洞内施工
装设变压器总容量/kVA	1600	2000	2300	2300	1600	1250	1250	1250	1250	1250	630	315
计算最大使用负荷/kW	1100	1348	500	570	200	1140	1100	1100	750	750	532	260
装设合计容量/kVA	9800					7195						
计算合计负荷/kW	3898					5632						
按 0.8 同期率考虑负荷/kW	3118					4506						

在上端的 10 kV 配电站位置，增设 10 kV 母联开关柜，用于保证重要设备的用电。现场的重要安全保障设备另通过临时发电机做应急供电电源。

3.3 永临结合

考虑到节约的目的，可对 10 kV 供电电缆和 10 kV 开关柜等进行永临结合使用。既可在隧道施工期间为施工机械提供电源，又可在施工结束后，将该电源可作为隧道正式运营后的永久电源继续使用，可节约大量的电源工程投资。

4 结束语

盾构机作为隧道掘进时使用的大型机电设备，用电量大、用电负荷复杂。同时其工作环境恶劣，对供电可靠性提出了更高的要求。本文从盾构机用电负荷类型和容量分析，提出采用两路 10 kV 电源并设置 10 kV 母联开关柜的供电方案。进一步提出可对 10 kV 供电电缆和 10 kV 开关柜等进行永临结合使用的建议。虽然不同直径的盾构机用电负荷大小存在差异，但本文供电方案可提供可靠参考。

参考文献

[1] 栾国宇，王帅，张可威，等. 6.28 米土压平衡盾构机用电负荷的计算及功率补偿[J]. 科技创新与应用，2016(35)：39.
[2] 周巍. 大直径泥水平衡式盾构机系统施工用电特性分析[J]. 科技信息，2012，(16)：397 - 398.
[3] 李扬龙. 地铁盾构施工电缆敷设及安全用电[J]. 机电工程技术，2009，38(06)：157 - 158，166.
[4] 李燕旌. 电力隧道施工盾构机选型分析[J]. 科技资讯，2009，(27)：97.
[5] 李军. 盾构机电气系统的设计概要[J]. 建材与装饰，2017，(41)：254.

作者简介

张婧，中铁第四勘察设计院集团有限公司，工程师

一种分布式光纤在线测温系统浅析

李　超　王俊杰

摘　要： 分布式光纤测温是一种高新技术，已在电力系统得到普遍应用。本文介绍了分布式光纤传感器工作原理和结构、及组成。最后介绍了分布式光纤传感器对电缆等电气设备发热部位测温中的广泛应用。

1　引言

分布式光纤测温系统是一种用于实时测量温度场分布的传感系统。该技术在 1981 年由英国南安普顿大学提出，目前国外(主要是英国、日本等国)已研制出了该领域的产品。国内在这方面的研究也取得新的进展，研制出分布式光纤温度传感器系列产品，分布式光纤传感技术具有抗干扰、抗腐蚀、宽信号传输带等特点，它能够连续测量光纤沿线所在处的温度，测量距离远，定位精度达到厘米级，能够进行不间断的自动测量，特别适用于需要大范围多点测量的应用场合。分布式光纤测温系统是依据光纤中的背向散射光强与温度有关的物理规律实现的，利用光纤中的激光雷达技术进行距离定位，利用喇曼效应对温度进行测量，使用特殊的通信光缆作为温度传感器，本身不带电，可以实现大范围、长距离的实时温度监测，具有本质绝缘、防爆、防雷、防腐蚀、抗电磁干扰等传统温度传感器不可比拟的优点。

2　现状现状分析及提出问题

铁路现代化的进程及高速铁路的发展，对铁路供电系统的安全可靠提出了越来越高的要求。铁路供电系统的安全运行，关系到铁路运输的安全正点及旅客生命财产的安全。为了提高供电的可靠性，电力电缆的运行可靠性至关重要，但是目前没有太好的办法来检测。因此，对电力电缆运行状态进行实时监测，随时掌握运行情况，进行动态分析，制定安全措施，适时进行维修，保障接点处于良好状态都具有重要意义。随着铁路供电网络的不断完善和自动化水平的提高及智能调度运行方式的逐渐普及，电力电缆在线监测问题引起供电单位的重视。本文介绍的一种新型 分布式光纤在线测温系统，可以实现电缆系统在线监控的故障监测、定位功能，监控系统需要在线监测电网线路的温度信息。对电网线路运行状态进行监控，实现故障预警及故障定位。

3　工作原理

分布式光纤温度监测系统测温原理是依据后向拉曼(Raman)散射效应。激光脉冲从光纤中的一端进入，在向前传播的过程中光纤分子相互作用，发生多种类型的散射，其中拉曼散射是由于光纤分子的热振动产生一个比光源波长长的光，称斯托克斯(Stokes)光，和一个比光源波长短的光，称为反斯托克斯(Anti-Stokes)光，反斯托克斯光信号的强度受温度影响比较敏感。从光波导内任何一点的反斯托克斯光信号和斯托克斯光信号强度的比例中，可以得到该点的温度信息。利用光时域反射(OTDR)原理即通过光纤中光波的传输速度和背向光回波的时间对这些热点进行定位。利用以上技术原理即可实现对沿光纤温度场的分布式测量。

4　系统组成

4.1　系统组成

系统硬件围绕如何获取 Stockes 和 An-tistockes 光强度进行设计，主要由高压电源、脉冲调制信号电路和半导体激光器 LD 组成的发射组件，分光模块和光电检测器 APD 组成的光接收组件，以及放大电路和采集卡组成的采集组件三部分构成。

分光模块将背向散射回波分成 Stockes 和 An-tistockes 光；光电检 测器使用高灵敏度的雪崩二级管。采集卡使用累加器和滤波模块，将采集到的信号转化为数字量进行输出，上位计算机根据采集卡数据进行计算，最终得到温度信息其中，半导体激光器(LD)电路设计见图 1。

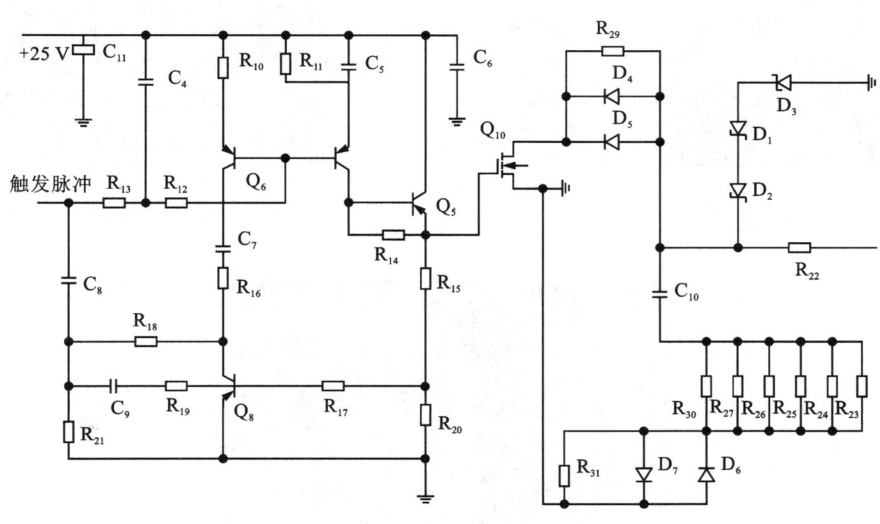

图 1　系统组成

4.2　系统软件技术

除了使用分布式光纤测温技术获取温度之外，系统针对电缆监测的特点，定制了专门用于电缆温度在线监测的软件架构和软件功能。软件分别运行在分布式光纤测温仪以及远端的工控主机上，用于数据获取、计算以及报警显示。

(1)检测电缆的沿线温度变化情况。

(2)按照电力行业经验，对温度设置报警。报警数据可在软件中设置，每个测温点或区域应能独立设置预警及报警参数，各测温点及区域应能独立报警，不同报警方式可以交叉设置。

(3)建立温度监控数据库。温度数据自动存储，可查询某测温点在某段时间内温度曲线数据，对各测温点温 度进行实时统计，形成日、月统计数据报表。

(4)通过与上层监控平台进行软硬件对接，可将温度实时数据与历史数据库上传到上层监控平台，便于监控平台的统一读取和调用。

5　系统安装施工方案

5.1　感温光缆的敷设

感温光缆紧贴电缆敷设，所有感温光缆放到位后开始光缆与电缆的固定。固定方式根据实际情况而定，例如：电缆成“品“字型结构，则先将所有电缆卡子打开，采用楔子固定方法，将光缆卡好后把卸下的电缆卡子卡在楔子表面；电缆成平行结构，直接用绝缘扎带固定光缆(如下图所示)。这两种敷设方法都采取每隔 1 米捆扎塑料扎带，以便使光缆紧密接触电缆表面，提高测温精度。

5.2　电缆接头处理

当遇到电缆接头时，为了测得高精度温度采用双环形缠绕方式将光缆固定在电缆中间接头处，第一保证测温光缆与电缆中间接头紧密接触，第二能在有效的长度内多采集温度监测点，提高测温精确度，达到双重保证的效果。双环形缠绕光缆展开长度为 10 m。

图 2　电缆呈“品“字形结构

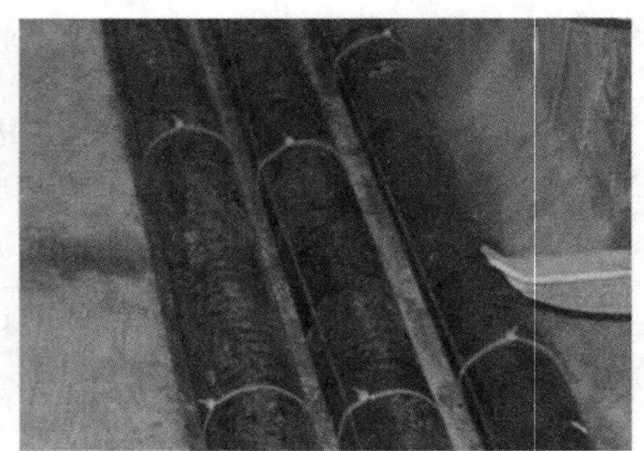

图 3　电缆平行铺设

图 4　感温光缆在电缆接头处的特殊敷设

6　对电力电缆的表面温度及电缆密集区域温度实时监视的应用

6.1　电缆着火原因分析

引起电缆着火通常有两种：内部火源和外部火源。内部火源主要是电缆绝缘老化，其性能下降引起发热着火。电缆长期过负荷运行、电缆接头处阻值过大、外部热源的辐射等原因造成电缆绝缘热老化；绝缘材料分布不均或材料内有气泡等原因使电场分布不均匀造成电缆绝缘电老化，由于电、热老化共同作用致使电缆发热产生温升，当温度达到一定值时电缆绝缘层和保护层缓慢燃烧，并伴随着大量热和可燃气体的产生，随着温度进一步上升即产生烟雾，从而引发火灾。

外部火源是指电缆隧道或电缆夹层内其他火源及隧道外各种火源。外部火源可使电缆表层着火，同时产生大量的热和烟。

对于普通电缆，一般情况下护套材料温度在 150℃以上开始释放一定量的可燃气体，此时并不产生烟雾，温度在 270℃范围内会释放出大量可燃气体和烟雾，并且气体内含有有害成分；温度高于 270℃时处于极不稳定期，随时可能燃烧。但对于由外界火源造成的火灾，只有存在大量可燃气体的情况下才会燃烧。对于阻燃或难燃这一类电缆仍然会发生电缆燃烧。与普通电缆不同的是自燃起火温度值提高到了 480℃，190℃以上开始产生一定量可燃气体，但无烟雾产生；到 270℃产生大量可燃气体。因此，电缆故障首先会产生大量的热量，这一变化的热量通过光纤分布式温度监测系统，实时的采集到主机内，然后经系统分析软件确定出电缆的早期故障并予以报警，从而在事故发生的初期能够准确的判断电缆是否有异常，做到防患于未然。

6.2　对电力电缆温度的监测与负荷的控制

为了提高电缆温度测量精度，施工时把光纤贴在电缆的表面敷设，并在电缆中间头和电缆密集区光纤采用 S 型敷设，以提高测量精度和定位准确度。在取得电缆表面温度和周围环境温度数据后，将电缆的负荷电流按照划分的区域描成一组相关曲线，并从电流值推算出芯线导体的温度系数，从表面温度变化与导体温度变化之差（相同时刻作比较）便可以求出表面温度与运行负荷电流的相互关系，并以此来支持电缆的安全运行。此外，电缆隧道由于其内部环境温度的高低变化，对准确报警有一定影响，为消除此影响，可在电缆运行时设多级温度报警和温度变化率报警方式。

7　案例

分布式光纤测温系统应用在沈阳铁路局大连站和石家庄铁路枢纽 110 kV 变电站 5 年以上，期间运行良好，设备出现温度异常时及时反馈，有效的降低了设备的故障率，减少了事故的发生，并在发生事故时准确快速的获取到故障地点。

8　总结

分布式光纤测温系统作为一种高新技术已在交通、水利、冶金、化工等领域得到广泛应用，近几年，在电力行业也得到了广泛的应用。由于分布式光纤温度传感器具有其独特的优点，随着不断的开发研究与改进，相信该技术将对电力系统的安全运行起着越来越重要的作用。

作者简介

李超，中国铁建电气化局集团北方工程有限公司，工程师
王俊杰，中国铁建电气化局集团北方工程有限公司，工程师

铁路典型 10 kV 变配电系统无功补偿计算方法研究

代晓康

摘　要：铁路 10 kV 变配电系统，是地方城市电网面向铁路各类用电负荷的重要环节，变配电系统无功补偿对于铁路供电系统的安全运行和用电负荷的可靠供电有着至关重要的作用。本文针对有、无电力贯通线的两种铁路典型，10 kV 变配电系统给出了详细的无功补偿计算方法，并以杭州至黄山铁路桐庐 10 kV 变配电系统为算例，验证了该算法的可行性。该无功补偿计算方法研究为铁路 10 kV 变配电系统安全运行提供重要理论支撑。

0　引言

铁路变配电系统主要由铁路车站或区间变、配电所及沿铁路全线设置的电力贯通线组成。电力贯通线电压等级通常为 10 kV，供电距离典型值为 30 ~ 50 km，局部电源接引困难区段可延伸至 70 km。特殊情形下如青藏铁路电力贯通线采用 35 kV 电压等级，供电距离超过 100 km。铁路沿线与行车有关的通信、信号、综调系统等由一级负荷电力贯通线提供主用电源，由综合负荷贯通线提供备用电源。其他各类用电负荷及各牵引变电所所用电源由综合负荷电力贯通线提供电源，在区间各用电点设置 10 kV 箱式变电站。

变配电系统无功补偿是铁路供电系统安全经济运行的一个重要组成部分。合理的选择无功补偿点，对铁路供电系统无功电源合理配置，能够有效地维持电压水平并提高供电系统的运行稳定性，还可以避免无功的远距离传输，从而降低线损。无功补偿对于铁路供电系统的安全经济运行和用电负荷的可靠供电有着至关重要的作用。

1　铁路 10 kV 变配电系统无功补偿设计原则

(1)合理选择变压器容量、线缆布置及敷设方式等措施，减少线路感抗以提高自然功率因数。当采用提高自然功率因数措施后仍达不到要求时，应增设无功补偿装置，并应符合下列规定：①高、中压系统功率因数应达到 0.9 以上，低压系统应达到 0.85 以上；②补偿装置容量和分相要求应根据补偿量、便于调整电压和不发生谐振等因素进行配置。

(2)无功补偿装置设计，应贯彻国家的技术经济政策，做到安全可靠、技术先进、经济合理和运行检修方便。

(3)铁路供配电系统配置的无功补偿装置应能保证在供配电系统在最大和最小负荷运行方式下，分供电区域实现无功平衡。无功补偿配置应根据铁路供配电系统的特点，实施分散就地补偿与(变)配电所集中补偿相结合，高压补偿与低压补偿相结合，满足降损和调压的需要。

(4)对于特殊非线性、冲击性负荷，存在一定的谐波污染问题，需要在变电所(或箱变)增设电能综合质量装置，使电能质量达到相关技术标准要求。

2　铁路 10 kV 变配电系统无功补偿计算方案

2.1　无电力贯通线路的铁路 10 kV 变配电系统无功补偿计算

无电力贯通线路的铁路 10 kV 配电所，10 kV 电力电缆长度较短，电缆容性效应影响较小，当配电变压器低压侧补偿度较高时，其高压侧功率因数能够满足电网要求。而有关研究表明，当变压器低压侧功率因数补偿到 0.94 及以上时，其高压侧功率因数基本上可以达到 0.9 以上。因此，无电力贯通线路的铁路 10 kV 配电所，无功补偿原则是配电变压器低压侧集中补偿，其高压侧不设置无功补偿装置。

2.2 有电力贯通线路的铁路 10 kV 变配电系统无功补偿计算

2.2.1 无功补偿方案

(1)贯通线路为全电缆线路

当铁路电力贯通线为全电缆线路时，无功补偿采用以贯通线上设置固定电抗器补偿为主，在配电所集中自动补偿可调电抗器为辅的补偿方式。

(2)贯通线路为以电缆为主的架空/电缆混合线路

当铁路电力贯通线为架空/电缆混合线路且以电缆为主时，贯通线架空区段和短电缆区段(长度小于 5 km)不设无功补偿装置，长度大于 5 km 连续电缆区段设置固定电抗器补偿，同时在配电所设置集中自动补偿可调电抗器或双向动态无功补偿装置作为辅助补偿方式。

(3)贯通线路为以架空为主的架空/电缆混合线路

当铁路电力贯通线为架空/电缆混合线路且以架空为主时，贯通线架空区段和短电缆区段(长度小于 5 km)不设无功补偿装置，长度大于 5 km 连续电缆区段设置固定电抗器补偿，在配电所集中设置固定电容补偿的补偿方式。

2.2.2 无功补偿容量计算

(1)计算步骤

①铁路区间贯通线路、站场高低压电缆线路对地电容电流计算；

②铁路区间并联箱式电抗器容量及台数计算；

③变压器无功损耗计算(包括配电变压器和外电源引入主变)；

④配电所无功负荷计算；

⑤最小运行方式下配电所无功需量计算，电抗器补偿容量确定；

⑥最大运行方式下配电所无功需量计算，电容器补偿容量确定。

(2)计算过程

①铁路区间贯通线路、站场高低压电缆线路对地电容电流计算

三相电力贯通架空/电缆线路，由于相间及相对地存在电容，故在正常运行或单相接地时都有电容电流流过线路。又因为电缆线路相间及相对地电容远大于架空线路，所以电缆线路的电容电流亦远大于架空线路的电容电流，架空线路电容电流在近似计算时可忽略。

电力电缆的对地电容与电缆的绝缘介质均匀程度、电缆的排列方式均紧密相关，本计算考虑均匀介质、圆形布置的情形。线路正常运行时对地电容电流 I_{CO} 可通过直接查询表 1 进行快速估算。

表 1 线路正常运行时电力电缆对地电容电流 I_{CO}(单位：A/km)

电缆标称截面/mm^2	0.6/1 kV 低压电力电缆				8.7/10 kV 高压电力电缆
	VV 电缆		YJV 电缆		YJV 电缆
	单芯	四芯	单芯	四芯	
6	0.059	0.048	0.024	0.019	—
10	0.074	0.060	0.031	0.024	—
16	0.087	0.071	0.037	0.029	—
25	0.100	0.081	0.042	0.033	—
35	0.110	0.088	0.046	0.037	0.343
50	0.120	0.096	0.051	0.040	0.362
70	0.137	0.110	0.057	0.043	0.419
95	0.147	0.119	0.061	0.045	0.457
120	0.158	0.129	0.064	0.046	0.495
150	0.160	0.129	0.064	0.046	0.533
185	0.161	0.130	0.065	0.046	0.571
240	0.163	0.131	0.065	0.046	0.647

考虑到铁路其他电力设备对地容性电流的影响，得到正常情形下单相对地电容电流为：

$$I'_{CO} = 1.05 I_{CO}$$

得到铁路区间和站场的容性无功功率容量为：

$$Q_{CO区间} = \sqrt{3} U_r I_{CO'区间}$$

$$Q_{CO站场} = \sqrt{3} U_r I_{CO'站场高压} + \sqrt{3} U_r I_{CO'站场低压}$$

式中，为 $Q_{CO区间}$ 和 $Q_{CO站场}$ 分别为铁路区间贯通电缆和站场高低压的容性无功功率容量，kVar；U_r 为线路额定线电压，10 kV 系统为 10.5 kV，低压系统为 0.4 kV；$I_{CO'区间}$、$I_{CO'站场高压}$ 和 $I_{CO'站场低压}$ 分别为铁路区间、站场高压电缆和站场低压电缆正常情形下单相对地电容电流，A。

②铁路区间并联箱式电抗器容量及台数计算

区间长距离贯通电缆线路无功补偿宜采用贯通线上分散设置固定式并联电抗器就地补偿为主、在配电所集中设置自动补偿为辅的补偿方式。定义补偿度 α 为并联箱式电抗器补偿电流 I_L 与正常情况区间电容电流 $I_{CO'}$ 的比值。即：

$$I_L = \alpha I_{CO'}$$

由于铁路区间电力负荷具有波动性的特点，负荷本身会产生感性无功电流，该电流与区间变电所(或箱变)负载率紧密相关。若并联箱式电抗器 100% 的补偿电缆线路的容性电流，则在区间配电变压器轻载时会出现过补偿的情形，因此补偿度需要进行折中考虑。固定式并联电抗器补偿度宜为 60% ~80%，配电所内集中自动补偿度宜为 40% ~20%。

10 kV 并联箱式电抗器容量为：

$$S_L = \sqrt{3} U_r I_L = \sqrt{3} \alpha U_r I_{CO'}$$

式中，S_L = 为 10 kV 并联箱式电抗器容量，kVar；α 为补偿度；U_r 为线路额定线电压，10.5 kV；I'_{CO} 为铁路区间正常情形下单相对地电容电流，A。

③变压器无功损耗计算

电力变压器(包括 110/10 kV、35/10 kV 等电源引入主变)和贯通调压器(若有)的无功损耗 ΔQ_s 可按下式计算：

$$\Delta Q_s = \Delta Q_k + \Delta Q_e (S/S_N)^2 = ((I_o\% + u_d\%)/100) S_N$$

式中，ΔQ_k 为励磁引起的无功损耗，kVar；ΔQ_e 为变压器在额定容量下漏抗引起的无功损耗，kVar；S 为变压器的计算视在容量，kVA；$u_d\%$ 为变压器短路阻抗；$I_o\%$ 为变压器的励磁电流，S_N 为变压器的额定容量，kVA。对于干式变压器：变压器空载运行(负载率为 0%)时，$S=0$，$I_o\% = 4 \sim 0.8$；变压器重载运行(设定负载率为 80%，有研究表明铁路区间负荷负载率高于 90% 时电力贯通线将呈现感性特性，高压侧无需增设无功补偿装置)时，$u_d\% = 4 \sim 6$，$I_o\% = 4 \sim 0.8$。则有：

最小运行方式下：$\Delta Q_{smin} = (0.04 \sim 0.008) S_N$，

最大运行方式下：$\Delta Q_{smax} = (0.08 \sim 0.068) S_N$。

④配电所无功负荷计算

铁路 10 kV 配电所主要为各变电所(或箱变)供电，主要为动力类负荷，在不考虑变电所 10 kV 侧无功补偿的情形下，功率因数偏低，一般为 0.75 左右。根据相关规程、规范，需要补偿到变压器最大负荷时其高压侧功率因数不低于 0.90。设定铁路区间箱式电抗器已补偿线路容性无功功率的 75%，剩下 25% 由配电所集中补偿。配电所无功功率需求 Q 可按下式计算：

$$Q = Q_L - Q_C = (P_{js} \tan\varphi + \Delta Q_s) - (Q_C - S_L + Q_{C站场})$$

式中，Q_L 和 Q_C 分别为系统感性和容性无功功率，kVar；P_{js} 为配电所有功功率计算值，kW；tanφ 为功率因数正切值；Q_{CO} 区间为铁路区间贯通线路的容性无功功率容量，kVar；Q_C 站场为铁路站场高低压电缆的容性无功功率容量，kVar。

⑤最小运行方式下配电所无功需量计算，电抗器补偿容量确定

在最小运行方式下，认为配电所空载运行，其最小无功功率补偿容量为：

$$Q_{min} = \Delta Q_{smin} - (Q_C - S_L + Q_{C站场})$$

在最小运行方式下，若 Q_{min} 小于 0，则需要通过电抗器来补偿无功功率，同时考虑一定的安全裕量，电抗器补偿容量 Q_{BL} 为

$$Q_{BL} = |1.15Q_{min}|$$

则需要补偿的电抗器总容量 Q_{min} 可确定配电所需要补偿的电抗器总容量。因铁路 10 kV 配电所一般为双电源进线，正常运行时母联断路器断开，两段母线独立运行。故 10 kV 电抗器容量应设置两组均分于两段母线上。

⑥最大运行方式下配电所无功需量计算，电容器补偿容量确定

在最大运行方式下，认为配电所重载运行，各变压器负载率按照 80% 计算，同时系数按照 0.9 计算。站房综合变电所、综合维修工区/车间变电所低压侧一般都设有集中型低压无功补偿装置，则视为功率因数已经补偿到 0.9 以上；配电所所用变压器和区间小容量变电所（或箱变）一般未设置集中型低压无功补偿装置，设其功率因数为 0.8。得到配电所最大无功功率补偿容量为：

$$\begin{aligned} Q_{max} &= (P_{js}\tan\varphi + \Delta Q_{smax}) - (Q_C - S_L + Q_{C站场}) \\ &= (\eta K_t(S_{N1}\cos\varphi_1 + S_{N2}\cos\varphi_2) + Q_{smax}) - (Q_C - S_L + Q_{C站场}) \end{aligned}$$

式中，η 为变压器负载率，$\eta = 80\%$；K_t 为负荷同时系数，$K_t = 0.9$；S_{N1} 为站房综合变电所和综合维修工区/车间变电所的总装机容量，kVA；$\cos\varphi_1$ 为站房综合变电所和综合维修工区/车间变电所的功率因数，$\cos\varphi_1$ 不低于 0.94；S_{N2} 为配电所所用变压器和区间小容量变电所（或箱变）的总装机容量，kVA；$\cos\varphi_2$ 为未设集中补偿的配电所所用变压器和区间小容量变电所（或箱变）的功率因数，$\cos\varphi_2 = 0.8$。

根据相关规程、规范，需要补偿到变压器最大负荷时其配电所电源侧功率因数不低于 0.90。在最大运行方式下，若小于等于 0，则不需要设置电容器补偿；若 Q_{max} 大于 0，需要通过电容器来补偿无功功率，同时考虑一定的安全裕量，电容器补偿容量 Q_{CL} 为

$$Q_{CL} = Q_{max} - S_N\sqrt{(1 - \cos^2\varphi)}$$

式中，Q_{CL} 为电容器补偿容量，kVar；Q_{max} 为配电所最大无功功率补偿容量，kVar；S_N 为配电所装机容量，kVA；$\cos\varphi$ 为配电所补偿后电源侧应达到的功率因数，$\cos\varphi = 0.9$。

因铁路 10 kV 配电所一般为双电源进线，正常运行时母联断路器断开，两段母线独立运行。故 10 kV 电容器容量应设置两组分母线分别计算。

3　算例分析

本文以杭州至黄山铁路桐庐 10 kV 配电所为算例进行无功补偿容量计算。杭黄铁路为客运专线铁路，贯通线采用全电缆方案，综贯和一贯电缆型号分别为 3 ×（YJV_{62} − 8.7/10 − 1 × 95）和 3 ×（YJV_{62} − 8.7/10 − 1 × 70）。桐庐 10 kV 配电所由地方城市电网接引 2 路独立 10 kV 电源，距离上一配电所富阳 10 kV 配电所的距离为 37.67 km，距离下一配电所建德 10 kV 配电所的距离为 38.43 km。因桐庐站站场低压电缆型号种类很多，暂按容性电流 0.1 A/km 估算。变压器和调压器设置如表 2 所示。

表 2　变压器和调压器设置

变压器/调压器容量/kVA	区间/台	桐庐 10 kV 配电所	桐庐站	
			站房	维修车间
2 × 20	10		—	—
20 + 30	10			
2 × 30	7			
30 + 63	1			
2 × 50	4	1		
50 + 63	4			
2 × 63	1			

变压器/调压器容量/kVA	区间/台	桐庐10 kV配电所	桐庐站	
			站房	维修车间
2×80	1			
80+100	2			
2×100	1			
2×125	1			
2×500				1
1×630		1		
1×800		1		
2×1600			1	

无功补偿计算过程如表3所示。

表3　无功补偿计算过程

<table>
<tr><td rowspan="2">名称</td><td colspan="2">富阳至桐庐</td><td colspan="2">桐庐至建德</td><td colspan="3">桐庐站</td></tr>
<tr><td>一贯
(70)</td><td>综贯
(95)</td><td>一贯
(70)</td><td>综贯
(95)</td><td>高压电缆
(120)</td><td>高压电缆
(50)</td><td>低压
电缆</td></tr>
<tr><td>线路长度/km</td><td>37.67</td><td>37.67</td><td>38.43</td><td>38.43</td><td>—</td><td>—</td><td>—</td></tr>
<tr><td>电缆长度/km</td><td>43.32</td><td>43.32</td><td>44.19</td><td>44.19</td><td>1.15</td><td>1.2</td><td>11.92</td></tr>
<tr><td>单相对地电容电流 I_{CO}/A</td><td>18.15</td><td>19.80</td><td>18.52</td><td>20.19</td><td>0.569</td><td>0.434</td><td>1.19</td></tr>
<tr><td>考虑到其他设备的对地电容电流的影响 $I_{CO'}$/A</td><td>19.06</td><td>20.79</td><td>19.45</td><td>21.20</td><td>0.597</td><td>0.456</td><td>1.25</td></tr>
<tr><td>容性无功功率容量 Q_{CO}/kVar</td><td>346.63</td><td>378.09</td><td>353.72</td><td>385.54</td><td>10.86</td><td>8.29</td><td>0.866</td></tr>
<tr><td>按补偿度75%理论补偿容量/kVar</td><td>259.97</td><td>283.56</td><td>265.29</td><td>289.16</td><td></td><td></td><td></td></tr>
<tr><td>区间箱式电抗器补偿容量/kVar</td><td>80 kVar
3组</td><td>100 kVar
3组</td><td>80 kVar
3组</td><td>100 kVar
3组</td><td></td><td></td><td></td></tr>
<tr><td>区间箱式电抗器布置间距/km</td><td>9.42</td><td>9.42</td><td>9.61</td><td>9.61</td><td></td><td></td><td></td></tr>
<tr><td>需配电所补偿容性无功容量/kVar</td><td>106.63</td><td>78.09</td><td>113.72</td><td>85.54</td><td>10.86</td><td>8.29</td><td>0.866</td></tr>
<tr><td>需配电所补偿容性无功容量/kVar</td><td colspan="7">母线一：106.63+113.72+(10.86+8.29+0.866)/2=230.36
母线二：78.09+85.54+(10.86+8.29+0.866)/2=173.64</td></tr>
<tr><td>需配电所母线一补偿变压器感性无功损耗/kVar</td><td colspan="7">(1)最小运行方式：母线一：18.49；母线二：18.06
(2)最大运行方式：母线一：111.56；母线二：127.78</td></tr>
<tr><td>需配电所母线二补偿变压器感性无功损耗/kVar</td><td colspan="7">最小运行方式：最大运行方式：127.78</td></tr>
<tr><td>最小运行方式下需配电所补偿的总无功容量/kVar</td><td colspan="7">母线一：18.49−230.36=−211.87
母线二：18.06−173.64=−155.58
补偿电抗器容量选择为180 kVar</td></tr>
<tr><td>最大运行方式下需配电所补偿的总无功容量/kVar</td><td colspan="7">母线一：(1600+500)×0.8×0.94+(630+50)×0.8×0.8−(1600+500+630+50)×0.8×0.9+111.56−230.36=−106
母线二：(1600+500)×0.8×0.94+(800+50)×0.8×0.8−(1600+500+800+50)×0.8×0.9+127.78−173.64=−46.66
在最大运行方式下配电所无功功率仍呈容性，无需设置电容器补偿</td></tr>
</table>

4　结束语

铁路 10 kV 配电所无功补偿应优先以配电变压器低压侧集中补偿为主、高压补偿为辅的方式，补偿后变压器高压侧平均功率因数不宜低于 0.90，电压偏移在 ±5% 以内。对于无电力贯通线路的铁路 10 kV 配电所，原则上无需设置高压无功补偿装置；有电力贯通线路的铁路 10 kV 配电所，无功补偿方式应根据架空和电缆比例综合计算确定。本文给出了铁路典型 10 kV 变配电系统的无功补偿计算方法，为铁路 10 kV 变配电系统安全运行提供重要理论支撑。

参考文献

[1] 国家铁路局. 铁路电力设计规范(TB 10008—2015)[S]. 北京：中国铁道出版社，2016.
[2] 中华人民共和国住房和城乡建设部. 电力工程电缆设计标准(GB 50217—2018)[S]. 北京：中国计划出版社，2018.
[3] 中华人民共和国住房和城乡建设部. 并联电容器装置设计规范(GB 50227—2017)[S]. 北京：中国计划出版社，2017.

作者简介

代晓康，中铁第四勘察设计院集团有限公司，工程师

中东欧铁路提速改造电力供电方案研究

孙　鹏

摘　要：现在，作为“一带一路”的欧洲落脚点，中国正积极地在中东欧拓展基建版图，协助欧盟国家建设中欧陆海快线。如今，中、匈、塞三国已达成协议，将合作建设匈塞铁路，力争建成一条符合欧盟标准、适合各方需求的现代化快速铁路。而无论是整条中欧陆海快线还是先行一步的匈塞铁路，其工程性质均为对既有铁路的提速改造。经过对部分中东欧国家的铁路电力供电系统调查，发现其普遍采用分散供电的方案，这与我国国内的惯用做法截然不同，因此，在做铁路电力设计时，需要充分考虑既有线的现状，并通过对集中供电方案和分散供电方案进行经济技术比较，选择合理的电力供电方案。

0　引言

按照我国国内的相关规范，“在铁路长度大于 40 km 时，经过经济技术比较可设置 10 kV 电力贯通线”，但当国内标准应用于本次工程时，则需要思考标准的适用性，因此需将我国的标准(集中供电)与当地惯用的方式(分散供电)做相应的经济技术比较，通过多方面的评价来判断两个方案的取舍，并能以此来作为中东欧地区铁路电力供电方案的选择方向。

1　设计方案

以中欧陆海快线某一区段为例，该部分铁路正线全长约为 350 km，连接两个中东欧国家，全线共设车站 53 座，平均站间距为 6 ~ 7 km，最大站间距离为 15 km。

本线沿线地方电源分布情况如下：每个车站本身都有一路 20 kV 或 10 kV 的地方电源，沿线区间地方电网较为发达，平均约 2 km 可接引到一路可靠地方电源。而在备用电源方面，两个国家则不约而同地采用了柴油发电机或者接触网取电的形式。

在本次改造工程的方案中，新增用电负荷主要分布在车站及区间通信基站。由于既有站间距较短，通信基站大多设置于既有站内，区间通信基站仅为十处左右。新增负荷有信号、通信、暖通、给排水、机务等设备负荷及生产生活房屋照明负荷。

由于各建筑内部室内动力照明配线部分、防雷接地部分，以及各车站室外电力线路和室外照明部分对本次电源供电方案的影响不大，不会影响本次评估，因此本文重点比较电源线路、贯通线和变配电所等主要电气设施。

2　比选方案的确定

2.1　方案一：集中供电方案

沿线车站电源充沛，结合国内铁路建设的相关经验，首先考虑的就是在铁路沿线每隔 40 ~ 60 km 建设一座 10 kV 配电所，并沿线架设 10 kV 电力贯通线为区间负荷和车站一级负荷供电。

考虑到工程投资的经济性，以及车站已有一路电源、且区间负荷较少的现状，决定架设一路 10 kV 电力贯通线，同时配电所也只考虑一路外部电源，如此可在外部电源线路、贯通线路、配电设备等三部分工程减少一半的费用。根据此方案实施，沿线车站可具备两路独立电源，满足一级负荷的需求，而在十处区间通信基站，尚需分别另行建设一条外部电源线路。

按照上述原则，本项目主要工程内容如下：10 kV 电力贯通线路约 350 km、单电源 10 kV 配电所 6 座和外部电源线路 16 条。

2.2　方案二：分散供电方案

该地区国家并无建设贯通线的惯例，即使站间距普遍较短，负荷点较密，各车站仍各自接引地方电源，而当其需要备用电源时，则较多采用柴油发电机和接触网电源，二者中前者具有噪音大、污染大、运行成本高等缺点，因此，现今该地区普遍推崇后一种备用电源的方案。

本线车站备用电源所设置的电气设备，已无法满足新增通信信号负荷的需求。原因有容量不足，以及该地区既有的接触网取电装置仅通过简单的逆变装置为铁路沿线信号等设备提供电源，而接触网电源有可能产生严重的波形失真和尖峰脉冲干扰，会给新增的信号等设备带来极大的危害。因此考虑在各站以及区间基站均建设新的接触网取电装置，以提供第二路电源，同时在十处区间通信基站，也需分别另行建设一条外部电源线路。

新设的接触网取电装置主要包括一座 27.5/0.23 kV 电力变压器、电源净化装置和低压配电装置。接触网侧电源线和变压器采用杆架式，电源净化和低压配电装置集成在箱变内。需根据每处负荷点的容量选择变压器和电源净化装置的容量，进而确定最终的投资。

本方案灵活地运用了沿线随处可以获得的接触网电源，不需要专门建设外部电源线路、贯通线路和配电所，只根据需要在每个用电点单独设置接触网取电装置，具备极强的布置灵活性。类似方案的成功应用，在国外铁路项目中不胜枚举，在我国国内也不乏先例。如某 2009 年通车运营的客专，沿线区间较多地应用了接触网取电装置为通信、信号等设备提供电源，六年多来，不但供电质量能够保证需要，运行也很可靠。

3　两种方案的分析比较(见表 1)

3.1　方案经济性

(1)建设成本。

集中供电方案，主要包含以下几部分投资：配电所和区间基站的外电源线路，配电所，电力贯通线路；投资合计在 7000 万元左右。而且经了解，在中东欧国家，铁路部门大多没有建设 10 kV 线路的能力和经验，一旦需要建设 10 kV 线路，则极可能委托于地方供电公司来协助建设，预计将进一步增加建设成本。

分散供电方案，每个用电点单体投资较高，但优势是无需建立全线一体的电力供电系统，因此每个用电点的投资并不会拉高工程建设成本；根据本线各用电点容量及需要后，计算相应接触网取电装置的容量，初步估计投资在 6600 万元左右。

(2)维护成本。

集中供电方案需要根据线路长度和设备数量匹配一定规模的运维人员，平时需定期对贯通线路和变配电设备进行检修维护，出现故障时也需及时响应排查故障恢复供电；而根据该地区的特点，该部分工作将委托于地方供电公司完成。

分散供电方案会大量新增接触网取电装置，单体维护成本较高，但该方案无需增加大规模的运维人员在线路的巡检和维修上，完全可以利用现有人员维持运维。可见，设备本身的运维分散供电不一定具备优势，但无需额外的人力成本则在欧洲更具有经济性。

(3)设备更新周期。

集中供电方案，经与国内运营单位了解，10 kV 架空线路的大修周期一般低于 15 年；配电所内电力设备技术相对成熟，一般也能运行 15 至 20 年后进行更换。因此可以假设全线设备更新周期为 15 年，每到周期接近结束时，需逐步对各所的设备和区间线路进行更新、大修。

分散供电方案中，接触网的电源净化装置占接触网取电装置的较大投资比重，从实际使用效果来看，6 年之内设备均能良好的运行，但长期来看设备折旧成本应比贯通线方案略高。

3.2　方案技术性

(1)集中供电方案。

虽然需设置全线通长的贯通线路以及配套的电源和配电所，但线路和设备均属于通用的电气设施，运行方式在国内也运用相对成熟，只要配置足够的运营人员，再经过相应的培训，在维护难度上没有太大问题，即使设备无法维修需要更换，设备更换周期短，供电可靠性比较稳定。

(2)分散供电方案。

接触网取电方案显然具有较少的设备数量，没有大量线路维护工作，但由于接触网电源质量不高，电源处理装置的科技水平含量较高，属于定制产品，因此运维人员要具备较高的业务水平，如出现设备无法维修需要更换，则有可能需要相对较长的周期，需配置其他临时电源以保证供电可靠性。

3.3 方案灵活性

(1)集中供电方案。

如沿线有新的用电需求，可就近增加变电设施，电源取自贯通线，同时需校核贯通线导线截面以及配电所的调压器容量，当导线或调压器通过计算无法满足需求时，则将对其进行改造，可见当集中供电的供电能力需要提升时，将是区段性甚至全线性的，工程量巨大，周期长，费用高昂。

(2)分散供电方案。

对于新增的用电需求，也需就近设置变电设施，不过电源取自地方或接触网，不会对全线产生影响，规模不大，方式简单。但需要说明的是，分散供电的优势仅能体现在新增用电点位不多的情况；当新增点位很多时，成本将与负荷点的数量成正比，而无论是外部电源还是接触网取电装置，单点的投资都很高。

表 1 集中供电方案与分散供电方案的分析比较

		集中供电方案	分散供电方案
经济性	建设成本	高	较高
	维护成本	高	较高
	设备更新周期	约为 15 年	6 年以上
技术性	设备维护难度	一般	较高
	供电可靠性	高	较高
	电能质量	高	较高
灵活性	用电点增加	需校验导线截面调压器容量	就近接引接触网电源或地方电源
	改造周期	较长	短
	改造投资	较高	与负荷点数量成正比

4 结束语

经过对经济性、技术性、灵活性等方面进行比较，两种方案各有优缺点，不分伯仲。如果这是一个国内项目，将极有可能选择惯用的集中供电方案，但通过对部分中东欧国家现场调查所搜集到的信息来看，当地不具有建设电力贯通线的经验，如果采用集中供电方案会在建设、维护、运营等方面给当地铁路公司带来较多的难题，而这并不是业主所希望看到的。

同时，通过本文对两种供电方案的分析，我们可以发现随着接触网取电技术的进一步发展和应用，该电源方式很可能会在境外项目中得到普及，当出现类似于中东欧国家这样——站间距短，区间负荷少时，采用接触网取电的分散供电方案优势凸显。

因此，当供电方案迈出国门之时，就要抛开国内的思维定式，在运用我们丰富的经验的同时，务必要做到经济、安全、可靠且因地制宜。

参考文献

[1] 侯强民. 铁路 10 kV 高压电力线路的安装及维护 [J]. 科技创新与应用, 2019, (2): 123 - 125.
[2] 杨浩. 基于分布式电能的铁路电力系统优化研究 [J]. 信息技术, 2019, 28(1): 26 - 31.
[3] 常趁. 高速铁路供电电源的选择及应急电源方案的分析[J]. 铁道勘测与设计, 2008, (4): 69 - 71.
[4] 章楚添. 非洲地区铁路电力设计方案研究[J]. 铁道勘测与设计, 2016, (3): 56 - 59.

[5] 牛金平. 高速铁路供电方式研究[C]. 中国铁道学会电气化委员会客运专线技术研讨会, 2006.
[6] 陈建华. 电源匮乏地区铁路电力供电方案选择分析[J]. 现代商贸工业, 2014, (4): 191-192.
[7] 姚勤隆. 电气化铁路信号供电交直交电源的选型探讨 [J]. 铁道标准设计, 2011, (2): 121-124.
[8] 代晓康. 市域铁路电力供电方案的技术经济分析[J]. 铁道勘测与设计, 2017, (3): 72.

作者简介

孙鹏，中国铁路设计集团有限公司电化电信院，工程师

风吹雪地段铁路电力设施设计技术方案研究

马翔宇

摘　要: 风吹雪灾害防治是世界性难题,克塔铁路铁厂沟至塔城段途径著名的老风口－玛依塔斯风吹雪灾害区,风吹雪灾害对铁路沿线电力设施危害甚大,严重影响供电可靠性。本文系统分析了风吹雪的产生机制和克塔铁路沿线风吹雪灾害的特点,介绍了本工程风吹雪区段的电力工程设计原则和采取的预防措施,为相似工程的设计提供了借鉴。

0　引言

风吹雪是一种气流携带雪粒子运动的非典型气固两相流运动,多发生在高海拔、高纬度、地形复杂的区域。我国风吹雪影响区域面积占国土总面积的一半以上,主要分布在青藏高原及其周边山区、新疆北部、内蒙古高原与东北地区。克塔铁路铁厂沟至塔城段位于塔额盆地境内,由于其特殊的气候条件,风吹雪严重威胁着铁路电力设施的安全运行,往往造成供电线路跳闸断电,变配电设施的损坏,进而影响铁路正常运营,由此所造成的经济损失和系统安全隐患不容忽视。深入研究风吹雪灾害对铁路电力设施的影响并提出适应性解决方案势在必行。

1　风吹雪形成的机理

形成风吹雪需满足以下三个条件,即大量的雪源、使雪粒能够启动运行的风和适宜的地形。

1.1　区域降雪情况

根据新疆院中科院新疆生态与地理研究所完成的《克拉玛依至塔城铁路大风、雪害防治研究报告》,托里县和额敏县冬季平均降水量分别为 123 mm 和 183.7 mm,分别占年均降雨量的 51%、64%,冬季降水占全年降雨量一半以上。稳定积雪日期一般为 11 月中旬至次年 3 月底,长达 4 个半月。铁路经过的托里和额敏县冬季降雪量大,积雪较深,积雪稳定期长,为风吹雪提供了足够的雪源。

1.2　区域大风情况

线路经过的老风口至玛依塔斯风区位于乌尔喀什尔山和加依尔山之间的狭长通道,地势东高西低,处于东西气流的通道上。当冷空气进入塔额盆地,因谷地形成的狭管效应产生猛烈的偏西风;当冷空气控制准格尔盆地,形成东高西低的气压形势时,产生强劲的偏东大风。铁路沿线气象站统计资料见表 1。

表 1　沿线气象站大风统计资料表

气象站		铁厂沟	额敏	塔城	附注
平均风速及主导风向		6.4(W)	2.4(ENE)	2.4(N)	
各季平均风速(m/s)及主导风向	春季	4.2(E)	2.8(ENE)	2.8(NNW)	
	夏季	11.6(W)	2.4(ENE)	2.3(NNW)	
	秋季	10.3(W)	2.0(ENE)	2.2(N)	
	冬季	10.9(W)	1.7(ENE)	1.9(N)	
年平均大风日数(≥8 级)		168 天	15.3	13.9	
最大风速及风向	定时		18(WSW)	17.9(SE)	
	瞬时	37.8(W)	24.4(W, WNW)	27.5(ESE)	

1.3　克塔铁路风吹雪形成机理

对于克塔铁路沿线所经区域，降雪过程或者降雪后1～2天内，新雪密度低，雪粒容易起动，3级风速就足以引起雪粒蠕动形成风吹雪。降雪数天之后的积雪，由于融化、冻结作用以及吹雪运移过程中的变质作用，风吹雪的启动风速提高，当风速达到4级以上时，雪粒在滚动中相互碰撞，并且在风的动力作用下，雪粒跳跃向前运动，形成低层风吹雪。在风速达到6级以上时，雪粒悬浮在空中随风运动，可以轻易越过障碍物，在低洼处堆积，形成较严重的风吹雪。

在平原地区，风吹雪运行状况较单一，在山区和丘陵地区，不同坡形、坡向、坡度、植被状况，可导致不同的风吹雪结果。

2　风吹雪危害及本区域风吹雪的特点

2.1　风吹雪的危害

风吹雪危害主要为雪阻、雪埋以及积雪融化造成的路基翻浆冒泥等次生灾害等。

(1)雪阻、雪埋危害

风吹雪期间降雪在风力带动下在路堑和低路堤地段沉积，形成雪阻、雪埋，影响行车安全、中断行车甚至掩埋车辆(见图1)。

图1　克塔铁路沿线历年风吹雪灾害现场

(2)大风对运营的影响

根据气象资料，线路经过的铁厂沟附近8级以上大风日数168天，瞬时最大风速37.8 m/s(W)，大风日数多，风力大，对铁路正常运营造成较大影响。

(3)次生灾害

春季积雪融化，雪水渗入地基后不易排出，容易引发线路及房屋建筑冻害；翻浆冒泥，大量雪水冲刷路肩边坡、水沟，造成路基失稳等病害。

2.2　沿线区域风吹雪特点及分布

本地区风吹雪具有堆积速度快，灾害周期长且频繁，灾害区域广等特点。堆积速度快：风吹雪严重段落，降雪或积雪在强风带动下造成雪阻、雪埋，几个小时可掩埋道路上的汽车，严重影响交通；灾害周期长：区域内风吹雪灾害每年都有发生，且贯穿整个冬季；灾害区域广：铁路沿线从铁厂沟DK114+980至霍吉尔特DK191+000风吹雪段落总计75.12 km，其中轻度危害长32.672 km，占比43.463%；危害程度较严重段落23.5 km，占比31.262%；危害程度严重段落19 km，占比25.275%(见图2)。

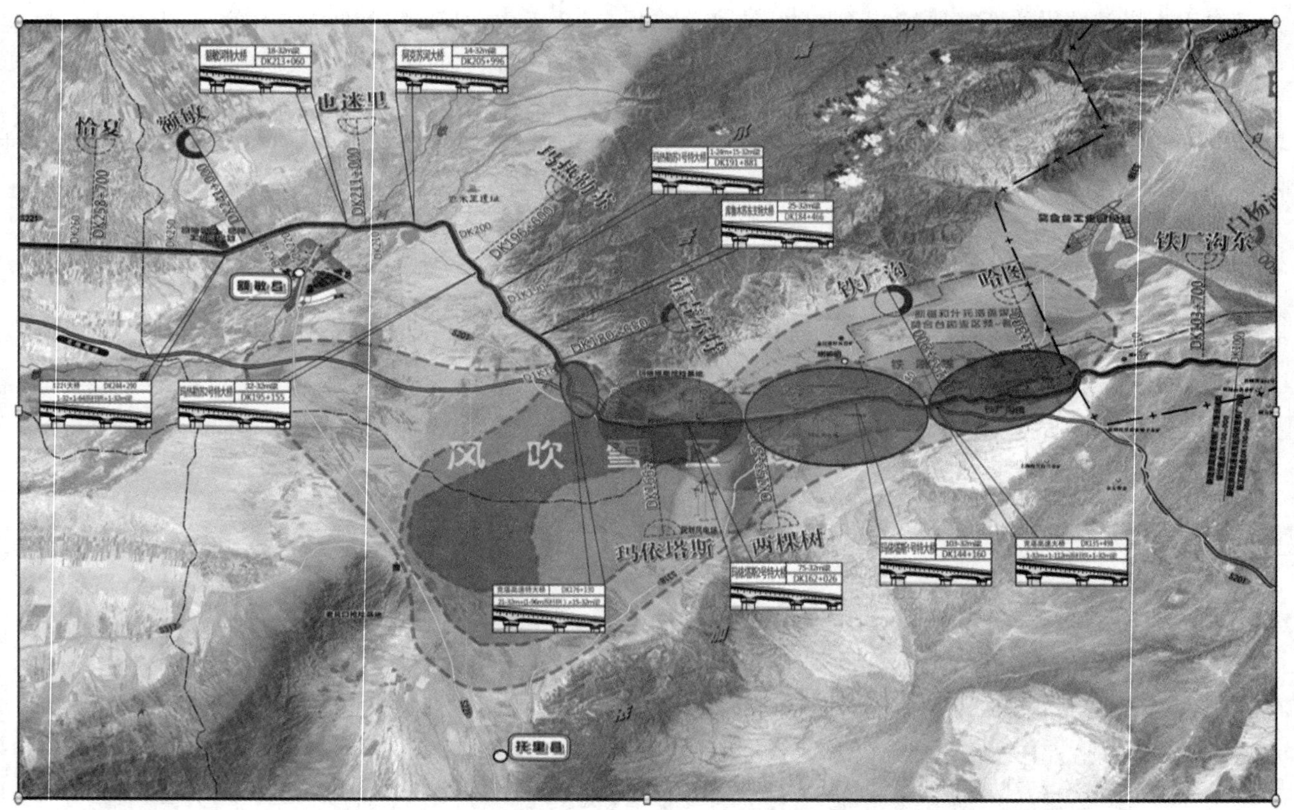

图 2 克塔铁路铁厂沟至塔城段沿线风吹雪分布图

3 铁路电力设计时需要注意的因素

3.1 变配电所、箱式变配电所的选址

电力设施的选址落点，对于防治风吹雪灾害影响有决定性的作用。

地势开阔平坦地区往往拥有较为充足的雪源，大风畅通无阻，铁路路堤或路堑阻碍风雪流，容易在铁路线路沉淀堆积；地形起伏较大条件下，气流运动紊乱，铁路对风吹雪流的阻碍作用不明显，风吹雪灾害小于地形平坦地区。此外，地貌形态对风吹雪也有一定影响，地表植被丰富或地表粗糙情况下，对风吹雪流有一定的阻碍作用，在一定程度上能够降低风吹雪危害。

如果所址选择在风吹雪灾害严重的地区，雪害将严重威胁变配电所的运行安全，变配电所的工程投资也将相应增多；如果所址地理位置经过认真比选，选择在风吹雪灾害影响较小或者避开了风吹雪影响区域，则可以使电力设施不受或少受风吹雪的危害，减少安全运行风险和工程防雪费用。

3.2 总平面布置

通过收集部分风积雪地区公路运管单位历史观测数据和其他相关研究资料，并以此为基础进行分析计算，得出以下结论：

线路走向与主导风向的关系对风吹雪灾害影响较大。线路走向与风向一致或夹角较小时，铁路对风雪流的阻碍较小，雪流在铁路两侧沉淀较少，风吹雪危害较小。线路走向与主导风向垂直或夹角较大时，铁路对风雪流阻碍加大，积雪容易在铁路附近沉积，造成雪阻雪埋危害。当主风向与线路走向夹角在 0°至 30°时，风雪流较易通过，不易产生积雪现象；当主风向与线路走向夹角在 30°至 60°时，线路较易产生积雪；当主风向与线路走向夹角在 60°至 90°时，线路容易产生积雪。

风速对风雪流也会产生重要影响，风速越大，雪粒越不容易沉积，不易产生雪埋等危害。由表 2 可以看出，随着来流风速的增大，上下风向路肩、路基中心风速都随着增大，雪粒不容易沉积，因而不易发生积雪；而下风向坡脚风速较低，会形成积雪。

表2 不同来流风速下路堤断面风速情况统计表(m/s)

来流风速	上风向路肩最大风速/(m·s⁻¹)	下风向路肩最大风速/(m·s⁻¹)	路基中心风速/(m·s⁻¹)	上风侧坡脚风速/(m·s⁻¹)	下风侧坡脚风速/(m·s⁻¹)	上风向路肩以外<4 m/s风速范围/m	下风向路肩以外<4 m/s风速范围/m
4.2(3级)	14	11	11	3	2	3	12
5.6(4级)	16	12	11.5	3.5	3	3	16
8(5级)	20	16	14	4	3.5	3	19

3.3 建构筑物结构形式

建筑物的体形及布置方向对风吹雪有较大的影响，当建筑长边与风吹雪方向角度接近垂直时，在建筑物的正面和背面由于阻挡作用致使风速降低，积雪严重。

铁路变配电所中构筑物较多，除了电力独立房屋还有许多构筑物，如：设备基础、设备平台、围墙、电缆沟等。风吹雪在垂直方向上的分布是有区别的，风吹雪中的绝大部分雪粒都集中在0~20 cm层内，构筑物的结构形式选择和布置不当，基础出地面高度过高，也宜造成站内的积雪严重，影响到电气设备的安全运行。

3.4 电气设备布置方式

根据设计惯例，变配电所内的电气设备一般均采用低位布置，当风吹雪灾害发生时电力房屋门窗密封不严，极易受到风吹雪灾害影响，特别是对于调压器室、电容器室、高压开关柜室，设备多且布置较低，易造成局部积雪掩埋。

对于无人值守的变配电所，如积雪清理不及时，春季积雪融化，雪水渗入室内，也会对电力设备造成损害。因此电气设备的选型和布置时，应尽量提高设备基础，采用高位布设，减小积雪影响，对于无法高位布置的电气设备应采取其他有效措施。

4 风吹雪的预防措施

铁路电力设施的风吹雪防治措施主要分为三个方面。第一，在前期选址设计中，选择积雪较少的地段，防止风吹雪灾害的直接影响；第二，是在电力变配电所、箱式变电站等环节的设计过程中，对独立建筑和构筑物的平面布置、通所道路、电气设备等开展有针对性的细部设计，减小风吹雪影响；三是通过采取阻雪等武力措施，遏制风吹雪灾害的发展方向，避免其向电力设施内部纵深发展。

4.1 优化设施选址

变配电所所址的确定除满足全线铁路用电要求外，还应结合站区地理位置和环境因素综合确定。风吹雪一般发生在冬春两季，如果选址时间尽量选在发生风吹雪天气情况下，应根据现场风吹雪特点，尽量避开风吹雪地段，如无法避免，则应选择风吹雪影响较小的地段。如果选址时间是在夏秋季节，无法观测到风吹雪现象，则应根据当地气象部门提供的历年气象数据进行初选，待冬春季节进行所址的复核。

区间基站、直放站箱式变电站均为无人值守，在风吹雪区域为避免积雪掩埋设备，区间基站、直放站与箱式变电站合设院落设置在人工平台上，平台填方高度一般为2~3 m，距离平台路肩2 m设2.2 m高钢筋混凝土栅栏加刺丝滚笼(见图3)。此外为避免院内积雪融化后的雪水浸泡设备基础，院落内设排水沟，及时将融化雪水排出基站、直放站。

4.2 优化总图布置

变配电所长边布置应尽量平行风吹雪方向(见图4)，减小阻风面，降低风吹雪影响；场区地面尽量采用硬化地面，不宜采用绿化地面和碎石地面；变配电所内道路尽量与场地标高一致，减少出地高度，降低雪阻；而站外道路是否产生风吹雪危害，主要取决于路基的横断面型式的规格。因此，建议路线走向与风向近垂直的路堤：路堤高度大于当地最大积雪深度0.6 m，小于15.0 m。路堤边坡可采用坡度1∶1~1∶2。

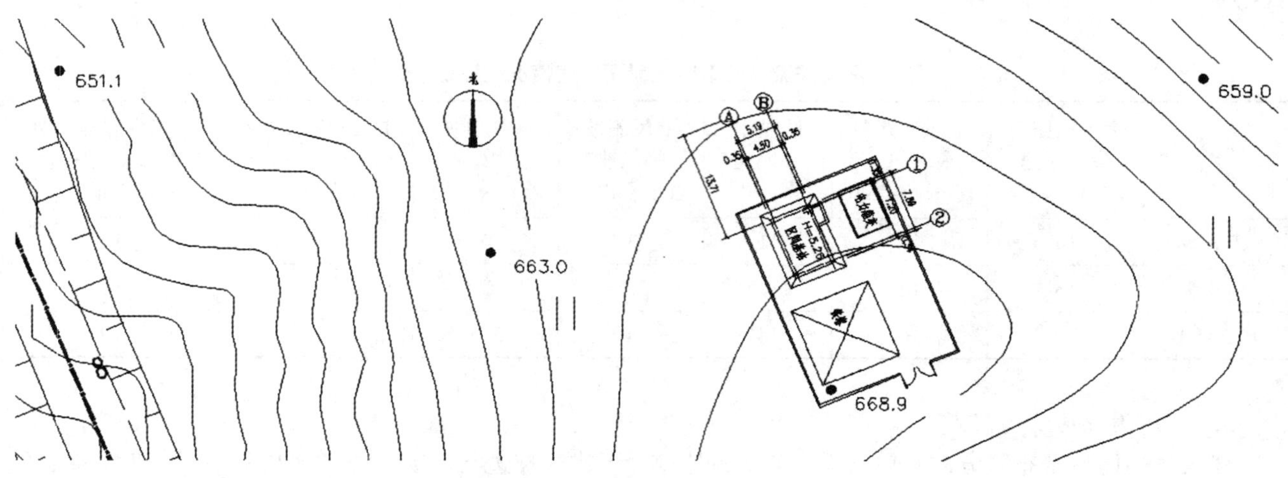

图3　区间箱变设置在山丘高点

路线与风向近平行的路堤：路堤高度大于当地最大积雪深度0.8 m，路堤边坡可采用坡度1∶1 ~1∶2。路线纵坡，迎风路不大于7%，背风路不大于5%；电缆沟宜采用埋地式电缆沟或电缆埋管方式；合理设置排水沟、集水井等场区排水设施，避免因融雪而场区积水。

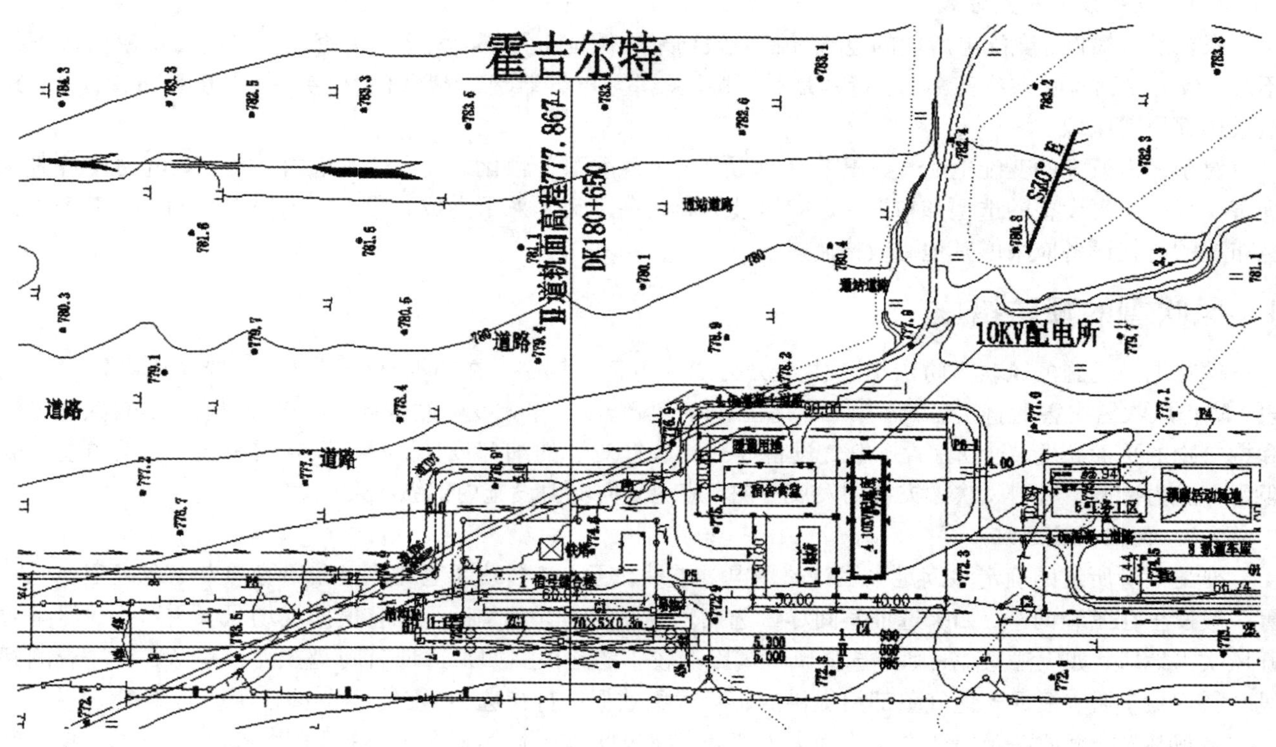

图4　配电所长边布置平行风吹雪方向

4.3　优化建构筑物结构形式

建筑物应尽量选用结构简单的"一"字形布置，长边与风吹雪方向平行；立面造型力求平整简单；屋面宜采用坡屋面；减少门窗的设置数量，并增设门斗。

电力独立房屋室外地坪均高于调查积雪深度0.5 m，主入口设置门斗防风防寒；全线所有房屋建筑檐口采用坡屋面外挑檐，屋面采用挂綮孔平瓦(即带绑扎小孔的瓦)，并增设35 mm厚C20细石混凝土保护层(内配钢筋网)防大风揭起构造措施，房屋结构充分考虑雪荷载；主入口外门均采用防风效果较好的防盗门；在满足采光要求的前提下，尽量减少开窗面积，并且均设纱窗。

4.4　设置阻雪设施

阻雪包括阻雪墙、阻雪栅栏(见图5)、阻雪罐等。

发生风吹雪时，风雪流受到阻雪设施阻挡影响，贴地风速逐渐减小，越接近阻雪设施风速越小，在上风侧距离阻雪设施高度的0.5～1.5倍区域时，风速减速最为显著并形成气流涡旋，从而在设施前形成一个弱风区，部分雪粒在此沉积。在挡雪墙的正上方，气流沿墙面受压抬升，因而形成一个加速区。当气流越过阻雪设施后，运动空间扩大，运动速度减小并再次形成涡流区，风雪流携雪能力降低，雪粒易在这一区域沉落。阻雪设施下风侧，一般在设施高的0～5倍范围内风速减弱明显，形成积雪区。积雪区之后风速逐渐恢复，在设施高度的10～15倍距离之外，恢复到空旷地带的风速。气流在阻雪设施前后减速形成弱风区，使雪粒沉积于挡雪墙前后的弱风区，起到阻雪作用(见图6)。

阻雪设施的高度：由于风雪流中的雪粒子主要集中在近地面2 m左右的范围内，从经济性和实用性的角度考虑，阻雪设施的高度可设置为地面上2～5 m。

阻雪设施间距：风速在阻雪设施的下风侧10～15倍阻雪设施高度范围内减速，雪粒在这一范围沉积。超过此距离，基本恢复到空旷地带的风速，线路距离阻雪设施距离应不小于10～15倍阻雪设施高度。

阻雪设施与风向的关系：阻雪设施应与主风向垂直，随着夹角的减小阻雪量逐渐减少，当交角小于40。时，阻雪效果不明显。

阻雪设施与透风率的关系：一般情况下阻雪设施的透风率宜设置在50%～70%之间。

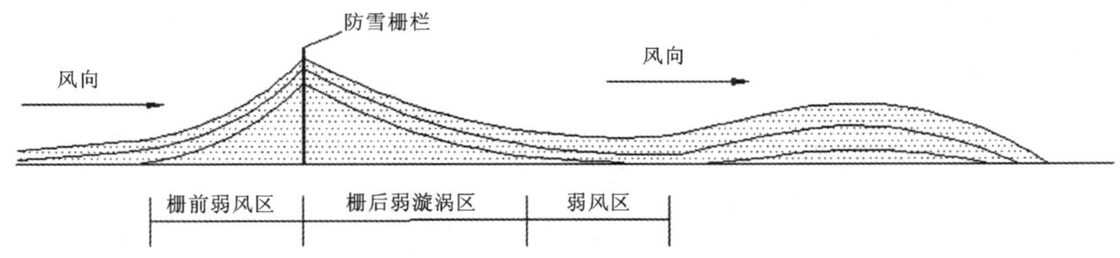

图5　防雪栅栏效果示意图

阻雪设施广泛应用于风吹雪地区公路、铁路，根据风吹雪危害程度及风向情况，在变配电所迎风侧或两侧设置1道或多道阻雪设施，阻雪效果明显。

图6　阻雪设施实际效果图

5　结束语

风吹雪危害防治是世界性技术难题，克塔铁路穿越举世闻名的玛依塔斯风吹雪区域，如何减小和避免风吹雪灾害对铁路沿线电力设施的破坏，成为本工程设计时需要重点考虑的问题。本文分析了风吹雪现象的成因和克塔铁路沿线的气象条件，对影响铁路电力设计的风吹雪影响因素进行了阐述，提出了相应的风吹雪防治措施。通过优化电力独立房屋选址，采用合理布设电力独立房屋及箱式变电站方式，针对风吹雪特点细化建筑和构筑物细部设计，在所站外围采用设置物理阻雪设施等方法，多措并举，防治风吹雪对铁路沿线电力设施带来的影响。自 2019 年 5 月克塔铁路开通以来，经过一年的运营，风吹雪防治取得了良好的效果，其经验为相似工程风吹雪的防治工作提供了有力的借鉴。

参考文献

[1] 王中隆. 中国风雪流及其防治研究[M]. 兰州：兰州大学出版社，2001.

[2] 中国科学院新疆生态与地理研究所. 克拉玛依至塔城铁路大风、雪害防治研究[R]. 乌鲁木齐：中国科学院新疆分院，2014.

[3] 韩晓雷，赵文涛，唐三元. 新疆老风口地区公路风吹雪流场分析研究[J]. 铁道建筑，2011，(2)：79 - 81.

[4] 杨旭. 玛依塔斯交通走廊风吹雪特点研究[J]. 铁道工程学报，2018，(12).

作者简介

马翔宇，中国铁路设计集团有限公司电化电信工程设计研究院电力所，中级工程师

基于铁路电力设备履历的电力线路图自动绘制及应用

武春波 张忠斌

摘 要：中国铁路沈阳局集团有限公司的大数据建设已经进行了三年的时间，其中大数据供电系统的建设已经初见规模。本文通过对电力设备履历进行设计改进及软件开发，实现了电力线路图的自动绘制并应用到 GIS 地图平台，提高了铁路电力基础管理的信息化、自动化及标准化水平。

0 前言

在铁路电力生产管理过程中，由于铁路电力外线设备经常变动，现场技术人员需要对电力设备履历和电力线路图进行及时修订，往往出现以下问题：一是电力设备履历和电力线路图的数据信息很容易不一致；二是电力线路图绘制标准各车间不容易统一；三是人工核对设备履历和图纸工作量较大。随着信息化建设推进，现场对电力线路图提出了较高的实用化要求：实现基于铁路电力设备履历的电力线路图自动绘制，但目前这方面的研究文献及应用实例较少。文献[1－2]以不同方式实现了自动生成图纸的方法，但未提及“设备履历”及“绘图图例”，且文献[1]提及“设备坐标”，未提及“经度及纬度”，文献[2]“将变电站的经纬度坐标根据系数换算为数学坐标系”。以上文献均未提出直接利用设备履历自动生成设备图纸，难以满足铁路电力基础数据的管理要求。

1 设备履历、图纸与 GIS 地图的关系

电力设备履历是对现场电力设备的数据描述，通常采用 Excel 表格填写各类电力设备相关信息。电力线路图是对现场电力设备的图形描述，通常采用 AutoCAD 图形绘制各类设备的拓扑关系并标注相关信息。GIS 地图平台可以展现现场电力设备的地理环境信息，但电力电杆、电缆、箱变等设备难以直接在地图上清晰展现并标注，需要适当的数据格式与 GIS 地图平台相融合。

2 图纸自动绘制的方案

要实现电力线路图的自动绘制，首先需要软件对各类电力设备（如电杆、变配电所、变压器台及电缆接头箱）的地理位置进行自动定位；其次需要对各个电杆的逻辑关系（如首根电杆、第二根电杆等）进行自动识别；最后考虑如何满足 GIS 地图平台的融入要求。因此，采用的技术方案包括以下步骤：一是铁路电力设备履历设计；二是电力设备履历数据处理；三是电力线路图自动绘制。

3 电力设备履历字段的设计

字段设计是后台设计最基础的部分，因此设计好字段是后台产品设计最核心的工作。为了实现电力线路图的自动绘制，从以下四个方面对既有电力设备履历字段进行设计改进。一是在每个设备履历中增加“经度”、“纬度”及“高程”等字段，使每个设备具有了定位信息；二是规范“设置地点”及“设备名称”等字段，明确了不同设备履历之间的逻辑关系；三是规范“引入线处”，结合“设备地点”等字段，明确了电力线路履历中电杆之间的逻辑关系；四是通过上述设备履历并结合分界点台账，明确了全部线缆的始端及终端位置。

4 基于设备履历的电力线路图自动绘制开发

鉴于电力设备履历通常采用 Excel 表格进行记录和保存，电力线路图通常采用 AutoCAD 进行绘制和保存，故电力线路图的自动绘制可以分两步进行。第一步在 Excel 表格中进行数据处理，将履历数据整理为

绘图数据。第二步在 AutoCAD 中实现自动绘制，方便进行简单的图层设置，如颜色和线型。

4.1 电力设备履历的数据处理

为方便灵活处理电力设备履历，对相关电力设备履历的数据分别进行处理，具体步骤为：一是处理电力线路履历数据(主要处理架空线路数据)；二是处理变配电所履历数据；三是处理变压器台履历数据；四是处理配电装置履历数据(主要处理电缆接头箱及电缆分支箱数据)；五是处理分界点台账数据；六是处理电缆线路履历数据。七是每个履历数据处理结束，提示“数据处理完成!”。

4.2 电力线路图的自动绘制

为方便对不同的设备履历进行电力线路图的自动绘制，及个性化处理输出的图纸，采用一个命令执行自动绘制操作，在程序中进行多图层设置。具体步骤为：一是在 AutoCAD 中保存铁路电力设备图纸的图例(图块的形式)；二是调用 Excel 中处理完成的绘图数据；三是依次读取绘图数据进行自动绘制；四是在调用每个履历绘图数据前新增图层；五是在调用每个履历绘图数据过程中插入相应图块；六是在调用每个履历绘图数据过程中插入相应文字标注；七是自动绘制结束，提示“绘制完成!”。在 AutoCAD 中的成图效果如图 1 所示。

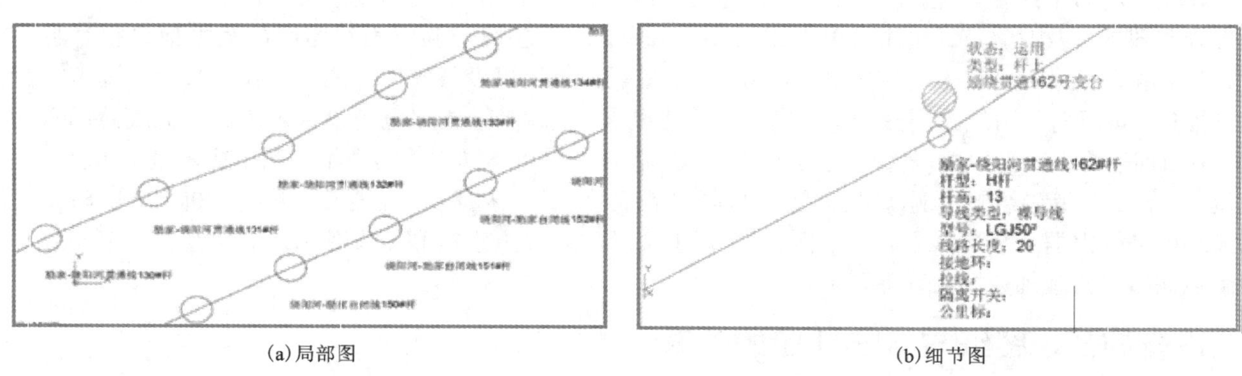

(a)局部图 (b)细节图

图 1 AutoCAD 成图效果

5 电力线路图的 GIS 应用

将 GIS 地图平台引入到铁路电力的管理中来，是铁路电力信息化的必然趋势，也为电力设备地图可视化提供了各种可能。电力线路图 GIS 应用如图 2 所示。

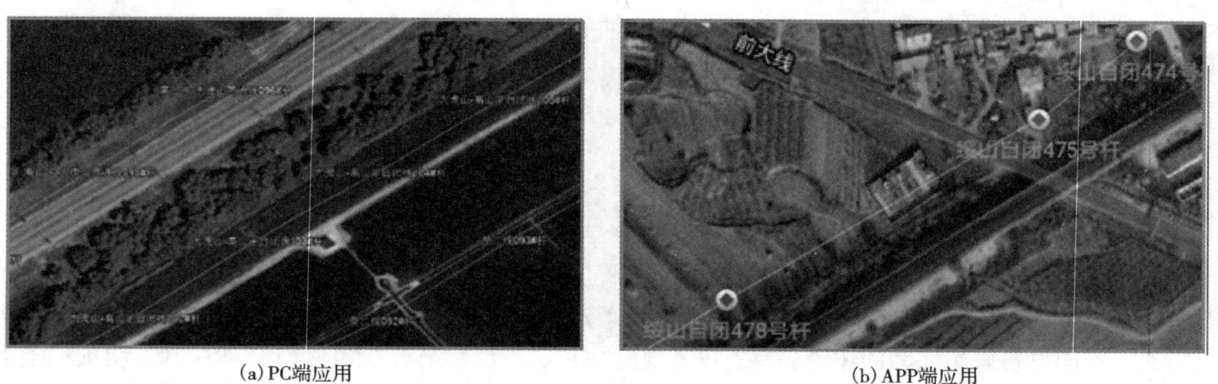

(a)PC端应用 (b)APP端应用

图 2 电力线路图 GIS 应用

6 结束语

本文以锦州供电段大虎山供电车间高压电力设备履历为试验数据进行自动绘制，其中数据处理时间为

83.01 s，自动绘制时间为56.47 s，总计耗时不到3 min，最终达到设备履历与设备图纸信息一致，且图纸准确规范的效果，可为相关行业提供有益参考。

参考文献

[1] 范先铮，李明锋，王志. 基于ObjectARX的电力管线自动成图研究[C]. 江苏省测绘地理信息学会2015年学术年会.
[2] 雷聚超，王曼，范梦龙. 电力线路CAD图形自动生成研究[J]. 西安工业大学学报，2012，(11).

作者简介

武春波，中国铁路沈阳局集团有限公司锦州供电段，电力线路工，高级技师
张忠斌，中国铁路沈阳局集团有限公司锦州供电段，电力技术科科长，工程师

低压配电网零线带电问题及其现场排查分析方法

李思达　侯文凯

摘　要： 配电网结构的复杂导致出现故障概率增加，分析低压配网线路运行方式基础上，针对零线带电问题进行了剖析，给出断线、接地和短路等引起零线带电特点，总结了零线带电故障的现场查找和排除方法，最后指出重视用电安全意识，加强极端天气巡视以及技术防护措施，以保障生产、生活中的低压用电安全。

0　引言

随着电力网络的持续建设和用电规模不断扩大，低压配电网结构也越来越复杂，运行中断线、短路、错接线以及接触不良等引起用电事故屡见不鲜，保障供电及用电安全性和可靠性越来越重要。在分析低压电网供电方式基础上，本文对低压供电各种零线带电现象进行了剖析，给出了相关问题快速检测流程，以及零线带电故障的处理方法，为避免供用电中人身和财产安全危险奠定了技术基础。

1　低压配电网供电方式

在我国低压配电网常采用380/220 V 三相四线制供电，零线 N(Neutral wire，即中性线)由变压器中性点引出并接地，三根 A/B/C 火线 L(Live Wire，又称相线)加零线 N 供电，正弦交流电压为380/220 V，取任意一根 L 线加零线 N 构成220 V 单相电供一般家庭用，三根相线间电压为380 V 可供电机等三相负荷使用。在安全要求高和设备要求统一接地情况下，除了 A/B/C 三根火线和零线外，还设置一条接地保护中性线 PE (Protecting Earthing)，构成三相五线制(TN - C 系统)，如图 1 所示。

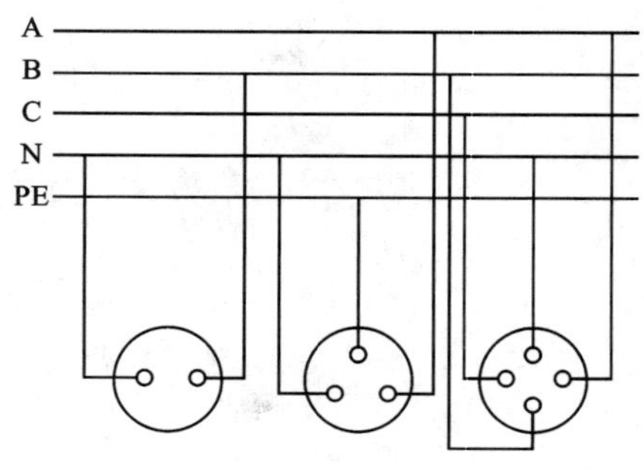

图 1　三相四线制供电及用电插座

低压电网供电的三相电源一般对称，零线在变压器出口处与大地相连，即使三相负荷不完全对称(发生单相接地故障)，也能保证三相电压对称(非故障相电压正常)，零线即中性点电位恒定。三相五线制中，每隔 20 ~ 30 m PE 线重复接地，保证其线上电位为零。在上述接线方式下，零线在供电起到回流电流的作用，要求不能接开关或熔断器，保证供电系统运行中零线不断开。与低压电网连接的用电器插座分为两孔、三孔和四孔，而且在插座上严格规定了火线、零线和地线接入方式。

由于各种各样的原因，实际中低压电网供电经常发生零线带电现象，零线带电本质上是没有良好接地的体现。零线断线、地线接错或火线短路等引起导体上电流异常，给正常生活和生产带来安全隐患。

2　零线带电故障原理分析

2.1　零线断线

2.1.1　单相电路零线断线

负荷采用两孔插座接入供电系统，即成为单相供电。如果发生零线断线问题，此时供电情况等效为图 2 所示，当开关闭合负载接到220 V 电源火线端，断点 M 两侧对地电压为220 V，由于断线电流不能形成回路，负载也不能正常工作。这种现象极为常见，用户在没有防护情况下接触用电器，对人身安全将产生重大危险。

2.1.2　三相电路零线断线

电动机等大功率负荷采用三相电路供电，如果零线出现断线，图 3 中断路点 M 至负载段零线仅为负载中性线，当三相负载完全对称时，中性线对地电位为零。实际应用中三相负载极难完全对称，中性点位移使不同相之间电压不均衡，造成单相电压过高或过低，负载至断路点 M 零线带电。中性点位移严重程度与负载不对称度有关，此时中性点电位由(1)式计算。

$$\dot{U}_N = \frac{\frac{\dot{U}_A}{Z_A} + \frac{\dot{U}_B}{Z_B} + \frac{\dot{U}_C}{Z_C}}{\frac{1}{Z_A} + \frac{1}{Z_B} + \frac{1}{Z_C}} \tag{1}$$

其中，Z_A、Z_B 和 Z_C 为各相的复数阻抗。

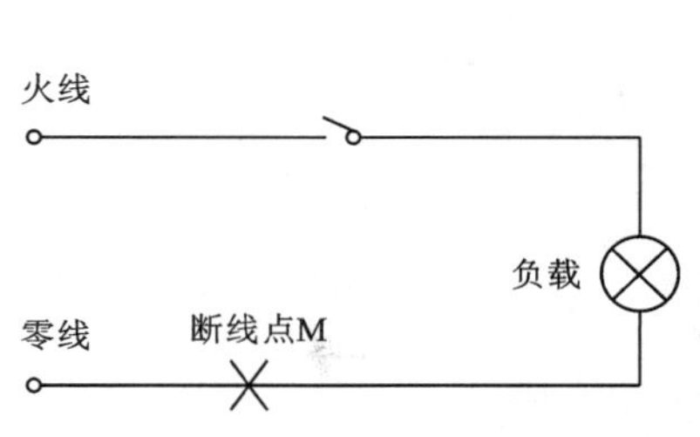

图 2　单相电路零线断开

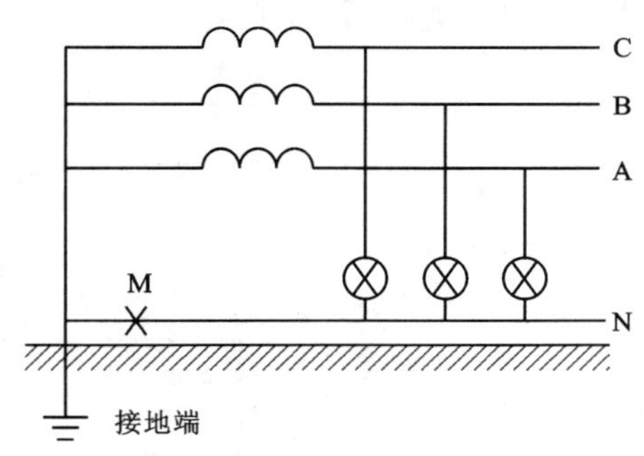

图 3　三相电路中零线开路

当中性点电位偏移量太大，三相相电压增加的相就可能使用电器烧毁，例如三相四线制中性线线可靠，单相接地短路对其它相没有影响，如果中线断开发生单相短路，会造成另外两相电压有 220 V 升至 380 V。三相相电压减少的相可能造成用电器达不到额定电压而不能工作。零线电位升高达到一定值，此时接触地线将会造成触电事故危险。

2.2　中性点接地阻值增大

设中性点接地电阻设为 R_0，各相对地漏电流设为 i_A、i_B 和 i_C，流过接地物体的电流设置为 i_0。根据 KCL 定律可得

$$i_0 = i_A + i_B + i_C$$

在此条件下，零线电压(中性点电压) $U_N = I_0 R_0$，在正常情况下，I_0 数值极小，R_0 较小时，零线电压趋于 0，但当某些原因造成 R_0 增大，则零线电压 U_N 会上升，造成零线带电现象。

2.3　相线对地漏电

受供电线路电磁场分布、介质绝缘与外界条件的影响，单相或多相对地出现漏电流增大，使 $i_0 = i_A + i_B + i_C$ 不断增大，在中性点接地电阻上电压 $U_N = I_0 R_0$ 中，由于 I_0 增大造成零线电压升高，从而出现零线带电现象。

2.4　相线对地短路

单一相线对地短路是最常见问题，如果发生在用户侧，线路总保护装置(跌落式熔断器)可能末保护，造成零线运行带电。另外两相对地电压发生异常，造成中性点电压位移出现零序电压，其大小等于正常运行时的相电压，此时，用电器不能正常工作，人体触碰零线也会非常危险。

此外，线路还有相间短路(雷击造成、外在导电体或者半导电体造成、设备绝缘降低造成)、接地相间短路等多种故障形式，每种故障有其电压和电流变化规律，这里不再一一赘述。

3　零线带电问题检测及解决方法

3.1　零线带电快速判别流程

一旦发生零线带电现象，应及时找到故障发生位置与原因，防止产生安全事故。

大部分零线带电故障都是由相线接地引起的，为了快速排查零线带电故障，通常先从用户侧入手缩小检测范围，排查用户侧是否存在相线接地点，若不存在问题，再检查供电侧线路是否存在接地故障。

除相线接地故障引起零线带电之外，零线断线也是引起零线带电的原因之一，此时可分为两种情况：

(1)若用户侧用电器可以正常使用，且零线与变压器的接地线不同时带电，则是由三相负荷不平衡引起的零线带电。

零线与接地线同时带电，且某相的电压偏低甚至为零，则是由漏电或相对地漏电或短路引起的零线带电故障。

(2)在用户电器正常使用，零线与变压器接地线同时带电，且三相电压又处于正常状态的情况下，要检查用户附近变压器的接地线是否带电。

若带电则是由错误接线引起的零线带电故障；若不带电，则是因为接地电阻超标或者接地装置断脱。

整体的检修流程可参考图 4。

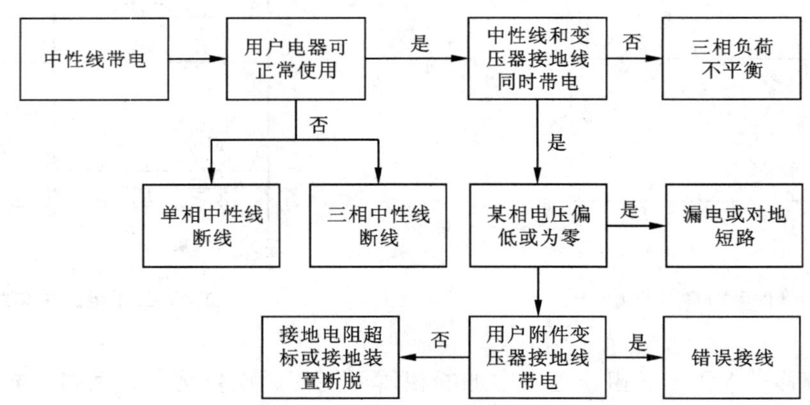

图 4 零线带电故障原因判断流程

3.2 零线带电故障解决方法

根据零线带电具体情况，快速规范化排除故障是检修人员必备业务素养，实际中也有许多方法和经验值得借鉴。

3.2.1 分段排除法

分段排除法查找三相电路故障点的方法之一，其原理是通过对主干线路与分支线路分段送电，逐段进行线路故障排查。

首先，对线路第一段进行绝缘处理，进行送电，检测线路零线是否带电。若不带电则表示该段线路正常运行，进行下一段检测；若带电则说明故障点处于该段线路之中，进行详细检修后再次对整条线路供电，若仍存在零线带电现象，则代表线路上仍存在故障点需要检修。继续分段排查剩下线路即可完成故障排除。

3.2.2 分相排除法

分相排除法排除故障点的思路与分段法类似，通过对变压器低压侧不同相逐一停电，依相进行故障排查。

首先准备一个万用表调制交流电压挡，并将其一端与带电零线连接，另一端与大地连接。再依次对变压器低压侧 A、B、C 三相停电，哪一相停电后电压表示数为零，就表明故障点存在与哪一相的线路之中。

3.2.3 电压排除故障法

若零线与大地直接存在电位差，则表明供电系统存在零线带电的故障隐患。电压排除故障法在分相法的基础上进行进一步诊断，通过万用表测量带电电路上的用户输入端零线与大地之间的电压，电压最高的检测点通常就是线路的故障点，通过这种方法来对故障点进行详细定位，最终排除供电故障对对用户人身财产安全造成威胁。

4　结语

供电安全是工农业生产和人民正常生活的基本保障，供电网络的零线带电问题不容小觑。电力检修工作人员进行故障排查时，必须掌握各种供电方式火线和零线的工作原理，针对低压供电系统中容易出现的零线带电问题，才能快速找出现原因，提出合理的零线带电解决方法。此外，加强低压供电网的日常和极端天气巡视，重视用电安全防护教育普及工作，以及低压电网中推广剩余电流动作保护器，并严把产品质量和多级安装关，才能把故障隐患和用电风险降低到最小程度。

参考文献

[1] 于化鹏，陈水明. 110 kV 变压器中性点过电压的计算及其保护策略[J]. 电网技术. 2011，35(3)：152 - 157.

[2] 胡东元，王俊等. 10 kV 配电变压器中性点带电引起耕牛触电[J]. 农村电气化. 2012，23(9)：3 5 - 37.

[3] 王厚余著. 低压电气装置的设计安装和检验(第二版)[M]. 北京：中国电力出版社，2007(4).

[4] 陈可硕. 不同接地型式四极开关的选用[J]. 建筑电气，2008(4).

[5] 刘介才主编. 工厂供电(第四版)[M]. 北京：机械工业出版社，2005.

作者简介

李思达，中国铁路南宁局集团有限公司质量技术监督所，助理工程师

侯文凯，中国铁路南宁局集团有限公司柳州供电段，总工程师

第三篇

接　触　网

直驱式接触网开关站通信及电源的优化方案

石　磊

摘　要： 直驱接触网开关站集合了直驱操作电源、远动处理单元、通信接口等设备，各类产品结构和原理设计上大体一致，但在软件、通信、电源方式设计标准不一，有的方式增加了运行隐患。本文针对滨绥铁路接触网开关站提出通信及电源的优化方案。

0　引言

接触网隔离开关控制站是牵引供电远动系统的重要基础装备，其运行可靠性对保证牵引供电施工安全和故障应急处置意义重大。按照行业相关规范和要求，直驱式接触网开关站目前正逐步取代传统的光纤控制方式接触网开关站。滨绥铁路电化工程于 2018 年底开通，接触网开关站在开始应用中暴露出一些通信接口、电源方式等方面的细节问题，本文结合这些实际问题提出优化建议。

1　既有系统介绍

1.1　系统组成

滨绥铁路直驱式接触网开关站由直驱式 RTU 直接输出 DC220V 带时限动力电源，驱动现场隔离开关操作机构电机工作，实现隔离开关的分合闸操作，为户内监控屏结构，主要安装在变电所及各站点，8 路开关（含 8 路）以下使用一面监控屏，8 路开关以上使用两面监控屏。设置一面监控屏的站点，监控屏包含通信管理机、直驱式 RTU、显示器、UPS、后备手动回路、分合位指示灯等部分。设置两面监控屏的站点，有主屏和副屏之分。主屏内包含通信管理机、直驱式 RTU、显示器、UPS、后备手动回路、分合位指示灯等部分。副屏内包含直驱式 RTU、后备手动回路、分合位指示灯等部分。

1.2　通信结构

接触网隔离开关监控系统与调度系统采用 IEC－104 通信协议，直驱式 RTU 与通信管理机通过 1 路 RJ45 以太网口连接，通信管理机与所（站）内通信设备通过 2 路 RJ45 以太网口连接，实现监控屏的主备双通道通信。直驱式 RTU 做为监控终端，与调度主站通过通信管理机的转发程序实现通信。放置两面屏的站点，副屏通过 RS485 方式与主屏通信，再由主屏通信管理机统一上传，如图 1 所示。

2　主要问题

2.1　控制方式问题

原控制方式为远方、后台、屏控、RTU 控四种操作方式，比常见的直驱式网开关站增加一种 RTU 控制方式，其与屏控方式的实际意义相同，较为繁琐的设计不易应急。

2.2　通信方式问题

该型接触网开关控制站的通讯管理机采用的研华工业计算机，但系统软件采用的常规 windows 系列。windows 系统虽然是应用广泛的成熟操作软件，但受其应用范围要求，系统庞大复杂，可靠性要求并不适宜作 RTU 通信机的操作系统，主要原因：一是操作系统电源如发生异常中断，很可能造成系统崩溃；二是广泛流行的操作系统更容易感染计算机病毒，存在 SCADA 数据网络风险。

2.3　电源方式问题

开通一年中陆续发生 3 次隔离开关监控屏直流稳压电源模块损毁的故障，电源模块损毁后，隔离开关控制站外部遥信回路断电，调度端显示其控制的全部网开关均显示不定态。经过现场调查，现使用的电源模块输入电压 AC220 V ± 10%，而发生故障的控制站所采用的所用变电源为区间贯通电源，是 10 kV 电源

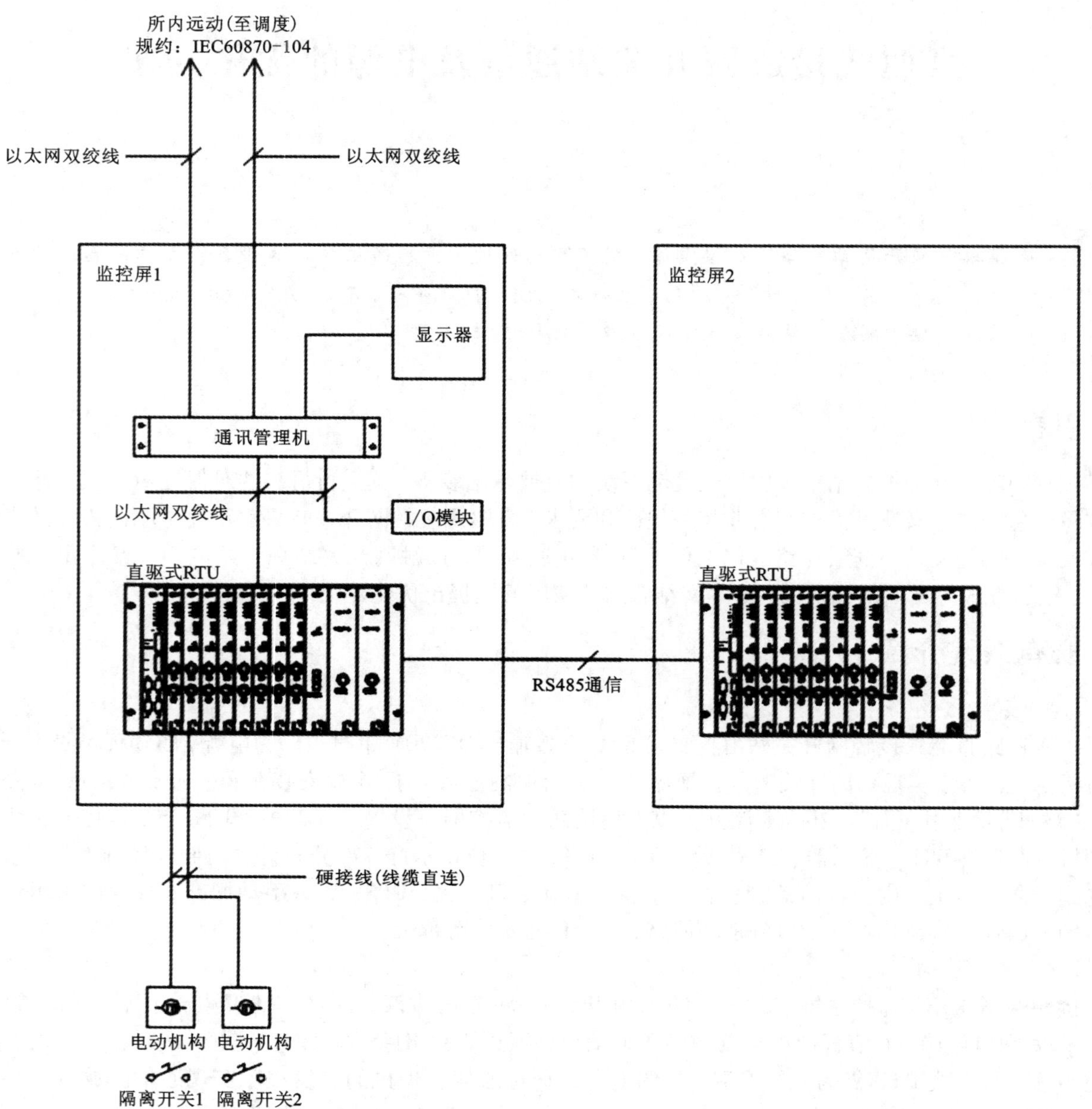

图 1 优化前网络结构

受干电压过高影响导致的。

3 优化方案

初期暴露的工控机频繁死机重启的问题，现场采取增加 UPS 电源的方式简单进行解决，但在后期运行中发现问题未得到根本解决，还出现了 2.1 和 2.3 的问题，经研究后又细化了优化方案。

3.1 通信优化方案

3.1.1 优化原则。RTU 通信板具有三个独立配置的 RJ45 以太网口，每个以太网口都可以独立对外通信，其中网络 1 和网络 2 通信接口可实现主备双通道切换功能。监控屏内由于通信管理机的存在，监控屏通过转换开关额外设置了屏内控制和调度控制两种控制方式，取消通信管理机(研华工控机)的通信转发功能，直接通过 RTU 与调度主站通信，就避免了工控机操作系统不稳定的运行隐患，由 RTU 遥控板实现隔离开关的“远方/就地”操作，取消原通信管理机后台控制功能，改为监视作用。

RTU 通信板满足主备通道切换功能，且可传输 IEC－101 和 IEC－104 协议，因此优化后与调度主站直接通信，无需经过通信管理机等其他通信设备。既有的通信管理机不再作为主要的通信设备，而是和显示器配合使用，作为监控屏后台，只进行开关位置显示和事件记录，由于单块遥控板即可完成“远方”和“就地”操作，后台系统也不再具备遥控功能，优化后网络结构见图 2。

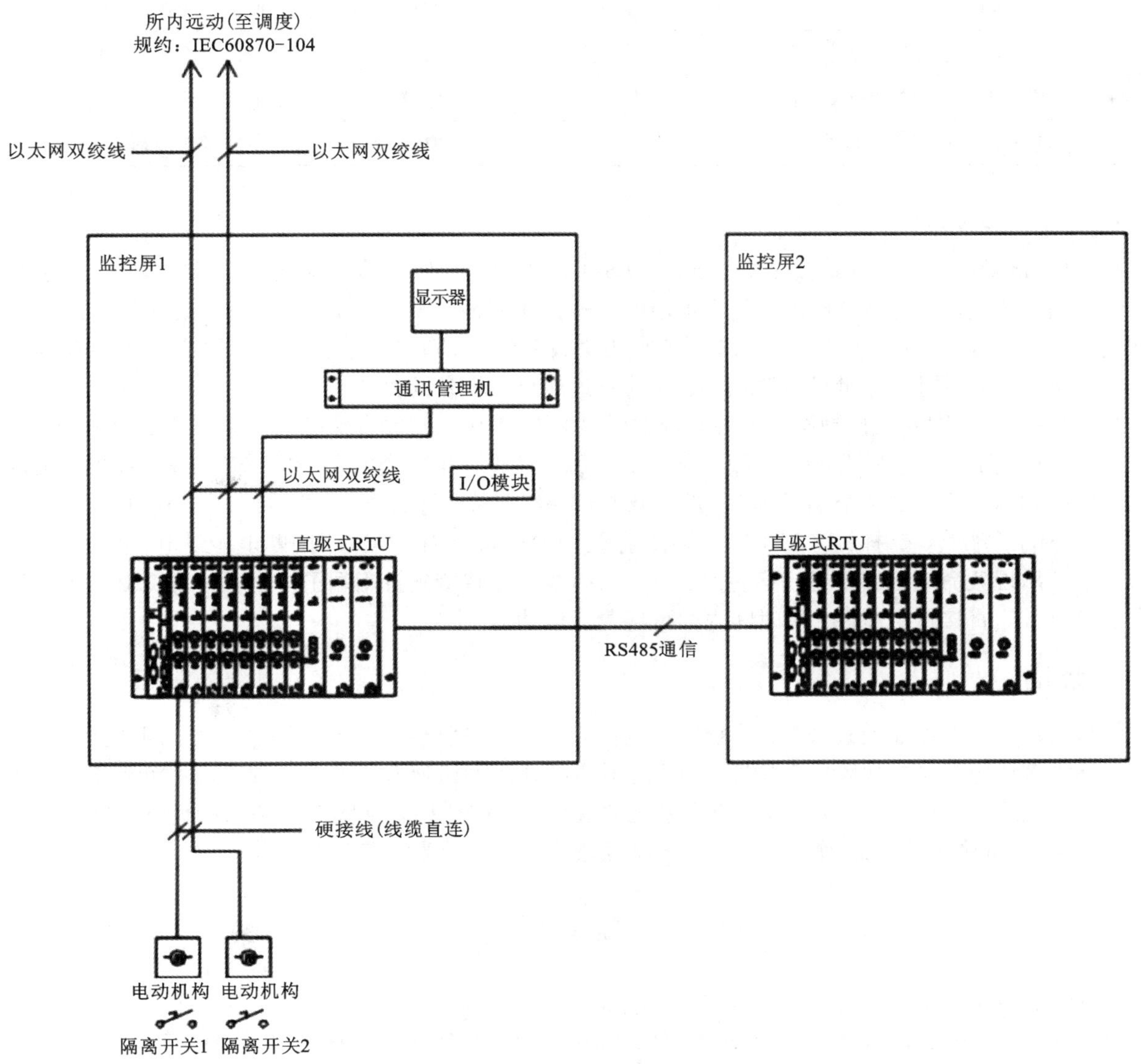

图 2　优化后网络结构

3.1.2　具体实施方案将目前连接在监控屏内通信管理机的两根主备通道网线拔出，直接连接在直驱式 RTU 通信板的网络 1 和网络 2 接口，其中网络 1 做为主用通道，网络 2 做为备用通道。

3.1.3　增加一块遥控板，将监控屏两路电源空气开关的位置信息由 IO 模块采集改为 RTU 直接采集并上传。原 IO 模块数据通过通信管理机上传。

3.1.4　通信板增加一块网卡，启用网络 3 口，与通信管理机后台通信，传输位置变化信息，通过软件人机界面，由显示器直观显示。后台提供开关位置显示及事件记录功能，可查询开关动作记录等信息，但不再提供遥控权限，由遥控板的手动按钮，实现就地控制。

3.1.5　重新配置 RTU 的 IP 地址、及遥信点位，以对应调度主站的点表格式。改动部分见表 1。

表1 点表变化

序号	遥信名称	改动说明	备注
1	监控屏远方控制	取消	由遥控板功能替代
2	监控屏就地控制	取消	由遥控板功能替代
3	监控屏主电源空气开关位置	保留	更改由遥控板采集实现
4	监控屏备电源空气开关位置	保留	更改由遥控板采集实现
5	直驱式RTU终端通信故障	取消	调度主站可直接判定

3.2 电源优化方案

3.2.1 接触网开关控制站按照要求加装UPS不间断电源，使通信管理机在切换电源时，不会断电重启。通信通道改造后，通信管理机只作为本地的人机操作界面，实质上不再具备调度通信的功能，但UPS不间断电源未撤除，仍有可以使用的端口，因此方案设计将DC220 V开关直流稳压电源模块的交流进线均移设至UPS稳压电源上，借此达到稳压输入、防止过压损毁设备的目的。

3.2.2 将接触网开关控制站下方端子排上引出的DC220 V开关直流稳压电源模块的电源线保留，断开其与电源模块的连接。在开关电源模块下方的滑轨上装设一组4个的端子排，将UPS不间断电源输出的稳压电源引到其中主用的2个端子排上，然后新制作一组引线，将L线、N线接好，同时将原电源线接至备用的2个空端子排上。这样，DC220 V开关直流稳压电源模块转由UPS不间断电源供电，同时，一旦UPS不间断电源出现致命缺陷需要退出运行时，只要将引线迅速转接到备用端子排上，即DC220 V电源模块按原先的供电方式直接接引电源，短时间内即可恢复遥信功能。

4 结束语

从目前牵引供电作业方式来看，接触网停电作业一般都采取整条供电臂停电方式，因此接触网隔离开关控制站大多情况下是在故障应急情况下使用，其发挥作用的机遇并不多，如果运行不可靠将增加维护工作量，或衍生其他安全隐患，反而降低整个系统的可靠性。因此接触网隔离开关站的设计方案应以稳定可靠为出发点，不断缩减优化工作方式，避免一些复杂功能可能导致的安全隐患。

参考文献

[1] 钱清泉. 微机监控系统原理[M]. 北京：中国铁道出版社，1997.

[2] 接触网电动隔离开关远动控制优化技术方案(运供设备函〔2015〕37号)[S]. 北京：中国铁路总公司，2015.

[3] 接触网电动隔离开关远动控制优化技术方案补充规定(运供设备函〔2017〕140号). 北京：中国铁路总公司，2017.

作者简介

石磊，中国铁路哈尔滨局集团有限公司供电部，副处长，高级工程师

加强供电 6C 系统运用管理探讨

谭贵宾

摘　要： 供电 6C 系统主要是通过对高速铁路牵引供电系统进行全方位、全覆盖的检测监测并研究分析，为高速铁路牵引供电系统“集中修”和“精测精修”提供技术支持。重点分析南宁局集团公司 6C 系统运用管理方面好的做法和存在的不足，并有针对性地提出了下一步对策。

0　前言

随着高速铁路的快速发展和对运营品质追求的不断提升，对铁路牵引供电系统供电设备的安全运行提出了更高的要求。根据国铁集团“强基达标、提质增效”工作主题和管理要求，借助于供电 6C 系统检测监测技术，以有效提高供电设备的维修水平，促使传统维修方式的改变，保障科学高效地完成供电设备维修任务，显得越来越重要，对铁路供电检测监测系统的运用管理要求也越来越高。通过分析铁路供电 6C 系统运用管理方面好的做法和存在的不足，针对性制定强化运用管理的措施是十分必要的。

1　供电 6C 系统简介

高速铁路供电安全检测监测系统（6C 系统）构建的目的是通过对高速铁路牵引供电系统进行全方位、全覆盖的综合检测监测并研究分析，为高速铁路牵引供电系统“集中修”和“精测精修”提供技术支持。系统中的各装置分别承担不同的功能。

1.1　高速弓网综合检测装置（1C）

综合检测车对接触网参数和弓网运行状态进行线路实速检测，主要检测弓网接触压力、接触网电压、接触网高度、接触网动态拉出值、接触网硬点、弓网离线率等。

1.2　接触网安全巡检装置（2C）

采用便携式视频对接触网的状态进行视频采集，分析接触悬挂部件技术状态。

1.3　车载接触网运行状态检测装置（3C）

在运行动车组上加装接触网检测设备，对接触网状态动态检测。

1.4　接触网悬挂状态检测监测装置（4C）

安装在接触网作业车或专用车辆上，对接触网悬挂系统的零部件进行高精度成像检测。

1.5　受电弓滑板监测装置（5C）

在局界、段界、车站、车站咽喉区和动车所出入库线等特定地段安装视频监视装置，监测动车组受电弓滑板的技术状态。

1.6　接触网及供电设地面监测装置（6C）

在接触网特定位置和变电所等处安装监测装置，用于监测接触网张力、振动、抬升量、线索温度、补偿位移、供电设备的绝缘状态、电缆头温度等参数，监测结果用于指导接触网及供电设备的维修。

1.7　6C 数据中心综合管理系统

6C 数据中心综合管理系统通过云文件同步系统将 6C 系统各装置检测监测数据进行有机整合、同步，通过数据智能分析系统自动对各个 C 的检测数据进行分析，并将各 C 检测结果进行二次整合分析、预判，及时发现供电设备缺陷、故障。

2　供电 6C 系统运用管理好的做法和问题

通过对南宁局集团公司供电 6C 系统运用管理的调研和分析，总结了一些好的做法和经验，指出了存在的问题。

2.1 好的做法和经验

2.1.1 完善管理制度

集团公司根据6C系统装置配置情况，分别制定发布了1C、2C、3C、4C、5C的运用管理办法，以及《中国铁路南宁局集团有限公司供电安全检测监测系统(6C系统)维修管理办法(试行)》，对集团公司供电6C系统各装置的运用和维修管理进行规范。

2.1.2 规范分级管理

集团公司发布《接触网设备缺陷分级指导意见》，对供电6C系统检测发现零部件常见缺陷进行分级及描述，规范设备缺陷分析标准，动态更新，更好地指导接触网维修。

2.1.3 完善供电6C系统体系构建

积极推进供电6C系统及数据分析中心的建设和使用，规范了供电6C数据分析中心的管、用、修，紧密地服务于日常生产，科学构建实时高效的供电检测监测体系。

2.1.4 实现检测专业管理

各供电段突出抓好“专业、专人、专项”三个方面，结合供电6C系统设备硬件体系的建设完善，重点在“立规、建标”上下功夫，对6C分析人员职责，6C检测、运用机制进行规范，对信息数据分析标准和时限、履职考核内容逐一量化。

2.1.5 针对性开展培训

南宁供电段实行“三个一”培训思路，每日一问、每周一学、每月一考，提高职工业务技能，同时根据现场不同装配方式、重点风险区段，每月由车间干部带队，安排分析人员到现场进行跟班培训，现场观、摸设备，感受直观，进一步提高了分析质量。

2.1.6 挖掘设备潜力

柳州供电段加强对高铁线路3C检测数据重点分析，重点排查接触悬挂状态、对每个定位点、悬挂点、电连接、中锚等采取暂停、放大观察的分析方式，以更好实现了3C、4C间的功能互补。

2.2 存在的主要问题

2.2.1 各段检测管理发展不平衡

一是人员配备标准不平衡，南宁供电段为1.04人/百正线公里、柳州供电段1.40人/百正线公里、钦州供电段0.98人/百正线公里，而2个供电维管段配备的检测管理及分析人员相对较少，南宁维管段0.20人/百正线公里，桂林维管段仅0.12人/百正线公里；二是机构管理不平衡，各供电段均没有设置专职检测技术主管，只由接触网运用工程师兼职，而南宁、桂林维管段成立维管分公司检测分析中心，专门负责管理；南宁检测车间设2C添乘工区、检测工区、数据分析工区，柳州检测车间下设检测工区和分析工区，钦州检测车间仅设检测工区，维管检测分析中心无下级机构；三是人员素质不平衡，多数检测分析人员接触网检修工作经历不到3年，现场实际经验不足，对线上接触网设备的安装工艺、装配图、零部件规格型号不够熟悉，对部分接触网缺陷描述和定级不够准确，甚至个别检测分析人员是由其他专业转岗，虽经过培训考核但实际分检测析水平仍很低。

2.2.2 检测无法覆盖全部线路和设备

主要是指供电6C检测系统存在的固有盲区和安装车型、装备配置、运行径路等存在6C检测不能全覆盖管内全部线路和设备问题。一是检测装置自身功能不足导致的检测项目不全，如2C装置因补光能力不足无法对隧道内设备状态进行有效检测；4C检测装置因白天易出现过曝光或成像分辨率低导致检测数据失效，吊弦触发漏拍问题；1C、3C装置因站场、隧道区段缺陷定位不准造成现场复核困难；二是检测装置运行路径原因导致的检测区段覆盖不全，包括站线、段管线、岔线、安全线、联络线等；另外，供电线、回流线、支柱背部设备、桥支柱底座、拉线基础、补偿装置等，6C检测也无法全覆盖。

2.2.3 系统功能性不足

一是缺陷智能分析功能差距大，目前检测设备采集出海量的图片数据，但限于目前的技术水平，无法实现智能分析，只能依靠职工凭个人水平分析，劳动强度大，效率低，虽然部分设备厂家正在研究接触网某些部件的智能分析，但误报率偏高，无法满足“万无一失”的安全管理理念；二是6C检测设备与供电6C

系统接口极难统一，一方面前期部分检测设备接口没有按照原铁路总公司技术规范采集，如现阶段各段使用运动型高速摄像机替代2C设备，数据接口不符合要求，另一方面目前检测设备厂家多而杂，各厂家在接口规范上存在技术壁垒，导致6C数据中心建设时处理接口和规范标准上花费大量的人力物力和财力。

2.2.4 运用管理水平不高

一是检测分析质量抽查不到位，目前6C检测数据分析依靠某个车间或分析室，集团公司检测分析室、供电段技术科均未抽查检测分析质量，分析人员存在缺陷漏分析或错分析情况，无法保证检测分析质量；二是检测计划安排不合理，导致4C检测数据过于集中，分析工作量堆积，对于供电段现有的检测分析人员配备情况，难以在接触网维规要求的时限内完成对检测数据的全面精准分析，影响检测数据的分析结果质量；三是分析闭环管理执行不到位，目前各供电段检测数据分析管理方式不统一，部分供电段未将检测数据分析转储到6C数据中心分析，仍采用单机版软件分析，检测缺陷通过问题库导入存储到6C数据中心，分析效率低，录入时效性差。可能存在分析人员发现一级缺陷迟报现象，导致分析的一级缺陷无法及时闭环，组织工区销号处理，当检测分析发现缺陷后，检测车间、技术科、生产调度中心、供电车间关于缺陷的定级、确认、处置、结果反馈等方面不够完善，造成检测缺陷流转梗阻；四是与工务、电务、调度所协调的力度较弱，其他专业对6C的建设、运用、缺陷处理等工作还缺乏有效的支持，无法实现各大数据的统筹、合理运用。

3 下一步对策

3.1 全面梳理完善制度

一是根据集团公司供电6C系统现状及近期发展规划，修订已发布的检测装置运用、维修、管理办法，完善数据分析及缺陷闭环管理流程，修订弓网综合检测评价标准，明确缺陷等级及处理时限；二是针对供电6C系统新增装置、设备，进一步完善相应的用、管、修办法。

3.2 优化检测分析管理

一是逐步实现6C信息系统为主导和支撑的大数据平台进行分析，探索智能分析和质量评估功能；二是优化供电6C系统应用现有工作标准和流程，提高检测分析人员数据汇总和分析能力；三是研究供电6C系统各检测装置的运用、分析、维护定员需求，统一各段检测分析人员配备标准，促进检测分析标准化建设；四是为检测分析人员创造良好的工作环境和氛围，提高检测数据的分析效率和分析质量；五是深化横向数据对比分析、历史数据对比分析等综合分析管理，摸索各C数据表象与现场真实原因之间的关系，提高数据分析的精、准水平，为接触网检修提供全面、详实的数据支撑。

3.3 梳理解决检测盲区问题

一是全面梳理供电6C系统各检测装置的功能覆盖范围及检测装置运行径路，综合运用动态检测分析，利用动态检测实时图像、波形走势图，结合平面布置图，直观的掌握运行时弓、网之间状态，并且能准确定位设备缺陷处所和类型；二是对应检测设备固有原因引起的检测盲区，制定检测装置检测分析盲区列表，强化巡视和维修措施，替代接触网检测工作。

3.4 完善检测设备功能

一是加大各种检测设备使用频次，现阶段6C装置存在的问题仍很多，包括定位不准、图像不清、缺漏不断、智能不智等等，需要通过积极调试、大胆运用，努力提高，才能发现问题、解决问题；二是定期组织召开6C检测技术交流会，督促生产厂家及时处置检测装置故障，并共同探讨如何改良检测装置，完善检测功能、提高检测效率；三是统一接口规范，在6C检测设备的采购技术规范书中，明确使用技术条件以及数据的接口方式，遵照统一的供电6C系统通信协议，满足各C服务器与6C数据中心通信的基本要求，为后期6C设备接入打好基础。

3.5 探索工电供一体化检测装置研究

一是利用电务部门的LKJ、轨道电路等技术手段实现接触网检测的精准定位；二是通过工务部门的轨道检测数据与接触网检测数据融合，动态计算出接触网检测的振动补偿，实现接触网几何参数检测值精度的提升与动/静态值的匹配。

3.6 加强检测专职人员培训和素质提升

一是选送人员参加总公司举办的6C专业培训班，积极开展与6C设备厂家、兄弟集团公司间及集团公司内部各段间的观摩、交流；二是量化分析人员现场跟班、添乘巡视任务，全面熟悉现场设备环境，提高检测分析技能水平，减少分析误差；三是树立“没有考核的管理就是无效的管理”的理念，督促各段完善科学、有效的奖惩机制，实施专职分析员月度任务量、分析效果、检测缺陷与绩效挂钩，以优秀、合格、不合格进行评级排序，通过正向激励或者失职考核方式有效激发专职分析员履职主动性，形成6C检测分析长效管理机制。

4 结束语

接触网运行维修包括运行、检测监测、维修三个方面，而供电安全检测监测系统(6C系统)为接触网的安全运行、运行状态和参数的综合分析、设备的维修提供技术依据。本文重点分析了南宁局集团公司供电6C系统运用管理情况，提出一些建设性建议，指导供电6C系统稳步发展。

参考文献

[1] 中国铁路总公司. 高速铁路接触网运行维修规则[Z]. 北京：中国铁路总公司，2015.
[2] 王保国，周伟，金伯泉，等. 高速铁路供电安全检测监测系统(6C系统)总体技术规范[S]. 北京：铁道部运输局供电部，2012.
[3] 刘再民. 高速铁路接触网维修规则框架与管理技术创新[J]. 中国铁路，2016，(4)：13－16.
[4] 韩通新. 高铁供电安全检测监测系统(6C系统)介绍及应用[J]. 铁道标准化，2014.
[5] 何正友，程宏波. 高速铁路牵引供电系统健康管理及故障预警体系研究[J]. 电网技术，2012，36(10)：259－264.
[6] 陈国，刘志刚. 浅谈高速检测列车的弓网检测技术[J]. 机电工程技术，2008，37(5)：39－41，55.
[7] 姜文贤. 高速铁路供电安全检测监测系统浅析[J]. 电气化铁道，2017，28(4)：6－9.

作者简介

谭贵宾，中国铁路南宁局集团有限公司供电部，副主任

高铁接触网应急抢修存在的问题及对策探讨

李忠文

摘　要： 随着我国高铁的飞速发展，高铁动车组运行密度也在不断增大。如武广高铁武汉至广州南间列车平均追踪间隔5分钟，最短3分钟，基本实现了“公交化”运营。这就对供电设备的持续安全稳定的运行品质提出了更高的要求。一旦发生接触网故障，不仅会扰乱高铁运输秩序而且长时间中断供电亦会引发空调失效等一系列次生灾难，严重影响旅客的美好体验。同时，亦会引发社会舆论的围观，造成被动局面。这就使得迅速高效的接触网故障抢修变得尤为重要。但这与因受地理环境、人员装备、技术支持等条件限制导致的“应急指挥不畅、处置不力、通电耗时过长”的矛盾日益突出，亟待解决。本文从高铁接触网故障抢修原则理念案例入手，按照流程逐项剖析存在的普遍问题，探讨应对之策。

1　高速接触网应急抢修存在的普遍问题

高速动车组通过受电弓从接触网上获得电能运行，受电弓与接触网的良好配合是高速动车组运行的重要保障，但在实际运行过程中因施工工艺不达标、设备运行缺陷、外部环境等因素，不可避免地会发生接触网设备故障、弓网故障或其他影响行车的问题。在故障发生后供电部门的应急抢修往往会不同程度地出现“应急指挥不畅、处置不力、通电耗时过长”等问题，纠其根源主要体现在以下五个方面：

一是应急处置抢修原则、理念错位；二是缺乏科学的应急抢修评价体系；三是应急抢修的信息联络及技术支持不力；四是应急抢修中相关结合部配合不力；五是应急抢修演练单一与现场实际脱节。

2　针对存在问题的分析及对策探讨

本文结合部分典型事故（故障）抢修案例就以上五方面问题进行分析探讨。

2.1　针对应急处置抢修原则、理念错位的问题分析

按铁路总公司2014年颁布的《高速铁路接触网故障抢修规则》总则第二条“高速铁路接触网故障抢修要遵循先行供电、先通后复和先通一线的基本原则，以最快的速度满足滞留列车供电条件，尽快疏通线路并尽早恢复设备正常技术状态。为保证快速抢通，在确保安全的前提下允许接触网降低及时条件临时恢复供电开通运行”。在现场抢修组织中往往存在着片面执行抢修原则、抢修指导理念错位的问题，注重“先通一线”的原则而忽视了“以最快速度设法先行供电的问题”，导致动车组断电时间过长引发次生灾难。

2.2　针对如何建立科学的应急抢修评价体系的分析（见图1）

现行的接触网抢修组织模式下，往往只是一味地强调现场处置或谴责现场到达延误时间过长问题，而缺乏一个科学的应急抢修评价决策指导体系对抢修组织进行指导和评价。同时，在评价体系里还要加入容错机制。

首先，应急抢修出动方式选择问题。以京广高铁“4.24”PW断线停电事故为例。2016年4月24日12时34分京广高铁郴州西－乐昌东下行沉源水1号隧道北口K1971＋937 m处发生PW断线设备故障，本次事故中添乘动车组到达现场耗时110分钟，汽车出动到达现场耗时135分钟（受山区路况影响原本仅需80分钟的路程实际耗时135分钟），从时效性来讲添乘动车组出动优于汽车出动，这就使得我们在选择应急抢修出动方式上要充分预想并考虑实用性，然而无论何种抢修方式出动均有其制约因素：

（1）汽车出动抢修的影响因素主要有：①故障点与车间（工区）所在地距离；②道路交通状况、汽车车况；③抢修人员对工作门路径熟悉程度；④工作门与故障点的距离。（2）添乘动车组出动抢修的影响因素主要有：①受故障影响导致线路封锁；②动车组运行按图定时间运行，发生故障后动车组无法停站；③车

间(工区)与动车组停靠站距离等。

武广高铁几起设备故障抢修出动方式时间对比见表 1。

表 1 武广高铁几起设备故障抢修出动方式时间对比表

故障类型/处理方式	故障点与车间线路距离/km	添乘动车用时/min	出动汽车用时/min	现场抢修实施
2010 年“5.25”耒郴区间弓网故障	80	65	100	由动车添乘人员完成抢修
2011 年“2.10”坦渡变电所 214 跳闸，强送不成功(F 线避雷器炸裂)	60.1	30	60	由动车添乘人员完成抢修
2012 年“7.11”长株区间边山 292 供电线断线	8		20	由汽车出动人员完成抢修
2012 年“8.14”用口变电所 212 跳闸，重合闸不成功(异物搭接接触网)	12.6	50	35	因线路未完全封锁，最后由添乘动车人员完成抢修
2015 年“9.25”京广高铁株洲西站 PW、GW 断线事故	52	40	61	由动车添乘人员完成抢修
2016 年“4.24”京广高铁郴乐间 PW 线断落停电事故	30	110	135	由动车添乘人员完成抢修

根据上表统计分析及武广高铁开通以来数次设备故障抢修经验，距离车间(工区)20 km 以内的应急抢修出动，汽车出动时效普遍优于动车组出动，距离车间 20 km 以上的应急处置在线路未完全封锁情况下，动车组出动优于汽车出动。

其次，应急抢修处置方式选择问题。以京广高铁“3.06”浏阳河 AT 所压互故障为例，2017 年 3 月 6 日因浏阳河 AT 所 271 馈线 T 线压互(1YHT)击穿故障导致边山变电所 211、212 跳闸，本次事故中，正是因为应急处置预案预想不充分，应急处置人员未能按接触网最小停电单元要求断开浏阳河 AT 所 3721 上网隔离开关，使故障压互未及时退出运行，使事故影响扩大。因此，科学的应急处置方式选择将成为应急处置成功与否的关键。

上述案例，从应急抢修出动方式、现场处置方式选择上说明了建立科学的应急抢修指导体系的必要性。而应急抢修是一个系统的处置过程，此过程中还应充分考虑其他因素影响，如何建立科学的应急抢修评价体系就成为重中之重。对建立应急抢修评价体系的几点建议：一是针对不同高铁线路相对于车间(工区)所在地距离及交通状况做出科学测算(如出动方式选择，汽车、动车组到达时间，何种故障形态需第一时间出动作业车、何种故障形态需申请动车组救援)，及时对应急出动形式做出科学决策；二是将接触网最小停电单元设置、工作门无源电子锁分布地图一并纳入应急抢修评价体系，对不同区段、不同环境条件下应急出动给予科学的评价和指导；三是针对不同线路区间(特别是山区铁路)及故障形态启动何种规模应急联动进行科学决策；四是要针对现场故障形态选择何种处置方式进行科学指导。

2.3 针对应急抢修的信息联络及技术支持不力问题分析

现行的接触网现场抢修指挥存在以下三方面问题：一是供电故障应急抢修属于较大团队作业，现场指挥人员除按应急抢修方案指挥现场人员进行处置外，还要协调、应付各方电话联络，往往陷入接听电话泥沼中无法抽身，导致现场组织管理难度加大；二是现场联络电话较多导致现场指挥人员与上级应急指挥部门沟通不畅，上级指挥部门无法准确获得现场信息进行科学决策及技术支持。加之对设备故障处置的技术分析、指导不力，严重制约现场抢修方案的实施，影响处置效率；三是在接触网故障处置中往往注重设备状态恢复及开通线路，而忽略了后勤保障问题，导致人员持续战斗力下降，影响抢修工作。

为有效解决上述问题对现场应急处置的干扰，提高应急处置效率，可通过以下三方面解决：一是建立集团专业处室－站段一级供电应急抢修工作群(微信、钉钉平台等)，将发生供电故障后的跳闸信息、动车组反馈信息、现场人员拍照摄像信息统一汇集，统一平台沟通联络，简化现场沟通联络；二是强化段一级的应急指挥及时支援力度，建立应急抢修专家咨询组，及时组织相关数据分析、视频调阅、设备参数及科学决策，强化对现场处置的技术支持；三是强化应急抢修的后勤保障力度，对随汽车出动的饮水、药品及

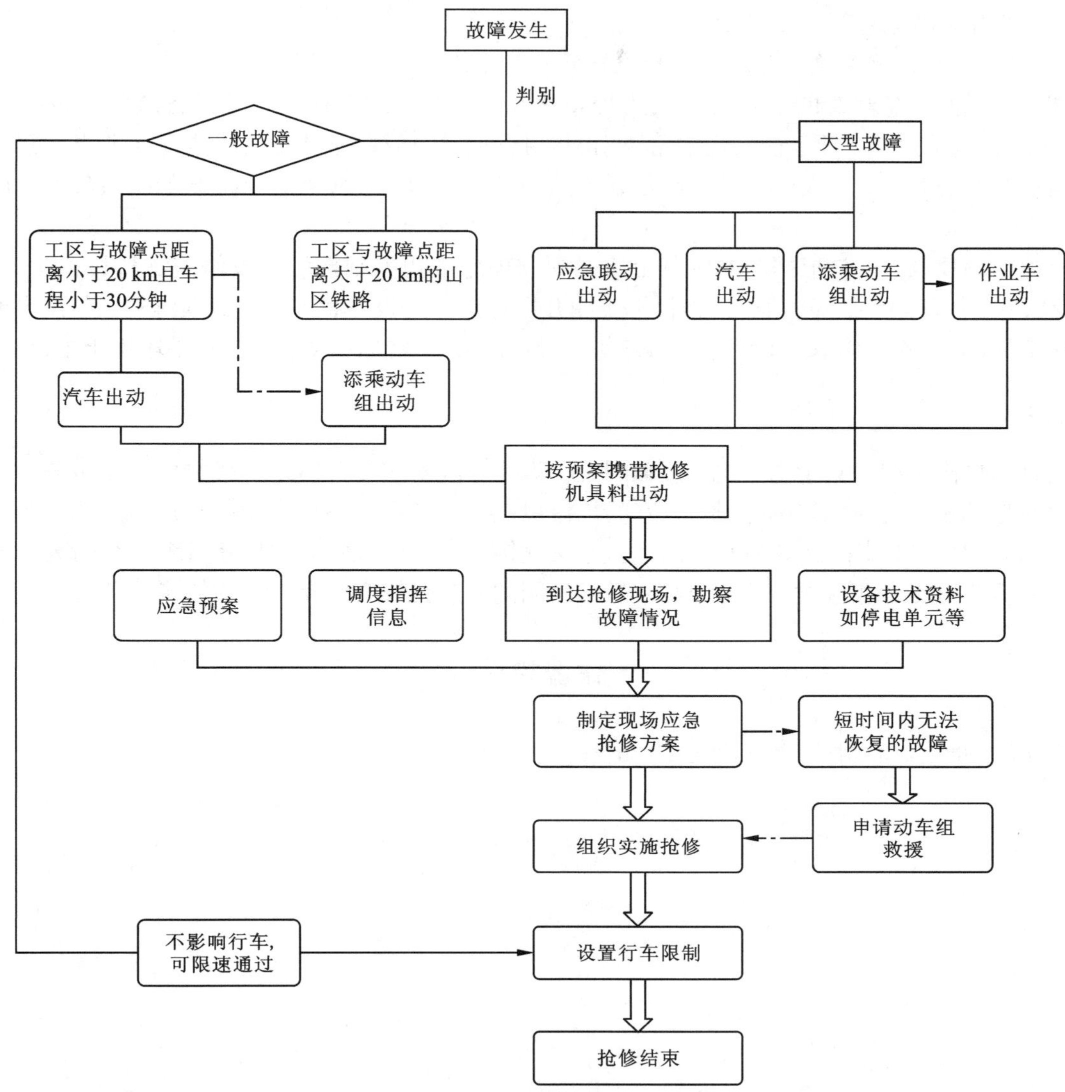

图1　针对抢修流程建立的抢修评价体系建模

后续的后勤支援进行细化规定。

2.4　针对应急抢修中结合部配合不力的问题分析

供电设备故障的发生一般伴随有机车车辆设备故障，这就使得我们在应急处置中除恢复供电设备技术状态外，还需关注其他结合部问题。目前，于供电应急抢修中的结合部问题突出表现在供电与车辆、供电与机务间协调不到位，从而影响故障判别及处置。如应急抢修中跨局动车组弓网视频调阅难、添乘确认人员进司机室难及动车组受损受电弓绑扎固定不到位影响送电等问题都亟待解决。

以长株潭城际“4.8”事故为例，2017 年 4 月 8 日 16 时 53 分，长株潭城际九田区间贺家冲隧道内 T38# – T40#发生弓网故障，该事故中现场处置人员对受损受电弓绑扎经验不足，致使 C6922 次 3 号车受损的受电弓没有脱离接地，而车辆部门随车处置人员也未与供电处置人员进行有效沟通，导致机车升弓时连续引起两次跳闸，将故障进一步扩大，如供电 – 车辆部门配合处置受损受电弓得力，本次事故故障停时将减少 56 min。

因此，做好牵引供电故障发生后的结合管理，强化各专业间的抢修分工协作，明确供电与车辆、机务部门的接口配合原则，防止因相互配合不力延长故障停时。此外针对供电故障抢修集团级顶层设计应进一步优化，细化路局间的接口配合，为故障发生后动车组弓网视频调阅、添乘提供便利，大大减轻故障处置难度，为现场处置提供更有利的技术支持。

2.5 针对应急抢修演练单一与现场实际脱节的问题分析

目前高铁接触网应急演练的项目设置较为理想化和单一化，缺乏针对特定设备故障有效的演练和预想，所谓“实战背景走过场、纸上谈兵论主角”使得接触网应急抢修队伍现场实战能力不理想。其次是近年来随着各高铁线路的开通，新入职大学生逐步开始担当高铁主力军，缺乏应急抢修的实战经验，往往遇事束手无策，顾此失彼。

针对上述问题建议：一是根据新的应急抢修原则和理念细化编制接触网抢修演练科目，以如何“脱离接地、先行供电、保证限界、降弓通过”为目标组织开展针对不同设备状态的应急演练；二是强化现场抢修处置基本功培训(如基本的绑扎、断线接续等培训)，确保实用、管用、够用高效的手段用于抢修。

3 结束语

高铁接触网抢修组织是集牵引变电、接触网、远动通信恢复的综合体系。接触网发生故障后，故障数据的分析判断是接触网应急抢修的基础，良好的抢修组织既是确保接触网应急抢修顺利进行的保证，也是确保高铁准点运营、打响中国高铁品牌的保证。本文就接触网发生故障后的抢修组织存在的五个方面问题进行了探讨分析并提出了相应对策，希望对今后接触网的应急抢修组织有一定的借鉴意义。

作者简介

李忠文，中国铁路广州局集团有限公司深圳供电段，副段长，工程师

提升弓网故障排查效率的探讨

郤永玲

摘　要：随着电气化铁路里程不断增加，尤其是随着铁路提速步伐的加快，对铁路运营安全有了更高的要求。接触网作为铁路 供电设备的一个重要组成部分，弓网安全是确保安全行车的最关键指标，但受电力机车受电弓与接触网的匹配要求高等因素影响，弓网故障发生频率高，而且难以预知、不利防范、排查困难，对行车秩序和安全干扰大的特点，因此，如何快速排查出故障、加快处置，避免故障(事故)进一步扩大，是供电从业技术人员长期、不懈的研究方向和着力点。

0　引言

电力机车动力来源是机车受电弓与接触线滑动接触取流来获取的，在机车高速运行状态下，接触线与受电弓，受电弓与接触网是独立的两个单元，但在运行状态下又处于复杂的接触状态，其在电气方面和机械方面是相互依赖、相互作用、相互制约的，任何一个单元有异常，势必影响另一个单元的正常使用或运行。从近年来的弓网故障中看出，供电设备故障中排查难度最大、停电时间最长的主要是弓网故障，而现阶段弓网故障排查耗时长、效率低主要原因之一是电力机车跨线、长大交路运行，需排查的范围大，而目前铁局局界、段界、车站咽喉区、电力牵引列车出入库区域等处安装受电弓滑板监测装置(5C)配备不足，无法有效缩短故障范围。同时，车载接触网运行状态检测装置(3C)配备不足，特别是在普铁中，无法通过车载接触网运行状态检测装置对故障发生点进行分析。因此，提升弓网可通过增加受电弓滑板监测装置(5C)、车载接触网运行状态检测装置(3C)的配备，同时优化弓网故障排查方案及流程即可实现。

1　弓网故障排查效率不高的原因

弓网故障主要是电力机车受电弓状态、接触网设备状态不良以及外部运行环境等因素的影响(如接触网零部件损坏、脱落、电力机车受电弓故障、异物侵入受电弓包)，造成的打弓、刮弓和刮网机械故障，从而导致电力机车受电弓和接触网设备损坏。由于目前电力机车跨线、长大交路运行，当发生弓网故障后需要排查的范围大，且南宁局集团公司配属的电力机车尚无相关在线检测监测设备，无法快速通过弓网监控视频排查故障发生位置，当发生弓网故障时，只能通过全线人工排查故障点，效率极低，不利于供电设备安全运行。

2　提升弓网故障排查效率的措施

2.1　加装受电弓滑板监测装置(5C)，缩小故障排查范围

在铁局局界、段界、车站咽喉区、电力牵引列车出入库区域等处安装受电弓滑板监测装置(5C)，用于快速缩小弓网故障范围。但由于目前市面上受电弓滑板监测装置(5C)价格较高，短期而言，无法一次性投入大量资金购置5C装置。可通过使用长焦距摄像机或者利用望远镜组合相机作为便携式5C装置(如图1所示)。该便携式5C装置成本低，可在沿线工区(值守点)配备。同时由于装置轻便、操作简单，可快速在预设的地点临时架设，监控过往电力机车(动车组)受电弓状态。如表1所示。

表 1 5C 装置与便携式 5C 装置性能对比表

序号	对比项目	5C 装置	便携式 5C 装置
1	装置成本	造价高	价格低
2	装置安装	定点安装于接触网设备上，需考虑供电电源、网络等因素，限制条件较多	随用随装，能观望受电弓的处所均可安装
3	装置维护	定期提报维修点对装置状态进行检查调试，投入人力物力较多	简单日常保养
4	装置数量	受成本、安装环境限制，无法大量投入	根据实据需要配备
5	故障响应速度	实时	小于 1 h
6	历史回查	支持弓网故障前图像查询	仅能监控排查期间图像
7	是否满足弓网故障排查	是	是

图 1 便携式 5C 装置拍摄图

2.2 增加普铁 3C 装置配备，运用 3C 装置检测疑似故障区段

在发生弓网故障，确认疑似故障交路后，供电段技术科与机务、车辆部门协调，快速调配安装有车载接触网运行状态检测装置(3C)的机车(动车组)对故障受电弓的电力机车运行交路进行检测，快速查找故障点。目前南宁局集团有限公司动车组车载接触网运行状态检测装置共 8 套，其他动车组加装有弓网运行监控装置，电力机车车载接触网运行状态检测装置尚无相关配备。这就导致了普铁区段电气化铁路在发生弓网故障后无相关装置对接触网运行状态进行检测，无法准确、高效排查故障点。为解决目前电力机车尚无接触网运行状态检测装置(3C)的问题，可通过使用网络监控摄像头作为简易 3C 装置(如图 2 所示)，在发生弓网故障后，在电力机车车顶临时安装网络监控摄像头，对接触网运行状态进行检测。如表 2 所示。

表 2

序号	对比项目	3C 装置	简易 3C 装置
1	装置成本	造价高	价格低
2	装置安装	固定安装于机车上，需对机车进行改造	临时安装机车顶部，不影响机车构造
3	装置维护	需在机车出入库前后对装置就行检查，定期对装置进行维护，检查电缆、信号光纤等	简单日常保养
4	设备数量	受成本、安装环境限制，无法大量投入	根据实据需要配置
5	故障响应速度	受机车排班影响，无法确定	1 小时内
6	是否满足弓网故障排查	是	是

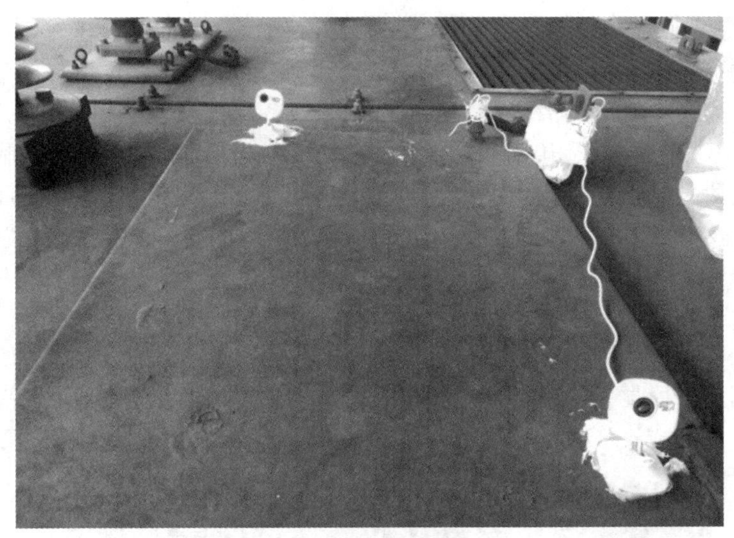

图 2　简易 3C 装置安装效果图

2.3　优化弓网故障排查方案

组建弓网故障联控机制，由供电段生产调度指挥中心和供电技术科与机务段调度、机务段技术科、车辆段动车所调度以及车辆段动车科构建良好的信息共享平台，及时掌握各类弓网故障信息，根据掌握的信息迅速组织南宁检测车间、相关供电车间开展弓网故障排查。当供电段生产调度指挥中心接收到机务、车辆部门通报的受电弓故障信息后，立即向相关部门收集相关电力机车(动车组)运行交路(从相关电力机车或动车组出库至发现受电弓受损期间的运行交路)，供电段根据机车(动车组)运行交路情况安排 2C 装置、便携式 5C 装置进行巡检和定点监控，初步排查有无异物或接触网设备侵入受电弓动态包络线同时监控后续电力机车(动车组)受电弓状态。同时供电段技术部门与相关机务技术部门进行协调。临时在电力机车上安装简易 3C 装置，对发生弓网故障的区段进行检测(对于两台及以上受电弓发生故障的，需对各个交路进行重复性比对，排除站场侧线)。通过弓网监控视频和 3C 检测结果，快速查找出故障点。

3　应用案例及效果

2019 年，某日 6 时 23 分，南宁供电段生产调度指挥中心接收到机务段调度反馈有三台电力机车受电弓滑板破损信息(如图 3 所示)，该三辆打弓的电力机车运行交路涉及湘桂线、黎湛线。

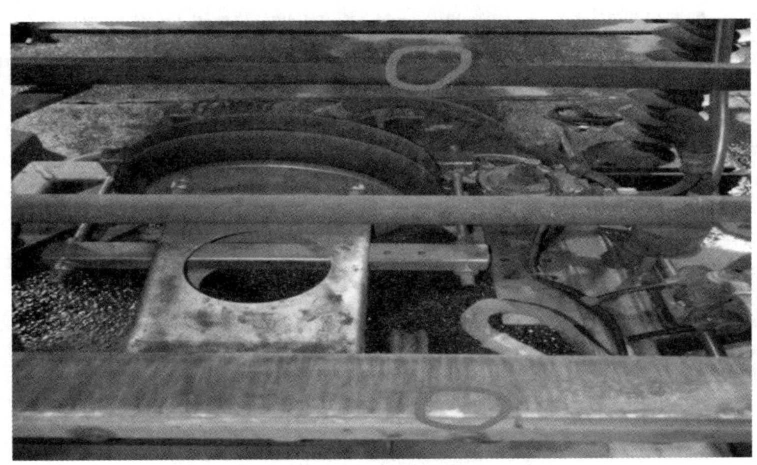

图 3　受电弓打弓痕迹

接收到故障信息后，段生产调度指挥中心立即组织相关的南宁东、黎塘、玉林、湛江供电车间开展 2C 巡检接触网设备和 5C 定点监控受电弓状态，同时与机务部门协调，在电力机车上临时安装简易 3C 装置，对疑似弓网故障区段进行检测，监控弓网运行状态。当日 11:30 分，黎塘供电车间汇报在湘桂线 669 km 处跨线桥上监测到一台电力机车受电弓有破损，破损位置与机务部门所发打弓受电弓破损位置基本相符，经查询该车由柳州发现，出库前检查受电弓状态良好，与玉林、湛江供电车间确认各临时 5C 监测点均为发现受电弓有破损。经供电段技术部门与生产调度指挥中心联合分析，初步判断发生弓网故障的区段为湘桂线下行柳州至黎塘Ⅰ场区段内，并由段生产调度中心通知黎塘供电车间做好故障处置准备，南宁东、玉林、湛江供电车间撤回故障排查人员。经与机务部门沟通，13:20 分于电力机车上安装简易 3C 装置，对湘桂线下行柳州至黎塘Ⅰ场区段进行检测。17:45 分，机车入库后随车登乘人员立即拆除简易 3C 装置，并对监测视频进行分析，18:52 分，分析人员发现湘桂线黎塘站Ⅰ场 30#分段器有打弓现象(如图 4 所示)，21:33 黎塘供电车间提报临时点调整分段器，并对后续机务段入库电力机车进行检查，未发现有打弓现象。此次故障从接收到信息到故障处置完成，总耗时 15 小时，较以往的排查效率有了较大的提高。

图 4　分段器打弓

4　结束语

通过使用简易、便携式检测装置的运用以及弓网故障排查方案的优化，极大地提升了弓网故障排查效率，减少故障影响范围，减少因接触网设备故障造成的列车晚点。但目前仍存在一些问题需要进一步优化，一是现阶段使用的简易 3C 装置所拍摄的视频无位置信息，在分析弓网视频发现问题时无法快速确定缺陷具体位置，需要结合 2C 巡检视频，对照周围环境才能判断缺陷大概位置，影响排查效率。后续将对简易 3C 装置进行二次开发，增加经纬度模块，在弓网监控视频中增加实时经纬度，通过经纬度查询快速定位缺陷位置信息。二是目前使用的便携式 5C 装置主要是利用普通相机加望镜相结合的方式，由于增加了望远镜，防抖性能差且相机本身帧率不高，在拍摄高速通过的电力机车受电弓时容易出现漏拍现象，不利于监控受电弓滑板状态。下一步将采用高速工业相机、长焦镜头制作便携式 5C 装置，确保满足 250 km/h 速度运行下的受电弓有效、高清成像。

参考文献

[1] 王保国，周伟，金佰泉，等. 高速铁路供电安全检测监测系统(6C 系统)总体技术规范[S]. 北京：铁道部运输局供电部，2012.

[2] 韩通新. 高铁供电安全检测监测系统(6C 系统)介绍及应用[J]. 铁道标准化，2014.

[3] 姜文贤. 高速铁路供电安全检测监测系统浅析[J]. 电气化铁道，2017，28(4)：6－9.

作者简介

邵永玲，中国铁路南宁局集团有限公司南宁供电段，总工程师

电气化铁路接触网零部件发展趋势思考

赵　玮

摘　要：结合目前国内电气化铁路(含高速铁路)接触网工程设计、建造及运营维护的实际情况，对接触网零部件材质、制造工艺等发展呈现出的趋势进行了初步的分析、梳理，突出了可靠性设计、制造的理念；针对我国辐员辽阔、工程环境条件差异巨大的实际情况，突出了差异化设计的必要性、科学性；根据牵引供电系统“简统、集约、绿色、智能”发展理念要求，展望了工程塑料、碳纤维、各类玻璃纤维等合成材料与传统金属零部件结合应用的广阔前景。

截止 2019 年末，我国铁路营业里程达到 13.9 万公里以上，其中高速铁路 3.5 万公里。2020 年底我国铁路营运总里程将达到 15 万公里，同时铁路电气化率将达到 70% 以上，并且还将继续增长。《中长期铁路网规划》中提出，到 2025 年高速铁路网规模达 3.8 万公里，到 2030 年基本实现内外互联互通、区际多路畅通、省会高铁联通。

做为电气化铁路，尤其是高速铁路的重要装备，接触网可视为一个沿线连续布置的大型空间机械系统，具有“结构繁琐、空间巨大、多关节联接、高空实施、刚柔匹配、检修困难”等特点，无论是原材料、加工制造、设计、施工还是运营维护等环节，均不同程度地对该系统产生影响。接触网零部件作为构成接触网系统的基础单元，对电气化铁路运营安全可靠具有举足轻重的作用。结合近年来一些工程项目设计、建造及运营情况，体会到目前电气化铁路(高速铁路)接触网零部件材质、制造工艺等的发展趋势呈现出以下一些特点。

1　可靠性的理念继续深化完善

目前理念先进的生产制造厂家已建立了相关的数据库、检索程序以及分析系统，确立了原材料及生产工艺、生产过程可追溯体系，建立了可靠性设计基础数据库(见图 1)。为整个接触网系统可靠性分析、基于可靠性理论指导的检修运维工作创造了良好条件。

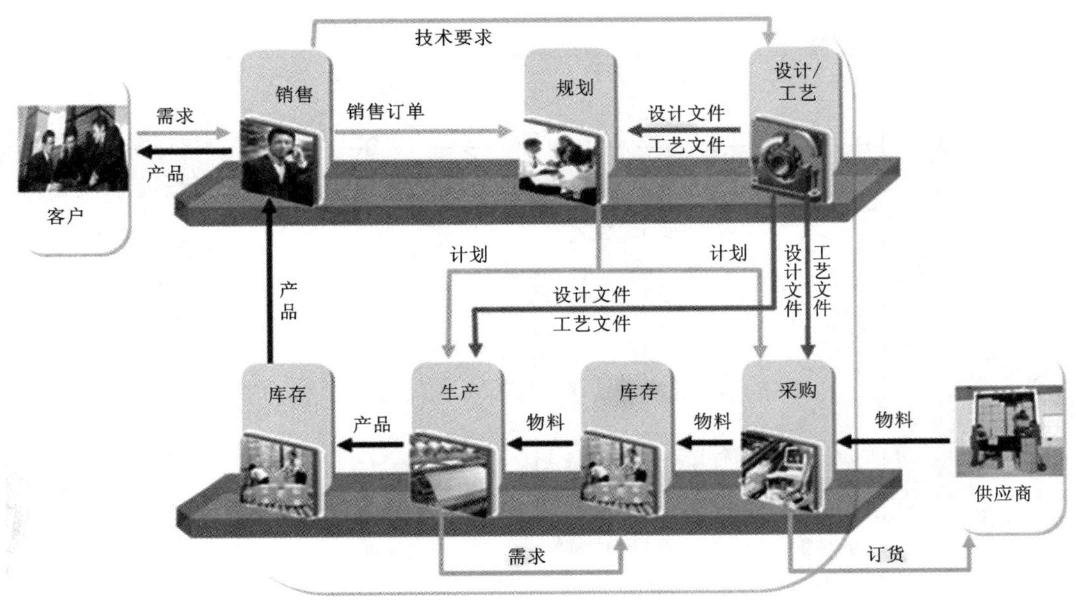

图 1　零部件产品生产组织流程

但与国内电子、航天领域的发展相比较，电气化铁路接触网设计还未能将可靠性贯穿始终。电气化接触网零部件从设计、施工到运营的状态均为开环状态，并没有将可靠性真正地灌输于整个采购、加工、制造、储运、安装指导等过程当中。另外，由于铁路工程建设当中各部门、各环节职能相对独立，所以无法做到故障导向—寿命可评估—结构优化大数据反馈—资源再利用等可循环的闭环系统。目前及未来解决材料、零部件及设备安全可靠的思路趋于以应用系统为主线，充分利用"物联网"信息管理技术，实现信息交换和融合，实现数据量变和实时性，为系统结构优化提供最基本的技术支撑，使其趋于智能化，即随时掌握设备设施的运营状态，并进行科学地"阈值"管理，从而减轻运营维护工作的压力。近年来铁总推行的6C 检测监测技术、实时在线监测技术及大数据分析技术充分体现了这一趋势。见图 2。

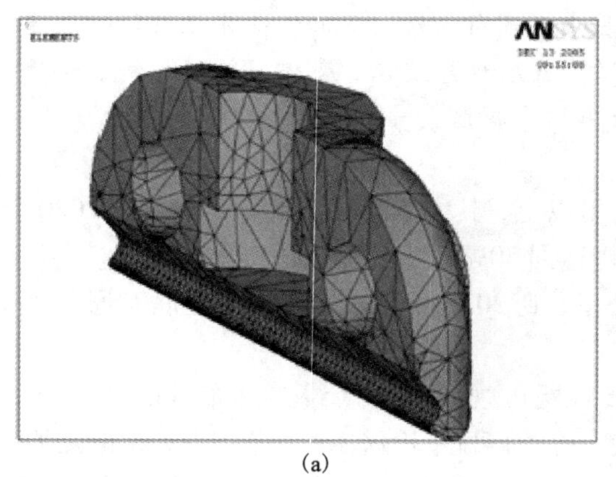

(a)

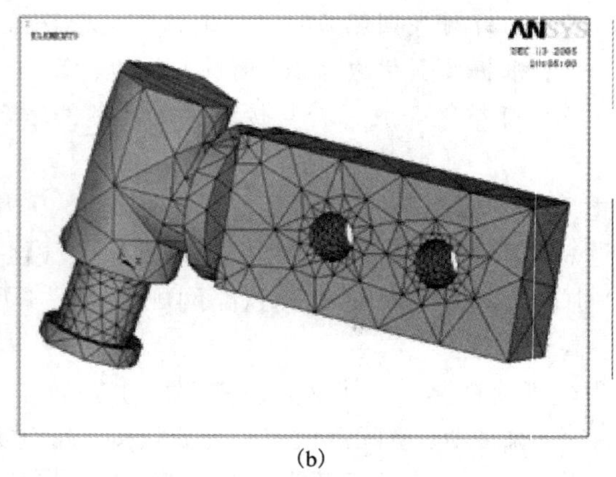

(b)

图 2　零部件应力分析

在零部件制造领域，基于可靠性增长的零部件设计理念也在不断增强，零部件研制通常要经历"试验—改进—再试验—再改进"TAAF 统计过程，根据所进行的试验和获得的数据建立可靠性增长数学模型，运用合理的数据分析方法，给出零部件可靠性水平的定量分析及评价，找出系统性的薄弱环节，对产品的性能进行正确的跟踪和预测，并为设计、施工及运营维护提供正确的信息。见图 3。

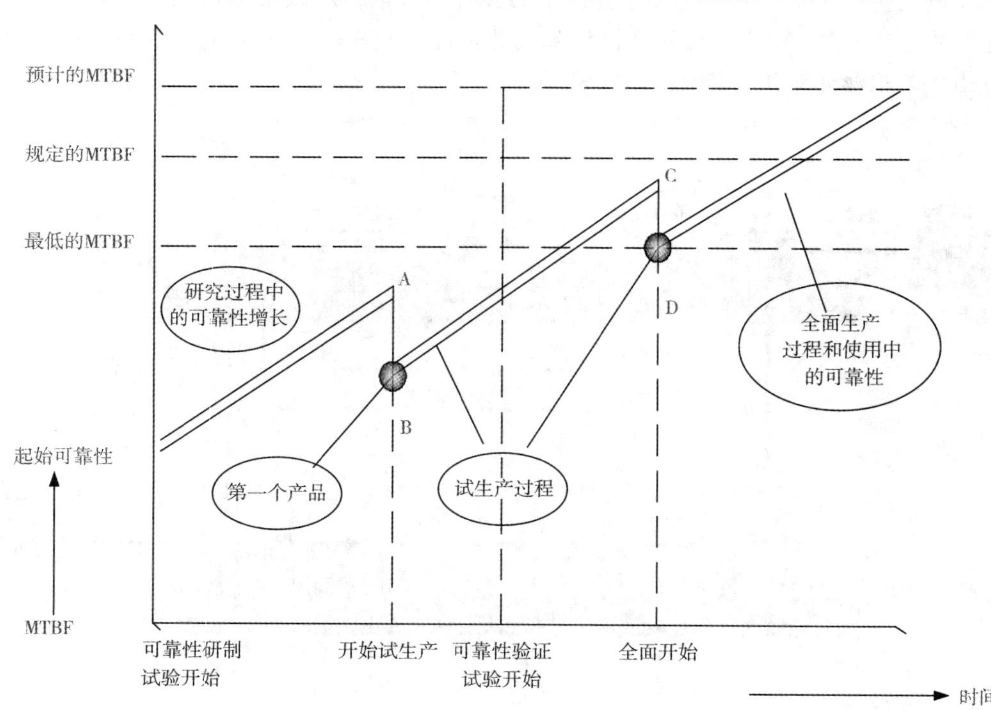

图 3　零部件可靠性 TAAF 统计过程

前段时间整体吊弦试验检验技术条件的制定，以及进行的系列试验检测则充分体现了可靠性增长的理念。

2　多维化发展

2.1　各类特殊使用环境条件产生发展的差异化零部件

我国幅员辽阔，在电气化铁路建设中会遇到各类复杂环境，接触网设备及器材是否具备在相应恶劣环境下长期稳定可靠运行的能力，是衡量牵引供电系统服役状态好坏的基础性指标。由此发展出了差异化的零部件系列。

(1)大风区电气化铁路接触网装备(见图4)

随着既有兰新铁路电气化改造、兰新高铁、海东环、广深港铁路等工程项目运营实践，铁路总公司发布了《风区 200－250 km/h 电气化铁路接触网主要装备技术条件(暂行)》铁总运〔2013〕37 号文件，标志着适应大风区运行环境差异化的接触网零部件系列。

图4　新疆大风区设挡风墙段落接触网

典型地如风区接触网铰接类悬挂的零部件(见图5)，可以采用一次性免注油轴承，抗疲劳磨损，且有效避免电气腐蚀。

图5　新疆大风区免注油轴承式铰接连接

(2)腐蚀环境下的接触网装备(见图6)

在沿海、化工产业集聚区等，强腐蚀环境下接触网零部件的特殊处理，不应该只局限于表面涂层方式，还应充分考虑适应性进行差异化设计。因此，基于海岛铁路、沿海铁路、以及腐蚀特别严重的海底隧道内接触网装备实际运营情况的评估，通过逐类分析腐蚀现象产生的腐蚀机理，分别提出了钢、铝、铜墙铁壁合金材质零部件防腐技术，形成了差异化的零部件产品系列。

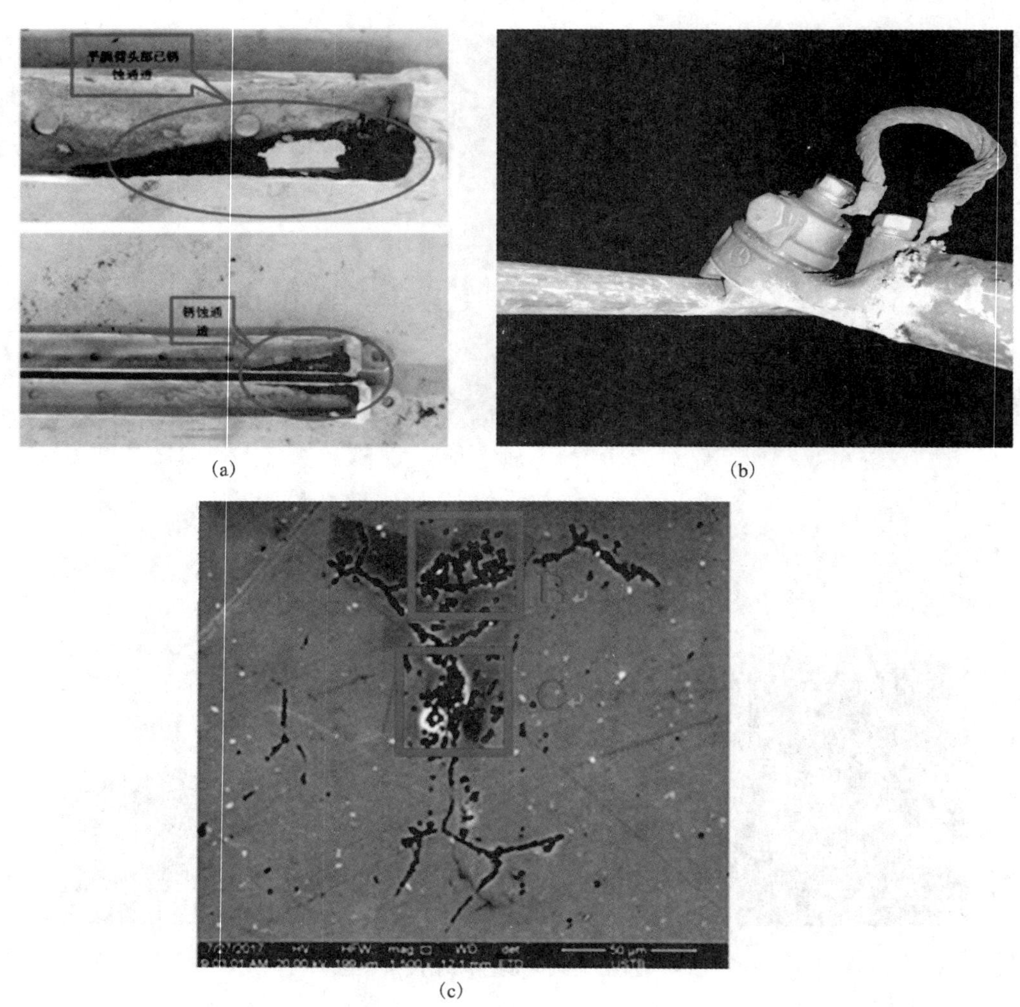

图 6　腐蚀环境下接触网设备

(3)低温严寒地区接触网装备

根据东北、西北高纬度地区，以及青藏高原地区等常年低温、严寒的实际环境条件，结合此类地区铁路工程项目的建造、运营情况，铁路总公司发布了《寒温及寒冷地区铁路牵引供电和电力系统若干问题指导意见》铁总运〔2013〕135 号文件。鉴于铝合金、铜合金材质零部件在低温情况下均能保持良好的性能，结合严寒地区铁路工程项目实施，如吉图辉客专等，重点对电气化铁路接触网装备中应用广泛、造价低廉且其力学机械性能受温度影响较大的黑色金属——选材、加工生产技术进行了改进，形成了适应低温极端环境的差异化黑色金属零系列零部件产品。

2.2　技术导向要求产生的差异化零部件

(1)精测精修和高速铁路电力牵引供电工程细部设计(见图 7 - 图 9)

随着铁总工电部“精测精修”工作的持续推进，以及铁路总公司《高速铁路电力牵引供电工程细部设计和工艺质量标准》(Q/CR 9523—2018)对细部设计的要求，针对影响牵引供电机车受流质量广泛、薄弱的环节，如电连接、吊弦、线岔等进行改进或补强，以提高牵引供电设备服役性能。细部设计除对设计文件细化、施工工艺规范化以外，对接触网接地、接续、回流（吸上、引下）等零部件也提出了更高的要求。

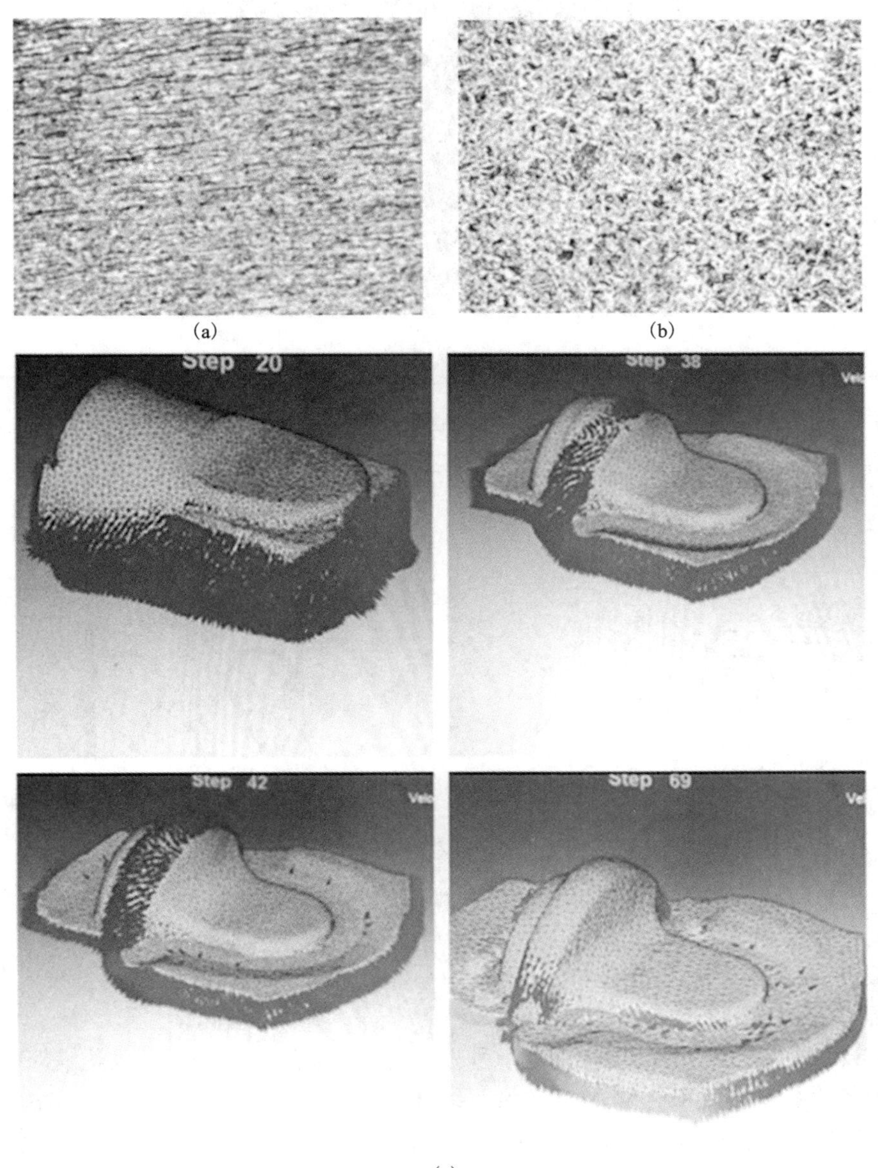

(a)　(b)　(c)

图 7　低温下金属晶格组织及零件锻压过程模拟

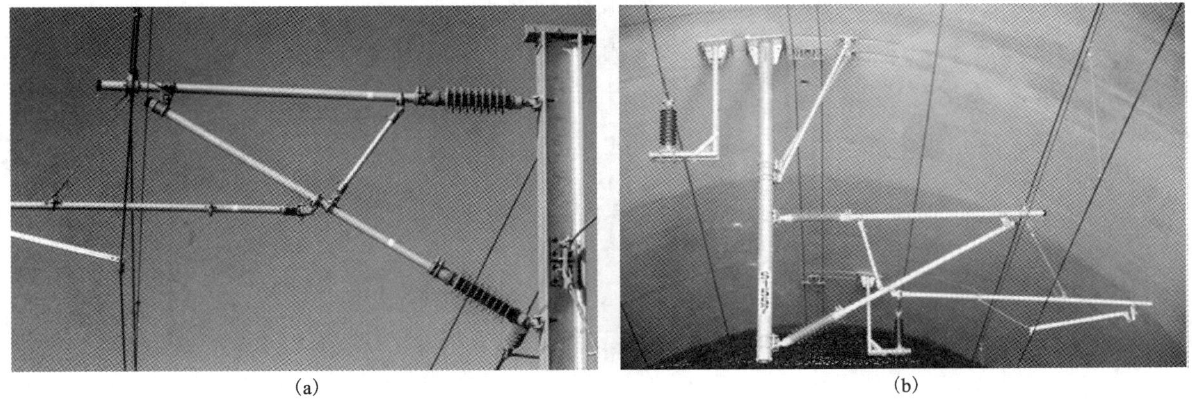

(a)　(b)

图 8　高速铁路接触网精细化施工示范段

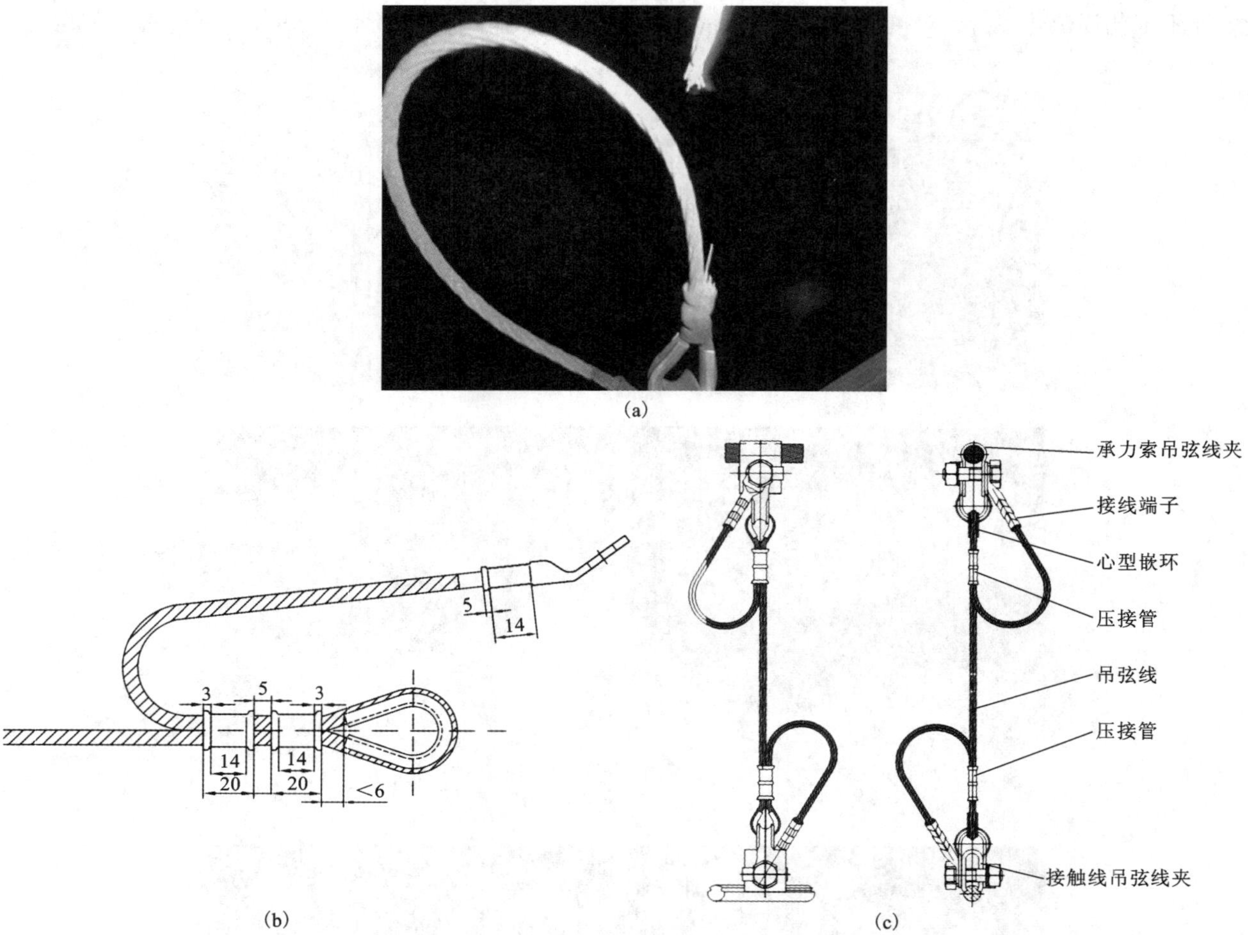

图 9　高速铁路接触网吊弦失效及吊弦结构

(2)简(约)统化要求

近期编制完成的《简统化接触网装备技术条件》,对各个速度等级的接触网装备技术条件进行了规定,丰富了接触网零部件的种类。

实现设备及零部件的集成化(简约化)也是一种发展趋势,如隔离开关是电气化铁路建设接触网供电系统中广泛使用的电气设备(见图 10),隔离开关及引线和电连接受雨、雪、雾、风、冰、污秽、温度等环境影响,同时还受开关支柱、安装联结、零部件等设计方案影响。

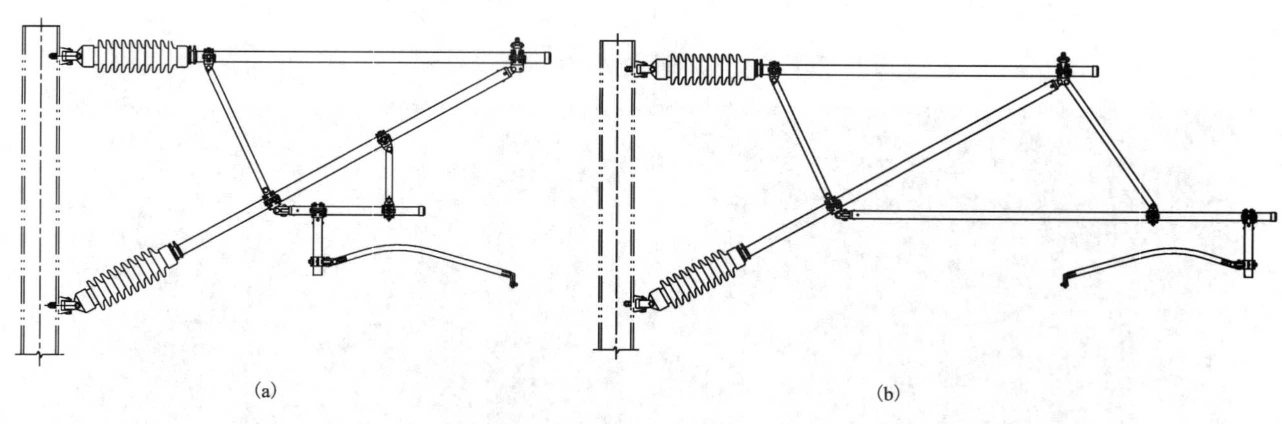

(a)　　(b)

图 10　简统化接触网腕臂支持结构

近年来引线磨损、疲劳破坏事故频发,主要是原柱顶隔离开关引线摆动频繁导致引线疲劳断股、破坏以至引发故障,影响供电和行车安全,采取集成化方案可有效解决这一问题。

在满足接触网系统与零部件的使用功能前提下，突破传统理念对接触网安装结构及零部件结构，更进一步开展接触网系统简约化研究，以提高接触网安装结构的适应性并提高其可靠性也是一种趋势。见图 11。

(a)　(b)

(c)　(d)

图 11　隔离开关处引线安装和开槽式腕臂结构设计方案

如图 11 所示开槽腕臂结构的设计方案。其模型采用圆形槽道结构，内齿槽(抗滑移)安装与下方，连接节点采用倒 T 头螺栓连接，连接节点可设置局部防滑齿型。其最大的优点是内壁可以进行均匀抛丸与酸洗并均匀地镀锌，在简化连接结构的同时有效地解决当前颇受困扰的腕臂管内部锈蚀问题。2018 年 9 月德国柏林世界轨道交通展览会上已有类似开槽型腕臂展出(见图 12)。

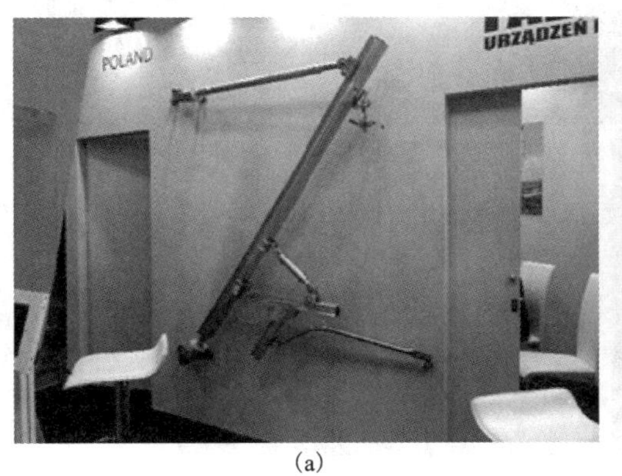

(a)

(b)

图 12　开槽式腕臂结构产品实例

3　绿色环保节能的理念正在逐步形成

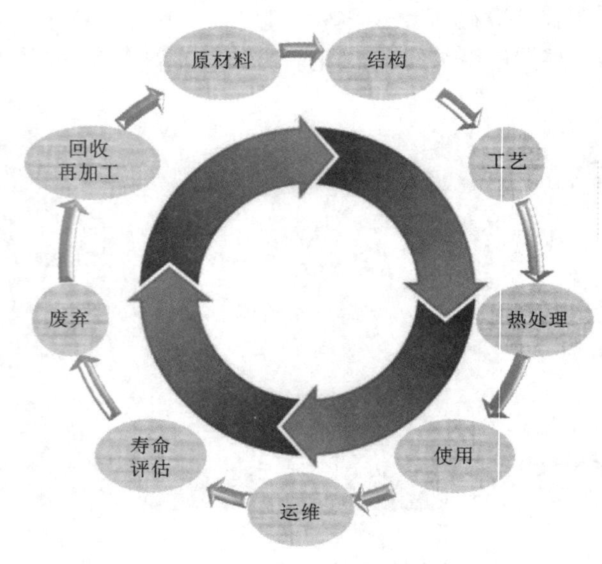

图 13　绿色循环过程

零部件是接触网系统最基本的单元，按照不同的功能或“串联”或“并联”，相互关联与制约，不应孤立地看待一个零部件，对零部件的研发应该是“基于某种系统工况下进行研发”。从环保节能的角度，零部件生命周期应该是：“原材料适应性—结构的合理性—工艺的可操作性—生产加工—服役—维护—寿命(可评估)—废弃处理—回收(回炉加工的利用率)—原材料”，具有生命循环的特征(见图 13)。

基于以上理念，近年来随着高速铁路技术快速发展，对接触网零部件电气、机械及力学性能又有了新的不同要求，高强度、高模量(不变形)、质量轻、耐腐蚀能力强，回收成本低且环保的工程塑料、碳纤维、各类玻璃纤维、连续纤维增强热塑性复合材料(CFP)及其他合成材料越来越多地引起行业内技术人员的广泛重视。结合不同工程项目的环境条件、应用目标等，各设计单位从各种技术指标(物理、化学等)、加工工艺、成型效率、环境适应性、环保回收等各方面与相关高校、研究机构及生产企业进行了技术交流，并相互合作进行了新产品的研发试制，如工程塑料轴承、有机合成腕臂、合成材质导线等(见图 14)。相信未来传统的接触网零部件将会和这些新的绿色环保合成材料产生更多的交集。

图 14　可应用于接触网的各类合成材料

4　结束语

追求接触网装备高可靠性是设计、制造、建设、施工、运营维护及科研院校等各单位的共同目标，也是发展高速铁路、“智慧铁路”的基本要求。发展是永恒的主题，依靠改进创新，秉承“简统、集约、绿色、智能”的牵引供电系统发展理念，未来接触网零部件及装备设计理念、材质、制造工艺水平等在现有基础上将有更大提升和发展，将很大程度上促进行电气化铁路接触网系统的品质提升，也将为实现《交通强国建设纲要》中“构建安全、便捷、高效、绿色、经济的现代化综合交通体系”做出应有的贡献。

作者简介

赵玮，中铁第一勘察设计院集团有限公司电气化处，教授级高级工程师

基于一起断线事故分析接触网电气烧伤的原因及采取措施

李彦杰

摘　要： 接触网电气烧伤是发生铁路牵引供电系统接触网断线这类较大事故的重要原因，对接触网设备危害巨大。通过一起接触网承力索断线事故，找出断线处所安装结构和电气回路的设备缺陷，查找烧伤产生规律，分析总结烧伤产生的主要原因，结合实际并根据分析结果，得出接触网电气烧伤应采取的预防措施。

2018 年 3 月 4 日，津秦高铁秦皇岛至龙家营线路所间发生一起因电气烧伤造成承力索断线的铁路一般 C 类责任事故。此次承力索断线事故反映出电气烧伤对铁路牵引供电系统接触网设备危害是巨大的。为了消除危害，减少事故发生，我们应深入分析电气烧伤的原因，并针对这些原因采取有效的防治措施，从而确保电气化铁路接触网设备的安全稳定运行。

1　事故概况介绍

2018 年 3 月 4 日 12 时 43 分，津秦高铁秦皇岛至龙家营线路所间上行线 K281 + 700 处(对应支柱 98# 至 100#间)承力索断线。其秦皇岛方向断开的承力索下垂至轨面，并与钢轨放电。秦皇岛分区兼开闭所 242 号馈线跳闸，造成京哈线山海关站至津秦高铁北戴河间上行线接触网停电。

1.1　跳闸数据

津秦高铁秦皇岛分区兼开闭所 242#馈线跳闸，重合失败，故障电压 9.93 kV，电流 6193 A，阻抗角 64.4°，显示上行 T－R 故障，故标值 4.82 km，对应公里标 281.200 km。

跳闸数据反映故障信息：一是符合直供方式典型的金属性短路接地故障特征，即故障电压小于 15 kV，故障电流大于 2000 A，阻抗角为 60°～80°。二是故障电压下降 60% 且自动重合不成功说明存在金属性永久接地情况。

1.2　断线处所设备状况(如图 1 所示)

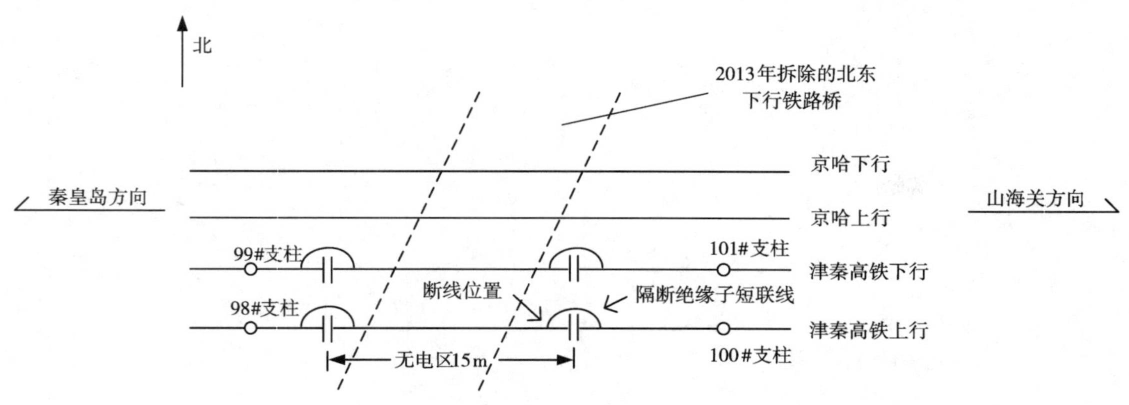

图 1　事故现场承力索无电区示意图

2　结合现场实际对接触网承力索电气烧伤原因的分析

2.1　线索容量小，造成电气烧伤

这次断线事故，烧断的承力索经现场检查，是非载流承力索，采用的型号为GJ－70，现场GJ－70承力索通过电连接与载流承力索连接，致使其在任何工况下均参与主导电回路构成，查阅GJ－70线索电气参数可知15℃环境温度下最高载流能力仅为139 A，与THJ－95材质承力索电气参数461 A载流量相差甚远，存在载流量小的线索过负荷运行引发过流烧伤的重大隐患。

近些年，在牵引供电系统的接触网设计中，针对新建的电气化铁路，已经将牵引运能裕量给予了充分的考虑，但是随着国民经济的飞速发展，在铁路运量及大功率机车方面的发展已经较电气化铁路建设周期中牵引运能裕量的预留超出了许多，而且动车组，特别是重联式动车组的广泛应用，使接触网线索已经逐渐达到满负荷甚至超负荷运行，线索持续载流量偏小，就成为过流烧伤接触网线索而引发接触网断线事故的重要因素。

2.2　供电回路缺陷，引发电气烧伤

馈线、隔离开关、电连接线、承力索、接触线等基本结构构成接触网主导电回路。这些部分之间的连接主要是由各型线夹实现，主导电回路保持正常运行状态，实现牵引变电所的安全供电。但是，在结构上或安装工艺上如果接触网的供电回路存在缺陷，而线路又出现大载流、分流严重，势必会造成电气烧伤。主要有以下情况。

2.2.1　导流不畅

此次断线事故中存在典型的导流不畅原因，一是短联线安装方式错误：98#至100#支柱跨中承力索无电区绝缘子中间用钢绞线连接，2013年废桥拆除后用95型软铜绞短联线导通无电区。短联线用JTMH95－TRJ120型电联接线夹直接安装在GJ－70钢承力索上，直接导致钢承力索非正常载流，同时存在钢(铁)与铜长期电气接触，不同金属活泼性元素间发生原电池反应过程，加速形成接触面氧化层，增大接触电阻，热量升高，最终导致在线夹内的承力索烧伤断股，在拉力的作用下发生断线。二是电连接线夹选型错误：现场使用的电联接线夹为JTMH95－TRJ120，与GJ－70承力索线径不符，电气连接位置存在接触不实的重大隐患，形成了整个电气回路中最薄弱的连接点。

2.2.2　回路不闭合或者通道迂回

接触网零部件众多，各类连接复杂，线索间交叉穿越位置更是不计其数，因此，在接触网架设安装时，偶尔会出现电气回路不闭合，电气通道迂回的问题，这就必然在接触网线索受电后，各线索回路就会出现分流严重现象，从而引发线索的电气烧伤。拿北塘西站为例，北塘西分区兼开闭所251#馈线在6道上网，仅在一条股道上上网，该站场其他设备从馈线取流都是经过6道接触网线索，加之站场两端作为电力机车启停频繁处所，接触网线索取流较大，这条股道的线索势必容易温度升高，如果再存在例如股道电连接少，股道电连接距离取流位置远，电连接安装不规范，节点较多等一些列因素叠加效应，必然造成接触网线索或零部件电气烧伤。

2.3　线索非正常电流转换

按照要求，电流通路都是经过严格设计的。但还是会由于施工工艺问题或者自然环境因素造成特殊情况的存在，一些特殊位置存在不应该通过电流的部分通过牵引电流的现象，而恰恰这些特殊位置，在设计中又没有相应布置电气连接设备，这样势必会造成电气的烧伤。例如，在线索立体交叉位置或线索与装置的位置距离关系中，不同的线路存在不同的阻抗，从而所处不同线路的线索上形成电压差，当受到风力和温度等外部条件影响时，不同线索之间的位置关系发生变化，即间距变小，绝缘距离变短，从而产生电弧放电。电弧放电就会直接对线索、线夹等接触网零部件进行电气烧灼，从而造成电气烧伤。

2.4　电流走向造成电气烧伤薄弱点

在此次事故中，电力机车运行过程中受电弓在不同位置时的接触网电流分布(如图2所示)，整个回路中线夹内钢承为最易发生电蚀烧伤处所，即：最易产生断点处所。最终导致津秦高铁上行线K281＋700 m处98#－100#接触网支柱间，短接无电区承力索隔断绝缘子的短联线线夹与铜承力索连接处导流不畅，长期电蚀灼伤钢材质承力索，在补偿张力作用下造成承力索在线夹灼伤处断线。

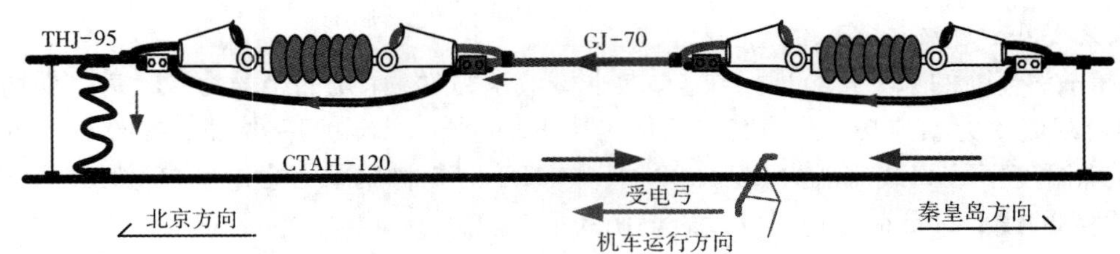

图 2 电流走向原理图

2.5 外部环境引发的电气烧伤

由于上跨桥、隧道口及隧道内处于接触网正上方，漏水或渗水如果水流较大，也会造成线索与上跨结构物绝缘距离不足而发生电气烧伤，特别是在冬季，上跨结构物渗水形成冰棱也是引发绝缘距离不足电气烧伤的直接原因。另外，上跨电力线、沿线危树、供电设备上搭建的鸟窝都会造成绝缘距离不足发生电气烧伤引发事故。

3 针对电气烧伤特点采取的措施

3.1 加强主导电回路关键位置重点检查整治

3.1.1 重点检查整治承力索接头方式

承力索产生接头时，可根据现场条件采用如下两种接头方式过渡，后续应根据线路技术条件及维规要求以更换线索形式为最终恢复标准状态。

检查重点：①图 3 中两承力索接头端部楔形线夹采用双环杆作为连接件(连接件不宜采用绝缘子)，用以承载线索机械负荷，中间连接部分应如图 3 所示门型电联接进行短接。短联线连接所用的并沟线夹，其材质应与承力索及短联线材质一致，型号符合承力索及短联线线径需求。②铜材质承力索，且断头长度小，如图 4 所示，可以用铜材质并沟线夹将楔形线夹回头并接的连接方式。③绑扎线材质与线索材质一致。

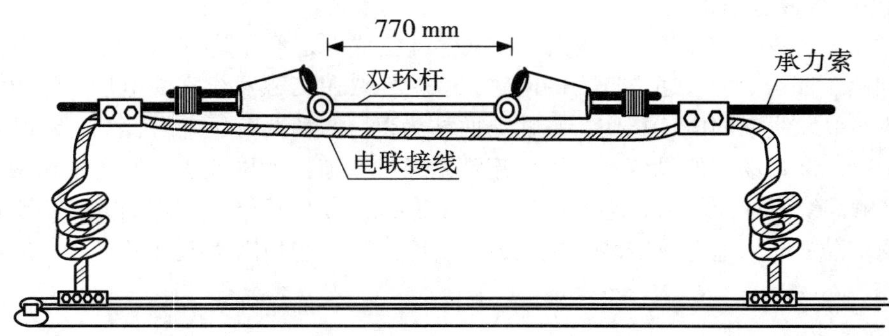

图 3 承力索接头安装示意图一

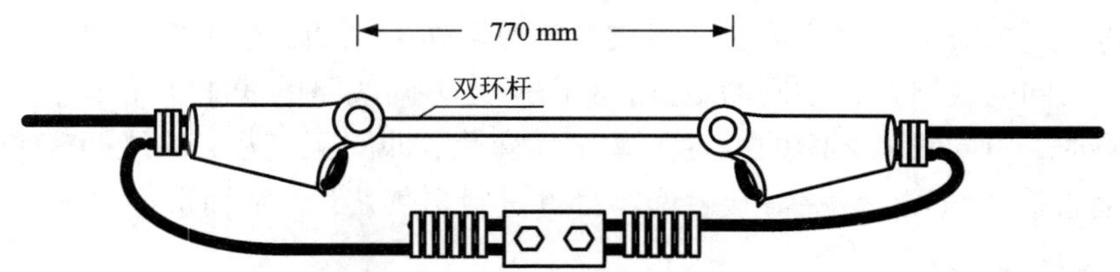

图 4 承力索接头安装示意图二

3.1.2 对绝缘锚段关节改为非绝缘锚段关节的隔断绝缘子短接形式进行重点检查整治

绝缘锚段关节改非绝缘锚段关节，其改造方案要根据线索材质确定。如图5、图6所示，均为典型的三跨式绝缘锚段关节改造为非绝缘锚段关节短接形式，此改造标准仅适用于津山线北通道未大修区段设备，这种改造连接方式，要视为重点特殊设备，加强日常巡视检查。

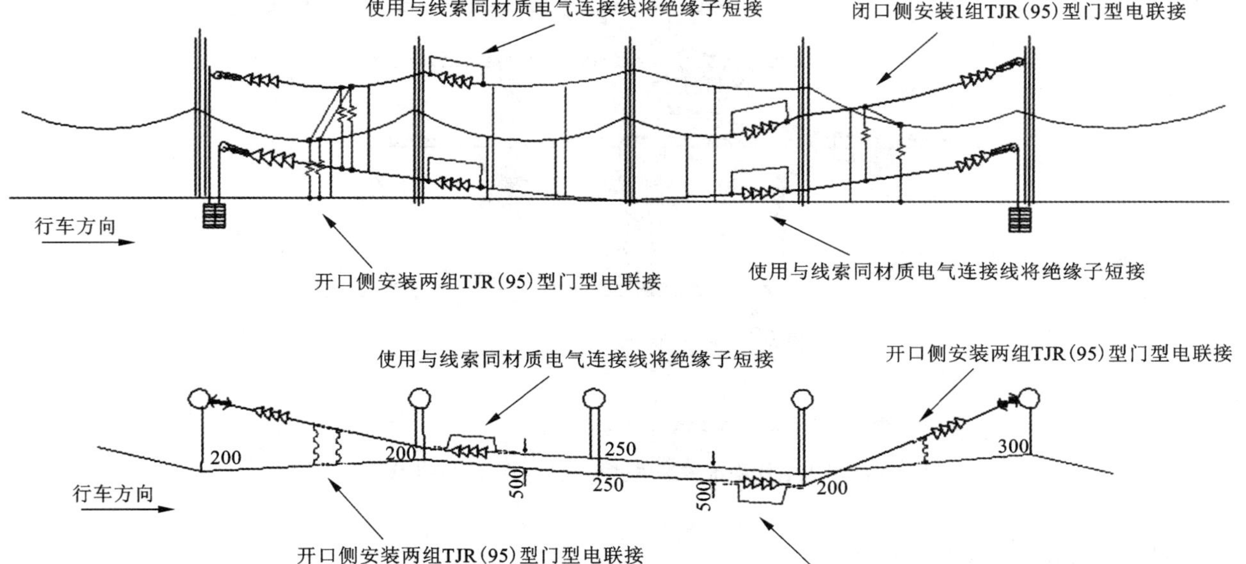

图5　镀铝锌钢绞线承力索绝缘锚段关节示意图

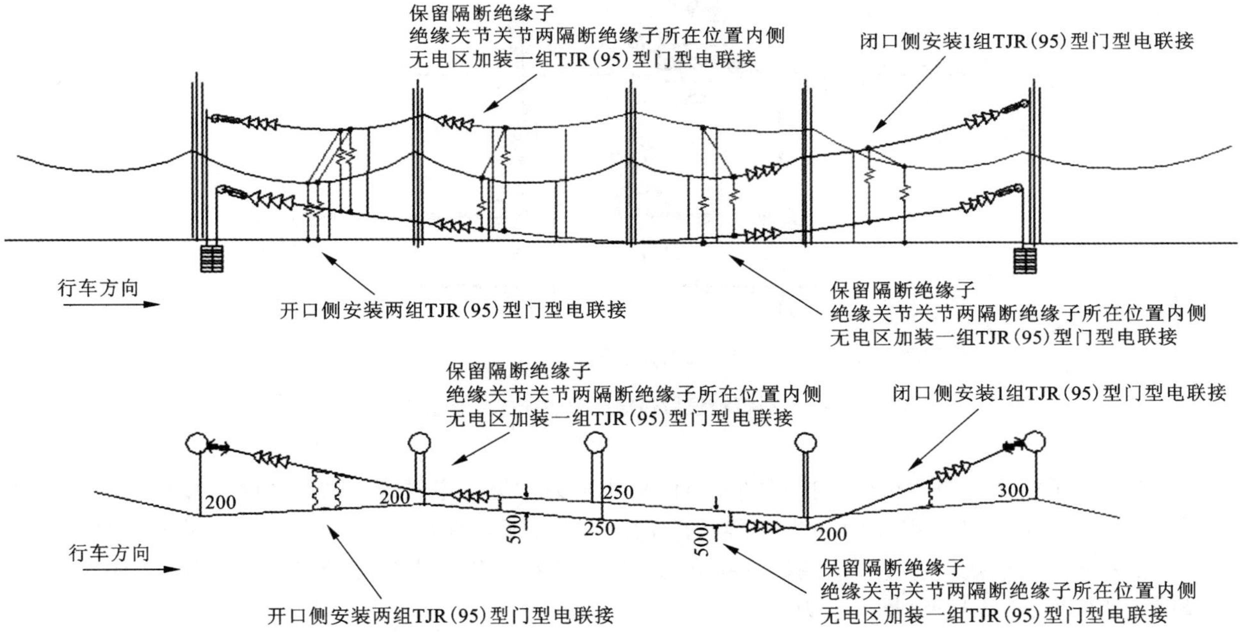

图6　铜承力索绝缘锚段关节改机械锚段关节示意

检查重点：①针对镀铝锌钢绞线承力索，其改造方案中，要明确采用铝制电气连接线短接隔断绝缘子。针对铜绞线承力索，其改造方案中，要明确采用铜制门型电连接形式将隔断绝缘子内侧进行电气导通。②电气连接所用并沟线夹与承力索线材应相匹配，严禁发生钢材质与铜材质直接连接情况。

3.1.3 股道电连接安装方式的重点检查整治

标准安装形式如图 7 所示。

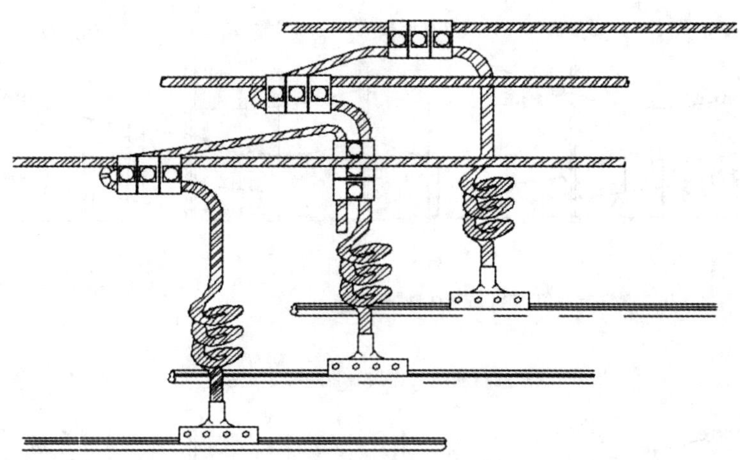

图 7 股道电联接标准安装方式示意图(京秦提速竣网-109)

典型错误安装形式如图 8 所示。

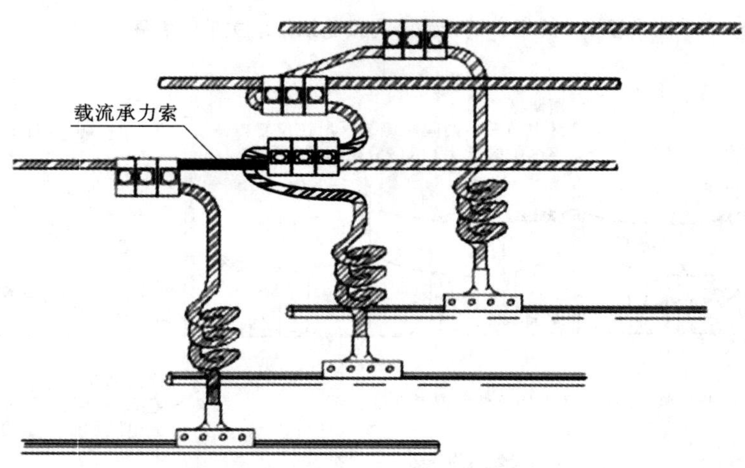

图 8 典型错误股道电联接安装方式示意图

检查重点:①使用一组股道电连接对多股道同材质承力索进行电气连接时,其电连接线夹的型号材质与线索型号匹配。如果是镀铝锌钢绞线承力索,连接线夹必须是铜镀锡线夹。如果是铜承力索和电连接线,连接线夹就要用铜线夹。②对股道电连接而言,电连接线要作为电流流通径路,严禁出现借用承力索作为径路导流问题,特别是钢材质承力索区段。

3.1.4 T 接、上网点引线安装方式的重点检查整治

标准安装形式如图 9 所示。

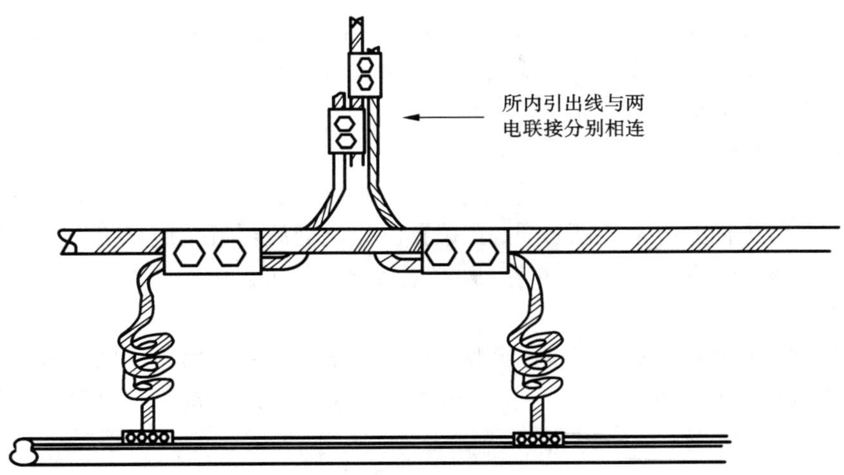

图 9　T 接、上网点引线标准安装方式示意图

典型错误安装形式如图 10 所示。

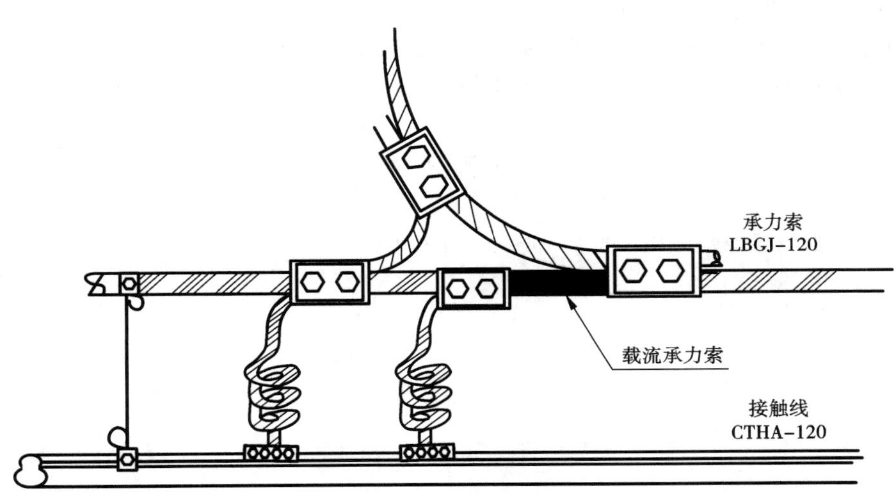

图 10　T 接、上网点引线典型错误安装方式示意图

检查重点：①上网点引线、接触网 T 接引线、电连接为不同材质线索时，其线夹应使用型号匹配，材质为铜镀锡的并沟线夹。②上网点引线或电连接，应将电连接线作为主要电流径路，严禁出现通过承力索导流问题。③承力索烧损或断股的处理，要严格按照高速、普速维规标准执行，承力索补强的连接线夹，必须是同材质、匹配型号的中锚线夹连接。

3.1.5　其他重点位置的检查整治

一是站场内延长下锚的承力索，当下穿软横跨上部固定绳时，线索间距如果小于 200 mm 时，应使用金属材质悬吊滑轮对承力索进行定位，防止承力索与上部固定绳由于绝缘距离不足在电位差的作用下出现电弧造成线索烧伤。

二是承力索交叉处所防范措施。现场存在大量的承力索交叉互磨缺陷，急需进行专项整治。整治方法首先根据承力索材质、两支承力索间距两方面考虑，针对不同材质承力索来确定电连接线、短连线、连接线夹的选用材质，再根据承力索交叉间距采取不同的整治方式。例如，两支交叉间距为 60 ~ 200 mm 处的铜承力索，两侧相邻跨内加装了电连接，就应该对交叉处加装铜等位线，使用铜并沟线夹固定；两支间距小于 60 mm 的铜承力索，相邻跨内也加装了电连接，那么就应该加装铜等位线，使用铜线夹进行连接，并加装铜护线条。其他情况根据相关检修安装要求进行整治。

3.2 在上网点或大坡度区段等取流较大的位置采取加强措施

一是横向电连结间距适度缩小，缩小至100～150 m一组。二是站场两端电力机车经常启停的位置，要适当增加股道电连接。三是隔离开关引线，应采用双引线。关节两端开口，应采用双电连接安装。四是站场两端线岔，用双组电连接安装。

3.3 正确选择零部件型号

根据线索部件的材质及型号，正确选用连接零部件，并严格执行安装工艺标准，在设备线夹、电连接线夹安装时，首先清除线夹内及线索表面杂质，正确预涂导电膏后再行按照规定力矩进行安装。新建线路及改造线路应优先考虑采用压接型电连接线夹，并严格按照安装工艺确保质量。

3.4 加强外部环境整治

重点对上跨结构物、隧道内及隧道口漏水问题进行检查整治，对上跨电力线加强日常巡视检查，对供电设备上搭建的鸟窝进行及时处理，同时加强雨季前危树的处理，这些都是及时消除电气烧伤造成接触网事故的有效防治办法。

参考文献

[1] 普速铁路接触网运行维修规则[S].2017版

[2] 电气化铁道施工手册(接触网)中铁电气化局集团第一工程有限公司，2015.

[3] 电气化铁路接触网零部件(TB/T 2075.1～2075.23—2010)[S].

作者简介

李彦杰，中国铁路北京局集团有限公司唐山供电段，副科长，工程师

接触网运检修验“四位一体”设备质量保障体系建设实践与思考

何铁成　王福山　李凤欢　张向东　王科海　陈健聪

摘　要： 论述在修程修制改革下，哈尔滨局集团有限公司供电系统以规范接触网运检修验“四位一体”设备质量保障体系为载体，创新管理工作方式，明确运检修验“四位一体”设备质量保障体系各环节工作任务，创新、细化设备质量保障体系建设方面的八项措施及作用，同时阐述了获得的管理经验，并深入思考体系下工作的未来发展方向。

0　引言

接触网设备是电气化铁路重要的行车设备，运行维修工作应坚持“预防为主、重检慎修”的方针，按照“定期检测、状态维修、寿命管理”的原则，遵循专业化、机械化、集约化维修方式，依靠铁路供电安全检测监测系统等手段，建立信息资源共享平台，实行“运行、检测、维修”分开的集中修组织模式，确保接触网运行品质和提升安全可靠性，按照国铁集团修程修制改革的总体思路和要求，哈尔滨局集团有限公司供电系统坚持在规范接触网运检修验“四位一体”设备质量保障体系建设上下功夫，不断强化过程控制，创新管理工作方式、方法，发挥专业管理的主导作用，进行了一些积极的探索实践。

1　背景

2015、2017 年国铁集团先后发布高速、普速铁路接触网运行维修规则，对接触网运行维修管理工作提出了更高的要求，规章明确了接触网运行维修管理、修程修制、机构设置与职责、技术质量管理等相关要求，按照国铁集团接触网运行维修规则要求，为深化推进接触网修程修制改革，逐步规范接触网运行维修管理工作，哈尔滨局集团有限公司供电系统组织推进接触网运检修验“四位一体”设备质量保障体系建设，以运行为核心、以检测为手段、以维修为基础、以质量验收为保障，通过完善生产机构建制、优化生产组织方式、落实设备检修管理职责、完善设备质量监控手段，实现设备质量和运行管理的全过程控制，开展恢复设备标准状态的循环管理。

2　运检修验“四位一体”设备质量保障体系建设总原则

接触网运检修验“四位一体”设备质量保障体系建设与实施过程，紧紧围绕一套机制、两个核心、两项制度和五个基础抓好体系工作落实。建立运、检、修、验“四位一体”设备质量保障体系运作评价与管理考核机制，围绕设备、缺陷两个核心，落实记名制度及责任追究制度，夯实健全设备履历、明确责任分工、确立工作流程及标准、动态完善岗位作业指导书、提升人员素质等五个基础工作。

3　运检修验“四位一体”设备质量保障体系各环节工作任务

建立接触网运检修验“四位一体”设备质量保障体系及责任机制，实现故障闭环、质量追溯、责任追究、档案查询、数据利用、要素分析，使设备质量问题持续改进，达到安全结果预期，全面提升接触网设备质量安全，整体工作推进统筹规划，做好顶层设计，为确保各环节有序推进、高效落实，对各环节工作任务进行明确，共划分为“运、检、修、验”四个环节。

“运行”工作是通过仪器或人工等手段，动态掌握接触网设备技术条件，开展即时、定期分析诊断。并对设备突发异常状况进行处置。运行主要包含技术资料维护、外部环境治理与应急情况处置等相关工作。

“检测”是评定设备质量的过程，是指利用仪器、设备或人工等方式，对接触网进行检查测量，掌握设备质量及运行状态的过程。包含监测、静态与动态检测、检查、零部件检验四部分。按照标准值、警示值、限界值界定设备状态，划分缺陷等级，为设备维修提供依据。除零部件检验外，接触网检测工作应分别由对应的供电、检测、维修车间负责组织实施。

“维修”是恢复设备质量状态的过程。是指在接触网运行状态出现不允许的偏差或发生故障时，对接触网系统进行必要修复，恢复正常功能的过程。

“验收”是确认维修结果的过程。主要是指对接触网二级修(综合修)结果组织开展的质量检验与确认。

4 运检修验”四位一体”设备质量保障体系建设与管理经验

整体工作开展需要从健全质量制度体系、整合故障数据资源、完善质量信息系统、建立接触网技术档案等工作环节入手，把设备质量状态、生产计划安排、任务落实过程、生产组织效率分析、质量评价等各环节工作有效关联，充分展现任务落实、质量保证、责任追究等管理过程。

4.1 突出系统设备设施特点、划分最小设备单元

在“四位一体”设备质量保障体系建设过程中明确最终目的，即抓安全工作，通过规范人的作业行为，保障设备设施的运用质量状态。要实现安全工作，重要的是围绕不同的设备特点和修程修制、检修工艺等，有针对性地开展维修，做到不失修、不漏修、不错修，接触网设备是由多部件、多设备组成的连续体，在运行使用过程难以分开，要做到精准维修，就要将不同的设备划分为不可再分的最小设备单元。针对最小单元，有针对性地制定检修计划和检修工艺标准，建立设备检修技术档案，对设备检修履历进行连续记录和管理，以便于有针对性地研究建立维修策略。

结合设备结构特点，接触网应以“一杆一挡”为基础建立最小单元。为指导检修和评价、鉴定接触网设备整体运行质量状态，以接触悬挂锚段为单位划分检修与评价、鉴定单元。为适应信息化建设与生产管理需要，将接触网设备技术履历中的线别、区段、设备名称、生产厂家、规格型号、运用状态等基础信息进行统一编码，并纳入信息系统进行管理。

4.2 清晰界定“运、检、修、验”四个环节职能职责

“运、检、修、验”四个环节要环环相扣、闭环管理、循环管理，要在“四位一体”管理体系流程和岗位职责上加大工作力度，做好“四位一体”体系顶层设计工作，充分考虑专业特点，对整个设备管理生产流程进行分解，建立各层级、各管理环节的岗位职责，在各职能机构上明确职能职责，包括车间与车间、车间与工区、工区与工区、车间与技术科之间，各岗位也要明晰职责，如检查、检测、测量、维修、试验、验收、评价、复验等各个环节都要分解到岗位，确定每项工作的责任人、完成时限，各工作环节紧密衔接，保证整个流程在规定时限内有效运转。

4.3 工作标准、作业流程及作业指导书要覆盖至“运、检、修、验”各环节具体岗位

要通过工作标准、作业流程来保障分工和职责能够得到有效落实，用工作标准和作业流程来规范一项作业从开始到结束的全过程，用作业指导书来规范至其中一个具体的作业环节。制定工作标准和作业流程时要有周期、时限、执行者以及前、后两个环节的责任人，形成环环卡控、闭环管理、责任倒追的管控流程。作业指导书编制过程要内容细致，不易过于繁琐，保证现场操作性，通过日常培训，保证职工的技术素质、技能水平能够胜任“运、检、修、验”各环节工作。

4.4 “检修验”各环节工作落实“实名制”

抓痕迹管理，作业环节“实名制”，具体落实到人头，落实到最小的作业群体，实现记名检、记名修、记名验。能够独立完成的作业项目，要落实到人头，需要团队配合完成的作业项目，要落实到最小作业群体，要保证每一项作业能够找到具体的责任者，涉及集体作业，根据不同的作业部位，责任分工应该在施工前予以明确。“实名制”制度落实过程要在实名制的方法和手段上规范完善，例如检测作业单、验收记录、测量记录等，同时各记录设置统筹考虑、整体规范，在通过记录真实反映设备运行状态，在后续大数据分析上多下功夫。

4.5 规范建立完备的设备技术履历档案

履历档案建立过程要抓住设备全生命周期管理，所有设备设施单元的寿命信息，运行过程暴露的问题信息，检查发现、整修处理的相关信息，要全部纳入设备技术履历档案，积累好设备的原始资料、运行问题

库、检修记录等信息。

4.6　落实发现问题及整修信息的分析

在实施每种修制之前、每种修制当中的每次修制之前，需要对本次修制之前所有修程当中的问题和整修信息进行系统分析，并提出本次施修的重点和方案。根据设备履历，分析查找规律，实施靶向施修，维修工作实施前，组织修前调查，根据设备的变化因素，研究制定整治技术方案，技术方案要在施工准备会上进行讲解，明确检修标准、方法和验收标准，相应的要求通过制作图标和原始记录等方式体现，采取PPT方式讲解施工技术方案，保证方案有效落实。

4.7　“验、修、检”各环节工作落实质量责任考核

一次施修之后，在设备“保质期”内发现的问题，要做到按验、修、检的程序倒追相应环节具体人或作业群体的责任，实现责任倒查，失责者受到追责。建立了完善的考核办法和考核制度，考核办法应该和岗位职责一一对应，考核要兑现奖惩和薪酬分配，目前主要是要和绩效考核奖金分配相挂钩。只有落实了责任追究，才能确保体系中的各个环节有效衔接和良性运作。奖惩考核的办法建立起来后，通过组织行为和具体的执行人去检查验证体系运行的结果，并根据结果落实奖惩考核管理。

4.8　完善“接触网生产管理系统”建设

运检修验”四位一体”设备质量保障体系建设需要建立一套管理信息系统来支撑体系运转，信息系统要实现所有技术履历档案、问题信息及责任人的信息化、数字化、智能化管理。并通过分析、预警，为设备状态判断和生产组织决策提供依据，信息录入、系统的日常维护要保证及时、有效、完整。日常工作过程，要不断收集整理信息系统运行过程暴露的系统应用问题，进一步完善系统功能，如实现内外网数据穿透和手持app软件研发，以满足长期户外作业时的系统维护需求，对接风险、物资和成本管理需求，实现体系运作与风险管理、成本控制和物料管理有机结合。

通过接触网运检修验“四位一体”设备质量保障体系建设的不断完善，最终完成后台数据映射前台生产、前台生产验证后台数据的良好闭环管理状态，在体系下实现大数据应用。

5　下一步工作方向及重点

下一步工作应积极探索总结接触网设备运行规律，规范设备质量管理，落实好国铁体团设备质量评价标准及办法实施工作要求，全面贯彻执行维修规则，针对接触网设备质量状态的分布特征，做好阀值指标管控，研究数据规律，建立统计分析模型，通过体系的完善，强化最小单元与总体数据规律的横向映射，以“大数据”“云计算”的方式实现“精准施策”，准确诊断设备运行状态，全面落实预防性状态修。

参考文献

[1] 中国铁路总公司文件. 普速铁路接触网运行维修规则[S]. 北京：中国铁道出版社，2017.

[2]中国铁路总公司文件. 高速铁路接触网运行维修规则[S]. 北京：中国铁道出版社，2015.

作者简介

何铁成，中国铁路哈尔滨局集团有限公司供电部，高级工程师

王福山，中国铁路哈尔滨局集团有限公司供电部，高级工程师

李凤欢，中国铁路哈尔滨局集团有限公司齐齐哈尔供电段，高级工程师

张向东，中国铁路哈尔滨局集团有限公司齐齐哈尔供电段，工程师

王科海，中国铁路哈尔滨局集团有限公司哈尔滨供电段，工程师

陈健聪，中国铁路哈尔滨局集团有限公司齐齐哈尔供电段，工程师

接触网线索交叉间距不足处所整治措施

康红新

摘　要：通过对接触网线索交叉处所的分类，介绍接触网线索交叉间距不足的危害，制定接触网线索交叉调整方法，明确线索交叉不足处所的人防、技防措施，明确日常检查周期、内容，对接触网具有重要指导意义。

接触网线索由于设计、施工等原因，造成线(接触线)索(承力索)交叉间距不足，温度变化、风力作业、受电弓振动等原因引起线索窜动时，存在线索互磨、电腐蚀等问题，线索因机械磨损、电气烧伤极易引起断线事故，接触网线索交叉间距不足是接触网运行管理过程中的重要安全风险源。研究接触网线索交叉间距不足问题，采取针对性的整治措施，对接触网运行安全具有重要意义。

1　接触网线索交叉分类

经过对接触网线索交叉进行梳理，主要分为接触网线索交叉间距不足，接触网线岔承力索交叉间距不足两类。根据高速和普速铁路《接触网运行维修规则》接触网线索交叉间距不足为极限温度条件下，交叉跨越线索间距不足 200 mm 的处所应加装等位线，等位线及其连接线夹应与被连接线索材质匹配，截面积不小于 10 mm^2；接触网线岔承力索交叉间距不足为两支承力索垂直间距小于 60 mm。

1.1　接触网线索交叉间距不足具体分为以下几种类型

1.1.1　接触网两非支线索交叉形成的交叉形式

根据两非支线索带电情况又分为两非支线索均带电、两非支线索均不带电二种形式。两非支线索均带电交叉形式如车站渡线非支与承力索中心锚结在同一跨距内交叉形成的线索交叉，其交叉形式见图 1 中 21 -22#支柱间线索交叉。两非支线索均不带电交叉形式如七跨关节式分相中两锚段线索卡绝缘后在同一跨距内交叉形成的线索交叉，其交叉形式见图 2 中 279 -281#支柱间线索交叉。

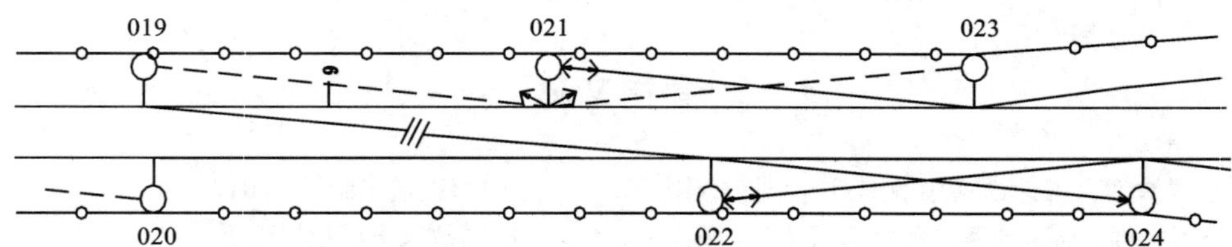

图 1　车站渡线非支与承力索中心锚结形成的线索交叉

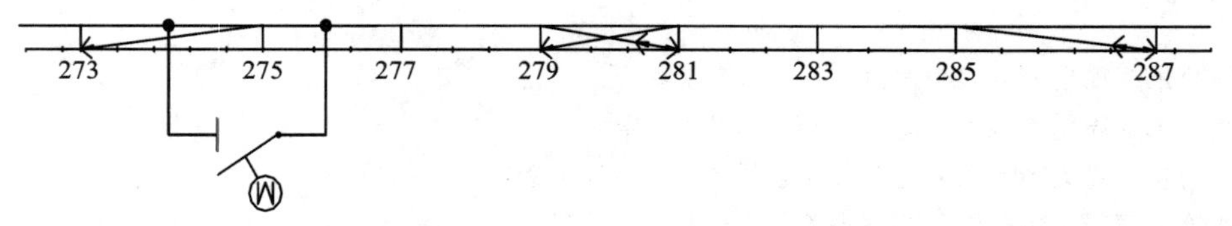

图 2　七跨关节式分相中两锚段线索形成的线索交叉

1.1.2　接触网非支线索与工支线索交叉形成的交叉形式

根据现场情况分为非支同侧落锚形成的交叉、非支异侧落锚形成的交叉、承力索中心锚结与其他线索交叉、锚段关节转换柱处形成的交叉。非支同侧落锚形成的线索交叉，其交叉形式见图 3 中 068 -070#支柱间线索交叉。

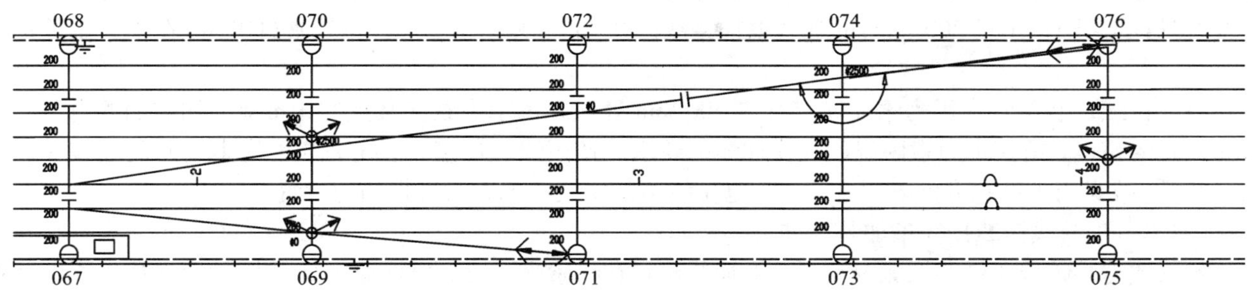

图3 非支同侧落锚形成的线索交叉

1.1.3 接触网线索与软横跨上下部股道绳交叉形成的交叉形式

根据交叉情况分为非支接触线与软横跨下部固定绳交叉，非支承力索与软横跨上部固定绳交叉。

1.2 接触网线岔承力索交叉间距不足

根据现场是接触网线岔两支承力索交叉处垂直间距小于 60 mm。

2 接触网线索交叉危害

当接触网线索互磨或间距较小时，线索弛度随着温度升降或受电弓通过时振动而变化，使间距较小处的线索互磨或加大相磨挤压力，造成线索表面磨损；随着温度变化、风力作用或受电弓通过时振动等因素影响，线索发生不同步或相反方向的纵向伸缩，线索间互磨部位也随之进行拉锯式磨损，加上放电和电腐蚀影响，当承力索磨损到一定程度，轻者会断股，重者会断线，严重危及接触网运行安全。

3 接触网线索交叉整治措施

3.1 接触网线索交叉调整

3.1.1 承力索与软横跨上部固定绳交叉调整方法。

软横跨处承力索在上部固定绳处通过(非悬挂)，与上部固定绳间距小于 200 mm 时，通过对软横跨增加节点，更换悬吊滑轮、调整承力索上方双股垂吊线等措施，保证上部固定绳与承力索的间距不小于 200 mm。也可通过调整相邻悬挂处所承力索的高度使其与上部固定绳距离大于 200 mm。

3.1.2 接触线与软横跨下部固定绳交叉调整方法。

非支接触线在下部固定绳下方时(非悬挂)，通过调整双股垂吊线或接触悬挂吊弦长度来提高(降低)接触线的高度，可通过调整软横跨固定角钢或斜拉线来抬高(降低)下部固定绳的高度。

3.1.3 接触网线岔承力索交叉间距不足。

线岔两支承力索交叉间距不应小于 60 mm，应通过调整腕臂、吊弦、软横跨处调整悬吊滑轮长度(更换特型悬吊滑轮)，改变两支承力索间的高差，同时调整结构高度，保证线岔技术参数满足标准情况下，使线岔两支承力索间距达到不小于 60 mm 要求。

3.1.4 接触网线索交叉间距不足调整方法。

通过对软横跨增加节点，更换悬吊滑轮、调整承力索上方双股垂吊线，调整套管双耳位置使平腕臂仰头(低头)、倒锚、调整下锚角钢安装高度、更换渡线绝缘子材质等措施，保证上部固定绳与承力索的间距不小于 200 mm。

3.2 接触网线索交叉技防措施

线索交叉间距通过调整无法达到 200 mm 及以上处所，交叉间距 60(不含) ~200 mm(不含)处所，应加装等电位线；交叉间距 60 mm(含)以下处所，应加装等电位线和不小于 2 m 预绞式铠装护线条。

3.2.1 等电位线加装标准

互为交叉两支线索均为带电支时，等电位线采用电连接线(TRJ95)，并用铜材质并沟线夹(CT 型)在承力索处进行固定；站场内同一条线索因穿越 2 个及以上电气分段区域卡绝缘后形成的中性区，中性区跨越

1 个接触悬挂(间距不足 200 mm)的加装与承力索同材质、截面不小于 10 mm 的等电位线，并用同材质线夹(JL－02C 型模锻式吊弦线夹、BJL 或 TJ 型中锚线夹、CT 型并沟线夹等，下同)固定，如中性区跨越 2 个以上接触悬挂(间距均不足 200 mm)的加装电连接线(TRJ95)，并用铜材质并沟线夹(CT 型)在承力索处进行固定

等电位线加装位置在承力索交叉点开口 500 mm 处或距离承力索交叉点约 3 m 处，加装的等电位线应留有一定的裕度，适应承力索因温度变化伸缩的要求。使用线夹连接时，线夹与承力索之间的连接必须密帖、牢固，线夹内无杂物并涂导电介质，等电位线不得安装在承力索有损伤的位置。

3.2.2 预绞式铠装护线条加装标准

预绞式铠装护线条需与线索材质适应，加装位置在线索交叉点，根据交叉处所情况确定预绞式铠装护线条位置。安装步骤是第一条预绞式铠装护线条安装时，首先将三条预绞式铠装护线条最多股数的一组绞丝的中心对准需要安装承力索交叉位置中心，然后在绞丝和承力索对齐的中心位置将绞丝由中心向两侧分别缠绕在承力索上。第二条和第三条的安装时，先将第二条绞丝中心对准第一条绞丝中心后由中心向两侧分别缠绕承力索 2－3 圈后停止，再将第三条预绞式铠装护线条中心对第一条绞丝中心后缠绕承力索 2－3 圈后，然后将第二条和第三条同一端分别缠绕在承力索上，最后再将第二条和第三条另一侧分别缠绕在承力索上。

3.3 接触网线索交叉人防措施。

3.3.1 巡视检查

巡视检查周期：线索交叉间距小于 200 mm 处所，日常巡视检查按接触网步行巡视检查周期执行，其中线索交叉间距小于 20 mm(含)处所每 3 个月利用地面辅助拍摄装置进行 1 次外观检查(宜在两次停电检查中间时段进行)，线索交叉间距 20 mm(不含)－60 mm(含)处所每 6 个月利用地面辅助拍摄装置进行 1 次外观检查(宜在两次停电检查中间时段进行)。巡视检查内容：检查预绞式铠装护线条、承力索有无磨损、锈蚀、断股、烧伤、电腐蚀等问题，对存在问题的预绞式铠装护线条进行更换，对存在断股、烧伤问题的承力索进行补强。交叉线索未按标准加装预绞式铠装护线条处所进行补装；检查等电位线、承力索有无烧伤、断股、电腐蚀等问题，对存在问题的承力索进行补强、等电位线进行更换；检查线夹有无烧伤、开裂、电腐蚀等，对有问题的线夹进行更换。交叉线索未按标准加装等电位线处所进行补装。

3.3.2 检修维护

检修维护周期：线索交叉间距小于 20 mm(含)处所每 6 个月停电检查 1 次，线索交叉间距 20 mm(不含)～200 mm(不含)处所每 12 个月停电检查 1 次。检修维护内容：检查预绞式铠装护线条、承力索有无磨损、锈蚀、断股、烧伤、电腐蚀等问题，对存在问题的预绞式铠装护线条进行更换，对存在断股、烧伤问题的承力索进行补强。交叉线索未按标准加装预绞式铠装护线条处所进行补装；检查等电位线、承力索有无烧伤、断股、电腐蚀等问题，对存在问题的承力索进行补强、等电位线进行更换；检查线夹有无烧伤、开裂、电腐蚀等，对有问题的线夹进行更换。交叉线索未按标准加装等电位线处所进行补装。

4 结束语

接触网线索交叉间距不足的安全隐患是接触网日常安全管理重点防范的安全风险。设计单位不仅要考虑接触网平面布置，更要注重线索交叉，从源头减少线索交叉形式。对线索交叉间距不足处所，要逐年排定整治计划，通过调整交叉间距，消除设备安全隐患。根据不同交叉类型，交叉方式，认真研判分析安全风险程度，对高风险处所，优先安排计划进行整治。加强新线建设及既有线改造施工质量验收，对线索交叉间距进行重点测量，对线索交叉间距不符合规定的，必须整改到位，确保施工源头不留隐患，确保接触网安全运行。

参考文献

[1] 中华人民共和国国家铁路局. 高速铁路设计规范[M]. 北京：中国铁道出版社，2015.
[2] 中华人民共和国国家铁路局. 铁路电力牵引供电设计规范[M]. 北京：中国铁道出版社，2016.
[3] 于万聚. 高速电气化铁路接触网[M]. 成都：西南交通大学出版社，2003.
[4] 章来胜. 软横跨处接触网交叉线索相磨整治方案研究[J]. 铁道机车车辆，2018，38(4)：79－81，104.

作者简介

康红新，中国铁路济南局集团有限公司供电部，高级工程师

关于对接触网检测缺陷销号标准的实践与思考

陈国成

摘　要： 通过对检测发现的几何参数类缺陷、状态类缺陷进行分析研究，编制处置标准，明确缺陷类型、处置流程、处置方案、处置效果验证等方法，从而提高处置效率及质量。

随着供电检测监测体系的日臻完善，其在铁路安全运营中发挥着愈来愈重要的作用，对检测发现缺陷形成的大数据如何高质量管理，成为供电技术管理人员需要思考的重点。作者针对检测发现的几何参数类缺陷、状态类缺陷进行了分析研究，并编制了处置标准，明确了缺陷类型、处置流程、处置方案、处置效果验证等方法规范了检测缺陷处置流程，提高处置效率及质量。

1　适用范围

本标准规定了检测缺陷销号的流程、方案及效果验证方法。

本标准适应于高速、普速接触网设备通过检测监测装置发现缺陷的处置销号工作。

2　规范性引用文件

《高速铁路接触网运行维修规则》(铁总运〔2015〕362 号)、《普速铁路接触网运行维修规则》(铁总运〔2017〕9 号)。

3　术语和定义

3.1　检测缺陷

检测监测(6C)装置采集检测监测数据，通过即时和定期分析发现设备异常状态。

3.2　检测缺陷分类

检测缺陷按照采集数据时接触网设备的静动状态，分为静态和动态数据缺陷；按照采集的数据类型分为参数类、状态类缺陷；按照缺陷对安全的影响分为一二级缺陷。

3.3　缺陷数据处置流程

缺陷数据处置分为检测数据采集分析发现缺陷、判断缺陷等级、缺陷录入缺陷库、缺陷处置方案编制、缺陷处置方案审核、处置方案实施、系统内销号、后续检测数据效果确认。

3.4　检测缺陷销号管理

缺陷销号是缺陷处置流程闭环中的末端环节，标志缺陷处置完成。缺陷销号方法有三种，一是经过设备日常运行维护数据、检测数据间的关联分析、对比分析，无需现场复核直接排出疑似缺陷；二是在数据分析后需经现场复核、调整等环节后再在系统中销号。三是定期对缺陷销号情况进行统计分析，不断解决销号管理中存在的问题。

3.5　缺陷处置效果确认

缺陷处置效果确认分为两部分，一是经过现场复核、设备调整等流程，使得设备静态几何参数及零部件状态恢复标准状态或符合设计要求及安装标准。二是经过后续检测数据进行分析，进行历史对比，确认原缺陷处所的设备状态，如缺陷设备未恢复标准状态，需要重新录入系统，再次执行缺陷处置流程。缺陷销号处置应遵循静态数据为检修、缺陷处置服务；动态数据为评价设备状态是否满足安全运营需求服务。

4　缺陷销号标准

缺陷销号标准主要涉及销号的时间标准和技术标准。

4.1　缺陷销号时间标准

缺陷销号标准依据缺陷紧急程度按照缺陷等级划分制定缺陷处置标准。其中一级缺陷销号标准分为影响安全的紧急一级缺陷和暂不影响安全的一级缺陷。紧急一级缺陷应立即处置，根据需要可通过填报“运统－46”上线实施处置；非紧急一级缺陷 30 天内完成（主要涉及数据关联分析、方案制定、现场实施、系统销号）。二级缺陷根据设备现状和维修资源有计划统筹处置。

4.2　参数类缺陷销号技术标准

4.2.1　拉出值缺陷销号技术标准

4.2.1.1 第一类销号技术标准（通过分析直接销号）。

通过对动态检测曲线、弓网视频、历史数据、近期有效静态测量数据进行关联分析，进行系统内直接销号处置，关联数据分析结论形成的证据链必须符合专业逻辑。主要包含下列情况：

（1）判断属于检测装置误报缺陷，可以直接销号。

（2）判断缺陷存在，但设备处于标准状态，因速度不达标导致，缺陷属于重复出现且无劣化趋势，且安全风险较低，可暂时系统内销号。

（3）通过分析发现缺陷存在，但在结构性台账中已登记，且无劣化趋势，可在系统内销号。

4.2.1.2　第二类销号技术标准（现场复测、调整后销号）

4.2.1.2.1　静态拉出值相对标准值存在较大偏移量，未在标准状态

（1）静态拉出值超出警示值、限界值则需要将其调整到警示值以内，在条件允许的情况下，尽量接近标准状态。

（2）静态拉出值在警示值以内，但不在标准状态，根据动态超限情况，需要将静态拉出值调整成标准状态。

4.2.1.2.2　静态拉出值与标准值存在偏移量，但在标准状态内

（1）根据动态超限情况，将静态拉出值调整成标准值，减少误差；向反向允许的误差调整，减小或消除超限值；

（2）检测运行速度未达标，缺陷属于首次出现，应考虑设备及关联环境出现变化与检测速度不达标等因素叠加导致，需要安排现场复核。

（3）检测运行速度达标，缺陷属于首次出现，但对既有数据分析设备处于标准状态，应考虑设备及关联环境出现变化，需要安排现场复核。

4.2.1.3　第三类销号技术标准（现场复测，设计缺陷无调整）

现场复测静态拉出值与标准值存在偏移量，但在标准状态内。经过将静态拉出值调整成标准值，或向反向允许的误差调整，仍未解决动态超限情况，且安全风险较大，需要对整治方案重新完善，必要时需要设计单位参与重新修正设计值。

4.2.1.4　拉出值缺陷销号效果验证

系统内缺陷销号作为暂时销号，必须经后续检测数据验证，无异常变化，才能作为最终销号。如后续验证有劣化趋势，则需要重新录入管理系统进行再次销号处置。

缺陷销号效果评价验证有三种方法：一是在系统内缺陷销号时，对已获取的静态数据或曲线截图，弓网视频截图，可以写入缺陷模块作为有效数据证据链。二是利用后续新检测数据进行验证，进行数据历史对比分析，确认缺陷处置效果。如缺陷仍存在须再次录入系统执行销号流程。三是阶段性对系统内的缺陷销号进行效果验证统计分析，找出缺陷销号管理中错销号、不彻底等原因，修正销号标准。

4.2.2　导高缺陷销号技术标准

4.2.2.1　第一类销号技术标准（通过分析直接销号）。

对动态导高检测曲线、静态导高、历史数据进行关联对比分析，对接触式导高数据与动态光学测量数据进行对比分析。如确认缺陷数据误报可以直接排除、销号。

4.2.2.2　第二类销号技术标准（通过现场复测、调整销号）

现场复测后确认缺陷存在，高、普动态数据接触线高度超过 6600 mm，下限值低于线路允许接触线的最低值，双层集装箱区段下限值低于 6330 mm，应立即组织进行处置，尽量将其调整为标准值或标准状态；

非紧急的导高一级缺陷应在 30 d 内完成处置；如导高超限处所同时存在硬点、高差、燃弧等一种或多种缺陷时应提高处置的优先级，尽快销号。

4.2.2.3 第三类销号技术标准(通过现场复测、暂时无法调整)

现场复测后确认缺陷的存在，但是该缺陷属于结构性缺陷，且无劣化趋势，并在结构性缺陷台账中已经备案，可以系统内暂时销号，后续进行追踪观察；对于因工务线路数据变化引起的导线高度缺陷，应依照轨面标准线要求，与工务系统联系，进行联合整治。

4.2.2.4 导高缺陷销号效果验证

系统内缺陷销号作为暂时销号，必须经后续检测数据验证，无异常变化，才能作为最终销号。如后续验证有劣化趋势，则需要重新录入管理系统进行再次销号处置。

缺陷销号效果评价验证有三种方法：一是在系统内缺陷销号时，对已获取的静态数据或曲线截图，可以写入缺陷模块作为有效数据证据链。二是利用后续新检测数据进行验证，进行数据历史对比分析，确认缺陷处置效果。如缺陷仍存在须再次录入系统执行销号流程。三是阶段性对系统内的缺陷销号进行效果验证统计分析，找出缺陷销号管理中错销号、不彻底等原因，修正销号标准。

4.2.3 硬点缺陷销号技术标准

4.2.3.1 第一类销号技术标准(通过分析直接销号)。

重复发生的缺陷数据，数值无劣化趋势，对有效的动态检测曲线、静态几何数据、4C 图像数据、弓网视频数据进行分析确认，设备未见异常且产生的原因已经查明，风险可控，属于工艺、设计缺陷，已经列入结构性缺陷台账，可以暂时系统内销号，后续数据继续跟踪观察。

4.2.3.2 第二类销号技术标准(需要现场复核、调整销号)

通过数据分析及现场复核，确认缺陷的存在，如线索、设备存在硬弯、不平顺等现象，需要对线索或设备进行调整，恢复到标准值或标准状态；如硬点超限处所同时存在导高、高差、燃弧、弓网接触力等一种或多种缺陷时应提高处置的优先级，尽快销号。

4.2.3.3 硬点缺陷销号效果验证

系统内缺陷销号作为暂时销号，必须经后续检测数据验证，无异常变化，才能作为最终销号。如后续验证有劣化趋势，则需要重新录入管理系统进行再次销号处置。

一是在系统内缺陷销号时，对已获取的静态几何数据、图像或曲线截图，写入缺陷模块作为有效数据证据链。二是利用后续新检测数据进行验证，进行数据历史对比分析，确认缺陷处置效果。如缺陷仍存在须再次录入系统执行销号流程。三是阶段性对系统内的缺陷销号进行效果验证统计分析，找出缺陷销号管理中错销号、不彻底等原因，修正销号标准。

4.2.4 一跨高差缺陷销号技术标准

4.2.4.1 第一类销号技术标准(通过分析直接销号)。

对动态一跨高差检测曲线、静态导高、历史数据进行关联对比分析，对接触式导高数据与动态光学测量数据进行对比分析，如确认缺陷数据误报可以直接排除、销号。

4.2.4.2 第二类销号技术标准(通过现场复测、调整销号)

通过数据分析、现场复测后确认缺陷存在，通过对缺陷数据缺陷分析确认高差存在的位置，确认一跨内动态高差的最低点和最高点，编制调整方案，明确调整区段各吊弦和定位点的高度和调整量，绘制静态缺陷图，确保静态缺陷图符合设计标准；高差处所，同时存在导高、燃弧、硬点、接触力等超限的一种或多种缺陷，应提升缺陷处置的优先级。

4.2.4.3 第三类销号技术标准(缺陷确认，暂时无法调整)

通过数据分析和现场复测后确认缺陷的存在，该缺陷属于结构性缺陷，且无劣化趋势，并在结构性缺陷台账中已经备案，可以系统内暂时销号，后续进行追踪观察；对于因工务线路数据变化引起的导线高度缺陷，应依照轨面标准线要求，与工务系统联系，进行联合整治。

4.2.2.4 一跨高差缺陷销号效果验证

系统内缺陷销号作为暂时销号，必须经后续动态检测数据验证，无异常变化，才能作为最终销号。如后续验证有劣化趋势，则需要重新录入管理系统进行再次销号处置。

一是在系统内缺陷销号时，对已获取的静态数据或曲线截图，可以写入缺陷模块作为有效数据证据链。二是利用后续新检测数据进行验证，进行数据历史对比分析，确认缺陷处置效果。如缺陷仍存在须再次录入系统执行销号流程。三是阶段性对系统内的缺陷销号进行效果验证统计分析，找出缺陷销号管理中错销号、不彻底等原因，修正销号标准。

4.2.5　接触力缺陷销号技术标准

4.2.5.1　第一类销号技术标准（通过分析直接销号）。

对动态接触力检测曲线、动态导高、静态导高、弓网视频、硬点数据、历史数据进行关联对比分析，如确认缺陷数据误报或受电弓抬升力较大、较小导致，可以直接在系统中排除、销号。

4.2.5.2　第二类销号技术标准（通过现场复测、调整销号）

通过数据分析、现场复测后确认缺陷存在。最大接触力形成原因：确认了几何参数不符合标准；或单项设备及特殊结构的存在增加了负荷，且负驰度未按照标准调整。最小接触力形成原因：确认了几何参数不符合标准；主要因负驰度较大、导高超限、高差等因素造成，需要按照标准状态调整，尽量接近标准值。如接触力超限处所，同时存在燃弧、硬点、导高等类型的缺陷，应提高缺陷处置的优先级。

4.2.5.3　第三类销号技术标准（缺陷确认，暂时无法调整）

通过数据分析和现场复测后确认缺陷的存在，该缺陷属于结构性缺陷，且无劣化趋势，并在结构性缺陷台账中已经备案，可以系统内暂时销号，后续进行追踪观察；对于因工务线路数据变化引起的接触力缺陷，应依照轨面标准线要求，与工务系统联系，进行联合整治。

4.2.5.4　接触力缺陷销号效果验证

系统内缺陷销号作为暂时销号，必须经后续动态检测数据验证，无异常变化，才能作为最终销号。如后续验证有劣化趋势，则需要重新录入管理系统进行再次销号处置。

一是在系统内缺陷销号时，对已获取的静态数据或曲线截图，可以写入缺陷模块作为有效数据证据链。二是利用后续新检测数据进行验证，进行数据历史对比分析，确认缺陷处置效果，如缺陷仍存在须再次录入系统执行销号流程。三是阶段性对系统内的缺陷销号进行效果验证统计分析，找出缺陷销号管理中错销号、不彻底等原因，修正销号标准。

4.2.6　燃弧缺陷销号技术标准

4.2.6.1　第一类销号技术标准（通过分析直接销号）。

对有效的动态接触力检测曲线、动态导高、静态导高、弓网视频、硬点数据、历史数据进行关联对比分析。

对出现最大燃弧时间≥50 ms，应分析所在跨距中的所有支持装置、悬挂装置；对出现燃弧率1%或燃弧次数≥4时，应对所在公里的所有支持、悬挂装置状态进行分析。

如确认各项参数正常，且属于首次发生，无法确定原因可以系统内暂时销号，利用后续数据继续追踪观察；如因网压差较大引发，系统内暂时销号，并统计分析供电臂末端电压及车辆负荷情况。

4.2.6.2　第二类销号技术标准（通过现场复测、调整销号）

通过数据分析、现场复测后确认缺陷存在。燃弧形成原因：确认了几何参数不符合标准、存在硬点，需要按照标准状态调整，尽量接近标准值。如燃弧超限处所，同时存在硬点、导高、高差等类型的缺陷，应提高缺陷处置的优先级。

4.3　状态类缺陷销号技术标准

状态类接触网缺陷，主要是现对于安装标准出现异常状态或缺失，销号标准应严格按照零部件安装图、维修工艺实施，将其恢复到标准状态。具体标准可以参照维修规则要求及紧急程度具体实施。

作者简介

陈国成，中国铁路北京局集团有限公司，供电部接触网检测室主任

浅谈接触网主导电回路隐患和防治工作

赵昌辉

摘 要：接触网是电气化铁路的主构架，是沿铁路线上空架设的向电力机车供电的特殊形式的输电线路。接触网设备是在电与力的双重作用下工作的，影响接触网故障的两个主要因素为受力结构和电气回路问题。受力结构作为比较直观的、容易观察的形式，在日常的检查和维护中比较容易发现其存在的问题点。然而，主导回路作为比较宏观的、看不见的、摸不到的结构，主要靠后台监控手段和仪器仪表测量的数据分析诊断，判断是否存在异常，或者在发生故障之后分析出具体原因，明显存在被动性和滞后性。因主导回路问题造成的电气设备烧损，事前难以发现而危害性又很大，在实际的工作中往往被动、忽视。本文主要根据接触网主导电回路设备的工作原理，结合性分析几种典型的故障案例，剖析接触网主导电回路隐患根源，从而采取针对性的防范措施，保障供电可靠性。

1 接触网主导电回路

在电气化铁路中，接触网起导电功能的回路简称为主导电回路。主导电回路是接触网各电气设备连接的纽带，一般主要由供电线、回流线、承力索、接触线、吊弦、电联接器、吸上线、隔离开关引线等组成。主导电回路各部分之间通过各种线夹连接，从而使得这一回路沿铁路延伸，满足向电力机车供电的需要。只有主导电回路良好，才能保证电流的畅通；若存有缺陷，将引起局部载流过大、零部件严重分流，从而引发接触网局部温度升高，烧损烧伤接触网设备，比如供电线、隔离开关接线端子处、定位器与定位环铰接处、承力索悬吊滑轮处等位置的接触部件烧损故障，会直接影响牵引供电设备正常运行，危害性特别大。

2 主导电回路隐患分析

近年来，随着电气化铁路的快速发展和铁路“客运提质、货运增量”改革工作的持续推进，铁路运量不断增加，运行速度逐步提高，使得既有运行的电气化线路接触网主导回路的承载能力和性能提出了更高的要求。然而，现实中，牵引供电设备运行过程中，因主导电回路连接件松动、零部件分流、回路设计不合理和线材不满足载流等情况引发的接触网设备烧伤故障的频率也逐年提升。根据接触网设备运行经验，结合典型故障案例分析，总结导致电气化铁路接触网主导电回路故障的原因主要为两点，一个是“堵塞”，一个是“不导”。主要具体表现在以下几个方面：

2.1 主导电回路不闭合，主供电通道迂回

接触网结构是一个复杂密布的网状系统，特别是涉及站场设备，流经接触网设备的电流较复杂，主要通过各种电连接线实现电流的均衡分布。然而，在进行电气连接时，由于设计或施工的原因存在主导电回路不闭环、主导电回流通路迂回的情况，导致分流不均衡，此种情况在运行初期难以发现，一旦运能提高，牵引回流增大时，主导电回路问题逐渐暴露出来，最终烧伤接触网零部件。一是复线区段的部分站场在设计、施工时，股道电连接位置和数量设定未能考虑到列车反方向启动和侧线取流的要求；二是个别线岔设置与锚段关节位置重叠，仅在线岔处设置一组电连接不能满足机车取流时电流正常转换的要求；三是个别机务段整备场股道内设备在施工时对接触网进行电气隔断，股道外各软横跨线索间又缺少股道电连接，导致机车取流从软横跨处出现分流现象。

以上情况均会造成股道间接触悬挂在机车取流的情况下产生较大的压差，主导电回路迂回，使临近腕臂、软横跨、定位装置形成环流，导致隐形电气烧损设备。

案例 1：2017 年 7 月 12 日阜六线发生一起软横跨定位器从定位支座钩环中脱落故障(如图 1)，导致通

过的 K8364 次机车受电弓被击打变形(如图 2)。

主要原因为软横跨关联的六安联络上行线和宁西上行线为并联回路，因上网点设置在六安联络上行支线上，且道岔电连接在软横跨较远的位置，因宁西上行线机车取流较大，导致软横跨固定绳充当了分流回路，牵引回路迂回供电(如图 3)，引起定位支座钩环与定位器铰接部位出现持续烧伤，最终定位环钩头烧融断裂。

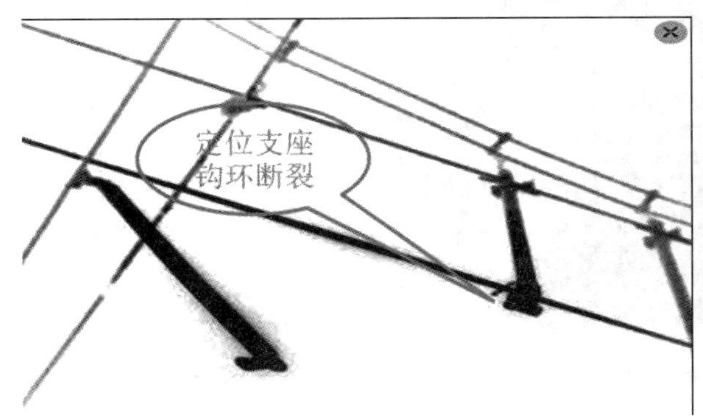

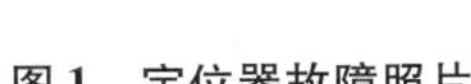

图 1　定位器故障照片

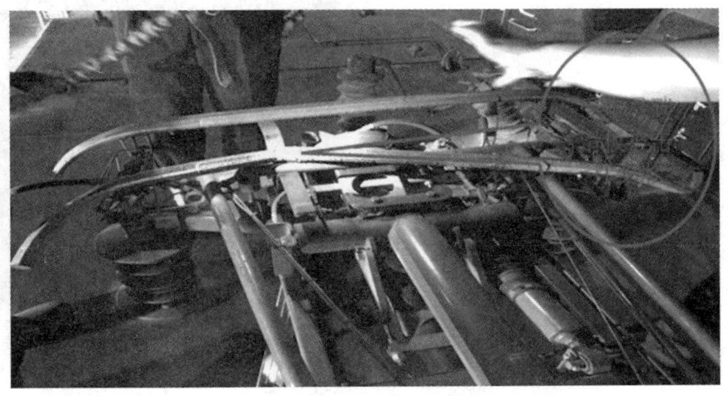

图 2　机车受电弓受打击变形照片

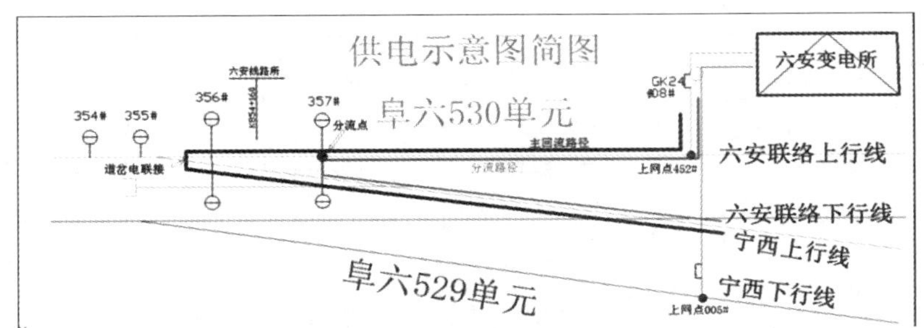

图 3　软横跨处牵引回流示意图

案例 2:2018 年 5 月 20 日阜阳枢纽阜阳北分区所 272DL(阜阳枢纽 02 单元)电流速断保护动作。调取机务段视频发现有两处放电闪光点(如图 4)。一是整备库外软横跨悬吊滑轮处放电闪光，另一处机车整备库内机车放电。

图 4　机务段监控视频两处闪光点截图

主要原因为电力机车故障时，升弓与接触网钢性接触悬挂(如图 5)发生冒烟、放电。

另外，软横跨悬吊滑轮处闪光主要原因为机务段整备场两端均有分段绝缘器隔离设备，两侧未安装股道电联接，且股道之间距离道岔电连接较远，导致牵引回流软横跨存在迂回分流(如图6)，引起悬吊滑轮处放电。

图5 接触网钢性接触悬挂故障点截图

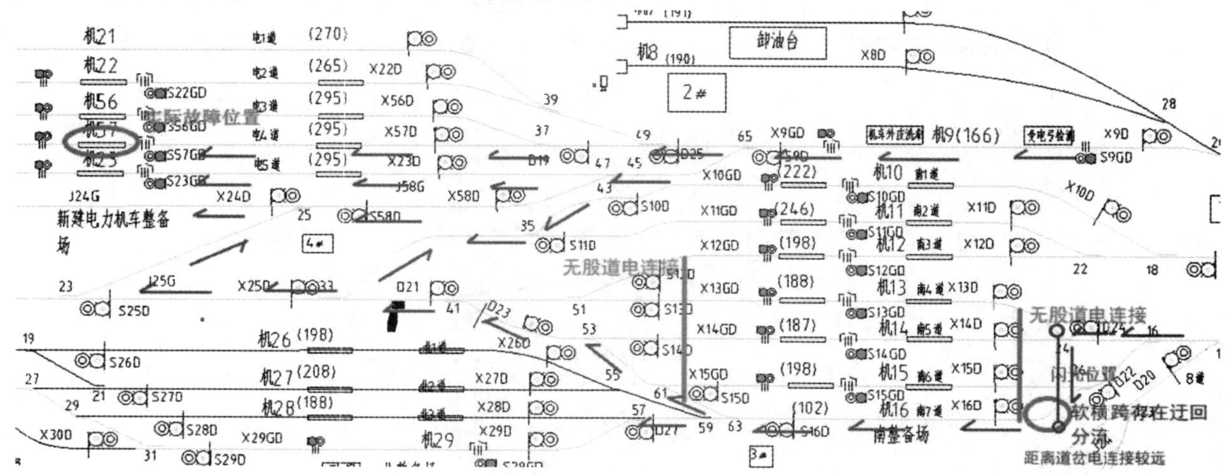

图6 机务段设备牵引回流示意图

2.2 主导电回路导流不畅

主导电回路导流不畅主要体现在连接零部件松动，引起接触不良；零部件间电气绝缘距离不足，缺乏等电位措施，引起部件间放电；不同材质的连接部件间电气、化学腐蚀或并联共用的主导回路未形成畅通的闭环通道，在线索并接处产生环流，引起连接部件处载流不畅通。

2.2.1 接触网电气连接部件由于长期机车通过共振引起的机械震动或在外部风力作用下摆动，会使连接部件螺栓松动，另外由于安装工艺质量等原因也可能导致部件松动，使零部件接触回路接触电阻增大，引起导流不畅，局部发热，加剧设备电气、化学腐蚀，长期运行形成恶性循环，最终烧损接触网设备。

案例1:2017年5月15日淮南线发生一起隔离开关烧损故障(如图7)。

主要原因为隔离开关连接件内存在铜铝过渡较多，连接螺栓和孔径不对应，部件紧固不到位，导致隔开长期主导电回路不畅通引起。

由于接触线索的网状分布，导致线索相互间存在交错穿插的情况，在加上线索间因主导回路不一致，线索间存在不等电位情况，如果线索绝缘距离不足，缺乏等电位线，会导致线索间产生电气放电，引起零部件电气烧伤。

案例2:2014年2月1日，沈阳局京哈线盘锦北站，下行线77#接触网支柱处软横跨下部固定绳烧断(如图8)。

主要原因为盘营客专下行线非支下锚接触线与软横跨下部固定绳距离过近，且两线索间缺少等电位连接线(如图9)，线索间产生放电，造成下行线77#接触网支柱处软横跨下部固定绳烧断。

图7　隔离开关烧损故障照片

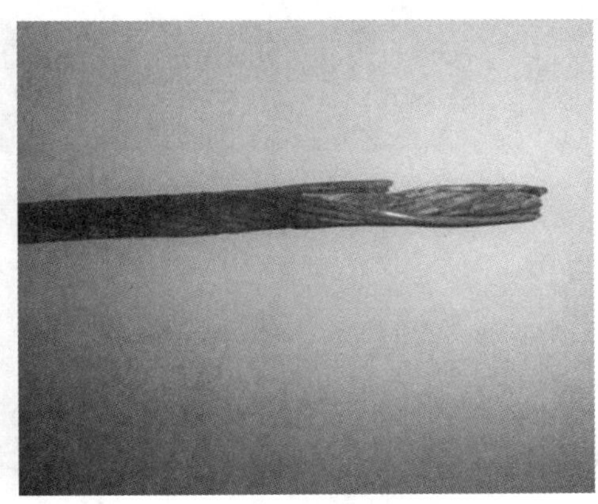

图8　软横跨下部固定绳烧断照片

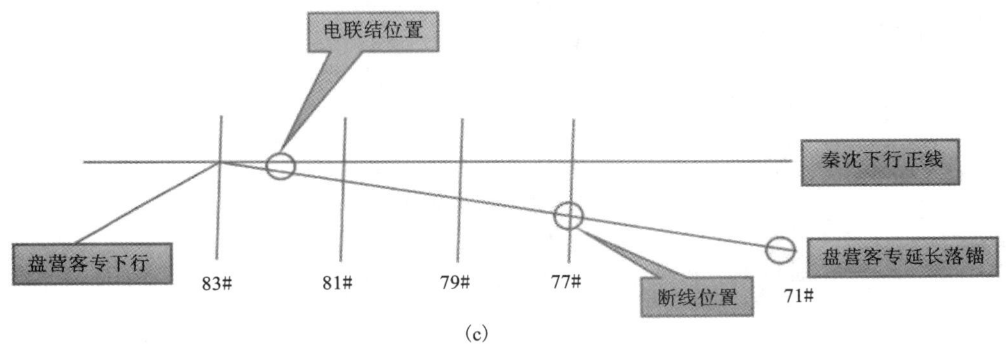

(c)

图9　软横跨下部固定绳故障点分析图

2.2.2　不同材质的连接部件间电气、化学腐蚀。2013 年 8 月 17 日 3 时 31 分，兰青线西宁站，因 35#支柱两支承力索悬挂点水平距离不足 200 mm，未加装等位线，采用铜包钢预绞丝防护，两承力索间放电，导致预绞丝电气腐蚀，局部电阻增大，引起发热烧损，长时间运行导致承力索断线。

2.2.3　接触网零部件分流。一般情况下，接触网电气连接数量越多，其主导电回路越畅通，接触网零部件的分流就越小。但是，电气连接件再多、性能再好，也不能完全消除其他零部件的分流情况，零部件分流存在必然性，只是有分流大小之分和是否烧伤部件情况。有分流就会产生电气烧伤，尤其对于活动部分的情况较严重。因为活动部件处多为点、线接触而非线面或面面接触，且活动铰结的活动量大，会导致部件连接处电气接触电阻较大，分流烧伤情况严重，比较典型的处所主要为定位器与定位环或定位支座铰接部位。

案例 1：2013 年 6 月 15 日京九线发生一起定位器抽脱（如图 10）的故障。

主要原因为软横跨距离股道电联接较远，存在迂回供电，且定位立柱处的定位环与定位器间无等电位线，处于曲线段，受电弓通过定位时抬升定位器，引起定位器与定位环间电气接触电阻增大，两者部件间放电发热(如图 11)，长时间运行，导致部件烧损，最终引起定位环钩头烧断抽脱。

图 10　软横跨定位装置故障照片

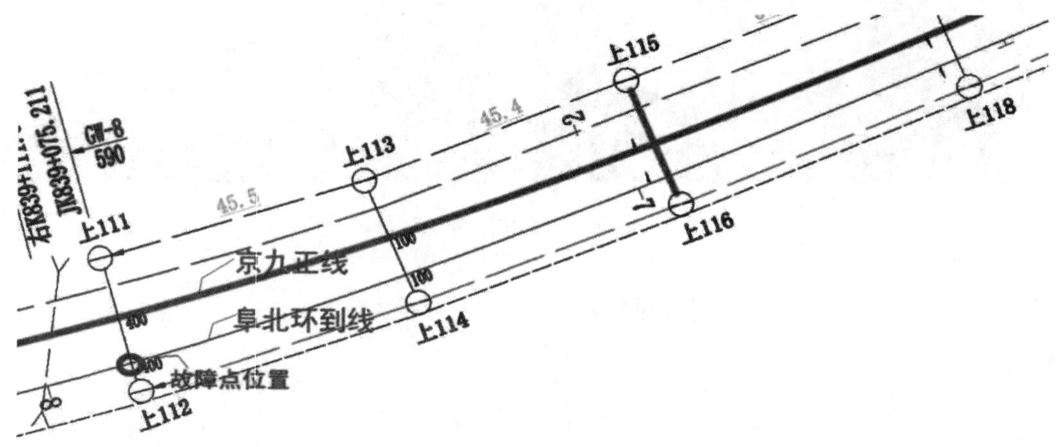

图 11　软横跨定位装置故障点分析图

案例 2：2019 年 12 月 18 日，合肥枢纽供电线发生一起预绞式耐张线夹烧断、烧伤故障(如图 12)。

图 12　供电线预绞式耐张线夹故障照片

主要原因为供电线双根线索中 1 根线索与单根线索相连，另 1 根线索悬空，当单根侧线索取流时双根侧两根导线间通过 L 型联板、预绞式耐张线夹形成分流，因双根侧预绞式耐张线夹长期载流（如图 13），导致预绞式耐张线夹预绞丝出现烧伤情况。此种供电线双根转单根对锚安装形式不合理，预绞式耐张线夹参与导流，造成预绞式耐张线夹出现烧伤、烧熔现象，长期运行后预绞式耐张线夹机械强度下降，在张力作用下被拉断。

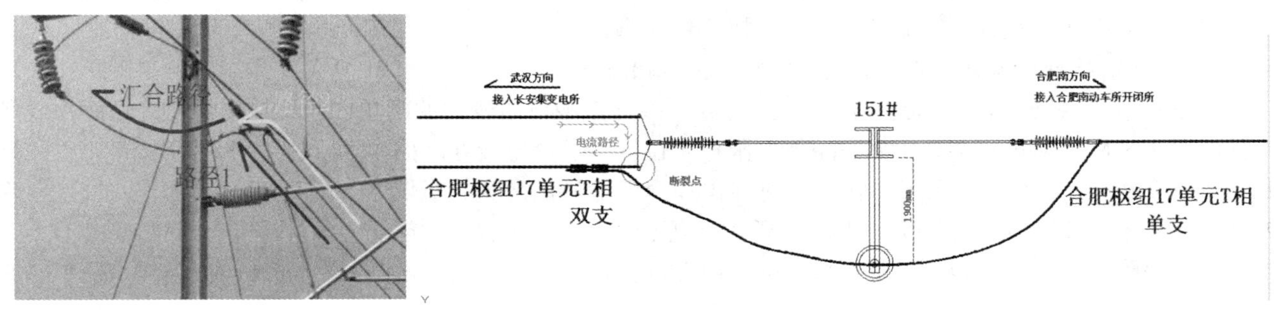

图 13　供电线双根转单根牵引回流示意图

2.2.4　回流系统和负荷关系不匹配。一般情况下，在施工设计时，要考虑牵引供电系统的整体性和关联性，对于并联运行的情况，要同时考虑上下行电力机车运行负荷对主导电回路的影响情况，避免因在某一个点迂回取流、分流或负荷不平衡引起集中取流造成供电设备故障现象。

案例 1：2017 年 7 月，京九线阜阳枢纽单元优化工程通过绝缘锚段关节将原京九上行正线京九 512 单元分割为京九 512 和京九 518 单元（如图 8 所示）。此情况下当两相邻供电臂内负荷情况不平衡时，如有机车通过绝缘锚段关节中心柱则会导致负荷电流方向发生瞬间变化（如图 14），造成负荷小的那个供电臂电流增量保护启动，影响供电稳定性。

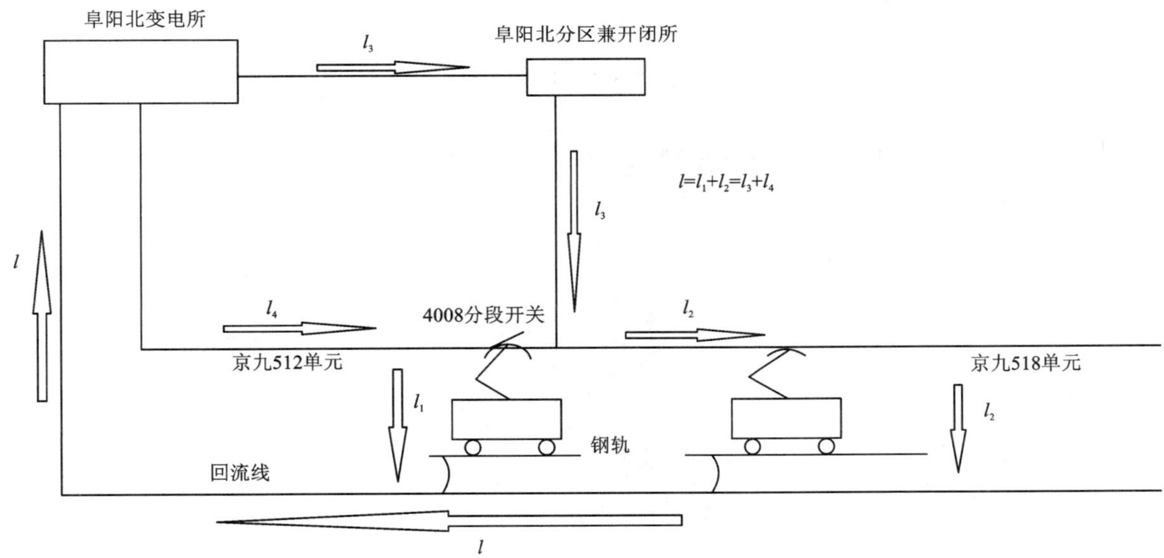

图 14　机车取流示意图

3　防治措施

3.1　提高主导电回路设备的检测手段

一是按照周期对接触网设备进行巡视检查，观察电力机车通过时，主导电回路设备运行状态，一般夜间通过夜色和异常闪光反差，也可判断识别出主导电回路是否存在异常；二是利用红外测温成像仪，对接触网主导电回路进行测温分析，做好连接部件对比诊断；三是使用超声波检测仪对锚段关节、电联接器等有关部位，利用超声波高频短波的特性，监测电气联接的性能和状态；四是在隔离开关、供电线等主导电回路连接线夹处所粘贴测温片，利用其颜色变化情况监测电气连接件的性能和状态。

3.2 加强主导电回路设备的检修管理

合理安排好计划，定期对馈线上网点、隔离开关触头、锚段关节处的电连接线夹等进行分解检查，紧固各松动的连接螺栓；对接触面氧化的情况进行除垢、打磨、涂导电介质；发现连接零件松动、锈蚀、内部烧伤严重的及时进行更换，保证各部电气连接部件状态良好。

3.3 改进接触网零部件设计，减少零部件分流问题

一是针对接触网活动件(定位器、定位环等)铰接处接触电阻较大的问题，可以通过增大接触面积或增大接触压力来降低接触电阻，比如采用新型限位定位器，减少连接处环路电阻；或者可以采取等电位的措施，在铰接处加装等位线，采用并联分流的方式减少零部件的分流，降低零部件间的电气损伤；二是在交叉线索距离不足200 mm的处所，两线间要加装等位线，等位线与连接的线索材质相同，截面积不小于10 mm^2，保障线索间等电位；三是对接触网零部件进行技术改进，优化零部件间电气连接结构，减少不必要的连接。

3.4 合理布局牵引回流系统，从设计源头上避免主导电回路问题

一是在软横跨同一供电臂下的不同线路设备间增加股道电联接或采取绝缘措施，消除软横跨设备间的分流问题；二是根据牵引负荷情况，合理布局上网点、绝缘锚段关节、吸上线等位置，减少牵引回流迂回问题。

4 结束语

主导电回路在牵引供电系统中起着至关重要的作用，关于主导电回路的问题仍需在日常运行和维护中，不断地总结、积累经验，吸取教训，全面化、系统化分析牵引回流系统，寻找规律，深层研究，并积极引进新技术、新设备、新工艺，提高在线监测监控手段，优化接触网零部件结构，增强主导电回路的性能，化被动为主动，做好主导电回路的检查、检测和维护，真正保障供电的可靠性和稳定性。

作者简介

赵昌辉，中国铁路上海局集团有限公司合肥供电段巢湖东高铁供电车间，副主任

基于接触网6C系统的大数据分析应用展望

周　栋

摘　要：信息时代，大数据正在悄无声息的改变整个社会和我们的生产生活方式。大数据是新一轮科技革命的制高点，是全面贯彻落实铁路总公司智能铁路战略的有力抓手。经过前期的积累，铁路大数据正处于全面深化应用的阶段。文章剖析接触网6C系统的应用实践，总结存在的问题，分析大数据的核心价值，并对6C系统大数据综合分析、综合诊断的未来工作进行展望。该研究对于现阶段进一步理清6C系统大数据工作思路、把握6C系统大数据分析应用发展方向具有积极意义。

1　接触网6C系统概况

随着我国电气化铁路的不断发展、接触网检测技术水平的不断提升，接触网6C系统的应用也得到了不断的完善。接触网6C系统对指导铁路供电设备的运行检修，提升发现接触网设备缺陷效率，杜绝设备故障，确保供电设备安全稳定运行具有十分重要的意义。

接触网6C系统主要包括：弓网综合检测装置（以下简称“1C”）、接触网安全巡检装置（以下简称“2C”）、车载接触网运行状态检测装置（以下简称“3C”）、接触网悬挂状态检测监测装置（以下简称“4C”）、受电弓滑板状态监测装置（以下简称“5C”）、接触网及供电设备地面监测装置（以下简称“6C”）和6C系统综合数据处理中心（以下简称“6C数据中心”）。

2　接触网6C系统运用情况

杭州供电段供电检测分析室作为上海局最早成立的段级接触网6C系统专业管理部门，自2019年起先后承担起京沪高铁、沪宁高铁、宁杭高铁、杭甬高铁、沪昆高铁、杭黄高铁、金温线、萧甬铁路、金山铁路等多条营业线路共计3836.802公里的接触网设备检测监测任务。检测监测人员、设备发展到目前15人30多台6C设备。经过这两年探索和实践，检测分析室充分发挥6C系统检测分析优势，为现场设备检修提供了巨大的帮助。但是随着段接管线路的不断增加，检测需求的不断提升，人员编制的精简，传统的检测分析已经逐渐无法满足要求，目前6C系统运行管理中主要存在几个方面的问题：

1C检测数据公里标存在一定的误差，需要结合检测波形图、平面布置图等资料人工进行分析核对，特别是各类二级缺陷，现场人员若直接根据公里标往往会错失真正的缺陷点，导致缺陷重复发生。

2C视频同列车HMVP系统视频、3C系统视频效果类似，且需长期安排专人对各条线路进行添乘，加上中转换乘过程，耗费人力物力较大。

4C检测图片数据量大，一条线路一次几百G，数据转储时间过长。人工分析速度慢，且受分析员业务素质水平差异，一些重要设备缺陷不能及时发现或被当作普通缺陷不能得到及时有效处理，存在安全隐患。

5C、6C缺少实时报警功能，无法实时发现设备缺陷，且大部分情况下数据利用价值不高，人工分析效益差。

各个6C系统相互独立，相应数据无法直接共享、调用，大数据信息分析的综合应用能力不高。

3　基于接触网6C系统的大数据分析应用展望

大数据指具有5V特征的数据集合，即Volume（大量）、Velocity（高速）、Variety（多样）、Value（低价值密度）、Veracity（真实性）。利用大数据技术分析，能够总结经验、发现规律、预测趋势，由经验支持决策向数据支持决策转变。

随着这几年接触网6C系统的建设发展，智能信息采集、智能图像识别分析技术逐步完善，而把各系统、各部门产生的多源异构数据进行集中处理，对保证整个铁路供电系统安全运营有着重大意义。同时，构建数据中心和可视化信息管控平台在线对接触网设备状态进行实时监测、综合分析，将各类零散的系统数据作为一个统一的整体来进行大数据状态监测，实现精确定位设备缺陷、预测设备缺陷周期、精确缺陷处理数据、智能识别并提供缺陷处理指导方案等功能，对接触网的运行检修管理有着切实作用。

4 6C 数据中心平台必要的功能需求

图像(视频)智能分析功能，即系统能对 6C 数据进行智能分析识别，自动识别几何参数超限、设备结构变形、零部件松脱、异物侵限等情况，特别是 2C、4C 数据要保证图片缺陷识别准确。

局域网云服务、5G 高速转储功能，6C 系统采集的数据有文本、数值、图片、视频等多种格式，数据量非常大，随着时间积累和设备增加，年存储量将达到 100 TB 级别，存储所需空间非常大。

具备可视化功能和实时监控的智能管控平台，使用在线监测系统获取实时信息，并将种类繁多、数量庞大的各类信息进行有序分类，消除各专业之间存在的信息壁垒，提高设备状态监测管理水平，进一步实现智能化管控。

做好平台安全防护，主要是由横向物理隔离装置、纵向加密认证装置和通用安全防护设备组成。横向物理隔离装置能够保证大数据的可靠传输和有效隔离；而纵向加密认证装置则保证实时大数据在纵向传输的安全；通用安全防护设备用于实时监测网络流量和行为，并及时对黑客的恶意攻击、网络病毒的扩散等异常进行行之有效的防护。

5 6C 系统大数据分析应用方法

5.1 数据融合管理

6C 系统数据应将公里标、杆号作为各型检测数据关键特征值进行监测，数据跨平台抓取整合，实现大数据需将多个系统横向集成，对有效数据进行整合分析以便取用。同时对数据进行深度处理和清洗，做好数据质量管理。

5.2 大数据综合分析、综合诊断

1C、3C 系统数据以检测弓网动态性能为主，对相关数据进行合并分析，例如 3C 检测发现的接触网燃弧报警时，该处 1C 动检往往伴有接触网导高、拉出值、弓网压力、硬点等参数超限缺陷，同时调取该处 4C 照片分析是否有接触网烧伤点、异常磨耗、定位器抬升受限等情况，生成综合分析报告，快速有效地指导工区进行现场处理。

2C、4C 在缺陷智能识别的基础上，同时着重于历史数据的智能分析比对，通过对缺陷形成的原因以及缺陷状态变化趋势进行深度挖掘，主要包括：缺陷状态的统计查询、快速定位设备的缺陷部位、设备缺陷状态的综合分析、缺陷状态发展规律的统计分析、设备缺陷率的统计分析等。指导工区合理安排天窗计划，提高作业效率；同时 2C 及时识别铁路外部环境变化，消除外部环境导致的安全隐患。

5C、6C 系统实现智能监控分析并提供实时报警，5C 的提前预警能够第一时间发现问题受电弓，避免长时间带病运行引起弓网故障。

6 结束语

本文通过吸收检测分析室在设备检测和数据分析等方面的相关经验，结合目前供电专业管理的实际情况和创新思路，研究讨论了 6C 系统实现大数据分析的一些关键要素，为 6C 系统的大数据应用的发展提供了一些思路。6C 系统实现大数据分析应用，能够极大提高 6C 缺陷的处理效率和效果，实现对设备变化过程和寿命周期的准确管理，对接触网设备的日常运营管理、运检分离改革等工作具有十分重要的意义。

参考文献

[1] 马小宁. 铁路大数据应用实践及展望 [J]. 铁路计算机应用，2019，(265)：8－13.

[2] 王涛. 供电段 6C 系统综合数据处理中心设计与实现 [D]. 四川：西南交通大学，2017.

作者简介

周栋，中国铁路上海局集团有限公司杭州供电段，检测分析室主任，工程师

浅谈利用检测监测系统实现接触网预防性状态维修

刘 鹏

摘 要：充分利用铁路供电安全检测监测系统等先进技术手段，实现对供电设备的全方位、全覆盖综合检测、分析、诊断，通过合理布局铁路供电安全检测监测系统软硬件建设，完善检测监测管理制度，完善供电运维一体化信息平台，建立接触网专业互联网+大数据分析模式，进一步挖掘接触网数据潜在价值、把握供电设备运行规律、预测供电设备最后的剩余使用寿命，最终实现接触网设备的预防性状态维修，从而降低成本，减少浪费，提高效率，让供电设备更安全、更可靠的运行。

0 前言

银川供电段设置普铁接触网工区23个，管辖接触网运营里程1540.4 km，正线1923.9 km。管辖设备分布宁夏、内蒙、甘肃、陕西四省区。主要担负着管内包兰线(惠农至窦家沟)、宝中线(安口窑至柳家庄)、干武线(干塘至武威南)、太中银线(银川至定边，定边至黄羊湾)、西平线(长庆桥至平凉南)、平汝支线(平罗至汝箕沟)共计2897.02条公里接触网设备维修任务。

1 现状

随着电气化铁路的快速发展，传统的步行巡视、添乘巡视、现场测量等供电设备检测手段，受人为因素制约，检测效率和检测精度难以适应形势发展需要。部分区段的供电设备运行年限已接近或超过整体设备寿命周期，由于资金、运输压力等各种因素造成设备无法得到及时修复，随着电气化铁路的逐年开通，供电人员的增长趋势也无法满足作业需求，逐渐面临着人员短缺的困难。

1.1 设备超大修期

银川供电段管内超大修期设备多达263.451条公里，占接触网设备总量的9.1%。宝中线固原至迎水桥(含下行场)区段自1995年开通以来已运行24年。近几年，由于超大修期区段接触网设备老化现象严重，导致“病症”频发，弓网关系日趋恶化，成为制约管内接触网设备正常运行的“瓶颈”(如图1所示)。

1.2 劳动组织效率低

以接触网工区为单位的分散小规模作业，作业点分散、安全难卡控。维修机具落后，职工劳动强度大，作业质量低，容易造成维修盲区和死角。辅助人员占比高、天窗资源占用多，利用率低。车间、工区的生产布局及人员配置主要以抢修应急和缺陷处理为出发点。现场维修的工作项目、任务、工作量根据设备的运行和根据人力情况而定，根据能利用或兑现的天窗数量安排。接触网工区检测、维修、抢修应急等各项生产任务大包干，维修计划、任务安排、检修质量全负责。设备质量过度依赖接触网工区工长的个人能力和责任心。

1.3 劳动缺员严重

银川供电段2019年接触网管辖设备数量为2897.02条公里，2009年管辖设备为1641.2条公里，2019年设备在2009年的基础上增加了1254.62条公里，增幅76.44%。银川供电段2019年接触网工为617人，2009年为635人，人员减少了18人，增幅-25%。接触网设备数量在增加，检修人员在减少，按既有检修管理模式，劳动缺员严重。

1.4 维修天窗数量少

管内部分网工区长期配合工务施工作业，隧道病害整治及冬季隧道除冰等影响，全面检查、综合维修执行不彻底，导致部分缺陷整治不及时。比如六盘山网工区2019年共配合施工天窗152个，甚至每天配合施工可达3处，而且六盘山、武家坪和青石咀、五里山隧道长期施工占用，无法提报隧道内维修计划。

(a)　(b)　(c)　(d)

图1　超大修期设备

2　构建检测监测数据分析模式

2.1　强化基础设施，提升处理能力

结合线路特点，布局检测、监测设备，达到监测设备全覆盖。各类检测监测装置，其硬件具备便携、体积小，检测监测质量高，设备易于维护，稳定性高，故障率低等特点。目前，银川供电段配备接触网安全巡检装置(2C)10套、车载接触网运行状态检测装置(3C)5套、接触网悬挂状态检测监测装置(4C)2台、受电弓滑板监测装置(5C)6处、在惠农站重污区安装6C装置绝缘子泄露电流监测1套。

2.2　健全现有检测、监测制度

结合国铁集团、集团公司供电部对检测系统要求，进一步完善现有检测、监测、维修制度；修订6C管理办法，督促指导各级检测、分析人员严格执行；推行责任考核制度，结合检测、分析、设备人员职责，制定相应的量化任务，促进检测工作的开展。完善供电相关设备基础信息、技术标准、检修记录数据库，以单个设备为单元，将单元内所有模块的全部基础信息，按照不同属性、维修方式、维修周期等多种分类。利用6C综合数据系统，对单个支柱可以及时获取“一杆一挡”“2C、4C检测数据”“日常维修信息”“历史缺陷信息”等资料，通过大量历史数据及相关数据综合分析，进一步确定设备运行状态，提高分析可靠性，保证供电安全。

2.3　推行标准化检测分析流程

建立标准化检测分析流程，制定一次检测作业、一次数据分析作业、一次设备维修作业相应的流程，形成检测、分析的闭环管理。同时结合数据分析和典型信息，形成“日分析，周小结，月简报，年总结”的管理体系，促进检测作业规范化、标准化。检测工作形成周期检测和重点检测互补的检测模式，监测工作形成日监测、记录、筛选、分析模式；建立三级分析模式，依托检测分析室、供电车间、班组形成分析体系；

按照设备管理人员，检测监测人员、数据分析人员的模式，实行人员责任制，明确各部门人员责任；专业科室根据检测监测情况，对重点信息进行专题分析，组织定期整改，对日常检修起到指导性作用。

2.4 落实人员岗位责任制度

结合设备、检测、分析人员职责，推进岗位责任制度。设备管理人员应掌握设备运行动态，能查明设备故障原因，处理简单故障；检测人员确保检测质量，检测过程中对影响行车缺陷及时反馈；分析人员确保分析区段设备质量，建立明确的分析记录。从组织、流程、技术等不同维度出发，构建完善的数据治理能力。建立数据管理维护组织，明确数据生产者、维护者、使用者等的责权，建立标准化的数据管理维护流程，建立数据评价考核指标体系，健全数据治理工具，最终达到提升数据质量的目的。

3 实施预防性状态维修(如图 2 所示)

状态维修(CBM，Condition Based Maintenance)包含以可靠性为中心的维修(RCM，Reliability Cen-tered Maintenance)和预测性维修(PM，Predictive Maintenance)。RCM 是在对元件的可能故障对整个系统可靠性影响评估的基础上决定维修计划的一种维修策略。PM 是根据对潜伏故障进行在线或离线测量的结果和其他信息来安排维修的技术。其关键是依靠先进的故障诊断技术对潜伏故障进行分类和严重性分析，以决定设备(部件)是否需要立即退出运行或应及时采取的措施。针对安全风险等级极高的接触网设备，采用个性化维修策略，及时安排接触网设备维修，消除安全隐患，降低安全风险等级；针对安全风险等级高的接触网设备，采用个性化的接触网设备状态监视策略，增加状态检测、监测的频率，重点监测设备状态变化，有针对性地安排维修计划，将安全风险控制在允许范围内；针对风险等级一般的接触网设备，适当增加状态检测、监测的频率，重点监测设备状态变化速率，防止接触网设备状态突变，将安全风险控制在允许范围内。

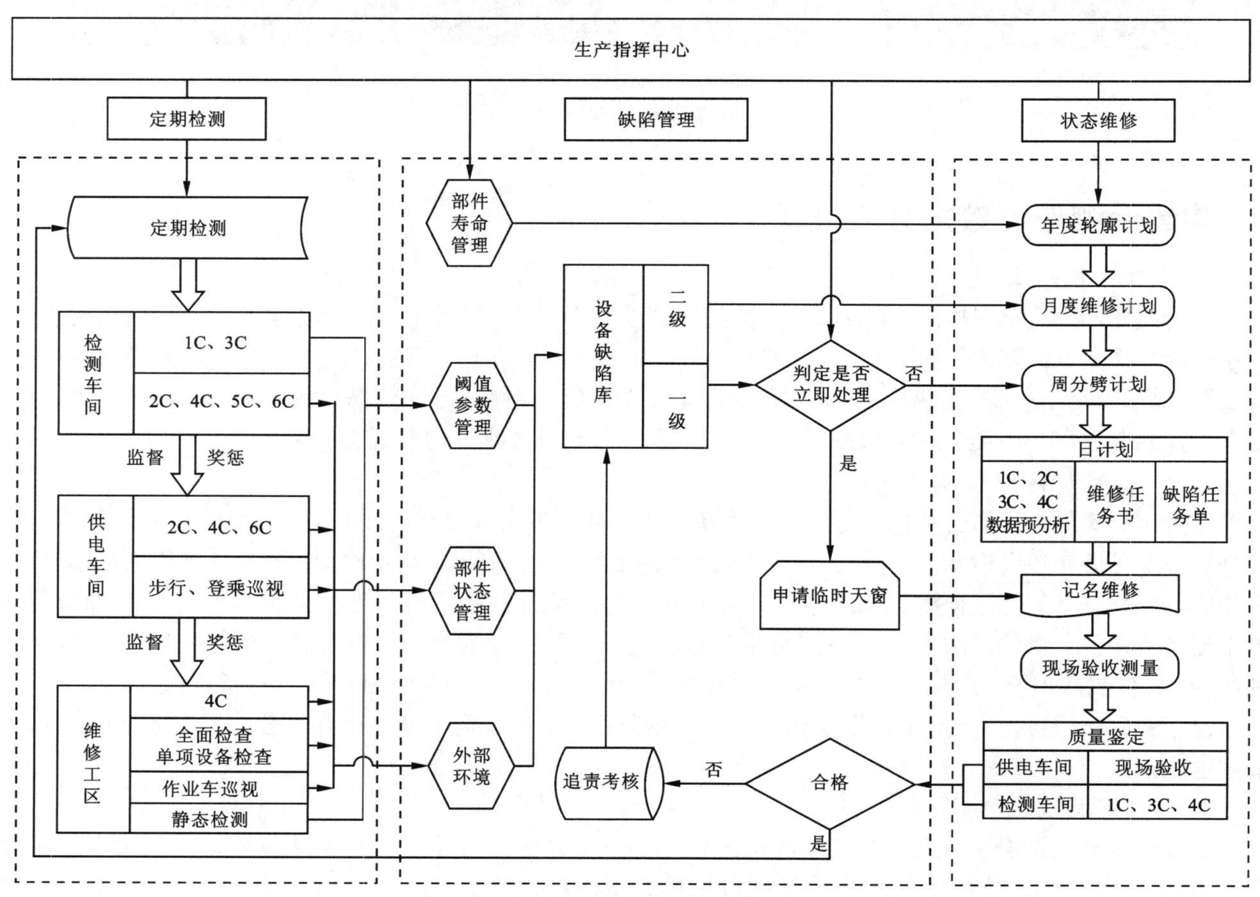

图 2 实施预防性状态维修图

3.1　制定定期6C检测计划(如图3所示)

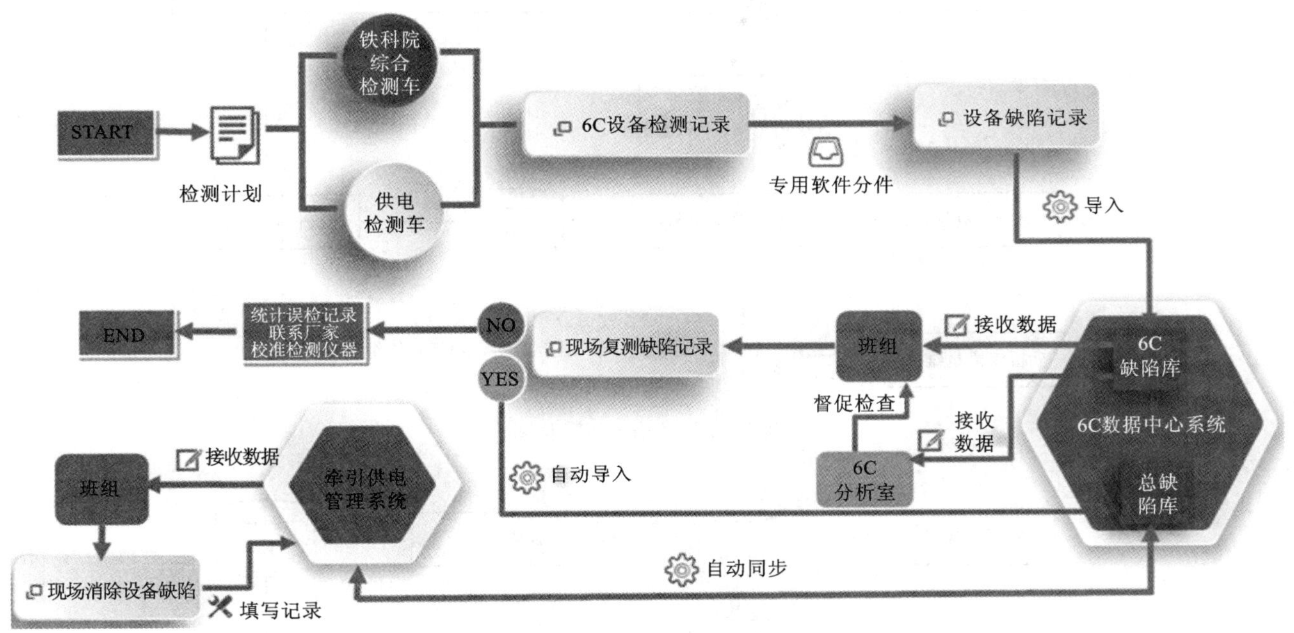

图3　6C检测计划图

3.1.1　高速弓网综合检测装置(1C)：安装在接触网作业车或专用车辆上，周期性地对接触网各类参数进行检测，主要评估弓网动态性能，识别接触网现状。一年来通过对1C数据分析，发现一级缺陷316处，其中一级硬点33处，一级跨距高差18处，一级导高缺陷265处(如图4所示)。

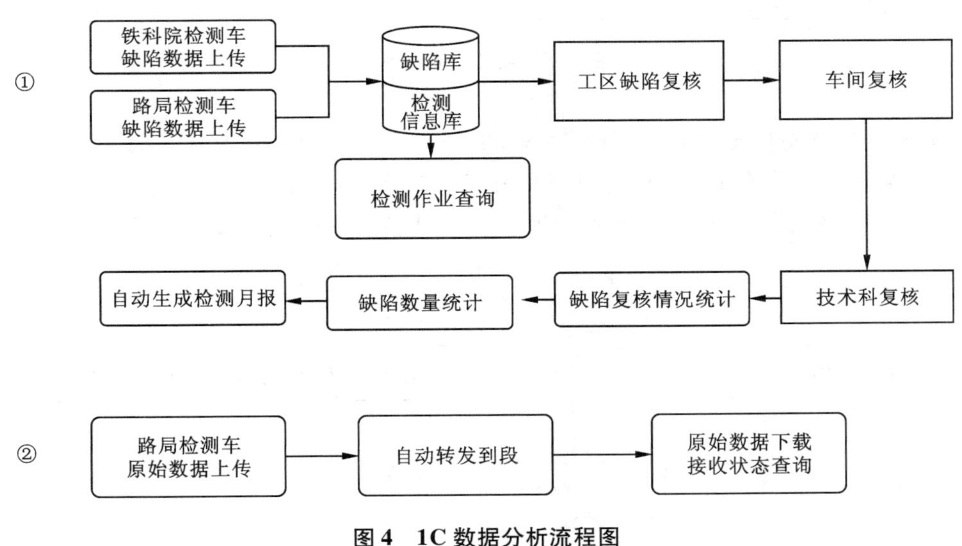

图4　1C数据分析流程图

3.1.2　接触网安全巡检装置(2C)(如图5所示)：通过在运营的机车司机室内临时架设安全巡检设备，对接触网的状态及外部环境进行视频采集，用于判断接触网设备的松脱、断裂及异物侵入等情况。一年来2C巡检全段接触网设备48轮次，发现鸟窝2900多处，玻璃钢悬瓷击穿破损13处，补偿a、b值缺陷75处，各类线索驰度张力问题38处，滑轮间距不足11处，线岔交叉点卡磨或异常偏移19处，基础下陷类防洪隐患158处，主导电回路问题211处，共入库2C缺陷8000余条，成功防范了鸟窝风险，阻断隐患升级为故障。

3.1.3　车载接触网运行状态检测装置(3C)(如图6所示)：加装在运营机车的车顶上，实现对接触网温度变化、动态几何参数超标和弓网受流状态异常的动态监测。一年来通过发现整治缺陷152条。

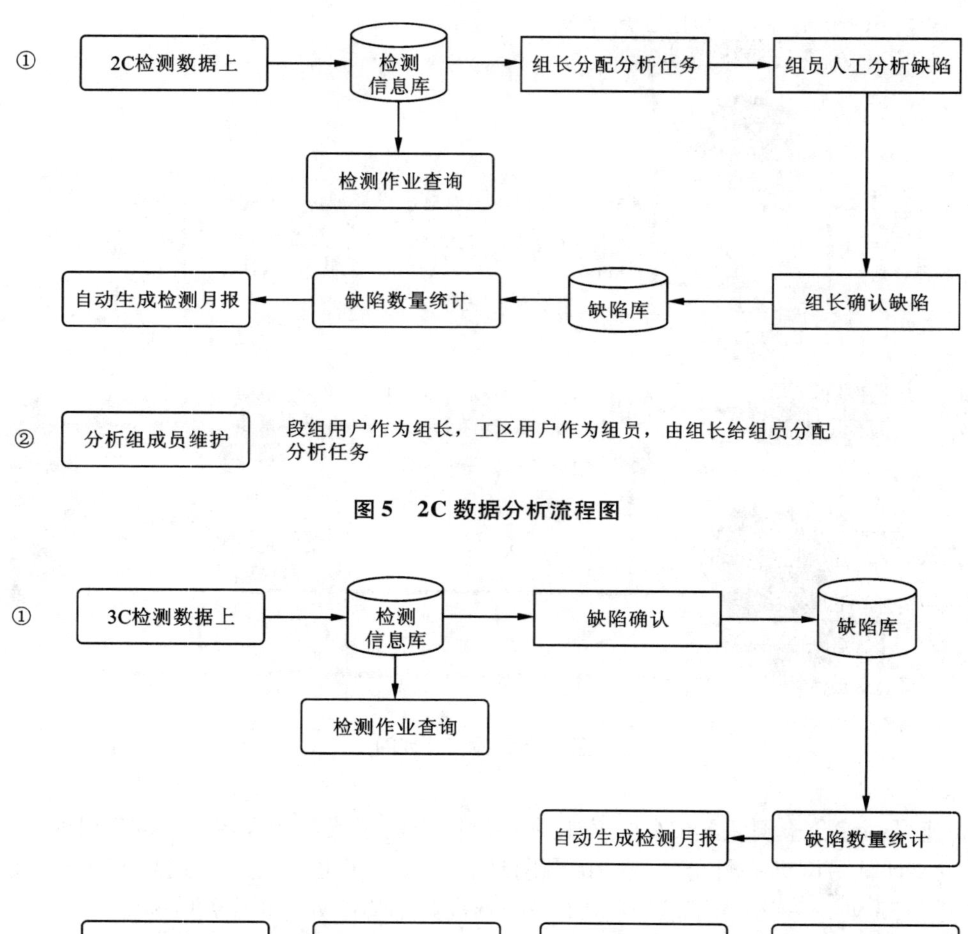

图 5　2C 数据分析流程图

图 6　3C 数据分析流程图

3.1.4　接触网悬挂状态检测监测装置(4C)(如图 7 所示)：安装在接触网作业车或专用车辆上，周期性地对接触网支持装置、接触悬挂等零部件进行高分辨率成像，确定接触网各部件裂损、缺失、松脱、移位等结构异常，对接触网潜在缺陷进行预测和判断。一年来 4C 分析发现缺陷 9800 余处，其中典型缺陷 61 处。

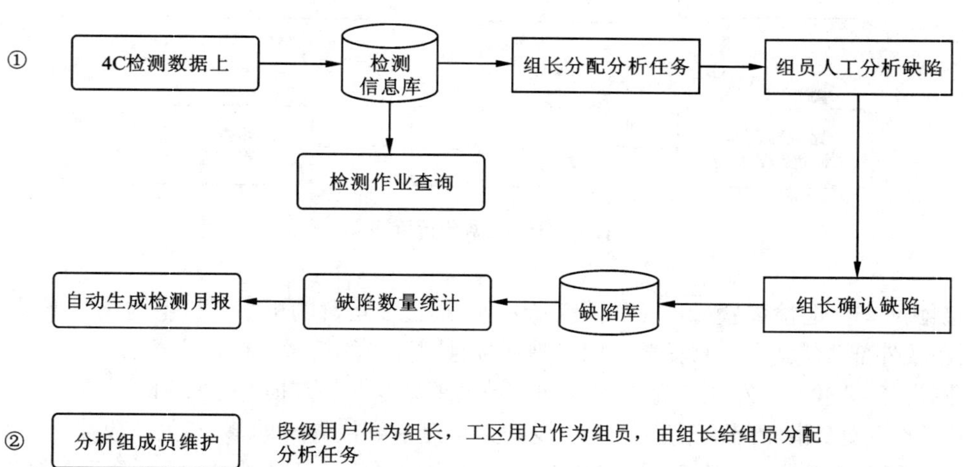

图 7　4C 数据分析流程图

3.1.5　受电弓滑板监测装置(5C)(如图8所示)：安装在车站、车站咽喉区、重点隧道口、线岔和分相等地点，用于监测弓网的匹配关系，辨别受电弓碳滑板的磨损、断裂等异常情况，并实时报警。5C拍摄受电弓照片103252张，发现和处置异常信息22件，其中发现车顶异物11次，诱导角变形或打碰6次，避雷器击穿2次，发现车顶吊弦1次，滑板条刮碰1次，弹簧盒变形1次。

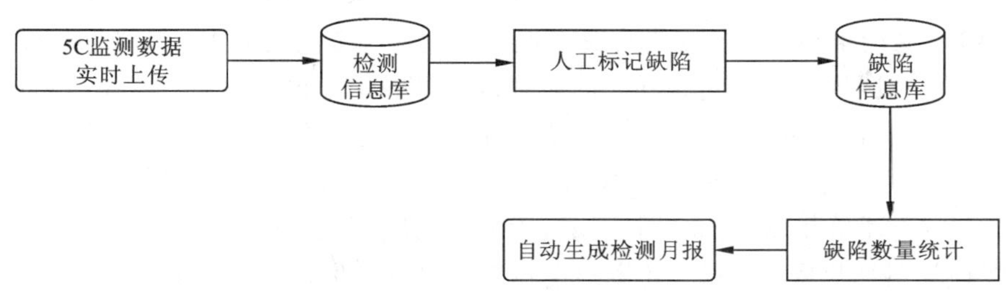

图8　5C数据分析流程图

3.1.6　接触网及供电设备地面监测装置(6C)(如图9所示)：安装在接触网特殊断面及供电设备处，监测接触网的张力、振动、抬升量、线索温度、补偿位移及供电设备绝缘状态和温度等运行状态参数，指导接触网及供电设备的维修。

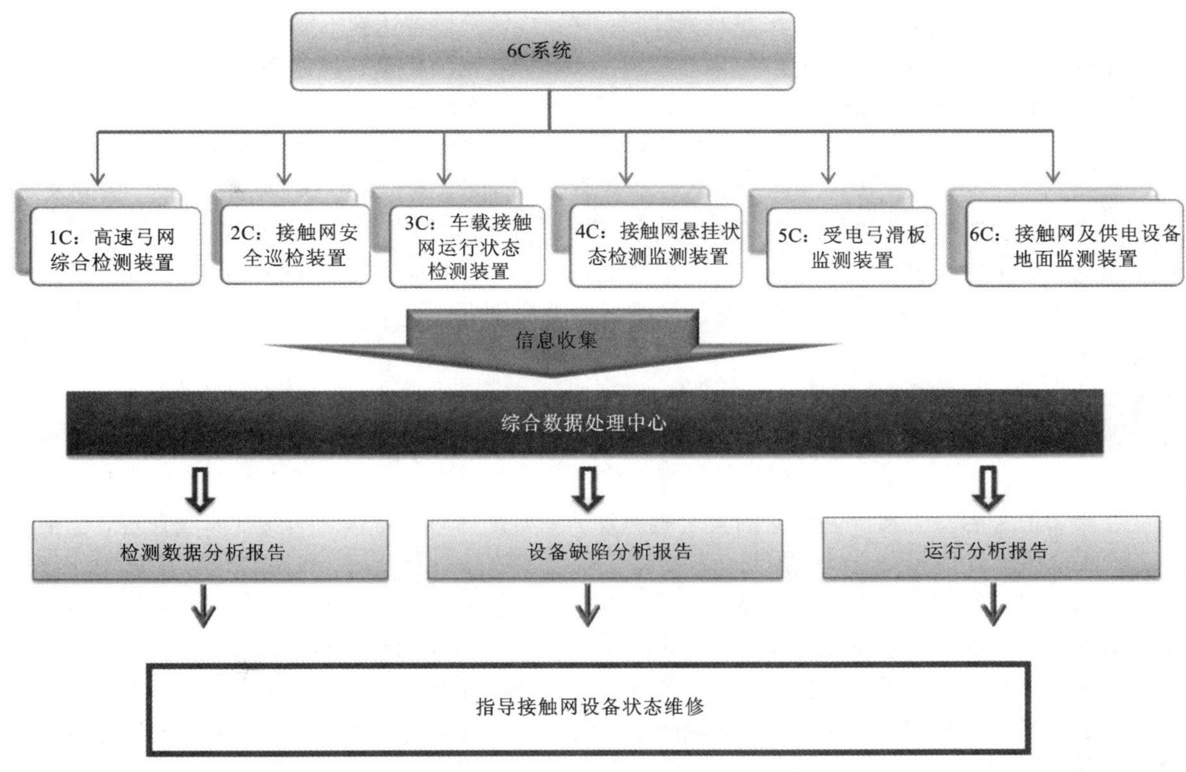

图9　6C数据分析流程图

3.2　实现接触网设备的全面监控

充分应用供电安全检测监测系统(6C)等先进技术和手段，发挥6C装置动态检测、定点监测功能，动态掌握设备运行状态，指导设备科学施修、精准维修。延长人工步行巡视、静态检测等项目周期，减少点外作业上道次数。对6C设备能够检测的区段调整巡视周期为3个月，6C设备检测不到的处所巡视周期为1个月。同时建立供电大数据资产管理平台，这对于当前接触网大数据应用创新和资源共享具有非常重要的作用，平台可实现结构化数据、非结构数据全生命周期管理，建立接触网数据统一视图，实现数据真正治理。接触网大数据管理平台的应用创新将数据资产进行适当加工和分析，为接触网设备的管理控制和科学决策提供合理依据。

3.3 落实差异化维修

科学安排检测时间，集中修开展前通过6C开展修前调查，评价、分析各线路运行质量，为接触网状态维修提供全面详实的依据。对牵引供电综合管理系统近3年以来录入的缺陷建立“病历”式数据库，生成波形图、趋势图，与接触网设备历史参数状态变化情况进行对比，实现状态化、趋势化的设备参数精准分析。集中修结束后以车间、工区为单位进行评价，通过横向、纵向、时间坐标对比，让线路与线路、车间与车间、工区与工区、本次检测与前几次检测设备质量一目了然。对于季节性、关键性问题，如鸟害，通过2C、3C进行周期规律研判，排查建档，同时通过视频、照片资料比对分析各类驱鸟技术手段和对应鸟类的关联性和效果，为接触网状态维修提供依据。对于周期内某项问题高发的问题，开展深度分析。同时利用检测监测设备推动大规模接触网集中修，通过不断完善供电安全检测监测系统(6C系统)，配强6C装备，优化6C布局，实现对供电设备的全方位、立体式检测监测，科学指导设备精准维修。在天窗时间、线路、车列停留等条件具备的区段，因地制宜组织设备集中修，探索开展跨车间、跨段联合集中修方式，大力提升设备检修效率和设备维修质量。

3.4 实现接触网设备的寿命管理

在接触网设备的实际使用中，由于受到外界多种因素的影响，接触网设备实际的使用寿命往往与设计寿命、预期使用寿命不同，为保障生产的连续高效进行，以及避免重大的设备故障发生，重点要关注接触网设备的剩余寿命。剩余寿命是指从当前时刻算起，直到接触网设备达到不能使用或者设定的阀值的全部时间。用于剩余寿命预测的方法有自回归移动平均模型、神经网络模型、灰色理论模型、支持向量机模型等。接触网设备较为适用的寿命分布模型有指数分布模型、威布尔分布模型和伽马分布模型。通过对接触网设备寿命数据的分析，确定接触网设备的寿命分布模型，掌握接触网设备状态变化规律，获得接触网设备可靠性评价指标，定量地把握接触网设备的性能状态，判断接触网设备状态“好”、“坏”，并可把所获的信息反馈到设计、建造和使用维修中去，以其改善可靠性、科学安排设备维修和更换，保障铁路行车安全。同时精准维修、预防性维修可帮助管理者合理配置维修资源，从而能够大幅度降低设备管理部门的生产成本。主要有接触网设备的整体寿命管理，分段绝缘器的寿命管理，器件式分相的寿命管理，以及其他单项设备的寿命管理。

3.5 实现接触网设备的风险管理

安全风险管理是通过知识生产经营活动中存在的危险、有害因素，并运用定性或定量的统计分析方法确定其风险严重程度，进而确定风险控制的优先顺序和风险控制措施，以达到改善安全生产环境、减少和杜绝安全生产事故的目标。接触网设备的安全风险管理主要是针对设备状态的安全风险管理，包括安全风险源识别、安全风险评估和安全风险控制。基于接触网设备故障诊断结果，可进行风险源识别。与接触网设备故障设备类型相同、具有相同条件(故障原因)尚未发生接触网设备故障的设备安全风险最大，如一根正在服役的绝缘子因材质发生炸裂，与其同一批生产的绝缘子都是潜在的风险源，应针对性地进行处理。同时，与接触网设备故障特征相近或接触网设备模式相似的设备也具有较高的安全风险。此外，应根据单个设备的个性化状态变化规律，预测未来接触网设备状态达到或超出安全管理容许值的时间序列，把剩余寿命短的设备作为安全风险进行管理。

4 效果及体会

4.1 设备事故明显下降

据统计，2015至2016年，接触网专业发生铁路交通一般事故16件，发生设备故障27件。2017至今，接触网专业发生铁路交通一般D21类事故8件，设备故障10件。2017至2020年充分利用铁路供电安全检测监测系统等手段，对接触网设备进行全方位、全覆盖综合检测、分析、诊断，利用供电运维一体化信息平台，实施接触网预防性状态维修，有效降低接触网设备引起的事故、故障等情况，使供电设备更安全、可靠的运行。

4.2 经济效益价值可观

通过预防性状态维修，设备故障及事故明显下降，对运输影响明显减少，按照2015至2016年接触网专业发生铁路交通一般事故及设备故障与2017年至2019年度相比较，按照兰州局集团公司事故故障考核标准核算，累计减少考核金额共计274.3万余元，经济考核明显减少，对铁路运输秩序影响的减少直接和间接费用更加突出。

5 下一步工作及设想

5.1 设备故障诊断

接触网设备病害或故障产生有深刻的产生或发生机理，有可能是接触网设备本身的特点所决定的，有可能是不同设备之间的相互影响造成的，也有可能是接触网维修不当造成的。接触网设备故障诊断是指在接触网设备运行中或在基本不拆卸情况下，通过各种手段掌握接触网设备运行状态，判定产生故障的部位和原因，并预测、预报设备未来的状态，从而找出对策。故障诊断技术的发展经历了感性阶段、量化阶段、诊断阶段以及人工智能和网络化等阶段，接触网设备故障诊断常用的方法包括故障树分析、数理统计、专家系统、模糊集、人工神经网络、遗传算法、数据挖掘等方法。接触网设备的数据集呈现“海量数据+复杂类型数据”的状态，具有大数据的“4V”特征，可以采用数据挖掘的方法进行设备故障诊断。

数据挖掘的目的是从大量数据中发现规律，揭示数据特征、预测发展趋势、辅助决策。基于数据挖掘的一种故障诊断方法是利用接触网设备故障时的动态事件序列信息的时空特性，形成故障过程的时间序列信息模型，并运用基于事件序列相似性的数据挖掘原理挖掘出事件序列信息中隐含的关联性；基于数据挖掘的另一种诊断方法是采用距离函数来度量事件序列的相似性，用动态规划算法实现相似性的最优代价运算，将接触网故障诊断问题转化为寻找与实际接触网故障事件模式最相似的标准故障事件模式。因此，采用数据挖掘技术能够实现对接触网设备的故障诊断，发现其中有用的接触网设备故障特征和故障模式。

5.2 推动铁路供电专业大数据管理模式

“用数据说话、用数据决策、用数据管理、用数据创新”的时代已悄然来临，在大数据时代下，数据成为国家基础性战略资源，是推动行业发展的源动力。为充分发挥大数据技术在供电行业的作用，应借鉴国外同行业的经验启示，紧密结合现场实际，统筹开展供电数据资源的高效汇集与开发应用，最大限度地挖掘数据资源的潜在价值，最终达到提升安全水平、提高运营效率、降低成本、减少浪费的目标。

参考文献

[1] 胡晓悦. 接触网及其状态修管理系统研究[D]. 成都：西南交通大学，2009.

作者简介

刘鹏，中国铁路兰州局集团有限公司银川供电段，技术信息科副科长，工程师

一种基于单阶段快速目标检测的打弓预判算法

李宏科　杨志鹏

摘　要：在电力牵引中，受电弓是否正常工作将直接影响电力机车能否安全稳定运行，因此预判受电弓是否会发生打弓等缺陷是一个亟需解决的问题。本文提出一种利用深度学习一阶段快速目标检测算法 YOLO 来检测接触网吊弦异常的受电弓打弓缺陷预判算法。首先，将待测图像输入到 yolo 检测网络中，然后网络会将输入图像分成 n×n 个单元格，如果检测目标的中心点落在哪个单元格中，那么就由该单元格来预测该目标是吊弦脱、断、松的状态。通过吊弦的脱、断、松等异常状态，进一步的预判是否会出现受电弓打弓缺陷，从而及时给出预警，避免事故发生。利用动车组车载接触网运行状态检测装置(3C 装置)所拍摄的高清监控视频中真实的打弓案例对本文中提出的基于深度学习吊弦异常检测的打弓预判算法进行实验验证，结果表明本算法可以有效地提前预判可能发生的打弓缺陷。

1　引言

随着国民经济的快速发展，铁路运输业在国民经济和社会发展中的地位越来越重要。目前，电力牵引是铁路运输的最佳方式。在电力牵引中，电力机车需要在高速运行条件下利用受电弓可靠地从接触网上取得电能，因此受电弓是否正常工作将直接影响电力机车能否安全稳定运行。

然而在电力机车实际的运行过程中，因接触线调整不当，尤其在锚段关节和线岔处或定期器安装角度、结构发生变化，吊弦松断、或是接触线异物、绝缘器不平滑等，极易打坏受电弓，在损坏受电弓的同时还加剧了相关元器件以及接触导线的磨损，形成恶性循环，甚至危及行车安全，因此及时、准确的预判打弓缺陷对于保证电力机车安全运行至关重要。

2　吊弦异常检测算法简述

吊弦是接触网链形悬挂中，承力索和接触线间的连接部件。吊弦的作用是通过吊弦线夹，将接触线悬挂到承力索上；调节吊弦的长度以保持接触线距轨面一定的高度，以改善受流质量。吊弦异常状态主要表现在吊弦的松、断、脱落等状态。图 1 为接触网的整体结构，图 2 为吊玄断，图 3 为吊弦松，图 4 为吊弦脱落。

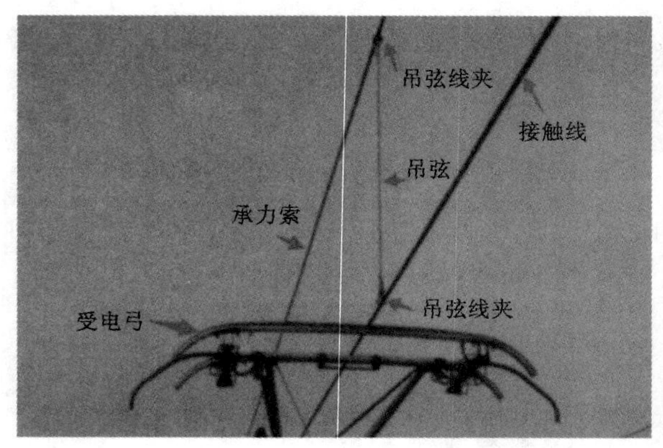

图 1　接触网结构图

图 2　吊弦断

图 3　吊弦松

图 4　吊弦脱落

本文提出的检测算法将吊弦松、断、脱等状态看作是检测目标，利用目标检测算法将其检测出。传统的目标检测方法大多以图像识别为基础，遵循区域选择、提取特征、分类回归三部曲，这样就有两个难以解决的问题；其一是区域选择的策略效果差、时间复杂度高；其二是手工提取的特征鲁棒性较差。

针对以上问题，本文提出了一种利用深度神经网络来完成吊弦异常检测的打弓缺陷预判算法，即用单阶段法 Yolo 算法来检测吊弦断、脱落等状态。采用一个深度卷积网络 darknet53 实现端到端的目标检测：重新设置输入图片的大小，然后送入 darknet53，最后处理网络预测结果得到的检测目标。这样一个统一的框架，其检测速度很快，而且训练 Yolo 的过程也是端到端的。

Yolo 检测算法

本文介绍的 Yolo 算法，其全称是 You Only Look Once：Unified，Real-Time Object Detection. 基本上把 yolo 算法的特点概括全了：You Only Look Once 说的是只需要一次 CNN 运算，Unified 指的是这是一个统一的框架，提供端到端(end-to-end)的预测，而 Real-Time 体现是 Yolo 算法速度快。Yolo 算法的具体流程：

(1)缩放输入图像(resize)，分割成 $n \times n$ 个单元格；

(2)利用单元格得到预测框与类别信息及置信度；

(3)利用极大值抑制(NMS)得到最终预测结果。

本文采用的是 Yolov3 算法，接下来给出该算法的具体流程。

2.1　图像分割

在 Yolov3 中，一张输入图像首先被分成了 $n \times n$ 个均等大小的单元格，每一个格子都称作一个 grid cell。如图 5 所示。

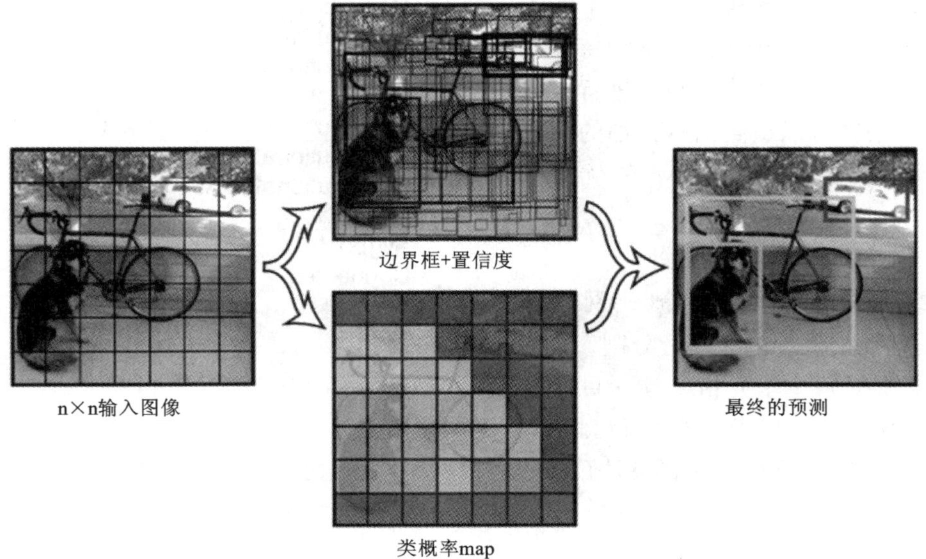

图 5　yolov3 算法检测过程

图 5 中左图作为输入图像，被分成了 7 ×7 个小的单元格，后续的工作和这些单元格息息相关。

2.2 边界框预测

从图 5 中可以看到，输入图像被分成单元格后分成两路处理：边界框 + 置信度；类概率 map。

2.2.1 边界框 + 置信度

在这一步中，yolov3 为每一个单元格给出了 3 个预测框，这些预测框是基于单元格中心点的，大小自定义。每一个单元格预测 B 个边界框，每个边界框有 4 个坐标和 1 个置信度，所以最终的预测结果是 $n\times n\times(B\times5+C)$个向量。原文中的 B =3，意思是有 3 个预选框，C =3，表示有 3 种类别(吊弦脱、吊弦断、吊弦松弛)，n =7。每个单元格预测 B 个(x，y，w，h，c)。(x，y)是预测框的中心点相对于每个单元格左上角标点坐标的偏移值，并且单位是相对于单元格大小的。(w，h)是预测框相对于整个图的比例，c 是置信度，这个置信度有两个含义：一是单元格内是否有目标，二是预测框的准确度。前者记为 Pr(object)，当该预测框为背景时，Pr(object) =0，当该预测框含有目标时，Pr(object) =1。预测框的准确度可以用预测框与实际框的交并比(IOU)来表示，记为IOU_{pred}^{truth}。所以置信度可以定义为：$Pr(object)\times IOU_{pred}^{truth}$。

2.2.2 类概率 map

这一路的工作其实是和上一路同时进行的，负责的是单元格的类别预测，每个单元格给出预测出的各个类的概率值，其表征的是由该单元格负责预测的边界框其目标属于各个类别的概率。这些概率值其实是在各个边界框下的条件概率，即 $Pr(class_i)\mid object$。

2.3 特征提取网络结构 Darknet -53

这个网络主要是由一系列的 1 ×1 和 3 ×3 的卷积层组成(每个卷积层后都会跟一个 BN 层和一个 LeakyReLU)层，因为网络中有 53 个 convolutional layers，所以叫做 Darknet -53(2 + 1 ×2 +1 +2 ×2 +1 +8 ×2 +1 +8 ×2 +1 +4 ×2 +1 =53，按照顺序数，不包括 Residual 中的卷积层，最后的 Connected 是全连接层也算卷积层，一共 53 个)。

Yolov3 采用了 3 个尺度的特征图(当输入为 416 ×416 时)：13 ×13，26 ×26，52 ×52。每个单元格使用 3 个先验框，所以使用 k - means 得到 9 个先验框，并将其划分到 3 个特征图上，因此 Yolov3 输出 3 个不同尺度的特征图。采用多尺度对不用尺寸大小的目标进行检测，越精细的单元格就可以检测出越精细的物体，检测结果越精确，这也是 Yolov3 的优点之一。

	Type	Filters	Size	Output
	Convolutional	32	3 × 3	256 × 256
	Convolutional	64	3 × 3 / 2	128 × 128
1×	Convolutional	32	1 × 1	
	Convolutional	64	3 × 3	
	Residual			128 × 128
	Convolutional	128	3 × 3 / 2	64 × 64
2×	Convolutional	64	1 × 1	
	Convolutional	128	3 × 3	
	Residual			64 × 64
	Convolutional	256	3 × 3 / 2	32 × 32
8×	Convolutional	128	1 × 1	
	Convolutional	256	3 × 3	
	Residual			32 × 32
	Convolutional	512	3 × 3 / 2	16 × 16
8×	Convolutional	256	1 × 1	
	Convolutional	512	3 × 3	
	Residual			16 × 16
	Convolutional	1024	3 × 3 / 2	8 × 8
4×	Convolutional	512	1 × 1	
	Convolutional	1024	3 × 3	
	Residual			8 × 8
	Avgpool		Global	
	Connected		1000	
	Softmax			

图 6 Darknet 网络层

2.4 基于 yolov3 的吊弦异常检测

Yolov3 主要是利用一个深度神经网络 darknet -53 对待检测的目标图像进行分割，划分成 n × n 个单元格，每个单元格来预测目标物体。本算法的检测结果如图 7、图 8 所示。

从图 7，图 8 中可以看到，本文的算法可以很好地检测到吊弦断、吊弦脱等的情况。

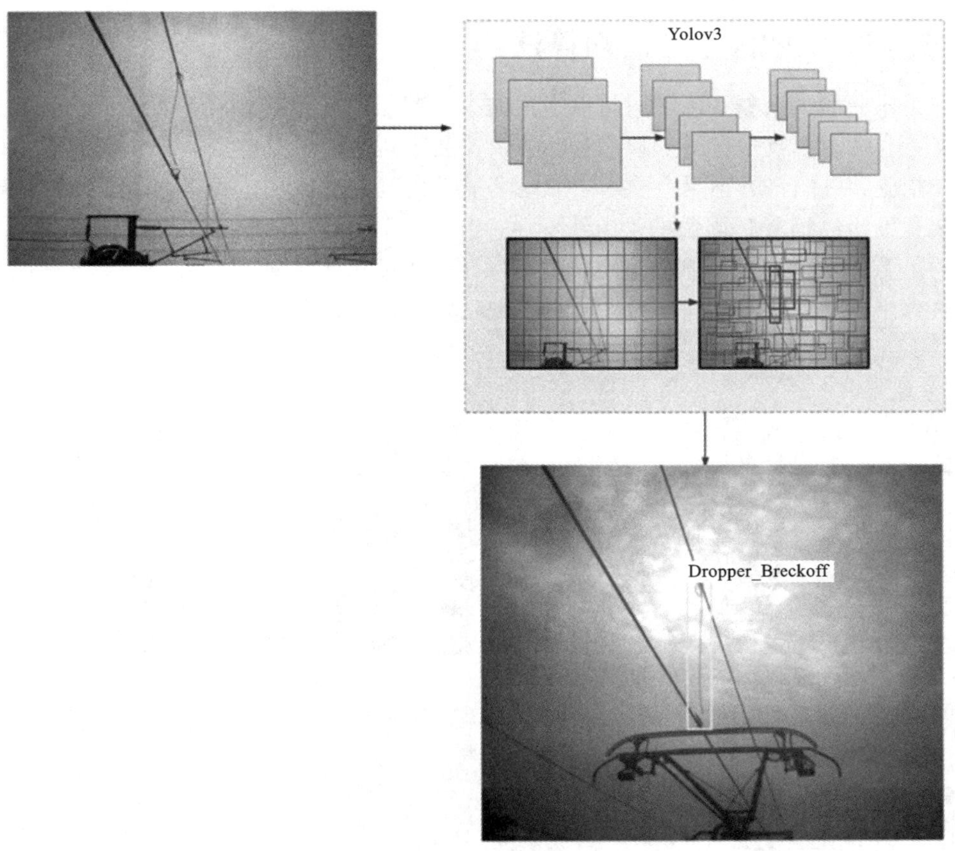

图 7　吊弦断检测结果

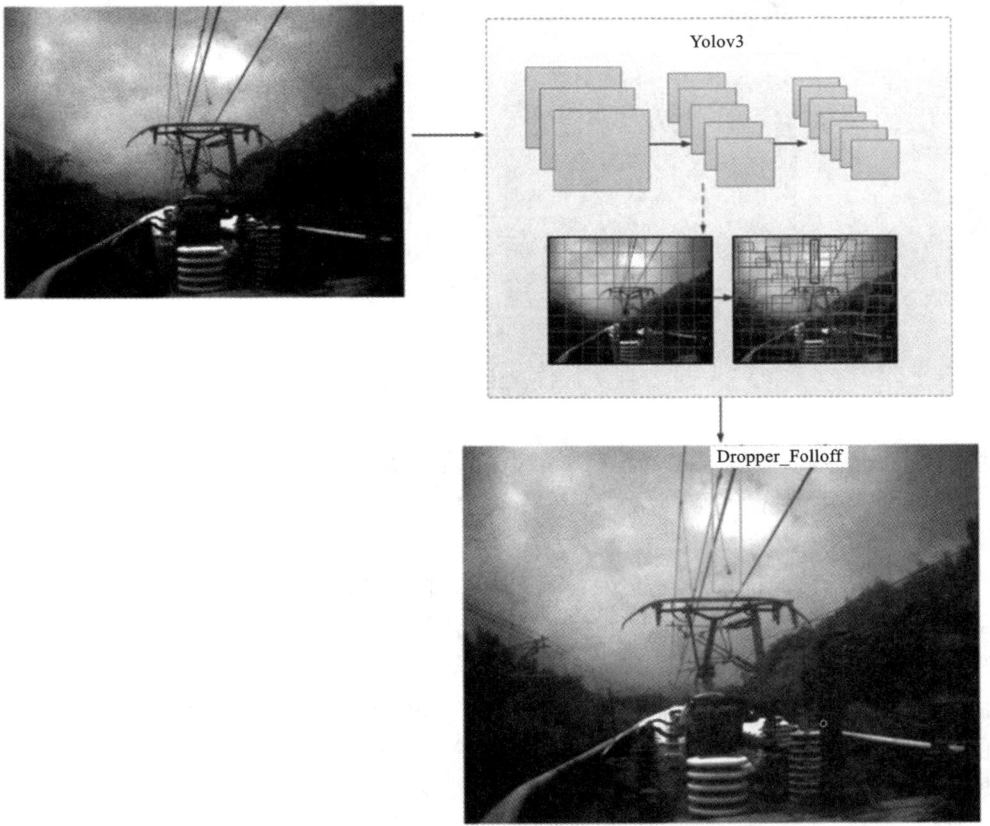

图 8　吊弦脱检测结果

3 基于吊弦异常检测的打弓预判算法

当吊弦断或是吊弦脱的时候，接触网与承力索失去连接从而导致接触网松弛不受力，增加了受电弓的压力，容易导致受电弓磨损或是挂弓等缺陷；当吊弦安装不规范、吊弦本身太长、定位器角度安装不规范时就会出现吊弦松弛，弓网张力不足，导高异常偏高，那么运行时的受电弓会自动升弓，这时就容易引发受电弓与定位装置发生碰撞或是周边的供电线穿弓，引发严重的打弓缺陷。

利用上述的吊弦异常检测来预判受电弓的打弓缺陷，通过真实案例实验表明，基于深度神经网络的吊弦异常检测算法效果显著，可以很好的检测到打弓缺陷发生之前，吊弦的异常状态。整个检测预判过程如图 9 所示。

图 9 吊弦松检测预判过程

从图 9 中可以看出，列车在运行期间，正常情况下，吊弦是均匀受力，被拉直的(如图 9(a)、(b)、(c)所示)，某一时刻开始，检测到吊弦发生异常——吊弦松，并连续发生异常(如图 9(d)、(e)、(f)、(g)、(h)所示)，之后就发生了受电弓被打烂的重大缺陷。

分析整个打弓过程，可以看出，主要是因为图 9(e)中的中锚线夹可能移位，导致中锚线过紧，吊弦松，从而导致导高逐渐异常偏高，受电弓升高，最终导致承力索中锚线穿弓[如图 9(h)]所示，造成严重的受电弓被打烂缺陷[如图 9(i)、(j)]所示。

因此，在动车组车载接触网运行状态检测装置(简称，3C 装置)上利用吊弦的异常检测来预判可能发生的打弓缺陷，当检测到持续多帧图像都发生了吊弦异常，缺陷报警机制及时报警通知工作人员，工作人员就可以根据图像及时判断，做出正确的操作，比如停车整改等，可以有效地避免后续的打弓发生，保障列车正常安全运行。

4　结束语

基于吊弦异常检测的打弓缺陷预判算法可以有效地提前预判可能发生的打弓缺陷，能帮助铁路工作人员快速地定位排查弓网缺陷，及时进行检修和维护。实验表明，该算法简单有效，但是意义重大。

参考文献

[1] 周吉，吴春果. 高速铁路接触网检测技术分析[J]. 中国高新技术企业，2017，(3)：110－111.

[2] 陈立，吴广宁等. 高速铁路弓网电接触研究综述[J]. 机车电动，2011，(5)：6－9.

[3] JosephRedmon，Ali Farhadi. YOLOv3：An Incremental Improvement. 2018.

[4] 郭丽丽. 深度学习研究进展[J]. 计算机科学，2015，(5)：28－33.

[5] 周晓彦，王珂，李凌燕. 基于深度学习的目标检测算法综述[J]. 电子测量技术，2017，(11)：83－93.

[6] 百林，姚钰. 基于深度学习特征提取的岩石图像矿物成分分析[J]. 中国矿业，2018，(7)：178－182.

[7] 动车组车载接触网运行状态检测装置(3C 装置)操作手册[Z]. 成都：成都国铁电气设备有限公司，2016.

[8] 高速铁路供电安全检测监测系统(6C 系统)总体技术规范[S]. 中华人民共和国铁道部，2012.

作者简介

李宏科，中国铁路郑州局集团有限公司郑州供电段，副主任，工程师

杨志鹏，中国铁路郑州局集团有限公司郑州供电段，工程师

浅谈新建高铁提前介入隧道接触网槽道检查方法

徐　阳

摘　要: 本文主要通过学习和借鉴国内早期高铁线路隧道接触网槽道故障案例，了解在新建高速铁路提前介入期间，隧道接触网槽道材质质量及施工质量的控制极为重要，关系到运营时期接触网的设备状态、几何参数变化，提出了隧道接触网槽道的检查方法，同时按照此方法及时监督，夯实运营高铁设备质量基础。

1　主要内容和目的

简述了隧道内预埋接触网槽道施工提前介入工作的项目、范围、预埋槽道施工卡控重点、质量标准以及安全注意事项，以及槽道排查结束后提出的整治方案及建议等。目的是为了规范隧道接触网槽道施工、安装标准，确保安全。

2　预埋槽道施工卡控重点

2.1　槽道使用前的查验

2.1.1　查验槽道的出厂“产品合格证”

如图1所示：注意核对产品合格证中的产品名称、规格型号、数量、检验日期以及生产厂家等信息与现场所使用的是否一致。

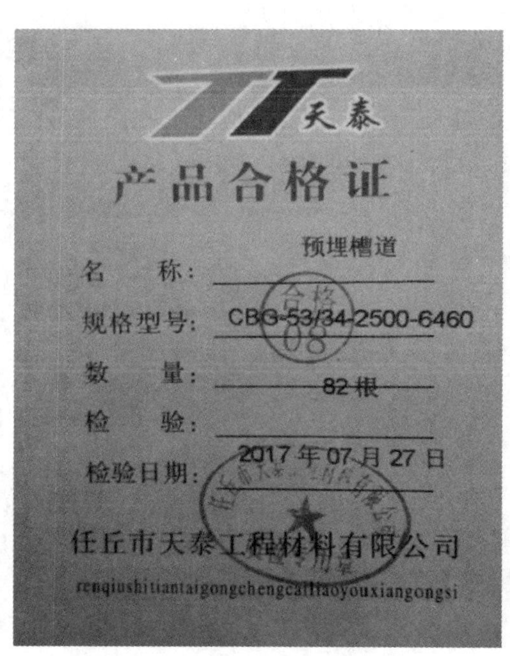

天泰
产品合格证
名　　称：预埋槽道
规格型号：CBG-53/34-2500-6460
数　　量：82根
检　　验：
检验日期：2017年07月27日
任丘市天泰工程材料有限公司
renqiushitiantaigongchengcailiaoyouxiangongsi

图1　某槽道厂家产品合格证

2.1.2　槽道本体上的生产厂家标志

如图2所示：经现场查看，厂标一般设置在槽道封头

2.1.3　第三方检验

(a)

(b)

图 2　槽道厂标

(1)查看施工方《预埋槽道外委检验记录》，如图 3 所示。

预埋槽道外委试验台账

序号	报告编号	取样日期	试验日期	取样地点	使用部位	代表数量（根）	产品规格	批号	试验结果	见证人	生产厂家	备注
1	WU41965	2017/8/2	2017/8/10	施工现场	隧道工程	122	CAG-52/34-2500-Z	TJSE20170727-3623	合格	杨琳	任丘市天泰工程材料有限公司	
2	WU41966	2017/8/2	2017/8/8	施工现场	隧道工程	82	CBG-53/34-2500-6460	TJSE20170727-3623	合格	杨琳	任丘市天泰工程材料有限公司	
3	WU66562	2017/11/24	2017/12/1	预制场	隧道工程	450m	CAG-52/34-1500-6460	ZTSTE20171121-4199	合格	杨琳	任丘市天泰工程材料有限公司	
4	WU66563	2017/11/24	2017/12/1	预制场	隧道工程	900m	CAG-52/34-3000-6460	ZTSTE20171121-4199	合格	杨琳	任丘市天泰工程材料有限公司	
5												

图 3　某施工单位的外委检验记录

(2)查看外委检验报告。如图 4 所示，槽道出厂检验报告需包含电气化铁路接触网隧道内预埋槽道标准(TB/T 3329—2013) 内 17 项型式检验报告，施工单位同样需要按照电气化铁路接触网隧道内预埋槽道标准(TB/T 3329—2013) 进行 10 项出厂检验记录并合格。

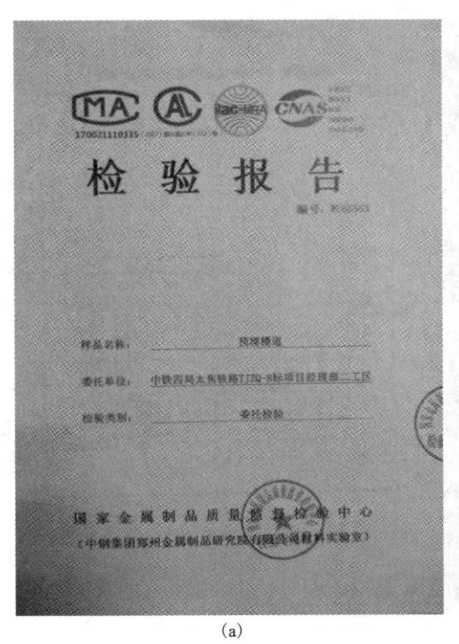

检　验　报　告

编号：WU66563

样品名称：预埋槽道

委托单位：中铁四局太焦铁路TJZQ-8标项目经理部二工区

检验类别：委托检验

国家金属制品质量监督检验中心

(中钢集团郑州金属制品研究院有限公司检测实验室)

(a)

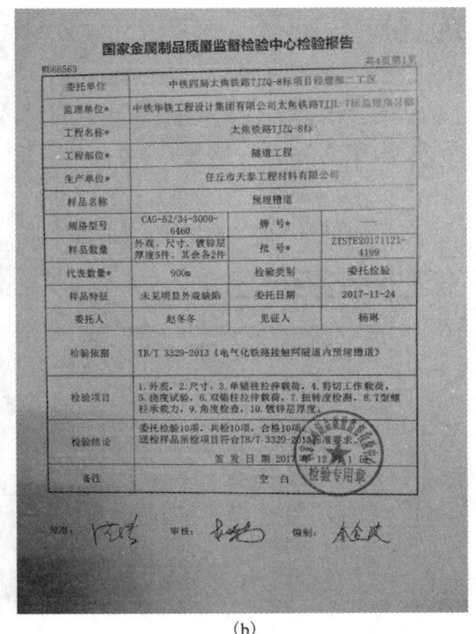

国家金属制品质量监督检验中心检验报告

WU66563　共4页第1页

委托单位	中铁四局太焦铁路TJZQ-8标项目经理部二工区		
监理单位*	中铁华铁工程设计集团有限公司太焦铁路TJJL-7标监理项目部		
工程名称*	太焦铁路TJZQ-8标		
工程部位*	隧道工程		
生产单位*	任丘市天泰工程材料有限公司		
样品名称	预埋槽道		
规格型号	CAG-52/34-3000-6460	牌　号*	—
样品数量	外观、尺寸、镀锌层厚度5件，其余各2件	批　号*	ZTSTE20171121-4199
代表数量*	900m	检验类别	委托检验
样品特征	未见明显外观缺陷	委托日期	2017-11-24
委托人	赵冬冬	见证人	杨琳
检验依据	TB/T 3329-2013《电气化铁路接触网隧道内预埋槽道》		
检验项目	1.外观，2.尺寸，3.单锚柱拉伸载荷，4.剪切工作载荷，5.挠度试验，6.双锚柱拉伸载荷，7.扭转度检测，8.T型螺柱承载力，9.角度检查，10.镀锌层厚度。		
检验结论	委托检验10项，共检10项，合格10项。送检样品所检项目符合TB/T 3329-2013标准要求。签发日期 2017年12月1日		
备注	空　白		

(b)

图 4　某施工单位外委检验报告

序号	检验项目		技术要求	检验类型				检验方法
				型式检验		出厂检验		
				项目	数量	项目	抽查数量	
1	外观检查		5.3	√	5	√	5	6.1
2	尺寸检查		5.3	√	5	√	5	6.1
3	角度检查		5.3	√	2	√	2	6.2
4	扭转度测量		5.3.1	√	2	√	2	6.3
5	镀锌层厚度		5.4.9	√	5	√5	6.4	
6	槽道承载力	双锚柱拉伸载荷(F_L)	5.5.3	√	2	√	2	6.5.2.1
7		挠度试验	5.5.3	√	2	√	2	6.5.4
8		单锚柱拉伸载荷(F_L)	5.5.3	√	2	√2	6.5.2.2	
9		剪切工作载荷(F_L)	5.5.4	√	2	√	2	6.5.3
10	T 型螺栓承载力		5.5.2	√	2	√	2	6.6
11	标准紧固力矩试验		5.5.2	√	2			6.7
12	单根螺栓沿槽道轴向的允许滑动荷载试验		5.5.5	√	2			6.8
13	疲劳试验		5.5.6	√	2			6.9
14	预制在混凝土试块中的疲劳试验[a]		5.5.7	√	2			6.10
15	预制在混凝土试块中的静承载力和位移试验[a]		5.5.7	√	2			6.10
16	耐火时效试验[b]		5.5.8	√	1			GB/T 9978.1—2008 或 GB/T 26784—2011
17	盐雾试验[b]		5.5.9	√	2			GB/T 10125—1997
备注	[a]为新产品设计定型时；[b]为研究性试验。							

图 5　检验方法

2.1.4　槽道的选型

按照电气化铁路接触网隧道内预埋槽道标准(TB/T 3329—2013)槽道一般分为方形槽道(R1、R2)，V 形槽道(L1、L2)以及有齿槽道(Z1)。现场使用方形或 V 形槽道时，一般采用 R2、L2 型，如图 6 所示。槽道内尺寸可以按照图 7 内数据进行测量。

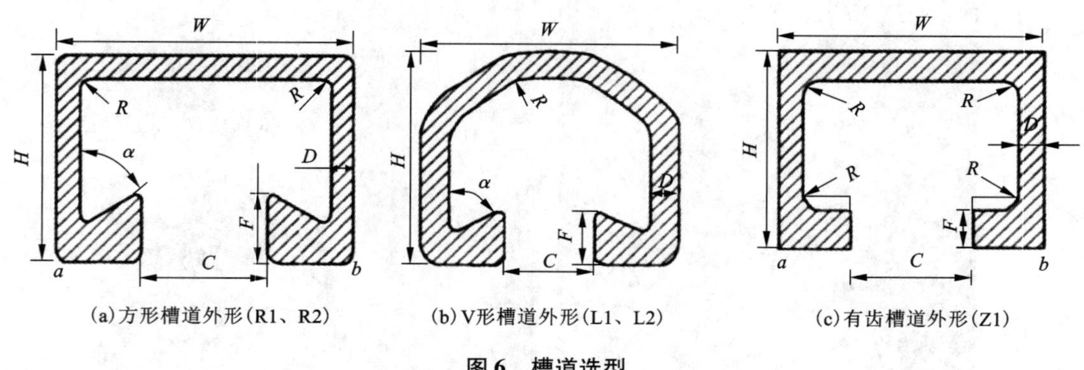

(a)方形槽道外形(R1、R2)　(b)V形槽道外形(L1、L2)　(c)有齿槽道外形(Z1)

图 6　槽道选型

型号	尺寸/mm					角度
	W	H	C	D	F	α
R1	52 ± 1	34 ± 1	22 ± 1	4^{+1}_{0}	11 ± 1	62° ±2°
R2	72 ± 1	48 ± 1	33 ± 1	5^{+1}_{0}	15 ± 1	62° ±2°
L1	46 ± 1	40 ± 1	20 ± 1	4^{+1}_{0}	8 ± 1	60° ±2°
L2	48 ± 1	45 ± 1	20 ± 1	5^{+1}_{0}	9 ± 1	60° ±2°
Z1	53 ± 1	34 ± 1	22 ± 1	4^{+1}_{0}	7 ± 1	90° ±2°

注：本表规定了槽道主要尺寸允许偏差值，而非制造公差。

图 7　槽道主要外形尺寸、角度标准

2.1.5　锚杆的检查

(1)圆柱形锚杆，其尺寸对应表格标准，型号对应相应的槽道型号，如图 8 所示。

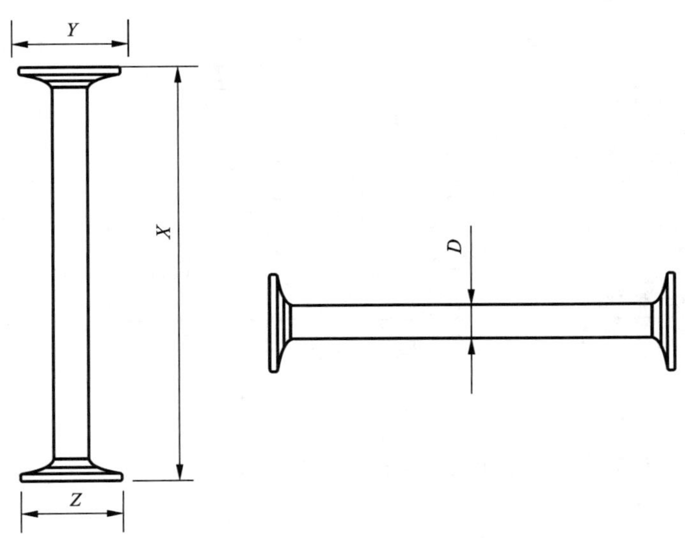

型号	尺寸/mm				最大间距
	X	Y	Z	D	
YR1	120 ~ 130	ϕ25 ± 1	ϕ25 ± 1	ϕ12 ± 1	250
YR2	120 ~ 130	ϕ32 ± 1	ϕ32 ± 1	ϕ16 ± 1	250
YL1	150 ~ 160	ϕ25 ± 1	ϕ23 ± 1	ϕ11 ± 1	250
YL2	150 ~ 160	ϕ25 ± 1	ϕ23 ± 1	ϕ14 ± 1	250
YZ1	120 ~ 130	ϕ25 ± 1	ϕ25 ± 1	ϕ12 ± 1	250

注：表中 Y 尺寸是指与槽道连接处的尺寸。

图 8　圆柱形锚杆尺寸标准

(2)工字形锚杆，其尺寸对应表格标准，型号对应相应的槽道型号，如图 9 所示。

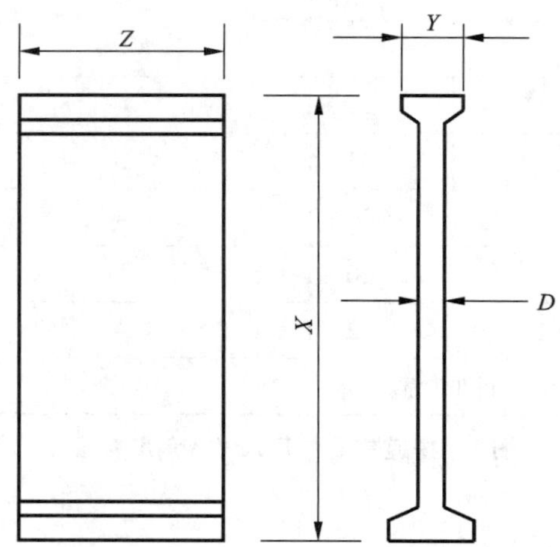

型号	尺寸/mm				最大间距
	X	Y	Z	D	
GR1	120 ~ 130	25 ± 1	40 ± 1	6 ± 1	250
GR2	120 ~ 130	25 ± 1	50 ± 1	6 ± 1	250
GL1	130 ~ 140	17 ± 1	40 ± 1	6 ± 1	250
GL2	130 ~ 140	17 ± 1	50 ± 1	6 ± 1	250
GZ1	120 ~ 130	25 ± 1	30 ± 1	6 ± 1	250
注：表中 Y 尺寸是指与槽道连接处的尺寸					

图 9 工字型锚杆尺寸标准

2.1.6 槽道内部填充。

槽道内部填充按照作图所示标准进行填充，标准如图 10 所示。

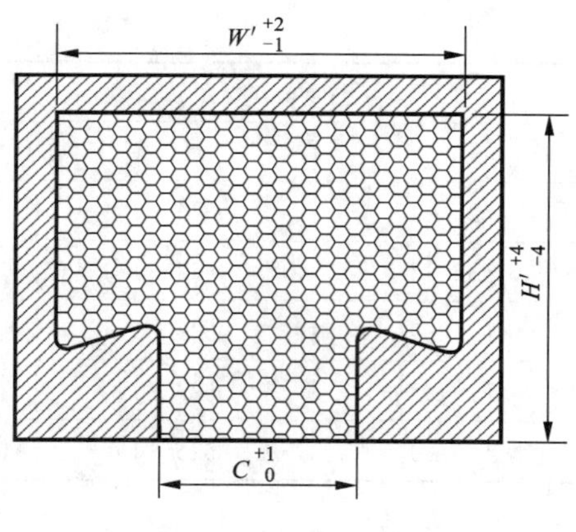

图 10 槽道填充标准

2.2 二衬浇筑前槽道施工检查重点

2.2.1 槽道组的制作

为了保证槽道组的两根槽道间的距离符合规定，以及两根槽道闪络电流畅通，应用扁钢将两根槽道进行焊接固定，当槽道长度小于等于 2 m 时用 3 条扁钢，大于 2 m 时用 4 条扁钢，扁钢间距均匀布置。同时注意检查槽道组制作完成后间距是否符合规定，如图 11、图 12 所示。

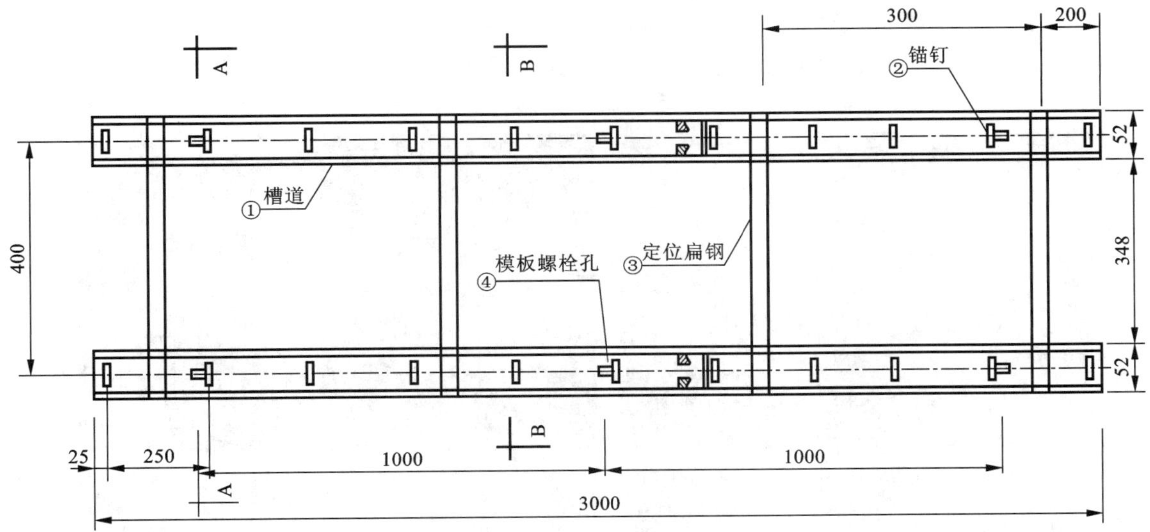

图 11　设计图(大于 2 m 的槽道)

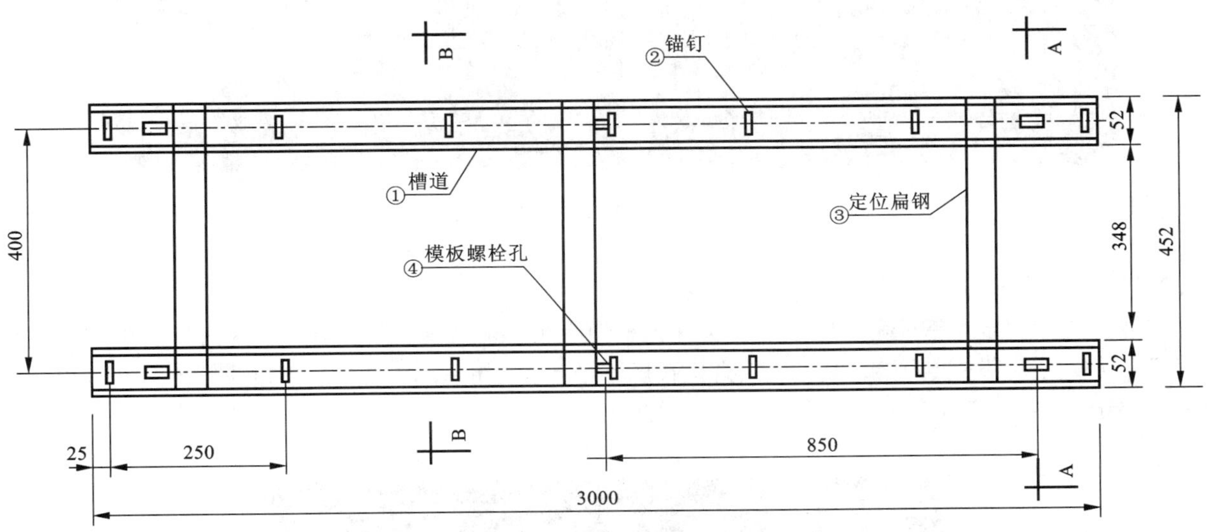

图 12　设计图(小于 2 m 的槽道)

2.2.2　槽道组在二次衬砌台车模板上固定(如图 13 所示)

图 13　二次衬砌台车模板上固定

(1)台车模板上每根槽道位置上开 3 个定位孔。

(2)将槽道放置于已经开好的定位孔处，安装 T 型螺栓后锁紧螺栓，使槽道紧贴模板，如图 14 所示。

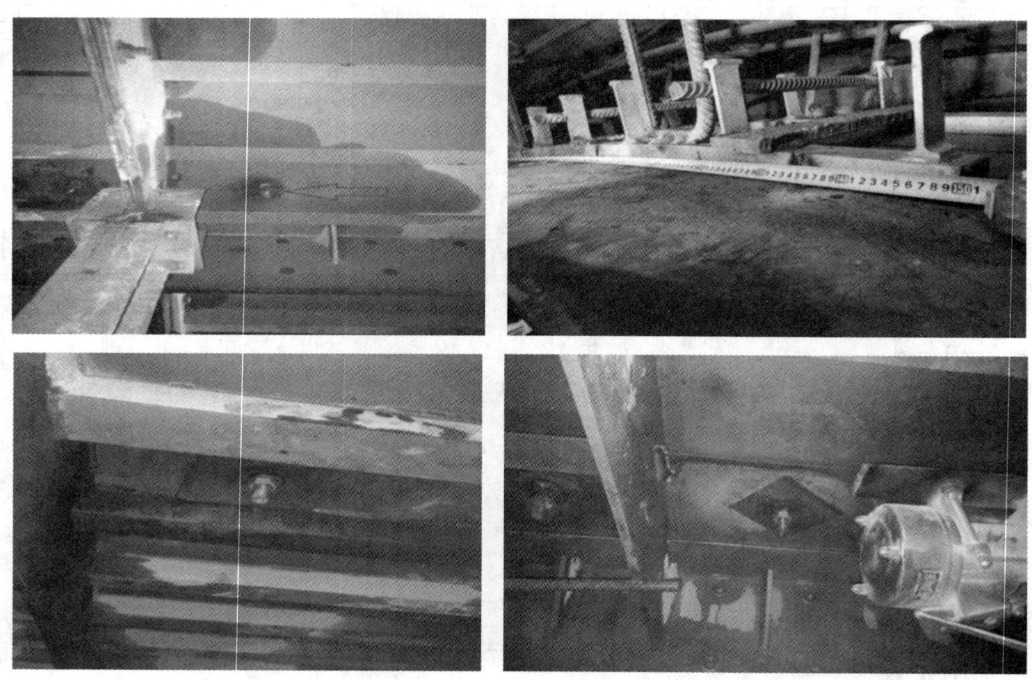

图 14　T 型螺栓锁紧紧贴模板

2.2.3　槽道和钢筋网(拱架)间的接地焊接

槽道通过焊接固定在钢筋网(拱架)上，为保证槽道有可靠的接地，槽道与钢筋网(拱架)的接地钢筋间必须使用 ϕ16L 型钢筋进行焊接，单边焊接搭接长度不小于 100 mm，双边焊接搭接长度不小于 50 mm，焊缝厚度不小于 4 mm，接地钢筋应焊接在锚钉上，如图 15 所示。

图 15　接地钢筋焊接在锚钉上

2.3　二衬浇筑完成后槽道的检查

2.3.1　滑槽内泡沫填充物完好，不得被混凝土覆盖。

2.3.2　槽道施工允许偏差标准，如图 16－图 20 所示。

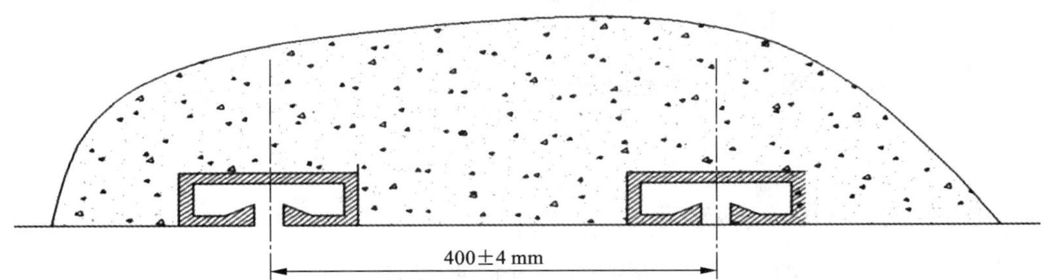

图 16　一组槽道的两槽道中心间距允许偏差（±4 mm）

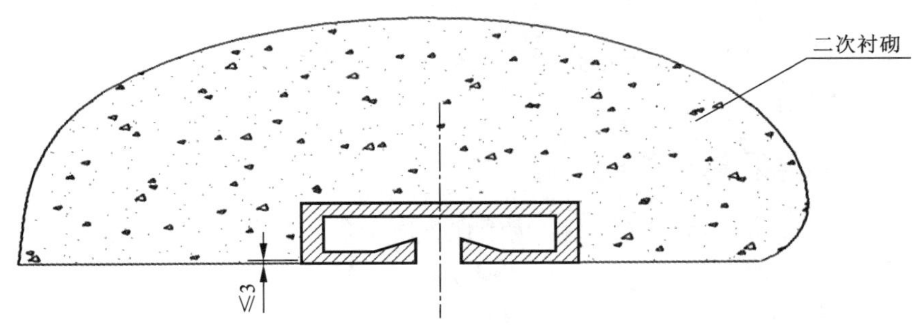

图 17　单根槽道本体在混凝土中倾斜允许偏差（≤3 mm）

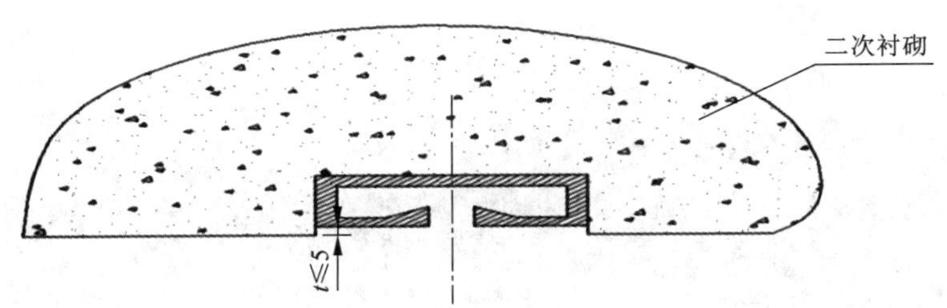

图 18　槽道嵌入混凝土施工允许误差（≤5 mm）

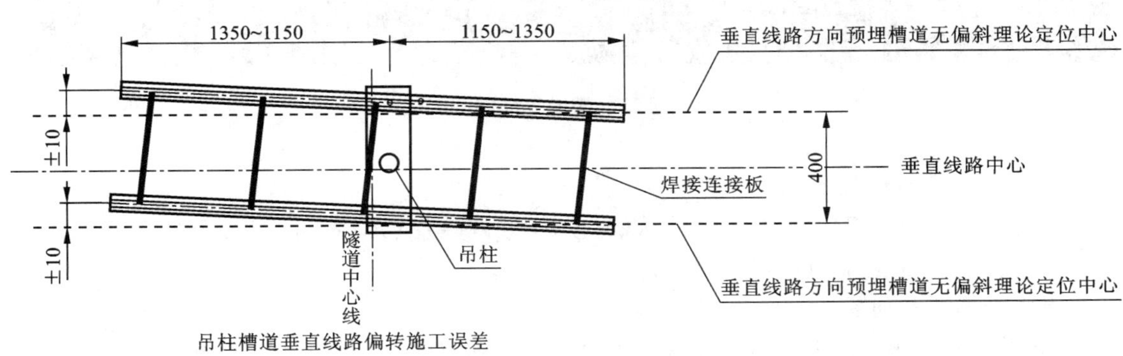

图 19　安装吊柱型槽道垂直线路偏转施工误差（±10 mm）

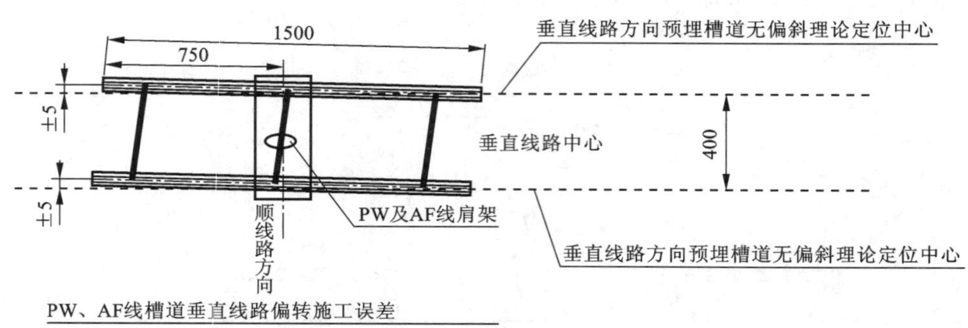

图 20 附加悬挂槽道垂直线路偏转施工误差(±5 mm)

2.3.3 槽道附近二衬浇筑质量检查

槽道附近二衬浇筑过程中若出现空洞，必将影响该槽道的强度，受力后可能出现槽道本体变形，从二衬混凝土中脱出的严重事故。

在检查中可以用手锤敲击二衬混凝土进行听音检查；有条件时可以在二衬超声波检查时，重点对槽道周边进行检查，严防出现空洞。

3 槽道施工影像资料采集的要求

隧道内槽道施工每处都需要留存影像资料，为了保证所采集的影像资料能合格使用，特对槽道施工影像资料采集要求如下：

3.1 槽道正面的全景拍摄

槽道安装到位后，在台车上从正面把槽道拍摄完整，目的是能够看到槽道焊接使用扁钢及槽道锚钉的数量，确定槽道长度等信息。如图 21 所示。

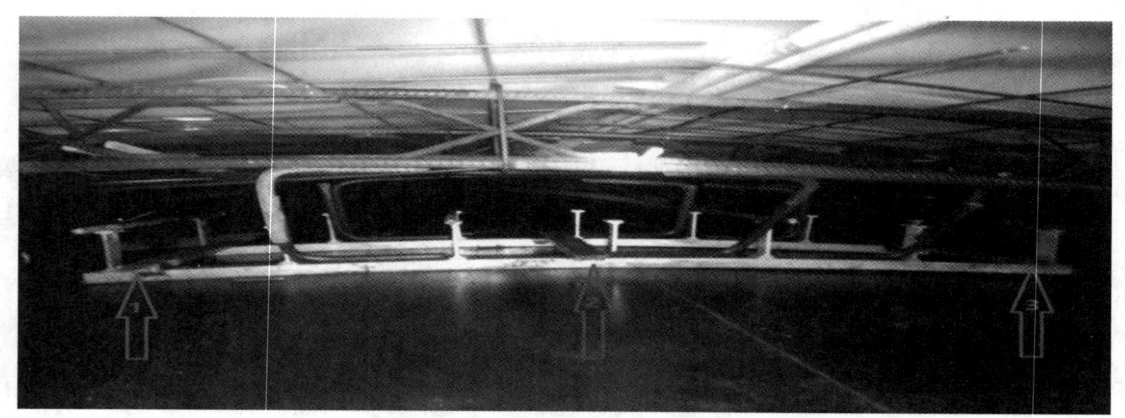

图 21 槽道正面图

3.2 槽道接地焊接的局部照片

采集槽道接地焊接的局部图像，是为了确认槽道与钢筋网(或拱架)间的是否有可靠的接地连接。

如图 22 所示：接地连接的钢筋焊接在锚钉上。

3.3 槽道和台车模板间的连接照片

按照施工工艺要求，槽道需要安装 T 型螺栓通过预留口固定在台车模板上，使槽道紧贴模板，如图 23 所示。

图 22 接地连接钢筋在锚钉焊接

图 23 T 型螺栓安装在台车模板

4 隧道预埋槽道质量标准

《高速铁路电力牵引供电工程细部设计和工艺质量标准》Q/CR 9523—2018 中对隧道预埋槽道质量标准要求如下：

(1)隧道预埋滑槽型号、位置、埋入深度、垂直度及间距符合设计要求。

(2)同组滑槽顺线路方向的允许偏差为 ±500 mm。

(3)同组滑槽横线路方向偏转允许偏差为 5‰，两滑槽应平行，两槽间距离允许偏差 ±5 mm。

(4)滑槽内泡沫填充物完好，不得被混凝土覆盖，滑槽嵌入隧道衬砌深度允许偏差 0 ~ 5 mm。

(5)滑槽不得出现扭曲变形，滑槽本体倾斜允许偏差小于 3 mm。

(6)接触悬挂下锚滑槽乘直槽道应铅垂，水平槽道应水平。

5 介入工作开展情况

截至 2020 年 4 月 6 日，管内新线隧道槽道全面排查工作基本结束，排查结果如下：

2019 年 12 月 7 日起，四电施工单位进场后，针对隧道槽道缺陷组织站前施工单位、四电施工单位、监理单位以及集团公司介入部门进行槽道平推。

确定站前监理提供隐蔽工程影像资料。排查时发现问题，立即拍摄影像资料存档，由三方共同确认。四电施工单位负责每日问题的汇总收集，建立问题库，在隧道槽道排查结束后，组织专题会议确定整改方案。

发现缺陷情况如表 1 所示。

表 1

序号	缺陷类型	缺陷数量/件	建议方案
1	槽道两滑槽间距超标	214	建议定制法兰盘(需通过设计演算认证)
2	槽道顺线路偏移	16	施工单位通过调整处理
3	不垂直线路中心	97	建议定制法兰盘(需通过设计演算认证)
4	距线路中心偏移	16	施工单位通过调整处理
5	距离下锚洞缝距离不足 800 mm	38	设计需提供误差值
6	距离施工缝不足 1 m	165	设计需提供误差值
7	A 型槽道制作成 F 型	4	施工单位按设计要求整治
8	F 型槽道制作成 A 型	8	施工单位通过调整处理
9	有齿槽道制作成无齿	7	施工单位通过调整处理
10	上下行槽道型号反	6	施工单位通过调整处理
11	不按工艺施工	111	施工单位通过整改处理
12	电阻不通	107	施工单位检查、设备检测、设计论证
13	槽道缺失	37	施工单位按设计要求整治
14	槽道损伤(扭面)	45	施工单位检查、设计论证

6　针对各类问题建议处理方案

6.1　施工单位可以自行处理的问题

槽道不垂直线路、距线路中心偏移、槽道顺线路偏移(跨距不满足设计要求)、F 型槽道制作成 A 型、有齿槽道制作成无齿槽道、上下行槽道型号反、型号不符其他以及不按工艺施工等问题，施工单位均能按照设计要求自行整改。

6.2　施工单位需要现场确认、设计认证的问题

槽道两滑槽间距不符合设计、不垂直线路中心问题、距离下锚洞缝距离不足 800 mm、距离施工缝距离不足 1 m、槽道损伤、扭面等问题。

6.2.1　槽道两滑槽间距不符合设计、不垂直线路中心问题：

与设计单位协商定制法兰盘，致使两滑槽间距为 300 ~ 450 mm 均能安装吊柱及附属设备，待设计演算满足强度及结构要求之后，建议推行定制法兰盘。

6.2.2　距离下锚洞缝距离不足 800 mm、距离施工缝距离不足 1 m 问题(如图 24 所示)：

按照 TB 10753—2018《高速铁路隧道工程施工质量验收标准》第 9.3.9 一般项目验收规定，接触网槽道设计距离施工缝为 1 m，下锚槽道距离下锚洞缝 800 mm，需经过设计演算提供误差值。

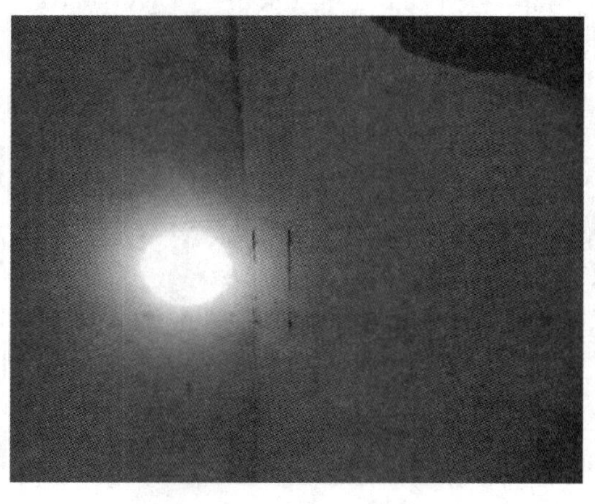

图 24　F1 型槽道安装在施工缝上

6.2.3　槽道损伤及扭面问题(如图 25 所示):

槽道损伤及扭面情况需要施工单位及设计单位现场确认并认证，可以确保吊柱受力及安全的处所，建议沿用内植槽道，现场确认满足不了运行安全要求的槽道，要求进行整改。

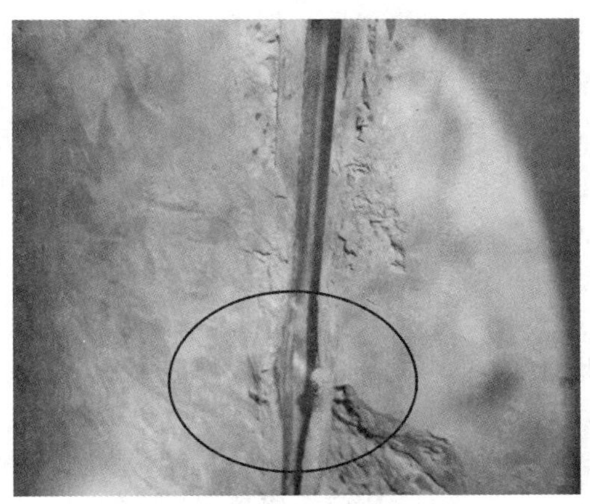

图 25　A1 槽道本体有损伤

6.3　现场检测格栅拱架(钢筋笼)是否漏做、少做

电阻不通问题:

通过影像资料及检测数据首先判定格栅拱架(钢筋笼)是否完成预埋(如图 26 所示)；再次判定槽道与格栅拱架(钢筋笼)是否可靠连接。若都没有，建议施工单位刨开混凝土对预埋件进行重新安装，或者重新焊接。

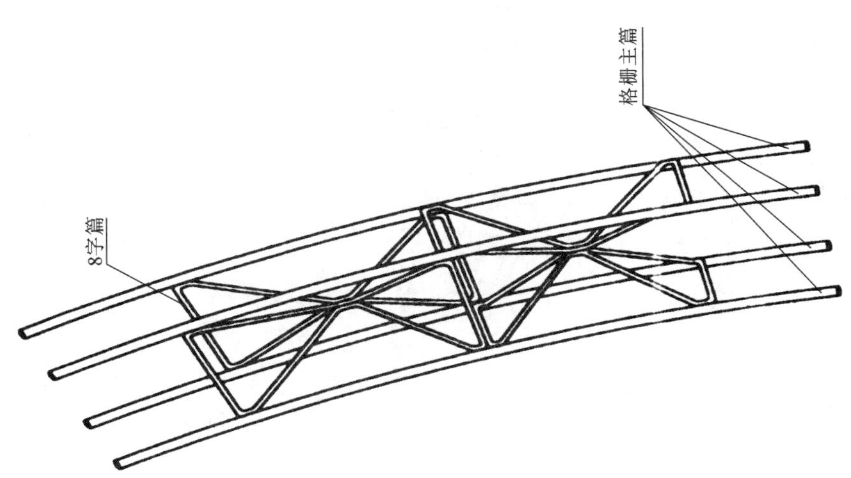

图 26　格栅拱架

通过现场检查和探测判定格栅拱架(钢筋笼)完成预埋或者与槽道已进行可靠连接的情况下，再次对格栅拱架(钢筋笼)与下部接地连接情况进行检测。

6.4　施工单位重新制作安装的问题

槽道缺失及 A 型槽道制作成 F 型问题，由施工单位按照设计要求进行整治。

7　提前介入人员安全注意事项

(1)进入隧道施工现场要服从施工单位的现场管理制度，按要求进行登记、销记；严防隧道内有爆破等危险作业危及介入人员的人身安全。

(2)介入人员进入隧道施工现场时须穿戴必要的劳动保护用品，带好必要的照明，采取有效的防尘保护；进入有可能出现瓦斯等有害气体的隧道，必须佩带防毒面具后方准进入。

(3)进入隧道内要时刻注意观察脚下的行走条件，防止踏空掉落至排水沟，同时严防被施工的材料、工具碰伤。

(4)注意避让隧道内来往的施工车辆。

(5)检查槽道施工需要上下台车时，一定要手把牢，脚踏稳；到台车上面后，往往有些施工台车没有防护栏杆，必须要注意脚下，踩实踏稳，严防从台车上跌落，造成人身伤害。

(6)在现场查看槽道施工时，介入人员要时刻注意现场施工人员的作业情况，防止被施工人员以及其所持的料具碰伤。

(7)在槽道焊接施工时，现场介入人员要避免被电焊光灼伤眼睛。

8 结束语

综上所述，随着高速铁路的飞速发展，设备质量需要更加严格的卡控和监督，从材料进场和施工质量两方面源头控制解决高速铁路隧道接触网槽道质量问题。

供电段提前介入配合人员与施工单位建立沟通机制，提前掌握接触网槽道材料进场时间、安装时间，在每个时间节点安排专业技术人员进场检查，从厂家资质证明、第三方检验报告、材料外观检查入手，配合施工单位人员一同进行出厂检验，同时在施工过程中，积极配合，按照本文所述方法，检查每一道工序，确保接触网槽道施工按标执行。做到过程卡控、源头卡控，保障设备和施工安全，为我国高速铁路的发展打下坚实的基础。

参考文献

[1] 王维广. 高速铁路电力牵引供电工程细部设计和工艺质量标准(Q/CR 9523—2018)[S]. 北京：中国铁道出版社，2018.

[2] 王作祥. 电气化铁路接触网隧道内预埋槽道(TB/T 3329—2013)[S]. 北京：中华人民共和国铁道部，2013.

[3] 魏博. 铁路隧道内预埋接触网槽道通用图(铁路施网－100)[S]. 天津：铁道第三勘察设计院集团有限公司，2016.

作者简介

徐阳，中国铁路郑州局集团有限公司新乡供电段新建线路提前介入工作小组，副组长(副科)，工程师

电气化铁路软横跨施工一次到位关键技术

王　兵

摘　要：1960年宝鸡至凤州段电气化改造工程的建成，正式标志中国步入电气化铁路时代。历经60年发展，中国电气化铁路里程已达10万公里。电气化铁路施工技术发展里程中，经历了技术引进、消化吸收、自主创新等几个阶段。而在普速电气化铁路施工中，车站、货场等软横跨施工技术也已经走向成熟，根据软横跨施工的各项关键点，形成了软横跨施工一次到位关键技术，体现了中国电气化铁路自主创新、技术领先、科技进步的建设成果。本文针对格构式钢柱软横跨施工一次到位关键技术进行解析。

1　软横跨及施工特点与难点

(1)软横跨跨越多条股道，线路两边路肩面高程不同，基础标高不同，致使同组软横跨两侧支柱柱顶高程不同。同组软横跨支柱连线理论上应该垂直于正线，实际施工中基础存在顺线路方向的偏差。

(2)每组软横跨承受多股道悬挂系统的受力，且软横跨中各类节点形式多样，节点间距各有不同，不同的节点类型及组合，形成不同受力，且各点受力均存在不均匀性，两支柱垂直受力也存在差异性，难以均匀分摊。

(3)不同型号的支柱，处于不同的受力状态下，最终受力状态下支柱扰度不同，致使两支柱顶部受力后的水平距离产生不同变化，难以提前测量。

2　关键技术研究及应用

针对软横跨及施工特点与难点，从人、机、料、法、环等分析对软横跨安装后的状态可能造成影响的因素，经多条线路的对比验证，总结了基础施工、软横跨支柱受力数学模型、软横跨预制测量、软横跨预制计算等几个关键技术控制，成功完成攻克了软横跨施工一次到位技术，保证软横跨安装受力后，整体美观、不需要对各吊线、横向承力索进行调整，保证系统的稳定性及运营安全。

2.1　优化基础施工，确保支柱一次安装到位

针对容易出现基础面水平控制不当及预埋螺栓位置不当等问题，导致软横跨支柱安装，不能一次到位。且还可能存在因基础面水平控制不到位，导致法兰盘底部存有较大空隙、违规使用垫片等质量隐患问题。要控制支柱一次安装调整到位，尽量减少垫片的使用量，需要精准控制基础预埋螺栓的间距及外露、精准控制基础面的倾斜角度。为了控制这两个参数，减少人为操作误差必须做好以下两点：

首先是结合不同的支柱类型，确定各类型基础面的倾斜角度。根据规范要求，基础面顺线路的连线应水平，基础面垂直线路的连线应有一定的角度。软横跨支柱在安装后，支柱中心上下部连线与下部中心相对于线路侧的水平连线夹角 θ_1 应大于90°，支柱外沿上下部连线与下部中心相对于线路侧的水平连线夹角 θ_2 应小于90°。如图1所示，假设支柱高度 H，柱顶宽度 d_1，柱低宽度 d_2，则垂直于轨面方向的基础面倾斜角度 θ 范围为：

$$0 < \theta < a\sin\left(\frac{2 \times H}{d_2 - d_1}\right)$$

第二是要有牢固合理的模具。针对软横跨基础的不同规格，研制可调整专用模具，模具的水平尺寸具有可调整性，同时在垂直方向，对螺栓具有良好的固定性，模具在顺线路方向，左右两侧配备两个水平气

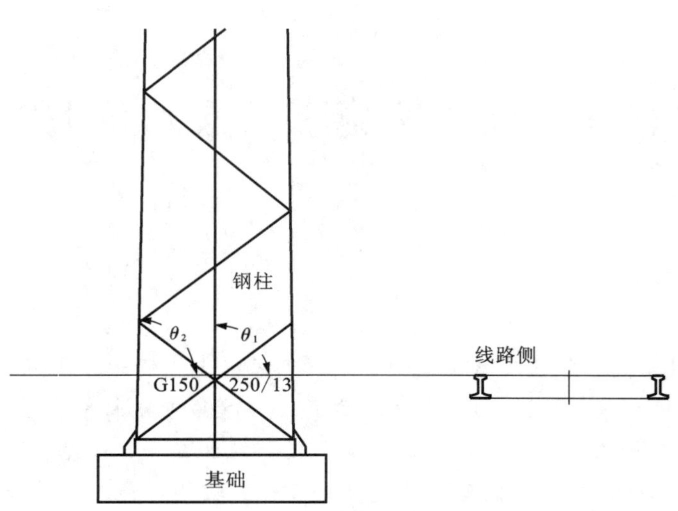

图 1　确定基础面的倾斜角示意图

泡，以观测模具顺线路连线的水平，垂直方向配备两个角度控制气泡，以控制基础面的角度范围。模具在固定好后，还具备角度可调整功能。如图 2 所示。

软横跨支柱一次到位如图 3 所示。

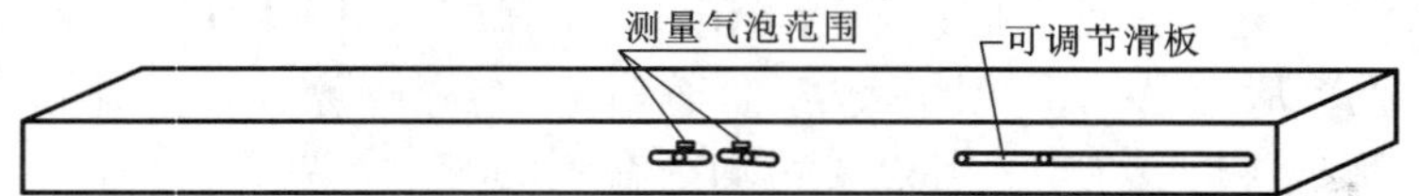

图 2　软横跨基础浇筑模块示意图

图 3　软横跨支柱一次到位实例

2.2　软横跨支柱扰度变化数学模型研究

在标准规范中，对软横跨支柱强度及标准受力的扰度变化有明确的规定，但是对于支柱不同受力状态的扰度变化没有规定，也没有数学模型。为了建立数学模型，抽取不同型号的多根钢柱进行不同的受力试验，在此基础上建立了工程应用中的软横跨支柱扰度变化数学模型。数学模型如下：

$$r = K \times \frac{T \times H}{M_0}$$

式中：r 为柱顶受力后的扰度，m；K 为调整系数；T 为支柱顶部所受的水平张力，kN；H 为支柱高度，m；M_0 为支柱容量，kN・m。

支柱各部位的扰度变化数学模型为：

$$r_x = 0.01 \times 10^{\lg a \times y}$$

式中：y 为支柱任意高度位置；a 为最大扰度时的计算系数。

2.3　精准的软横跨横、纵向测量技术

软横跨测量，可选用全站仪或激光测量仪，测量数据包括垂直方向测量和水平方向测量的尺寸数据。

垂直测量主要是测量钢柱外沿斜率、基础标高、上下部固定索角钢的高度，钢柱外沿斜率必须采取从柱顶到柱低的测量方式，不建议采用误差较大的斜率靠尺测量。测量基础标高，基础标高是支柱外沿法兰盘底部相对于正线轨面的高差，高于轨面取正，低于轨面取负。

主要是指选择在水平测量中，主要测量软横跨左右侧各股道的跨距，一般情况下各股道的跨距相同，但左右跨中某股道存在中间单独悬挂时，则要独立测量出来，否则将影响系统受力分析。测量支柱限界及各股道间距，关键点是测量两端支柱限界时，当基础标高为负时，从支柱外沿标高处测量到与支柱相邻股道中心的水平距离，当基础标高为正时，从支柱外沿的底部测量到与支柱相邻股道中心的水平距离。水平各分段测量完成后，还应进行一次两支柱外沿的整体限界测量，以复核测量数据的准确性。

2.4　精确的计算方法研究与应用

在精准测量基础上，要精确地计算出横承各分段长度、直吊线的长度，并按预制结果准确预制，才能保证安装后的软横跨一次到位。而软横跨精确计算是确保一次到位的技术核心。软横跨计算经历了过去的手工计算到当前的计算机程序计算，当前国内行业存在 Excel 二次开发、Autocad 二次开发及 WinForm 等多种形式软横跨预制计算软件，计算方法都是基于力矩平衡的负载计算。但在这个计算过程中，对负载、对各部位水平尺寸数据是否分析到位，直接决定计算结果的精确性。通过调研行业中部分软件计算结果，软件计算三、四个股道及两端基础标高差较小的软横跨时效果较好，但在股道较多、受力较大或两基础标高较大，支柱顶部高差较大的情况下，计算结果误差较大。通过查阅教科书及相关论文，经系统分析，主要原因在于传统的计算过程中充分未考虑到支柱高差引起的垂直反力差，未能精确计算出各部位水平尺寸，未能精确考虑支柱受力后的扰度变化，当上部固定索采用负弛度安装时，未能考虑上部固定索水平张力对横向承力索受力影响。通过行业计算软件结果对比分析，还存在一般软件是采取一次性计算，而张力、支柱高差反力、水平尺寸之间存在相互动态关联性，且数据均不能一次计算出来，所以导致当前很多软件在建立数学计算模型时，采取固化初始参数，忽略了高差、扰度等动态因素影响，从而导致出现较大误差。

下面假设一组软横跨两支柱分别为 A，B，对其关键点的受力及关联性分析如下：

对 B 点的力矩平衡：$F_a \times L = \sum_{i=1}^{n} Q_i \times Lx_i + T \times \Delta h$

式中：F_a 为支柱 A 顶部承受的垂直分力；L 为 A，B 两横承点的水平距离（与支柱扰度有关）；Q_i 为第 i 点悬挂集中总重量（其本身大小与 Lx_i 有关）；Lx_i 为 A 支柱承力索点距离承力索悬挂受力点的距离（第 1 点，第 n 点的值与支柱扰度也有关）；T 为两支柱承受的水平张力（其大小与 Q_i，Lx_i 有关）；Δh 为 A、B 支柱顶部高程差。

上面括号中的有关是相互之间的动态关系，其他静态相关性未列举。

为了解决动态相关这个问题，研制并开发了全功能软横跨预制计算软件，系统采取多次迭代计算，将初始化的静态参数经过多次计算后进行自动调整，确保计算出最终状态参数，从而确保软横跨横承及直吊线尺寸真正符合现场需求。

为了防止预制过程中出现人为错误，软件生成的预制安装图（如图 4 所示）标明了预制下料总长度，依次标明各分段的尺寸数据，依次注明各分段位置的零件名称，并有单独预制用料报表。

3　成果效益

通过几项关键技术的研究并应用于多个实际工程，成功解决了电气化铁路软横跨施工一次到位难题。

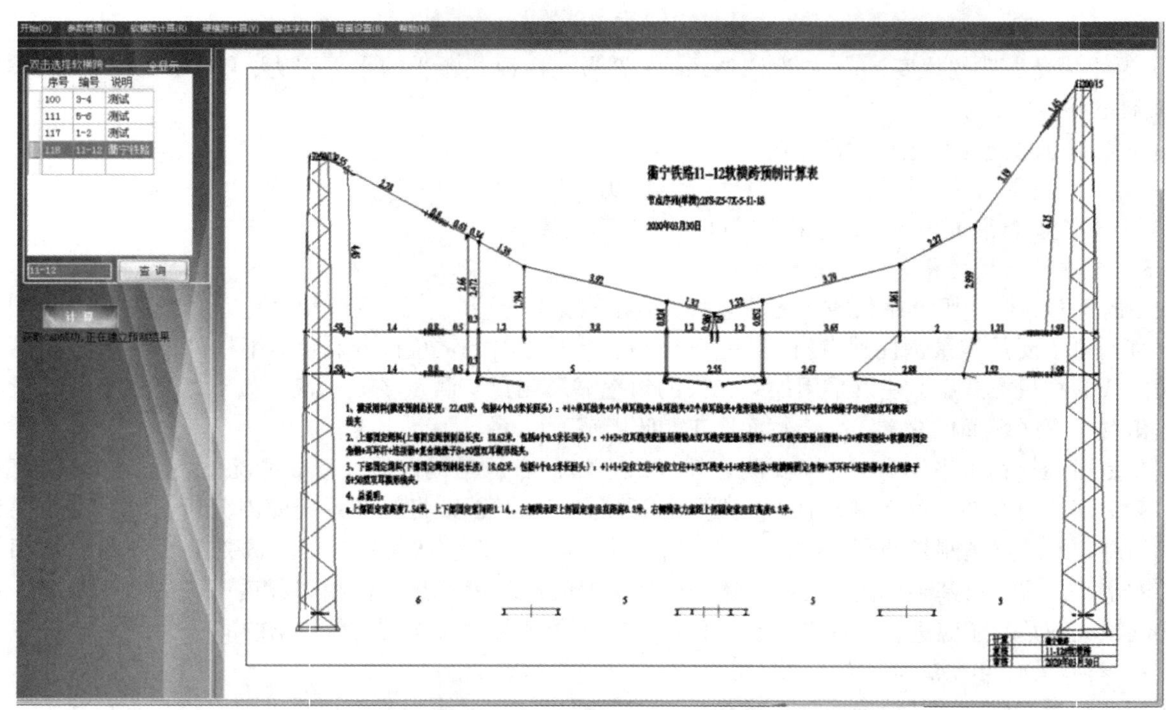

图4　软横跨预制计算软件计算后的预制安装图

通过基础施工关键技术的应用，保证了软横跨支柱一次安装到位，减少了传统施工中因基础通病等问题带来的支柱安装费时、整正费力，且还可能留下质量隐患等问题，既节约了时间，又保证了质量。

通过测量关键技术的控制，保证了各项基础数据的精准性，为后续精确预制计算打下基础。

通过全面的系统受力分析及多次迭代计算，保证了预制计算结果的精确性、可复核性，按照预制计算的图纸进行预制及现场安装，就能保证软横跨安装一次成型，受力后各项指标符合设计及验收标准的规定。该技术解决了因传统数据不准确，而需调整横承回头、直吊线或甚至更换横向承力索等问题，减少了人员高空作业滞留时间，提升了安装效率，确保软横跨外观对称性美观，保证了质量。

总之，通过支柱安装一次到位、软横跨安装一次到位，确保了软横跨施工一次到位。两个一次到位的应用，较以往的安装调整工艺，节约施工时间50%以上，节约了人力、物力，减少了人身高空作业滞留时间，降低了人身安全风险及铁路运营安全风险，产生了较好的经济效益，在电气化铁路施工领域具有较好的推广价值。

参考文献

[1] 于万聚. 高速电气化铁路接触网[M]. 成都：西南交通大学出版社，2003.

[2] 程德勤，袁玉森. 软横跨钢柱安装一次到位的技术措施[J]. 电气化铁道，1999，(1)：12－13.

作者简介

王兵，中铁电气化局集团有限公司安全质量环保，高级工程师

高速铁路接触网故障应急处置能力的提升策略

刘长利

摘　要： 高速铁路接触网故障时应尽量缩小停电范围和快速恢复供电，通过分析接触网运行特点和故障处置体系，建立接触网故障时的供电臂重构模式、供电分段重构模式，分析这两种重构模式对动车组运行的影响，找出接触网故障应急处置的薄弱环节是接触网开关，其在带负荷操作、倒闸时间及服役状态等方面难以适应铁路智能化发展要求。接触网开关分阶段升级为户外27.5 kV真空断路器，供电调度端按最小停电单元对接触网故障进行直控切除操作。

0　引言

在高速铁路牵引供电系统中，接触网是向动车组供电的“最后一公里”，但接触网无备用运行且故障率较高，接触网故障导致动车组降弓停车一直是铁路供电领域难以妥善解决的问题。目前智能牵引供电系统对牵引变压器和高压电气设备进行智能化升级，采用故障预测与健康管理PHM、接触网6C检测等手段，实现变电设施和接触网关键设备的故障预警、故障快速诊断、设备与系统健康评估、系统可靠性分析与风险评估等。高速铁路接触网故障时如何尽量缩小停电范围和快速恢复供电，需开展深化研究工作。本文通过分析高速铁路接触网运行特点和故障处置体系，建立接触网故障时的网络重构模式，并分析网络重构模式对动车组运行的影响，找出接触网故障应急处置的薄弱环节，提出技术和管理两方面的升级策略。

1　高速铁路接触网运行特点和故障处置体系

高速铁路牵引供电系统采用接触网为动车组供电，牵引变电所为接触网的唯一电源，接触网无差别地为每列动车组提供不间断供电，动车组停电且空调失效超过20分钟需要打开车门并通知救援，因此铁路供电具有特定性和时效性，对供电可靠性要求较高。

接触网故障较复杂，对动车组运行影响较大。接触网瞬时性故障主要是由绝缘子闪络、导线大风舞动和异物侵限等引起，发生瞬时性故障可通过牵引变电所自动重合闸、试送电等方式恢复正常供电；对于接触网永久性故障，根据对动车组通过能力的影响可分为部分可恢复性故障和不可恢复故障两种形式，部分可恢复性故障主要指上下行接触网(供电臂)的供电线、正馈线故障，通过降级供电方式以保证动车组运行，动车组需采取限速或反向行车等措施；不可恢复故障主要指接触网故障停电抢修，动车组需停车或采取降弓惰行通过。

高速铁路接触网无备用运行，当接触网发生故障时，由牵引变电所进行一次自动重合闸，重合闸失败后在供电调度端进行再一次试送电，若为瞬时性故障可恢复正常供电，若试送电失败，则需要采取降级供电方式，并进行故障排查和隔离。高速铁路接触网故障应急处置工作，由供电调度端的SCADA远动系统、牵引变电所的广域保护测控系统及断路器、接触网开关等配合完成。高速铁路接触网故障处置体系如图1所示。

与电力系统的智能电网技术相比，高速铁路接触网具有一定的特殊性和复杂性，应有针对性地建立接触网故障时的网络重构模式。

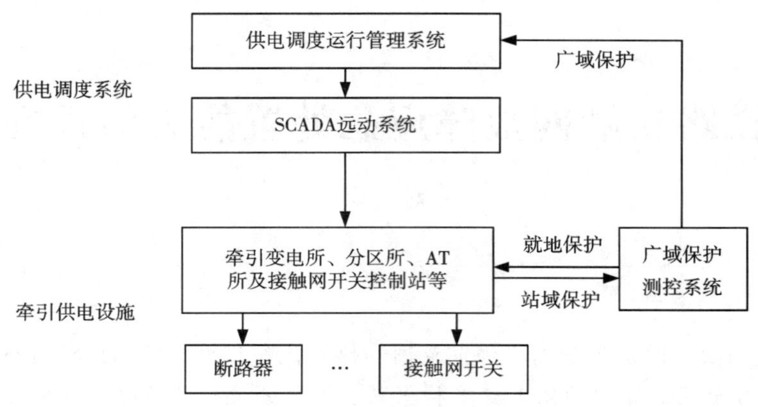

图 1　高速铁路接触网故障处置体系

2　接触网故障时的网络重构模式

2.1　网络重构的内涵

高速铁路接触网运行以不间断供电为原则，应尽力预防和避免故障发生，如果发生故障以尽快恢复正常供电为宜，对于部分可恢复性故障和不可恢复故障，如不能恢复正常供电应采用网络重构模式。网络重构是指通过降级供电方式隔离故障、缩小停电范围并恢复对非故障区域的供电。在高速铁路沿线接触网(供电臂)上含有大量的断路器和隔离开关，网络重构就是通过改变这些断路器或隔离开关的分、合闸状态，从而切换设备、改变供电运行方式。

根据高速铁路牵引供电系统特点和沿线供电设施布局情况，接触网故障时的网络重构模式可分为供电臂重构模式和供电分段重构模式。

2.2　供电臂重构模式

当供电线、正馈线发生故障时，或者变电设施发生严重故障导致整所(牵引变电所、分区所、AT 所)甚至供电臂退出运行时，采用供电臂重构模式。由于广域保护测控系统以供电臂为单元进行，因此目前智能牵引供电系统中普遍采用供电臂重构模式，可采取的降级供电方式有：(1)AT 供电上下行分开供电方式、AT 供电 V 停供电方式、AT 供电越区供电方式；(2)直接供电全并联供电方式、直接供电上下行分开供电方式、直接供电 V 停供电方式、直接供电越区供电方式。供电臂重构模式的应急操作流程如图 2 所示。可以看出，供电臂重构模式的操作比较简单，但当故障供电臂及相邻供电臂内有多列动车组运行时，停电影响较大。该模式由调度端根据广域保护测控数据通过 SCADA 远动系统进行程控化操作。

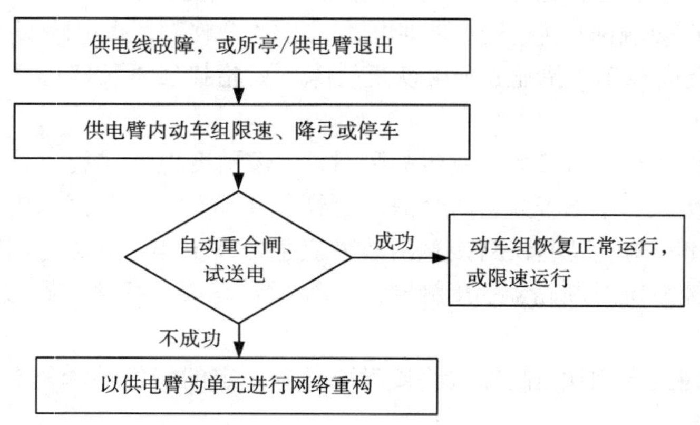

图 2　供电臂重构模式的应急操作流程

2.3　供电分段重构模式

为了尽量减小动车组停车对旅客身心及社会舆情的影响，最大范围地为沿线滞留动车组供电，应缩小停电范围，尽快为接触网故障点所在最小停电单元以外的动车组恢复供电。接触网的最小停电单元是供电分段，供电分段是在供电臂的基础上由电分段(绝缘锚段关节或分段绝缘器)细分出来的独立电路，利用电动隔离开关进行连接或隔离。典型的高速铁路沿线供电分段布局如图3所示。

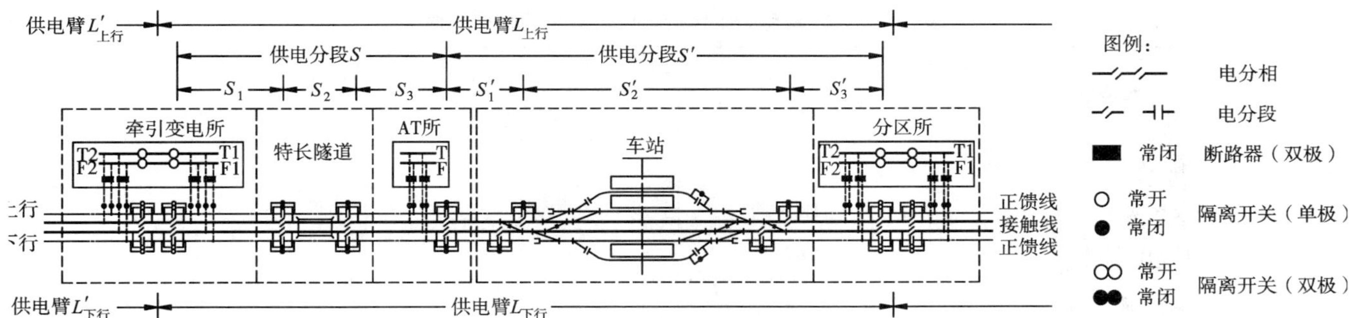

图3　典型的高速铁路沿线供电分段布局

一个供电臂内的供电分段单元的划分原则是：(1)纵向单元为车站两端咽喉区外、AT所附近及隧道内外绝缘锚段关节的供电分段；(2)横向单元为枢纽或大型客站的供电分束；(3)以车站两端咽喉区八字渡线处绝缘锚段关节为基础，划分接触网V停供电单元。

供电分段重构模式的应急操作流程如图4所示。可以看出，当自动重合闸和试送电失败时需要进行故障排查，在供电调度端查看广域保护测控系统上传的接触网故障标定数据，当故障判断不明确时则需要操控供电分段处接触网开关进行分段试送电，找出故障点所在最小停电单元，隔离故障点和恢复供电。

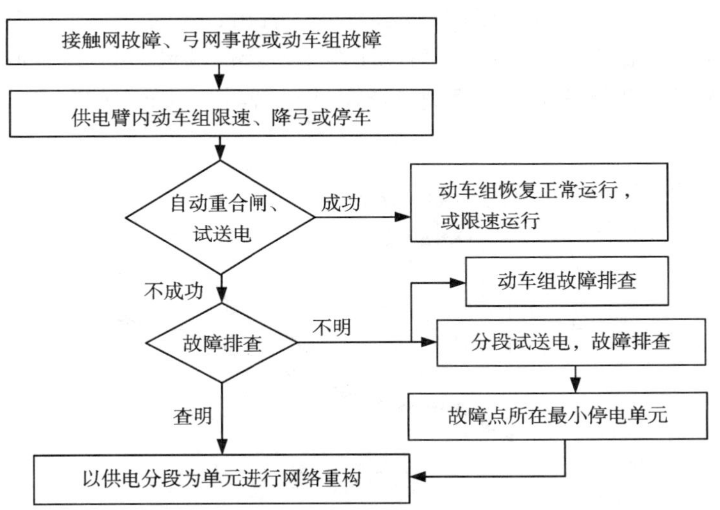

图4　供电分段重构模式的应急操作流程

当接触网故障且供电臂内有多列动车组运行时，能否尽快隔离故障点和恢复供电，取决于调度端程控化水平、故障标定能力及倒闸作业效率。

2.4　两种模式对动车组运行的影响

按照行车组织计算高速铁路动车组紧密运行间距，测算出供电臂内各区段动车组运行数量，量化分析以上两种模式停电对动车组运行的影响。具体采取如下方法：采用区间通过和有车站经停两个模型，按正常运行和限速运行分出各等级速度及对应的动车组最小追踪间隔时间，计算出动车组最小追踪距离，进而判断供电臂、供电分段内动车组运行数量。区间动车组最小追踪距离的计算公式为：

$$\Delta S = v \times \Delta t_{追} \tag{1}$$

式中：v为动车组运行速度，$\Delta t_{追}$为动车组最小追踪间隔时间。

正常运行和限速运行的各等级速度值采用铁路技术管理规程规定，但不考虑接触网和信号等设备故障情况；动车组最小追踪间隔时间采用高速铁路设计规范及文献[11]-文献[13]的研究成果。高速铁路动车组运行速度及最小追踪间隔时间如表1所示。

表1 高速铁路动车组运行速度及最小追踪间隔时间

技术条件	运行速度/$(km \cdot h^{-1})$	动车组最小追踪间隔时间/min	
		区间通过	车站经停
雨天防洪地段	45	5	5
极端大风天气	120	4	4
异物侵限报警	120	4	4
动车组故障	120	4	4
极端冰雪天气	160	3	3
反方向行车	160	3	3
正常运行	200	3	3
	250	3	4
	300	3	4
	350	3	5
	380	3	5

经计算，区间动车组最小追踪距离如图5所示。可以看出，区间动车组正常运行时最小间距保持在10 km以上，当供电臂内有车站时，考虑到前、后动车组进站经停的最小间隔时间限制，两列动车组追踪间距可达到20~30 km。另外，在特殊情况下高速铁路限速运行时，动车组间距在8~10 km，在雨天防洪区段动车组最小间距为3.75 km。

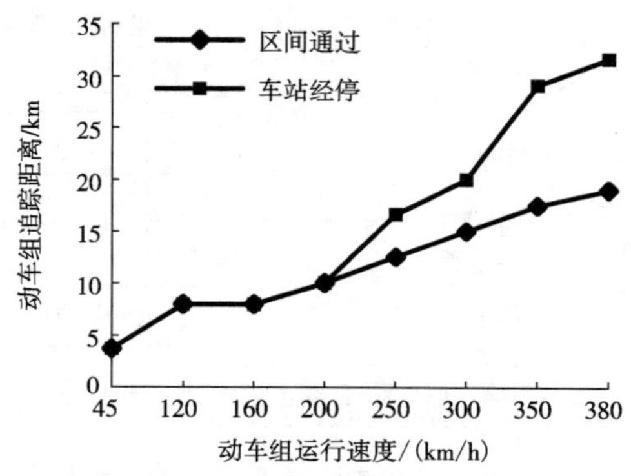

图5 高速铁路区间动车组最小追踪距离

高速铁路牵引供电系统的供电臂长度为25 km左右，从动车组紧密运行的因素考量，正常情况下单个供电臂可为2列动车组供电，限速情况下最多可为6列动车组供电。在供电分段长度方面，以图3所示高速铁路沿线供电分段布局为例，由于AT所附近设绝缘锚段关节，因此供电臂$L_{上行}$至少划分出2个最基本的供电分段，长度各自为10 km左右，正常情况下可分别为1列动车组供电；供电分段S内有座特长隧道，可细分成3个供电分段单元，供电分段S'内有座车站，也细分成3个供电分段单元，因此供电臂$L_{上行}$内可有6个供电分段单元，其中2个供电分段单元可分别为1列动车组供电，限速情况下则每个供电分段单元均可为1列动车组供电。

上述数据用于两种模式停电对动车组运行影响的评价，分析如下：

(1)供电臂重构模式对动车组运行的影响较大。以供电臂 $L_{上行}$发生故障为例，当供电臂 $L_{上行}$退出时可迫使 2 列动车组降弓停车，直至故障修复，体现为停电时间较长；当越区供电时可迫使供电臂 $L_{上行}$及相邻供电臂 $L_{下行}$或 $L'_{上行}$内 4 列动车组临时降弓停车，体现为停电影响范围较大。

(2)供电分段重构模式对动车组运行的影响较小。接触网发生单点故障普遍只涉及 1 个最小停电单元，当绝缘锚段关节、分段绝缘器、电分相处发生接触网故障或弓网事故时可涉及相邻 2 个最小停电单元。当最小停电单元为供电分段时，接触网单点故障停电最多迫使 1 列动车组降弓停车，供电臂 $L_{上行}$内还有 4～5个供电分段单元可为动车组供电，供电分段重构模式具有较高的供电灵活性。

2.5　动车组惰行方式的分析

在供电臂重构模式、供电分段重构模式下动车组运行可采取惰行方式，铁路运营部门在宁杭、杭甬及郑西高铁进行了试验，结果表明动车组惰行距离主要受初始速度、线路条件及风速等因素影响，通常情况下动车组惰行通过整个供电臂或半个供电臂是可行的，考虑到动车组在车站经停和启动加速问题，目前一般是按半个供电臂(即图 3 中供电分段 S 或 S')进行实施。与供电臂重构模式相比，供电分段重构模式可以缩小停电范围，有利于动车组惰行方案实施。

综上所述，在高速铁路接触网故障时为了尽量缩小停电范围和快速恢复供电，应考虑在供电分段重构模式的基础上开展深化研究。

3　接触网故障应急处置的薄弱环节

供电分段重构模式主要依靠接触网开关的倒闸操作来实现。目前我国高速铁路接触网普遍采用隔离开关，早期高速铁路项目的电分相中性段、上下行并联处采用了负荷开关，因其开断能力和电气寿命无法满足要求，近几年高速铁路接触网设计不再采用负荷开关，并在铁路设计规范中统一规定采用隔离开关，并采用电动操作，经 SCADA 远动系统纳入供电调度管理。

与普速铁路相比，目前高速铁路接触网开关的功能和用途已发生变化。高速铁路接触网检修采用垂直天窗模式，操作牵引变电所馈线断路器以供电臂为单元停电，夜间检修时可不动用隔离开关，无需现场人工查看隔离开关断口以确认接触网带电状态。

随着智能牵引供电系统的发展，接触网开关将主要用于故障排查和网络重构，但隔离开关的性能难以适应高速铁路运营需求。隔离开关电动操作时间在 4 s 左右，与断路器的毫秒级操作时间相比差距较大。由于隔离开关没有熄弧装置，不能带负荷操作，需要与牵引变电所馈线断路器进行配合操作，不能实现速断速合。电分相中性段处接触网开关用于动车组救援或特殊情况下越区供电，由于隔离开关不能带负荷操作，导致电分相两侧供电臂均需要参与倒闸操作；牵引变电所出口上下行联络开关用于馈线断路器故障切换时一拖二并联供电，隔离开关操作导致上下行供电臂均需临时停电。因此，接触网开关操作将涉及多列动车组停车降弓，影响范围大、停电时间较长。

从服役状态方面看，目前隔离开关故障率较高，雷电或接触网闪络引起 RTU 箱、操作机构箱烧损的次数较多，开关引线脱落导致弓网事故。接触网开关是 SCADA 远动系统中测控数量较多的设备，但开关拒动、误动及开关位置误显示等远动控制问题较多。

综上所述，接触网开关是高速铁路接触网故障应急处置工作的薄弱环节，在带负荷操作、倒闸时间、服役状态等方面难以适应铁路智能化发展要求。

4　技术升级策略

由于供电分段重构模式具有较高的供电灵活性，按供电分段单元停电对沿线动车组运行影响较小，考虑在供电分段重构模式的基础上开展研究，提高接触网故障应急处置能力。由于接触网开关是高速铁路接触网故障应急处置工作的薄弱环节，应考虑在接触网开关和供电调度管理方面进行技术升级。

4.1　接触网开关的技术升级

参照智能牵引供电系统发展的技术版本管理，接触网开关的技术升级可分三个阶段进行，其技术升级路线如图 6 所示。

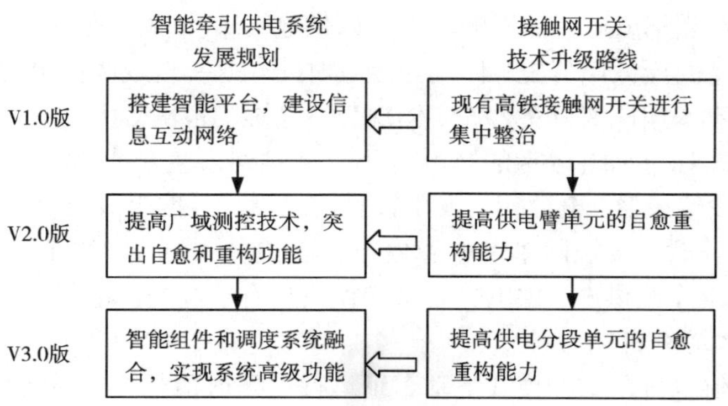

图6　接触网开关的技术升级路线

提高接触网开关性能的关键是采用能带负荷操作、具有速断速合能力的断路器，并优化其在H型钢柱上的安装方式。目前我国高速铁路牵引变电所常用的户外27.5 kV真空断路器具有成熟的应用经验，接触网开关可采用户外27.5 kV真空断路器的技术条件，在运行环境、电气参数及分合闸时间、操作寿命等方面与变电设备保持一致。接触网开关的分阶段技术升级内容如表2所示。

表2　接触网开关的分阶段技术升级内容

阶段	目标	技术升级内容
第一阶段	完善隔离开关的防雷接地和远动控制方案，降低故障率	开关托架上避雷器更换为标称放电电流10 kA级别氧化锌避雷器，或加设小型避雷针。电动操作机构箱、RTU箱与H型钢柱之间增设绝缘，弱电接地与接触网接地之间保持足够距离。完善开关监控系统，提高户外远动设备的抵抗恶劣环境能力及抗电磁干扰能力
第二阶段	提高供电臂单元的自愈重构能力	电分相中性区段处开关、牵引变电所出口上下行联络开关、AT所处电分段开关改为柱上安装形式的户外27.5 kV真空断路器，通过远动系统直接操作接触网真空断路器为动车组供电
第三阶段	提高供电分段单元的自愈重构能力	其余电分段开关改为柱上安装形式的户外27.5 kV真空断路器，通过远动系统直接操作接触网真空断路器进行快速自愈重构

接触网采用真空断路器需要考虑高速铁路沿线建筑限界和动车组运行安全问题，金属封闭型真空断路器的本体尺寸较小，比较适合在接触网H型钢柱上安装，且在国外高速铁路线路上有成功的运行经验，因此可作为首选。在安装方式上，隧道外接触网真空断路器可采取在H型钢柱顶安装以取代现有隔离开关[如图7(a)所示]，新建线路可采用改进的H型钢柱侧面安装方式[如图7(b)、图7(c)所示]，在隧道内可安装于H型钢柱支架或侧墙托架上，替代现有隔离开关。

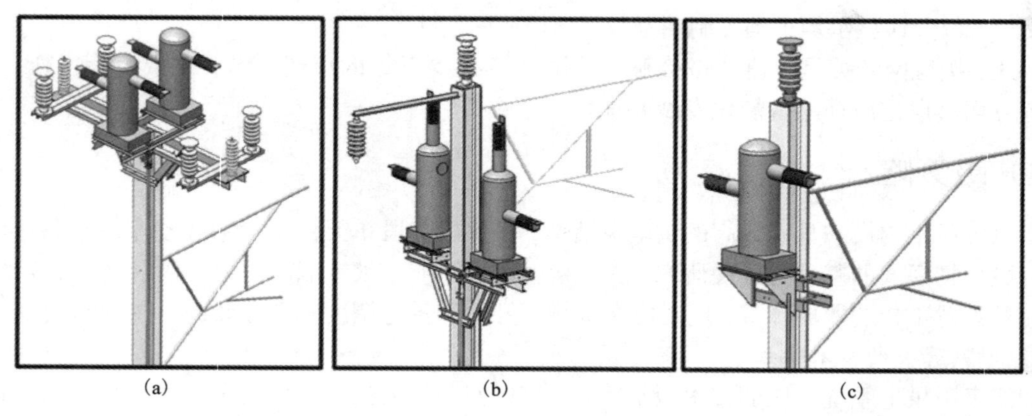

图7　H型钢柱上接触网真空断路器安装方式

4.2　供电调度管理的技术升级

接触网开关升级为真空断路器后，在性能和可靠性方面与牵引变电所户外 27.5 kV 真空断路器一致，并且均为 SCADA 远动系统的测控子项，在增加了智能组件后，应纳入智能设备统一管理。

在管理方面，主要对供电调度管理进行技术升级。当高速铁路发生接触网故障或弓网事故引起牵引变电所跳闸时，供电调度端一般首先切除故障供电臂单元，供电臂范围内动车组全部停车降弓。然后利用接触网隔离开关进行故障排查，或切除故障所在半个供电臂单元，为影响范围外动车组恢复送电。随着广域保护测控系统、接触网 6C 检测系统和 PHM 健康管理的逐步完善，提升了接触网对故障感知、故障标定、故障判断能力，而供电调度端现有远动操作流程存在与智能牵引供电系统发展不相匹配问题，需要进行优化。接触网分段绝缘器、绝缘锚段关节等形成的供电分段可视为最小停电单元，目前在分段绝缘器、绝缘锚段关节等处设置了隔离开关，将隔离开关替换成真空断路器并纳入广域保护测控系统后，可按最小停电单元对接触网故障进行直控切除操作，以尽量减少牵引变电所馈线断路器的远动操作。

5　结束语

高速铁路接触网故障时应尽量缩小停电范围和快速恢复供电，通过分析高速铁路接触网运行特点和故障处置体系，建立接触网故障时的供电臂重构模式、供电分段重构模式，分析这两种重构模式对动车组运行的影响，可以看出供电分段重构模式对动车组运行的影响较小，具有较高的供电灵活性。目前高速铁路接触网故障应急处置的薄弱环节是接触网开关，其在带负荷操作、倒闸时间及服役状态等方面难以适应铁路智能化发展要求。应考虑在接触网开关和供电调度管理两方面进行技术升级，接触网开关升级为户外 27.5 kV 真空断路器，供电调度端按最小停电单元对接触网故障进行直控切除操作。

参考文献

[1] 王同军. 智能铁路总体架构与发展展望[J]. 铁路计算机应用, 2018, 27(7): 1-8.
[2] 王同军. 中国智能高速铁路体系架构研究及应用[J]. 铁道学报, 2019, 41(11): 1-9.
[3] 蒋先国, 陈兴强. 智能牵引供电系统现状与发展[J]. 中国铁路, 2019, (9): 14-21.
[4] 董文哲, 郭晨曦, 杨斯渤. 高速铁路智能牵引供电系统研究[J]. 铁路计算机应用, 2018, 27(11): 43-47, 55.
[5] 杨斯渤, 李强, 董文哲. 智能牵引供电系统现场试验评估技术研究[J]. 铁道标准设计, 2019, 63(1): 128-132.
[6] 朱飞雄. 智能牵引供电系统标准体系研究[J]. 电气化铁道, 2018, 29(6): 6-8, 14.
[7] 李志锋. 智能牵引变电所技术研究[J]. 电气化铁道, 2017, 28(4): 1-5, 9.
[8] 常占宁. 智能供电调度系统的研究与实践[J]. 电气化铁道, 2018, 29(S1): 11-14.
[9] 杨少伟. 智能牵引供电系统重组自愈技术研究[D]. 成都: 西南交通大学, 2017, 7-20.
[10] 姚小军. 牵引供电系统故障隔离与供电恢复自动化的研究[D]. 成都: 西南交通大学, 2007, 8-50.
[11] 田长海, 张守帅, 张岳松, 等. 高速铁路列车追踪间隔时间研究[J]. 铁道学报, 2015, 37(10): 1-6.
[12] 王丹彤. 高速铁路列车追踪间隔优化及仿真研究[D]. 成都: 西南交通大学, 2016, 7-20.
[13] 李博, 杨晓. 限速条件下高速铁路列车追踪间隔时间研究[J]. 铁道运输与经济, 2013, 35(10): 12-17, 31.
[14] 赵朝蓬, 胡志洪. 高铁动车组长距离降弓通过方案的研究与实践[J]. 电气化铁道, 2014, (1): 25-28.
[15] 张宝奇, 茹庆文. 高铁动车组惰行试验与应用实践[J]. 电气化铁道, 2016, (1): 20-23.
[16] 刘再民. 高铁供电应用技术发展的几项重点及工程化路径[J]. 电气化铁道, 2018, 29(6): 1-5.

作者简介

刘长利，中铁第一勘察设计院集团有限公司，高级工程师

高速铁路弓网检测(1C)数据分析方法与应用探讨

申 涛

摘 要：本文从弓网检测(1C)数据分析中遇到的问题入手，提出了弓网数据分析的新方法，即波形图特征分析法，解决了传统分析方法准确度不高、误差大的问题。同时从数据应用的角度出发，探索拓展数据的应用范围，发掘数据的使用价值，为接触网状态修提供更全面、更有效的依据。

0 引 言

在铁路供电安全检测监测系统(6C 系统)迅速发展的今天，如何提高检测监测数据的利用程度及参考价值，是现有维护管理模式下必须研究的问题。而弓网综合检测(1C)作为供电 6C 检测的重要组成部分，是评价接触网运行质量的有效依据，因此提高弓网数据分析的准确性，扩大数据的应用范围显得尤为关键。

1 弓网数据分析中遇到的问题

目前，高速铁路弓网(1C)数据主要通过综合检测车检测获得，而综合检测车弓网检测系统主要通过 GPS 定位获取线路公里标，受 GPS 定位精度限制及其他外部因素的影响，GPS 定位获取的线路公里标与线路(或支柱)实际公里标间往往会有一定距离的误差，因此，按照传统分析方法，仅通过 GPS 定位获取的公里标来确定缺陷位置，就会出现一定的位置偏差，导致在缺陷复核整改的过程中，出现找不到实际缺陷位置而不得不扩大缺陷复核(排查)范围的情况，大大降低了缺陷整改的效率。

2 弓网数据分析方法

为解决弓网数据分析中遇到的问题，特提出弓网数据分析的新方法 - 波形图特征分析法。

2.1 波形图特征分析法

波形图特征分析方法是基于光学检测波形的连续性，利用接触网特征点在波形图上的特殊表现形式，同时参考弓网检测系统 GPS 定位获取的线路公里标，实现消除 GPS 误差，准确定位缺陷位置的方法。

常见的接触网特征点有：锚段关节转换跨(或转换点)，分相关节中心柱，连续正(或反)定位处所，分段绝缘器、线岔位置等。

下面将举例说明传统分析方法与波形图特征分析法。如，1C 检测发现：某高铁线上行 K1798 +241 处接触线高度为 5230 mm(标准导高 5300 mm)，构成二级缺陷。

2.1.1 传统分析方法

对照接触网平面图，查询缺陷公里标 K1798 +241 对应的位置为 a 区间 1392# -1394#间，即认为该区间 1392 -1394#间接触线高度存在缺陷，需复核整改。

2.1.2 波形图特征分析法

(1)分析方法介绍

第一步：在波形图上查找缺陷公里标附近的特征点(如锚段关节转换跨)。发现缺陷公里标 K1798 +241 附近的 A - B 跨如图 1 所示，对应公里标范围：K1797 +7 - K1797 +8 为五跨锚段关节的转换跨，即特征点。

第二步：对照接触网平面图，初步确定特征点杆号。对照接触网平面图，发现 K1797 +7 - K1797 +8 公里标附近的锚段关节为 a 区间 1360# -1374#，对应的特征点(锚段关节转换跨)为 1364# -1366#，因此，可以初步确定 A 点为 1364#支柱，B 点为 1366#支柱。

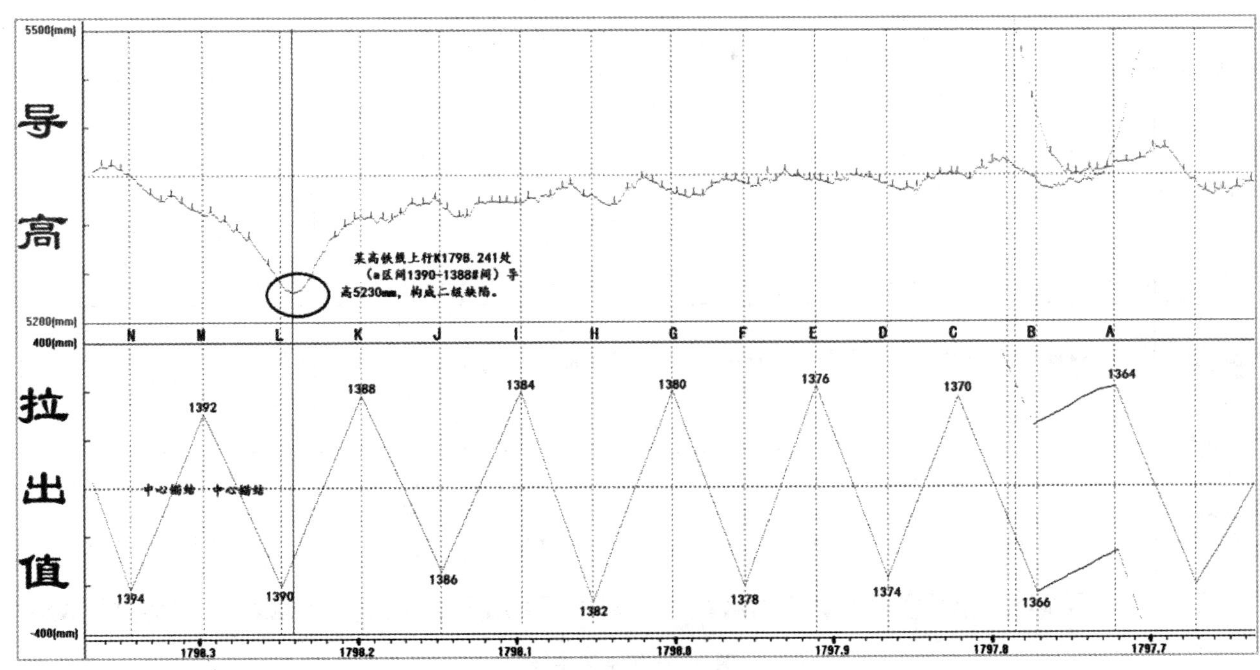

图1　波形图

第三步：根据波形图上的拉出值拐点（定位点），对照接触网平面图，依次推算支柱杆号，确定缺陷的确切位置。推算 C－N 点依次为 1370、1374、1376、1378、1380、1382、1384、1386、1388、1390、1392、1394#支柱，从而确定缺陷实际位置在 a 区间 1390#定位点附近。

（2）分析结果验证

根据图 1 上的拉出值拐点（定位点），对照接触网平面图，继续推算支柱杆号到下个特征点，验证上述分析结果的正确性。推算 a 区间 1394#以南（往 1396#方向）的各定位点如图 2 所示，发现存在以下两特征点，一是 1410#、1414#两相邻定位方式一致，查询 2C 视频，发现以上两定位均为反定位；二是 1422#为分相关节中心柱；对于以上两特征点，前者推算结果与现场一致，后者与接触网平面图吻合，充分验证了上述分析结果的正确性。

2.2　波形图特征分析法的优越性

上例中，传统分析方法确定的缺陷位置（1392#－1394#间）与实际缺陷位置（1390#定位点附近）相差约 80 m，误差较大。而根据现行技术管理要求，1C 缺陷复核范围为缺陷公里标前后 200 m，若遇到检测系统 GPS 定位误差大于 200 m 的情况，通过传统分析方法得到的结果进行缺陷复核，就会出现实际缺陷点在复核范围外的情况，给现场作业人员造成缺陷不存在（或检测存在误差）的错觉，导致缺陷得不到及时有效的整改。另外，特征分析方法能够将缺陷锁定在某一个点（或某一个跨距）内，有效增强了缺陷复核的靶向性，大大提高了现场缺陷整改的效率。

3　弓网数据分析应用

3.1　准确反映接触网导高、高差等参数缺陷

弓网检测（1C）数据可准确反映接触网导高、高差等参数缺陷，如图 3 所示的波形图可以看出，b 站 5 道 121#定位点导高为 5237 mm（＜5250 mm），构成二级缺陷，同时，该定位点与相邻跨距的高差达到 136 mm（＞100 mm），构成二级缺陷。现场复核后，发现复核数据（静态参数）与检测数据（动态参数）吻合。

3.2　及时检验接触网参数调整、零部件更换效果

通过对接触网修前、修后的弓网检测数据（1C 波形图）对比分析，可以及时有效地检验接触网参数调整、零部件更换效果。

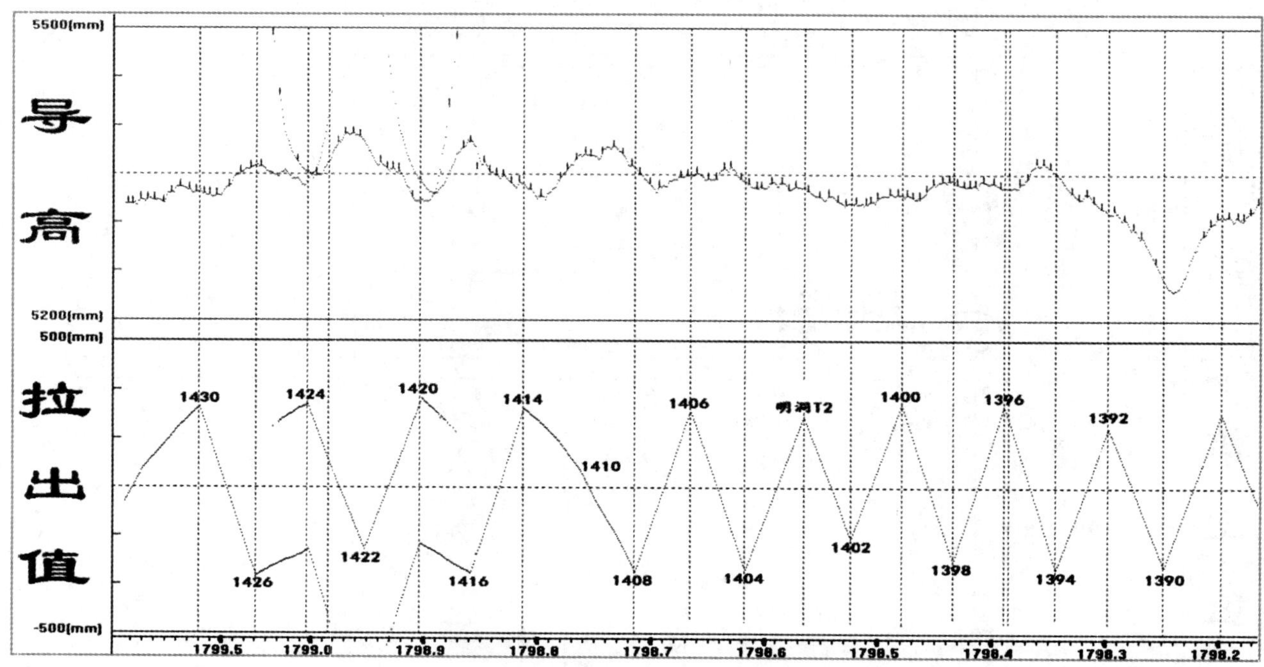

图 2　分析结果验证

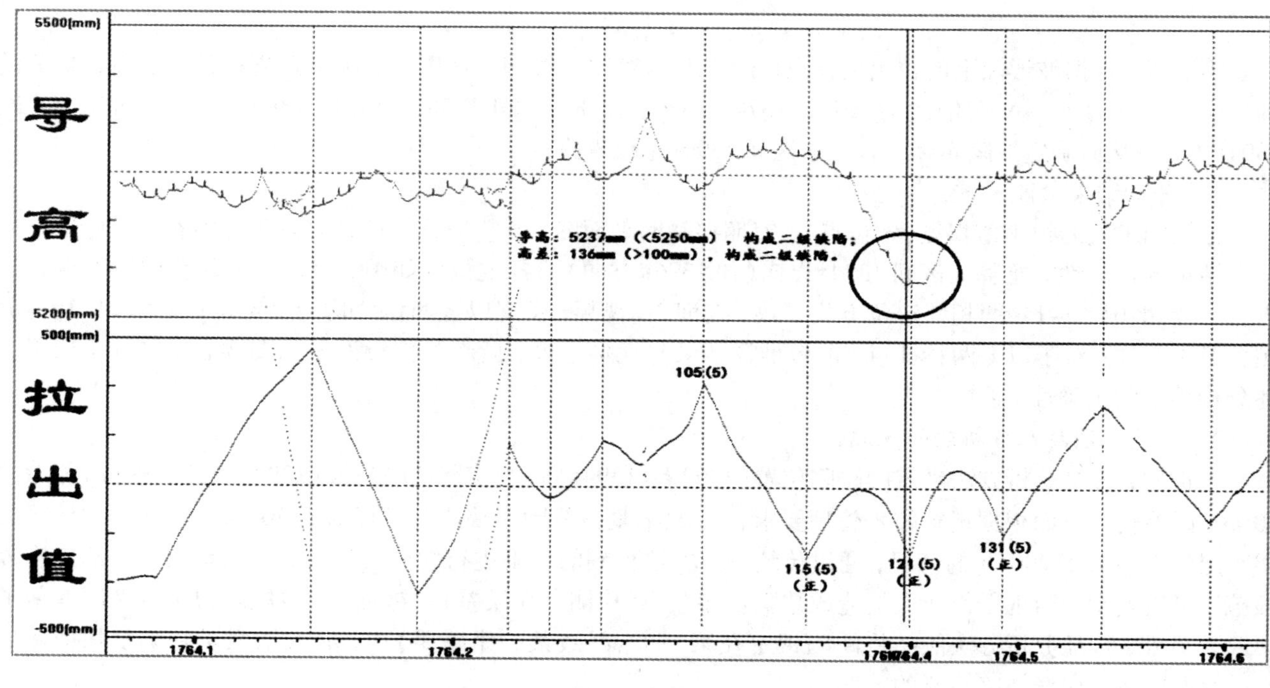

图 3　波形图

3.2.1　接触网参数调整效果分析

通过对 b 站 5 道接触线导高整改前、后 1C 波形图对比分析如图 4 所示，发现 143#定位点导高整治前为 5530 mm(>5450 mm)，构成一级缺陷，整治后为 5360 mm(<5400 mm)，整治情况良好。

3.2.2　接触网零部件更换效果分析

通过对 c 区间 95# –99#间吊弦更换前、后 1C 波形图对比分析如图 5 所示，发现 95# –99#跨内吊弦更换前(动态)导高小于 5400 mm，无缺陷；吊弦更换后，(动态)导高大于 5400 mm，构成二级缺陷。调取吊弦更换记录，发现 95#往南(往 99#方向)第一、二根吊弦预制过短，更换后导高变高且超出标准状态(5330 mm)，动态(1C)检测结果与静态测量参数吻合，及时暴露了吊弦更换过程中存在的问题。

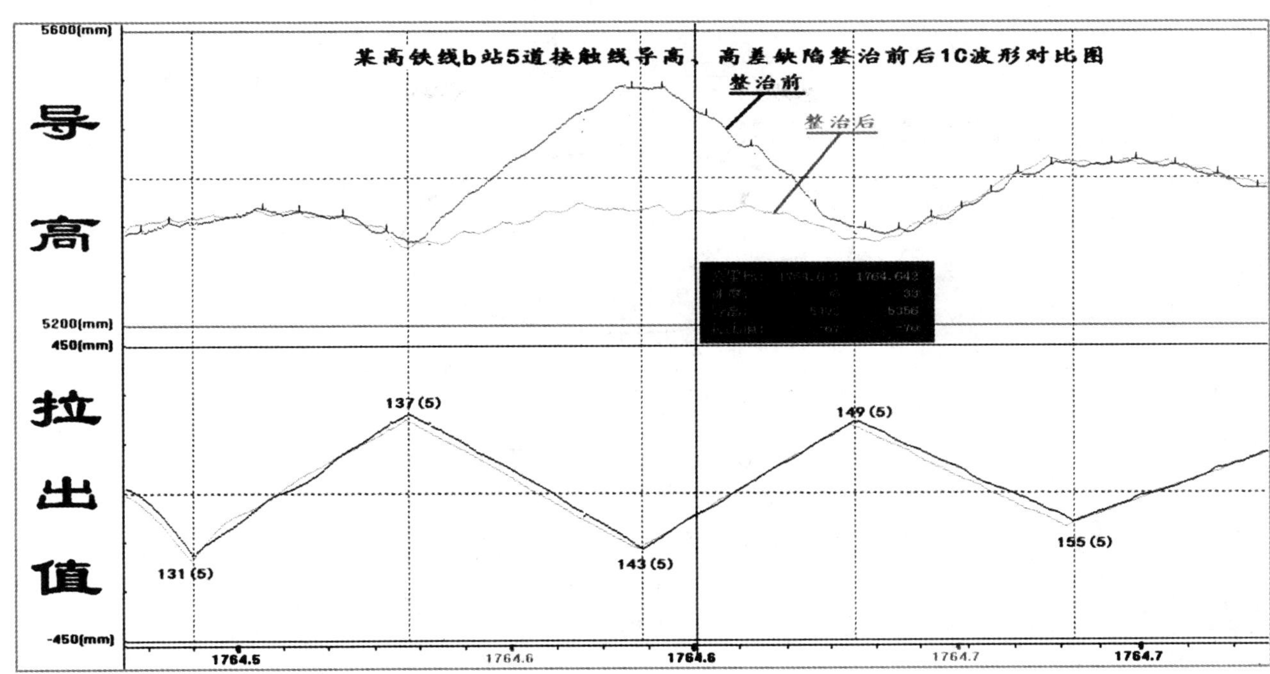

图 4　效果分析图

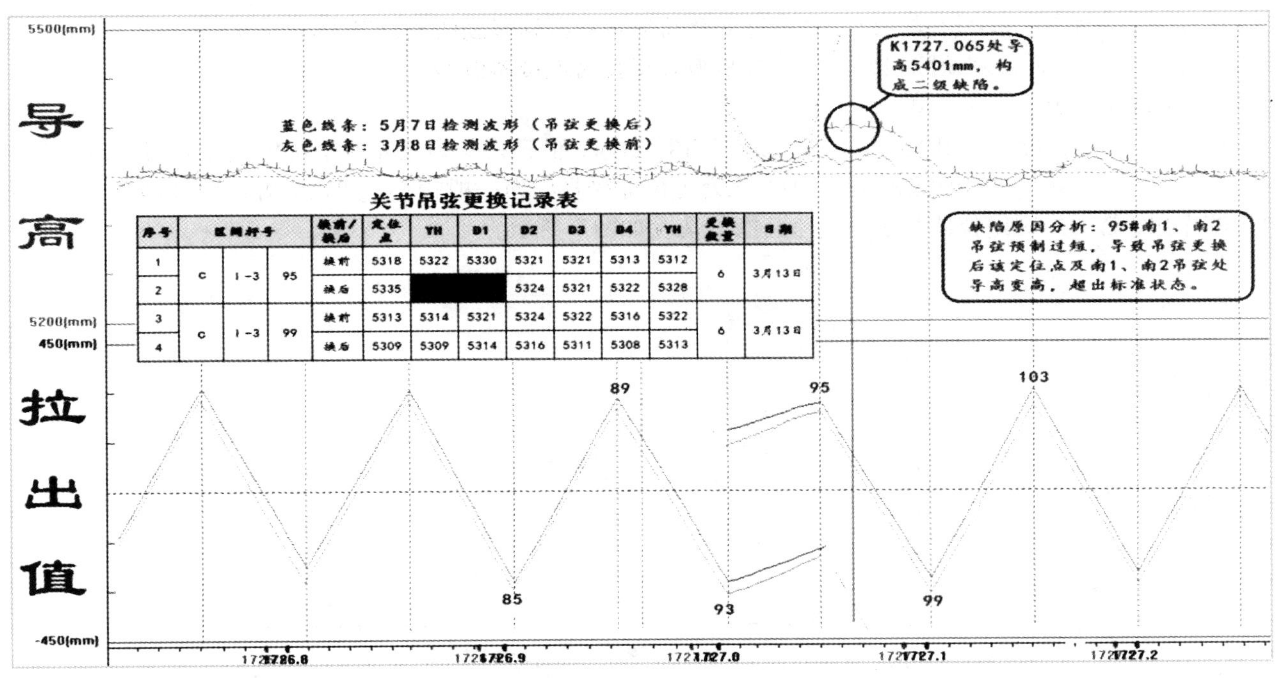

关节吊弦更换记录表

序号	区间杆号			换前/换后	定位点	YH	D1	D2	D3	D4	YH	更换数量	日期
1	C	1-3	95	换前	5318	5322	5330	5321	5321	5313	5312	6	3月13日
2				换后	5335			5324	5321	5322	5328		
3	C	1-3	99	换前	5313	5314	5321	5324	5322	5316	5322	6	3月13日
4				换后	5309	5309	5314	5316	5311	5308	5313		

图 5　效果分析图

3.3　历史数据对比，分析设备或环境变化情况

3.3.1　分析设备运行状态变化

(1) 双套筒连接器滑移

1C 检测发现某高铁线上行 K1798 + 136 处导高为 5199 mm，构成一级缺陷，分析发现导高超限位置在 a 区间 1390#定位点附近。与历年 1C 检测波形图对比分析发现，1390#定位点导高由高到低变化明显如图 6 所示，怀疑该处定位支持装置状态不良。

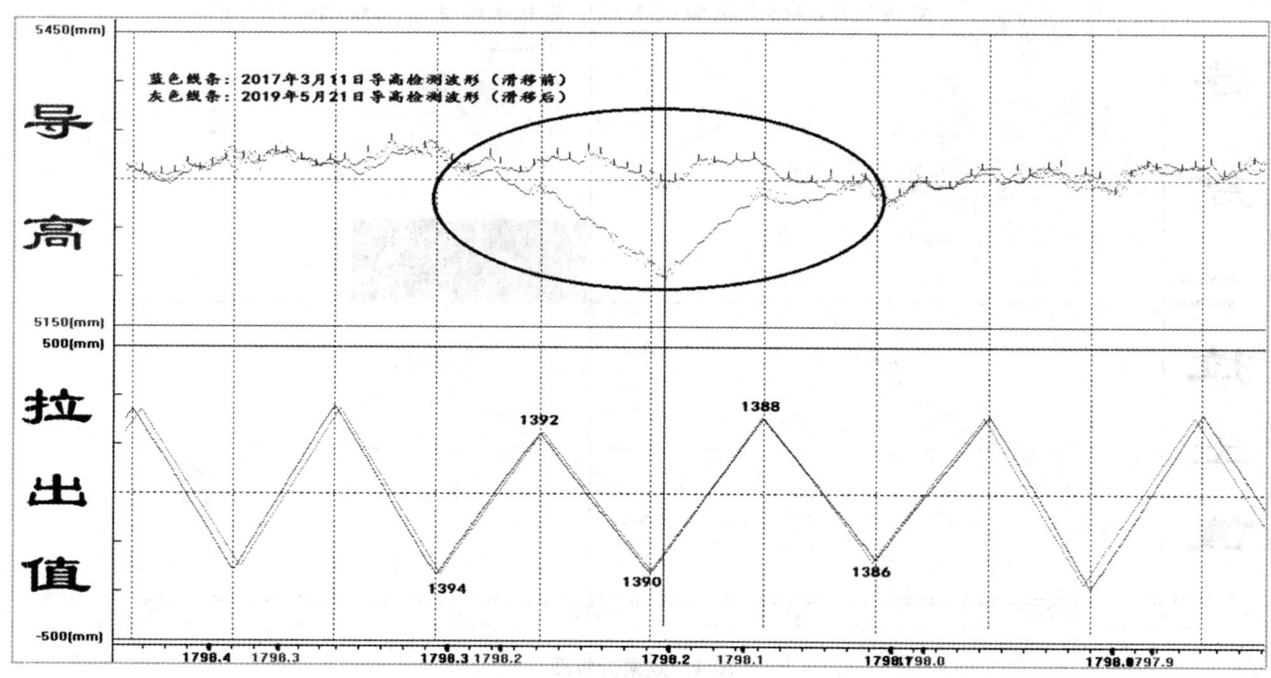

图 6 状态变化图

调取 4C 检测图片，分析发现该处平腕臂双套筒连接器滑移痕迹明显(如图 8 所示)，由此可见，a 区间 1390#定位点导高变低出现缺陷报警的原因为平腕臂双套筒连接器滑移。

(2)定位器与定位支座互磨

通过分析 1C 波形图拉出值拐点(接触线之字值)走向，很容易找到相邻两个定位点接触线拉出方向一致(即定位方式一致)且拉出值较小的处所，该处定位器受径向力一般较小，如果恰好出现在隧道，受隧道风压的作用，就会出现定位器与定位支座互磨的情况如图 7 所示。

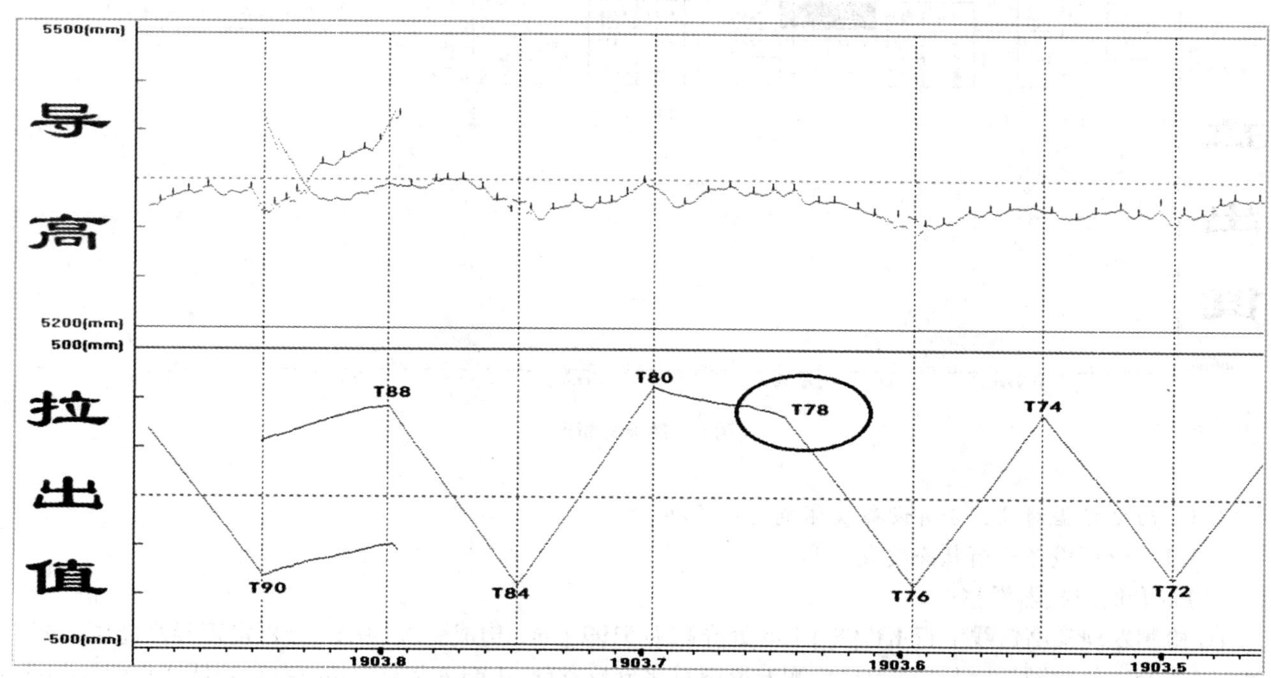

图 7 定位器与定位支座互磨

如图 7 所示，某隧道 T78#定位点正属于上述情况，因此怀疑该定位器与定位支座互磨，现场检查发现互磨情况属实如图 9 所示，因此，在检查过程中要重点关注此类定位器与定位支座的互磨情况。

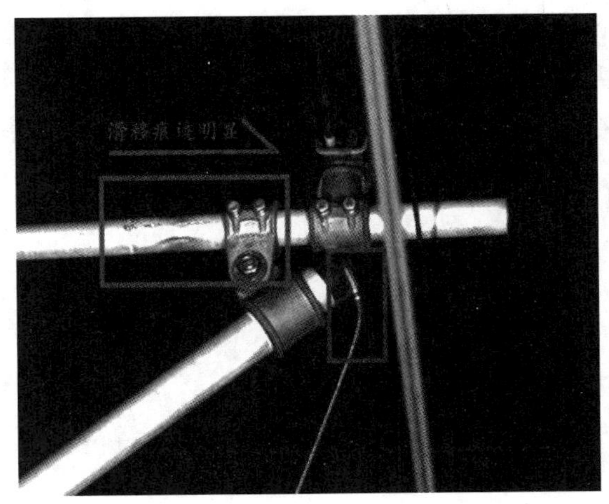

图 8　连接器滑移痕迹

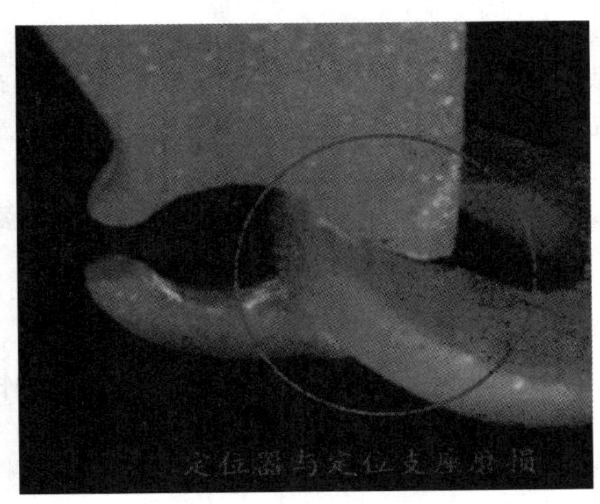

图 9　现场检查图

3.3.2　间接反映新线路基沉降

2019 年一季度，1C 检测发现某新建高铁线缺陷数量逐次上升，其中 1 月上旬 31 个、下旬 35 个，2 月上旬 37 个、下旬 40 个，3 月上旬 56 个、下旬 64 个，结合工务部门反映的问题，怀疑部分缺陷是由于新建线路路基沉降引起的。

对该高铁线开通以来的各次 1C 波形图对比分析如图 10 所示，发现 d 站接触线导高随时间推移有不同程度的升高，怀疑路基沉降，通过现场复测及红线对照，确认情况属实，有效避免了盲目调整导高后，工务部门抬道，导高参数再次不达标的情况发生，为接触网的设备维护指出了正确的方向。

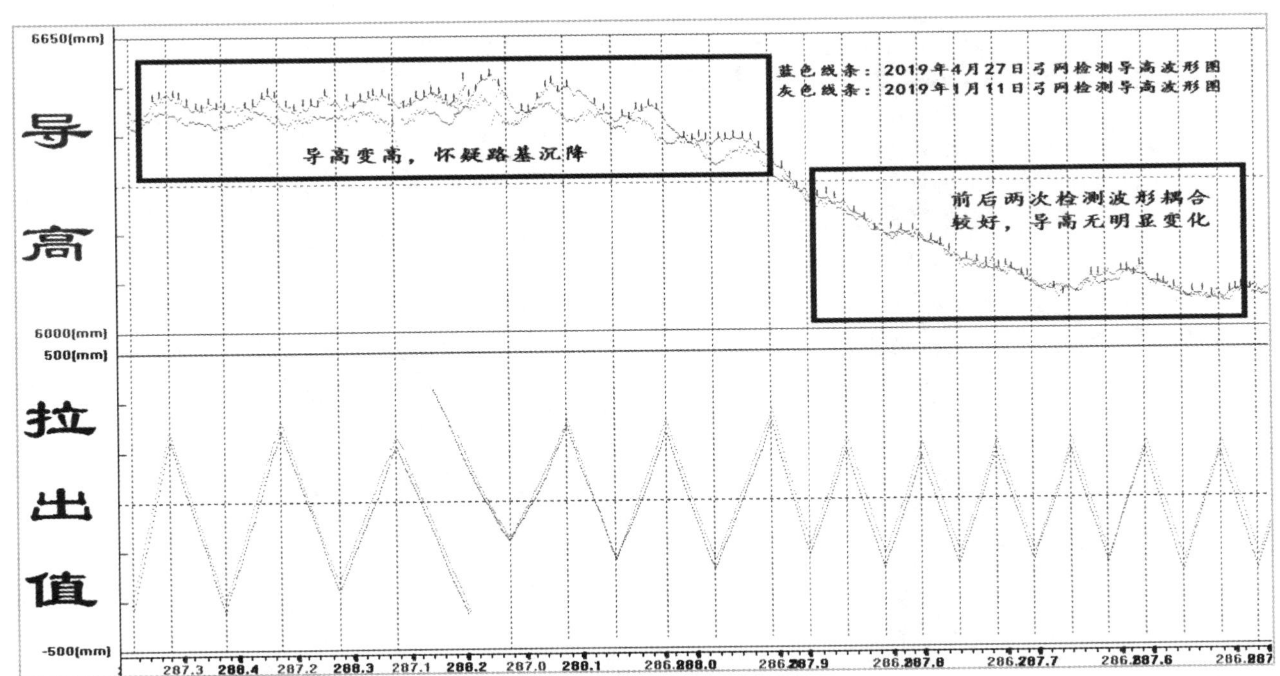

图 10　波形图对比分析

4 结束语

针对传统方法分析弓网数据定位误差大的问题，本文提出了弓网数据分析的新方法，即波形图特征分析法。该方法可将缺陷报警位置准确锁定在一个点(或一个跨距内)，增强了现场缺陷复核的靶向性，缩短了缺陷复核的距离，提高了缺陷整治的效率及准确度。同时从数据应用的角度出发，通过一系列的实例，拓宽了弓网检测(1C)数据的应用范围，达到了充分提高数据使用价值的目的。

参考文献

吴积钦. 受电弓与接触网系统[M]. 成都：西南交通大学出版社，2016，8:328 - 350.

作者简介

申涛，中国铁路广州局集团有限公司衡阳供电段分析检测室，工程师

浅析高速铁路接触网整体吊弦缺陷及整治

罗　勇

摘　要： 整体吊弦是接触网接触悬挂的重要组成部分，其工作状态质量直接影响着铁路运行安全。文中基于沪昆高铁长昆段某供电车间管内运营接触网整体吊弦服役工况，对运用中吊弦发生的典型缺陷从设计、施工、制造及设备运行方面对缺陷原因进行分析，最后提出了吊弦施工及检修过程中的整治措施及建议，对高速铁路接触网施工运维具有一定的借鉴意义。

0　引言

随着中国高速铁路的飞跃发展，高铁已成为中国制造的新名片，截止2019年底，我国高速铁路营业总里程已达到3.5万千米，稳居世界第一。接触网做为高速铁路的重要组成部分，其露天无备用的特性，使得日常施工检修尤为重要。整体吊弦是接触网接触悬挂重要组成部件，安装在承力索和接触线之间，将接触线通过整体吊弦悬挂于承力索上，依据设计结合张力和弛度有序的布置，确保了接触悬挂的稳定性和弹性均匀度，同时起到一定承载力和载流的作用。因整体吊弦安装位置特殊，其受振动、疲劳、环境、电气、材质、机械磨损、施工工艺等诸多方面的影响，因此具有较强的承载力、载流以及耐疲劳性是整体吊弦的关键技术要求。但随着列车速度、行车密度、运营年限的增加，整体吊弦产生的缺陷在各条高速铁路上逐渐显现，近年来京广、京沪、郑西高铁均出现过整体吊弦断裂的故障，如不加以整治和防范将给高速铁路运营带来安全隐患。

1　整体吊弦缺陷情况统计

整体吊弦由承力索吊弦线夹（含防滑销）、载流环（含线鼻子）、心形护环、钳压管、吊弦线、接触线吊弦线夹组成，如图1所示。

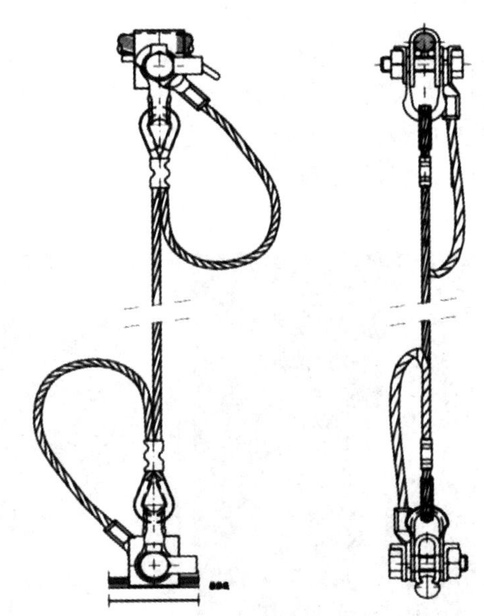

图1　整体吊弦组成

通过调取沪昆高铁长昆段某供电车间管内100 km（含两个区间和一个枢纽站场）运营接触网设备历年来全面检查问题库，发现截止2019年底整体吊弦缺陷为215个，占总问题的29.56%，缺陷主要为吊弦线断丝、断股、鼓包（硬弯）、烧伤、扭结；整体吊弦压接、安装工艺不达标；吊弦线夹螺杆螺帽松动等方面，具体情况见表1。

自2014年年底开通以来，经过4年的高速运行，整体吊弦缺陷约占整个设备缺陷的近三分之一，与其可能诱发的设备安全风险是成正比的。通过表1我们不难看出，其中施工原因导致的吊弦缺陷占整体吊弦缺陷的一半以上，主要表现在运营初期施工原因导致的压接及安装工艺不达标。随着线路运行时间的加长及通过受电弓弓架次的增加，整体吊弦断丝、断股、烧伤、鼓包（硬弯）等缺陷逐步增多，占吊弦缺陷总数的36.27%，此外吊弦线夹螺杆螺帽松动缺陷也同步频发。从缺陷来看，在控制好安装工艺及压接工艺的基础上，对整体吊弦缺陷进行有效的防控和整治，能有效地保障高速铁路牵引供电设备的安全。

表 1 整体吊弦缺陷统计

<table>
<tr><th colspan="7">历年来整体吊弦缺陷情况</th></tr>
<tr><th>序号</th><th colspan="2">缺陷描述</th><th>原因</th><th>缺陷数量</th><th>占比</th><th>备注</th></tr>
<tr><td rowspan="3">1</td><td rowspan="3">吊弦线断丝、断股、鼓包</td><td>吊弦线本体断丝、断股</td><td rowspan="3">设计及设备运行</td><td>24</td><td>11.16%</td><td rowspan="3">32.55%，2016年以后渐多</td></tr>
<tr><td>载流环(心型环)断丝、断股</td><td>30</td><td>13.95%</td></tr>
<tr><td>吊弦线鼓包(硬弯)</td><td>16</td><td>7.44%</td></tr>
<tr><td rowspan="2">2</td><td rowspan="2">吊弦线烧伤</td><td>吊弦线本体烧伤</td><td rowspan="2">设备运行</td><td>3</td><td>1.40%</td><td></td></tr>
<tr><td>载流环(心型环)烧伤</td><td>5</td><td>2.33%</td><td></td></tr>
<tr><td rowspan="2">3</td><td rowspan="2">压接工艺不达标</td><td>载流环线鼻子压接不达标</td><td rowspan="2">施工</td><td>22</td><td>10.23%</td><td rowspan="6">43.72%，主要集中在2014—2015年</td></tr>
<tr><td>压接管压接不达标</td><td>8</td><td>3.72%</td></tr>
<tr><td rowspan="4">4</td><td rowspan="4">安装工艺不达标</td><td>缺少防滑销</td><td rowspan="4">施工</td><td>52</td><td>24.19%</td></tr>
<tr><td>载流环绕本体或互磨</td><td>7</td><td>3.26%</td></tr>
<tr><td>吊弦不受力</td><td>2</td><td>0.93%</td></tr>
<tr><td>吊弦线扭结</td><td>3</td><td>1.40%</td></tr>
<tr><td>5</td><td colspan="2">吊弦线夹螺杆螺帽松动</td><td>设计、施工</td><td>43</td><td>20.00%</td><td>逐年增多</td></tr>
</table>

2 整体吊弦缺陷分析

2.1 整体吊弦线断丝、断股、鼓包(硬弯)及断裂

2.1.1 缺陷特性

通过对调查线路整体吊弦缺陷照片的分析，发现整体吊弦断丝、断股缺陷情况主要有以下几种特性：从缺陷细化来看，吊弦线本体断丝断股缺陷中，压接管处缺陷占比大于吊弦线中部；载流环(心型环)断丝、断股缺陷中心型环处缺陷占比较多。

随着运营时间的加长，此类缺陷近年来频发，已成为影响接触网设备运行的主要缺陷之一。吊弦断丝、断股及鼓包一般为吊弦受振动影响的初期表现，如未及时整改，长期运行下当剩余截面拉应力达到吊弦线临界负载值时吊弦线将发生突然断裂，甚至引发弓网故障，影响铁路运输秩序。京广高铁已发生多起吊弦断脱引发的弓网故障，如图 2 所示。

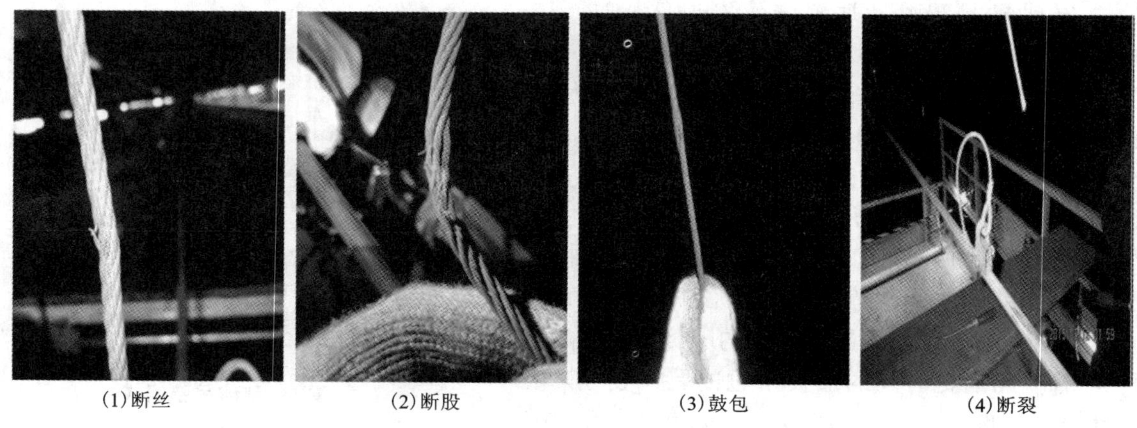

(1)断丝 (2)断股 (3)鼓包 (4)断裂

图 2 整体吊弦断丝、断股、鼓包、断裂

2.1.2 原因分析

造成此类缺陷主要是吊弦压接工艺、材质及振动疲劳原因，同时施工不标准也在一定程度上会造成此类缺陷。

(1)设计方面

①产品结构存在缺陷。经过分析整体吊弦断丝、断股绝大部分发生在压接管处和新型环底部，压接管处采用“主一副二”的犬牙三点式压接，压接管处吊弦线形变较大，且在压接管处因载流环产生的分力作用，与垂直的吊弦力产生组合应力，在长期的应力及振动下，易产生断丝、断股。同时由于心型环设计不合理，在受电弓动态抬升时，环径较大的心型环易造成心型环底部与吊弦线夹相磨，长期运行下可能产生断丝、断股。

②吊弦线韧性较差。受吊弦线耐疲劳性、耐磨性、导电率及结距等多方面的影响，吊弦线材质韧性受到一定的约束，在受电弓动态运行时，吊弦线反复弯曲次数较多，在机车受电弓高速滑过后，吊弦线在重力作用下突然下落而拉紧，同时吊弦线在水平方向产生振动，这个过程随着振动长期存在，因此在应力较为集中的压接管及吊弦线本体硬弯处体现得更为明显，如图3所示。

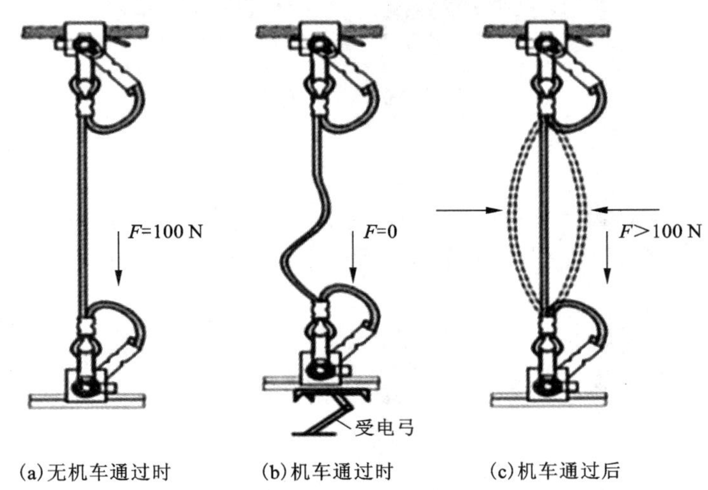

(a)无机车通过时 (b)机车通过时 (c)机车通过后

图3 整体吊弦动态荷载产生示意图

(2)设备运行方面

①接触网是低刚度、低频率的振动系统。由于受电弓的作用力会使整体吊弦迅速抬升，产生弯曲变形，通过后迅速下降，在整体吊弦上产生拉应力，造成的吊弦力波动相对较大，约是其静态力的6倍，因此整体吊弦易发生疲劳破坏。另外，整体吊弦除了承受机械载荷外，还承受部分电气负荷的作用，当电流通过吊弦线时，吊弦线温度升高，会降低吊弦线的抗疲劳强度。

②环境及产品寿命的影响。一是接触网基本为露天布置，受运行环境影响较大，风力、温湿度、腐蚀性的大气环境均能在一定程度上降低整体吊弦的抗疲劳能力，从而加速了整体吊弦非正常运行环境下的失效。二是高速、高密度的行车、风力、共振、运行年限等方面影响，实际振幅和频率大于设计标准，提前到达吊弦线所能承受的产品使用寿命。

(3)施工方面

①施工过程控制不到位，整体吊弦“带病”上线。整体吊弦在材料运输、预制过程保护不到位导致的吊线线内伤及现场安装过程中施工人员用工具敲击造成的损伤。这一些问题往往在施工时不被注意，在整体吊弦经过一段时间的运行后，通过断丝、断股、鼓包(硬弯)逐渐显现。

②作业不标准，人为因素造成的吊弦线硬弯。一是人工制作整体吊弦产生的硬弯，因整体吊弦制作比较繁琐的工序集中在压接管、心型环、载流环部分，人工制作时反复调整吊弦线易产生硬弯。二是整体吊弦安装时，作业人员手常握住压接管处进行力矩紧固，因此常见压接管附近出现硬弯。

2.2 整体吊弦线烧伤

2.2.1 缺陷特性

通过对调查线路整体吊弦烧伤缺陷的分析，发现整体吊弦烧伤缺陷并不常见，但有一个共同的特性，就是问题比较集中，有连续性，烧伤问题基本出现在同一跨距内，基本出现在整体吊弦下部，如图4所示。

(1)吊弦线本体烧伤

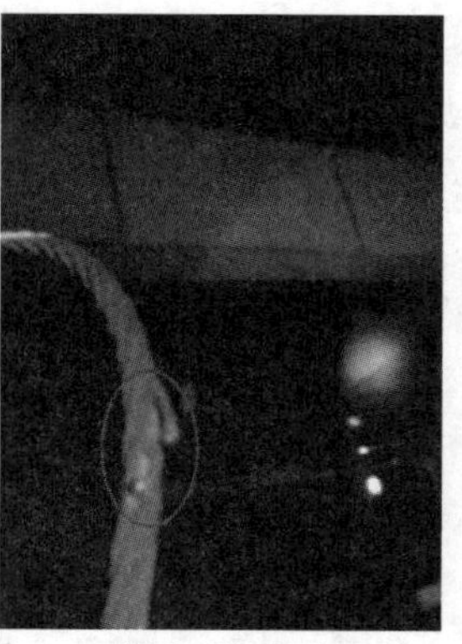

(2)载流环烧伤

图4 整体吊弦烧伤

2.2.2 原因分析

造成此类缺陷的主要为设备运行中的电气原因，通过对整体吊弦烧伤缺陷照片的分析，发现烧伤点均存在明显的熔点，类似电焊烧过，证明该点是电弧所致，翻阅相关跳闸及故障报警记录，得出以下两个原因：

(1)机车受电弓故障造成接触压力不够，受电弓离线产生的电弧烧伤。

(2)机车带电过分相产生的电弧烧伤。

2.3 压接工艺不达标

2.3.1 缺陷特性

通过对调查线路整体吊弦压接工艺缺陷的分析，发现该类缺陷占整体吊弦缺陷总数的13.95%，且站场、锚段关节内问题更为突出，主要为施工导致的压接管、线鼻子压痕浅，压接力不够；压接管、线鼻子压接模具错误；心型环压接不竖直，间隙过大等，如图5所示。

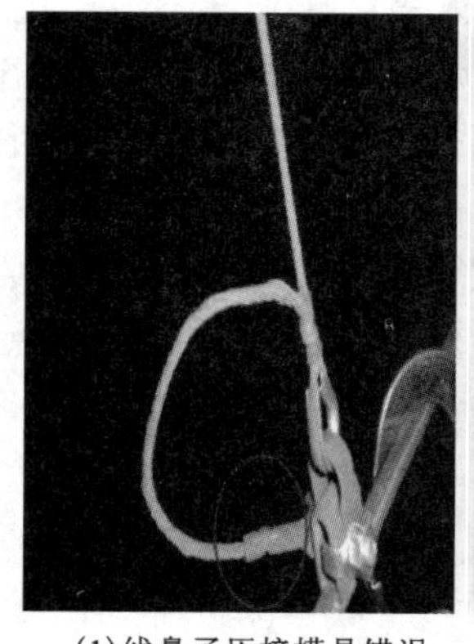

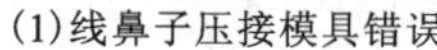

(1)线鼻子压接模具错误

(2)压接管压接模具错误

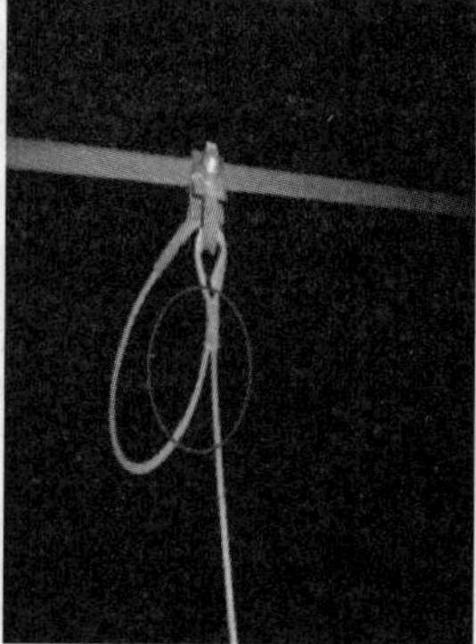

(3)压接管压接错误

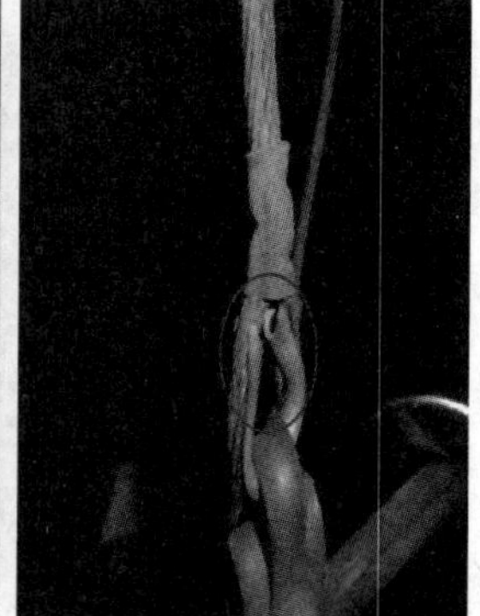

(4)压接工艺不达标

图5 整体吊弦压接工艺不达标

2.3.2 原因分析

(1)非专用预配台机械制作。未使用整体吊弦预配机器进行整体吊弦制作，造成压接力及压接模具错误。

(2)现场人工制作产生的工艺差。因站场、锚段关节等位置因腕臂预配及现场测量误差，可能存在临时参数调整，施工时存在人工现场整体吊弦预制，施工人员未携带压接工具、压接工具状态不良、作业人员标准不清、降低标准图快等问题造成的压接工艺不达标。

2.4　安装工艺不达标

2.4.1　缺陷特性

通过对调查线路整体吊弦安装工艺缺陷的分析，发现该类缺陷占整体吊弦缺陷总数的29.76%，其中承力索吊弦线夹缺少防滑销占比24.19%，主要出现在正线承力索上；载流环绕本体或互磨、吊弦不受力、吊弦线扭结占比6.38%，而不受力和扭结的吊弦主要集中在锚段关节、站场咽喉区内，如图6所示。

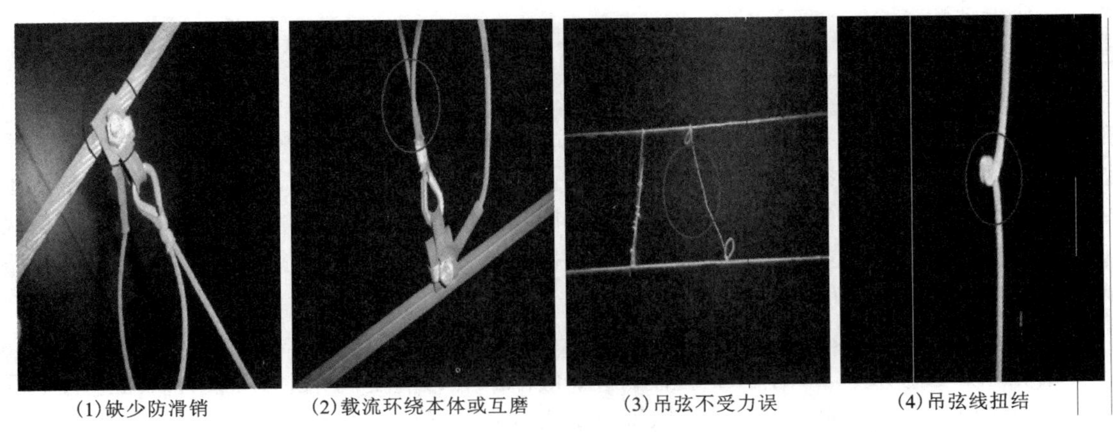

(1)缺少防滑销　(2)载流环绕本体或互磨　(3)吊弦不受力误　(4)吊弦线扭结

图6　整体吊弦安装工艺不达标

2.4.2　原因分析

(1)施工作业人员对安装标准执行不到位。从整体吊弦缺少防滑销的位置来看，因每条高铁线路的施工规范不统一，部分施工人员习惯性套用其他线路标准，如京广高铁初期施工正线整体吊弦不带防滑销。施工人员降低安装标准，因整体吊弦载流环方向需满足“承来导去”的标准，且螺杆穿向也有特定要求，安装人员一味图快，造成载流环绕本体互磨。

(2)施工标准不达标造成的临时调整。由于整体吊弦长度在安装时不能该变，且精度要求高，当站场、锚段关节等位置因腕臂预配及现场测量误差，可能提前预制的吊弦长度不达标，产生整体吊弦不受力，而轻微的不受力，施工人员往往图省事，通过旋转或扭转吊弦线使吊弦受力。

2.5　吊弦线夹螺杆螺帽松动

2.5.1　缺陷特性

通过对调查线路整体吊弦螺杆螺帽松动缺陷的分析，发现该类占整体吊弦缺陷总数的20.00%，每年都有增加，增幅占当年整体吊弦缺陷22.22%，该类问题较为分散，偶发性较强。

2.5.2　原因分析

(1)设计上产品结构存在缺陷。既有整体吊弦的吊弦线夹止动垫片采用半包式结构(一个长边包线夹本体，一个短边包螺杆或螺帽边)，垫片材质较软，安装时易发生形变和转动，如不做精细调整，垫片短边无法正好包裹在六角螺杆或螺帽的平面上，从而达不到止动效果，在接触网振动及动车组高速运行后风力作用下，造成螺杆螺帽松动。

(2)施工安装工艺不到位。一是施工安装时未使用力矩扳手或未按标准力矩值紧固；二是因整体吊弦对载流环的角度有不小于30°的要求，安装时作业人员时常为保证载流环的角度而整体扭转螺杆。

3　整体吊弦缺陷整治措施及建议

3.1　设计方面

3.1.1　优化产品结构

虽然现在部分吊弦生产厂家已根据目前整体吊弦的一系列缺陷，对产品进行了部分改良，如：压接管采用环压式、采用小心型环、采用全包式止动垫片等。但还应不断总结运营现场的实际情况，从产品的运行环境、材质、压接工艺、零部件配合等方面综合分析，对产品结构进一步优化和改进，只有通过不断的创新和研发，才能找到适合我国高铁的产品。

3.1.2 创新整体吊弦配套工具的研发和配备

部分整体吊弦缺陷出现在现场预制及安装过程，但既有的现场整体吊弦制作靠人工和机械压接钳来完成，压接力、精度及工艺无法有效保证。整体吊弦安装则完全依靠施工人员的经验和手法来保证工艺，因此研发便携式现场整体吊弦预制工具和整体吊弦安装工具，是解决问题的关键。虽有现场人员进行了该方面的设计研发，但推广性不强，且无相应的标准支持，厂家产品更新后无法使用，因此更需要产品生产厂家进行设计、研发和配备。

3.2 施工方面

3.2.1 严格落实施工过程控制。

大部分整体吊弦的缺陷都是在预制、运输、安装过程中引发的隐性问题，所以应建立严格的质量控制标准和体系。整体吊弦预制必须完全采用机械预制平台进行预制，以确保压接工艺；整体吊弦从预制成形－运输－上线安装应采取有效的保护措施，避免外界因素造成的机械损伤；整体吊弦安装应严格执行产品安装说明，确保安装工艺。建立行之有效、可操作性强的整体吊弦预制成形、上线前、安装后的质量验收标准，确保整体吊弦各施工过程有序可控。

3.2.2 严格控制施工精度。

从整体吊弦原始数据采集及计算严格控制误差，确保源头的精度；严格参照设计标准进行上网部件的安装及调整，避免现场重新预制整体吊弦的状况；安装时应参考当时的环境温度、张力、腕臂及定位器偏移值等因素，确保安装精度。只有严格控制施工精度，才能有效保障整体吊弦的工作质量，减少整体吊弦缺陷的产生。

3.3 设备运行方面

3.3.1 加快推进接触网 6C 系统的建设和使用

接触网 6C 系统是对接触网参数和弓网运行状态进行静态和动态检测重要手段，通过对接触网的状态进行视频采集、动态监测、零部件实施高精度成像检测，及时发现接触网缺陷，有效指导接触网故障隐患的消缺。特别是 5C 装置能采用视频图像检测受电弓碳滑板状态，实时报警，从而较少受电弓状态不良造成的离线烧伤。但现有的接触网 6C 系统在实际运用过程中还是存在准确度不高、盲区、误报警等现象，尤其是 6C 装置还未实现全覆盖，因此加快推进接触网 6C 系统在接触网运营过程的使用，通过科学的手段及时发现问题，才能有效预防设备故障，及时处理设备缺陷。

3.3.2 严格监控整体吊弦状态及时整治缺陷。

除利用接触网 6C 系统做好状态检测外，严格按照检修周期对整体吊弦进行状态检查，不留盲区，随着运营年限的延长，定期组织整体吊弦送检和分析。对于发现有断丝、断股、鼓包(硬弯)、烧伤、扭结、压接不达标、不受力的整体吊弦第一时间进行更换，对安装工艺不达标、绕本体及互磨的整体吊弦立即进行调整。缺陷的发生有其偶然性，也有其必然性，因此必须及时进行整治处理，从而避免缺陷恶化引发设备故障。

4 结束语

本文基于目前国内高速铁路接触网运行状况，对整体吊弦缺陷进行统计和分析，主要结论如下：整体吊弦缺陷的产生受产品结构、零部件材质、力学、振幅、环境、弓网关系、制作及安装工艺、施工精度及过程等因素的影响，如对上述因素进行创新攻关、过程加以控制，便能有效减少吊弦缺陷的发生，避免吊弦断裂故障的发生。

参考文献

[1] 闫玉川. 电气化铁路接触网整体吊弦施工技术的探讨[J]. 科技创新报导，2010.

[2] 陈立明. 高速受电弓作用下接触网整体吊弦动态力研究[J]. 中国铁道科学，2018，39(3)：86－92.
[3] 赵戈红. 浅谈高铁接触网整体吊弦存在问题及解决措施[J]. 电气化铁道，2017，(4)：14－18，22.

作者简介

罗勇，中国铁路广州局集团有限公司长沙供电段，接触网工，高级技师

高速铁路接触网动态检测连续硬点分析与对策

芦志广

摘 要: 针对日兰高铁、青盐线接触网动态检测连续硬点成因和危害进行分析，对比不同方案整治效果，提出高速铁路接触网连续硬点防治措施和建议。

0 引言

在机车行驶过程中，受电弓和接触线存在相互摩擦，为了确保取流的正常性，弓网之间存在一定的相对压力，因某种因素造成接触网设备、机车相对位置、运行速度等发生变化，导致弓网关系出现突然性的变动，在这种变动达到一定程度时，会形成接触网硬点。随着高速列车运行速度的不断提高，弓网关系受到越来越高的重视，接触网硬点问题会加快接触线和受电弓碳滑板的局部性磨损，导致接触网和受电弓的机械性损坏，引发弓网故障，威胁铁路运输安全。降低接触网硬点带来的影响，保持弓网间的接触正常和稳定受流是确保高速铁路安全运行的基础。

本文通过对日兰高铁和青盐线联调联试期间，接触网锚段内连续出现的一种特殊的连续硬点问题，对连续硬点产生、原因及危害进行探讨，对比不同解决方案的整治效果，提出高速铁路接触网连续硬点的防治措施和建议。

1 连续硬点检测及分析

1.1 检测概况

日兰高铁和青盐线线路设计运行速度分别为 350 km/h 和 250 km/h，在新线联调联试期间，动态检测数据在 180 km/h 以下时数据正常，检测速度超过 180 km/h 时，日兰高铁有 3 个锚段、青盐线有 7 个锚段开始出现连续硬点大值，多次检测波形图中均呈现为在接触网同一锚段内，进入锚段硬点波形变化剧烈，硬点值明显增大，驶出锚段恢复正常，与接触网锚段结构特征极为吻合，如图 1 所示。同时锚段内燃弧时间和燃弧次数明显增多，日兰高铁、青盐线连续硬点锚段检测数据如表 1 所示。

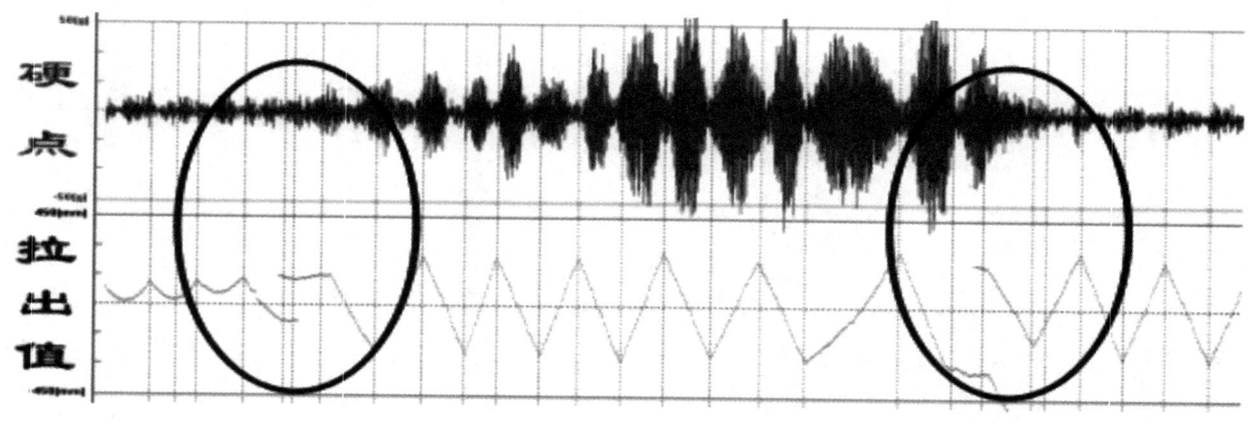

图 1 连续硬点与锚段结构特征吻合

表 1　日兰高铁、青盐线连续硬点锚段检测数据

线路	检测车型	受电弓型号	锚段里程	检测速度/(km·h^{-1})	平均硬点值/g	最大硬点值/g	最大燃弧时间/ms	燃弧次数/次
日兰高铁	CRH380AM	法维莱 CX	K87 – K88	321	35	64	150	19
			K91 – K92	322	25	48	80	17
			K184 – K185	320	30	61	130	18
青盐线	CRH380AJ	DSA380	K12 – K13	191	25	56	50	6
			K14 – K15	192	38	72	110	8
			K18 – K19	194	36	66	90	10
			K29 – K30	194	35	69	70	6
			K31 – K32	194	35	65	50	5
			K177 – K178	193	32	66	50	4
			K180 – K181	193	25	46	60	5

1.2　检测数据分析

通过分析检测数据，检测速度超过 180 km/h 时开始出现连续硬点，硬点波形图在锚段内呈现周期性剧烈波动，缺陷位置与接触网锚段结构特征吻合，硬点数值随检测速度提升而增加，且曲线区段较直线区段硬点整体缺陷值小、波形幅度变化小。直线和曲线相交位置连续硬点波形变化如图 2 所示。连续硬点锚段内动态检测弓网接触力、接触线高度、拉出值、一跨内高差数据和波形图均无异常，燃弧时间和燃弧次数较其他正常区段明显增多，通过检测车监测视频分析发现部分连续硬点锚段内有可视燃弧，存在受电弓离线现象。

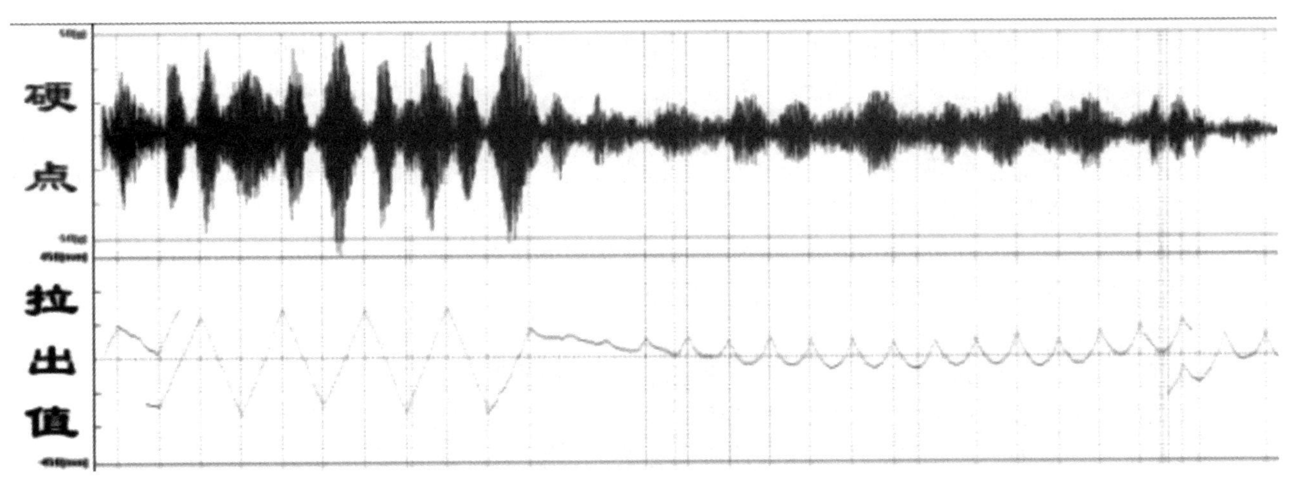

图 2　直曲相交位置连续硬点波形变化图

1.3　现场设备检查

现场检查连续硬点锚段接触网设备整体状态良好，人工静态测量拉出值、接触线高度、吊弦高差、定位器坡度均无超标数据，无接触线硬弯、线夹歪斜等设备缺陷，吊弦受力、补偿装置状态良好，接触线张力及吊弦数量、安装位置均符合设计标准，个别位置接触线存在轻微灼伤痕迹。

1.4　线路及接触网设计

日兰高铁设计运行速度为 350 km/h，青盐线设计运行速度为 250 km/h，连续硬点锚段内有直线、有曲线，有箱梁、有 T 梁、有路基，有上坡、有下坡，位置无明显特征、无规律分布在日兰高铁和青盐线。日兰高铁、青盐线接触网主要技术标准如表2所示。

表2 日兰高铁、青盐线接触网主要技术标准

线路	设计行车速度/(km·h^{-1})	导线组合	张力组合	结构高度/mm	悬挂方式	补偿方式
日兰高铁	350	JTMH-120+CTMH-150	21KN+30KN	1600	全补偿弹性链形悬挂	棘轮补偿
青盐线	250	JTM-95+CTS-120	15KN+15KN	1400	全补偿简单链形悬挂	棘轮补偿

1.5 综合分析

连续硬点产生的原因主要有触网设备缺陷、未按设计施工、接触网张力不均、线路原因、电磁干扰、检测设备等因素造成。综合检测数据、现场设备检查及线路设计分析:

(1)通过动态检测数据和波形图显示连续硬点位置与接触网锚段结构特征吻合,且多次检测历史数据相互重合,可排除线路原因、电磁干扰、检测设备等因素。

(2)动态接触网几何参数、弓网接触力、一跨内高差无缺陷,人工静态测量接触网几何参数、吊弦高差无超标,现场检查接触网设备状态良好无异常、设备安装符合设计标准,可排除接触线不平顺、几何参数超标、集中负荷、补偿卡滞等接触网设备缺陷、未按设计施工等因素。

(3)连续硬点在检测速度180 km/h以下未出现,而在180 km/h以上出现,可以证明速度是连续硬点产生的原因之一;缺陷位置与接触网锚段结构特征吻合,可以证明连续硬点问题原因在接触网且与接触网力学结构存在关系;检测数据和波形图显示连续硬点在曲线位置硬点值偏小、波形幅度较直线段变化小,按照接触网设计曲线处接触线以拉出值形式布置,较直线处"之"字值布设受力大,可初步判断连续硬点问题与接触线张力存在关联。

2 连续硬点的危害

2.1 机械性损耗

接触网连续硬点造成接触线和受电弓相互产生不规则的垂直或水平的撞击,加快接触线和受电弓碳滑板的异常磨耗和撞击性损害,减少接触线和受电弓使用寿命,增加事故、故障发生概率。

2.2 燃弧伤害

接触网硬点是非常态的物理现象,连续硬点引起的弓网脱离会在接触部位产生燃弧,燃弧产生的局部高温,一方面使接触线、受电弓点蚀和汽化,从而恶化了弓网取流关系,同时点蚀、汽化也减少接触线、受电弓的强度和使用寿命;另一方面燃弧产生的高温能使接触导线内部产生应力变化,造成接触导线局部退火,使其机械强度大幅下降,增加接触线被拉断的风险。

2.3 机车电气设备损坏

从电气原理上来说,由于接触导线上硬点的存在,冲击加速度数值较小时造成弓网之间接触不良,冲击加速度数值较大时会造成离线,产生冲击电流和瞬时过电压、高次谐波,影响机车牵引电机、牵引变压器及供电系统的电能质量。特别是连续硬点使机车受电弓频繁多次离线,受电弓反复弹起多次产生接触冲击硬点,频繁的电流、电压骤变,会造成保护设备的损坏,从而导致电气设备遭到破坏。

2.4 环境污染

接触网连续硬点会对周围环境形成较大强度的辐射或电磁波干扰,污染环境,影响周围通讯线路的正常工作。

3 整治措施及效果

针对日兰高铁和青盐线线路和接触网设计情况,分别进行了增加接触线张力、五轮直弯器平推、接触线自然延展和更换接触线四种方案进行整治试验,整治前后典型连续硬点锚段试验数据对比如表3所示。

表 3　典型连续硬点锚段试验数据对比

线路	锚段位置	整治方案	接触线变化	检测速度/(km·h^{-1})	平均硬点值/g	最大硬点值/g	最大燃弧时间/ms	燃弧次数/次
日兰高铁	K87－K88	整治前	无	321	35	64	150	19
		接触线自然延展	接触线向落锚侧各延伸 6 mm	320	25	44	140	17
		更换接触线	新线	340	5	16	45	4
青盐线	K14－K15	整治前	无	192	38	72	110	8
		增加接触线张力	接触线向落锚侧各延伸 220 mm	196	15	41	30	1
		五轮直弯器平推	接触线向落锚侧各延伸 620 mm	196	3	9	0	0

3.1　增加接触线张力

通过分析确认连续硬点与接触线张力存在关联，在与接触网设计单位确认线索、补偿装置等接触网设备冗余度满足增加接触线张力条件后，对青盐线 K14－K15 锚段试验接触线张力由 15 kN 增加至 20 kN，后续动态检测硬点值和硬点波形幅值虽较整治前明显减少，连续硬点问题仍未彻底解决，但通过试验结果进一步验证张力是造成连续硬点的主要原因。

3.2　五轮直弯器平推

恢复青盐线 K14－K15 锚段接触线设计张力后，将锚段内接触线定位线夹、吊弦线夹拆解，使用五轮直弯器由中心锚结位置向落锚两侧平推，检测车再次动态检测，锚段内连续硬点值和硬点波形图幅值均与正常锚段相同，随后对其余 6 个存在连续硬点锚段全部采用五轮直弯器整治后，再次检测连续硬点均全部消除，确认线材内部张力不均是造成连续硬点产生的原因。

3.3　接触线自然延展

因日兰高铁设计速度高、接触线张力大，对接触网整体质量要求更高，考虑采用五轮直弯器平推可能会对线材造成影响，因此对连续硬点较为严重 K87－K88 锚段进行接触线自然延展试验。将锚段内接触线定位线夹、吊弦线夹拆解，保留中心锚结和两端补偿装置，试验在不破坏接触线内在张力情况下，通过坠砣拉力使接触线内部张力自然释放。自然延展 20 h 后恢复，后续动态检测锚段内硬点值和硬点波形图幅值较整治前变小，但连续硬点问题仍未彻底解决。

3.4　更换接触线

为确保接触网设备质量，对日兰高铁出现连续硬点问题锚段的接触线，采用恒张力放线车按标准施工放线工艺重新更换接触线，换线后检测车再次动态检测，锚段内连续硬点值和硬点波形图幅值均与正常锚段相同，连续硬点问题全部消除。

4　总结及建议

4.1　源头确保线材质量

经过对检测数据分析和问题锚段整治试验验证，日兰高铁和青盐线连续硬点问题是由线材内部张力不均造成，而造成线材内部张力不均主要原因是由线材本身存在质量问题或未按标准工艺进行放线施工。因此，预防连续硬点问题的发生，一是选择线材方面要在延展性、截面积、导电效果、密度等方面来综合考量，选择能有效加强悬挂稳定效果、延展性的优质接触线；二是施工单位在放线过程中要严格按标准工艺进行恒张力放线，运营接管单位要加强过程监控，从根本上避免连续硬点问题发生。

4.2　加强检测数据分析

新建高铁线路联调联试期间，要及时获取分析检测数据，发现有连续硬点趋势时重点关注变化，确认存在连续硬点问题及时在线路接管前组织整治，避免将问遗留至线路开通。

4.3　合理制定整治方案

发现连续硬点锚段后，按照日兰高铁、青盐线整治试验情况，对于设计行车 250 km/h 以下、接触线设计张力低于 20 kN 的线路，从安全质量、施工组织等多方面论证后，可采用如五轮直弯器平推接触线方法解决；对于设计速度 350 km/h 和接触线张力 25 kN 以上区段，建议采用恒张力放线车按标准施工放线工艺重新更换接触线方式解决。

5 结束语

随着高速铁路的快速发展，对于供电设备的安全运行提出了更高的要求，对检测数据的分析运用愈显重要，需要结合实际情况，不断发现问题、探索规律、积累经验，这样才能不断提高接触网的运行管理水平，提升接触网设备品质。

参考文献

[1] 郭奇章. 高速电气化铁路弓网关系[J]. 中国铁路. 2012.
[2] 陈唐龙，于万聚. 接触网检测硬点参数动态标准研究[J]. 中国铁道学会电气化委员会 2006 年学术会议论文集，2006.
[3] 郭滨，张宝奇，贾明汉. 接触网硬点产生原因及整治措施的探讨[J]. 铁道机车车辆，2008.
[4] 潘南红. 接触网动态检测数据在设备运行维护中的应用[J]. 电气化铁道. 2014.
[5] 康熊，刘金朝，韩通新，等. 基于弓头垂直冲击加速度接触网硬点评判准则的研究[J]. 中国铁道科学，2009.
[6] 宋杰. 电气化铁路接触网硬点产生及防治措施[J]. 自动化与仪器仪表. 2017.

作者简介

芦志广，中国铁路济南局集团有限公司工电检测所供电检测分析室主任，助理工程师

自动过分相地面定点设备车载检测监测装置的研究与实现

顾　亮　胡长江

摘　要：随着高、普电气化铁路设备自动化程度的逐步提高，针对各种设备的检查、检测、监测装置也越来越先进，国内电气化铁路电力机车自动过分相装置地面定点设备的检查、检测手段落后、工作效率低等问题突出，亟待解决。本文重点论述了研究一种安装在接触网作业车上的检测、监测地面磁感应器运行状态的装置，通过描述该装置的系统结构、工作原理，以及软件、硬件、通信方式等的实现；重点解决了检查手段落后、工效劳效低下的问题，杜绝了上道人员的人身伤害，为工电系统修程修制推进提供一种装备的应用。

1　引言

截止2019年底，全国铁路营业里程达到13.9万公里以上，其中高铁里程为3.5万公里，电气化率已达到70%，铁路电气化率居世界第一。接触网分相是电气化铁路牵引供电专业的重要组成部分，一般接触网设计每隔20～25 km设置一个分相区，是将不同变电所不同相位的电，通过分相设备进行隔离，以防止异相电短路并造成烧断接触线。电力机车在长距离行驶过程中，接触网供电会来自不同的变电所，两变电所接触网供电交接处(分相区)会有一段距离的无电区，机车自动过分相装置能够保证电力机车安全惰性地通过无电区，无需升降弓。

当前我国采用的是车载自动过分相控制方法(铁标TB/T 3197—2018列车过分相系统车载控制自动过分相装置)。列车过分相系统车载控制自动过分相装置分为车载设备(信号接收设备、车载控制设备)和定点设备两部分。定点设备安装于接触网电分相区前、后轨道或接触网上的固定位置用以提供地面位置、距离等相关信息的设备。

2　地面定点设备在现场检查检测中存在的问题

近几年兰州局因机车带电闯分相造成关节式分相处烧断接触线事故2件，抢修恢复难度大，时间超过2小时，给铁路运输生产造成一定损失；2019年—2020年因磁感应器磁通量不足36高斯，电力机车通过时自动过分相装置未启动，电力机车司机反馈的典型信息7件；因此，自动过分相装置是保障电气化铁路列车运行安全的一项重要装置，地面定点设备的可靠运行，才能确保自动过分相装置功能正常的发挥。按照铁总运〔2015〕285号《磁感应器自动过分相装置运营管理办法》规定：“供电段负责对地面磁感应器磁感应强度技术质量的管理，应制定明确的检测维护办法，建立地面磁感应器的定期检查维护制度、标准及台账，负责对磁感应强度检测、检查和确认”，各供电段制定检查、检测周期，要求各接触网工区按照步行巡视、登乘巡视、2C设备巡视周期进行检查，每6个月对地面磁感应器磁通量进行测量，在现场检查维护过程中主要存在以下问题：

(1)人工巡视和记录的方式落后。目前所有接触网工区是通过采用建立台账方式，按周期检查和检测，检测工具为手持高斯计。台账的数据记录并不能真正反映客观事实情况，如：磁通量的准确性，部分损坏磁轨枕挡肩裂纹和磁钢破裂后的状态记录等(如图1－图4所示)。

(2)测量方法、位置不统一，磁通量误差较大。由于测量的是以磁钢、钢轨的位置为参考，测量距钢轨内侧335 mm±15 mm(此位置必须为磁钢中心的正上方)、距轨面110 mm±10 mm的空间位置(如图5所示)，在检测现场部分作业人员无法准确找准改点，其测量的数值严重偏离正确值；同一磁感应器不同的人或者同一人不同时间检测，通常会测量出不同的值。

(3)磁通量小于36高斯后，会导致车载自动过分相设备接收不到分相定位信号，机车带负载过分相区接触网相间短路、拉弧烧断接触网造成 C14 事故。

(4)磁钢脱落，强大的磁力附着在钢轨或者车轮上造成后果非常严重。

(5)有时为了确认机务司机反馈信息，需专门安排多名接触网工通过天窗点外、点内计划上道进行检查、测量、复核等，浪费人工。

(6)天窗点外计划频繁上道易发生人身劳动安全问题。

(7)人工检查检测存在漏检漏测情况。

(8)日常检查检测效率低，运营成本高。

图 1　磁钢外壳开裂

图 2　机械捣固损坏

图 3　固定螺杆松脱后磁钢脱落

图 4　磁钢丢失

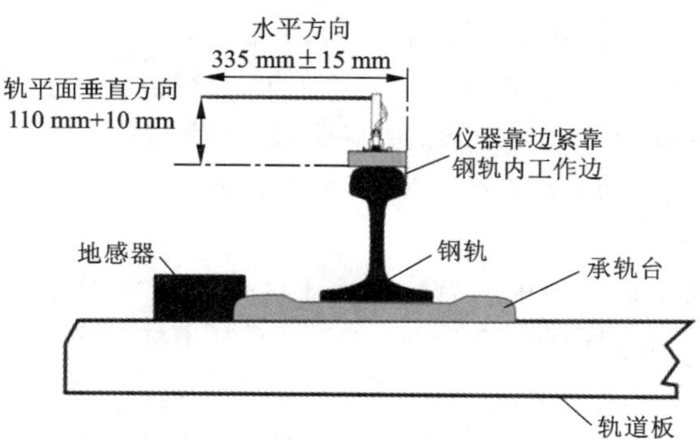

图 5　测量位置

3　针对性的解决方案的研究与实现

针对目前现场中机车自动过分相装置地面定点设备的检查、检测中存在的问题，以及对电气化铁路安全运输提出更高的要求，研究设计出一种不需要人工介入、安全可靠的车载智能检查、检测自动过分相装置地面定点设备的装置迫在眉睫。

3.1　地面定点设备的原理及工作方式

电力机车自动过分相信号的感应、处理，由地面磁感应器、感应接收器和过分相控制装置共同完成。机车过分相的控制，由微机柜及机车控制回路完成。微机柜对机车过分相的自动控制，与司机操作控制并联，当司机操作控制过分相，自动控制起监视作用（如图6所示机车自动过分相控制装置工作原理）。

电力机车运行至G1（G4）点，自动过分相控制装置接收到感应接收器感应的预告地面定位信号，控制装置向微机柜发出过分相预告信号，微机柜根据此时机车运行速度，控制电机电流平稳下降到0，发出断“主断”信号给控制电路，控制电路控制机车断劈相机、断“主断”（预告模式）；同时，司机室蜂鸣器响3 s，提醒司机过分相区。当G1（G4）信号失效时，机车运行至G2（G3）点，自动过分相控制装置接收到感应接收器感应的强迫地面定位信号，控制装置向微机柜发出过分相强迫断信号，微机柜立即封电机电流，发出断“主断”信号给控制电路控制机车断劈相机、断“主断”。

机车自动过分相控制装置在正常接收到G1（G4）信号时G2（G3）信号不起作用（强迫断模式）。

电力机车通过无电区后，根据接收G3（G2）点，自动过分相控制装置接收到感应接收器感应的合闸地面定位信号，则通过预告信号通道向微机柜送出合“主断”信号，司机室蜂鸣器响3 s，提醒司机已通过分相区。微机柜发出合“主断”给控制电路，控制电路控制机车合劈相机、合“主断”。预备好后，微机柜控制电机电流缓慢恢复到过分相前工况。

机车自动过分相控制装置在正常接收G3（G2）信号时G4（G1）信号不起作用。

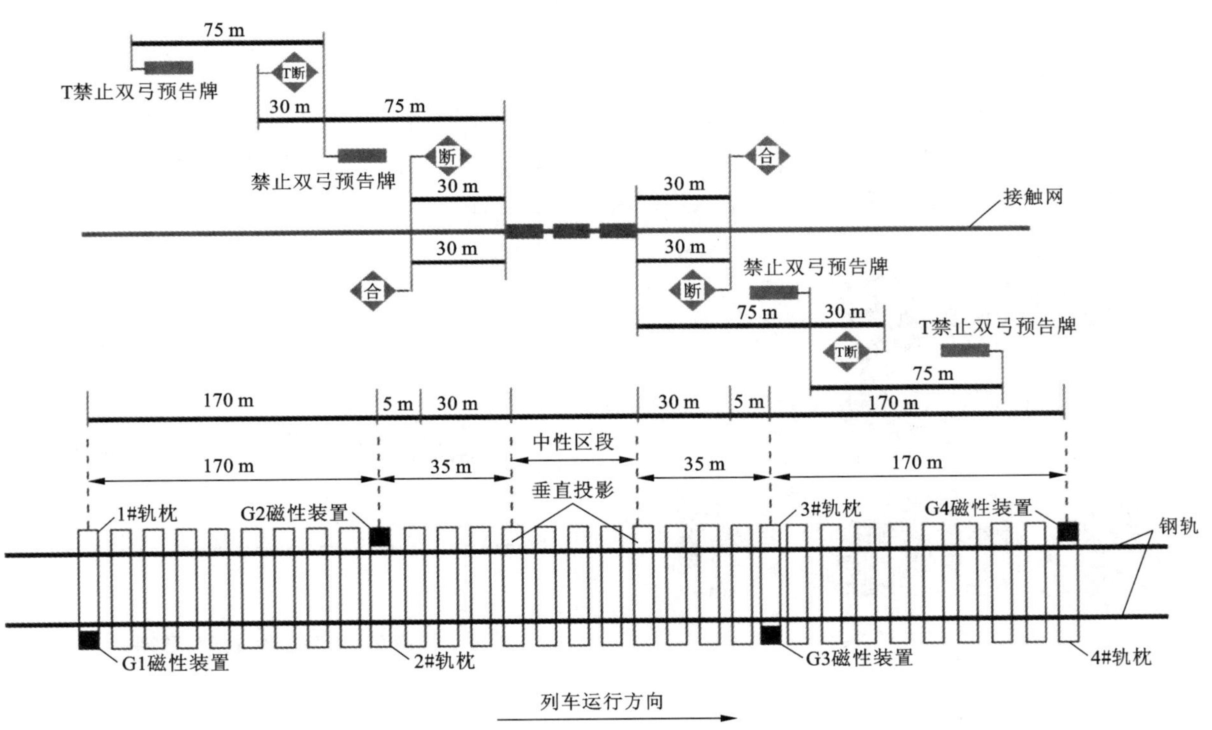

图6　机车自动过分相控制装置工作原理

3.2　新装置的设计、研制

设计研制安装在供电段接触网作业车或4C检测车上的自动过分相地面定点设备车载检测监测装置。检测状态与电力机车获得分相地面定位信号保存一致，安装标准满足“铁标 TB/T 3197—2018 列车过分相系统车载控制自动过分相装置"关于自动过分相车载感应器的安装要求，通过接触网作业车或4C 检测车在线路上运行进行自动在线检测，自动采集分相磁钢的磁场强度数据(动态运行数据)，保证每台地面分相定点设备(智能自动过分相地面磁感应装置)数据可靠，历史数据的对比分析，做出趋势性分析报告，地面磁感器的更换周期更加客观性、科学性。

3.2.1 新装置的架构

车载检测监测装置采用了 M/S 架构方式(如图 7 所示装置架构)，即从机和主机结构。通过电脑主机与采集设备通讯(从机)方式，数据交换实时稳定高效，快速将数据呈现在电脑主机，更支持多台从机设备连接，系统拓扑性强。M/S 结构的优点是能充分发挥主机 PC 的处理能力，很多工作可以由从机将数据发送给主机后，由主机进行复杂运算，对应的优点就是丛机响应速度快。具体表现在：

(1)数据的采集速度快。

(2)数据的传输速度快。

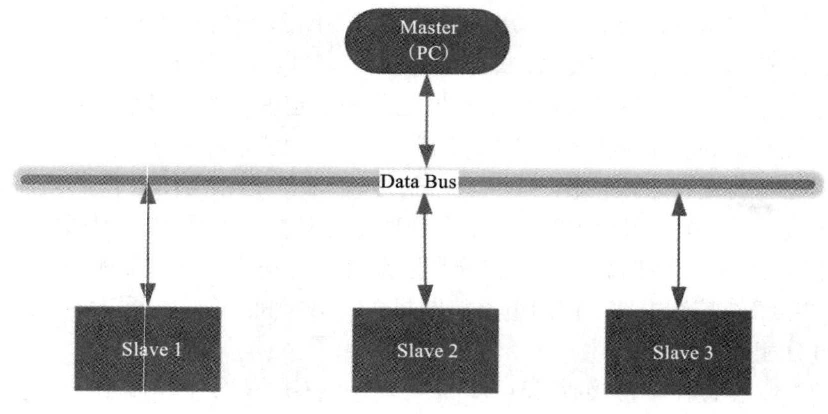

图 7 装置架构

3.2.2 新装置的硬件结构

车载检测监测装置由接触网作业车或 4C 检测车平台操作控制电脑(主机)，电脑和下面的采集系统(从机)通信，达到数据采集和图片采集的目的(如图 8 所示硬件结构、如图 9 所示检测组件安装位置图)。具有接触网参数提示、参数超限报警、数据图片记录导出等功能。

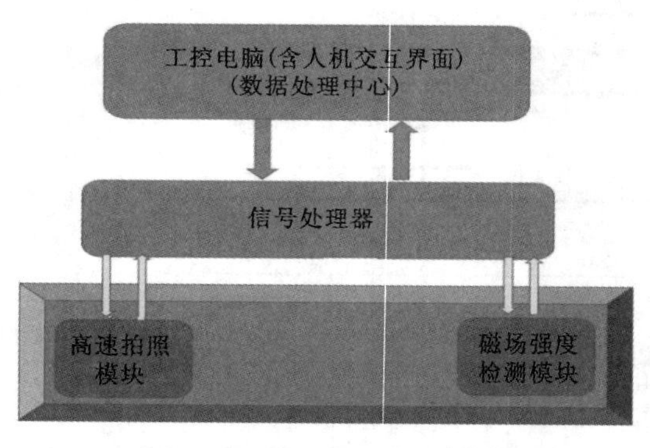

图 8 硬件结构

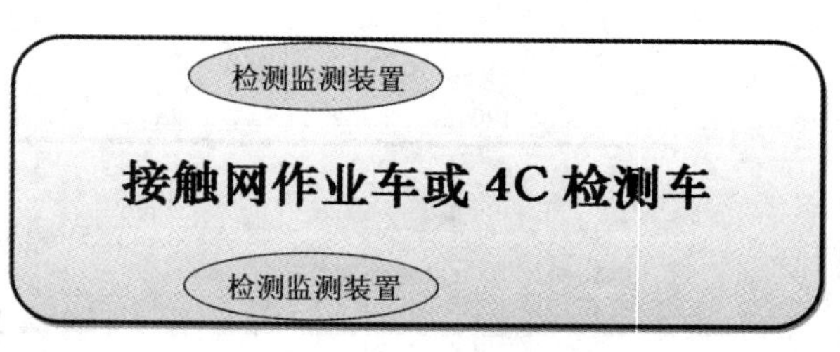

图 9 检测组件安装位置图

3.2.3 新装置的软件设计

软件设计采用面向对象的分层架构，在现有的条件下可最大限度地降低系统的耦合度，层与层之间通过稳定的接口进行交互，而参数参数传递也尽量采用对象的形式，架构模块之间相互独立，使得开发和维护难度降低，节省了时间和成本。采集图片的实现，以独立任务的形式运行，主机系统以指定的时间查询驱动代码是否收到来自从机(采集板)的图片数据，并将采集到的图片数据存入指定的目录(见图片采集代码部分实现过程)。

```
Task. Run (() => {
        CameraSdkStatus eStatus; // prevStatus = CameraSdkStatus. CAMERA_STATUS_SUCCESS;
        tSdkFrameHead FrameHead;
        IntPtr uRawBuffer; //rawbuffer 由 SDK 内部申请。应用层不要调用 delete 之类的释放函数
        int counter = 0;
        bool captured = false;
        List < string > imgsPath = new List < string > ( );
        string path;

        while ( m_StopCapture = = false ) {
            // 500 毫秒超时，图像没捕获到前，线程会被挂起，释放 CPU，所以该线程中无需调用 sleep
        eStatus = MvApi. CameraGetImageBuffer (m_hCamera, out FrameHead, out uRawBuffer, 500);
        if (eStatus = = CameraSdkStatus. CAMERA_STATUS_SUCCESS) {
            if (captured = = false) {
              imgsPath. Clear ( );
              captured = true;
              counter = 0;
        }
        //图像处理，将原始输出转换为 RGB 格式的位图数据，同时叠加白平衡、饱和度、LUT 等 ISP 处理。
        MvApi. CameraImageProcess (m_hCamera, uRawBuffer, m_ImageBuffer, ref FrameHead);
        //叠加十字线、自动曝光窗口、白平衡窗口信息(仅叠加设置为可见状态的)。
        MvApi. CameraImageOverlay (m_hCamera, m_ImageBuffer, ref FrameHead);
        //调用 SDK 封装好的接口，显示预览图像
        MvApi. CameraDisplayRGB24 ( m_hCamera, m_ImageBuffer, ref FrameHead );
        //成功调用 CameraGetImageBuffer 后必须释放，下次才能继续调用 CameraGetImageBuffer 捕获图像。
        MvApi. CameraReleaseImageBuffer (m_hCamera, uRawBuffer);
        if (FrameHead. iWidth ! = m_tFrameHead. iWidth||FrameHead. iHeight ! = m_tFrameHead. iHeight) {
            m_tFrameHead = FrameHead;
        }
        // save pictures
        if (string. IsNullOrEmpty ( m_ImageSaveDir) = = false) {
            path = Path. Combine (m_ImageSaveDir, $"{counter}. bmp");
              MvApi. CameraSaveImage (m_hCamera, path, m_ImageBuffer, ref FrameHead, emSdkFileType. FILE_
              BMP, 100);
            imgsPath. Add (path);
        }
        counter + +;
      } else if (captured = = true) {
        Logger. Info ("Call image capture handler!");
        var capturedImgsPath = new List < string > ( );
        var captureTime = Views. MainView. CurrentElapsedTime;
        capturedImgsPath. AddRange ( imgsPath );
        Task. Run ( ( ) = > {
            OnPictureCaptured?. Invoke ( this, capturedImgsPath, captureTime );
        } );
            captured = false;
            imgsPath. Clear ( );
        } else {
```

```
                }
            }
            try {
                MvApi. CameraUnInit (m_hCamera);
                if (m_ImageBuffer != IntPtr. Zero) {
                    Marshal. FreeHGlobal (m_ImageBuffer);
                }
            } catch { }
        });
```

3.3 新装置的实现与应用

通在设计研制安装在接触网作业车及4C检测车上的自动过分相地面定点设备车载检测监测装置，经现场调研、理论分析、硬件开发、现场试验、多次改进、上线运行按照电力机车过分相模式实时进行自动过分相装置磁场强度检测、抓拍照片，现场应用后效果非常显著(如图10－图14所示)，检测监测功能达到了要求。按约定计划。本研究课题可以广泛的应用于国内电气化铁路自动过分相地面磁感应装置的安装及检测。

图10 装置外观

图11 安装位置

图12 高速运行中抓拍照片

图13 主机界面

(1)在线运行按照机车过分相模式实时进行自动过分相装置磁场强度检测，采集记录数据结果更加具有准确性。

(2)准确记录每台设备的外观照片(采用高速相机拍照)，排除可能存在的安全隐患。

(3)界面交互友好，可按照检测时间、线名、站别(分相区名)进行筛查，可对同一位置不同时间形成动态检测报告。

(4)自动存储检测参数数据及记录报告，一键导出数据。

(5)技术要求严格满足TB/T 3197的规定，装置对其他器件的电磁干扰很小，自身的电磁屏蔽效果很好。

2019年11月18日　结束时间：2019年11月19日　线路名：陇海线　站名：无　行别：上行　查询　导出结果

线名	行别	站名	预告信号(GS)(右)1#		强断信号(GS)(左)2#		恢复信号(GS)(右)3#		恢复信号(GS)(左)4#		存在问题	检测时间
			磁场强度值	位置	磁场强度值	位置	磁场强度值	位置	磁场强度值	位置		
陇海线	上行	许家台至夏官营区间	121.43	右	49.29	左	84.29	右	95.00	左	无	2019年11月19日 11
陇海线	上行	李家坪至甘草店区间	85.71	右	85.71	左	78.57	右	89.29	左	无	2019年11月19日 12
陇海线	上行	李家坪至甘草店区间	67.86	右	83.57	左	105.00	右	98.57	左	无	2019年11月19日 12
陇海线	上行	定西至梁家坪区间	75.71	右	80.71	左	77.86	右	80.71	左	无	2019年11月19日 13
陇海线	上行	景家店至定西区间	105.71	右	80.00	左	108.57	右	79.29	左	无	2019年11月19日 14
陇海线	上行	通安驿至唐家堡区间	77.14	右	77.86	左	79.29	右	83.57	左	无	2019年11月19日 15
陇海线	上行	云田至通安驿区间	72.86	右	65.71	左	77.14	右	71.43	左	无	2019年11月19日 16
陇海线	上行	陇西至云田区间	75.71	右	108.57	左	73.57	右	75.00	左	无	2019年11月19日 16
陇海线	上行	陇西至云田区间	103.57	右	0.00	NA	72.14	右	85.00	左	异常	2019年11月19日 16
陇海线	上行	贺家店至鸳鸯镇区间	80.71	右	109.29	左	95.00	右	83.57	左	无	2019年11月19日 16
陇海线	上行	洛门至武山区间	76.43	右	100.71	左	106.43	右	0.00	NA	异常	2019年11月19日 17
陇海线	上行	甘谷至磐安镇区间	32.86	右	81.43	左	86.43	右	81.43	左	异常	2019年11月19日 17
陇海线	上行	新阳镇至甘谷区间	75.71	右	81.43	左	80.71	右	76.43	左	无	2019年11月19日 18
陇海线	上行	渭南镇至新阳镇区间	72.14	右	72.86	左	79.29	右	76.43	左	无	2019年11月19日 18
陇海线	上行	南河川至三阳川区间	76.43	右	79.29	左	77.14	右	72.86	左	无	2019年11月19日 18
陇海线	上行	杨家河至南河川区间	78.57	右	75.71	左	68.57	右	67.86	左	无	2019年11月19日 18

图 14　一键导出小于 36 高斯数据

(6)制造工艺按照 TB/T 2075 的要求，主机质量轻，车感器抗摔、抗撞能力强；设备采用的元器件均属于工业级别，同时设计时留下很大余量，保证使用寿命最大化。

(7)采用标准的连接零件，紧固件能有效地防止车感器松动，车感器设计上考虑了可调设计，保证安装的简易性和适应性。

(8)每台设备都有唯一的身份码，所有历史检测记录形成动态数据，为工务更换道枕作业提供依据。

4　结束语

自动过分相地面定点设备车载检测监测装置的研究与实现，与现有地面磁感应器的检查、检测工作方式相比，具有工作高效、可靠性高等特点，该装置的应用大幅提高了工效和劳率，降低了运营成本，杜绝了上道作业人员的人身安全隐患；该装置大力推广应用后，必将为修程修制、工电一体化改革推进提供一种先进装备的应用。

参考文献

[1] 国家铁路局. 列车过分相系统车载控制自动过分相装置(TB/T 3197—2018)[S]. 北京：中国铁道出版社，2018.

[2] 中国铁路总公司. 普速铁路接触网运行维护规则(铁总运〔2017〕9 号)[S]. 北京：中国铁道出版社，2017.

[3] 中国铁路总公司. 普速铁路接触网安全工作规则(铁总运〔2017〕25 号)[S]. 北京：中国铁道出版社，2017.

[4] 中国铁路总公司. 磁感应器自动过分相装置运营管理办法(铁总运〔2015〕285 号)[S]. 北京：中国铁道出版社，2015.

[5] 中铁电气化局集团有限公司. 电气化铁道接触网[M]. 北京：中国电力出版社，2003.

[6] 中国铁道科学研究院. 铁路计算机应用[M]. 北京：中国铁路杂志社，2012.

作者简介

顾亮，中国铁路兰州局集团有限公司兰州供电段技术信息科，工程师

胡长江，中国铁路兰州局集团有限公司兰州供电段技术信息科，工程师

高速铁路接触网零部件防松及选用分析

高青峰

摘　要: 高速铁路接触网系统具有负载大、行车密度高、动载变化大等特点，相对普通铁路更容易造成螺纹连接松动。螺纹松动会引起零部件故障或失效，进而引发弓网故障，影响动车组正常运行。本文介绍了螺纹的连接特性、松动原理、螺纹精度对防松性能的影响以及目前高速铁路接触网零部件防松措施的选用原则，为各种工况下的接触网零件选择合适的防松措施，提升防松效果，减少紧固件安装难度和运营维护工作量。

0　引言

随着高速铁路的发展普及，接触网系统安全运行标准日益提高，因此，高速铁路接触网零部件具有负载大、行车密度高、动载变化大等特点，相对普通速度运行等级的铁路更容易造成螺纹连接松动。螺纹松动会引起零部件故障或失效，进而引发弓网故障，影响动车组正常运行。接触网零部件结构及螺纹副连接不断发生变化，从螺纹的连接特性、松动原理、螺纹精度对防松性能的影响以及目前高速铁路接触网零部件采用的防松措施选用原则等方面进行分析，可以从理论研究到实际应用方面支持各种工况下的接触网零件的防松性能的了解，进一步提升应用过程中接触网零部件的防松性能，保证高速铁路接触网零部件之间螺纹副连接的可靠性，减少紧固件安装难度运营维护工作量，确保高速铁路的运行安全。

1　螺纹连接特性

螺栓连接广泛应用于高铁接触网零部件结构中，且作为重要的连接部件，其性能对结构的安全性和可靠性具有较大的影响。由于连接螺栓螺杆上轴向力分布的不均匀性，致使第一圈工作螺纹牙底存在较高的应力集中，在紧固力的作用下，螺栓第一圈工作螺纹牙底的等效应力最大，且在此处的应力集中系数最大，极易发生疲劳断裂。因此，研究螺纹连接特性，主要是分析螺栓轴向力分布。

根据螺纹设计标准，以 M12 螺栓为例，其中径 $d_2=10.863$ mm，牙形角 $2\alpha=60°$，旋合长度 $L=12.25$ mm，预紧力 $F_b=38.4$ kN。螺母有效面积 $A_n=253.68\ \text{mm}^2$，则有：

$$A_b=\frac{\pi}{4}d_2^2=92.68\ \text{mm}^2;\ \tan\beta=\frac{P}{\pi d_2}0.05127886416$$

根据相关文献的计算方法，得出

$$k_b=3.44133、k_n=4.96727$$

式中：X 为螺纹升角；λx 为螺纹升角，x 是下角标，指的是第 x 个螺纹处的升角；η_i 为工作螺纹承受轴向载荷的比例；$F(x)$ 为螺纹预紧力；$p(i)$ 为螺纹承受的轴向载荷。

表 1　工作螺纹的承载情况

螺纹圈次	X	λx	η_i	$F(x)$	$p(i)$
0	0.00	0.000000	1.000000	38400.00	38400.00
1	1.75	0.323471	0.283551	27511.65	10888.35
2	3.50	0.646941	0.207931	19527.11	7984.535
3	5.25	0.970412	0.154257	13603.64	5923.473

续上表

螺纹圈次	X	λx	η_i	$F(x)$	$p(i)$
4	7.00	1.293882	0.116865	9116.010	4487.627
5	8.75	1.617353	0.091808	5590.567	3525.444
6	10.50	1.940823	0.076442	2655.200	2935.367
7	12.25	2.264294	0.069144	0.086537	2655.114

由理论计算结果可见，螺纹连接的轴向力分布是非均匀的，随着工作螺纹圈次的增加显著降低，第4圈近为第一圈的约1/3，而到第7圈时已很小。

根据螺纹设计标准，建立对应的有限元模型，如图1所示，验证螺纹连接的轴向力分布情况。通过理论计算分析发现，螺纹连接的轴向力分布是非均匀的，随着工作螺纹圈次的增加而显著降低，由图1可知第一圈工作螺纹牙底处的等效应力最大，应力集中最严重，且此处将先超过螺纹材料的屈服强度，进入塑性变形阶段，引起疲劳破坏。随后两圈螺纹应力集中迅速减小，然后逐渐减小，而最后一圈螺纹为自由端，没有承受螺栓的轴向力。

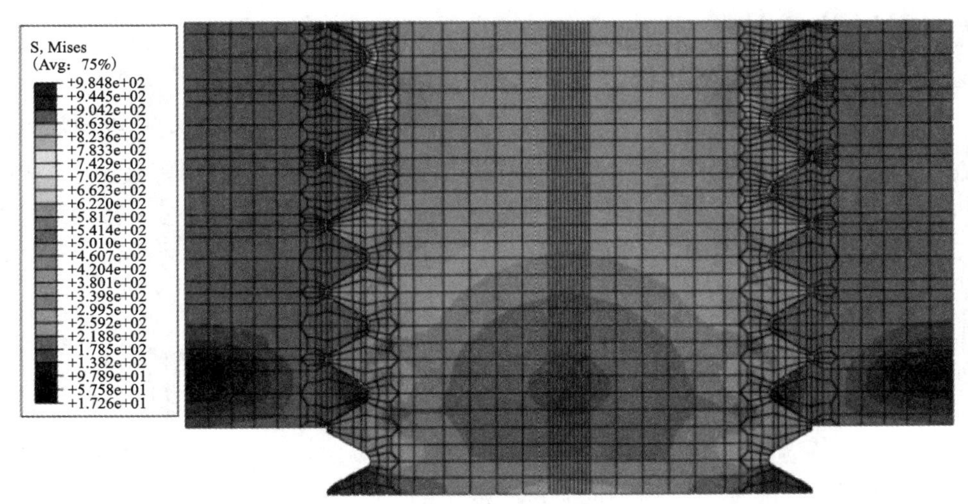

图1　有限元建模和结果分析

通过以上理论计算和有限元模拟都证明了螺纹第一圈承受了30%左右的荷载，螺纹前三圈共承受了近65%的荷载，螺纹的最大等效应力、塑性变形均发生在第一圈螺纹牙根处。螺纹紧固力过大时，螺纹应力水平高，会造成塑性变形；紧固力过小时，螺纹没有紧固到位，螺纹会处于滑移状态，两者均会导致螺纹间磨损严重。因此，螺纹连接需要适宜的紧固力。

2　螺纹松动原理

螺纹松动是指螺栓连接副全部或部分丧失轴向预紧力。紧固件的螺纹连接失效是由于螺栓在预紧后的使用过程中紧固轴向力的下降造成的。而造成轴向力下降的原因一种是螺栓或螺母破坏断裂，另一种是由于振动环境下的螺栓结构随服役时间增加而出现的松动。振动条件下的螺纹松动是接触网零部件服役过程中最常见的螺纹失效，而且通常难以被发现，危害巨大。

振动按方向可分为轴向振动和横向振动。对于承受轴向动荷载的螺纹件，轴向外力使螺母在靠近支承面的部位产生径向弹性膨胀，引起螺纹面和支承面上的微观滑移；对于承受横向动荷载的螺纹件，横向外力使螺栓在螺母内摇摆而产生滑移，或螺母在螺栓上摇摆而产生滑移，这种滑移会引起黏着、磨、氧化和疲劳四种形式的磨损，导致摩擦力下降直至消失，力学平衡被打破，造成螺栓连接松动。横向荷载比起轴向荷载是更危险的因素，且垂直于螺纹轴线的纯横向外力比起与螺纹轴线成各种角度的横向外力更易于引起螺纹松动。图 2 证明了振动对螺纹连接的影响，其中(a)是新螺纹的形貌，(b)是螺纹在推荐紧固力矩紧固下进行 20 万次振动后表面的形貌，(c)是振动后螺纹表面在扫描电镜下的形貌，边缘的两道痕迹即是振动产生的沟犁，证明螺纹表面已发生不可恢复的塑性变形，这种塑性磨损会最终导致螺纹松动。

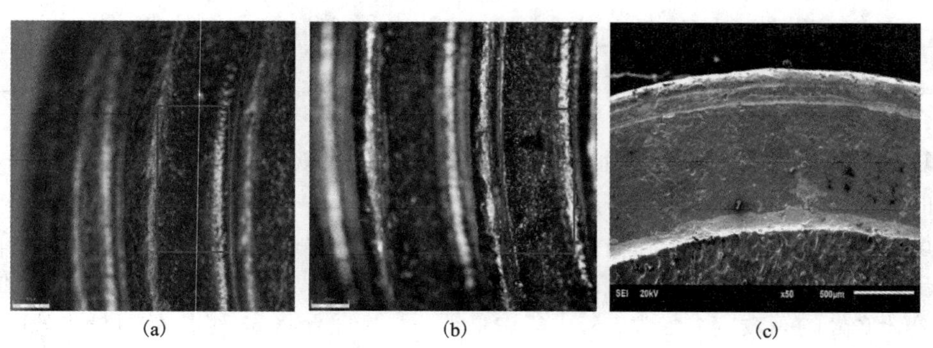

(a) (b) (c)

图 2 螺纹承受荷载前后的表面形貌

3 螺纹精度对防松性能的影响

3.1 螺纹的公差精度

通常所说的螺纹精度实际是指螺纹的公差精度。根据 GB/T 197，螺纹的公差精度分为精密级、中等级和粗糙级三级。精密级用于精密螺纹，适用于要求配合性质变动小的场合；中等级用于一般用途螺纹，适用于一般机械和构件；粗糙级用于要求不高或制造比较困难的螺纹。螺纹的公差精度对螺纹加工的难易程度和成本产生重要影响，公差精度越高，螺纹加工难度越高、成本越高。影响螺纹公差精度的因素有螺纹的公差带和旋合长度。

如图 3 所示，螺纹的公差带包括公差带位置和公差等级。公差带位置由基本偏差确定，用字母表示，如内螺纹公差带位置用大写字母 G、H 表示，内螺纹公差带位置用小写字母 e、f、g、h 等表示。分别选取内、外螺纹的公差带位置并组合起来可以形成螺纹的配合。根据不同工况，常用的推荐配合有：间隙为零的 H/h 配合通常用于内、外螺纹要求较高的同轴度、足够的连接强度的场合，而单件、小批量生产的螺纹可采用间隙较小的 H/h 配合；H/g 或 G/h 配合通常用于要保证间隙，需要经常拆卸及改善螺纹疲劳强度的螺纹；H/g、H/e 配合通常用于需要涂镀或在高温下工作的螺纹。公差等级则表示公差带的大小，即上偏差和下偏差差值的大小。公差等级用数字表示，如内螺纹中径公差等级包括 4、5、6、7、8 五个等级。其中 4 级公差带最小，加工尺寸要求最严苛；8 级公差带最大，加工尺寸要求最宽松；6 级公差带大小和加工尺寸要求均居中。

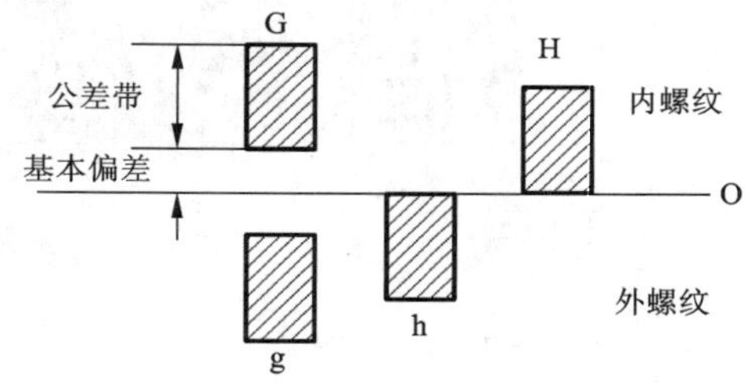

图 3 螺纹公差带位置

旋合长度分为三种，即长旋合长度、中旋合长度和短旋合长度，分别用 L、N、S 表示。通常情况下均选用中等旋合长度 N，只有当结构或强度上需要时才用短旋合长度 S 或长旋合长度 L。需要注意的是，选用相同内、外螺纹公差带配合的前提下，旋合长度越长，加工时产生的螺距累积误差和牙型半角误差越大，螺纹的公差精度就越低。

为了规范螺纹加工刀具和量规的规格和数量，GB/T 197 给出了推荐配合：内螺纹中 6H、6G 适用于中等旋合长度的中等级公差精度，5H 适用于短旋合长度的中等级公差精度，7H 适用于长旋合长度的中等级公差精度；外螺纹中 6e、6f、6g 适用于中等旋合长度的中等级公差精度，4 h 适用于中等旋合长度的精密级公差精度。其中 6H/6g 的螺纹配合生产量最大，应用最广泛。

对于接触网零部件中的螺纹紧固件，TB/T 2073 也作出了相关规定：(1)紧固件装置中 M14 及以下螺栓、螺母、垫圈、弹簧垫圈的材料应采用奥氏体不锈钢，螺纹公差应满足 GB/T 197 中 6H/6g 的要求。(2)M16及以上的紧固件一般可采用碳素结构钢制造，螺纹应满足 GB/T 197 中 7H/8g 的要求。加大尺寸的内螺纹应与有镀层的外螺纹旋合良好。内螺纹允许热镀锌之后加工，并涂防腐油。

3.2　公差精度对防松性能的影响

由于接触网零部件紧固件的旋合长度大部分为中等旋合长度，因此提高螺纹公差精度途径主要为提高螺纹的公差等级。以最常用的 6H/6g 配合的 M12(螺距 = 1.75 mm)螺纹为例。以中径尺寸为基准，6H/6g 配合的螺栓与螺母单侧接触间隙的可能值最小为 0.017 mm，此时螺栓与螺母最趋近于基本牙型，接触面积最大；单侧接触间隙最大为 0.192 mm，此时螺栓与螺母接触面积最小，如图 4 所示。若假设将公差等级提高至 5H/5g，则螺栓与螺母的单侧接触间隙可能值最小为 0.017 mm，最大为 0.156mm。但无论是 6H/6g 还是 5H/5g，都是针对大规模数量的螺栓、螺母而言，是统计学的概念，表示该配合条件下所有螺栓、螺母应满足的尺寸要求：5H/5g 配合只是比 6H/6g 对螺纹尺寸的误差要求更严格，总体上接触面积更大，受力更均匀，个体间旋合质量的差异更小。

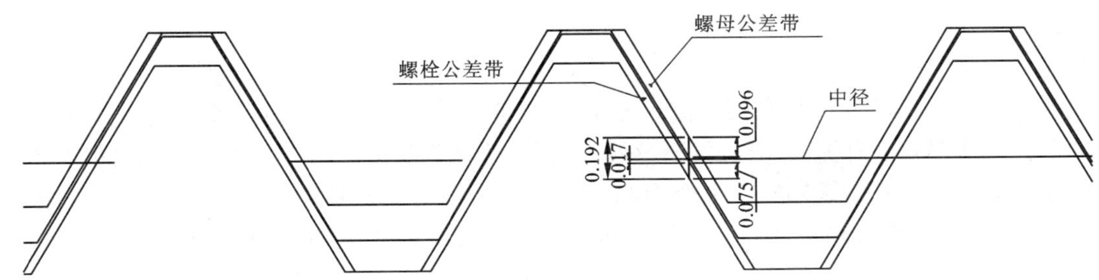

图 4　M12 螺栓螺母接触间隙范围(单位：mm)

对于承受静态荷载的螺纹，其防松性能与螺纹副间的摩擦力存在直接关系：摩擦力越大，螺纹副所能承受的负载越大，越不易松动。但由公式 $R_s = F_f \times \text{ctan}(\lambda + \rho s')$ 可知，螺纹副所受摩擦力 R_s 与轴向载荷 F_f、螺纹升角 λ 及当量摩擦角 $\rho s'$ 有关，与螺纹接触面表面粗糙度有关，而与接触面积无直接关系。接触面积增大，只是有利于降低螺纹间的接触应力，改善螺纹受力状态。对于承受振动荷载的螺纹，提高公差等级并不能完全杜绝振动引起接触面产生间隙，摩擦力瞬间消失，力学平衡被打破而导致的螺纹松动。因此，采用较高的公差等级(公差精度)对提高螺纹的防松效果有限。

此外，TB/T 2073 规定 M14 以下螺纹材质为不锈钢，螺纹紧固时的相互运动所产生的压力与摩擦力会破坏螺纹牙上的氧化膜层，使螺纹牙间发生黏着现象，甚至完全咬死，无法拆卸。螺纹的公差等级越高，内、外螺纹间隙越小，越容易出现咬死现象，这也是推荐不锈钢螺纹配合为 6H/6g 而不采用更高公差等级的又一原因。而对于 M16 以上的碳钢螺纹，7H/8g 配合的螺栓与螺母的单侧接触间隙可能值最小为 0.021 mm，最大为 0.305 mm。碳钢螺栓需要按 TB/T 2073 做一级热浸镀锌进行防腐，即锌层厚度不小于 0.05 mm。相对于间隙值，锌层厚度较厚，会影响螺纹的配合。实际上，零件厂商往往会要求螺栓供应商在螺纹原有尺寸及公差的基础上为热浸镀锌层预留一部分厚度。但若将公差等级进一步提高，内、外螺纹外形则会进一步向基本牙型靠拢，内、外螺纹尺寸配合过盈而不能旋合的情况将愈发严重。因此，无论是 M14 以下不锈钢螺纹还是 M16 以上碳钢螺栓，不能仅靠提高螺纹的公差精度完全达到防松的目的，还应采取必要的防松措施。

4　防松措施选用原则及注意事项

接触网的安全可靠性直接关系到行车安全，其零部件紧固应采取合理的防松措施，具有可靠的防松性能，选用时建议遵循以下原则：

(1)优先通过提升螺纹副精度和质量提高螺纹连接防松性能；

(2)优先选用具有国标、国家或行业标准的防松措施或产品；

(3)防松措施应满足接触网零件所受振动及交变载荷的使用要求；

(4)防松件结构及加工方式满足快速大批量生产的需要；

(5)防松件与零部件安装及使用适配性良好且能反复多次使用；

(6)防松件价格适中，避免过度提高接触网零部件的价格。

值得注意的是，防松方式与零件结构强度是否匹配的问题容易被忽略。以铝合金接触网零部件中螺栓连接处厚度的计算为例，当采用 M12 尼龙嵌件螺母的防松方式时，推荐紧固力矩为 44 N·m。若连接处零件厚度为 22 mm，则此时最大应力为 83 MPa，小于材料许用应力，强度满足要求。但假设将防松方式更换为双开槽自锁螺母，其他条件保持不变时，紧固力矩会由 44 N·m 上升到 104 N·m，最大应力则会上升到 196.2 MPa，超过了铝合金材质的许用应力，零件强度不再满足要求。也就是说，若按双开槽自锁螺母的推荐紧固力矩进行紧固，零件不能满足“强度安全系数为 3”的要求，甚至局部会发生断裂或破坏；若要保证零件强度满足规范要求，双开槽自锁螺母的紧固力矩就不能达到 104 N·m，其防松性能又不能得到保障。因此，防松方式必须与零件的结构强度相匹配。此外，与接触线连接的线夹类零件应特别注意当线夹连接外螺纹长度较长时，如采用锥压抱紧螺母等，必须验算其在极限状态下，紧固件不会发生打弓的情况。也就是，防松方式应与零件使用工况相匹配。

5 结束语

通过以上螺纹的连接特性分析和螺纹副松动原理阐述，对比了螺纹不同公差精度对防松性能的影响，发现螺纹的公差等级越高，对提高螺纹的防松效果有限，而且公差等级越高，内、外螺纹间隙越小，越容易出现咬死现象，这也是推荐不锈钢螺纹配合为 6H/6g 而不采用更高公差等级的又一原因。同时从接触网零部件结构、标准、运行工况、经济性和安装等方面介绍了几点防松措施的选用原则和推荐措施。从长远发展考虑，为了从根本上解决防松问题，建议在今后的高铁接触网零部件结构设计中避免或减少螺栓副的使用，如采用销轴结构、铰链抱箍等连接方式。

参考文献

[1] 普通螺纹公差(GB/T 197—2003)[S]. 北京：中国标准出版社，2003.

[2] 电气化铁路接触网零部件技术条件(TB/T 2073—2010)[S]. 北京：中国铁道出版社，2010.

[3] 紧固件横向振动试验方法(GB/T 10431—2008)[S]. 北京：中国标准出版社，2008.

[4] 吴宗泽. 机械设计实用手册[M]. 北京：化学工业出版社，2010.

[5] 卜炎. 螺纹联接设计与计算[M]. 北京：高等教育出版社，1995.

[6] 候世远，廖日东. 螺纹联接松动过程的研究现状与发展趋势[J]. 强度与环境，2014，(2)：39 - 52.

作者简介

高青峰，中国铁路沈阳局集团有限公司大连供电段，助理工程师

避雷器阻性电流异常分析及应对措施

杨唯唯

摘　要： 氧化锌避雷器是牵引供电系统中保护其他供电设备安全运行的关键设备。但是在运行中长期直接承受牵引供电系统运行电压，氧化锌电阻片将逐渐劣化。如果不及时处理，劣化加剧，避雷器会击穿损坏甚至爆炸，影响牵引供电系统安全运行。因此，为了及时发现氧化锌避雷器的隐患，采用带电检测等多种手段来判断其质量状况是非常有必要的。

1　绪论

避雷器是电力系统中用来保护各种电气设备免受过电压的电气产品，各牵引变电所母线各段均装有避雷器，因此，避雷器运行质量好坏，对牵引供电系统具有重要作用，每年防洪防雷隐患排查对避雷器进行带电检测和预防性试验是一项重要工作。

2　氧化锌避雷器结构

YH10W－100/260 复合型氧化锌避雷器(如图 1 所示)采用复合硅橡胶材料做外套，并选用高性能的氧化锌电阻片，内部电阻片用玻璃丝增强环氧杆穿连固定，两端为密封粘接而成。

3　避雷器带电检测的前提条件

测量时需记录环境温度、相对湿度和运行电压，在电压稳定，无负荷条件下测量，测量宜在瓷套表面干燥时进行，针对 110 kV 三相避雷器应注意相间干扰的影响；避雷器放电计数器带有全电流在线检测装置的不能代替本项目试验，应定期记录读数，发现异常应及时进行阻性电流测试。

4　避雷器带电检测试验标准

文献规定：阻性电流与上次或初始值比较增长率应≤30%，全电流与上次或初始值比较增长率应≤20%，牵引变电所针对不同电压等级、不同安装位置和不同生产厂家避雷器的全电流和阻性电流使用标准不相同，如温州益坤生产厂家避雷器带电检测试验标准如表 1 所示。

表 1　带电检测试验标准

电压等级/kV	安装位置	生产厂家	全电流/mA	阻性电流/mA
110	进线侧	温州益坤	1.8	0.2
27.5	馈线侧	温州益坤	0.65	0.17

5　试验数据判断方法

方法一：横向比较，对同一厂家、同一批次、规格参数相同的避雷器阻性电流和全电流测试数据相比较，对差别较大的避雷器进行重点分析。

方法二：纵向比较，查阅同一只避雷器相同试验地点、阻性电流和全电流历次检测数据，发现该避雷器全电流及阻性电流基波分量发生突发性增长，阻性电流初值差大于 50%，全电流初值差大于 20% 时，应加强监测、分析原因、适当缩短检测周期；当阻性电流初值差大于 1 倍时，应停电检查。

方法三：阻性电流小于全电流的 25%。

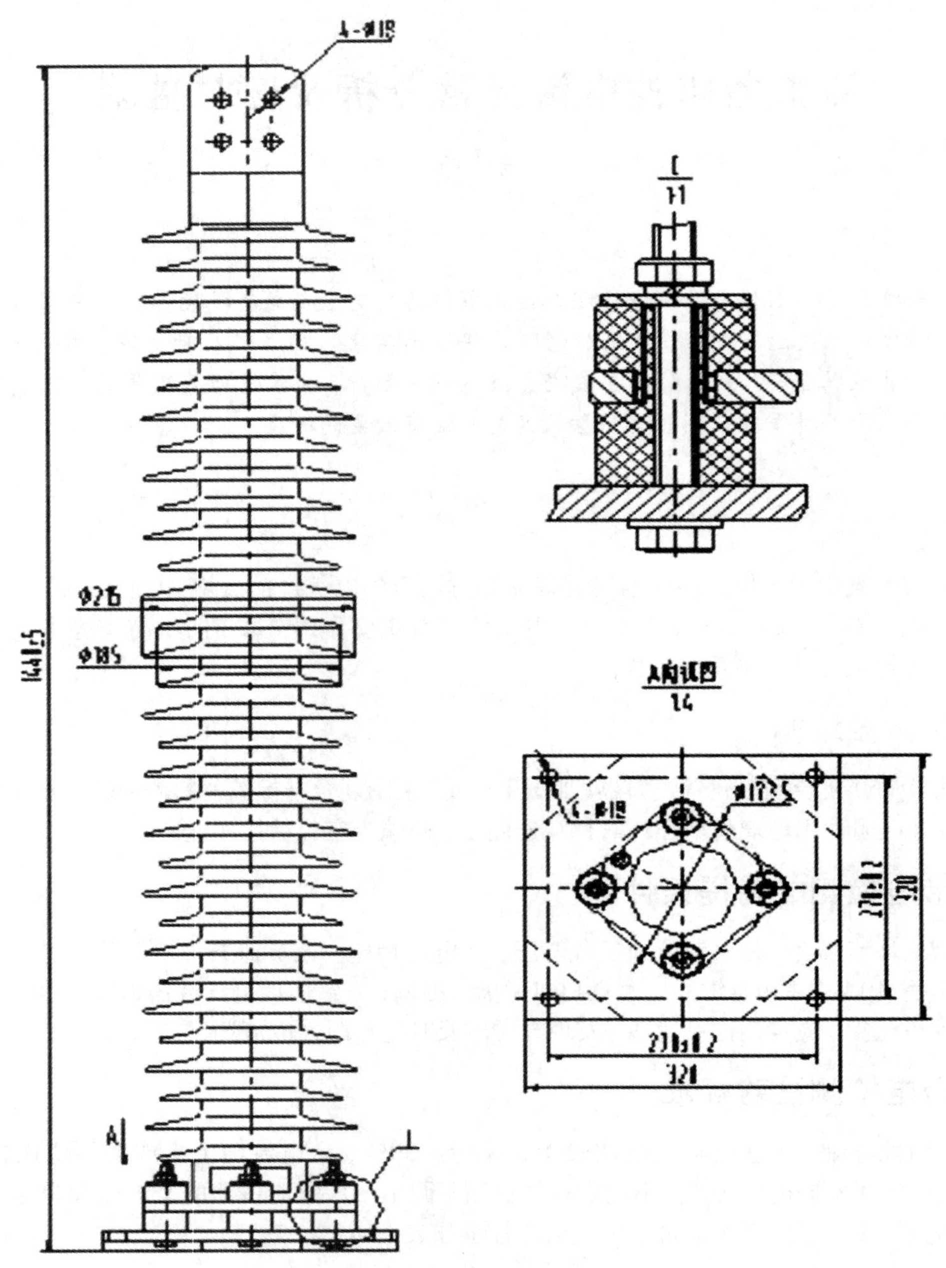

图 1　YH10W－100/260 结构示意图

方法四：ϕ 角度在 75°～89°之间(如表 2 所示)($\phi = \arccos \frac{I_{阻}}{I_{全}}$)。

表 2　27.5 kV 避雷器 ϕ 角度试验标准

ϕ	<75°	75°～77°	78°～80°	80°～84°	84°～89°	>90°
性能	劣	差	中	良	优	有干扰

6　案例分析

南部变电所 3 月 17 日巡视检查 110 kV 1F 避雷器计数器泄露电流指示三相分别为：A：86 μA、B：84 μA、C：0 μA，避雷器动作次数均显示正常，避雷器外观良好。在三相电压稳定无波动无负荷的前提下，通过避雷器在线检测试验发现三相阻性电流分别为：A：99 μA、B：98 μA、C：722 μA，三相全电流泄露电流分别为：598 μA、502 μA、5309 μA。根据 GB 11032—2010《交流无间歇金属氧化物避雷器》试验标准，C相阻性电流和泄露电流严重超标（历年避雷器带电检测、周期检测报告如表3、表4 所示），当日立即停电检查，并进行了更换。

从试验数据对比分析，表3 中 2020 年避雷器带电检测 1FC 与 1FA、1FB 比较阻性电流和全电流试验数据相比明显偏高；2020 年 1FC 数据与 2019 年数据相比，阻性电流约为历年的 7 倍，全电流约为历年数据的 9 倍。表4 数据显示，2020 年 1F 同一运行条件下 C 相与另外两相数据偏高近 10 倍；同时对比两次周期检测 0.75 倍泄露电流数据 1FA、1FB 无明显变化，而 1FC 与上次周检数据有明显增大趋势，变化幅度约为上次试验的 10 倍。由此判断 1FC 存在绝缘老化或受潮。

7　原因分析

该避雷器出厂时间为 2015 年，投运至今仅有 5 年，尚未达到大修年限，发生泄漏电流增加一般原因是避雷器结构设计不合理、电网工作电压波动、操作不当、本体老化防潮能力减弱等多方面因素。

（1）橡胶绝缘外套密封不良受损出现了一些细微的裂纹，密封胶圈永久性压缩变形等使潮气倾入阀片，由于冷热交替，避雷器内空气膨胀收缩的呼吸作用，使可能存在的微小漏孔逐步扩大，形成潮气进入通道，当氧化锌阀片受潮，运行中会造成泄漏电流增大，避雷器老化速度会加快，如此便不能达到其预计的使用寿命。

表3　历年避雷器在线检测报告

试验地点	南部变电所	试验日期	2019.3.20		温度	20℃
铭牌 型号	YH10V－100/260	额定电压	100 kV	生产厂家	温州益坤电气有限公司	
铭牌 频率	50 Hz	相对湿度/%	40%	出厂日期	2015.5	
运行编号	运行电压/kV	阻性电流 Ir/mA	全电流 Ix/nA	百分比/%	计数器动作次数	结论
1FA	115.3	0.096	0.562	17.08	17	合格
1FB	115.6	0.094	0.485	19.38	16	合格
1FC	115.8	0.1	0.591	16.92	17	合格
备注：以上试验数据均合格。						
试验员：陈健、肖璐						审核员：朱刚

试验地点	南部变电所	试验日期	2019.3.17		温度	20℃
铭牌 型号	YH10V－100/260	额定电压	100 kV	生产厂家	温州益坤电气有限公司	
铭牌 频率	50 Hz	相对湿度/%	40%	出厂日期	2015.5	
运行编号	运行电压/kV	阻性电流 Ir/mA	全电流 Ix/nA	百分比/%	计数器动作次数	结论
1FA	116.2	0.099	0.598	16.5	22	合格
1FB	116.3	0.098	0.502	14.6	19	合格
1FC	116.7	0.722	5.309	/	18	不合格
备注：试验数据表明 1FC 阻性电流、全电流试验数据不合格，应立即停电检查						
试验员：舒旭虎、刘春渝						审核员：王翔

表 4　历年避雷器周期检测报告

<table>
<tr><td colspan="2">试验地点</td><td>南部变电所</td><td>环境温度</td><td>28℃</td><td>试验日期</td><td>2017.9.17</td></tr>
<tr><td colspan="2">设备型号</td><td>YH10W－100/260</td><td>额定电压</td><td>100 kV</td><td>制造厂</td><td>温州益坤电气</td></tr>
<tr><td colspan="2">设备编号</td><td>/</td><td colspan="3">出致日期</td><td>2015.5</td></tr>
<tr><td colspan="7">二、试验数据:</td></tr>
<tr><td colspan="2">项目</td><td>1FA</td><td colspan="2">1FB</td><td colspan="2">1FC</td></tr>
<tr><td colspan="2">直流参考电压/kV</td><td>153.5</td><td colspan="2">152.8</td><td colspan="2">153.7</td></tr>
<tr><td colspan="2">0.75 倍泄漏电流/1 μA</td><td>24.1</td><td colspan="2">27.9</td><td colspan="2">31.3</td></tr>
<tr><td colspan="2">避雷器编号</td><td>158</td><td colspan="2">169</td><td colspan="2">162</td></tr>
<tr><td rowspan="2">绝缘电阻/MΩ</td><td>本体</td><td>2500</td><td colspan="2">2500</td><td colspan="2">2500</td></tr>
<tr><td>基座</td><td>2000</td><td colspan="2">2000</td><td colspan="2">2000</td></tr>
<tr><td colspan="2">结论</td><td>合格</td><td colspan="2">合格</td><td colspan="2">合格</td></tr>
<tr><td colspan="5">检测人:李聪，陈磊</td><td colspan="2">复核人:王翔</td></tr>
<tr><td colspan="2">试验地点</td><td>南部变电所</td><td>环境温度</td><td>20℃</td><td>试验日期</td><td>2017.3.17</td></tr>
<tr><td colspan="2">设备型号</td><td>YH10W－100/260</td><td>额定电压</td><td>100 kV</td><td>制造厂</td><td>温州益坤电气</td></tr>
<tr><td colspan="2">设备编号</td><td>/</td><td colspan="3">出致日期</td><td>2015.5</td></tr>
<tr><td colspan="7">二、试验数据:</td></tr>
<tr><td colspan="2">项目</td><td>1FA</td><td colspan="2">1FB</td><td colspan="2">1FC</td></tr>
<tr><td colspan="2">直流参考电压/kV</td><td>153.8</td><td colspan="2">154.2</td><td colspan="2">153.5</td></tr>
<tr><td colspan="2">0.75 倍泄漏电流/1 μA</td><td>25.3</td><td colspan="2">28.3</td><td colspan="2">300</td></tr>
<tr><td colspan="2">避雷器编号</td><td>158</td><td colspan="2">169</td><td colspan="2">162</td></tr>
<tr><td rowspan="2">绝缘电阻/MΩ</td><td>本体</td><td>2500</td><td colspan="2">2500</td><td colspan="2">700</td></tr>
<tr><td>基座</td><td>2000</td><td colspan="2">2000</td><td colspan="2">420</td></tr>
<tr><td colspan="2">结论</td><td>合格</td><td colspan="2">合格</td><td colspan="2">不合格</td></tr>
<tr><td colspan="5">检测人:舒旭虎，刘春渝</td><td colspan="2">复核人:王翔</td></tr>
</table>

(2)谐波的干扰引起避雷器故障。谐波源主要在负载和非线性设备的供电过程中由电网产生，而设备在转换，传输和吸收系统提供的基本能量时还能将其转换为谐波能量，并将谐波能量反送回电网系统，从而导致电网的正弦波失真，产生一系列的高次谐波对避雷器造成干扰，加速氧化锌避雷器的老化，缩短使用寿命。

(3)泄露电流引起避雷器故障。当工频电压作用在氧化锌避雷器上时，此时的避雷器就相当于一个有损电容器，其中容性电流仅对电压分布具有意义，它不影响电阻发热，而阻性电流却是造成避雷器电阻片发热的主要原因。良好的避雷器必须长时间承受工频电压，并且流过它的持续电流通常远小于工频参考电流，它只会产生非常小的热效应，并且不会改变其本身的性能。如果避雷器存在内部缺陷，泄露电流流过阀片时有功分量将使阀片本身发热，造成伏安特性变化，阻性分量明显增大，损坏避雷器的热稳定性，诸如阀片严重劣化以及内壁受潮等。因此带电检测运行中的阻性分量，是保证供电安全运行比较有效的措施之一。

8　建议及措施

(1)避雷器内部绝缘受损无法通过直接观察发现，目前只能借助辅助工具排查内部缺陷。加强运行监测是保证氧化锌避雷器安全可靠运行的重要措施之一，值班员日常巡视重点观察计数器泄露电流的变化趋势，作为判断避雷器运行状态的有利依据。

(2)根据四川盆地的气候条件，每年雷雨季节前，开展避雷器防洪防雷隐患排查，通过避雷器带电检测试验及时掌握了解在运行中的全电流泄漏电流及阻性电流，分析数据的变化量、与标准值做对比，消除潜在的安全隐患，确保避雷器安全可靠运行。

(3)针对超期服役的避雷器施行差异化管理，加大巡检力度，将带电检测试验纳入半年巡检计划，分析数据变化的趋势，判断避雷器存在的内部故障或受潮缺陷，及时更换新设备避免故障进一步恶化引起事故发生。

参考文献

[1] 黄新波. 输电线路在线监测与故障诊断[M]. 北京：中国电力出版社，2008.

[2] 李慧敏，任敏哲，安永成. 电气设备状态检修的探讨[J]. 西北电力技术，2006，1：37－41.

[3] 刘有为，李光范，高克利等. 制订《电气设备状态维修导则》的原则框架[J]. 电网技术，2003，27(6)：64－67.

[4] 范梅荣. 基于 GPRS 的氧化锌避雷器远程监测系统的研究[D]. 南京：河海大学，2006.

[5] 杨海民，潘志松，白玮. 时间序列预测方法综述[J]. 计算机科学，2019，(1)：21－28.

作者简介

杨唯唯，中国铁路成都局集团有限公司成都供电段变配电技术科，工学学士，助理工程师

高速铁路接触网硬点分析探讨及对策

周书念

摘　要: 为提高高速铁路接触网运行品质，从受电弓及接触网机械和电气相互作用关系，以及常见的接触网硬点现象，阐述硬点形成机理，分析导致接触网硬点产生的物理原理及原因，并提出进一步压缩硬点缺陷位置查找的时间和精确研判根本原因所在常用方法，可供相关工作人员参考借鉴。

接触网硬点是在高速铁路接触网运行中较为常见的一种病态，受电弓运行速度越高，此种病态爆发的概率就越大，损害亦越严重，且严重干扰机车受电弓的取流质量，降低接触网的运行品质。

1　常见的硬点现象

1.1　接触网悬挂方面

一是接触线本身的硬弯。接触线本身因外力导致的“V”形硬弯，或者是“L”形的弯点。二是受电弓垂直方向的动态加速度突变过大。通过受电弓综合检测装置，可检测受电弓在垂直方向的加速度，一般以大于 50 g 处的接触悬挂特征，称之为硬点。三是受电弓高速动态运行过程中被瞬间打击时对应的接触悬挂的病态，亦称之为硬点，打击物多是螺栓、制动片、线夹等。

1.2　受电弓方面

受电弓接触导线高速滑行，当接触网悬挂出现影响受电弓高速运行的病态时，常被撞击或打击，常见的是滑板或者滑板槽被击打的坑洼和痕迹(见图 1)。

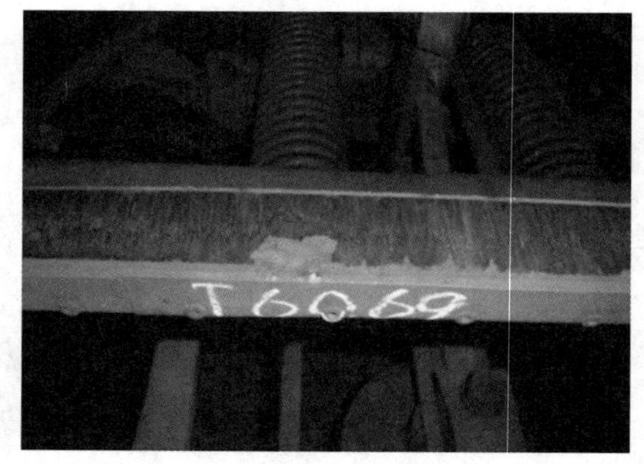

图 1　受电弓滑板被打击的坑洼

2　接触网硬点形成的机理

接触网硬点，是在接触悬挂或接触线上的某些部位出现硬弯或质量分布的突变，在受电弓高速运行作用的情况下，无法良好的匹配受电弓的高速取流滑行的接触网悬挂的一种有害状态。从接触线角度来说出现不正常升高或降低现象，从受电弓角度来说出现离线、撞击、上下跳跃现象，也就是说受电弓相对接触线在这些部位会出现空间位置、速度或加速度的突然变化，导致形成这种突然变化的接触悬挂的状态，称之为硬点。硬点是一种结构的异常状态，且是相对于受电弓而言。且越是高速时，现象越明显，爆发的概率越大。硬点是一种接触网的病态有害的物理现象，它会加快接触线或受电弓滑板及受电弓本体的磨耗和撞击性损害。对机车受流而言，会严重破坏弓线间的正常接触和受流，常在这些部位造成火花或拉弧。

3　接触网硬点的检测原理及方式

目前，对于接触线硬点的检测是采用受电弓上安装加速度传感器，主要是检测垂直方向的加速度来查找。根据速度运行值的不同，在硬点处所呈现的垂直加速度不同。再对应接触网对应的线路公里标，精确定位接触悬挂硬点处所。通常通过软件形成波形图(见图 2)，以加速度值为纵坐标，以线路公里标为横坐标，加速度突变处即为硬点。一般硬点取大于 50 g。硬点较小时，对受电弓运行及取流的影响较小，可忽略不计。

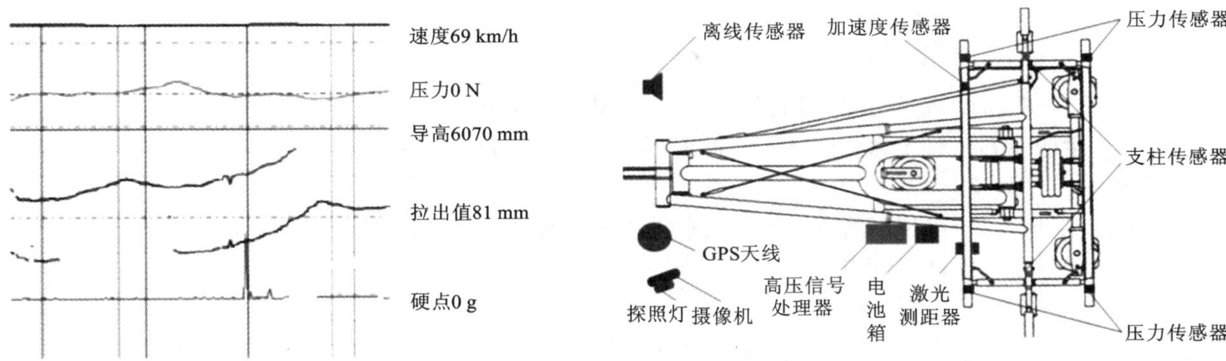

图2　硬点检测装置及波形图

4　硬点的判断查找方式

4.1　实时摄像分析查找

通过安装高清的摄像装置在轨道检测车上或动车组上对接触网运行状态进行实时图像采集。人工对受电弓的受损情况以及受电弓实际运行受流装进行分析精确定位硬点所在处所。特别是拉弧较大(见图3)的处所，或者发出明显的打击声处所，往往存在硬点。

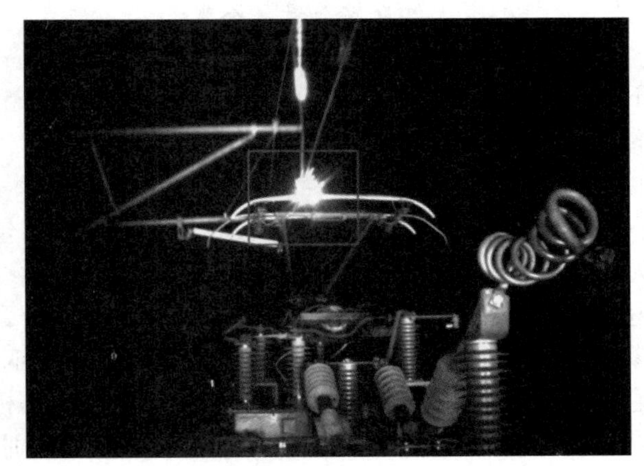

图3　受电弓拉弧

4.2　受电弓检测查找

目前可检测到受电弓垂直方向冲击力的检测方式有国铁集团公司统一安排运行的“弓网综合检测装置”和段级的安装在接触网轨道作业车的检测装置。接到打弓报警信息后，安排检测车对可能出现打弓的区段进行上线检测，随后人工分析检测到硬点曲线图，结合运行的公里标精确定位硬点所在处所。然后申请天窗上道作业，对检测分析存在可疑的处所进行实地检查，进一步确认硬点产生的原因。

4.3　人工上网排查

根据机车司机上报受电弓故障区段，安排大量人力物力在天窗内采用扫雷式上网排查，采用轨道车作业或者梯车作业的方式，人工对可疑的故障原因如定位器、吊弦、分段绝缘器等设备进行检查，此方法对行车秩序干扰较大。

图4　人工巡视检查

5 接触网硬点产生原因

5.1 线路轨道凹坑

轨道面的不平整有凹坑点与轮对相互作用产生跳动，传递至受电弓而产生受电弓运行的不平顺，最终导致受电弓与接触线的接触压力瞬间变化。此原因一般称为线路方面的原因。

5.2 受电弓滑板不光滑

高速运行受电弓滑板出现凹坑不光滑与接触线的相互作用会产生瞬间的振动，亦是导致受电弓与接触线的接触压力瞬间变化而产生硬点。

5.3 局部质量过大

接触网局部质量过于集中或过大，对于高速运行的受电弓通过时会产生瞬间的冲击力，瞬间改变受电弓与接触网的接触压力而产生硬点。此种现象较容易发生在高速铁路既有线提速初期，特别是在提速或达速前原有的硬点加速度值接近 50 g 的处所，在提速后，由于受电弓运行速度加快，瞬间冲击力加大，受电弓垂直方向的加速度值往往容易突破 50 g 而形成硬点。

5.4 接触线硬弯或设备安装不规范

接触线自身不平滑出现硬弯，或接触网上的设备的非正常工作状态，比如分段绝缘器及中心锚节安装达不到技术要求，吊弦线夹、电连接线夹倾斜以及定位管坡度偏小等低于接触线的工作面，都会对高速运行的受电弓造成冲击而产生硬点。

5.5 动态高差导致硬点

《高速铁路接触网运行维修规则》中受电弓动态包络线的规定是：受电弓动态抬升量 150 mm(线岔始触区为 200 mm)，横向摆动量直线区段为 250 mm，曲线区段为 350 mm；《普速铁路接触网运行维修规则》中受电弓动态包络线的规定是：160 km/h 及以下区段受电弓动态抬升量 120 mm，横向摆动量为 250 mm；非绝缘锚段关节的规定：设计极限温度下，两悬挂各部分(包括零部件)之间的距离应保持 50 mm 以上。可见非绝缘锚段关节的技术高差 50 mm 小于受电弓动态极限抬升量 120 mm，简而言之，受电弓高速过非绝缘锚段关节时，有较大的概率打碰接触网零部件。特别是在站场咽喉区段，类似非绝缘锚段关节结构的处所较多，接触网零部件的高差未满足工艺要求，打弓的概率亦较大。

6 对策建议

6.1 严格落实施工工艺

一是严格关键部位施工技术工艺。在锚段关节、线岔、分相等存在接触线交叉的部位的关键部位，严格按照设计图纸工艺要求安装，对零部件间的距离、抬高、对地及对钢轨的距离要严格控制。二是严格把关质量较大的零部件的及部位的施工工艺。对电连接、分段绝缘器、中心锚节线夹、供电引下线等质量较为集中的部位的负弛度、抬高等参数严格按照施工技术标准施工。三是严格执行技术纪律。各运行单位严格遵守技术纪律，不得随意在接触网上增加设备，特别是改变接触网弹性参数和结构受力的设备。四是加强施工监管工作。根据施工部门实际施工内容有针对性地进行实地勘察，针对接触网增网、拨接、更换两跨以上接触线、承力索等重要作业内容，了解作业后接触网的影响范围并确保运行设备间的高差参数符合符合相关技术标准，确保施工后的即开即通。

6.2 多部门联动，缩短故障查找时间

一是机务部门在观察到缺陷后，立即汇报机械师，机械师及时查看弓网录像回放，确定故障发生地点，并将相关信息上报调度部门。因弓网录像回放是现场第一手故障实况，是精确定位故障地点的最有效的方法，查弓网录像的过程耗时需尽量压缩。二是供电部门接到上级调度下达的故障信息后，采用登乘临线客车动车或申请轨道车出动的方式，及时赶往现场处理。三是强化检测数据分析。技术人员接到故障信息后，及时联系车辆部门，调阅受电弓的运行录像和检测波形图，结合录像和波形图特征，准确确定故障地点，为现场应急快速处置提供技术支持。

6.3 加快受电弓滑板监测装置的安装

在机务段进路的进出口、局界口、段界口、机车出入库线、部分重要站场以及其他有必要地段安装受

电弓滑板监测装置，当出现受电弓滑板被打击现象时，可通过受电弓滑板监测装置回放查看受电弓滑板，快速地缩小接触网缺陷区段范围。

7　今后的研究方向

7.1　不是每台电力机车或动车组均安装接触网的实时摄像设备，并不是每个区段均安装受电弓滑板监测装置，当出现受电弓被打击事件时，如何快速准确查找定位接触网硬点缺陷位置，仍需要较多的人工干预。如何快速确定接触网硬点位置，提高故障处置效率，其中涉及铁路系统机务、车辆、供电、调度等多部门，甚至铁路总公司有关部门必须提供帮助，多个部门相互联动，如何快速形成处置能力，快速消除缺陷，仍是较为重要的研究方向。

7.2　推进电力机车加装弓网视频监控系统(3C)。动车组上该系统设置后效果明显，多次发现弓网故障，缩短了故障处理时间。但在多数普速线路上运行的大量SS7、SS3B、HXD3系列电力机车上并未安装该装置，造成了打弓后需要大量人力物力进行路径分析、故障点查找等工作，效率十分低下。

参考文献

[1] 于万聚. 高速电气化铁路接触网[M]. 成都：西南交通大学出版社，2003.
[2] 高速铁路接触网维修规则(铁总运〔2015〕362号)[S]. 北京：中国铁路总公司，2015.

作者简介

周书念，中国铁路南宁铁局集团有限公司柳州供电段，工程师

电气化铁路接触网硬点分析及对策

马安乐

摘 要: 本文分析了接触网硬点的危害,从不同的角度分析产生硬点的原因,并提出相应的解决办法和整改措施,以保证高铁机车的正常安全行驶。

随着我国对高速电气化铁路的研究逐步加深,弓网关系也同轮轨关系一样,成为列车高速运行另一制约因素,日益引起人们的重视。随着高速铁路大规模的发展,列车的牵引动力已形成了以电力机车牵引的必然趋势,这对高速运行中的列车弓网特提出了很高的要求,而接触网硬点是影响弓网运行关系的重要因素之一,因此,了解接触网硬点产生的原因及相对应的整治措施是目前存在的一大难题。高速电气化接触网至受电弓系统的理想运行状态是弓网间可靠接触,为电力机车不间断地从接触网上获得电能提供保障。良好弓网受流性能是电力机车高速行驶的前题,接触网硬点是接触网系统的一大顽症。破坏弓网间正常的接触和取流,加速接触导线和受电弓局部磨耗,危害导线和受电弓正常使用寿命,甚至造成事故,影响运输安全。

1 接触网硬点的概念

电力机车在运行中,机车受电弓与接触导线接触力的变化是非常复杂的,通常情况下,我们将机车受电弓与接触导线接触力突然变化的地点称为接触硬点,接触网上引起接触力突然变化的地点称为接触网硬点。在实际运行中,电力机车其受电弓同接触导线接触面处于滑动摩擦状态,为保证正常取流,弓网存在一定的接触压力,由于接触悬挂某些部分或其他原因会引起弓网间接触压力、相对位置和速度的突然变化,致使弓网关系产生瞬态变化,这种瞬态变化达到一定量化标准,我们便称之为硬点。目前,通常这种力、位置、速度或加速度的突然变化是通过在检测受电弓上安装加速度传感器来检测。电力机车的取流是个关键问题,取流的好坏,也是弓网关系的好坏,而弓网取流质量的问题受到接触网硬点的制约,接触线硬点的存在容易造成受电弓和接触线的机械损伤和电弧烧伤,严重时可能诱发弓网故障,影响着电气化的提速。

硬点是接触悬挂中一个有害的物理现象,是对接触悬挂中由于质量的集中(质量分布不均)或弹性突变(弹性不均)可能改变机车受电弓运行状态的所有统称。接触悬挂中硬点是客观存在的,因为硬点本身就是悬挂的一部分,在接触网动态检测中还没有衡量硬点本身客观特性的标准和技术,我们检测硬点就是检测硬点对高速运行的受电弓的冲击。

2 接触网硬点的危害

对于接触网来说,有了接触网硬点,就说明这是一种缺陷。既然是缺陷,那肯定在接触网运营的过程中会对弓、网及供电设备和系统造成一定的伤害,这种伤害有两种情况:机械伤害和电弧伤害。

机械伤害是指对受电弓、接触导线轻微的碰伤,刮伤等(有明显痕迹的就称之为打弓点了),也就是我们通常所说的硬点对受电弓的伤害。如果不及时发现,时间久了,严重受伤的受电弓会对接触网产生严重伤害(刮伤接触导线、接触网的摆动或者破坏)。

电弧伤害主要是硬点引起的弓网脱离,在受电弓离线瞬间产生的高温电弧,它对接触网、受电弓产生的伤害。对受电弓的伤害主要表现在对弓头的点蚀,汽化。对接触导线的伤害除了对接触导线的点蚀、汽化以外,就是对导线的高温退火。例如:现在广泛应用的铜导线,不是简单的电解铜,是电解铜经过反复的压轧、拉伸,最后挤压而成的,轧制、拉伸、挤压过程是金属的内部应力发生了变化,使软铜线变成了硬铜线,提高了机械强度(主要是抗拉强度和硬度)。拉弧产生的局部高温(最核心处有几万度),一方面使接触导线、受电弓点蚀和汽化，从而恶化了弓网取流关系，同时点蚀、汽化也减少接触导线、受电弓的强度和使用寿命；另一方面拉弧产生的高温能使接触导线内部产生应力变化，造成接触导线局部退火，使其机械强度大幅下降，而容易导致导线被拉断。尤其是机车低速行驶或特别是静止时，电弧因为位置相对固定，强大的高温很容易烧伤接触导线而断线（实际上是高温→导线升温→退火→导线软化→拉断）。在列车高速行驶时电弧在每处的停时间很短，热量迅速的被风带走，接触导线升温并不太大，造成的伤害相对较小。另外，我们经常遇到非金属性接地（如非金属杂物侵入、机车车顶绝缘子闪络或者绝缘老化时升弓等），而引起接触导线（有时是承力索）断线的事故，究其原因实际是此时接地有较长时间的持续电弧（此时的电流不至于断路器跳闸）而烧断接触导线。为什么金属性接地不容易断线呢？供电段的同志都有这样的经验："带电误挂地线（金属性接地）会引起断路器跳闸，一般是不会引起接触网断线的"，这是因为金属性接地时的大电流会引起断路器迅速跳闸，短时的高温不容易烧断接触导线，而容易烧断吊弦。也就是说铜材比铝材耐高温，同时这也是我国近几年的电气化铁路施工不管是新建还是改造接触网时，采用铜接触线的原因之一吧。

机车受电弓离线还对机车牵引电机、电器、牵引变压器及供电系统造成危害。从电气原理上来说，由于接触导线上硬点的存在，冲击加速度（检测接触网硬点大小的参数）数值较小时造成弓网之间接触不良，冲击加速度数值较大时就会造成离线，离线时空气的电阻是非线性的，使机车电流骤变，产生冲击电流和瞬时过电压、高次谐波，影响机车牵引电机、牵引变压器及供电系统的电能质量。特别是原始硬点使机车受电弓严重离线，受电弓弹起后产生的二次、三次接触冲击硬点，频繁的电流、电压骤变，肯定会造成保护设备的损坏，从而导致电气设备遭到破坏。

3　接触网硬点产生的原因

3.1　接触网施工中造成的硬点

架设接触线施工程中一般采用小张力放线施工法。由于缺乏必要的张力标准理论数值指导，具有很大的不稳定性，从而加大了接触线架设的张力不均匀度。特别是在起锚和落锚时，需要重新紧线、松线，更是加剧了这一状况，极易使得接触线在外力作用下发生变形、扭曲、硬弯。因施工原因造成的接触线硬弯、接触线扭面、定位器调整不到位、锚段关节调整不到位、坡度超标、接触线上的零部件安装不规范、撞击受电弓等都会产生硬点病害。

（1）采用无张力放线或不稳定的小张力放线，遣成接触导线在展放的过程中，导线时松时紧，击打钢轨和轨枕，损伤接触导线接触面平顺度；在导线展放过程中使用"S"钩悬吊导线，由于无张力或张力波动大造成导线顺线路方向前后窜动，导致"S"钩损伤导线接触线面。

（2）在完成承力索及接触线架设后，由于种种原因，都不能及时安装吊弦及定位装置，承力索与接触线间一般要采用临时吊线固定，而对临时吊线的制作、安装没有统一规格，在现场施工过程中随意性较大，导致临时吊线长度参差不齐，长度较短的临时吊线悬吊点因长时间承受较大负荷而产生硬点。

（3）在架设后的接触导线初伸长（蠕变）还没有拉伸到位的情况下，便安装吊弦和定位装置，在后期导线初伸长（蠕变）拉伸到位后，会在吊弦和定位线夹安装处产生硬点。而此时原先安装的吊弦和定位装置会顺着拉伸方向歪斜，使安装工艺不达标，造成二次安装或反复调整。

（4）在施工过程中，线路管理单位对线路起、拨道，造成线路迟迟不能锁定，造成接触网反复调整，损伤导线。

（5）吊弦、腕臂的预配制作精度不够、安装存在误差，造成二次安装调整，损伤导线。根据国外经验，凡接触线上安装的线夹均应一次安装到位，二次安装将会引起硬点。在既有线电气化改造过程中，施工作业队采用测杆测量乘力索、导线高度，且在测量过程中，测量人员交动大，对测量要点掌握不清，记录不规范，导致测量出数据误差较大，再加上吊弦预配、加工、制作环节出现的误差，制作出的吊弦偏差较大，吊弦安装后，造成接触导线高度大面积偏高，不得不进行二次安装调整或对吊弦进行更换，浪费了大量的人力和时间。再加上施工过程中由于缺少对 200 km/h 接触网检测设备和手段，虽然施工单位进行了吊弦调整更换，但其对吊弦调整标准相对 200 km/h 区段对接触网的技术要求存在一定的差距。因施工精度不够、标准不高造成了前几次接触网在检测中被检测到存在较多接触网硬点，通过现场对硬点查找、复核、处理中也可以印证这一点。

(6)由于工期紧迫，为抢工期出现踩踏和用力拉、拽导线等不规范作业和野蛮施工现象，造成接触导线线面不平直，形成硬弯或扭面。

3.2 接触悬挂结构本身产生的硬点

所谓结构性硬点系指接触网线岔、定位器、锚段关节、中心锚结等处所，接触网整体结构相对复杂，负荷相对集中，较易形成硬点。

(1)线岔处产生的硬点

首先，线岔限制管加大了接触线质量。减小由此产生的硬点，就要减轻限制管质量，可用铝合金件代替钢件。固定部位可活动的限制管使机车通过线岔时，受电弓与接触网硬点之间有个缓冲的作用过程，从而减小硬点的影响。其次，线岔交叉点处两支接触线交叉，受电弓同时托起两支接触线，该处硬点加大。

(2)定位器处产生的硬点

检测数据表明，在行车速度不超过140 km/h 时，不论是具有限位和减振作用的多功能定位器还是普通的铝合金定位器均能满足行车的需要。显然。多功能定位器保证了运行可靠性，铝合金定位器因质量轻硬点要比普通钢质定位器小。硬点的大小还与定位器的坡度及拉出值有关。根据运行中的定位器作用力分析，运行中的定位器因为拉出值在水平方向上存在一个拉力 F_1，定位器与水平方向存在夹角 a，这样定位器在垂直方向产生一个向上拉起接触线的分力 F_2。定位器本身质量在接触线处的分力大小取决于夹角 a 的大小，即定位器的坡度。受电弓托起接触线后，夹角 a 变小，F_2 变小，要使定位器处的接触线与跨中接触线具有相近的特性(不考虑承力索影响的情况下)，F_2 应大于或等于定位器本身质量在接触线处的分力，否则将产生硬点。若定位器处拉出值过小，也将产生硬点。可见，定位器处是否产生硬点除取决于本身质量外还取决于定位器坡度大小和拉出值的大小。

(3)锚段关节处产生的硬点

锚段关节是为受电弓由一个锚段向另一个锚段过渡而设置的，其结构较为复杂，较易形成硬点，三跨关节的运营条件更为恶劣，锚段关节形成硬点主要有以下几个原因：①接触线坡度大；②转换柱间有两支接触线 V 形交叉，冲击力大；③有电联结等集中负载。④中心锚结处产生的硬点中心锚结作为整个锚段的唯一一处相对固定点应力集中，受力复杂，极易形成硬点，其中以三跨中心锚结的的运营条件更为恶劣，二跨中心锚结的运营条件有所改善。

(4)接触线上的零部件安装不规范，撞击受电弓。如电联接线夹偏斜、吊弦线夹偏斜、定位器坡度过大过小造成线夹偏斜打弓或定位器打弓，以及导线线面不正时，当受电弓通过时，在导线抬升，线夹偏斜产生硬点或打伤、打坏受电弓。

(5)接触网在线路与低净空桥、站场与区间联接处及锚段关节处等许多地方存在导线坡度及坡度变化，在导线坡度较大或导线坡度转换点，产生较大冲击硬点。

3.3 接触网自身产生的硬点

(1)接触线高差造成的硬点

接触线高差最终反映在接触线坡度上，接触线高差分为跨间高差及吊弦高差，跨间高差主要集中区间、站场导高变化处所，而吊弦高差在接触网各处所均有表现，其中吊弦高差更能直接反映接触线的平顺度，更有实际意义。根据新《检测》要求，250 km/h 区段接触线坡度不得大于 0.5‰、200 km/h 区段接触线坡度不得大于 1‰，根据运营情况来看 250 km/h 区段接触线坡度大于 2‰，200 km/h 区段接触线坡度大于 4‰时极易出现硬点三级超限。

(2)接触线不平直造成的硬点

接触线不平直最主要的特点是就是接触线硬弯，最终反映在短距离的平顺度上(接触线坡度)。主要分有上下弯、左右弯，波浪弯、垂直弯(死弯)，形成接触线硬弯的原因较多，如：接触线本身材质硬弯、未采用恒张力放线施工的施工硬弯、施工人员踩踏导线的施工硬弯等。通过运营情况来看，左右弯影响很小，垂直弯影响最大，但各种原因的硬弯均可以形成硬点。

3.4 其他原因形成的硬点

(1)接触导线材质产生的硬点，接触线内部材料金相组织应做到颗粒细小、分布均匀，使得接触线的刚度均匀，同时要具有良好的平顺性。如果接触线内部存在孔洞、颗粒差异大、分布不均或存在异质等，接触线在加上工作张力后，就会造成刚度不均，容易受到冲击，使弓网间接触压力突变，产生硬点。接触导线质量不良，在施工过程中也易产生硬点。

(2)线路原因产生的硬点，线路也是引起接触力突变原因之一，特别是在列车提速以后，线路的质量对受电弓与接触网的接触力影响很大。如道床的弹性系数、振动周期、道床和轨道病害等。还有工务部门在未与牵引供电设备管理部门联系情况下，擅自起道、拨道等作业，造成轨面、曲线超高和侧面限界超出容许范围，导致接触导线高度和拉出值超标，形成硬点或打弓。

3.5　非接触网原因产生的硬点

(1)列车提速后，线路质量的好坏也间接影响着弓网间的配合，例如线路的变坡点，特别是正坡直接变成负坡的变坡点，反映在弓网关系上就相当于一个导线变坡点，如果此处正好是接触导线的变坡点就可能出现很强烈的硬点。

(2)线路道床质量对受电弓与接触网的接触力影响也很大，如道床的弹性系数、振动周期及各种病害等.对接触网运行影响很大，由于机车或线路原因产生的硬点具有较大的随机性，因此在现场检查维护过程中很难被发现。

(3)在机车的运行取流过程中，运行的受电弓与架空式的接触网之间进行的相互作用、相互匹配非常复杂，影响受流质量的主要参数有静态接触压力、动态接触压力、受电弓振动频率、接触网振动频率、机车运行速度等；同时，电力机车受电弓的弹性系数、受电弓归算到接触导线上的质量等问题都会产生硬点病害。

(4)与机车有关的接触网方面的悬挂弹性系数(接触悬挂张力、接触网跨距、接触悬挂导线及承力索单位长度重量、接触悬挂结构型式等都影响到接触悬挂弹性系数)、接触网的振动频率、周期等，也是发生接触网硬点病害的原因。

4　接触网硬点的整治

4.1　提高接触网设计质量

因地制宜，根据不同现场环境由不同的设计理念，从设计选用线索材料的角度来讲，当前使用镁铜合金线要比硬铜线好，承力索与接触导线采用相同的材质对接触网的性能及减少硬点的产生有很大好处。

4.2　提高接触网施工质量

在高速铁路建设初期，如果施工质量不能达标，即使以后在运行中经过多次整治也很难让设备质量有明显的提高。加强施工、监理与验收的管理：目前影响我国接触网质量最大的因素是施工质量，而施工质量又受到施工环境和施工工艺、施工机具的影响。有的铁路局为了保运输，将接触网的施工天窗给在夜间，这样的施工环境肯定会造成无法弥补的永久性缺陷。其次，施工工艺相对简单，施工所采用的机具没有按投标承诺书中的机具施工。主要表现在以下两个方面：一是对下部工程施工重视不够。下部工程是接触网工程的重要的组成部分，下部工程的质量好坏决定着接触网长期运行状态。二是对承力索、接触导线的线索预伸(超拉)重视不够。线索预伸是一项对高速铁路很重的一道工序，线索预伸后可以免去3～5年的线索伸长过渡期、可以大减少导线硬点，但由于费用、技术、工期等种种原因施工单位一般不进行此项作业。以上原因造成初次施工质量不达标，以后经过许多次整治也很难让设备质量有明显的提高，特别是在我国目前运输紧张的条件下，有限的维修天窗内能进行的作业是非常有限的，而且接触网是一个整体，每整治一个问题，都要采取许多的分步过渡措施、过渡后的恢复、整治中还会有许多新问题不断地出现并且及时地处理。安排施工工期的不科学性，当前的工程工期确定中，建设管理单位为了完成投资，制定关门工期，造成施工单位准备不足，仓促开工，工序衔接脱节，形成了由于赶工期、要进度而导致顾此失彼的局面。监理人员的配置以及监理人员的专业素质不足。现在一个监理要负责1个标段内几个专业的施工，况且对于上百公里的大标段来说监理力度不足。验收的过程相对简单、责任心不强。几天时间要对施工几年的设备进行验收，怎么可能仔细检查、查出所有的问题，特别是隐蔽工程的问题，查出的问题也不能全部解决，往往是留给运营单位了事，运营单位在相当长的时间内是在做处理施工遗留缺陷，无法顾及其他维修作业。因此，在施工中应严格按照检修工艺及相关标准进行施工。

4.3 加强日常设备巡视及取流检查工作

严格执行有关检修实施细则，提高巡检质量，是提前发现接触线硬点并及时处理的可行方法。其中因接触网维修工作而产生的接触悬挂中的某些质量集中点，通过改变原吊弦布置位置或适当采用增加吊弦的方法，可以改善接触网整体弹性，消除接触网硬点。对于某些跨距接触线坡度过大，或是连续多个跨距坡度呈波浪形变化，通过加强检修人员工作责任心教育、改进巡检过程中导高测量方法、控制不符合标准的接触线坡度的产生等等措施，可以避免巡检过程中接触网硬点的产生。提高日常接触网设备检修质量。

4.4 提高日常设备检修质量

根据接触网硬点产生的不同原因进行相对应检修整治，对症下药。如：

(1)跨问高差：对于形成跨间高差的区间、站场接触线高度过渡处所，要根据测量数据，制定整体整治方案。一般以站场最外端线岔或关节为控制点，严格按照 250 km/h 区段接触线坡度不得大于 0.5‰、200 km/h 区段接触线坡度不得大于 1‰，从站场向区间进行过渡，在过渡的起点及终点尽量以抛物线形式过渡，避免出现明显的折拐点，同时要结合工务线路条件，尽量避免在工务线路竖曲线处所。

(2)吊弦高差：严格按照 250 km/h 区段接触线坡度不得大于 0.5‰、200 kmhl 区段接触线坡度按不得大于 l‰的标准进行调整，其中定位点两侧吊弦力求等高，因跨中预留驰度的要求标准高，对改善弓网关系并无明显的效果，不建议采用跨中预留驰度。

(3)对硬弯进行量化分析：在实践中采用了硬弯量化分析法，即采用《接触线硬弯量化分析组合工具》(平板尺 + 塞尺、自制)，修前对硬弯进行测量，根据硬弯大小确定处理方案，修后再次进行测量，检验整治效果。通过硬弯处理前后检测数据对比，总结出如下经验数据：硬弯二：级超限的临界值为 0.2 mm，硬弯超过 0.2 mm 需进行校正，硬弯校正后小于 0.2 mm 可以消除三级缺陷，同时现有的五轮正弯器的校正精度可满足要求。根据硬弯的类型采用不同的校正方法：对于较大的垂直弯(死弯)，先用 < 导线硬弯局部校正压模 > 进行局部压模校正。然后用五轮正弯器进行推拉校正；波浪弯(平顺弯)直接用五轮正弯器进行校正。校正时需注意五轮正弯器的正确使用方法。

(4)交叉线岔：因交叉线岔有两支接触线，受电弓通过线岔时抬升受到限制，负载较为集中，形成硬点是必然的，我们能做的是尽最大能力改善线岔处弓网关系，最大限度的降低硬点数值。具体做法是将线岔各项能数按设计值进行调节，关键点为正线与侧线相交线岔 500 m 处水平应尽量控制在侧线抬高 20 ~ 30 mm，非支抬高满足要求，使限制管尽量受到向上的抬升力。

(5)对于电联接，现在有些人把电联接的弹簧圈给取消了，以为减少了电联接的重量对减少该处的硬点有好处，其实不然，取消了电联接的弹簧圈对静态的受电弓来说此处的集中负荷是减少了，但对于高速动态的受电弓来说，在有弹簧圈时在此处的集中负荷主要是弹簧圈以下的部分，以上的部分经过弹簧圈的减振后影响很有限，而在取消了弹簧圈后此处的集中负荷成了承力索、电联接器整体全部加在了受电弓上(当然电联接是软铜线不是刚体，承力索的重量归算到导线上时不是全部重量)，但取消电联接的弹簧圈无疑是加重了硬点的。

(6)对机务、工务设备病害、缺陷的综合整治。铁路是一个大的联动系统，只有通过对机务、工务设备病害、缺陷的综合整治，使工务、机务、电务、供电等各单位的共同努力、全力配合，才能使我国电气化铁路设备质量和运营保证得到升级，铁路提速达到安全优质的效果。

5 结束语

接触网的硬点问题，需要改善和提高，为满足接触网质量的提高，要从接触线材质、接触网施工及检修各个环节把握住产生各类硬点的可能性，保证接触网可靠安全运行，只有在日常检查和维护中不断地总结经验，摸索规律，才能逐步提高接触网的运行管理水平。

参考文献

[1] 中国铁路总公司. 接触网运行维修规则. 北京：中国铁道出版社，2016.
[2] 许亚梅. 接触网硬点病害分析及整治对策. 太原铁道科技，2010.

[3] 李华. 接触线硬点的浅析. 电气化铁道，2002.

作者简介

马安乐，中国铁路沈阳局集团有限公司供电部，工程师

浅谈回流线跨越接触网的危害及预防改进措施

王文龙 罗明奇

摘 要：回流线是牵引供电系统的重要组成部分，架设在接触网支柱的田野侧，受线路条件、接触网悬挂方式等因素影响，无法避免接触网支柱设置在线路两侧，为了确保主导电回路畅通，采取了跨越接触网的安装方式，本文结合我段回流线跨越现状，重点对跨越接触网的危害进行了分析，并提出预防改进措施。

1 回流线在牵引供电系统中的作用

接触网回流线是牵引供电系统的重要组成部分，其主要作用是提供牵引供电系统的回路通道，其次是防止电磁场对通信信号的干扰，由于回流线中的电流与接触网中的牵引电流方向相反，空间电磁场相互抵消，进而减少对通信信号的干扰。直供加回流供电原理如图 1 所示。

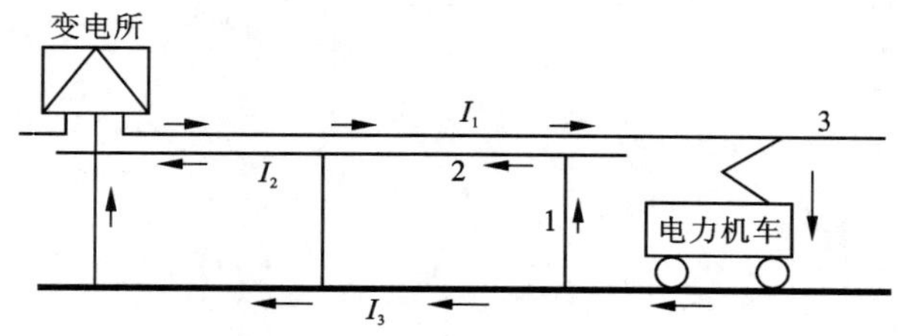

图 1 直供加回流供电原理

1—吸上线；2—回流线；3—接触网

2 回流线跨越方式

目前，怀化供电段普速铁路隧道外回流线跨越均采用柱顶增高肩架方式跨越接触网，设计接触线高度为 6000 mm，结构高度为 1400 mm，回流线跨越安装高度距承力索垂直距离大于 3000 mm，其安装方式如图 2 所示。

3 回流线跨越暴露出的安全问题

全面检查维修困难，存在设备失检失修问题。由于回流线跨越安装位置高，接触网作业车、梯车平台高度受接触悬挂高度的限制，无法进行全面检查，单兵作业安全带无可靠固定位置，存在一定人身安全风险，目前回流线跨越处所的检修手段只能通过目测检查方式进行，回流线跨越及安装线夹的部位很难通过手摸或拽拉的方式进行全面检查，从而造成设备长期失检失修，导致设备隐患不能及时发现。

设备锈蚀腐蚀现象普遍存在。一是电气化铁路初期设备材质技术不成熟，抗氧化、抗腐蚀性能较低，特别是我段沪昆线，自电气化投运 23 年至今未对回流线跨越处所进行大修改造，部分回流线跨越接触网角钢、增高肩架、杵环杆、螺杆螺帽或悬式绝缘子 M 弹簧销等零部件锈蚀、腐蚀现象日趋严重，存在松、脱、断的安全风险。二是电气化铁路初期设计标准不高，设备本身存在质量源头问题。如个别回流线跨越接触网时出现了接头或补强，若安装的并钩线夹螺栓紧固不到位，长时间运行造成松动，回流线与并钩线夹接触不良，增大了线夹与线索的接触电阻，造成接触面不够或接触不良，导电回路不畅，烧伤线夹或烧断回流线，最终引发供电故障。

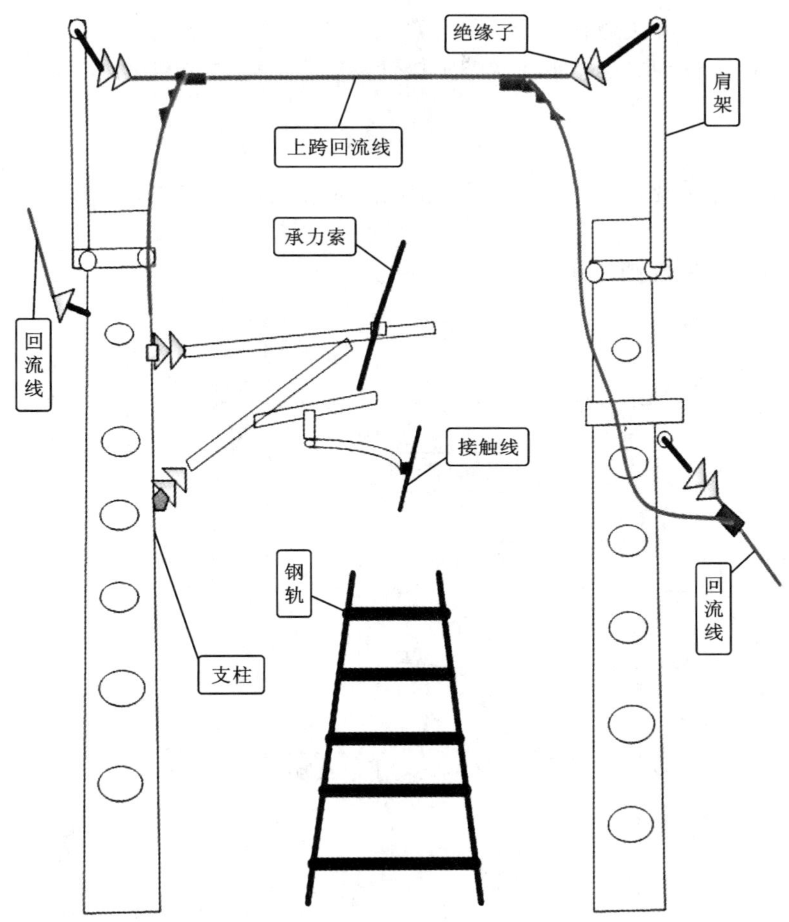

图 2　柱顶增高肩架方式跨越

日常维护、保养困难。目前，我段管内回流线跨越接触网处所数量多，日常维护、保养任务重、难度大，约每两个天窗就有 1 处回流线跨越检修任务，日常设备全面检查过程中发现的绝缘子破损、铁件锈蚀、增高肩架倾斜、回流线并钩线夹处烧伤、回流线断股、烧伤等设备缺陷，由于作业条件受限，处理难度大，需停电作业时间长，一些倾向性设备缺陷一直未彻底根除。

故障引发性质严重。由于回流线跨越垂直于线路安装，安装位置高、增高肩架自身存在重力及悬挂张力，一旦断脱，势必与接触悬挂等线索碰撞或搭接，形成金属性短路，严重时造成承力索断线，构成铁路一般 C 类事故。

4　预防及改进措施

4.1　预防措施

4.1.1　加强既有回流线跨越接触网处所的监控。

在未进行大修改造前，根据管内设备实际运行状况，对管内回流线跨越处所、数量及运行时间认真调查，记入设备履历，建立回流线跨越接触网专项监控台账，认真做好安全风险研判，视情况加大巡视及维修频次。

定期组织进行质量状态评估。根据管内设备运行速度、运行环境等实际情况，每年由段技术科组织对回流线跨越处所进行质量状态评估，对评估后不能满足运行状态的零部件组织进行专项整治。

4.1.2　新建线路严把质量关。

及时与设计单位、施工单位沟通。从设计源头卡控、提前介入新线工程工程，主动与设计单位、施工单位对接，严把设计审查、技术规格审查、设计联络和施工图审查四道关口，针对设计方案进行深度研究和探讨。

加强工程质量监督，确保源头质量安全。结合新线建设，深入开展工程提前介入，加强施工环节的质量监督，时刻以源头管控质量为目标，实现从施工接管到安全运营的顺利过渡。

4.2 改进措施

4.2.1 既有线路

根据质量状态评估，针对既有回流线跨越不能满足运行状态要求的处所，建议改造为双支电缆过轨安装方式。

改造前回流线跨越接触网如图 3 所示。

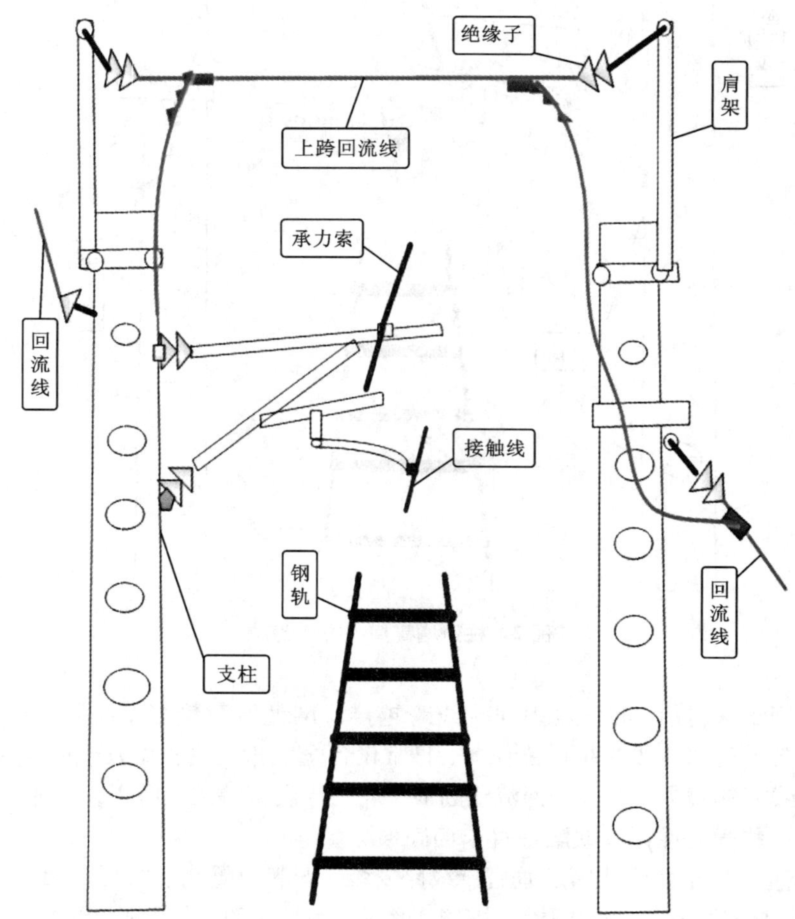

图 3 改造前回流线跨越接触网

改造后接触网回流过轨安装方式如图 4 所示。

改造方案简介：利用双支电力电缆过轨方式进行回流线连通，将左右两侧的回流线增高肩架及回流线跨越接触网部位拆除，回流线与电缆利用并钩线夹并接，见图 4 中 A、B 处，电缆过轨时应穿壁厚≥4 mm 的 PE 管进行防护，埋深距轨面不小于 1 m。

4.2.2 新建线路

建议全部采用双支电缆过轨安装方式，安装方式如图 4 所示。

严把验收质量。对照运行维修标准，严格落实新线工程验收项目质量评价，按工程验收及运行维修两项标准综合评价，确保过轨的电缆型号、敷设径路、电缆标桩及防护措施等符合设计标准。

5 改造的优点

施工简单，安全压力小。利用接触网作业车或人工组就可以完成整个过程的改造，与传统的回流线跨

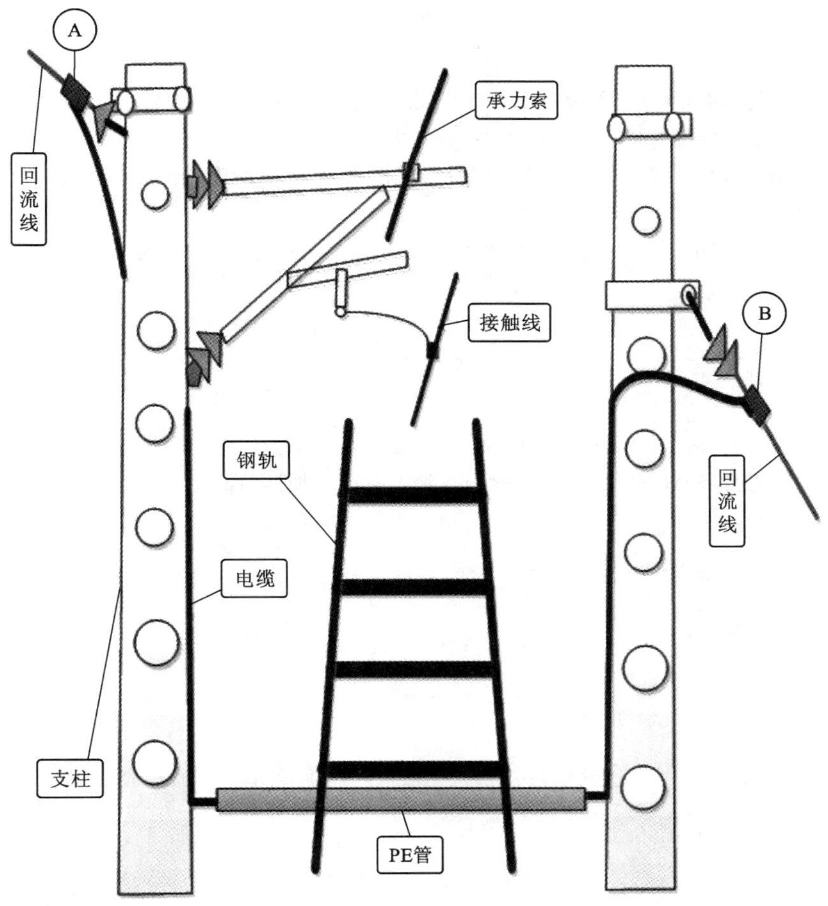

图 4　改造后接触网回流过轨安装方式

越接触网相比施工更加简单，避免了高空作业的安全风险。

运营维护简单便捷。方便了日后的步行巡视检查及全面检查，为日常回流线维护、保养提供了便捷。

增加回流系统的可靠性。电缆通过双支过轨安装，若其中一支存在问题，也能可靠的确保电流畅通，减少了供电安全隐患。

彻底消除了接触网断线的安全隐患。改用过轨的安装方式，避免了回流线跨越接触网因连接零部件“松、脱、断、磨”等引发的接触网断线的安全隐患。

6　结束语

综上所述，回流线过轨跨越安装方式应具有独特的优点，适合日后新线建设的研究与探讨，能够解决传统的回流线跨越接触网引发断线的技术难题，与此同时，在日常维护上更加便捷，能够彻底的消除因回流线跨越接触网处断、脱引发的接触网故障，彻底解决了因回流线跨越接触网给牵引供电带来的安全隐患，从而最大限度地减少对电气化铁路运输生产的影响。

参考文献

[1] 中国铁路总公司. 普速铁路接触网运行维修规则[M]. 北京：中国铁道出版社，2017.

[2] 张万里. 接触网工技术问答 850 题[M]. 北京：中国铁道出版社，2006.

[3] 中铁电气化局集团有限公司，中铁电气化勘察设计研究院. 铁路电力牵引供电设计规范[M]. 北京：中国铁道出版社，2010.

[4] 中铁建电气化局集团有限公司，中铁电气化局集团有限公司. 高速铁路电力牵引供电工程施工质量验收标准[M]. 北京：中国铁道出版社，2011.

作者简介

王文龙，中国铁路广州局集团有限公司怀化供电段技术科，检修主管，工程师

罗明奇，中国铁路广州局集团有限公司怀化供电段技术科，施工主管，助理工程师

关于巴达线网隔微断开关误报信息专题分析

银鹏邦

摘　要：微断空开作为网隔操作电源空开，是保障接触网电动隔离开关防误动的重要手段；微断空开误报分合闸遥信信息，为供电调度网隔设备监控和判断带来隐患。本文针对微断开关误报分合闸信息，深入分析原因，并提出整治方案，提高网隔设备可靠性。

1　信息概况

2020 年 1 月 28 日 9:31:49 白腊坪网隔白覃联络线 FX－30#微断开关上报分/合闸采集信息；2020 年 2 月 4 日 09:32:16 白腊坪网隔白覃联络线 FX－30#微断开关再次上报分/合闸采集信息；2020 年 2 月 8 日 14:05:06 白衣网隔平白间 FX－27#微断开关上报分/合闸采集信息；2020 年 2 月 23 日 20:10:52 文崇网隔石文间 FX－144#微断开关上报分/合闸信息；以上 4 次微断开关实际并未进行分/合闸操作。

2　技术分析

2.1　设备运行情况

巴达线网隔为西安高压开关厂中压电器制造公司，型号：GW4－27. DW/2500，RTU 厂家为北京南凯自动化系统工程有限公司，微断电源开关厂家为 ABB 工程有限公司，型号：S2C－CO2/3 均于 2016 年 1 月正式投入使用，投运至今未发现此类遥信信息误报问题。

2.2　设备检修情况

2019 年 7 月 31 日，文崇网隔功能性试验正常；2019 年 11 月 4 日，白腊坪网隔功能性试验正常；2019 年 11 月 21 日，白衣网隔功能性试验正常。

0141	2020年01月28日 09:31:49:704	第0级	SOE: 白蜡坪网隔 白覃联络线FX-030# 电源微断开关位置	分闸 采集
0142	2020年01月28日 09:31:49:831	第0级	白蜡坪网隔 白覃联络线FX-030# 电源微断开关位置	合闸 采集
0143	2020年01月28日 09:31:49:872	第0级	白蜡坪网隔 白覃联络线FX-030# 电源微断开关位置	分闸 采集
0144	2020年02月04日 09:32:16:397	第0级	SOE: 白蜡坪网隔 白覃联络线FX-030# 电源微断开关位置	合闸 采集
0145	2020年02月04日 09:32:16:461	第0级	SOE: 白蜡坪网隔 白覃联络线FX-030# 电源微断开关位置	分闸 采集
0146	2020年02月04日 09:32:16:634	第0级	白蜡坪网隔 白覃联络线FX-030# 电源微断开关位置	合闸 采集
0147	2020年02月04日 09:32:16:674	第0级	白蜡坪网隔 白覃联络线FX-030# 电源微断开关位置	分闸 采集
0148	2020年02月04日 09:32:16:734	第0级	白蜡坪网隔 白覃联络线FX-030# 电源微断开关位置	合闸 采集
0149	2020年02月04日 09:32:16:754	第0级	白蜡坪网隔 白覃联络线FX-030# 电源微断开关位置	分闸 采集
0150	2020年02月08日 14:05:06:112	第0级	SOE: 白衣网隔 平白间FX-027# 电源微断开关位置	合闸 采集
0151	2020年02月08日 14:05:06:170	第0级	SOE: 白衣网隔 平白间FX-027# 电源微断开关位置	分闸 采集
0152	2020年02月08日 14:05:06:373	第0级	白衣网隔 平白间FX-027# 电源微断开关位置	合闸 采集
0153	2020年02月08日 14:05:06:413	第0级	白衣网隔 平白间FX-027# 电源微断开关位置	分闸 采集

图 1　白覃联络线 FX－30#、平白间 FX－27#、石文间 FX－144#电源开关 SCADA 系统 SOE 告警记录

2.3　告警信息分析（见图 1）

分析结论：

（1）微断开关分/合闸采集时间差分别为 127 ms、64 ms、58 ms、78 ms，根据现场实际微断空开分合闸时间来算，从分闸到合闸，再从合闸到分闸，在以上时间内均不可能完成此操作，故判断以上微断开关分/合闸遥信均为误报信息，现场微断空开实际并未动作。

（2）通过 1 月 28 日和 2 月 4 日 2 次白腊坪网隔微断误报信息对比分析发现，时间均在 9:31 左右，初步怀疑跟列车运行有关。

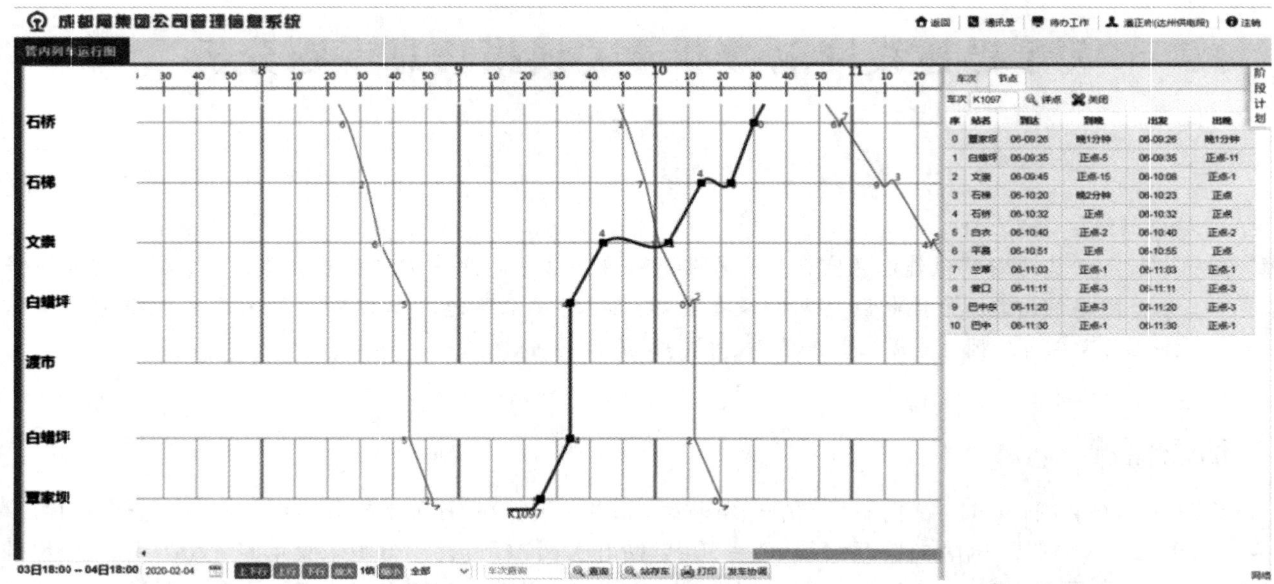

图 2　K1097 次列车运行时刻表

2.4　关联分析(见图 2)

2020 年 1 月 28 日和 2 月 4 日白腊坪网隔白覃联络线 FX－30#微断开关误报分/合闸信息时，09:30 左右 K1097 次列车从白腊坪车站通过。

2020 年 2 月 8 日白衣网隔平白间 FX－27#微断开关误报分合闸信息时，14:05 左右 45206 次列车(见图 3)从白衣车站通过。

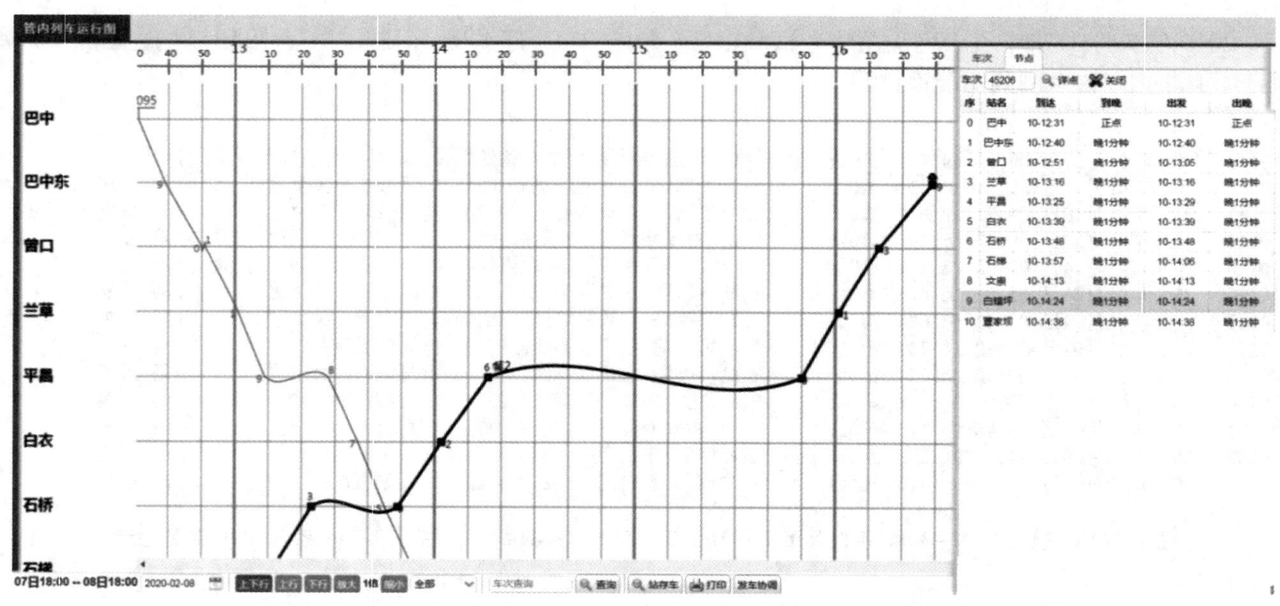

图 3　45206 次列车运行时刻表

2020 年 2 月 23 日文崇网隔石文间 FX－144#微断开关误报分合闸信息时，20:10 左右 5617 次列车(见图 4)从文崇车站通过。

分析结论：巴达线网隔微断开关分/合闸遥信采集信号误报是由于列车通过网隔 RTU 箱时，产生的震动引起微断抖动造成的。

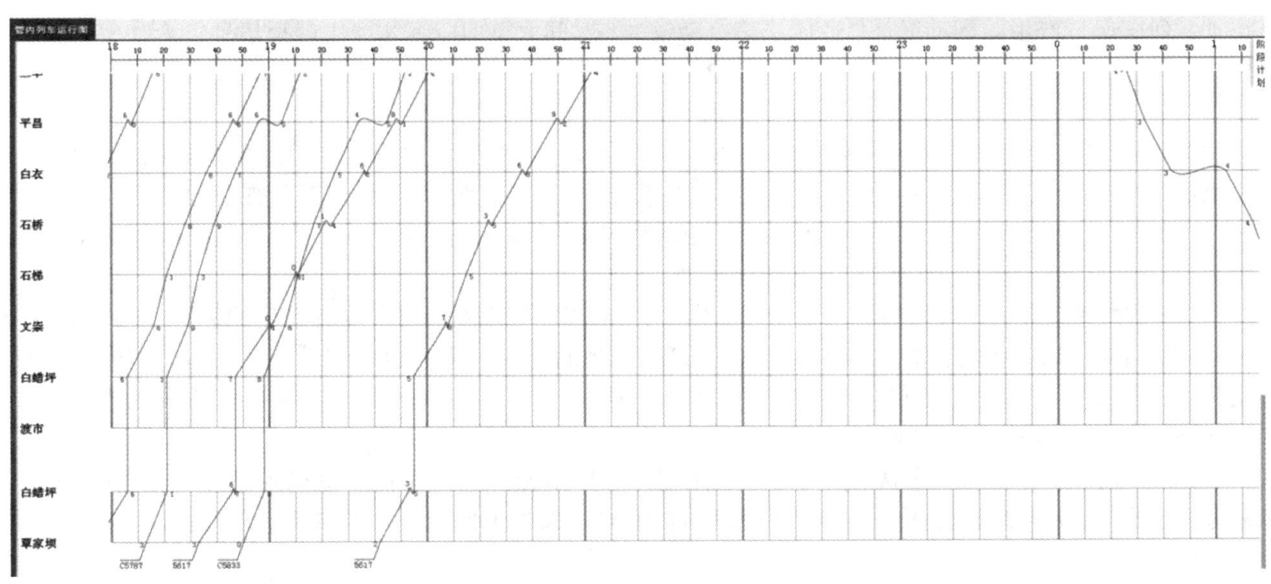

图 4　5617 次列车运行时刻表

2.5　原因分析

如图 5 所示：微断开关 6、7、8 为分/合闸遥信采集，6 为分闸，7 为合闸，8 为公共端。左侧为电源空开，右侧为电动操作机构。

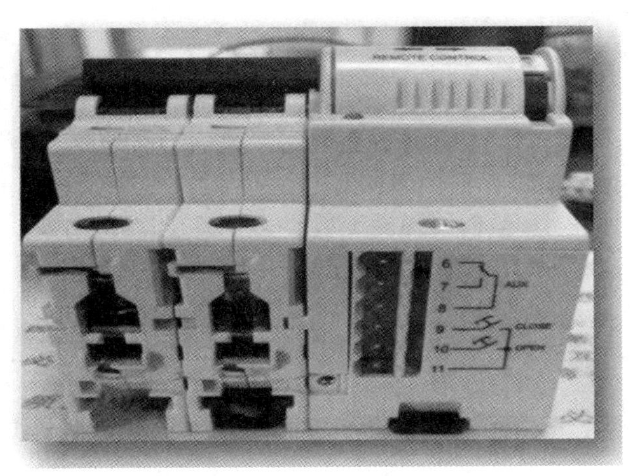

图 5　巴达线网隔微断实物照片

造成巴达线网隔微断开关误报信息的直接原因：电源空开位置信号采集的是 ABB 电动操作机构的位置信号，ABB 微型电动操作机构位置是由内部节点变位产生（非空开外加辅助开关形式）。经模拟实验证明发现该型号微断存在设计缺陷：ABB 微断空开（型号：S2C－CO2/3）常开/常闭节点转换行程太短，当微断在分闸状态下，经测量分闸行程转换 3～5 mm，微断的内部节点已发生转变，分闸常闭节点已断开（图 5 的 6－8 不通），同时合闸常开节点闭合（图 5 的 7－8 已通），合闸遥信已产生。

通过以上实验就可以合理解释：列车通过时产生的震动致使微断抖动，分闸采集的常闭节点在抖动瞬间，常开节点闭合，常闭节点断开，上传了合闸遥信，由于是抖动引起的分合闸采集，故采集时间都在 58 ms～127 ms 之间。

2016 年 1 月运行至今才出现误报的原因分析：北京南凯网隔 RTU 装置系统参数配置中遥信防抖动时间默认值为 50 ms，也就是说当遥信信息发生时间大于 50 ms 才会上传调度端，抖动产生的剧烈程度与列车运行速度和 RTU 箱内微断安装是否牢固都有一定关系，特别是 2019 年巴达线开行的列车数量较往年有明显增加，列车运行产生的震动增加，造成遥信抖动较大，时间大于 50 ms 才产生误报信息。

3 整治方案

(1)厂家对接。经对接厂家 ABB 微断(型号：S2C－CO2/3)发生误报分合闸信息的事件已在北京局津保铁路(天津－保定，于 2015 年投运)，济南局枣临铁路(枣庄－临沂，于 2015 年左右进行网隔改造)多次发生，该批次微断为 2013—2014 年间意大利组装生产，确实存在常开、常闭节点行程转换设计缺陷，厂家同意将巴达线 18 台 ABB 微断全线更换为伊顿微断。

(2)参数配置优化：在进行网隔调试阶段，应充分考虑网隔设备受列车运行产生的影响，RTU 装置参数配置时，将遥信防抖动时间设置为 500 ms。假设网隔微断空开发生误合或误分，从微断动作的时间看，肯定是大于 500 ms 的，所以遥信防抖动时间设置为 500 ms 并不会对现场设备实际遥信的采集产生影响，同时从技术手段上有效减少了网隔微断误报信息。

(3)微断技术改进建议：网隔微断分合闸采集回路可以借鉴隔离开关操作机构控制命令采用双端口输出的办法，改为：双端口遥信采集，即分闸遥信和合闸遥信采集不使用同一公共端，从设备源头控制误报信息的产生。

作者简介

银鹏邦，中国铁路成都局集团有限公司达州供电段，工程师

浅谈接触网精确集中修作业模式的探讨

王少法

摘　要： 接触网作为电气化铁路的重要组成部分，影响着铁路运输的安全与效益。本文以2020年3月份胶济线接触网集中修作业为例，对此次作业的作业组织模式、工作效率和质量等方面进行分析，探讨接触网精确集中修作业最佳组织模式，为今后接触网检修设备管理积累经验。

0　引言

接触网集中修是深化供电修程修制改革的重要一步，也是提高天窗利用率和维修效率的重要手段和保证接触网安全运行的有效措施，可以有效缓解维修天窗与运输、设备量增加与劳动用工之间的矛盾，开展集中修是当前势在必行。

1　胶济线集中修概况

胶济线东起青岛，西止济南，是连接济南、青岛两大城市，贯穿山东省青岛、烟台等港口的重要疏港运输大动脉，胶济线电气化2006年开通，线路运输和行车密度繁忙，接触网设备负荷日益增大，设备日趋老化。2020年因疫情影响，下半年运输增大，天窗数量大幅压缩，同时设备运行环境恶劣，设备维护迫在眉睫。集中修是提升设备质量和效率效益最有效的手段，因此，选取2020年3月份在胶济线接触网集中修运用接触网检修车列、接触网作业车、多平台作业车、4C检测车作业、车梯组和人工组相互配合，开展集中修。

1.1　集中修组织机构

成立了以段长、书记为组长，主管副段长为副组长，技术科、安全科、机械室、调度室、物资室、职教室、办公室为组员的段级集中修领导小组；以胶济线沿线车间为单元成立了淄博、潍坊、青岛3个集中修作业队。

1.2　集中修组织规模

淄博维管段按照国铁集团、济南局集团公司部署，合理调配作业力量，抽调管内其他车间业务能力较强员工支援补充到集中修队伍，共计组织约185人，调集接触网检修车列1组、接触网作业车7台、多平台作业车1台、4C检测车作业1台、车梯13台。

1.3　编制计划

针对胶济线集中修投入车组多、人员多的实际情况，由技术科提前同车务段、工务段、电务段共同绘制检修进度横道图，合理分配检修区段，避免了检修车组冲突，调度室加强与调度所联系沟通，以便及时掌握工务的计划情况。

1.4　开展集中修安全培训

由职教室牵头，技术科、安全科、机械室科配合，对参加集中修人员进行专题培训，组织学习本次集中修确定的项目、内容、标准，学习维修技术标准、工艺标准，开展相关项目的实作演练。让集中修人员掌握检修重点、方案和目标。

1.5　确定修前鉴定

集中修前3个月，对开展集中修区段接触网设备进行4C检测，检测分析室组织对检测数据和监测图像进行集中分析，并梳理汇总设备缺陷，对1C、2C、3C、6C检测缺陷数据及监测图像分析确认的设备缺陷、日常巡视检查及缺陷库内记录的设备缺陷进行梳理汇总，6C装置不易检测监测的站场咽喉及侧线由段、车间分管负责人或专业技术人员组织现场勘察，通过静态检测、红外热像仪测温等方式排查设备缺陷，梳理汇总，制定维修整治方案、明确整治标准，并编制修前勘察手册，指导实施精细、精准维修。

1.6 集中修方案编制

根据修前鉴定缺陷，由技术科组织编制《胶济线接触网集中修作业组织实施方案》，明确作业组织和包保检查，细化完善各作业车组作业分工。

2 集中修作业组织模式搭配探索，提高检修效率

2.1 胶济线集中修采用综合检修车列、作业车、车梯组合作业模式，划分接触悬挂、定位支撑、附加悬挂、单项设备等4个作业区域，充分发挥不同作业机具功能，利用检修列平台稳定、全方位、无死角优势，将设备检修质量大幅提升。同时首次使用综合检修车列以“1+3+2”(即1台综合检修列、3台接触网作业车、2个人工组)，编组模式在普速铁路进行了集中修，经统计分析，接触网综合检修列划分负责接触悬挂完成一次起停周期最快仅用5分钟，平均每跨用时3分钟，100分钟有效作业时间，可以完成60跨检修；3台接触网作业车划分负责定位支撑及附加悬挂配合满足检修列进度，检修效率显著提升。

2.2 通过分析对比对站场、区间、枢纽，确定了接触网集中修以下基本组织规模，检修效率和质量最佳：

(1)区间作业时

模式1：

4台作业车+3台车梯+2个人工组。即：4台作业车×4人/车+3台车梯×7人/车梯+3个人工组×4人/组=49人。加地面辅助组、防护人员等整体约56人。

每个天窗完成3.5~4条公里，4台作业车与3台车梯分区域作业。其中，作业车负责定位支撑装置，车梯负责吊弦、电连接等接触悬挂，人工组负责绝缘子、附加悬挂、地面设备等。

模式2：

1组接触网检修车列+3台作业车+2个人工组。即：1组检修车列×20人/车+3台作业车×4人/作业车+3个人工组×4人/组=44人。加地面辅助组、防护人员等整体约53人。

每个天窗完成4-5条公里，作业车负责支撑装置、附加悬挂，检修车列负责定位装置、吊弦电连接等接触悬挂，人工组负责绝缘子、附加悬挂、地面设备等(以定位管定位环铅垂面为分界点，定位环定位环(不含)至线路侧设备为检修车列负责，至支柱侧为作业车负责)。

(2)站场作业时

模式1：

2台作业车+4台车梯+2个人工组。即：2台作业车×4人/车+4台车梯×7人/车梯+3个人工组×4人/组=48人，加地面辅助组、防护人员等整体约55人。

站场停电行别4股道及以下站场，一个天窗应完成全部维修工作量。2台作业车+1台车梯负责正线股道设备检修，其他3台车梯各负责一个股道设备检修(含岔区设备)。作业车负责定位支撑装置，车梯负责吊弦、电连接等接触悬挂；人工组负责绝缘子、附加悬挂、地面设备等。

模式2：

5台车梯+2个人工组。即：5台车梯×7人/车梯+3个人工组×4人/组=47人。加地面辅助组、防护人员等整体约56人。

站场停电行别4股道及以下站场，一个天窗应完成全部维修工作量。2台车梯负责正线股道设备检修，其他3台车梯各负责一个股道设备检修(含岔区设备)，人工组负责绝缘子、附加悬挂、地面设备等检修。

(3)大型枢纽、编组场作业时

大型枢纽站场及专项整治、大修技改项目根据设备及工艺流程复杂程度、工作量、可批复的天窗数量，单独研究确定作业车、车梯及人工组的组织规模。

3 接触网集中修效率对比

3.1 人员组织对比如图1所示

2020年胶济集中修作业天窗133个，作业时长369小时，作业人员4988人次，检查接触悬挂671.011条公里。

2019 年胶济集中修作业天窗 136 个，作业时长 354 小时，作业人员 4956 人次，检查接触悬挂 669.824 条公里。

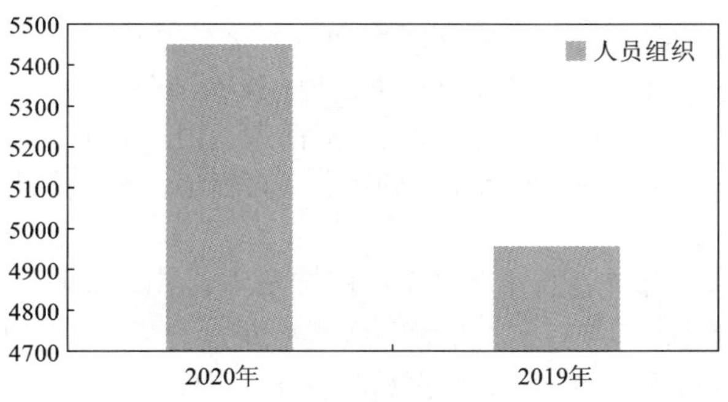

图 1　集中修人员组织对比

3.2　天窗情况对比如图 2 所示

2020 胶济线集中修兑现 133 个天窗，2019 年同区段兑现 136 个天窗，天窗数量同比减少 2.21%。

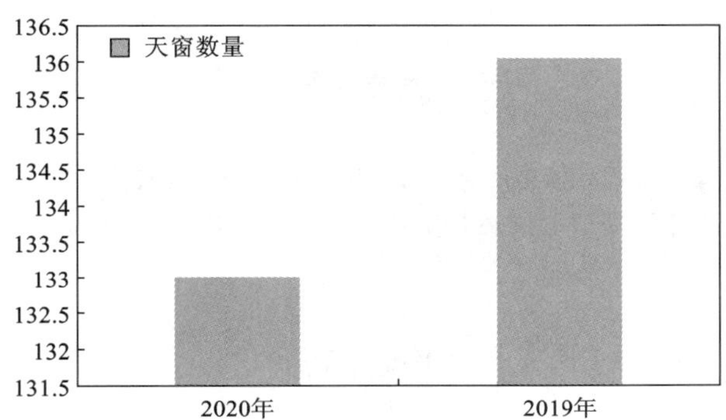

图 2　集中修天窗数量对比

3.3　单位时间内完成工作量情况对比如图 3 所示

2020 年维修作业每小时检查接触悬挂 2.059 条公里，2019 年集中修作业每小时检查接触悬挂 1.892 条公里，每小时完成工作量同比增加 8.83%。

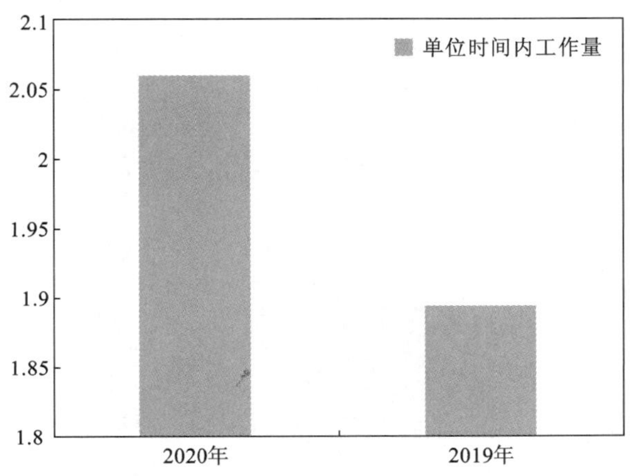

图 3　单位时间内工作量对比

4 下一步集中修建议

4.1 持续推进修程修制改革

深入研究支线接触网设备真实状态，探索支线周期差异化检修；实行设备寿命周期管理，对分段、器件式分相、复合绝缘子、整体吊弦等设备纳入全寿命管理；推行灵活多样的检修模式，探索运用检修列作业，固化检修列、作业车、多平台编组模式，同时在区间探索运用作业车、车梯组合作业模式，划定作业区域，充分发挥不同作业机具功能，检查、维修横向到边、纵向到顶，务必使设备维修全覆盖。

4.2 继续优化作业组织模式

为全面掌握检修作业进度及作业过程中各环节的时间节点，不断提高检修效率、完善作业组织，对检修过程中人员、机具、工作量进行详细写实，并对写实进行每周分析，通过作业写实分析不断优化作业组织模式，结合实际情况合理安排作业组人员，根据检修完成情况，及时调整作业区段，保证作业区段的连续性，避免出现小的遗留区段，切实提高设备检修质量和效率。

5 结束语

总之，推行接触网集中修组织模式，有效整合了资源，打破传统的“小而散、高频次”单一工区、车梯维修，不仅提高了天窗效率和检修质量，同时也锻炼了员工队伍，实现运输效益和检修效率的双赢。

参考文献

[1] 张灵芝. 京广线普速线接触网集中修固化措施研究[J]. 湖南铁路科技职业技术学院报，2017，(2)：40－43.

[2] 中国铁路总公司. 关于印发《普速铁路接触网运行维修规则》的通知(铁总运〔2017〕9 号)[Z]. 北京：中国铁路总公司，2017.

作者简介

王少法，中铁电气化铁路运营管理有限公司，科长，工程师

浅谈既有线接触网更新工程施工导线蠕变危害的防治

喻红军

摘　要：分析既有线接触网更新工程施工展放承力索和接触线，由于新线蠕变对接触网施工维护带来的成本增加和运营安全的危害，介绍在既有线接触网更新工程施工中采取的消除新线蠕变对接触网参数变化影响的措施和方法。

0　引言

接触网铜镁合金、铜银合金、铜锡合金的承力索、接触线在张力的作用下，会产生永久性蠕变伸长。这是铜镁合金、铜银合金、铜锡合金等金属线材的物理特性。如果在接触网更新工程施工中不考虑新线索的蠕变量，随着时间的推移，接触线、承力索的蠕变会造成接触网吊弦、定位偏移值参数超标，补偿 b 值、补偿滑轮间距参数不达标。在接触网的施工运营管理中不得不进行多次的调整，才能保证接触网参数符合设计要求，保证铁路运输的安全有序。

1　分析既有线接触网施工导线蠕变对参数的影响

新架设的承力索和接触线，可以通过超拉的方式来消除承力索和接触线蠕变影响，实际上国内外也采用了多种方法对新架设的承力索和接触线进行超拉来消除新线蠕变的影响。比如有日本采用的机械超拉方法，德国、西班牙采用额定张力下预超拉方法，法国、韩国通过增加坠砣加大张力的超拉方法。这几种方法都能有效地做到导线的预超拉，消除承力索和接触线新线蠕变影响。但由于施工工序复杂，施工时间长，不适合既有线更新工程改造施工的特点。我们需要改造的既有线运营速度为 120 km/h，施工与运输的矛盾十分尖锐，封闭天窗时间短，架线任务相对集中，更新工程改造施工中架线车数量不足，所以我们在施工中没有对导线进行超拉，而是导线在额定张力的自然状态下完成蠕变，这种方式使导线完成蠕变的时间长。

在第一期的既有线接触网施工改造工程中，安装接触网的吊弦、定位、调整补偿 b 值计算时未加入导线的蠕变量，造成接触网吊弦、定位安装后出现了大量的偏移值参数超标或者反偏的情况。补偿装置 b 值、补偿滑轮间距也由于在安装时计算时没有加入导线蠕变量，造成导线自然状态下完成蠕变后，引起补偿 b 值、滑轮间距变小，不符合设计参数要求，对接触网的安全运行埋下隐患，后期不得不利用天窗多次进行相关参数的调整。

吊弦、定位安装后出现了大量的偏移，具体的原因是由于既有线天窗施工时间短，只有 2 个多小时，放线计划只能实现第一天的天窗先放该锚段的承力索，第二天或者第三天的天窗再放接触线。但有的天窗因为铁路运输生产繁忙的原因，在好几天后才兑现施工天窗展放接触线。这就造成已架设的承力索已经完成一定的蠕变量，而接触线的蠕变量在后期放线才开始，作业人员在安装吊弦、定位、补偿装置、调整补偿滑轮间距的时候未考虑接触线发生的蠕变量与承力索不同步的因素，还按照技术标准安装，最后结果就造成该锚段内吊弦、定位装置、支持装置发生偏移，从中心锚结开始向下锚方向的吊弦、定位偏移值越来越大，超出技术标准要求。同理也造成补偿装置 b 值、补偿滑轮间距的变化，出现补偿承线锚绝缘子错位、补偿 b 值偏小等问题（如图 1 所示）。

为了对线索蠕变造成的接触网参数不达标设备进行调整，后期申请了大量的施工天窗。因此，在接触网承力索、接触线架设过程中，提前考虑计算各种安装曲线时加入导线蠕变量，对既有线接触网设备更新工程具有特别重要的现实安全意义和经济价值。

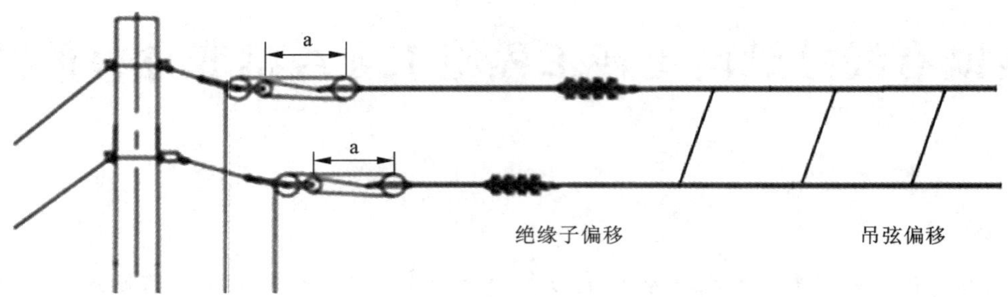

图1 蠕变造成绝缘子、吊弦偏移

2 既有线更新工程施工中消除导线蠕变影响采取的措施

为保证吊弦、定位、补偿滑轮间距、补偿 b 值在施工安装调整后符合设计安装曲线的要求，不再次安排施工天窗进行调整，就必须解决导线蠕变伸长对接触网设备施工安装参数影响的问题。在第二期接触网更新工程施工改造的过程中，为了消除导线蠕变对施工参数的影响，主要采取了下面的四项措施。

2.1 承力索放线施工防蠕变影响腕臂偏移值的具体措施

承力索架设施工作业时，在施工前对该锚段的每个跨距长度进行精确的测量，提前精确计算出承力索蠕变量在每根接触网支柱处会造成的腕臂偏移量。在该锚段的承力索架设过程中，每根接触网支柱处的承力索座安装偏移值等于用正常状态腕臂安装曲线的参数减去该支柱处承力索蠕变量 ΔL。这样就保证了在该支柱处承力索完成蠕变伸长后，腕臂的偏移值正好符合安装曲线参数要求。减少了后期对腕臂偏移超标的调整工作量。

每根接触网支柱处承力索蠕变量计算公式：

$$\Delta L = \theta \times L$$

式中：ΔL 为承力索蠕变量，mm；θ 为铜、铜合金线的新线蠕变系数，取 0.0006；L 为该支柱至中心锚节点的距离，m。

该支柱承力索在承力索座处实际安装位置为：设计腕臂位置安装曲线 $-\Delta L$。

当承力索完成蠕变以后，腕臂偏移值就会回归到设计安装曲线的位置，从而减少了由于时间推移线索蠕变对腕臂偏移位置的调整工作量。

2.2 接触线放线施工防蠕变造成吊弦定位、定位偏移的具体措施

接触线架设施工作业时，在施工前对该锚段的每个跨距长度进行精确的测量，并提前精确计算出接触线蠕变量在每根接触网支柱处、跨距内造成的定位、吊弦偏移量。在该锚段的新接触线架设过程中，每根接触网支柱跨距内的定位、吊弦安装位置，要用正常状态安装曲线的参数减去该支柱处、跨距内接触线蠕变量 ΔL，这样就能保证在接触线完成蠕变伸长后，该支柱处、跨距内定位、吊弦的偏移值符合安装曲线要求。减少了后期对定位、吊弦偏移值的调整工作量。

每根接触网支柱处接触线蠕变量计算公式：

$$\Delta L = \theta \times L$$

式中：ΔL 为接触线蠕变量，mm；θ 为铜、铜合金线的新线蠕变系数，取 0.0006；L 为该支柱至中心锚节点的距离，m；

该支柱处定位安装实际位置为：设计腕臂位置安装曲线 $-\Delta L$。

当接触线完成蠕变以后，定位偏移值就会回归到设计安装曲线的位置，从而减少了由于时间推移线索蠕变对定位、吊弦偏移值影响，减少了因为接触线蠕变带来的吊弦、定位偏移调整工作量。

2.3 防止承力索与接触线放线时间间隔长，接触线蠕变引起吊弦、绝缘子偏移的具体措施

在新线展放施工过程中，计算承力索和接触线在每根支柱处的安装位置，都按照在该支柱处设计腕臂位置安装曲线减去导线蠕变量进行计算。施工过程中严格按照计算值进行精确的安装。那么在承力索和接触线完成蠕变伸长以后，吊弦、定位装置就达到设计安装曲线状态。承力索下锚绝缘子与接触线下锚绝缘

子就不会发生偏移错位，吊弦也不会发生超出设计标准的偏移情况(如图2所示)。

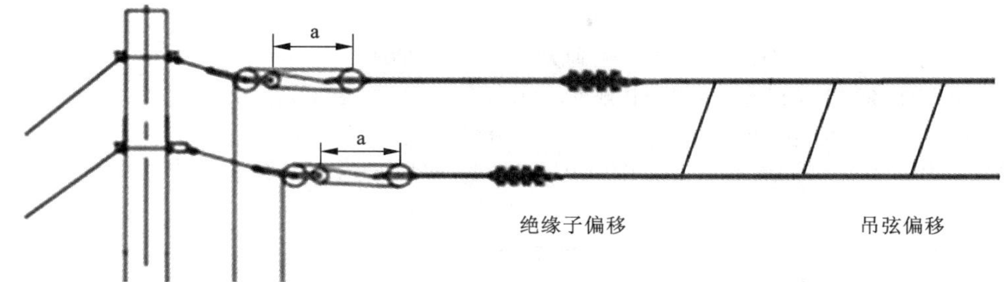

图2　蠕变造成绝缘子、吊弦偏移

2.4　补偿滑轮间距防导线蠕变的具体措施

既有线接触网更新工程施工中，补偿滑轮组的定滑轮到动滑轮之间的距离为 a(如图3所示)，那么在施工调整滑轮组的定滑轮到动滑轮之间的距离时，必须加入承力索、接触线的导线蠕变量 ΔL，才能保证承力索、接触线完成蠕变时滑轮间距符合设计要求，从而减少了因为导线蠕变带来的调整补偿滑轮间距工作量。

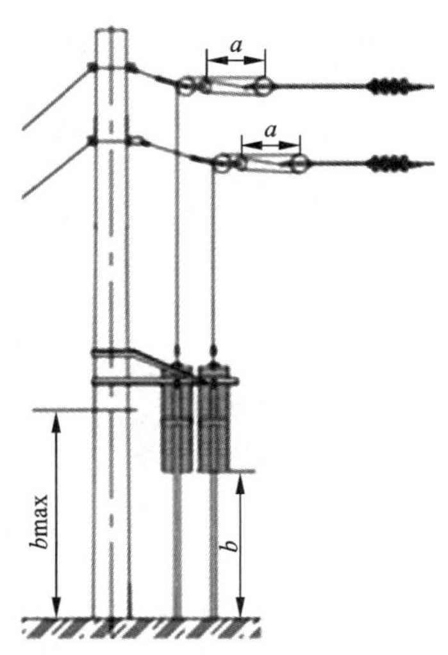

图3　滑轮间距

加入蠕变量的滑轮组定滑轮到动滑轮之间的距离计算公式：

$$a = b/n + \theta \times L + 1.0(\mathrm{m})$$

式中：a 为接触悬挂导线安装调整时温度下定滑轮到动滑轮之间的距离；b 为接触悬挂导线坠砣安装调整时温度下的补偿 b 值；θ 为铜、铜合金线的新线蠕变系数，取0.0006；n 为补偿滑轮的传动系数；L 为中心锚结至补偿器的距离。

2.5　补偿 b 值防蠕变的具体措施

既有线接触网更新工程施工过程中，在承力索、接触线放线完成后，调整补偿 b 值时，按 b 值安装调整温度时补偿坠砣安装曲线加上新线蠕变变化量 ΔL，保证了承力索、接触线在完成蠕变后正好符合补偿坠砣安装曲线。减少了后期对补偿 b 值的调整工作量。

新线蠕变引起的 b 值变化量为：

$$b' = \theta \times L \times n$$

式中：θ 为铜、铜合金线的新线蠕变系数，取0.0006；L 为该支柱至中心锚节点的距离；n 为补偿滑轮的传动系数；实际加上新线蠕变量安装 b 值为：

$$\text{实际安装 } b \text{ 值} = b_{\min} + n \times \alpha \times (t_{\max} - t_x) \times L + b'$$

式中：$b_{\min}$ 为坠砣串底部至地面的最小距离；α 为铜、铜合金接触线的线温度膨胀系数；$t_{\max}$ 为接触悬挂导线最高温度，普速取60℃；t_x 为接触悬挂导线坠砣安装调整时温度；n 为传动倍数。

3　结束语

既有线接触网更新工程施工时，通过以上五项防蠕变的具体措施。在施工放线过程中，通过精确的施工计算和安装调整，保证各部参数能调整到位。减少了由于导线蠕变造成的吊弦偏移、定位偏移、补偿滑轮间距变小、补偿 b 值变小的后期调整工作量，降低了施工造价成本。同时防止了由于新线蠕变引起的接触网参数变化带来的接触网运行中的安全隐患，保证了施工质量和施工后的接触网的运行质量，减少了后期运营单位的维护工作量。

但需要注意：在环境温度较低的情况下，计算腕臂偏移加上导线蠕变量引起的定位偏移量时，要考虑定位的偏移值不能超出定位器长度的1/3。采取 b 值提前加上导线蠕变量的调整方法，环境温度太低时不要采用该方法，因为补偿 b 值加上导线蠕变量可能会造成补偿 a 值超标。

参考文献

[1] 于万聚. 高速电气化铁路接触网[M]. 成都：西南交通大学出版社，2003.
[2] 中铁电气化局集团有限公司(译). 电气化铁道接触网[M]. 北京：中国电力出版社，2003.
[3] 吉鹏霄，张桂林. 电气化铁路接触网：第三版[M]. 北京：化学工业出版社，2015.
[4] 张兴. 高速铁路工程中接触网新线蠕变危害及工程消除方法[J]. 科技传播，2011，(6).

作者简介

喻红军，中国铁路兰州局集团有限公司银川供电段，工程师

关于对兰新客专刚性吊弦尼龙护套脱出、破损的分析及处理措施

陈国城　陈玉泉

摘　要：兰新客专自2014年开通运营以来，接触网各部件运行状态良好，但随着设备运营时间的增长及检测监测方式的多样化，发现的刚性吊弦从尼龙护套脱出或尼龙护套破损缺陷数量越来越多。为有效发挥6C检测监测系统作用，确保高铁和客车安全运行，现从尼龙护套破损、脱落造成的危害、缺陷统计及现场整改情况、原因分析、下步检修改进建议等方面进行了分析阐述。

0　引言

近几年来，我国高速铁路发展突飞猛进，运行速度不断提升，这就对线路及接触网设备要求更高。吊弦作为接触网的关键设备之一，其安全性为运行速度的提升起着非常重要的作用，直接影响着供电设备质量的好坏，对确保高铁接触网供电安全具有重要的现实意义。目前，刚性吊弦及尼龙护套用于兰新客专、广深港铁路及海南环线等线路上，吊弦采用 $\phi=7$ mm 的磷青铜棒、吊弦尼龙护套采用尼龙66材质的两面带卡槽的两个半圆部分组成，相互卡扣在承力索上，承力索在尼龙护套空心筒内可自由滑动，从而增加其安全性。本文结合兰新客专刚性吊弦及尼龙护套发生故障的实际情况，对刚性吊弦及尼龙护套的作用、检修、发生故障的原因、下一步处理及改进措施进行阐述。

1　刚性吊弦的作用及构成

刚性吊弦又称滑动整体性吊弦(如图1所示)，适用于全补偿简单链型悬挂中悬吊标称截面为85 mm^2、110 mm^2、120 mm^2、150 mm^2 的铜及铜合金接触线，一端通过吊弦线夹夹持在接触线上，另一端通过可以滑动的尼龙护套安装在承力索上。刚性吊弦由吊弦线夹、吊弦棒、尼龙护套、紧固螺钉、扣紧螺母、开口销组成(见图1)。

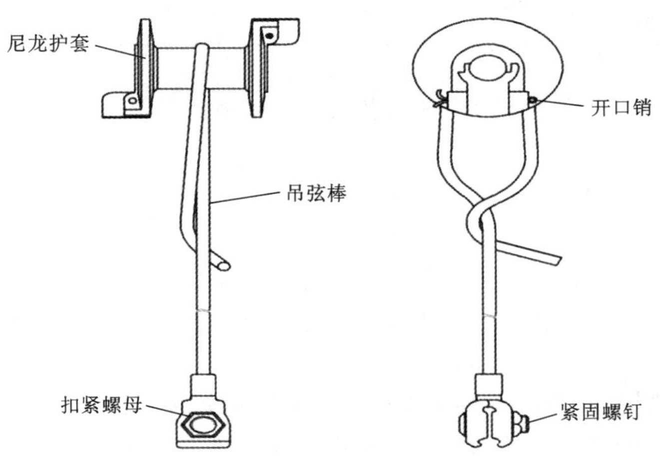

图1　刚性吊弦

2 兰新客专尼龙护套破损问题列举

2.1 刚性吊弦问题统计(如表 1 所示)

表 1 刚性吊弦问题统计表

序号	发现时间	发生区段	发生位置	发生现象	上次检修时间	处理情况	备注
1	2016.5.8	柳-石 889#	中间柱 D6 刚性吊弦	破损	2015.9.29	2015.8.3 处理	原因不明
2	2016.5.17	柳沟南 220#	绝缘锚段关节中心柱 D1 刚性吊弦	破损	2016.2.06	2016.6.9 处理	原因不明
3	2018.1.13	军-浩区间 671	锚段关节 D6 刚性吊弦	脱出	2017.3.11	2018.1.16 处理	刚性吊弦迂回环圈回头制作不标准
4	2018.5.14	清-酒区间 300#	锚段关节外转换柱 D6 刚性吊弦	脱出	2017.3.13	2017.5.23 处理	刚性吊弦迂回环圈回头制作不标准
5	2018.6.26	清-玉区间 581#	中间柱 D6 刚性吊弦	破损	2016.6.16	2016.7.3 处理	原因不明
6	2018.12.07	嘉-清区间 325#	非绝缘锚段关节外转换柱 D1 刚性吊弦	破损	2017.8.3	2017.12.13 处理	原因不明
7	2018.12.20	高-清 408#	中间柱 D6 刚性吊弦	破损	2018.11.16	2019.1.3 处理	原因不明
8	2019.1.14	清-酒区间 1883#	中间柱 D6 刚性吊弦	破损	2017.3.29	2018.1.16 处理	原因不明
9	2019.2.19	军-浩区间 0433#	中间柱 D6 刚性吊弦	破损	2017.4.17	2018.3.17 处理	原因不明
10	2019.2.22	清-玉区间 179#	转换柱 D1 刚性吊弦	破损	2016.8.23	2017.3.22 处理	原因不明
11	2019.2.28	军浩区间 S2330#	中间柱 D2 刚性吊弦	破损	2017.5.26	2018.3.23 处理	原因不明
12	2019.3.09	军-浩区间 319#	中间柱 D6 刚性吊弦	破损	2017.4.15	2018.3.13 处理	原因不明
13	2019.3.10	军-浩区间 549#	中间柱 D1 刚性吊弦	破损	2017.4.17	2019.3.17 处理	原因不明
14	2019.3.11	清水北车站 89#	道岔柱 D3 刚性吊弦	脱出	2018.12.29	2019.3.26 处理	刚性吊弦迂回环圈回头制作不标准

由此表可以看出：发生刚性吊弦尼龙护套破损现象已越来越严重。

2.2 事故类

2015 年 9 月 30 日 21:30 分，兰新客专乌鲁木齐至哈密段发生弓网故障，打坏动车组 03 车受电弓碳滑板，如图 2 所示。

经巡视发现跨中由西向东第一至第三根刚性吊弦脱落。第一根刚性吊弦下部刚性吊弦线夹脱槽，挂在第四根刚性吊弦前，第二根、第三根刚性吊弦承力索端迂回环圈回头已经变形，并从承力索上脱开，由刚性吊弦线夹固定在接触线上，如图 3 所示。

经调阅 2C 数据，发现第一、第二刚性吊弦尼龙护套已脱落，如图 4 所示。

经综合分析，兰新客专吐鲁番北至胜金北间 414#至 412#支柱间第一、第二根刚性整体刚性吊弦，因线索窜动(线索处于锚段关节位置)发生偏移，致使刚性吊弦在承力索尼龙保护套处受力不良，由于刚性吊弦装置迂回环圈部分的下端弯制时结构尺寸过大(宽度大于尼龙保护套外径)，列车通过刚性吊弦抬升时，导致迂回环圈部分的下端脱出尼龙保护套，上端卡在尼龙保护套内，频繁振动和受力不良，造成未安装开口销的尼龙保护套脱落、刚性吊弦迂回环圈回头脱开，尼龙保护套脱落后，刚性吊弦上端受大风作用顺线路方向摆动量增大，下端刚性吊弦线夹从接触线燕尾槽脱出，侵入动车组受电弓动态包络线。当动车通过时，受电弓击打并沿承力索向前拉拽第一根刚性吊弦，拉脱第二根(尼龙保护套已脱落)和第三根刚性吊弦承力索固定端的迂回环圈回头，造成第二、第三根刚性吊弦上部从承力索上脱开，打坏受电弓，造成弓网故障。

图2　动车组受电弓碳滑板损伤情况

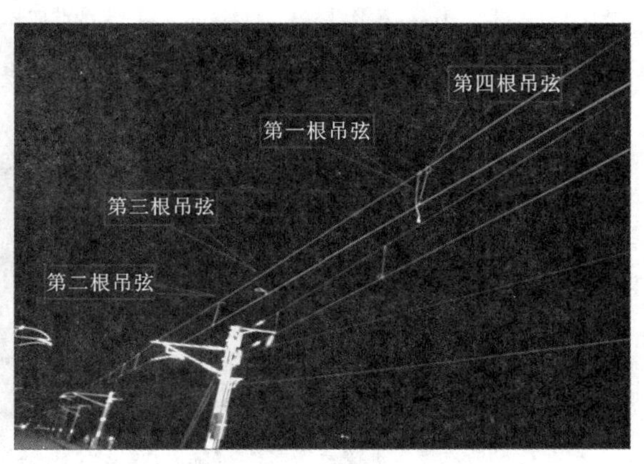

图3　故障现场刚性吊弦脱落情况

2.3　燃弧类

2018 年 9 月 4 日兰新客专军马场－浩门区间(大梁隧道内)上行 K1969＋141 m S1022 支柱处发燃弧报警，缺陷温度 203℃(燃弧时长：111 ms)，如图 5 所示。

图4　前期 2C 检测照片

图5　3C 发现 S1022 支柱燃弧报警

经过 4C 关联分析，发现该处尼龙护套破损，如图 6 所示。

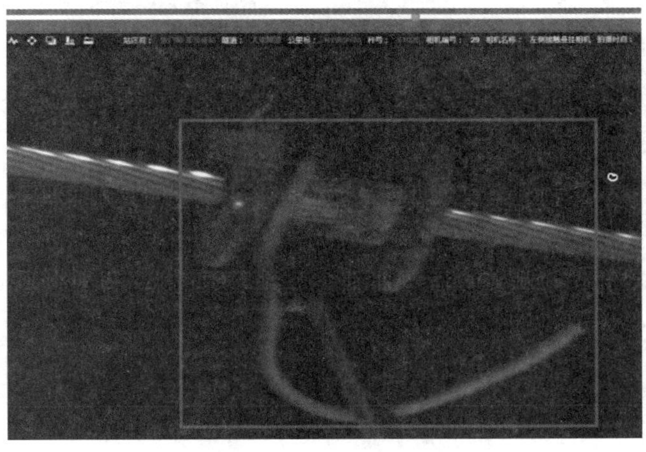

图6　4C 发现尼龙护套破损

于 9 月 10 日进行处理，更换尼龙护套后运行良好，后续无燃弧报警。

2.4 破损类

2.4.1 2016 年 5 月 8 日，4C 分析发现柳沟南－石板墩南 889#支柱(中间柱 D6 刚性吊弦)尼龙护套从边缘破损，于 2016 年 8 月 3 日更换，确认为材质问题，图 7 所示。

2.4.2 2018 年 6 月 26 日，4C 分析发现清泉南－玉门区间 581#支柱处尼龙护套破损，如图 8 所示。

图 7 处理前后照片情况

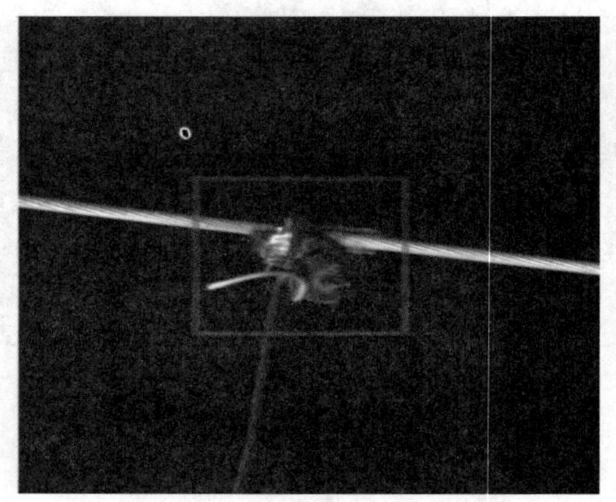

图 8 4C 分析发现尼龙护套破损照片

工区于 2018 年 7 月 3 日进行更换，更换前后照片对比，如图 9 所示。

2.4.3 2018 年 12 月 20 日，4C 分析发现高台南－清水北 408#(中间柱 D6 刚性吊弦)尼龙护套破损，工区于 2019 年 1 月 3 日进行更换，如图 10 所示。

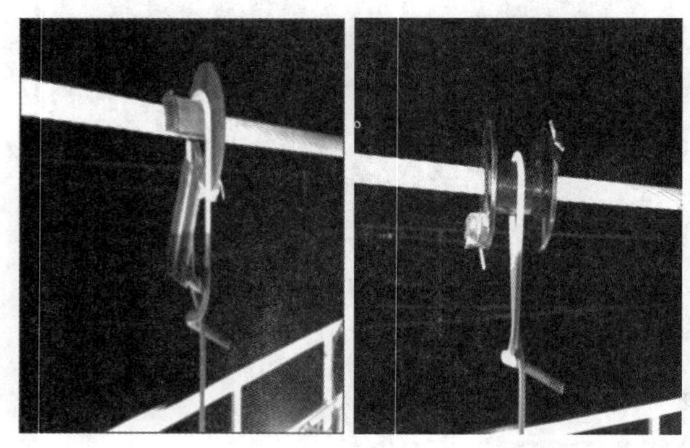

图 9 处理前后照片

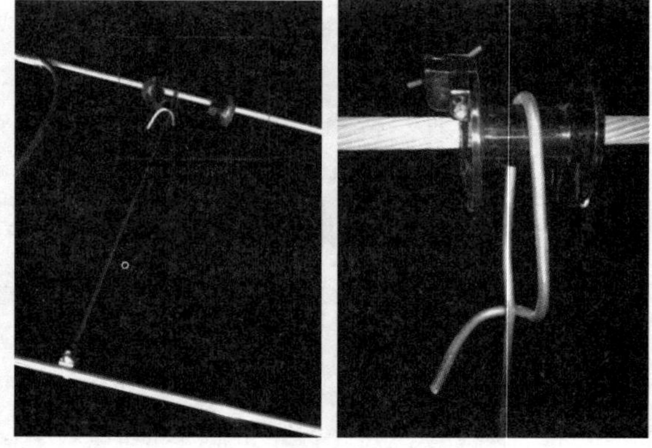

图 10 处理前后照片

2.4.4 2019 年 1 月 12 日，3C 分析发现清水北－酒泉南区间 1883#(中间柱支柱处 D6 刚性吊弦)疑似尼龙护套破损，如图 11 所示。

通过 4C 数据关联分析发现尼龙护套缺失，如图 12 所示。

工区于 2019 年 1 月 16 日天窗内处理完毕，经现场检查刚性吊弦迂回环圈回头各参数均合格，对破损的尼龙护套进行更换处理，如图 13 所示。

2.4.5 2019 年 2 月 22 日，4C 分析发现清泉南－玉门区间 177#(转换柱支柱处 D3 刚性吊弦)尼龙护套破损，如图 14 所示。

工区于 2019 年 3 月 22 日进行处理，如图 15 所示。

图 11　3C 分析发现尼龙护套缺失照片

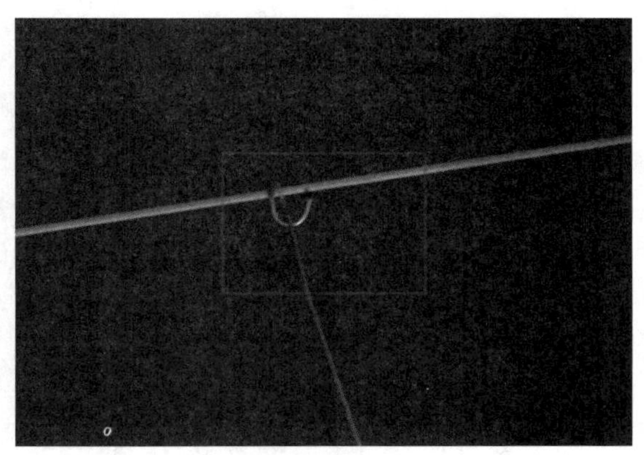

图 12　4C 分析发现尼龙护套缺失照片

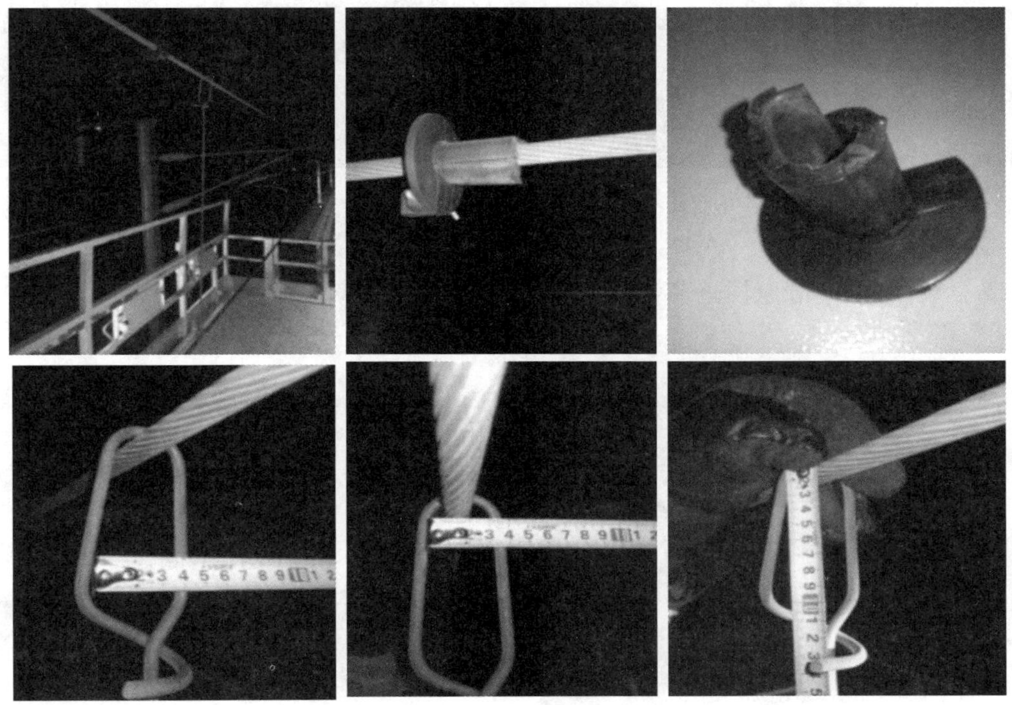

图 13　处理前及吊弦迂回环圈各参数照片

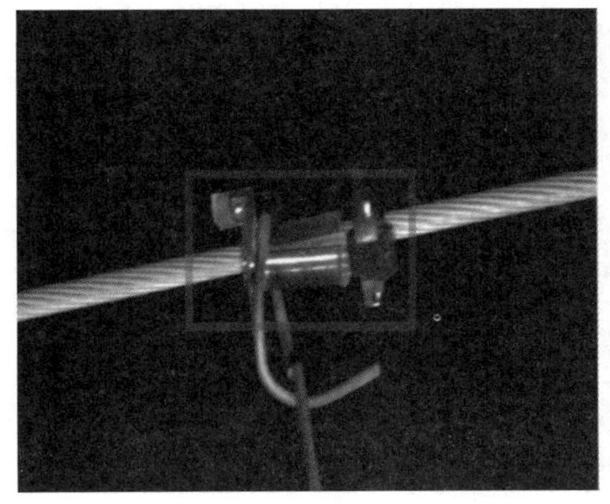

图 14　4C 分析发现尼龙护套缺失照片

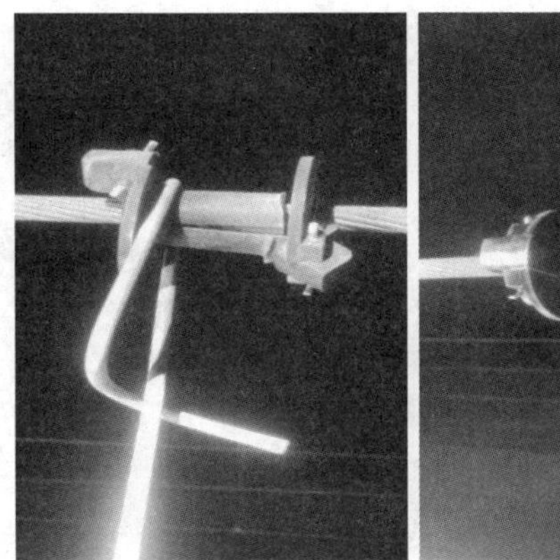

图 15　处理前后照片

2.5 缺失类

缺失类问题共计 4 件，较为典型的为：

2018 年 5 月 17 日，3C 分析发现酒泉南 – 清水北上行 K2264 +475 m 处 300#支柱疑似刚性吊弦尼龙套缺失缺陷，如图 16 所示。

通过 2C 数据关联分析，发现 300#支柱(锚段关节外转换柱)前 D1 刚性吊弦尼龙护套缺失，滑向支柱侧，如图 17 所示。

图 16 3C 发现尼龙护套缺失照片

图 17 2C 分析发现尼龙护套缺失、滑移照片

通过 1C 数据关联分析，发现附近接触力有明显变化，说明在该跨内导线平顺性不好，受电弓通过时，振幅较大，如图 18 所示。

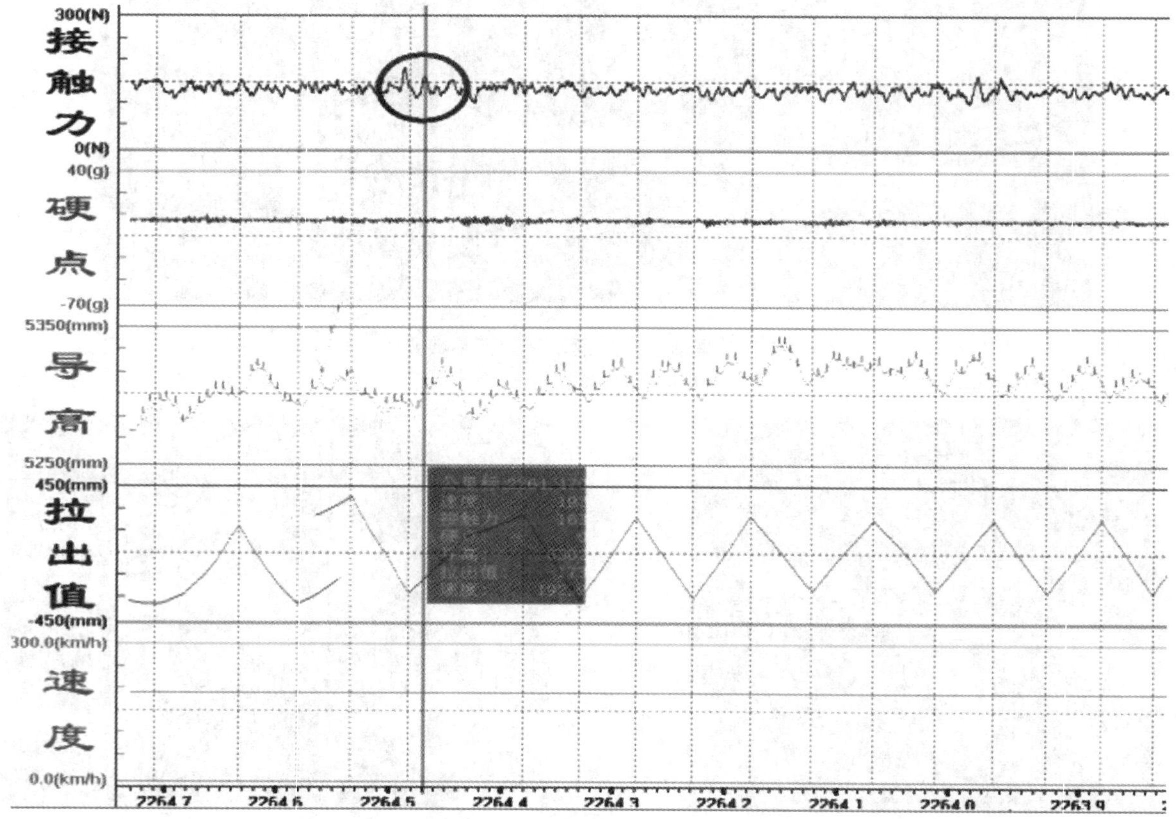

图 18 1C 分析跨距内接触力变化情况

工区于 2018 年 5 月 23 日进行处理，作业人员发现刚性吊弦迂回环圈回头宽度超标，系迂回环圈回头制作不标准所致，尼龙护套状态良好，如图 19 所示。

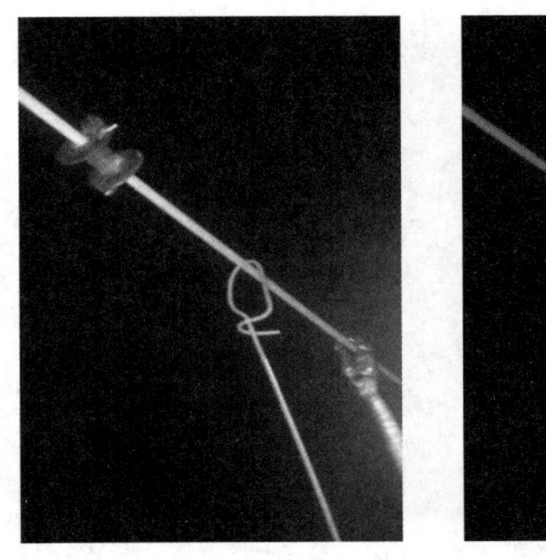
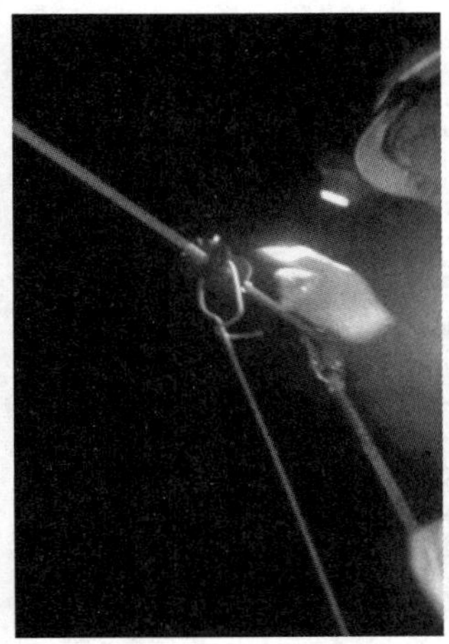

图 19　处理前后照片

3　原因剖析及结论

3.1　统计分析

3.1.1　按发生的类型分析：刚性吊弦脱出尼龙护套 3 件，均为刚性吊弦环形回头制作不标准所致；尼龙护套破损 11 件。

3.1.2　按发生的区段分析：位于高寒区段的军马场 – 浩门区间 5 件；位于大风区段的柳沟南 – 石板墩南区间 1 件、柳沟南站 1 件、清泉南 – 玉门区间 2 件；位于平原区段的清水北 – 酒泉南区间 2 件、嘉峪关南 – 清泉南区间 1 件、高台南 – 清水北区间 1 件、清水北车站 1 件。

3.1.3　按尼龙护套生产厂家分析：中铁电气化局集团宝鸡器材有限公司所供尼龙护套 6 件、汉和飞轮（北京）电气化器材有限公司提供的尼龙护套 8 件。

3.1.4　按发生缺陷的刚性吊弦位置分析，以列车运行方向依次为第一、第二……为准，第一刚性吊弦 1 件、第二刚性吊弦 1 件、第 3 刚性吊弦 4 件、第 6 刚性吊弦（反方向为第一吊弦）8 件。

3.2　初步原因

3.2.1　吊弦迂回环圈回头制作不规范。迂回环圈回头没有严格按照标准制作，各部尺寸不合格，在大风等自然因素的影响下，迂回环圈回头各部位与尼龙护套撞击造成尼龙护套破损；或使迂回环圈回头部分的下端结构尺寸发生变化，使迂回环圈回头大于尼龙保护套翼缘圆盘外径，受电弓通过时对吊弦抬升，导致迂回环圈回头部分的下端脱出尼龙护套。

3.2.2　吊弦安装处导高不平顺。由于制作吊弦时工艺要求不高，导致吊弦长度不标准，在受电弓通过时，易发生接触线波动的情况，加剧了吊弦迂回环圈回头对尼龙护套的撞击，产生尼龙护套破损的情况。

3.2.3　定位点两侧弹性不均匀。定位两侧弹性差这些因素，也将加速吊弦迂回环圈回头脱出问题的发生。

3.2.4　尼龙护套在运输、安装过程中受伤，在长时间运行中，受伤程度越来越严重，最终导致尼龙护套破损。

参照 2010 年 10 月京沪高铁先导段综合试验数据，以及 2014 年 11 月兰新客专普速客车上线运行弓网匹配试验数据：在京沪高铁 31.5 kN 张力区段，动车组（受电弓静态接触压力 80 N）以 350 km/h 速度通过时，定位点最大抬升量 78 mm，小于设计标准规定的 120mm。在兰新客专 28.5 kN 张力区段，和谐型电力机车（受电弓静态接触压力 70 N）重联牵引，以 160 km/h 速度通过时，接触线定位点处动态抬升量最大值为 29 mm，得出动车组列车在兰新客专正常速度（设计速度为 200 km/h）运行时，接触网抬升量应为 29 mm

至 78 mm，刚性整体吊弦上部迂回环圈部分长度尺寸(设计值 100 mm)满足接触网提升量需求。结合刚性吊弦尼龙护套安装标准要求，刚性吊弦上端通过尼龙护套固定在承力索上，尼龙护套内径约 15 mm，外径约 35 mm，由两个半圆部分组成，相互卡扣在承力索上，如图 20 所示。

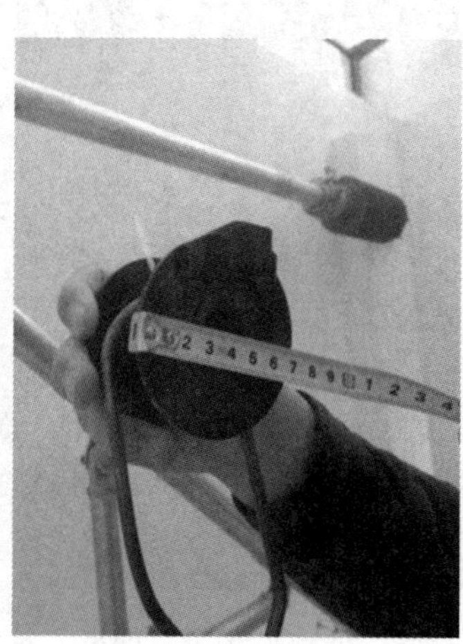

图 20 尼龙护套外部尺寸照片

动车高速通过时，抬升量在 29 - 78 mm 之间，刚性吊弦的抬升量大于尼龙护套外径至翼缘圆盘边缘距离 20 mm，就有脱出风险。如果刚性吊弦迂回环圈回头下部口径大于尼龙护套的外径 70 mm 时，就有脱出风险，如图 21 所示。

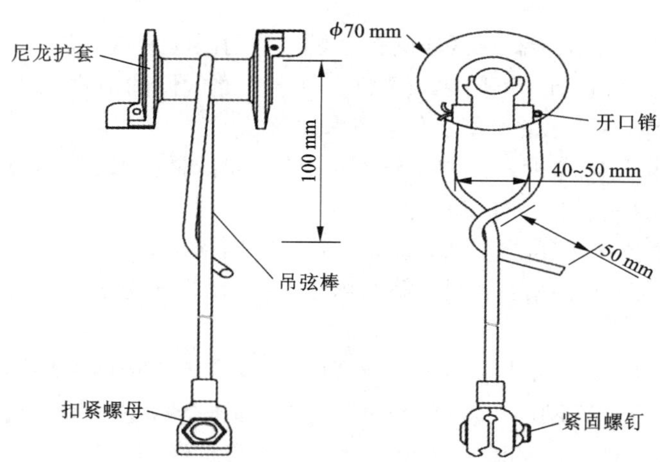

图 21 刚性吊弦各部参数

第 6 刚性吊弦由于所处位置特殊性，承力索基本固定不动，在刚性吊弦抬升时，吊弦迂回环圈回头下部极易击打尼龙护套的翼缘圆盘处，造成尼龙护套翼缘圆盘破损。根据公式 $F_m = 0.00097v\max^2 + 70$，速度达到 200 km/h 时，弓网接触力 $F = 108.8$ N，查看铁科院 1C 检测数据，抬升力约在 110 ~ 190 N 之间，如图 22 所示。

4 整改措施及建议

4.1 加强 6C 数据关联分析应用

充分运用 1C、2C、3C、4C 数据的侧重点，打通关联印证分析通道，通过参数、视频、照片资料比对全面掌握吊弦、尼龙护套运行规律，为下一步精准整治提供依据。

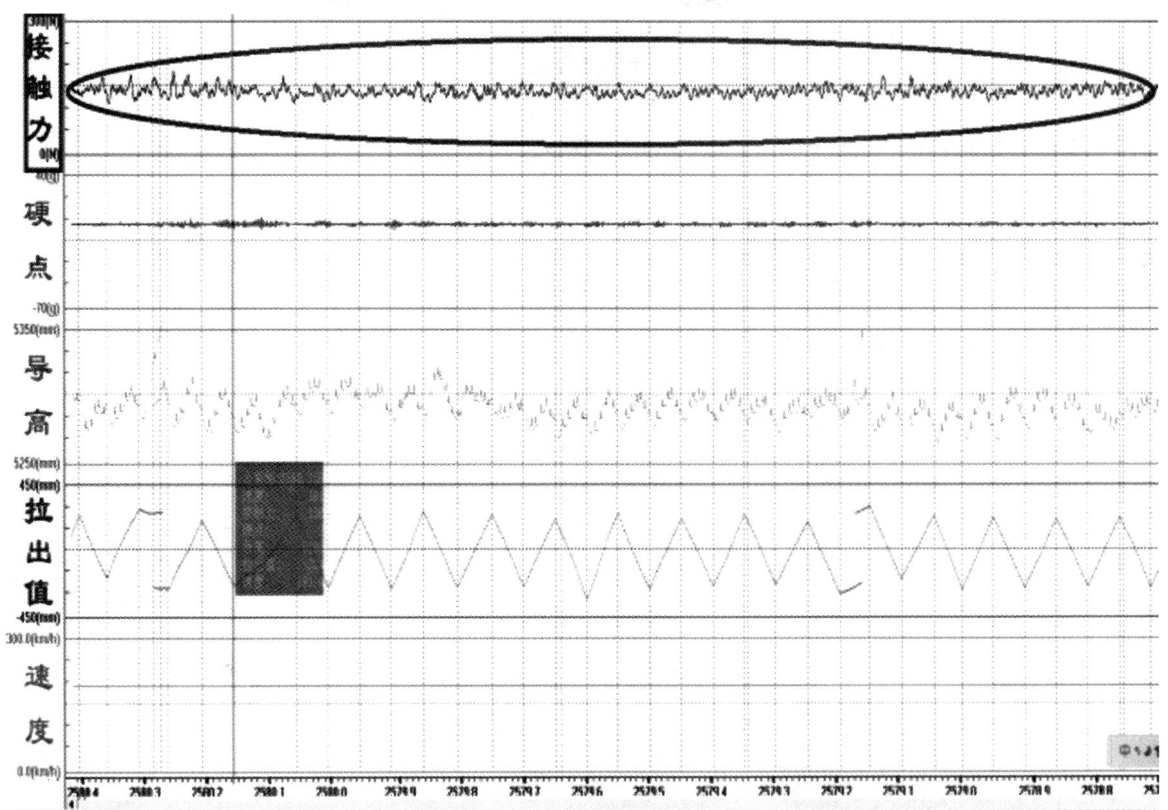

图 22　1C 查看弓网压力波形图

4.2　提升日常巡检质量

首先利用刚性吊弦简易制作平台，加强吊弦迂回环圈回头各部尺寸的制作，让职工熟练掌握吊弦迂回环圈回头各部尺寸标注，在日常巡检过程中对照刚性整体吊弦检查流程及标准，重点围绕尼龙保护套开口销安装情况、刚性吊弦线夹螺栓紧固力矩、迂回环圈回头宽度尺寸、刚性吊弦尾部预留长度及开口朝向位置进行核查，发现问题及时处理，检修过程中对制作不规范的、有重新揋弯痕迹的吊弦进行换新。

4.3　对尼龙护套进行优化升级

联合厂家加厚绝缘护套翼缘圆盘，增大翼缘圆盘强度；也可以将尼龙护套内径改为 U 型，减少吊弦击打翼缘圆盘频次，从而延长尼龙护套使用寿命，如图 23 所示。新型尼龙护套包括本体 A 和本体 B，均为半圆筒提体，包括带缺口的圆盘、半筒身和推块，二者对称反向，匹配凹槽插接后，通过销钉构成整体。安装于承力索上，吊弦环挂于新型绝缘护套上，插接后的新型绝缘护套可避免刚性整体吊弦的吊弦环从绝缘护套中脱出，同时，具有安装方便、耐磨、耐高温、耐冲击的性能。

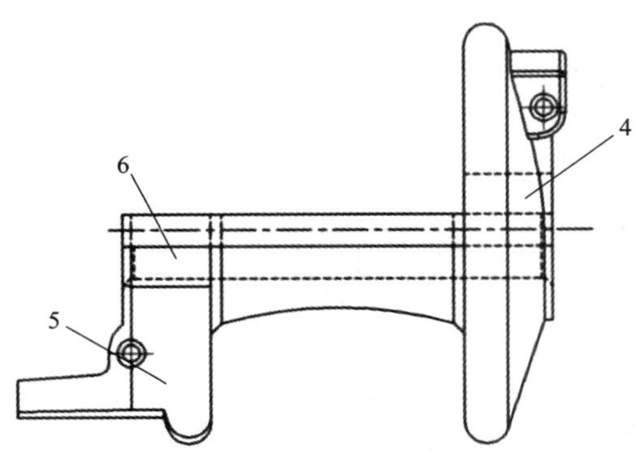

图 23　改进后的绝缘护套效果图

参考文献

[1] 中铁第一勘察设计院集团有限公司. 新建铁路兰新第二双线风区及高海拔地区接触网装备技术条件[Z].
[2] 乌鲁木齐局事故通报.

作者简介

陈国城，中国铁路兰州局集团有限公司嘉峪关供电段检测车间，技术员
陈玉泉，中国铁路兰州局集团公司安全监察大队嘉峪关安全监察分队，副队长，助理工程师

接触网零部件装配过程虚拟仿真课件的研究与开发

李进伟

摘　要： 随着高速铁路新设备、新技术的不断引进，培训方式越来越多样化，传统的培训模式很难适应现代化高铁检修作业的要求，利用计算机三维建模技术模拟生成与实体零件相同的模型，并可以实现动态装配。以接触网零部件装配过程为例。用 Java3D 构造虚拟场景。进行接触网零部件装配过程仿真和信息交互课件开发技术。

0　引言

系统采用计算机仿真技术、虚拟现实技术，通过接触网实物零部件与虚拟仿真系统的相互结合，构建接触网实训基地。采用模块化设计，可单独培训，也可相互配合、协同培训。

逼真的接触网零部件装配仿真和运行环境仿真可以让学员在三维环境下，按照实际操作流程及方法进行操作，进行接触网零件识别、接触网零部件组装、模拟接触网断线抢修。多人多角色交互演练是各实训模块既可单独演练，也可协同演练，相互配合，提高协同能力和岗位技能及应急处理能力。

1　虚报零件装配仿真技术的研究现状

虚拟装配(virtual—assembly VA)技术是虚拟制造技术中的一个重要分支，通过计算机对产品装配过程和装配结果进行分析和仿真，评价和预测产品模型，做出与装配相关的工程决策。虚拟装配的实现有助于对接触网零件识别、接触网零部件组装、模拟接触网断线抢修。多人多角色交互演练。

2　虚拟零件装配仿真课件开发的应用前景

虚拟零件装配仿真课件是真实虚拟软件在教学中的一个范本。课件可以根据教学的需要，设定一个项目及对象，然后按其现场的情况进行模拟，同样可以达到仿真的效果。利用3D建模技术，拉近了与真实零件的距离，并且可通过鼠标键盘进行实时互动操作，全方位观察零件，使教学过程形象化。通过直观教学，使学员建立起一个全新的现场指导员工进行装配操作的可视化管理环境和理念。由此可见，虚拟装配技术在教学活动中是一门很有前途的新兴技术，将会越来越受到重视。

3　课件运行环境及主要开发工具

系统运行环境：本系统的开发采用 Windows 7 中文版操作系统。

系统开发工具：Java；Jcreator Pro；3D MAX。

4　课件开发主要技术

(1)装配仿真技术。装配仿真技术就是将现实中的零件装配过程通过各个模型的三维运动虚拟演示出来，方便学员进行观察和调试。这项技术主要是利用形体的组合技术和动画编程技术两部分完成的。

(2)交互技术。零件的虚拟装配如果只是演示的话，会给人感觉很死板，没有使命感。而交互实现技术使用户可以真正地走入程序中，按自己的意愿操作程序。这样可以更好地发展软件的延伸性。

(3)三维建模技术。现在，计算机建模技术在制造业中已经大量应用，很多优秀的三维软件都在建模上有着各自的特点和方向。本课件主要采用的是 Java 3D 和 Autodesk 3d Max。

5 课件功能分析

课件的功能主要是表现虚拟装配技术的实现，因此课件应只有三个功能：一是演示功能；二是操作功能；三是提示功能，以便于形象化教学。

6 操件开发主要内容

(1)主界面设计。“基于 Java 3D 的虚拟零件的装配仿真”系统的主界面是由三维动画演示区和文本说明区两部分组成。通过对动画演示区的观察和调配，达到对虚拟零件装配仿真的目的，而文本的说明也可以更好的诠释每个部件或者装配过程的具体含义，两个区相辅相成，可以同时被用户进行操作，以达到所需的技术要求。

(2)虚拟零件的建模实例。首先，对零件的各个部件进行划分，在对现实中各个部件进行测量后，按照一定的比例尺，将其绘制出各个视图。

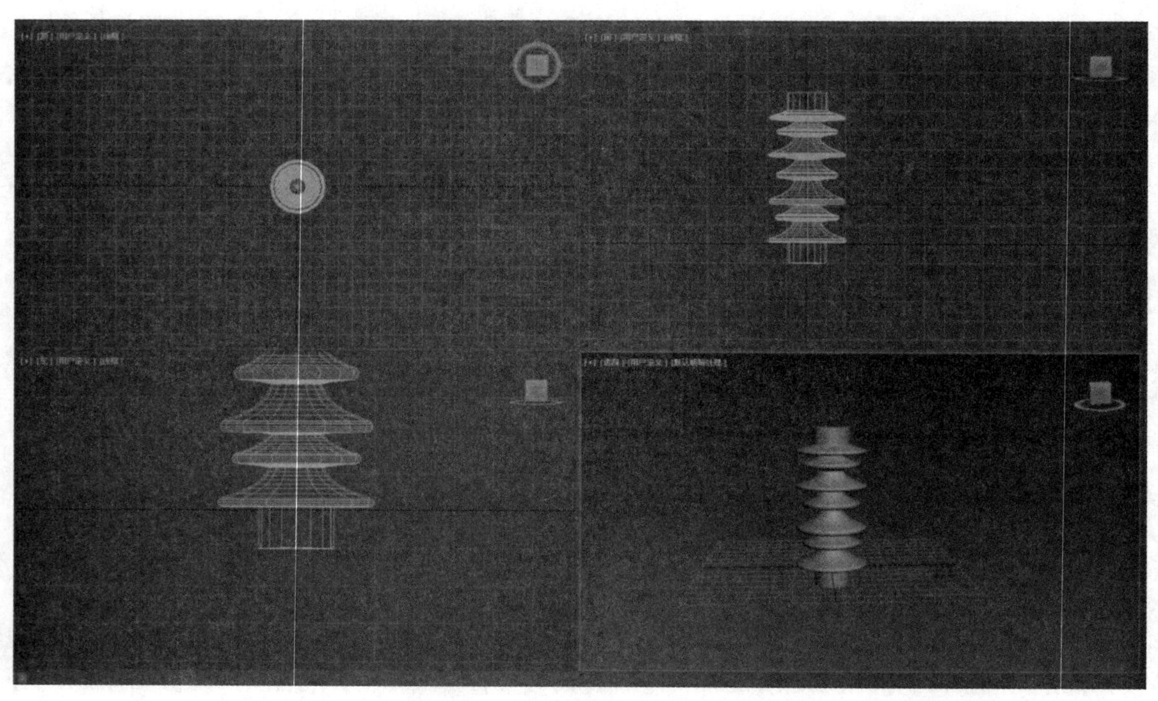

图 1 瓷瓶

为了保证三维模型能真实的显示现实中零件的原貌，课件开发中还采用了电子图板软件进行辅助设计，以便为在 Autodesk 3ds Max 中建立三维模型提供了详细的数据。

7 装配仿真过程的设计与实现

首先。在 Java 3D 环境 F 建立三维程序场景图。之后在场景图基础上，建立一个根节点(objRoot)，在下边就可加入 BranchGroup 节点来进行三维坐标系的建立。并将总体的 group 节点作为所有零件部件的坐标系统，其他子坐标系都以它为父节点进行连接。

其次建立时间轴。Java 3D 是利用 Alpha 对象完成对时间轴的建立，并通过它来完成对动画过程中的时间控制。

此外要进行内插器的选择。内插器是 Java 3D 专门提供用来对动画实现所提供的一个抽象类，在它的子类或者孙类中，包括位移，转动，颜色，比例等多种三维操作。左侧为装配前的情况，右侧为装配后的情况。

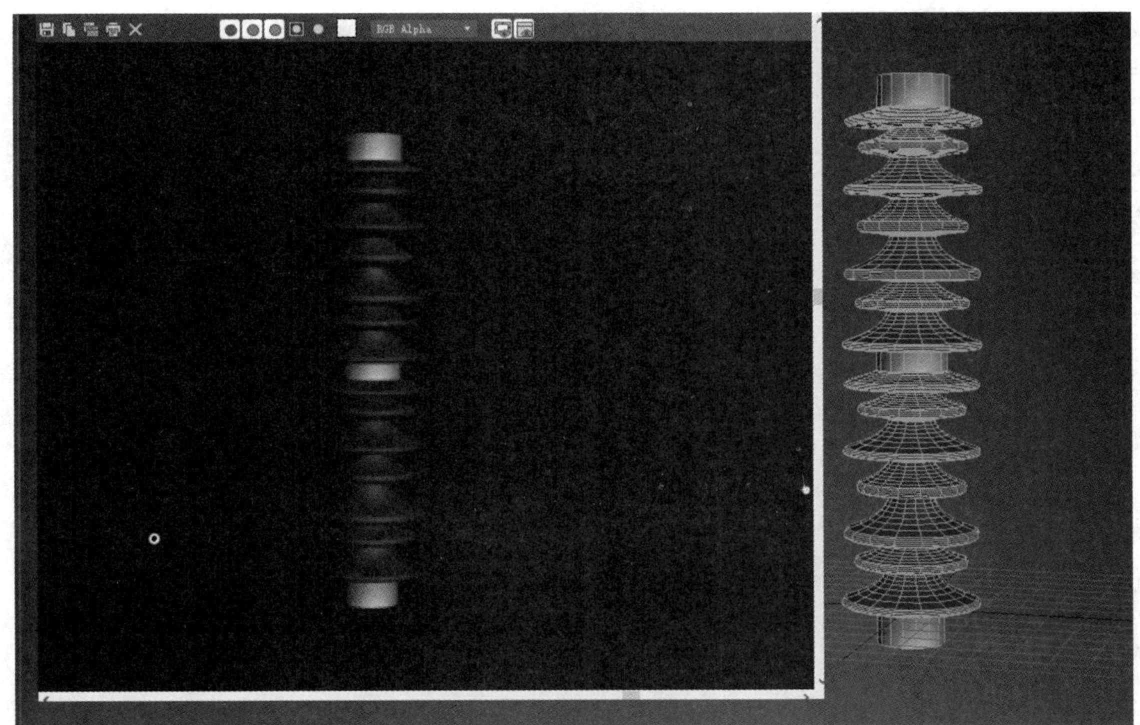

图 2　硅橡胶绝缘子

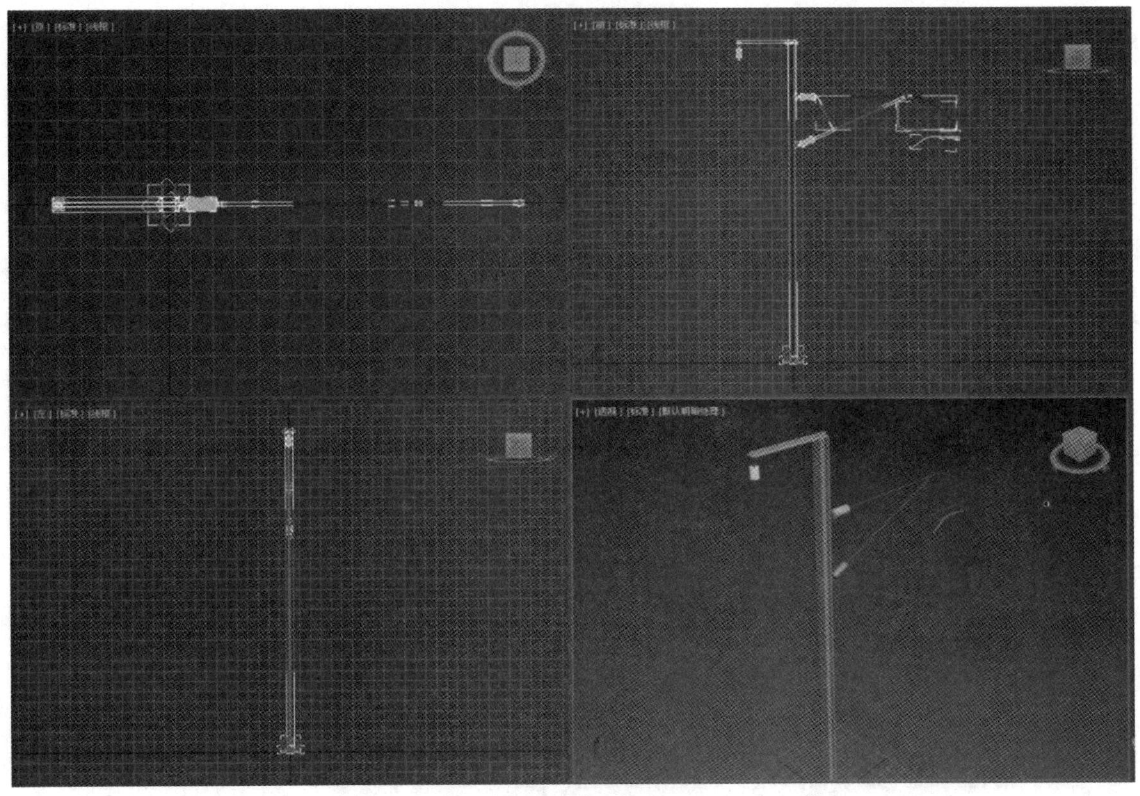

图 3　普通 - 反定位

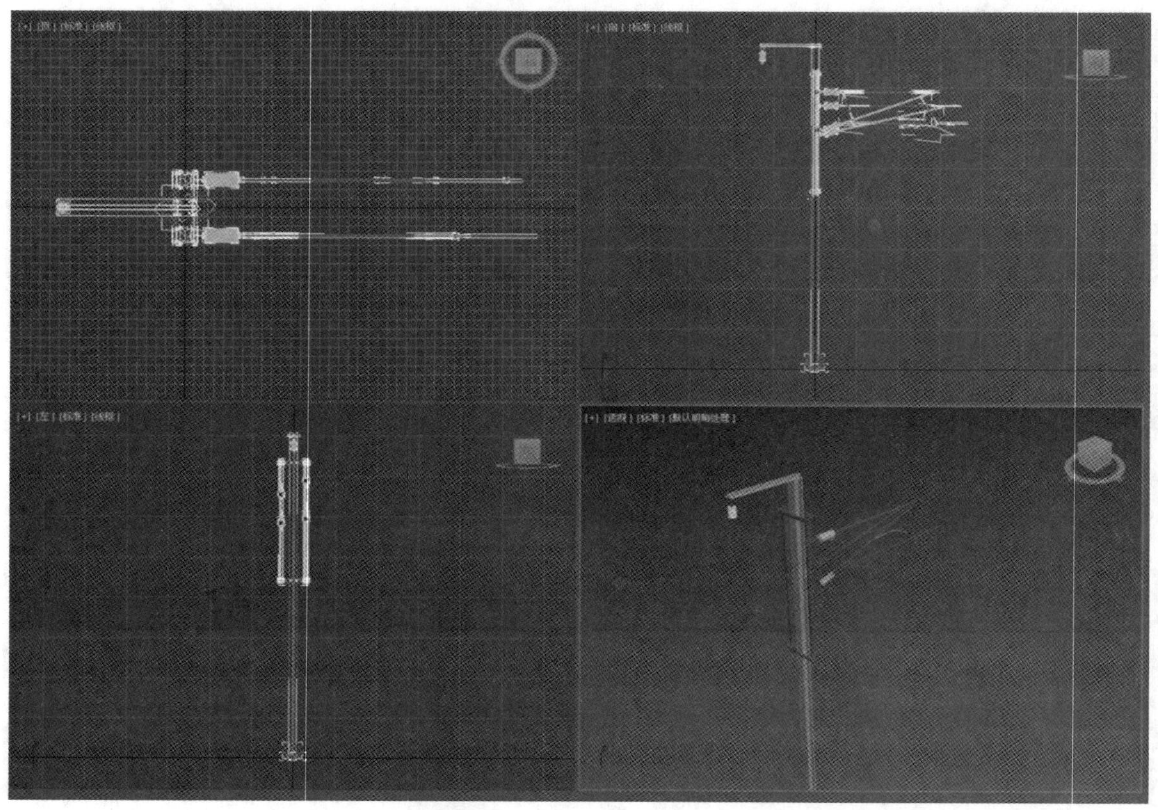

图4　五跨关节－转换柱1

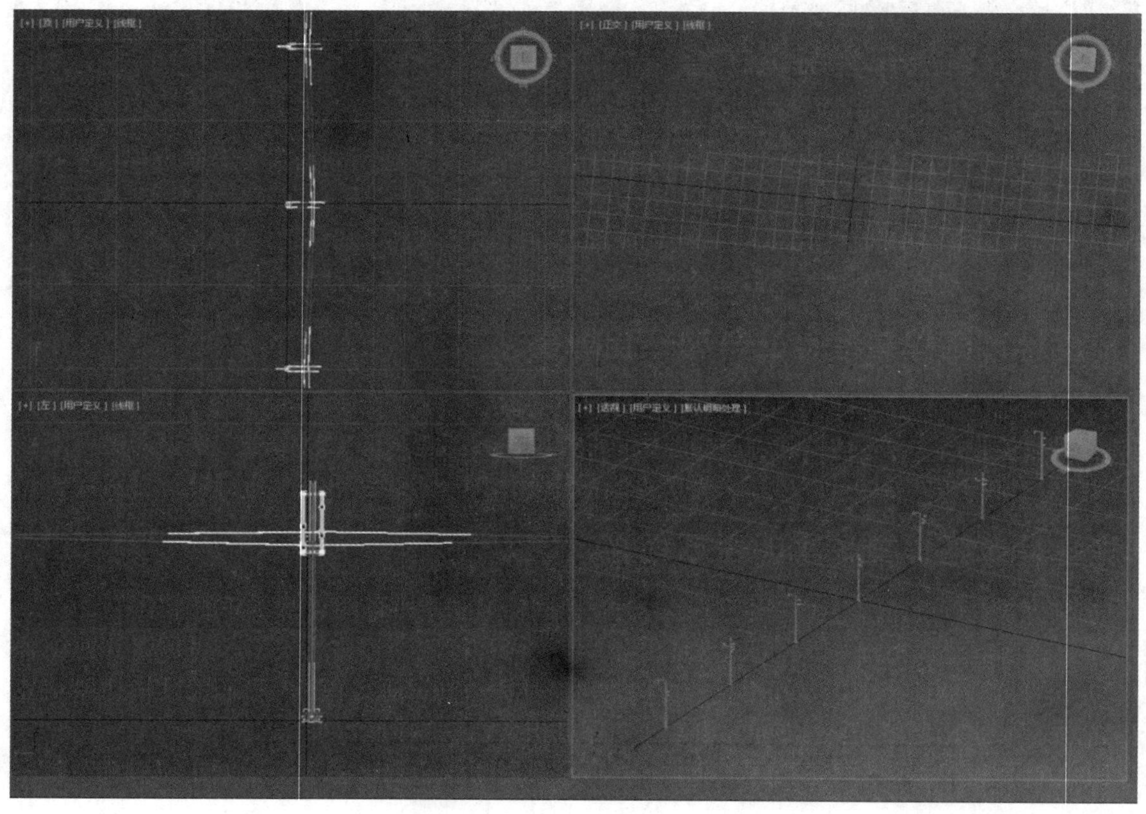

图5　六垮

图 6

8　结论和体会

本课件实现了虚拟零件在 Java 3D 环境中的虚拟建模和装配仿真，将实体可视化，动态化，把以前死板的零件赋予了新的生命，即为此次课件开发所追求的最终目标。

参考文献

[1] 张杰. Java3D 交互式三维图形编程[M]. 北京：人民邮电出版社，1999.
[2] 郑勇. 虚拟装配系统及关键技术研究[J]. 兵工自动化，2003，22(3)：11－13.
[3] 王永金，孙克豪. 虚拟装配技术研究概述[D]. 南京：南京航空航天大学，2004.
[4] 张兰英. 虚拟装配设计系统的研究. 北京：机械设计与制造，2002.
[5] 郑勇，龚光容. 可视化虚拟装配系统及关键技术研究[D]. 南京：南京理工大学，2000.

作者简介

李进伟，中国铁路兰州局集团有限公司嘉峪关供电段技术信息科，网络工程师

高速铁路接触网电联接线夹线索烧断问题分析探讨

周书念

摘 要: 为了提高高速铁路接触网运行品质,从接触网工程的设计、施工、运营维修、设备工艺等方面的规定切入,以及常见的严重接触网断线事故,阐述电联接线夹运营维护现状,分析导致电联接线夹烧伤线索运营管理方面原因,并提出进一步完善电联接线夹运营技术管理机制,可供相关工作人员参考借鉴。

电联接是接触网的重要组成部分,是主导电回路的主要通道,由电联接线和电联接线夹组成,起导通电流、消除接触悬挂之间的电位差作用。在接触网锚段关节、线岔、馈线上网点、电气设备(隔离开关、避雷器)安装点、载流面积突变点均需安装电联接。

1 电联接线夹烧伤较严重事故

1.1 承力索断线事故

某月某日,某线某变电所 213 馈线距离Ⅰ段保护动作跳闸,重合闸失败,×××站场Ⅳ道出现红光带,跳闸时供电臂内无电力机车取流运行。现场检查人员发现×××站场Ⅳ道 209#定位北端邻近第二吊弦处承力索断线。导致本次承力索断线的原因是:施工单位未按图安装供电线 T 接点,且在铝绞线引线和铜承力索连接处使用全铝并沟线夹,供电段验收和维修人员不掌握供电线电气连接部件线夹验收和维修标准,未按规定周期对线夹进行解体维修,造成并沟线夹处形成铜铝电解效应,进而腐蚀并沟线夹处承力索,时间较长造成线夹和承力索虚接发热,烧损承力索,承力索断股机械强度不足而被拉断如见图 1 所示。

1.2 接触线断线事故

某月某日,某变电所 211 馈线跳闸,重合闸不成功。供电段检查发现××车站 03#至 04#处锚段关节隔离开关引线接触线夹处非工作支接触网线断线。本次事故的直接原因是供电段工区未认真落实接触网检修作业指导书,长期未按规定对绝缘锚段关节电联接线夹进行移位检查,没有按照要求开展主导电回路测温检查,造成非支接触网电联接线夹电气连接不良,在电流的作用下,电联接线夹处接触线持续发热,被大张力拉断如见图 2 所示。

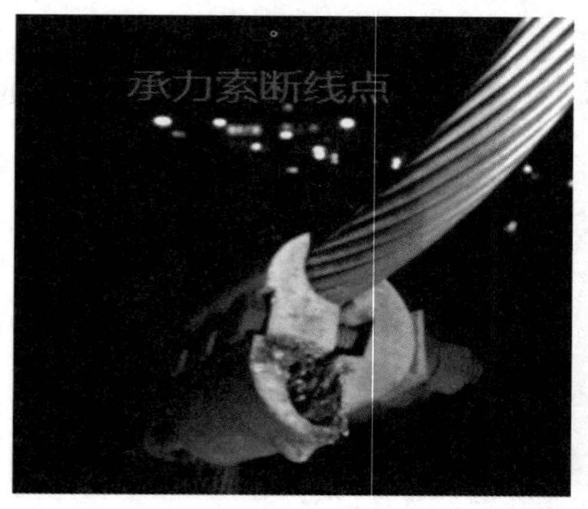

图 1 承力索断线

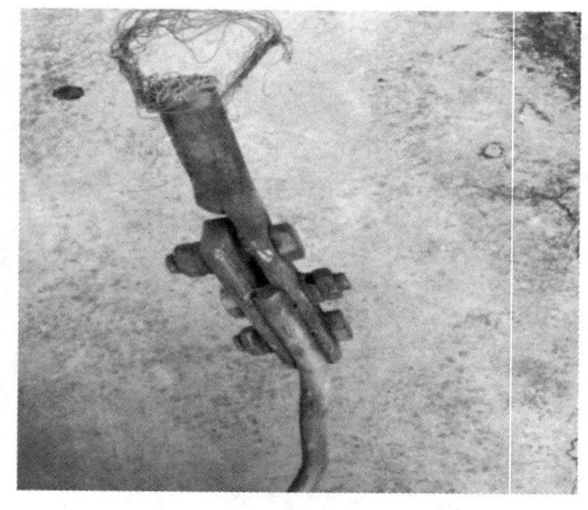

图 2 接触线断线

2　电联接常见的安装方式

2.1　螺栓式安装电联接线夹

即接触线采用 JT 型线夹，承力索采用 CT 型线夹如图 3 所示。

图 3　螺栓式电联接线夹

2.2　压接式安装电联接线夹

即接触线采用 E 型线夹，承力索采用 C 型线夹如图 4 所示。

图 4　压接式电联接线夹

压接式电联接线夹的优点是体积小、重量轻，结构相对螺栓式电联接线夹比较简单。缺点是安装工艺复杂，较难一次安装到位，不可重复使用。且在实际应用中，曾出现压接不够密贴、卡销露头过长、松动和脱落现象如图 5 所示。

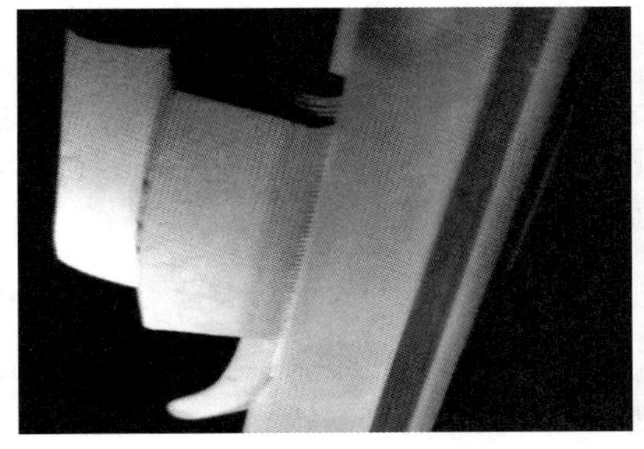

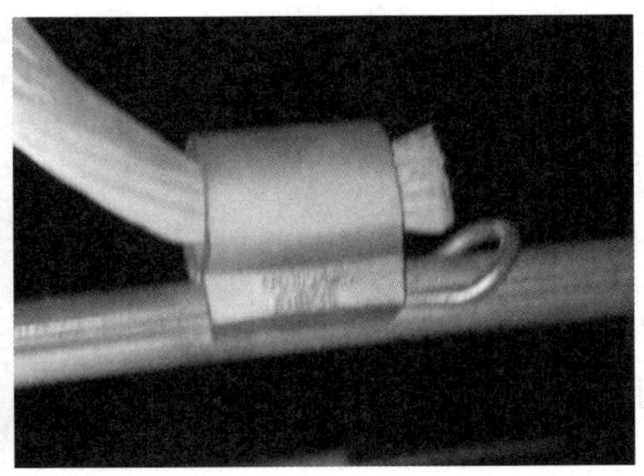

图 5　压接式电联接线夹缺陷

螺栓式电联接线夹的优点是安装工艺简单，可重复拆卸使用，使用成本较低。缺点是体积较大、重量较大。

3 各类规章预防电联接点过热腐蚀的规定

3.1 在零部件制造层面

《电气化接触网零部件－第十一部分：电联接装置》(20755.11—2010)通用电气性能条款：

电联接线夹的载流量应不小于被连接线索的最小额定载流量。

电联接线夹与线索连接处的温升应不大于被连接线索温升，铜制电联接线夹最大允许温升为 95 K，铜镍硅合金电联接线夹最大允许温升为 150 K。

过负荷电热循环试验后电联接线夹与导线连接处两端点之间的接触电阻值应不大于同等成长度被连接线索的电阻值。

3.2 设备安装施工层面

3.2.1 《高速铁路电力牵引供电工程细部设计和工艺质量标准》(Q/CR 9523—2018)中：

接触网电联接应按计算长度安装，预留弧度应满足温度变化需要，应采用专用工具压接提高电联接压接质量，保证导电良好。

电联接的接触网电阻测量应采用直流电阻测试仪。

接触电阻值应不大于同等成长度被连接线索的电阻值。

3.2.2 《高速铁路电力牵引工程施工技术规程》(Q/CR9609—2015)规定：电联接线夹与承力索，接触线，电联接线等的接触面应涂电力脂，压接采用专用压接机具及模具。

3.2.3 《中铁高铁电气装备股份有限公司产品使用说明书》中规定：连接点电阻不大于等长导线的电阻。连接点温升不大于被连接导线的温升。

3.3 在设备使用验收层面

《高速铁路电力牵引供电工程施工质量验收标准》(TB10758—20105.16.4)规定：铜、铝不同材质间连接应按设计要求采用铜铝过渡措施，不得直接连接。

3.4 在设备运营维修层面

3.4.1 《高速铁路接触网维修规则》铁总运〔2015〕362 号第五十九条：利用红外热像仪监测电气节点接触状态：12 个月。主要内容：监测供电线接续点、电联接线夹、隔离开关设备线夹及出头、吸上线接续点等有无过热现象。

利用红外热像仪监测电气节点状态，应选择在被监测点有持续负荷电流是进行。

3.4.2 局文中规定：电联接线夹与线索接触面均应按产品规定的厚度(没有规定的按 0.1 mm～0.2 mm)的涂到店脂。对再用的并钩线夹，结合全面检查进行拆开检查并清洁，后在其与线索接触面涂导电脂。

4 原因分析

以上两起事故的共同原因是供电部门验收和维修人员不掌握供电电气连接部件线夹验收和维修标准，未按规定周期对线夹进行解体维修，造成并沟线夹处形成电解效应，进而腐蚀并沟线夹处线索，时间较长造成线夹和线索虚接发热，烧损线索，线索断股机械强度不足而被拉断。

5 存在问题

电联接线夹点过热烧损线索，表面上看是源头是电联接线夹点电气过热腐蚀线索导致，但通过深入调查分析，反映出基层技术管理缺失、安全风险意识研判欠缺、专业管理不到位等一系列深层次设备运营管理问题。

5.1 专业技术精细化管理缺失

(1)零部件使用规定未落实。在《电气化接触网零部件－第十一部分：电联接装置》、《高速铁路电力牵引供电工程细部设计和工艺质量标准》、《中铁高铁电气装备股份有限公司产品使用说明书》等文件中，明确规定“连接点电阻不大于等长导线的电阻及电联接的接触网电阻测量应采用直流电阻测试仪”，但在国铁集团的《高速铁路接触网维修规则》，以及集团公司的高速铁路接触网维修规实施细则条文中，均未对电联接安装后的导通电阻测试做出明确要求。导致未开展电联接的导通电阻测试，未能较为直接通过导通电阻大小判定电联接连接点内部状态。

(2)零部件安装工艺指导缺失。电联接作为接触网主导电回路的重要关键部件，对安装位置、导电膏涂抹、线索绑扎、电联接线预留长度、禁锢力矩、导通电阻测试等环节均及工艺有严格要求，电联接装置的安装需严格按照规定工艺安装方可保证安装质量，但通查目前的有关文件，均是对安装结果做出规定，如《高速铁路接触网维修规则》"对于压接式电联接线夹，电联接线不得有压伤和断股现象"，对于电联接装置的安装过程工艺指导严重欠缺。

(3)检修作业指导书不够精细。目前的作业指导书多是对检修项目和安全注意事项做出规定，但对使用的工具、检修流程、检修过程质量把控等环节未有规定，对如何开展电联接装置检修作业和监测作业未做到具体化，导致现场检修作业经验化，一错再错。例如：监测工作流于形式。使用红外热成像仪对电气连接节点接触状态测温时必须在持续取流情况下进行，但因该处上网点位置离观测点较远，栅栏外无法进行测温，只利用巡视天窗进行测温。

5.2　技术安全风险研判欠缺

(1)高铁区段采用从桥式供电线 T 接上网的方式到主导电回路的电联接装置存在螺栓式、压接式多种安装方式以及多种类电联接线夹，各级技术管理人员没有系统对比各种上网方式的优缺点，没有研判出使用铜铝过渡线夹直接安装在承力索上极易造成断线的安全风险，也暴露出专业技术干部水平不高的问题。

(2)高铁开通运行近 10 年，对高速铁路接触网设备运行规律研究和运行状态跟踪不足，对不同速度等级的高铁线路上不同安装方式的电联接装置运行状态缺少技术比较及安全风险研判，导致电联接标准多样化，以及供电线上网安装方式多样，没有根据实际运行效果和维护经验，统一技术标准和要求。

5.3　基层检修作业闭环管理缺位

(1)现场作业标准执行打折。检查人员只对上网点及连接部位进行外观检查，未能严格落实《接触网作业指导书》关于"电联接线夹的材质和规格须与被连接线索相适应"，"以 36 个月为周期打开电联接线夹，对线夹及线夹夹持处进行打磨并重新安装"的作业要求，主导电回路线夹打开移位检查工作要求未能得到落实。

(2)新线介入和验收工作不扎实。新线建设阶段，介入人员未能对照图纸检查设备安装方式和开展竣工验收工作，导致供电线上网处施工单位未采用 TJR－95 型电连接线和 TB/T 2075. 11(C95A)－10 即 C95A 型螺栓式电联接线夹安装的问题没能及时发现。供电段在工程竣工验收红也未能严格对照设备安装图进行核查，验收标准不高。

(3)检修质量管理严重缺位。职能部门只负责编制检修作业指导书，但未跟踪作业指导书的学习培训以及现场的执行情况，缺乏闭环管理的理念。且不重视检修工艺的分析考核，在引进了工作记录仪、检修系统等先进的管理方式后，没有就如何提高现场检修质量进行研究，视频回放分析检修工艺和检修质量的落实情况分析。对设备质量的考核也仅仅是设备出现问题后的结果考核，没有对班组不按工艺流程作业的过程考核。缺乏过程控制的理念。以上问题导致了班组不懂检修工艺标准、简化标准现象的长期存在。反映出专业督导、检查不深入，考核不严格，专项工作缺少闭环管理，现场落实工作偷工减料问题不是个别现象。

6　对策建议

6.1　强化专业技术精细化管理

(1)编制电联接装置安装工艺指导书。安排专业技术人员统筹规范、规则、细则、标准等行业及各层级文件规定，编制电联接装置安装工艺指导书，从工具准备、材料准备、安装步骤、质量卡控项点等方面内容图示化、流程化，让作业人员便于落实执行。

(2)编制电联接检修作业指导书。从天窗计划申请、作业环境、作业机具、作业流程、安全卡控事项等方面图示化、流程化、视频化，让现场执行层检修作业有据可依。

(3)精细编制新线提前介入工作指导书。提前收集新线的涉及到的设计规范、设计总说明、施工图、设备安装图、设计技术规格书等资料，并编制成介入指导手册，组织介入人员系统培训学习，做到图纸人手一份，现场介入检查过程中携带图纸资料核对，做好介入影像资料的拍摄留存。

6.2　开展设备运行风险评估和设备运行规律研究

(1)对高速铁路线上的主导电回路及电联接装置的多种安装方式进行技术分析和运用状态比较，比较优劣，并对处于劣势的安装方式开展风险评价，并制定开展红外监测、缩短检修周期、列入更改项目等针对性措施，从管理方面提高设备抗风险能力。

(2)全面开展电联接装置服役状态评估。对高速铁路线上的螺栓式电联接线夹进行全面拆开移位检查，并对螺栓式电联接装置测试导通电阻和外挂检查，全面掌握电联接装置的运行状态，总结运行规律。

接触网设备的良好运行，固然需要较高的科技能力支撑，但运营管理同等重要。当前高速铁路已运营十多年，在运营管理方面的得与失急需总结，尤其是在电联接线夹为代表的主导电回路方面。在常用的外观检查以及 6C 检测装置对电联接线夹的病态较难发现和对病态的演变亦难以跟踪现状下，就如何落实安装工艺、严肃检修标准以及优化修程修制课题开展研究尤为重要。

参考文献

[1] 于万聚. 高速电气化铁路接触网[M]. 成都：西南交通大学出版社，2003.7.

[2] 电气化接触网零部件(TB/T 2075—2010)[S]. 北京：中国铁道出版社，2010.

[3] 高速铁路电力牵引供电工程细部设计和工艺质量标准(Q/CR 9523—2018)[S]. 北京：中国铁路总公司，2018.

[4] 高速铁路电力牵引工程施工技术规程(Q/CR 9609—2015)[S]. 北京：中国铁路总公司，2015.

[5] 高速铁路接触网维修规则(铁总运〔2015〕362 号)[S]. 北京：中国铁路总公司，2015.

作者简介

周书念，中国铁路南宁局集团有限公司柳州供电段，工程师

接触网鸟害防治研究

陈玉泉

摘 要： 鸟害防治是接触网“九防”工作中的重点。对2018年嘉峪关供电段管内普速接触网设备鸟害（包括筑巢位置、筑巢区段、筑巢时间）信息进行了详细的统计，得出管内重复筑巢、重点筑巢区段及位置信息。在此基础上提出了“防鸟——引鸟——驱鸟——摘巢”四个有效闭环卡控环节，提升人防、物防、技防的三位一体安全保障体系，为鸟害防治工作提供参考。

0 引言

接触网是电气化铁路用于电力机车取流的重要设备。架设在铁路沿线且自身具有无备用性的特点，受外部环境的影响较大。鸟害，作为接触网“九防”工作中的一项重要工作，鸟害所造成的接触网跳闸占比最高，同时也是接触网巡检、检修的重要工作内容。2018 年嘉峪关供电段管内由鸟害引起的设备故障 2 起。因此分析和研究接触网鸟害特性及制定高效的鸟害防治措施成为接触网季节性管理的一项重要工作。

传统的鸟害防治措施主要为驱鸟、摘巢等方式。在鸟类筑巢季节采取加强设备巡视力度（包括添乘机车巡视和栅栏外巡视）和加强 2C、4C 分析力度等措施，对发现的鸟巢安排天窗点进行摘除并加装驱鸟装置。需要注意的是，筑巢是鸟类的生存本能，在后期投入大量人力物力的情况下，驱鸟效果并不明显，存在鸟巢重复搭建和鸟巢转移搭建的行为。且现有的 2C、4C 分析主要采用人工分析方式，增加了劳动强度，虽然近几年部分学者提出了鸟巢识别检测方法，一方面这些方法并未成熟应用于 2C 分析中；另一方面，现有的设备巡视和 2C、4C 分析并不能准确、及时掌握鸟类筑巢的整个过程，进而不能从源头上制定有效的措施。

在此，鸟害防治需要更进一步从源头着手。本文基于 2018 年嘉峪关供电段管内普速接触网设备鸟害统计，从鸟类筑巢位置、筑巢时间、筑巢区段等方面进行了详细分析，对易搭建处所、位置以及重复搭建处所进行了定量分析，分析出鸟类筑巢趋势，提出具体可行的鸟害防治措施，适用于 2019 年及后续鸟害防治工作。

1 鸟害类型分析

鸟害的主要机理为鸟粪、鸟巢以及鸟翅膀降低绝缘子绝缘能力，造成接触网对地绝缘不足引起跳闸。具体表现在以下三个方面：

（1）鸟粪造成闪络。嘉峪关供电段管内兰新线嘉红段和兰新客专采用 AT 供电方式，非风区正馈线绝缘子采用单个竖直安装的方式，其绝缘子长度较小，绝缘能力薄弱，容易受到鸟粪侵害。例如：2018 年 3 月 2 日，兰新客专首井牵引变电所 211、212 断路器跳闸，重合成功。通过调阅反恐视频判断跳闸原因为鸟类排泄物引起的跳闸。

（2）鸟巢引起短路。大型鸟类在筑巢过程中可能将铁丝等导体筑巢材料短接绝缘子，造成短路接地故障。例如：2018 年 4 月 18 日 17 时 09 分，红山堡变电所 212 开关跳闸，重合失败，18 时 03 分送电成功。跳闸原因为鸟类正在搭建鸟巢的树枝若干、跳线与斜腕臂绝缘子之间有数根树枝。在下雨天气影响下，潮湿的树枝干短接绝缘子造成接地跳闸。

（3）鸟翅膀短接。体形较大的鸟类停站在正馈线上时，起飞时展开双翼，短接正馈线引起故障。

2 2018 年嘉峪关供电段管内普速牵引供电设备鸟害情况统计

2.1 按搭巢时间统计分析

表 1 表示了每月各车间鸟害分布情况。据表可知，鸟害主要分布在张掖供电车间(所占鸟害比例为 52.63%)和嘉峪关供电车间(所占鸟害比例为 21.05%)，占到全普铁车间的 73.68%。其原因为由于对自然生态环境保护意识的加强，张掖、嘉峪关气候环境较好，鸟类的繁衍数量也逐渐增多，活动范围日趋扩大。鸟害主要分布在 3—5 月份，其分布趋势为近似呈现正态分布(玉门供电车间除外)，3 月份鸟害出现大幅度增长，所占鸟害比例为 21.05%，4 月份鸟害达到最大值，所占鸟害比例为 30.70%，5 月份鸟害数量有所减少，所占鸟害比例为 21.93%，处于平稳趋势，6、7 月份鸟害数量继续减少，稳定在一个理想值范围内，7 月份以后再无鸟巢搭建迹象。

表 1 2 – 7 月份普铁供电车间鸟害分布情况

供电车间	二月/次	三月/次	四月/次	五月/次	六月/次	七月/次	合计/次
金昌	1	3	5	4	3	5	21
张掖	5	13	18	14	6	4	60
嘉峪关	1	6	11	6	0	0	24
玉门	3	2	1	1	2	0	9
敦煌	0	0	0	0	0	0	0
合计	10	24	35	25	11	9	114

2.2 按搭巢区段统计分析

从鸟巢处所的分布情况来看，管内鸟害主要分布在青山堡、金昌、玉石、马莲井、山丹、东乐、西屯、张掖、临泽、新华庄、高台、屯升、清水、酒泉、疏勒河共 15 个车站，鸟巢搭建分布图见图 1。截河坝 – 青山堡、山丹 – 东乐、山丹 – 马莲井、张掖 – 平原堡、高台 – 新华庄、高台 – 梧桐泉、红山堡 – 上河清、清水 – 上河清、酒泉 – 红山堡、桥湾 – 疏勒河共 10 个区间。

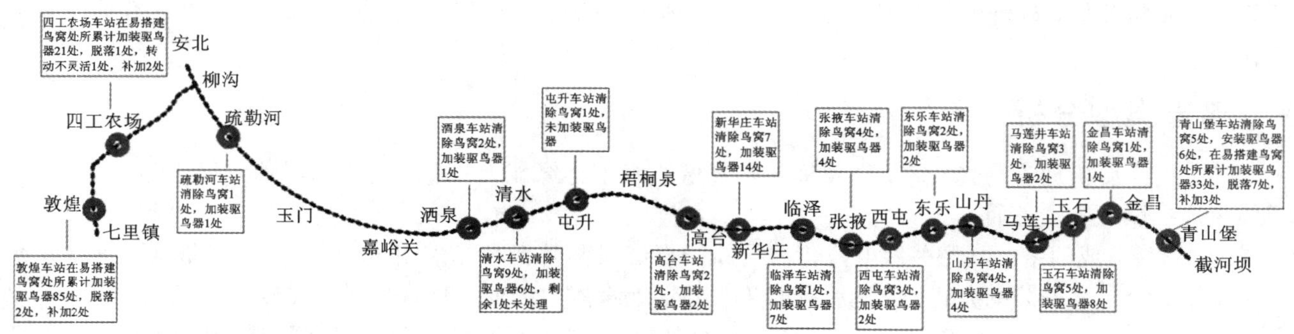

图 1 2018 年嘉峪关供电段管内鸟害分布图

据图 1 可知，清水、新华庄、青山堡车站鸟害分布排在前三位，分别为 9 处、7 处、5 处，其次比较靠前的车站为马莲井、山丹、玉石、张掖车站；高台 – 新华庄、桥湾 – 疏勒河、清水 – 上河清排在前三位，分别为 8 处、7 处、5 处。

截止 2018 年 7 月份，发现重复搭建鸟巢处所 21 处，分布在金昌车间 5 处：截河坝 – 青山堡 G5、青山堡车站 26#、44#、46#、48#；张掖车间 13 处：山丹 – 马莲井 432#、东乐车站 115#、张掖车站 22#、西屯车站 43#、65#、张掖 – 平原堡 237#、238#、高台 – 新华庄 304#、306#、565#、高台 – 梧桐泉 17#、18#、331#。其中，张掖 – 平原堡 237#、高台 – 新华庄 565#、高台 – 梧桐泉 17#、18#、331#为重复搭建 3 次。嘉峪关供电车间 3 处：红山堡－上河清 514#、清水－上河清 195#、215#。对于重复搭建的场所，加装驱鸟器 10 处，加装驱鸟剂 3 处。剩余 3 处未安装驱鸟器和驱鸟剂：截河坝－青山堡 G5、高台－新华庄 304#、306#。

2.3　按搭巢位置统计分析

通过现场统计调查(见图 2)，鸟巢主要搭设在普铁接触网设备的以下位置：①硬横梁；②附加导线肩架；③平腕臂、斜腕臂底座。其中，鸟巢搭接在硬横梁及钢梁处所 57 处，回流线肩架 5 处，分别为：截河坝－青山堡 461#、高台－新华庄 301#、304#、306#，清水－上河清 183#；跳线肩架 3 处，分别为：山丹－东乐 626#、山丹－马莲井 432#、张掖－平原堡 95#；平腕臂底座 1 处：红山堡－上河清 514#；斜腕臂底座 8 处：山丹－东乐 81#、红山堡－上河清 510#、514#，红山堡－酒泉 510#、清水－上河清 25#、195#、215#、295#。

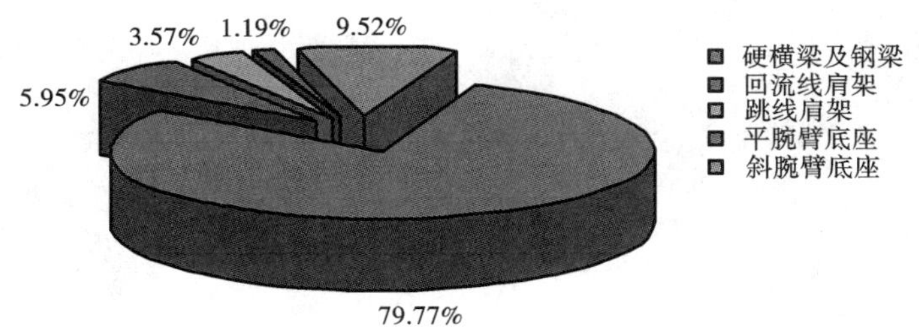

图 2　2018 年嘉峪关供电段鸟巢搭建处所统计图

鸟巢搭建危险处所为附加导线肩架和平/斜腕臂底座，所占比例为 20.23%，对于危险处所已安装驱鸟器 4 处，安装驱鸟剂 4 处，剩余 10 处均未安装驱鸟器和驱鸟剂：截河坝－青山堡 461#、山丹－东乐 81#、626#、山丹－马莲井 432#、张掖－平原堡 95#、高台－新华庄 301#、304#、306#、红山堡－酒泉 510#、红山堡－上河清 183#。

①硬横梁。此类鸟巢易搭建在钢柱和硬横梁连接处、吊柱和硬横梁连接处、硬横梁的中间连接处。一般情况下搭建在硬横梁处的鸟巢对接触网设备影响较小，但位于带电部分正上方的鸟巢，危险性较大，容易短接带电部分与横梁，造成设备跳闸(见图 3)。

②附加导线肩架。此类鸟巢主要搭建于回流线、跳线肩架，由于绝缘空间较小，鸟类在筑巢过程中，很有可能将带电体短接引起跳闸。

③平腕臂、斜腕臂底座。由于绝缘空间较小，鸟类在阴雨天筑巢过程中，很有可能将带电体(潮湿的木棍、铁线等)短接引起跳闸。

(a) 梧桐泉-高台332#

(b) 山丹车站62#

图 3　搭接在硬横梁上的鸟巢

综上分析，鸟巢搭建重点处所为未安装驱鸟器/驱鸟剂的重复搭建处所和危险处所(共计 11 处)：截河坝 – 青山堡 G5、461#、山丹 – 东乐 81#、626#、山丹 – 马莲井 432#、张掖 – 平原堡 95#、高台 – 新华庄 301#、304#、306#、红山堡 – 酒泉 510#、红山堡 – 上河清 183#。金昌、张掖、嘉峪关供电车间对上述 11 处鸟害重点处所进行重点关注。

(a)

(b)

图 4 跳线肩架(a)、平腕臂上的鸟巢(b，正在搭建)

3 鸟巢危害程度分类

根据鸟巢搭建处所对供电安全的危害程度将鸟巢分为 A、B、C 三类。

A 类：鸟巢距带电设备小于 500 mm，须立即申请天窗进行处理。

B 类：鸟巢距带电设备在 500 ~ 2000 mm 范围内，必须在当日天窗或临时天窗处理。

A、B 类主要指在接触悬挂正上方的硬横梁、回流线/跳线肩架、平/斜腕臂底座等位置的鸟巢。

C 类：鸟巢远离带电设备，对供电安全没有影响。

4 防鸟措施分析及鸟害防治新思路

传统的鸟害防治措施为驱鸟和摘巢，没有从根源上消除鸟巢的重复搭建和转移搭建问题。考虑到鸟类筑巢为鸟类生存本能，将鸟害防治措施上升为“防鸟—引鸟—驱鸟—摘巢”四个有效闭环卡控环节，结合三位一体安全保障体系工作思路，将鸟害防治在人防、物防、技防中取得实效。

4.1 防鸟环节

防鸟环节，是指采取一定的措施，更有效地掌握鸟巢搭建趋势和筑巢过程，从源头上防止鸟害进一步扩大。可采用以下几种方法：

(1)2C、4C 分析和添乘巡视是发现鸟害的重要来源。建议将鸟巢自动识别算法植入 2C 分析，并对鸟巢筑巢过程进行识别和分析；同时，在筑巢季节 2—6 月份加大雨中设备巡视频次，以掌握筑巢趋势，提高鸟害防治工作的主动性。

(2)加强数据分析，强化源头治理。一方面，通过密切合作其他一些专业机构获取铁路沿线气象数据、植被数据、人口数据等进行融合；另一方面，在工作中收集鸟类样本数据、鸟巢重点搭建和重复搭建处所等重要鸟害数据，绘制铁路沿线鸟类分布图，完善鸟类数据库信息，建立对鸟害时空大数据分析，全面掌握鸟害分布规律，增强驱鸟装置安装与日常巡检的针对性。

(3)对于鸟粪容易引起的正馈线绝缘子闪络问题。兰新客专非风区采用增设正馈线绝缘子的方法提高正馈线绝缘子绝缘能力(见图 5)；对于兰新线嘉红段(普速区段)采用通过增设绝缘子伞裙的方式降低由于凝霜、覆冰、鸟粪、雷击、污秽等引起绝缘子闪络的概率，明显改善了绝缘设备在恶劣天气条件下的运行状态(见图 6)。

图 5　增设正馈线绝缘子实物图

图 6　加装正馈线绝缘子伞裙实物图

4.2　引鸟环节

引鸟是指采用一定的措施，将鸟吸引至接触网设备以外的区域或不影响正常供电的处所筑巢。主要采用以下措施：

(1)对于远离线路的供电设备(如供电线钢塔)，如果鸟巢搭建的位置距离线路较远，不影响供电设备正常运行(即 C 类鸟巢)，为防止摘巢后鸟巢重复搭建或转移搭建，采用不处理的方式。

(2)在供电线钢塔安全部分加装人工鸟巢，给鸟类主动提供巢穴，起到引鸟作用。

4.3　驱鸟环节

驱鸟为目前鸟害防治的重要措施。结合近几年嘉峪关供电段鸟害防治经验，总结为以下几个方面：

(1)目前嘉峪关供电段普速铁路管内防鸟措施主要采取驱赶措施，采用常规的镜片式风车驱鸟器，通过风叶与反光镜快速不同地旋转能够产生对鸟类视觉的干扰，达到驱鸟效果。由于镜片式风车驱鸟器只能安装在硬横梁或钢柱上，而硬横梁的面积较大，鸟巢搭建处所较多，加之配备的某些镜片式风车驱鸟器由于尺寸偏大，不能安装在硬横梁中，只能安装在硬横梁上部，导致不能有效制止鸟巢在硬横梁上的继续搭建。梧桐泉－许三湾 17#(18#)硬横梁上的鸟巢见图 7。

图 7　梧桐泉－许三湾 17#(18#)硬横梁上的鸟巢

由于驱鸟器搭建在硬横梁上部，不能有效阻止鸟巢的继续搭建，硬横梁处已经搭建鸟巢 4 处，目前的整改措施只能改变驱鸟器的安装位置，即将驱鸟器全部移动到硬横梁中间。对于面积较大的硬横梁，建议采取在鸟害频发硬横梁上安装防鸟网，它主要利用封堵方式，彻底消除鸟类搭巢的空间，其优点是使用效果好，安装后可以杜绝鸟类搭巢，使用寿命较长(3～5 年)。其缺点是防鸟网材料决定其使用寿命，对原材料要求高，且安装繁琐，工作量大，建议在张掖供电车间(如高台－梧桐泉区间)、嘉峪关供电车间(如清水车站)的鸟害重点部位进行安装。

(2)由于驱鸟器的弊端在于不能有效阻止 A、B 类鸟害(回流线/跳线肩架、平/斜腕臂底座)。自 2018 年 4 月 18 日鸟害引起的红山堡变电所跳闸事故以来，嘉峪关供电段采用引进新型驱鸟器(3M 静电型驱鸟器)和驱鸟剂应对 A、B 类鸟害(见图 8)。

(a)

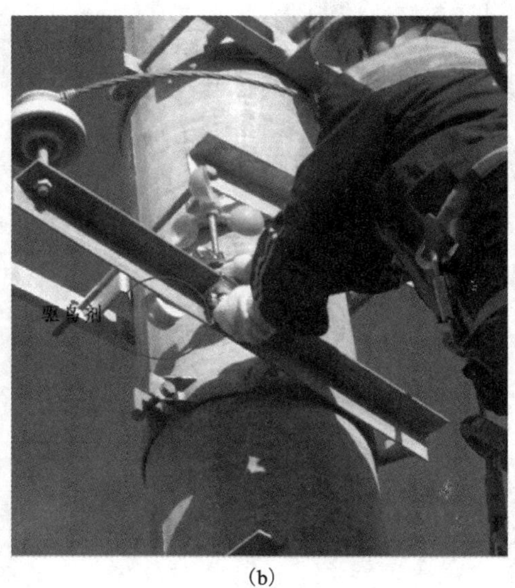

(b)

图 8　现场安装了 3M 静电型驱鸟器(a)和驱鸟剂(b)实物图

(3)对于兰新客专，补偿装置采用棘轮补偿装置，为鸟巢易搭建处所。建议采用防鸟罩对棘轮补偿装置进行封堵。

(4)引入鸟类天敌等方式进行视觉驱鸟。借鉴国网武汉供电公司在“鸟害”频发的武汉市新洲区 10 千伏渔场线数座电线杆横担上捆绑了 200 多条橡胶玩具蛇有效减少供电线路“鸟害”隐患的成功案例。建议在接触网回流线/跳线肩架、平/斜腕臂底座、供电线钢塔距线路较近处等位置加装橡胶玩具蛇，利用物种之间“天敌相克”的原理降低鸟巢搭建频次。

4.4　摘巢环节

鸟巢摘取应当申请维修天窗进行处理。在处理过程中需注意以下几点：

(1)现场清理的筑巢材料应进行就地掩埋或者焚烧，防止鸟类在短时间内重复筑巢。

(2)遵循“安全第一”的方针，天窗结束后及时清点上下道料具，做到“工完、料清、场地净”，不留隐患。

(3)鸟巢摘除后及时安装驱鸟器、喷涂驱鸟剂，提高天窗利用率。对于远离线路的设备可安装普通驱鸟器；对于线路侧设备推荐安装带防脱装置的驱鸟器，防止驱鸟器松脱掉落在线路上。

5　结束语

本文基于 2018 年嘉峪关供电段管内普速牵引供电设备鸟害统计，提出了“防鸟—引鸟—驱鸟—摘巢”鸟害防治的四个有效闭环卡控环节，并在人防、物防、技防三位一体安全保障体系中发挥各自的作用。2018 年嘉峪关供电段鸟害防治工作效果突出：降低了鸟害跳闸率的同时，未发生因鸟害引起的设备故障(2018 年由鸟害引起的设备故障 2 起)。实践表明：

(1)突出人防效果：发挥人的主观能动性，制定落实严密的摘巢作业管控措施，用汗水换安全。第一，强化 6C 分析，加强栅栏外巡视力度，合理申报天窗集中进行处理。第二，促进职工个人技能的提升，形成健全的激励机制，对发现重点鸟害的职工进行重奖、快奖的激励方式提升防鸟措施的积极性。第三，通过安全宣讲、开展警示教育等方式提升职工安全意识，同时，强化现有的四会制度、工作票制度以及上下道料具清点制度的执行，现场作业采取干部盯控的方式强化摘巢过程中安全风险卡控。第四，完善鸟害防治相关制度，例如，对鸟巢的危害程度进行分类，提高了鸟害处置的针对性。

(2)提高物防水平：利用近几年鸟害防治科技新装备应用于鸟害防治工作中。第一，消除鸟类筑巢对接触网设备的影响，应遵循"源头防范，防治结合"的原则，应在新线设计时充分考虑铁路沿线鸟害的分布及影响范围，在施工过程中及时加装驱鸟器、硬横梁加装防鸟网；棘轮补偿装置加装防鸟罩；回流线/跳线肩架、平/斜腕臂底座处加装橡胶玩具蛇等方式，从施工源头卡控。第二，采用增设正馈线绝缘子和加装绝缘子伞裙的方式提高正馈线绝缘能力，不仅能够防止鸟粪引起的闪络，还能防止雾凇、雷电、覆冰等引起正馈线绝缘子闪络，目前已成功应用于兰新客专和兰新线嘉红段普速接触网设备，取得了良好的效果。第三，利用"天敌相克"原理的视觉驱鸟措施(如模型鹰、玩具蛇等仿真天敌的引入)近年来在国家电网中取得了丰硕的效果，可将此类措施引入接触网防鸟害措施。

(3)重视技防实效：强化数据分析的指导地位，夺取鸟害防治工作的主动权。第一，在数据收集和大数据分析等方面加强与其他部门(如气象部门、科研院校等)的合作，强化鸟害重点处所和重复搭建处所的动态管理，融合铁路沿线气象数据、植被数据、人口数据等数据，动态地开展鸟害调研及时空大数据分析，为来年鸟害防治工作提供参考和依据。第二，参考和借鉴国家电网在输电线路方面和机场鸟害防治体系中的鸟害防治经验，将其成果中的精华与铁路接触网运营实际情况紧密结合，逐步形成和完善接触网鸟害放置体系，将鸟害防治工作由被动防鸟变为主动控鸟。

参考文献

[1] 封博卿，李平，杨连报．基于时空大数据的高速铁路接触网鸟巢病害分析[J]．中国铁路，2018，(1)：29－34.

[2] 项杨，周宗纪．接触网鸟害防治新思路[J]．电气化铁道，2012，23(3)：17－19.

[3] 张宝军．接触网鸟害防治存在的问题与对策[J]．铁道运营技术，2014，20(1)：35－40.

[4] 祝振敏，谢亮凯．基于相对位置不变性的接触网鸟巢识别检测[J]．铁道科学与工程学报，2018，15(4)：1043－1049.

[5] 谢亮凯．基于机器视觉的铁路接触网鸟巢与绝缘子识别检测方法研究[D]．南昌：华东交通大学，2018.

[6] 苗树楷，张友鹏，赵珊鹏．鸟粪染污伞裙对接触网绝缘子电场分布的影响[J]．兰州理工大学学报，2018，43(6)：90－94.

[7] 于飞．浅谈接触网鸟害的综合防治[J]．科技资讯，2018，15(17)：28－29.

[8]赵红玉，魏博．接触网鸟害防治方案研究[J]．铁道标准设计，2012，(2)：98－101.

[9]毛进明．接触网鸟害防治方案研究[J]．山西建筑，2015，41(19)：133－134.

[10] 林建生．高铁接触网鸟害防治措施研究[J]．海峡科学，2016，(8)：24－27.

[11] 李立．接触网鸟害防治措施的探讨[J]．价值工程，2015，34(3)：94－96.

作者简介

陈玉泉，中国铁路兰州局集团有限公司安全监察大队嘉峪关安全监察分队，副队长，助理工程师

浅谈广深线防控鸟害问题措施

吴沛鸿

摘 要: 近 2 年通过 2C 检测发现广深线鸟害问题较为突出，特别 2019 年广深线连续发生 8 件因鸟害引起接触网跳闸事件，防控鸟害问题尤为重要。为有效整治广深线鸟害问题，我们就该问题进行了系统分析，制定行之有效地防控措施。

1 广深线鸟害问题现状

1.1 2019 年鸟害跳闸事件多发

对 2015 年至 2019 年广深线因鸟害引起的接触网跳闸数据进行对比分析，发现 2019 年因鸟害引起接触网跳闸事件尤为突出，尤其是东莞－常平间发生 3 次，常平－樟木头间发生 2 次因鸟害引起接触网跳闸事件，如表 1 所示。

表 1 广深线鸟害跳闸数据表

区段	下元－仙村	仙村－东莞	东莞－常平	常平－樟木头	樟木头－平湖	平湖－深圳东
2015 年						3
2016 年	1					
2017 年			1			
2018 年					1	
2019 年		1	3	2		2
合计	1	1	4	2	1	5

1.2 现有鸟害防控措施失效

广深线在平湖－深圳东区段安装有镜片式风车驱鸟器及光片式风车驱鸟器 2 种，其技术均为利用光反射措施惊吓或刺激鸟，起到让其逃离(驱鸟)的作用。

1.2.1 镜片式风车驱鸟器：风车驱鸟器由叶轮座、齿轮、旋转壳体、反光镜架、反光镜等部分组成，完全由工程塑料聚甲醛(POM 绝缘材料)制成。如图 1 所示。

缺点：该类型驱鸟器寿命短，镜片易掉落。但由于安装年限较久，目前线路上的镜片式风车驱鸟器均已失效。例如 2014 年 7 月 27 日，广深线平湖变电所 214DL 跳闸，原因是平湖－深圳东间Ⅱ线 1172#(K133＋610)硬横梁上有鸟巢下坠与平腕臂绝缘距离不足引起跳闸，且该鸟巢正上方硬横梁上安装有镜片式风车驱鸟器，但 3 片镜片已全部脱离，未能起到驱鸟作用。如图 2 所示。

1.2.2 光片式风车驱鸟器：驱鸟范围在直径不小于 3.6 m 的范围内，塑料片上贴了反光膜，有风时能随机摆动或转动。在软风(即风速≥1.6 m/s，I 级风)作用下应开始运动，频率为 10～120 Hz。如图 3 所示。

缺点：该类型驱鸟器反光薄膜在长期日晒雨淋下，反光效果下降，且部分风车轴承未能转动。目前平湖－深圳东区段安装的光片式风车驱鸟器较多，但从鸟害情况分析，该类型的驱鸟器均已失效，未能起到防控鸟害的问题。

综上所述，原有广深线鸟害防控工作中安装的镜片式风车驱鸟器和光片式风车驱鸟器仅能防控 1～2 个月内鸟害突出问题，不能满足达到长期防控鸟害问题的要求。

图 1　广深线上的镜片式风车驱鸟器

图 2　驱鸟器下方硬横梁有鸟巢

图 3　光片式风车驱鸟器

2　鸟害问题分析

2.1　鸟害问题重点月份分析

利用 2C 检测数据，对 2018 年—2019 年广深线鸟害隐患问题的重点月份进行梳理分析，发现 3 月份 - 8 月份间，特别 4 月份—6 月份鸟害隐患问题尤为严重，如表 2 所示。

表 2　广深线 2C 检测分析鸟害件数

	1月份	2月份	3月份	4月份	5月份	6月份	7月份	8月份	9月份	10月份
2018年	0	0	19	31	29	26	15	10	0	0
2019年	0	2	14	34	29	14	4	4	3	0

2.2　鸟害问题重点区段分析

为进一步掌握广深线各区段鸟害问题，掌握鸟害重点整治区段，对 2019 年 2C 检测数据中各区段发生 2 件及以上鸟害问题处所，以及重复 2 次及以上鸟害问题处所进行梳理分析，具体情况如下。

2.2.1　对发生 2 件及以上鸟害问题处所分析，发现鸟害问题发生 2 件及以上的处所共计 77 件，占 2019 年总量的 72.64%，其中仙村 - 东莞间 K56 + 200、东莞 - 常平间 K73 + 050 - 100、东莞 - 常平间 K87 + 780 - 820、塘头厦 - 平湖间 K124 + 530 - 590、平湖 - 深圳东间 K131 + 000 - 180、平湖 - 深圳东间 K136 + 798 - 940 区段均达到 5 - 7 件，如表 3 所示。

表3　2 件及以上鸟害问题处所

序号	区间	公里标	杆号	鸟害件数/件	备注
1	下元 - 仙村	K28 +400 - 500	0015# - 0019#	2	
2	下元 - 仙村	K48 +050 - 150	0694# - 0698BL#	4	
3	仙村 - 东莞	K56 +200	S202 - Ⅱ#	6	
4	仙村 - 东莞	K60 +934 - 983	0414# - 0416#	3	
5	仙村 - 东莞	K64 +850 - 900	0564# - 0566#	4	
6	东莞 - 常平	K73 +050 - 100	0048# - 0050#	7	
7	东莞 - 常平	K78 +400 - 550	0276# - 0280#	4	
8	东莞 - 常平	K78 +958	0300#	2	
9	东莞 - 常平	K81 +050 - 150	0372# - 0376#	3	
10	东莞 - 常平	K87 +780 - 820	0638# - 0640#	7	
11	土塘 - 樟木头	K95 +770 - 850	S036# - S042#	2	
12	塘头厦 - 平湖	K124 +530 - 590	0941# - 0937#	7	
13	平湖 - 深圳东	K128 +450 - 600	1111# - 1115#	4	
14	平湖 - 深圳东	K130 +600	1193#	3	
15	平湖 - 深圳东	K131 +000 - 180	1209# - 1215#	5	
16	平湖 - 深圳东	K131 +490 - 660	1225# - 1231#	2	
17	平湖 - 深圳东	K133 +400 - 500	1305# - 1309#	4	
18	平湖 - 深圳东	K136 +798 - 940	S461# - S469#	5	
19	平湖南编组	K131 +625	S106#	3	
	合计			77	

2.2.2　对重复 2 次及以上鸟害问题处所分析，发现鸟害问题重复发生 2 件及以上的处所共计 63 件，其中仙村 - 东莞 K56 +200、东莞 - 常平 K73 +050 - 100、塘头厦 - 平湖 K124 +530 - 590 尤为严重，重复发现 6 次，仙村 - 东莞 K64 +850 - 900、东莞 - 常平 K87 +780、平湖 - 深圳东 K136 +798 - 940 次之，重复发现 4 ~ 5 次，如表 4 所示。

表4　重复 2 件及以上鸟害问题处所

序号	区间	公里标	杆号	重复次数/次	备注
1	下元 - 仙村	K48 +050	0694#	2	
2	下元 - 仙村	K48 +150	0698BL#	2	
3	仙村 - 东莞	K56 +200	S202 - Ⅱ#	6	
4	仙村 - 东莞	K60 +934 - 983	0414# - 0416#	3	
5	仙村 - 东莞	K64 +850 - 900	0564# - 0566#	4	
6	东莞 - 常平	K73 +050 - 100	0048# - 0050#	6	
7	东莞 - 常平	K78 +520	0276#	3	
8	东莞 - 常平	K78 +958	0300#	2	
9	东莞 - 常平	K81 +050 - 150	0372# - 0376#	2	

续表 4

序号	区间	公里标	杆号	重复次数/次	备注
10	东莞－常平	K87＋780	0638#	4	
11	东莞－常平	K87＋820	0640#	3	
12	土塘－樟木头	K95＋770－850	S036#－S042#	2	
13	塘头厦－平湖	K124＋530－590	0937#－0941#	6	
14	平湖－深圳东	K128＋450－600	1111#－1115#	2	
15	平湖－深圳东	K130＋600	1193#	3	
16	平湖－深圳东	K131＋000－180	1209#－1215#	3	
17	平湖－深圳东	K133＋400－500	1305#－1309#	2	
18	平湖－深圳东	K136＋798－940	S461#－S469#	5	
19	平湖南编组	K131＋625	S106#	3	
	合计			63	

2.3　鸟害问题重点处所分析

2.3.1　利用2018年广深线2C检测数据，对鸟害问题重点搭建处所进行统计分析，发现5/6以上的鸟巢筑在硬横梁及其吊柱底座上，1/6的鸟巢筑在钢柱上，如表5、图4所示。

表5　2018年广深线鸟害重点处所

区段	鸟巢处所/处			合计	鸟害重灾点
	横梁吊柱底座	硬横梁上	钢柱上		
石牌－下元	3	0	0	3	
下元－仙村	20	1	0	21	K28＋500、K28＋950
仙村－东莞	9	9	0	18	K51＋550、K55＋900、0416#、0570#
东莞－常平	19	2	5	26	K81＋400、K78＋450、K75＋000
樟木头－平湖	4	4	3	11	K124＋500、0290#
平湖－深圳东	29	6	10	45	K131＋650、平湖南编组场1296#、1304#、平湖站0510#、0938#
深圳－笋岗	6	0	0	6	K138＋100、K141＋300
总计	90	22	18	130	

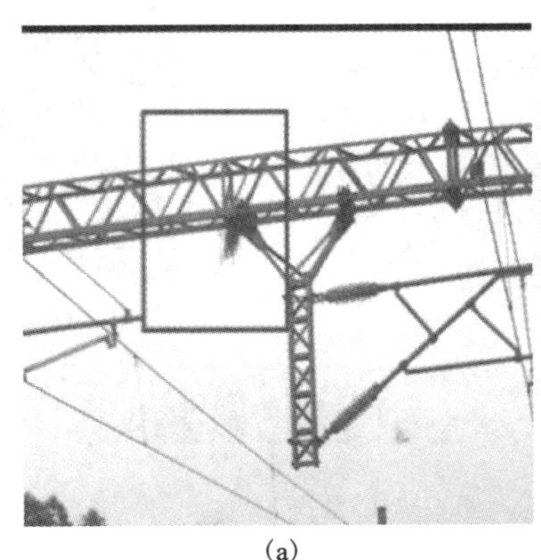
(a)

(b)

(c)

图4　广深线鸟害搭巢重点处所

2.3.2 结合2019年发生8件因鸟害引起的接触网跳闸事件进行分析，发现共有7件鸟害处所位于平腕臂正上方硬横梁上，且广深线格构式硬横梁距离下方定位平腕臂距离仅500～600 mm，因此鸟害引起接触网跳闸问题不断发生，如图5所示。

图5 广深线硬横梁距下方腕臂距离

3 防控措施

3.1 缩短2C检测分析周期

广深线每年3月份—9月份的2C检测周期由5天更改为3天，每天由广深线2个车间拍摄1条线路的2C检测数据，并由所拍摄车间安排人员分析检测数据，及时发现鸟害问题安排处理。如图6所示。

图6 2C拍摄数据分析鸟害

3.2 加大添乘检查确认力度

由广深线2个车间负责每天安排人员对广深4条线进行轮流交替添乘检查，对鸟害重点区段检查确认，借助“人防”排查鸟害问题。如图 7 所示。

3.3　发现鸟害立即安排处理

广深线鸟害问题遵循“不过夜”的原则安排天窗处理，特别是硬横梁、吊柱底座的鸟害问题，由所管辖车间负责申请当晚的临时天窗进行处理。

3.4　采取封堵措施防控鸟害

针对广线鸟害问题主要集中在硬横梁上的特点，经过探索，在格构式硬横梁内加装防鸟栅网，能够从客观上消除鸟类造窝筑巢的条件，是最合适广深线解决鸟害问题的办法。

3.4.1　防鸟网栅重点安装区段

对下元 - 仙村、仙村 - 东莞、东莞 - 常平、塘头厦 - 平湖、平湖 - 深圳东等鸟害重灾区段硬横梁上加装防鸟网栅，具体安装处所及数量，如表 6 所示。

图 7　添乘检查情况

表 6　广深线防鸟栅网

序号	区间	公里标	杆号	安装数量/处	备注
1	下元 - 仙村	K47 +400 - K48 +700	0672/S294# - 0722/S356#	24	
2	仙村 - 东莞	K55 +530 - K56 +230	0200/S164# - 0224/S202#	13	
3	仙村 - 东莞	K64 +800 - K64 +980	0564# - 0572#	10	桥支柱
4	东莞 - 常平	K77 +750 - K79 +550	0252/S096# - 0316/S175#	33	
5	东莞 - 常平	K80 +550 - K81 +930	0350/S209# - 0400/S282#	22	
6	东莞 - 常平	K87 +780 - K89 +550	0638/S544# - 0032/0037#	37	
7	塘头厦 - 平湖	K116 +930 - K119 +180	0519/S057# - 0653/S182#	68	
8	塘头厦 - 平湖	K122 +538 - K125 +750	0779/S308# - 0993/S006#	109	
9	平湖 - 深圳东	K128 +050 - K134 +050	1095/S148# - 1331/S323#	115	
	合计			431	

3.4.2　防鸟网栅安装标准及工艺

对硬横跨中间吊柱定位上方的格构式横梁采用 304#不锈钢丝网进行全面封堵如图 8 所示，横梁内胆不锈钢丝网安装长度为 5 m，按 6 个面封堵安装，对等径圆杆、格构式钢柱硬横梁内胆安装规格按不同规格进行规范，如图 9 所示。

图 8　防鸟网栅安装情况

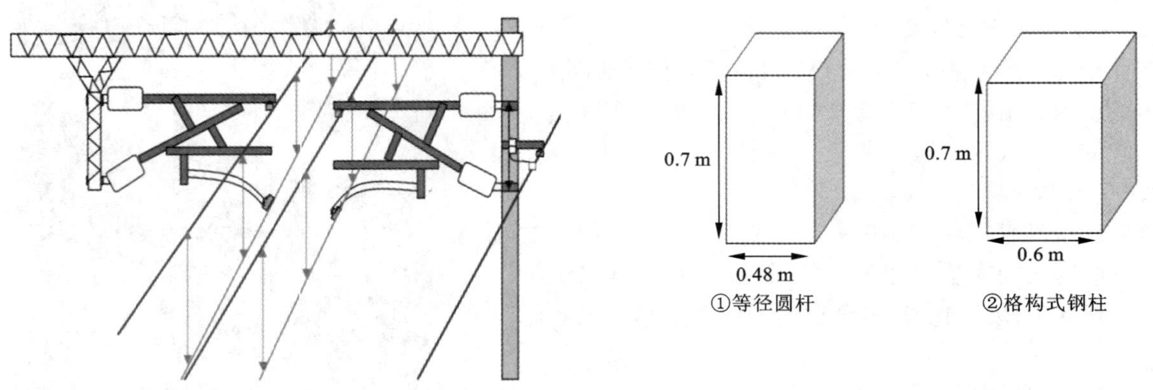

图 9 硬横梁防鸟网栅安装规格

4 结束语

通过广深线鸟害防控措施的探索，规范了防控鸟害措施，从 2019 年 7 月份—9 月份各防控措施执行的情况(其中已安装防鸟网栅 8 处)来看，广深线鸟害问题明显减少，相比 2018 年同期减少了 1/2 以上，鸟害问题得到了有效防控，确保了广深线接触网的安全稳定运行。

参考文献

[1] 中国铁路总公司运输局. 关于印发《接触网防鸟专题工作会议纪要》的通知(运供供电函〔2013〕193 号)[Z]. 北京：中国铁路总公司，2013.

作者简介

吴沛鸿，中国铁路广州局集团有限公司深圳供电段技术科，接触网技术员，助理工程师

基于接触网1C波形特征精确判定里程的方法

张东杰

摘　要：针对接触网1C检测波形在里程方面存在的固定误差，利用动检车通过关节式分相、锚段关节、定位点处所呈现出来的特殊波形特征与图纸进行对照，可以实现检测数据与现场设备的一一对应，确定缺陷的准确位置，从而提高处理效率。

0　引言

为保证接触网受电弓受流系统的安全可靠，国铁集团综合检测车周期性地对全国电气化线路进行检测。其中安装在检测车上的1C检测装置可实现弓网运行状态(包括弓网接触力、接触线导高、拉出值、硬点、离线、网压等)的实速检测。其检测波形可以直观地反映出各主要检测项目超限幅值的大小及缺陷分布状况。

1　1C波形应用中存在的问题

1.1　看不懂

对于波形缺陷资料，一线很多接触网工无从下手，不会应用，特别在缺陷里程查找方面，不理解波形曲线特征和现场接触网缺陷之间的匹配对应关系，在精确查找、根源分析、现场处理方面困难较大。

1.2　不适应

长期以来，一线多是对缺陷里程周围大约500 m距离的导高、拉出值进行静态测量，然后现场计算出调整量，再调整复测。应用中，该方法效率低，速度慢，不能直观判断出接触网动态状态下的问题，特别是遇到燃弧、硬点问题时，很难发现处理。

1.3　定位不准是主要困难

由于现场检调需要精确到第几根吊弦，而目前由于客观存在的误差，导致现场找不到精确缺陷位置的情况时有发生。

2　里程误差存在的原因

综合检测车是在动态运行条件下完成设备的状态检测，各检测系统的里程信息是获取机车上LKJ、GPS的信号信息，并利用轴头编码器的脉冲信号等方式实现定位点间的里程记距。实际应用中受到各种因素影响，如GPS信号不良、轮径测量误差、轮对打滑、长短链、现场和图纸公里标经多次修订后不一致等，这些误差是没有办法完全消除的，经统计，沪蓉线的1C误差一般在200 m范围内。

3　里程精确校准方法

经过总结经验，确定了里程校准的方法：将1C检测车通过直线区段、曲线区段、锚段关节、关节式分相时所呈现出来波形特征，与图纸进行对照后，进行公里标对应校准，即可实现定位点、吊弦的精确定位。下面为特殊波形的介绍。

3.1　直线区段波形特征(图1)

规律性的之字值，之字值范围：200～300 mm。

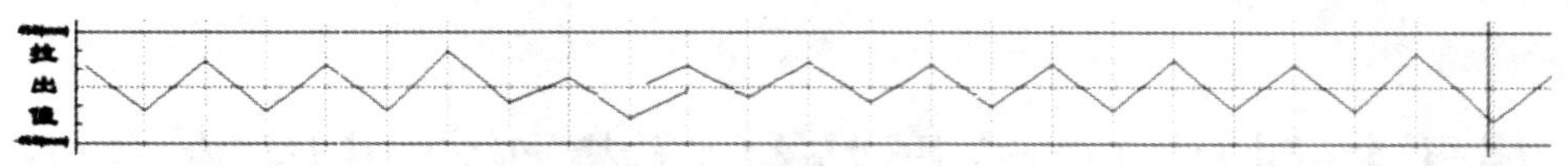

图 1　直线区段波形图

3.2　曲线区段波形特征(见图 2)

拉出值呈规律性的正向波浪弯，曲线半径越大，波浪线越趋向于直线。拉出值范围为：0 ~ 350 mm。

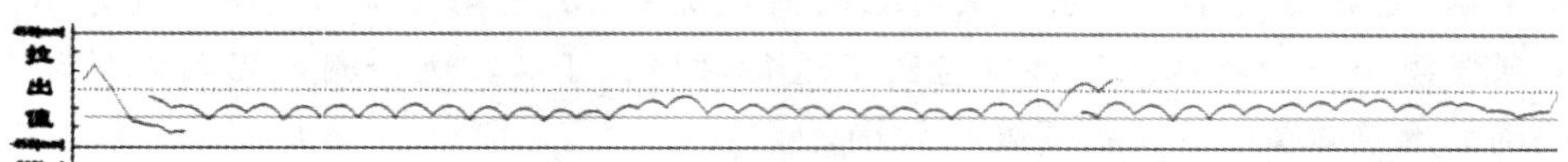

图 2　曲线区段波形图

3.3　定位点、吊弦特征(见图 3)

拉出值每一个折角为一处定位器线夹，相邻的两个折角之间为一跨。接触式测量导高曲线上每一个毛刺，表示一处吊弦线夹，每个点即为接触线动态导高值。

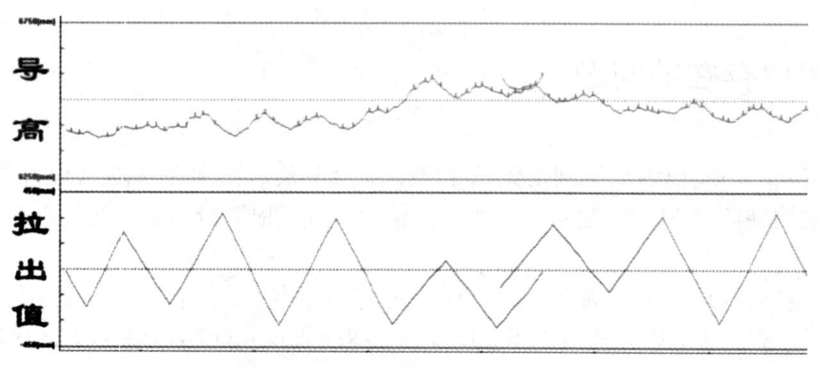

图 3　定位点、吊弦特征图

3.4　锚段关节波形特征(见图 4)

接触线有 2 支交叉树，在中心柱处接触线波形有 1 处平行断口，断口的距离就是中心柱处两支接触线的水平距离。

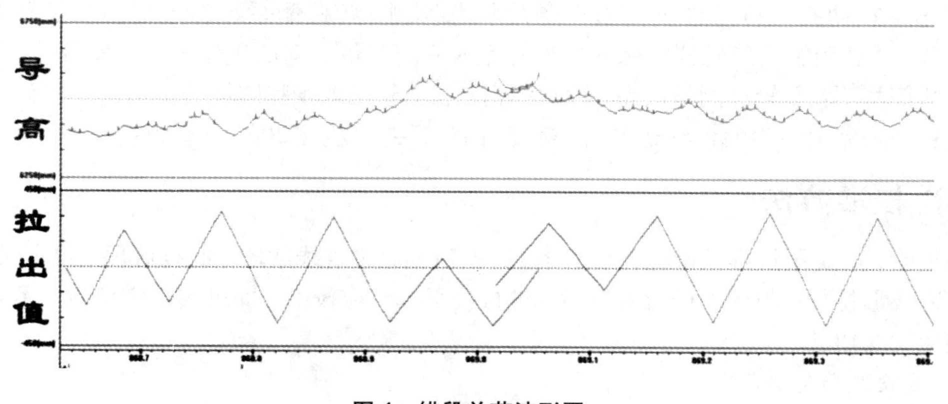

图 4　锚段关节波形图

3.5　关节式分相波形特征(见图 5)

接触网网压在分相中性区断崖式降为 0 V，接触线上有 2 个交叉树，且拉出值波形上有 2 个开口，开口的距离即为分相500 mm处等高处的水平距离，在分相断口处有燃弧。

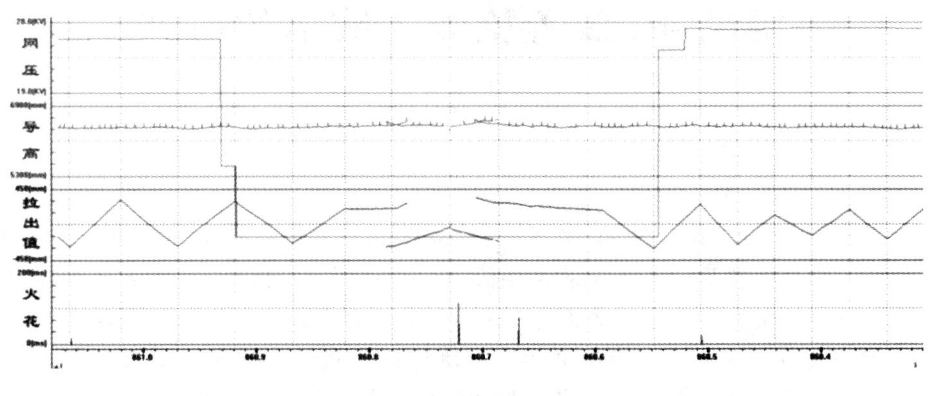

图4　分相波形图

4　精测精调步骤

步骤：波形图诊断—提出调整方案—现场确认—按调整方案进行调整—复测—填写整改记录。

调整前要调查的重点：按照调整方案，实际调整前要核对位置是否正确，确认接触悬挂两端张力是否达到额定值，棘轮是否处于良好工作状态，检测接触线导高及两侧定位点导高是否与波形图一致，吊弦是否具有调整余量，需要更换的吊弦长度是否足够，定位器底座是否具有影响受电弓动态包络线，定位器间隙是否符合规定；确认后方可进行调整。

5　实践中的经验得失

5.1　根据波形图来调整1C缺陷，可以精确到具体调整第几根吊弦，具有速度快、效率高、手到病除式的显著特点。

5.2　1C检测数据可以代替一年一次的静态测量，监控导高、拉出值、定位坡度的参数变化。

5.3　1C检测波形可以用来监控锚段、关节式分相的水平距离变化。

5.4　不可过度调整，应以满足验标即可，重检慎修。

5.5　在同一跨内，存在多点需要调整时，要先调整重要项目，后调整次要项目，从跨中向下锚方向调整。

5.6　前期要做足调查，特别是中锚、开关及避雷器引线、横向电连接线要特别注意，提前排除引线过紧导致的缺陷。

5.7　要注意定位器止钉间隙和定位器防风拉线对定位器活动范围的限制作用。

参考文献

[1] 赵刚，张鹏，徐贵红，等. 检测波形数据综合分析展示软件[J]. 铁路技术创新，2012，(1)：114－116.

[2] 赵刚，赵国堂，徐贵红，等. 轨道检测波形综合展示分析软件的开发与应用. 铁道建筑，2011，(7)：144－146.

[3] 铁总检测数据波形分析软件使用说明[Z]. 北京：铁道部基础设施检测中心.

作者简介

张东杰，中国铁路武汉局集团有限公司宜昌综合维修段供电技术科，6C检测专业主管，接触网技师

降低 4C 装置检测失败率的研究

廖盛登

摘　要：接触网悬挂状态检测监测装置(4C 装置)是指安装在接触网检测车或接触网作业车上的高清成像装置，对接触悬挂各部位进行高清成像拍摄，通过对4C 检测数据进行分析，可及时发现接触网零部件有无烧伤、缺失、断裂、松动及其他异常情况。4C 装置触发模块是车载4C 装置的一个重要部件，4C 装置能否有效拍摄定位处图片，取决于触发模块在定位处能否正常触发。4C 装置触发模块是通过实时向拍摄目标发射激光，当激光在设定范围内感应到拍摄目标时，触发装置向接触网悬挂检测装置的图像采集服务器发出触发指令，采集服务器收到指令后立即操控车顶上的相机和补光灯进行动作，此时采集完成。因而，需保证触发模块正常工作。

0　引言

广西地处低纬度地区，南濒热带海洋，北为南岭山地，西延云贵高原，境内河流纵横，地理环境比较复杂。在太阳辐射、大气环流和下垫面综合作用下，气候类型有以下特点：(1)气候类型多样，夏长冬短。从气候区划而论，广西北半部属中亚热带气候，南半部属南亚热带气候；从地形状况来看，桂北、桂西具有山地气候一般特征，“立体气候”较为明显，小气候生态环境多样化；而桂南又具有温暖湿润的海洋气候特色。广西冬短夏长，年均温为 16 ~ 23℃，以均温来衡量，北部夏季长达 4 ~ 5 个月，冬季仅两个月左右；南部从 5 月到 10 月均为夏季，冬季不到两个月，沿海地区几乎没有冬季。(2)广西年降雨量在 1000 ~ 2800 mm 之间，尤以防港市东兴区最多，达到 2822.7 mm，降雨量最少的是田阳县，在 1100 mm 左右，降雨量和热量资源分布大体上是由北向南增多。在 4 月—9 月降雨量占年降雨量的 75%，雨季时间为 6 个月。由于雨季时间较长，在安排检测车检测时极容易遇上雨雾天气，导致检测车触发装置受干扰，触发不起作用，无法正常采集数据。

1　6C 数据分析现状

根据《高速铁路接触网运行维修规则》(铁总运〔2015〕362 号)、《普速铁路接触网运行维修规则》(铁总运〔2017〕9 号)以及《南宁铁路局接触网检测车运用管理办法(试行)》的相关要求，南宁供电段每季度需要使用检测车车载接触网悬挂检测装置(4C)对柳南客专、南广线、黎湛线、南昆线、湘桂线、黎湛线、田靖线、南环线开展一次全面检测。

2　4C 检测失败的原因分析

检测车 4C 装置在雨雾天气中检测或检测到锚段关节、曲线、隧道时，触发模块出现误触发或者不触发的现象，主要原因一是雨雾的天气下检测时，触发模块的玻璃护罩上会有雨水或雾气形成，使得触发模块的激光经雨水或雾气折射，激光照射不到需拍摄的目标，导致检测过程中无法对定位处设备进行触发拍摄；二是在小半径曲线、锚段关节、线岔处触发装置激光感应到接触线或承力索，提前触发，导致定位处漏触发，严重影响 4C 检测作业的正常开展。

3　应对措施

3.1　雨水对 4C 装置触发装置激光产生干扰。

在下雨天气开展 4C 检测作业时，护罩玻璃表面会有雨水残留(见图 1)，且长时间吸附于玻璃表面，触发模块激光经过雨水时发生折射，导致触发模块误动作或无动作。广西年降雨量为 1000 ~ 2800 mm，主要集中在4月至9月，这也是4月至9月期间检测失败率较高的原因。

图1　护罩玻璃表面有水残留

经研究，护罩玻璃积水的原因主要是玻璃表面光滑度差、且水平安装，导致雨水容易吸附表面影响激光光束。通过将护罩玻璃田野侧垫高3°角安装，同时对玻璃表面进行防水、防油污镀膜处理，使玻璃表面水滴可迅速排落。

3.2　护罩内侧玻璃产生雾气，干扰激光。

广西地处低纬度地区，年均湿度为79%，且触发装置密封性不佳，内部无干燥剂，导致触发模块内有水气侵入，在温度较低的环境下检测时，水气在护罩玻璃内侧凝聚，形成水雾，影响触发模块的激光光束，导致触发模块检测时无动作。根据汽车前挡玻璃的加热片加热玻璃除雾的原理，我们对触发装置护罩模块的玻璃进行改造，增加加热片对护罩玻璃进行加热除雾(见图2)，同时在护罩内放置干燥剂，重新对玻璃进行密封防水处置，解决在低温环境下检测时护罩内侧玻璃产生雾气干扰激光光束的问题。

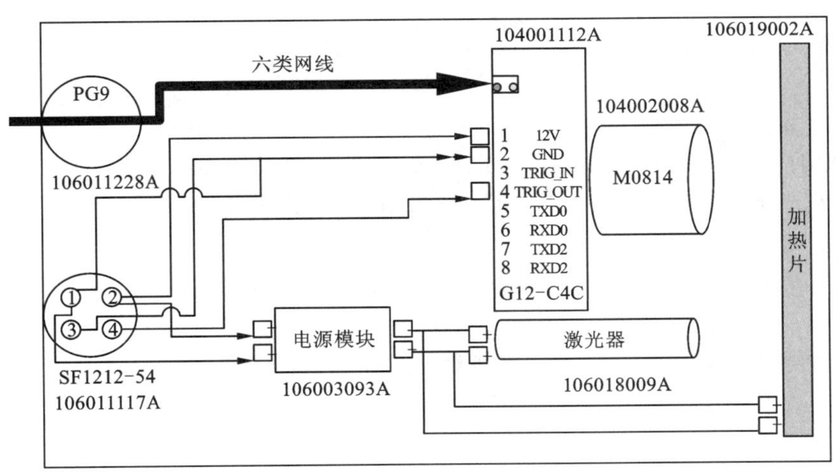

图2　护罩玻璃加热片设计图

3.3　触发装置感应到接触线误触发。

检测车经过小曲线半径、锚段关节、站场线岔时，触发装置感应到曲线的跨中接触线，锚段关节非支、站场侧线接触线，而导致4C装置提前在跨中处触发拍摄，漏拍定位处接触网设备(见图3)。经过对4C装置装置触发模块工作原理进行研究，主要是通过激光光束打到斜腕臂后，判断为定位点，此时发送信号到相机组触发拍摄，但由于激光光束是仅能判断一个点，极易受到其他线索的干扰而误判。对此，可将原来的单激光触发改成双激光触发，把触发点变成触发面，避免触发装置线索类的干扰。

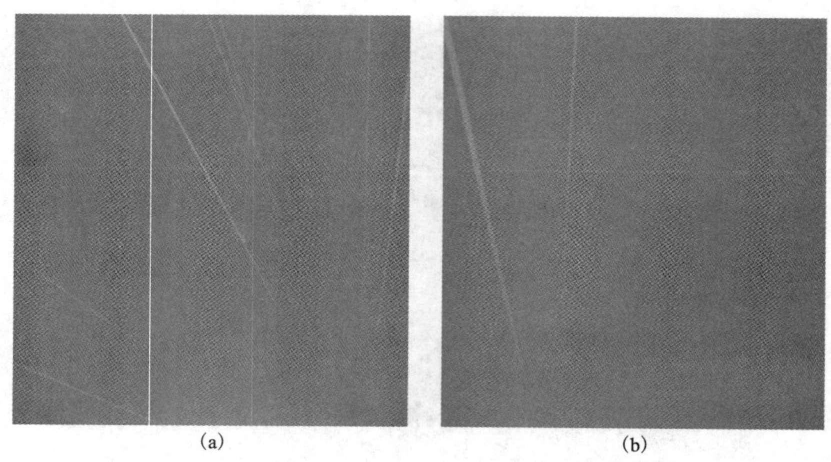

(a) (b)

图 3 锚段关节、曲线处触发图片

4 结束语

经过文中相应措施对 4C 装置触发模块玻璃防油、防水镀膜处理，同时将单触发模块改成双触发模块，解决了雨中、小半径曲线、锚段关节、线岔等因素影响的 4C 检测装置触发模块误动作而导致 4C 检测失败的问题。在改造过程中也发现，由于普铁检测车 4C 装置前期投入足，缺少跨中设备拍摄模块，跨中接触网设备拍摄存在盲区，不利于全覆盖检测接触网零部件。下一步也将对普铁检测车 4C 装置进行更新改造，增加跨中设备拍摄相机组以及吊弦(电连接)线夹感应触发模块，保证相机在吊弦、电连接等设备处正常拍摄，进一步提升 4C 装置的总体性能。

参考文献

[1] 王保国，周伟，金佰泉，等. 高速铁路供电安全检测监测系统(6C 系统)总体技术规范[S]. 北京：铁道部运输局供电部，2012.

[2] 张毅. 高速铁路供电运行状态检测系统设计研究[D]. 北京：北京化工大学，2009.

[3] 赵凯. 浅谈高速铁路接触网检测技术及应用[J]. 工程技术(建筑)，2017，5：377.

[4] 张玉坤，张彩香. 广西季风雨季的气候特征[J]. 广西气象，1991，(02)：22－24.

作者简介

廖盛登，中国铁路南宁局集团有限公司南宁供电段，助理程师

提升6C分析质量的探讨

张镇鸿

摘　要：6C系统主要包括：高速弓网综合检测装置(1C装置)、接触网安全巡检装置(2C装置)、车载接触网运行状态检测装置(3C装置)、接触网悬挂状态检测监测装置(4C装置)、受电弓滑板状态监测装置(5C装置)、接触网及供电设备地颀监测装置(6C装置)和6C系统综合数据处理中心。

0　引言

高速铁路的快速发展和对运营品质追求的不断提升，对铁路牵引供电系统供电设备的安全运行提出了更高的要求。高铁运营这些年来，供电设备也暴露出不少隐患。比如，高铁隧道内定位管支撑松脱、下锚补偿导杆松脱、终端锚固线夹销钉断裂等问题，都是由于长期高速运行、施工质量不达标、设备本体存在缺陷、运行环境复杂等原因引发的，严重影响高铁供电安全。6C系统的建设从2012年开始以来，相应的技术标准规范已陆续发布，各种6C装置在现场已有广泛应用，实现了对供电设备进行全方位、全覆盖、周期性的检测监测和实时在线检测监测，及时发现设备安全隐患，指导维修工作。通过6C数据综合分析，能够进行历史数据对比分析、趋势判断，及时发现隐性设备缺陷，有效保障供电设备安全运行。

1　6C数据分析现状

现阶段高速铁路供电安全检测监测系统(6C系统)检测监测数据主要是采用人工分析的方式，由于数据量庞大、劳动强度大，造成分析周期长，分析质量不高，不能及时分析发现一些较严重的设备缺陷及隐患，危及供电设备安全运行。经统计，2019年全年南宁供电段6C数据分析的总缺陷漏发现率高达8.3%，其中，一级缺陷漏分析率达2.1%，不利于保证供电设备安全运行。

2　6C数据分析质量不高原因分析

2.1　既有的分析方法不能满足现状

目前接触网安全巡检装置(2C装置)、车载接触网运行状态检测装置(3C装置)、接触网悬挂状态检测监测装置(4C装置)的检测数据分析方式主要是对所拍摄的图像进行全面顺序分析。对检测图像进行全面顺序分析的方式，一是数据量大，且无用数据也较多，影响分析人员分析速度和效率。二是无法分析趋向性、隐性缺陷。因此，分析方法不得当，是导致漏分析缺陷的一个主要原因。

2.2　分析人员业务水平不高，导致漏分析缺陷

由于分析人员大部分为变电专业转岗，对现场接触网设备不够熟悉，特别是对一些冷门设备和冷门安装的方式不熟悉，导致一些设备缺陷分析不到位，不能及时发现设备隐患。

2.3　分析激励机制不够完善

目前南宁供电对分析人员的激励机制只是对漏分析缺陷和发现重大设备隐患进行考核和奖励，没有从工作完成情况、工作效率、业务能力等各方面统筹考虑，导致各班组分析人员工作积极性不高，业务学习主动性不强，因而，分析激励机制不够完善也是导致漏分析缺陷的一个重要原因。

3　提高6C数据分析质量措施

3.1　优化6C数据分析模式

3.1.1　2C、3C数据分析实行“模块化分析”(见图1、图2)。按照悬挂、下锚补偿、隔离开关、外部环境等不同部位进行模块化分析。避免将分析时间耗费在无用图像中，集中对关键处所(有效数据)进行分

析，提高分析效率和质量。

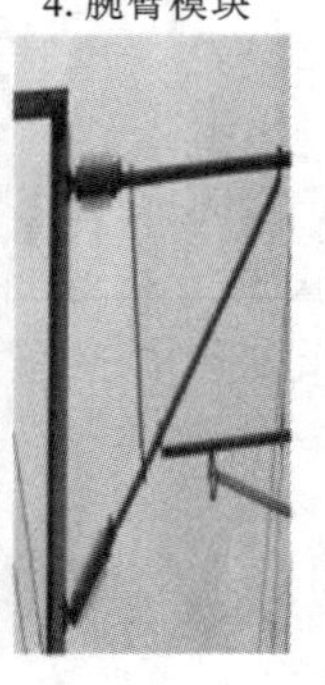

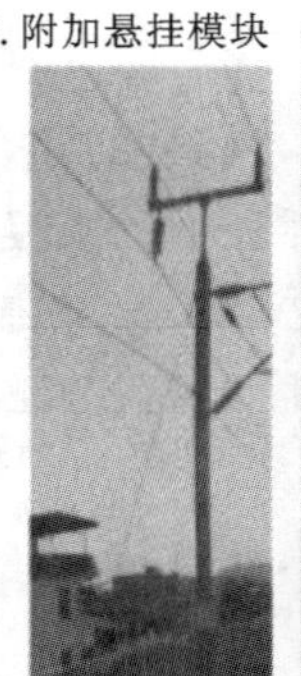
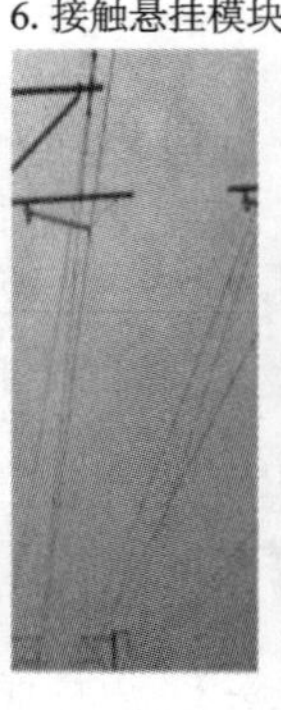

图 1　2C 模块化分析示意图

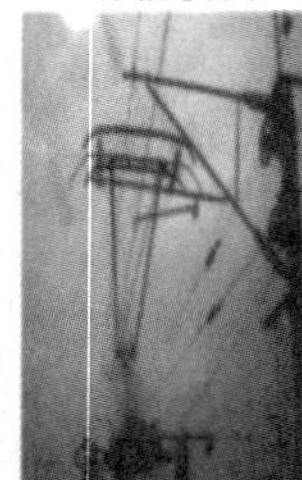

(a)

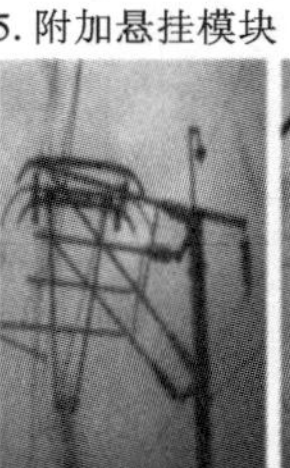
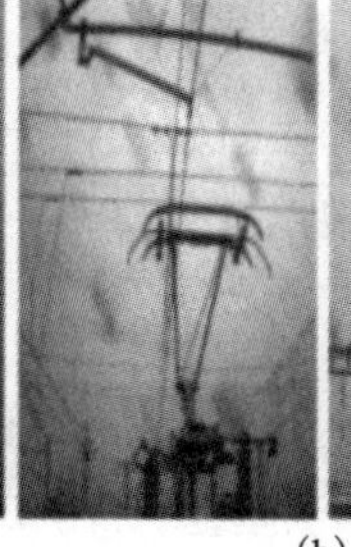
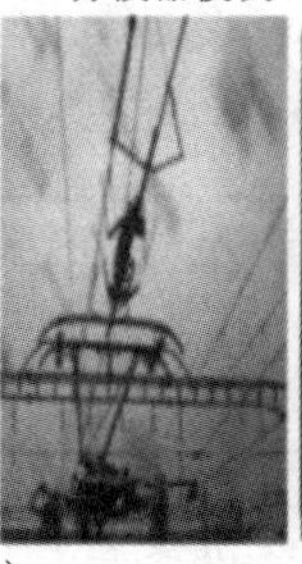

(b)

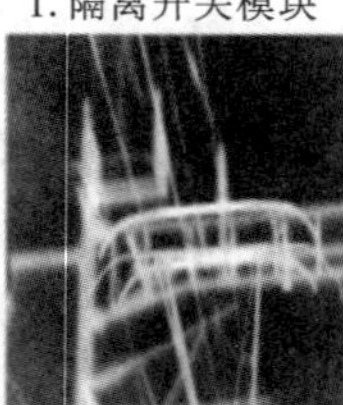
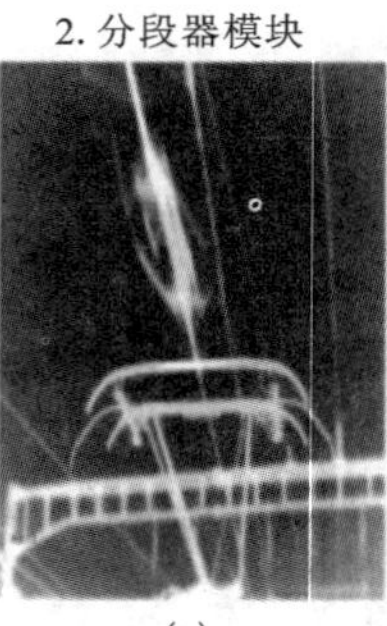
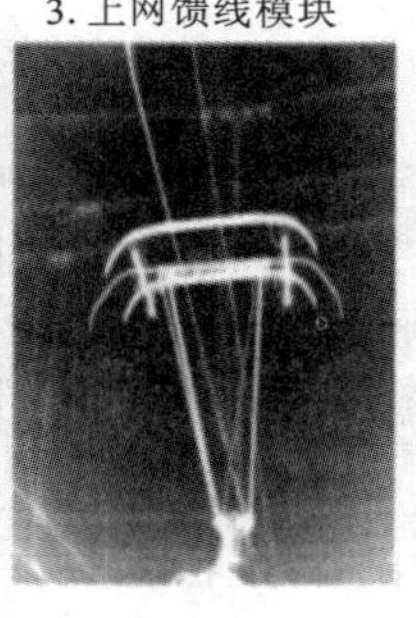

(c)

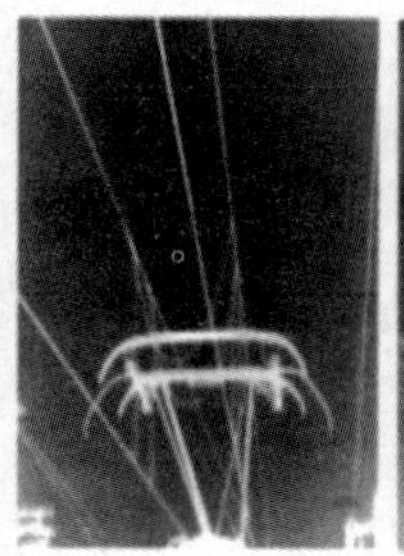

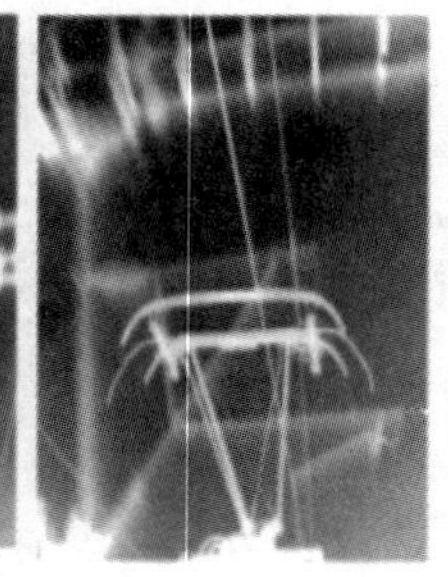

(d)

图 2　3C 模块化分析示意图

3.1.2　4C 图像进行“项点”分析(见图 3)。按照高、普铁设备差异，制定了 4C 分析项目图册，逐项进行分析，保证每个项点设备分析到位。

3.1.3　数据综合分析。一是历史对比分析，分析人员通过对数据进行历史比对分析，发现设备变化趋势，及时发现设备缺陷，避免缺陷进一步升级，扩大形成故障。二是数据综合分析。分析人员结合 1C、2C、3C 以及 4C 数据进行分析，研判设备产生参数类、图像类缺陷变化的形成原因，提升数据诊断精准度以及利用率，及时发现隐性设备缺陷。

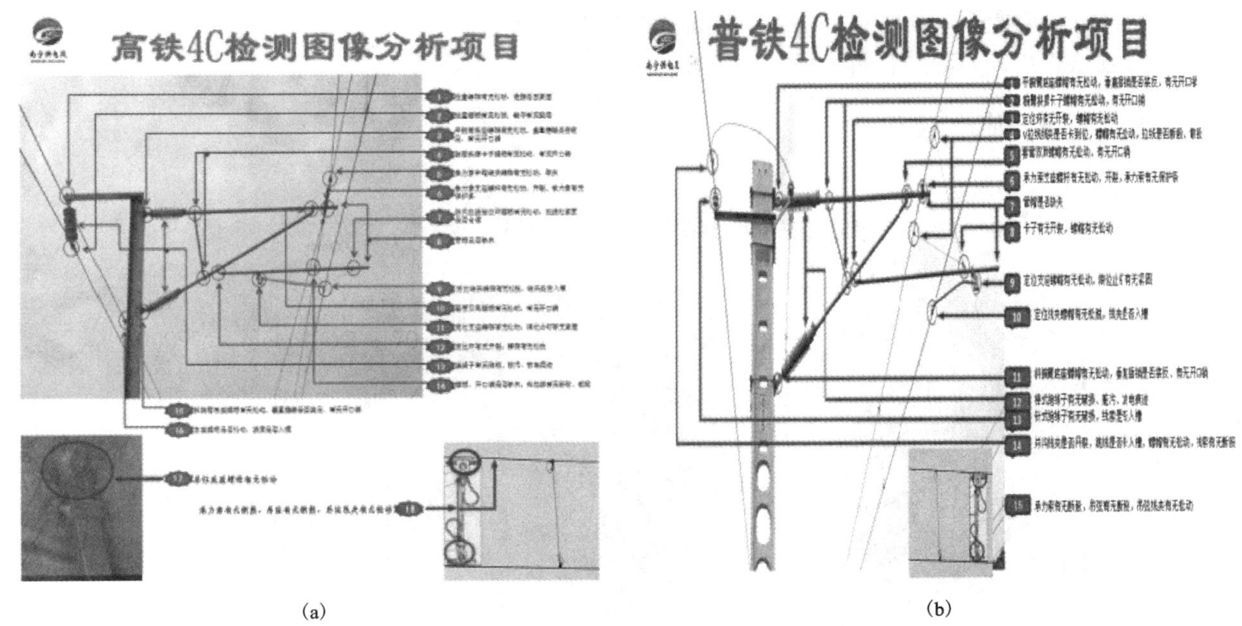

图3　4C“项点”分析示意图

3.2　优化人员培训模式

对既有的职教培训模式结合目前6C分析现状进行优化。一是对新职员，采取跟班学习的方式(见图4)，结合检测任务进行现场教学，加深对设备的了解程度。二是通过问卷调查的方式调查所有人员的业务薄弱项点和培训需求，根据每个人不同需求，有针对性地制定个人下月的培训内容，坚持“干什么学什么、缺什么补什么”的原则，坚持教育培训常态化，不断提升6C检测分析人员的综合业务水平。三是开展“六个一”，建立岗位练兵台，互学互助，联合厂家进行设备培训，营造一个崇尚学习的良好氛围，全面提升检测人员操作设备以及处置设备故障的能力。

图4　接触网现场作业跟班学习

3.3　完善6C激励机制

为进一步提升检测分析人员工作积极性，南宁供电段制定建立星级评选、分析抽查制度，定期开展“千图无差错”竞赛。结合段工效挂钩办法施行，对分析员的分析数量、质量进行合理的量化，每月对所有分析人员的分析情况进行评比公示，分为三星(优秀)、两星(良好)、一星(差)三个评比等级，并根据评比情况进行奖罚，对发现的重大缺陷给予奖励，在段立功台和曝光台上公示，并在每月工效挂钩中体现，提高检测分析人员竞争意识和工作积极性。

4　措施实施案例及效果

4.1　措施实施案例

(1)能过4C数据历史比对分析发现柳南客专腕臂底座螺母松动(见图5)。

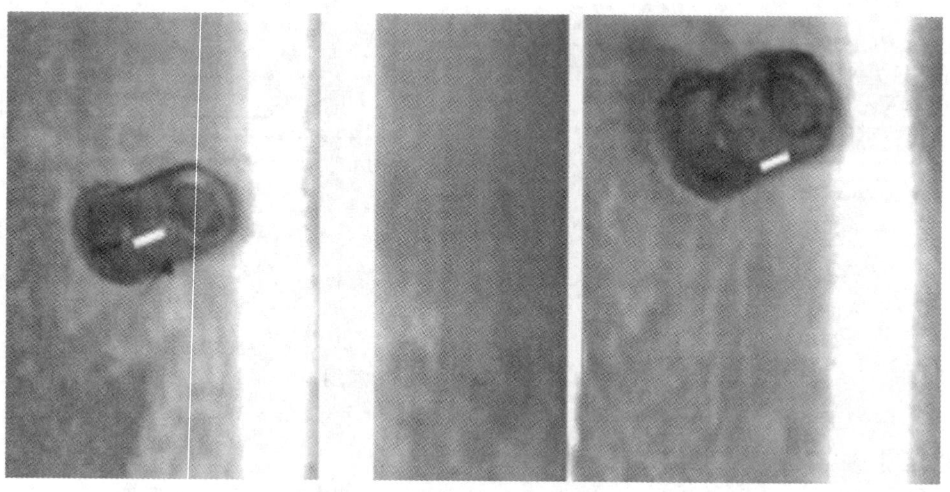

图5　4C数据历史对比分析

(2)通过2C数据历史对比分析发现黎湛线补偿装置b值变小(见图6)。

(a)

(b)

图6　2C数据历史对比分析

(3)2019年8月10日铁总CRH2C－2068综合检测列车对柳南客专上行检测发现K184＋864处最大接触力312 N，属于一级超限(≥250 N)，通过波形图历史对比分析、核对图纸、2C与3C视频关联分析最终确认缺陷是由于中锚绳驰度小(见图7)。

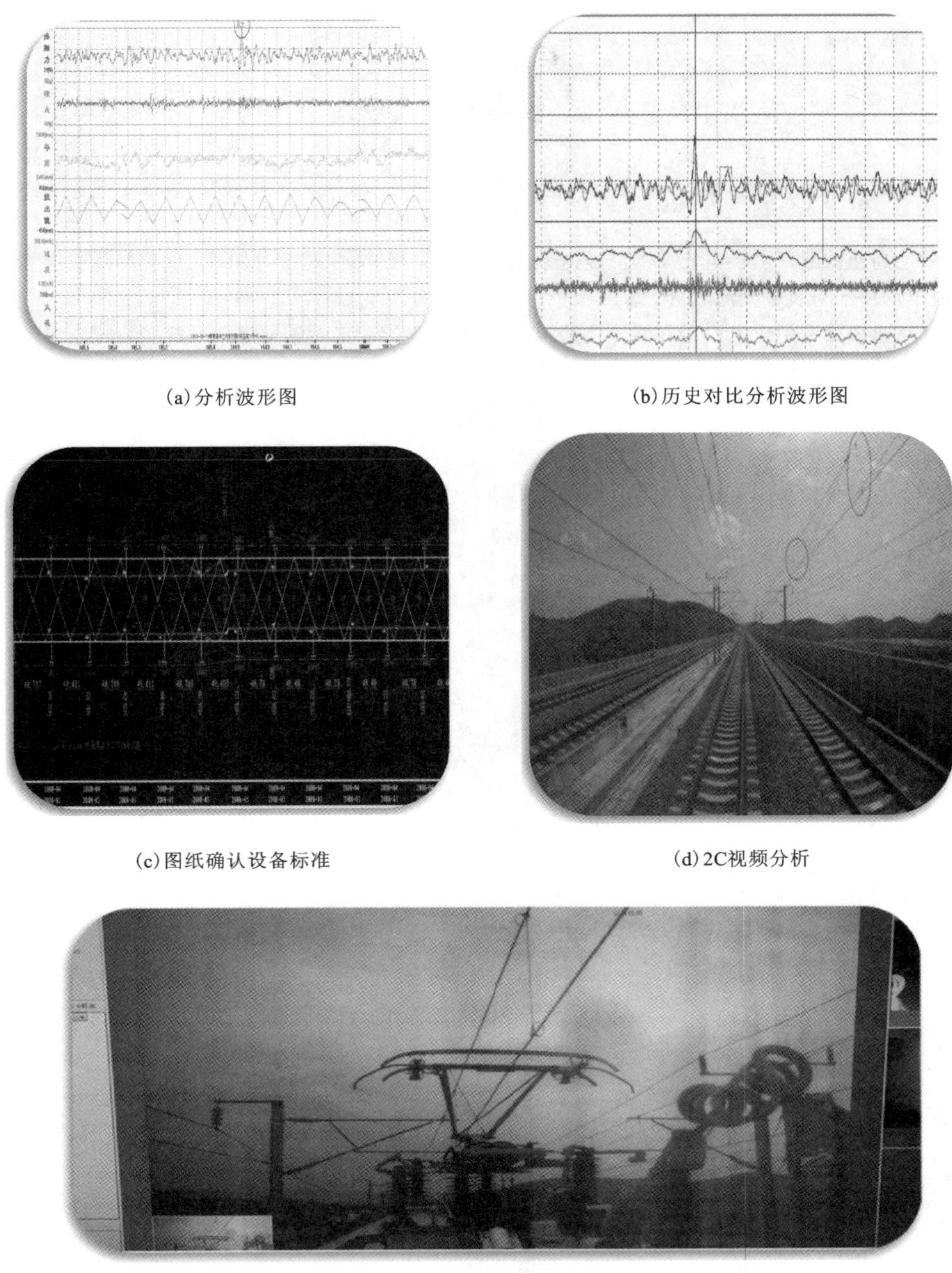

(a)分析波形图　(b)历史对比分析波形图

(c)图纸确认设备标准　(d)2C视频分析

(e)3C视频分析

图7　对比分析图

4.2　实施效果

通过对比2018年分析缺陷总数和2019年的缺陷分析总数，缺陷分析发现率提升了37.26%。其中2018年发现一级缺陷71处，获得集团公司嘉奖2次；2019年分析发现一级缺陷145处，获得集团嘉奖10次。

5　结束语

通过论文中措施的制定和实施，极大提升数据分析质量，分析人员的业务水平也有了大幅度的提升。但受制于目前6C数据分析工作任务比较饱和，无法增加分析人员到接触网作业现场跟班学习频次，导致分析人员对现场设备的熟悉度不高，一些冷门设备的缺陷认知不足，在日常分析中仍然存在漏分析的现象。后续继续对人员培训方案进一步优化，将短期跟班变更为长期轮流跟班学习的方式，确保各分析人员充分熟悉现场设备，提升缺陷分析敏感度。同时实行末尾淘汰制，进一步强化分析人员的紧迫感和对业务学习的主动性。

参考文献

[1] 王保国，周伟，金佰泉，等.高速铁路供电安全检测监测系统(6C 系统)总体技术规范[S].北京：铁道部运输局供电部，2012.

[2] 祁柳生，吴云锋. 高速铁路牵引供电安全检测监测系统(6C 系统)的应用与管理[C]. 世界轨道交通发展研究会年会暨 2014 中国轨道车辆技术与装备交流大会，2014.

[3] 张刚，李志慧. 高速铁路牵引供电设备在线监测系统分析[J]. 天津理工大学学报，2005，21(6)：55 - 57.

作者简介

张镇鸿，中国铁路南宁局集团有限公司南宁供电段，助理程师

基于分布式行波测距技术的铁路接触网故障诊断研究

杨国栋　刘白剑　张斌　高朝晖

摘　要： 接触网供电距离长，对于存在电缆－架空混架及多分支情况，传统定位技术难以实现精确定位。介绍了分布式行波测距技术系统构成、监测终端组成及功能以及故障精确定位原理。提出了基于行波波形相似性的波头达到时间差计算方法，并以实际故障案例分析了故障诊断实施过程。研究与应用结果表明，当两行波波形相关系数大于0.85时，计算结果具有较高的定位精度，且计算方法简单，不受偶然干扰的影响。

0　引言

近年来，中国的高速铁路建设得到了蓬勃的发展，铁路电气化程度与规模逐年上升，解决接触网故障定位问题对于铁路安全运行具有重要影响。现有的接触网故障定位技术多数是阻抗法，该方法容易受过渡电阻大小、系统运行情况影响，导致定位精度较差。传统的站内行波测距不受过渡电阻的影响，但在线路混架及存在分支时，难以精确定位。

结合站内行波定位技术的优点，本文提出了一种分布式行波测距技术，该技术通过分布式安装监测终端，将复杂线路分解为简单线路，将混架线路分解为纯架空或纯电缆线路，解决了故障行波在混架线路或多分支线路上复杂折反射过程而导致波头识别困难的问题，理论上适用于任意结构的供电线路。另一方面，由于监测终端分布式配置，可以实时校核线路长度以及波速，消除了波速不确定性以及线路参数错误导致的定位失效问题，相对于传统的站内行波测距法在适用性和定位精度上实现了显著的提升。

本文介绍了分布式行波测距系统的组成架构及基本工作原理，并对监测终端的结构及功能进行了分析。然后介绍了分布式行波测距系统定位原理，并以一次实际的故障案例为例，说明了分布式行波定位技术实施过程，案例表明，该技术可实现接触网故障的精确定位。

1　分布式行波测距系统原理

1.1　系统构架

分布式行波测距系统组成部分如图1所示，主要包含每隔一定距离分布式安装于接触网导线上的在线监测终端、后台中心主站以及客户端。其中客户端主要有PC、手机、平板电脑等几种形式，可以接收中心站推送的诊断结果，也可以直接通过网络访问中心站的数据。监测终端安装于接触网高压导线上，实时采集工频电流以及行波电流。一旦发生故障，监测终端采集并存储故障时刻及故障前后一段时间的工频、行波数据，并在监测终端内通过简易边缘算法剔除无效数据，然后通过4G或GPRS形式将采集数据上传到中心站。中心站融合各监测终端汇集的数据，实时计算各行波特征参量信息，并融合线路基础信息、监测终端台账信息，计算出故障点所处位置，并将计算结果进行保存。根据运维需要，中心站可实时推送诊断结果至客户端。

1.2　监测终端

监测终端直接安装于接触网高压导线上，其主要组成部分包括信号提取模块、高速采集与处理模块、电源模块、无线通信模块和GPS授时模块等，其结构框图如图2所示。

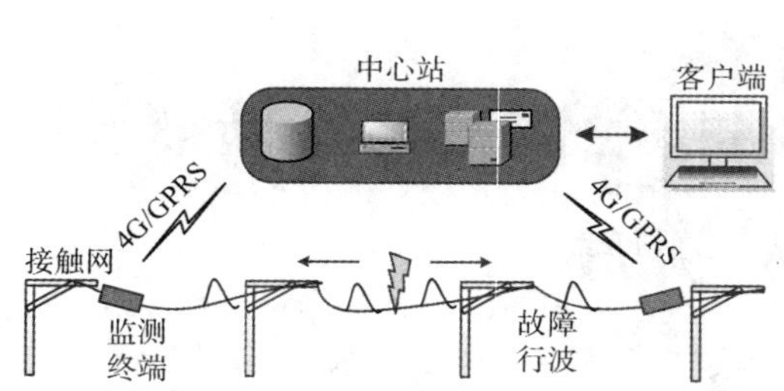

图 1　分布式故障定位系统结构框图

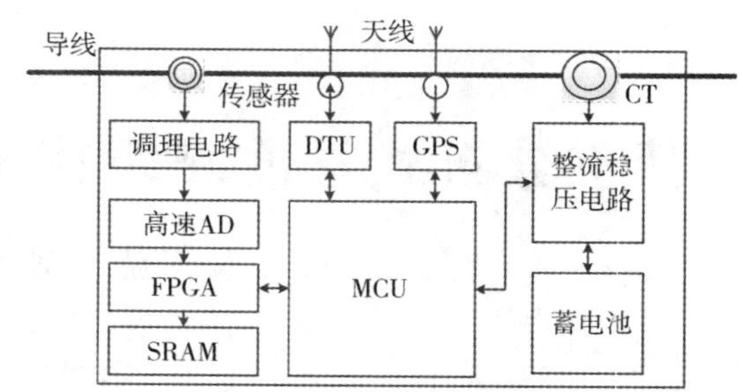

图 2　分布式故障监测终端组成示意图

供电模块包括耦合取电 CT、整流稳压电路以及大容量锂电池。CT 通过磁场耦合方式，从导线上感应取电，且输出功率与运行电流大小呈正相关。当线路负荷电流较大时，CT 输出一方面满足监测终端用电需要，另一方面给锂电池充电。当线路负荷不足时，取电 CT 和后备锂电池同时为监测终端供电。该供电方式可以满足负荷波动较大场合，可以实现长期稳定的供电。

本文所述监测终端采用的电流传感器为罗氏线圈传感器，其具有带宽高、线性度好等优势，可消除传统互感器对于高频信号响应不佳的问题。传感器输出信号经滤波、放大后进入高速采集与处理部分，通过高速 FPGA 实现信号的采集与处理。

无线通信单元负责通信与数据发送，一旦发生故障，监测终端立即将数据通过无线方式发送到中心站。GPS 模块主要用于授时，标记每个采集数据的精确时间。

考虑到监测终端运行于野外环境，其外壳采用双层屏蔽设计，具有较好的防雨防尘效果。外壳材质选用高强度铝合金，且表面进行了氧化处理。考虑到电磁屏蔽要求，运行时将采集板接地端、装置外壳以及高压导线等电位连接。

2　故障定位过程

2.1　故障区间判断

监测终端分布式安装，可以将复杂多分支线路分解成简单的单回线，以最常见的双端安装有监测终端的线路为例来说明，安装示意图如图 3 所示。

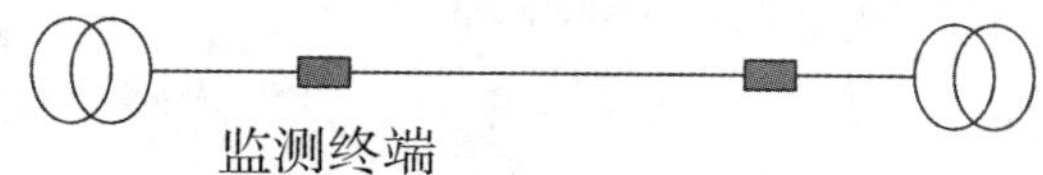

图 3　单回线两端配置监测终端的示意图

故障所在区间判断原则如下：

(1)若两监测终端故障时刻工频电流显著增大且极性相反，或其中一终端故障工频电流显著增大，而另一终端无明显故障特征，那么故障点必位于两监测终端之间；

(2)两监测终端故障时刻工频电流显著增大且极性相同，或两终端故障时刻工频电流未呈增大趋势，则故障点必位于两监测终端区段之外。

2.2　行波精确定位

行波定位的准确度主要与行波波头提取有关，波头时间提取越准确，越能反应行波到达的精确时刻。本文所述分布式行波测距技术主要采用两种波头提取方法，一是相关系数法求行波到达时间差，二是小波模极大值法。

1)相关系数法求行波到达时间差

假定两组行波数组序列分别为 X，Y，根据相关系数定义，有：

$$r_{xy} = \left| \frac{E(X \cdot Y) - E(X)E(Y)}{\sqrt{E(X) - E^2(X)}\sqrt{E(Y) - E^2(Y)}} \right| \tag{1}$$

式中，$E(X)$表示数组 X 的期望值。r_{xy}为数组 X 和 Y 之间的相关系数，$0 \leqslant r_{xy} \leqslant 1$。$r_{xy}$越大，表明序列 X 和 Y 关联性越大，即行波波形特征相似度越高。

由于输电线路各点行波波过程传输时间差异，导致不同点行波到达时刻不同，不能直接通过式(1)直接求解两行波序列的关联性，需要对其中一序列依次循环移位，每移位一次计算移位后的序列与未移位序列的关联性，直至循环移位完毕，两序列的相关系数为求解的一系列相关系数中最大的相关系数。求取最大相关系数后，根据移位点数，并结合终端采样率参数，可以精确的计算出两组行波波头的时间差。这种方法对于两组行波波形特征较相似的时候具有很高的计算精度，且不受波形中偶然尖刺干扰的影响，根据工程运行经验，一般要求 $r_{xy} > 0.85$。

2)小波模极大值法找波头

小波变换可以局部化地分析信号的时频特征，对行波这种非平稳变化的信号处理尤为适用。二进小波变换是一种常见的小波变换方法，当采用这种方法时，尺度参数是2 的指数，频带则以2 的指数倍降低，可以将信号进行无重叠的全频段分解，每个尺度下的变换结构就是原信号相应频带的分量。

小波模极大值反应了信号的奇异点所在位置，可以用来提取行波波头达到时刻，该方法在文献[3]已有详细描述，本文不再赘述。

利用小波模极大值计算波头时刻时，当信号存在偶然干扰时，在干扰处易形成奇异点，造成定位失效。本文所介绍分布式行波测距技术综合了上述两种方法优缺点，当满足方法一时，采用方法一，反之则采用方法二。

3　故障诊断案例与分析

柳南客专来宾北馈线分布式监测终端终端配置示意图如图 4 所示：

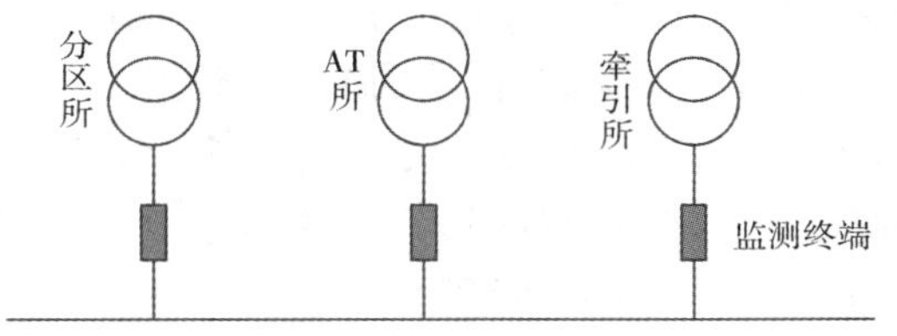

图 4　来宾北 211 馈线监测终端配置示意图

2019 年 6 月 16 日 20:12:09 柳南客专来宾北 211 馈线发生故障跳闸，故障时刻线路工频电流发生突变，分布式行波监测终端工频检测通道与行波检测通道几乎同时达到触发条件，并对工频电流及行波电流进行了监测。不同监测点工频电流波形如图 5 所示，故障时刻行波电流波形如图 6 所示。

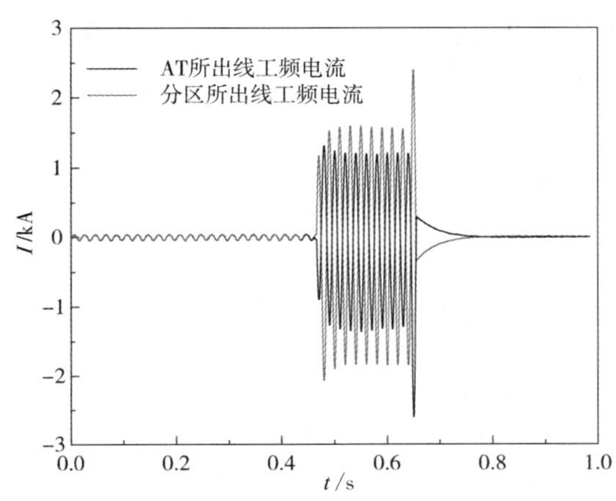

图 5　不同监测点故障工频电流对比

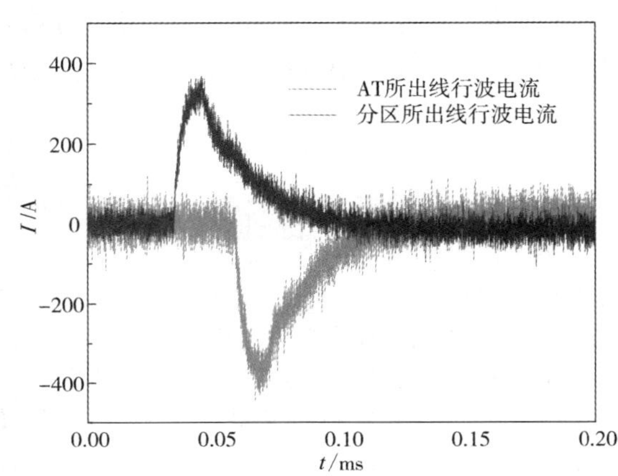

图 6　不同监测点故障时刻行波电流对比

图5中，0～0.45 s为线路正常运行电流，两监测点监测的电流大小相当，极性相同；0.45 s为故障时刻，0.45～0.65 s为故障持续时间，此时两监测点电流极性相反，以此可以判定故障位于两监测终端之间；0.65 s时，系统分闸。

图6中，由于线路较长，线路两侧参数对故障主波部分特征无影响，因此两行波形态上具有一定的相似性，根据式(1)相关系数计算方法，以其中一波形为基准，另一波形循环移位并依次计算相关系数，相关系数与平移点数关系对比如图7所示。

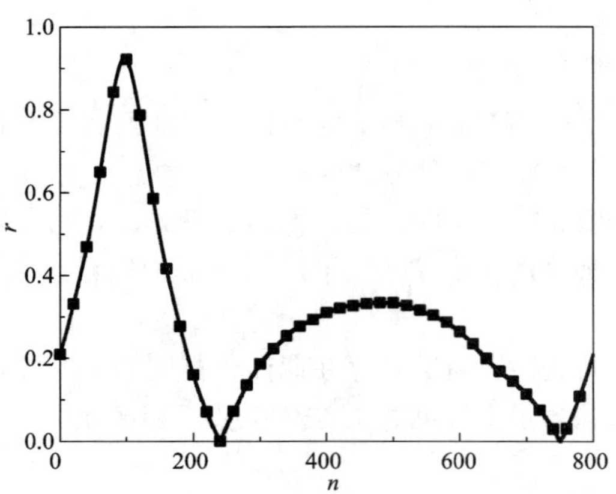

图7 相关系数与平移点数的关系

AT所出线行波电流右移108点后相关系数达到最大值，最大值为0.928。监测终端采样率为4 M，因此两波形之间波头时间差为108/4 = 27 μs，即故障点电流行波从故障点传到AT所与传到分区所时间差为27 μs，根据双端行波定位原理可判断故障点距离分区所设备安装点为10.74 km，故障公里标为K51 +466(既有变电所内故障指示系统指示公里标为K50 +916)，故障杆塔为凤凰－来宾187#。

经天窗点现场排查，查找故障点，确定本次跳闸原因为接触网F线被雷击所致，故障杆塔为凤凰～来宾北189#，故障公里标为K51 +516，造成接触网跳闸。

现场巡视结果与本系统故障点定位位置一致，误差在一根支柱(50 m)以内，相比既有故测误差(600 m)，精度明显要高。

4 结束语

本文介绍了分布式行波测距系统的构成、监测终端各模块组成与功能，分析了故障定位实施过程。提出了基于工频电流的区间判断方法，以及基于波形相关系数的波头时间差计算方法，并以实际故障案例进行了详细说明。研究及工程应用效果表明，分布式行波测距技术可以实现接触网故障的精确定位，对接触网故障的快速排查起到很好的指导作用，极大地压缩故障影响时间，对维护铁路运输秩序具有重大意义。

参考文献

[1] 徐善琛，张建文，王刚，等．基于波速度归一方法的电缆架空线路双端行波测距研究[C]．杭州：第十八届全国煤矿自动化学术年会中国煤炭学会自动化专业委员学术会议，2008：45－48.

[2] 和敬涵，季英业．小电流接地系统单相接地故障测距方法的研究[J]．华北电力技术，2004，(1)：1－3.

[3] 杨晓丽，舒勤．基于单－双端行波测距原理的配网多端故障定位[J]．电力系统及其自动化学报，2018，30(4)：91－96.

[4] 黄雄，王志华，尹项根．等高压输电线路行波测距的行波波速确定方法[J]．电网技术，2004，28(19)：34－37.

[5] 邓丰，李欣然，曾祥君．基于全波形信息的混联线路单端行波定位方法[J]．电工技术学报，2018，33(15)：3471－3485.

[6] 邓丰，李欣然，曾祥君，等．基于波形唯一和时－频特征匹配的单端行波保护和故障定位方法[J]．中国电机工程学报，2018，38(5)：1475－1487.

[7] 蔡玉梅，何正友，王志兵，等. 行波法在 10 kV 铁路自闭/贯通线故障测距中的应用[J]. 电网技术，2005，29(1)：15－19.
[8] 宁一，王大志，江雪晨，等. 基于 Park 变换的配电网多端行波故障定位方法[J]. 东北大学学报(自然科学版)，2017，38(2)：163－167.
[9] 程孟晗，褚宁，梁睿，等. 基于多模量行波分量相位关系的输电线路单相接地故障定位[J]. 电力自动化设备，2018，38(10)：172－177.
[10] 刘永浩，蔡泽祥，徐敏，等. 基于波速优化与模量传输时间差的直流线路单端行波测距新算法[J]. 电力自动化设备，2012，32(10)：72－76.
[11] 路宏敏，赵永久，朱满座. 电磁场与电磁波基础：第 2 版[M]. 北京：科学出版社，2012.
[12] 叶宽，张祎果，刘亚东，等. 输电线路实际运行状态对行波波速的影响[J]. 电气应用，2013，32(S2)：423－429.

作者简介

杨国栋，中国铁路南宁局集团有限公司柳州供电段，工程师
刘白剑，中国铁路南宁局集团有限公司柳州供电段，助理工程师
张斌，中国铁路南宁局集团有限公司柳州供电段，工程师
高朝晖，武汉三相瑞威科技有限公司

接触网4C系统数据人工分析时缺陷误判的研究

罗丞君　汪德耀　苏光霖　贲能成

摘　要：通过对目前接触网悬挂状态检测监测装置(以下简称4C系统)检测数据分析存在的缺陷误判的问题进行分析，结合4C检测和4C分析的实际情况，查找缺陷误判产生的要因，制定针对性整改措施，降低4C人工分析时缺陷误判率，确保缺陷判别定位精确，指导接触网检修，保障接触网设备的安全。

0　引言

随着高速铁路运营里程的高速增长和供电专业修程修制改革全面深化，接触网检测发挥的作用日益凸显。4C系统检测已从前期的辅助发现缺陷手段变成现在的主要发现缺陷手段，成为接触网运检维体系中的重要部分。但目前制约4C系统发挥作用的主要瓶颈，是4C人工分析发现缺陷的准确率不高，造成运行工区天窗点处置缺陷的效率低下，耽误重要缺陷处置进度，影响到接触网设备的安全。

影响4C人工分析发现缺陷准确率有两种情况，一种是4C分析时遗漏缺陷，即缺陷未被分析出来，一种是4C分析时误判缺陷，即分析出的缺陷不是真实存在的。对应这两种情况就有4C分析遗漏率和4C分析误判率这两个参数指标去评价4C分析准确率的情况。

本文重点对接触网4C系统数据人工分析时缺陷误判的情况进行研究。

1　4C误判率统计方法及数据分析

1.1　4C误判率统计方法

误判率统计方法为某个时段4C发现缺陷总量中，统计现场复核无异常缺陷在现场已复核缺陷中的数量占比。当4C缺陷整治率越高，统计出的4C误判率越接近实际误判率，当4C缺陷整治率大于75%时，可认为统计出的4C误判率约等于实际分析的误判率。

1.2　柳州供电段2018年4C误判率数据分析

在2019年年初按照4C误判率统计方法对柳州供电段2018年4C误判率进行统计，结果如表1所示。

表1　2018年全年4C分析缺陷误判率统计表

年份	分析发现4C缺陷总数/件	已整改4C缺陷数/件	确认无异常4C缺陷数/件	4C整改率/%	4C误判率/%
2018	6172	4924	1533	79.78	31.13

由表1可见，2018年柳州供电段全年4C误判率保持在较高水平，平均误判率高达31.13%。

2　4C缺陷误判产生各环节统计分析

对4C缺陷误判的情况进行研究，主要就是研究4C缺陷的整个“生命周期”中各环节存在的问题。

2.1　4C缺陷的“生命周期”

4C缺陷的整个“生命周期”存在4C检测、4C分析、缺陷流转、缺陷处置、缺陷销号共5个环节，具体如图1、表2所示。

图 1　4C 缺陷“生命周期”各环节流程图

表 2　4C 缺陷“生命周期”各环节说明表

顺号	环节	说明
1	4C 检测	4C 检测车执行检测任务生成检测数据
2	4C 判定	通过对检测数据的多次分析发现并判定 4C 缺陷。全面分析、重点分析、交叉分析、抽查分析以及缺陷审核虽然是 4C 判定的不同形式，但判定方式是一致的，可统一归类到 4C 判定环节
3	缺陷流转	分析发现的缺陷汇总录入 6C 数据中心，通过 6C 数据中心流转至运行工区
4	缺陷处置	运行工区通过 6C 数据中心查看并打印需处置的缺陷并在天窗时间内对缺陷进行复核及整治
5	缺陷销号	运行工区在天窗结束后根据天窗处置缺陷情况在 6C 数据中心中销号缺陷

2.2　4C 缺陷各环节误判占比统计

对 2018 年柳州供电段 1533 处 4C 误判缺陷，结合现场整改图片及历史 4C 数据进行了详细的调查、统计和分析，制作出原因调查表如表 3 所示。

表 3　2018 年全年 4C 误判缺陷分层统计表

编号	环节	频数/组	累计频数/组	频率	累计频率
A	4C 检测	856	856	55.84%	55.84%
B	4C 判定	454	1310	29.62%	85.45%
C	缺陷流转	131	1441	8.55%	94.00%
D	缺陷处置	64	1505	4.17%	98.17%
E	缺陷销号	28	1533	1.83%	100.00%

2.3　4C 缺陷各环节误判占比分析

从表 3 中可以看出，“4C 检测”和“4C 判定”两个环节的数量共有 1310 组，占 2018 年全年误判 4C 缺陷总数的 85.45%，是产生 4C 误判缺陷的主要环节，需要重点研究，而“4C 检测”环节是产生 4C 原始数据的关键环节，后续的各环节都是建立在 4C 原始数据上进行的，从缺陷误判占比上看达到了 55.84%，是首要研究的环节。

3　原因分析及整改措施

3.1　“4C 检测”环节分析

“4C 检测”环节对缺陷误判的影响体现在检测生成的 4C 图片质量差，细节放大不清晰，干扰后续 4C 分析，来源于设备性能受限、受拍摄环境影响、设备调试不当共三个方面，具体分析如下：

（1）设备性能受限

设备性能包括相机的分辨率、焦距、光圈范围、补光灯效果、相机拍摄角度位置以及是否支持云台控制，举例说明如表 4、表 5 所示。

表 4 南供段与柳供段平腕臂相机成像对比表

南供段 平腕臂相机成像	柳供段 平腕臂相机成像

表 5 南供段与柳供段平腕臂相机参数对比表

<table>
<tr><td colspan="2" rowspan="2">对比</td><td>南供段</td><td>柳供段</td></tr>
<tr><td>技术参数</td><td>技术参数</td></tr>
<tr><td rowspan="4">平腕臂相机组</td><td>相机</td><td>型　号：LXG－250M；
分 辨 率：(5120×5120)px，2500 万；
最大帧率：4.5 fps；
曝光时间：27 μs～1 s</td><td>型　号：GEV－B6620M；
分 辨 率：(6600×4400)px，2900 万；
最大帧率：1.8/2.4 fps；
曝光时间：8 μs～0.4 s</td></tr>
<tr><td>镜头</td><td>型　号：ML－5540－62M35；
焦　距：55 mm；
光圈范围：F/4～F/16</td><td>型　号：LD－5020F－10M；
焦　距：50 mm；
光圈范围：F2.8～F22</td></tr>
<tr><td>云台</td><td>型号：GM6－4C_VPT/C；
传动方式：蜗轮蜗杆；
载荷：5 kg；
预置精度：±0.1°</td><td>无</td></tr>
<tr><td>成像效果差异</td><td colspan="2">(1)“南供段”较“柳供段”，在整幅画面成像像素上有所降低，但镜头焦距 55 mm 较 50 mm 成像范围缩小，单位面积下有效成像像素提升，且分辨率：(5120×5120)px 相比较于分辨率：(6600×4400)px，画面更为方正，减少黑色背景，避免无效像素点的浪费，故从观察零部件细节而言，“南供段”比“柳供段”更为清晰；
(2)由于“南供段”成像范围缩小，为避免在不同导高线路上成像图片缺失，故增加云台通过预置位提前对不同导高拍摄对象进行定位，可通过云台控制获得更好的成像范围</td></tr>
</table>

由以上对比可知，相机的分辨率(清晰度)，定焦镜头的焦距，是否具备云台控制功能等各项设备性能之间相互影响，共同决定了 4C 检测成像质量的上限。

整改措施：①对 4C 检测设备进行升级换代；②定期联系厂家对设备进行精调。

(2)受拍摄环境影响

4C 检测多在夜晚或凌晨进行，但也不可避免遇到下雨起雾的天气，遇到检测计划被延点造成检测持续到第二天白天时段的情况。雨雾和日照天气会导致 4C 图片过暗或过亮(如图 2 所示)，造成图片上大量有效信息丢失，严重影响 4C 成像效果，干扰后续 4C 分析，极容易造成 4C 缺陷的误判。

整改措施：在提报 4C 计划前，应查询天气预报避开恶劣天气开展 4C 检测，对于因天气原因造成 4C 检测成像质量严重下降的区段，应安排重新检测的计划。

(3)设备调试不当

设备调试不当有两种情况，一是在检测前未根据检测线路的不同导高和结构高度，调整接触悬挂相机的拍摄角度，定焦位置。二是在不同的天气条件下，以及隧道内外，未针对性地动态调整各相机的模拟增益、数字增益、曝光时间等参数，造成图像曝光不足、过曝或增益开太大导致图像失真。

整改措施：①制定 4C 检测标准化作业流程，编写作业指导书，纳入设备调试内容；②定期对 4C 检测人员开展培训和考评。

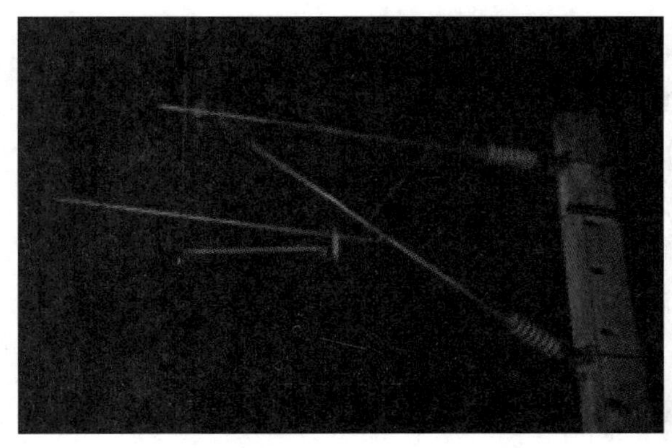

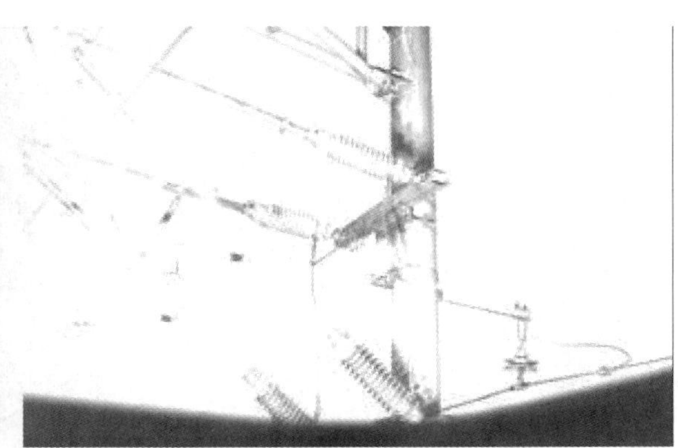

(a)雨天检测设备潮湿不反光，画面黑暗　　(b)日照光线过强影响设备反光，画面过曝

图 2　雨雾天气和日照天气 4C 检测成像对比

3.2 “4C 判定”环节分析

“4C 判定”环节存在主要问题一是分析人员业务水平参差不齐，整体不高；二是分析时受外部环境干扰；三是分析人员精神状态不佳；四是“疑似从有”原则，为保障重要缺陷不被遗漏，分析人员遵循“疑似从有、从严从重，巨细无漏”分析原则，发现疑似问题进行降级处理录入系统，当无法明确设备状态时按有缺陷对待，但此原则造成大量误判缺陷产生；五是缺陷审核把关不严。

整改措施：一是针对每个分析员利用大数据分析其“弱项”内容，并针对性地开展培训和练习。二是集中分析人员在独立大办公室进行分析作业，每个分析人员独立工位，严禁无关人员进出分析办公室干扰分析人员作业；三是设置合理的间休时间，合理的每日工作量，对精神不佳人员加强盯控和考核；四是转变分析人员“疑似从有”的分析观念，要求分析人员意识到 4C 分析是为现场服务的，目的是提高维修检修效率和准确度，高误判率会影响现场作业人员对 4C 分析工作的认可；五是缺陷误判率纳入每月职工综合绩效和分析质量排名，并强调连续三个月排名垫底的分析人员将调离分析岗位；六是明确绩效考核区分点，缺陷特征不明显的“疑似”缺陷应该直接舍弃，且不考核此类缺陷遗漏的情况；七是重新规划 4C 缺陷审核流程，由分析工区工长、技术员和车间主任共同把关，严格审核缺陷，防止不应通过的缺陷流转到运行工区造成误判，详细流程图如图 3 所示。

3.3 “缺陷流转”环节分析

“缺陷流转”环节存在主要问题是录入缺陷时线别、杆号、区间、缺陷描述等信息录入错误，导致运行工区处置缺陷位置不正确或处置缺陷部位不正确。

整改措施：①分析人员当天分析前先复核前日录入缺陷；②加强审核和考核力度。

3.4 “缺陷处置”环节分析

“缺陷处置”环节存在主要问题是处置缺陷前未仔细分析缺陷特征导致现场处置缺陷时未找到缺陷位置。还有一种情况是缺陷检测时间与缺陷整治时间间隔过长，可能长达一年至两年以上，导致异物类缺陷被风吹走等情况出现，导致缺陷时效性失效，使得现场复核时查找不到缺陷。

整改措施：①加强分析力量，缩短分析周期；②分析人员定期现场跟班，复核无异常缺陷。

3.5 “缺陷销号”环节分析

“缺陷销号”环节存在主要问题是天窗整治缺陷后忘记在系统对缺陷进行销号，导致缺陷流转至下一次处置环节，造成误判。

整改措施：运行工区加强缺陷销号管理，制定合理的流程或制度。

4　应用效果

通过 2019 年至 2020 年柳州供电段对 4C 缺陷误判情况的持续整治，到了 2020 年柳州供电段 4C 缺陷误判率已成功降低至 13% 以下，相比于 2018 年有了明显的降低。

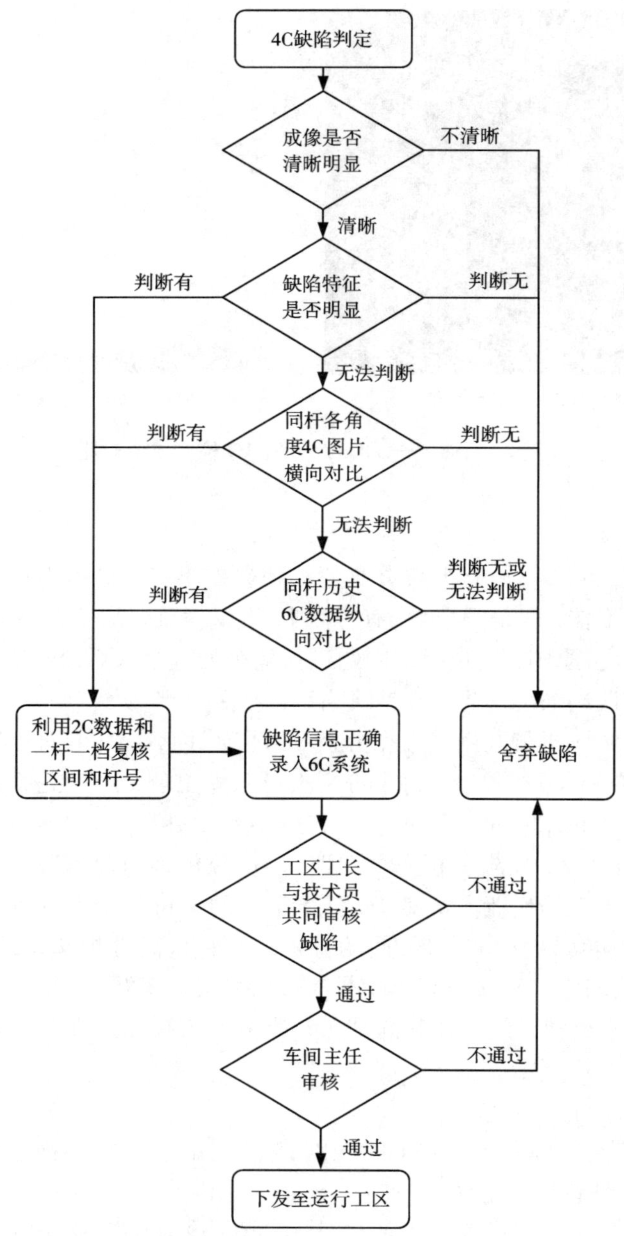

图 3　4C 缺陷判定流程图

5　结束语

本文为不断提升接触网 4C 系统应用水平，提高接触网 4C 系统检测和分析质量，提高 4C 人工分析时发现缺陷准确率，降低误判率提供参考。

参考文献

[1] 闫利峰，魏念龙，左宪鑫. 高速铁路接触网关键设备 4C 分析方法及应用[J]. 电气化铁道，2019，30(04)：81－83.

[2] 蒋涛，袁岗，张浩杰，等. 普速电气化铁路接触网悬挂状态检测车应用研究[J]. 铁道货运，2018，36(04)：38－42.

[3] 马东旭. 接触网悬挂状态检测监测装置(4C)的应用[C]. 中国铁道学会电气化委员会 2017 年年会及新技术研讨会论文集. 北京：中国铁道学会自动化委员会：中国铁道学会，2017，260－261，265.

[4] 拜虎啸. 高速铁路接触网悬挂状态检测研究[D]. 北京：中国铁道科学研究院，2016.

[5] 伏振. 高速铁路接触网检测技术运用研究[D]. 北京：中国铁道科学研究院，2016.

作者简介

罗丞君，中国铁路南宁局集团有限公司柳州供电段，助理工程师
汪德耀，中国铁路南宁局集团有限公司柳州供电段，工程师
苏光霖，中国铁路南宁局集团有限公司柳州供电段，助理工程师
贲能成，中国铁路南宁局集团有限公司柳州供电段，助理工程师

疫情防控期间动车所接触网跳闸故障分析及预防措施初探

赵建军　李振华　罗明祥

摘　要：分析疫情防控期间动车所检查库接触网跳闸的发生原因，模拟多种工况下对分段绝缘器进行绝缘耐压试验，结果显示84消毒液会导致分段绝缘器绝缘性能降低，指出在空气中的离子浓度增大的情况下，因操作过电压会造成分段绝缘器空气间隙瞬时击穿的故障发生。最后，提出在疫情防控期间的建议性预防措施，为全路各单位今后在碰到类似故障时提供参考借鉴。

1　引言

当前，新型冠状病毒已经蔓延至全国，且感染人数仍在增加。通过隔离、消毒、个人防护等感染防控措施，可有效降低传播风险，预防控制新型冠状病毒感染的肺炎发生。根据《新型冠状病毒感染的肺炎防控方案(第三版)》相关内容，在疫情发生期间，动车所检查库内采用84消毒液对全体办公及库检场所进行喷雾预防性消毒，全面做好疫情防范防控工作。基于此环境背景，我们在对近期一起接触网跳闸故障进行分析后发现，导致跳闸的原因在以往故障分析中极少出现，具有一定的代表性。本文将介绍该起跳闸故障的详细情况并对其原因进行分析，以期与各位同行进行交流。

2　跳闸故障概述

2020年2月，某动车所检查库内发生分段绝缘器空气间隙瞬时击穿故障，导致接触网接地跳闸。跳闸当时的报文显示：电流速断保护动作，重合成功，馈线电压6.12 kV，电流5973.88 A，线路阻抗角62.3°，故标1.2 km。接触网故障跳闸后，检修人员通过上网检查发现分段绝缘器放电点，在排除异物短接的情况下，分析故障原因为动车检修库空气中的离子浓度增大，动车组瞬时闭合主断路器产生的操作过电压造成分段绝缘器空气间隙瞬时击穿，分段绝缘器无电侧接地跳闸。

3　故障现场调查情况

接触网跳闸发生后，检修人员立即对动车所检查库进行实地调查，收集现场相关资料及影像数据，将现场情况进行场景还原。

3.1　分段绝缘器设置情况

动车所检查库内接触网设备自2013年12月开通运行，库内为直供加回流供电方式。检查库内共设有10股道(59－68道)，其中每股道中间位置安装有分段绝缘器一架，将股道分为Ⅰ、Ⅱ列位，便于单编动车组分别进行检修。分段绝缘器生产厂家为吴江天龙电气化设备厂，型号为DXF－(1.6)Ⅱ型。

故障分段绝缘器位于动车所检查库内63道中间位置，西侧为Ⅱ列位，东侧为Ⅰ列位，位置示意如图1所示。

动车所检查库内接触网跳闸时，63道Ⅱ列位动车组升弓，上方接触网处于带电状态；Ⅰ列位动车组正在停电检修，在检查库东侧远端接挂了地线，具体位置关系如图2所示。接触网跳闸发生在Ⅱ列位动车组闭合主断路器瞬间。

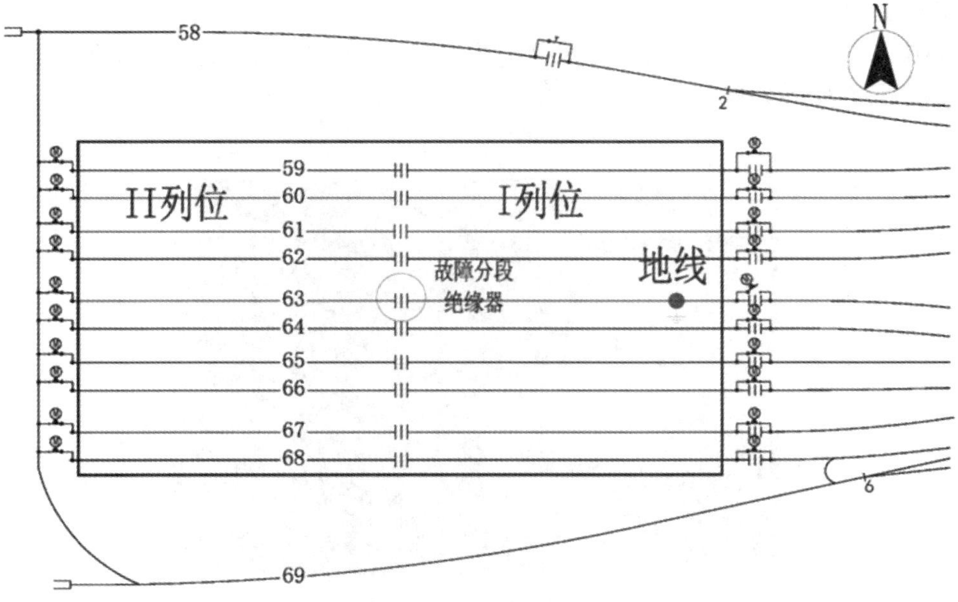

图 1　63 道分段绝缘器位置示意图

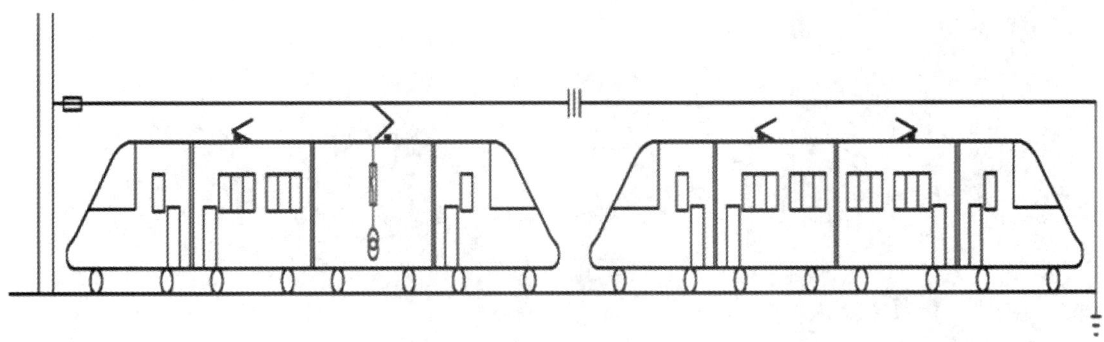

图 2　63 道动车组位置关系示意图

3.2　现场分段绝缘器情况调查

跳闸发生后，检修人员第一时间与动车所技术部门取得联系，拷贝跳闸发生时现场监控视频进行回放分析。

3.2.1　监控视频分析情况

通过对动车所检查库内 63 道 Ⅰ 列位监控视频进行回放分析，可以看出 63 道接触线中间位置分段绝缘器有明显的放电弧光(如图 3 所示)，监控视频时间与跳闸时间一致。

图 3　63 道分段绝缘器放电弧光截屏

3.2.2 故障分段绝缘器状态检查情况

检修人员对引起故障跳闸的63 道分段绝缘器进行上网检查，发现分段绝缘器主绝缘良好，无放电痕迹(如图4 所示)；分段绝缘器本体接地侧有放电烧损痕迹(如图5 所示)；分段绝缘器本体带电侧长滑道消弧棒有放电痕迹(如图6 所示)。

图4 分段绝缘器主绝缘状态照片

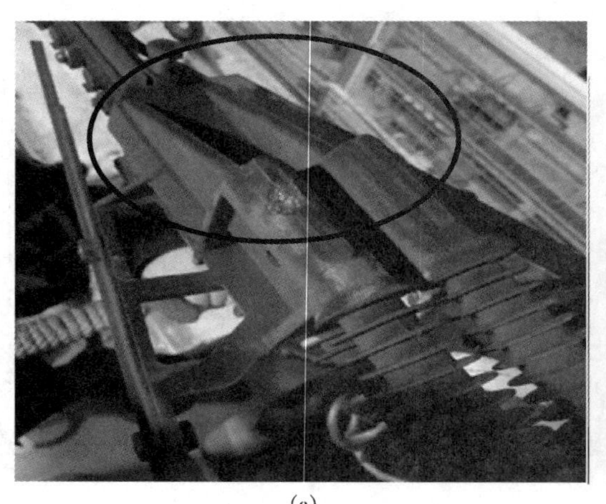

(a)

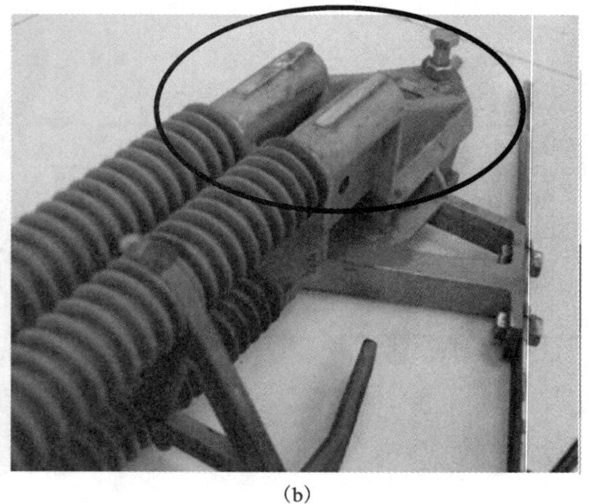

(b)

图5 分段绝缘器本体放电痕迹

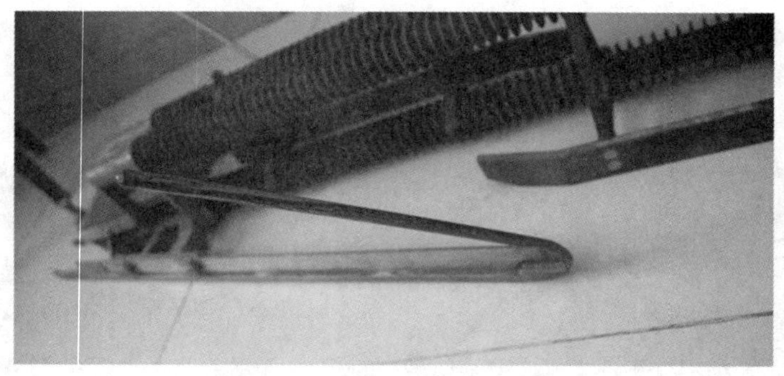

图6 分段绝缘器长滑道消弧棒放电痕迹

3.3 分段绝缘器技术参数，检查检修情况

3.3.1 分段绝缘器技术参数(如表1 所示)

分段绝缘器是接触网上实现同相电气分段、使受电弓平滑通过的重要绝缘设备。吴江天龙电气化设备厂生产的 DXF－(1.6) Ⅱ型分段绝缘器为非滑道式空气消弧分段绝缘器，主绝缘与受电弓为非直接滑动接触，通过空气绝缘实现电气分段，两消弧角间绝缘间隙为 300 mm。

表 1　分段绝缘器基本参数

机械性能	整体电气性能
破坏载荷：≥80 kN	爬电距离≥1600 mm
	消弧角隙：≥300 mm
接触线线夹滑动力≥接触线拉断力	工频湿闪耐受电压：≥87 kV
重量：19 kg	全波脉冲耐受电压：+160 kV
	消弧时间：<1 s

3.3.2　DXF-(1.6)Ⅱ型分段绝缘器运行情况对比分析

该动车所检查库内分段绝缘器为 2013 年 12 月投入运行，同型号的分段绝缘器在京沪高铁广泛应用，以天津西站引入京沪高铁工程为例，该区段接触网设备 2011 年 6 月 30 日开通运行，共有同型号吴江天龙分段绝缘器 39 架，虽然运行条件相比动车所检查库恶劣，但自开通运行以来从未发生过绝缘闪络或击穿的问题，且 39 架分段绝缘器通过的弓架次远超过动车所检查库内分段绝缘器。可以得出，该分段绝缘器产品本身无运行缺陷。

3.3.3　分段绝缘器检查检修情况

63 道分段绝缘器最近一次检修时间为 2019 年 9 月 9 日，严格按检修作业指导书规定的步骤进行，设备良好，满足《高速铁路接触网运行维修规则》中分段绝缘器检查 6 个月一次的要求。

3.4　动车所检查库环境情况

通过对动车所检查库的现场调查发现，在新型冠状病毒疫情防控期间动车所检查库采取了以下消毒措施：一是检查库内每日安排装有 84 消毒液的清扫车对库内进行喷洒消毒；二是检查库内每日至少安排两次人工喷洒 84 消毒液；三是检查库为密闭库房，消毒液配比浓度较高，现场味道刺鼻。库内人工喷消毒液照片如图 7 所示。

图 7　动车所检查库人工喷洒消毒液

4　跳闸故障原因分析

跳闸发生后，检修人员对现场环境进行过调查，未发现可能造成短接分段绝缘器的异物来源，排除动车所检查库 63 道上方异物掉落短接分段绝缘器造成接触网跳闸的可能，且分段绝缘器的检修周期满足维规要求，为解决造成跳闸由异物造成的局限性问题，引入绝缘耐压试验以及动车组操作过电压的概念进行故障原因分析。

4.1 分段绝缘器绝缘耐压试验结果分析

耐压试验是检验电器、电气设备、电气装置、电气线路和电工安全用具等承受电压能力的主要方法之一。为检验故障分段绝缘器绝缘强度，将更换下的分段绝缘器在模拟三种不同环境进行绝缘耐压试验，通过试验数据进行比对分析。

4.1.1 正常环境下

试验电压 27.5 kV 时，设备无异常，当电压持续升至 55 kV 时设备产生轻微放电，时间持续 5 分钟，设备未发生闪络和击穿现象，如图 8 所示。从试验结果来看，正常环境下长期运行的分段绝缘器在正常电压下可以稳定运行。

图 8 正常情况下分段绝缘器耐压试验

4.1.2 本体喷洒消毒液

在试验场地及分段绝缘器主绝缘未清扫的基础上直接喷洒 84 消毒液(主要成分为次氯酸钠)，试验电压 27.5 kV 时设备发生明显放电，泄露电流 1.8 A，当电压持续升至 52 kV 时，分段绝缘器主滑道与辅助滑道间空气间隙击穿，如图 9 所示。试验说明分段绝缘器在附着 84 消毒液及空气中消毒液具备一定浓度后，分段绝缘器绝缘性能会出现明显降低的情况。

图 9 本体喷洒消毒液绝缘耐压试验放电情况

4.1.3 分段绝缘器附近空间喷洒 84 消毒液

我们对分段绝缘器主绝缘清扫擦拭后，在地面喷洒 84 消毒液后进行耐压试验。随着试验电压等级的升高，泄露电流增大，当电压升至 87 kV 时，分段绝缘器主滑道与辅助滑道间空气击穿，如图 10 所示。

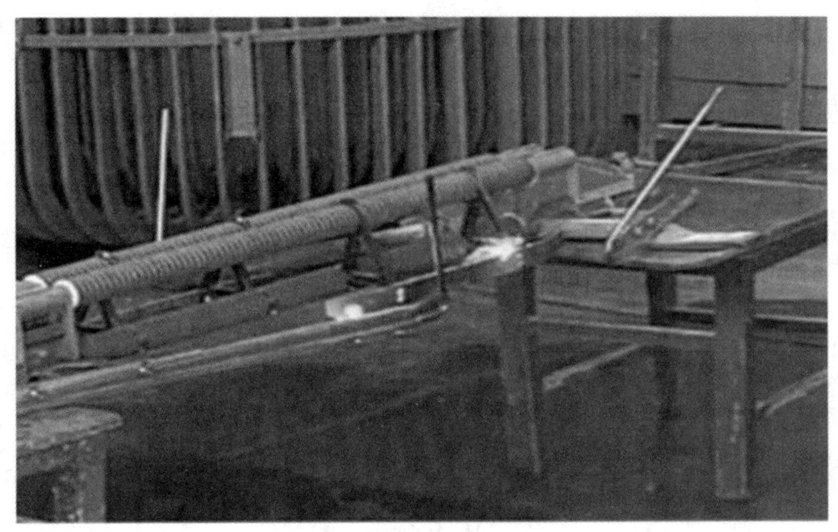

图 10　空气中喷洒消毒液绝缘耐压试验放电情况

4.1.4　试验结果对比分析

通过三种不同情况的绝缘耐压试验，说明正常情况下分段绝缘器绝缘性能稳定。当周围空气环境含有一定浓度的次氯酸钠，且分段绝缘器表面附着次氯酸钠溶液，绝缘性能明显降低导致分段绝缘器空气间隙击穿放电。

4.2　外界干扰因素分析

上文我们对动车所检查库环境情况进行过调查，基于疫情防控期间的特殊工况，查阅了相关资料，得出以下结论：

4.2.1　正常环境情况下，空气中存在 CO_2，CO_2 溶于水生成碳酸，其方程式为：$CO_2 + H_2O \rightleftharpoons H_2CO_3$；碳酸($H_2CO_3$)是一种二元弱酸，会分步电离，离子浓度很低。

4.2.2　动车所每日采用清扫车和人工喷洒方式多次对库内喷洒 84 消毒液，84 消毒液的主要成分为次氯酸钠，84 消毒液的主要成分为次氯酸钠(NaClO)，属于强碱弱酸盐，稀释使用后，会分布电离出 Na^+ 离子，加之空气中依然存在碳酸，在喷洒 84 消毒液后大量次氯酸钠挥发到空气中，导致空气中的离子浓度远远大于正常情况，会使空气中导电离子增多。

4.2.3　动车组在静置状态下闭合主断路器，会产生一定的操作过电压，在分析跳闸故障原因时必须予以考虑。

综上所述，本次接触网跳闸故障原因为：动车所检查库Ⅱ列位动车组在静置状态下闭合主断产生瞬时过电压，而分段绝缘器另一端为接地状态，电压差增大，而检查库内空气中导电离子较正常情况增多，导致分段绝缘器带电侧长滑道消弧角与接地侧本体间空气间隙击穿造成接触网跳闸。

5　总结和建议

针对此次因接触网分段绝缘器空气绝缘间隙瞬时击穿跳闸故障，在防疫期间需引起全路各单位的足够重视，为此提出以下 3 点预防性措施。

5.1　动车所检查库为密闭空间，建议各动车所在喷洒 84 消毒液后消毒后，加强检查库的通风措施，确保空气中导电离子维持在较低的水平，防止接触网设备发生空气绝缘击穿的故障。

5.2　本次绝缘击穿故障的发生，除对接触网设备造成损伤以外，还存在触电伤人的安全隐患，如Ⅰ列位在进行动车组停电检修时，Ⅱ列位为带电状态，一旦因分段绝缘器绝缘击穿，Ⅰ列位检修人员就可能存在触电的安全隐患，该类问题在日常运营维护过程中需要引起足够的重视。所以我们在此建议：动车所检查库在安排动车组检修作业时，尽可能在各股道Ⅰ列位、Ⅱ列位同时停电后进行，减少股道中间位置分段绝缘器单端耐压时间，如必须单列位停电检修作业，为确保人身安全，在停电列位两端分别安装接地线。

5.3 疫情期间，喷洒消毒液是我们需要贯彻执行的一项重要防控措施，虽然检查库内每日通风可以降低空气内导电离子浓度，但附着在分段绝缘器本体上的消毒液成分会随着时间累积，因此我们建议分段绝缘器维护单位在疫情防控特殊时期，要缩短分段绝缘器的清扫周期，加密检查频次，在做好疫情防控的同时确保供电设备安全运行。

参考文献

[1] 国家卫生健康委员会办公厅. 新型冠状病毒感染的肺炎防控方案(第三版)[Z]. 北京：国家卫生健康委员会办公厅，2020.

[2] 魏秋华，任哲. 2019新型冠状病毒感染的肺炎疫源地消毒措施[J]. 中国消毒学杂志，2020，37(1)：59-62.

[3] 吴江天龙电气化设备厂. DXF-(1.6)Ⅱ型分段绝缘器产品使用说明书[Z]. 苏州：吴江天龙电气化设备厂

[4] 中国铁路总公司.《高速铁路接触网运行维修规则》(TG/GD 124—2015)[S]. 北京：中国铁道出版社，2015.

[5] 于万聚. 高速电气化铁路接触网[M]. 成都：西南交通大学出版社，2003.

作者简介

赵建军，中国铁路北京局集团有限公司天津供电段，工程师

李振华，中国铁路北京局集团有限公司天津供电段，工程师

罗明祥，中国铁路北京局集团有限公司天津供电段，工程师

开发接触网隔离开关控制系统辅助监控装置

王向阳　刘　昱　郑禄锋　苏光霖

摘　要： 针对接触网隔离开关控制系统死机类故障率高且故障处理方式单一的特点，本文提出开发一款接触网隔离开关控制系统辅助监控装置，实现接触网隔离开关控制系统发生死机类故障后的自动愈合，以提高接触网隔离开关控制系统运行稳定性，同时减少人员出动，提高作业劳效、减少成本支出。该装置能够对接触网隔离开关控制系统进行实时监控，处置，实现无人化、自动化运行。

0　引言

接触网隔离开关控制系统由隔离开关、RTU 箱、网隔监控屏和供电调度端的系统主站组成，牵引供电系统正常运行时实现接触网线路的分段、分相作用。非正常运行时，供电调度可通过接触网隔离开关控制系统实现故障停电区段的越区供电以及故障点的分段隔离，提高接触网供电稳定性，降低对行车秩序的影响。

经统计接触网隔离开关控制系统故障主要集中在网隔监控屏的监控电脑，网隔监控电脑基于 Windows XP 系统运行，其内核虽简单，但存在长期运行后系统内存及垃圾堆积等问题，导致监控电脑死机，例如内存访问不了，硬盘写入出错等将导致监控电脑蓝屏，每年我段管内此类故障不低于 20 件，此类故障往往现场重启监控电脑即可恢复正常运行，处置过程中极大地浪费人力、财力，因此迫切需求开发一款辅助监控装置，实现监控电脑死机故障的自动识别、处置。

1　辅助监控装置开发

1.1　开发思路

网隔监控电脑在正常运行时，实现调度端系统主站下达命令的转发以及隔离开关状态遥信状态的上传功能，充当数据的中转站的角色，因此可通过监视网隔监控电脑与 RTU 之间的通信端口数据，判断监控电脑的运行状态。当监测到的数据在规定时间内无变化时，则启动重启监控电脑功能，为确保重启成功，可优先软重启监控电脑，软重启无效后则切断监控电脑电源硬重启，双重保险实现监控电脑死机类故障的处置。为避免单个接触网隔离开关通信状态异常导致网隔监控电脑误重启，本装置采用“且”的关系，对所有通信端口通信进行监视，当全部数据在规定时间内无变化时，才能够下发重启指令。开发思路如图 1 所示。

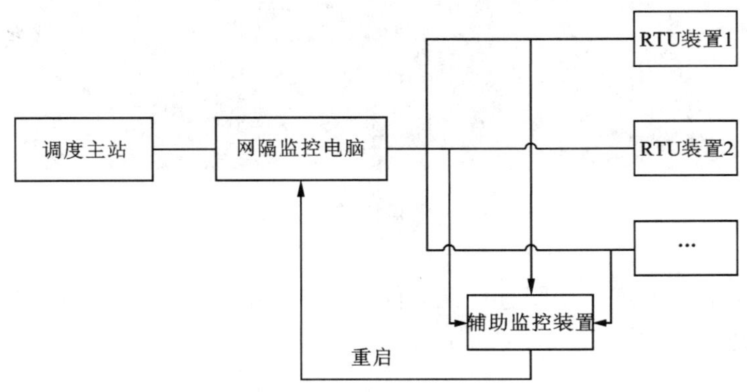

图 1　辅助监控装置开发思路

1.2　硬件设计

根据开发思路利用 Protel 绘制电路原理图，如图 2 所示。

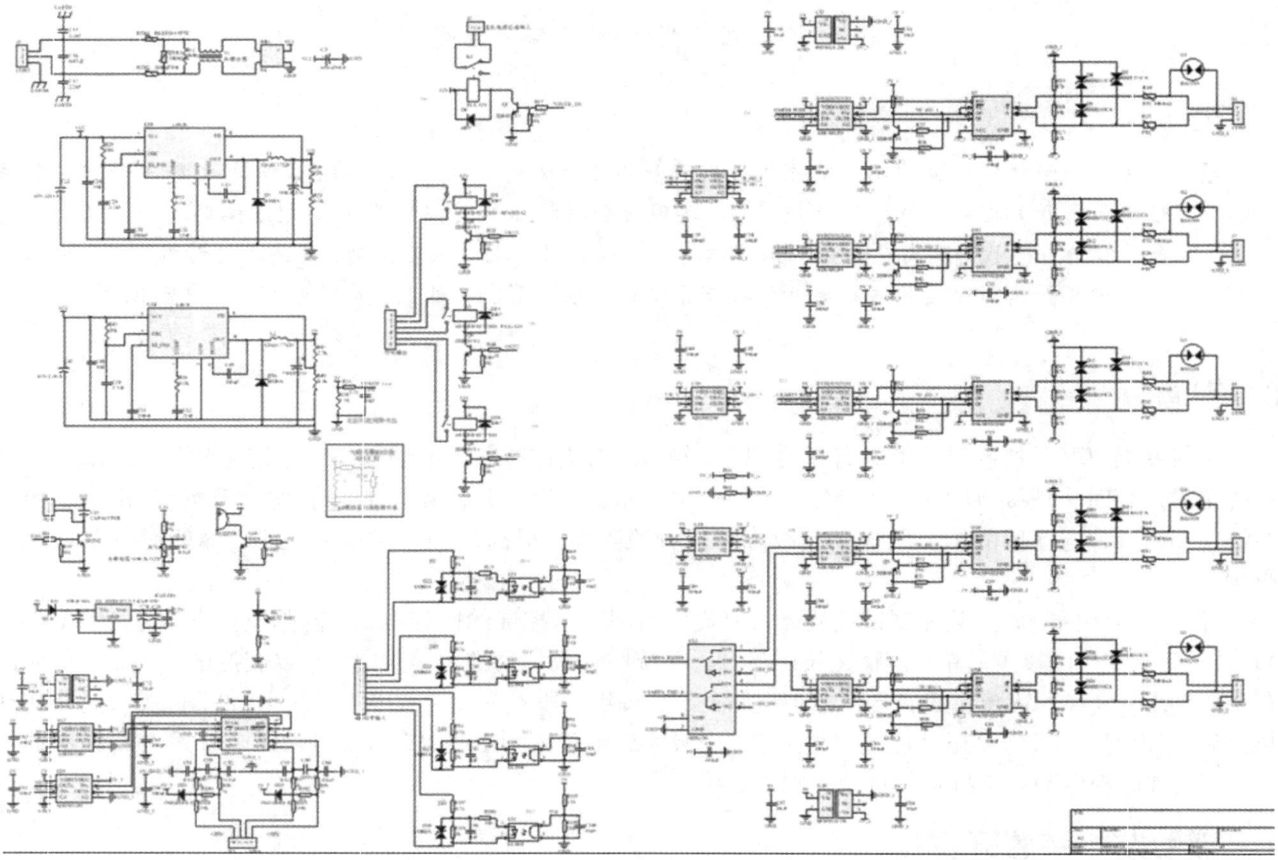

图 2　辅助监控装置电路原理图

绘制完毕后进行电路原理图仿真试验，为适应无人化、自动化需求，对该装置电源部分进行补强，增加 TVS 管、空气放电管、自恢复保险等。仿真达到预期目标后进行 PCB 打样，如图 3 所示。

图 3　辅助监控装置 PCB 板

PCB 板制作完成后，根据电路原理图进行元器件的焊接，由于受条件限制，本装置元器件全部采用人工焊接方式完成，焊接完毕后效果图如图 4 所示。

1.3　软件设计

该装置所实现的功能如下：

(1)实现对多路监控电脑串口数据的监视分析功能。

图 4　元器件焊接完毕后效果图

(2)实现对监控电脑运行状态的识别。

(3)实现对监控电脑的软硬重启功能。

根据以上功能需求，利用 C 语言进行代码程序的编写，监控电脑死机重启部分代码如下：

```
switch(Reset_Count)
{case 10://先判断一次是否关机 5 分钟后先判断一次
    if(IN1 && IN2)//已被关闭
    {
Release_Count=2; OUT1_ON; //短按开机  判断是否开机成功
                    }
    break;
  case 13: //等 30 s 看其是否关机
    if(IN1 && IN2)//已被关闭
    {Release_Count=2; OUT1_ON; //短按开机  判断是否开机成功
Target_STA&=0xF0; Target_STA |=0x13;
                          }
    break;
  case 20: //等 30 s 看其是否关机
    if(IN1 && IN2)//已被关闭
    {
      Release_Count=3; OUT1_ON; //短按开机  判断是否开机成功
    }
      break;
  case 23://按下电源键等待 10 s
    Release_Count=20; OUT1_ON;
  break;
  case 27://判断电源是否复位关机  若不行则断电 2 s
    if(IN1 && IN2)//已被关闭
    {
    Release_Count=3; //短按开机  判断是否开机成功
    }
    else//强行断电
    {
        POWER_OFF; MainPower_Status=1;
```

```
                }

                break;
            case 28: //判断是否开机
                if(IN1 && IN2)//开机失败
                {
                    Release_Count =4; OUT1_ON; //再次短按开机
                }
                else //开机 OK
                {
                Reset_Count + +;
                    Target_STA& =0xF0; Target_STA | =0x16; //开启中
                }
                break;
            case 29:
                //再次判断是否开机
              if(IN1 && IN2)//开机失败  设备永久性故障  写入 SD
                {
                    Reset_Count =0; //关闭重启
                        }
        break;
              case 79://等待 8 分钟看是否数据恢复  若为恢复则进入第二次复位   等待 2.5
分钟
                if(! (Target_STA&0x40)){Target_STA | =0x40; Reset_Count =1;
                }
                else {Reset_Count =0; //关闭重启计数
                    Target_STA | = 0x80; //标记无法启动软件 写入 SD
                }
                break;
            }
        }
```

1.4 辅助监控装置调试

软件代码编写调试完毕后，写入单片机硬件进行调试，经过大量的数据测试优化，将监控电脑与 RTU 间数据监视时间设定为 5 分钟，即监测到两者之间互传数据 5 分钟内无变化时，即判断为电脑或软件死机，此时执行电脑的软硬重启，然后进入下个监测周期。该装置开发完成后经过 15 次不同故障类型测试，均能准确识别监控电脑死机类故障，准确率 100%，重启率 100%，达到预期效果，测试情况如表 1 所示。

表 1 辅助监控装置测试情况

序号	测试项目	试验方式	测试次数	测试结果
1	监控电脑系统死机	电脑运行死循环程序	3	重启成功
2	数据收发异常	对电脑所有串口外加干扰信号	3	重启成功
3	无任何数据收发	退出监控软件	3	重启成功
4	数据存在大量乱码	修改收发数据格式及校验方式	3	重启成功
5	电脑蓝屏	用软件使内存溢出造成蓝屏	3	重启成功

同时为便于分析设备故障，本装置具备重要信息存储功能，自动记录重要的转发指令，如接触网隔离开关分合位信号、遥控质量、RTU 分合闸继电器闭合动作信息等。

2　应用效果

该装置在完成实验室环境调试完成后，2019 年 5 月装设于监控电脑死机故障频发的衡柳线柳州分区所，目前已稳定运行 1 年，该所未出现监控电脑死机类故障(该所在 2018 年出现监控电脑死机类故障 3 件)，达到开发目的。现场安装效果如图 5 所示。

图 5　辅助监控装置现场安装图

3　结束语

随着我国电气化铁道的快速发展，对牵引供电专业的运行稳定性提出了更高的要求，接触网隔离开关控制系统的稳定性，直接影响着正常的行车秩序，因此当接触网隔离开关控制系统故障后，能够快速的处理愈合显得尤为重要。该辅助监控装置从软件到硬件均完全自主开发完成，扩展、使用灵活性高，具备较高的推广价值。

参考文献

[1] DORF R C, BISHOP R H. 现代控制系统[M]. 北京：电子工业出版社，2018.
[2] 蒋立平. 数字逻辑电路与系统设计[M]. 北京：电子工业出版社，2019.
[3] FOWLER M. 重构：改善既有代码的设计：第 2 版. 北京：人民邮电出版社，2019.

作者简介

王向阳，中国铁路南宁局集团有限公司柳州供电段，助理工程师
刘昱，中国铁路南宁局集团有限公司柳州供电段，工程师
郑禄锋，中国铁路南宁局集团有限公司柳州供电段，助理工程师
苏光霖，中国铁路南宁局集团有限公司柳州供电段，助理工程师

浅谈接触网设备电气烧伤主要原因及预防措施

刘白剑

摘 要: 铁路是国民经济大动脉、关键基础设施和重大民生工程是综合交通运输体系的骨干和主要运输方式之一，在我国经济社会发展中的地位和作用至关重要。加强现代化铁路建设，对扩大铁路运输有效供给，构建现代综合交通运输体系，建设交通强国，实现“两个一百年”奋斗目标和中华民族伟大复兴的中国梦，具有十分重要的意义。但近年来，大部分干线铁路，经过电气化扩能改造，运力虽得到了大大的提高，但故障也时常发生。本文通过收集本集团公司相关单位在运营过程中接触网设备电气烧伤的典型案例，分析烧伤原因，提出预防措施，可在一定的范围内控制、预防接触网设备电气烧伤故障。

0 引言

在接触网运行多年、牵引运能不断增加的情况下，尤其是既有线电气化改造后，供电专业时常发生跳闸、断线或重合闸失败等故障，危机行车安全，扰乱行车秩序。在这类故障事故中，有人为、环境因素，也有设备质量缺陷等。但究其根本导致故障、事故发生所占比例最大的还是设备故障。本次研究分析的是接触网设备电气烧伤故障。

1 接触网设备电气烧伤原因分析

1.1 接触网设计、施工原因导致接触网设备烧伤

(1)在复杂站场环境以及铁路枢纽地区，受客观环境因素制约，施工单位在未与设计单位反映、沟通的情况下，未按照设计图而是凭经验进行盲目施工。这种情况主要出现在站场内线索交叉处出现拉弧、分段绝缘器安装高度存在高差等问题，导致发生弧光放电、烧伤设备的现象。

如站场内线索存在交叉现象，受风力、温度、湿度等条件影响，产生摆动，使两线间距离忽远忽近，出现孤光放电现象，这种情况下牵引所一般不会跳闸，导致线索间长期放电对承力索造成损伤，甚至烧断情况发生。其烧伤或烧断原因从以下两个方面看均可出现上述情况。

施工方面：施工过程中承力索出现相磨过程中，未对其进行调整，或未增加加长悬吊滑轮，或未使承力索交叉处小于规定的 50 mm，也未在相磨处增加预绞式护线条，这几种措施均未采用，对事故发生埋下了隐患。

设计方面：既有车站、枢纽地区空间狭小，无法进行延长一跨下锚，导致施工过程中不可避免地发生线索相磨现象。相磨部位大多出现在道岔咽喉区处，设计未考虑采用无交叉布置方式或增设单独下锚柱，来避免线索交叉。

(2)接触网设备或线夹中，存在多处铜铝过渡材质，材质不匹配便直接相连，两种材质熔点不同，因此产生大量热量；另一种情况便是未按要求涂抹导电膏，使其长时间处于高温状态运行，从而导致熔断事故发生。

例如：设备外部隔离开关设备线夹与隔开开关出线座连接端子，一边为铜材质，另一边为铝材质，中间无过渡材质，铜铝的熔点不一，产生发热现象，使得原本涂上的导电膏快速干燥粉末化，进一步的加速连接处升温，加速材质老化，特定条件下送电冲击产生大电流会将铝质连接端子熔掉。另一种情况是设备内部在设计工程中采用过多的铜铝过渡方式，也容易引起设备从内部熔毁现象。

(3)第 3 种现象较为普遍，即在受电弓通过绝缘锚段关节、分段绝缘器、分相处均会产生不同程度的拉弧现象，尤其是高速动车组运行过程过分相时。这种情况的出现有两种可能，绝缘锚段关节、分段绝缘器、

分相在转换位置未按照设计要求进行施工，无电区和分相带电区出现不等高的情况。这种情况下就会产生电压差，造成拉弧，烧伤分段绝缘器、定位器等。此现象的发生，主要存在以下两个方面原因。

①设计方面：先天设计未考虑，在某些特定区域锚段关节两端供电臂长度比例相差太大，而且锚段关节处于供电臂供电末端，先天就造成了一个电压差。受电弓通过必然产生拉弧。

②运营调度方面：车流动态分布造成的负荷不平衡也会不断的扩大这个电压差，导致原本就存在的电压差扩大。

(4)铁路枢纽地区在站场中按股道划分供电单元，但某些地方供电线上网只采取了单支供电线上网，因此在上网股道处经常送电冲击，或其他股道列车取流，都会引起上网股道处局部温度升高。产生供电线烧断事故。因此车站枢纽地区同一供电单元必须使用股道电连接，在上网点一般考虑设置在道岔处，进行双支上网。

1.2　使用不合格材料以及外部环境影响造成设备损坏

(1)受电弓在运行过程中，应始终处于动态包络线中，但由于线路存在坡度，导致接触线施工过程中就按照轨道坡度进行定位。但受电弓为弹性可上下偏移部件，在运行过程中，受电弓通过每处定位点时，会使定位点长期受到机械振动，导致零部件松动脱落，侵入受电弓动态包络线，导致设备损坏。

(2)部分接触网零部件内部过渡设计过多，容易导致氧化发热，烧损。

(3)材料本身质量不合格。

例如：材料不合格，掺有杂物，增大了此材料的电阻，发热烧损，铜铝过渡线夹类质量不合格，导致线夹发热过快造成熔损，瓷式绝缘子质量不合格，受 27.5 kV 电压或大电流冲击时，造成炸、烧毁。

接触网零部件的电阻不同，导流程度也不同，这样就会造成发热效果不同，在长时间保持这种状态下，也会造成烧伤。

(4)重污染地区、桥下漏水、外部异物附挂等。

例如：接触网绝缘部件老化未进行更换，达到临界值时，绝缘子发生闪络；绝缘部件上方漏水严重，导致绝缘性能下降；飞鸟站立或人为抛物至绝缘部件上，导致绝缘距离不够发生闪络。低净空隧道内本身设计绝缘距离就按照 300 mm 极限值设计，一方面施工不满足绝缘距离要求，另一方面隧道内漏水成线导致接通短路。

2　接触网设备电气烧伤预防措施

从上可知设计、施工、运营维护不到位均是产生设备烧伤的原因，在这种情况下，必须要从设计、施工、维护运营三方面进行预防。

(1)新建或改造接触网线路方面：施工单位都应认真执行《牵引供电设计规范》，提前与设备管理单位、运输部门对长远运输规划进行沟通。并结合铁路重载、提速的趋向，合理选定接触网的设备、线材、悬挂类型等；对不满足要求的设备及时进行更新改造或淘汰，避免埋下隐患。

(2)在运输组织方面：在接触网上采用串联电容补偿装置以改善牵引网的电压水平；避免大坡道区段有两台及以上重载列车在同一条供电臂上运行，以减小牵引电流。

(3)施工过程中认真核对设计文件，并及时与设计、运营单位进行沟通，建立“提前介入”制度，严把质量关。

(4)按标施工，对接触网关键设备，进行第三方检测(尤其为导电性能)。

(5)采购正规厂家材料，把好材料质量验收关，坚决杜绝不合格材料、零部件的入场使用。

(6)维护运营过程中，加强夜间巡视，采用红外线测温仪对接触网的关键零件部位进行检测，加强 6C 巡视。

3　结束语

多年来，铁路几次大提速、高铁动车组也拉近了人们的生活圈子，接触网专业作业模式，也从人工到梯车、从作业车到检修列发生转变，但接触网始终在动态和静态中转换着，动态与静态数据是否能划等号，还不得而知；静态数据无法宣判动态数据的好坏，反之亦然。接触网设备烧损最终会不会被消灭，相信随着现代装备的不断更替以及管理水平的不断提升，会有实现的一天。目前我们只能通过更先进的设备、工艺、施工等方法，及早地发现、预防、处理接触网设备烧伤的问题。

参考文献

[1] 铁路电力牵引供电工程施工质量验收标准(TBJ291—2004)[S]. 北京：中华人民共和国铁道部，2004.
[2] 于小四. 电气化铁道接触网实用技术指南[M]. 北京：中国铁道出版社，2014.
[3] 中铁电气化局集团第一工程有限公司. 电气化铁道施工手册——接触网. 北京：中国铁道出版社，2015.
[4] 于万聚. 高速电气化铁路接触网[M]. 成都：西南交通大学出版社，2003.

作者简介

刘白剑，中国铁路南宁局集团有限公司柳州供电段，助理工程师

关于高速铁路接触网动态检测 CQI 指数的探讨

贲能成　苏光霖

摘　要： 高速铁路接触网动态检测 CQI 指数是评价接触网动态运行质量的重要指标，它是高速铁路接触网动态运行中弓网关系良好与否的重要表征。CQI 指数是基于 TOPSIS 法依据接触网动态运行质量各参数的特征，建立以接触网动态拉出值、接触线高度、弓网接触网力和燃弧率为主的数学模型而设计的特征函数，是用于评价弓网运行状态的新方法。

0　引言

我国是拥有高速铁路线路最长的国家，2019 年底全国高速铁路营运里程已达到 3.5 万公里，对高速铁路接触网运行维护也将面临着更高的挑战。而随着检测技术的发展，各种高科技设备和大数据的应用，高速铁路接触网状态检测技术日趋成熟，我国投用了多列高速铁路综合检测列车，对高速铁路进行常速检测，如当前使用的 CRH380AJ－0201、CRH380AJ－0202、CRH2J－0205、CRH2C－2150、CRH2C－2061、CRH5J－0501 等不同车型的综合检测列车。2016 年，中国铁路总公司修订并下发了《供电系统专业管理评价办法》首次明确规定了 CQI 指数作为接触网设备质量的一项评价指标。

接触网运行质量指数 CQI 作为评价接触网设备质量的一项重要指标，已经纳入了对各铁路集团公司高速铁路接触网设备运行质量状态的评价以及对各运行的线路接触网设备质量运行状态的评价。CQI 指数的高低直接表征了各线接触网设备运行质量的优良状态，掌握其评价的原理对各供电段接触网维修有着重要的意义，对提高接触网设备运行质量起着关键的作用。

1　接触网运行质量指数 CQI 的原理

根据《高速铁路接触网动态检测评价计分办法》中接触网运行质量指数 CQI 评价建立的特征函数，为便于后续实际应用的计算，将各参数的特征函数表达式进行了等效变换。

（1）拉出值特征函数及函数曲线图（见图 1）

$$y=\begin{cases}100 & 0\leqslant x<450\\ 60\times\left(1-\dfrac{1}{1+\exp(0.05\times(550-x))}\right) & 450\leqslant x\leqslant 700\end{cases}\tag{1}$$

式中：x 为一跨各检测点的拉出值。

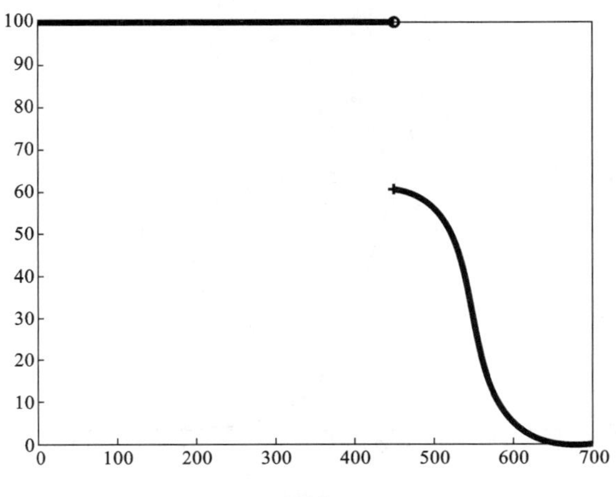

图 1

(2)接触线高度特征函数及函数曲线图(见图 2)

$$y = 100 \times \left(1 - \frac{1}{1 + \exp(0.3 \times (21 - H_{std}))}\right) \tag{2}$$

式中：H_{std}为一跨检测点接触线高度的标准差。

$$H_{std} = \sqrt{\frac{1}{N}\sum_{i=1}^{N}(H_i - \overline{H})^2} \tag{3}$$

式中：N 为一跨接触线高度检测点总数，H_i 为第 i 个测量点的接触线高度值，$\overline{H}$ 为 N 个接触线高度测量点的平均值。

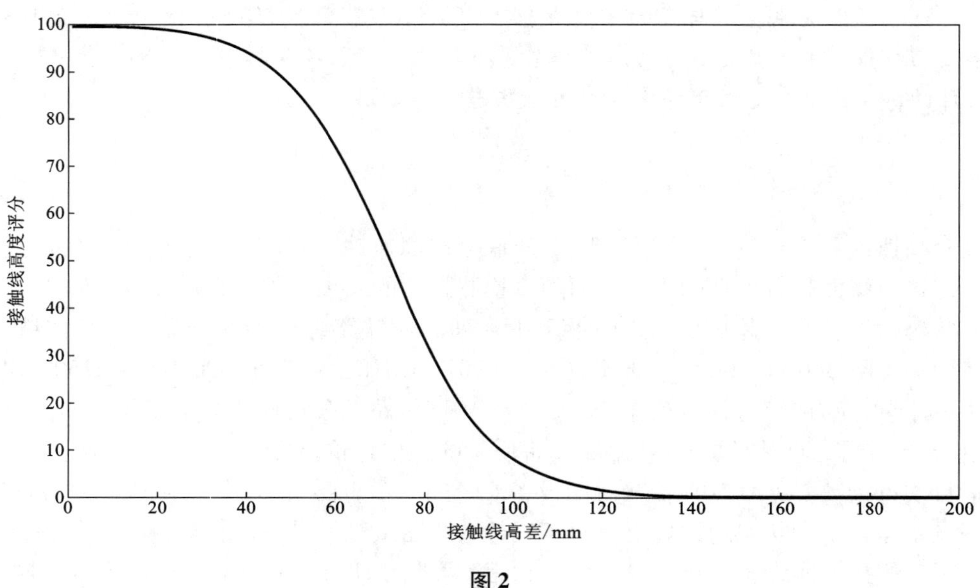

图 2

(3)燃弧率特征函数及函数曲线图(见图 3)

$$y = 100 \times \left(1 - \frac{1}{1 + \exp(300 \times (0.02 - x))}\right) \tag{4}$$

式(4)中 x 为实际测出的燃弧率为：

$$x = \frac{\sum t_{arc}}{t_{total}} \times 100\% \tag{5}$$

式中：t_{arc}为持续大于 5 ms 燃弧的持续时间，t_{total}为测量电流超过 30% 标称电流的时间。

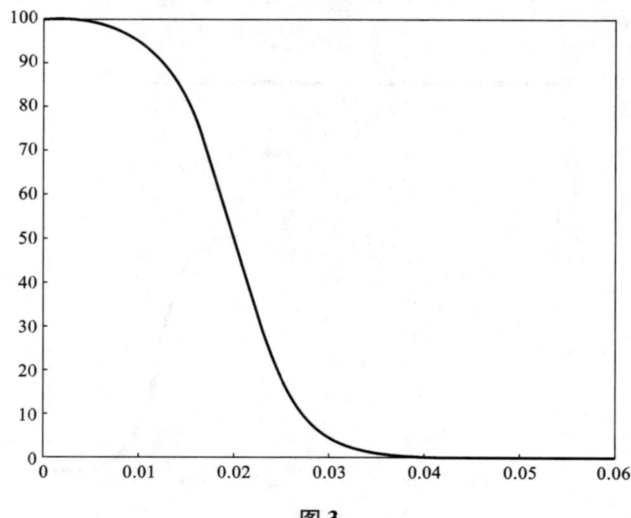

图 3

（4）弓网接触力特征函数及函数曲线图（见图4）

$$y_{f\max}=\begin{cases}100, & F_{\max}<\overline{F}+3\times F_{\text{std}}\\ 100\times\left(1-\dfrac{1}{1+\exp(0.2\times(\overline{F}+3\times F_{\text{std}}+25-F_{\max}))}\right), & F_{\max}\geqslant\overline{F}+3\times F_{\text{std}};\end{cases}$$

$$y_{f\text{std}}=\begin{cases}100, & F_{\text{std}}\leqslant 0.3\times F_v\\ 100\times\left(1-\dfrac{1}{1+\exp(0.2\times(0.3\times F_v+25-\overline{F}))}\right), & F_{\text{std}}>0.3\times F_v;\end{cases}\tag{6}$$

$y_f=0.5\times y_{f\max}+0.5\times y_{f\text{std}}$;

$F_v=0.00097\times\text{mean}(^{v}_{i})2+70$; $F_{\max}=\max(x_i)$, $i=1,2,3,\cdots,n$;

$\overline{F}=\text{mean}(x_i)$, $i=1,2,3,\cdots,n$; $F_{\text{std}}=\sqrt{\dfrac{1}{n}\sum_{i=1}^{n}(F_i-\overline{F})^2}$, $i=1,2,3,\cdots,n$。

式（6）中：n 为一跨测量点总个数，v_i 为第 i 个测量点检测车对应的速度，x_i 为第 i 个测量点的接触力实际测量值，F_v 为一跨内通过速度 v_i 得到的接触力理论值，F_{std}为一跨内接触力的标准差。

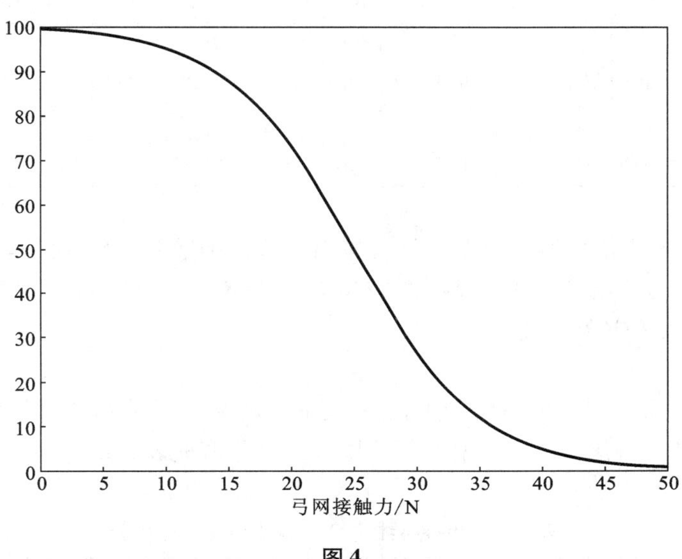

图4

CQI是以正线公里为单元的，其中接触线高度、拉出值、接触力是以跨为计算步长单位，即是将一跨内的所有检测点的值代入对应特征函数中计算得到该跨的各参数得分，燃弧率是以公里为计算步长单位，得分计算类似。一个单元内的CQI得分 b_{CQI}为各跨接触线高度平均得分 H、各跨拉出值平均得分 Z、各跨接触力平均得分 F、本单元内燃弧率得分 S 之和再除以400，其表达式如下：

$$b_{\text{CQI}}=\frac{\sum(H+Z+F+S)}{400}\tag{7}$$

一个区段内的CQI得分 b_i 为区段内各单元CQI得分的平均值，其表达是为：

$$b_i=\text{mean}(b_{\text{CQI}})\tag{8}$$

2　各参数动态检测情况对CQI得分的影响

目前我国使用的高速铁路综合检测列车，检测数据是按250 mm等距离输出的，即一个检测单元输出4000组检测数据，为了便于工程计算，一个检测单元只等距离选取400组数据，一跨按50 m则等距选取20组检测数据，并选取衡柳线下行的检测数据进行计算。

2.1　拉出值

根据拉出值特性函数（1）的特征，为表征拉出值对CQI得分影响情况选取4跨各20个拉出值检测数据，具体数据即各数据对应得分值如表 1 所示。

表 1 一跨拉出值检测数值及对应得分

一跨内拉出值/mm	468	444	405	347	315	281	199	163	133	95	64	33	3	40	70	93	122	137	157	185
得分	59.022	100	100	100	100	100	100	100	100	100	100	100	100	100	100	100	100	100	100	100
一跨内拉出值/mm	477	324	239	193	145	155	121	39	59	7	12	24	15	26	81	145	176	229	277	392
得分	58.480	100	100	100	100	100	100	100	100	100	100	100	100	100	100	100	100	100	100	100
一跨内拉出值/mm	485	391	268	224	179	96	42	3	59	87	111	135	118	90	67	37	65	127	240	364
得分	57.760	100	100	100	100	100	100	100	100	100	100	100	100	100	100	100	100	100	100	100
一跨内拉出值/mm	501	485	462	417	403	376	346	312	248	220	160	209	223	257	272	280	289	291	305	337
得分	55.2	57.8	59.3	100	100	100	100	100	100	100	100	100	100	100	100	100	100	100	100	100

由表 1 数据可知，各拉出值检测数值得分符合拉出值特征函数曲线图，根据 4 跨各拉出值检测值得分可得出各跨拉出值平均得分 Z 分别为 97.951、97.924、97.888、93.615。根据此得分结果可知，区段超出 450 mm 的拉出值的值越大 *CQI* 指数得分率越低。

2.2 接触线高度

根据接触线高度特性函数(2)的特征，为能更好表征接触线高度对 *CQI* 得分影响情况选取 4 组一跨 20 个接触线高度检测数据进行对比，具体数据即各数据对应得分值如表 2 所示。

表 2 一跨接触线高度检测数据及对应得分

一跨内接触线高度/mm																				H_{std}	得分
6059	6064	6067	6068	6109	6075	6074	6064	6047	6037	6025	6008	6002	5989	5974	5959	5950	5950	5889	5949	58.036	98.964
6062	6048	6069	6014	6050	6088	6061	6045	6089	6025	6002	5989	5964	5958	5968	5975	5978	5960	5986	5978	44.994	99.297
6032	6023	6024	6033	6036	6034	6016	6023	6014	6010	6006	6002	5998	5994	5990	5986	5982	5978	5979	5974	20.716	99.659
6115	6112	6117	6113	6105	6112	6119	6105	6119	6115	6117	6114	6111	6118	6115	6112	6119	6116	6113	6110	4.082	99.793

由表 2 数据可知，各跨接触线高度检测数据得分符合接触线高度特征函数曲线图，根据各组接触线高度值得分可知影响接触线得分因数为一跨接触线高度的标准差 H_{std}，即一跨接触线高度的离散程度，离散程度越大，标准差数值越大，得分则越低，也反映接触线弓网平顺性越差。根据此得分结果可知，接触线高度离散程度是影响 *CQI* 得分主要因数。

2.3 燃弧率

弓网燃弧的产生主要是因为高速运行状态下弓网离线导致，运行速度越高，弓网动态接触力的标准偏差越大，相应的弓网震动也会增加。由燃弧率特性函数(3)的特征，仍选取衡柳线下行的检测数据，计算得分情况来表征燃弧率对 *CQI* 得分的影响情况，具体数据如表 3 所示。

表 3　一公里燃弧率检测值及对应得分

列车运行速度/(km·h^{-1})	燃弧次数	大于 5 ms 燃弧总时长/ms	运行时长/s	燃弧率	得分
120	10	92	29.9	0.003	99.304
153	19	1442	23.5	0.061	0.0004
182	18	351	19.8	0.017	71.095
196	20	2637	18.4	0.143	0

由表 3 数据可知，燃弧率检测数值得分符合燃弧率特征函数曲线图，由此可知，燃弧率得分主要受大于 5 ms 燃弧总时长及运行速度有关，对同一区段的接触网设备，运行速度越快燃弧次和燃弧总时长也相应增加，燃弧率变大，得分则越低，对区段 CQI 得分影响也就越大。

2.4　弓网接触力

接触网和受电弓是两个相对独立的震动子系统，弓网接触力将二者耦合在一起。接触网系统中的分段绝缘器、线岔、锚段关节、电连接线夹、中心锚节线夹、吊弦线夹等负荷较集中处所，质量分布不均匀，使得接触网弹性不均匀。高速运行状态下弓网系统会发生复杂的随机震动，弓网接触力的大小也随之发生变化。根据弓网接触力的特性函数的特征，为表征弓网接触力对 *CQI* 得分影响情况只选取一跨 20 个接触力检测数据，具体数据即各数据对应得分值如表 4 及表 5 所示。

表 4　一跨弓网接触力检测数据

接触力/N	88	86	81	92	93	86	88	81	82	95	102	99	94	91	99	112	103	105	106	109
速度/(km·h^{-1})	112	112	112	112	112	112	112	112	112	112	112	112	112	112	112	112	112	112	112	112
接触力/N	101	94	134	210	225	216	208	152	120	101	109	130	120	121	161	217	165	200	200	200
速度/(km·h^{-1})	184	184	184	184	184	184	184	184	184	184	184	184	184	184	184	184	184	184	184	184
接触力/N	96	91	132	170	156	126	207	211	179	171	141	136	189	216	163	153	134	127	120	123
速度/(km·h^{-1})	184	184	184	184	184	184	184	184	184	184	184	184	184	184	184	184	184	184	184	184
接触力/N	143	155	142	139	155	141	173	172	133	134	165	158	141	142	184	166	188	168	150	161
速度/(km·h^{-1})	184	184	184	184	184	184	184	184	184	184	184	184	184	184	184	184	184	184	184	184

表 5　一跨弓网接触力检测数据得分

Fv	F_{max}	F_{mean}	F_{std}	得分
82.168	112	94.6	7.86	100
102.840	225	159.2	41	50
102.840	216	152.05	29.45	100
102.840	188	155.5	13.55	100

由表 4、表 5 的数据可知，弓网接触力检测数值得分符合弓网接触力特征函数曲线图，由此可知，弓网接触力得分主要跟最大一跨内最大接触力、接触力平均值、以及接触力的标准差有关，从以上 4 组数据可知，最主要因素取决于接触力的标准差 F_{std}，即一跨内接触力的离散程度，越离散得分则越低，对区段 CQI 得分影响也就越大。

3 提高线路 CQI 指数的措施

通过以上对接触网动态检测的 4 项基本参数检测值的得分运算及其结果可知，要提高线路 CQI 指数可从以下几方面进行。

(1)调整接触线动态检测超过 450 mm 及以上的拉出值缺陷，保证接触线动态情况下任何一处拉出值不大于 450mm。直线区段重点对定位处所的拉出值进行复核调整，曲线区段则需对定位及跨中拉出值进行复核，调整拉出值最大处所。

(2)降低接触线高度的离散程度，即结合各个检测单元，根据波形图接触线高度的变化程度，在保证接触线高度满足要求的情况下将接触线高度调整到尽可能的拟合至某一高度值。如某一检测单元内接线线高度突增点或突降点，则将其进行调整。

(3)减少接触线燃弧率及接触力的影响，主要因数取决于接触线的平顺性，重点对接触线硬弯、高差变化大缺陷点以及电连接线夹、中心锚节线夹等负荷集中处接触线高度有无抬高等进行整治。

4 结束语

我国高速铁路正处于高速发展阶段，并朝着高速度等级、智能化、更加舒性的方向发展。优良的接触网线路是为高铁列车提供安全、稳定、可靠供电的重要保障。CQI 指数的高低直接反应了接触网线路的优良情况，本文结合衡柳线实际动态检测数据，详细计算了 4 项基本参数动态检测值对 CQI 指数的影响情况，通过对计算结果的分析，较为直观地剖析了 CQI 指数评价的原理，并提出了提高 CQI 指数的具体措施，为不断改善接触网运行质量提供参考。

参考文献

[1] 曹冰，刑西沙，连继亮. 高速铁路检测技术的探讨与应用[J]. 科技视界，2015，(4)：402 - 404.
[2] 代富强. 城市轨道交通弓网燃弧检测与分析[J]. 现代城市轨道交通，2014，(3)：89 - 92.
[3] 王婧，张文轩. 高速铁路弓网燃弧率评价标准探讨[J]. 铁道技术监督，2017，45(1)：7 - 9，16.
[4] 刘会平. 接触网动态检测综合评价指标研究[J]. 铁道机车车辆，2018，38(2)：32 - 35.
[5] 李加俊. 地铁接触网动态检测超限数据复核及调整方法研究[J]. 机电信息，2019，(12)：50 - 51.

作者简介

贲能成，中国铁路南宁局集团有限公司柳州供电段，助理工程师
苏光霖，中国铁路南宁局集团有限公司柳州供电段，科长

接触网号码牌技术条件规范化研讨

高 攀 胡晓磊 赵剑峰

摘 要： 接触网号码牌是表示接触网支柱、吊柱、单独的附加悬挂支柱及隧道定位点等处所顺序编号的标识牌。是接触网运行、检修、检测监测工作的重要依据，可以有效地指示故障地点、检修位置、检测标识、接挂地线位置等等。一旦接触网号码牌指示错误，轻则挂错接地线造成接触网跳闸，重则造成人员误登支柱，影响人身安全。本文主要从接触网号码牌技术条件进行研讨，规范了接触网号码牌的样式、规格、材料、产品质量、包装等要求，规定了安装技术要求，填补了此项空白。

0 引言

接触网号码牌在接触网零部件中是最简单的一类，但同时也是最重要的之一。在电气化铁路发展过程中，接触网号码牌出现过许多种类，如：肩架式、粘贴式、标画式、悬挂式、铆固式等等；固定的位置也是多种多样，有在支柱侧面的，有在支柱表面的，也有在平腕臂上的。种类繁多，造成维护困难，掉落风险增加，同时在紧固的过程中携带的工具、材料也不同。接触网号码牌的技术条件在全路范围内是一个空白，通过规范接触网号码牌的技术条件，可以有效地提高其安全性、可靠性，同时在维护过程中也能减轻职工的工作量。

1 接触网号码牌引发的典型事故及分析

1.1 典型事故

1.1.1 接触网号码牌刮碰动车组

2019 年 3 月 19 日 20 时 52 分，某局集团公司动车组运行过程中，TEDS 发现该车 4 号车 1 位转向架运行方向左侧挂异物，停车后，随车机械师发现转向架抗蛇形减震器处挂有一个号码为“2193”的金属接触网号码牌，取下后开车，区间停车 14 分钟。

1.1.2 误挂接地线造成接触网跳闸

2018 年 4 月 7 日 0 时 33 分，某局集团公司某某供电段，在进行枢纽地区普速接触网设备全面检查时，因高铁、普速接触网设备同杆架设在一根雨棚柱上，只悬挂了一个号码牌，在接挂地线时，挂向了高铁接触网设备的腕臂，造成接触网跳闸。

1.1.3 误登杆造成人身伤害

2010 年 8 月 10 日 2 时 10 分，某局集团公司某某供电段，在检修接触网设备时，由于靠近接触网关节式电分相，且关节式电分相处接触网号码牌缺失，同时由于工作领导人的错误指挥，造成作业人员误登有电侧接触网支柱，电伤后坠落身亡。

1.2 事故分析

上述典型事故，有一定的偶然性，但也有很大的必然性。接触网号码牌在电气化铁路发展过程中，引起的重视程度不足，如 2019 年 3 月份发生的号码牌刮碰动车组事故，在事故发生的 5 天前，相关供电段已经通过 2C 检测发现该号码牌肩架一侧的固定螺栓脱落，但仅定为二级缺陷，放置在缺陷库中，未进行处理，最终导致了事故的发生。再有误挂地线的事故，如果在该雨棚柱上悬挂的号码牌能够区别高铁和普速设备，相信可以避免造成跳闸。

在高速铁路不断发展的今天，我们从事接触网专业工作的干部、职工，高铁意识已经有些赶不上时代，如某集团公司某客专线，全线共有肩架式号码牌 14148 个，每年脱落近 1%，也就是将近 140 个，但该集团公司只是僵化的执行“脱落 1 处、加装 1 处”的保守措施，没有进一步从源头研究解决措施。

2 明确接触网号码牌技术条件

为减少接触网号码牌引起的各种事故、故障，从技术条件上规范接触网号码牌的样式、规格、材料、及安装技术要求。填补接触网号码牌的技术空白。

2.1 接触网号码编号原则

2.1.1 组成

接触网号码牌由三段组成，分别为：顺序号、前缀和后缀。一般情况下只使用顺序号；多线并行区段或特殊用途时，编号时增加前缀；既有线新增设施后，编号时增加后缀。顺序号的编号原则见 2.1.2，前缀原则见 2.1.3，后缀原则见 2.1.4。接触网号码牌示例如图 1 所示。

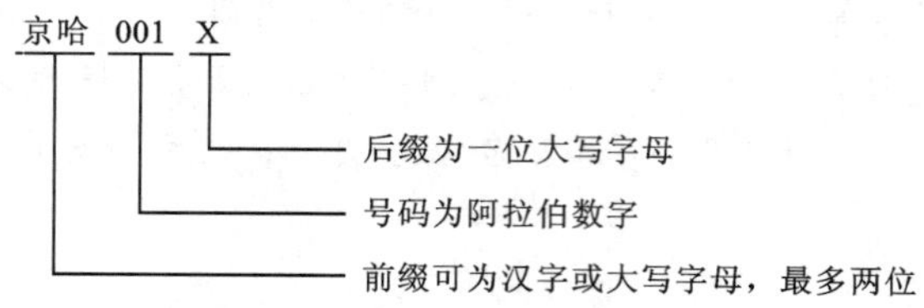

图 1 接触网号码牌示例

2.1.2 顺序号编号原则

(a)每个区间、车站的接触网应独立编号，支柱、吊柱应按线路公里标方向统一顺序编号，上行为双号、下行为单号。

(b)每个隧道内的接触网定位点应独立编号，按线路公里标方向顺序编号，上行为双号、下行为单号。

(c)单独的附加悬挂支柱，按出所方向分别顺序编号。

(d)顺序号一般可分为三位、四位数字两种，号码达不到本区间或车站最大位数时，以“0”补充前面空位。

2.1.3 前缀原则

(a)多线路并行区段使用汉字的线路简称，如“京哈”。

(b)单独的附件悬挂支柱编号时，加汉字“供”、“回”等。

2.1.4 后缀原则

既有线新增设施后使用大写字母，如“X”。

2.2 样式

2.2.1 号码牌根据安装位置的不同，可采取竖排和横排两种方式，同一条线路宜保持一致。号码牌样式示例如图 2 所示。

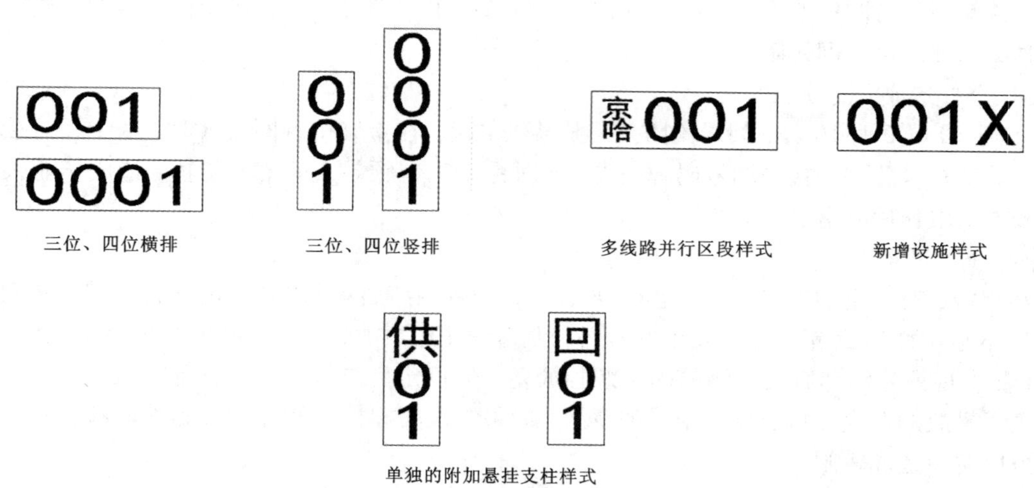

图 2 接触网号码牌样式示例

2.3　规格

2.3.1　一般规格

(a)竖排：三位号码牌为 150 mm×410 mm，四位号码牌为 150 mm×540mm。

(b)横排：三位号码牌为 150 mm×360 mm，四位号码牌为 150 mm×470 mm。

(c)号码牌应采用白底、黑字，不设置边框；白底为白色反光膜，黑字为黑色油墨喷涂或印刷，字体为黑体，数字高度和宽度为 120 mm×100 mm。尺寸示例如图 3 所示。

(d)号码牌应平整，表面无明显划痕、条纹、气泡和颜色不均匀等缺陷。号码牌外形尺寸极限偏差为 ±3 mm。

(e)号码牌尺寸应优先遵守一般规格尺寸；不满足安装条件时，可按照 2.3.2 的推荐方式确定。

2.3.2　特殊规格

(a)各类型支柱有号码牌预留安装位置的，号码牌尺寸应与预留安装位置保持一致。

(b)格构式钢柱、横腹杆式混凝土支柱没有预留号码牌安装位置的，宜采用竖排规格号码牌，号码牌尺寸与选定安装位置尺寸相匹配。

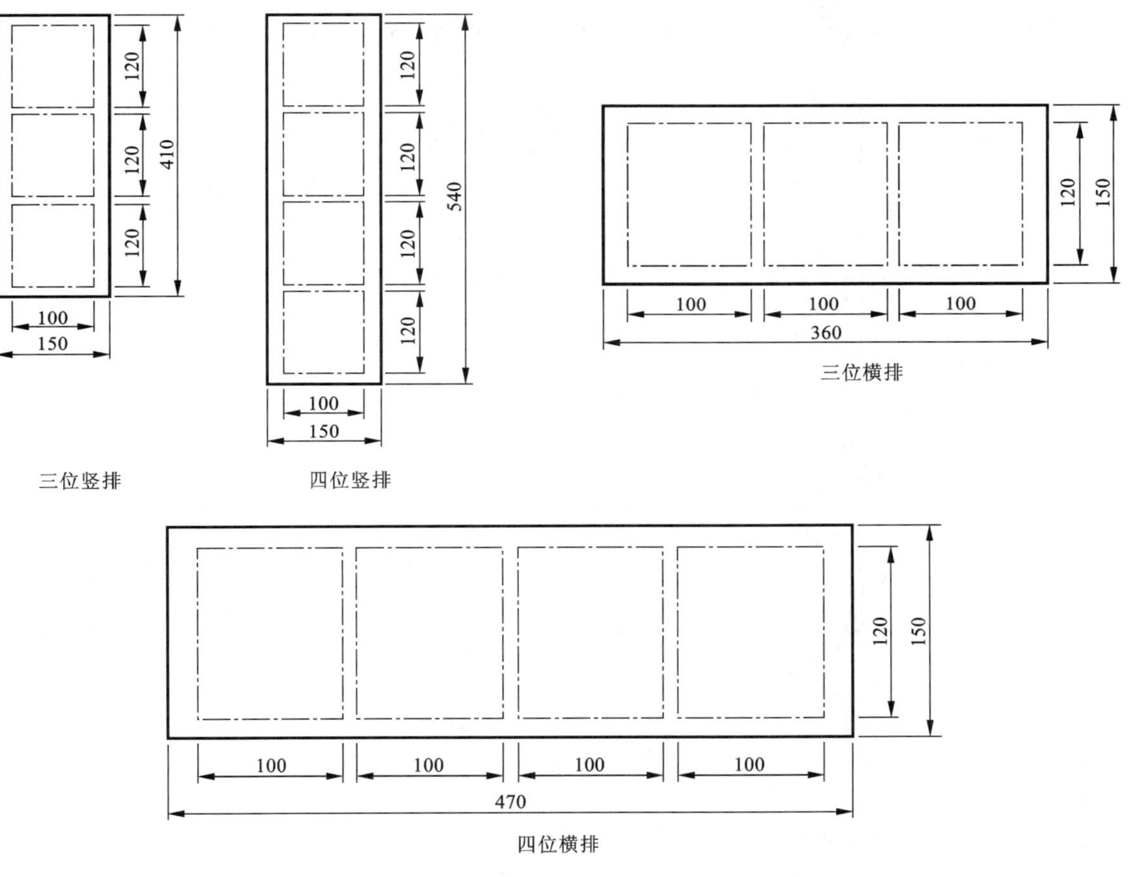

图 3　接触网号码牌尺寸示例(mm)

2.4　材料

2.4.1　材质

号码牌宜采用软质非金属性材料，正面为反光膜，背面为不干胶，厚度为 0.15 mm 至 0.4 mm。号码牌不得拼接。

2.4.2　反光膜要求

(a)号码牌反光膜材质应符合 GB/T 18833—2012，采用不低于Ⅲ类、Ⅳ类或Ⅴ类反光膜。

(b)反光膜的色度性能、逆反射性能、耐候性能、耐盐雾腐蚀性能、抗冲击性能、耐高低温性能均应符合 GB/T 18833—2012 的规定。

(c)反光涂料或油墨附着性能应达到 GB/T 1720—1979 中三级以上的要求。

2.4.3 胶粘剂要求

胶粘剂采用无毒环保材料，保证号码牌粘贴后牢固、可靠。

2.5 安装

2.5.1 安装要求

(a)号码牌应采用粘贴式。

(b)高速铁路每根接触网支柱顺线路两侧及田野侧均应安装号码牌，普速铁路每根接触网支柱顺线路两侧应安装号码牌。

(c)支柱表面粘贴号码牌时，应将支柱表面清理干净，并保持干燥，应满足粘贴剂允许的温度、湿度等环境要求。

2.5.2 安装位置

(a)H 型钢柱号码牌安装

H 型钢柱号码牌粘贴于 H 型钢柱腹板上，号码牌上边缘距离内轨顶面标准为 1.5 m，视具体情况可为 1.5 ~ 1.8 m；田野侧号码牌应黏贴于 H 型钢柱的翼板上，号码牌上边缘距离内轨顶面标准为 4.5 m，视具体情况可为 4.0 ~ 5.0 m，如有坠砣串、声屏障等装备遮挡，可将号码牌位置适当提高，见图 4。

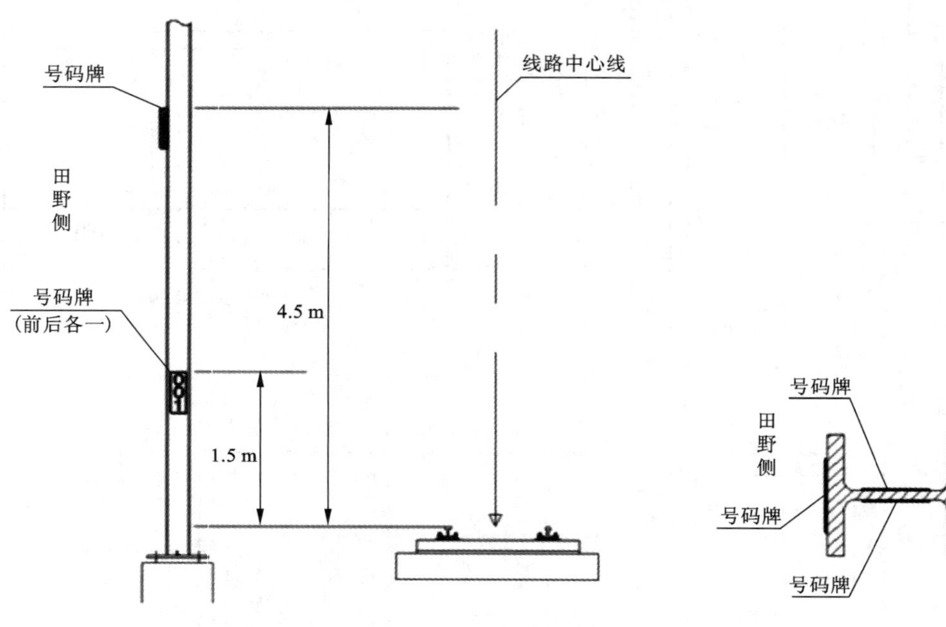

图 4 H 型支柱号码牌位置示意

(b)等径圆柱号码牌安装

等径圆柱号码牌应粘贴于支柱表面，号码牌上边缘距离内轨顶面标准为 1.5 m，视具体情况可为 1.5 ~ 1.8 m；田野侧号码牌上边缘距离内轨顶面标准为 4.5 m，视具体情况可为 4.0 ~ 5.0 m，如有坠砣串、声屏障等装备遮挡，可将号码牌位置适当提高，见图 5。

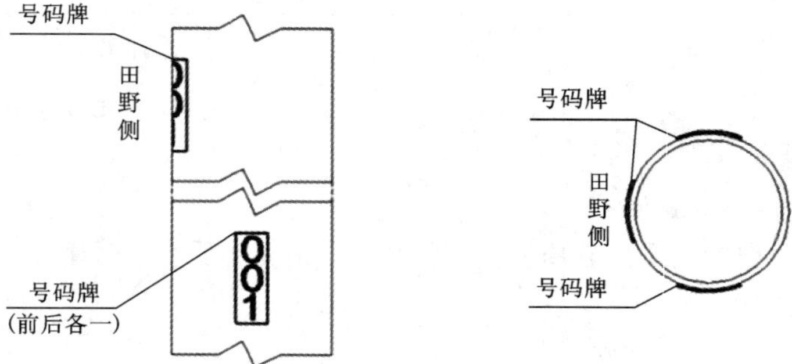

图 5 等径圆柱号码牌位置示意

(c)格构式钢柱号码牌安装

格构式钢柱号码牌一般粘贴于预留号码牌安装位置，没有预留号码牌安装位置的安装在田野侧主角钢的两面，高度与相邻区间、站场的 H 型钢柱、横腹杆式混凝土支柱号码牌宜保持一致，见图 6。

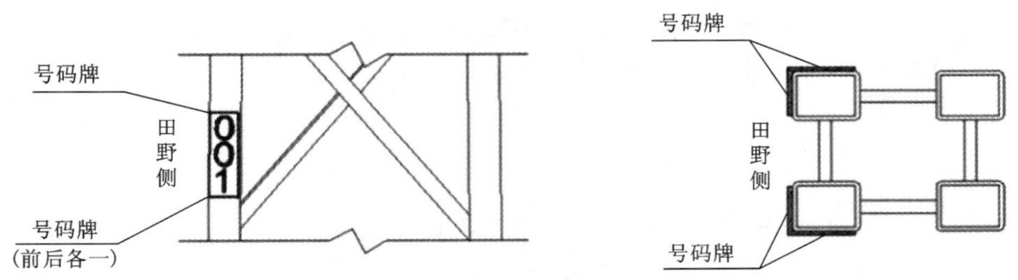

图 6　格构式钢柱号码牌安装示意

（d）吊柱号码牌安装

吊柱号码牌黏贴于吊柱表面，号码牌下边缘高于下腕臂底座标准为 0.3 m，视具体情况可为 0.2 ~ 0.5 m，雨棚柱号码牌上边缘距离内轨顶面标准为 4.5 m，视具体情况可为 4.5 ~ 5.0 m，见图 7。

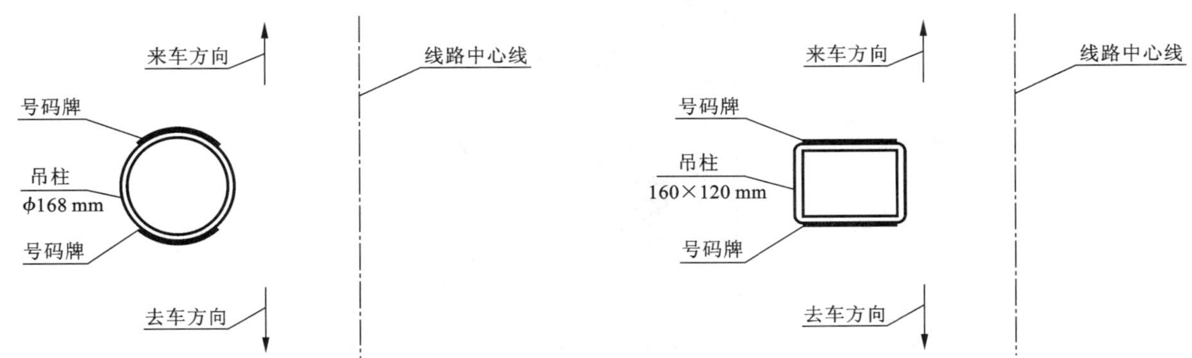

图 7　吊柱号码牌位置示意

（e）横腹杆式混凝土支柱

横腹杆式混凝土支柱号码牌一般黏贴于预留号码牌安装位置，没有预留号码牌安装位置的粘贴于预处理过的支柱表面，号码牌安装在从下部起第一个与第二个扁孔之间，居中黏贴，见图 8。

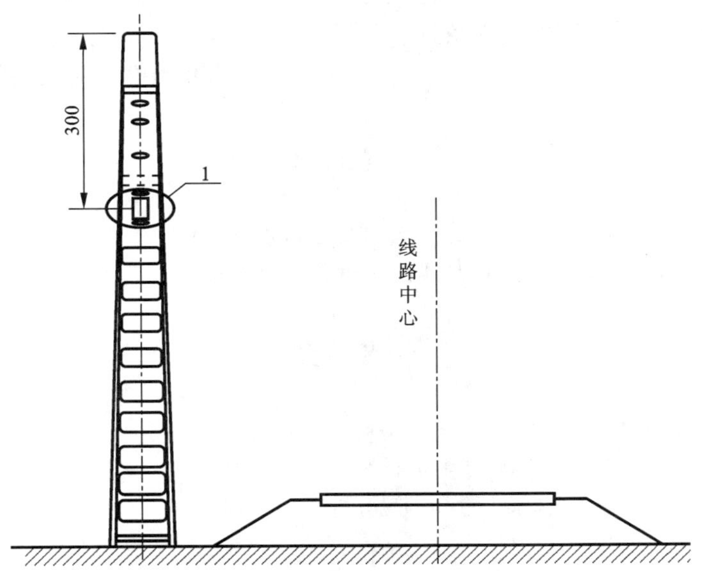

图 8　横腹杆式预应力混凝土支柱号码牌安装示意

(f)隧道壁号码牌安装

隧道内安装号码牌时，应直接将号码牌粘贴在行车方向左侧隧道壁上，号码牌上边缘距离内轨顶面为 1.5 m，视具体情况可为 1.5 ~1.8 m，见图 9。

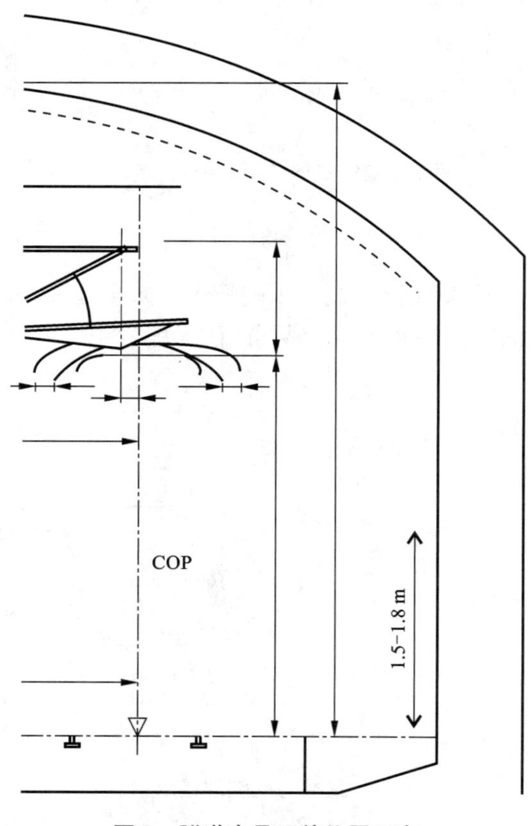

图 9 隧道内号码牌位置示意

3 结束语

综上所述，随着中国铁路的不断变化和高速铁路的不断发展，对接触网标准化、规范化、统一化的要求越来越高，通过规范接触网号码牌的技术条件，在制作工艺、安装标准上达到精细化管理，可以有效的填补全路的空白，逐步进行推广，从技术上、管理上保障安全，为我国电气化铁路的发展奠定坚实的基础。

参考文献

[1] 中国铁路总公司. 高速铁路接触网运行维修规则(铁总运〔2015〕362 号)[M]. 北京：中国铁道出版社，2015.
[2] 中国铁路总公司. 普速铁路接触网运行维修规则(铁总运〔2017〕9 号)[M]. 北京：中国铁道出版社，2017.

作者简介

高攀，中国铁路北京局集团有限公司工电检测所供电检测分析室，工程师
胡晓磊，中国铁路北京局集团有限公司工电检测所供电检测分析室，高级工程师
赵剑峰，中国铁路北京局集团有限公司工电检测所供电检测分析室，高级工程师

牵引供电系统智能运维手段——基于6C的在线监测系统

张　珹

摘　要： 本文依托6C技术规范和相关标准，提出了基于大数据框架下的接触网接触式监测和非接触式监测相融合的监测系统，该系统可与6C数据中心结合，通过数据融合后进入大数据分析中心，通过应用系统完成数据价值的挖掘，实现接触网系统的故障预测及健康管理功能。

0　引言

随着电气化铁路，尤其是高速铁路的不断发展和完善，铁路系统格局已从大规模建设期逐渐转变为既有设施运营维护与设备管理阶段，提质增效、保障安全已成为铁路运输长期关注的重点。铁路运输装备发生了质的飞越，对电气化铁路运营品质提出了更高要求。

接触网系统是电气化铁路系统重要的组成部分，其沿线露天布置，线长点多且无备用，气温、风、雨、雪等外部环境因素发生较大变化时将严重影响其安全可靠性，威胁铁路运行安全。以高速铁路接触网检测监测系统（6C系统）为主的检测监测手段以及用于保证电气化铁路接触网运营安全可靠的《铁路接触网运行维修规则》正在逐步完善，可对电气化铁路牵引供电系统进行全方位、全覆盖的综合检测。

接触网系统的监测工作可分为接触式监测和非接触式监测两种方式，接触式监测是利用传感器采集接触网系统上关键设施和设备的参数，数据一般为关系型数据，具有实时性强、响应速度快、历史数据可追溯、可连续采集、直接反应系统状态信息等特点。其可对实时数据进行阈值设置，实现异常数据的报警，也可应用大数据技术对历史数据进行关联分析，直接反应接触网系统运行状态，实现隐藏缺陷的预警功能。非接触式监测是利用安装在列车或铁路沿线的摄像装置对接触网系统进行图像、视频和音频采集，数据一般为非关系型数据，具有视角多样、直观可见、适应性强、安全可靠等特点。可利用大数据技术优势结合先进的深度学习算法，大幅提升缺陷识别效率和响应速度，实现接触网非接触式监测的实时分析诊断，摆脱人工干预模式，提升分析诊断的准确度。

接触式监测方式可直接反映接触网系统运行状态，发现系统本身潜在的缺陷和故障，实现系统级的缺陷报警和预警，达到全生命周期状态修的目标；非接触式监测方式可直观呈现接触网系统外部异物入侵、系统参数异常和零部件故障状态等情况，从感官视觉层面直接反应缺陷和故障的状态，可提供应急指导维修方案，解决现场直接问题。根据工程特点统筹采用接触式监测和非接触监测，将两种方式的优势相互补充，并结合大数据技术优势，利用深度学习算法构建接触网系统智能监测方案，可实现对接触网系统监测的数字化、智能化、智慧化的变革，提升接触网系统全生命周期的安全性和可靠性，具有较强的技术应用和社会经济价值。

1　系统架构

接触网系统智能监测方案数据标准应符合6C技术规范标准要求，可直接纳入6C数据中心，通过数据融合后进入大数据分析中心，通过应用系统完成数据价值的挖掘，实现接触网系统的故障预测及健康管理功能。系统结构如图1所示。

基于6C系统的接触网大数据中心采用基于Hadoop的大数据架构。按功能可分为五层架构，分别为数据采集层，数据通信层，数据存储层，数据计算层，数据分析展现层。其中数据采集层包括接触式采集终端和非接触式采集终端。

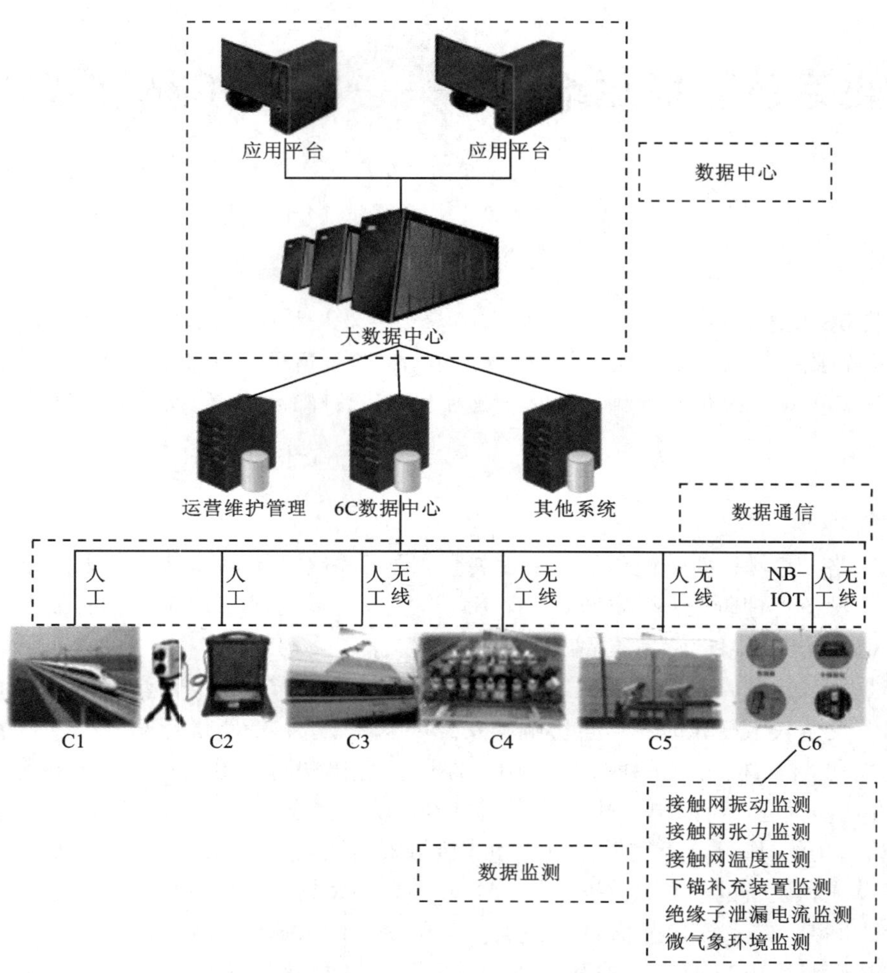

图 1　系统结构图

接触式采集终端包括：接触网振动监测、张力监测、温度监测、下锚补偿装置监测、绝缘子泄漏电流监测、微气象环境监测等方面。

非接触式监测终端包括：既有 C2、C4、C5 监测系统，移动监测小车系统、机器人系统等。

接触网大数据中心需要承担整个接触网系统的监测和运维数据的存储、分析与决策。其软件架构由五个部分组成：Hadoop 基础平台、分布式内存分析引擎、分布式机器学习引擎、分布式实时在线数据处理引擎和流处理引擎。

接触网大数据中心应利用各类监测数据，并结合接触网研究经验，利用分布式算法开发适用接触网系统的故障诊断和缺陷预警的算法分析模型。利用深度学习算法和多维度数据资源，整合多种算法构建关联性分析模型，形成接触网系统故障报警、设备状态修、隐性故障预警等业务体系，形成接触网系统可视化决策部署方案。

2　接触式监测方式

接触式监测方式是利用传感设备直接获取接触网系统关键部位的实时数据，监测数据可实时准确反映监测对象的变化情况。结合接触网系统的理论知识和运营经验，通过设置阈值限实现关键部位运行状态的警告和报警，通过长期数据监测的积累，运用大数据分析方法挖掘数据变化规律、关联基础数据，实现关键部件运行状态的预测和预警。接触式监测方案由安装在沿线接触网上的多类型传感模块构成，结合物联网、大数据、云计算等新兴技术优势，实现对接触网关键参数的实时监测。系统组成如图 2 所示。

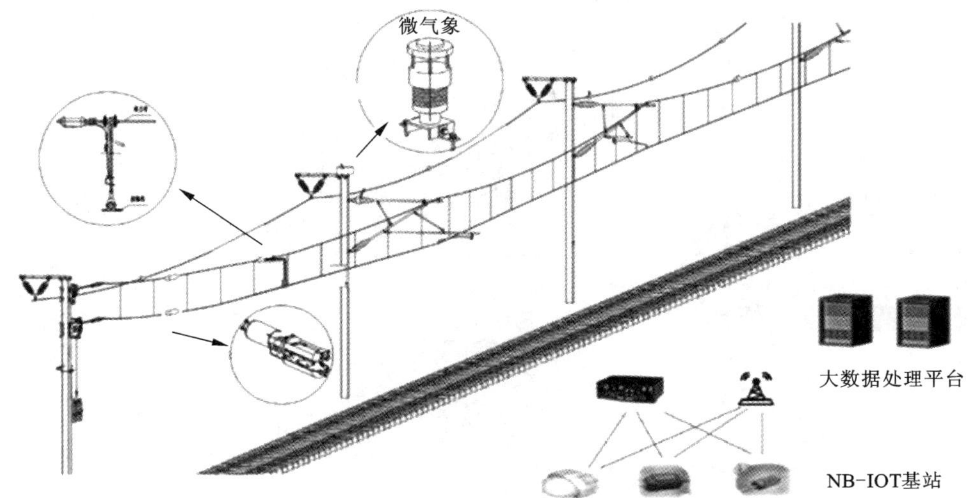

图 2 接触式监测系统组成图

接触式传感模块用于实时监测接触网系统中关键部件，如振动、张力、下锚补偿装置、绝缘子、微气象环境等监测(如图 3－图 8 所示)。

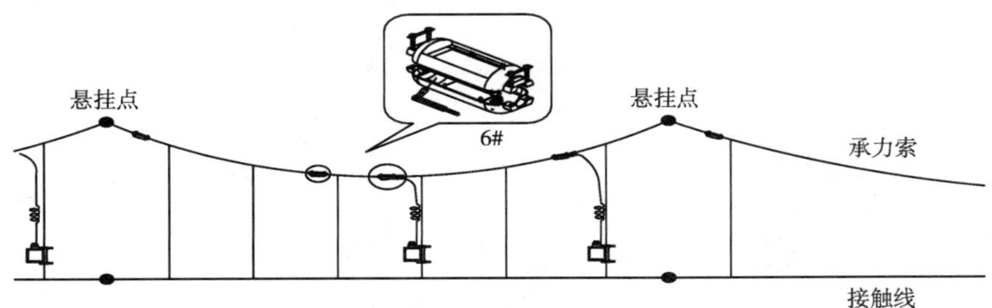

图 3 承力索监测模块

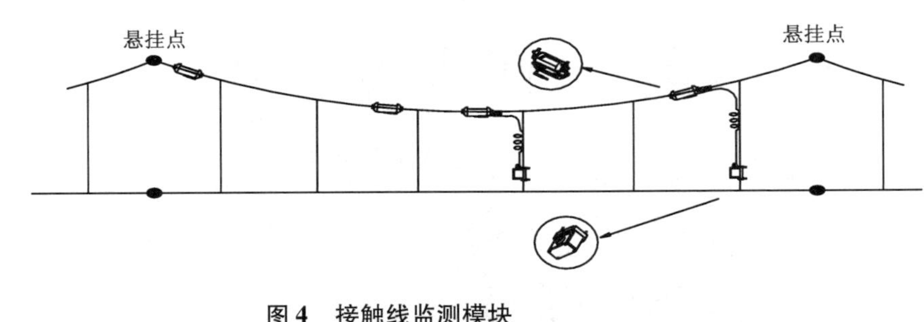

图 4 接触线监测模块

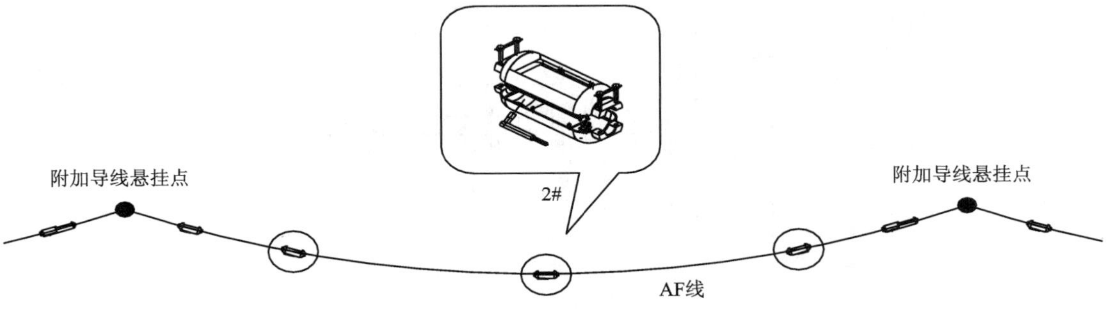

图 5 附加导线监测模块

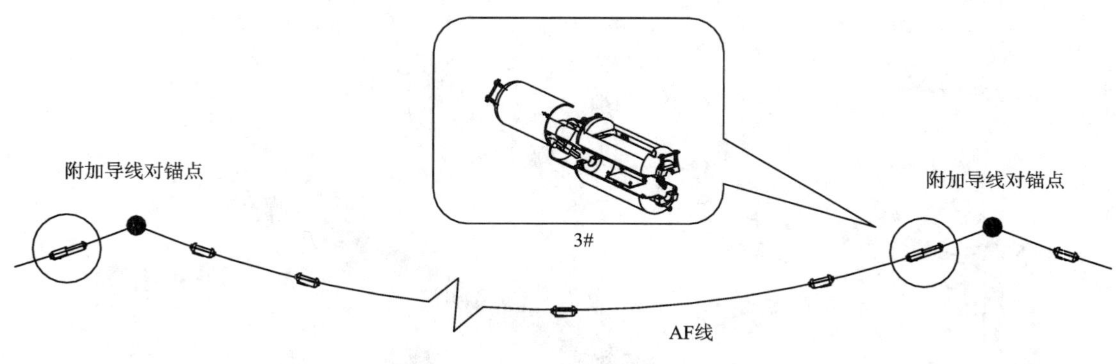

图 6 张力监测模块

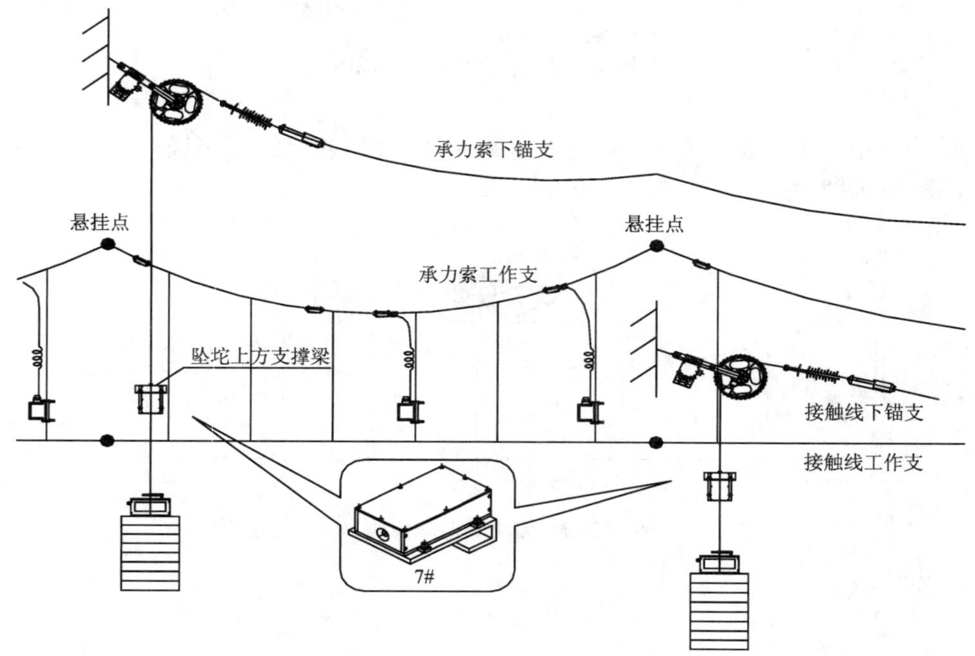

图 7 下锚补偿装置监测模块

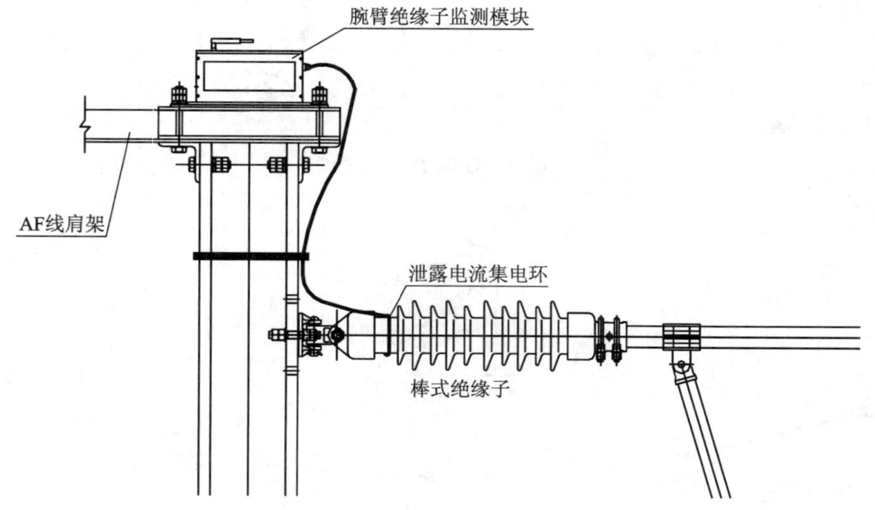

图 8 绝缘子监测模块

3　非接触式监测方式

非接触式监测方式是以铁路供电6C系统综合监测检测视频图像信息数据为基础，构建基于GPU硬件架构大数据分析平台，通过视频图像处理技术和深度学习等方法，对接触网视频图像数据中的异常现象进行识别，形成一套分布式接触网视频图像智能监测系统。系统组成如图9所示。

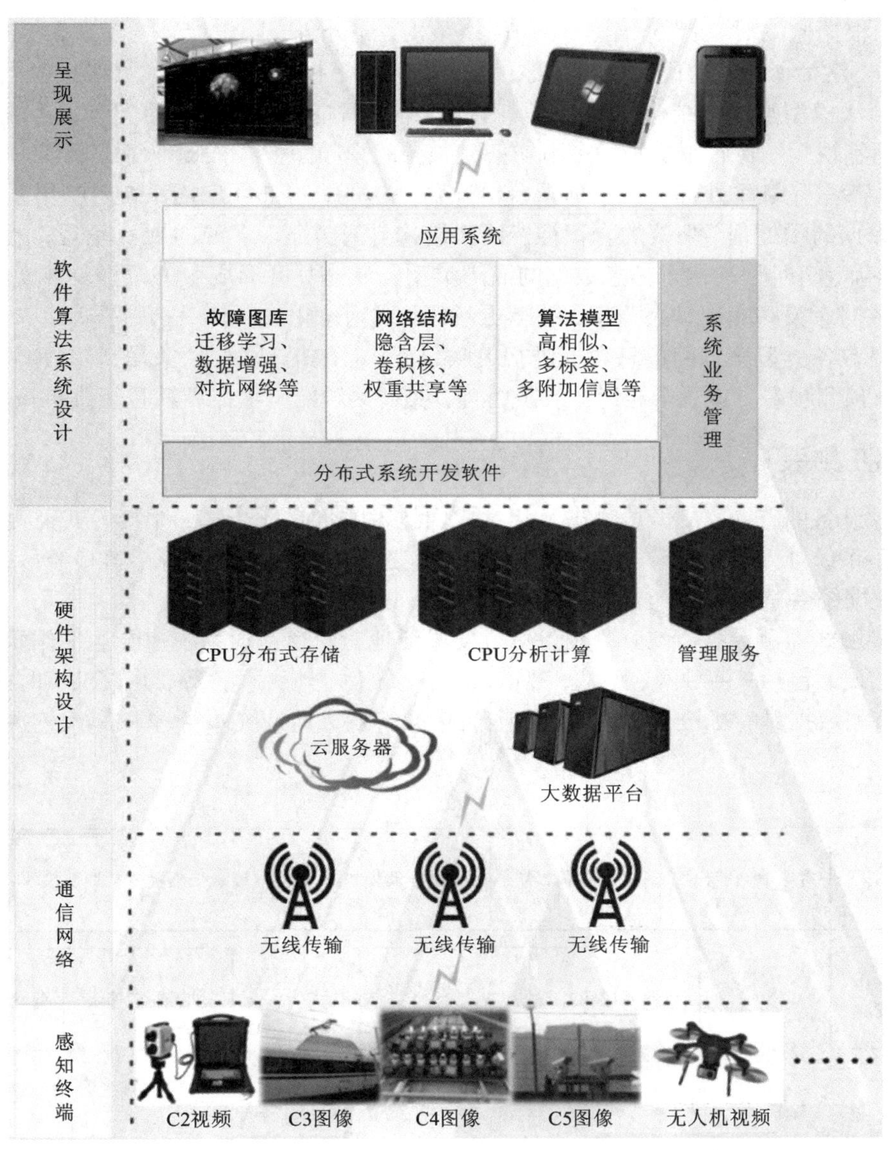

图9　非接触式监测系统组成

以基于非接触式视频、图像、音频等信息数据的接触网运行监测需求为导向，研究在大数据环境下基于深度学习的非结构化信息数据，形成智能监测系统，系统主要包括：①感知终端；②通信网络；③硬件系统；④算法分析；⑤呈现展示。

整个系统可对相似度高、信息多样的接触网视频、图像、音频等信息数据进行高效、高准确度的分类与识别，结合接触网多类型故障的辨识结果形成决策方案，并进行全方位、多维度、深层次的展示。

(1)感知终端：实现视频、图像、音频等信息数据的采集，具备采集数据及实时传输的能力，同时具备高速缓存可暂存信息数据，可增强信息数据的可靠性，包括：固定摄像机、固定照相机、车载摄像机、车载照相机、无人机、机器人、移动监测小车、音频采集终端等信息采集设备。

(2)通信网络：采用先进的无线传输技术，实现视频、图像、音频等信息数据的实时传输，可保证信息数据传输的时效性、安全性、可靠性要求，包括：LTE、NB－Iot、TCP/IP、彩信、3G、4G、5G 等主流传输方式。

(3)硬件系统：多台分布式大数据服务器构成或利用大数据云服务，用于信息数据的存储、分布式分析软件及算法、管理调度、GPU 计算等模块部署。通过对信息数据的分布式调用和并行计算，实现对接触网运营信息数据的实时监测与故障分析。

(4)算法分析：针对接触网信息数据训练集的多样性，需深入研究不同监测对象适合的深度学习网络的最优网络结构，根据监测对象特点，建立不同网络结构，充分研究隐含层结构形式，卷积核数量、权重共享参数、损失函数、激活函数、迭代次数、梯度下降的自适应等技术方法，形成针对接触网信息数据多类型高效网络结构。算法模型与网络结构相适应，具有高可靠、高精度、高标准的优势，具备针对高相似度视频图像标识、多标签视频图像特征提取、多附加信息融合的视频图像特征提取等方面能力。

(5)呈现展示：基于 GPU 处理的大数据平台实现开发功能，需部署应用系统，应用系统具备可靠的接触网多类型信息数据的预处理、高效的卷积神经网络结构计算方案，多源的展示呈现，高效的算法调用与运行，可快速、准确、实时呈现输入信息数据的故障类型与状态，可形成全方位、多维度、深层次的展示，并能与一杆一档数据库关联实现动态连接，动态更新，形成动态化的一杆一挡数据库。

应用系统可提取各类型接触网信息数据进行关联分析，获取信息数据之间的联系和规律，挖掘深层次的特征，提出超前预测预警方案，指导运营维护管理，实现接触网全生命周期智能维护策略。

4 非接触式监测装备

随着高清摄像设备的普及、成像检测车及相关成像技术的批量化生产，非接触式监测终端的种类日渐丰富。电气化铁路系统涉及多学科、多专业，监测终端应适应多专业监测需求，接口统一，操作灵活，实时性强，便于监测数据统一整合分析。

提供一种非接触式监测装备，该监测装备可方便灵活地对轨道交通系统多专业工作状态进行实时监测和固定地点重点监测，包括：接触网、路基、隧道、桥梁、轨道、轨旁设备等，并提供实时的图像、视频、音频等监测数据，监测数据具有标准化、统一化、全面化的特点，具备统一管理和深入挖掘的条件。监测装备组成如图 10 所示。

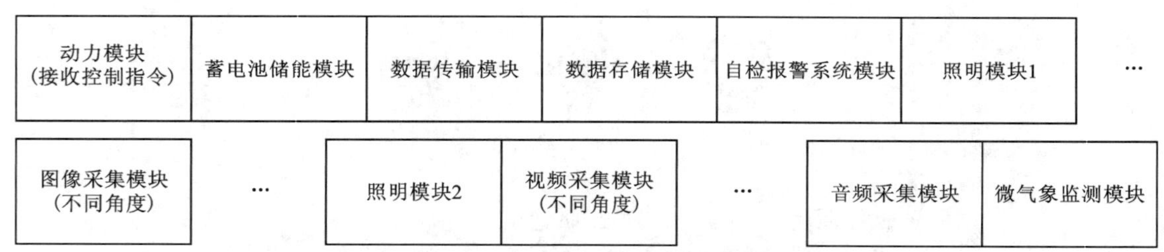

图 10 非接触式监测装备组成

监测装备由不同功能模块自由编组组成，各模块功能不同，可实现不同工作内容，且编组灵活多样，可根据具体作业内容进行不同模块编组完成监测任务，可方便增减更换编组监测模块，便于监测模块的检修维护，提高监测效率。功能模块可包括：动力模块、蓄电池储能模块、数据传输模块、数据存储模块、自检报警系统模块、照明模块、图像采集模块、视频采集模块、音频采集模块、数据采集模块、微气象监测模块等。各监测模块相互独立，可灵活配置形成监测装置。

监测装备安装于沿铁路线平行布置的滑道上，可对铁路全线进行监测，获取图像、视频、音频等监测数据，可监测到各专业系统部件工作状态，同时可监测列车通过时接触网与受电弓之间的动态过程，实现接触网静态和动态全方位的监测功能；监测装备可通过滑道获取电能，滑道由沿线设置的箱式变压器经变频器整流后供电。系统供电利用铁路沿线既有设备，不需要增设额外电源装置，可有效减少投资。非接触式监测装备安装如图 11 所示。

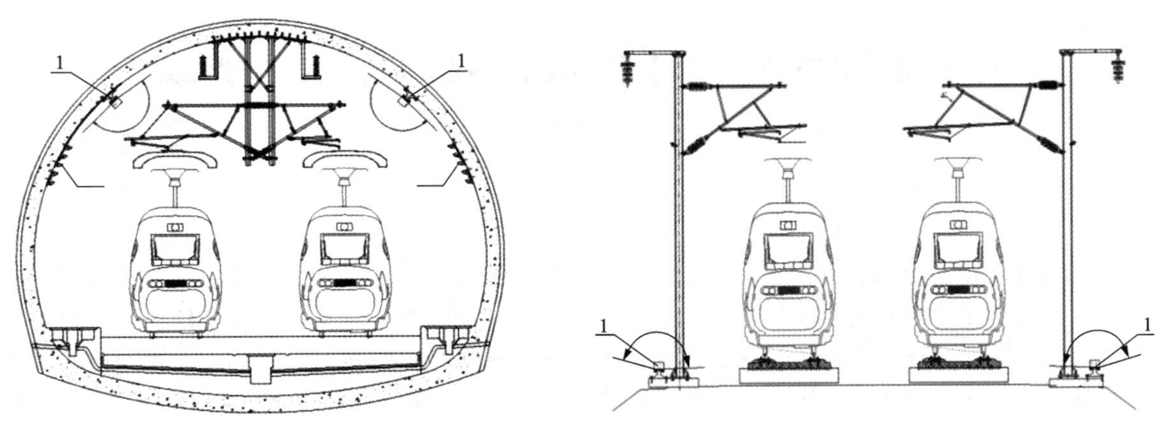

图 11　非接触式监测装备安装

监测装置适用于各种轨道交通多专业的监测领域，包括高速铁路、普速铁路、城市轨道交通、新型轨道交通等，可对接触网、路基、隧道、桥梁、轨道、轨旁设备等进行监测，监测数据统一存储，具备标准化数据格式，便于后期数据分析挖掘。以双线高速铁路接触网监测为例进行描述。

双线高速铁路全线长 200 km，全线设置 8 组监测装置，上下行各 4 组，每组监测装置负责 50 km 线路的接触网监测。

每组监测装置的监测模块，包括：动力模块 1 个、蓄电池储能模块 1 个、数据传输模块 1 个、数据存储模块 1 个、自检报警系统模块 1 个、照明模块 6 个、图像采集模块 3 个、视频采集模块 3 个、音频采集模块 1 个、微气象监测模块 1 个，共计 19 个监测模块。编组后形成 1 组监测装置（监测组列）。

根据不同里程范围和线路条件完成不同类型的监测任务，采集的接触网系统状态数据实时传输至本线数据中心进行缺陷报警和挖掘分析。设置第 1 组监测装置的运行速度为 10 km/h，含 10 处停车重点监测位置，监测时间为 6 min，巡检过程中根据列车运行资料，将会遇到 20 列列车通过，列车通过时停车重点监测，设置每列列车通过时的监测时间为 6 min，8 组监测装置同时进行监测，假设工况一致，可共计 8 h 完成全线接触网监测。

在隧道内可监测到接触网悬挂装置、支撑装置、附加导线、供电线电缆、吊柱；在隧道外可监测到接触网悬挂装置、支撑装置、附加导线、供电线、支柱、吸上线、隔离开关、供电线上网、硬横梁。

监测装置固定于滑道上，滑道由沿线设置的箱式变压器经变频器整流后供电。箱式变压器约 3 km 设置一处，2 个箱式变压器中间钢轨处设置轨道绝缘节，每个供电单元约 3 km，当监测装置进入下一个供电单元时，下个供电单元上电；当监测装置离开本供电单元时，本供电单元断电。监测装置工作时不需要全线钢轨同时供电，仅在供电单元转换时有两个供电单元供电。

5　结束语

本文提出的电气化铁路接触网检测系统将接触式监测和非接触式监测两种方式有效结合，可实现接触网系统的全方位、多维度、高效率的诊断和管理，提供实时报警，多方位预警、多维度诊断的服务，摆脱人工干预模式，提升分析诊断的准确度。该系统具有实时高效、成本低、准确度高等优点，可以提高故障识别效率，提前组织抢修策略，提升故障抢修响应速度，节省故障影响时间，提高列车运营安全水平；也可有效降低人工成本，辅助日常巡检，节约运营维护成本。进而提升铁路接触网系统全生命周期内的运营管理水平，具有较强的社会和经济价值。

作者简介

张瑊，中铁第一勘察设计院集团有限公司电气化处，工程师

关于京哈线跨段集中修作业的探索与实践

李彦杰

摘　要: 接触网设备由多种零部件组成,由于其架设环境、零部件损耗特点和疲劳特性等诸多原因,存在设备缺陷是不可避免的,如何高效、有序地及时消除接触网设备缺陷,探索科学的接触网设备维修策略,保证接触网设备良好运行状态是当前接触网专业不断研究的方向。多年来,我国接触网设备一直沿用以车间、工区为作业单元的检修模式,铁路沿线车间、工区分段作业,检修进度不一、质量参差不齐,特别是对于京哈线,设备进入疲劳期,传统的检修策略和模式已经不能适应形势的需求,急需要探索出一套用时短、效率高、针对性强、整治效果好的检修模式。为此,在大力推广修程修制改革的基础上,在不断总结前期实施的车间组织生产和实施集中修的经验基础上,2019 年 4 月 10 日至 5 月 29 日,在北京局集团公司供电部的精心组织指导下,在京哈线实施了唐山供电段联合衡水供电段、天津供电段共同开展的跨段集中修作业。为了能够将成熟的组织经验加以推广,对本次跨段集中修从天窗利用、JJC 运行效率、集中修工作量等方面进行了分析和总结,为以后的整体线路接触网集中修作业提供精准的技术支持和宝贵的组织经验。

唐山供电段管内京哈线每年承担着确保暑期专运通道接触网设备运行安全的政治任务。2018 年末至 2019 年初,经过接触网动、静态检测,设备全面检查及巡视,京哈线管内累计发现并入库 3054 条各类设备缺陷,涉及由燕郊站至山海关站共计 504.914 条公里的接触网设备,检修任务非常艰巨,为确保 2019 年暑期专运通道接触网设备安全稳定运行,需要务必在 2019 年 7 月初,将 3054 条设备缺陷彻底消除,并对京哈线完成一次高质量的全面检查。唐山供电无法以一段之力按照时间节点完成整个京哈线检修任务,所以集团公司供电部大胆突破以往检修模式,调用天津供电段、衡水供电段接触网综合检修列(JJC,下同)对京哈线实行接触网跨段集中修。本次京哈线集中修日期为 2019 年 4 月 10 日至 5 月 29 日,历时 50 天,共兑现集中修天窗 246 个,完成京哈线燕郊站至山海关站间 31 个区间共计 504.471 条公里的接触网设备全面检查和缺陷整治。唐山、衡水、天津、委外队伍四个作业组共处理修前鉴定缺陷 2517 条,修中处理缺陷 751 条,补装锚支卡子处铜垫衬 1053 处。下面对集中修中在天窗利用、JJC 运行效率、集中修工作量等方面进行全面分析,为以后的整体线路接触网集中修作业提供精准的技术支持和组织经验。

1　天窗利用分析

2019 年京哈线跨段集中修计划天窗数量 240 个,实际兑现 231 个,取消 9 个,其中雷雨恶劣天气取消天窗 6 个,与唐山电务段列控改造计划冲突取消天窗 3 个,天窗兑现率 96.25%。

1.1　天窗兑现情况(见图 1)

1.1.1　唐山 JJC 作业组计划天窗数量 36 个,实际兑现 35 个,因雷雨天气取消天窗 1 个,天窗兑现率 97.2%。

1.1.2　衡水 JJC 作业组计划天窗数量 38 个,实际兑现 36 个,因雷雨天气取消天窗 2 个,天窗兑现率 94.7%。

1.1.3　天津 JJC 作业组计划天窗数量 34 个,实际兑现 33 个,因雷雨天气取消天窗 1 个,天窗兑现率 97.1%。

1.1.4　委外作业组计划天窗数量 45 个,实际兑现 44 个,因雷雨天气取消天窗 1 个,天窗兑现率 97.7%。

1.1.5　各车间组织站场检修计划天窗数量 87 个,实际兑现 83 个,与电务段计划冲突取消天窗 3 个,雷雨天气取消天窗 1 个,天窗兑现率 95.4%。

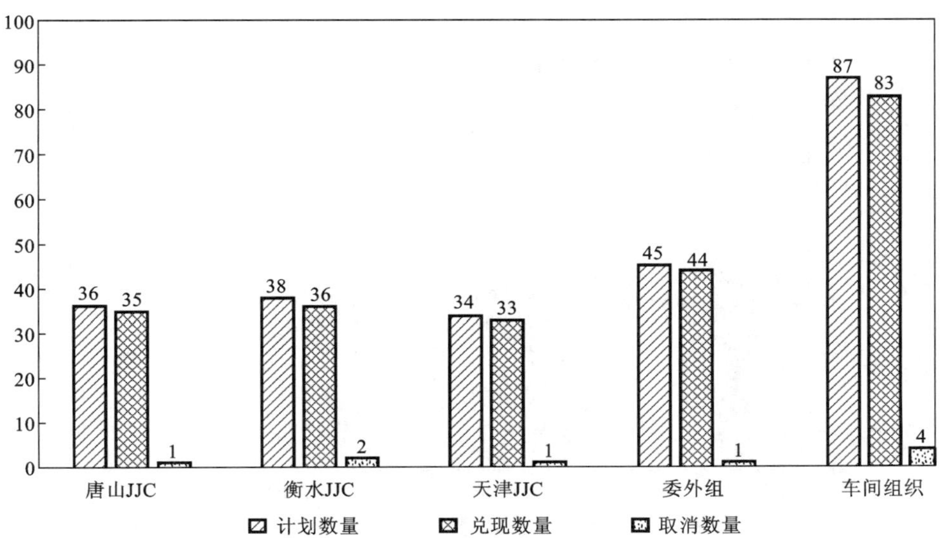

图1　京哈线跨段集中修天窗兑现情况

1.2　天窗利用情况(见图2)

2019年京哈线跨段集中修天窗计划时长为150分钟。唐山JJC作业组平均停电时长138.6分钟，JJC综检列平均作业时长91.5分钟，天窗利用率(停电时长/计划时长)92.4%；衡水JJC作业组停电时长132.7分钟，JJC综检列平均作业时长87.6分钟，天窗利用率88.5%；天津JJC作业组停电时长128.7分钟，JJC综检列平均作业时长89.3分钟，天窗利用率85.8%；委外组停电时长134分钟，梯车平均作业时长127.2分钟，天窗利用率89.3%。

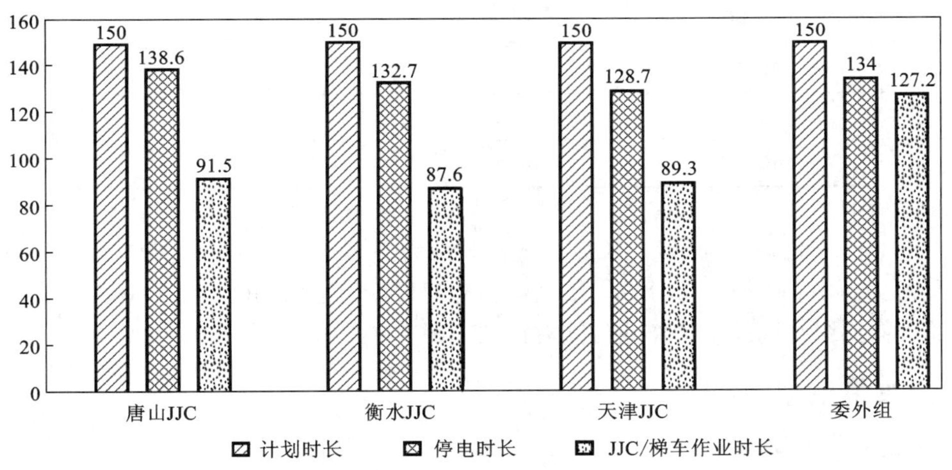

图2　京哈线跨段集中修期间平均天窗利用情况

1.3　天窗上网率(见图3)

1.3.1　唐山JJC作业组参与作业总计1355人次。其中作业上网582人次，天窗上网率(上网人数/总人数)42.9%。轨道车司机291人次，验收、地线及辅助482人次。

1.3.2　衡水JJC作业组参与作业总计1351人次。其中作业上网524人次，天窗上网率38.7%。轨道车司机259人次，验收、地线及辅助568人次。

1.3.3　天津JJC作业组参与作业总计1474人次。其中作业上网563人次，天窗上网率38.1%。轨道车司机290人次，验收、地线及辅助531人次。

1.3.4　委外作业组参与作业总计3358人次。其中作业上网829人次，天窗上网率24.7%。验收、地线及辅助2529人次。

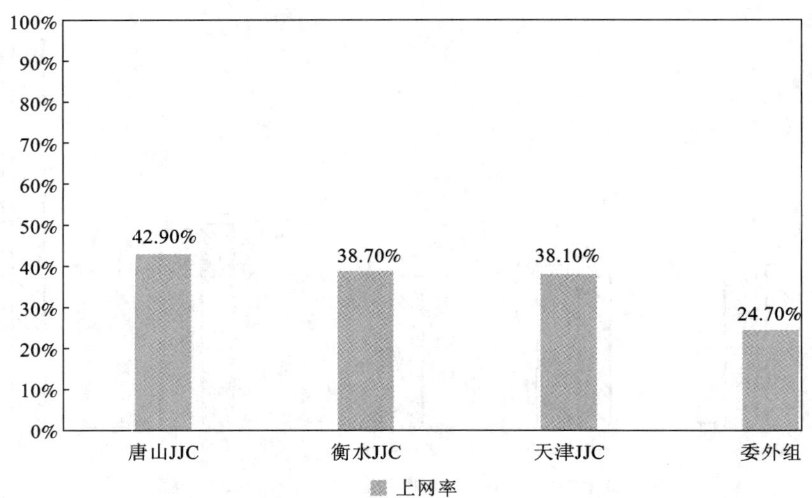

图3 京哈线跨段集中修天窗上网率统计

2 JJC运用效率分析

根据各段JJC综检列日写实表统计，2019年跨段集中修各组JJC单位天窗平均走行车位，检修定位数，检修列运行至作业地点时长，解列连挂时长如表1所示。

表1 各段JJC综检列日写实统计表

项目 / JJC车组	走行车位/个	检修定位/个	运行时长/分钟	解列连挂/分钟
唐山	10.7	35.6	8.7	7.1
衡水	11	33.1	9.4	7.2
天津	10.5	39.8	9.8	8.2

日天窗内平均走行车位最多为衡水JJC组，走行车位为11个。检修定位个数最多为天津JJC组为39.8个。运行时长最短为唐山JJC组8.7分钟。解列连挂时间最短为唐山JJC组7.1分钟。

各供电段JJC作业组每周及平均作业时间对比图见图4－图6。

3 集中修工作量分析

3.1 检修设备数量情况

2019年京哈线跨段集中修计划总工作量504.914条公里，累计检修504.471条公里，完成总计划工作量的99.8%。

3.1.1 唐山JJC作业组计划工作量105.124条公里，累计检修105.124条公里，完成总计划的100%。平均日天窗检修3条公里。

3.1.2 衡水JJC作业组计划工作量100.597条公里，累计检修100.154条公里，剩余0.443条公里，完成总计划的99%。平均日天窗检修2.78条公里。

3.1.3 天津JJC作业组计划工作量98.957条公里，累计检修98.957条公里，完成总计划的100%。平均日天窗检修2.9条公里。

3.1.4 委外作业组计划工作量200.236条公里，累计检修200.236条公里，完成总计划的100%。平均日天窗检修4.55条公里。

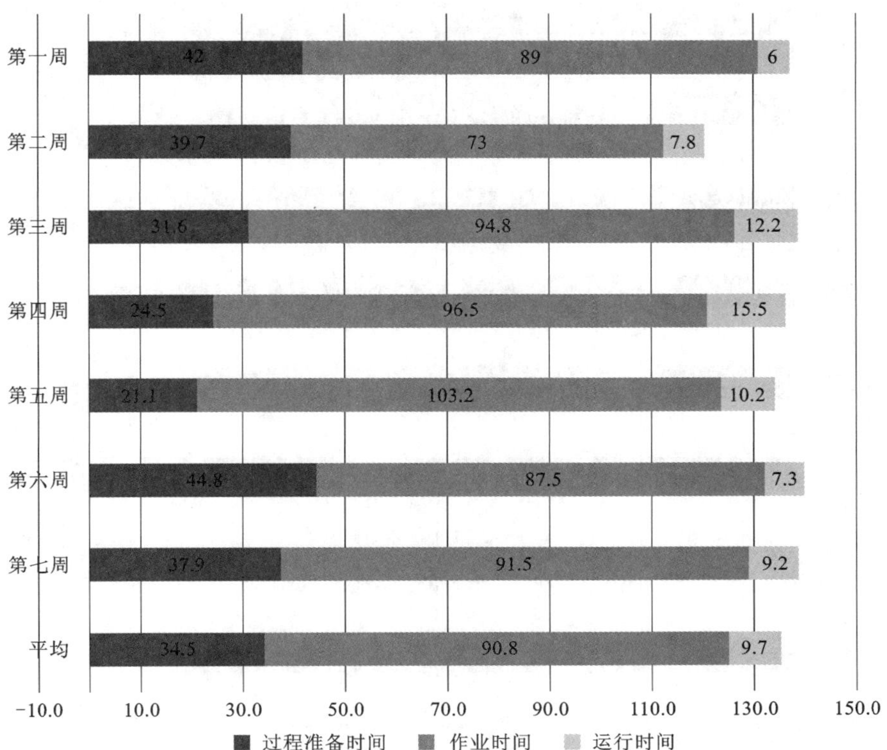

图 4　唐山 JJC 作业时间对比

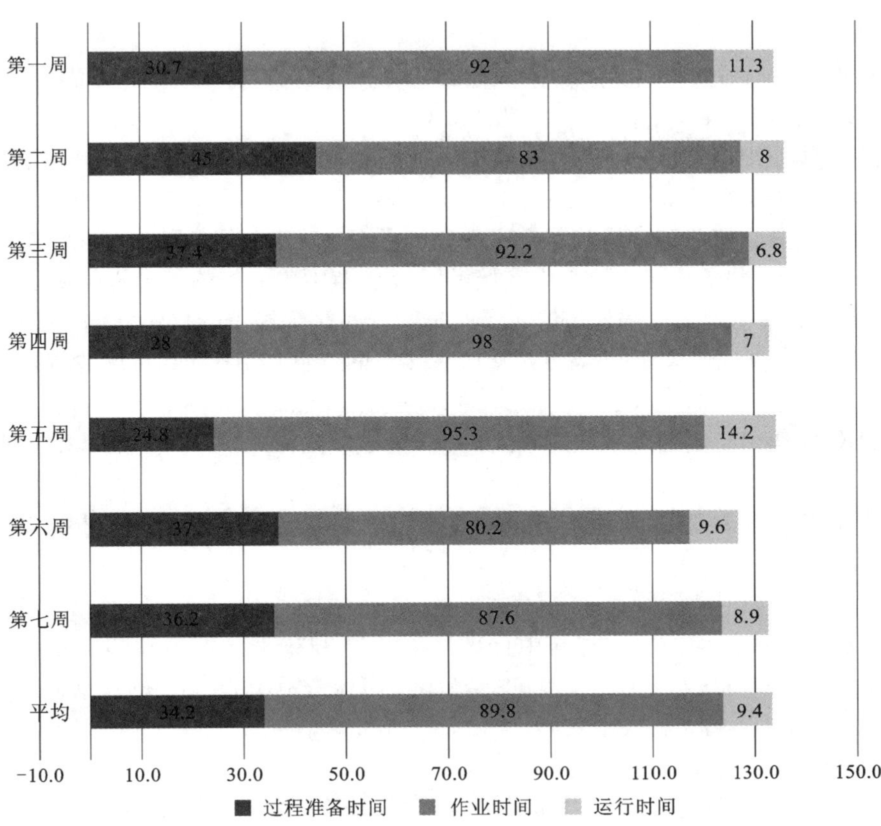

图 5　衡水 JJC 作业时间对比

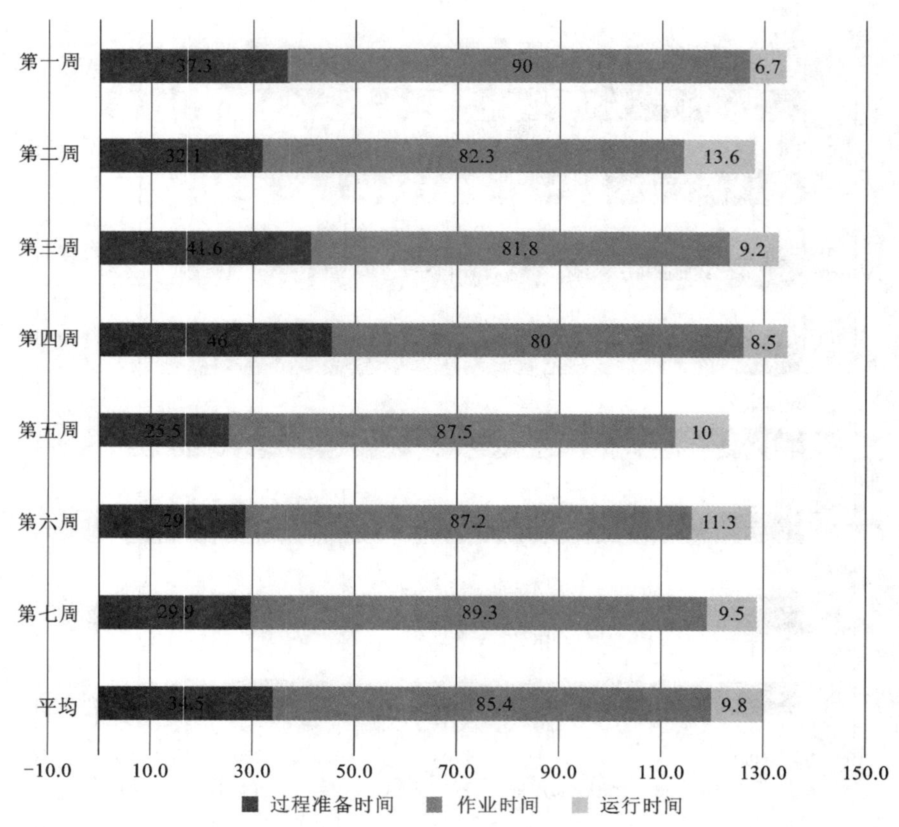

图 6 天津 JJC 作业时间对比

3.2 缺陷处理情况

2019 年京哈线跨段集中修处理修前鉴定缺陷 2517 处，修后剩余 537 处，完成总计划克缺工作量的 82.4%。修中发现处理缺陷 751 处，修中未处理缺陷 37 处。

3.2.1 唐山 JJC 作业组鉴定缺陷总数 564 处，累计处理 564 处，未处理 0 处。克缺完成率(修前鉴定克缺数/修前鉴定缺陷总数)100%。修中处理缺陷累计 188 处，修中未处理缺陷 1 处。

3.2.2 衡水 JJC 作业组修前鉴定缺陷总数 437 处，累计处理 329 处，剩余 108 处未处理，克缺完成率 75.3%。克缺完成率较低，剩余缺陷主要集中在接触网 A 区范围内的如腕臂绝缘子跳线卡箍用铁线绑扎问题，废弃肩架拆除问题，中锚延长下锚悬吊绝缘子及平腕臂底座绝缘子开口销问题等。修中处理缺陷累计 128 处，修中未处理累计 5 处。未处理缺陷也是集中在接触网 A 区内 AF 线跳针缺少螺栓，斜腕臂绝缘子缺跳线卡箍等问题。

3.2.3 天津 JJC 作业组鉴定缺陷总数 368 处，修前鉴定缺陷累处理计 338 处，未处理缺陷 30 处，克缺完成率 98.1%。

3.2.4 委外作业组鉴定缺陷总数 861 处，修前鉴定缺陷累计处理 809 处，未处理 52 处，克缺完成率 94.1%。

3.3 缺陷类型分析

2019 年京哈线跨段集中修修前调查与修中处理缺陷共计 3281 处，按照缺陷类型可分为：补装类 765 处，调整类 1834 处，更换类 682 处(见图 7)。主要为调整 1C 跨距高差、3C 燃弧缺陷，调整开口销角度，补装开口销备母，紧固螺栓备母，更换吊弦等。

3.4 修中处理缺陷分析

2019 年京哈线跨段集中修期间修中发现并处理缺陷 751 条，通过将所有修中处理缺陷同 4C 原始数据进行对比，得出如下分析结论。

3.4.1 修中处理 272 条缺陷处于 4C 检测盲区，4C 图像数据均未拍摄到缺陷所在处所，占比 36.2%。

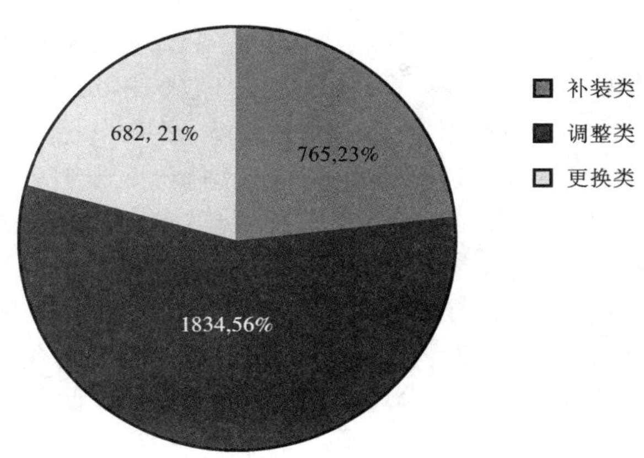

图7　京哈线集中修处理缺陷类型分析

3.4.2　修中处理41条缺陷属于4C图像过于模糊，无法辨别设备状态，占比15.1%。

3.4.3　修中处理196条缺陷属于修中缺陷描述不规范或缺陷被遮、位于零部件内部，如锈蚀、滑扣，无法通过4C数据判定缺陷修前情况，占比26.1%。

3.4.4　修中处理183条缺陷漏分析，可以通过图像发现缺陷或疑似情况，但分析人员未发现，占比24.3%。漏分析缺陷中无重大设备隐患问题，主要为定位线夹受力面反、开口销缺失或安装不标准、备母缺失、锚支卡子铜垫衬缺失等问题。

3.4.5　修中处理59条缺陷分析人员前期已分析发现并录入缺陷库，但被驳回、作废或销号，占比7.8%。其中被车间驳回9条缺陷，技术科作废缺陷16条，后昌间42#套管双耳螺栓缺开口销缺陷，2018年以补装备母的非标方式进行销号，2019年集中修中再次被维修人员发现处理，33条缺陷由于维修人员错误填写修验记录单，误将修前调查缺陷纳入修中发现缺陷。

4　京哈线集中修好的经验和做法

4.1　统筹谋划、充分做好组织保障

本次京哈线跨段集中修为在集团公司供电部的领导下，唐山供电段首次联手兄弟站段对京哈线设备进行整治克缺，为此唐山供电段在修前鉴定、检修标准及方案、后勤保障等方面做了充分的准备。修前鉴定方面，自2018年11月开始，充分利用段自配检测车分二次对京哈线进行动态检测，接触网技术科、动态检测室先后组织对检测数据进行二轮数据分析，务求分析全面准确。另外，沿线车间多次利用天窗对关键处所及关键设备进行全面检查，并对分析缺陷进行现场确认，全面为京哈线集中修做好大数据支撑工作。检修标准方面，一是细致编写京哈线主体施工及维修设计方案，将检修工艺标准，安全卡控措施、后勤停驻补给方案及集中修天窗轮廓图均计划在案，达到了图文并茂、拿来即用的效果。二是分车间精细制定修前鉴定及维修方案，将修前鉴定缺陷内容及克缺方案细化到点，做到一处一案，同时列出维修区段近三年跳闸故障点，检修过程中对其前后五跨设备重点检查，提升设备维修质量。后勤保障方面，唐山供电段根据施工组织方案，提前与相关车务、车站对接，确定最科学合理的JJC停放地点，同时电力给水技术科组织相关车间对停放站电力、给水补给设施进行全面调研和改造，为各作业车组提供尽可能全面周到的后勤生活保证条件。

4.2　盯控到位，充分做好安全保障

为确保京哈线集中修作业质量及安全有效卡控，集中修期间参修单位段领导均加强现场盯控频次，预先制定集中修盯控计划安排，确保每日JJC综检列作业均有段领导及专业科室管理人员现场盯控，从而有效提升作业安全卡控效果。各段接触网技术科、安全科将每日工作票审核、作业方案制定及现场作业安全的管控列为主要工作项目，提前制定审核及盯控排班计划，每日审核盯控做到责任到人，管控环节做到明晰到点，并将作业风险提前研判，通过召开可视化预想会进行重点提示，确保作业组成员安全风险项点了然于心，切实提高了现场作业安全风险管控关口前移效果。

4.3 积极协调，充分做好计划保障

通过天窗利用分析、JJC 运用效率分析，本次集中修各作业车组在天窗兑现方面除了因为天气原因基本上均能达到 94% 以上，天窗利用率也都达到了 85% 以上。而从 JJC 运用效率分析，各段检修车组单位天窗内走行车位都在 10 个以上，单位天窗检修定位数基本在 33 至 40 个之间，车组点内运行时长均控制在 10 分钟以内，车组解列连挂时长均控制在 8 分钟以内。这些精确的时长控制和工作量完成数量，都是前期积极协调，充分保障天窗时长和天窗个数的基础上实现的，虽然本次京哈线集中修前期预排天窗轮廓图时北京工电大修段及唐山电务段未充分参与，造成部分施工项点未排入集中修天窗轮廓图，故使得整体天窗推进计划增加变数。但通过每日天窗作业前提前三天与工务、电务、供电大修段积极协调天窗计划安排，对可能导致冲突作业范围提前预判调整，而且在集中修收尾期间遇无法避免计划冲突区段，与电务段及施工管理办公室积极协调对接，签订同一区间天窗综合利用安全协议，以此来确保集中修天窗计划的最终饱满兑现落成。

4.4 重点难点缺陷集中攻关，充分做好技术保障

针对前期修前调查发现的各类缺陷，为更好的把控现场设备缺陷整治质量，统一检修工艺标准，为缺陷处置提供技术支持，接触网技术科、动态监测室联合相关车间专业技术骨干进行集中攻关，对锚支卡子半圆管衬垫检查补装标准、主导电回路设备检查调整标准、接触线拉出值调整等克缺难点制定了专项方案，给缺陷处置提供了有效的技术保障。

4.4.1 锚支卡子半圆管衬垫检查补装方案

为消除由于线索窜动而在锚支卡子处发生线索损伤的隐蔽缺陷，制定了对集中修区段进行锚支卡子半圆管衬垫检查补装的专项方案。方案中详细制定了线索固定卸载、线索检查测量、衬垫安装等关键步骤的方法和标准，特别是对锚支卡子内接触线若存在机械性损伤情况，在不同标准下需采取的整治方法有：

一是若磨耗面积大于 15%(85 型铜银合金接触线直径残存长度 8.75 mm，110 型铜银合金接触线直径残存长度 9.9 mm，120 型铜银合金接触线直径残存长度 10.36 mm，150 型铜银合金接触线直径残存长度 11.57 mm)及时进行补强，并对锚支卡子安装位置进行移位，采取线索加装半圆管衬垫处理。二是磨耗面积小于 15% 时，对锚支卡子进行移位，并依据安装标准加装半圆管衬垫处理。

4.4.2 主导电回路设备检查调整标准

此次集中修将主导电回路的检查和调整列为重点检修项目，为此专门针对承力索接头，股道电连接，T 接、上网点引线等关键处所制定检查标准。特别是对承力索接头方式、股道电连接安装方式、T 接、上网点引线安装方式进行重点检查，确保相关安装方式正确。重点对电连接线、相关线夹的材质、型号使用进行检查，确保使用正确，消除因材质、型号使用错误导致产生电腐蚀烧伤等问题。

4.4.3 接触线拉出值调整方案

为保证作业过程中人身安全，在作业车作业范围内不允许人员上道进行静态测量。而修前鉴定中关于拉出值超限缺陷多达 76 件，在无法测量的情况下不能实现拉出值调整。为解决这一困难，探索性实施了作业车平台标基准线调整法。在直线区段，JJC 作业车平台中心位于线路中心线的正上方；在曲线区段，JJC 作业车平台中心位于轨面中心垂直面的正上方。在静止情况下无论是直线区段还是曲线区段 JJC 作业车平台中心与受电弓中心基本重合，通过在平台上画定中心线的方式，作为拉出值的 0 位，从而为拉出值调整确定一条参考基准线，实现对拉出值的调整。

4.5 强化验收，充分做好修后质量保障

一是作业中各作业组每台作业车均安排质量验收员，对修后设备观感质量、设备参数变化和缺陷处理等进行检查验收，保证干一段、保一段；二是通过每日统计和缺陷处理进度明示图，段和车间及时掌握缺陷处理和专项整治完成情况，及时对大修车间和维修车间进行督促，修前鉴定缺陷处理率明显高于历次集中修缺陷处理率。三是后续修后质量评价及时跟进。为详细掌握此次集中修修后效果，唐山供电段及时制定了京哈线集中修修后设备质量评价方案，对京哈线通州站(不含)至山海关站(不含)间 31 个区间共计 504 条公里接触网设备进行质量评价，评价结果为接触线几何参数优良率为 95%，接触线几何参数合格率为 100%。另外，2019 年 6 月 3 日至 4 日集团公司接触网检测车对京哈集中修区段进行了设备检测，经过检测结果数据复核及与修前鉴定数据对比，设备状态恢复正常率为 86.6%，京哈线修前缺陷得到了有效处

置，大部分设备缺陷被消除，检测缺陷数量和危及行车安全的缺陷数量明显下降，设备质量得到了有效提升。

5　存在的难点和不足

5.1　执行作业标准不统一造成克缺完成率降低

通过集中修工作量分析，在缺陷处理情况统计分析中不难发现，天津供电段、唐山供电段 JJC 作业组克缺完成率均达到98%以上，而衡水 JJC 检修作业组克缺完成率为75.3%，克缺完成率明显下降。分析未处理缺陷性质发现，未处理的缺陷基本位于接触网 A 区，衡水 JJC 检修车组执行衡水供电段作业标准为机车平台人员作业范围不得超出平台护栏，也就是说只能完成接触网 B、C、D、E 区的检查和克缺工作。针对此问题，衡水供电段在作业组织上做出了针对性调整，JJC 检修列后配合三平台作业车作为补充力量负责完成接触网 A 区的检查及克缺工作，但在实际作业过程中，三平台作业车平台可上网人员少，克缺工作量相对较大，单位天窗点内检修进度不统一，而平推区段不可能进行天窗重复申报，这就造成平推区段遗留设备缺陷较多的问题，这也是在作业组织安排上出现的最主要的难点。作为首次跨段联合作业，这样的组织难点给我们下次组织集中修提供了经验教训，在下次的组织中，在方案的制定上就需要充分考虑作业执行标准上的问题，从而进一步完善补位措施，如增加后续跟进作业车数量或增加车梯作业组，跟进修前鉴定合理安排接触网分区克缺工作量，实现检修步调一致，克缺完成率才能够明显提高。

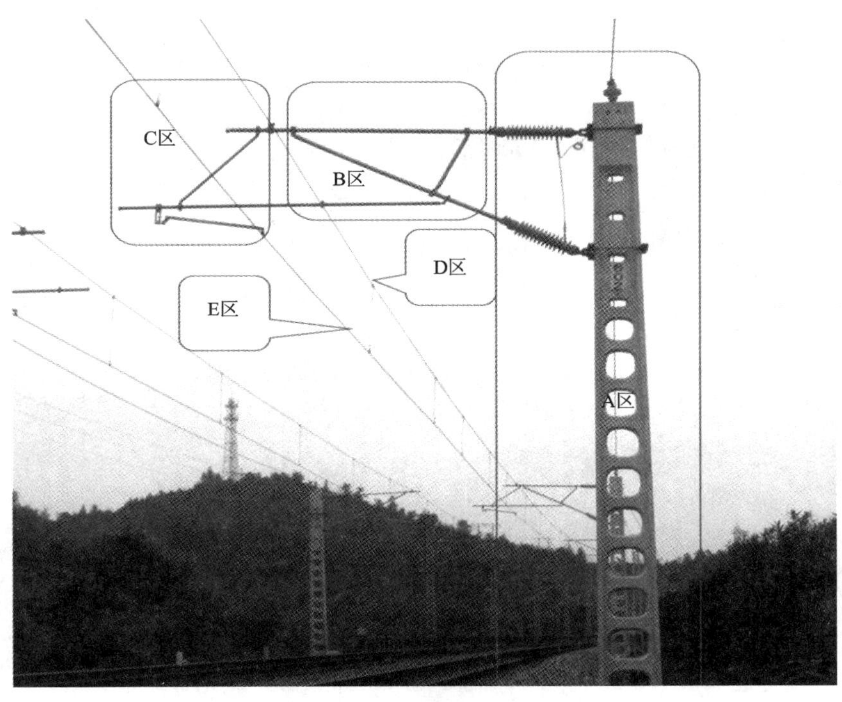

图8　唐山供电段普速线接触网分区检修图

5.2　提高修前鉴定质量为整体集中修方案提供有力数据支撑

通过修中处理缺陷分析，4C 检测盲区缺陷占比36.2%，4C 图像过于模糊无法辨别设备状态缺陷占比15.1%，缺陷描述不规范或缺陷被遮、位于零部件内部造成无法检测判定缺陷占比26.1%，分析人员遗漏分析缺陷占比24.3%。这些修中缺陷的发现和处置，对前期集中修方案的制定和人员组织的合理安排造成极大的不利，引发出缺陷处置方案不详细、检修使用工器料具准备不充分的一些列问题，给整体检修进度的有序推进制造了障碍，明显降低了检修克缺效率。高质量的修前鉴定在跨段集中修中作用尤为明显，兄弟段的检修人员在不了解本段接触网设备特点的情况下，只有通过高质量的修前鉴定结果和高质量的检修方案才能实现对接触网设备的高质量检修，所以在以后的组织中，一定要充分做好修前鉴定，不可急于求成。

6 总结与思考

由于本次京哈线跨段集中修由三个段联合作业，在作业人员数量、检修设备数量、投入车辆数量等方面在北京局集团公司供电系统集中修作业组织中属于最大规模，以前并没有超大规模作业组织可以借鉴的经验和支持，因此在组织过程中又是一次探索和学习的过程，通过这次跨段集中修使我们在组织多单位联合跨段作业中，在组织流程、人员配备、检修方案制定、现场应急处置、联合作业安全管控方面积累了丰富的经验，锻炼了职工队伍，形成了一套较为完善的多单位跨地域组织接触网检修的模式，可谓收获颇丰。在对待组织过程中发现的难点和不足时，也反映查找自身在日常的设备管、控、修中存在的不足，这给我们提供了进一步完善管理的方向，为我们更好的确保接触网设备安全稳定运行积累了宝贵的经验。总之，通过此次京哈线跨段集中修三段联合作业，一方面锻炼了职工队伍，积累了多单位、跨区域联合作业的经验。另一方面切实实现了短时间内，集中消除大部分设备缺陷，全面提升设备质量的效果，是目前较为先进的接触网设备维修策略。

参考文献

[1] JJC02 - 11 车性能介绍及维护保养[Z]. 中国中车

[2] 普速铁路接触网运行维修规则(铁总运〔2017〕9 号)[S]. 北京：中国铁路总公司，2017.

作者简介

李彦杰，中国铁路北京局集团有限公司唐山供电段，副科长，工程师

基于耦合深度学习的接触网支柱杆号自动定位与识别方法

张源雯　刘　立　吴泽彬

摘　要：为克服复杂情形下铁路接触网图像号牌检测与识别的难题，提出基于深度学习的接触网支柱杆号自动定位与识别方法，以实现精准、高效、可靠的高铁接触网杆号提取与处理。该方法针对2C图像的特点以及杆号自动识别需求，首先通过预处理提升图像质量，然后基于深度卷积网络目标检测方法实现图像杆号弱区域自动提取与定位，联合图像超分辨和深度学习理论方法完成杆号的自动识别，最后将训练好的模型用于高铁基础网不同地域和线路真实场景下进行自动检测识别。通过多次实际测试证明，我们提出的算法稳定性好、检测速度快、识别精度高，准确率达到92%以上，具有较高的应用价值。

1　背景

高速铁路是当今时代高新技术的集成和铁路现代化的重要标志，从侧面反映了一个国家的综合国力。经过多年的技术研究、工程实践和安全运营，目前中国已经成为世界上高速铁路运营里程最长、在建规模最大的国家。为提高电化铁路运营速度，适应高速列车受流的需要，接触网技术成为高速铁路的关键技术之一。为保证高铁正常运行，必须做到及时、有效的对接触网设备隐患进行排查。而我国高速铁路快速发展对运营安全和品质提出了越来越高的要求，对传统接触网检测方式效率低、误差大，逐渐不能适应需求。与此同时，基于智能视频监控技术的被动检测方式，因不用介入现有系统，对行车影响小，检测速度快，检测手段符合人类感知，开始受到越来越多的重视。通过人工智能检测准确的找到问题所在并及时采取相应的措施，是高效保障铁路运行的重大需求。比如清理鸟巢(异物)，清理钢柱，清理危树遮挡接触网部分，更换或者检修接触网零部件如绝缘子等。在智能检测之后对故障点进行准确定位，将智能检测的成果转换成工区所需信息并及时处理，这样才能保证整个接触网系统的安全可靠运行。

目前，人工智能技术在计算机领域内，得到了愈加广泛的重视。人工智能的研究领域不断扩大，作为人工智能领域中的一个重要热点深度学习(deep learning)展现了强大的学习数据本质的学习能力。传统的机器学习算法在指纹识别、基于Haar的人脸检测、基于HoG特征的物体检测等领域的应用基本达到了商业化的要求或者特定场景的商业化水平，但每前进一步都异常艰难，直到深度学习算法的出现。最初的深度学习是利用深度神经网络来解决特征表达的一种学习过程其本身也会用到有监督和无监督的学习方法来训练深度神经网络。深度学习在语音识别、图像处理、目标追踪等领域展现了强大的能力，摧枯拉朽般地完成了各项任务，似乎使得所有的机器辅助功能都变为可能。

近年来，随着深度学习理论与技术的发展，非接触式图像处理检测技术，在接触网安全故障检测中的应用越来越广泛。接触网支柱杆号作为每根支柱的唯一的身份标识，在故障检测中具有十分重要的意义。精准确定拍摄图像所属接触网支柱号，对于快速查找和定位缺陷的实际位置十分重要。尽管市场上的许多数字检测已经很成熟，但是由于接触网图像所采集的是黑白图像，会使得图像相较于彩色图像失去许多特征，还有杆号牌所占整幅图像的面积过小、光线不足、位置不定、背景的复杂性等因素都会使得接触网杆号牌的检测与识别变得困难。

本文对支柱号牌的特点进行了准确分析，通过预处理提升图像质量，然后基于深度卷积网络目标检测方法实现图像杆号弱区域自动提取与定位，联合超分辨和深度学习理论方法完成杆号的自动识别，通过对接触网安全巡检装置(2C)所采集的现场图片测试对该方法进行最终验证。实验证明，该方法可以针对在具备不同条件的情况下，对接触网号牌字符进行准确提取，具有较高的准确率。这为后续的接触网支柱号牌识别和故障检测提供了十分重要的依据。

2 基于耦合深度学习的接触网支柱杆号自动定位与识别方法

2C 接触网图像数据由安装在高铁上的高速黑白摄像机捕捉而来。由于高铁的高速运作，2C 图像难免出现运动模糊的情况，使得图片信息缺失严重。另外，2C 图像拍摄难免遇到恶劣天气，比如雨天雾天，增加了图像的噪声，进一步增加了图像恢复的难度。相机本身的缺陷，比如曝光调节不够也会导致图像质量下降，使得图像恢复问题更加复杂，严重影响了号牌的定位和识别。如图 1 所示。

(a)

(b)

(c)

图 1 曝光不足、曝光过度、脏污等问题

另外，接触网支柱杆号牌与汽车等车牌不同，没有统一的字符数量、安装方式以及安装位置等，识别起来难度较大。其一，字符数各不相同。有的杆号牌的字符为 3 个，有的为 4 个甚至更多；其二，同为铁路支柱杆号牌，普铁和高铁杆号牌安装方式各不相同，普铁基本为横向安装，高铁基本为竖向安装；其三，普铁的杆号牌安装在支柱中上部，高铁则安装在支柱中下部，如图 2 所示。

(a)普铁杆号牌

(b)高铁杆号牌

图 2 杆号牌安装方式

针对上述问题，本文提出基于耦合深度学习的接触网支柱杆号自动定位与识别方法。首先利用图像预处理技术克服曝光不足、过度、图像模糊以及雨雾干扰的影响，其次提出基于目标检测的支柱杆号自动定位方法将杆号区域在图像中所在位置信息自动提取出来，最后将杆号区域的图像块输入基于耦合深度神经网络中实现对杆号区域的字符识别。

2.1 图像预处理

由于运动模糊、天气环境、相机本身缺陷等因素的影响，2C 设备采集的视频数据图像质量普遍不高。同时杆号区域在图像中的区域占比很小，影响了后续鸟巢(异物)的检测和识别的性能。为此，本文针对高铁接触网 2C 图像的特点利用基于图像正则化建模与优化的图像质量提升技术，主要包括基于正则化建模的雨雾自动消除算法、图像去模糊算法、图像增强算法等。经过图像预处理后，图像质量有了较高地提升，为后续杆号自动定位和字符识别提供了有力保障。

2.2　杆号牌区域定位和字符数据的收集与处理

由于杆号区域定位和字符识别都是基于深度学习方法，因此需要收集训练样本，训练深度学习模型。我们首先通过分析接触网安全巡检装置(2C)采集图片，筛选并收集包含号牌的图像，并打好标签用于模型训练。用于训练的横牌和竖牌的原始图像如图3所示，图3中用红色的方框对杆号牌进行手动标记。用于数字识别的横牌及竖牌区域中数字的训练样本如图4所示。

(a)横号牌训练样本

(b)竖号牌训练样本

图3　号牌检测的训练样本示意图

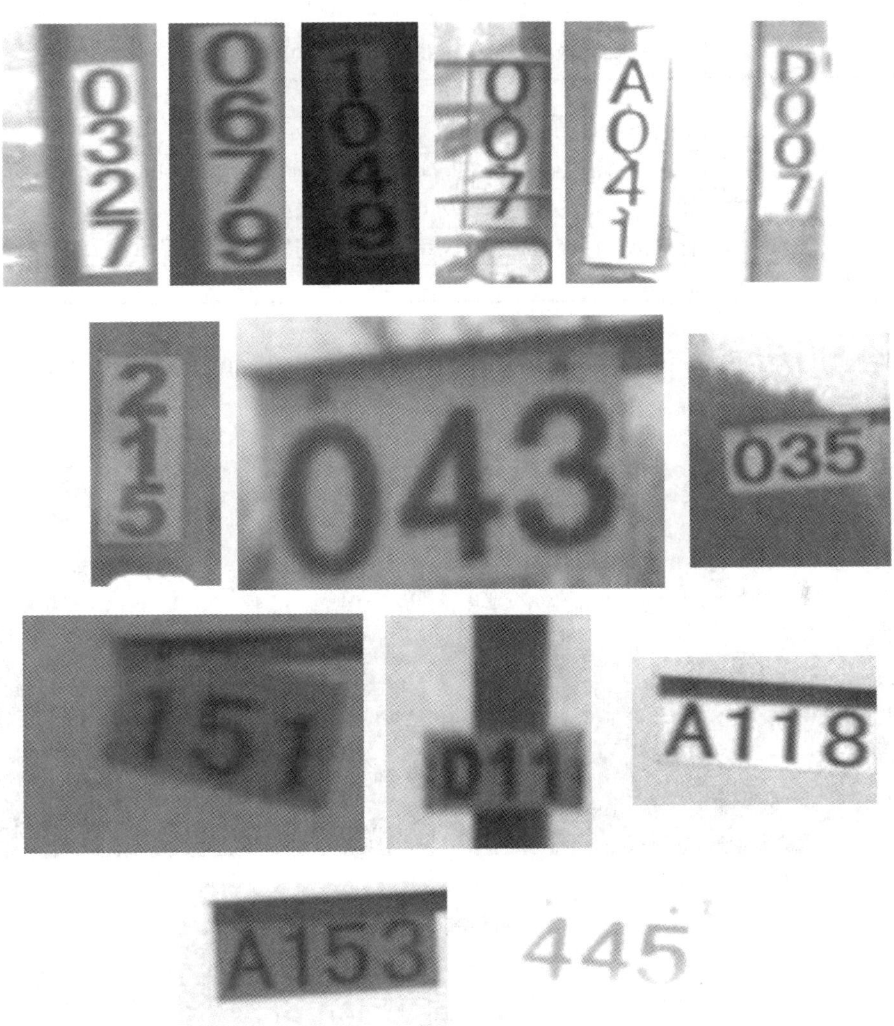

图4　字符识别的训练样本示意图

2.3 基于深度卷积网络目标检测的号牌区域提取方法

在杆号区域提取号牌时，常常由于摄像位置的变化引起杆号牌偏移或是旋转，从而导致与采集训练样本的位置存在偏差。传统的做法是通过检测出的区域进行旋转平移到一个固定的坐标，再进行后续识别。本文基于 landmark 的信息来单独训练分类器去实现误检判断，并基于 STN 的思想让构造的网络自己学习对齐方法，从而提升检测的效果。杆号牌区域提取的深度卷积网络结构图如图 5 所示。

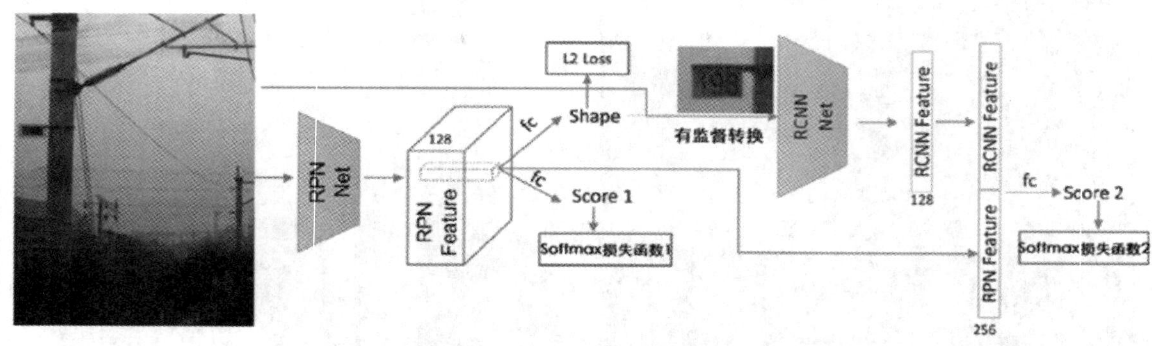

图 5 杆号牌区域提取的深度神经网络结构图

由结构图可以看出，号牌区域提取的深度神经网络结构图主要分为以下几个步骤如表 1 所示。

表 1 号牌区域提取的深度神经网络结构图实施步骤

输入：2C 图像
步骤 1：利用多任务候选区域网络(RPN)产生一些候选窗口以及号牌区域的关键点
步骤 2：在一个局部邻域里使用 Non – top K suppression 来保留响应较大的前 K 个窗口，以去除一部分的虚警率
步骤 3：根据关键点对候选区域进行矫正，从而消除旋转以及尺度变化带来的影响
步骤 4：将校正后的区域送入面向目标检测的深度卷积神经网络中，并利用拼接特征来做出最后的判断
输出：2C 图像中支柱杆号对应的位置坐标

竖牌和横牌区域提取结果如图 6 所示，从结果中可以看出本文所用方法可以较为准确地提取号牌区域，有效保障了后续杆号识别的准确率。

(a)竖号牌检测结果

(b)横号牌检测结果

图 6 支柱杆号区域检测结果

2.4 耦合超分辨和字符识别深度学习理论的杆号识别方法

在图像采集过程中，受时间、天气、角度等外界因素的影响，或是由于长时间拍摄，镜头上落下的灰尘和斑点都会极大影响图片质量。列车的晃动也会对图片的清晰程度有一定的影响。所以，图片往往存在过曝、进光量不足（偏黑）和对焦不准的问题。一般的做法是直接送入深度神经网络中进行特征学习，凭借神经网络强大的学习能力，在杆号牌区域图片质量不理想的情况下，仍然能在一定程度上对杆号牌进行正确的识别。但是，图片质量较差对于识别的准确率依旧有着很大的制约。对此，采用了多任务网络的方法，在字符识别网络之前新增了一个超分辨网络，其目的在于将低分辨率的杆号牌图像转换成高分辨率的杆号牌图像，进而提高识别准确率。杆号牌字符识别的深度卷积网络结构图如图 7、图 8 所示。

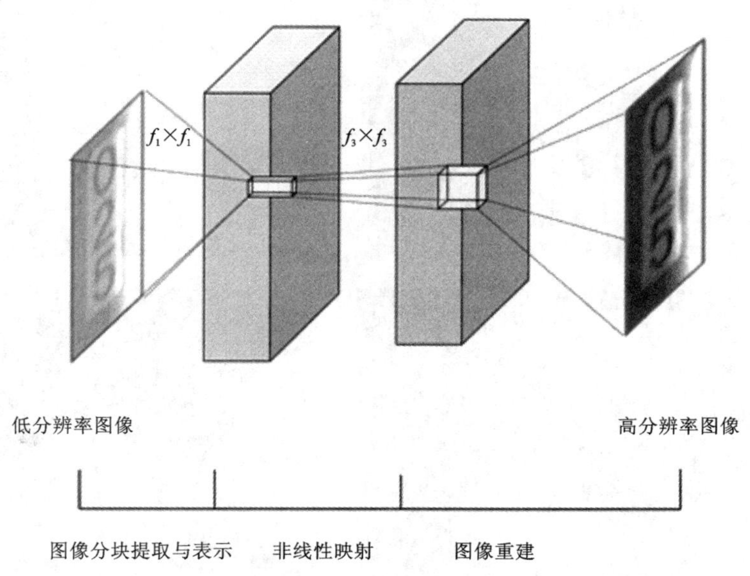

图 7　杆号牌字符识别的超分辨率重建网络构架图

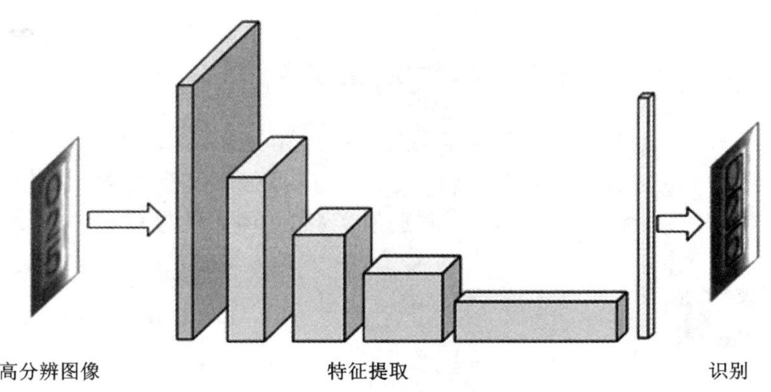

图 8　杆号牌字符识别的重建网络构架图

由结构图可以看出，超分辨辅助杆号牌识别的深度神经网络结构图主要分为以下几个步骤如表 2 所示。

表 2　超分辩辅助杆号牌识别的的深度神经网络结构图实施步骤

输入：第一个子网络检出出的杆号牌图像块
步骤 1：将图像块输入到超分辨网络中，进行图像的特征提取
步骤 2：提取出的图像特征进行非线性映射，使得特征的表示更符合图像的像素映射关系
步骤 3：进入重组阶段网络，将低分辨率的号牌图像重组成高分辨率的号牌图像
步骤 4：将超分辨得到的杆号牌图像输入卷积神经网络进行特征提取获得多通道特征图
步骤 5：将获得的多通道特征图输入全连接层，得到每个位置上存在某个字符的可能性
步骤 6：根据非极大值抑制和置信度阈值判定，获得待处理字符信息
步骤 7：根据先验知识进行最后的字符过滤
输出：杆号字符识别结果

杆号识别网络的效果如图 9 所示。从结果中可以看到，本项目所用方法可以在横、竖号牌中都获得令人满意的结果，同时对模糊、曝光过度等情况都具有一定的鲁棒性。

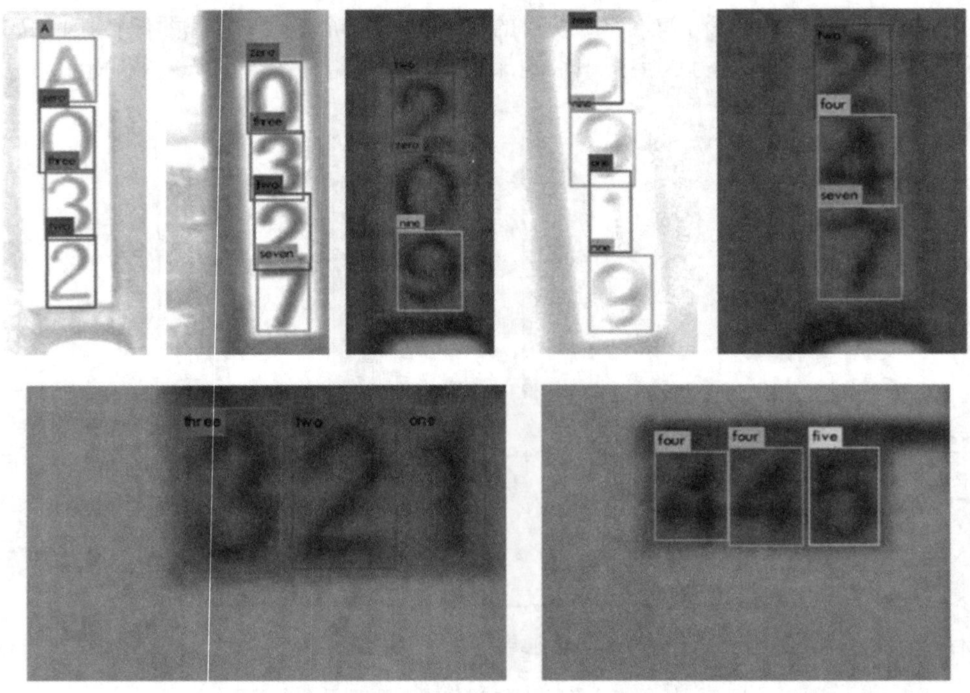

图 9　杆号字符识别结果

3　基于深度学习的接触网支柱杆号识别系统的应用

为满足用户的使用需求，设计了一套简洁实用的前端操作界面(如图 10 所示)，确保每个工区工人都能够无障碍的使用该系统。“单张杆号检测功能模块”利用图像处理和深度学习等技术，结合后台铁路接触网杆号区域的自动检测和识别函数，实现自动识别铁路接触网支柱号牌的功能，同时输出结果在界面当中。

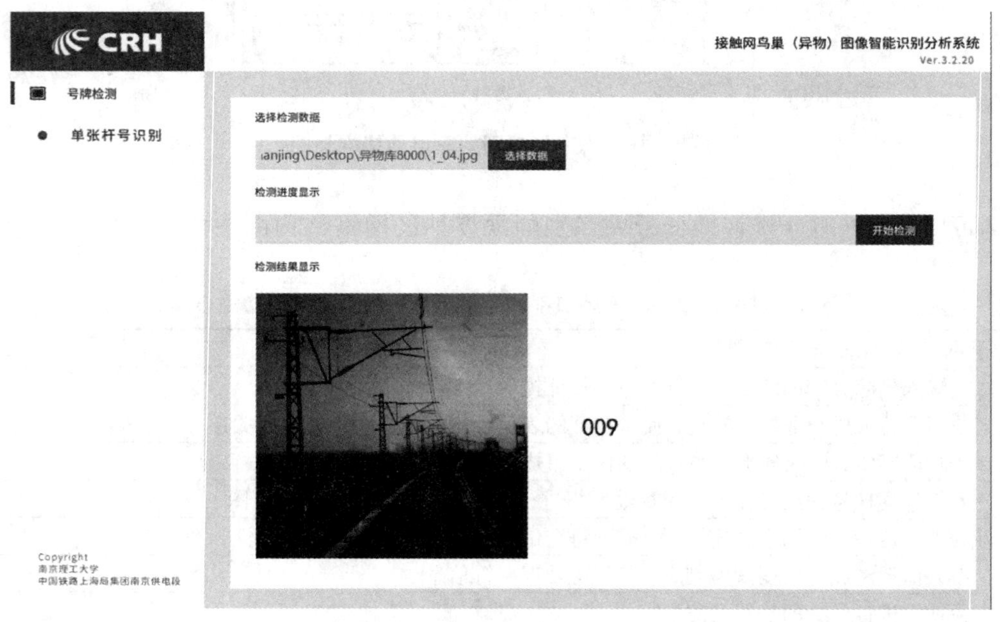

图 10　单张图片杆号识别流程结果展示图

杆号检测的主要流程如图 11 所示，用户点击选择数据按钮，即可选择相应的以 JPG、PNG、BM 为后缀名的图片文件等待检测。点击“开始检测”按钮后，软件显示进度条，后台开始加载杆号检测模型和网络，加载完成之后对图片进行检测，检测结果将在界面显示。

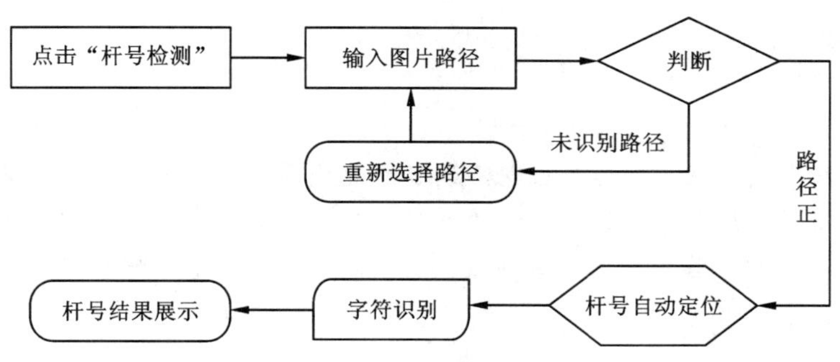

图 11　单张图片杆号识别流程逻辑图

4　结束语

本文提出基于耦合深度学习的接触网杆号自动定位与识别方法，包括图像预处理、基于深度学习目标检测的接触网杆号自动定位技术以及基于耦合深度学习的接触网杆号字符识别技术。利用本文方法对高铁接触网 2C 图像进行测试，本文方法的杆号识别率高达 92% 以上。本文所研发的技术与产品，可以对存在缺陷接触网支柱进行自动定位，为分析室人员和工区提供准确的缺陷发生位置信息，大大提高了缺陷图像搜寻的效率。

参考文献

[1] 郑万全. 轨道交通新型无砟轨道的工艺及钢模智造技术[J]. 金属加工：冷加工，2015，(13)：24－25，27－28.
[2] 祝振敏，谢亮凯. 基于相对位置不变性的接触网鸟巢识别检测[J]. 铁道科学与工程学报，2018.
[3] 林冠吾. 智能电网故障定位及在线监测系统研究[D]. 甘肃：兰州理工大学，2012.
[4] 武翔宇. 基于图像的接触网支柱检测与编号识别[D]. 2015.
[5] 薛亚鑫. 基于 LSTM 深度神经网络的短期交通流预测[D]. 2019.
[6] 陆星家，陈志荣，尹天鹤，等. 基于 HOG 和 Haar 特征的行人追踪算法研究[J]. 计算机科学，2013，40(Z6)：199－203.
[7] PATTANAYAK S. Convolutional neural networks[M]. Berlin：Springer，2017.
[8] 张韬. 基于图像处理的接触网检测系统研究与改进[J]. 铁道机车车辆，2009，(1)：71－74.
[9] 郑巧，唐鹏，韦璞. 基于自适应投影分割的接触网号牌字符提取[J]. 信息技术，2016，(5)：66－70.
[10] 郭瑞，陈唐龙. 基于图像处理的接触网支柱杆号识别[J]. 湖南工程学院学报：自然科学版，2019，(1)：18－21.

作者简介

张源雯，中国铁路上海局集团有限公司南京供电段检测分析室，工程师
刘立，中国铁路上海局集团有限公司南京供电段，工程师
吴泽彬，南京理工大学，计算机与工程学院，教授

电气化铁路接触网施工质量控制分析

冯仰伦 王 伟

摘 要：随着我国经济社会的发展，铁路工程也得到了快速发展。在电气化铁路工程中，接触网的施工质量占据着十分重要的地位，对整个工程的施工也影响重大，因此施工中一定要注意对接触网施工质量的控制。本文就铁路接触网施工质量的控制进行了分析，并提出相关策略。

1 铁路接触网的施工质量要求

在铁路工程施工中，接触网工程施工是其中的关键因素，它会影响整个工程的质量与列车的运行速度及安全。在铁路接触网施工过程中，主要存在两个方面，一是受电弓，二是接触网参数。这两个方面如果能够很好的配合，列车在运行的过程中就能保证其受流质量。

在施工的过程中，应该保证悬挂安装的精确度，减小施工的误差，使接触网与运行的受电弓间得到很好的配合关系。为了列车可以运行，且保证相应的安全，那么铁路接触网工程的施工要求就比较高，在开工前必须要测量，并要计算相关的施工参数，对装置结构实行预配，安装质量也要注意控制。施工的过程决定工程的质量，施工过程的好坏决定施工速度的快慢，施工质量的好坏、工程造价的高低及资源配置是否合理，相关工作人员要据此对施工过程进行严格把关，该控制的地方要控制，该精确的地方要精确，让整个施工过程完美达标，保证铁路接触网的施工质量。因为我国当前的技术水平还十分有限，在接触网维修方面还有所欠缺，所以当前铁路接触网常常表现出免维修或少维修的趋势，因此，在施工的过程中保证工程的质量十分重要，不仅可以减少维修，还能节省经济投入，并保证列车的运行安全。

2 铁路施工网的关键技术

2.1 施工测量技术

在铁路接触网施工方面，高速铁路与普通铁路有很大的不同，这主要是因为在实际的施工过程中，高速铁路无法确定支柱装配线路，所以在实际的施工过程中，为了能够与支柱装配方面的相关需求符合，就要对铁路线路设计中有关参数进行预留测量。为了使接触网的安装具有较高的精确度，施工单位要依据不同时期的精确度进行3次施工测量，一次测量的精确度远远不够，经过3次测量，形成3级精确测量网，使测量更加精确化。测量是施工的基础，只有把基础工作做好了，下一步的工作才能顺利进行，从而为整个工程的质量奠定良好的基础，如果基础工作做不好，其他工作就很难进行，更不用说工程的质量，因此，相关人员一定要做好测量工作，为工程的质量负责。

2.2 接触网线索架设技术

高速铁路接触网的承力索架设一次到位的关键是张力放线装置和机械落锚装置的配合使用，以及坠砣高度的准确计算；坠铊高度b值必须考虑新线延伸预留量和导线架设后对其的影响。接触线架设一次到位的关键是恒额定张力控制装置和机械落锚装置的共同使用，以及下锚坠砣高度的计算和控制；吊弦的布置保证接触线基本水平，防止产生微小的硬点；接触线应按锚段盘号架设，保证无接头。坠铊b值适当考虑新线延伸预留量；下锚穿线时，防止接触线产生硬弯，回转半径不得小于线盘半径；放线滑轮转动灵活无卡滞；落锚紧线过程，现场应设专人随时观察，检查锚柱，拉线，曲线支柱等关键受力部位，道口、关节、信号机等处设专人防护；架设完毕后，现场清理时，应对全锚段进行一次关键部位的重点检查；待整个区段的线索全部架设完成后，进行冷滑、热滑试验，对发现的缺陷处理完成后方可正式开通。

2.3 吊弦安装技术

安装吊弦时，应测量复合承力索悬的挂点高度，以下部工程隐蔽记录中有关实际跨越的相关系数为依据，并采取相关软件进行计算，凭借以上过程，可以得出每个吊弦的长度，还可以得出吊弦间距，并将所得到的数据进行整理，放置到表格中，以便安装的时候方便查看。吊弦安装的工艺流程大致如下：首先对承力索悬的挂点高度进行测量，再对实际跨距进行测量，然后通过相关的软件进行数据整合，把数据归纳到表格中，最后，依据表格中的数据进行安装。另外，在实际安装的过程中，要对误差进行考虑，得出精确的吊弦位置及长度，确保安装能够一次性完成，这样既节省时间，又能节省劳动力，减少经济开支，提高经济效益，同时还保证了施工的效率和质量。

3　铁路接触网施工中的质量控制

3.1　在施工测量过程中进行质量控制

在接触网的施工过程中，施工测量是关键的一步。测量的精确与否直接影响到整个施工的质量，它在施工过程中起着基础性作用，就如同房屋的地基一样，地基如果建不好，房屋盖得再好也是徒劳。首先质量就不能保证，所以在施工中一定要重视测量的问题。在实际测量的过程中，应由专业的技术人员组成测量小组进行测量，保证测量的精确性，主要测量的是吊弦和接触网腕臂的相关数据，测量之后把获取的数据进行上报，最好对数据进行归纳整理并进行妥善保存，以方便今后查阅。测量时所用的测量仪及测量表要进行定期的检测和校核，这样才能保证测量的精确度，防止出现误差。

针对接触网腕臂数据而言，在测量过程中应当加强注意钢柱基础面和轨面标高测量值，因为它们的准确度会直接影响腕臂底座的安装位置，因此一定要保证精确度。针对吊弦参数而言，应当注意的是，对于支柱跨距与腕臂测量来说，其所指的是对该锚段线索悬挂点之间的距离进行测量，而不是对支柱之间的距离进行测量，这一点一定要注意。

3.2　接触网预配计算质量控制

对于腕臂及吊弦的计算，主要是通过计算机软件进行操作，在计算过程中要将实际测量的数据输入到计算机，输入时要仔细小心，以免遗漏相关数据，使精确度受损。而且在实际计算时，要严格控制计算偏差，对数据、图纸及计算的结果都要进行严格检查，以确保数据的准确性，保证实际施工能一次性完成，不出现返工的情况，节省人力和财力。在接触网预配计算的过程中，主要计算的就是腕臂和吊弦的参数。

要保证计算质量，就要使测量数据精确化，同时正确选择录入相关线路的参数，在此过程中应该注意的重要一点就是线材以及张力的选择，还要注意附加荷载的加载重量及其位置。所谓线路参数，主要包括的就是线路曲线情况和坡度情况，注意好这两点要求，对于保证计算质量具有很好的帮助。在实际测量时，还要注意修正相关的测量值，比如在计算吊弦的过程中，不仅要对曲线跨度值进行修正，对拉出值也要进行修正，因为在对曲线进行测量时，承力索和接触线之间会有偏角存在，导致误差，所以计算吊弦时要修正拉出值，这样才能保证计算的精确度。

3.3　接触网预配质量控制

就当前的情况而言，接触网腕臂及吊弦都已经工厂化了，也就是说利用专业的计算软件可以准确的预配出吊弦及支柱的装配，从而使吊弦及腕臂预配实现工厂化和数据化，最终提升实际施工的效率。根据计算结果可以获得预配任务单，进而制定领料单准备领料。另外，在材料和零部件的选择上要进行严格审查，保证材料和零部件的质量，并且要与设计标准相吻合，否则材料采购回来却无用武之地，不但造成不必要的浪费，还会延误工期。在进行预配前，首先要对零部件的外观和型号进行检查，避免使用不合格的产品，否则会在实际装配的过程中出现误差，为了保证精确度，操作人员一定要注意这些问题。

3.4　接触网安装质量控制

接触网的安装环节在整个施工过程中属于关键环节，它的内容包括很多方面，且任务量很大。在安装铁路接触网时，环境温度对它的系统性和安装精确度有很大的影响。在实际安装时，要对安装的工序和环境温度加以重视，要按照一定的顺序进行安装，而且安装每一个部分时，都要对温度有所控制，确保安装在正确的温度下进行。在安装的过程中，要保证每道工序的精确度，这样才能保证整个工程的质量。除此之外，还应该严格依据相关的工艺进行施工，使电气和机械的性能得到较好的保证，从而使整个工程的质量达到理想状态。

4 结束语

在铁路施工建设中，接触网的施工占据相当重要的地位，它直接影响到整个工程质量的好坏，因此工作人员在施工过程中，要对相关数据进行精确化，对相应材料及零部件的质量与型号进行严格把关，从而使整个工程的质量得到保证。

参考文献

[1] 高焕忠. 高速铁路接触网施工质量控制的思考[J]. 智能城市，2016，2(4)：209-210.
[2] 于先芝. 高速铁路接触网工程施工偏差控制方法与关键技术[J]. 科技传播，2011，(6)：126-127.
[3] 汪自杰. 高速铁路接触网施工质量控制研究[J]. 技术与市场，2013，20(6)：68，70.

作者简介

冯仰伦，中铁电气化铁路运营管理有限公司上海维管处徐州维管段，工程管理室安质工程师
王伟，中铁电气化铁路运营管理有限公司上海维管处徐州维管段，工程室主任，技术员

基于图像识别的接触网鸟巢(异物)智能检测系统

王　青　简　磊　吴泽彬

摘　要: 接触网鸟巢(异物)是造成铁路接触网故障的主要隐患之一。传统的巡视手段主要通过人工巡视和2C图像人工判读，既耗时又低效，漏识别的情况较多。针对该问题，本文提出的基于图像识别的接触网鸟巢(异物)智能检测系统以接触网中典型鸟巢和异物数据为基础，利用图像正则化建模与优化技术提升接触网图像的质量，研究协作式耦合深度学习方法实现铁路2C接触网图像数据鸟巢(异物)的自动智能检测，设计接触网杆号区域的自动检测和识别方法，完成带有鸟巢(异物)支柱的号牌检测与识别，检测结果以报表的形式导出并与6C系统对接，最后针对海量图像数据处理问题提出多粒度并行优化算法提升系统的运行速度。通过对接触网2C采集数据检测结果分析，该系统可快速准确检测出接触网鸟巢(异物)，大大提高了接触网鸟巢(异物)检测效率和供电安全管理与设备维护水平，促进铁路供电网向全面智能化转型。

1　概述

随着我国高速铁路的快速发展，我国已经形成了全世界最大规模和最高运行速度的高速铁路网络。作为高速铁路的重要组成部分之一，接触网的安全稳定直接关系着高速铁路运输安全与效率。其中鸟巢病害所造成的接触网跳闸率最高，是接触网巡检、检修的重要工作内容。目前，对接触网鸟巢的监测主要是通过人工分析图像、视频并判断和标记，这种人工的监测方式耗时耗力，且无法及时准确地发现并排除，因此对鸟巢进行自动识别检测技术是必要的。

深度学习(Deep Learning)是人工智能领域的一个重要研究热点。作为机器学习理论与方法研究中的一个新兴技术，人工智能展现了强大的学习数据集本质特征的能力。目前，深度学习在语音识别、文本分类、图像视频处理和自然语言处理等领域都取得了巨大的进展。随着人工智能技术和深度学习理论的发展，大量的智能化技术应运而生，为接触网设备的智能监测研究提供了必要的理论基础。卷积神经网络是目前基于深度学习的最为理想的算法模型，卷积神经网络在图像识别应用中，往往通过多层卷积运算来得到更深层次的特征图。与传统机器学习模型相比，卷积神经网络具有更深的结构、指数级的特征表达能力、多任务协同优化以及较强的自主学习能力。

根据以上情况，考虑接触网鸟巢(异物)的特点和动态检测需求，利用机器学习、图像处理、大数据分析等技术，采用铁路接触网2C设备采集的海量检测图像、视频数据，提出基于人工智能技术的铁路接触网鸟巢(异物)智能检测系统，以实现铁路接触网中鸟巢(异物)和支柱号牌自动识别快速智能检测的任务，及时发现高铁接触网的鸟巢(异物)安全隐患。

2　系统整体蓝图

2.1　总体技术路线

为实现基于图像识别的接触网鸟巢(异物)智能检测，系统总体结构(如图1所示)将分为多视智能检测系统开发和海量数据存储和计算中心构建两大部分。两者具有交互功能，检测系统负责数据采集、预处理和实时检测为存储和计算中心提供原始数据和深度学习算法所需的正负样本；云存储和计算中心负责源数据的存储、检测结果存储并根据新样本重新训练为系统检测功能更新提供模型。

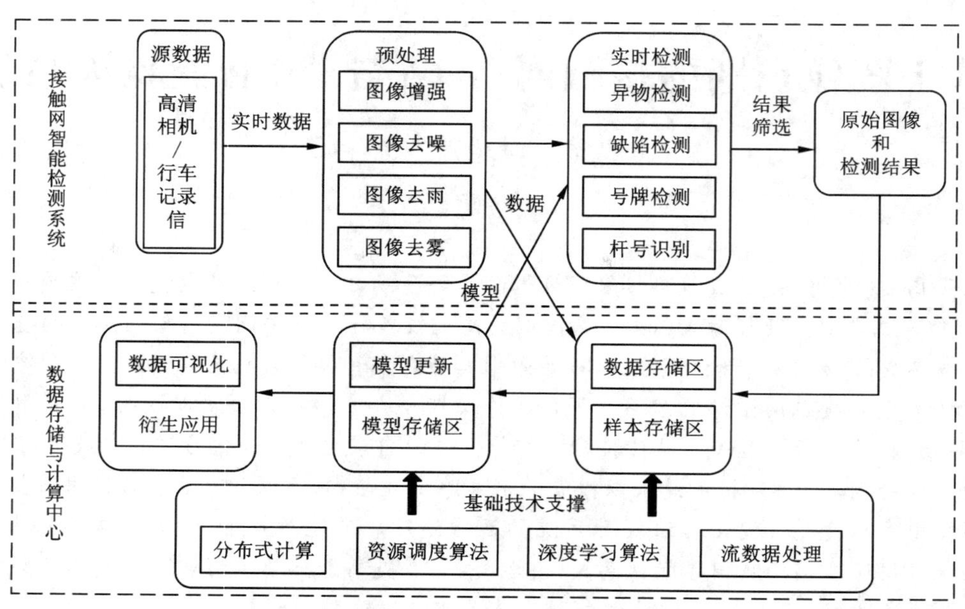

图 1　技术路线图

2.1.1　多视智能检测系统开发

(1)源数据区

源数据区是大数据的生产源头，实时数据指布置在驾驶室操作平台上的多视高清相机和摄像头采集的数据。

(2)数据预处理区

由于数据采集的时间不同，所遇到的天气不同，成像质量有较大差别，因此需对源数据进行预处理才能进行后续的实时检测和存储。这一步骤是智能检测的关键步骤也是本文研究的重要组成部分。

(3)实时检测区

首先根据多视相机的角度将预处理后的图像进行分类，然后根据不同检测模型进行实时检测，包括异物检测、补偿不足检测、缺陷检测等。同时对支柱号牌进行识别，将图像中支柱存在的问题和杆号对应生成报表。该检测模块具有可扩展性，面向用户需求可以增加新任务检测。实时检测步骤是多视智能检测系统的核心，其性能由训练模型的优劣和检测速度决定。

(4)数据传输区

该步骤主要是将检测结果进行分类，并与对应杆号、路段名称等进行绑定生成报表，为用户审核提供方便。并且将图像、检测结果区域在线传输到存储和计算中心，一方面存储数据以便后续搜索查看，另一方面训练和更新深度学习模型提供样本。

2.1.2　海量数据存储和计算中心

海量数据云存储和计算中心划分为：数据存储和样本存储区、模型计算和存储区、基础技术支撑区、数据展示区。

(1)数据存储和样本存储区

该区主要负责多视高清相机和摄像头采集到的图像和视频数据以及检测系统检测出的图像。其中，数据存储为后续的查询以及增值服务提供数据支持，而样本存储是为深度学习提供训练样本支持。因为深度学习需要大量的样本进行训练才能保证结果准确，这种与检测系统交互式的操作可以不断提升模型精度，最终达到最优。

(2)模型计算和存储区

该区主要负责深度学习模型训练以及训练好的模型的存储。这是本项目的另一个重要核心。针对项目的实际，通过样本标记和收集在深度学习、图像处理、智能优化算法基础上定制相关深度学习算法，这种定制的算法具有特定的深度网络结构，与现有的深度学习算法相比更有针对性，其结果更优。在新进训练样本后可动态更新模型，在线传输给多视智能检测系统并存储备份。交互式操作以提升智能检测技术检测的精度。

(3)基础技术支撑区

该区域由分布式计算、作业调度监控、基础深度学习算法、流数据处理4个子模块组成。通过这4个子模块的技术实现，支撑海量数据的存储和计算。

(4)数据展现区

该区域提供数据可视化功能。使行业相关部门对数据的理解更加简易直观。数据展现形式包含但不限于报表、图像、视频等。

2.2　技术架构

该系统的技术架构图如图2所示。

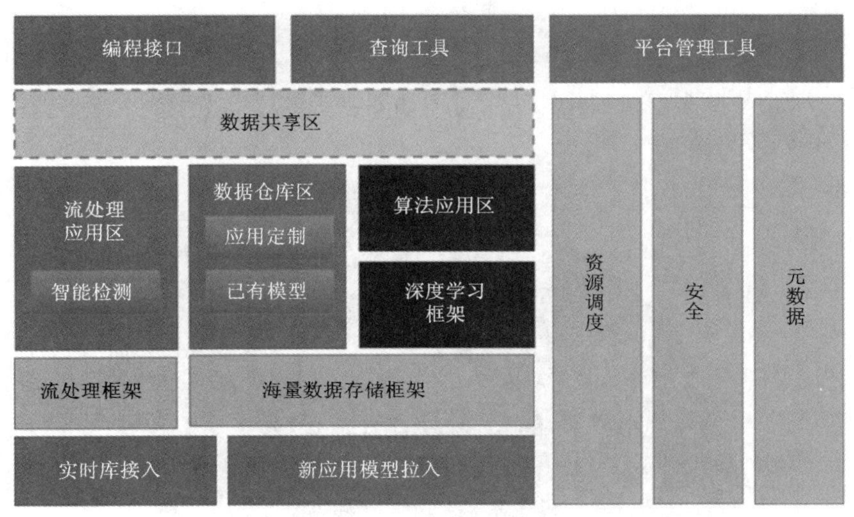

图2　技术架构图

图中各功能模块可分为五类：

(a)平台接入工具：包括实时库接入模块和应用系统接入模块。

(b)存储与计算框架：包括流处理框架、海量数据存储框架、深度学习框架。

(c)平台管理工具：包括调度系统、安全管理、元数据管理、系统管理工具，全部采用CDH技术构建。

(d)平台交互工具：包括编程接口和即席查询工具。

(e)业务应用：包括流处理应用区、数据仓库、算法应用区、数据共享区。

3　基于图像识别的接触网鸟巢(异物)智能检测算法

南京供电段使用安装在高铁上的高速摄像机来捕捉接触网的图像数据。由于高铁的高速运动会导致所捕获的图像存在一定的运动模糊，使得图片信息严重缺失，场景信息几乎都是无法再现，从而导致需捕捉的信息缺失甚至消失，给后续鸟巢(异物)检测和杆号识别带了诸多不便。此外，虽然图像分辨率很高，但是由于远处的鸟巢(异物)和杆号目标小，影响鸟巢(异物)识别和杆号识别的准确性。为此，本系统采用基于深度学习的接触网鸟巢(异物)智能检测算法。主要包括图像正则化建模与优化、基于深度学习理论的接触网(异物)检测技术、基于图像弱区域自动提取与杆号智能分析的鸟巢(异物)自动定位方法和异物自动检测以及基于GPU计算集群的并行优化技术。本系统算法研究方案图如图3所示。

基于深度学习理论的接触网鸟巢(异物)检测技术中，主要运用了多层精细化的目标检测方法。该方法首先通过基于协作式卷积神经网络的异常目标检测模型对图像进行粗检测实现鸟巢和(异物)的初步定位，再利用注意力机制的检测模型进行优化，最后利用多层精细化的异常目标精细检测模型得到最终结果。基

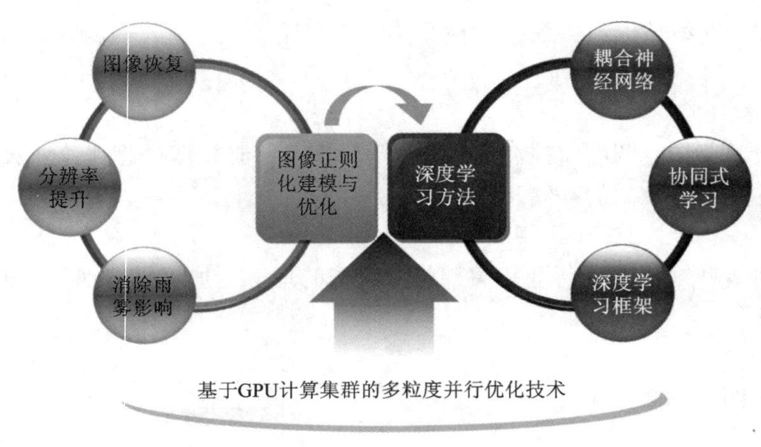

图 3 算法方案图

于深度学习的鸟巢(异物)检测多层精细化算法示意图如图 4 所示。

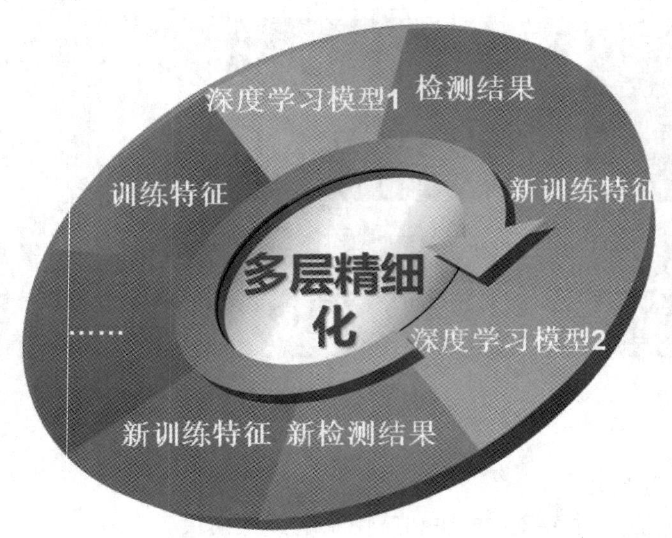

图 4 基于深度学习的鸟巢(异物)多层精细化检测算法示意图

鸟巢(异物)检测流程中每个步骤的检测结果如图 5 所示,图 5(a)是初始检测结果,图 5(b)是校正后的检测结果,图 5(c)是引入视觉显著度模型的检测结果,图 5(d)是多层精细化后的检测结果。从图 5 中可以看出本系统中的鸟巢(异物)检测技术可以精确地检测出图像中的鸟巢(异物)。

接触网杆号自动识别技术主要包括训练样本收集、号牌检测系统设计以及号牌识别系统设计,具体流程如图 6 所示。根据号牌区域在支柱上的特点设计对应检测方法,对鸟巢(异物)对应支柱的号牌区域进行自动提取;最后利用机器学习方法对号牌区域进行字符智能分析并识别号牌,实现铁路接触网鸟巢(异物)位置的自动提取与记录。

基于层次提名深度神经网络的号牌定位结果图如图 7 所示,从图 7 中可以看出本算法对横号牌以及竖号牌都可以精准定位,为后续杆号识别提供的准确的输入。基于多任务耦合深度神经网络的杆号识别结果如图 8 所示,可以看出本方法对横竖号牌、模糊号牌、曝光不足以及曝光过度的号牌都可准确识别其中的字符,为鸟巢和异物的定位提供了准确的位置信息。

接触网的鸟巢(异物)智能检测算法基于当前比较业界流行的深度学习算法,在算法的训练和检测时需要强大的计算能力提供支持。传统 CPU 虽然是一个多功能的调度者,但是其运算核数少、缓存小、任务杂,导致基于 CPU 的智能检测识别执行速度缓慢,其运算能力完全不能支持智能检测算法的实时执行。而

(a)初始检测结果　(b)校正后检测结果

(c)视觉显著度模型检测结果　(d)本系统检测最终结果

图5　鸟巢(异物)检测结果示意图

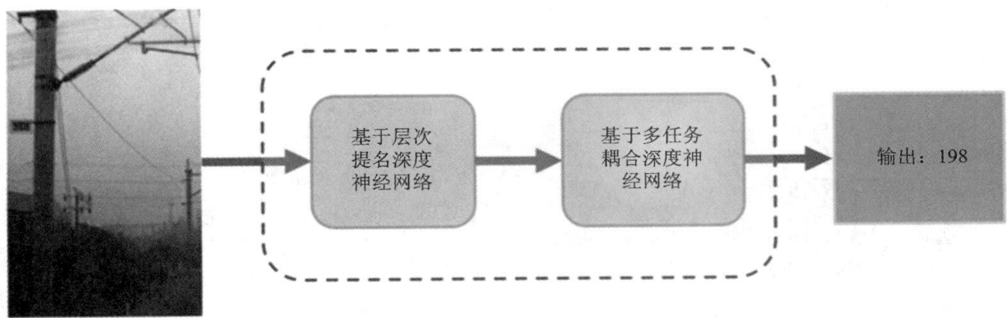

图6　号牌定位与杆号识别流程图

(a)　(b)

图7　基于层次提名深度神经网络的号牌定位结果

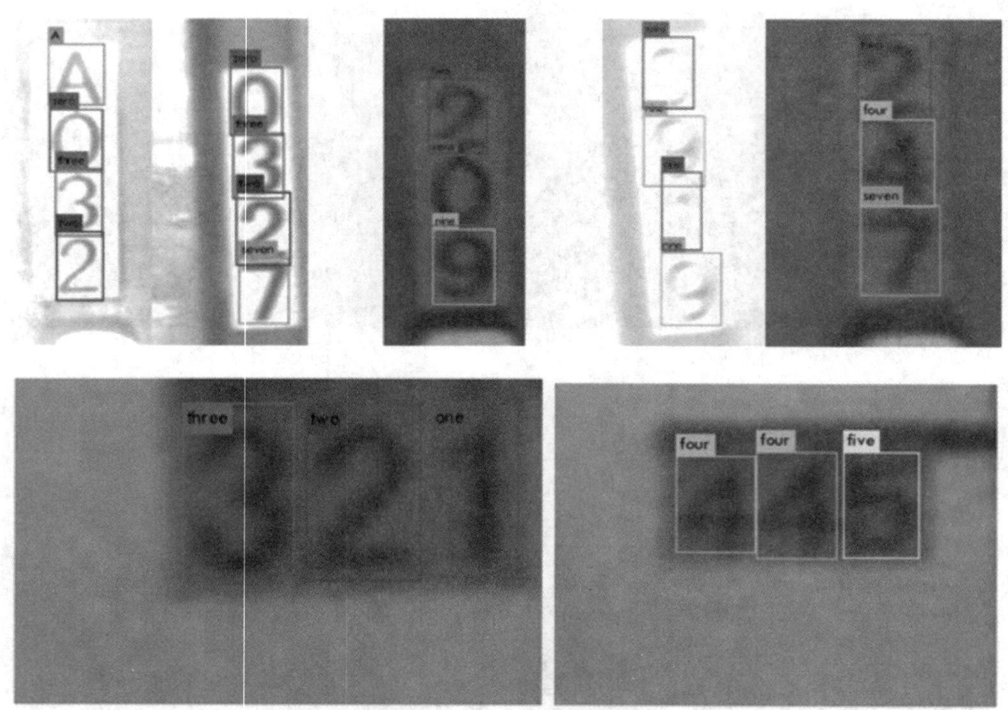

图 8　基于多任务耦合深度神经网络的杆号识别结果

GPU 作为一个接受 CPU 调度的拥有大量计算能力的硬件，非常适合接触网智能检测识别算法的执行。于是，采用 CPU 与 GPU 相结合的方式，设计算法架构，加速智能检测识别的执行速度。首先引入基于同一内存与流处理的 GPU 并行计算，检测速度提升 10 倍，GPU 并行架构如图 9 所示。

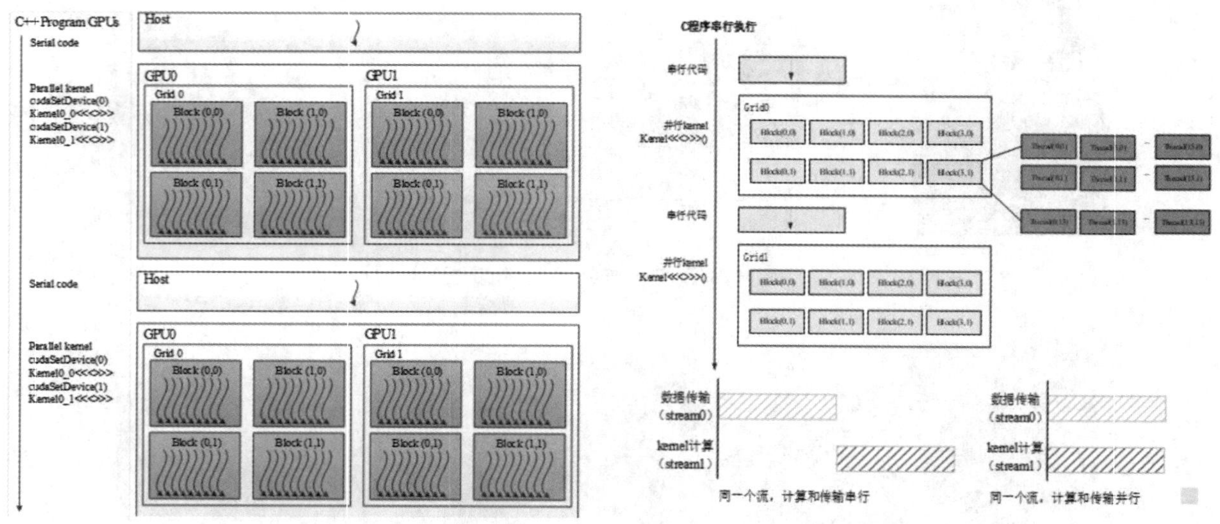

图 9　GPU 并行架构

然后基于多粒度并行优化的实时检测，检测速度提升 2.4 倍左右，可达 19 帧/秒。多粒度并行优化架构如图 10 所示。

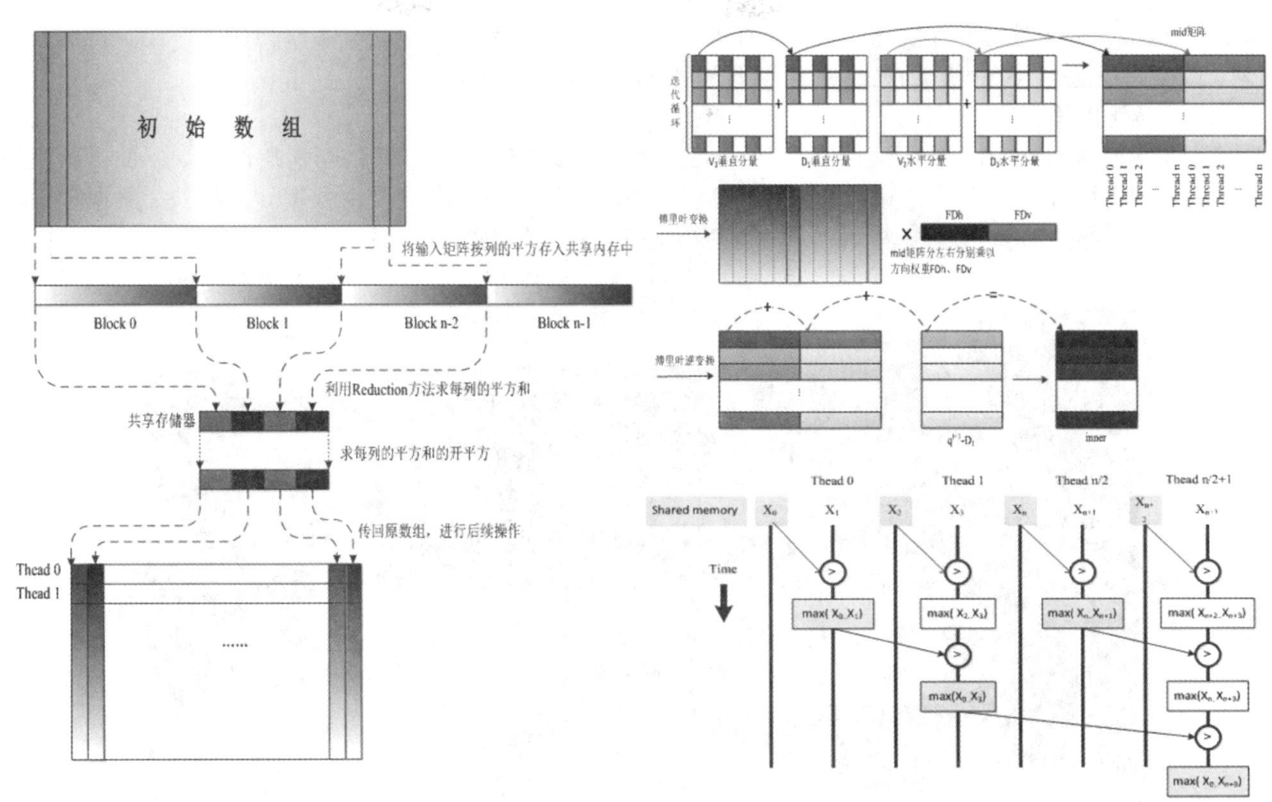

图 10　多粒度优化架构

4　系统功能与验证

4.1　用户登录功能模块

该模块实现鸟巢(异物)检测系统中的用户统一、全局管理、安全登录等功能。根据用户提交的账号密码验证是否拥有登录的权限，并根据秘钥验证软件授权情况。软件界面如图 11 所示。

图 11　软件登录界面图

具体操作是：用户输入待管理的用户账号 UserID 和操作员的用户密码 Password，然后系统接收 UserID 和 Password，与数据库内的账号密码进行检验并返回处理结果，若失败则提示登录失败信息；若成功则进行第二层认证，通过对比硬件信息以及口令和许可证书信息，确保此软件的可靠性和受保护性。特别注意的是，数据库信息以及许可证信息都通过 AES 加密，确保软件的安全性。

4.2 功能实现

系统从用户需求与用户使用便捷度出发，结合系统后台逻辑，设计了简洁与实用的前端界面。新用户在使用该软件时，能够无障碍使用，并且系统具有较强的鲁棒性。系统主要由数据导入模块、数据管理模块、单张检测模块、批量检测模块、视频检测模块组成，系统界面如图 12 所示。

图 12 系统界面图

4.2.1 单张鸟巢(异物)检测功能模块

实现单张鸟巢(异物)的粗略检测和精细检测。输入文件夹路径之后，对图片粗检测和精细鸟巢(异物)检测，并保存相应的结果文件。界面如图 13 所示。

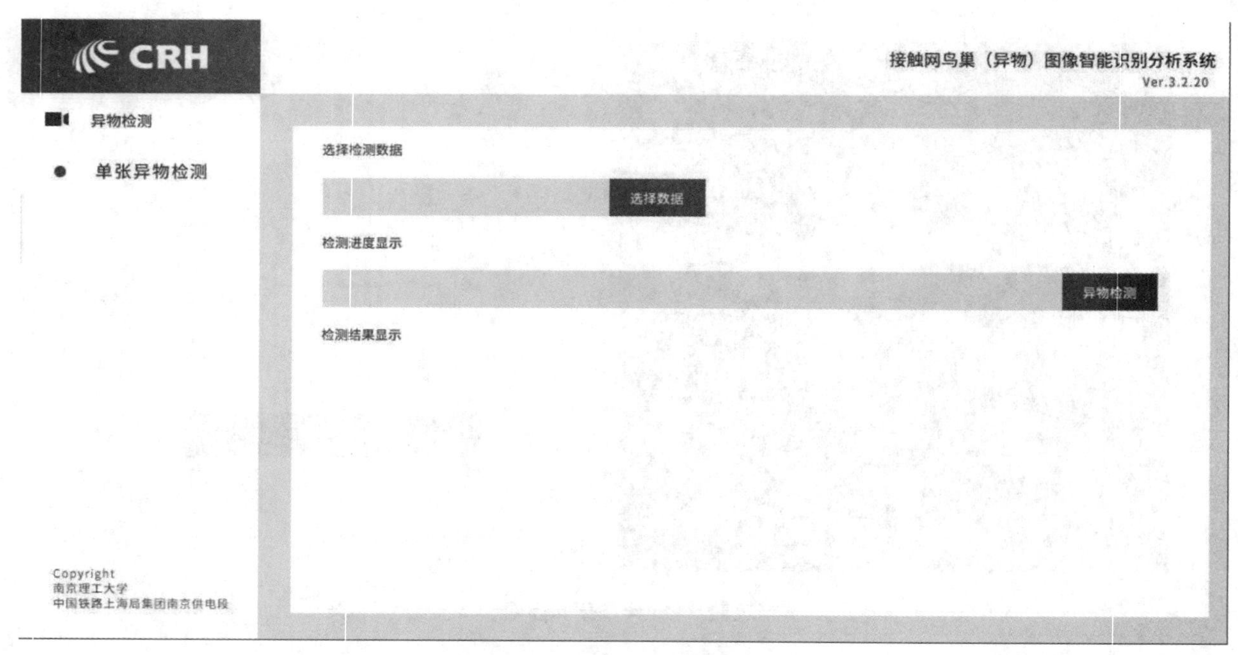

图 13 软件单张异物粗检\精细检测逻辑图

用户点击选择数据按钮，即可选择相应的以 JPG、PNG、BMP 为后缀名的图片文件等待检测。点击“开始检测”按钮后，软件显示进度条，后台开始加载检测模型和网络，加载完成之后对图片进行检测，检测结果将在界面显示，如图 14 所示。

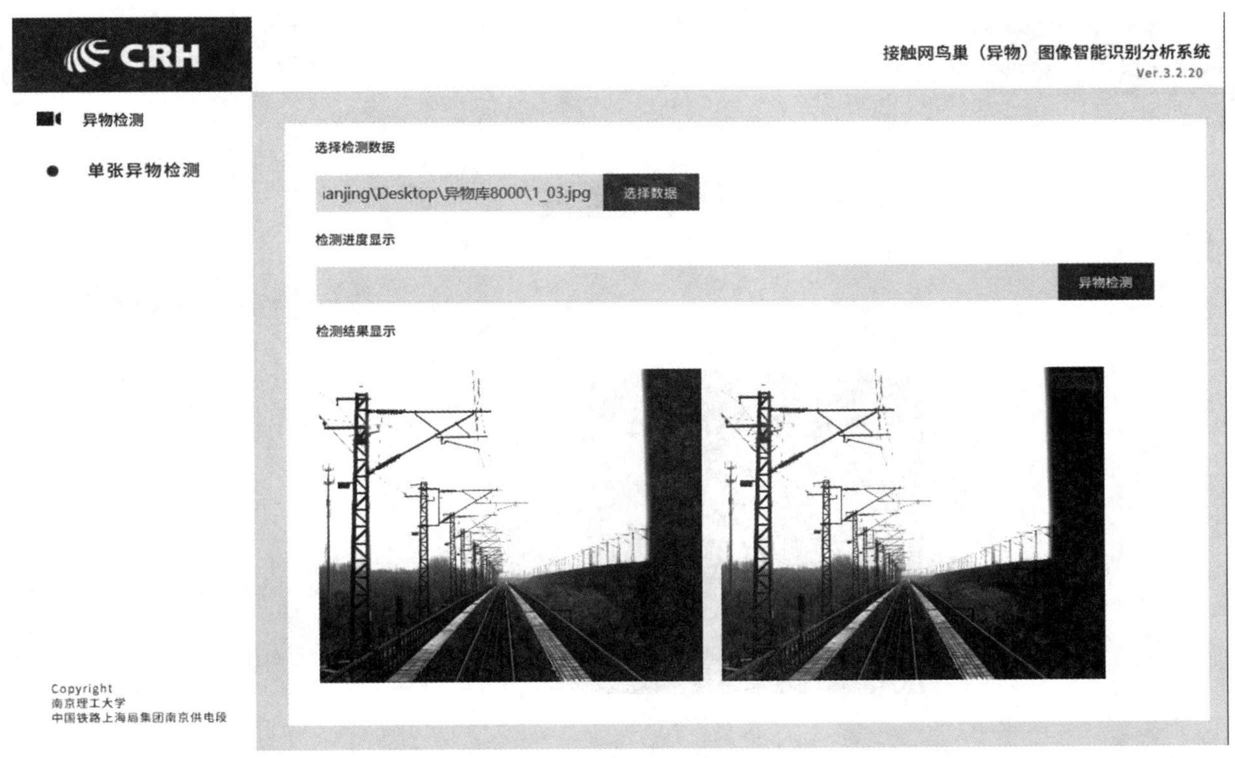

图 14　软件单张异物粗检\精细检测结果图

4.2.2　单张杆号检测功能模块

在特定环境下需要对单张号牌进行检测，利用图像处理和深度学习等技术研究铁路接触网杆号区域的自动检测和识别技术，实现自动识别铁路接触网支柱号牌功能，同时输出结果在界面当中。其界面如图 15 所示。

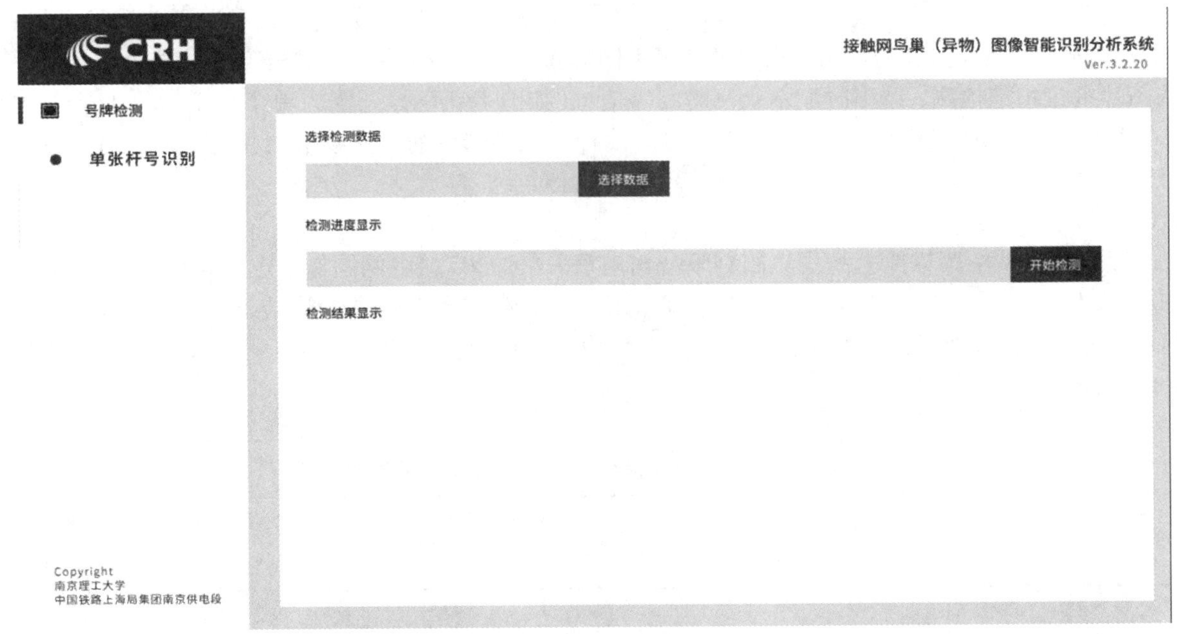

图 15　单张图片杆号识别流程结果展示图

用户点击选择数据按钮，即可选择相应的以 JPG、PNG、BMP 为后缀名的图片文件等待检测。点击“开始检测”按钮后，软件显示进度条，后台开始加载杆号检测模型和网络，加载完成之后对图片进行检测，检测结果将在界面显示，如图 16 所示。

图 16 单张图片杆号识别流程结果展示图

4.2.3 整体检测功能模块

根据操作要求，因地制宜地设计从预处理到鸟巢(异物)检测，再到支柱号牌的识别和结果保存的一套完整的技术方案。用户只需选择文件路径和点击开始按钮即可完成自动化检测操作。

不同的路段有不同的文件夹格式，主要有华兴致远数据格式、唐源数据格式和通用单层目录格式(如图 17 所示)。为了结果报表的导出，我们设计了不同的操作面板，使用同样的模型和结果进行检测。文件夹内的图片批量精细检测，结束时显示检测时间等信息(如图 18 所示)。因为单个鸟巢(异物)会被连续检出多张，我们只需挑选一张放到报表当中，所以后续有一个挑选界面对异物进行挑选，之后对挑选完成的图片进行杆号检测，最终导出 Excel 表，与生产系统进行对接。

4.2.4 系统验证

为验证系统，从中国铁路上海局集团有限公司南京采集的 2C 接触网图像中选取 5000 张进行测试。其中 4200 张图像含异物，800 张图像不含异物。表 1 给出了异物的检测结果，从结果中可以看出，本文方法可以从 2C 图像中有效地得到异物所在区域，并且精检测后可以有效去除虚警，进一步提升本文方法的鲁棒性、通用性以及实用性。

表 1 本系统鸟巢(异物)检测方法在测试集中的检测结果

	待检测图像数/张	含异物数/张	正确检测数/张	检测率
测试样本总数	5000	4200	4055	96.54%

对上述 5000 张图像的号牌进行测试，其中 4316 张图像含有完整的号牌，表 2 给出了号牌识别结果，从结果中可以看出，本文方法可以对 2C 图像中的号牌进行准确识别，为鸟巢异物的自动定位提供准确信息。

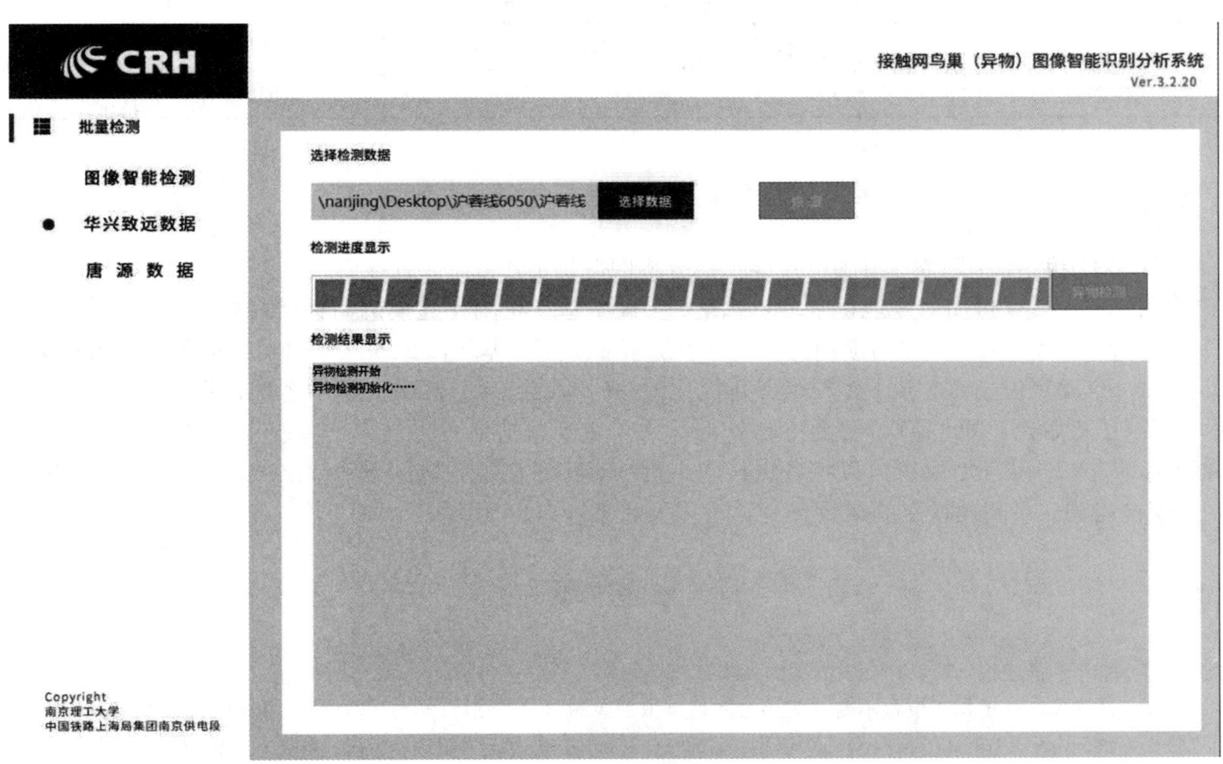

图 17　界面展示

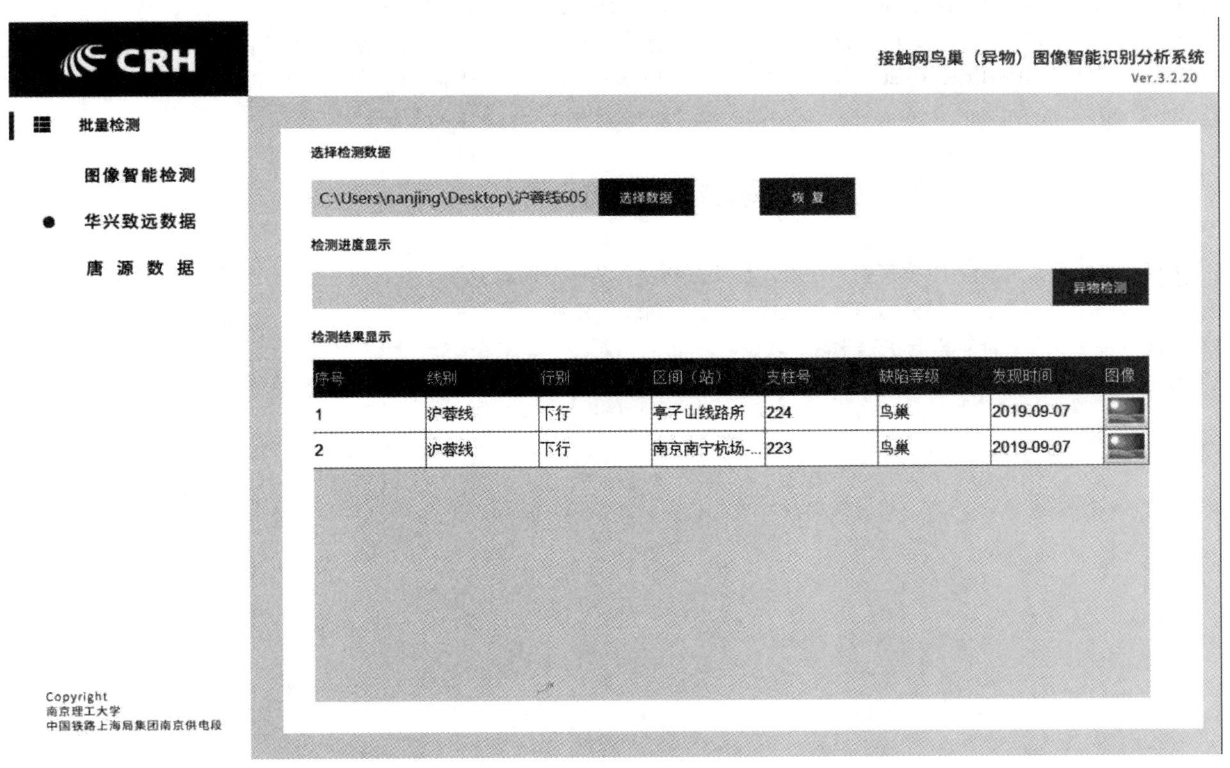

图 18　整体检测流程结果展示图

表 2 本系统号牌识别方法在测试集中的检测结果

	待检测图像数	含完整号牌数	正确识别数	识别率
测试样本总数	5000	4316	4013	92.97%

5 总结

系统针对接触网鸟巢(异物)图像智能识别分析问题，充分考虑高铁接触网动态检测的特点和需求，研究了接触网鸟巢(异物)图像智能识别分析系统，突破了基于正则化建模的高铁接触网 2C 图像质量提升技术、基于协作式耦合深度学习的接触网鸟巢(异物)检测技术、基于图像弱区域自动提取与杆号智能分析的鸟巢(异物)自动定位技术、基于多粒度并行优化的实时检测技术、自动化业务化的批量数据智能快速检测技术，研制了接触网鸟巢(异物)智能检测分析系统。从测试结果看出鸟巢(异物)识别率达 96% 以上，杆号牌识别率达 92% 以上，系统可以将各级技术人员从观察海量视频数据中解放出来，更及时地发现高铁接触网的安全隐患，对高速铁路的运行安全具有重大意义。

参考文献

[1] 封博卿，李平，杨连报. 基于时空大数据的高速铁路接触网鸟巢病害分析[J]. 中国铁路，2017，(1)：29－34.
[2] 祝振敏，谢亮凯. 基于相对位置不变性的接触网鸟巢识别检测[J]. 铁道科学与工程学报，2018，15(4)：1043－1049.
[3] 周俊，陈剑云. 基于 DSSD 的接触网鸟窝识别检测研究[J]. 华东交通大学学报，2019，36(6)：70－78.
[4] DENG L，YU D. Deep Learning：Methods and Applications[J]. Foundations & Trends in Signal Processing，2014，7(3)：197－387.
[5] 徐伟，吴泽彬，刘建新，等. 高铁接触网异物自动化智能检测方法[J]. 中国铁路，2019，(10)：39－44.
[6] 屈薇. 基于深度学习的图像识别算法研究[J]. 数字技术与应用，2019，37(9)：121－122.
[7] 钟城，沈涛，张婧祎，等. 基于深度学习航拍图像识别的农作物病虫害研究[J]. 信息与电脑，2020，32(3)：104－105.
[8] REN S，HE K，GIRSHICK R，et al. Faster R－CNN：Towards Real-Time Object Detection with Region Proposal Networks[J]. IEEE Transactions on Pattern Analysis &Machine Intelligence，2015，39(6)：1137－1149.

作者简介

王青，中国铁路上海局集团有限公司南京供电段检测分析室，助理工程师
简磊，中国铁路上海局集团有限公司南京供电段，科长，高级工程师
吴泽彬，南京理工大学，计算机与工程学院，教授

接触网27.5 kV接地线常见断股问题分析及处置

刘相近

摘　要：电气化铁路接触网27.5 kV接地线的作用是为了防止设备、线路突然来电，消除感应电压，放尽剩余电荷的临时接地装置。同时，使电气设备中的漏电电流泄入大地，挂接地线是一项保证人身安全的重要电气安全技术措施。接地线出现断股，导致载流面积减少，使用后易被烧断，失去保护作用，从而出现严重劳动安全风险隐患。如何减少接地线断股问题是我们亟待解决的课题。

电气化铁路接触网27.5 kV接地线的作用是为了防止设备、线路突然来电，消除感应电压，放尽剩余电荷的临时接地装置。同时，使电气设备中的漏电电流泄入大地，挂接地线是一项保证人身安全的重要电气安全技术措施。接地线出现断股，导致载流面积减少，使用后易被烧断，失去保护作用，从而出现严重劳动安全风险隐患。如何减少接地线断股问题是我们亟待解决的课题。

1　接地线发生断股的危害

1.1　接触网27.5 kV接地封线在反复的使用过程中发生接地线断股，载流面积减少，易被烧断，从而失去保护接地作用。特别是在接触网V停天窗作业时，会在挂接地线的瞬间因为感应电流较大，将接地封线断股处(因断股损伤导致截面不足)烧断，从而出现危及人身安全的感应电压，导致可能出现人身触电、感应电伤害的严重劳动安全风险隐患。

1.2　接地线断股后，修复接地封线断股而截断接地线重新进行压接，势必缩短接地封线的长度，减少使用寿命，同时也增加材料和人力成本。

2　分析接地线断股成因

2.1　分析接地线断股数据

以我段管内巢湖东高铁供电车间为例，巢湖东高铁供电车间下辖合肥南供电工区和巢湖东供电工区，合肥南供电工区配备28组27.5 kV接地线，巢湖东供电工区配备32组27.5 kV接地线。

通过现场调查2017年接地封线状态统计表中统计出封线每月断股数量占比，如表1所示。

表1　2017年接地封线状态统计表

检查时间	合肥南供电工区14组		巢湖东供电工区18组	
	检查断股数量/根	占比	检查断股数量/根	占比
2017年1月	3	21.4%	5	27.7%
2017年2月	4	28.5%	5	27.7%
2017年3月	4	28.5%	3	16.6%
2017年4月	3	21.4%	4	22.2%
2017年5月	4	28.5%	5	27.7%
2017年6月	2	14.2%	4	22.2%
2017年7月	3	21.4%	3	16.6%
2017年8月	3	21.4%	3	16.6%
2017年9月	2	14.2%	5	27.7%

续表 1

检查时间	合肥南供电工区 14 组		巢湖东供电工区 18 组	
	检查断股数量/根	占比	检查断股数量/根	占比
2017 年 10 月	3	21.4%	4	22.2%
2017 年 11 月	3	21.4%	4	22.2%
2017 年 12 月	2	14.2%	3	16.6%
合计	36	257.1%	48	266.6%

从以上数据分析，接地线断股现象在一线现场，出现频率很高，存在较高的人身安全风险，同时花费修复接地线的材料和人工成本也是居高不下。

2.2 接地线断股成因分析

通过现场作业调查和持续的情况追踪，我们分析接地线断股成因主要有 2 点：

成因一是使用产生折角过小。通过现场调查，接地线在使用过程中，作业人员安装钢轨接地极后，人员拉拽接地线，造成接地线与压接铜线鼻间产生过小的折角(90°及以下)，反复出现后，造成接地线产生断股。如图 1 所示。

成因二是缠绕时产生折角过小。通过现场调查，接地线在缠绕时，接地线与压接铜线鼻间产生过小的折角(90°及以下)，反复出现后，造成接地线产生断股。如图 2 所示。

图 1 接地线断股

图 2 接电线断股

3 探寻解决方案

在找出接地线断股现象的成因后，我们认真思考解决方案，在日常工作生活中，受到氩弧焊机焊枪防折设计的启发：在接地线与压接铜鼻处加装弹簧，限制接地线在使用和缠绕过程中，形成角度过小的折角，同时减少弯折的次数。如图 3 所示。

方案可行性分析：接地线与压接铜鼻处加装非铁合金钢弹簧(PBW)，通过弹簧的刚度限制了接地线与压接铜鼻间折角度数，平滑过渡，同时减少弯折的次数。通过弹簧间隙也能直观地观察接地线与压接铜鼻处接地线状态。

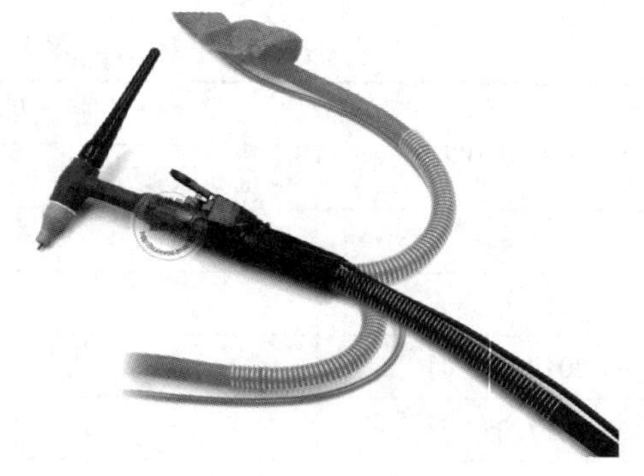
图 3 氩弧焊枪

4 改造试验

4.1 样品制作

2018 年 2 月对巢湖东供电车间两个供电工区常用 16 组接地线进行了改造试验。如图 4 所示。

4.2　样品现场测试

经过巢湖东高铁供电车间10个月的使用试验，制作出的样品没有出现接地线断股的现象，初步取得了成功，试验结果证明此种方法完全安全有效。如图5所示。

巢湖东高铁供电车间接地封线样品2018年使用情况统计如表2所示。

图4　试验改造

图5　使用试验

表2　2018年接地封线样品使用统计表

检查时间	改造后接地封线16组	
	检查发现断股散股数量/根	占比
2018年2月	0	0.00%
2018年3月	0	0.00%
2018年4月	0	0.00%
2018年5月	0	0.00%
2018年6月	0	0.00%
2018年7月	0	0.00%
2018年8月	0	0.00%
2018年9月	0	0.00%
2018年10月	0	0.00%
2018年11月	0	0.00%
合计	0	0.00%

5　效果对比

巢湖东高铁供电车间采购与铜线鼻（25 mm^2）匹配的非铁合金钢弹簧，通过车间所有人员的共同努力，完成了两供电工区32组常用接地线断股的改造。

通过前期调查数据对比，实施前统计每组封线每年平均断股两次以上，大大增加了人员劳动强度、危险系数和维护成本。实施改造后断股问题彻底解决，断股数从2017年的84次降低到0次，安全风险大大降低。

6　结束语

通过接地线与压接铜鼻处加装非铁合金钢弹簧，通过弹簧的刚度限制了接地线与压接铜鼻间折角度数，平滑过渡，同时减少弯折的次数，有效地解决了接地线常见断股问题。减小了因接地线断股可能出现人身触电、感应电伤害的严重劳动安全风险隐患，同时也减少了因截断接地线重新压接接头增加的材料和人力成本。

作者简介

刘相近，中国铁路上海局集团有限公司合肥供电段巢湖东高铁供电车间，技术员，助理工程师

基于易语言开发的末端并联接触网故障测距软件

王向阳　郑禄锋

摘　要: 针对末端并联接触网故障跳闸后电抗法测距精度不高的现状，本文提出基于易语言开发一款接触网故障测距软件，通过增加“电抗－距离”分段数，同时利用上下行间互阻抗修正“电抗－距离”曲线的方法，提高接触网故障测距精度，该软件不仅能够大幅提高接触网故障测距精度，而且避免既有故障测距装置无法进行多分段整定测距参数的固有缺陷。

0　引言

我段管内湘桂线采用直供加回流末端并联的牵引供电方式，当接触网线路故障跳闸后，基于分段线性电抗逼近测距原理进行故障距离的计算，由于线路末端并联，上下行间的互阻抗致使接触网线路单位电抗呈现非线性变化，同时既有故障测距装置存在“电抗－距离”分段数少的固有缺陷，最终导致该方法计算的接触网线路故障距离误差较大，影响限速区段的准确划定和故障的处置效率，因此迫切需求开发一款末端并联接触网故障测距软件，解决上述影响故障测距精度的不利因素，以提高接触网故障测距精度。

易语言是一款采用全中文编程的程序开发平台，具备高度可视化、面向对象、集成模块化等特点，利用其自带的数据库，很容易开发出需求软件。

1　软件开发目标

文中重点探讨基于易语言开发的末端并联接触网故障测距软件，该软件开发目标是将故障测距准确率由目前的20%，提高到100%(大于500 m视为不准确)。如图1所示。

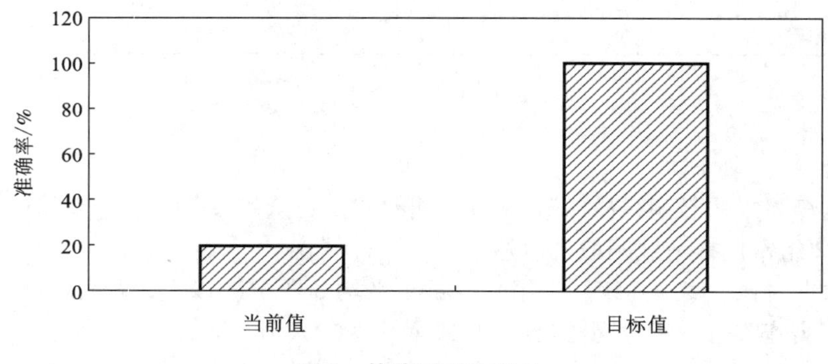

图1　故障测距准确率

2　软件结构设计

根据软件开发需求，同时本着开发软件智能化、简洁化等要求绘制结构图如图2所示。

(1)跳闸电抗输入模块：实现接触网跳闸后，一次电抗值的输入功能。

(2)电抗法测距计算模块：根据输入的跳闸电抗，通过调用数据库基础网线路基础参数计算故障点距变电所上网点距离。

(3)公里标计算模块：利用计算出的故障距离，通过调用数据库上网点公里标，同时结合供电方向实现公里标的计算，该模块具备线路长度门槛值，若故测距离小于供电线长度，则给出上网点公里标，若故

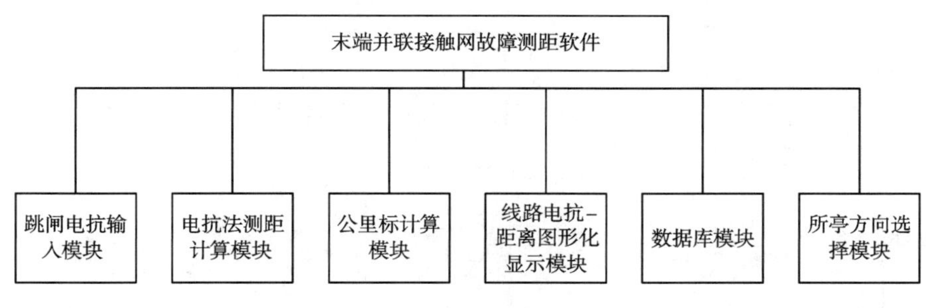

图 2　软件结构图

测距离超出对应接触网总长度，则给出接触网末端公里标，避免出现限速错区的情况发生。

（4）线路“电抗－距离”图形化显示模块：根据存储在数据中的基础数据，绘制“电抗－距离”曲线，同时将故障点显示在“电抗－距离”曲线中。

（5）数据库模块：利用易语言自带数据库“易之表”存储“电抗－距离”基础参数、上网点公里标、供电线长度、抗雷线圈等效电抗等数据，以便其他模块调用。

（6）所亭方向选择模块：选择跳闸所亭以及对用跳闸方向，可自动关联数据库更新对应的故测参数。

本次开发难点是如何设置数据库模块中的“电抗－距离”基础参数，既有故障测距装置“电抗－距离”最大只能整定 9 段，同时设计院提供故障测距参数未考虑上下行间互阻抗的影响，因此若提高故障测距精度，需将“电抗－距离”进行多分段，考虑精度要求，本次设计电抗值按照接触网每公里一段进行设置，同时按照公式（1）考虑互阻抗对跳闸电抗的影响。

$$X_d = \frac{s}{2l - s} \times z_{互} + z_{自} \tag{1}$$

式中：X_d 为上网点至故障点电抗；s 为上网点至故障点距离；l 为上网点至末端接触网距离；$z_{互}$ 为接触网线路互阻抗；$z_{自}$ 为接触网线路自阻抗。

例如湘桂线白山变电所柳州方向接触网计算后的“电抗－距离”参数如图 3 所示。

分段距离白柳	分段电抗白柳
1	0.336026024
2	0.677404109
3	1.024625585
4	1.378243821
5	1.738884335
6	2.107256949
7	2.484170491
8	2.87055067
9	3.267461993
10	3.676134779
11	4.097998764
12	4.5347252
13	4.988280105
14	5.460992251
15	5.955640868
16	6.4755701
17	7.024840222
17.8395	7.51221345

图 3　白山变电所柳州方向“电抗－距离”参数

3 软件开发

3.1 软件界面设计

根据开发需求利用易语言自带控件绘制软件界面，其中主要控件有：画板、数据库通用对话框、按钮、分组框等，软件开发界面如图 4 所示。

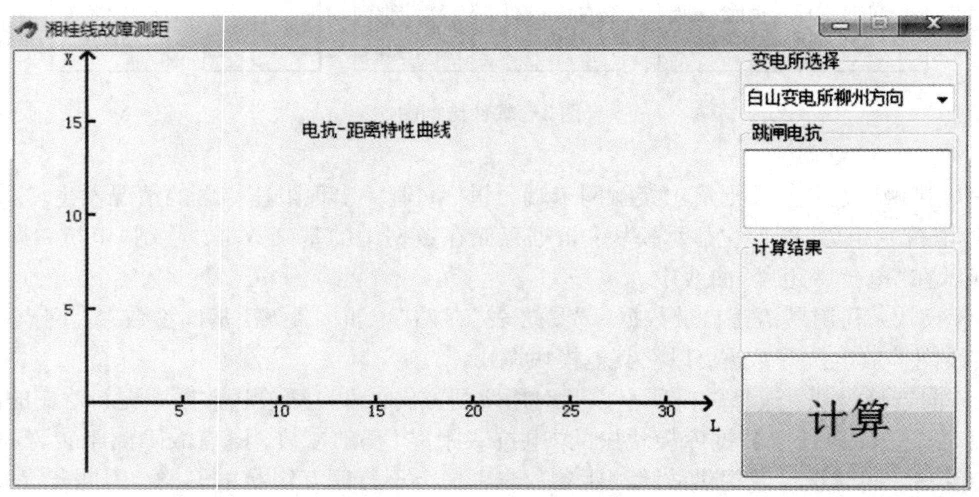

图 4 软件开发界面

3.2 软件程序设计

该软件计算过程是利用主程序调用子程序的方法实现，各子程序的主要功能如下：

(1)利用画板实现“电抗 - 距离”曲线的绘制。

(2)利用下拉选择框实现所亭以及跳闸方向的选择。

(3)利用遍历函数实现输入电抗对应接触网故障距离的计算。

(4)利用判断函数实现基础数据的自动关联。

(5)利用数据库查询功能实现故测基础数据的查询与调用。

(6)利用基础参数实现公里标是否越限。

部分子程序代码如下所示：

```
.版本 2
.子程序 接触网距离计算
.局部变量 遍历起始，整数型
.局部变量 大电抗，双精度小数型
.局部变量 小电抗，双精度小数型
.局部变量 大距离，双精度小数型
.局部变量 小距离，双精度小数型
遍历起始 =1
跳到 (遍历起始)
遍历分段选择 ( )
.判断循环首 (接触网电抗≥读(分段电抗选择))
遍历起始 =遍历起始 +1
跳到 (遍历起始)
.判断循环尾 ( )
跳到 (遍历起始)
大电抗 =读 (分段电抗选择)
```

大距离 = 读（分段距离选择）

跳到（遍历起始 - 1）

小电抗 = 读（分段电抗选择）

小距离 = 读（分段距离选择）

故测距离 =（接触网电抗 - 小电抗）÷（大电抗 - 小电抗）×（大距离 - 小距离）+ 小距离

画板 1. 文本颜色 = #红色

画板 1. 定位写出（边距 +5，画板 1. 高度 - 边距 - 接触网电抗 × 坐标比例 - 画板 1. 取高度（四舍五入（接触网电抗，3）），四舍五入（接触网电抗，3））

画板 1. 定位写出（故测距离 × 坐标比例 + 边距，画板 1. 高度 - 边距 + 画板 1. 取高度（四舍五入（故测距离，3）），四舍五入（故测距离，3））

画板 1. 文本颜色 = #黑色

3.3　软件程序调试

利用历史跳闸数据，计算故障点公里标与实际故障点的误差，调试过程中主要存在以下问题：

（1）所亭方向选择调用数据库错误。

（2）“电抗 - 距离”特性图显示比例不一致。

针对以上问题，对软件代码进行修改，并利用大量历史跳闸数据进行验证，以确保计算故障公里标的准确性。

4　软件应用效果

例如 2018 年 8 月 7 日湘桂线良江变电所 212X 阻抗一段、电流速断保护跳闸，重合闸成功，馈线保护装置计算故障距离 2.51 km，换算成公里标为 K612 +827。跳闸时刻电抗值一次值为 1.056 Ω，利用本程序计算结果为 K614 +021，软件计算结果界面如图 5 所示。

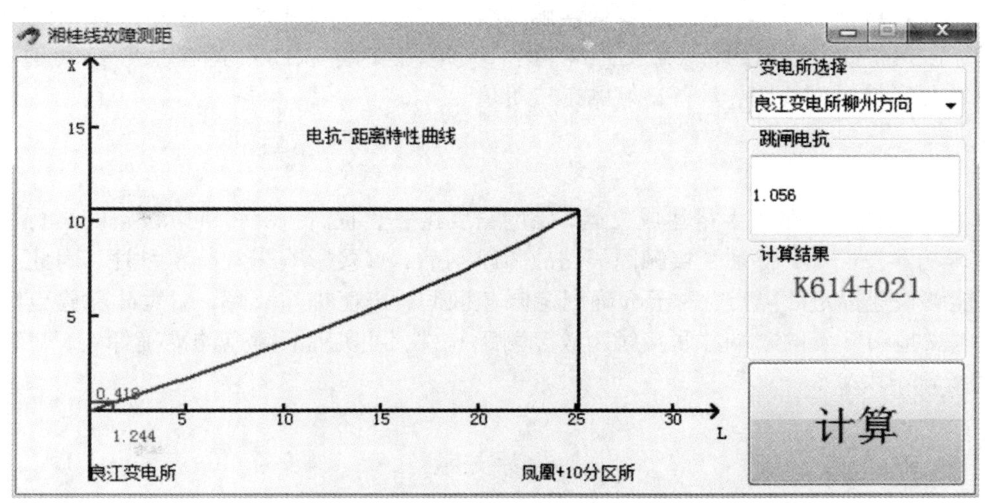

图 5　软件计算结果

后续指导作业人员现场查找，在良江站发现 14 道 84#软横跨顶部横向承力索绝缘硅胶有烧伤痕迹，公里标为 K614 +003。该故障位置与馈线保护装置计算公里标相差 1.176 km，与软件计算故障公里标仅相差 0.018 km，因此利用本软件计算的故障公里标较既有故测装置计算的精度大大提高。

软件开发完成后对 2017 年—2018 年湘桂线馈线跳闸公里标重新计算，计算结果如表 1 所示。

表1 2017—2018 年湘桂线故障测距误差对比

年份	日期	所亭	跳闸馈线	故障公里标	实际公里标	误差/km	软件计算公里标	软件计算误差/km
2017	6.22	白山变电所	213	K570 +970	K569 +984	0.986	K570 +354	0.37
	6.26	良江变电所	213	K617 +734	K616 +034	1.7	K616 +396	0.362
2018	5.2	白山变电所	213	K581 +410	K579 +965	1.445	K579 +577	0.388
	7.2	良江变电所	211	K612 +347	K612 +950	0.603	K613 +39	0.44
	8.17	良江变电所	212	K612 +827	K614 +003	1.176	K614 +021	0.018

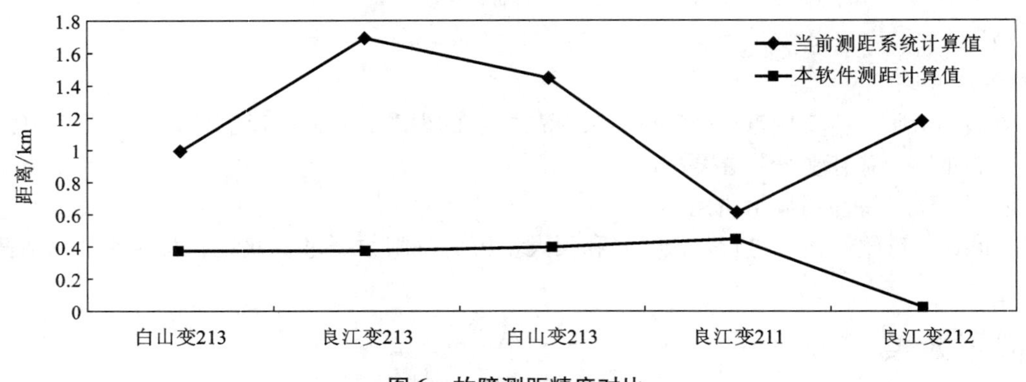

图6 故障测距精度对比

由图6可知接触网故障点距离误差由原来平均1.182 km提高到0.315 km，且最大误差不超过500 m，满足故障测距精度要求。

由上述对比计算可知，利用本软件计算后接触网线路故障测距误差均可保持的500米以内，满足故障测距精度要求，达到软件设计目的，故障测距准确率100%，同时本软件完全自主开发，可通过增加数据库推广至其他末端并联接触网线路，具备良好的推广价值。

5 结束语

随着我国电气化铁道线路的大量建成投运，路网密度进一步提升，牵引供电设备的运行可靠性对于铁路安全运输的影响愈发凸显，特别是接触网线路故障跳闸后，直接影响正常行车秩序，因此当接触网线路故障跳闸后，能够快速标定故障点，对于准确划定限速区间，快速排除故障，缩短故障停电时间具有十分重要的意义，本文提出开发的末端并联接触网故障测距软件，可实现故障点的准确标定，对于故障排查处置起到很好的指导作用。

参考文献

[1] 大连易翔软件开发有限公司.中文编程——从入门到精通[M].北京：海洋出版社，2011.1.
[2] 李群湛，贺建闽.牵引供电系统分析[M].成都：西南交通大学出版社，2012.
[3] 于永源，杨绮雯.电力系统分析[M].北京：中国电力出版社，2007.

作者简介

王向阳，中国铁路南宁局集团有限公司柳州供电段，助理工程师
郑禄锋，中国铁路南宁局集团有限公司柳州供电段，工程师

浅谈基于PHM技术高速铁路接触网设备的维修策略

马　强

摘　要： 针对高速铁路接触网设备传统维修维护模式的不足，提出基于故障预测与健康管理(PHM)技术的维修策略。分析故障修、周期修、状态修的特点，结合高速铁路接触网设备运行特点及需求，利用网络技术、大数据分析技术、铁路供电安全检测监测系统(6C)等，建设生产信息数据系统，通过对标准数据、历史数据和在线监测检测监控数据的对比、分析，实现故障预测预警、设备健康状态评估、全寿命周期可靠性分析，解决高速铁路接触网设备维修过剩与维修不足的问题，有针对性维修，减少对运输干扰，提升检修的质量和效率。

0　引言

2008年京津城际铁路开通运营，标志着我国铁路开始迈入高铁时代。高速铁路具有运能大、运距长、成本低、速度快、舒适性好和节能环保等优点，在综合交通运输网络中的地位和作用日益凸显。截至2018年末，我国铁路营业里程达到13.2万km，其中高速铁路3.0万km，占世界高速铁路总里程的三分之二，居世界第一位。中国高速铁路成为令国人骄傲的“国之重器”，成为令世人瞩目的“中国名片”，对于更安全高效、更绿色环保、更便捷舒适的高质量运输的需求也在不断增强。

高速铁路接触网设备是直接为动车组输送电能的设备，其安全、可靠、高效地运行是高速铁路可靠性运行的重要保障。随着接触网设备运行时间的增长和设备性能的退化，发生故障的可能性增大，而接触网设备一旦发生故障，可能导致高铁晚点、停运，甚至可能发生涉及人身财产安全的事故，因此，需要在接触网设备运行期间，检测诊断设备状态变化趋势，及时调整维修计划，有针对的维修维护，提高接触网的可靠性，提前防范事故故障发生。本文提出基于故障预测与健康管理(PHM)的设备维修策略，探讨在高速铁路接触网设备维护管理的应用。

1　接触网设备运行特点

1.1　自然环境恶劣

高速铁路接触网设备是露天设置，所处的地理自然环境恶劣，易受大气温度、湿度、冰雪、大风、大雾、污染、雷电等气象条件以及危树、鸟窝、轻飘物、上跨桥涵等周边环境的影响。

1.2　设备没有备用

高速铁路接触网设备一旦出现故障、事故，必将影响高铁运行，干扰运输秩序，造成经济损失。同时，由于接触网设备电气连通，供电区间长，故障、事故状态下，影响范围广，恢复供电存在一定困难。

1.3　经受冲击较大

高速铁路接触网设备运行时受拉力、电弧作用，长时间处在摩擦、振动、伸缩、电弧的动态运行状态之中，加之高速铁路的车流密度比较大，接触网设备所承受的机械冲击力、线索磨耗和振动频次、振动幅度以及电流冲击力均比较大，易产生设备隐患。

2　传统维修模式

从1961年我国第一条电气化铁路宝成线，到第一条双线电气化铁路石太线，再到铁路六次大提速，牵引供电系统在长期实践的基础上，结合我国接触网设备实际特点，形成了适应当时发展阶段的运维管理体系。接触网设备的维修模式，传统上采用的是事后维修方式和定期维修方式相结合的维修模式。

2.1　事后维修方式

事后维修方式是指接触网设备出现问题或发生故障之后，无法继续运行时，再对设备进行维护检修的维修方式。

这是一种较为被动的维修方式，以接触网设备出现功能性故障为依据。由于接触网设备沿线路分布，一旦发生故障问题，不易及时查找到故障点，必然影响铁路运行安全，干扰运输秩序，并且影响的时间越长，带来的损失越大。随着电气化铁路的发展，特别是高铁的发展，这种被动的事后维修方式已经不再作为接触网设备维修的主体，而是作为维修方式的补充，又被称为“故障修”。

2.2　定期维修方式

定期维修方式是指根据接触网设备的特点与历史检修的经验，制定固定的维修周期，在接触网设备出现故障问题之前，有计划、有目的地对接触网设备进行检修和试验，使设备的各项技术参数达到要求或标准的维修方式。

这是一种较为主动的维修方式，以接触网设备的运行时间为依据，符合故障浴盆曲线规律，示意图如1。由于接触网设备随着运行时间的延长，设备状态在不断发生变化，而固定周期的维修方式忽视了接触网设备本身的客观状态，必然造成接触网设备运行前期的维修过剩和后期的维修不足。但是定期维修方式可以依据接触网设备的磨损规律事先确定维修处所、时间、工作量、所需的人员、材料、工机具等条件，能够在做好充分的准备下，在天窗点内进行维修作业，安全、易操作，对铁路运输的影响和干扰能够人为控制，所以，这种主动的定期维修方式是目前接触网维修的主要方式，又被称为“周期修”。

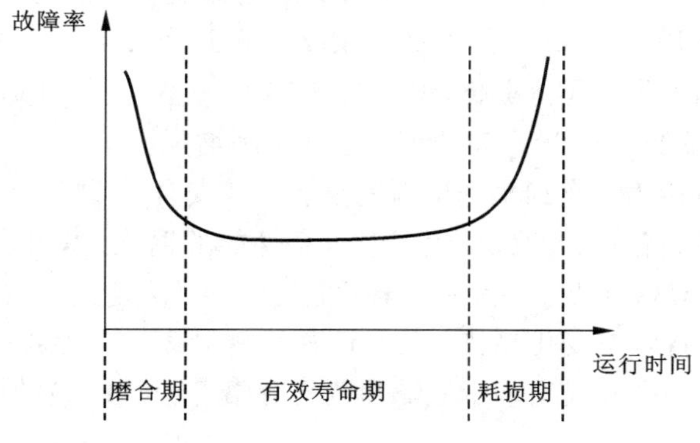

图 1　故障浴盆曲线示意图

3　新型维修模式

高速铁路接触网施工质量高、工艺复杂，在设备投入运行后，表现出的显性问题比较少，并且，高速铁路的作业管理实行全封闭管理和夜间天窗模式，人工巡视、昼间测量等传统设备巡检方式已经不能满足高速铁路接触网设备管理的需要。在吸收国际先进经验的基础上，结合我国高速铁路的实际特点，2012 年国家铁路集团公司下发了《高速铁路供电安全检测监测系统(6C 系统)总体规范》，在全路推行了 6C 系统建设。这为改变传统的接触网设备维修方式，实施以状态维修方式为主体的高速铁路接触网设备差异化维修模式奠定了基础，提供了条件。

3.1　状态维修方式

状态维修方式是利用各种传感器、检测监测等装置准确地检测、采集接触网设备的各项技术参数，通过数据模型判断设备实际所处的运行状态，再运用大数据分析技术，综合接触网设备的技术参数、设计参数、历史检修维护信息、周边环境等数据，评估状态与预测故障，从而有针对性制定设备检修计划，进行差异化维护检修的维修方式。

这是一种预测性的主动维修方式，以接触网设备的运行状态为依据。对接触网设备的运行状态进行监测，在设备的运行值未超出安全运行值的范围时，不进行任何操作；在设备的运行值超出所规定的安全值或临近限界值时，安排计划进行维修，确保运行值在安全值以内，并靠近标准值，满足高速铁路接触网设备对安全、高效的需求，节约人力、物力、财力，减少盲目修、重复修和漏检漏修，减少对铁路运输的干扰，所以，这种预测性的主动维修方式是高速铁路接触网设备维修新模式，又被称为“状态修”。

3.2　故障预测与健康管理(PHM)技术

在故障预测与健康管理(PHM)技术中，故障预测是指根据系统现在或历史性能状态和数据，开展预测性地诊断，包括确定设备或者系统的剩余寿命或正常工作的时间长度；健康管理是根据诊断、预测信息、可用维修资源和使用要求对维修活动做出适当决策的能力。

PHM 系统一般应具备如下功能：故障检测、故障隔离、故障诊断、故障预测、健康管理和寿命追踪。对于复杂装备和系统，PHM 应能实现不同层次、不同级别的综合诊断、预测和健康管理。

3.3　基于 PHM 技术高速铁路接触网设备的维修策略

高速铁路接触网设备维修新模式能够预测高速铁路接触网设备发生故障时间，评估设备的健康状态，预测剩余使用寿命，从而确定何时维修，如何维修，能够有效的缩减维修成本，减少过度维修，增加接触网设备运行的安全可靠性，也能够避免不合理的维修对设备完整性的破坏造成潜在的隐患。高速铁路接触网设备从设计、建设到运用、检修直至拆除的过程是一个全生命周期，在该周期中会产生大量的运用、检修等数据，在这些数据中隐含了接触网设备的变化规律。实现新型的维修策略，关键是在接触网设备变化规律基础上，利用全生命周期数据对其健康状态及故障进行有效的趋势分析和预测。

基于 PHM 技术高速铁路接触网设备的维修策略是指利用传感器(如红外检测仪、6C 系统等)采集高速铁路接触网设备的各种数据信息(如导高、拉出值等几何参数，电压、电流、主导电回路温度、历史维修信息等)，借助各种智能推理算法(如物理模型、神经网络、数据融合、模糊逻辑、专家系统等)来评估设备自身的健康状态，在设备故障发生前对其进行预测，并结合各种可利用的资源信息(如备品、备件、工机具等)，提供一系列的维修保障措施的维修策略。理论框架示意图如图 2。

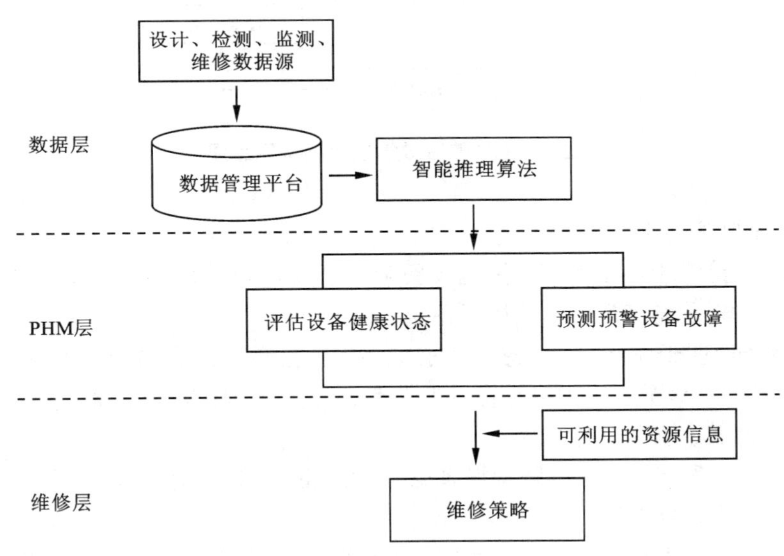

图 2　高铁接触网设备 PHM 维修策略理论框架示意图

4　高速铁路接触网设备 PHM 技术运用与探索

目前，6C 系统已经解决了数据采集手段的问题，要真正发挥 6C 系统在准确诊断、精准维修、高效应急、科学评价等方面的作用，最终要依赖信息数据系统实现。所以，要建设生产信息数据系统，注重工作流程设计，把质量分析、生产计划安排、任务落实过程、作业安全效率分析、质量评价等，接触网维修生产组织全过程的各个环节，有效地串接起来，使生产信息数据系统成为 PHM 技术在高速铁路接触网设备维修中应用的有效工具和重要推手。

4.1　系统架构

以工作票为中心，以工作票提交、审批、执行为主线，将设备维修、检测分析(含 6C 系统)、计划管理、安全信息、库存管理、人力资源、基础数据集成，建设数据充分共享的生产信息数据系统。系统架构示意图如图 3。

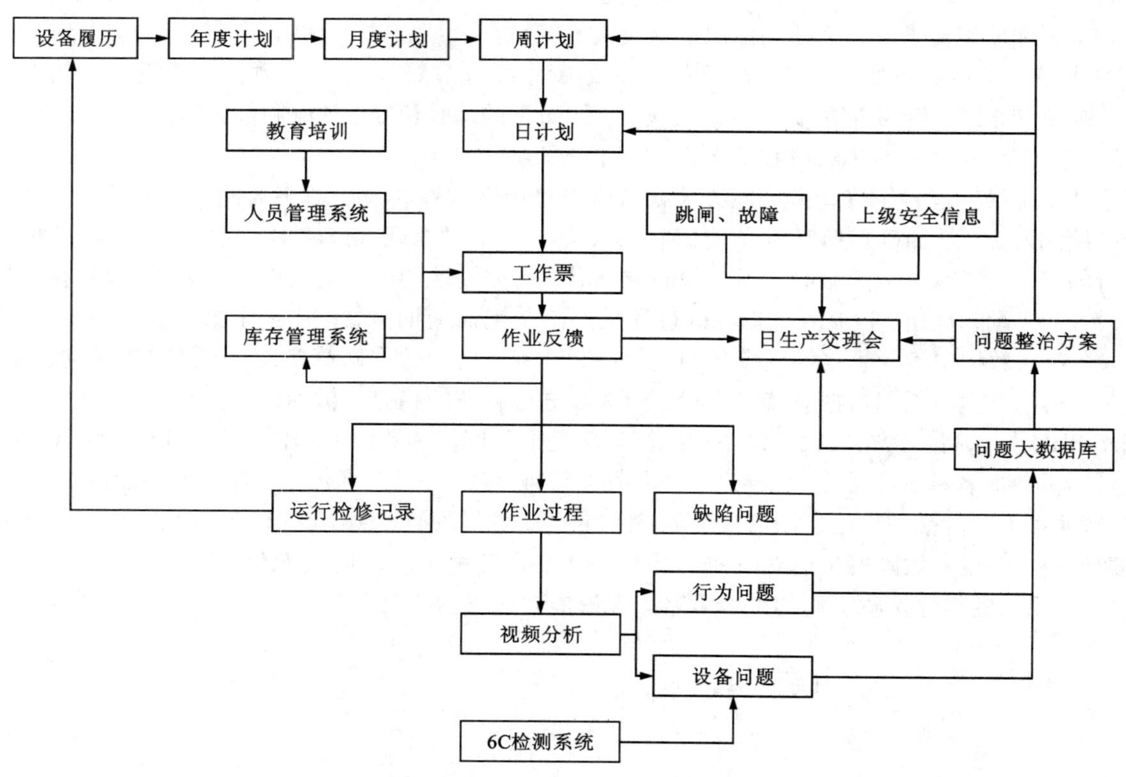

图 3　生产信息数据系统架构示意图

4.2　接触网生产管理信息系统

主要包括接触网运行检修管理子系统、供电设备全信息管理子系统、供电安全综合管理子系统、供电协同办公管理子系统、供电系统综合数据分析子系统五个子系统。

(1)接触网运行检修管理子系统。涵盖接触网运行检修主要的工作内容，具体包括 12 小项：生产计划、跳闸分析、运行分析、检修分析、供电天窗、工作票、设备缺陷、生产记录、值班日志管理、设备图纸(在线查阅图纸)、设备台账、停电卡片。

(2)设备全信息管理子系统。包括接触网设备管理、设备基础管理两大项，主要完成接触网设备台账管理，形成接触网一杆一档信息系统。

(3)供电安全综合管理子系统。主要包括故障(事故管理)、安全证件管理、绝缘用具管理三大项。

(4)供电协同办公管理子系统。完成基础办公功能。

(5)供电系统综合数据分析子系统。主要有设备质量管理、设备质量分析、现场设备实时状态、应急抢修管理四大功能。

4.3　综合管理信息系统

(1)值班管理子系统。当日段科室、各车间、各班组的值班人员信息、值班司机、出勤人员、音视频使用数量、驻站人员信息(姓名、联系方式等)。

(2)新信息提醒子系统。段能对各车间、工区发布临时信息。段能对新信息是否浏览进行掌握，可以设定未看信息弹出提醒窗口。段下发的文件、通知等均能分类保存便于查阅。

(3)安全信息管理子系统。主要实现总公司、集团公司、供电处、段各科室、各车间、各班组的安全信息的对接(读取上级发布的日安全信息)、填报、分批(上级的信息由安全科统一分批，段级填报实现谁填报谁分批)、反馈、进度、完结等功能。

(4)指挥中心管理子系统。主要完成供电日报生产任务的上报及统计功能。指挥中心或技术科具有退回权限,对车间审核通过的,指挥中心或技术科认为不合格的可以退回工区重新填写。

4.4　健康诊断系统

健康诊断系统,以接触网锚段为单位,综合各子系统数据,统筹应用历史信息数据库、环境信息数据库、检测信息数据库、设备管理信息数据库等资源,运用大数据分析技术,建立高速铁路接触网设备健康状态诊断模型,定期对设备健康状态检测,自动预警健康状态趋势恶化的设备,及时调整维修策略,科学制定维修计划,提前防范事故故障发生。

5　结束语

基于PHM技术高速铁路接触网设备的维修策略是按照"定期检测、状态维修、寿命管理"的原则,通过对标准数据、历史数据和在线检测监测数据的对比、分析,挖掘各类数据所反映的设备状态并深度分析,有针对性提出解决设备故障及安全隐患的决策建议,实现事前预防与预警、事中控制与监控、事后分析与评估,提升维修的质量和效率,确保接触网运行品质和安全可靠性。下一步将在健康诊断建模、大数据分析应用、数据共享等方面探索。

参考文献

[1] 何正友,冯玎,林圣,等.高速铁路牵引供电系统安全风险评估研究综述[J].西南交通大学学报,2016,51(3):418-530.

[2] 王玘,何正友,林圣,等.高铁牵引供电系统PHM与主动维护研究[J].西南交通大学学报,2015,50(5):942-953.

[3] 刘宏才.改善接触网检修模式的研究[D].北京:中国铁道科学研究院,2016:1-17.

[4] 张奥.考虑状态演变过程的高速铁路牵引供电设备维修策略[D].成都:西南交通大学,2017:2-5.

[5] 姜文贤.高速铁路供电安全检测监测系统浅析[J].电气化铁道,2017,4:6.

[6] 伏振,高速铁路接触网检测技术运用研究[D].北京:中国铁道科学研究院,2016:1-12.

[7] 陈建译.基于故障预测与健康管理的高铁信号设备维护技术研究[J].中国铁路,2015,3:16-17.

作者简介

马强,中国铁路郑州局集团有限公司郑州高铁基础设施段,办公室(党委办公室)主任,工程师

丹大快速铁路接触网补偿坠砣限制杆松脱隐患分析及防治措施

柴洪阳

摘 要：丹大快速铁路接触网补偿装置主要有滑轮补偿装置和棘轮补偿装置两种。由于设计、施工、气候、运行环境等原因，开通运营以来发生多起补偿坠砣限制杆脱出隐患，给高铁运输带来较大干扰。在检修实践中，通过全面紧固，对螺栓、角钢进行施焊，安装防松卡子等措施，有效防治了这一隐患。

1 引言

丹大快速铁路运营里程295.112公里，共有接触网设备805.747条公里，其中补偿装置1288组，全线共有坠砣限制杆2576根。丹大快速铁路开通运营5年来共计发生坠砣限制杆松脱217处，给动车组和接触网设备运行、线路高架桥下通过行人及机动车辆带来很大威胁。个别坠砣限制杆松脱后严重倾斜，险未刮碰运行中动车组。如何采取有效措施，防范和整治这一隐患，对高铁运营安全至关重要。

2 丹大快速铁路接触网补偿装置基本情况

丹大快速铁路接触网1288组补偿装置中：滑轮补偿装置1069组、棘轮补偿装置219组。补偿装置广泛安装于钢筋混凝土支柱、格构式钢支柱、站场硬横梁支柱(钢制等径圆杆)、H型钢支柱等。由于支柱类型较多，给日常维修攀爬带来不便，有的补偿装置(坠砣限制杆)在高架桥声屏障外，检修时工作面狭窄，螺栓紧固时力矩难以达标，漏检漏修、失检失修时有发生，检修质量很难保证。

3 坠砣限制杆松脱可能引发的严重后果

3.1 侵入行车限界

坠砣限制杆松脱侵入行车限界，将造成动车组停车，严重影响运输秩序。松脱后倾斜幅度较大的限制杆很可能刮碰运行中的动车组，从而发生影响高铁和动车安全的政治“红线”和职业“底线”事故。

3.2 引发弓网故障

坠砣限制杆不铅垂，导致坠砣纵向移动卡滞，补偿失效，进而引起接触悬挂张力不均衡、线索弛度发生变化，引发弓网故障。

3.3 伤及桥下通行的人、畜及车辆

部分补偿装置位于10余米高的高架桥上，桥下经常性通过行人、牲畜及机动车辆，一旦坠砣限制杆松脱掉落桥下，很可能伤及人、畜及车辆，后果不堪设想。

3.4 造成作业人员绊倒摔伤

坠砣限制杆若松脱后掉到路基上，很有可能绊倒夜间天窗作业人员，造成人身伤害事故。

4 坠砣限制杆松脱发生的典型问题

4.1 典型事故

2017年4月16日14时12分，K730次行至沈大线扶余西－陶赖昭站间，因刮碰105－1号接触网支柱坠砣限制杆，停于陶赖昭站内(尾部未进站)。14时19分开车，影响本列晚点。

4.2 典型问题

自2015年12月17日丹大快速铁路开通运营以来，累计发现和处理补偿装置坠砣限制杆螺栓松脱问题239件，数量占接触网设备各类缺陷之首。如：2016年2月14日杏树屯－皮口区间1070#接触线补偿坠

砣限制杆丢失；2017 年 5 月 18 日杏树屯－皮口区间 0786#坠砣限制杆下部松脱，插入钢支柱格构内；2017 年 5 月 26 日皮口－城子坦 114#接触线坠砣限制杆下部螺栓松脱等。

5　坠砣限制杆松脱隐患原因分析

丹大铁路补偿装置坠砣限制杆每根杆由两端螺栓分别与上下部固定角钢连接固定。由于丹大铁路接触网设备地处沿海地带，风力较大，在风力作用下坠砣发生摆动，坠砣摆动造成坠砣限制杆无规则震动，进而导致连接紧固螺栓从限制杆螺扣中脱出，坠砣限制杆发生松脱。另外，随着动车组不间断运行，在动车组通过时震动力作用下，也会使坠砣限制杆螺栓发生松动。

6　坠砣限制杆松脱隐患防治措施

6.1　加强检查

在确认车、动车组添乘中把补偿装置状态特别是坠砣限制杆松脱作为添乘检查重点之一，做到勤检查、早发现，为后续处理、降低风险程度提供支撑。自丹大铁路开通以来，添乘检查发现坠砣限制杆松脱隐患 49 件；采取步行巡视、专项检查的方法及时有效发现坠砣限制杆松脱隐患。每年春秋两季通过徒步检查全覆盖专项检查坠砣限制杆松脱情况，通过这种方式共计排查整治松脱隐患 153 件。

6.2　强化分析

对 2C、4C 录制影像资料进行全面分析，按照放大 150% 的标准逐张照片观察分析，查找坠砣限制杆松脱隐患。截止目前已发现隐患 37 件。

6.3　全面紧固

每年春秋检对全部坠砣限制杆螺栓逐个紧固一遍，确保力矩达标、紧固到位。

6.4　专项加固

对所有可能引发补偿装置松脱的螺栓、角钢进行焊接加固。电焊加固前对各部螺栓、坠砣杆、角钢进行紧固。紧固达标后使用电焊进行焊接加固，每一个坠砣限制杆共计焊接 12 点，分别是上下部小角钢共 4 点、上下部小角钢与棘轮底座角钢焊接共 4 点、坠砣杆上下部大螺栓共 4 点。焊接后对焊点进行除锈刷油。

6.5　安装坠砣限制杆防松卡子

在每根坠砣限制杆的上部安装防松卡子，防松卡子一端与坠砣限制杆相连，另一端与固定角钢相连，当坠砣限制杆上端脱出时，防松卡子能够起到防止坠砣限制杆进一步倾斜侵入行车限界的作用。

7　坠砣限制杆松脱隐患防治注意事项

7.1　防范加固过程中的人身安全风险

防范作业人员高空坠落风险。由于多数补偿装置在高架桥上，杆上杆下作业均存在作业人员高空坠落风险，施焊加固过程中要严格落实“双保险”安全带使用制度，防止人员自高空坠落；防范焊花烫伤风险。杆上人员要穿戴好防护面具、手套、高腰鞋，防止焊花溅落身上烫伤自己，防止弧光伤及眼睛和裸露的面部。地面辅助人员要远离作业支柱 5 米以外，防止被飞落焊花烫伤。

7.2　防范加固过程中的设备安全风险

要采取可靠措施防止焊固过程中焊条误碰补偿绳，引发线索失去张力而抽脱。在焊固坠砣限制杆上部螺栓由一点焊固移至另一点焊固时，要瞬间关闭电焊机电源；在焊接过程中要防止焊花落到电焊机油箱上而引发火灾险情，让电焊机远离火花的撒落范围。

7.3　补偿装置加固作业质量不达标风险

焊固前必须调整好坠砣限制杆及各部螺栓状态，保证焊固坠砣杆铅垂，坠砣不卡滞，各部螺栓紧固达标；必须明确补偿装置焊固标准，保证每一处焊固完的补偿装置不再松脱。

8　坠砣限制杆松脱隐患防治效果

8.1　安全性大大提高

紧固、焊接、安装防松卡子后的补偿装置安全性大大提高。通过对前期焊固坠砣限制杆的跟踪检查，没有发现螺栓松动、限制杆松脱迹象，消除了因螺栓松动而引发的隐患和故障。

8.2 检修成本大大降低

坠砣限制杆焊接加固、安装防松卡子后，每年春秋两季不必再对所有螺栓全面紧固一遍；定期的集中检查被日常周期性巡视检查所替代，节约了大量的人力、物力、财力，收到了较好的经济效益。丹大铁路全线仅此一项，每年可节约人力近 3000 人次，节约维修成本 10 万余元。

作者简介

柴洪阳，中国铁路沈阳局集团有限公司大连供电段，副段长

接触网电动隔离开关防强电浅析

胡金东

摘　要： 本文通过对南广铁路接触网电动隔离开关雷击烧损的案例分析，结合设备现状和现行的技术方案充分研究，在既有防强电技术的基础上，从加强隔离开关本体设备防雷能力、整治接地极和采取隔离措施缩小影响范围3个方面提出防雷整治措施，降低雷击对接触网电动隔离开关的影响，提高高速铁路接触网电动隔离开关运行的稳定性。

0　前言

南广铁路于2013年底正式投入运营，沿线地区多雷暴，年平均雷暴日高达99天，属于强雷区。2018年南广铁路广西段供电设备因雷击跳闸94次，占南宁局高铁接触网雷击跳闸总件数的51%，占南广铁路接触网跳闸总件数的85%，极大威胁高铁供电设备运行安全。

南广铁路184台接触网电动隔离开关使供电运行方式的倒换实现了远程化和自动化，给现场运维检修人员提供了便利，在牵引供电故障应急中更是发挥着重要作用，如隔离故障区段、越区供电、F线故障跳闸甩F线强送等有效应急措施，在短时间内恢复供电和行车秩序，对保障旅客安全和维护高铁形象有着重要意义。但在南广铁路开通以来，共发生了6起雷击烧损接触网电动隔离开关设备故障，最严重将强电引入所内，造成交流系统设备烧损。隔离开关设备损坏造成远动失效，影响供电应急能力；交直流系统受到破坏，影响牵引所亭保护装置正常运行，威胁牵引供电安全。因此，研究降低接触网电动隔离开关防强电措施是十分必要的。

1　既有设别防强电情况

某年6月17日16：29南广铁路贵港变电所211KX跳闸，根竹－凌村线路所间江屋分区所网开关站下行3101#(供15#)、3103#(供29#)、3001#(495#)、3003#(505#)共4台接触网远动隔离开关通信中断。6月18日天窗点检查发现3001#、3003#、3103#、3101#隔离开关控制箱、机构箱不同程度烧损，如图1所示。

图1　接触网隔离开关控制箱烧损情况

1.1 现场设备情况

3101#、3103#为供电线上网隔离开关，位于线路边坡下。3001#、3003#为分相隔离开关，4 台隔离开关工作电源取自江屋分区所交流屏，信号传输通过光缆接入江屋分区所网开关监控屏，光电缆路径如图 2 所示。户外接触网电动隔离开关与所内设备有两条电气连接路径，即电源电缆和通信光缆。

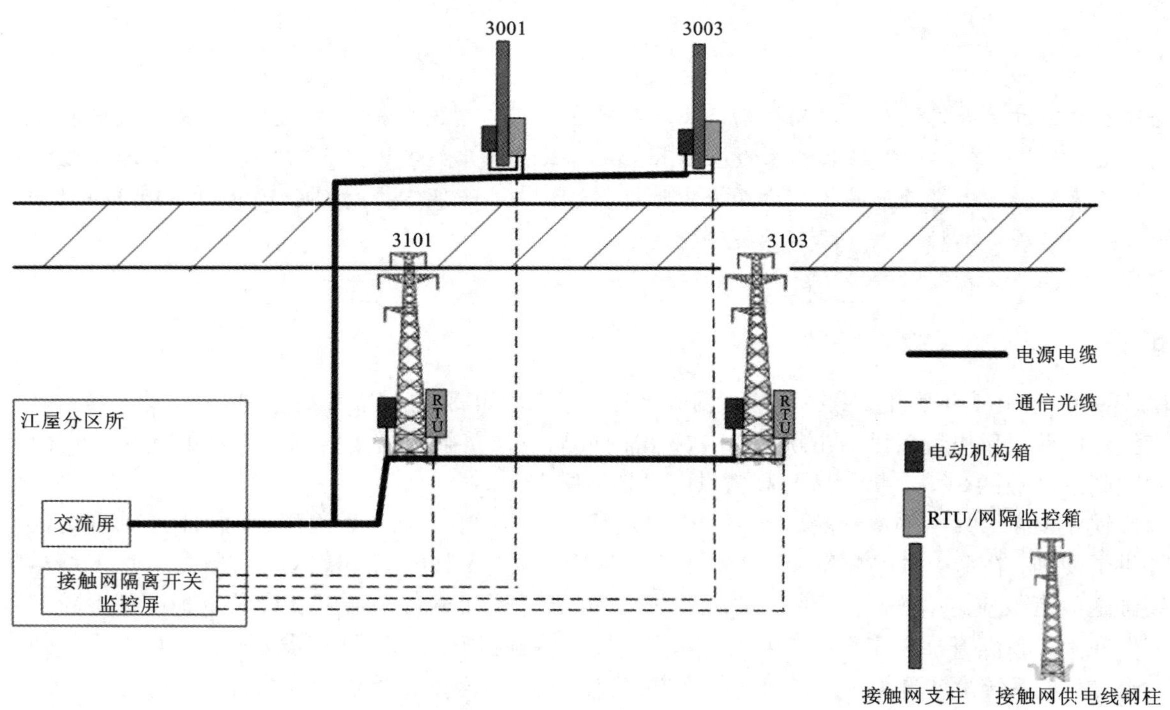

图 2 江屋分区所接触网隔离开关路径图

(1)电源电缆与交流屏间防强电措施

2018 年开展了南广铁路接触网电动隔离开关控制优化改造，如图 3 所示，在接触网隔离开关电源回路设置了隔离变压器，隔离变压器电源侧接交流屏馈线开关，负荷侧馈出至接触网隔离开关，在馈出回路设置电涌保护器(SPD)，实现了接触网隔离开关电源回路侵入浪涌电压的泄放和隔离，避免所内交流系统受损。

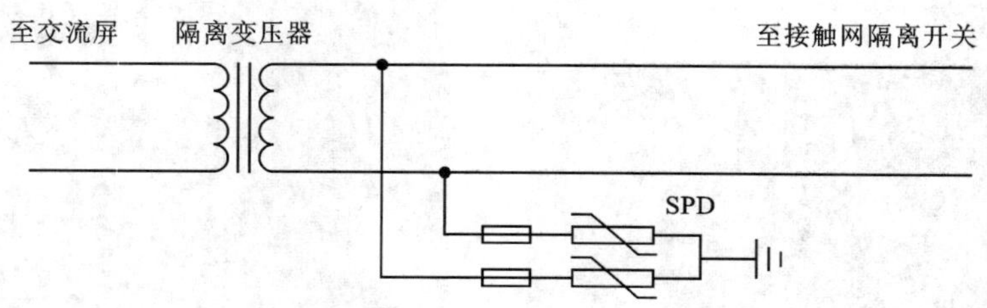

图 3 接触网隔离开关隔离变压器接线图

(2)光缆与网开关监控屏间防强电措施

通信光缆内有 1 根金属钢芯，连接户外网开关控制箱和所内的网开关监控屏，可能将户外雷击强电导入所内。在南广铁路接触网电动隔离开关控制优化改造项目中，对每根光缆在入所前装设 1 个光纤绝缘节，通过截断通信光缆内的金属钢芯，起到了有效的电气隔离，保护所内网开关监控屏设备，如图 4 所示。

(3)设备接地情况

3001#、3003#隔离开关控制箱体与隔离开关本体接地共同接入综合贯通接地极，测得电阻分别为 2.86 Ω、2.76 Ω。3101#、3103#隔离开关地处路基边坡底部，且综合贯通接地极在线路对面侧，无条件接入综合

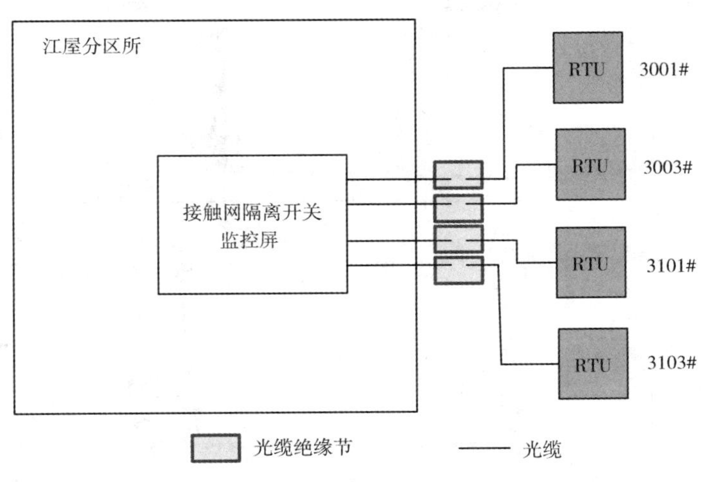

图4　光缆绝缘节设置示意图

贯通接地极。现状是3101#、3103#开关箱体与隔离开关本体、钢支柱共接一处独立接地极，测得接地电阻分别为27 Ω、23 Ω。具体情况和结论如下表：

开关编号	接地电阻(Ω)	箱体与隔离开关本体接地情况	结论
3001	2.86	控制箱体与隔离开关本体底座接地共同接入综合贯通接地极	接地电阻合格
3003	2.76		接地电阻合格
3101	27	箱体与隔离开关本体底座、钢支柱共接一处独立接地极	接地电阻不合格
3103	23		接地电阻不合格

1.2　分析结论

(1)电源隔离变压器和通信光缆的绝缘节有效发挥作用，将雷击电流隔离在所外，有效保护了所内交直流系统和网开关监控系统。

(2)隔离开关接地状态不佳，上网开关的接地电阻不达标。

(3)隔离开关之间缺少隔离保护，发生了1台开关影响多台开关的次生损害。

2　原因分析

经现场调查分析，3103#隔离开关支撑绝缘子遭受雷击发生闪络造成27.5 kV供电线对钢柱短路，由于回路阻抗过大，短路瞬间整个钢柱形成暂时过电压，造成隔离开关箱内SPD反向击穿，形成放电并烧损隔离开关机构箱、控制箱内部元器件，同时高电压通过220 V电源电缆传导至3001#、3003#、3101#隔离开关，同样造成隔离开关内SPD反向击穿，形成弧光放电烧损隔离开关控制箱内部元器件。如图5所示。

3　整治措施

3.1　加强隔离开关本体设备防强电能力

在接触网装设避雷线、避雷器等是基础的防雷措施，因此考虑增设供电线避雷线、在隔离开关支柱上部加装避雷器，能从一定程度上减少雷害影响，在雷击源头加强避雷效果和冲击电流泄放能力。

(1)在3101#、3103#隔离开关支柱上部分别加装2套27.5 kV氧化锌避雷器，在正常运行电压下避雷器呈高阻绝缘状态，当受到雷击过电压冲击时，避雷器呈低阻状态，迅速泄放冲击电流，使其被保护设备限制在设备所能耐受的过电压之内，以保证设备安全运行。

(2)根据《高速铁路电力牵引供电工程细部设计和工艺质量标准》，4 接触网工程 4.19 接地极回流引线

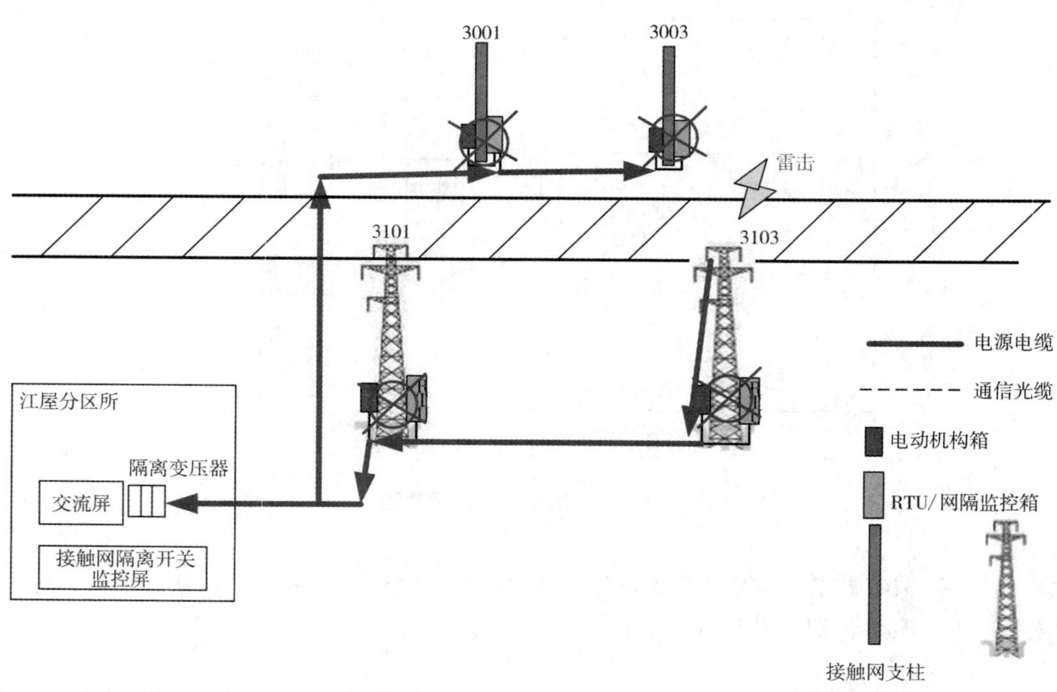

图 5 雷击烧损流向图

“2. 隔离开关采用双接地，隔离开关托架与保护线相连，操作机构箱与接地端子相连”的要求，取消 3001#、3003#隔离开关本体底座引下接综合贯通接地，使用并沟线夹与保护线相连，机构箱及控制箱保持既有不变，如图 6 所示。

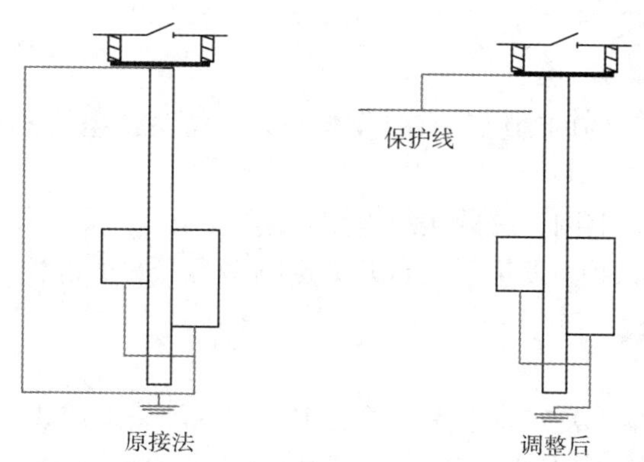

图 6 接触网隔离开关本体底座接地图

3.2 整治接地电阻不合格的接地极

严格按《铁路电力牵引供电设计规范》TB 10009—2016 和《交流电气装置的接地设计规范》GB 50065—2011 对相关的接地电阻要求，将接地电阻降到 10 Ω 以下。在 3101#、3103#附近空旷处设置了新的接地网，接地地网由水平接地体和垂直接地体组成，如图 7 所示，水平接地体采用镀层厚度 60 μm 的 40 × 4 mm 热镀锌扁钢，垂直接地极采用了非金属材料的低电阻型接地模块(ZGD－I－3)，将 3101#、3103#隔离开关接地电阻降到了 5.1 Ω、5.7 Ω。

3.3 采取隔离措施缩小影响范围

在电源连接部分采取有效的隔离措施，使隔离开关低压设备在遭受雷击破坏时，将强电流隔离在单台(个)设备上，避免造成大范围的烧损，最大限度降低损失。

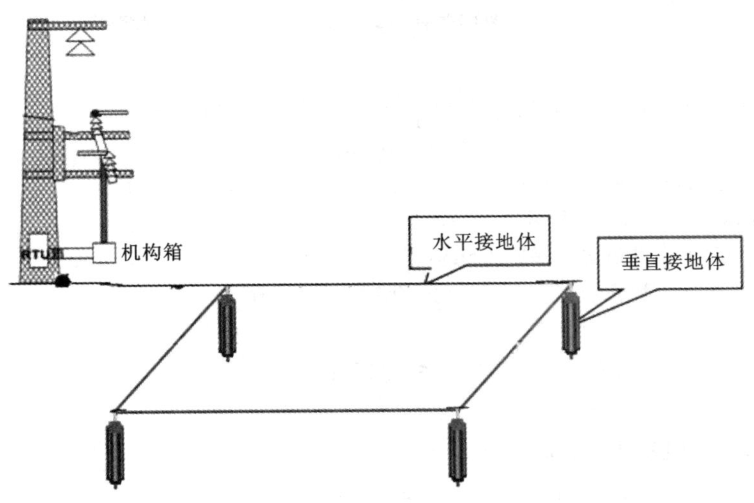

图 7　地网布置示意图

在 3101#、3103#、3001#、3003# 4 台隔离开关分的控制箱前加装 4 个交流电源防雷箱。如图 8 所示，220 V 电源进线先接入交流电源防雷箱输入端，防雷箱电源输出端接至隔离开关控制电源输入端，内部采用新型石墨间隙型防雷器，接地线采用 25 mm^2 多股铜线与接地极连接，将雷击隔断在防雷箱内，避免延伸影响到控制箱和机构箱内设备，同时也避免了强电流通过电缆传导烧损周边其他隔离开关箱的情况发生。

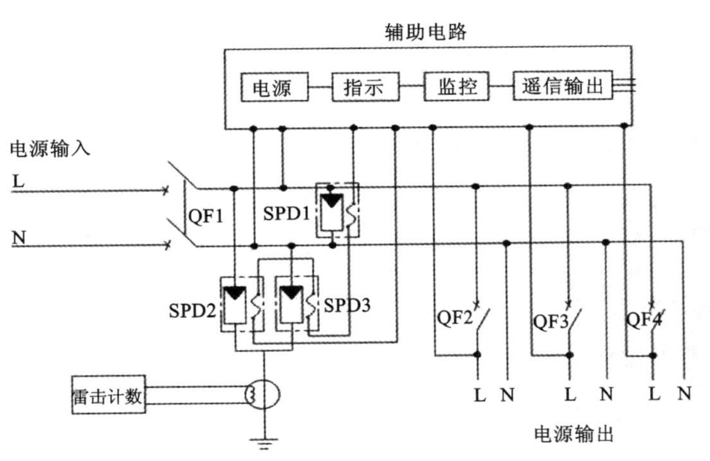

图 8　防雷箱安装图

4　结束语

随着《牵引变电所二次系统防强电侵入优化技术方案指导意见》(运供设备函〔2016〕325 号)和《接触网电动隔离开关电源回路隔离变压器实施方案》(运供设备函〔2017〕240 号)技术指导意见的发布，铁路牵引供电防雷技术受到的关注日益增加，本文参考技术指导意见，结合现场实际，在南广铁路电动隔离开关防强电侵入的基础上进一步探索和优化，通过对江屋分区所改造近一年多的运行实践证明，提高了电动隔离开关的雷电防护水平，对既有线路的接触网隔离开关及其二次设备防雷有一定的试验、参考价值，后续将在其他雷害严重区段做进一步经验推广。

参考文献

[1] 陈海波. 铁路接触网防雷措施及建议[J]. 城市建设理论研究(电子版), 2017(34): 87.
[2] 孙少江. 铁路接触网防雷技术[J]. 电气化铁道, 2017, 28(03): 43-48.
[3] 张纬泼. 过电压防护及绝缘配合[M]. 北京: 清华大学出版社, 2002.
[4] 于增. 接触网防雷技术研究[J]. 铁道工程学报. 2002(1)
[5] DL/T 620—1997 交流电气装置的过电压保护和绝缘配合[S]. 1997.
[6] 刘明光, 李光泽等. 论接触网上避雷器的应用[J]. 电气化铁道. 2005(05)

作者简介

胡金东, 中国铁路南宁局集团有限公司供电部

石济客专悬吊滑轮脱落的原因分析及应对措施

孟静涛

摘　要： 近年来，随着高铁的发展，接触网设备对保障高铁运输安全越来越重要。本文针对石济客专悬吊滑轮脱落的故障问题，通过牵引供电主导电回路、弓网结构、安装状态和隐患排查进行深入分析，提出预防和解决悬吊滑轮脱落的思路和措施。

2019 年 7 月 17 日石济客专大郑庄线路所发生一起因悬吊滑轮脱落导致定位器参数变化，造成动车受电弓被击打的接触网设备故障。故障主要原因是当动车在大郑庄联络线上行及石济客专下行正线运行时，电流通过承力索、悬吊滑轮进行分流，造成接触电阻最大的悬吊滑轮挂钩螺栓处出现烧损，引发悬吊滑轮脱落造成弓网故障。因此，牵引供电主导电回路的状态在高铁接触网运行中起着重要作用。本文以悬吊滑轮脱落实际案例入手，深入分析造成悬吊滑轮脱落的主要原因，并提出防范措施。

1　石济客专大郑庄线路所设备情况

1.1　现场设备情况

大郑庄线路所及其联络线于 2018 年 12 月正式开通。此次故障处所位于大郑庄线路所石济客专下行正线与大郑庄联络线上行并行区段。

现场检查发现，断裂的悬吊滑轮为石济客专下行正线承力索中锚悬吊滑轮，中锚一端在石济客专正线 045#支柱下锚，另一端通过悬吊滑轮，固定在 053#支柱平腕臂上，延长到 057#支柱下锚。其中大郑庄联络线上行线 053#平腕臂处为悬吊滑轮安装，该处悬吊滑轮挂钩螺栓烧损，中锚辅助绳下垂，定位管斜拉线断裂低头，定位器有击打痕迹，具体见图 1、图 2。

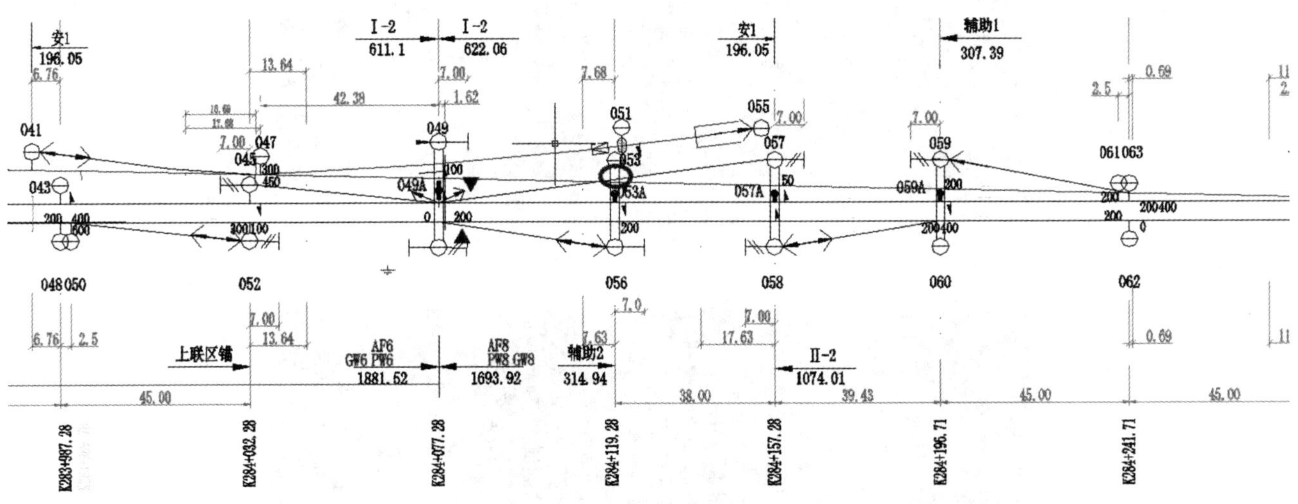

图 1　大郑庄线路所平面布置图

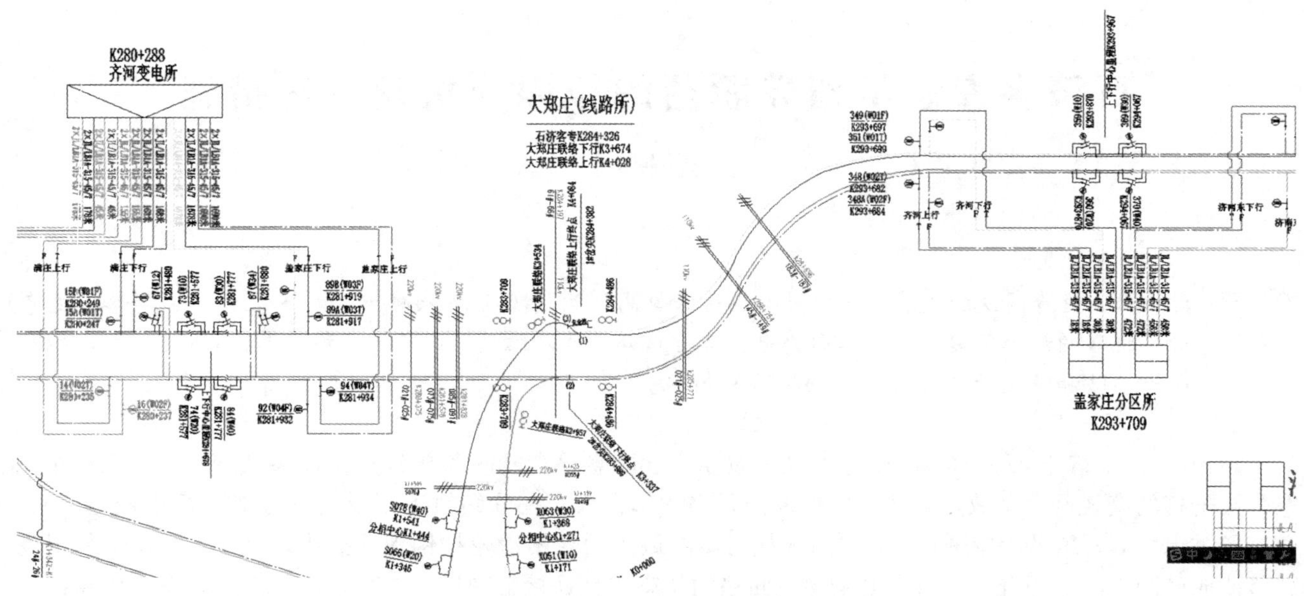

图 2　大郑庄线路所供电分段示意图

1.2　故障前后对比

故障前设备照片见图 3：

图 3　故障前照片

故障时设备照片见图 4：

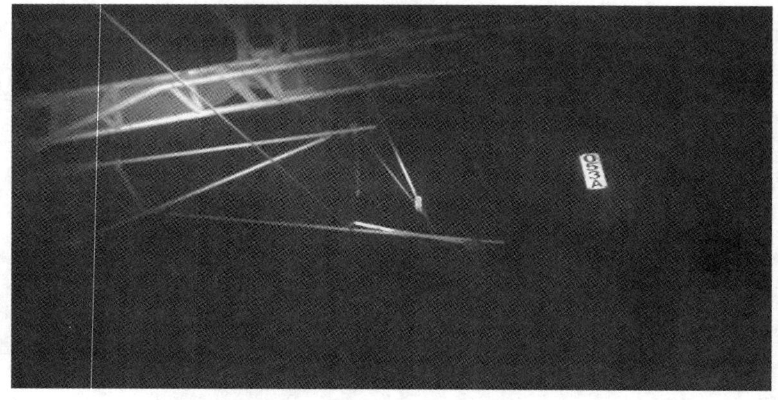

图 4　故障后照片

2　石济客专悬吊滑轮脱落原因分析

2.1　设计缺陷

在该处接触网平面布置设计时，未充分考虑接触网主导电回路问题，在53#支柱安装图选用上，采用石济客专施网－203－22（见图5），未采用施网－203－23（见图6），造成正线中锚与联络线腕臂形成电气连接。

203-22

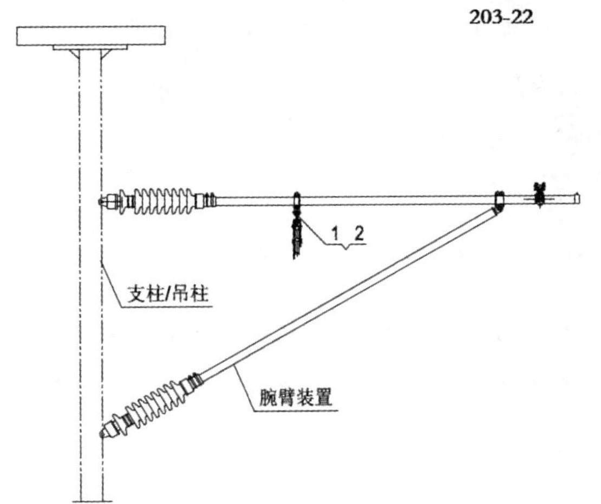

说明：

1.本图适用于承力索中心锚结绳在平腕臂下部固定的过渡安装。

2.悬吊滑轮的安装位置在施工过程中应结合平面图中承力索中心锚结绳的安装角度和现场具体情况确定，确保承力索中心锚结绳在整个温差范围内不与跨越的接触悬挂发生互磨，核实无误后方可实施。

3.承力索中心锚结绳在整个温差范围内与其他设施的绝缘间隙按照《铁路电力牵引供电设计规范》（TB 10009-2005）及相关文件要求执行。

4.悬吊滑轮处承力索中心锚结绳安装长度为2m的铜合金预绞式防护条。

5.现场如有与本图不符及时反馈设计，待设计院明确后方可实施。

图5　支柱安装图

203-23

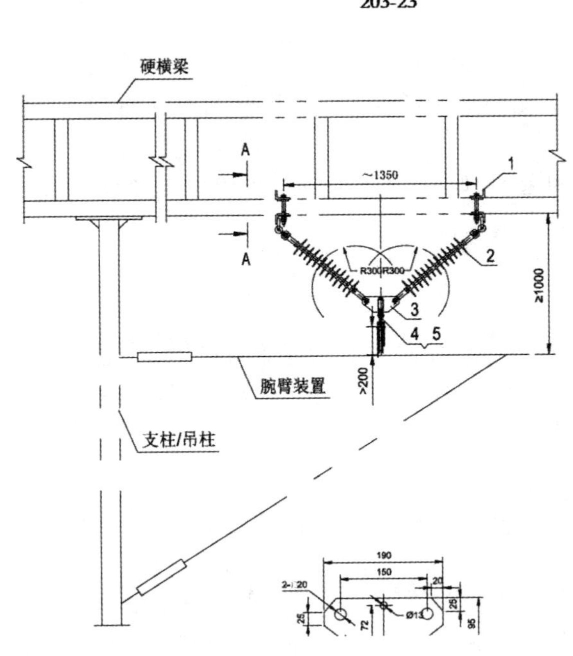

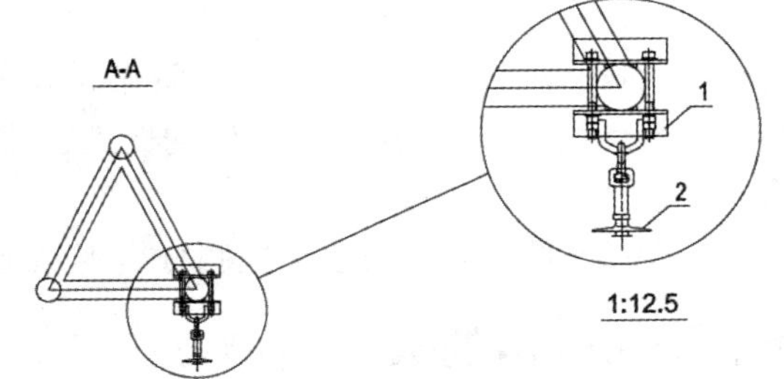

说明：

1.本图适用于承力索中心锚结绳在硬横梁下部固定的过渡安装。

2.本图按照梁底距平腕臂不小于1.0m进行设计。

3.承力索中心锚结绳在跨越承力索时一般高于承力索的安装高度。

4.固定底座的安装位置在施工过程中应结合平面图中承力索中心锚结绳的安装角度和现场具体情况确定，确保承力索中心锚结绳在整个温差范围内不与跨越的接触悬挂发生互磨，核实无误后方可实施。

5.承力索中心锚结绳在整个温差范围内与其他设施的绝缘间隙按照《铁路电力牵引供电设计规范》（TB 10009-2005）及相关文件要求执行。

6.零件2含M18螺栓销、螺母及开口销各一套。

7.悬吊滑轮处承力索中心锚结绳安装长度为2m的铜合金预绞式防护条。

8.现场如有与本图不符及时反馈设计，待设计院明确后方可实施。

5	TB/T2075.18C(T1)-10	悬吊滑轮	ZCuAl10Fe3+Q235A	套	1		
4	TB/T2075.3D(G48)-10	定位绞环抱箍	Q235A	套	1		
3	本图	联板	Q235A	套	1		3级热浸镀锌

图6　支柱安装图

2.2　主导电回路不畅

因石济客专下行正线Ⅰ－2锚段济南东侧中锚辅助绳将石济客专下行正线049A#承力索与大郑庄联络线上行线053#平腕臂通过悬吊滑轮导通，主导电回路示意图见图7所示。当动车在大郑庄联络线上行及石济客专下行正线运行时，电流通过石济客专下行正线049A#承力索、悬吊滑轮、大郑庄联络线上行线053#平腕臂（承力索）进行分流，造成接触电阻最大的悬吊滑轮挂钩螺栓处出现烧损、悬吊滑轮脱落，动车通过时引发接触网弓网故障。

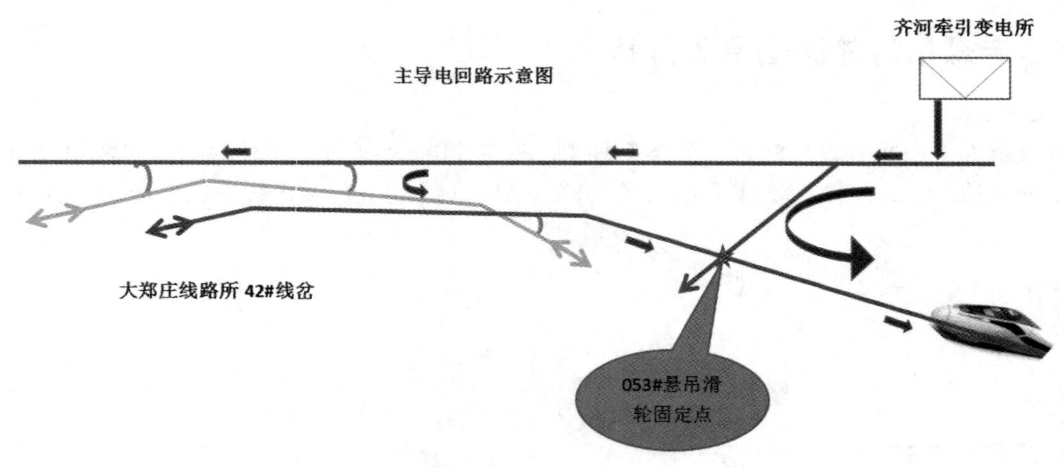

图 7 主导电回路示意图

2.3 设备巡视问题

设备巡视检查不到位。工区巡视质量不高，在安排巡视工作时仅是将人员分工及风险进行安排，并未讲明巡视的标准与关键，巡视走了过场，导致巡视过程并未发现该处承力索悬吊滑轮存在电击伤的隐患，使得隐患长期存在。

2.4 设备检修安排

大郑庄线路所自 2018 年 12 月开通以来，车间未安排设备全面检查和精细化检修，仅仅在开通前平推验收时对此处设备进行平推验收。车间虽然排定了此区段设备全面检查计划，但计划安排不合理，未优先安排站场等设备的全面检查及精细化检修。

2.5 专业管理问题

高铁客专管理经验不足。石济客专为段自管第一条高铁，接管仅有两年时间，对高铁牵引供电设备大电流、大负荷情况认识不足，在普速阶段段管内其他线路没有此种安装形式，没有认识到中锚绳穿越电流可能造成的危害。

此外，造成悬吊滑轮脱落的原因还有检测分析不到位、风险研判不细不实、安全思想松懈麻痹等原因。

3 防止悬吊滑轮脱落的应对措施

3.1 制定整改方案，迅速进行整治

积极联系设计院，对承力索中锚不对称落锚形式进行仔细研究分析，按照设计院设计图纸，段组织实施整改。在承力索与中锚绳距离 1 m 处所加装电连接，原悬吊滑轮处所改为 V 形悬挂。整改方案见图 8。

3.2 开展专项排查

3.2.1 排查范围

石济客专及济青高速管内全线进行设备排查，查看是否有主导电回路通道迂回或导流不畅的处所。

3.2.2 排查重点

(1)结合平面布置图、供电分段示意图及现场设备安装情况，判断复杂站场、动车所等咽喉区股道连接是否合理，是否存在主导电回路分流、迂回情况。对可能参与导流的零部件(软横跨定位环、定位器等)进行重点检查分析。

(2)对站场、线路所、动车所不同锚段线索间的电气连接方式及立体交叉距离进行检查。以锚段为单位，通过一杆一表照片，梳理各锚段之间的电气连接是否合理，是否仅通过电连接线进行连接，在电力机车及动车组取流方向，是否存在不同锚段间的线索交叉，距离不足处所是否加装等点位线。

(3)重点对靠近牵引变电所、AT 所、分区所等 PW 线(回流线)回流入所的地点进行检查。通过对所内轨回流数值进行对比分析，明确数值异常处所，同时线上检查 PW 线(回流线)底座、回流缆与 PW 线(回流线)连接线夹的状态，有无烧损现象。将靠近所亭的站场咽喉区 PW 线(回流线)横跨接触网带电设备作为排查重点。

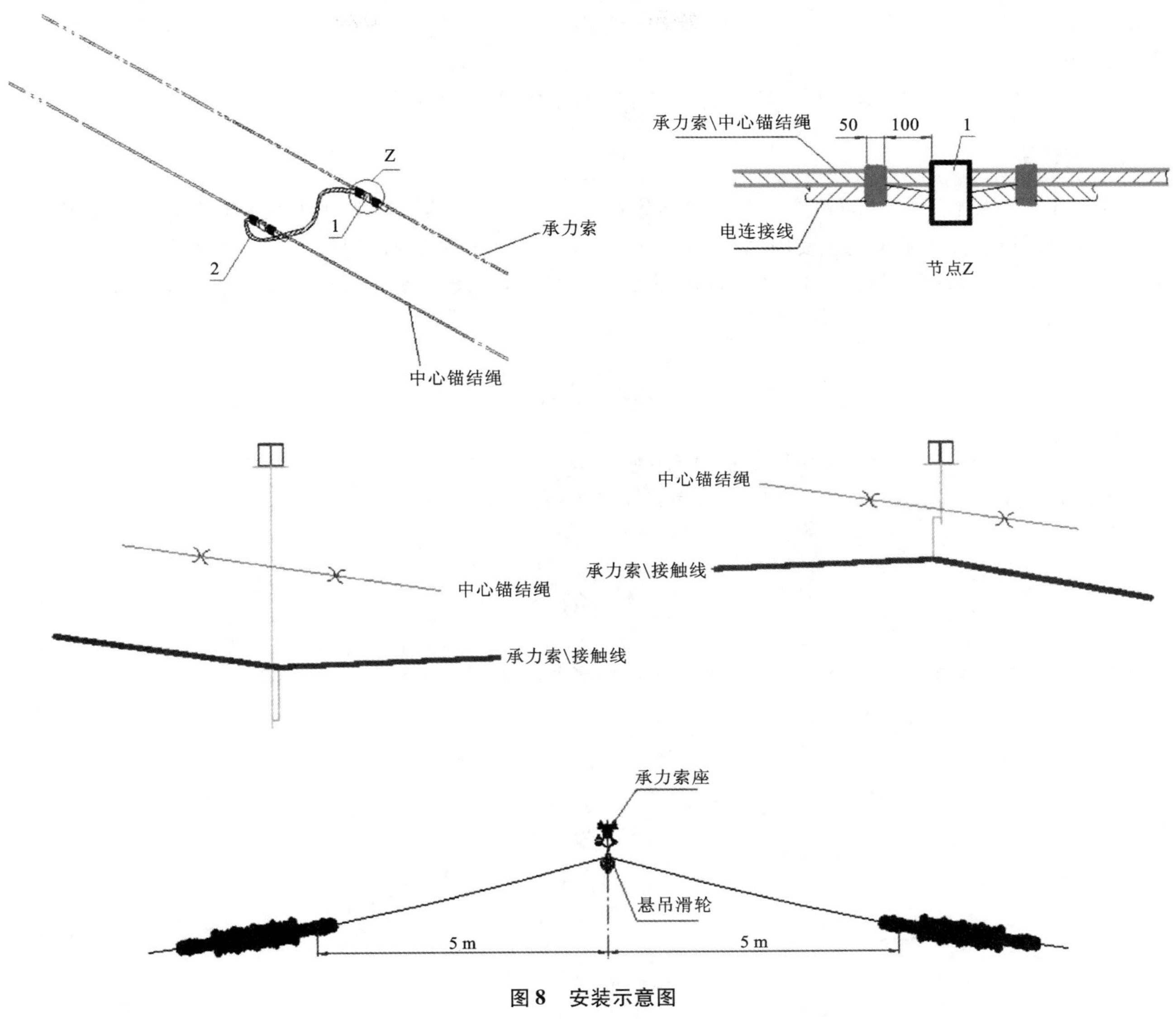

图 8 安装示意图

(4)主导电回路上，各设备线夹、电气连接件状态的检查及测温。结合车间年度检修计划，根据段技术科前期下发的《关于全段开展供电线、加强线、AF 线专项检查的通知》要求，继续开展主导电回路上，各铜铝过渡线夹、隔离开关设备线夹、上网点处电连接线夹等处所的测温及重点设备检修工作。

(5)梳理锚段关节测量数据，确保不同主导电回路间的电气绝缘。重点对绝缘锚段关节、分相侧量数据进行分析，核实各线索间的水平及垂直距离是否满足设计安装要求。

(6)核实管段内是否存在各线与管间距、线与线间距离不足处所。通过 2C 及 4C 数据，核实管段内锚段关节处所各线与管间距、线与线间距离不足处所，石济客专锚段关节闭口侧非支接触线与工支弹吊之间是否存在距离不足情况。

3.3 其他措施及建议

(1)有针对性的对组织段、车间、工区进行日常业务培训，将设备检修工艺、标准、程序纳入日常培训计划，并定期组织对车间、工区业务学习情况进行跟踪、检查、考核，切实增强职工作业技能，提高设备的维修质量。

(2)结合接触网设备现状，认真开展风险研判和隐患排查，对分析研判出的关键项点和潜在风险隐患，要认真研究制定针对性的管控措施，并纳入日常重点工作进行研究布置，盯住落实，确保研判出的各项风险能够得到有效控制。

(3)根据段有关登乘巡视及 2C 分析管理制度，严格登乘及设备分析，第一时间掌握设备运行状态，车间加强对登乘巡视及 2C 分析人员的培训，使其掌握巡视及数据分析重点，对设备长期带病运行未及时发现的，严格进行考核。

(4)建立统计台帐，了解掌握管段内电气主导电回路状态，并定期进行检查。

4 结束语

主导电回路不畅及异常问题是影响接触网运行安全的关键因素，本文以悬吊滑轮脱落为实际案例入手，深入分析造成此次缺陷的主要原因，并提出防止悬吊滑轮脱落的应对措施，进一步防止因主导电回路问题而导致的设备故障。然而，主导电回路的专题研究是需要长期研究的课题，以此来提高接触网设备安全运营的可靠性。

参考文献

[1] 于万聚. 高速电气化铁路接触网[M]. 成都：西南交通大学出版社，2007.
[2] 逯振东，王泽晓，王冰. 石济客专接触网作业指导书[Z]. 济南供电段企业网.
[3] 孙楠. 高速铁路接触网维修岗位[M]. 北京：中国铁道出版社，2012.

作者简介

孟静涛，中国铁路济南局集团有限公司济南供电段，安全调度科科长

关于铜铝过渡线夹断裂的改进措施

刘亚伟

摘　要： 基于对铁路运输供电可靠性的要求，牵引变电设备应保证不间断行车的可靠供电。设备线夹作为牵引变电所主导电回路中重要的一种设备，当设备线夹出现断裂时，往往会导致无法正常供电，给铁路运输带来极大的隐患。本文通过我单位一起因铜铝过渡线夹断裂的故障案例，来具体分析如何针对性改进，选用适当线夹，确保变电所设备运行可靠。

本文就我单位阳城变电所因铜铝过渡线夹断裂造成所内 A 相失压，结合整改措施，分析线夹断裂原因及存在问题，并如何采取有效措施彻底解决问题，确保牵引变电所可靠供电。

1　问题发现过程

2020 年 3 月 14 日 12 时 46 分，阳城变电所 241、242DL 跳闸，失压保护动作。12:47 值班员立即向供电调度汇报，供电调度通知巡视相关 211、212、201 A、201BDL 及动力变设备状态良好，无异常。12:51 值班员巡视完后立即向供电调度汇报相关设备正常，发现后台机上 A 相电压显示 1.5 kV，A 相失压，电调通知倒主变，将 1#进线带 1#B 倒为 1#进线带 2#B 运行。随即值班员对所内设备进行巡视，发现 1012GK 靠进线侧 A 相线夹断裂，立即向供电调度及车间汇报，组织人员进行抢修。

2　原因分析

经查看设备履历，该所设备线夹为 1997 年投运设备，已超大修周期。该设备线夹质量存在问题，线夹为闪光焊对接型式铜铝过渡线夹，焊接中间有空气造成内部连接不良，断裂处有 20 毫米长、3 毫米宽、0.3 毫米深的凹槽。由于日常线夹受引线摆动影响；检修进线侧设备时，地线接挂位置在该断裂处，因多次受力造成该线夹铜铝连接部分断裂。

图 1 为线夹断裂处凹槽：

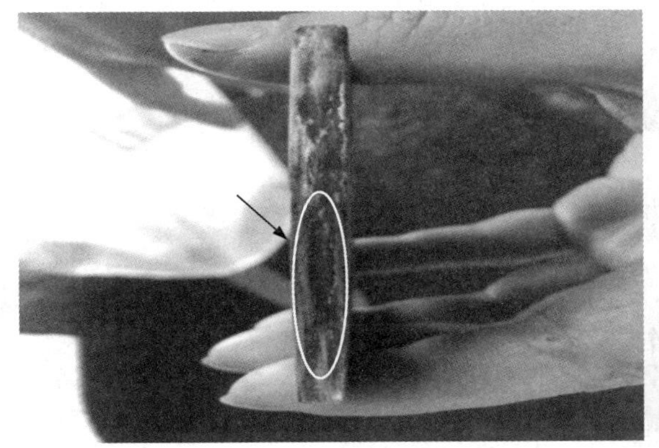

图 1　线夹断裂处凹槽图

3　存在问题

3.1　漏检漏修

2019 年技术科申报 11 月 07 日阳城变电所 1#进线停电，月山检修组当天计划对 1011、1001、1012、1YH 进行小修预试，赶到现场后停电计划取消，未能对相关设备进行检修，之后没有再向技术科申请停电，造成 1#进线设备 2019 年没有检修预试。

3.2 检修不到位

2018 年 10 月 12 日在检修过程中，没有仔细检查线夹铜铝过渡连接部位是否存在问题，没有及早发现问题。

3.3 缺乏重视

2020 年 3 月 3 日月山变电所 2#主变单元检修时，发现 202B 穿墙套管铜铝过渡板有裂纹进行了更换，没有及时对管内同样的铜铝过渡线夹进行重点排查，而只是安排在预试时进行检查，没有预判到这样的线夹会再次出现问题，未能及时发现阳城变电所这个线夹存在问题，避免问题的发生。

4 优化方案

经排查我段管内牵引变电所亭共计 600 余处闪光焊对接型式铜铝过渡线夹，这种焊接工艺生产的线夹复合板中间结合处较脆且中间结合处的导电性能也不算很好，受力后也容易折断。应将 600 余处线夹更换为更先进的铜、铝焊接工艺的铜铝过渡线夹。

5 整改措施

5.1 已于当日对阳城变电所 1012GK 靠进线侧 A 相断裂线夹更换为钎焊型式铜铝过渡线夹。

5.2 利用高清相机对所有设备线夹状态、型号、引线弛度进行拍照分析，班组保存图片建立档案；并统计存在的问题。

5.3 对我段管内超大修周期采用闪光焊对接型式铜铝过渡线夹及时进行更换，防止线夹断裂情况再次发生。

5.4 未超大修周期采用闪光焊对接型式铜铝过渡线夹随年度预防性试验工作进行更换。

5.5 对新建所亭及大修更改所亭在设备投运前要严把验收关对采用不合规定的设备线夹及时进行更换，做到从源头治理。

5.6 按照技术科下发的年度检修计划合理安排检修预试工作，确保管内设备一台不漏，精检细休。

6 结束语

近年来随着使用红外线测温仪对主导电回路测温，对不出现温度过高的线夹在年度检修预试中不进行打开检查，这种科技手段的应用对线夹折断事故无法发现。因此在今后的预防性试验中仍需对线夹打开进行检查，确保线夹状态良好。同时经过此次故障案例也提醒检修人员要对变电所运行设备精检细休，及时发现存在的设备缺陷，消除隐患，保障牵引变电设备稳定运行。

参考文献

[1] 杨军伟. 铜铝过渡线夹事故分析及预防措施[J]. 电力科技，2017，(9)：213.
[2] 吴晚利，张浩. 一起铜铝过渡线夹断裂事件分析[J]. 电子世界，2014.

作者简介

刘亚伟，中国铁路郑州局集团有限公司新乡供电段新乡变电车间，助理工程师

柳南客运专线接触网防雷研究

周书念

摘　要： 柳南客运专线所经地区地理、气象、气候条件差别较大，情况复杂，雷害已成为引发接触网故障的主要因素。为保证柳南客运专线接触网运行的高可靠性，在分析接触网常用防雷措施的基础上，结合柳南客运专线柳州至小平阳段目前的防雷现状，提出柳南客运专线接触网系统防雷的改建建议。

柳南客专（柳州至南宁客运专线）开通一年来多次发生雷击事件，造成多起供电停电故障，严重干扰正常行车秩序和行车安全。故此，对接触网进行防雷害分析并采取对策方案非常必要和迫切。

1　柳南客运专线概况

1.1　线路概况

柳南客专自柳州新建双线，引入既有进德车站后沿既有湘桂线西侧取直并行至来宾地区设新来宾北站，然后跨既有湘桂线后沿既有线东侧取直，在小平阳跨既有湘桂线后沿既有湘桂线西侧取直至黎塘地区设黎塘西站，然后大取直引入南宁东枢纽，高架通过既有屯里站和长岗岭站后沿既有湘桂线增建二线至南宁站。

柳南客专采用 AT 供电方式，柳南客专柳州至小平阳段，全长 99.643 km，设置进德、来宾北等 AT 牵引变电所 2 座，设置凤凰、水涧等 AT 分区所 2 座；设置新村、甘烈、广隆 AT 所 3 座。线路正线接触导线采用锡铜合金导线 CTS－150（高强度），导高 5500 mm，承力索采用镁铜合金绞线 JTMH－120，结构高度 1600 mm，正线线间距 4.6 m，正馈线采用 LBGLJ－240，保护线采用 LBGLJ－120，全线绝缘泄漏距离按不小于 1400 mm 设计。

1.2　气象概况

沿线属亚热带湿润季风气候，其气候特点是温暖湿润，雨量充沛，有明显的干湿两季之分，夏季易涝，春秋易旱。

据《建筑结构荷载规范》（GB 50009—2001）典型气象区划分、电力资料、供电段运营维护情况及收集的资料，确定柳南客专的气象条件见表 1。

表 1　柳南客运专线柳州至南宁的气象情况

最高温度/℃	40
最高工作温度/℃	80
最低温度/℃	－5
最大风速/（$m \cdot s^{-1}$）	25
结构设计风速/（$m \cdot s^{-1}$）	30
最大风速时气温/℃	10
覆冰厚度/mm	0
覆冰时风速/（$m \cdot s^{-1}$）	10
覆冰时气温/℃	－5
定位器正常位置时气温/℃	37.5
雷暴区	强雷区

1.3　防雷主要措施

柳南客专属于强雷区，柳州、南宁均是雷暴日发生的高发区，年平均雷电日数达到 78.1 天，在锚段关节式电分相处、区间的非绝缘锚段关节、长度200 m及以上的供电线上网处、分区所引入线处、开闭所引入线处、长度为2000 m及以上的隧道口或连续的隧道群两端设氧化锌避雷器以预防大气过电压。

2 接触网防雷存在主要问题

2.1 雷害对行车干扰严重

因雷害导致接触网跳闸停电，将造成铁路客运列车中断，特别是高速动车组车上从接触网得到电源的照明、空调等设备将停止工作，影响旅客的情绪，严重时可造成不良的社会影响。2014年，柳南客专进德至小平阳段雷害引起的接触网跳闸共计19次，其中“8.13”雷击造成避雷器绝缘击穿及棒式绝缘子靠支柱侧同时被击碎2片，来宾北变电所213馈线由于避雷器短路接地而跳闸，停电3 h 5 min，构成铁路交通一般D类(D21)事故。

2.2 雷害故障原因排查难度大

雷害导致的接触网故障主要有：正馈线绝缘子击穿、接触悬挂的棒式绝缘子击穿、供电线电缆头绝缘击穿、避雷器绝缘击穿等。绝缘击穿的痕迹基本上无规律可循，特别是棒式绝缘子击穿，仅凭肉眼巡视检查，较难发现。且客运专线的维修天窗多是在夜间安排，加上照明的角度、天气恶劣等因素，加大了绝缘击穿处所的查找难度。2014年全年柳南客专柳州至小平阳段跳闸共计25次，其中查明跳闸原因的仅有12次，占跳闸总数的48%，是雷害原因查找难度大的最好佐证。

2.3 避雷器质量及设置距离存在问题

2.3.1 避雷器高压线支持绝缘子击穿

目前柳南客专使用的避雷器是YH5WT－42/120，绝缘爬距为1400mm。主要技术指标见表2。

表2 YH5WT－42/120型避雷器主要技术指标

设备及技术性能	参数及要求
安装方式	户外
系统标称电压有效值	27.5 kV
额定频率	50 Hz
避雷器额定电压有效值	42 kV
持续运行电压有效值	34 kV
2 ms方波通流容量	400 A
标称放电电流	5 kA
陡波冲击电流下残压峰值	不大于138 kV
雷电冲击电流下残压峰值	不大于120 kV
操作冲击电流下残压峰值	不大于98 kV
直流1 mA参考电压	不小于65 kV
局部放电水平	≤50 pc
爬电距离	1400 mm
最大允许水平拉力	294 N

至今，避雷器高压线支持绝缘子已于2014年8月13和10月30日先后2次被击穿(见图1、图2)。

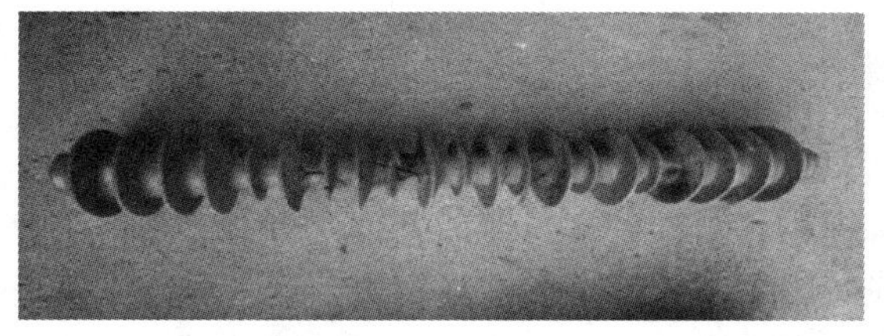

图1　8月13日避雷器高压线支持绝缘子击穿图

图2　10月30日避雷器高压线支持绝缘子击穿图

2.3.2　避雷器的设置距离过大

目前柳南客专避雷的设置为锚段关节处、馈线上网处。避雷器间隔距离(按照锚段长度计算)约为1.3 km。雷击接触网时见图3。

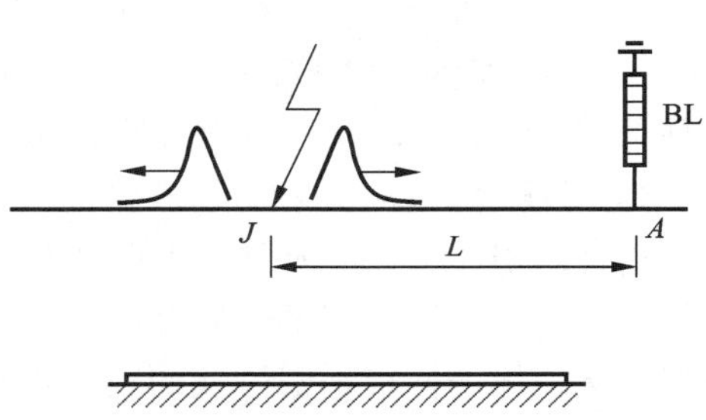

图3　雷击接触网示意图

由图3可知，雷击电压以 $v=300$ m/μs 向雷击点两边的接触网传播，在接触网上形成的雷电(前行)经过 L/V 时间到雷击地点 A，或略避雷器残压，近似认为雷电前行波电压在 A 点反射，又经过 L/V 时间后反射到雷击点 J，要使避雷器动作后，接触网上的绝缘子不发生放电击穿，可得接触网上避雷器的保护距离，公式如下：

$$L \leqslant 1560\frac{U_1}{ZI}(\mathrm{m})$$

取接触网波阻抗取 $Z=400\ \Omega$，接触网本身的耐雷水平 I 取23 kA，瓷质棒式绝缘子工频湿耐受电压为140 kV，则避雷器的保护距离 $L=237$ m。则避雷器设置的合理间距应为 $2L=474$ m，约为500 m。目前避雷器设置间距为1300 m，设置间距过大。

2.4　雷击造成绝缘子击穿

柳南客专进德至小平阳段开通一年来，因雷击跳闸的同时，共发生各种形式绝缘子闪络或击碎现象19次，其中T线类(见图4)绝缘子故障1次，F线类(见图5)故障高达16次，雷击对高铁设备的危害可见一般。

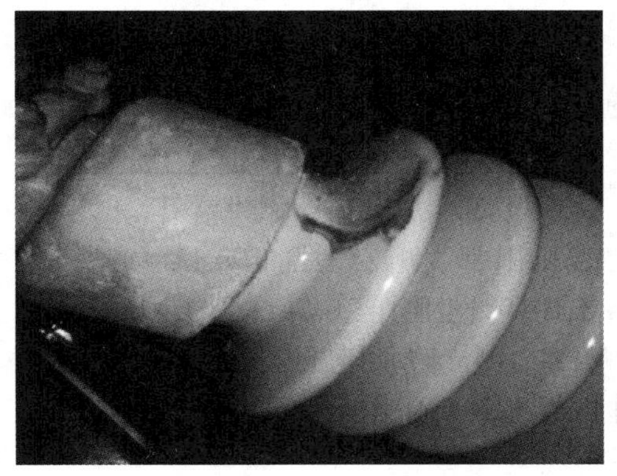

图4　雷击瓷质棒式绝缘子闪络击穿图

图5　雷击AF线瓷质悬式绝缘子闪络击穿图

3　接触网主要的防雷方式

3.1　避雷器防雷

避雷器是连接在导线和地面之间的一种防止雷击的设备，通常与被保护设备并联。避雷器可以有效地保护电力设备，一旦出现不正常的电压，避雷器产生作用，起到保护作用。当被保护设备在正常工作电压下运行时，避雷器不会产生作用，对地面视为断路。一旦出现高电压，且危及被保护设备绝缘时，避雷器立即动作，将高压电冲击电流导向大地，从而限制电压幅值，保护电器设备绝缘。当过电压消失后，避雷器迅速恢复到原来状态，使得系统能够正常供电。

接触网用避雷器应体积小、重量轻、结构简单、安装方便，其密封性、防爆性、耐污性、可靠性要求较高，不同于一般设置在变电所内的避雷器。目前接触网常用的避雷器为带脱离器的氧化锌避雷器，系统标称电压的有效值为27.5 kV，额定电压有效值为42 kV，持续运行电压有效值为34 kV，陡波冲击电流残压为138 kV，雷电冲击电流残压为120 kV，操作冲击电流残压为98 kV。虽然设置避雷器对提高接触网的防雷击水平有一定作用，但接触网上安装的避雷器保护范围约为250 m，保护范围有限，只能防止其保护范围内的接触网绝缘闪络、机车车顶保护电器动作；接触网用氧化锌避雷器大都采用带串联间隙的结构，其复合绝缘子长度短，污染条件下的工频电压耐受能力低可能会增加污闪事故率；如大密集安装避雷器则每年的预防试验和维修工作量极大，维修费用也将大大增加。

综上所述，接触网上安装避雷器的保护距离和发挥的作用有限，只能作为牵引供电系统防雷技术措施的一种补充，仅能对接触网高雷区的局部起防雷作用，未能覆盖整条线路的接触网。

3.2 避雷针防雷

避雷针由引雷器、接地引下线和接地体(接地极)这3部分串联组成。避雷针的引雷器是指避雷针顶端部分的金属针头。引雷器的位置都高于被保护的物体。接地引下线是避雷针的中间部分，是用来连接雷电接受器和接地体的。接地引下线的截面积不但应根据雷电流通过时的发热情况计算，使其不会因过热而熔化，而且还要有足够的机械强度。接地体是整个避雷针的最底下部分。它的作用不仅是安全地把雷电流由此导入地中，而且还要进一步使雷电流在流入大地时均匀地分散开去。避雷针的工作原理就其本质而言，避雷针不是避雷，而是利用其高耸空中的有利地位，把雷电引向自身，承受雷击。同时把雷电流泄入大地，起着保护其附近高度比它低的建筑物或设备免受雷击的作用。

避雷针保护其附近高度比它低的建筑物或设备免受雷击是有一定范围的。这范围像一顶以避雷针为中心的圆锥形的雨伞，罩在雨伞里面空间的物体，可以免遭雷击，这是避雷针的保护范围见图6。

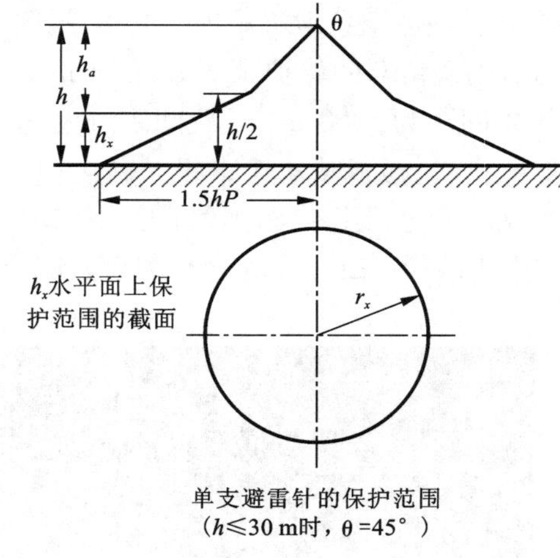

图6 单支避雷针保护范围图

3.2.1 避雷针在地面上保护半径的计算

计算避雷针在地面上的保护半径可用公式

$$R_p = 1.5\ hP \tag{1}$$

式中：R_p 为保护半径；h 为避雷针的高度；P 为高度影响因数。

其中，P 的取值是：当 $h \leqslant 30$ m，$P=1$；当 30 m$\leqslant h \leqslant$120 m时，$P=5.5/h1/2$；当 $h>120$ m时，只能取 $h=120$ m。

3.2.2 被保护物高度 h_p 水平面上保护半径的计算

1)当 $h_p \geqslant 0.5$ h时，被保护物高度 h_p 水平面上的保护半径

$$R_p = (h - hp)P = h_a P \tag{2}$$

式中：R_p 为避雷针在 hp 水平面上的保护半径；h_p 为被保护物的高度；h_a 为避雷针的有效高度。

2)当 $h_p < 0.5$ h时，被保护物高度 h_p 水平面上的保护半径

$$R_p = (1.5h - 2h_p)P \tag{3}$$

由于考虑线路避雷针安装于支柱顶部的稳定性，避雷针本体一般高度仅为 $h=5\sim6$ m(从柱顶算起)。无架空避雷线或地线线路加装避雷针，只能作为单位避雷针保护，其保护范围使用公式(3)计算，保护半径 $R_p=(h-h_p)P=h_aP$，一般小于10 m，保护范围较小。

但安装避雷针后，支柱落雷的概率将增大，直击、绕击减少而增加了反击的机会，简而言之是直击换反击。由于避雷针的接地引下很难和支柱接地分开，钢支柱尤其如此，事实上，形成接触网绝缘子也频繁地承受因雷击避雷针而形成的反击电压。由于安装于支柱顶部，相当于增加了支柱高度，支柱越高，支柱的电感越大，流过支柱时雷电流产生的幅值越高，同时，支柱越高，大地的屏蔽作用越小，增强了反击对线路的危害。显然，考虑避雷针防雷不是最佳方案。

根据公式推算，避雷针的保户范围是局部的，与接触网的带状防雷范围不相符。

3.3　避雷线防雷

避雷线又称架空地线，架设在杆塔顶部1根或2根，用于防雷。架空输电线遭遇雷击时，可能打在导线上，也可能打在杆塔上。雷击导线时，在导线上将产生远高于线路额定电压的所谓“过电压”，有时达到几百万伏。它超过线路绝缘子串的抗电强度时，绝缘子将“闪络”，往往引起线路跳闸，甚至造成停电事故。避雷线可以遮住导线，使雷电流流入大地。雷击杆塔或避雷线时，在杆塔和导线间的电压超过绝缘子串的抗电强度时，绝缘子串也将闪络，而造成雷击事故。通常用降低杆塔接地电阻的办法，来减少这类事故。避雷线的保护效果与它下方的导线与避雷线所成的角度有关，角度越小，保护效果越好。架设有2根避雷线的情况下，容易获得较小的保护角，线路运行时的雷击跳闸故障也少，但投资较大。

4　柳南客专接触网防雷加强建议

柳南客专接触网分布在旷野，伴随着铁路穿过高山、跨过平原，由于接触线高出地面，且大部分接触线架设在高架桥上，它对雷电先到的吸引作用很强。柳南客专采用AT供电方式，接触网的F线悬挂位置高于T线，上下行线路的F线对位于两者之间的T线构成屏蔽，T线引雷宽度较小，并随着雷电流幅值的增大而减小，考虑接触网的雷害防护时，重点针对F线的雷害采取措施。

避雷器和避雷针的保护范围均是局部范围，与接触网带状防雷范围需求不相符。在外局或其他线路有将AT供电方式下的保护线采用柱顶方式安装，将保护线安装在AF线上方，保护线起到避雷线作用，可有效防雷。柳南客专进德至小平阳段现为AT供电方式，在支柱的田野侧AF线的下方架设有保护线，可将保护线升高至柱顶，兼起到避雷线作用，但此方式，对行车干扰较大，必须在线路封锁接触网停电的情况下进行施工，必须考虑电气过渡，施工难度较大。为此，综合考虑以上防雷方式，建议柳南客专防雷采用新架设避雷线方式，并且仅考虑AF线的防雷。

4.1　架空避雷线安装高度的确定

架空避雷线的保户效果取决于架空避雷线的安装高度。根据高铁接触网设备的特点，架空线只有在既有支柱上加装，架空地线的安装高度决定了其保护范围。世界各国对接闪器的保户范围的计算方法大体有滚球法、保护角法和网络法3种。我国GB 50057—2010《建筑防雷设计规范》规定接闪器采用滚球法计算。

按照滚球法计算原理(见图7)：避雷针在h_x高度的xx'平面和地面上的保护半径按下列方法确定：

$$r_x = \sqrt{h(2h_r - h)} - \sqrt{h_x(2h_r - h_x)}$$

式中：r_x为避雷针在h_x高度$x-x'$平面的保护半径；h_r为为滚球半径；h_x为被保护物的高度(m)；

柳南客专安装直线段中间单腕臂安装(见图8)，不难分析出，对于一般中间柱的AF线，在被保护AF线高度$h_x = 7.2$ m上，AF线被保护半径$r_x = 1.4$ m(AF线水平安装间架与支柱水平距离按1.4 m计)，可得架空避雷线的安装高度为9 m。在支柱位置，避雷器安装在支柱柱顶上方0.8 m即可。

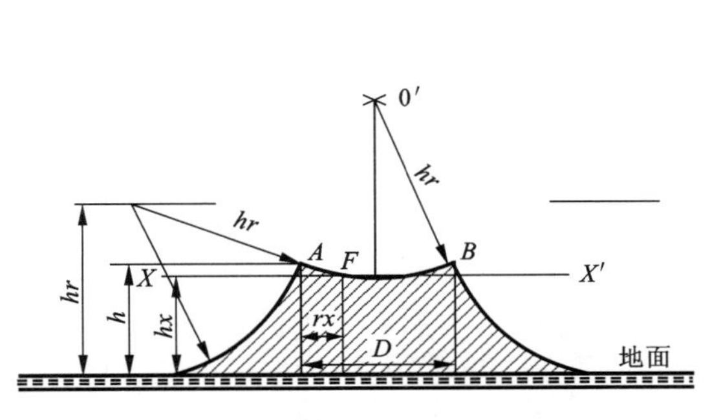

图7　滚球法避雷线保护范围示意图

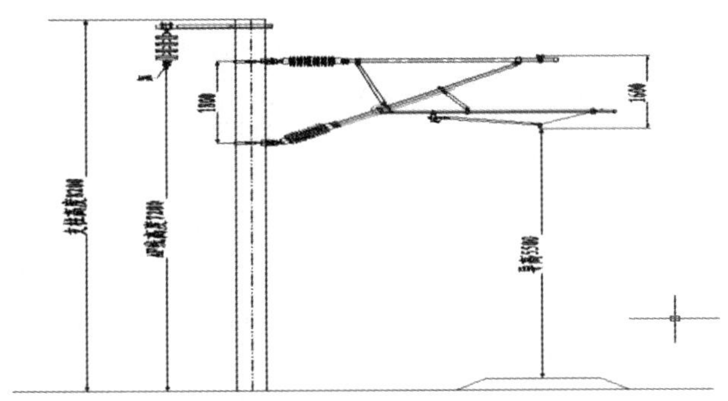

图8　柳南客专示悬挂安装示意图

4.2　架空避雷线的线材确定

根据接触网的架空地线多采用钢芯铝绞线，而在电力系统中架空避雷线一般采用镀锌钢绞线。由于增设的架空避雷线的主要作用是防止雷击导线，为增大同截面导线的抗拉强度，建议采用电力系统常用的镀锌钢绞线作为架空避雷线。

按照防雷装置设计与安装要求，架空避雷线宜采用截面不小于50 mm^2的热镀锌钢绞线。同时，为减小增设的架空避雷线对既有支柱容量的影响，架空避雷线的额定张力不能太大，推荐采用5 kN。

4.3 架空避雷线的固定形式

由于柳南客专接触网PW线通过吸上线、H型钢柱等于综合接地系统相连，采用的是非绝缘安装形式。未使架空避雷线与综合接地系统及弱电设备相对隔离，推荐架空避雷线采用绝缘子悬挂的绝缘安装形式，并采用抱箍将避雷线支架与支柱固定的柱顶安装方式。

4.4 架空避雷线的接地方式

根据武广客专铁路新增架空避雷线接地经验，推荐采用每隔200 m进行接地设置。为使避雷接地与综合接地系统相对隔离，架空避雷线采用单独接地；路基区段避雷线接地引至路基外离路基20 m以外接至不大于10 Ω的独立接地极。桥梁区段如桥梁墩台不高，且桥下状况较好，推荐采用引下独立接地极。如独立接地极引下困难，可单独双引下连接至桥墩顶部预留的综合接地端子，同时拆除该桥墩与桥梁之间的接地连接，确保接触网防雷接地与铁路综合接地系统和信号防雷接地屏蔽分离；引下线采用70 mm^2绝缘单芯铜缆，避免与综合接地系统的直接相连。

5 结束语

为保证客运专线运行的高可靠性、达到牵引供电系统少维护的目的，目前，柳南客专凤凰至来宾北区间重雷区接触网防雷设计中，已经采用架设避雷线方案，待柳南客专凤凰至来宾北区间重雷区避雷线架设完成后，统计雷害数据与2014年同期比较，届时可验证避雷线的防雷效果。

高速铁路客运专线接触网系统的防雷，以成为影响列车安全运行的重要因素之一，成为保障列车高速安全运行的短板，在工程实践中应根据雷电活动情况，考虑环境、地形、雷暴日等情况，因地制宜，采取相应的防护措施。接触网防雷属于系统工程，在吸收国外高速铁路和地方电力系统成熟经验的同时，应组织有关部门进行理论研究及综合试验。

参考文献

[1] 刘明光，李光哲. 论接触网上避雷器的引用[J]. 电气化铁道. 2005，5:29.
[2] 交流电气的过电压保户和绝缘配合(DLT 620—1997)[Z]. 8.
[3] 陈甫康. 京广高铁广东段接触网防雷现状及改进措施[J]. 中国铁道科学研究院，2014，5:33－35.
[4] 中铁第四勘查设计院. 武汉至广州客运专线防雷改造加强安装图[Z]. 武汉：中铁第四勘查设计院，2012.

作者简介

周书念，中国铁路南宁局集团有限公司柳州供电段，助理工程师

第四篇

安 全 管 理

轨道起重车作业及安全

刘国庆

摘　要：本文针对轨道起重车作业不安全因素进行分析，并结合作业现场实际，阐述了安全管控措施，确保起重作业安全。

1　引言

轨道起重车是电气化铁路重要的施工机械，是铁路专用的起重机械，主要用于铁路线路附近的起重作业，目前轨道起重车有 GQC－25 型、GQC－16 型、LG 型。

随着铁路系统各单位施工起重作业的增多，起重作业事故呈上升态势，轨道起重事故严重干扰了运输秩序，其后果严重，基本上无法实现自救援。

2　轨道起重车的属性

国家质检总局根据《中华人民共和国特种设备安全法》、《特种设备安全监察条例》制定了《特种设备目录》(2014 年第 114 期公告)，其中在起重机械类(代码 4000)中流动起重机(代码 4400)项下为铁路起重机(代码 4450)，明确界定了“轨道起重车”是特种设备，适用《中华人民共和国特种设备安全法》。因此对于轨道起重车应按照特种设备进行严格管理。

2.1　对使用单位的要求

根据《特种设备安全监察条例》第二十三条：“特种设备使用单位，应当严格执行本条例和有关安全生产的法律、行政法规的规定，保证特种设备的安全使用。”使用单位应严格履行社会责任，按照《特种设备安全监察条例》要求，抓好本单位轨道起重车的使用与管理，加强安全监管，确保行车、作业安全。

2.2　对操作人员的要求

根据《特种设备安全监察条例》第三十八条：“锅炉、压力容器、电梯、起重机械、客运索道、大型游乐设施、场(厂)内专用机动车辆的作业人员及其相关管理人员(以下统称特种设备作业人员)，应当按照国家有关规定经特种设备安全监督管理部门考核合格，取得国家统一格式的特种作业人员证书，方可从事相应的作业或者管理工作。”轨道起重车驾驶人(操作人)必须经国家质量技术监督部门培训并考试合格，取得《特种设备操作证》，方可具备操作资格。

2.3　轨道起重车的定义

铁路起重机术语：国家标准《铁路起重机》(GB/T 6974.6—2016)第 2 条通用术语定义为安装在专用底架上沿铁路轨道运行，用来从事装卸作业、设备安装以及铁路机车、车辆颠覆等事故救援的臂架型起重机。

按照国家标准《铁路起重机》(GB/T 6974.6—2016)第 3.4 条用途分类，将轨道起重车分为牵引用铁路起重机。

根据国家质检总局《特种设备目录》(2014 年第 114 号)界定起重机械为“起重量大于或等于 3 吨，且起升高度大于或等于 2 米。”

2.4　轨道起重车的安全监管

2009 年 1 月 14 日国务院第 46 次常务会议通过国务院关于修改《特种设备安全监察条例》的决定，国务院将《特种设备安全监察条例》第二项第三条第二款修改为：“军事装备、核设施、航空航天器、铁路机车、海上设施和船舶以及矿山井下使用的特种设备、民用机场专用设备的安全监察不适用本条例。”由此看出铁路系统负责轨道起重车的安全监管。

3 事故案例回顾

3.1 ××沿海铁路公司××供电段轨道起重机翻车事故

2016 年 4 月 20 日，××沿海铁路公司南防线茅岭至防城站间一辆轨道吊车吊卸电力电杆时发生侧翻事故，造成事故的直接原因是在曲线地段且吊臂伸出 14.5 m 的情况下未打支腿，导致轨道吊车侧翻(如图 1 所示)。

3.2 ××供电段轨道起重车翻车事故

2017 年 11 月 8 日 14 时 13 分，阳安线××供电段 QGC－25 型 0803058 号轨道起重车在茶镇站内 2 号道岔处点内施工作业时脱轨，20 时 20 分现场救援完毕，延时 5 小时 20 分钟。

轨道起重车操作人员违反操作规程，起吊 H170 软横跨支柱(重量 2.1 t)，在吊臂工作幅度为 11.8 m，臂长伸出 13.55 m，违反“起重量 2.3 t、工作幅度不得大于 8 m”的规定，这是造成轨道起重车脱轨的直接原因，构成铁路交通一般 B 类事故(如图 2 所示)。

图 1 GQC－25 型轨道起重车侧翻

图 2 GQC－25 型轨道起重车倾覆

3.3 中铁××局作业车剐蹭列车事故

2018 年 11 月 4 日 15 时 39 分，中铁××局京广下行线岳阳北至云溪站间 K1416＋850 处利用立杆作业车处理废旧支柱时，立杆作业车上的起重机吊臂中的第二臂尾部侵入上行限界，吊臂跟部右上角与 87844 次列车发生刮碰，经处置列车于 16 时 31 分区间开车，未造成人员伤亡，构成铁路交通一般 C13 类事故。

中铁××局在利用立杆作业车吊放 347 号旧支柱时，违反《LG－2 型立杆车起重机部分使用说明书》注意事项第 7 点:“当第二节臂后伸部分未伸到基本臂筒体内时，严禁起吊任何载荷”的规定。立杆作业车上的轨道起重机吊臂(第二臂)跟部侵入上行限界，且该作业车二节臂位置指示灯不亮，蜂鸣器不鸣叫报警，造成吊机司机未能及时有效判断立杆作业车二节臂侵限。在发现邻线吊臂(第二臂)跟部侵入上行限界后，因起吊的旧支柱附近有施工作业人员，立杆作业车司机不能采取转动吊臂方式及时消除吊臂(第二臂)跟部侵入上行限界的安全隐患，致使 87844 次列车通过时与侵限的吊臂(第二臂)跟部发生刮碰，是造成此次事故的直接原因(如图 3、图 4 所示)。

图 3 剐蹭前机车视频截屏示意图

图 4 剐蹭后 LG 型轨道起重车示意图

4　事故原因分析

结合现场实际分析事故多发的管理原因无外乎：管理“不规矩”、作业“不规矩”、素质“不规矩”。

4.1　管理存在的问题

4.1.1　自轮运转设备单位的管理人员大多是非专业管理人员出身，对业务的熟练程度不够，不熟悉专业知识，专业管理短板明显。

4.1.2　自轮运转设备单位管理人员没有真正牢记行车安全第一的方针，当任务与安全相遇时，往往首先想到的是先把活干了，忽略了行车安全的潜在安全威胁，没有坚定的行车安全意识。

4.2　违章作业时有发生

4.2.1　作业标准简化。一次乘务作业标准落实有偏差，没有做到一板一眼，特别是“彻底瞭望、确认信号、准确呼唤、手比眼看”落实上“丢三落四”。

4.2.2　执行标准不走心。在一次乘务作业过程中，形式上有，但落到内容上、标准上差距较大，眼、嘴、脑没有做到真正意义上的统一。

4.2.3　作业中心存侥幸。把违章作业习以为常，总为自己违章作业找借口，总认为一次违章不会出事，恰恰就是这种见怪不怪的心态，纵容了、放空了自己，为事故埋下祸根。

4.2.4　违章指挥。违章指挥是很多事故的诱发因素，而且往往发生在干部身上，职工对违章作业盲目执行，放纵了结果的发生。

4.3　职工业务素质欠账

4.3.1　素质与设备不符。现有司机文化素质不能满足设备技术含量、安全责任的需求，导致司机在职业选择上退缩，没人乐意主动去选择轨道起重司机职业。

4.3.2　学习的专业系统性不强。轨道车设备管理人员、司机大多数未经专业性的、系统性的学校教育，都是经过短期培训、考试，在专业上有先天的不足。

5　起重作业的现场管控

5.1　起重机司机的职责

起重机司机必须牢记自己的职责所在。

5.1.1　必须只服从指挥人员指挥，当指挥信号不明时，司机应发出“重复”信号询问，明确指挥意图后，方可开车。

5.1.2　必须熟练掌握标准规定的通用手势信号和有关的各种指挥信号，并与指挥人员密切配合。

5.1.3　当指挥人员发出信号违反标准的规定时，司机有权拒绝执行。

5.1.4　在开车前必须鸣铃示警，必要时在吊运中也要鸣铃，通知负载威胁的地面人员撤离。

5.1.5　在吊运过程中，司机对任何人发出的“紧急停止”信号都应服从。

5.2　索具的检查

5.2.1　钢丝绳使用的安全程度由下列项目判定：断丝的性质和数量；绳端断丝；绳股断裂；由绳芯损坏而引起的绳径减小；弹性减小；外部及内部磨损；外部及内部腐蚀；变形。如图5、图6所示。

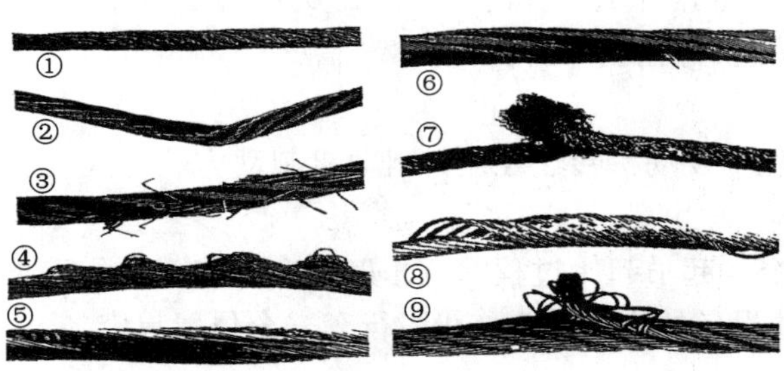

图5　钢丝绳损坏现象示意图

图6　钢丝绳损坏现象示意图

5.2.2　钢丝绳在一个捻距内的断丝达到下列数值应报废，见表 1。(GB 1102—74)

表 1　钢丝绳断丝报废标准

钢丝绳结构	6×19+1	6×37+1	6×61+1	18×19+1
根数	12	22	36	36

5.2.3　在同一钢丝绳中钢丝直径不一，粗丝一根折断按 1.7 根细丝计算，若钢丝绳有断丝又有磨损、锈蚀时，其断丝标准由表 1 查出的数根应再乘表 2 中的系数后作为断丝标准。

表 2　钢丝绳不同径钢丝损坏强度折算系数

表层钢丝磨损或锈蚀量/%	10	15	20	25	30	40 以上
折标系数/%	85	75	70	60	50	报废

5.2.4 正确地使用钢丝扎头，如图 7 所示。

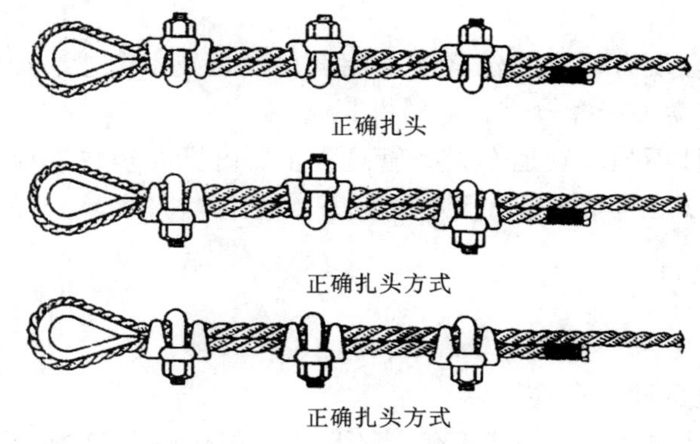

图 7　正确钢丝扎头方式

5.3　起重方案的确定

5.3.1　起重方案由四个方面组成：人、设备、环境、第三方，四个因素缺一不可。

5.3.2　起重物体的重量是根据什么条件确定的；物体重心位置在简图上标示，并说明采用什么方法确定的；说明所吊物体的几何形状。

5.3.3　作业现场的布置。重物吊运路线及吊运指定位置和重物降落点，标出司索指挥人员的安全位置。

5.3.4　吊点及绑扎方法及起重设备的配备。说明吊点依据什么选择的，为什么要采用此种绑扎方法，起重设备的额定起重量与吊运物重量有多少余量，并说明起升高度和运行的范围。

5.4　轨道起重车起重操作注意事项

5.4.1　起重机作业时，下车操纵的安全注意事项，包括发动机转速控制、制动机制动力、支腿水平跨距的选用、垂直支腿情况。

5.4.2　上车操纵的安全注意事项，包括起吊前的准备、起吊起始过程的全角度安全检查、起吊后禁止复合操纵、落实“十不吊”等方面，起吊过程中注意与其他设备的安全距离、邻线行车安全位置界定。

5.4.3　应急情况处置。

5.5　起重作业的实施

5.5.1　打支腿作业时，出腿、收腿的操作顺序，支腿底板的平整度、坚实度。作业前首先撤除安全锁销，作业结束恢复锁销锁止状态。如图 8－图 11 所示。支腿支起高度以轴箱弹簧松弛为宜；直线区段以轮缘不超过轨面为宜，曲线区段以超高轨侧轮踏面刚好离开钢轨面为宜，并注意车钩间的连接情况，防止损坏车钩。

5.5.2　支腿用垫木不得腐烂、开裂，表面有油迹的垫木不得有明水。上车回转面应保持水平，车体整体最大倾斜度不大于 1.5 度；复线区段作业，邻线未封闭时，支腿禁止侵入邻线限界。水平伸出不得超出警示线。

图 8　锁销状态

图 9　支腿状态

图 10　支腿状态

图 11　支腿状态

5.5.3　起重作业过程中，起重司机要精神集中，时刻注意指挥人员的手语，发现异常，立即停车，且不得离开操纵室；长时间停车时，吊钩回落重物落地。起重作业中，遇有紧急情况，无论任何人发出的停车信号均应立即停车。

5.5.4　起重作业中，起重臂下严禁站人。立杆作业支柱坑有人时禁止将支柱停留于坑口上部。起重作业时，严禁关闭力矩锁作业。

5.5.5　起重作业，风力不大于 6 级，环境温度为－20～＋35℃；连续工作时，应注意油温不超过 75℃。吊钩收回落位时，讯响器鸣响，应立即停止落臂。起重作业时，滚筒余留钢丝绳不得少于 3 圈。作业完毕后，应将吊臂收回放于支架上，吊钩用钢丝绳挂牢。

6 结束语

通过加强轨道起重车的管理，有效实施对轨道起重作业的现场管控，最大限度的遏制起重作业事故的发生，对落实以人为本、生命至上的安全宗旨意义重大，同时减少对运输秩序的干扰，为推动铁路运输企业安全发展、优质发展奠定基础。

参考文献

[1] 中华人民共和国国务院. 特种设备安全监察条例. 北京：中国标准出版社，2009.
[2] 国家质量检验检疫总局. 国家标准化管理委员会. 起重机术语，北京：中国标准出版社，2016.
[3] 国家质量检验检疫总局. 特种设备目录公告. 北京：国家质量检验检疫总局，2014.
[4] 金鹰重型工程机械有限公司. QGC－25 型起重轨道车使用保养说明书. 襄阳：金鹰重型工程机械有限公司，2016.
[5] 刘国庆，接触网作业车. 北京：中国铁道出版社，2012.

作者简介

刘国庆，中国铁路北京局集团有限公司天津供电段，设备管理科科长，高级工程师

关于邻近营业线施工安全管理的调研与思考

李彦杰

摘　要：邻近营业线施工是近年来在影响铁路接触网运营管理的一项重要内容，如何保证邻近营业线施工安全是摆在供电段面前的一道难题。本文旨在全面总结经验、吸取教训的基础上，继续在加强监护员队伍建设、夯实施工基础管理、大力利用信息化手段等方面着力提升邻近营业线施工管理水平，并取得了显著效果。

唐山供电段担负着京哈、津山、津秦高铁等7条铁路干线以及21条铁路支线的供水电设备的养护、维修任务，其管辖范围点多线长，随着地方经济地不断发展，唐山供电段管辖范围内地方性涉铁施工项目不断增多，所面临的外界施工安全压力也逐步增大。2019年，唐山供电段邻近营业线施工项目多达51项，施工范围涵盖了管内京哈、津山、津秦高铁，唐曹铁路等主要运输干线的7个车间。在施工项目多、范围广、任务重、压力大的严峻形势下，如何保证邻近营业线施工安全是摆在我段面前的一道难题。对此，在全面总结经验、吸取教训的基础上，继续加强监护员队伍建设、夯实施工基础管理、大力利用信息化手段，从而提升邻近营业线施工管理水平并取得了显著效果。

1　全面梳理总结，聚焦邻近营业线施工管理典型问题

2019年，唐山供电段邻近营业线施工管理整体情况较好，未造成局定责任事故(故障)，但通过分析各类典型案例发现，我们自身仍然存在很多问题，部分工作还需要我们改进和完善。一是从安管系统牌卡分析。2019年全段受上级邻近营业线施工检查发牌共计28张，其中红牌1张，黄牌27张，按发牌问题性质分，相关记录填记类问题12张，现场监护员履责类问题13张，现场设备设施类问题3张。二是从现场检查发现典型案例分析。2019年施工现场有典型案例2件，一件是2019年1月12日中铁八局集团第二工程有限公司新建水曹铁路项目部承建的新建水曹铁路顶进京哈上行线框架桥工程，在京哈上行K190+698处线路南侧进行路基平整作业时，使用挖掘机将贯通电缆挖断事件。另一件是2019年5月28日中铁十六局在津山线榆关站货场线邻近施工过程中使用压路机进行作业时，司机操作不当使压路机碰撞接触网货10号支柱，造成货10号支柱倾斜事件。通过以上数据和典型案例分析，暴露出我们在邻近营业线施工管理上还存在一定的不足和缺陷，特别是一些监护制度不落实的问题，这是导致悬事、险事问题发生的关键，需要我们进一步深层次地分析问题原因，查找管理漏洞，制定整改措施，提升管理水平。

2　深入诊断分析，精准定位邻近营业线施工管理漏洞

(1)施工监护人员专业化配备不均衡。2019年唐山供电段签订邻近营业线施工安全协议共计51项，其中上跨下穿桥梁工程10项，上跨电力线新建改造工程18项，顶管类工程14项，新建线路和既有线整修施工项目5项，其他类4项。按照施工项目涉及专业划分，涉及接触网专业监护施工项目有42项。而2018年全段具备邻近营业线施工监护员资格人员共计193人，其中接触网专业71人，电力专业79人，给水管道专业43人，电力和给水专业人员数量占比63.3%，接触网专业人员数量占比36.7%。

(2)施工监护人员业务素质亟待提高。一是施工监护人员安全意识亟待提高。车间邻近营业线施工管理缺乏一顶到底的精神，存在开始重视、后期对付的现象，久而久之思想上的不重视导致日常检查标准逐步下降。工区对监护员日常业务培训不够，上岗前交底不充分，监护员任意调动调配，造成现场安全关键管控无序，重点不清。部分监护员责任意识不强，基本作业制度执行不到位，个别人员执行监护任务，从不主动查阅施工方案，也不掌握监护重点，人在心不在，典型的工作积极性不高、责任心不强、履职不到

位。二是邻近营业线施工基础管理亟待提高。管理层面，主管人员对施工单位提报的《施工配合(监护)通知单》审核不力，对大型机械、安全距离、作业范围等关键内容审核把关不严。现场层面，《监护日志》填记不规范，到、离岗时间，当日作业内容及使用机械，当日整改问题等关键内容填写不规范，使现场管控行为无迹可查。另外，对设备警示标志及防护措施管理不到位，该增加设置警示标的没有增加，该设置防撞措施的没有设置，给供水电设备埋下安全隐患。

(3)施工监护人员风险研判意识亟待提高。施工监护人员对现场施工安全风险研判主动性不强，安全风险意识树立不牢，对待特殊时间段、特殊地点、特殊作业内容缺乏有效预判，现场安全管控往往是被动管控，安全防控作用发挥不突出。例如：津山线榆关站撞杆事件，充分反映出施工监护人员一味地执行日监护通知单时间，没有充分预想施工单位为赶工期提前组织作业的现实情况，车间也没有对现场情况进行有效预判预警，没有提前预判施工单位存在的超计划施工现象，对现场安全风险研判不到位，现场管控出现漏洞。

3 补短板治症结，全面提升邻近营业线施工管理水平

(1)实施配额管理，合理配置施工监护员。2019 年初，经过对管内邻近营业线施工项目预期分析，实现对各车间监护员数量定额管理，各供电车间按照专业工区确定监护员名额标准，重点侧重专业人员之间地科学合理配置，从而解决监护员配置不合理、专业不平衡的问题。经过年度邻近营业线施工监护员复审考试，我段取得邻近营业线施工监护员资格的职工共计 167 人，其中接触网工 91 人(占总人数的 54%)，电力线路工 67 人(占总人数的 41%)，给水管道工 9 人(占总人数的 5%)，基本实现监护员专业配置平衡合理。

(2)加强业务培训，稳步提升监护员业务水平。2019 年，我段本着切实提高监护员业务素质能力的目的，在年初的监护员资格复审工作中，提前着手准备，充分做好以下几个方面的工作。一是解决监护员应该掌握什么的问题。安全科先后编制了《临近营业线施工监护指导书》和《邻近营业线施工案例汇编》，提前下发到各班组，让监护员通过学习相关资料，准确掌握邻近营业线施工现场监护重点，掌握监护员标准化上岗执行标准，引导监护员践行“学标、落标”工作要求。二是解决以往监护员资格取证随意化的问题。我段安全科协同职教科对资格复审题库进行优化更新使题目更加贴近现场实际，通过电视电话会议形式组织全段拟任监护员进行专题培训，培训后通过组织电脑上机考试形式进行资格复审考试，严格考场纪律，杜绝抄袭，真正做到考试合格取证，实现“优胜劣汰”的选拔目的，为监护员规范化标准化上岗设置第一道关卡。三是加强对下指导监督。安全科在加强现场安全管控检查的同时，还对车间、工区、现场监护员进行业务指导培训，通过每周一次的管内施工现场全覆盖，在检查的同时对现场监护员进行再培训，以案例讲经验，在现场手把手教研判、讲标准，切实提高监护员现场履职能力。

(3)加强制度建设，充分调动监护员工作积极性。以调动监护员守土有责的积极主动性为基础，做到奖罚并重。一是充分利用好《施工现场监护作业指导书》，落实“一、二、三施工监护法”和“邻近营业线施工监护作业流程”制度，用制度规范监护员行为。二是运用好奖金正向激励，充分做到有奖有罚，所谓“奖就奖得惊喜，罚就罚得痛彻”。一方面定期为邻近营业线施工监护员申请专项奖金奖励，提高监护员待遇，同时发挥小额快奖的作用，对及时发现和制止施工安全隐患的监护员进行专项奖励，从而切实调动每一名监护员的工作积极性。另一方面加大对监护员履责履职不到位行为的考核力度，对典型问题、重复性问题严格进行提标考核，将责任心缺失、安全意识缺失的人员坚决清除出监护员队伍，实行能者上庸者下的监护员进退机制。

(4)完善技防手段，提高邻近营业线施工管理水平。积极引进“京局施工监控系统”和“现场视频监控系统”，多层次对现场进行实时监控。2019 年，安全科协调北京首铁科技、北京铁建监理等路外施工项目牵头部门，对部分重点施工项目引入了“京局施工监控系统”，对施工现场实施了视频监控。另外，借助对管内上跨电力线加装视频监控系统的契机，引入“现场视频监控系统”，对上跨电力线施工项目从跨越架搭设，到日常电力线过线施工等关键过程进行实时监控，这样能够在较大程度上弥补由于施工现场范围较大，现场监护员无法兼顾每个作业点的不足，也弥补了施工单位在非计划时间外施工和监护员未到场前的非法施工监控，对现场管控和段层面全面掌握现场实际状况起到较好效果。下一步，计划继续充分利用视频监控手段，将视频监控引入安全生产调度指挥中心和安全科等职能科室，对每一项邻近营业线施工实行全过程无死角实时监控，一方面可以掌握现场施工状态，通过视频将安全风险研判提升到段相关管理科室

层面，另一方面，可以通过视频对监护员履职履责情况进行监督检查，及时发现监护员监护死角，提示监护员监护重点，提高现场监控效能。

参考文献

[1] 中铁电气化局集团第一工程有限公司. 电气化铁道施工手册(接触网)，2015.
[2] 中华人民共和国铁道部发布. 电气化铁路接触网零部件(TB/T 2075.1～2075.23—2010)

作者简介

李彦杰，中国铁路北京铁路局集团公司唐山供电段安全科，副科长，工程师

基于4G网络的供电现场作业监控调度系统

陈显国

摘　要: 中国铁路广州局集团公司供电系统现有接触网检修视频、应急抢修视频、巡视视频、作业车监控视频、施工现场监控视频等多个系统,视频系统种类繁多,且各视频系统间相互独立,互不兼容,既不利于视频设备的日常维护管理,也不利于供电段调度统一指挥和数据存储工作。基于4G网络的供电现场作业监控调度系统,可将现场作业各类视频统一接入到一个平台,实现对所有视频进行现场作业监控、调度指挥及数据存储分析等功能。

1　引言

近年来,随着我国铁路事业的快速发展和高速(城际)铁路营运里程的不断延伸,供电系统现场检修作业组织的优化、故障应急抢修能力和指挥能力的提升,已成为铁路供电专业各级管理人员面临的一个十分重要的课题。面对日常设备缺陷处理、故障应急出动和自然灾害,各级管理人员需要快速有效地进行信息沟通,以便了解现场实时情况,进而及时、有效地做出决策,充分调动周边的人力、物力,实现跨区域、跨部门的统一指挥协调。

供电现场作业监控调度系统是基于4G网络通信技术的全IP架构系统,与4G无线技术完美融合,可实现移动视频指挥、移动办公、信息管理、人车位置的GIS管控和快速信息沟通,最终形成一个实用高效、操作便捷、用户界面友好、可维护性强的调度系统。

2　系统设计目标和原则

2.1　设计目标

通过供电现场作业监控调度系统的建设,全面固化管理工作的各项流程,利用现有信息资源和信息技术进行整合、完善和挖掘,实现各种信息的交互,提供全面、完整、丰富、及时的信息化监管平台,有效提高无线指挥能力和应急处置能力。

2.1.1　以网格化管理理念,建立供电现场作业监控调度系统,实现指挥调度的可视化、精细化和现代化。

2.1.2　通过指挥中心的统一运作管理,实现对供电段管内所有作业项目负责人的统一调度和指挥。

2.1.3　结合信息通信技术实现管理的流程化、规范化与科学化,有效提升日常管理能力和工作效率,以信息化促进安全生产。

2.2　设计原则

2.2.1　先进性原则

系统采用先进的技术,同时保证其技术成熟性。在保证系统稳定运行的同时,充分预见未来技术发展趋势,最大可能地延长系统的整体生命周期,确保系统能在未来较长的年限充分发挥其功能。

2.2.2　可靠性原则

系统软件运行在具有高可靠性的LINUX操作系统上,采用主控结构,通过主控处理板完成对其他所有单板/插卡的控制;采用创新总线设计,各板分布式监控和管理,实现故障隔离处理,任一单板故障不会影响其他板卡的运行,充分保证了系统的可靠性。

2.2.3　实用性原则

系统界面采用了简单明快的Winsows 8风格,图形化、模块化的显示,使用户的精力集中在应用上,操作简单快捷的同时,减少了出错几率和培训成本。

系统的插卡式结构和软件模块化设计，使用户只要根据自己的需求就能选择有用的功能和模块，一方面减少系统不必要的功能，另一方面也使用户资金的使用更具有针对性，利用率达到最高。

2.2.4　安全性原则

系统采取全面的安全保护措施，具有防病毒感染、防黑客攻击的功能，同时在过载、断电方面进行加强保护，具有高度的安全性和保密性。对接入系统的设备和用户，进行严格的接入认证，以保证接入的安全性。系统支持对关键设备、关键数据、关键程序模块采取备份、冗余措施，有较强的容错和系统恢复能力，确保系统长期正常运行。

2.2.5　标准化原则

系统采用标准化模块、接口和通讯方式，与主流厂商无缝连接。系统支持 NO.7、PRI、Q.SIG、SIP、H.248、RTP/RTCP、T.30、T.38 等协议和 G.711 A/μ、G.723.1、G.729 A/B、AMR、VC1、H.264、MPEG2、MPEG4 等编码格式。

2.2.6　兼容与扩展性原则

系统在横向上具备广泛的兼容性，能兼容多种主流品牌、协议的设备；而系统在纵向上兼容各类新老技术和设备，一方面易于实现与外部系统的互联互通，另一方面在产品更新和技术服务的选择方面也拥有更大的余地。

基于多层、模块化结构设计，方便系统功能扩展。所有业务模块单板支持热插拔，可根据业务需要便捷地安装扩容，也可进行设备级联扩容。

系统提供二次开发接口及编程环境，可以针对性地进行二次开发，形成更有效的应用。

2.2.7　易维护性原则

从界面和功能设计上充分考虑系统操作便捷性、易维护性，提供 web 维护、GUI 图形界面、MML 命令行设计，提供丰富的维护方式；提供数据的导入导出等功能，方便对数据的维护管理；提供维护协助手段等功能。

3　系统总体设计

3.1　系统拓扑图（如图 1 所示）

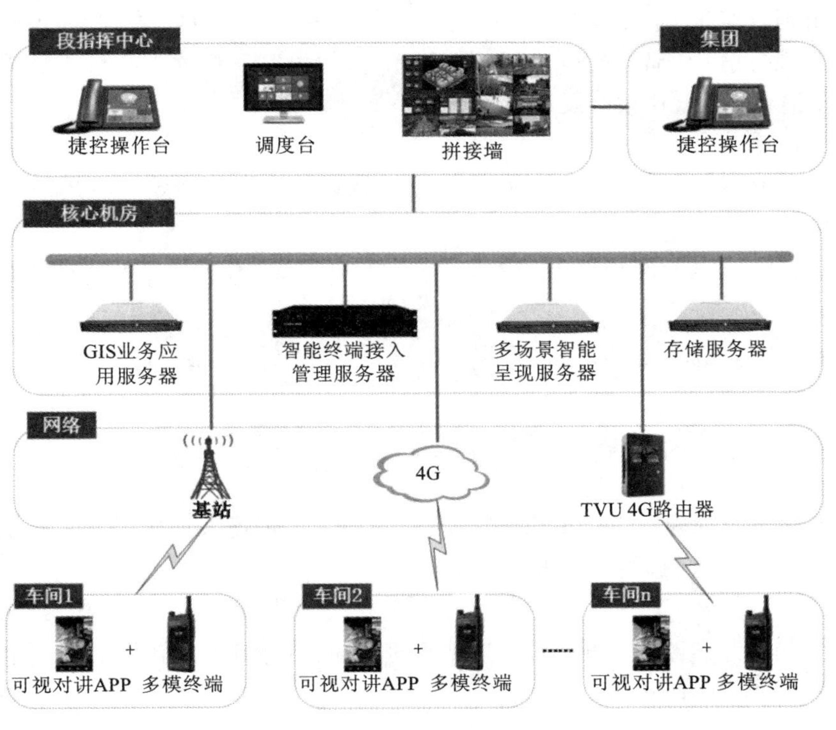

图 1　系统拓扑图

3.2 系统安全架构设计

3.2.1 遵循严格身份认证原则有限授权原则、全面确认原则和安全跟踪原则，采用严格的安全体系，保证数据在处理和传输过程中的安全性；

3.2.2 提供完善的安全保密措施，在有限授权原则下可由被授权用户运行授权应用模块；

3.2.3 应用系统设置多粒度安全访问机制，保证数据安全。既能够有效地防止外部非法用户的访问，又能够降低内部合法用户的超权限操作；

3.2.4 严格遵循系统设计和开发有关安全技术的国标规定。

4 系统接入

4.1 单兵终端接入

系统提供单兵(手持式、头盔式)终端接入，实现对现场作业项目负责人的调度，通过单兵终端了解现场作业情况。

单兵系统具有便于携带、快速移动、快速部署及快速使用的特点，在综合指挥调度过程中，具有不可或缺的作用。

系统通过智能终端接入管理服务器，接入单兵系统，形成对单兵终端的综合指挥调度，实现系统与单兵系统间的联动功能。

4.2 手机 APP 接入

系统提供可视对讲 APP 接入，实现指挥中心对现场人员的调度，通过客户端数据回传、集群对讲、视频对讲、拨号通话等功能了解现场情况，现场人员通过可视对讲 APP 及时向指挥中心反馈情况。

4.3 多模对讲终端接入

系统提供多模对讲终端接入，实现指挥中心对现场人员的调度，通过客户端数据回传、集群对讲、视频对讲、拨号通话等功能了解现场情况，现场人员通过多模对讲终端及时向指挥中心反馈情况。

系统可通过集团的捷控操作台实现与前端多模对讲终端的视频通话，现场情况查看。

5 系统功能

为了更好地了解现场实时情况，实现对现场人员的调度指挥、紧急联系、信息共享，平台开发了单兵可视对讲 APP。可实现短信、语音、视频、对讲等功能，同时可实现指挥中心对单个或多个终端视频客户端的调度，实现紧急语音通话、视频会议等。

5.1 通讯录管理

单兵终端可根据账号权限划分自动匹配通讯录，无需编辑，便捷、高效，支持通讯录人员查找。

5.2 数据回传

实现语音、短信发送，视频/图片采集、回传。通过 WIFI、3G/4G 网络，实现资源统一管理、综合调度。

5.3 集群对讲

客户端开发语音实时对讲功能，通过通讯录发起语音对讲，综合对讲机基本语音对讲功能。

5.4 视频对讲

可实现视频通话功能，通过视频通话加入会场实现视频会议功能。

5.5 拨号通话

客户端软件具备通讯录管理功能，可实现拨号通话，同时，现场人员号码显示在调度界面，指挥中心可对现场人员进行语音通话，了解现场情况。

5.6 快速定位

可实现 GPS 定位信息与道路桩号相关联，达到快速查看、快速定位的要求，指挥中心可实时掌握现场的具体位置，以便进行细致的工作安排。

5.7 视频回传

可实现智能终端获取的前端视频回传至调度台，进行集中的呈现。

5.8　视频上墙

可根据用户的实际需求，配置MITS多场景智能呈现服务器，MITS支持通过手势将SmartView调度台上的各场景界面同步呈现至大屏，实现直观高效的调度指挥工作，支持图像分割显示，支持大屏呈现与调度台操作相互独立。

6　结束语

基于4G网络的供电现场作业监控调度系统的开发，为解决各视频系统间相互独立、互不兼容、供电段调度不能统一指挥和数据存储等系列问题，提供了有益的尝试和探索，实现了将现场作业各类视频接入平台并统一对所有视频进行现场作业监控、调度指挥及数据存储等功能。该系统将现场作业图片、视频采集、信息上报、信息查询和GPS定位等功能紧密地结合起来，从而有效地提高了现场作业人员的工作效率、应变能力、处理能力，为各级管理人员实现对现场作业的实时监控和指挥提供了有力的技术支持。该系统的建立，对进一步加强和完善铁路安全运用管理体系具有十分重要的意义。2018年，广州局集团公司供电部联合厂家已完成该系统的设计、研发和设备安装调试等工作，目前正在广州供电段试运用，系统功能已基本实现，运用效果较好。

参考文献

[1] 陈光军. 数字音视频技术及应用[M]. 北京：北京邮电大学出版社，2011.
[2] 李彦东，许生旺. H.264/AVC在3G移动通信中的应用[M]. 北京：北京跟踪与通信技术研究所，2006.

作者简介

陈显国，中国铁路广州局集团有限公司供电部，副科长，工程师

浅谈 6C 系统建设助力安全生产的作用发挥

李小勇

摘 要: 随着路网规模逐年扩大，借助于6C 检测监测手段提高供电设备维修水平，科学高效完成设备维修任务，降低职工劳动强度成为当务之急。2012 年 7 月 1 日，高速铁路供电安全检测监测系统(简称6C 系统)在全路进行推广应用。本文以嘉峪关供电段嘉峪关供电检测车间近年来在6C 系统建设方面的具体举措入手，详细论述该系统在提升接触网安全运行品质方面发挥的积极作用，目前系统建设中遇到的问题及整改建议。

0 引言

2017 年全路工作会议上提出要围绕确保高铁和旅客安全，充分运用科技新成果，特别是现代信息技术，实现对安全数据信息的及时采集、系统分析、科学评估、有效预警，提升铁路安全的技术水平。近年来，嘉峪关供电检测车间以“科学检测数据、精准分析问题、科学指导检修”为目标，积极探索推进6C 系统功能完善、数据分层管理、问题闭环整改，有效提升了接触网设备运行质量。

1 6C 系统构成及其主要功能简介

高速铁路供电安全检测监测系统(见图 1)包括 1C 弓网综合检测装置、2C 接触网安全巡检装置、3C 车载接触网运行状态检测装置、4C 接触网悬挂状态检测监测装置、5C 受电弓滑板监测装置、6C 接触网及供电设备地面监测装置。

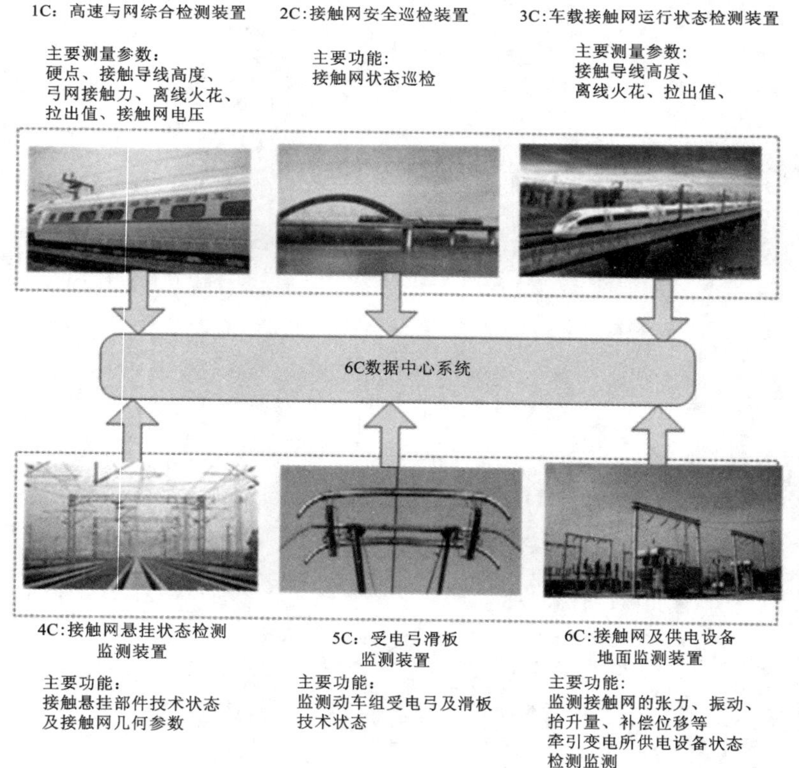

图 1 高速铁路供电安全检测监测系统

2　具体做法

2.1　检测科学化，实现线路检测统筹管理

2.1.1　贴近现场，不断优化6C设备性能。

一是针对2C设备体积大、集成度不高、成像质量不理想的实际，探索补充具有像素高、体积小、价格低、分析软件使用简单等特点的运动相机、摄像机新型2C设备，有效提升检测效率(见图2)。

(a)

(b)

图2　传统2C设备(a)与GoPro运动相机(b)

二是围绕4C检测分析过程中发现的问题，车间与设备厂家进行联合攻关，先后解决了JX－300型检测装置部分数据归档错误、KIS－1型检测装置软件分析界面不合理、KCIS－3型检测装置杆号拍摄不全等问题，有效提升了4C系统性能。

图3　4C分析软件功能优化

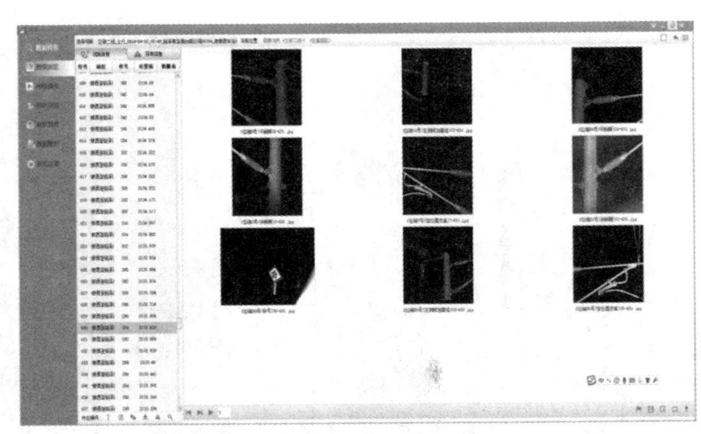

图4　KCIS－3型装置杆号相机改移

三是为有效降低4C检测车辆室外停放，雨、雪、大风等恶劣天气和高强度紫外线对成像装置的影响，车间协调4C厂家为成像装置、触发装置制作了防尘、防紫外线罩衣(见图5)，有效提升了4C检测设备维护水平。

2.1.2　专业融合，实现全数据资源共享。

一是针对当前普速5C设备存在因部分曝光问题无法定位车号的问题，车间加强与机务段的联系沟通，安装机务系统车号识别软件，在5C数据分析时与车号识别软件进行资源共享，有效提升了5C系统功能(见图6)。二是安排5C数据分析人员到嘉峪关机务段、兰西动车所进行跟班学习(见图7)，直观掌握管内各种车型受电弓型号、尺寸等信息，为分析工作提供依据。

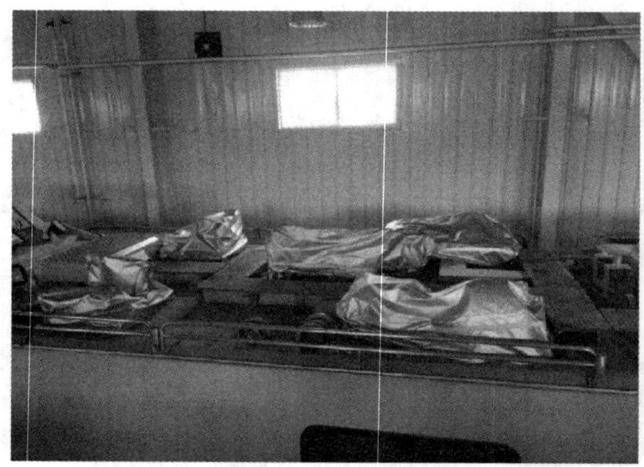

图 5 成像装置、触发装置制作了防尘、防紫外线罩衣

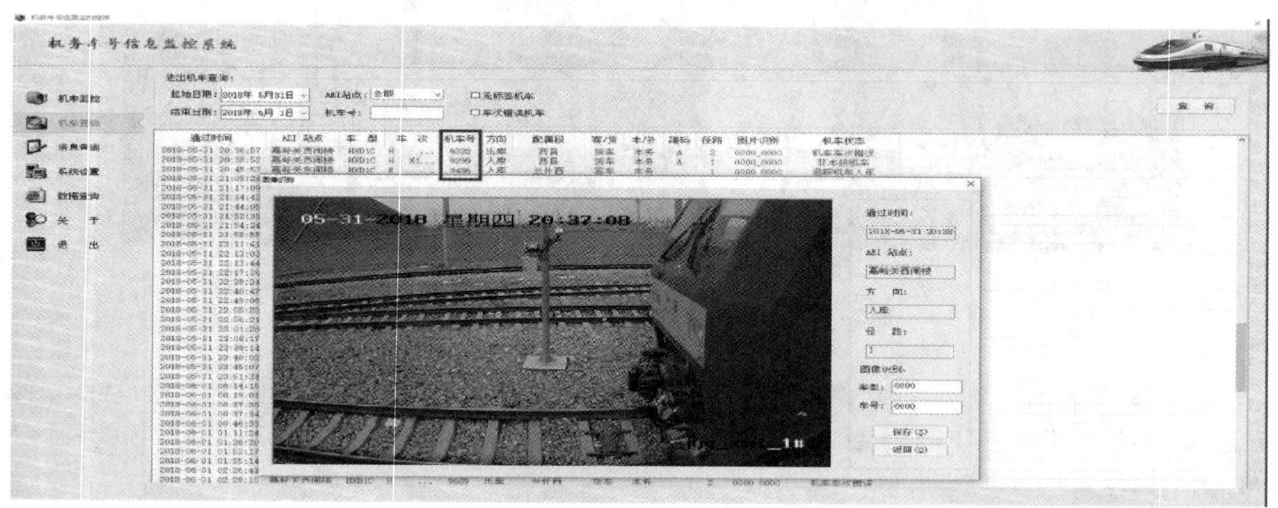

图 6 安装的机务车号信息监控系统

(a)

(b)

图 7 检测人员在嘉峪关机务段、兰西动车所学习

2.1.3 突出重点，科学安排检测任务。

一是在 2C 检测推进过程中，每月初下发检测计划，确保检测任务定人、定日期、定区段、定车次，实现责任追溯，确保数据采集质量。二是在周期检测基础上，根据季节、气温变化情况，采取不同角度有针对性地增加检测频次，如夏季早晚温差较大，在安排巡检车次上进行合理安排，重点监测最高、最低气温时段接触网 A、B 值、隔离开关引线驰度、电联接引线裕度、上网点状态，并利用手持感应仪对电联接线夹状态进行巡视检查；大风天气、防洪季节，2C 巡检过程中加强对沿线外部环境进行重点监测，对防洪重点区段，铁路沿线地膜、生产生活垃圾等可能对供电影响的处所进行重点关注，发现影响设备安全运行的缺陷，及时安排进行处理，确保设备安全运行。

2.2　方法多样化，推进数据精准分析

2.2.1 建立数据三级分析诊断机制。

班组层面按照“谁包保、谁分析”的原则，落实全覆盖分析；车间层面主管主任、技术员按照每月抽检运行(检测)工区分析总量 10% 的标准进行抽检分析；段层面主管段领导、及专业管理科室按照每月抽检一、二级分析结果和检测数据总量 2% 的标准进行抽检分析，对于一级缺陷及重复多次出现的二级缺陷检测车间编制 6C 缺陷报告，由技术科(高铁科)分析诊断后向责任供电车间发 6C 缺陷整治通知(见图 8)，明确整治期限要求，确保闭环整改。

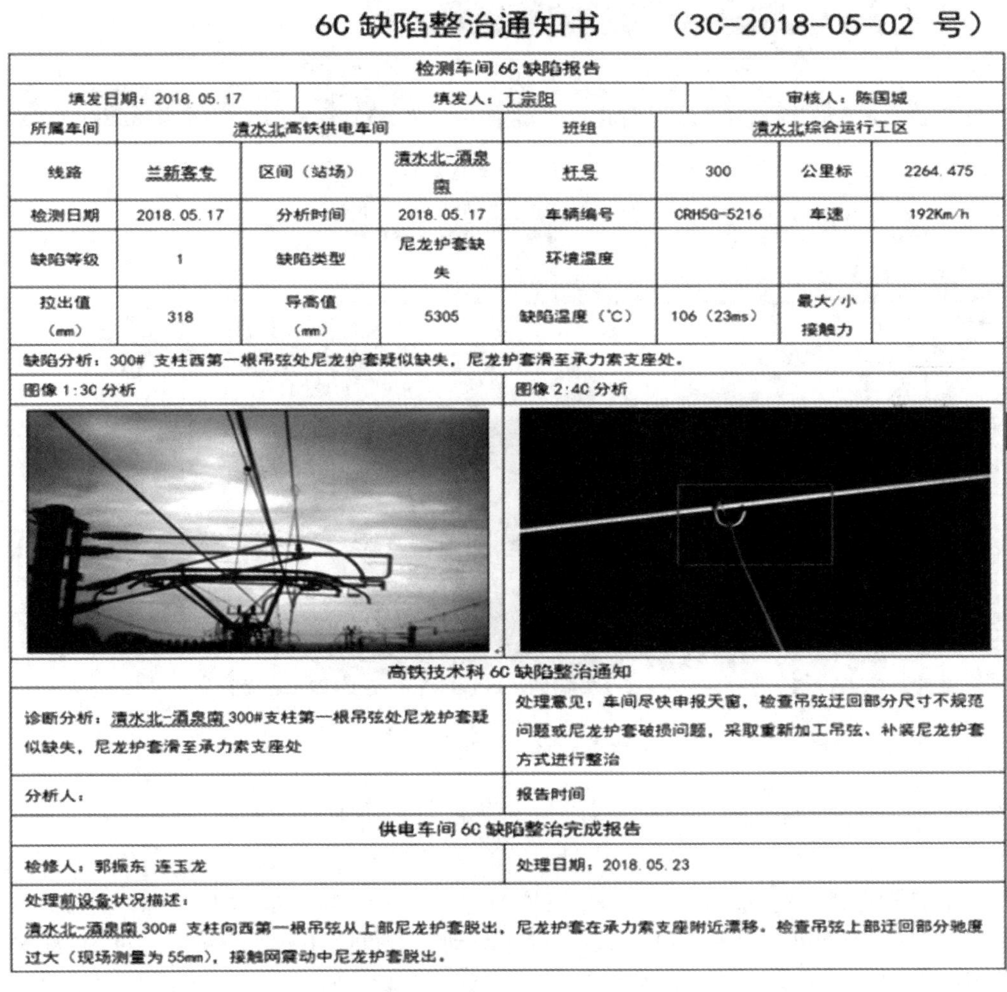

6C 缺陷整治通知书　（3C-2018-05-02 号）

检测车间 6C 缺陷报告							
填发日期：2018.05.17			填发人：丁宗阳			审核人：陈国城	
所属车间	清水北高铁供电车间			班组	清水北综合运行工区		
线路	兰新客专	区间（站场）	清水北-酒泉南	杆号	300	公里标	2264.475
检测日期	2018.05.17	分析时间	2018.05.17	车辆编号	CRH5G-5216	车速	192Km/h
缺陷等级	1	缺陷类型	尼龙护套缺失	环境温度			
拉出值（mm）	318	导高值（mm）	5305	缺陷温度（℃）	106（23ms）	最大/小接触力	
缺陷分析：300# 支柱西第一根吊弦处尼龙护套疑似缺失，尼龙护套滑至承力索支座处。							
图像 1:3C 分析				图像 2:4C 分析			
高铁技术科 6C 缺陷整治通知							
诊断分析：清水北-酒泉南 300#支柱第一根吊弦处尼龙护套疑似缺失，尼龙护套滑至承力索支座处				处理意见：车间尽快申报天窗，检查吊弦迂回部分尺寸不规范问题或尼龙护套破损问题，采取重新加工吊弦、补装尼龙护套方式进行整治			
分析人：				报告时间			
供电车间 6C 缺陷整治完成报告							
检修人：郭振东　连玉龙				处理日期：2018.05.23			
处理前设备状况描述：清水北-酒泉南 300# 支柱向西第一根吊弦从上部尼龙护套脱出，尼龙护套在承力索支座附近漂移。检查吊弦上部迂回部分驰度过大（现场测量为 55mm），接触网震动中尼龙护套脱出。							

图 8　6C 缺陷整治通知书

2.2.2　不断优化数据分析流程。

针对车间青工占比高、现场经验不足的实际，围绕段管内设备实际和积累的分析经验，2C 数据分析围绕附加悬挂、支撑与定位、补偿 3 个分析单元共计 10 个项点，4C 数据分析围绕支撑定位、附加悬挂、补偿装置、吊弦及线夹 4 个分析单元共计 41 个项点制作下发“2C、4C 数据模块化分析图卡”(见图 9)，利用分屏显示功能(见图 10)，将周期数据进行同步、同频播放，细化分析单元，探索推进大兵团流水线式分析方法，实现了数据分析工作图示化、明示化、流程化，有效提升了数据分析工作质量与效率。

2.2.3　加强数据关联应用。

为切实提升 6C 检测指导现场维修的作用，一是根据 6C 各子系统数据之间的关联性，加强数据对比、

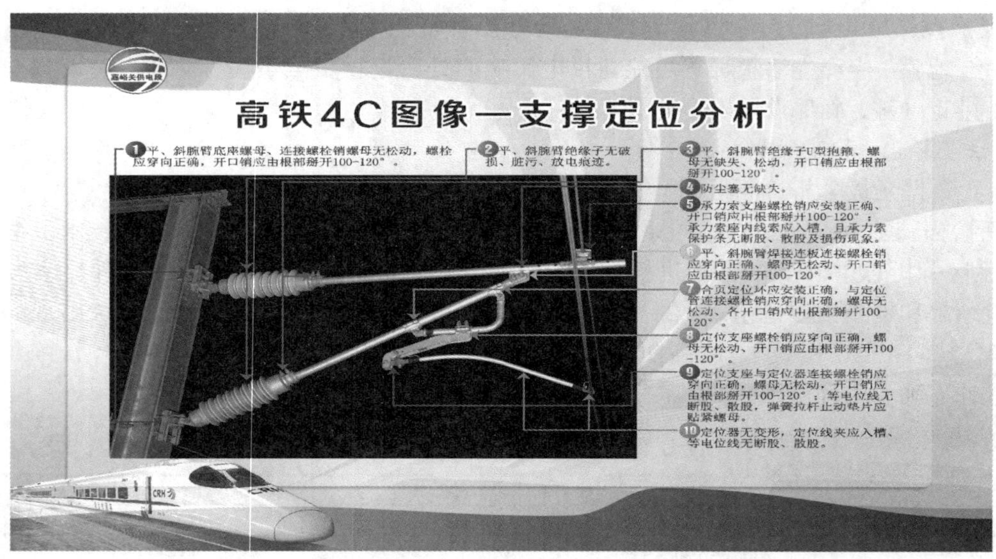

图 9 高铁 4C——支撑定位分析图

图 10 分民间显示功能

关联、印证分析，有效打通了 1C 与 3C、3C 与 2C 数据关联分析通道，如：

①2017 年 12 月 31 日，3C 检测发现兰新高铁军马场－浩门上行 2714#支柱拉出值超限(462 mm，标准值：300 mm)具体信息见表 1；查阅 1 月 5 日 1C 波形图(见图 11)，拉出值为 447 mm；1 月 9 日现场静态测量值为 409 mm，当日进行处理，调整为 279 mm，静态与动态测量值相差 53 mm，通过 3C 测量原理我们初步判断可能为车辆晃动引起拉出值变化，继而我们调阅 2C 数据发现该支柱离隧道口不足 100 m，为进隧道前的第二根支柱，动车车头进隧道的瞬间，由于气流变化引起车辆晃动，有效印证了我们的推断。

表 1 2017 年 12 月 31 日 3C 报警数据

管辖供电段	兰州铁路局 嘉峪关供电段		
位置信息	兰新客专 军马场－浩门 上行 K2002＋806 2714 支柱		
车辆编号	CRH5G－5216	车辆配属	兰州车辆段
检测日期	2017－12－31	检测时间	17:07:33
级别	二级	报警类型	拉出值超限

车速/(km·h^{-1})	182	受电弓位置	3 车
拉出值/mm	462	导高值/mm	5467
缺陷温度/℃	0	环境温度/℃	-8

图像分析

 1、红外图像	 2、可见光图像
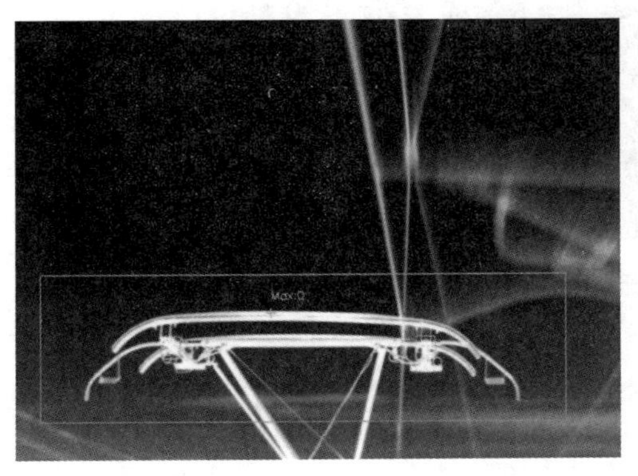	

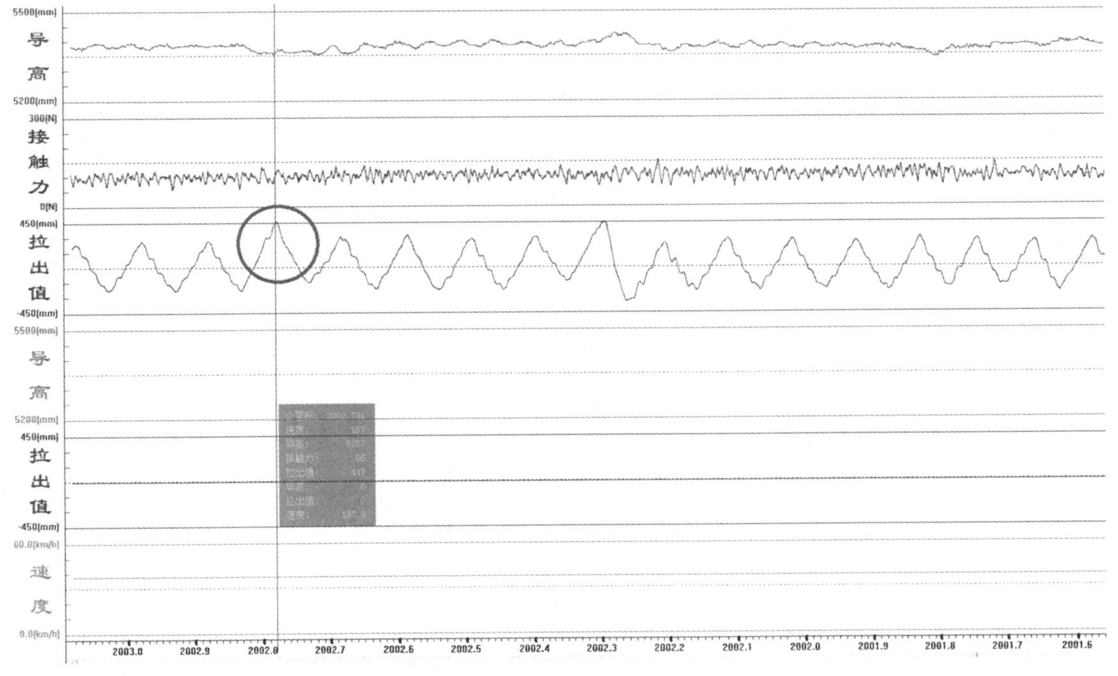

图 11　1 月 5 日 1C 波形图

②2018 年 2 月 22 日 3C 报警(见图 13)，兰新客专嘉峪关南下行 179#支柱拉出值超限，报警值600 mm，后经全景照片与现场对比确认报警点为 183#支柱处无交叉线岔，工区现场复测无交叉线岔各定位柱参数符合标准；4 月 11 日，铁科院 1C 动检车经过该处时发拉出值报警信息，报警值 520 mm，具体信息见表 2，4 月 23 日检测车间、段高铁科上线进行重新复测，发现 183#支柱(A 柱)正线拉出值为 138 mm(标准值为 150 mm，允许误差 ±20 mm)，侧线拉出值为 118 mm(标准值为 150 mm，允许误差 ±20 mm)，跨中偏移最大处 701 mm，次日结合 2C 数据(见图 12、图 15)和平面示意图(见图 14)进行综合分析，确定原因为 183#支柱施工不标准，183# - 187#(10#线岔)岔心位置(现不足 25 m，标准值为 25 m 左右)，导致 183#支柱处正线与侧线水平间距不符合要求(标准值为 1400 mm，现为 1760 mm)，不能标准定位，这便查明了为什么定位点处参数符合要求，但检测车辆每次通过时仍发生报警的原因。

图 12　2C 数据截图

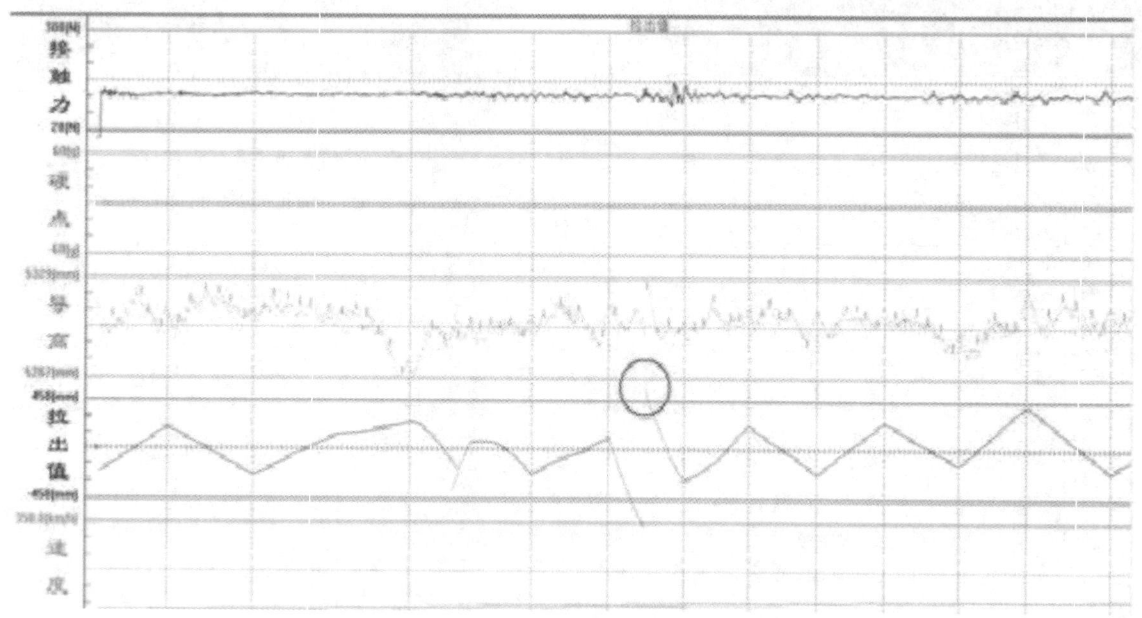

图 13　2018 年 2 月 22 日 3C 报警数据

表 2　4 月 11 日 1C 数据

管辖供电段	兰州铁路局 嘉峪关供电段		
位置信息	兰新客专 嘉峪关南 下行　179 支柱		
车辆编号	CRH5G－5213	车辆配属	兰州车辆段
检测日期	2018－2－22	检测时间	05:48:32
级别	一级	报警类型	拉出值超限
车速/($km \cdot h^{-1}$)	57	受电弓位置	3 车
拉出值/mm	－500	导高值/mm	5326
缺陷温度/℃	－11	环境温度/℃	－7
车次号			

续表 2

图像分析	
1. 红外图像	2. 可见光图像
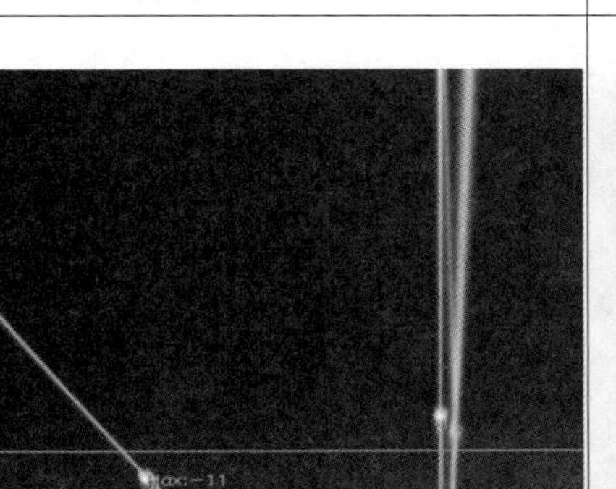	

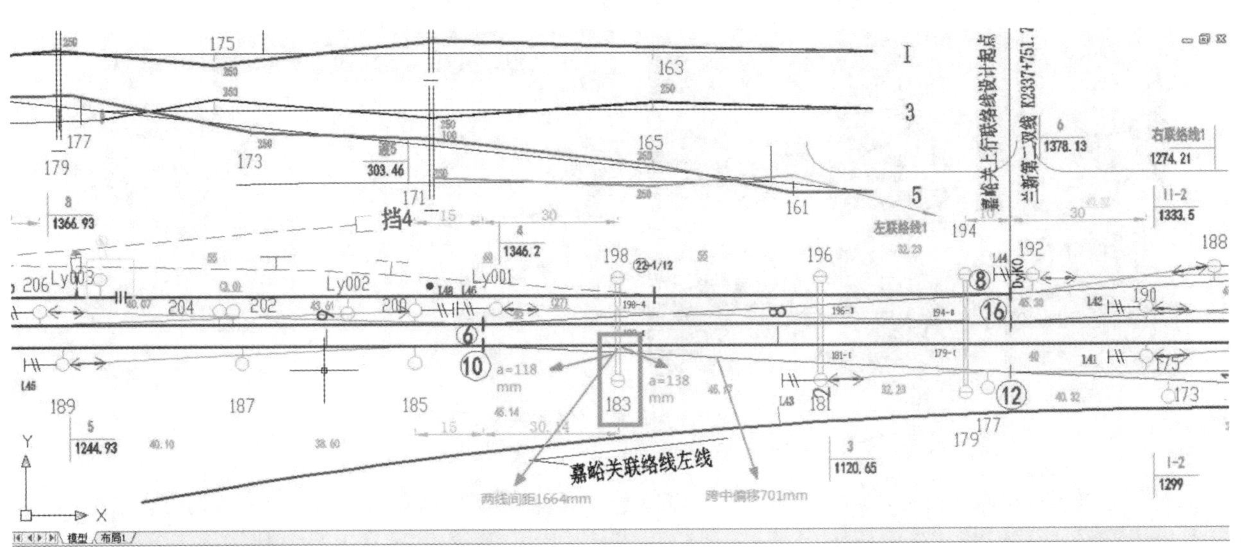

图 14　接触网平面布置图

图 15　2C 数据截图

2.3　激励常态化，打造专业检测队伍

2.3.1　强化数据分析能力提升。

通过分析任务量化、定期开展分析竞赛、下现场跟班作业、外出交流学习等手段不断探索6C 数据分析的新方法、新思路，促进数据分析能力不断提升。

2.3.2 持续调动人员积极性。

为持续调动6C 分析人员数据分析的积极性，段周期将分析发现的典型6C 缺陷纳入段安委会办公室请奖范围，今年以来分析人员先后分析出定位线夹螺母脱落、腕臂支撑套管双耳螺栓缺失等典型安全隐患，受到全段通报奖励，通过常态化激励机制，6C 数据分析人员工作积极性显著提升。

2.3.3 持续做好后勤保障工作。

按照“幸福餐桌”建设要求，车间因地制宜，在4C 检测车配置了微波炉、电压力锅等简单厨房电器，并为每名分析人员发放了焖烧杯，根据检测计划划拨伙食补助，有效提升了检测工作的幸福指数。

2.4　文化融入个性化，聚力和谐家园建设

一是构建车间文化体系(见图16)。在段“和”文化指引下，按照“一车间一特色、一车间一品牌”的要求，结合车间自身实际和检测工作特点，深入挖掘整理、提炼出“科学检测 精准分析”的工作理念，“创新高效 严谨 务实”的行为文化和“胜靠团队　赢在执行”的价值观念，有效形成了完整的车间文化体系。

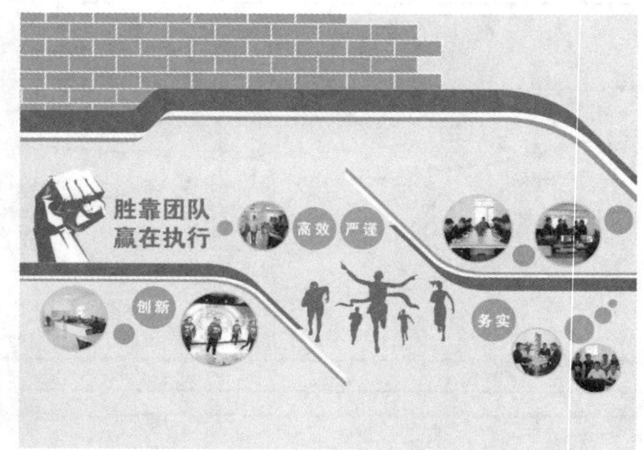

图16　车间文化体系

二是营造安全有序的职场环境(见图17)。以绿色、环保、健康为格调，车间配备了别具一格的办公家具；为分析员统一了工装；在分析大厅统一电脑、水杯、电话、笔筒等办公用品；制作硬盘、绿植、提示标牌；按照工业4.0 标准对线缆进行规整；将4C 检测车纳入“三线一场”管理范畴，配备统一的卧具备品，为职工营造出了优美的生活环境、舒心的工作环境、健康的卫生环境、有序的劳动环境。

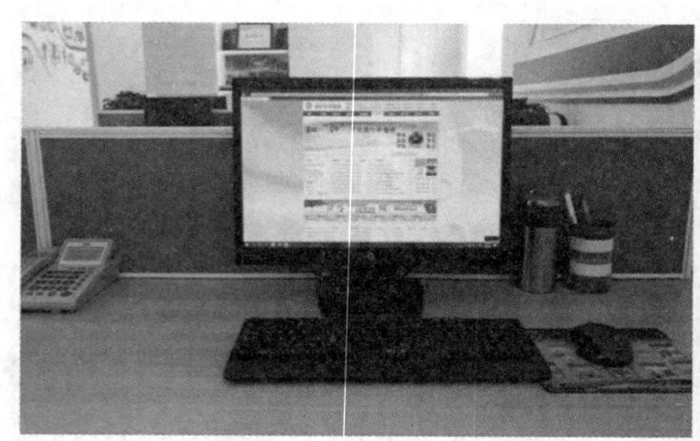

图17　安全有序的职场环境

三是持续推进“6S”管理(见图18)。每周五围绕“整理、整顿、清扫、清洁、安全、素养”六个方面，从职工生活习惯养成入手，开展“6S” 评比排序，每天抽出15 分钟举行毽球活动，每周开展一次气排球友谊

赛，通过日常检查考评和生活细节管控，展示了职工良好的精神风貌，不断激发职工快乐工作、健康生活的内生动力。

图 18　开展“6S”管理

3　取得的效果

3.1　接触网维修针对性明显增强。

2017 年至今，6C 系统共计发现缺陷 4225 处，其中一级缺陷 874 处，二级缺陷 3351 处，通过对数据分析研判，准确掌握设备变化趋势，为接触网维修提供了可靠依据(见图 19)。

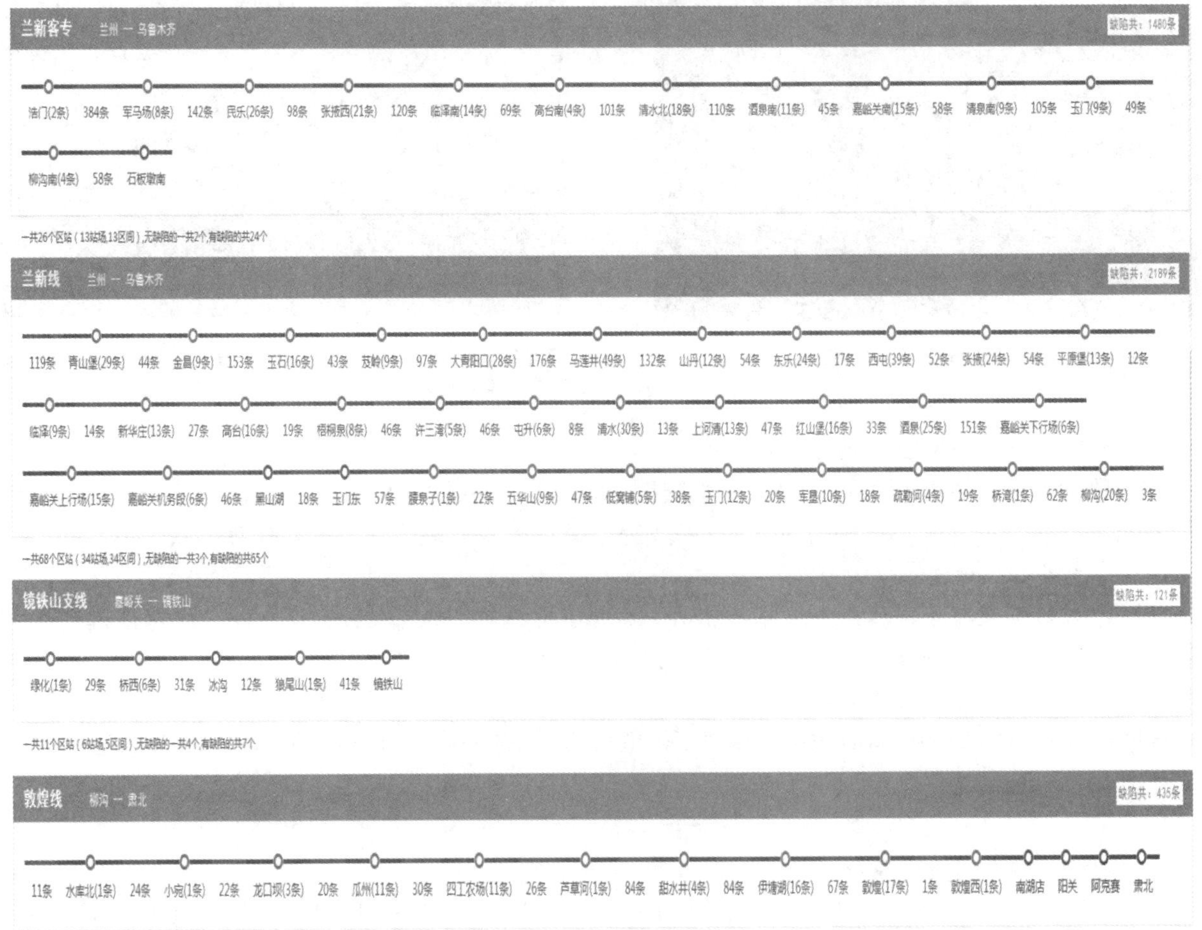

图 19　缺陷线路分布图

3.2 设备异常信息有效预防。

通过模块化数据分析、6C 关联对比，先后发现防风支撑脱落(见图 20)，分段绝缘器消弧棒断裂(见图 21)，定位线夹螺母脱落(见图 22、图 23)等典型缺陷 13 处，有效预防了设备故障发生。

图 20 水库北－小宛 176#防风支撑脱落

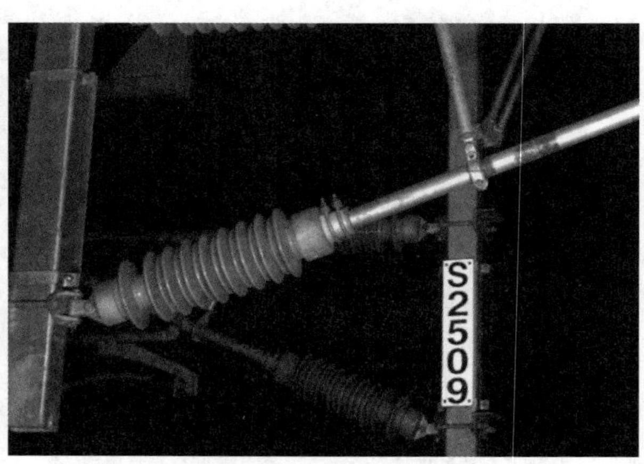

图 21 高台车站 23#联络分段消弧棒消弧角部分缺失

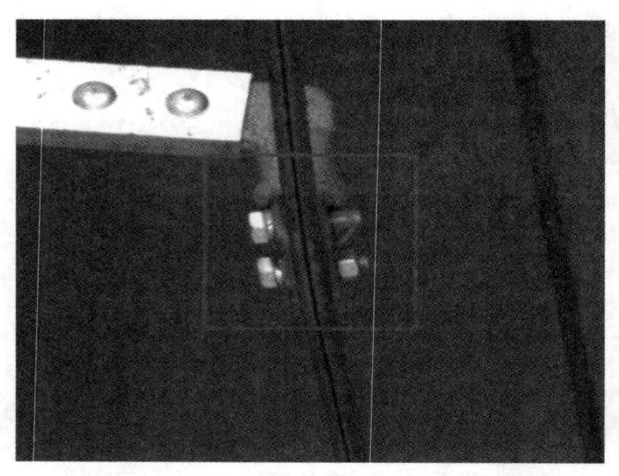

图 22 柳沟车站疏 01#定位线夹螺母脱落

图 23 军马场－浩门 S2510#腕臂支撑套管双耳螺栓缺失

3.3 现场作业安全风险有效防控。

将 2C 数据与班组“四会”可视化分工图版链接，每次出工前通过 2C 视频、图片让职工提前对检修设备类型、接挂地线位置、外部环境进行实景式提前介入，能有效提升现场作业安全保障系数。

3.4 应急处置快速有效。

通过将 6C 数据共享至段生产调度指挥中心，辅助传统纸质图纸，在异常情况下，快速掌握现场实际，缩小排查范围、优化处置方案、有效提升异常信息处置效率。

3.5 基础资料完善高效便捷。

各供电车间通过 2C、4C 检测数据，实现了供电设备“一杆一档”基础资料完善的高效便捷。

4 存在的问题及建议

4.1 智能识别率需进一步提升。

以 2017 年 4 月 19 日－4 月 20 日、4 月 23 日－4 月 25 日利用 JX－300 4C 检测车对嘉峪关南－柳沟南(上下行)、嘉峪关南－军马场(上下行)接触网设备检测为例，此次检测智能分析筛选出疑似缺陷照片 7858 张，经检测车间复核确认存在缺陷 400 处(见图 24)，智能识别准确率为 5.09%。大量分析工作仍然靠人工分析完成。但提升智能识别效果，降低人工劳动强度是 6C 检测深化发展的方向，下一步需根据接触网零部件缺陷的多样性，对大量检测缺陷进行关联分析，围绕不同线路易发、常发缺陷，积极协调4C厂家针对不同线路定制开发智能分析算子，不断优化智能分析手段，提升智能分析效果。

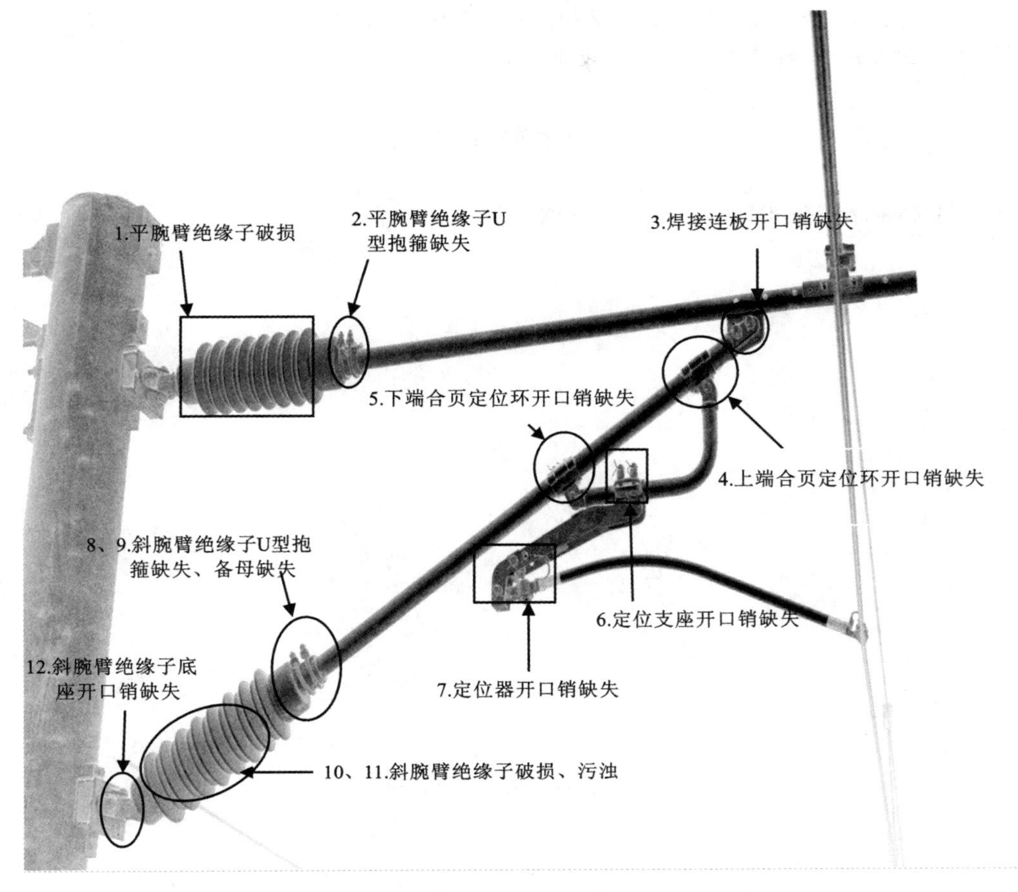

图24　4C智能算法

4.2　部分检测监测设备功能有待完善。

一是目前2C、4C数据存在占用内存大、流转途径单一、分劈时间长等问题，一定程度上影响数据分析时效性，下一步在检测车间构建千兆局域网，基于磁盘阵列RAID技术建立6C数据分析专用服务器，实现数据存储、备份、分劈、分析一体化操作。二是建议在检测车间试点的基础上为全段各供电车间配发运动相机新型2C设备，降低劳动强度，提升数据采集质量与效率。

4.3　数据分析能力有待增强。

一是在数据分析过程中，虽然探索利用1C－6C各系统间数据进行对比、关联、印证分析，但数据总量积累不足，部分典型缺陷在印证分析方面仍有断档现象，需在后期检测过程中不断积累、完善典型数据库，为后期关联对比分析提供依据。二是总结提炼意识不强，在数据分析工作中，未根据大数据分析理念定期对分析工作进行周期性总结梳理，下一步需围绕分析结果，不断探索应用数据分析的新方法、新思路，促进数据分析能力逐步提升。

5　结束语

近年来，在路局集团公司、段正确指引下，嘉峪关供电检测车间多措并举、创新推进做了一些具体工作，也取得了一些成效，但在系统应用、检测手段优化、分析思路更新等方面距“交通强国、铁路先行”的总体要求还有一定差距，需要在下一步工作中不断探索、学习。

参考文献

[1] 高速铁路供电安全检测监测系统(6C 系统)总体技术规范(铁运〔2012〕136 号)[S]. 北京：中国铁路总公司，2012.
[2] 贺国芳. 可靠性数据的收集与分析[M]. 北京：国防工业出版社，1995.

作者简介

李小勇，中国铁路兰州局集团有限公司嘉峪关供电段，办公室主任，技术员

浅谈电气化铁路施工中起重设备安全管理工作

张开庆

摘　要：倡导“所有事故都是可以防止的”安全新理念，阐述在电气化铁路施工中加强起重设备安全风险源管控的必要性，积极开展起重设备安全检查活动，细化设备安全管理内容，强化对作业人员的全面培训，树立安全责任意识，做好设备及作业环境的隐患排查工作，把“人的不安全行为”，作为管控的重点，就能确保起重吊装作业安全。同时，通过对几起吊装作业事故及设备研发改造的典型(事故)案例分析，说明起重设备安全管理工作在铁路建设中的重要意义。

随着铁路建设机械化水平的不断提高，起重设备吊装作业已经涵盖到电气化铁路建设施工的全过程，如不正确使用极易发生安全生产事故，尤其在铁路营运线上施工所造成的影响及严重后果，将会给企业生存发展和职工生命安全造成不可估量的损失；而导致事故发生的主要隐患有：人的不安全行为、物的不安全状态、周围环境因素及管理上的漏洞等因素，因此，如何及时排查消除隐患，杜绝各类起重吊装作业责任事故的发生，是“管好、用好” 起重设备安全管理岗位的重要职责。本人通过多年的设备安全管理工作，结合施工过程中发生的吊装作业典型事故案例及起重设备技术研发改造工作，浅谈几点看法：

1　树立“所有事故都是可以防止的”安全新理念。

世界500强的杜邦公司靠制造火药起家，在20世纪40年代，该公司就提出“所有事故都是可以防止的”安全新理念，把公司所有的安全目标都定为“零”，包括零伤害、零事故、零职业病，构建“以人为本、安全至上”的企业安全文化氛围，从事后的、被动的、传统的“事故追究型”管理，进入到超前的、系统的“事故预防型”管理阶段，半个世纪以来，杜邦公司在安全生产方面全部实现了伤害率为“零”的安全目标。所以，我们必须认真学习杜邦公司倡导的“以人为本、安全至上”安全管理新理念，充分发挥人的主观能动作用，开创安全管理新格局。

在漫长的电气化铁路建设施工过程中，繁杂的起重作业环境，单调枯燥的操作程序，容易引发作业人员的情绪波动、思想麻木、疲劳驾驶等；只有强化员工的安全责任意识，严格遵守集团公司《机械设备安全技术操作规程》中关于“起重设备安全技术操作程序”的相关规定，加强干部盯岗，对比较棘手的吊装作业问题，制定切实可行的施工方案并认真执行，操作人员熟悉掌握设备的技术性能，正确规范操作使用，就能够达到预期的安全目标，就能把“所有事故都是可以防止的”理想变成现实。

案例1：洛张线宝丰车站施工期间，在站台上安装多根17 t/m的水泥杆，跨度大且站台高，QYD－10徐州轨道立杆吊车无法正常伸出垂直支腿，又不能损坏站台，经过冷静思考后，针对这些特殊情况制定出了具体施工方案：首先伸出两个水平支腿，利用千斤顶将其支腿顶起，根据支腿下面空间的大小填实不同厚度的坚实方木，其次缓慢落下千斤顶，使水平支腿稳固落在坚实的方木上，最后按照起重设备操作程序顺利将车站高站台上多根17吨/米的水泥杆塔组装完毕。

案例2：京九线临清站外南边需要组装多根7.8 t/m的水泥杆，该区段属于小曲线半径，外轨最高处超高130 mm以上，一边是河流，一边是田地，其他起重设备无法进入施工场地，只能使用QYD—10型徐州轨道立杆吊车，经过对现场仔细考察，做出吊装施工方案，进行安全技术交底，并落实到每一个作业人员。第一步：把支腿下面道床上的道砟清理成水平面夯实，加工大面积的垫木(或钢板)稳固增强支腿同受力面的接触面积，以防止支腿下沉；要求支腿支撑不能过高，严禁轮辋超出轨面造成脱轨事故，(假使支腿突然下沉轮对滑脱，也必须落在钢轨上，可以有效防止轮对脱离轨道造成的事故)；第二步：用两个5 T倒链连挂外钢轨和吊机，拉紧使其固定成一体；第三步：先将水泥杆从平板车上吊到路基面，再缓慢吊起(离地面不能超过200 mm)水泥杆顺线路移到坑口位置落下，可以防止吊机因水平面落差过大导致的机械不运转现象;第四步:吊起水泥杆缓慢落入坑中,立即将整杆器卡在要求位置,按照整杆技术标准要求对水泥杆进行整正回填;通过严格执行施工方案和设备安全技术操作规程,在两个封闭点的规定时间内圆满完成了该区段内的立杆任务。

2 管控“人的不安全行为”,制定监控措施,杜绝责任事故。

(1)人的不安全行为就是“人的隐患”,是导致发生责任事故的主要原因。事故隐患中“人的隐患”包括人的心理与生理素质、技术能力素质及安全文化素质等方面,人的素质高低体现在意识,决定着行为,而行为反过来影响意识,意识上的错误就会导致行为的错误——即不安全行为,表现在实际工作中就可能发生责任事故,所以,人的安全素质决定人的安全行为,可以制止事故也可以诱发事故,纵观所有的施工生产过程,再先进的起重设备必须依靠人去维修保养和操作使用,借助环境来完成;而人的不安全行为在施工过程中表现为:违章指挥、违章作业、违反劳动纪律、安全意识淡薄、操作技能生疏、简化操作程序、身体欠佳、精神恍惚、思想情绪波动、麻痹大意等方面,这些都可能导致责任事故的发生。

从施工过程发生的起重吊装作业事故案例分析,如起重机倾覆、设备损坏、人身伤害、货物脱落损毁、挂坏电力线等案例,可以肯定的说:99%都是由于人的不安全行为造成的;所以,我认为起重设备安全管理工作的重点是强化设备操作人员的安全意识教育,必须通过安全培训,持有效证件上岗,树立责任心意识,严格遵守安全技术操作规程,杜绝“三违”,遏制住人的不安全行为,就能有效杜绝起重吊装作业责任事故。

(2)建立特种设备预警机制,制定监控措施。针对起重作业易发的惯性事故制定可行的应急预案和响应预防措施,定期组织培训及演练;同时,安装设备远程监控装置,通过显示屏监控整个施工过程,从操作人员的施工准备、作业程序到施工结束,使整个作业过程达到安全可控状态,及时纠正并有效防范操作人员简化作业程序、违反劳动纪律等违规行为。

(3)针对以下典型事故案例,按照“四不放过”原则从“人的隐患”方面来分析事故原因:

案例 1:某车站货场四道进行钢柱吊装作业,司机操作襄樊 LG-4 型 16 T 轨道立杆吊车,作业现场天气晴朗,视线特别好,所吊钢柱约 900 kg,施工负责人在现场却没有指挥,监护副司机未尽职责,操作司机自认为 16 t 吊车吊装 900 kg 钢柱没有问题,不打大支腿,臆测操作,由于吊车重心过高,吊臂变幅角度过小,吊车旋转过快导致吊臂向田野侧正向倾覆。

事故原因分析:司机违反安全操作规程,简化作业程序,不打大支腿;不了解设备性能,粗心大意,违章操作:吊臂变幅角度过小、旋转过快;副司机监控责任意识淡薄;指挥人员不制止司机违章行为,默认司机的违章操作,属于典型的不作为。

案例 2:某区间封锁上行线(下行线未封锁)施工作业中,司机操作秦岭 16 T 三轴轨道吊车,天气晴朗,视线开阔,在下行线刚通过一趟货车后,施工负责人违章指挥,司机违章操作,跨线路立下行线一根水泥圆杆(该区间下行线仅剩一根杆,立完就不用再要封闭点进入该区间了),监护副司机下车观看稳定油缸,因时间紧未打大支腿,立杆心切,恐怕耽误邻线下趟货车通过,预想在下行线下一趟货车过来之前完成立杆;司机在吊起圆杆水平旋转移(摆)动时速度过快且刹车过猛,导致圆杆惯性带动轨道吊车吊臂跨线路正对坑口位置倾覆,中断上、下行线路运行近 4 个小时。

事故原因分析:各级施工人员安全意识淡薄,责任心不强,未认真分析吊装电杆作业的风险,施工负责人违章指挥,司机违章操作,副司机不阻止违章行为,违反操作规程(远距离作业不打大支腿),简化作业程序;未设远程安全防护,不同驻站联络员联系,私自臆测作业,超计划、超范围、违规跨线路作业,严重违反既有线“封锁区间单线施工时,严禁跨线路施工作业,邻线来车时停止作业待通过后再进行作业”等安全作业管理规定,从管理层到作业层发生一系列违章操作行为,各项安全管理规章制度形同虚设。

案例 3:某车站货场,司机操作 16 T 汽车起重机正对货车尾部进行钢柱吊装作业,司机的操作视线有所限制,施工负责人没有拉起施工区域警戒线,挂完套子施工人员没有立即撤离出吊装施工区域(前三根都是这么卸的),当吊装到第四根时,司机操作速度过快,钢柱向前纵向窜动将一名施工人员当场撞伤致死。

事故原因分析:司机违章操作,没有进行试吊,对吊装钢丝绳受力不均匀情况没有辨识确认,默认前三根的习惯性违章吊装作业程序；施工负责人早点名时安全技术交底不清，在现场不作为，没有指挥施工人员挂完套子后及时撤出吊装危险区域，没有拉起施工区域警戒线，未设安全防护人员；施工作业人员所挂套子严重偏斜，挂完没有及时撤离吊装作业危险区域。

综上案例都是“人的不安全行为”导致的起重作业事故，依照“事故链”原则：假使施工负责人在班组早点名时做到安全警示、指挥人员(施工负责人)履职、司机杜绝违章操作、作业人员严格执行作业标准、吊装作业过程中拒绝违章、作业人员的相互提醒、待隐患排除后再继续施工，就会避免事故的发生；可见，实现安全生产并不难，关键在于作业人员有没有责任心，有没有对工作认真负责的态度，如果每个人尽心尽责，做到“四不伤害”，安全就会时刻伴随着我们同行，就可以避免多起违章责任事故，就能避免事故给受害者家庭带来的重大灾难以及给企业的生存发展造成的负面影响。

3　强化设备安全检查及保养工作，管控设备隐患。

起重设备进入施工场地，设备管理人员必须建立设备验收、性能测试、维修保养及安全运转台账，使设备始终处于正常工作状态，安全管理有序可控。同时，在设备的日常管理中做到：

(1)在具有审验资质的单位定期对起重设备进行年检测试，确保设备性能良好，安全稳定。

(2)设备专业技术人员必须定期进行设备检修、维护和保养，发现故障及时排除，对操作人员进行业务督导，使设备处于良好的技术状态。

(3)操作人员应在动车前检查确认吊钩、钢丝绳、绳卡、卷筒、制动系统、液压系统、控制系统等起重设备的关键部位以及起重索具的设施安全；确保变幅指示器、力矩限制器、起重量限制器、连锁保护装置、各种行程限位开关等安全保护装置齐全有效、灵敏可靠。

只有消除设备隐患才能确保设备安全性能可靠，才能使设备在施工生产中有效地发挥重要作用；操作人员要时刻把控设备的技术性能，学习设备的新工艺、新技术、新规程，同时，对旧设备的使用进行重点防范及局限控制(使用)，有缺陷的必须进行改进和研发改造，使起重设备成为适应施工需求的合格产品。

典型案例：在设备的安全技术检查时，发现5台徐州立杆吊车(QYD10)座落的专用轨道自备平板使用年限过期，安全性能极不稳定，无法继续使用且无修理价值，因此，徐州立杆吊车将面临报废或更新改造；由于资金紧张，不能满足一次性购置大批设备，我们及时组织QC研发小组，根据该吊车的技术性能及设计特点，制定立杆吊车大修加改造的专项设计施工方案，委托有大修资质的徐州重型机械厂改造完成：将立杆吊车底部与专用平板车相连接的固定锥形底座切平，中间两个附属钩的连接装置切除；在吊车4个支腿水平油缸根部加焊“L”形锁定钢板装置，并通过专用垫块及螺栓调整与通用轨道平板车固定连接，做到吊装方便、快捷、安全，经过起重吊装试验，立杆车性能恢复如初，达到预期效果，改造后可以适用任何一款通用轨道平板车，经技术监督局特种设备检测后符合验收标准。每台大修、技术改造费用11.22万元，若全新购置需要141万元，每台节省130万元，5台共节省资金650万元，该项改造获集团公司QC小组优秀奖和北京市第六十二次QC小组成果发表会暨“北京稻香村杯”优秀质量管理小组奖，改造后既确保了施工现场的安全使用又给企业节省了资金。

4　强化现场督导　管控环境隐患。

在任何一个施工区域，都必须了解当地的天气及地质状况，安全管理人员要结合具体的自然环境制定安全防范措施，对起重设备作业人员进行安全培训。作业现场周围的环境包括自然环境和生产环境，周围环境隐患包括高温、极寒、暴雨暴雪、大风大雾等恶劣天气状况，作业区域的空中、地表及地下情况，粉尘及有毒有害气体，作业过程中的噪声、响动、光照等因素，周围有无障碍物和物体移动，作业区域人员的走动、指挥人员的站位等多方面因素，不能因特殊的环境因素使司机产生误判而影响安全。对不同的环境要采取相应的安全措施，特殊的环境要制定专门的安全规定及应急预案；只有根据地面、地下、空中等环境情况采取相应措施保证作业安全，控制风险源，消除隐患，缩小监控的“盲区”，才能有效地防范各类责任事故的发生。

典型案例：司机驾驶25 T汽车起重机在某站外立杆，视线良好，监护副司机脱岗，主车司机做起吊前的准备工作，按照习惯性操作顺序：将吊车四个支腿撑起，支腿圆钢板直接与地面接触，司机操纵吊臂变幅伸缩到一定角度后向右旋转，当吊臂旋转到右后侧时(地表面有很浅的冻土层，地面下是虚土，支腿下面没有铺设垫木、受力面过小)，吊车右后支腿同地表接触面开始逐渐下陷，吊车失去平衡导致侧向倾覆。

事故原因分析：司机不了解当地气候状况(春天过后气候回暖，冻土层化冻)，没有仔细观察支腿下面地基状况，没有详细了解当地土质情况(臆想是很深冻土层)，未在支腿下加设垫木增大受力面，待吊臂旋转到右后侧时整车重量加重了支腿的承受能力，支腿下沉(缺失支撑垫木)导致汽车吊向右后方倾覆；司机疏忽大意，安全意识淡薄，简化作业程序；副司机脱岗，未起到监护操作程序；施工负责人早点名技术交底不详细，没有对当地气候环境进行估测。

5 加强职工安全培训，树立责任意识，从思想上高度重视，做好起重吊装作业安全管理工作

(1)加强作业人员安全教育培训，坚持安全预防新理念。

坚持“安全第一、预防为主、综合治理”的安全生产方针，强化“所有事故都是可以防止的”安全新理念，加强对作业人员三级安全培训、日常安全教育和专门安全教育，接受培训的人员覆盖面必须达到100%，培训合格率必须达到100%，不留死角，强基达标。培训目的：使每个员工能够清醒认识到“谁是安全的最大受益者”“安全为了谁”！假如发生一起责任事故或意外事故造成一人死亡，对企业仅仅是一般事故，连“重大”都说不上，更别说“特大”了；而对死者本人、对死者家庭，损失不仅是“重大”，而且绝对是“特大”；同样，企业失去一个员工，除承受经济损失之外，也许会很快找人来替补这个位置，而对于死者本人、死者的家庭，则是永远的失去，永远的破碎，永远无法弥补；所以，不管安全培训的对象是职工还是劳务工，必须进行“面对面”的安全警示教育，结合曾经发生的血的事故案例，重点强调“你”若违章可能带来的严重后果，将给“你”的家庭带来灭顶之灾以及给企业造成的严重损失，才能使受训人从内心深处深刻明白遵守操作规程是为了安全，安全的最大受益者是员工本人。

(2)加强业务技能培训，强化安全风险过程控制。

贯彻执行《中铁股份有限公司起重吊装作业安全卡控红线》的通知精神(中铁股份安全〔2015〕55 号)，尤其是特殊地段(如超高桥梁区段)的大型设备吊装作业，必须制定专项吊装方案，并对特种设备的操作人员进行安全技术交底，明确指挥、配合、联络方式，对吊装作业可能出现的突发事故进行预测并制定应急预案；吊装作业前进行安全技术交底，吊装过程中，严格执行起重设备“十不吊”安全底线理念，操作人员严格遵守设备安全技术操作规程，严格执行吊装方案，严禁简化作业程序，懂得设备的技术性能，熟悉设备的各项安全技术指标，掌握起吊货物的重量及长度，明确附近建筑物及架空电线位置等周围环境，进行带负荷试吊，确保安全可靠后方准正式起吊作业。

(3)加大安全检查督导，实施奖惩措施，落实安全生产责任制。

结合当前施工项目及起重作业任务，制定切合实际的专项检查内容，高度重视安全检查工作，不走形式，通过安全检查将事故消除在萌芽中；建立隐患排查制度，通过对主要危险因素的辨识及评估，制定起重吊装作业的重大危险源和一般危险源，严禁触碰安全生产管理红线。

制定严格的奖惩措施，把安全责任考核同经济收入挂钩，逐渐从“要我安全”向“我要安全”的安全意识转变，让操作者不要存在任何侥幸心理，要始终牢记：执行操作规程就可以避免事故，违背操作规程就有可能导致事故；要事事有人负责，步步有人监督，贯彻落实安全生产责任制，才能有效地遏制起重吊装作业事故。

6 结束语

综上所述，抓起重设备安全管理工作首先树立“所有事故都是可以防止的”安全新理念，强化安全培训教育，充分调动人的安全责任意识，用规章制度和操作规程规范人的不良行为，以奖惩制度做保证，加强安全检查工作，排查消除隐患，坚持起重吊装作业的风险源管控，杜绝“三违”，严格遵守设备安全技术操作规程，认真执行作业标准，做到“四不伤害”，督促落实各级安全生产岗位责任制，就能杜绝起重吊装作业事故，确保起重设备安全管理工作顺利实施。

参考文献

[1] 崔政斌，冯永发. 杜邦十大安全理念透视[M]. 北京：化学工业出版社，2016.

作者简介

张开庆，中铁电气化局集团川南城际 CNSDJC－1 标项目经理部，工程师

关于加强应急指挥的探讨

李 鑫

摘 要: 随着社会交通网络的快速、智能化发展，铁路行业的发展也极为迅速，尤其是高速铁路，高速铁路的运营具有高效、舒适、快捷、节能、安全等特点，是未来铁路交通重点发展的项目，而其中应急指挥将起到关键性作用，因此，在铁路交通高速、智能化发展的过程中，必须确保应急指挥的可靠、安全、高效。

1 前言

近年来铁路行车事故多次发生，胶济铁路重大交通事故，死亡 70 人，受伤 400 余人；南疆线 DF41126，1－11 位车辆脱轨，损失重大，对国民经济及人民生命安全造成重大影响。现阶段，铁路正向着高速重载、密度更大、技术先进的方向发展，因此建立一个高效、安全、可靠的应急管理指挥体系尤为重要。

针对铁路目前的应急处置情况，一是通过日常的故障应急演练，二是通过值班供电调度员，三是利用计算机对各类安全信息进行采集和综合利用，为铁路应急指挥及决策提供技术支持和信息服务。根据铁路应急指挥工作的特点和要求，本文对现有应急指挥中心体系和智能调度应急指挥平台发展进行分析和论述，系统地实现了应急指挥的可靠、安全、高效。

2 应急指挥中心的体系结构

目前铁路应急指挥中心由供电调度室、安全科、高速接触网技术科、变电技术科、电力给水技术科、设备管理科、党委办公室(宣传)组成。指挥调度相关部门进行突发事件处置的应急辅助系统，主要包括：音响系统、集中控制系统、综合保障系统、应急指挥支撑系统(有线通讯系统、无线集群通讯系统、可视化视频监控系统)、应急数据库系统(基础信息库、突发事件库、地理信息库、监管信息库、预案库、知识库、案例库、文档库等)。在应急指挥处置过程中，可通过以上应急辅助系统帮助指挥中心进行指挥决策。

2.1 应急指挥原则

应急指挥必须要遵循和维护行车工作集中领导、统一指挥、逐级负责的原则，实施值班调度员单一指挥的原则，它是各应急部门及抢修人员必须服从一个调度的命令和指挥，只有这样才能保证命令统一，行动一致，否则就会出现指挥及处置混乱。

故障抢修，应坚持集中统一指挥原则，遇故障抢修时，现场各专业人员应严格按照规定及时上报有关信息，特别是要第一时间向应急指挥小组汇报现场信息，各专业应急值班人员要明确岗位职责，积极研究判定应急处置方案，并指导现场做好故障抢修工作。故障抢修过程中，各部门要坚决服从统一指挥，积极主动、协作配合，在确保安全的前提下要主动协商，做出决策。应急指挥小组可结合现场视频、图形影像信息，对现场进行抢修线路及抢修作业安全做出提示，完成高效、可靠的应急指挥。

2.2 应急指挥流程

遇事故、设备故障、恶劣天气、突发事件等非正常情况，值班供电调度员要立即通知相关专业科室的应急值守人员及时到岗，应急值守人员到岗后，按应急处置程序履行职责，供电调度员将从列调、电调、工务、电务、机务、公安、路外人员等各方面收集到的故障信息及时传达到应急值守岗点，汇报到应急指挥中心，否则会影响应急处置的速度，延长故障停电时间。

遇突发情况需应急处置时，专业科室应急值守人员到岗了解现场情况后，结合路局要求，协同安全科、值班调度员、现场抢修负责人共同研究应急处置方案，报专业技术科科长、主管段长(较大的报段长)批准做出决策，并指导值班调度员及时组织实施。

就目前的应急指挥体系而言，因受供电调度员素质、各专业科室人员素质、各应急部门之间配合的质量、与其他铁路部门间的配合度以及与上级部门的沟通协调等因素影响，在应急处置过程中会出现故障信息收集不到位、信息共享不到位、各自为战、现场处置混乱、应急指挥不到位等诸多问题，致使故障处置不及时，延迟停电时间，加大了对铁路运输的影响。那么如何能够避免上述问题，确保应急指挥高效、可靠，迅速进行应急处置，这就需要我们依靠科技进步，踩着高科技、智能领域的步伐，搭建一个属于铁路自己的智能调度应急指挥平台。

3　智能调度应急指挥平台

智能调度应急指挥平台由供电设备数据智能分析系统、供电设备智能检测检查系统、供电设备智能操作系统组成，以实现减少作业人员劳动力，保证作业人员安全为目标，进而达到应急指挥可靠、高效的目的。

3.1　大数据智能分析系统的应用

随着铁路智能化的推进、大数据的应用，铁路应急指挥中心正面临巨大的挑战和机遇。供电调度机构是铁路供电系统安全稳定运行的“保护神”，担负着电气化铁路运行的监视、控制与管理的重要职责。现阶段铁路大数据已投入使用，但智能程度、管理运用还存在着诸多的不足。智能调度、数据分析、设备监控，需要全新的监视和监控手段。

铁路供电系统涉及接触网、变配电、电力等多个环节，迫切需要应用铁路大数据并开展相关功能。通过可视化技术、遥感数据处理技术、动态调度技术等先进技术，搭建一个安全、可靠、高效的应急指挥平台。

目前铁路供电调度系统主要采用数据采集与监视控制系统（SCADA 系统），该系统实现了供电设备的运行监视和远程操控。随着大数据的投入使用和发展，调度面对着高科技、智能化、信息化的不断发展，传统的调度工作模式已不能满足智能铁路发展的需求。

大数据首先应满足既有设备的运行监控，其次加强在供电系统检修计划制定、超检设备预警管理、应急指挥辅助等方面的应用，最后汇总检修、故障数据，为后续设备检修管理提供依据及设备风险预警。现阶段检修模式依然存在难以避免的遗漏，应用大数据后可将重点放在超检设备预警上，对邻近超检或已超检设备做出重要预警。铁路供电系统还存在着诸多外部环境影响，如天气因素影响线索弛度的变化，高铁沿线轻体漂浮物都会影响设备的安全稳定运行。今后大数据可结合天气、地理、季节、设备周围环境及时做出相应提醒措施。大数据系统在可视化分析、故障智能判断方面，对供电调度员实时掌握设备运行和故障情况，以迅速判断决策出合适的运行方案和紧急事故处理方案有很大的帮助。

3.2　智能无人机和 6C 系统综合应用

近年来，民用无人机技术发展迅速，与传统手段相比，无人机技术具有成本低、操作简单、数据获取实效性强、便捷运输且风险低等特点，已广泛运用于多行业多领域。国家电网有限公司应用无人机，在灾害性天气的输电线路灾害分析、巡视检测输电线路以及快速查找线路故障点等方面发挥了显著优势。

2018 年 7 月 5 日，国网冀北电力龙巢无人机全自主智能巡检作业首次试飞及实战演习取得圆满成功。演习模拟雷击故障跳闸，驻塔无人机在电脑终端指令下，从塔上机库自主降落，按照查线巡检方案开展故障点查找工作并形成故障报告。演示重点展示了项目技术中厘米级精准定位、自动航线规划、标准化航巡等一系列核心技术，突显出智能化、自主化、应急响应快的优势特点。

目前我国铁路供电系统应用最广泛的是“铁路供电安全监测检测系统（6C 系统）”，对接触网进行实时监测和周期检测。一级缺陷在线实时报警，二级、三级缺陷等其他缺陷由检测人员进行线下分析，并形成报告由供电运行人员进行现场确认处理。

我国铁路智能调度平台大大可以融入无人机技术，可根据管内供电设备情况，运营环境设置无人机基地，统一由调度指挥中心调控，一是供电设备发生故障时，迅速使用无人机对故障线路进行排查；二是结合 6C 系统，与 6C 系统分析出来的数据实时共享，一旦发生设备缺陷报警，由无人机对缺陷设备进行排查确认。实时将故障影像、数据采集、结果分析上传到应急指挥中心的大数据分析库，确保获得精准的故障结果，避免受人员技术能力和其他因素影响，不但解决了巡查覆盖率问题，还有效实现了应急处置的高效。

同时，目前现在供电设备巡视主要依靠 2C 视频、人工步行巡视，在长大桥梁、隧道、联络线、并行线路等处所难以保证设备及时安排巡视，设备发生故障不能及时发现，可采用无人机对这些区段进行设备定期巡视，保证设备缺陷被及时发现、处理。

3.3 智能机器人的应用

目前，我国智能机器人的应用领域非常广泛，包括：工业机器人、家用机器人、医用机器人、服务机器人、军用机器人等，机器人的运用给个人、企业等运用部门带来的便利、工作效率的提高等好处及帮助是显而易见的。

2015 年 1 月 20 日，国网湖南省电力公司带电作业中心研发的机器人在 220 kV 线路上进行等电位更换绝缘子，紧固引流版，其操作灵活、动作精准。

2019 年 4 月 11 日，国网青岛供电公司进行带电作业机器人实施 10 kV 线路消缺作业，仅用时 20 分钟，带电作业机器人就已完成带电处理电线路设备缺陷工作。

铁路智能调度平台完全可以引进智能机器人，与无人机一同布置，并与大数据库信息共享，受供电调度统一调控，当处理供电设备故障时，可以完成带电断线接续、更换分段绝缘器、更换绝缘子、清除异物、修剪树枝等抢修作业任务。采用机器人直接进行带电作业，作业人员在地面进行远程操作，实现了间接作业，降低了作业人员触电、高空坠落等危险事故的发生。也省去了传统的应急处置程序，可大大缩短应急处置时间，提高应急处置的效率。

将大数据智能分析系统、智能无人机、智能机器人完美结合，智能调度指挥平台一定会搭建成功。

2019 年 12 月 30 日，智能铁路京张高铁开通运营，引进了智能技术，从智能检票到列车无人驾驶等。由此看来，我国铁路已经迈入了高科技、智能时代，这更加迫切地需要搭建一个智能调度指挥平台，使之形成一个整体的智能铁路系统，促使我国铁路在高速发展的时代，与时俱进，不被时代所淘汰。

4 结束语

综上所述，在铁路交通高速、智能发展的过程中，应急指挥体系在高速铁路发展运营中极为关键，在日常的运行过程中易受到设备环境、天气因素等多种原因影响，致使铁路供电线路发生各种故障，会对铁路运输及供电造成极大的影响。通过本文对加强应急指挥的探讨，为提高应急处置效率，缩短故障停电时间，保证快速恢复送电，开通线路，减少供电故障对铁路运输的影响。本文就主要从目前应急指挥中心体系结构和智能调度指挥平台的发展两个方面进行粗浅探讨，不足之处，敬请指正。

参考文献

[1] 普速铁路调度规则(京铁供〔2018〕286 号)[S].北京：中国铁路北京局集团有限公司，2018.

[2] 北京铁路局关于印发《牵引供电馈线跳闸及弓网异常应急处置办法》(京铁供〔2013〕741 号)[S].北京：中国铁路北京局集团有限公司，2013.

[3] 关于印发电气化铁路接触网故障抢修规则的通知(铁运〔2009〕39 号)[S].北京：中国铁路总公司，2009.

作者简介

李鑫，中国铁路北京局集团有限公司天津供电段安全生产调度指挥中心，供电调度员

四工农场变电所充电机故障导致直流电源消失引起的思考

杨海旭

摘　要： 2018 年 7 月 1 日 7 时 30 分，四工农场变电所直流屏报警声响，值班员巡视发现所内两组充电机模块均停止工作，充电机灯不亮，所内两组蓄电池正常投入，直流充电屏上监控器发直流系统交流二路停电信息，屏后自动转换开关屏无显示，交流馈电屏后三相交流电源滤波装置进线开关跳闸，交流电源屏 1#、2#交流进线开关均在合位，用万用表在交流母排上测量，显示电压为 233 V，随后值班员监护助理值班员合上交流馈电屏后三相交流电源滤波装置进线开关，巡视交直流屏发现 2#充电机组工作正常，1#充电机组未投入，屏后 1#自动转换开关屏显示故障分闸，2#自动转换开关工作正常。随后检修班组对 1#充电机组进行检修，检查发现 1#充电机组中两块充电机发生故障，对故障充电机进行更换后交直流系统运行正常。本文通过分析充电机故障导致直流电源消失的原因，提出改进措施，降低设备故障风险和维修成本，促进设备安全运营。

0　前言

牵引变电所是将地方电网 110 kV 电压转换为 27.5 kV 供给列车使用的重要场所，为确保牵引供电的可靠性，牵引变电所的设备一般都配备两套，一套主用另外一套处于热备状态，排除设备自身故障原因，在投运的设备发生故障时，自动投切装置能够自行切断故障回路投入备用设备使设备故障尽可能不影响列车运行。7 月 1 日四工农场变电所 1#充电机组故障后在自动转换开关已将故障回路切除的情况下仍然发生了直流系统电源消失的故障，为设备的安全运行埋下了隐患，甚至对于无人所发生类似故障时，若发现处理不及时极易形成安全隐患。因此，研究该问题的解决方法，能可靠地保证牵引变电所设备的正常运行。

1　充电机故障统计

经统计，四工农场牵引变电所开通至今(2018 年 7 月 3 日)共发生充电机故障 1 次。

1.1　直流电源消失造成后果

牵引变电所交直流系统主要担负着给所内控制、信号、操作、辅助、照明等回路供电的任务，一旦直流电源消失，为保证供电不间断，所内的两组蓄电池马上就会投入使用，此时如果不能及时发现并处理，时间一长蓄电池电量耗尽就会导致保护装置误动或失压，此时，牵引变电所的综合自动化保护系统就会处于失灵的状态，如果碰巧线路上出现故障，保护就无法启动，导致故障无法切除，致使故障危害进一步扩大，严重影响行车安全。

1.2　敦煌支线交直流系统存在的安全隐患

敦煌支线交直流系统采用的是石家庄科林电气股份责任有限公司的设备，以 7 月 1 日四工农场变电所的故障为例，若同样的故障发生在小宛变电所(无人所)，很有可能会引起严重的安全事故。

2　KE－5091 三相交流电源滤波装置简介

敦煌支线所亭交流馈电屏后采用石家庄科林电气股份责任有限公司生产的 KE－5091 三相交流电源滤波装置。

该装置上设置进/出线接线头各两组，进线指示灯一个，进线开关一个，风扇开关一个，见图 1。

与厂家联系后确认该装置进线空气开关跳闸时间参数在设计时未进行具体要求，且装置主要参数厂家无法提供具体说明。

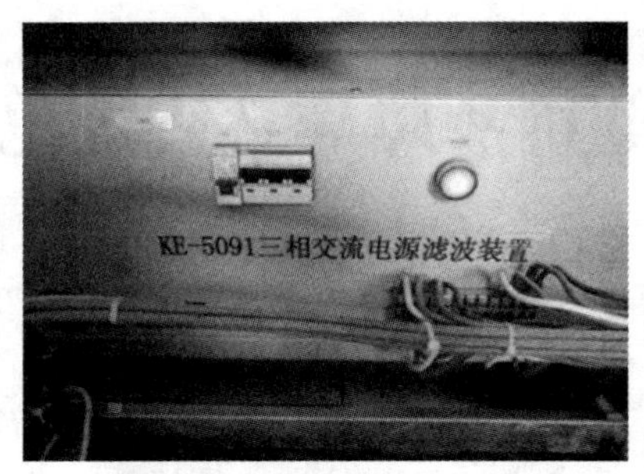

图 1 装置图

3 NZ7－63S/325YAX 自动转换开关电器简介

敦煌支线所亭直流充电屏后采用浙江正泰电器股份有限公司生产的 NZ7－63S/325YAX 自动转换开关。

主要参数见表 1：

表 1 NZ7－63S/325YAX 自动转换开关主要参数

型号	控制器工作电压/V	电压测量范围/V	转换方式(可设置)	转换动作时间/s
NZ7－63S/325YAX	AC150～260，50/60 Hz	AC40～300，50/60 Hz	断相、失压转换；欠压转换；过压转换；延时可调	≤2

4 直流电源消失原因分析

为确保设备正常可靠运行，牵引变电所交直流系统一般设有两套装置，要造成直流电源消失必须是两路交流进线全部失压或一路失压后自动投切装置未能成功动作造成，在交流进线电源正常的情况下一般不会发生直流电源消失的现象，结合此次四工农场变电所直流电源消失故障原因分析如下：

4.1 交直流系统设计存在缺陷

为确保交直流系统两套设备在其中的一套出现故障，另一套设备能够可靠投入运行，两套设备应独立设置互不干涉，四工农场变电所直流系统的两路电源均要经过同一个装置 KE－5091 三相交流电源滤波装置引入(见图 2)，当该装置发生故障，所内直流系统即会发生直流电源消失，自动转换装置失灵。

4.2 设备选取考虑不周

交直流系统设备在选取时未考虑故障情况下各开关动作时间的搭配。在综合自动化系统中为保证各保护能够快速、准确、可靠地将故障点切除而又尽可能降低对正常运行设备的影响，上一级保护的定值设置要比下一级保护的定值大，保护动作时间也要长。以四工农场变电所 7 月 1 日交直流系统故障为例，当 1#充电机组故障，直流充电屏后自动转换开关成功将 1#充电机组切除，此时，交流馈电屏后三相交流电源滤波装置上进线开关跳闸导致直流电源消失，若在设备选取时，将三相交流电源滤波装置上进线开关动作时间(≤0.1 s)与自动转换开关动作时间(≤2 s)综合考虑，就不会造成直流电源消失的情况。

4.3 设备本身存在设计缺陷

石家庄科林电气股份责任有限公司生产的 KE－5091 三相交流电源滤波装置，在生产设计时进线开关设计为空气开关形式，未考虑到进线开关动作与下级设备开关动作的匹配性，未对进线开关进行动作时间可调功能的设计。

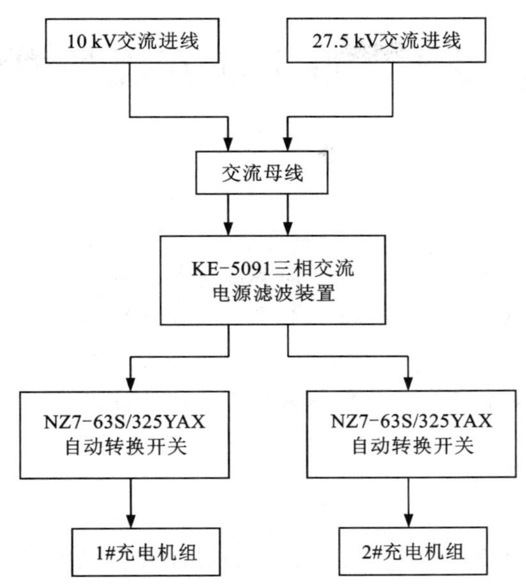

图 2　四工农场变电所交直流线路系统图

5　总结及对策

从以上分析原因来看，笔者认为引起直流电源消失的原因为设备设计存在缺陷。可采取以下措施进行改进：

(1)对两套交流进线系统分别独立设置三相交流电源滤波装置。

(2)联系厂家对直流充电屏后自动转换开关及交流馈电屏后三相交流电源滤波装置上进线开关的动作时间进行调整。

6　结束语

敦煌支线交直流系统均采用石家庄科林电气股份责任有限公司的设备，设计图相同，其中小宛变电所、甜水井变电所等均为无人所，一旦发生直流电源消失的故障，会对牵引供电设备的正常运行造成极大的安全隐患，以上观点仅是笔者根据现场发现的实际问题做出的思考及改进方案，鉴于笔者水平有限，文中一些要点难免考虑不周，如有不妥之处，望各位读者批评指正。

参考文献

[1] 浙江正泰电器股份有限公司. NZ7 －63S/325YAX 自动转换开关说明书[Z]. 浙江：浙江正泰电器股份有限公司.

作者简介

杨海旭，中国铁路兰州局集团有限公司嘉峪关供电段肃北供电车间黑石沟变电所，工长

浅析 6C 数据关联分析在现场中的运用

陈国城

摘　要: 铁路供电安全检测监测系统(6C 系统)之间关联分析，通过从时间的跨度到空间的跨度进行检测及分析，既可以补充其他系统完成不了的任务，也可以兼顾其他系统检测不到的部位，使 6C 系统真正起到全天候、立体式检测分析的作用。通过关联分析得出结论，掌握接触网设备质量及运行状态，为接触网维修提供依据，也为接触网安全运行保驾护航。

0　引言

近年来，高速电气化铁路的发展突飞猛进，在电气化铁路建设的同时，接触网设备检测手段也随着科技的进步在不断地发展变化着。尤其是以 6C 作为基础的检测手段正在逐步取代传统的人工巡视及检测手段。本文在概述供电安全检测监测系统(6C 系统)的基础上，对 6C 系统各子系统之间的使用、关联分析进行重点介绍，通过对比、排查等手段，从时间、空间等各个方面对接触网设备进行全面分析，尤其是对某个子系统不能确定的缺陷或异常，通过关联分析最终确定是否存在缺陷或异常，为 6C 分析做最终的结论，也为接触网维修提供技术支持，更为铁路供电设备的故障发生减小了概率。

1　6C 系统简介

铁路供电安全检测监测系统(简称 6C 系统)作为铁路供电系统的组成部分，是保障供电设备安全可靠运行的必要手段，是保证铁路运输安全畅通的重要技术装备。铁路供电安全检测监测系统(6C 系统)，按照定期检测监测、及时分析诊断划分缺陷等级，为接触网维修或抢修提供依据。

铁路供电安全检测监测系统(6C 系统)是指利用仪器、设备或人工等方式，对接触网外观、零部件状态、主导电回路、绝缘状况、外部环境和弓网配合等进行检查测量的过程，是编制维修计划的依据。

铁路供电安全检测监测系统(6C 系统)包括：弓网综合检测装置(1C)、接触网安全巡检装置(2C)、车载接触网运行状态检测装置(3C)、接触网悬挂状态检测监测装置(4C)、受电弓滑板检测装置(5C)和接触网及供电设备地面检测装置(6C)等，分为移动视频监测和定点监测两种方式。

铁路供电安全检测监测系统(6C 系统)中各系统之间可以独立地完成检测及分析，也可以与其他系统配合完成检测及分析，而各系统间互相配合，进行关联分析的效果较好，从时间的跨度到空间的跨度进行检测及分析，既可以补充其他系统完成不了的任务，也可以兼顾其他系统检测不到的部位，使 6C 系统真正起到全天候、立体式检测分析的作用，为接触网安全运行保驾护航。通过周期检测、科学研判，减少“天窗”占用，同时确保供电设备运行安全可靠，保障铁路运行安全，提升铁路运输能力。

2　6C 系统关联分析典型案例

2.1　1C 与 2C、3C 之间的关联分析

2019 年 1 月 5 日，通过分析 1C 波形图发现，兰新客专 K2002 + 781(军马场 - 浩门区间 2714#支柱)处，拉出值为 447 mm，接近警示值 450 mm 的范围，波形图见图 1。

之后关联 2C 分析：通过 1 月 5 日 2C 的图像分析(见图 2)，发现兰新客专 K2002 + 806 处(2714#支柱)，该支柱离隧道口约为 100 m，为进隧道前的第二个支柱，在动车车头进隧道的瞬间，由于气流的变化引起车辆的轻微晃动导致拉出值变化。

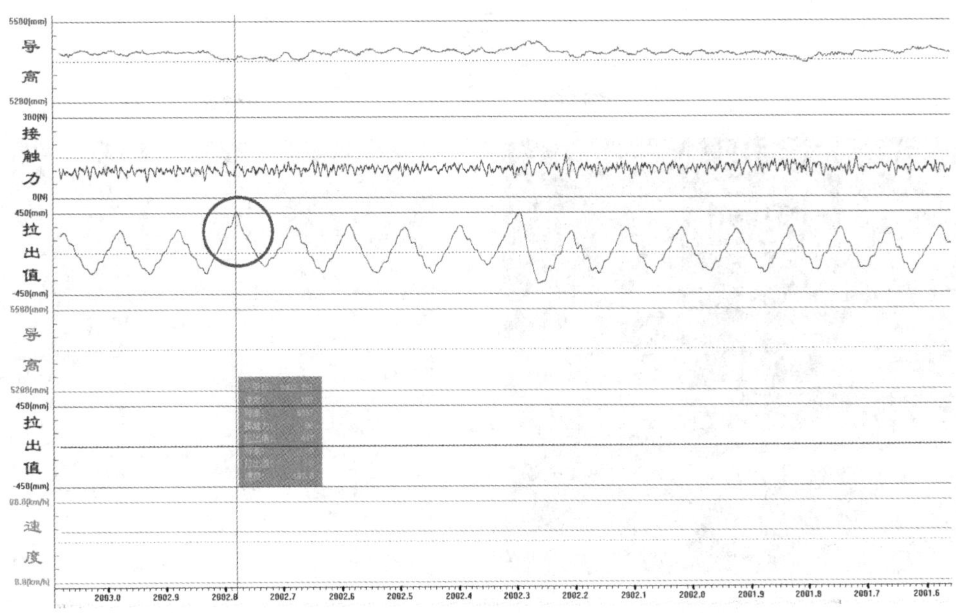

图 1　1C 波形图

图 2　2C 图像分析

通过 3C 分析，发现该处在 2018 年 12 月 31 日时发出过拉出值超标报警，之后，安排工区进行处理，现场测量值处理前为 409 mm，处理后为 279 mm，符合要求。

3C 报警及处理结果反馈如表 1：

表 1　3C 报警及处理结果反馈表

管辖供电段	兰州铁路局 嘉峪关供电段		
位置信息	兰新客专 军马场 - 浩门 上行 K2002 + 806 处 2714#支柱		
车辆编号	CRH5G - 5216	车辆配属	兰州车辆段
检测日期	2018 - 12 - 31	检测时间	17:07:33
级别	二级	报警类型	拉出值超限
车速/($km \cdot h^{-1}$)	182	受电弓位置	3 车
拉出值/mm	462	导高值/mm	5467
缺陷温度/℃	0	环境温度/℃	- 8

<table>
<tr><td colspan="4">图像分析</td></tr>
<tr><td colspan="2">1. 红外图像</td><td colspan="2">2. 可见光图像</td></tr>
<tr><td colspan="2">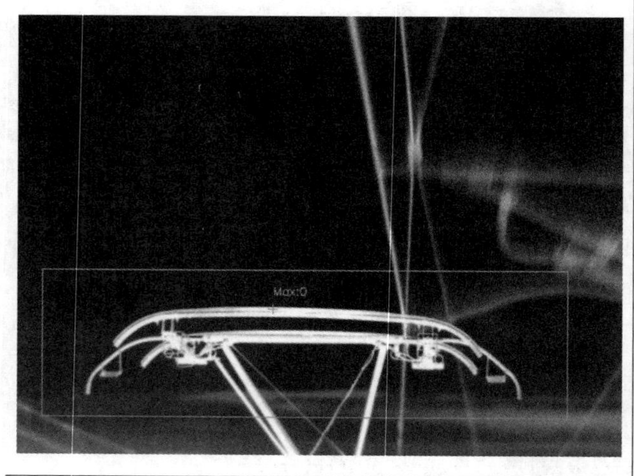</td><td colspan="2"></td></tr>
<tr><td>导高值曲线</td><td></td><td>拉出值曲线</td><td></td></tr>
<tr><td colspan="4">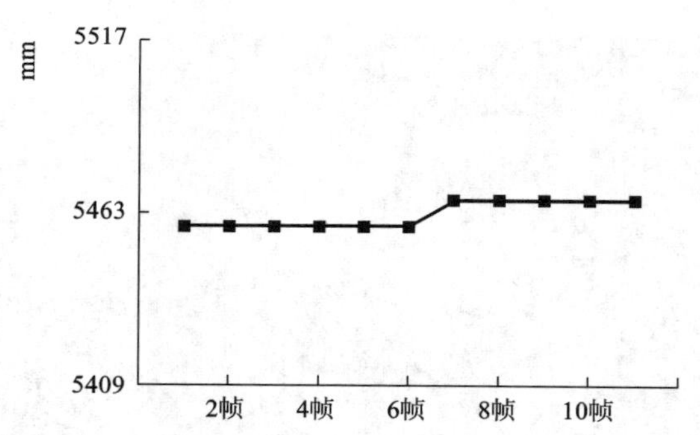</td></tr>
<tr><td colspan="4">速度曲线</td></tr>
<tr><td colspan="4">(以上信息由分析系统生成)</td></tr>
<tr><td colspan="4">3. 缺陷分析</td></tr>
<tr><td colspan="4">拉出值超限</td></tr>
<tr><td colspan="4">4. 处理建议</td></tr>
<tr><td colspan="4">天窗检修</td></tr>
<tr><td></td><td></td><td>分析人员:</td><td>陈国城</td></tr>
<tr><td></td><td></td><td>分析时间:</td><td>2019.1.2</td></tr>
<tr><td colspan="4">(以上信息由分析人员填写)</td></tr>
<tr><td colspan="4">5. 3C 检测缺陷复核整改反馈</td></tr>
<tr><td>嘉峪关供电段</td><td>张掖西高铁供电车间</td><td colspan="2">复核测量人:王刚</td></tr>
<tr><td colspan="2">复核及整治情况:利用激光测量仪进行测量,拉出值超标</td><td colspan="2">复核结论:拉出值超标</td></tr>
<tr><td colspan="2">复核时间:1 月 9 日</td><td colspan="2">处理情况:1 月 9 日已进行检修处理</td></tr>
<tr><td colspan="2">现场复核公里标:K2002 + 806</td><td colspan="2">检修人:王刚 验收人:_赵荣德_</td></tr>
<tr><td colspan="2">现场测量值:409 mm 标准值:300 mm</td><td colspan="2">处理后测量值:279 mm_测量人:_王刚_</td></tr>
</table>

整改前照片		整改后照片	

报告人	王刚	报告日期	2018.01.09
可见光图像 		全景图像	
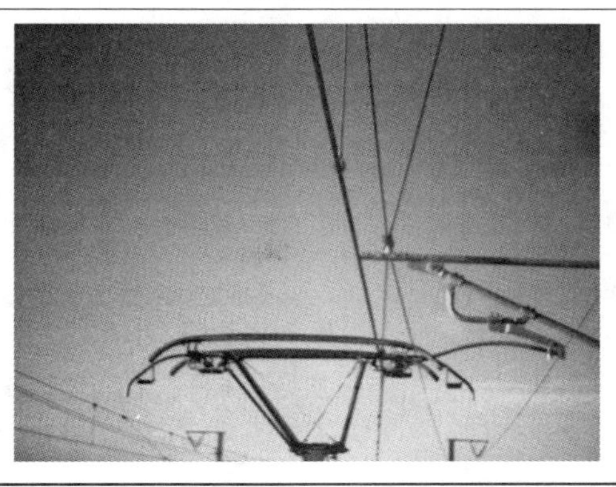			

2.2　1C 与 3C 之间的关联分析

2018 年 2 月 10 日，通过分析 1C 缺陷表及波形图发现，在兰新客专 K2390 + 327(清泉南 - 嘉峪关南区间 2072#支柱)处拉出值为 461 mm，超出标准值，需重点关注其他检测方式测量结果。

1C 缺陷分析见图 3。

序号	铁路局	线别	行别	检测日期	里程	速度	缺陷类型	缺陷等级	缺陷值	扣分数
1	兰州局	兰新客专	上行	2018-02-08	1953.424	194.5	最小接触力	2	24	1
2	兰州局	兰新客专	上行	2018-02-08	1954.392	194.6	最小接触力	2	23	1
3	兰州局	兰新客专	上行	2018-02-08	1959.773	193.8	最小接触力	2	34	1
4	兰州局	兰新客专	上行	2018-02-08	1966.859	194.5	最小接触力	2	35	1
5	兰州局	兰新客专	上行	2018-02-08	1968.394	195.2	最小接触力	2	35	1
6	兰州局	兰新客专	上行	2018-02-08	1972.763	194.6	最小接触力	2	36	1
7	兰州局	兰新客专	上行	2018-02-08	1986.933	193.1	最小接触力	2	36	1
8	兰州局	兰新客专	上行	2018-02-08	1998.909	193.6	最小接触力	2	35	1
9	兰州局	兰新客专	上行	2018-02-08	2007.784	194.7	最小接触力	2	36	1
10	兰州局	兰新客专	上行	2018-02-08	2034.674	194.5	接触线最小高度	2	5326	1
11	兰州局	兰新客专	上行	2018-02-08	2034.770	194.4	接触线最小高度	2	5318	1
12	兰州局	兰新客专	上行	2018-02-08	2036.592	194.6	接触线最小高度	2	5331	1
13	兰州局	兰新客专	上行	2018-02-08	2042.806	183.3	最小接触力	2	38	1
14	兰州局	兰新客专	上行	2018-02-08	2062.121	195.0	接触线最小高度	2	5245	1
15	兰州局	兰新客专	上行	2018-02-08	2062.157	194.9	最小接触力	2	36	1
16	兰州局	兰新客专	上行	2018-02-08	2062.255	194.7	接触线最小高度	2	5243	1
17	兰州局	兰新客专	上行	2018-02-08	2062.294	194.7	接触线最小高度	2	5240	1
18	兰州局	兰新客专	上行	2018-02-08	2062.339	194.7	接触线最小高度	2	5249	1
19	兰州局	兰新客专	上行	2018-02-08	2090.437	194.5	接触线最小高度	2	5247	1
20	兰州局	兰新客专	上行	2018-02-08	2337.859	65.4	最小接触力	2	27	1
21	兰州局	兰新客专	上行	2018-02-08	2390.202	194.7	接触线拉出值	2	461	[illegible]
22	兰州局	兰新客专	上行	2018-02-08	2406.034	199.2	接触线最大高度	2	5419	1
23	兰州局	兰新客专	下行	2018-02-06	2034.679	192.1	接触线最小高度	2	5338	1
24	兰州局	兰新客专	下行	2018-02-06	2034.752	192.3	接触线最小高度	2	5321	1
25	兰州局	兰新客专	下行	2018-02-06	2034.786	192.4	接触线最小高度	2	5349	1
26	兰州局	兰新客专	下行	2018-02-06	2036.585	191.5	接触线最小高度	2	5341	1
27	兰州局	兰新客专	下行	2018-02-06	2044.516	191.1	接触线最小高度	2	5341	1
28	兰州局	兰新客专	下行	2018-02-06	2044.588	191.1	接触线最小高度	2	5317	1
29	兰州局	兰新客专	下行	2018-02-06	2044.613	191.1	接触线最小高度	2	5307	1
30	兰州局	兰新客专	下行	2018-02-06	2044.680	191.2	接触线最小高度	2	5303	1
31	兰州局	兰新客专	下行	2018-02-06	2062.153	188.4	接触线最小高度	2	5229	1
32	兰州局	兰新客专	下行	2018-02-06	2062.281	188.0	接触线最小高度	2	5246	1
33	兰州局	兰新客专	下行	2018-02-06	2062.327	188.0	接触线最小高度	2	5241	1
34	兰州局	兰新客专	下行	2018-02-06	2090.437	193.0	接触线最小高度	2	5238	1
35	兰州局	兰新客专	下行	2018-02-06	2090.491	192.8	接触线最小高度	2	5249	1
36	兰州局	兰新客专	下行	2018-02-06	2124.479	47.2	最小接触力	2	34	1
37	兰州局	兰新客专	下行	2018-02-06	2125.965	77.4	最小接触力	2	35	1
38	兰州局	兰新客专	下行	2018-02-06	2126.036	83.0	最小接触力	2	38	1
39	兰州局	兰新客专	下行	2018-02-06	2337.854	76.0	最小接触力	2	35	1

图 3　1C 缺陷分析

1C 波形图见图 4。

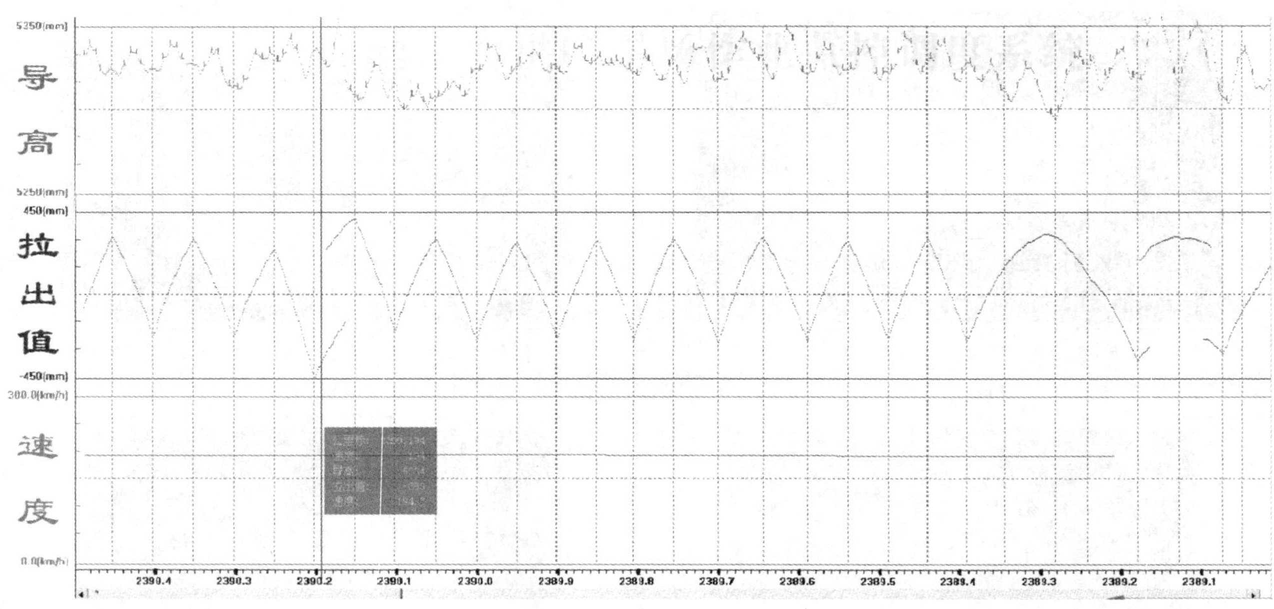

图 4　IC 波形图

之后，在 2 月 13 日，3C 检测车发该处拉出值超限报警。及时安排工区于 2 月 19 日进行了处理，现场测量拉出值处理前为 455 mm,处理后为 382 mm，符合要求。

3C 报警及处理结果反馈见表 2。

表 2　3C 报警及处理结果反馈表

管辖供电段	兰州铁路局 嘉峪关供电段		
位置信息	兰新客专 清泉南 - 嘉峪关南 上行 K2390 + 327 处 2072#支柱		
车辆编号	CRH5G - 5216	车辆配属	兰州车辆段
检测日期	2018 - 2 - 13	检测时间	08:31:24
级别	二级	报警类型	拉出值超限
车速/($km \cdot h^{-1}$)	192	受电弓位置	3 车
拉出值/mm	465	导高值/mm	5383
缺陷温度/℃	4	环境温度/℃	- 7
图像分析			
1. 红外图像 		2. 可见光图像	
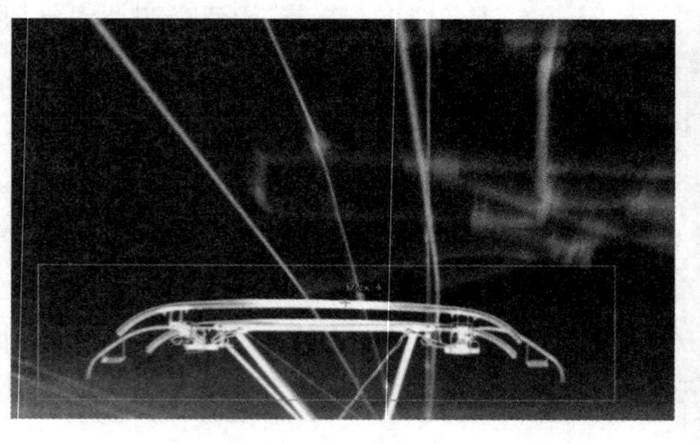			
导高值曲线		拉出值曲线	

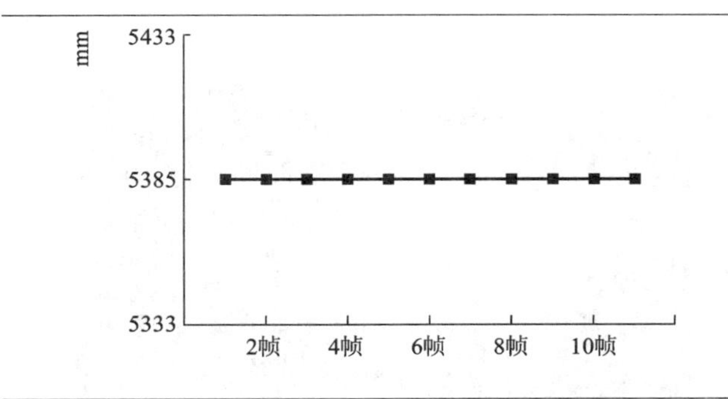

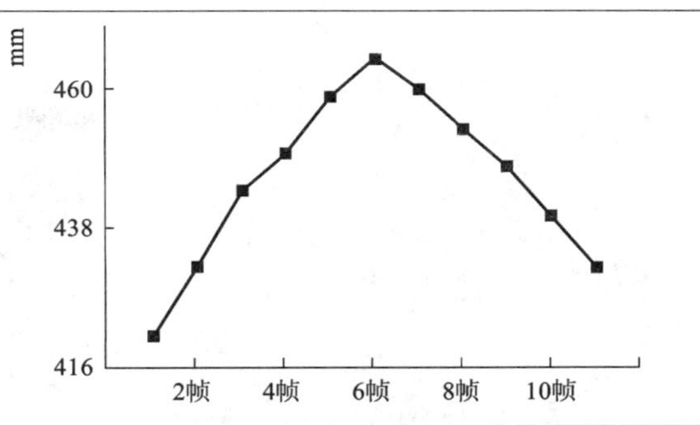

速度曲线

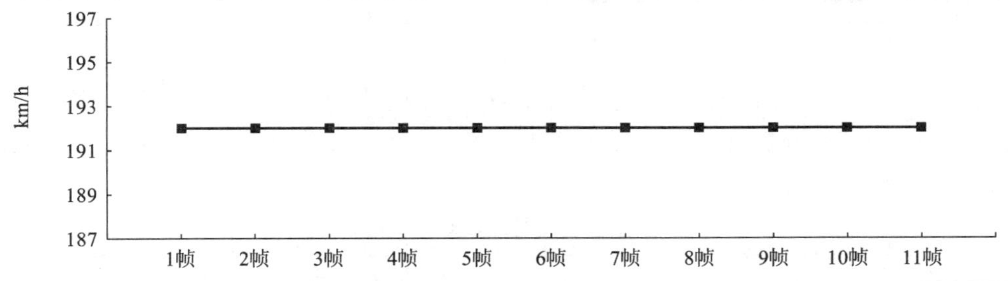

3. 缺陷分析：通过与近期 1C 对比分析，发现该处存在拉出值超限的现象。

4. 处理建议：利用“天窗”点进行复测

天窗检修

分析人员：　盛日忠

分析时间：　2018. 2. 13

5. 3C 检测缺陷复核整改反馈

嘉峪关供电段	玉门高铁车间	复核测量人：唐金杰
复核及整治情况：对清泉南－嘉峪关南区间 2072#拉出值进行调整		复核结论：经现场测量清泉南－嘉峪关南区间 2072#拉出值为 455mm
复核时间：2 月 17 日		处理情况：清泉南综合运行工区利用 2 月 18 日“天窗”对清泉南－嘉峪关南区间 2072#拉出值进行调整，调整后拉出值为 382 mm 参数符合标准。
现场复核公里标：K2390＋327		检修人：唐金杰　验收人：赵徽
现场测量值：455 mm 标准值：300 mm		处理后测量值：382 mm 测量人：唐金杰
整改前照片		整改后照片

（以上信息由车间技术人员填写）

报告人	赵徽	报告日期	2018 年 2 月 18 日

可见光图像	全景图像
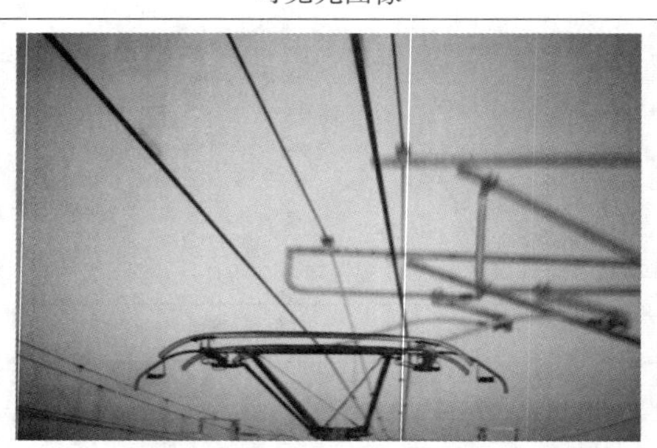	

2.3　2C 与 3C 之间的关联分析

2018 年 5 月 17 日，经 3C 分析发现，兰新客专上行 K2264 +475(酒泉南 - 清水北 0300#支柱)处报疑似吊弦尼龙套缺失缺陷，经 2C 分析发现该处确实存在吊弦尼龙护套缺失缺陷，及时安排工区处理。

3C 报警及处理结果反馈见表 3。

表 3　疑似吊弦尼龙套缺失缺陷报告

管辖供电段	兰州铁路局　嘉峪关供电段		
位置信息	兰新客专　酒泉南 - 清水北　上行 K2264 +475 处 0300#支柱		
车辆编号	CRH5G - 5216	车辆配属	兰州车辆段
检测日期	2018 - 5 - 17	检测时间	17:16:52
级别	一级	报警类型	疑似吊弦尼龙套缺失
车速/($km \cdot h^{-1}$)	192	受电弓位置	6 车
拉出值/mm	318	导高值/mm	5305
缺陷温度/℃	106(燃弧时长: 23 ms)	环境温度/℃	24
图像分析			
1. 红外图像		2. 可见光图像	

温度曲线		最高温度/℃:	106(燃弧时长: 23 ms)
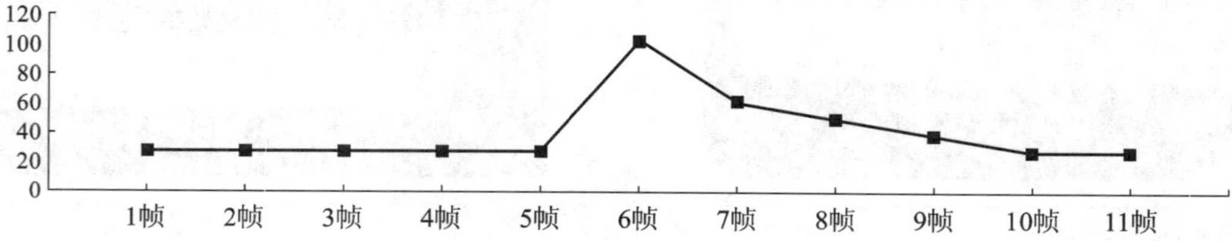			
(以上信息由分析系统生成)			

3. 缺陷分析

在距支柱西侧第一吊弦处，尼龙护套缺失。

4. 处理建议

天窗检修

	分析人员：	陈国城
	分析时间：	2018. 5. 18

5. 3C 检测缺陷复核整改反馈

嘉峪关供电段	清水北_车间	复核测量人：王军
复核及整治情况：班组按照设计吊弦长度加工了一个新的吊弦，带到现场测量与现安装的长度不一致，作业人员于是现场调整吊弦上部迂回部分宽度至 45 mm，将脱出的尼龙护套重新安装在吊弦内，检查吊弦受力良好，测量导线高度为 5302 mm，设备正常		复核结论：清水北－酒泉南 300#支柱工作支向西第一吊弦从上部尼龙护套处拖出，尼龙护套在承力索支座附近漂移。检查吊弦上部迂回部分宽度过大（现场测量为 55 mm），接触网震动中从尼龙护套中脱出
复核时间：5 月 23 日		处理情况：________月________日已进行检修处理
现场复核公里标：2264 + 475		检修人：郭振东、连玉龙　验收人：华永前
整改前照片		整改后照片

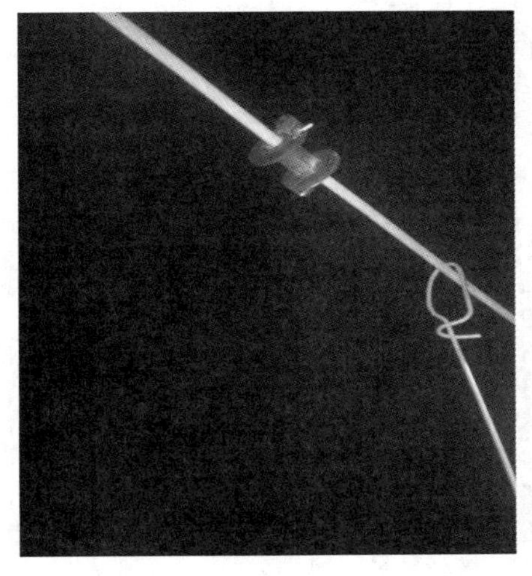

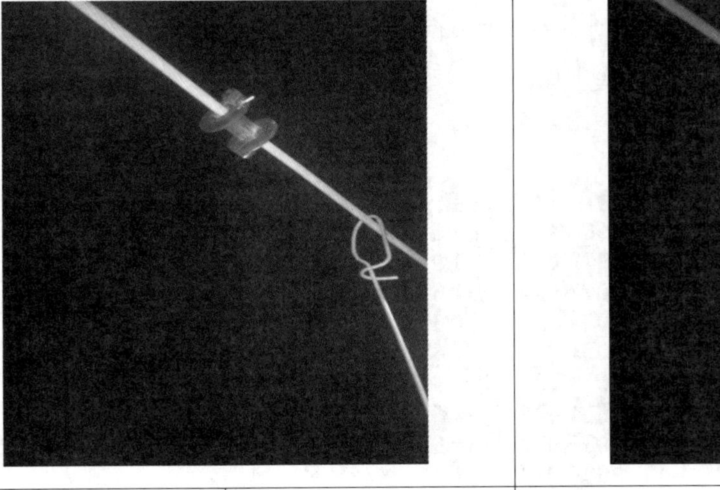

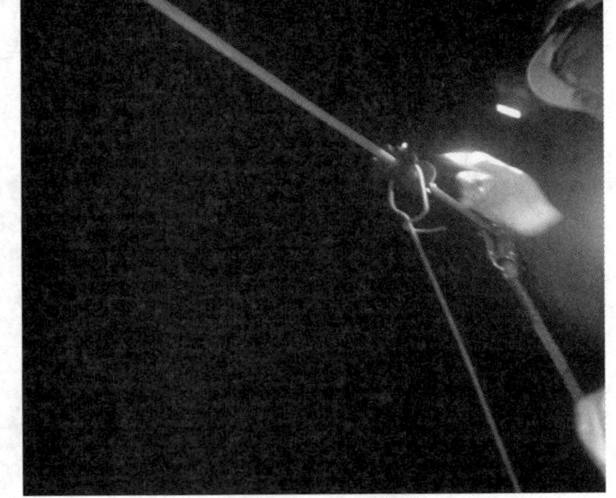

报告人：	华永前	报告日期：	2018. 5. 23

可见光图像

全景图像

2.4　1C 与 2C 之间的关联分析

2018 年 4 月 11 日，通过分析 1C 动检车数据发现兰新客专 K2220 + 825（高台南 - 清水北区间）处存在 56 G 硬点；经查阅基础数据，该处位于高台南 - 清水北区间 943#处；后来通过 2C 分析发现，该处位于上网点处，有 3 组电连接线及电连接线夹，为重力集中点，存在硬点。

1C 缺陷分析见图 5。

1	序号	铁路局	线别	行别	检测日期	里程	速度	超限类型	缺陷级别	缺陷值	扣分数
2	1	兰州局	兰新客专	下行	2018-04-11	1967.142	183.6	接触线最小高度	2	5339	1
3	2	兰州局	兰新客专	下行	2018-04-11	1972.048	193.8	接触线最小高度	2	5329	1
4	3	兰州局	兰新客专	下行	2018-04-11	2027.524	194.6	接触线最小高度	2	5344	1
5	4	兰州局	兰新客专	下行	2018-04-11	2034.429	194.6	接触线最小高度	2	5339	1
6	5	兰州局	兰新客专	下行	2018-04-11	2034.725	194.6	接触线最小高度	2	5325	1
7	6	兰州局	兰新客专	下行	2018-04-11	2034.781	194.5	接触线最小高度	2	5302	1
8	7	兰州局	兰新客专	下行	2018-04-11	2034.831	194.6	接触线最小高度	2	5300	1
9	8	兰州局	兰新客专	下行	2018-04-11	2035.072	194.5	接触线最小高度	2	5339	1
10	9	兰州局	兰新客专	下行	2018-04-11	2035.770	194.6	接触线最小高度	2	5342	1
11	10	兰州局	兰新客专	下行	2018-04-11	2036.186	194.4	接触线最小高度	2	5340	1
12	11	兰州局	兰新客专	下行	2018-04-11	2036.643	194.4	接触线最小高度	2	5310	1
13	12	兰州局	兰新客专	下行	2018-04-11	2062.284	191.5	接触线最小高度	2	5202	1
14	13	兰州局	兰新客专	下行	2018-04-11	2062.392	191.6	接触线最小高度	2	5228	1
15	14	兰州局	兰新客专	下行	2018-04-11	2062.445	191.6	接触线最小高度	2	5208	1
16	15	兰州局	兰新客专	下行	2018-04-11	2062.487	191.6	接触线最小高度	2	5220	1
17	16	兰州局	兰新客专	下行	2018-04-11	2090.394	178.1	接触线最小高度	2	5208	1
18	17	兰州局	兰新客专	下行	2018-04-11	2090.445	178.2	接触线最小高度	2	5218	1
19	18	兰州局	兰新客专	下行	2018-04-11	2090.494	178.2	接触线最小高度	2	5235	1
20	19	兰州局	兰新客专	下行	2018-04-11	2124.113	51.3	接触线最小高度	2	5237	1
21	20	兰州局	兰新客专	下行	2018-04-11	2124.444	49.7	接触线拉出值	1	540	10
22	21	兰州局	兰新客专	下行	2018-04-11	2124.569	48.9	接触线最小高度	2	5218	1
23	22	兰州局	兰新客专	下行	2018-04-11	2125.648	55.2	接触线拉出值	2	490	5
24	23	兰州局	兰新客专	下行	2018-04-11	2220.825	190.7	硬点	2	56	1
25	24	兰州局	兰新客专	下行	2018-04-11	2337.095	53.2	接触线拉出值	2	486	5
26	25	兰州局	兰新客专	下行	2018-04-11	2338.349	61.0	接触线拉出值	1	549	10

图 5　1C 缺陷分析

1C 波形图分析见图 6。

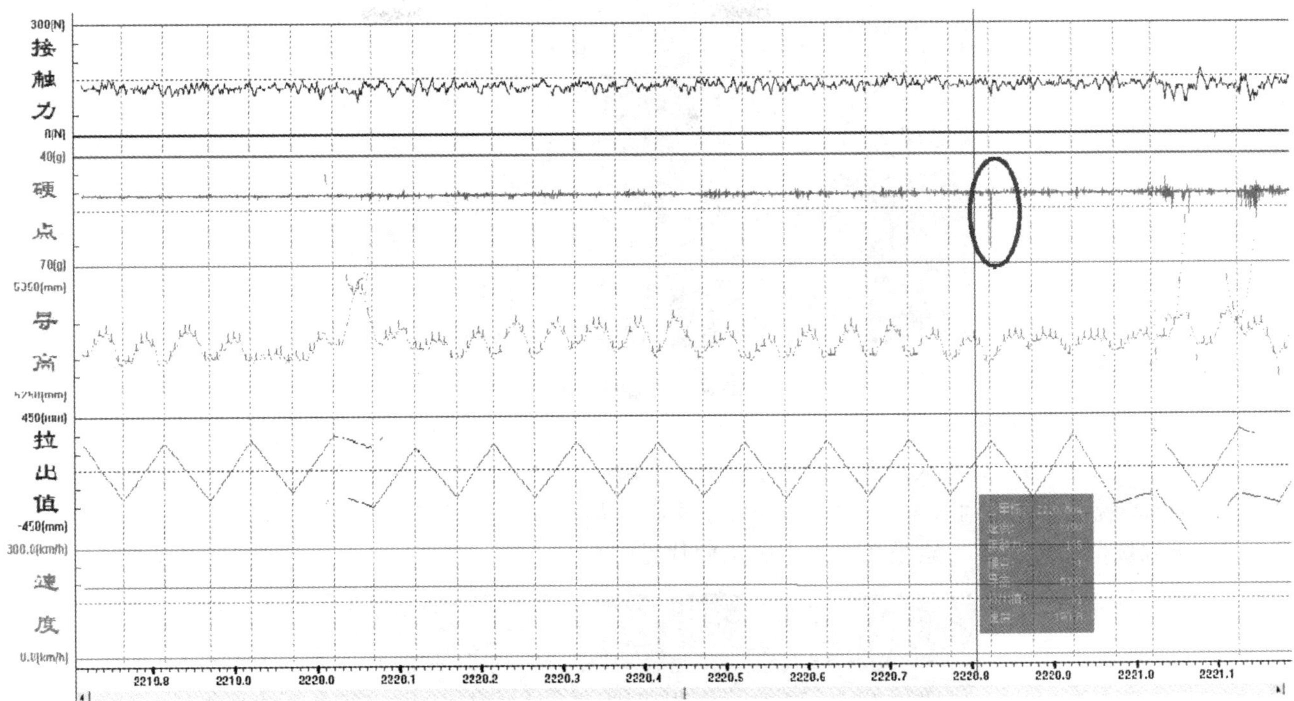

图 6　1C 波形图

通过基础数据定位见图 7。

5672	兰新高铁	下行	高台南至清水北区间	2220.345	919	嘉峪关供电段	清水北高铁车间	高台南综合维修工区
5673	兰新高铁	下行	高台南至清水北区间	2220.400	921	嘉峪关供电段	清水北高铁车间	高台南综合维修工区
5674	兰新高铁	下行	高台南至清水北区间	2220.450	923	嘉峪关供电段	清水北高铁车间	高台南综合维修工区
5675	兰新高铁	下行	高台南至清水北区间	2220.500	925	嘉峪关供电段	清水北高铁车间	高台南综合维修工区
5676	兰新高铁	下行	高台南至清水北区间	2220.550	927	嘉峪关供电段	清水北高铁车间	高台南综合维修工区
5677	兰新高铁	下行	高台南至清水北区间	2220.600	929	嘉峪关供电段	清水北高铁车间	高台南综合维修工区
5678	兰新高铁	下行	高台南至清水北区间	2220.650	931	嘉峪关供电段	清水北高铁车间	高台南综合维修工区
5679	兰新高铁	下行	高台南至清水北区间	2220.700	933	嘉峪关供电段	清水北高铁车间	高台南综合维修工区
5680	兰新高铁	下行	高台南至清水北区间	2220.750	935	嘉峪关供电段	清水北高铁车间	高台南综合维修工区
5681	兰新高铁	下行	高台南至清水北区间	2220.800	937	嘉峪关供电段	清水北高铁车间	高台南综合维修工区
5682	兰新高铁	下行	高台南至清水北区间	2220.850	943	嘉峪关供电段	清水北高铁车间	高台南综合维修工区
5683	兰新高铁	下行	高台南至清水北区间	2220.900	945	嘉峪关供电段	清水北高铁车间	高台南综合维修工区
5684	兰新高铁	下行	高台南至清水北区间	2220.950	949	嘉峪关供电段	清水北高铁车间	高台南综合维修工区
5685	兰新高铁	下行	高台南至清水北区间	2221.003	953	嘉峪关供电段	清水北高铁车间	高台南综合维修工区
5686	兰新高铁	下行	高台南至清水北区间	2221.050	955	嘉峪关供电段	清水北高铁车间	高台南综合维修工区
5687	兰新高铁	下行	高台南至清水北区间	2221.100	959	嘉峪关供电段	清水北高铁车间	高台南综合维修工区
5688	兰新高铁	下行	高台南至清水北区间	2221.150	961	嘉峪关供电段	清水北高铁车间	高台南综合维修工区
5689	兰新高铁	下行	高台南至清水北区间	2221.200	963	嘉峪关供电段	清水北高铁车间	高台南综合维修工区
5690	兰新高铁	下行	高台南至清水北区间	2221.250	965	嘉峪关供电段	清水北高铁车间	高台南综合维修工区
5691	兰新高铁	下行	高台南至清水北区间	2221.300	967	嘉峪关供电段	清水北高铁车间	高台南综合维修工区
5692	兰新高铁	下行	高台南至清水北区间	2221.350	969	嘉峪关供电段	清水北高铁车间	高台南综合维修工区
5693	兰新高铁	下行	高台南至清水北区间	2221.400	971	嘉峪关供电段	清水北高铁车间	高台南综合维修工区
5694	兰新高铁	下行	高台南至清水北区间	2221.450	977	嘉峪关供电段	清水北高铁车间	高台南综合维修工区

图 7　基础数据定位

通过 2C 分析(见图 8)，得出结论：该处有 3 组电连接，为重力集中点，存在硬点。

图 8　2C 图像分析

2.5　2C 与 4C 关联分析

2018 年 3 月 30 日，分析人员通过 2C 分析发现兰新线军垦－疏勒河区间 328#支柱处向东第一吊弦疑似从承力索处脱出，后经调取 4C 数据关联分析，发现是吊弦载流环固定不规范，不是缺陷。

2C 发现疑似吊弦从承力索吊弦线夹中脱出照片见图 9。

图 9　疑似吊弦脱出照片

4C 分析确认不是缺陷见图 10。

图 10　4C 图像分析

4C 分析局部放大图见图 11。

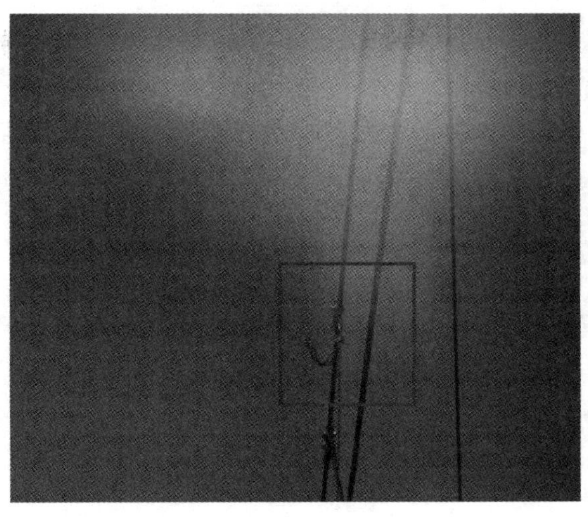

图 11　4C 分析局部放大图

2.6　3C 与 5C 之间的关联分析

2018 年 3 月—2018 年 4 月间，兰新客专军马场－浩门区间祁连山隧道内 S1559、S1660 处发生因隧道顶漏水而导致接触网结冰的现象，安装 3C 设备的车辆经过该处发出连续报警。通过 3C 视频查看，在机车通过该结冰点处，有积冰打碰受电弓的情况。之后，分析人员不仅加强了 3C 数据分析，监控该处结冰的发展情况，还通过 5C 对经过该处的受电弓进行认真分析，确保受电弓状态良好运行。

3C 结冰报警报告见表 4：

表 4　3C 结冰报警报告

管辖供电段	兰州铁路局 嘉峪关供电段		
位置信息	兰新客专浩门－军马场 祁连山隧道 下行 K1980＋504 处 S1599#支柱		
车辆编号	CRH5G－5216	车辆配属	兰州车辆段
检测日期	2018－4－7	检测时间	16:29:31
级别	二级	报警类型	疑似积冰
车速/(km·h^{-1})	66	受电弓位置	3 车
拉出值/mm	33	导高值/mm	5386
缺陷温度/℃	239(燃弧时长：160 ms)	环境温度/℃	3
车次号			
图像分析			
1. 红外图像		2. 可见光图像	
		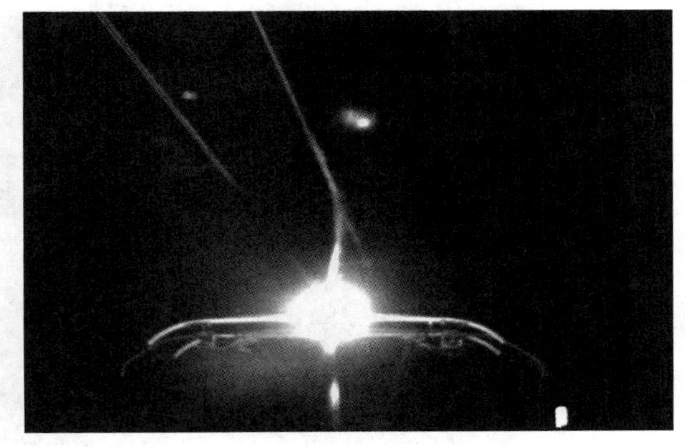	

温度曲线	最高温度/℃:	239(燃弧时长: 160 ms)

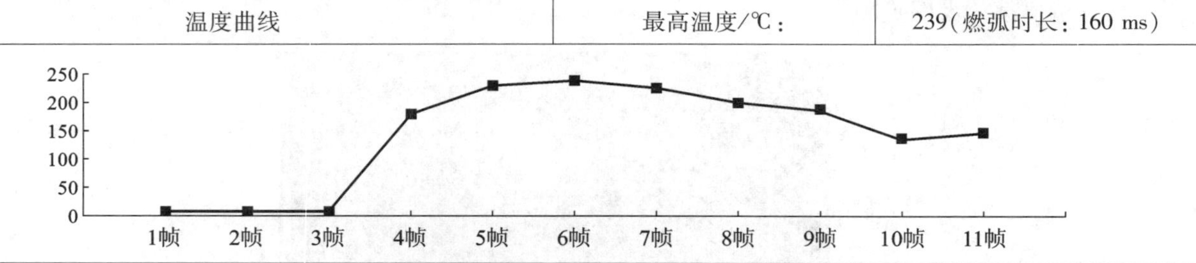

(以上信息由分析系统生成)

3. 缺陷分析

接触网覆冰

4. 处理建议

及时上报高铁科, 调度指挥中心, 安排打冰处理。

分析人员: 盛日忠

分析时间: 2018.4.17

(以上信息由分析人员填写)

5. 3C 检测缺陷复核整改反馈

嘉峪关供电段	张掖西高铁车间	复核测量人:	
复核及整治情况:		复核结论:	
报告人:		报告日期:	

可见光图像

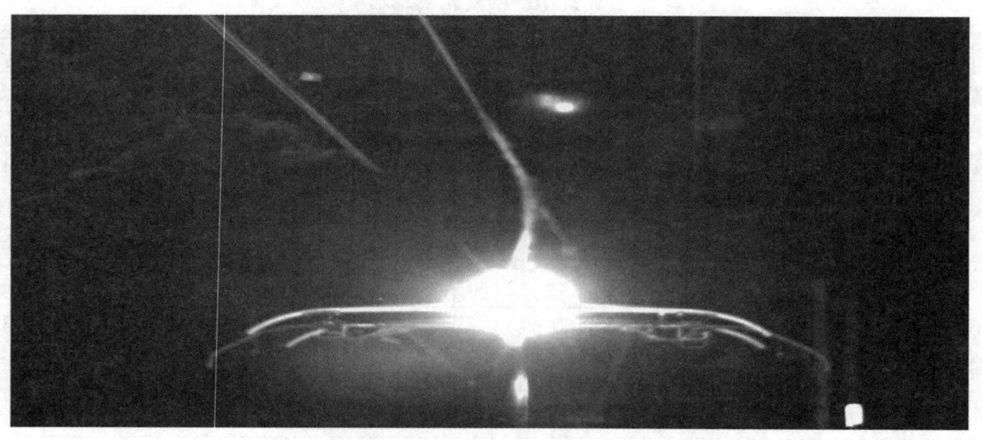

全景图像

监控当日经过军马场－浩门区间下行303#处安装的5C拍摄的该动车受电弓照片(见图12)，受电弓状态良好。

图12　受电弓照片

监控当日经过军马场－浩门区间上行304#处安装的5C拍摄的该动车受电弓照片(见图13)，受电弓状态良好。

图13　受电弓照片

2.7　3C与1C、2C及现场测量关联分析

2018年2月—2018年5月，1C、3C连续发兰新客专嘉峪关南站183#拉出值超标报警。与高铁技术科、清水北高铁供电车间沟通后，经现场测量，发现定位点处拉出值符合标准，主要问题是定位支柱安装位置错误，属设计缺陷，等待后期处理。现将1C、2C、3C发出缺陷报告分析如下：

2月22日3C报警报告及复核情况见表5。

表5　3C报警报告及复核情况

管辖供电段	兰州铁路局 嘉峪关供电段		
位置信息	兰新客专 嘉峪关南 下行　183#支柱		
车辆编号	CRH5G－5213	车辆配属	兰州车辆段
检测日期	2018－2－22	检测时间	05:48:32
级别	一级	报警类型	拉出值超限
车速/(km·h^{-1})	57	受电弓位置	3车
拉出值/mm	－600	导高值/mm	5326
缺陷温度/℃	－11	环境温度/℃	－7
车次号			

图像分析

1. 红外图像

2. 可见光图像

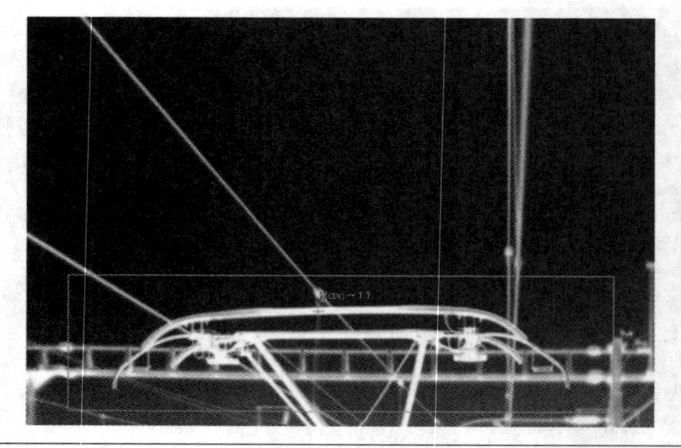

导高值曲线

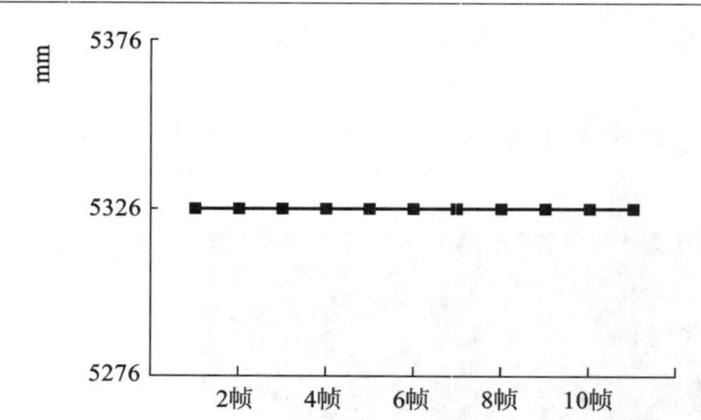

拉出值曲线

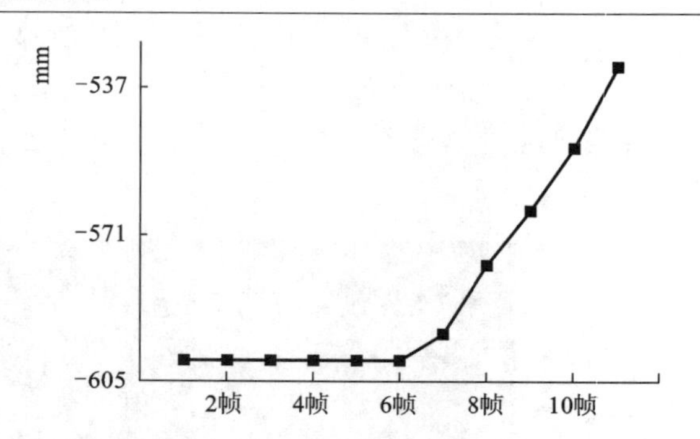

速度曲线

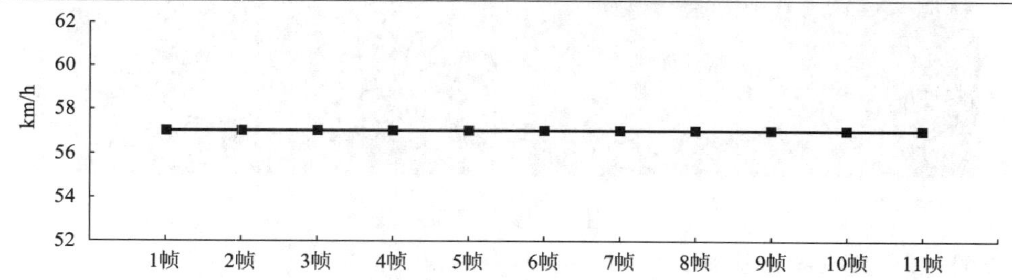

(以上信息由分析系统生成)

3. 缺陷分析

该处为无交叉线岔过渡处,关注定位处拉出值。

4. 处理建议

天窗检修

分析员: 陈国城

分析时间: 2018. 2. 22

(以上信息由分析人员填写)

5. 3C 检测缺陷复核整改反馈

嘉峪关供电段　　清水北供电车间	复核测量人: 冯国朴
复核及整治情况:	复核结论: 定位点处拉出值标准
复核时间: 2 月 26 日	处理情况: 2 月 26 日已进行检修处理

现场复核公里标：K2343 +610		检修人：冯国朴 验收人：杨志年	
现场测量值：138 mm 标准值：150 mm		处理后测量值：138 测量人：冯国朴	
报告人：	华永前	报告日期：	2. 27
可见光图像			
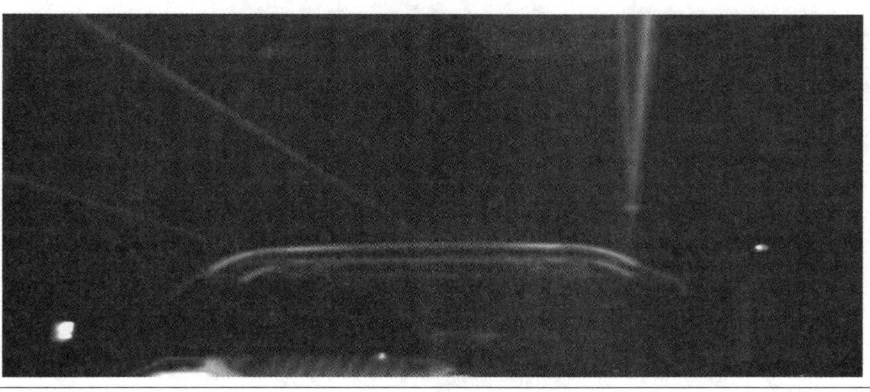			
全景图像			
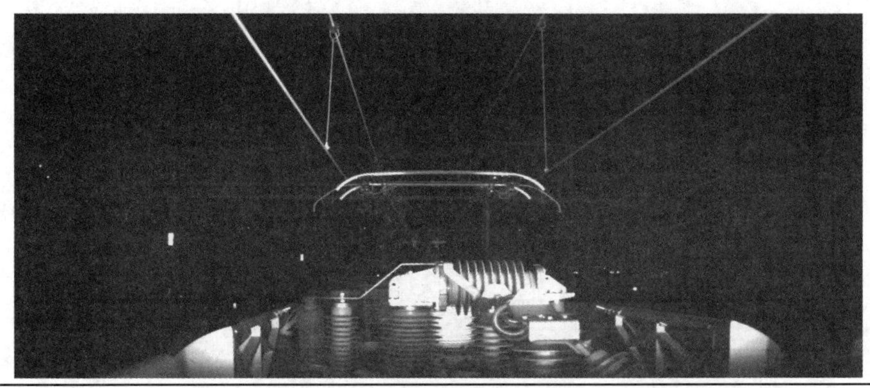			

4 月 11 日 1C 报警波形图见图 14；4 月 11 日，铁科院动检车检测经过该处时，发现该处拉出值为 520 mm，发报警信息。

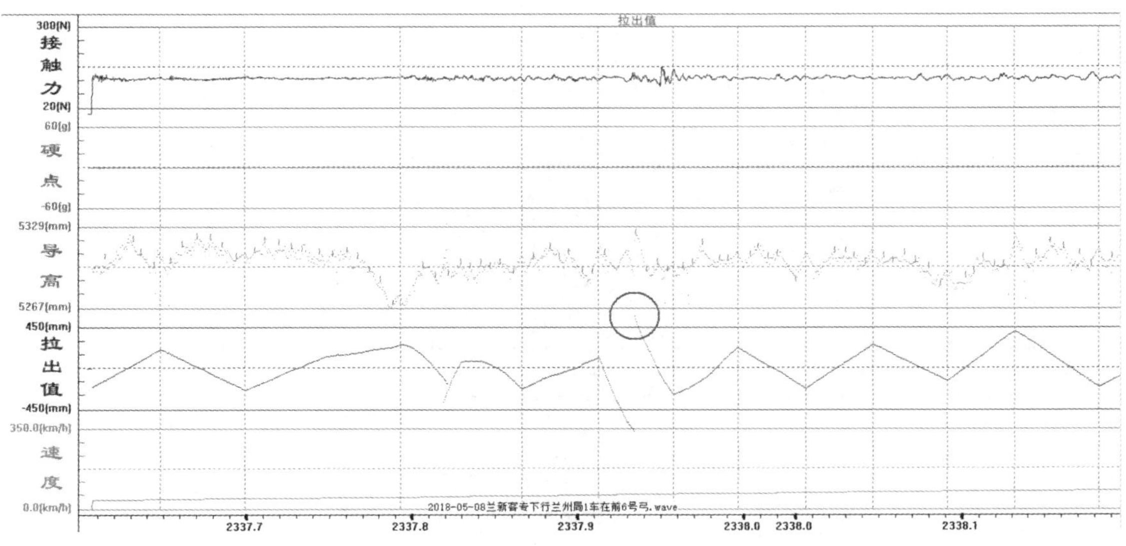

图 14 1C 报警波形图

4 月 23 日现场测量值见图 15。

嘉峪关南车站无交叉线岔缺陷复核情况																
支柱号#～#	线岔编号	线岔类别	A柱			跨中			B柱			C柱			始触区
			拉出值/导高/mm		垂直/水平间距/mm	所处位置	拉出值/导高	两接触线间距	拉出值/导高/mm		垂直/水平间距/mm	拉出值/导高/mm		垂直/水平间距/mm	有无线夹600-1050/mm
			正线	侧线					正线	侧线		工作支	非支		
183#～187#	10#	无交叉	138/5312	118/5313	10/1664	正线	130/5301	18/1243	407/5302	1107/5403	104/843	212/5312	1387/5678	356/1584	无
						侧线	701/5323								
56#～64#	9#	无交叉	91/5320	171/5318	3/1514	正线	103/5293	7/1130	397/5289	1043/5372	86/864	201/5306	1368/5329	328/1557	无
						侧线	564/5286								

图 15　现场测量值

2C 数据分析现场结构及装配形式效果图见图 16。

图 16　现场结构及装配形式效果图

接触网平面布置图示意见图 17。

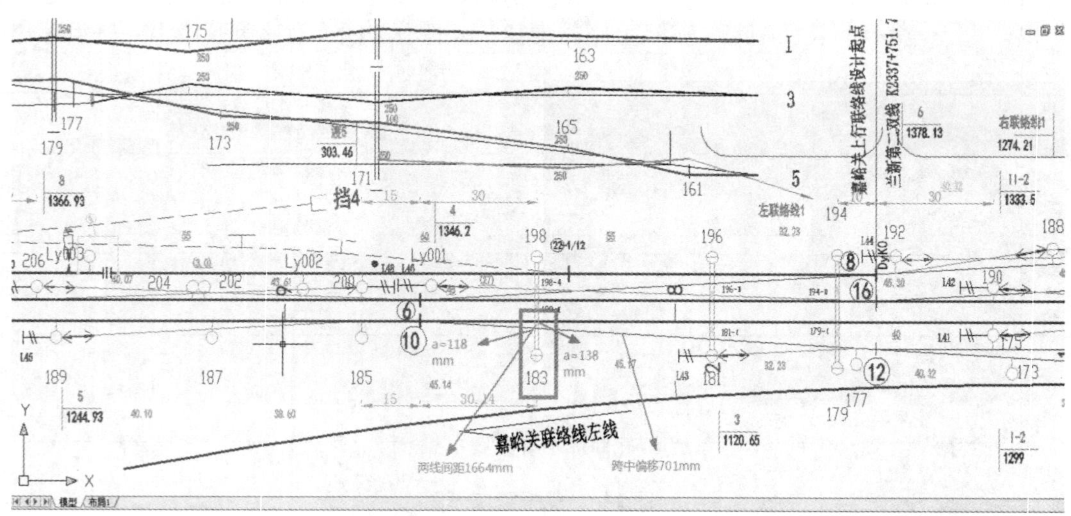

图 17　接触网平面布置图

嘉峪关南站183#支柱（A柱）正线拉出值为138 mm（标准值为150 mm），侧线拉出值为118 mm（标准值为150 mm），因施工位置错误、装配不标准，导致在183#支柱处正线与侧线水平间距不符合要求所致（标准值为1400 mm，现为1664 mm），183#－187#（10#线岔）岔心位置（标准值为25 m，现不足25 m）不能标准定位，致使跨中偏移值超标，在检测车辆通过时发生报警。

3　结束语

6C各数据关联分析，有效提高了6C分析工作效率，真正意义上实现缺陷信息综合展示的功能，能有效地辅助分析人员进行缺陷的识别，为缺陷识别提供数据支撑，使得缺陷分析、缺陷消除的环节更加简洁、科学；同时，实时调用6C检测数据，查阅视频、图片等数据，结合设备参数查阅、现场实际调查等手段，通过对历史数据进行比照，将公里标与其他检测参数同步关联等手段，快速定位设备缺陷位置及故障之前的状态，充分发挥6C在接触网检测、监测的技术手段优势，转变传统的巡视、测量、修前调查、缺陷分析处理、应急处置、作业安全预想等方面的操作方式，建立全新生产组织模式，为接触网维修提供技术支持，更为接触网安全运行提供依据，在保障铁路运行安全的同时、极大地提升铁路运输能力，不断发挥6C系统在供电系统维修策略中的地位。

参考文献

[1] 铁总运.高速铁路接触网运行维修规则[M].北京：中国铁道出版社，2016.

[2] 高速弓网综合检测装置（1C）运用管理指导意见（铁总运〔2014〕345号）[S].北京：中国铁路总公司，2014.

[3] 接触网安全巡检装置（2C）运用管理指导意见（铁总运〔2014〕244号）[S].北京：中国铁路总公司，2014.

[4] 动车组车载接触网运行状态检测装置（3C）运用管理指导意见（铁总运〔2014〕244号）[S].北京：中国铁路总公司，2014.

[5] 接触网悬挂状态检测监测装置（4C）运用管理指导意见（铁总运〔2014〕244号）[S].北京：中国铁路总公司，2014.

[6] 受电弓滑板监测装置（5C）运用管理指导意见（铁总运〔2014〕345号）[S].北京：中国铁路总公司，2014.

[7] 接触网及供电设备地面监测装置（6C）运用管理指导意见（铁总运〔2014〕345号）[S].北京：中国铁路总公司，2014.

[8] 高速铁路供电安全检测监测系统（6C系统）总体技术规范（铁运〔2012〕136号）[S].北京：中国铁路总公司，2012.

作者简介

陈国城，兰州局集团有限公司嘉峪关供电段检测车间，技术员

浅析电缆故障探测在现实故障中的运用和分析

吕凌云

摘　要：本文主要讲述电缆故障探测的实际意义和方法，以及在现实操作中的安全注意事项和对故障的分析和运用。

0　引言

随着我国铁路列车速度的提高，特别是以 200 km/h 时速运行的高速列车，对铁路 10 kV 供电设备的要求也是越来越高，普速铁路贯通线路的电缆使用率每年都在提高，高速铁路更是采用了线路入地、全电缆模式，所以及时准确地查找并处理电缆故障，掌握电缆故障探测方法，就成了保证供电安全的一项重要内容。

1　电缆故障产生的原因及常见故障类型

电缆故障产生的原因主要有外力破坏、电缆接头制作质量不高、电缆敷设质量不高、电缆本体制造工艺及绝缘老化等，按照电缆绝缘电阻大小，可以分为低阻故障、高阻故障、开路故障和闪络性故障。

2　目前我们的电缆故障探测设备

目前兰州局集团公司采用的电缆故障探测设备有德国赛巴、浙江咸亨、山东科汇三个厂家的设备，虽然厂家不一样，但是使用方法大同小异。

3　保证人身安全是一切的前提

我们知道电缆自身存在储存电荷的特性，而电缆故障探测设备的工作原理主要是通过产生直流高电压进行，以及长大电缆周边环境的不确定性，这几方面的存在，提高了我们在进行电缆故障探测作业时的劳动安全风险。为了保证作业人员的劳动安全，要做到以下几个方面：

(1)确认电缆状态，长大电缆要充分放电。

(2)检电放电完毕后，要立即将电缆线芯进行接地，在操作时取下要操作的线芯接地线，该相测试完后，放电接地，也就是说为了保证作业人员的安全，线芯在待测状态的时候，要始终处于接地状态。

(3)在进行兆欧表摇测电缆绝缘和升压操作时，电缆两端要做好防护，防止人员触碰电缆造成伤害。

4　测试故障距离的部分方法和案例

4.1　确认电缆的必要性时还能初步判断故障性质

通过对电缆做导通试验，可以确定故障电缆是不是该电缆，还可以初步判断故障性质，比如，线芯和接地处于开路，万用表导通测得数值为导通，可以初步判断为低阻；线芯和接地处于短路，万用表导通测得数值为不通，可以初步判断为高阻或者断线，这样可以在节省抢修时间。

如 2017 年临泽配电室 122 电源线电缆故障，当时测得三相对地都不通，铠装对地导通，可以确认工作电缆无误，但是三相对地均不通，给现场操作人员带来了误导和困惑，因为巡视电缆路径，并没有任何外力破坏的痕迹，怎么会三相同时断线呢？判断为断线故障，通过低压脉冲法测试后，测得电缆全长为 685 米，而电缆资料长为 1500 米，确认为断线故障。然后通过脉冲电流法和跨步电压法确定了故障点，故障点处线芯全部烧断，铠装没有全部断开。

通过上面的事例可以得到以下几点：一是通过确认电缆可以初步判断故障性质，二是电缆故障不能盲目臆测和估计，要根据实际数据和科学理论判断。

图 1 电缆线芯故障

4.2 故障性质对精确定点的影响

电缆不同的故障性质对测得故障距离有直接的影响，因为不同的故障性质，会采用不同的测距方法，比如低压脉冲法、脉冲电流法及二次脉冲法，测得的故障距离误差会很大。在低阻故障或短路故障中，低压脉冲法测得的故障距离要比脉冲电流法测得的故障距离精确；而在高阻故障中，二次脉冲法要比脉冲电流法测得的故障距离更精确。

无论是开路故障、低阻故障还是高阻故障，在测得故障距离后，我们都不能用一成不变的思维方式去进行精确定点，要根据实际情况选择精确定点方式。要灵活运用，采用最科学、最快速、最有效的方法。

如 2018 年嘉峪关机务线电缆故障，该电缆全长 500 m，周边噪音很大，穿越铁路，机车流量很大。在前期故障判断中，由于各种原因，操作人员将故障性质判断为低阻故障，用低压脉冲法测得故障距离后，开挖“故障点”前后 30 m，没有找到故障点；后来重新对故障性质进行测量判断后，判断为高阻故障，采用脉冲电流法测得故障距离和前次故障点距离相差 50 多米，通过声磁同步法准确地找到了故障点，此时该故障已造成停电时间 4 天。

5 结束语

随着越来越多的电力电缆投入电力运营，电缆故障发生后会严重地影响铁路安全生产，为了保证铁路安全运行，就要熟练地掌握电缆故障的查找方法，漫无目的的定点将会延长故障修复时间，这不但会影响测试者的信心而且会影响铁路安全生产，所以要想全面掌握电缆故障探测这门技术，需要长期的经验积累和不断与同行进行技术交流。

参考文献

[1] 朱启林，李仁义，徐柄垠. 电力电缆故障测试方法与案例分析[M]. 北京：机械工业出版社，2016.

作者简介

吕凌云，中国铁路兰州局集团有限公司嘉峪关供电段，张掖供电车间技术员，助理工程师

2C、4C 数据的智能分析

高新正

摘　要: 现阶段供电检测技术发展越来越快，大量的数据堆积需要合理的规划和智能化的分析来支撑，目前也正处于大数据和数字化转型的时代，如果无法从现有的检测数据中快速、准确地提取有用的信息，检测数据本身并不能快速驱动和引领供电检修。检测数据智能分析本身是一个跨学科的领域，它结合大规模数据处理、数据挖掘、机器学习、人机交互、可视化等多种技术，从数据中提炼、发掘、获取缺陷。

1　概论

铁路供电安全检测监测系统(6C 系统)中的接触网安全巡检装置(2C)和接触网悬挂状态检测监测装置(4C)目前已经进入规范运营管理阶段，但是面对装置采集的巨量图像数据，各路局供电段主要采用单纯人工分析方式，缺乏自动化、智能化手段。虽然人工分析在缺陷分析的综合性、精准性、深入性以及全面性等方面具有优势，但同时也面临着分析人员人手紧张、分析效率低、分析结果不一致、以及对分析人员的业务熟练度依赖高等问题。目前，国内外科研院校均有针对接触网缺陷进行智能识别的学术研究，但大多都停留在学术科研阶段，没有形成真正落地实用的系统。国内一些供电相关企业也有针对 4C 装置抓拍图片进行接触网零部件缺陷自动识别的开发，但是一方面覆盖的缺陷类别有限，另一方面没有针对 2C 装置开发相应的智能分析系统。相较于 4C 装置的季度周期性巡检，2C 装置使用的频度更高，数据分析的时效性要求也更高，因此，给分析人员带来了较大的分析压力。

2　人工数据分析

2.1　2C 数据分析

2C 的全称是接触网安全巡检装置，顾名思义就是代替人工巡视的一套装置，作用是代替人工巡视接触网的安全运行状态。但是其周期短，拍摄频率高，分析起来枯燥乏味，偶尔能遇到一根吊弦断裂，根据各个供电段管理规定还能捡个红包，基于现状也避免不了漏分析。结合我段实际情况，分析人员是按照分区域定路径的方法对数据进行逐帧分析:

支柱、拉线和基础:支柱有无明显倾斜、是否破损露筋严重;拉线有无断股、散股及严重松弛，基础是否完好清洁、周边有无取土现象。

定位支撑装置:软、硬横跨有无明显变形、松弛、散股及断裂现象;吊线有无明显断股、散股及断裂现象;腕臂及水平拉杆有无明显变形、偏移、裂纹;定位器有无明显变形、偏移、裂纹;绝缘部件有无脏污、明显破损的现象;斜拉线有无明显松弛、断股现象;各连接零部件有无明显变形、脱落。

附加悬挂(包括供电线、回流线、正馈线、保护线、架空地线、吸上线等):有无明显断股、散股现象，肩架是否严重低头。重点检查同杆合架供电线、站场柱顶架空地线是否脱落、断股，供电线接地跳线绑扎是否松动。

接触悬挂:接触线有无明显硬弯，承力索有无明显断股、散股，吊弦是否严重松弛、折断，线岔交叉吊弦状态是否正常;分段绝缘器和分相绝缘器检查平衡吊弦是否连接受力均匀，回头是否绑扎牢靠，连接处销钉状态是否良好，主绝缘两端连接处是否断裂，主绝缘是否老化、烧伤，辅助滑道是否变形、断裂;线岔限制管量是否符合相应温度要求、是否偏移大或者卡滞、是否弯曲变形，线岔范围内接触线是否弯曲、硬弯，承力索交叉处是否磨损断股，跨距内吊弦是否磨损、折断;下锚补偿装置检查上下行补偿滑轮绳是否存在托槽现象，补偿绳回头是否有松脱、断股、散股现象，限制框架各部件是否松脱，坠砣抱箍状态是否良好，检查坠砣是否存在 a、b 值超限或者卡滞、落地现象；关节式分相检查分相跨距内承力索是否烧伤、断股，吊弦是否烧损、烧断；上网点处线索状态和供电线接头及并接处所，各电气连接点是否断股、转角处电地距离是否符合要求、检查上网点处承力索是否断股；电连接器各电气连接点是否断股，检查接触线电连接线夹是否脱落、断股，检查承力索线夹处是否断股；中锚。

周边运行环境：视场范围内检查周边是否存在接触网附近吊车施工、抑尘网铺盖情况，周边是否存在白色垃圾场，树木是否侵入限界，限界门、安全挡板或网栅、各种标志是否缺失、破损，安装是否牢固，检查是否存在“三线”跨越现象，隧道口是否有爬藤、危石等侵入限界，上跨桥、隧道口、构筑物处承力索是否有断股、异物侵限现象，有无落石、山洪水害、施工作业及其他周边环境等危及接触网供电和行车安全的现象，冬季跨线桥下、隧道壁是否有结冰现象，规旁设备状态是否良好。

2C 最大作用还是鸟害的分析，图 1 是 2019 年 1 月至 7 月我们段 2C 数据人工分析发现的鸟害统计：

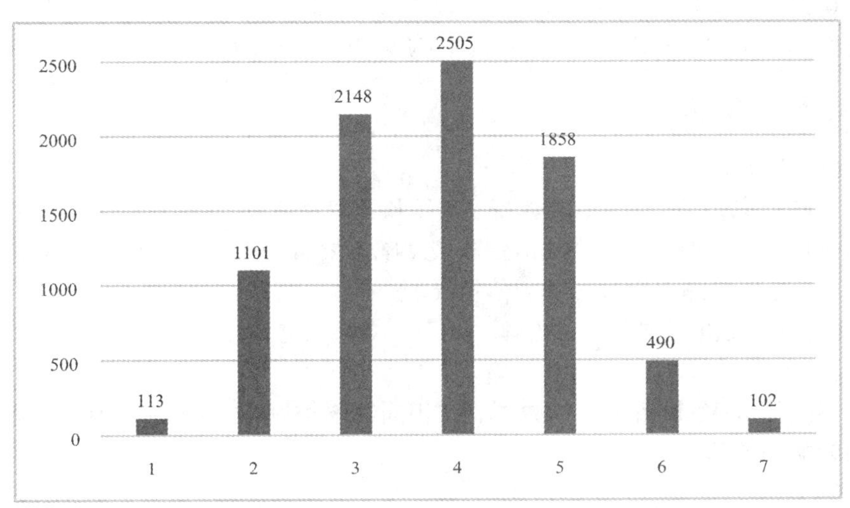

图 1　2019 年 1 月至 7 月 2C 数据人工分析鸟害统计表

2.2　4C 数据分析

4C 的全称是接触网悬挂状态检测监测装置，是安装在接触网作业车或专用检测车上的接触网检测监测装置，随着车辆运行将接触网主要零部件状态进行高清成像，对接触网的几何参数进行非接触检测，为接触网运行维修管理提供依据。主要分析接触线几何参数(接触线拉出值、接触线高度等)；拍摄支持装置、接触悬挂、附加悬挂等图像；分析接触网设备零部件有无烧伤、缺失、断裂及其他异常情况。悬挂状态的分析点和 2C 基本一致，图 2 是 2019 年 3 次检测后人工分析发现的缺陷统计：

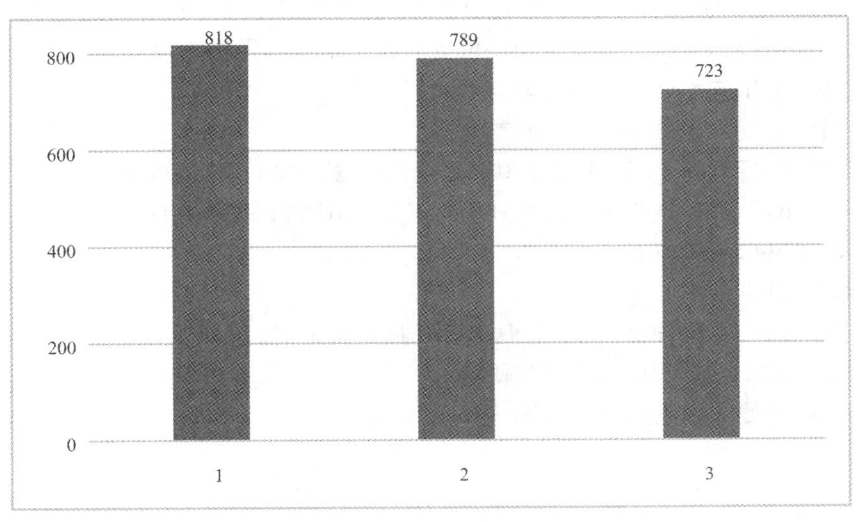

图 2　2019 年 4C 数据 3 次人工分析缺陷统计表

3 智能分析的发展

现阶段供电检测技术发展越来越快，大量的数据堆积需要合理的规划和智能化的分析来支撑，目前也正处于大数据和数字化转型的时代，如果无法从现有的检测数据中快速、准确地提取有用的信息，检测数据本身并不能快速驱动和引领供电检修。检测数据智能分析本身是一个跨学科的领域，它结合大规模数据处理、数据挖掘、机器学习、人机交互、可视化等多种技术，从数据中提炼、发掘、获取缺陷。

2C 的拍摄周期是当日拍摄完成以后，1 日内完成专项分析，3 日内完成全面分析，鸟害季节时需要当日完成鸟害分析，根据现有车次安排，拍摄完毕以后，分析人员拿到拍摄数据已经是下午 4、5 点左右，几乎来不急分析，再加上临下班分析质量会有所下降，现有的人工分析总体效率和质量并不高。4C 的拍摄周期是每季度一次，全段管内 27118 跨，需 20 天内完成分析，每天平均需完成 1356 跨，每人每天任务量是 50 跨，需要 28 人 20 天内不间断才能分析完，分析效率低，准确率因为每次分析人员的不同也会有所变化。根据数据显示和我段实际情况，智能分析的使用是必须要提上日程的。

4 智能分析系统的架构

2C 智能分析技术指标：

系统能够兼容不同厂家 2C 设备采集的数据；系统检测到的鸟巢缺陷需要覆盖人工检测到的缺陷；系统能够检测识别明显弯曲的吊弦，检测到的吊弦断裂缺陷需要覆盖人工检测到的缺陷；系统能够检测识别比较明显的异物；系统能够检测识别号码牌脱落情况。

技术目标：鸟巢、吊弦松断、异物、号码牌。

4C 智能分析技术指标：

系统能够兼容不同厂家 4C 设备采集的数据；在相同缺陷类别下，系统检测到的接触网零部件缺陷需要覆盖人工检测到的缺陷的 75%。

技术目标：

平、斜腕臂绝缘子异常(绝缘子破损、烧灼、脏污)；平、斜腕臂底座销钉反插；平、斜腕臂底座处开口销缺失、松动；平、斜腕臂铁锚压板处开口销缺失、松动；平、斜腕臂铁锚压板缺失；定位器等电位连接线缺失；定位器线夹螺母缺失；管帽缺失；斜拉线异常；防风拉线异常。

通过和以往缺陷数据对比，目前鸟害识别率达到 99.9%，误判率较大，需进一步优化改进，已基本具备鸟害专项分析；腕臂底座螺栓及绝缘子破损、脏污等缺陷识别已基本实现，其他功能正逐步完善。

智能分析速度根据 RTX 22G 显存的显卡测试得出：1 h 能分析 75 km 的正线公里 2C 数据，2C 设备 1 km 大概有 1200 帧(根据车速不同，帧数会有变动)的图片，1 h 能分析 90000 帧左右，新月线上下行 150 km 左右，分析时间需要 2 个半小时左右，后续智能分析的点逐步增加，这个服务器的分析速度也会逐步降低。系统方面逐步优化完善可以适当减少智能分析时间，但起主要作用还需增高硬件配置，硬件配置越高分析速度会越快，尤其显卡显存越大对分析速度影响越大。

为保证智能分析的速度，我段服务器的配置是：

主板：可支持 TiTan RTX 显卡(4 × PCIE3.0 x16 全高全宽插槽)，具备风道

CPU：EG840G - G20 2 × Intel XEON 金牌 6130 16C 2.1GHZ 22M(可只配置一个)

内存：2 × 32GB DDR4 2400 ECC

显卡：TiTan RTX(24G)x2

机箱：具备热插拔 2.5 寸 SSD 盘仓 4 个，USB 3.0 接口 4 个

硬盘：大小不做要求，直接使用 SSD 固态硬盘

结合总公司网络安全要求网络拓扑图见图 3。

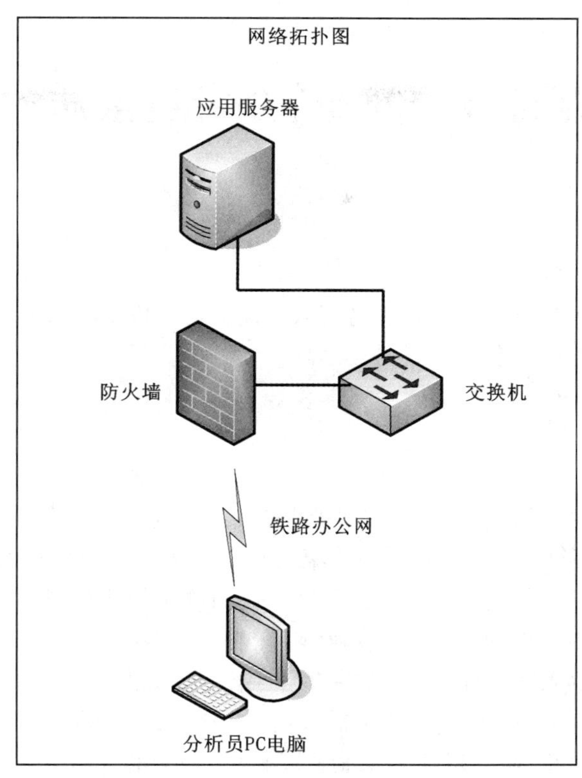

图 3　2019 年 4C 数据 3 次人工分析缺陷统计表

5　缺陷的应用

按照“科学研判、有序整治”的方针，根据严重程度对缺陷进行分级，严格落实问题追踪程序。分析出来的缺陷按 A、B、C 分类。其中，A 类指影响供电和行车安全的问题，须立即派维修人员到现场驻守或立即处理的缺陷，处理后 2 小时内将处理结果反馈至安全生产指挥中心；B 类指不影响供电和行车安全但存在较大安全隐患的问题，需尽快安排整治的问题，供电(维修)车间须在 1 日内现场确认，20 天内整改完毕；C 类指不影响供电和行车安全的一般性问题，需统筹安排整治的一般性问题，可纳入年度全面检查进行处理。A 类、B 类立即完成缺陷录入，并通知供电车间、班组接收通知单。C 类缺陷 1 个工作日内完成缺陷录入，并通知供电(维修)车间、班组接收通知单。

智能分析除鸟害以外各个分析点，正逐步完善，但还需要大量的缺陷数据支撑、使用过程中的问题累积以及软件方面的协调才能把系统做得更好。

6　结束语

检测数据分析的核心目标是指导接触网设备检修，分析的速度和质量将决定事故发生的概率，结合总公司“强基达标，提质增效”的理念，智能分析带来的收益是非常可观的，相信随着时间和经验的积累，智能分析会成为供电检测必不可少的一部分。

参考文献

[1] 郑州铁路局集团公司 6C 系统管理文件汇编[G]. 郑州局集团公司供电部，2019.
[2] 糖醋花椒. 数据智能的现在与未来[DB/OL]. (2019 - 03 - 18)[2019 - 03 - 18]. http://m.sohu.com/a/302202151_814235.

作者简介

高新正，中国铁路郑州局集团公司新乡供电段，技术员，助理工程师

关于提高接触网6C分析员素质的探讨

姜立常

摘　要：简述了6C分析员培训现状和面临的形势，从制度完善、作业标准制定、人员培训、考核评价等方面，论述了加强6C分析员素质培训实施方案。

0　前言

随着接触网运行维修改革发展，接触网运行维修坚持“预防为主、重检慎修”方针，按照“定期检测、状态维修、寿命管理”的原则，遵循专业化、机械化、集约化维修方式，依靠铁路供电安全检测监测系统(6C系统)等手段，建立信息资源共享平台，实行“运行、检测、维修”分开和集中维修组织模式，确保接触网运行品质和安全可靠性。6C检测分析的地位和“准确诊断、精准维修、高效应急、科学评价”的作用得到进一步提升，实现以科技保安全，为接触网状态修提供依据，指导接触网维修。对可能危及供电安全的事故隐患做到预先处理，防患于未然。近年来，6C技术已经进入快速发展阶段，6C检测装置大量配备，新设备、新技术的大量投入运用，受检测智能分析技术限制，目前6C检测的大数据量还需人工进行分析，对6C分析员的责任心、技术业务能力提出了更高的要求。围绕段上“四个建立”中的“建立优秀职业团队”，迫切需要打造一支一流的高素质专业检测分析队伍。如何科学和高效培训6C分析员，提升分析员知识技能和激发他们的内在能动性，更好地满足企业发展需要，是当前需要共同探索讨的问题。

1　现状及问题分析

1.1　人才需求缺口大

目前我段接管有柳南客专、南昆客专、南广线3条高铁线路和黎湛线、河茂线、湘桂线、南环线、南昆线、田靖线6条普速铁路，配置6C检测装置共计62套，其中1C装置1套、2C装置28套、3C装置4套、4C装置4套、5C装置4套、作业车车载检测装置20套、6C系统1套。随着电气化铁路不断增加，6C检测装置迅速配备，6C数据分析量大增。以分析任务量最大的4C来分析，高铁4C分析周期为3个月，高铁线路共计23760定位，每个定位拍摄30张零部件图片，每个分析员每天分析量为80个定位，共计297日/人，4C分析期限为20个工作日，高铁需集中15人进行分析。普铁线路4C分析周期为6个月，普铁线路共计42290定位，每个定位拍摄20张图片，每个分析员每天分析量120个定位，共计352日/人，4C分析期限为20个工作日，普铁需集中18人进行分析。目前数据分析工区定员18人，实际人员12人，需加快分析员配备，确保6C分析任务按时按质完成。

1.2　人员技术业务能力、现场知识不足

数据分析工区分析员12人(职名为监控记录分析员)，平均年龄27岁，文凭均为大专及以上。其中4人从接触网岗位转岗，8人从变配电值班员转岗。除工长36岁、副工长43岁外，其余年龄均为24~27岁，刚参加接触网工作两三年时间。现场经验缺乏、技术业务能力不足，与6C分析这个专业对现场经验高、熟悉接触网安装工艺和标准、能分析发现设备存在缺陷的要求存在差距。但他们年轻，思维比较活跃，理论文化水平高，学习能力、适应性与可塑性普遍较强，如何使转岗人员快速培训上手、尽快参与到6C分析工作中，是一个迫切解决的难题。

1.3　培训资源缺乏

6C作为新技术，兴起时间短，6C分析员目前定职为监控记录分析员，技能等级均为初级，技能等级晋升渠道还没有。而且培训教材、培训师资、培训经验严重缺乏，培训方式和内容均在摸索中，缺乏系统性、规范化的培训组织体系。

1.4　人才流失较多

2018 年以来有 4 人调出分析员岗位、1 人辞职，这其中有 2 人为骨干。进入一个培养上手到人员流失再到重新培养这个死循环。其原因：一是由于监控记录分析员岗位薪点比接触网维修岗位薪点低，加上没有技术薪点加成，岗位薪点差距最大达到 11 点，按 2019 年薪点工资基数标准 122 元计，差额达 1342 元，造成部分职工心理波动大，产生见异思迁的情绪。二是 6C 分析员分析任务重，每天长时间对着电脑屏幕，对眼睛伤害大，工作机械枯燥。三是检测分析承受的压力逐渐加大，6C 检测分析作为一个发现设备缺陷的重要手段，随着安全生产压力不断加大，分析质量决定安全质量，分析不能犯错、不能漏发现缺陷，考核也相应加大，部分分析员不适应这种压力。

1.5　线路复杂知识面广

6C 分析涉及柳南客专、南昆客专、南广线 3 条高铁线路和黎湛线、河茂线、湘桂线、南环线、南昆线、田靖线 6 条普速铁路，每条线路接触网设备安装标准和工艺均不同，需要分析员都要熟悉各条线路安装标准，才能及时准确分析发现存在的设备隐患，分析质量是评价一个分析员分析水平的主要手段，相应对分析员技能业务水平要求提高，培训难度加大。

1.6　检测分析各工种间不融合

目前2C、检测、分析三个工区分工明确，造成检测只管检测、分析只管分析，人员技能单一，不利于车间组织开展 6C 综合运用分析、人员综合技能水平的提高。

2　对策措施

2.1　完善相关制度、作业标准

2.1.1　完善制度，规范管理。相继制定下发了 1C、2C、3C、4C、5C、6C 系统和 6C 对抗分析等管理办法，规范了 6C 日常运用管理。

2.1.2　明确工作流程、作业标准。制定分析员一日作业、缺陷闭环处置等流程，确保分析工作安全、优质、精细、高效。特别是将手机集中管理纳入分析一日作业流程后，明显的提升了分析效率和质量。制定每个 C 分析作业指导书的制定，指导书文字通俗易懂，图文并茂，实现傻瓜式设计，实现非 6C 专业人员阅读后也可按照相关作业标准进行操作及分析数据。

2.1.3　实行“按图对标”分析。按照高、普铁各线路设备安装方式差异，制定了 4C 分析标准图册及分析模块，要求分析员逐项“对标”进行分析，保证每个项点设备分析到位。

2.1.4　实行每日分析质量会诊制度，动态研判设备状态。由供电技术科、检测车间、各检测分析工区分析骨干，组成 6C 分析专家组，每日召开 6C 分析会诊会。一是对当日分析发现的 6C 缺陷进行整理分析，研判缺陷特点、倾向性和趋势性等内容，并布置下一步分析重点和处置方案。二是对分析发现的一级缺陷及回查情况进行考核奖励判定。三是对分析发现不在缺陷定级目录内的缺陷进行定级。四是将每日缺陷数据会诊结果纳入次日段调度中心日交班内容，追踪缺陷处置情况。

2.1.5　完善 6C 缺陷定级标准。在集团公司供电部下发《接触网缺陷分级目录》基础上，结合我段 6C 应用实际情况，补充完善我段分组目录外的 6C 缺陷定级项目，增加了 3C 红外、4C 冷门缺陷分级标准。

2.2　提升人员素质

2.2.1　针对新转岗分析员人数基数大、专业性较差的特点，由车间制定新转岗分析员 6C 专业岗位适应性培训计划。选拔具有本科以上学历、技师以上职称、工作 3 年以上、具有较强责任心、个人业务能力强、善于沟通且热爱带教工作的骨干担任带教老师，签订师徒合同。采取“一带一”带教，由带教师傅指导学习专业理论知识和操作流程，参与日常 3C 和 5C 实时监控、3C 视频分析、4C 数据分析等工作，直观感受 6C 分析的工作特点，使新入职分析员尽快适应熟悉工作环境，加快角色转换。通过实施一个月理论知识培训、一个月现场分析培训、一个月独立实习分析，新职 6C 分析员培训期大幅缩短，新入职分析员经过 3 个月培训后已经有能力独立开展 6C 分析工作。

2.2.2　严格落实“四个一”培训。即每班一练、每周一培、每月一考、每季一评。每月 25 日结合专业特点制定下个月培训计划表，明确时间地点内容授课人及考试内容等。一是每日 17:30 由工长汇总当天分析发现缺陷情况，讲解突出缺陷、一级缺陷，提示分析要点和注意事项。二是由车间管理人员或工长副工长每周对分析员进行一次理论培训，培训覆盖 6C 检测技术、6C 分析、缺陷定级标准、接触网设备安装标准等知识，辅以接触网零部件现场识别、安装教学，提升分析员技术理论水平，对分析员进行系统化、规范化培训。三是每月一考，通过"笔试 + 实作"模式考试内容采用理论和机考结合形式(分值各占比 50%)。四是每个季度对分析员进行一次分析质量排名评比考核。

2.2.3　编制 6C 缺陷汇编。每季收集、更新全段 6C 典型缺陷，特别一些冷门或不易发现的缺陷，汇编入段 6C 缺陷汇编中并打印成册作为分析员日常学习培训内容，同时利用好全段接触网缺陷零部件实物，实行"实物教学"，增加分析员直观感受。

2.2.4　理论与现场相结合。每月组织分析员现场跟班培训，掌握设备运行状况。每月制定分析人员现场跟班培训计划表，明确每月重点学习内容，安排分析员到要分析线路设备隐患集中的重点区段或站场观摩学习，通过跟班前组织学习掌握当天作业区段设备安装工艺、存在 6C 缺陷图片，工前到工区材料室观摩学习接触网零部件，作业现场查看学习接触网设备安装及缺陷处理情况等方式，通过对比缺陷图片和现场实际形态，加强对设备缺陷形态的认知，提高缺陷识别、分析能力。

2.3　加强各工种融合

通过参考网电工培训方式，优化整合检测分析人员，通过在各工种间轮换培训、岗位轮换等方式，提高检测分析人员复合型整体技能水平，为车间 6C 综合运用分析的开展提供灵活多变的生产组织方式，可以根据生产任务轻重及时调整人员。

2.4　激励考核机制

为保证分析质量，纳入相应的考核奖励机制：对发现问题进行奖励，对发现重大设备问题进行重奖；对没能发现而引发相应的事故、其他部门人员检查发现的问题，对检测分析人员进行考核。

2.4.1　建立日常量化抽查机制。中层管理人员每月对段管内 2C 数据进行 1 次全面分析，对部分 4C 缺陷信息对照原始数据进行复核确认分析；技术主管每月对段管内 2C 数据进行 1 次全面分析，每次通过 4C 数据对关键设备和重点区段进行全面分析，对每个供电车间管内的分析数量不少于 1 个锚段；工区工长全职负责抽查，每天 80 个定位 4C 数据。对漏发现的设备缺陷，结合车间工效办法采取"见人、见量"的方式考核和通报，提高了分析人员的责任心。

2.4.2　建立分析质量考核制度。每月对所有分析人员的分析情况进行评比公示，分析评比主要由任务完成量 10%、缺陷发现数量 10%、漏发现缺陷数量 80% 三部分组成，重点突出分析质量。根据评比情况进行奖罚，前三名分别奖励工效 300 元、200 元、100 元，后三名考核工效 100 元、200 元、300 元。每个季度对评比前三名进行奖励，前三名分别奖励 300 元、200 元、100 元。目前车间分析人员每月收入最大差距在 900 元左右。此外，对发现重大缺陷的分析员段上给予额外奖励，提高检测分析人员竞争意识和工作积极性。

2.4.3　推行全段 4C 对抗分析。通过在南宁检测车间与各接触网工区之间选取 20 公里区段开展 4C 对抗式分析，以接触网工区分析情况来验证检测车间分析员分析质量，提高 6C 分析员分析水平。对抗分析中对最先发现一级缺陷的车间直接进行奖励，一级 A 缺陷奖励 300 元/处，一级 B 缺陷奖励 200 元/处。分析中发现新的二级 A 缺陷，奖励发现缺陷车间 40 元/处，对应考核漏发现车间 40 元/处。

3　结束语

目前，6C 分析员的培训还处于摸索阶段，但是分析员的培训应该是系统的和科学的，必须通过一系列岗前教育培训，考试合格后才能取得上岗资格。对于 6C 分析员目前没有技能等级晋升渠道，需相关部门协调解决。通过不断探索研究，逐渐摸索出适合 6C 分析特色的培训方法，这为 6C 分析员的培训进入规范化、系统化阶段，并打造一支一流 6C 检测分析队伍奠定强有力的基石，进而提高全段 6C 检测分析水平和效率，为供电设备安全运行保驾护航。

参考文献

[1] 铁道部劳动和卫生司. 铁道部运输局. 高速铁路接触网维修岗位[M]. 北京：中国铁道出版社，2012.
[2] 高速铁路接触网运行维修规则(铁总运〔2015〕362 号)[S]. 北京：中国铁道出版社，2016.

作者简介

姜立常，中国铁路南宁局集团有限公司南宁供电段，助理工程师

接触网作业车调车作业安全管理的分析与对策

皮天伦

摘　要: 从接触网作业车调车作业的安全管理、调车作业标准化执行存在的问题分析入手，从规章制度、人员培训、现场作业人员调车作业标准化执行、对站场设备的熟悉、调车作业安全风险项点研判、作业流程结合部管理、检查考核等方面，提出了加强接触网作业车调车作业安全管理现场操作性较强的对策。

0　引言

南宁供电段接触网作业车 2017 年 5 月 18 日在百色站普速场发生接触网作业车调车作业运送接地防护人员越过货车联络线上行线敌对信号事件，同时 2015 年 7 月 10 日也发生本段接触网作业车在南宁东站进行接触网维修天窗作业调车闯信号挤坏道岔的调车 D2 事故，给我段接触网作业车调车安全带来了不良的负面影响，为此我们结合近期全路发生的自轮运转特种设备出现的多起调车事故进行了分析，接触网作业车日常出乘调车作业频次较高，几乎每次出乘都要在车站进行调车作业，接触网作业车调车作业安全风险巨大。

1　接触网作业车调车作业管理现状

南宁供电段目前共有接触网作业车司乘人员 165 人，担任南昆线、田靖线、湘桂线、南广线、柳南客专线、黎湛线等 1750 公里左右电气化铁路(22 个接触网工区)的接触网设备维修、检测作业用车及沿线材料运输等服务。管辖线路里程长，跨度大，人员少；如果不抓重点，眉毛胡子一把抓，东墙漏风补东墙，西墙漏风补西墙的管理模式已远远不能适应现阶段接触网作业车运用管理需要，必须抓安全关键点、关键环节、关键人员的管理。

2　接触网作业车调车作业存在的问题

通过对 5.18 事件的深入分析，发现现场调车作业随意，对站场设备不熟悉，未严格执行行车凭证(调度命令)确认、呼唤应答用语及手比方式、车机联控、敌对信号确认、站界标的确认等作业标准，盲目听从接触网工区工作领导人的指挥，出现了惯性违章思维的不良趋势，给全段接触网作业车调车作业安全带来了极大的安全隐患。

3　接触网作业车调车作业安全卡控的对策

当前，接触网作业车配备了轨道车监控系统(GYK)设备来控制区间作业运行、车站到发，一旦接触网作业车超速运行或者无信号动车轨道车监控系统(GYK)会控制列车自动停车，区间运行和车站到发都由设备来控制，安全可靠性提高了很多，唯独只有调车作业，还是人为控制，这也就是调车作业事故层出不穷的原因。调车作业是接触网作业车每日运行必不可少的一部分，部分司乘人员调车作业时疏忽了一些看起来不起眼的细节，如简化作业标准流程，信号确认、调车联控、瞭望等执行不彻底，就会造成一定安全隐患，甚至引发事故，给个人、单位和国家带来经济损失，为此，针对以上存在的问题，我们提出了以下应对措施，确保接触网作业车调车安全。

3.1　不定期结合本单位接触网作业车的管理实际开展中间站调车作业安全专项整治工作。

3.2　组织车班司乘人员学习相应管内站场线路，熟悉站场设备，组织司乘人员现场看道、手绘站场平面示意图等方式熟悉站场线路设备，梳理管辖范围各站共计 80 架右置信号机，修订完善了本单位《接触网作业车调车作业指导书》、《接触网作业车防溜作业指导书》等。

3.3　梳理管辖车站调车作业安全风险项点，制作车站调车安全卡控示意图，将风险项点措施进行标注，每次在接触网作业车工作票上明确，分工会上组织学习，会后机班全体司乘人员再次针对此次出乘风险项点召开工前预想会，绘制调车径路图，熟悉站场设备和风险卡控措施。

3.4　抓好司乘人员调车作业规章制度的培训，安排全段所有司乘人员分批次参加集团公司组织的自轮运转特种设备司乘人员中间站调车作业培训班。

3.5　对枢纽地区、高普铁共场等复杂站场调车作业安排专业管理人员添乘指导并现场卡控。

3.6　监控分析组加强对接触网作业车调车作业联控制度执行、调车信号及道岔的逐个确认、运行速度控制、引导人员作业标准等关键环节的监控运行文件、音视频文件的调车专题分析，抓好量化分析和考核。

4　取得的效果

通过修订完善了本单位《接触网作业车调车作业指导书》、《接触网作业车防溜作业指导书》，梳理编制了《管辖站场调车安全风险提示卡》、《管辖车站调车操作安全卡控示意图》等，做好《接触网作业车调车计划单》、《接触网作业车工作票》的编制审核，每月组织全体司乘人员脱产培训两天将调车安全卡控内容纳入学习并考试，结合集团公司《关于进一步规范接触网作业安全管理的通知》的要求，抓好接触网作业车工作票审核，要求司乘人员熟悉站场设备，出工前做好运行径路的绘制，对调车安全风险卡控措施的学习研判，抓好工前预想会质量分析，同时抓好接触网作业车调车作业监控运行文件、音视频运行文件分析、司乘人员测酒分析等工作，确实扭转了司乘人员违章蛮干的被动局面，严格执行作业标准流程，从根本上遏制住了接触网作业车调车安全事故。

5　结束语

通过对接触网作业车调车作业安全管理的现状分析，提出了具有针对性的安全卡控措施组织抓好落实，从根本上扭转了本单位接触网作业车调车安全管理的被动局面，确保了接触网作业车作业的安全稳定性。

参考文献

[1] 王金香，王丹，赖晓燕. 车站调车作业[M]. 成都：西南交通大学出版社，2013.

[2] 铁路调车作业国家标准(GB/T 7178—2006)[S]. 北京：中国铁道出版社，2006.

[3] 接触网作业车管理规则(TG/GD 102—2016)[S]. 北京：中国铁道出版社，2016.

作者简介

皮天伦，中国铁路南宁局集团有限公司南宁供电段，助理工程师

浅谈现场作业“两违”问题原因及预防控制措施

孙 勇

摘 要：从源头控制现场作业“两违”问题，搞好安全生产管理，是全面落实科学发展观的必然要求，是建设和谐社会的迫切需要，也是生产经营单位做好安全生产工作的基础。本文通过现场调研对现场作业“两违”问题产生的原因进行了分析，并结合实际情况提出了预防控制措施。

0 引言

从源头控制现场作业“两违”问题，搞好安全生产管理，是全面落实科学发展观的必然要求，是建设和谐社会的迫切需要，是生产经营单位做好安全生产工作的基础。为了进一步强化安全生产管理，从源头控制现场作业“两违”问题，确保作业人员人身安全，针对从源头控制现场作业“两违”问题进行专项调研，并基本摸清了问题关键所在，这将有利于为安全生产管理提供正确决策支持。

1 总体概况

采用问卷调查、谈话和现场检查相结合的方式结合本单位实际充分开展现场调研工作。徐州维管段共有员工 289 人，参与调查人数为 215 人。调查率为 74.34%，其中，工区(所)负责人 16 人，八大员 45 人，接触网工 111 人，变电工 15 人，机械工 12 人，管理人员 16 人，分别占调查总人数的 7.44%、20.93%、51.63%、6.98%、5.58%、7.44%；从调查结果来看，安全生产管理有序可控，未发生事故、无重大危险源。但现场作业“两违”问题仍有发生，此次报告就产生现场作业“两违”问题原因做一归纳分析，希望对今后的工作起到一定的指导作用。

2 调查方法、步骤与样本分析

2.1 调查方法

此次现场作业“两违”问题的调查分析主要采用定量分析和定性分析相结合的方法。

2.2 调查步骤

2.2.1 选择调研的主题，确定调查的对象、内容与角度。

2.2.2 设计调查问卷，确定调研的时间、地点，搜集调研对象的相关资料。

2.2.3 实地调研，发放问卷，与员工谈心。

2.2.4 加工、整理资料，特别是数据资料，进行有效分析。

2.3 样本分析

2.3.1 样本的安全规章制度的建立

安全规章制度是生产经营单位贯彻国家有关安全生产法律法规、国家和行业标准，贯彻国家安全生产方针政策的行动指南，是生产经营单位有效预防生产、经营过程安全生产风险，保障从业人员安全和健康，加强安全生产管理的重要措施。毋庸置疑，建立健全安全规章制度是生产经营单位保护从业人员安全与健康的重要手段，是控制现场作业“两违”问题的根本。目前我段安全规章制度有 38 个。在调查的所有人之中，有 200 人认为安全规章制度健全，有 13 人认为安全规章制度健全度一般，有 2 人认为安全规章制度不健全。分别占调查总人数的 93.02%、6.05%、0.93%(见图 1)。总体而言，当下的安全规章制度较为健全。如图 1 所示。

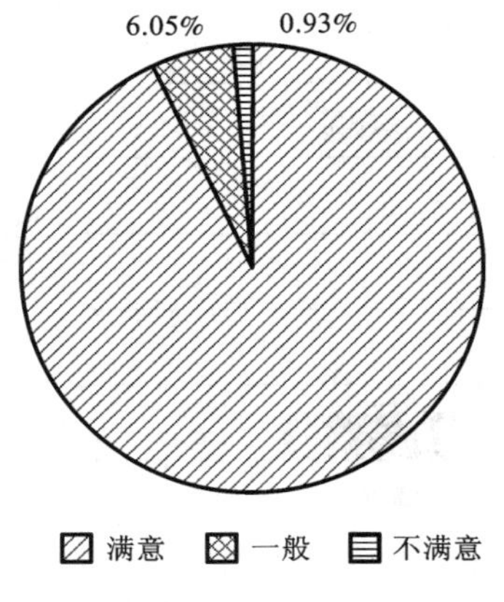

图1　员工对安全规章制度健全度的调查

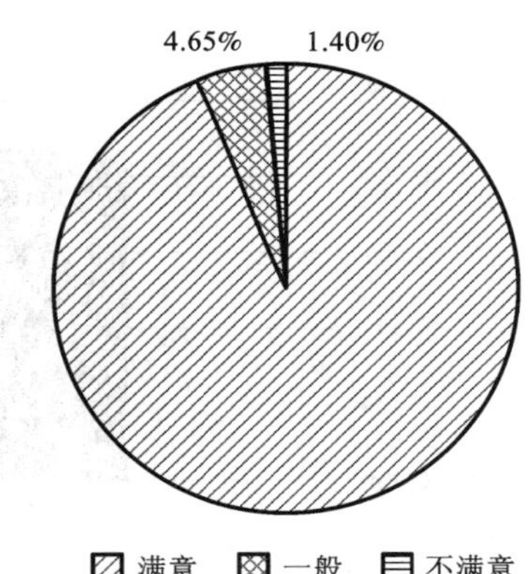

图2　员工对安全教育培训满意度调查

2.3.2　样本的安全教育培训的实施

安全教育培训工作是贯彻“安全第一、预防为主、综合治理”安全生产方针，实现安全生产和文明生产，提高员工安全意识和安全素质，防止产生不安全行为，减少人为损失的重要途径。目前我段采取的安全教育培训有岗前三级安全教育培训、月度安全教育培训及季节性重点工作安全教育培训，安全教育培训穿插整年度的重点安全工作。在调查的所有人之中，有202人对安全教育培训满意，有10人对安全教育培训认为一般，有3人对安全教育培训不满意。分别占调查总人数的93.95%、4.65%、1.4%（见图2）。目前安全教育培训内容涵盖国家安全方针、政策，有关安全的法律、法规、规章及标准，重大危险源，事故预防、应急救援及演练及典型事故案例等，但在培训形式上较为单一，基本采用面对面授课及视频形式授课，培训效果不理想。

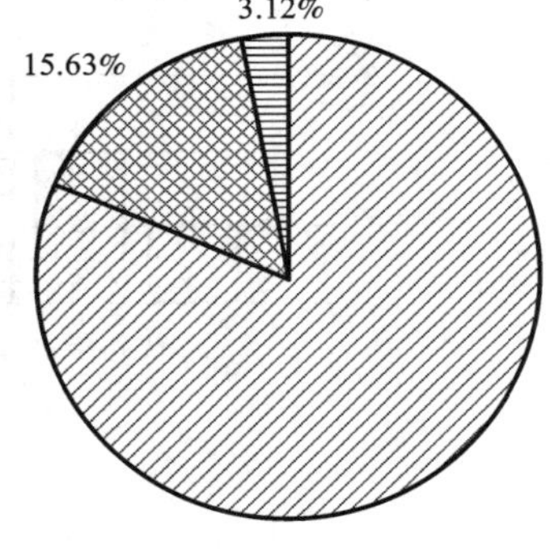

图3　个人技能与岗位胜任度调查

2.3.3　样本的个人技能与岗位胜任度

在调查的所有人之中，有175人认为能胜任本职岗位，有34人认为胜任本职岗位为一般，有6人认为不能胜任本职岗位。分别占调查总人数的81.25%、15.63%、3.12%（见图3）。目前段开展员工技能鉴定能确保员工胜任本岗位。

2.3.4　样本的员工情绪

在调查的所有人之中，员工情绪好的时候现场“两违”问题占10%，情绪一般时候现场“两违”问题占15%，情绪不好的时候现场“两违”问题占30%（见图4）。员工的情绪主要来源于技能鉴定考试压力、生活单调等。

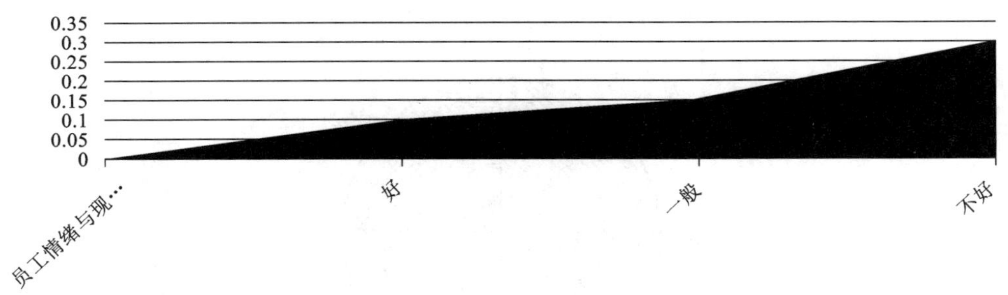

图4　员工情绪与“两违”问题关系

2.3.5　样本的安全文化认同

安全文化是“以人为本”多层次的复合体，由安全物质文化、安全行为文化、安全制度文化、安全精神文化组成。安全文化是“以人为本”，提成对人的“爱”与“护”，以“灵性管理”为中心，以员工安全文化素质为基础所形成的。在调查的所有人之中，有188人对安全文化认同，有27人认为安全文化需改进（见图

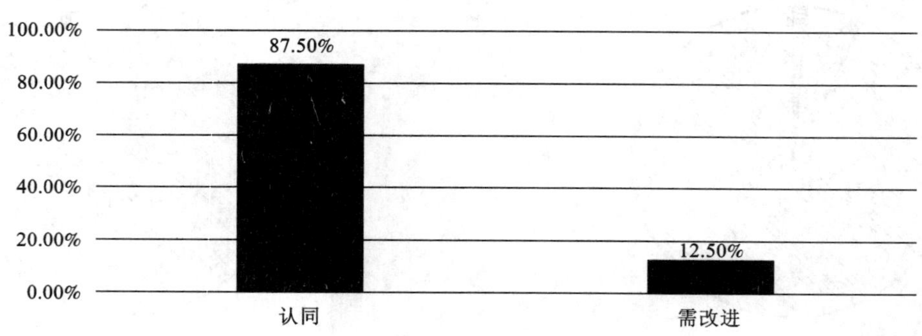

图 5　员工安全文化认同感

5)。安全文化为员工认可遵循并不断创新的观念，对员工有很强的潜移默化的作用，润物细无声地影响人的思维、改善人们的心智模式，改变人的行为。因此强化安全文化建设，增强员工凝聚力。

2.3.6　日工作量安排与“两违”问题关系

通过现场作业调查发现，当日办理工作票数量与现场“两违”问题数量成正比，当日工作票数量越多发现的现场“两违”问题越多，但平均问题数量并非成正比(见图 6)。

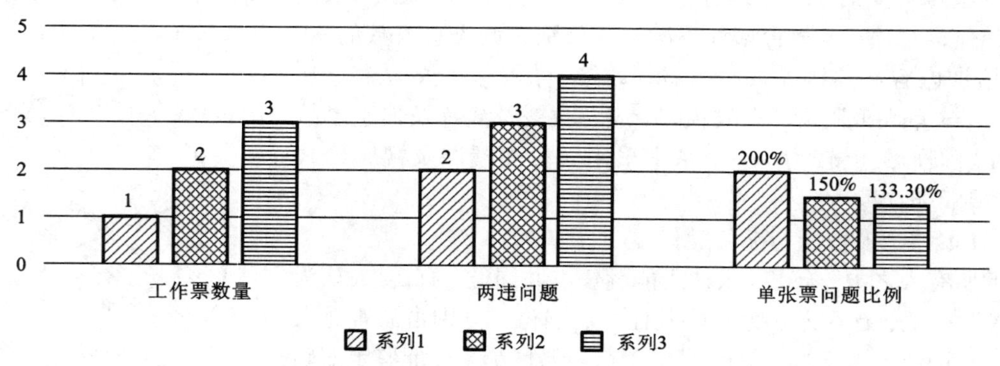

图 6　日工作量安排与现场“两违”问题比例

2.3.7　个人技能与当日分工匹配度

通过现场作业调查发现，当日作业分工与员工技能是否匹配产生的“两违”问题比例，分工与技能匹配产生“两违”问题为 3%，分工与技能匹配一般产生“两违”问题为 10%，分工与技能不匹配产生“两违”问题为 40%(见图 7)。可以看出，工作分配是否合理对“两违”问题控制有很大影响。

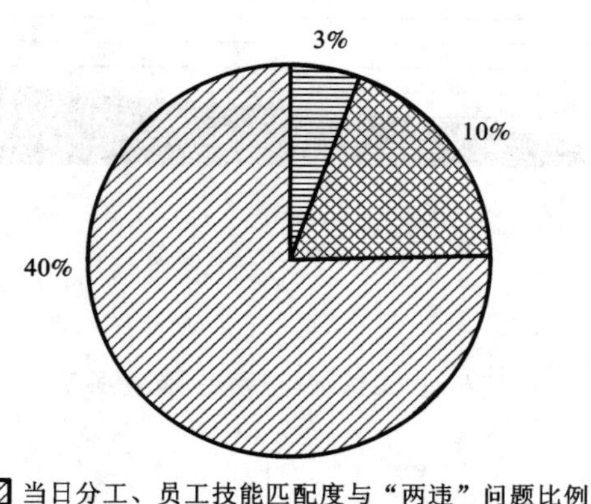

图 7　分工与技能匹配度与“两违”问题比例

3　影响现场作业“两违”问题的原因分析

通过数据及检查分析，目前造成现场“两违”问题的原因主要有以下几个方面。

3.1　员工安全教育虽然内容齐全，但安全教育仅采用面对面授课及视频授课形式，授课形式单一，员工学习效果不好。

3.2　员工技能鉴定压力大及对当日分工有抵触心理造成现场作业“两违”问题发生。

3.3　日工作量安排较多，员工身心疲惫，安全意识疲劳造成现场作业“两违”问题发生。当日分工与员工的个人能力不匹配，小马拉大车造成现场作业“两违”问题发生。

3.4　安全文化需进一步创新，增强员工凝聚力及安全意识。

4　改进现场作业“两违”问题的有效措施

根据海因里希的调查，98%的事故可以预防，只有2%的事故超出人的能力能够达到的范围，是不可预防的。而以人的不安全行为为主要原因的事故占88%，以物的不安全状态为主要原因的事故占10%。控制现场作业“两违”问题重点在强化人本原理，把人的因素放在首位。

4.1　继续强化安全教育培训

开展形式多样的安全教育活动，通过年度安全月、月度警示教育、亲情寄语、安全公益广告、关注安全公众号、推送安全主题微页等多种形式丰富学习载体。

4.2　缓解员工的情绪压力

通过进一步优化培训内容与鉴定标准，减轻员工考试压力；丰富文化生活，改善员工生产生活条件；丰富业余文化生活，构建人善、环境美、家园温馨的生活氛围。

4.3　优化生产组织，完善分配制度

进一步改进和完善奖金分配制度，制定更加合理的奖惩机制，动态调整劳动积分，适度调节因任务量变化造成的积分变化；研究能力和付出在分配上的平衡关系和适调机制，改变现有分配的不合理性和不科学性，充分发挥经济杠杆激励作用，提升员工的工作积极性。

4.4　加强安全文化建设

仅仅围绕“安全—健康—文明—环保”的理念，通过采取管理控制、精神激励、环境感召、心理调适、习惯培养等一系列方法，推进安全文化建设深入发展，丰富安全文化内涵。

5　结束语

安全，“无危则安，无缺则全”。我们要加强事故隐患及重大危险源的研判，减少总的危险性并将其控制在可受范围内；查漏补缺规章制度，不断创新完善安全文化，从源头上控制现场作业“两违”问题。

参考文献

[1] 中华人民共和国安全生产法[S]. 北京：中华人民共和国.

作者简介

孙勇，中铁电气化铁路运营管理有限公司上海维管处徐州维管段，安全科科长，助理工程师

关于基层站段安全管理工作的思考

马 强

摘 要: 在当前铁路高速列车大量开行和公司制改革的背景下,如何顺应新时代发展,应对机遇挑战,更好地服务于“交通强国,铁路先行”的中心工作,建立一支安全意识牢固、责任担当高效、职工素质坚实、作业行为规范的干部职工队伍,最大程度确保高铁和旅客安全万无一失,需要我们深入地思考,用心地谋划,不断地实践。

1 当前安全生产面临的问题

中国高铁“领跑”世界,迫切需要在供电养护维修的高可靠、高效率上领先世界。但从现实来看,我们距离这个目标还有不少差距。

1.1 队伍素质亟待提升

当前,职工安全意识不高、按标作业意识不强、业务素质不高,管理干部不作为、慢作为,管生产必须管安全的安全意识不强,仍然是安全生产最大的风险,只有继续加强职业道德、业务技能、安全素养、管理水平的培训、教育,才能提升干部职工抓安全、保安全的紧迫感、压力感。

1.2 安全基础较为薄弱

目前,我们还没有很好地消除安全管理上的盲区,一些意外或冷门的风险控制还很脆弱;一些干部职工的业务素质不能迅速适应铁路日新月异的形势变化,步伐还相对迟滞;应急处置的能力还不强,往往是“有预案、不熟练,操作出现夹生饭”;专业管理强度还不够,创新意识还不强,作业方式还亟待改进;设备的惯性隐患或缺陷还不能有效控制,处于“尽人事,听天命”的状态,所以补强短板、把握规律必须抓牢抓实。

1.3 供电安全稳中有险

运营中供电面临不少风险和考验,特别是对高铁供电设备的衰变规律、弓网关系、服役状态等运行规律还需要进一步探索,部分既有线设备也存在这些问题。此外,在线监测技术不健全,距设备全覆盖还有不少差距;信息化程度满足不了需求,各系统各专业间存在信息孤岛、数据壁垒,资源共享还有很大发展空间等等。

1.4 养护维修水平不高

装备现代化刚刚起步,供电维修养护的“主力”还是车梯和单台作业车,掌握设备运行状态更多还是依靠人工检查分析。修程修制改革还处在起步阶段,以工区为单位“小而散”的作业组织模式,作业效率低、天窗利用率低,需要持续推进固定设备周期修、集中修、天窗修,深化大天窗、机械化、集中修维修体制改革,提高作业效率和质量。

1.5 专业管理有待加强

设备健康状况无法实时掌握,重复修、过度修和失管失修并存,以上级工作部署落实、基本规章制度执行为重点的专业管理和系统管理的监督评价机制有待进一步完善。

1.6 三防措施没能有效整合

单岗作业还不能全方位实时监控,重点部位、关键时段、零小作业等冷门风险监督检查还不能全面覆盖,需要我们加紧探索和研究一套完全成熟和有效的做法,严防死守,确保安全。

2　抓好供电安全管理的策略

2.1　管理理念要紧跟节奏

紧跟国铁集团、集团公司方针目标，在深刻剖析安全生产面临的诸多挑战的基础上，谋划旗帜鲜明、导向鲜明的管理思路，才能在落实节奏和措施上进行创造性重塑、系统性升级，才能提供有为有方、有力有效的落实效果。

2.2　体系建设要更接地气

制度和规矩是从具体实践中寻找出的解决方法，直指安全生产中的弊端和热点、难点问题，所以必须从“关上门”的闭门造车变为“打开门”的结合实际，再抓好各类配套建设，才能让管理体系更具活力、更具执行力、更接地气。一是健全制定。根据生产实际，健全全员安全生产责任制、安全生产责任制履职考核办法、交通事故和生产安全事故责任追究办法等文件和制度，分工明确、责任具体、界限清晰、追责明确、奖惩健全，构建安全生产工作“层层负责、人人有责、各负其责”的工作体系。二是强化贯标。坚持“标准先行、基础取胜”，动态更新、定期验证各类技术规章和管理制度，确保制度规章科学有效、符合段情、贴近现场，实现有章可查、有规可循、有标可依。

2.3　正面引导要全面抓牢

人的安全意识下降是最大的风险源，坚持运用多种奖惩手段和激励机制，引导干部职工牢固树立“安全就是收入、安全就是效益”的观念，让“安全第一”从空喊口号转变为行动自觉，保持对安全工作的敬畏感，自觉把安全生产摆在第一位置。一是强化安全生产第一意识。从强化体系建设、理论学习、形势宣讲、警示教育、工作闭环、网格管理、对标管理、综合分析、履职担当等方面入手，引导干部职工强化对“确保高铁和旅客安全万无一失是政治红线和职业底线”的认识；二是强化安全生产底线思维。高铁和旅客安全，已经上升到事关中国铁路的形象、事关中国的国际形象和声誉的高度，日常牢固树立“以人为本、安全发展”理念，坚持底线思维，强化安全生产“红线”管理，完善追责、退出岗位机制，制定防止触碰安全“红线”的具体措施，提升干部职工知法守法、遵章守纪意识，主动落实安全生产责任，规范现场作业行为，防范因疏于管理、违章作业所引发性质严重的事故。

2.4　职工教育要套餐定置

职工教育是一种技能教育。职教工作，需注重理论，更要注重实践，个别职工业务素质的一枝独秀固然需要，但全体职工的素质提升才是根本的生产管理需求，不能只追求“浪头高”，而忽视了“全员强”。一是培训硬件要跟上。建设接触网练兵场、电力练兵场，为提升职工实作技能水平提供了硬件支持，并确保所有基地和练兵场力求高仿真、全能性，涵盖关键设备类型和作业方式，实景展现、真实模拟地开展培训教育，提升培训效果；二是网络教学要配套。充分运用职工教育云学习系统，利用网格化、动态“描红”的管理方式，实现职工必须完成的培训考核项目的“清单式培训、网格化管理”，确保培训人员不遗漏、项目不遗漏；三是管理提升搭平台。采取党校教师、外聘专家“请进来” + 异地现场教学“走出去”的模式，建立管理人员“周政治业务学习、季度考试”制度，检验学习成效，促进管理干部从生产型、任务型、带头型向管理型、驾驭型、引领型转变。

2.5　专业管理要科学谋划

随着新技术、新标准、新设备的陆续上线，传统的“周期修”已经远远落后于安全生产的要求，尤其落后于高铁发展的需要，我们必须立足于铁路发展实际，科学生产组织，提升生产劳效，合理利用监测监控手段，动态掌控设备运行状态，研究分析设备变化规律，实现周期修向状态修的转变，构建科学有效的维护管理体系。一是生产组织变视角。传统作业存在“分开要点难、分散防护险、天窗浪费多、检修效率低”的难题，积极优化生产组织，彻底改革以班组为单位的“游击战”生产组织模式，发挥车间贴近现场优势，开展车间组织生产，开展风险筛查，严密管控变化环节，提前做好安全预想，合理调配人员、机具和资源，不断提升安全保障系数、提高作业效率。；二是兵团作战提劳效。引进新型科技装备 JJC 接触网检修车列，建立检修列“运管修”制度，利用“检修列 + 人工组”、“2 台以上作业车 +2 台以上梯车”以及“3 台梯车 + 人工组”方式，集中人力物力进行大兵团、集团化、机械化检修作业，提高上网率、作业效率、质量达标率；三是模块检修控质量。按照供电设备检修一年一遍全面检查的要求，划分固定的检修单元，实行“检修规模、岗位分工、作业流程、检修记录、质量控制”五固化的作业模式，对岗位分工进行固化、对作业流程进行固化、对检修记录进行固化、对质量控制进行固化，使职工分工明确、各司其职、忙而不乱，又将设备检修过程与计划兑现、检修档案高度关联、实时比对，对已检设备动态描红、未检设备动态提醒，确保设备检修全覆盖、全受控；四是网格管理卡风险。运用综合分析网格化系统，将设备质量中的多个关键项点列为基层单元，逐类逐项建立设备档案，同时将检修日期、检修人、检修视频等检修信息与该设备形成关联，实现关键设备周期检修有序可控、站场设备巡视质量可控。

2.6 过程管控要坚实可靠

生产的过程、管理的过程总有短板，不断补强短板的过程就是优化管理水平的过程。一是双重预防机制紧盯冷门风险。从行车安全、劳动安全、外部环境与综合治理、建设安全、规章制度、综合保障、结合部管理等方面开展安全风险筛查，按照“风险研判、措施制定、责任明确、标准清晰、考核到位”五点一线思路，明确目标任务、整治措施、责任部门、督办领导、完成时限等内容，做到责任、措施、资金、时限和预案“五落实”，切实消除隐患、预防风险；二是数据分析提升决策依据。构建综合大数据分析系统，深挖离散数据价值，运用“均、权、算、联、环”数据挖掘算法，自动提取违章要素，横向对比，多维度呈现违标易发的作业类型、岗位、专业、车间、班组，对关键车间、班组、人员进行自动预警、及时纠偏；对设备质量全分析，按照线路或车间、班组管辖范围，运用信息化手段自动对A、B、C类缺陷进行加权统计分析，结合6C分析结果，动态展现缺陷分布情况，对问题突出的专业、车间、设备进行及时预警，科学卡控设备用管修；三是过程复检保障整修质量。对配合施工和大修改造项目，在天窗点内组织技术、设备专职对照施工检查表清单，逐项检查验收设备状态，发现质量问题立即组织整修，按照“修早修小、均衡提高”原则，盯紧新更换设备几何尺寸和位移变化，发现问题找准病因、立即整改。安排专人追踪盯控病害整治情况，对整修质量进行回检复查，确保大修及更换后设备状态持续稳定。

2.7 管理标准要逐步提升

安全管理水平的提高带动了综合管理机构、机制、制度、标准的不断健全，机构、机制、制度、标准的健全又反哺了安全管理水平的不断提升，两者相辅相成、互有促进。一是充实手段补位管理需求。运用点外上道审批模块，实现所有上道作业的有效管控，杜绝以往零而散、遍地开花的模式，提高对日常安全生产的管控能力；运用日交班会模块，提高车间作业计划填报效率，实现安全生产信息的可视化管理；运用生产任务统计分析模块，对全面检查任务统计实现网格化、描红管理，实时反映设备检修进度，避免漏检漏修；运用移动视频监控项点(单兵视频装置、4G智能摄像巡检系统)、施工视频监控项点、高铁综合视频管理系统、作业车视频和汽车GPS定位及管理系统等监控项点，在关键作业通道和场所安装固定摄像头、配发作业记录仪、单兵系统，对防护措施落实、地线设置、劳保用品使用、停送电开通确认、干部履职、设备检修质量等关键进行实时盯控，打造现场作业监控网络；二是健全标准明确作业规范。围绕施工方案制定部署、工机具管理、作业标准落实、作业后回检验收等环节，制作发布接触网、变电、电力、作业车一次维修作业标准流程、作业指导书，把一次维修作业标准流程、作业指导书等作为学习重点，在职工中全面开展“立、学、对、达”活动，培养良好的作业习惯；在作业关键环节执行“停送电确认制度”，通过落实“停、送电确认程序”措施，防止调度命令的收、发、核、转等关键环节纰漏隐患，杜绝现场停电(作业)范围错误、送电前人员撤离不及时造成人身事故发生；三是单点突破引导整体思维。借鉴高铁经验，运用红外测温、直阻测量科技装备进行普铁温升异常设备整治“五步法”，对设备温升异常进行靶向整治(第一步检修前先拍照、第二步打开前先使用直阻仪测量、第三步检查处理后按标准力矩紧固、第四步安装后再次使用直阻仪测量、第五步使用红外测温仪进行复测)，既确保了关键设备安全，也固化了供电设备“牵引网”的思维格局，最大化了高铁带普铁的联动效应；四是建线达标实现示范引领。先后采取“修建补”规范高铁生产管理制度、“零缺陷”划定高速铁路接触网运行维修基准线、“高科技”堵截高铁运行外部风险、“细整合”实现班组运、检、修分离等手段和措施，全面加强高铁示范线建设。

3 结论

围绕“强基达标、提质增效”这一主线；高效运作“风险管控、隐患整治”两个有效机制；通过“网格化”信息管理手段，找出短板，实现职工教育、设备检修、监督检查三个全覆盖；提升“职工素质、现场管控、干部履职、应急处置”四个能力，始终坚持政治红线和职业底线，确保高铁和旅客安全万无一失。

参考文献

[1] 中国铁路总公司. 铁路供电管理信息系统专项规划[Z]. 北京：中国铁路总公司，2012.

[2] 中国铁路总公司. 高速铁路接触网运行维修规则. 铁总运〔2015〕362 号[Z]. 北京：中国铁路总公司，2015.

[3] 史天运，刘军，李平，等. 铁路大数据平台总体方案及关键技术研究[J]. 铁路计算机应用，2016，25(9)：1－6.

作者简介

马强，中国铁路郑州局集团有限公司郑州高铁基础设施段，办公室(党委办公室)主任，工程师

高铁接触网多功能检修作业车救援动车组试验情况分析

刘国庆　王建民

摘　要：根据中国铁路总公司安排，铁道科学研究院在津秦高铁进行接触网多功能检修作业车救援动车组试验，利用天津供电段接触网多功能检修作业车进行牵引试验，天津供电段参与了试验并结合接触网多功能检修作业车实际情况，对利用接触网多功能检修作业车救援动车组的可行性进行分析。

1　引言

遵照中国铁路总公司机辆部、工电部《关于开展接触网多功能检修作业车救援动车组试验的通知》(机辆动客电〔2018〕656 号)、北京局集团公司《关于公布供电轨道车救援动车组试验计划的通知》(京铁运电〔2018〕1153 号)，2018 年 12 月 4 日至 10 日利用天津供电段接触网多功能检修作业车 031623#分别在天津动车所和津秦高铁滨海站至滦河站间进行救援动车组运行试验，天津供电段技术人员全程参与了试验并结合接触网多功能检修作业车实际操控情况情况，对利用接触网多功能检修作业车救援动车组的可行性进行分析，对确保在今后利用接触网多功能检修作业车救援动车组行车安全具有重要的指导意义。

2　试验车辆基本信息

031623#接触网多功能检修作业车(简称“作业车”)为 BR711G 型，出厂编号 001 号，为北京二七轨道交通装备有限责任公司制造。

2.1　接触网多功能检修作业车发动机信息

发动机制造厂德国 MAN 公司，型号：D2842LE606，型式：V 90°；柴油机功率(662 ×2)kW、排量(21 ×2)L；压缩比 16.5∶1；额定转速 2100 r. p. m，最高空转转速 2250 r. p. m；最低空转转速 600 r. p. m；最大输出扭矩 3300 N · m/1300 ~1700 r/min；燃油消耗 194 g/(kW · h)。

2.2　接触网多功能检修作业车变扭器信息

变扭器制造厂德国福伊特公司，型号：T312bre，最大吸收功率(550 ×2)kW；输入转速 2100 r. p. m，输出转速 2981 r. p. m，传动比 $i_1 = 81/34 = 2.382$；最大工作效率 93% ±2%；输出轴能够承受的最大扭矩 10000 N · m，输入轴能够承受的最大扭矩 3200 N · m；传动油允许的最高工作温度 130℃；传动油的正常工作温度(105 ±5)℃。

多功能检修作业车在平直道上(牵引 55 t)自运行的最高速度为 174.33 km/h，起动牵引力为 124 kN，持续牵引力为 87 kN，持续速度为 31 km/h。作业车牵引 500 t 的列车在平直道上行驶的最高速度为120 km/h。

液力制动的最大制动力为 88 kN，最大制动功率为 800 kW。

2.3　接触网多功能检修作业车车辆信息

接触网多功能检修作业车最高运行速度 160 km/h；整备重量 84 t；转向架轴距 2600 mm；定距 17000 mm；轮径 920 mm；轴列式 B – B；紧急制动距离≤1400 m(平直道，初速度 160 km/h)；燃油箱标定容积 1800 L。

2.4　参与试验动车组信息

2.4.1　复兴号 CR400BF 型 5073#，编组 8 辆、总重 506 t(按超员 15% 掌握)、换长 19.0。

2.4.2　和谐号 CRH380BL 型 5533#，编组 16 辆、总重 977 t(按超员 15% 掌握)、换长 36.7。

3　试验区段线路情况

选取区段：津秦高铁滨海站—唐山站—滦河站上、下行线及天津动车所 32 道、38 道，最大上坡坡度 20‰。

4　试验项目

4.1　车辆连挂、静态试验

该项目在天津动车所 38 道、32 道进行，主要试验过渡车钩的安装、制动循环试验。

4.2　接触网多功能检修作业车牵引动车组

4.2.1　牵引复兴号 CR400BF 短编动车组进行动车组牵引自发电功能、80 km/h 紧急制动试验、120 km/h 紧急制动试验；11‰坡道起步、40 km/h 紧急制动、10‰坡道起步、60 km/h 紧急制动、20‰闯坡、12‰坡道起步、20‰坡道起步、循环制动试验、14‰坡道起步。

4.2.2　牵引复和谐号 CRH380BL 长编动车组进行 5‰坡道起步、80 km/h 紧急制动、60 km/h 紧急制动、上行牵引运行试验、7‰(实际 8.4‰)坡道起步、下行牵引运行试验、6‰坡道起步；模拟动车组区间停车救援、循环制动试验、11‰坡道起步、40 km/h 紧急制动试验。

5　试验过程

5.1　连挂及静态试验

5.1.1　准备工作

铁科研在作业车(列车管折角塞门内侧)和动车组上安装了传感器并进行调车作业和安装过渡车钩。电务部门检查了车载电务设备性能，株洲中车时代电气股份有限公司(以下简称“时代电气”)隔离了撒砂装置风路。

5.1.2　试验项目

试验作业车 JZ－7 型制动机制动操纵时动车组的制动性能；作业车发动机怠速、高速运行时充风性能。

天津动车所位于天津市西青区，试验天气情况：－5～4℃。

5.1.3　试验过程

5.1.3.1　救援车钩连接作业

作业车到达停车位，11:43 机械师呼叫作业车连挂，11:48 接近复兴号一度停车，11:54 连挂结束，连挂时间 11 min。

作业车转线作业，16:46 分 CRH380BL 机械师呼叫作业车进行连挂，16:53 连挂结束，连挂作业时间 7 min。

5.1.3.2　循环制动试验

作业车分别与复兴号 CR400BF－5073#、和谐号 CRH380BL－5533#连接，进行不间断的连续制动试验，试验了怠速 600 r. p. m 自充风时间、怠速 600 r. p. m 连挂充风时间高速 1500 r. p. m 自充风时间、高速 1500 r. p. m 连挂充风时间、最小减压量、最大减压量、紧急制动、缓解时间等项目，试验结果铁科研专家称试验数据正常。

5.2　牵引复兴号 CR400－BF 短编动车组运行试验

5.2.1　准备工作

5.2.1.1　根据试验安排，天津供电段按照试验大纲及计划要求，组织进行车辆全面检查、召开安全预备会。

5.2.1.2　编组。031623＋CR400BF－5073(短编 8 辆、自重 506 t、换长 19.0)。

5.2.2　试验项目及数据统计(见表 1)

表 1 试验项目及数据统计

序号	试验日期	编组及车次	区 段	试验项目	试 验 内 容	试验时长	气象条件	备注
1	1206	031623 + CR400BF -5073 号(短编 8 辆、自重 506 t、换长 19.0),车次 56402/56401	唐山(K130 +725)至滨海(K54 +850)	动车组牵引运行下的自发电功能	提速运行。自 0:32:05 至 0:43:31,速度由 0 提至 76 km/h,用时 11 min 26 s;第一个 10 km/h 用时 74 s、第二个 10 km/h 用时 64 s、第三个 10 km/h 用时 23 s、第四个 10 km/h 用时 90 s、第五个 10 km/h 用时 39 s、第六个 10 km/h 用时 74 s、第七个 10 km/h 用时 2 min 24 s、速度由 70 提至 76 km/h 用时 2 min 58 s 在 0:43:31,速度在 76 km/h 时,负载率为 80%;0:51:30,速度控制在 70 km/h 运行,发动机转速 1900 r. p. m、牵引工况 5.2 级	11 m 26 s	唐山:晴,气温 -11 ~ -1℃;滨海:晴,-7 ~ 1℃	因其他原因返回时没进行试验
				80 km/h 紧急制动试验	1:20 速度 80 km/h 实施紧急制动,开始时间 1:20:04、公里标 K80 +087,结束时间 1:20:39、公里标 K79 +486,用时 35 s,制动距离 601 m,因紧急制动本务轮滑,实际制动距离 290 m 继续提速运行,走行 17.073 km,用时 21 min 37 s,速度达 120 km/h	35 s		
				120 km/h 紧急制动试验	1:59 速度 120 km/h 实施第 2 次紧急制动,开始时间 1:58:37、公里标 K62 +413,结束时间 1:59:17、公里标 K61 +536,用时 40 s,制动距离 877 m,因紧急制动本务轮滑,实际制动距离 514 m	40 s		
2	1207	031623 + CR400BF -5073 号(短编 8 辆、自重 506 t、换长 19.0),车次 55501/55502	唐山(K130 +725)至滦河(K192 +391)	11‰ 坡道起步	开始时间 0:12:19,公里标 K134 +771,速度 0 ~ 1 km/h(车辆有动作)0:12:24,用时 5 s;坡道终点公里标 K136 +315,瞬时速度 43 km/h,时间 0:15:59;走行 1.544 km,用时 3 min35 s;油门全位	3 m 35 s	唐山:晴,气温 -14 ~0℃;滦县:晴,气温 -11 ~ -5℃	继续按 GYK 控速运行,进滦河站侧线发生保护控停,位置 K191 +547,经解锁 1:45 滦河站 3 道停车
				40 km/h 紧急制动	开始时间 0:19:18,公里标 K138 +576,结束时间 0:20:07,公里标 K139 +074,用时 49 s,制动距离 498 m,因紧急制动本务轮滑,实际制动距离 66 m	49 s		
				10‰坡道起步	开始时间 0:48:43,公里标 K150 +970,速度 0 ~ 1 km/h(车辆有动作)0:48:52,用时 9 s;坡道终点公里标 K152 +223,瞬时速度 39 km/h,时间 0:52:05;走行 1. 253 km,用时 3 min 13 s;油门全位	3 m 13 s		
				60 km/h 紧急制动	开始时间 0:53:03,公里标 K152 +944,结束时间 0:53:37,公里标 K153 +386,用时 34 s,制动距离 442 m,因紧急制动本务轮滑,实际制动距离 129 m	34 s		
				20‰闯坡	起始点时间 1:18:50、公里标 K170 +700、速度 110 km/h,1:21:43 通过坡顶 K174 + 621,速度 40 km/h,走行 3. 921 km,用时 2 min 53 s;油门全位	2 m 53 s		

续表 1

序号	试验日期	编组及车次	区　段	试验项目	试　验　内　容	试验时长	气象条件	备注
2	1207	031623 + CR400BF －5073 号（短编 8 辆、自重 506 t、换长 19.0），车次 55501/55502	唐山（K130 +725）至滦河（K192 +391）	12‰坡道起步	开始时间 2:51:05，公里标 K182 + 967，速度 0 – 1 km/h（车辆有动作）2:51:13，用时 8 s；坡道终点公里标 K181 + 271，瞬时速度 41 km/h，时间 2:55:05；走行 1.696 km，用时 4 min 0 s；油门全位	4 m 8 s	唐山：晴，气温 – 14 ~ 0℃；滦县：晴，气温 – 11 ~ –5℃	继续按 GYK 控速运行，进滦河站侧线发生保护控停，位置 K191 + 547，经解锁 1:45 滦河站 3 道停车
				20‰坡道起步	开始时间 3:00:54，公里标 K178 + 326，速度 0 – 1 km/h（车辆有动作）3:00:59，用时 5 s；坡道终点公里标 K177 + 496，瞬时速度 15 km/h，时间 3:08:24；走行 0.83 km，用时 7 min 25 s；油门全位 发动机转速 2000 r. p. m，牵引工况 5.5 级，负载率 80%，水温 85℃，机油压力 600 kPa，传动箱油温达到 110℃报警	7 m 30 s		
				循环制动试验	K174 + 216 – K173 + 450 速度由 90 – 50 km/h，进行循环制动试验，走行 4.046 km，用时 25 min 37 s	25 m 37 s		
				14‰ 坡道起步	开始时间 3:26:36，公里标 K155 + 506，速度 0 ~ 1 km/h（车辆有动作），时间 3:26:42，用时 6 s；坡道终点公里标 K154 + 767，瞬时速度 27 km/h，时间 3:29:38；走行 0. 793 km，用时 2 min 56 s；油门全位	3 m 2 s		

5.3　牵引和谐号 CRH380BL 长编动车组运行试验

5.3.1　准备工作

5.3.1.1　根据试验安排，天津供电段按照试验大纲及计划要求，组织进行车辆全面检查、召开安全预想会。

5.3.1.2　编组。031623 + CRH380BL – 5533 号（长编 16 辆、自重 977 t、换长 36.7）。

5.3.2　试验项目及数据统计（见表 2）

表 2　试验项目及数据统计

序号	试验日期	编组及车次	区　段	试验项目	试　验　内　容	试验时长	气象条件	备注
1	1209	031623 + CRH380BL –5533 号（长编 16 辆、自重 977 t、换长 36.7）；车次 55402/55401	唐山（K130 +725）至滨海北（K76 +630）	5‰坡道起步	开始时间 1:20:11，公里标 K124 + 534，速度 0 ~ 1 km/h（车辆有动作）1:20:21，用时 10 s；坡道终点公里标 K123 + 933，瞬时速度 25 km/h，时间 1:22:56；走行 0. 601 km，用时 2 min 35 s；油门全位	2 m 45 s	唐山：气温 – 14 ~ – 4℃；滨海北：晴，气温 – 12 ~ –3℃	
				80 km/h 紧急制动	开始时间 1:31:23 公里标 K114 + 108，结束时间 1:32:14 公里标 K113 + 184，用时 51 s，制动距离 924 m，因紧急制动本务轮滑，实际制动距离 351 m 1:52 本务及动车组车下检查完毕开车，用时 20 min。继续运行，走行 3. 74 km，用时 7 min 17 s，速度达 60 km/h	51 s		

续表 2

序号	试验日期	编组及车次	区 段	试验项目	试 验 内 容	试验时长	气象条件	备注
1	1209	031623 + CRH380BL - 5533 号(长编 16 辆、自重 977 t、换长 36.7);车次 55402/55401	唐山(K130 + 725)至滨海北(K76 + 630)	60 km/h 紧急制动	开始时间 1:59:17、公里标 K109 + 444，结束时间 1:59:45、公里标 K109 + 093，用时 28 s，制动距离 351 m，因紧急制动本务轮滑，实际制动距离 218 m	28 s	唐山：气温 - 14 ~ - 4℃；滨海北：晴，气温 - 12 ~ - 3℃	
				牵引运行试验	2:09:54 牵引试验，K98 + 251 处速度 88 km/h，时间 2:24:55；走行 10.842k，用时 15 min 1 s；至 K87 + 882 处速度 97 km/h，走行 11.023 km，时间 2:31:46，用时 6 min 51 s。继续运行 5.051 km	21 m 52 s		
				8.4‰坡道起步	开始时间 2:38:05，公里标 K82 + 831，速度 0 ~ 1 km/h(车辆有动作)2:38:19，用时 14 s；坡道终点公里标 K82 + 202，瞬时速度 15 km/h，时间 2:42:49，走行 0.629 km，用时 4 min 30 s；油门全位	4 m 44 s		
				牵引运行试验	至 4:15:29 速度达到 114 km/h，地点 K114 + 864，走行 38.234 km，用时 31 min 39 s	31 m 39 s		
				6‰坡道起步	开始时间 4:22:28，公里标 K123 + 483，速度 0 ~ 1 km/h(车辆有动作)4:22:32，用时 4 s，坡道终点公里标 K123 + 933，瞬时速度 23 km/h，时间 4:24:42；走行 0.45 km、用时 2 min 14 s；油门全位	2 m 18 s		
2	1210	CRH380BL - 5533 号(长编 16 辆、自重 977 t、换长 36.7)；031623 继续运行至区间进行救援牵引，车次：55503 /55502	唐山(K130 + 725)至滦河(K192 + 391)	模拟动车组区间停车救援——接令、救援	①23:38 轨道车司机接 81817 号调度命令，准许唐山津秦场开 55503 进入封锁地段 K177 + 000 处与 55501 次动车组连挂，连挂后返回开行 55502 次试验，限 4:20 前到达唐山津秦场。用时 2 min	2 m	唐山：晴，气温 - 12 ~ - 1℃；滦县：晴，气温 - 6 ~ 4℃	
					②23:40 使用区间作业进入模式，GYK 信息录入，用时 1 min	1 m		
					③23:41 唐山站 7 道发车，0:07 距离被救援动车组 20 km，因动车组在涵洞内，使用 GSM - R 手持终端与动车组司机加强联系；0:30 在 K176 + 734 处停车(距离被救援动车组 2 km)。运行用时 49 min，走行大约 41 km	49 m		
					④控制速度 16 km/h 运行，0:32 在 K177 处停车，变更区间作业模式改为目视行车模式，按机械师手信号引导 5 km/h 以下速度运行	6 m		
					⑤0:38 距被救援动车组 10 m 距离(K177 + 095)停车连挂，0:40 车钩连挂完毕(K177 + 112)，0:41 风管连挂完毕	3 m		
					⑥0:44 试风，因动车组风压过高，经 5 次紧急制动排风，1:08 动车组风缸降压完毕。处理故障用时 24 min	24 m		
					⑦1:10 区间作业返回模式发车	2 m		
				循环制动试验	1:13 - 1:20 速度 77 ~ 50 km/h 循环制动试验，里程 K174 + 139 - K167 + 071。用时 7 min，走行 7.068 km	7 m		

续表 2

<table>
<tr><th>序号</th><th>试验日期</th><th>编组及车次</th><th>区　段</th><th>试验项目</th><th>试　验　内　容</th><th>试验时长</th><th>气象条件</th><th>备注</th></tr>
<tr><td rowspan="3">2</td><td rowspan="3">1210</td><td rowspan="3">CRH380BL－5533 号（长编 16 辆、自重 977 t、换长 36.7）；031623 继续运行至区间进行救援牵引，车次：55503/55502</td><td rowspan="3">唐山（K130＋725）至滦河（K192＋391）</td><td rowspan="2">11‰坡道起步</td><td>开始时间 1:20:25，公里标 K167＋071，速度 0～1 km/h（车辆有动作）1:20:44，用时 19 s；坡道终点公里标 K166＋238，瞬时速度 11 km/h，时间 1:27:25，走行 0.833 km，用时 6 min 41 s。转速 2000 r.p.m，扭矩输出 80%，水温 83℃，传动箱油温 109℃</td><td>7 m</td><td rowspan="3">唐山：晴，气温－12～－1℃；滦县：晴，气温－6～4℃</td><td rowspan="3"></td></tr>
<tr><td>继续运行，1:46:45 最高速度 99 km/h，里程 K147＋097，用时 19 min 20 s，走行 19.141 km</td><td>19 m 20 s</td></tr>
<tr><td>40 km/h 紧急制动试验</td><td>速度 40 km/h 紧急制动，开始时间 1:50:16，公里标 K144＋139，结束时间 1:50:41，公里标 K143＋914，用时 25 s，制动距离 225 m，因紧急制动本务轮滑，实际制动距离 105 m</td><td>25 s</td></tr>
</table>

6　试验数据分析

6.1　作业时间统计分析

作业时间分析见表 3。

表 3　作业车作业时间分析表

序号	日期	累计时间	调车作业		试验时间		处理故障	
			调车时间	占用率/%	试验时间	占用率/%	故障用时	占用率/%
1	12 月 4 日	739	174	23.55	565	76.45		
2	12 月 6 日	307	77	25.08	222	72.31	8	2.61
3	12 月 7 日	339	138	40.71	201	59.29		
4	12 月 9 日	385	167	43.38	169	43.9	49	12.73
5	12 月 10 日	298	113	34.56	161	57.38	24	8.05
合计		2068	669	32.35	1318	63.73	81	3.92

6.1.1　通过时间统计分析调车作业在总体时间中占的比重较大，大约占三分之一左右，因此调车作业组织，在事故救援中非常重要。

6.1.2　在作业车与动车组连挂过程中，出现制动风压不匹配的问题，应引起关注。

6.2　上坡运行数据统计

作业车闯破试验运行数据分析见表 4。

6.2.1　从表 4 看出牵引单编动车组爬坡启动后，传动箱动作较快，牵引重联动车组爬坡时传动箱反应时间均在 10 s 以上，司机应合理、配合使用单独制动阀和自动制动阀缓解列车，防止出现缓解过早，造成列车溜逸事故的发生。

6.2.2　在上坡道试验过程中，由表 1、表 2 看出作业车液力传动箱温升较快，司机应高度关注液力传动箱的问题，避免因液力传动箱超温引发自动卸载，产生行车安全隐患。

表 4 作业车上坡运行数据统计

序号	编组	坡度/‰	坡道长度	1 km 速度时间/s	坡顶通过速度	运行时分
1	单	11	1544	5	43	3 min 35 s
2	单	10	1253	9	39	3 min 13 s
3	单	12	1696	8	41	4 min 0 s
4	单	20	830	5	15	7 min 25 s
5	单	14	793	6	27	2 min 56 s
6	重	5	601	10	25	2 min 45 s
7	重	8.4	629	14	15	4 min 30 s
8	重	6	450	4	23	2 min 14 s
9	重	11	833	19	11	6 min 41 s

6.3 油耗统计

6.3.1 BR711G 型作业车理论油耗

BR711 作业车配置发动机为德国 MAN 牌发动机，装机功率 662×2 kW，根据用户手册载明的发动机燃油消耗率为 194 g/(kW·h)，试验时传动箱最大传输功率为 90%，满负荷时，燃油消耗为 256.856 kg/h；车载发电系统功率 35 kW，按千瓦小时 200 g 计算，功率按 50% 输出，3.5 kg/h。

根据经验数据正常作业车运行功率输出为 50% 左右，作业一次按 5 h 计算(其中 1 h 用于牵引动车组)，预计使用燃油为 788.07 kg，折合 961.06 L(折合系数 1.2195)。

目前该型作业车油箱容积 1800 L，加油量 1500 L，油箱底部剩余油量约 300 L，因此用于作业车工作燃油不超过 1200 L。

6.3.2 实际耗油分析

6.3.2.1 12 月 6 日唐山至滨海北牵引 400BF(自发电功能试验)走行单程 54 km，累计 54 km，运行 5h 7 min，油耗 480 L，平均油耗 8.89 L/km、93.81 L/h。

6.3.2.2 12 月 7 日唐山至滦河牵引 400BF 走行单程 62 km，累计 124 km，运行 5 h 39 min，油耗 480 L，平均油耗 3.87 L/km、84.96 L/h。

6.3.2.3 12 月 9 日唐山至滨海北牵引 380BL 走行单程 54 km，累计 108 km，运行 6 h 25 min，油耗 460 L，平均油耗 4.26 L/km、71.69 L/h。

6.3.2.4 12 月 10 日唐山至滦河区间牵引 380BL 走行单程 47 km，累计 94 km，运行 4 h 58 min，油耗 400 L，平均油耗 4.26 L/km、80.54 L/h。

7 试验存在问题

7.1 试验配合需要进一步细化、完善。铁科研、轨道车司机与动车组司机、机械师联系需要进一步细化，沟通不顺畅。

7.2 制动波速较慢。牵引 CRH380BL 型动车组制动时，需 2.5～3 s 列尾才产生制动。

7.3 作业车司机与动车组司机连挂后的操作需进一步明确。CR400BF 型与 CRH380BL 型被救援时操作方式不同，第一次牵引 380 型动车组时，由于蓄电池未关闭导致风管充风延误试验 48 min。

7.4 GYK + BTM 的功能需进一步完善。一是在 12 月 7 日滦河站 3 道侧线进站时产生控停，目前控停问题原因尚未分析清楚。二是救援动车组时在进站后因 GYK 数据指向站中心里程，无法实现靠标停车。

7.5 燃油使用情况不能实时车上监视。在车上对燃油无法进行消耗和剩余量监视，由于该车功率较大，存在行驶风险。

7.6 重联车组单阀制动溜逸。使用作业车牵引 CRH380 型动车组 10‰及以上坡道停留，单独制动阀无法独立起到防溜作用，单阀减压至 300 kPa 时，整列出现溜逸现象，须追加自动制动阀制动才可停止溜逸。

7.7　液力传动箱存在过负荷的风险。牵引 CR400BF 型动车组单编组 20‰坡道起动以及 CRH380BL 型动车组重联 11‰坡道起动，持续满负荷加载时液力传动箱油温均可达到 110℃警戒值（110℃报警、130℃卸载）。

8　试验结论

8.1　使用 BR711 型接触网多功能检修作业车救援动车组存在可行性。

8.2　本次试验中天气因素起了较大作用，夜间试验时气温均在零下 10℃左右，对发动机冷却、传动箱冷却、散热器散热起到积极的作用。

8.3　在 14‰及以下坡道可以启动单编组动车组列车；在 11‰及以下坡道可以启动重联动车组列车。

8.4　20‰坡度启动单编组动车，坡道长度 830 m，走行用时 7 min 25 s，坡顶瞬时速度 15 km/h。发动机接近额定运行，转速达 2000 r. p. m，牵引工况 5. 5 级，负载率 80%，水温 85℃，机油压力 600 kPa，传动箱油温达到 110℃报警警戒值，存在较大设备安全风险。

参考文献

[1] 北京二七轨道交通装备有限公司. 接触网多功能综合作业车用户手册[Z].

[2] 北京二七轨道交通装备有限公司. 接触网多功能综合作业车结构和功能原理[Z].

[3] 中国铁路总公司机辆部、工电部. 关于开展接触网多功能检修作业车救援动车组试验的通知[Z]. 机辆动客电，2018，(656).

[4] 北京局集团公司. 关于公布供电轨道车救援动车组试验计划的通知[Z]. 京铁运电，2018，(1153).

作者简介

刘国庆，中国铁路北京局集团有限公司天津供电段，设备管理科科长，高级工程师

王建民，中国铁路北京局集团有限公司天津供电段，业务指导，助理工程师

接触网作业车故障数据分析

蔡婧

摘　要：本文通过对某型号接触网作业车故障数据进行分析，发现其设计过程中的薄弱环节，为实施后续产品设计改进提供依据，从而提高产品质量和产品可靠性，减少产品维修活动。

0　引言

接触网作业车在使用阶段收集和分析的故障数据，真实地反映了作业车在使用和环境条件中所暴露的具体问题，具有典型性。结果反映了产品成熟期的可靠性水平，是今后改进设计和开展新产品设计的基础。本文通过对某产品故障数据展开分析，发现其设计过程中的薄弱环节，为实施后续产品设计改进提供依据，从而提高产品质量和产品可靠性，减少维修活动。

1　故障数据收集与分析目的

1.1　故障数据来源

本文故障数据主要从产品实际使用现场得到，数据来源于某产品的现场故障处理记录。收集要求具有真实性、准确性、连续性和完整性。

1.2　故障数据收集与分析的目的

(1)为产品改进设计和制造工艺，提供必要信息，并为新技术的研究，新产品的研制提供信息。

(2)改进产品维修性，提高产品的质量。

2　故障数据分析

本文故障数据主要是依据现场故障处理记录。本文选择了一个技术较为成熟，牵引、制动等关键系统的控制方式比较典型的作业车车型，其数据对于其他车型有较为重要的参考性，特对其进行数据分析，对该产品的改进及类似产品的借鉴有着重要的意义。

2.1　整车结构组成

该产品接触网维修作业车主要由动力及传动系统、走行部、电气系统、制动系统、液压系统及液压升降回转作业平台、随车起重机等组成。

动力及传动系统由发动机、离合器、变速箱、万向节传动轴、固定轴、换向分动箱、车轴齿轮箱等部件组成。

车体及走行部主要包括主车架、车棚、车钩装置等部件组成。

电气系统主要包括起动机、发电机、蓄电池、灯、控制开关和仪表等。

制动系统由空气制动、基础制动、撒砂装置和手制动装置组成。其中空气制动由空气压缩机、总风缸、单向阀、油水分离器、集尘器、给风阀、压力调节阀、自动制动阀、分配阀、副风缸、制动缸等组成。

液压系统主要包括液压装置和液压升降回转作业平台。本车液压装置由齿轮油泵、溢流阀、电磁换向阀、双单向节流阀、平衡阀、油马达、油缸、手动油泵等组成。

其他还包括轨道车辆的操纵系统、随车起重机等。

2.2　故障数据统计分析

将现场故障数据按照作业车分解结构进行分类，根据已有的现场数据处理记录，统计出该产品各个系统的故障数量，从统计的故障数据数量结果，可以得出的该产品各系统故障占整车比例情况如图 1 所示。

通过图 1 可以看出：故障率较高的系统依次为电气系统占整车 35%，制动系统占整车 32%，液压系统

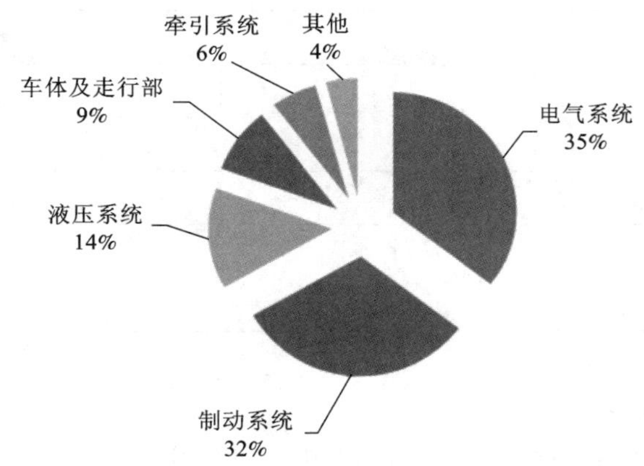

图 1　该产品各系统故障占整车比例情况

占整车 14%，均已超过整车故障率的 9%，视为易发生故障系统。由于以上系统故障率较高，为了确切查找引起故障根源，对其系统故障数据单独进行了分析，其各系统内部故障零部件比例分布如图 2 ~ 图 4 所示。

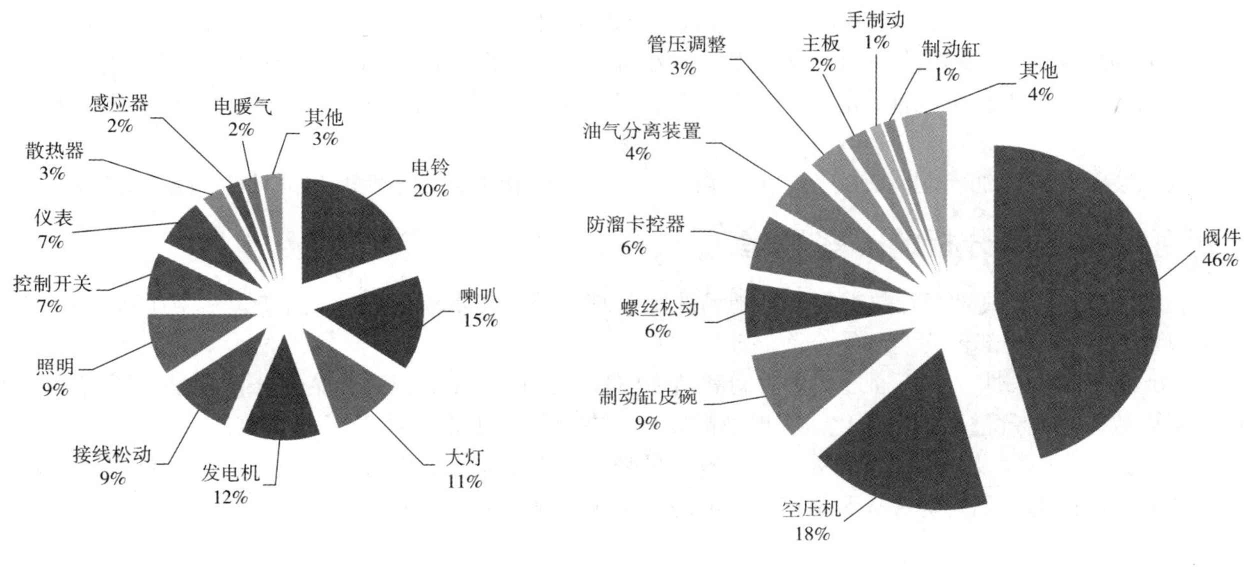

图 2　电气系统故障部件比例

图 3　制动系统故障部件比例

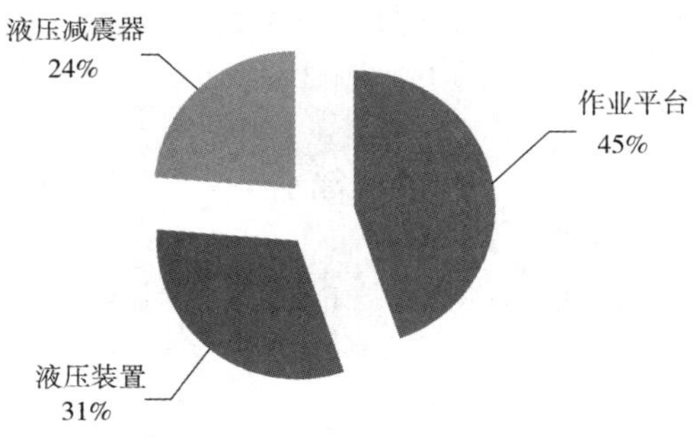

图 4　液压系统故障部件比例

由图 2 ~ 图 4 各系统故障部件比例可得出每个系统中主要故障部件如表 1 所示。

表1　系统主要故障部件

	占整车故障比例	系统主要故障部件
电气系统	35%	电铃
		喇叭
制动系统	32%	阀件
液压系统	14%	作业平台
		液压装置

2.3　对该产品较多故障部件的一些建议

(1)电气系统故障中各部件如电铃，喇叭，大灯，由于其使用寿命除与本身的性能有关，与温度湿度、震动等外部因素也密切相关。整改措施通常是更换新部件。虽然目前该产品作业车各部件较易更换，维修性较高，但为了从根本上提高该类部件的可靠性水平，减少维修活动，对于该类故障建议供应商对其进行环境应力筛选，可靠性增长等试验，提高其自身可靠性与对环境影响的抵抗性。

(2)制动系统故障绝大多数为空气制动故障，故障原因主要是阀件作用不良。针对阀件问题供应商提供了详细的解决方法和故障处理方案。但现场问题的多为阀件直接损坏，整改措施通常是更换新阀件。供应商可从提高阀件维修性方面，在维修时能更加简洁、迅速、经济地处理故障。

(3)液压系统故障中作业平台故障原因大多是由于转换开关损坏和限位开关损坏或脱落。液压装置故障原因多为油缸漏油。虽然转换开关、限位开关是小部件，但关系到接触网维修作业安全和作业质量，同时严重影响作业平台工作可靠性，增加了维修活动。供应商可针对转换开关、限位开关进行优化，加强部件性能。

对液压装置油缸漏油问题有针对性地研究解决，不断改进和优化产品性能和可靠性，减少维修活动。

3　对可靠性数据分析的一些思考

(1)数据源。本文故障问题数据主要是现场故障处理记录，其闭环管理满足了现场故障的处理，但数据收集数量有限，部分部件问题不能全面展现。

(2)分析的不彻底性。对于通过大量时间和精力整理得出的故障数据，目前的分析只是运用简单分类整理。问题数据在运营过程中的变化情况以及故障曲线在该结果中未能体现。这就导致：其一，不能全面地分析部件失效的过程及发生阶段，从而提出有效的解决措施；其二，没有得出故障的分布曲线，不能合理地预计未来故障的发展趋势，从而制订合理的防范措施，做到防患于未然。

参考文献

[1] JW－4G型接触网检修作业车使用保养说明书[Z].襄阳：金鹰重型工程机械有限公司，2014.
[2] 贺国芳.可靠性数据的收集与分析[M].北京：国防工业出版社，1995.

作者简介

蔡婧，中国铁路兰州局集团有限公司嘉峪关供电段，继电保护工，助理工程师

接触网作业车低风压报警防溜系统

宋进凯　王宏宇

摘　要： 本文根据近年来接触网作业车溜逸造成的冒进、挤岔、脱轨、相撞等安全事故的发生，为有效解决接触网作业车作业中的车辆溜逸问题，推动“接触网作业车低风压报警防溜系统”的使用，着重介绍了该系统的功能、性能、组成等。

0　引言

接触网作业车作为铁路检修作业的主要设备，为了保证其运用安全，铁路部门采取了各种强化措施，但接触网作业车溜逸造成的冒进、挤岔、脱轨、相撞等安全事故时有发生，严重危害了正常的铁路生产作业安全。要从源头上杜绝接触网作业车溜逸问题，必须消除接触网作业车使用过程中的管理盲点，以“技防”、“物防”替代“人防”，解决作业违章、处置不当等人为因素造成的溜逸事故，从而保证接触网作业车运用安全。

1　技术分析

1.1　功能分析

目前接触网作业车低风压报警防溜系统主要是为了解决在坡道作业时因司机操作失误或在站内熄火停留时，因空气制动系统发生故障等危急情况，及时提醒司机采取制动措施或强制制动已发生溜逸的车辆。能够在车辆启动时监测手制动和制动缸风压状态，防止司机带闸开车，且随时监测总风缸压力，风压过低提醒司机注意。

1.1.1　接触网作业车动车起步时自动判定是否发生溜逸。系统通电后自动监测车辆换向和档位的变化、发动机转速等状态，并从 GYK 设备获取车辆移动方向和距离信息，当车辆处于起步状态时，根据获取的车辆移动方向和距离，智能判断司机操作意图，判定车辆发生溜逸分级触发语音、声光报警直至发出强制制动指令。

1.1.2　接触网作业车熄火停留时防止空气制动故障溜逸。系统通电后自动监测发动机转速、制动缸风压变化，当制动缸风压低于设定值时，系统发出语音、声光报警提醒司机及时采取防溜措施，判定车辆发生溜逸发出采取强制制动指令。

1.1.3　总风缸风压不足时提醒报警。系统通电后实时监测总风缸风压变化，无论停留、运行，或发动机运转、熄火状态下，总风缸风压低于设定报警值即发出语音、声光报警提醒司机注意。

1.1.4　报警阀值可自由设置。主机操作界面可以设置风压报警阀值和位移距离报警阀值，满足不同场景多样化需求。

1.1.5　带闸开车报警。系统具有带闸开车报警功能，当手制动处于未松开状态，或制动缸风压大于 30 kPa 且车辆位移距离达到 10 m 时，系统发出语音、声光报警，提示司机勿带闸开车。

1.2　系统原理

1.2.1　防溜功能实现 - 溜逸状态判断。

接触网作业车停车的两种场景。第一种场景为施工运用过程中两次作业中间的停顿，停留时间较短，车辆附近施工人员较多，施工人员与车辆距离也较近，一旦产生溜逸，反应时间和危害最大。第二种场景为在站场内停留，周围车辆较少。此时车辆不进行作业，车上 GYK 等控车设备没有供电。

为保证接触网作业车运用安全、人身安全，接触网作业车低风压报警防溜系统重点对第一种场景所发生的溜逸进行防护。第二种场景为长时间停留情况，须人工设置止轮器(铁鞋)进行防溜措施。

1.2.2 静态溜逸防控:(1)发动机转速为零(熄火)。(2)报警措施:制动缸压力小于 200 kPa 时语音提示,大于 200 kPa 停止语音提示。(3)控车措施:发生位移时自动产生进行常用制动控车。

1.2.3 动态溜逸防控一:(1)发动机正常工作状态。(2)油门处于提挡位,换向开关为非 0 位,变速箱挂入相应挡位。(3)控车措施:实际车辆位移和工况方向不一致时,系统发出语音提示"溜逸"两遍,位移达到 2 m 时自动产生常用制动控车,同时语音提示"制动"两遍。动态溜逸防控二:(1)发动机正常工作状态。(2)换向开关在 0 位,变速箱挂入非空挡位,速度由 0 起始发生变化。(3)措施:发生位移即发出语音提示"溜逸"两遍,距离到达 2 m 自动产生常用制动,语音提示"制动"两遍。

1.2.4 制动解除条件:当制动缸压力大于等于 300 kPa 且速度等于 0 时,系统解除制动。

1.2.5 总风缸风压不足时自动报警。通过与压力传感器进行总风缸压力采集,当总风缸压力低于设定值时,此时产生报警。

1.2.6 风压报警值设置。通过显示屏操作界面,设定报警声音大小及风压报警值,确保各种现场不同场景的需要。

1.2.7 带闸开车报警。通过压力传感器及与 GYK 相连的公用数据箱,获取制动缸和速度等信息,手制动机未缓解或制动缸压力大于 30 kPa 且车辆位移达 10 m 时,进行带闸开车扬声器报警。

2 系统组成

接触网作业车低风压报警防溜系统主要由主机、扬声器、压力传感器、制动电磁阀等设备组成(见图 1)。

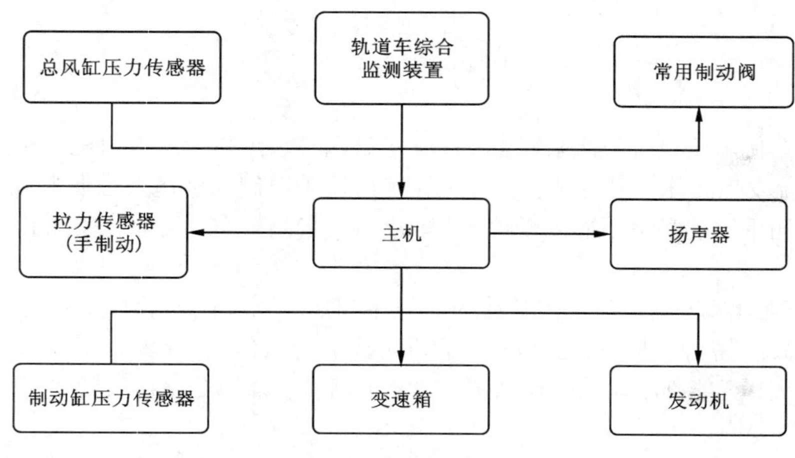

图 1 系统总组成框图

3 结束语

经过郑州局集团公司新乡供电段、郑州高铁基础设施段等单位接触网作业车加装该系统试验后证明,接触网作业车低风压报警防溜系统可以有效解决接触网作业车作业中的车辆溜逸问题,防止了坡道运用作业时,因司机操作失误、制动机故障等情况下的车辆溜逸问题,且可以实现带闸开车、总风缸(制动风缸)风压不足等情况的报警功能,可以有效规避接触网作业车运用过程中发生的溜逸风险,切实能够保障接触网作业车的运用安全。

作者简介

宋进凯,中国铁路郑州局集团有限公司工电检测所,科长助工

王宏宇,中国铁路郑州局集团有限公司工电检测所,助工

关于鹰潭供电段接触网作业车 GYK 分析问题与对策的调研报告

张新明

摘　要：GYK 作为确保接触网作业车行车安全的重要设备之一，对防止行车事故和强化科技保安全起到了关键的作用。本文通过分析 2017 年至 2018 年鹰潭供电段发生的 60 件 GYK 紧急自停、常用制动文件，分析问题存在的原因，并提出了一系列对策。

GYK（轨道车运行控制设备）作为确保接触网作业车行车安全的重要设备之一，对防止行车事故和强化科技保安全起到关键性作用。截止至 2019 年 3 月 31 日，鹰潭供电段共有直管作业车 23 台，监管作业车 13 台，其中 JDZ－160 多功能作业车 2 台，JJC 检修列 1 列，全部安装高新兴创联有限公司生产的 GYK（轨道车运行控制设备），GYK 主控记录板版本号是 V1.2－2014－05－08，为了全面准确掌握 GYK（轨道车运行控制设备）使用情况和作业车司机操作规律，根据统计 2017 年至 2018 年两个年度共发生 60 件 GYK 紧急自停、常用制动文件，其中紧急自停 45 件，常用制动 15 件，分析问题存在的原因归纳如表 1、表 2 所示。

表 1　紧急自停、常用制动文件占总件数比例表

类别	文件总数/件	紧急自停件数/件	比例	常用制动件数/件	比例
1	60	45	75%	15	25%

表 2　紧急自停、常用制动文件原因分析表

原因分类总件数/件	设备原因/件	司机操作原因					
		模式使用或转换不正确/件	司机控速不当/件	区间作业操作不当/件	防溜报警未及时解除/件	防碰点距离不足未及时解锁/件	机车信号掉码或未确认原因/件
60	1	11	15	1	6	19	7

（1）设备原因：60 件紧急自停、常用制动中设备原因只有 1 件，只占到 0.02%，具体案列为：2017 年 1 月 12 日，抚州网工区 1142017 作业车 57101 次由抚州北站至抚州站，在正常监控模式下 4:43 分开车，GYK 限速 48 km/h，作业车运行速度 3 km/h，4:45 分 GYK 发出“空挡防溜报警”，司机按压【警惕】键，GYK 显示“速度信号故障”，导致无法解除，GYK 发生常用制动，司机再次按压【警惕】键后，方才解除。第一次按压【警惕】键，GYK 显示“速度信号故障”，第二次再次按压【警惕】键后，方才解除，从调取 GYK 文件分析发现，按压【警惕】键有记录，但是无解除，而第二次按压【警惕】键也有记录，有解除。

（2）司机操作原因：60 件紧急自停、常用制动中司机操作原因 59 件，占到 98.3%，典型案例为：一是模式使用或转换不正确。2017 年 3 月 2 日，1142013 作业车在西山站作业完毕后，输入返回车次 56360 次，因与 1142014 作业车重联运行，1142014 作业车为本务，1142013 作业车为补机，司机在输入 GYK 各项参数后，未将 GYK 设置成重联（补机）模式，而是正常监控模式，限速 0 km/h，10 点 02 分，车组由西山站发车，运行速度 1 km/h，造成 56360 次超速，碰线紧急自停；2018 年 5 月 9 日，上饶普速网工区 1142016 车，司机进站后未按规定设置调车模式，而是进站停车后换端使用正常监控模式动车导致自停。二是司机控速不当。控速不当造成常用制动的，2017 年 5 月 19 日，资溪网工区作业车 1142020 司机操作时没有注意当时的运行限速（71 公里/小时），而当时的实际运行速度 71 公里/小时，导致作业车发生常用制动；2017 年 5

月 29 日，上饶合福网工区作业车 1142022 司机操作时没有注意当时的运行限速(43 公里/小时)，而当时的实际运行速度 43 公里/小时，导致作业车发生常用制动；控速不当造成紧急自停的，3 月 20 日抚州网工区 1142021 作业车司机在使用目视行车模式入库运行时，由于司机操纵油门手柄不当，致使作业车速度迅速上升，达到了限速(23 km/h)，导致常用制动一次；再因为司机没有及时制动下闸，致使作业车超速(24 km/h)运行，导致紧急放风自停一次。三是区间作业操作不当。2017 年 3 月 14 日，南丰网工区 1142019 作业车 57705 次在到达南丰至建宁县北区间作业地点后，司机将 GYK【区间作业进入】(补机)模式转换成【区间防碰】模式时，将作业起点(k193 + 516)错输为作业终点，作业终点(K197 + 307)错输为作业起点，造成作业车运行方向与运行公里趋势不一致，超速碰线紧急自停。四是防溜报警未及时解除。2017 年 11 月 23 日，永平网工区 1142014 作业车，在陈家寨站 K37 + 798 和 K37 + 870 处分别发生紧急自停各 1 次，作业车在正常监控(目视)行车模式运行进站后，机车信号由红黄灯突变为无码红灯报警后，司机未在 7 s 内按压【警惕】键，而是错误按压【解锁】，导致作业车紧急放风自停；2018 年 1 月 22 日，上清网工区 1142008 作业车司机在换端停车操作时，列车管减压量不足 80 kPa(只有 75 kPa)，而且在报警的 5 秒钟内没有追加减压量到 80 kPa，或者按压【警惕】键解除报警，导致作业车紧急自停；2018 年 3 月 19 日，抚州网工区 1142017 作业车，司机在正常监控模式补机状态下运行到区间 K97 + 980 处停车，由补机转换成本务机运行，在转换过程中作业车溜逸报警，司机未及时按压【警惕】键，导致作业车紧急自停。五是防碰点距离不足未及时解锁。2017 年 7 月 6 日，南城网工区作业车 1142018 司机在用区间作业防碰模式开车前，没有确认作业起点 K132 + 766 与实际公里标 K132 + 702 的安全防碰距离小于 100 m + V/2，盲目动车造成自停；2017 年 7 月 28 日，上清网工区作业车 1142008 司机输入安全防碰起点 K35 + 297 终点 K35 + 060，K34 + 971 处开车时安全防碰距离小于 100 m + V/2 未解锁引发紧急制动。六是机车信号掉码或未确认原因。2017 年 8 月 11 日，资溪网工区作业车 1142036 司机在区间作业返回模式下，作业车在 K64 + 760 处距进站信号机 K64 + 614 处只有 164 m，机车信号显示红黄灯，限速为 0，司机在停车后没有按压【解锁】键动车，导致作业车超速放风自停；2018 年 5 月 10 日，横峰网工区 1142006 作业车区间作业完毕返回，距离横峰下行反向进站信号机 862 m，轨道车司机退出区间作业返回模式转为正常监控(目视)模式开车，K598 + 814 处机车信号红黄灯信号掉码无码红灯，GYK 语音提示“报警 5、4、3、2、1”，司机按压【警醒】键，没有按压【警惕】键，GYK 输出紧急制动。

针对上述问题提出如下对策：

(1)设备使用问题。主要是高新兴创联有限公司生产的 GYK(轨道车运行控制设备)目前是装备在供电系统的接触网作业车上，从装备至今已使用15 年之久，各项技术规范不断地在完善和补充中，GYK 主控记录板版本号是从 V1.0 到 V1.1，再到 V1.2，根据现场使用实际需要不断地变化和更新、跟进，2017 年、2018 年我段共发生 GYK 设备报修 20 件，问题主要集中在 UPS 电源板、语音记录板、主控记录板和显示屏等故障，而速度信号故障影响 GYK 使用以及常用、自停两年来只发生一起，因此这也是一起偶发故障，可以基本判定 GYK 显示屏操作按键由于经常按压瞬间失灵也存在一定关系，要求作业车司机在库内自检时加强各按键的性能测试，尤其是与 GYK 相连的信号传感器、机车信号机、CIR 录音等，查看检测结果，发现异常可对设备外部检查一遍，主要是部件与部件的线路接口插头松紧，外观损坏程度，确认完好无恙再进行自检。

(2)GYK 模式转换使用问题。V1.2 主控记录板版本号 GYK 设置五种控制模式，分别为正常监控模式、调车模式、目视行车模式、区间作业模式、非正常行车模式。每个模式对应不同的主要功能，作业车司机根据作业需要按规定设定，模式的转换时机，操作手册或技术规范都有明确界定，从多起自停文件发现，大部分都是本务与补机未及时切换、进站停车后未及时转换调车模式、进库后调车未及时转换为目视模式等，前者是本补机转换不及时会导致本务变补机造成自停，后者只是模式使用不正确，没有及时转换导致控速不达标，要求作业车司机严格按照操作手册设置模式，尤其是目视行车模式使用的几个时机要完整无误地掌握，这几个时机包括出入库作业、正常监控遇停车信号(红黄灯、红灯、白灯)或信号突变，停车后，根据需要，司机按【解锁】键转入正常监控(目视)；区间作业遇封闭的停车点，停车后，根据需要，司机按【解锁】键转入区间作业模式目视行车状态；机车信号故障时，停车后，根据需要，通过司机操作，转入目视行车模式等，特别注意的是 GYK 开机后系统默认为目视行车模式以及目视行车模式下，机车信号变化

GYK 仅有语音提示，但不控制，这些模式的转换要求作业车司机熟知各种模式限速值，按照限速值严格控制速度行车。

(3)司机控速不当的问题。从分析的文件发现，司机控速不当造成的大部分都会导致常用制动，发生紧急自停的仅有 1 起。原因主要是司机注意力不集中、制动时机掌握不及时、制动机操作方法不熟练等，而紧急自停主要原因是本补机转换，本务未及时转为补机，本务车动车导致常用制动又超速引发紧急自停，前者是司机主观原因，后者是司机主观是主因，客观是次因，两者之间存在必然的联系，一是作业车司机在驾驶作业车时要集中精力、相互提醒和谨慎驾驶，下坡时要适时使用制动机，控制运行速度，防止超速运行；二是作业车在区间作业防碰目视开车时，要密切注意实际运行速度与限制运行速度差距，根据限速要求适当控制运行速度，防止因超速引发紧急或常用制动；三是在正常监控(目视)模式运行时，要严格控制速度，起步油门要缓慢拉起，平稳操作，时刻观察机车信号变化，限速值变化，控制机车速度。

(4)防溜报警未及时解除问题。V1.2 主控记录板版本号 GYK 防溜或遛逸报警有三种，导致的自停结果也是只有三种，一是空档防溜报警。当作业车未加载(即工况为空挡)由停车状态移动时，速度≥3 km/h 或车辆移动距离≥10 m 时，产生防溜报警语音提示“注意空档防溜”；二是相位防溜报警。相位防溜报警有两种情况，第一，当作业车由停车状态移动，若作业车速度传感器两通道相位与作业车运行方向相反，作业车运行速度≥3 km/h 或车辆移动距离≥10 m 时，产生防溜报警，语音提示“注意相位防溜”，第二，当作业车运行速度≥10 km/h，继续产生防溜报警，语音提示“注意相位防溜”；这二种报警都是在 10 s 内按压【警惕】可解除语音报警，否则输出紧急制动，三是轨道车速度从≥3 km/h 降为 0，停车后的列车管压值与运行时最高管压相比较，管压下降 <80 kPa(一次减压不足 80 kPa)，产生防溜报警语音提示“注意管压防溜”，在 5 s 内追加减压≥80 kPa，或者按压【警惕】键可解除语音报警。上述遛逸报警时间短，程序设计上是 10 秒，但是等作业车司机反应过来，报警时间已经下行到 7 秒开始往下掉了，因此，作业车司机要时刻密切关注 GYK 显示屏里遛逸报警一举一动，尤其是在停车状态下关注车辆移动情况、停车制动关注列车管压力下降情况也就是列车管减压量。

(5)防碰点距离不足未及时解锁问题。V1.2 主控记录板版本号 GYK 区间作业防碰的设计规范是用于轨道车在设定的作业起点和终点公里标范围内的控车模式，越过作业起点，停车后方能进入区间作业防碰。一是区间作业防碰模式，距离作业起点或作业终点留有安全距离(100 m + V/2)；二是作业需要，作业车继续前行作业时，可以在距闭口点 500 m 内停车后按压【解锁】键，闭口曲线向前延伸 200 m，运行至 200 m 内 GYK 进入区间防碰(目视)；三是退出区间作业防碰，则在“区间作业防碰状态参数输入”窗口中将“调度命令号”改为 0 即可。从分析的自停文件发现，都是因为防碰点距离小于 100 m + V/2 未解锁导致自停，因此，作业车司机根据工作票起始公里标、调度命令等参数正确输入，并与工作领导人现场做好沟通，防止临近防碰点、越过防碰点或接近防碰点根据作业需要保证行车安全的前提下解锁。

(6)机车信号调码或未确认原因。一是机车信号未接到码的问题。出站(包括无码股道发车)接码的问题，自闭区间机车信号显示白灯、单红灯，司机按压【解锁】+【确认】键解除停车控制功能，控制作业车以不超过道岔允许速度出站；进站(包括固定为进站无码)接码的问题，可按【解锁】+【确认】键解除该进站信号机停车控制功能，在站中心后 200 m 闭口；进出站(包括反向进站)无法接码的问题，当地面信号为开放信号，机车信号为单红灯时，按压【上/下行】键检查上/下行制式是否正确，若机车信号无法正确显示地面信号时，进入【设备自检】中的【信号自检】功能对机车信号进行一次自检，使机车信号显示为“白灯”状态，再进行【地面信号确认】操作。二是机车信号机信号掉码。红黄灯掉码变为无码红灯问题，按信号关闭监控运行，输出语音提示“红灯停车，5、4、3、2、1 秒”倒计，7 s 内按压警惕键解除语音报警；黄灯、双黄灯变为红黄灯问题，灯变化时 100 m 或 5 s 内无绝缘节信号，按信号突变控制，若 100 m 或者在 5 秒内有绝缘节信号，按红黄灯停车控制；绿灯、绿黄灯变为红黄灯问题，GYK 按信号突变控制方法操作，遇到信号掉码，关键时刻考验作业车司机快速反应能力，包括日常遇到的调码现象操作处置，要速记于心、熟记于心，及时判断快速按压正确解除；地面信号机是列车行车的主体信号，机车信号机确认的前提是先确认地面信号机的显示是否正确，机车信号机的接码是否正常，有无乱码现象，作业车司机一旦接到车站值班员或行车调度员开车的指令后，第一时间必须确认机车信号机和地面信号机显示一致性，确认无误后方可动车。

作者简介

张新明，南昌局集团有限公司鹰潭供电段设备管理科，工程师

第五篇

其　他

关于加强段对车间生产组织管理的思考

李忠文

摘　要：随着铁路公司化改革，铁路集团公司除了负担社会责任外，经营效益也越发显得重要。为了更好地融入市场化运营，提高劳动效率越显重要。本文针对铁路设备维护天窗受外部环境因素影响大特点，对如何通过生产计划下达、日天窗生产组织量化评判促进车间严格天窗作业流程、提升职工职业素养，在确保安全前提下，有效提高车间劳动生产率。

1　段加强对车间生产组织管理的必要性

如何在保证设备运行稳定安全的前提下提升职工单位劳动效率一直是铁路总公司成立以来寻求解决的问题。作为铁路设备运营管理单位，因为只能在天窗点内进行设备维护、保养工作，对更有效的天窗生产组织管理需求更加强大。要想实现生产组织的优化管理，需要制定科学的管理机制，合理利用资源，做好一线生产管理部门内部协调。因此，增强段主要管理部门在车间生产计划、任务安排管理中的主导作用，通过长期有效的对接触网作业天窗开展情况的评价，指导督促车间主动提高职工职业素养、优化职工生产分工，对在保证安全的前提下促进整体生产效率提高意义重大。

2　生产计划介入

针对供电段除了以“天窗”安排主要生产任务外，还须进行其他配合施工、异常信息处置及临时性专项设备整治活动等不可预知任务的生产组织背景，制定短期内须完成的生产计划必不可少，而以往按月下达的生产任务，月度末进行生产任务完成情况考核的做法对段主导车间生产安排工作的模式亟待改变。结合铁路部门按周进行计划“天窗”统筹的实际，将月任务细化至周计划更加适应对车间生产组织的管理。

2.1　建立管理体制

2.1.1　应该对计划涉及的技术科、生产调度、车间本身职责及分工进行明确，严格按照车间计划拟报、技术科计划审核、生产调度计划卡控提报要求，明确各科室计划负责人职责。

2.1.2　车间设置计划天窗计划任务管理人员依据年、月度检修计划、作业需求及避开动力占用区段按周申报计划任务占用；技术科设置计划主管工程师对车间提报计划作业项目、生产组织规模、安全卡控重点及卡控人员进行审核，生产调度严格按照技术科审核下发的计划卡控、提报“天窗”申请。

2.1.3　明确上报时间，针对“天窗”计划正常“T+4”上报要求，结合周计划日期，明确每周四10:00为次周计划上报截至时间。

2.1.4　确立周计划审核主体为技术科主管工程师，落实段对车间作业计划的审核、管理，切实加强段对车间生产计划管理。

2.2　完善周计划内容

对于铁路运输调度管理系统(TDMS系统)，天窗计划仅包含作业日期、作业区间站场、驻站车站及联络员、作业项目、作业里程、停电范围、馈线及停电单元、工作领导人及跟班干部，缺少能直观反映车间对生产计划落实及生产组织规模设置的项目。为确保段通过周计划下达加强对车间生产组织管理，在周计划模板中除TDMS系统计划内容外，新增作业内容(检修设备)、6C及外部环境处理内容、设备克缺(接触网、变电远动)内容、专项检修及专项整治作业内容、配合作业内容、其他(电力上线检修)作业内容、并要求车间注明梯车台数、人工组数量、出动作业人数、带班干部、天窗安全关键点及卡控措施，督促车间提前进行次周作业内容细化的同时确保段在审核、下达车间周计划时能结合车间实际人数、设备情况等加强对车间生产计划管理。

3 健全日天窗评价制度

作为铁路设备管理部门最直观反映车间生产组织的“天窗”作业，段制定了标准化作业流程，但如何督促车间严格按照标准化作业流程执行“天窗”作业，督促车间对生产任务安排，提高车间作业效率，始终是“天窗”作业管理工作的重点。段引入了“天窗”作业评价表，从安全卡控、计划任务安排、天窗组织、天窗完成质量四个方面完善验电接地、防触电安全、防高空坠落，设备检修是否结合设备缺陷(含 6C 缺陷)、专项整治、远动克缺，天窗组织是否按标准化流程展开，作业计划任务是否按要求完成等的量化，通过量化打分不断的激励、指导车间严格天窗作业流程、提升职工职业素养，同时因为评价表对“天窗”作业各环节的量化评价，从侧面促进车间对接触网日天窗组织工作标准进行掌握。

4 结束语

综上所述，通过对车间“天窗”周计划报表的细化，对车间周计划审核、下达，完善了段对车间生产计划管理的手段；对车间日“天窗”生产组织的评价，保证段对车间生产组织情况的及时掌握纠偏，促进车间严格天窗作业流程，积极提升职工职业素养，提高车间生产效率。

作者简介

李忠文，中国铁路广州局集团有限公司深圳供电段，副段长，工程师

高铁工电供综合维修生产生活一体化管理的探析

苏光霖　贲能成

摘　要：随着铁路运营里程的高速增长，工务、电务、供电维护工作不断增加，现有的制度和方法已无法适应铁路高速发展的需要。本文结合中国铁路南宁局集团有限公司高速铁路综合维修生产生活一体化实施方案，详细阐述了柳州供电段高铁综合维修生产一体化推进的有效经验，总结了生产一体化存在的问题，并提出推进生产一体化进一步融合的建议，为不断提升高铁基础设施运维质量和效率，实现高铁安全生产治理体系和治理能力现代化水平提供参考。

0　引言

随着我国现代化的高速铁路飞速发展，运营里程不断增长，庞大的铁路网规模对工务、电务、供电维护工作提出了更高的要求，现有的制度和方法已无法适应铁路高速发展的需要。为此，总公司、各铁路局集团公司、各专业部门始终致力于研究探索更安全、更高效的高铁综合维修模式。从2009年合肥－武汉高铁开通初期在金寨站区开展生活一体化探索，到2017年铁路总公司颁布《关于推进高速铁路综合维修生产一体化管理的指导意见》，再到2019年9月总公司出台《关于进一步深化高速铁路综合维修生产一体化站段改革的指导意见》，明确提出构建"七统一、一联合"的高铁综合维修生产一体化管理模式，高铁全部建成综合维修工区，沿线普遍设立综合维修车间，为建立科学规范、制度配套、运行高效的高铁基础设施综合维修管理体系奠定了基础。本文结合中国铁路南宁局集团有限公司高速铁路综合维修生产生活一体化实施方案，详细阐述了柳州供电段高铁综合维修生产一体化推进情况及取得的成效，总结了生产一体化存在的问题，并提出推进生产一体化进一步融合的建议，为不断提升高铁基础设施运维质量和效率，实现高铁安全生产治理体系和治理能力现代化水平提供参考。

1　高铁综合维修生产一体化推进经验

根据《中国铁路南宁局集团有限公司高速铁路综合维修生产生活一体化实施方案》及《关于深入推进高速铁路生产生活一体化的实施意见》文件要求，2019年柳州供电段按照"七统一、一联合"部署，深入推进工电供维修生产一体化，推进经验总结主要有以下几个方面。

1.1　规范管理制度，调整专业管界，有效提升执行力和效率

（1）根据南宁局集团公司关于一体化实施的文件要求，联合桂林高铁工务段、柳州工务段、南宁工务段制定段级《高铁综合车间生产一体化管理实施细则》及《柳州供电段一体化内控措施》，规范综合维修车间生产流程和管理制度，大大提高了执行力和效率。

（2）根据南宁局集团公司对综合维修车间管界调整的工作要求，组织车间班组交接基础资料，并将检修系统中的数据进行调整，同时联合工、电部门制定工电供一体化车间设备示意图，调整专业管界，明确了责任范围，为安全生产提供了有效的保障。

1.2　深化生产一体化，优化资源配置，有条不紊抓生产，保障安全运营

（1）在原有全州、桂北、柳州供电车间的基础上，组建永福南、来宾北供电分车间，并整合办公资源，综合车间和工区实行主任、书记、施工计划员、工长合署办公及车间统一调度指挥，避免了多头指挥的弊端，使安全生产更加有条理。

（2）加强维修计划协调，提高计划提报准确性，车间施工计划员按月、周、日对维修计划进行协商合并，减少维修计划冲突，2019年共兑现维修计划1437个，比去年同期增加172个，增幅12%，有效地提高了计划的准确性和执行性，提升人力资源的有效利用。

(3)优化防护体系，提高作业效率。采用统一防护体系模式，每个天窗节约 1－2 人，极大地补充了作业现场人员，高铁接触网设备缺陷减少了 5792 个，比去年同期增加销号 1945 个，极大保证了接触网运行稳定，为安全运营提供了可靠的保障。

(4)优化作业组织方式，实现动力设备共用，针对观音岩、梅子坳长大隧道等交通不便处所，通过合理划分作业区域，实现其他专业乘坐供电轨道车到达现场处理故障的要求，优化了资源配置，实现了既有资源最大化利用。

(5)统一应急处置，制定综合车间应急值班表，共享动车异响、山火、水害等信息，优化出动方式，共用汽车出动应急，提高应急处置效率。

(6)统一生产平台、实施联合调度，在全州、桂林、柳州设立综合维修车间调度，并引入 CTC、综合视频、安环等系统，汇集生产信息，管控设备状况，监控作业现场，提高调度的掌控能力。

1.3 推进生活一体化，解决员工生活之忧，激发员工的主观能动性和战斗力

(1)统一饭堂管理，有效解决了员工的生活问题，大大提高了员工的生产积极性。

(2)统一活动开展，联合开展消防、反恐演练，联合开展路外环境宣传，联合开展文体活动，促进专业之间和谐发展，增强团队凝聚力和战斗力。

(3)开展工电供联合培训。2019 年我段推选 15 名骨干精英参加工电供联合培训，学习工务、电务专业的基础知识，为开展联合应急抢修打下基础。

2 一体化工作取得的成效

自推进一体化工作以来，计划协调变得更加便捷，计划冲突得到有效控制，通过公用防护体系、公用动力设备资源、统一应急处置等方式，有效地提高了生产和应急处置效率。

2.1 设备维修劳效显著提升，设备质量稳步提升

(1)通过合并、共用计划，接触网设备维修天窗数量增幅显著，2019 年共兑现维修天窗 1437 个，同比增加 172 个。

(2)通过共用防护体系，参加实际作业人数得到增加，上网率同比提升了 12%，缺陷整治率同比提升了 33.5%。

2.2 非专业性应急处置效率提升。

(1)动车异响、山火、水害、危树等突发性事件，通过统一应急出动，联合应急处置效果明显。

(2)设备故障联合处置天窗计划快捷有效，同一区段出现两家以上单位设备故障时，通过提报一体化联合隐患处置计划，解决临时计划无法共用问题。

2.3 结合部问题整治的联合协作作用明显

(1)轨网检测缺陷联合处置，提升缺陷整治效率。如衡柳线接触网 CQI 指数偏低，主要因为部分区段接触线导高参数整体超标，利用工务大机捣固契机，根据双方参数整治需求联合制定整治方案，缺陷整治效果明显。

(2)供电、电务联合整治扼流吸上线设计缺陷，采用联合处置的原则，仅一个月时间高效完成了衡柳线 146 处吸上线的改造施工。

3 生产生活一体化存在的主要问题

虽然在深入推进工电供维修生产生活一体化工作中取得了不少的经验，但在践行维修生产生活一体化任务时，也发现了一些问题，主要表现在以下方面。

3.1 联合调度管理有待完善

目前综合车间生产指挥中心虽然成立了联合调度，但联合应急管理深度不够。

(1)管理层面的联合应急管理制度和预案未联合发文，联合应急处置具体流程及各专业分工没有明确，现场仍按既有模式对设备进行检查，无法体现专业之间的协助。

(2)现场应急信息互通少，由于专业分工、故障处置方式以及现场处置信息汇报对口不一致，车间级调度及现场各专业人员应急信息难以实现共享，专业壁垒仍较根深蒂固。

(3)综合车间未建立联合应急工具房，未配备标准应急工具包，轨道车、汽车、应急机具等应急资源还没有实现由综合车间统筹安排。

3.2　生产一体化有待优化

(1)站场一体化使用动力问题未能得到有效解决，目前仅在区间尝试动力作业一体化，但对于类似桂北一场、柳西站、柳州站等设备多天窗少的站场，供电专业提报动力计划兑现率偏低。各专业对使用动力一体化的作业组织及安全控制措施研究少。

(2)施工作业未开展一体化作业，如隧道配合作业时，工务、电务仍需分别安排人员到车站进行驻站要令，工务现场人员没有资质协助供电人员进行接地。当同一班组出现多个配合作业时会影响正常设备检修。

3.3　同学同练有待深化

目前综合车间开展的岗位练兵仅仅为本专业内容，跨专业培训缺乏机制及平台，没有形成一岗多能的良好局面。

3.4　结合部管理有待明确

管理分工不够明确，如按《中国铁路南宁局集团有限公司工务部、供电部关于高铁危树管理责任分工通知》，栅栏内危树由工务部门负责砍伐，栅栏外危树由供电负责砍伐，但对高架桥等没有栅栏的区段，没有明确砍伐主体，在处理类似危树问题时存在推诿现象。

3.5　生产生活设施整合较慢

(1)综合车间活动室、健身房、阅读室等文体设施费用投入慢，部分活动室未投入使用。

(2)生产房屋不能满足需求，供电专业在车间所在地没有车间料库，车间检修及抢险材料挤占班组材料室等。

4　推进生产生活一体化进一步融合的建议

高铁工电供综合维修生产生活一体化作为国铁集团公司发展和改革的重大课题，在各路局探索实践中取得了一定的经验。针对上文总结的问题，为满足高速铁路高质量、高效率的发展要求，推进生产一体化进一步融合，提出下述建议。

4.1　成立高铁基础设施段

借鉴外局经验，继续围绕“七统一、一联合”要求，深入抓好综合车间一体化的融合，优化各专业责任分工，打破专业壁垒，减少作业层面结合部。

4.2　强化跨专业培训

建立“同学同练”平台和机制，加强不同专业系统之间的融合。学习工务、供电、电务专业《安规》等基础知识和基本安全知识，掌握专业之间简单工作技能，满足辅助作业要求。

4.3　强化应急处置管理

结合一体化统一应急处置、联合调度组织等特点及优势，对倒树、红光带等常见应急处置项目建立联合应急处置流程及分工，并由基础设施段调度中心统一对应急人员进行指挥调配。

4.4　强化生产计划管理

研究制定站场动力一体化作业方案及卡控措施，提高天窗兑现率。同时在施工配合上进行人员结构优化，减少施工配合人员，提高作业劳效。

4.5　强化生活一体化融合

深度推进工电供生活一体化管理，优化综合车间房屋调配，解决公用设备设施养护及职场环境清理工作及费用清算屏障。

5　结束语

高铁综合维修生产生活一体化管理目前还只是起步阶段，建立更安全、更高效综合的维修体系在各路局掀起一股探索热潮，成为各运营维护单位的工作重点。本文结合中国铁路南宁局集团有限公司高速铁路综合维修生产生活一体化实施方案，详细阐述了柳州供电段高铁综合维修生产一体化推进的有效经验，总结了生产一体化存在的问题，并提出推进生产一体化进一步融合的建议，为不断提升高铁基础设施运维质量和效率，实现高铁安全生产治理体系和治理能力现代化水平提供参考。

参考文献

[1] 段建国，万坚，余卫巍，等. 高铁综合维修生产一体化管理模式探讨与思考[J]. 中国铁路，2019，(4)：21－27.
[2] 王保国，张可新，杨桉，等. 高速铁路基础设施维护管理及综合维修体系研究[J]. 中国铁路，2019，(3)：10－15.
[3] 李葳，瓦然，王小红. 高速铁路基础设施综合维修生产一体化助力铁路健康发展[J]. 中国铁路，2019，(3)：9.
[4] 章金兵. 高速铁路“三位一体”维修模式天窗管理体系的实践与应用[J]. 上海铁道科技，2017，(4)：20－21，69.
[5] 贾永刚. 高速铁路基础设施维修管理探讨[J]. 中国铁路，2016，(11)：7－10.

作者简介

苏光霖，中国铁路南宁局集团有限公司柳州供电段，科长
贲能成，中国铁路南宁局集团有限公司柳州供电段，助理工程师

铁路固定设备综合维修管理的专业化、集约化趋势

张林强

摘 要： 铁路大提速和大规模高速铁路网建设并投入运营，为铁路固定设备运营管理提出了诸多挑战，如何优化以牵引供电设备为代表的固定设备管理模式，以提高设备检修质量，降低设备运行成本，保证高速列车运营安全，是当前铁路市场化改革的重要方面。本文顺应铁路固定设备检修管理精简高效、快速反应的需要，对组织管理架构进行了再设计，提出在铁路骨干网建立综合维修管理体系。

1 综合维修管理的必要性

我国高速铁路设备检修、集中修任务量与日俱增，高速铁路的高新技术和集成化模式下的设备检修与传统粗放型的检修管理模式格格不入。随着客运专线运营规模的增加，这种状况更需要改善。

1.1 国外先进经验借鉴

法国铁路的养护维修管理实行总局、地区局和基层三级管理体制。法国铁路在固定设备维修管理中，充分利用专业化分工，将设备大型检测、维修任务进行委托管理，通过市场竞争机制，由专业化铁路设备维修公司来完成，专业设备维修公司拥有雄厚的技术力量和大型检修设备，设备日常检测、维修和管理业务根据专业公司与国家铁路公司签订的设备维管协议进行。法国铁路采用典型的“管、检、修”分离模式，法国铁路总局及下属的地区局直属的基础部负责铁路固定设备的日常检测、维修管理工作。同时法国铁路基层维修管理单位是综合维修段，综合维修段对管段内设备进行综合检测、维修、管理，根据设备状况在沿线铁路设置若干综合生产工区，在综合生产工区下设若干专业班组。

1.2 更强时效性

高速铁路运行速度和密度，都说明铁路系统管理的时效性至关重要，在组织管理中要以扁平化组织结构为主，加快管理信息流的传递，充分授予各个管理层级的管理权限，在合理分工的基础上最大限度地整合职能部门，健全协调机制，以便生产运作系统、调度系统、综合保障系统等能够有序、高效地运行操作程序、快速应对突发故障(事故)，实现运行系统内部各种环节和资源能够快速对接和整合。

1.3 更高技术标准

目前我国铁路固定设备管理规模小、数量多，铁路线路特别是高速铁路线路管理交叉面多，管理职责不明确，分别各自维护很难建立整齐的专业技术管理力量，也很难推行大规模现代化的检修模式，无法高效运用大型的现代化检修设备，造成维修成本高昂，维修质量难以保证。因此需要组建专业的技术力量，技术队伍，成立专业化、大规模的维修机构，承担铁路的综合维修工作。

2 多专业综合委托检修管理设计因素

铁路固定设备综合维修体系打破了传统铁路设备按专业划分检修管理组织、流程、修程的惯例，根据铁路发展特别是高速铁路设备的检修需要，依据集约、高效、安全的原则，构建一套多专业检修合一综合检修管理模式。

2.1 业务分工

铁路固定设备管理特别是高速铁路要求更加精细的专业分工、更加精湛的技术工艺、更加高效的运作体制。在借鉴、吸收国外设备管理先进经验和现代检修装备的基础上，整合我国现有设备管理力量，充分引入市场竞争机制，建立分工明确、精简高效、高度信息化的的铁路固定设备综合维修管理模式。设置相关专门机构，承担综合检修任务，负责检测范围内铁路固定设备的技术状态，并承担一切设备维修施工作

业。在固定设备中，房屋及生活用水电等小专业的维修，可充分利用社会力量，由所在单位委托管理。牵引供电系统、电力供电系统的大修和信号系统的大修以及通信系统的各级维修全部由综合性检修机构负责管理。

2.2 组建目标

在高质量完成铁路设备管、检、修业务的同时，增强组织管理的社会化、市场化是提升设备管理水平，缓解用工编制限制压力的有效途径。通过生产运作精益化，业务管理综合化，管理委托市场化，管理手段信息化，维修作业机械化的要求组建具有法人资格的铁路设备专业化委托管理企业，并建立专业综合维修管理中心对铁路设备实行综合维修管理。

2.3 运行体制

一是要坚持低成本支出、高质量检修原则。铁路固定设备的养护维修，应以“管、检、修合一”为前提，构建职责明确、机构精简、工作高效化的综合维修体系和运作机制，在保证维修质量的前提下，尽量减少成本支出。二是构建快速反应机制。高速铁路是高新技术的系统集成，虽然具有较高的安全性和稳定性，但自然灾害和意外事故常常为高速铁路运行带来隐患和突发危险。如恶劣自然灾害、异物侵限以及行车事故等，都将影响高速列车的正常运行，甚至对铁路固定设备造成严重破坏，引发灾难性的事故。因此，构建快速反应、专业化力量强的固定设备综合维修体系和机构是适应高速铁路网运营安全的需要。

3 综合委托检修管理架构

3.1 组织设计理论

组织结构设计是企业组织通过对所拥有(或能够自由支配)的人力、资本、生产工具、技术、信息等各类企业资源进行整合和优化，组建能实现企业有效管理的管控架构和层级。组织结构设计需要在企业的组织对所有能够有效支配的各类生产资料和要素进行整合、调整、排列，建立管理层级，设置管理部门，确定岗位职责及其协作关系等，并使其在企业的战略目标过程中，获得最佳的工作业绩。

3.2 责任体系

专业化的综合管理公司应在各主要铁路特别是高速铁路枢纽设置综合维修中心和综合维修基地，其组织框架应主要包括核心业务组织和技术支持组织。其中核心业务组织就是综合维修生产的技术核心，它应承担包括工务、牵引供电、通信信号等各专业设备状态检测、大型机械维修作业、综合维修生产等生产任务以及对各个生产环节进行计划安排的综合维修生产调度。在综合维修中心下设置若干中层管理组织，即车间级组织管理包括检测车间、大型机械车间等。同时应尽量减少管理层级，使综合维修管理体系符合扁平化设计要求。技术支持组织应对相关检测、维修的标准进行技术管理和技术改造，同时承担行政管理的相关职能。

3.3 综合检修组织架构

铁路固定设备综合维修管理体系为“三级四层”结构，“三级”即“公司总部—综合维修中心—生产操作层”，“四层”即“专业化管理公司—综合维修管理中心—综合维修车间—综合维修工区”。专业化管理企业在各主要铁路枢纽设立综合维修管理中心和维修基地，综合维修中心下设检测车间、大型机械车间、综合维修车间。综合维修车间根据区域设备特点和骨干线路分布情况，设置综合维修工区。在综合维修工区根据牵引供电、电务、工务等专业设备分布情况下设综合维修工班；大型机械车间下设线路、轨道、接触网等专业机械大修队；检测车间配备工务、供电、通号等大型动、静态检测设备。在固定设备综合维修管理体系中，综合维修管理中心是连接企业管理和生产作业层的枢纽，承担着组织管理、调度决策、生产指挥等重要职能。

4 多专业联合集中检修作业

4.1 联合作业计划编制与管理

供电、工务、电务三专业联合作业时，由综合检修车间或综合检修工区编制周联合作业计划，供电、工务、电务作业班组参加，共同审定计划。每月月底供电、工务、电务三专业联合作业由综合检修车间组织供电、工务、电务三个专业主管工程师编制月联合作业计划，确定下月联合作业计划。综合检修车间根据年度总体维修计划安排，在掌握设备状态和变化规律的基础上，安排月度重点工作计划，按照轻重缓急原则，制定月计划。

4.2　多专业联合作业天窗实施

供电、工务、电务多专业联合作业时各自在作业区段车站进行登、销记。每日联合作业天窗应召开预想会和收工会，各专业除召开本专业预想会和收工会外，还应由牵头专业作业班组组织，其他专业工区相关人员参加召开联合预想会和收工会，会议内容包括对上次作业情况分析，确定下次作业计划，详细布置下次作业，明确各自作业地点、区域、作业车移动范围、车辆编组顺序和节点时分控制等确保安全、正点和质量的相关注意事项。在天窗作业中，各专业组分别负责本专业组的防护与通讯联络，分别设置驻站联络员及现场防护员。

4.3　多专业维修工器具、机械车辆共享机制

综合检修中心及管内各联合维管单位工务、电务、供电相关专业的工程师根据各专业现有抢修、检修工器具的标配清单，结合各专业工器具的实际使用时间、频率、数量，共同确定可以共享的工器具清单。牵引供电、工务、电务作业需要单独使用轨行车辆时，由使用专业工区提前按照规定提报使用计划，综合维修工区协调安排，车辆使用单位需安排驻站联络人员与车辆保持联系畅通，车辆使用单位工作领导人到车组上担任车长，指挥车辆的正常使用。多专业联合作业需使用供电轨行车辆时，由综合检修工区负责车辆的使用计划申请，主责专业工作领导人担任车长，指挥车辆的正常使用。工务驻站联络员协调指挥车辆，按照各项规定安全使用轨行车辆。多专业综合维修管理，实现人员共享平台，既能够最大化地发挥专业人员的才能，相互配合，解决工作上的问题，还可以减少辅助人员的非必要开支，在需要的时候相互调配人力资源，满足大规模作业的需求。

5　结束语

为提高牵引供电等铁路固定设备的养护、维修效率与质量，降低维修成本，必须形成专业化维修力量，通过规模效应，实现养护、维修工作专业化、集约化、综合化。在铁路区段中设置多专业的综合维修中心和基地，设立多专业联合检修作业的综合天窗，提高检修效率，提高设备管理单位的专业化、规模化、机械化水平。多专业综合维修管理，实现人员共享平台，既能够最大化地发挥专业人员的才能，相互配合，解决工作协调上的问题，还可以减少辅助人员的非必要开支，在需要的时候相互调配人力资源，满足大规模作业的需求。

参考文献

[1] 张欣元. 法国国营铁路管理体制改革述评[J]. 铁道运输经济. 1999－3：35－40.

[2] 顾建华. 国外高速铁路维修管理模式与启示[J]. 交通企业管理. 2008，23(8)：75.

[3] 马丽，高祺勋. 基于结构熵的人力资源管理部门组织结构的评价[J]. 工业工程. 2010－4：86－90.

作者简介

张林强，中铁电气化局集团有限公司，企业文化部主管，高级政工师，注册一级建造师

基于大数据整合与应用的青藏集团公司供电综合信息管理系统研究

宋 兵 田丰虎 白玉发

摘 要：管理信息系统已在铁路供电系统建设日趋成熟，基本满足供电段、车间、工区三级的生产运营管理需要，实现了接触网、电力、变配电、作业车各专业设备检修巡视的流程化管控和业务数据的电子化管理。然而各系统独立运行，相互间未能实现数据共享，导致在路局供电部层面无法进行数据的关联分析及实时了解供电段生产任务完成和设备预警情况，无法对基层站段的生产管理进行有效的指导和监控。本文基于云计算、大数据、MPP 数仓技术，结合铁路供电专业信息化建设现状，从路局供电专业信息化、智能化发展的视角，阐述了路局层面数据中心的共享、云平台、大数据平台的架构设计及在此基础上的数据深化应用。

1 引言

2016 年铁路总公司工作会议指出：全面实施信息化总体规划，构建企业级信息系统和一体化信息集成平台，推进运输生产、经营管理、综合管理等信息系统整合，消除信息孤岛，实现互联互通、信息共享，扩大开发应用功能，推进信息技术与业务应用深度融合，运用物联网、云计算和大数据分析技术，加强对设备状态、安全生产、市场营销等数据信息分析，提高铁路信息化应用水平。

2016 年铁路总公司供电会议提出：加大科技攻关力度，提高信息化管理水平，坚持把信息化建设作为供电发展的一项战略任务，围绕“一杆一档、检测数据、电子图纸、故障跳闸、检修记录等信息的网络化数据共享，逐步搭建高铁供电运行检修管理系统平台，加强顶层设计，搞好总体规划，推动资源整合，大力开展供电大数据分析、“互联网 +”、检测数据智能化诊断等技术研究。

2017 年铁路总公司供电工作会议提出：要加强大数据分析，要将设备履历、各个检测监测数据和安全信息纳入大数据管理，运用大数据技术开展安全生产规律性、趋向性、关联性特征分析，掌握设备变化趋势，科学评估设备的健康状态，超前预测设备故障，针对性制定设备维修策略。

2 铁路信息化发展机遇

铁路供电管理信息化建设情况大致经历了以下几个阶段。

第一阶段：信息系统阶段

建设段级“供电运营综合管理信息系统”，实现了段级接触网、变电、电力、配电、作业车专业的日常巡视、检修管理的电子化管理和问题库管理。

第二阶段：管理信息系统阶段

通过建设“牵引供电运营辅助管理设备”、“接触网巡检辅助管理设备”、“接触网抢修辅助管理设备”等辅助设备，实现了作业单元、停电单元、安全措施、人员安全等级的标准化制定，在基础数据标准化的基础上，实现了接触网、变电、电力、配电、作业车五大专业在计划制定、计划分解、天窗申请生成、工作票生成、任务书生成过程中进行全自动、全过程可视化以及流程化卡控管理。

第三阶段：生产指挥决策 - 大数据时代

当前正处于数据大爆发时代，基础数据、检测数据、故障（缺陷）数据、维修数据每月以 TB 级增长，如何以供电业务流程梳理为基础，以标准规范建设为前提，以平台建设为优先，构建基于云计算、大数据技术的“供电综合信息管理大数据平台”势在必行。

建设集团公司供电综合信息管理系统，实现全公司供电生产信息管理、远程视频监控、6C 数据处理中心系统、应急指挥系统等，通过网络实现联动，完成实时沟通、联动指挥、决策分析等功能。

3　系统现状分析

(1)系统信息相互独立

供电段已经建设了段级的铁路供电管理信息系统，满足供电段、车间、工区三级的生产运营全流程管理。但是当前系统功能信息化系统各自独立，不能构成有机整体，无法满足供电部实时了解供电段生产任务的完成情况和设备的预警情况，无法对供电段的生产管理进行有效的指导和监控。

(2)缺乏监控手段

沿线接触网工区的各项会议过程，不能通过软件实时监控，更不能长期保存以备查阅，不能可视化地讲解作业内容和方案、总结作业情况。接触网工区在进行现场作业过程中，依旧在纸张上记录作业流程和作业情况，然后带回工区进行存档，无法对作业现场进行监督。供电部缺乏对供电段生产运营工作有力的指导和监控，更不能依托生产数据和信息技术手段，进行供电设备技术状态监控状态的综合分析。对于接触网工区的各项生产会议(预分工会、分工会、收工会)内容，缺乏相应软件和硬件设备的支持，一是供电部和供电段不能对会议内容进行实时监控并进行指导，二是会议录像不能集中保存导致不能及时追责，三是不能督促工区提高责任心和生产会议质量。

(3)工作衔接不到位

供电段生产运营数据不能与供电部进行很好地衔接，供电部不能对供电段生产运营流程、生产数据填报情况进行监控。不能与供电部安全质量管理、重点工作督办管理、专业管理评价相结合。

(4)现场作业缺乏管控

接触网工区现场作业流程卡控和作业情况记录，不能及时地反映到供电管理信息系统，供电部和供电段就不能进行及时检查、监控和发现问题，纸张资料更不易长期保存。

建设集团公司供电综合信息管理系统刻不容缓，实现集团公司供电生产信息管理、远程视频监控、6C数据处理中心系统、应急指挥系统等，通过网络实现联动，完成实时沟通、联动指挥、决策分析等功能。

4　系统总体规划

4.1　数据汇聚

青藏集团公司供电管理信息系统数据源主要包含部署在供电段和工区上的6C检测作业管理系统、检修作业管理系统、安全生产在线监控系统、供电智能运维APP等。业务数据库通常是关系型数据库系统，记录了业务方的业务信息。通过梳理底层数据，确定整体数据标准和数据结构，重新构建规范，创建统一的数据模型见图1。

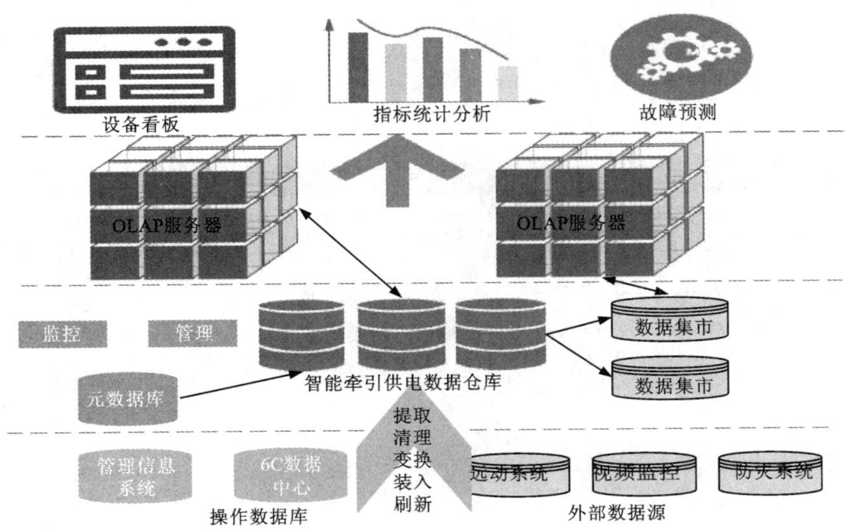

图1　数据仓库模型

4.2　业务规划

整个系统由供电部、供电段、工区三级组成，通过 TMIS 生产办公网进行数据传输。工区端使用操作终端和移动作业终端进行数据的采集与填报，并将作业信息、分工信息、四会视频信息，发送至设在供电段的四会服务端子系统。供电段与供电部通过数据同步服务子系统，传输交换计划、任务、设备、作业等数据，供电部主要对供电段的各项数据进行监控与统计分析。整个供电综合管理信息系统部署在 TMIS 生产办公网络中，系统总体规划图见图 2：

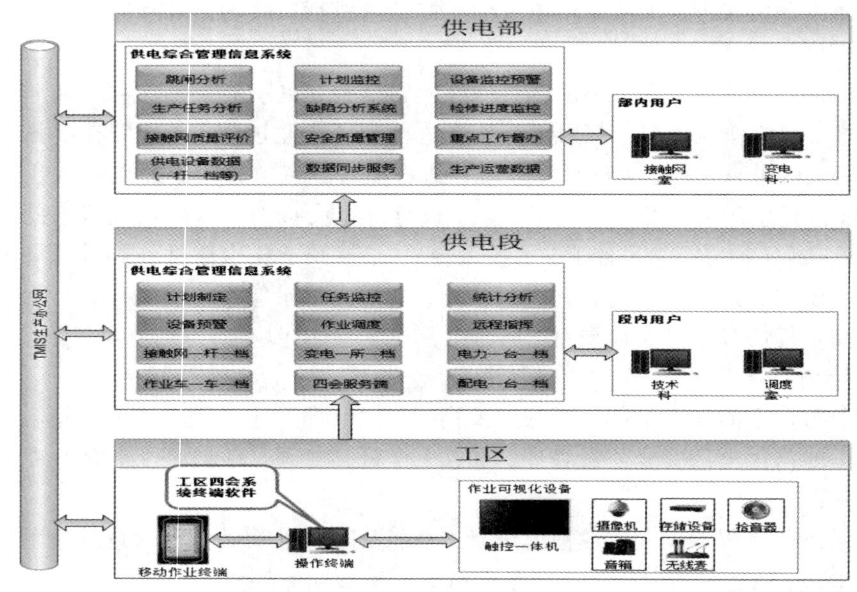

图 2　系统总体规划

4.3　技术规划

本系统采用大数据技术架构(见图 3)，基于铁路局私有云平台，利用 Flume 数据采集引擎、SFTP 传输协议，整合各供电段生产业务数据和文件数据，经过数据清洗、转换，存储到 MongoDB、FastDFS 数据仓库。通过 SparkSQL、SparkMLLib 等大数据计算引擎进行数据分析，结合 BI 可视化组件实现供电部对供电生产运营数据的综合统计分析。

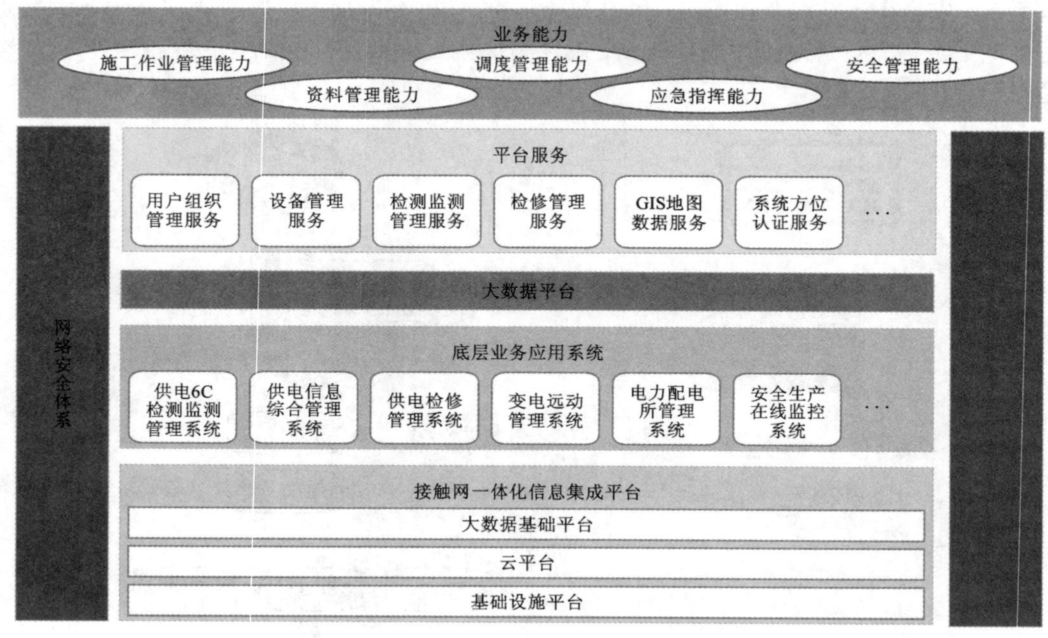

图 3　大数据平台总体架构

4.4　网络规划

建设一个由集团公司、供电段、车间/工区等三级网络互联构成的铁路综合信息网络，在局域网中实行安全隔离，划分为安全生产网、内部服务网和外部服务网。国铁集团和各铁路局集团公司已经建设了计算机网络安全平台，为网络与信息安全提供保障。依托铁路网络，就近接入供电段、供电车间、车间/工区，统一分配 IP 地址。

智能终端实时上报数据需要采用无线方式通过集团铁路移动数据传输统一平台(MTUP)汇总后进入路局安全平台接入内网，其中，智能移动终端要先通过移动互联网安全接入平台访问外部服务网应用服务器，再进入集团安全平台接入铁路内网。

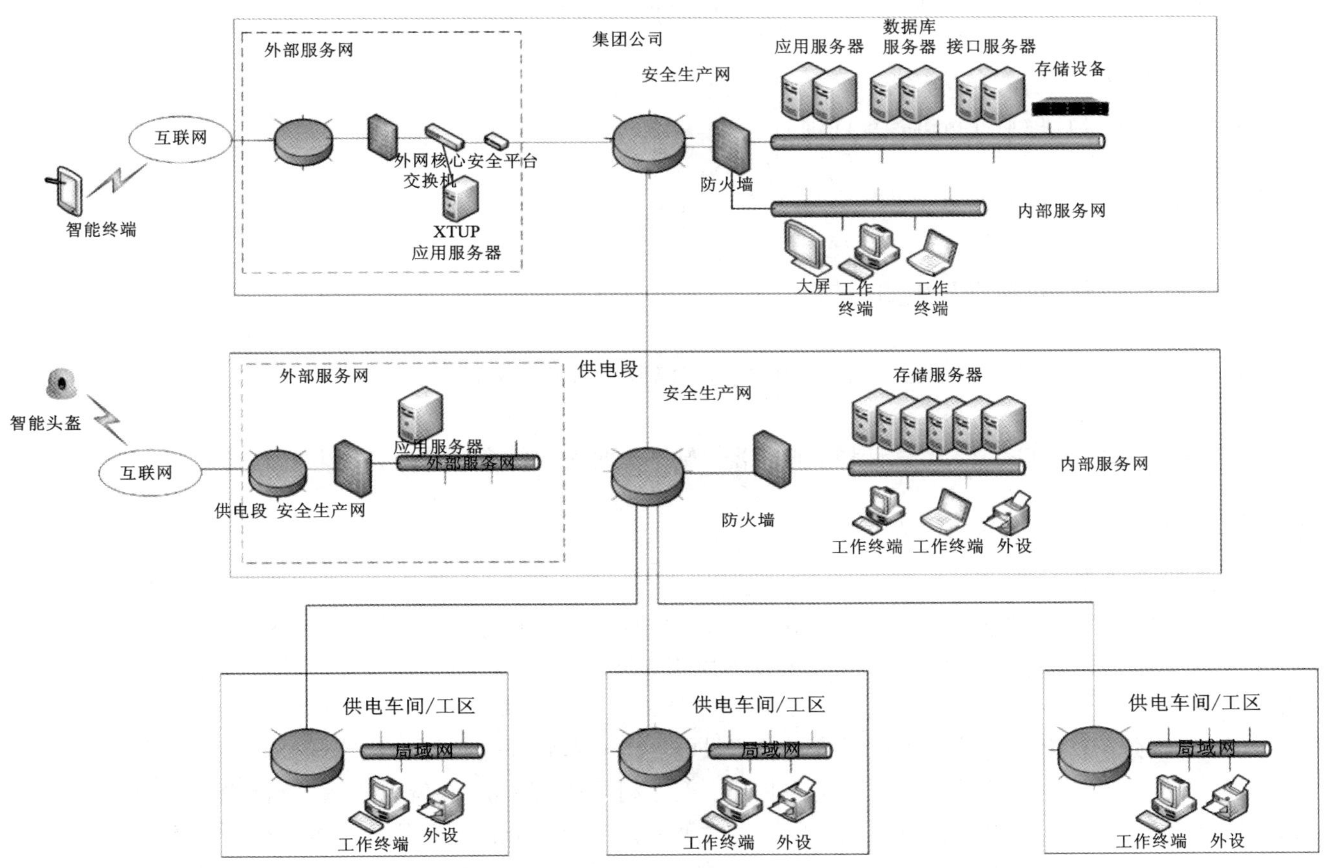

图 4　网络拓扑图

5　应用功能设计

5.1　工作督办

(1)专项整治

创建专项工作事件，记录并跟进该专项工作完成进度情况。实现对专项工作的添加、编辑、删除、查询。

(2)工作督办

实现重点工作挂牌督办，并由各责任部门及时反馈完成情况。系统自动汇总和提醒。

5.2　监控预警

(1)计划监控预警

根据供电段作业计划的制定和兑现情况，对计划的兑现率、取消原因等进行统计和分析，并对计划延迟情况进行监控。

(2)设备监控预警

对各供电段接触网、变电、电力、配电设备状态进行统计分析，对超期未巡视、超期未检修的数据进行预警提示。

(3)检修进度监控预警

对各供电段检修计划的完成情况进行统计，形成计划完成情况统计表，并对未完成项进行预警。

5.3 运营管理

(1)检测管理

对各供电段段检测计划完成情况、检测数据进行汇总统计。

(2)检修管理

对各供电段段维修计划完成情况、台账数据进行汇总统计。

5.4 统计分析

(1)跳闸分析

对各供电段当月跳闸数量进行统计。

(2)任务分析

统计各供电段天窗的兑现次数。

(3)缺陷分析

统计各供电段已处理和未处理的缺陷数量。

5.5 质量评价

根据车间/工区设备质量综合评价表，生成各供电段质量评价表。

5.6 安全评估

根据各供电段跳闸次数、检修计划完成情况、缺陷处理情况综合计算出各供电段的安全系数。

6 创新成果

6.1 管理创新

(1)通过集团公司供电综合信息管理系统的建设完成，使得供电生产信息的管理从段上升到集团公司，能够对各段生产过程进行有效监控，并且形成了班组、车间、段、集团公司四级联动进行综合分析及监督指导功能。

(2)集团公司供电综合信息管理系统实现了供电生产运营管理过程标准化管理，以设备问题库(缺陷)为管理核心，集成不同数据来源的设备运行信息，充分利用和挖掘6C系统各检测监测装置的检测数据，达到信息有效共享、综合分析、及时处理目的，实时掌握设备运行状态，有效管控各个作业过程，从发现问题、分析问题、解决问题的思路出发，形成一套集团公司—供电段—车间—班组四级联动管理的供电生产经营综合信息集成管理平台。

6.2 技术创新

(1)数据仓库技术

利用数据立方体技术建立数据仓库，把接触网数据看作立方体，通过数据立方体的预计算，实现数据仓库的快速访问，同时为数据立方体计算提供了许多有效的、可伸缩的方法和数据泛化技术，对汇总的多维数据进行灵活的访问和分析。

(2)数据共享接口

建立统一数据标准，构建规范、开放的技术平台，为各专业领域提供标准化的基础设施资源和数据服务，促进大数据应用的集约化发展。其他应用系统只需通过标准数据接口即可获得所需基础数据和业务数据。

(3)数据挖掘技术

利用云计算、大数据技术，对6C数据、检修数据进行深入挖掘分析。通过对6C系统检测监测设备采集的海量数据中挖掘出特点，通过科学的建立分析模型，寻找出设备的变化规律及相互间的影响关系，从而预测未来供电设备的运行状态和稳定性。

7　效益分析

7.1　社会效益

(1)促进社会稳定

通过本系统的建设，能够通过监控预警和运营管理功能发现检修管理上存在的问题，在“苗头”阶段及时进行处理，保障接触网安全运营，排除安全隐患，避免因事故故障与乘客产生的冲突，减少铁路营运的损失，促进社会稳定发展。

(2)促进智能铁路建设

开展铁路大数据应用，加快推动铁路数据资源开放共享和开发利用，实现数据规模、质量和应用水平同步提升，发掘和释放数据资源的潜在价值，有利于推进铁路供给侧改革，激发深化铁路改革的动力和活力，提升铁路管理水平和服务质量，增强安全风险防控能力，实现铁路运营和管理的精准性、高效性、预见性；有利于培育新的业态和经济增长点，进一步拓展铁路业务空间，提升业务价值；有利于促进智能铁路建设，满足国民经济对铁路发展的要求。大力推进铁路大数据应用，已成为新时期铁路发展的重要手段和途径。

(3)促进铁路维修体制变革

利用大数据分析技术，对检修数据、检测数据、故障数据进行深入挖掘和分析，对供电设备维修给出合理化的建议，由原有的故障修、周期修向状态修发展。

7.2　经济效益

集团公司供电综合信息管理系统的投入使用，彻底改变现有生产管理模式，大大提升安全生产的可靠性及稳定性，同时有效的减少人员的投入和生产成本支出，提升生产效率。

(1)减轻了车间、工区的日常事务性工作时间，避免了重复劳动，提高了人员工作效率30%；

(2)利用大数据分析技术，对事故、故障相关指标进行深入研究和挖掘，给出辅助事故故障处理的意见建议，提高供电应急事件的处置能力，减少停电对线路运营造成的影响；

(3)对既有系统进行资源整合，实现各系统间数据共享，实现相关数据的关联分析，提升50%的数据利用率；

(4)通过数据挖掘，对运力资源的所有信息进行分析，对未及时处理的缺陷和未检修的设备进行预警提示，确保设备及时检修，进而提升30%的设备运行质量。

参考文献

[1] 关于印发铁路信息化总体规划的通知(铁总信息〔2017〕152号)[Z].北京：中国铁路总公司，2017.

[2] 高速铁路接触网运行维修规则(TG/GD 124—2015)[S].北京：中国铁路总公司，2015.

[3] 高速铁路接触网安全工作规则(TG/GD 108—2014)[S].北京：中国铁路总公司，2014.

[4] 普速铁路接触网运行维修规则(TG/GD 116—2017)[S].北京：中国铁路总公司，2017.

[5] 普速铁路接触网安全工作规则(TG/GD 115—2017)[S].北京：中国铁路总公司，2017.

[6] 高速铁路牵引变电所运行检修规则(TG/GD 122—2015)[S].北京：中国铁路总公司，2015.

[7] 高速铁路电力管理规则(TG/GD 109—2015)[S].北京：中国铁路总公司，2015.

作者简介

宋兵，中国铁路青藏集团有限公司供电部，接触网室主任，工程师

田丰虎，中国铁路青藏集团有限公司供电部，科员，工程师

白玉发，中国铁路青藏集团有限公司供电部，科员，工程师

立足运维需求，夯实专业基础
全力完善检测技术支持管理体系

陈国成

摘　要： 随着供电系统检测装备的发展应用及管理体系的不断完善，检测在供电安全生产中的作用得到了广泛的认可，本文通过对6C系统建设现状的分析、检测系统建设发展中面临的问题分析以及对采取的措施进行分析，从而为后续检测工作提供了新的思路。构建科学的检测技术支持体系对于运维管理和安全风险控制意义重大。

随着供电系统检测装备的发展应用及管理体系的不断完善，检测在供电安全生产中的作用得到了广泛认可，作者围绕供电检测工作对接触网运维技术支持进行了深入分析，并对存在的问题制定了解决方案，即对如何“立足运维需求，夯实专业基础，全力完善检测技术支持管理体系”进行了详细阐述。

1　6C 系统建设现状

(1)硬件建设。自供电检测 6C 系统发展以来，目前全路各铁路局已经建立起较为完善的检测体系，即以弓网综合检测装置 1C、接触网安全巡检装置 2C、车载弓网检测装置 3C、接触网状态检测监测装置 4C、受电弓滑板监测装置 5C、供电安全在线监测装置 6C 等为核心构建的 6C 系统在生产中发挥了巨大作用，逐步推动接触网向定期检测、状态维修、寿命管理的运维护模式转变，使降低维护成本、减少作业风险、提升供电安全的目标得以实现。

(2)机构队伍建设。各局检测机构及队伍建设得到了进一步完善。大部分单位成立了供电检测分析室、检测车间、检测工区三级管理机构。经过几年的培训和经验积累，逐步形成了较为专业的检测队伍，为检测工作逐步向标准化发展奠定了坚实的人力资源。

(3)制度建设。经过实践总结，各单位大都形成了各自的制度体系和工作机制。制度办法更加科学，更加符合现场生产的需要。

2　检测系统建设发展中面临的问题分析

全路 6C 检测工作虽得到了进一步完善和夯实，作用发挥显著，但其在技术支持力度上发力不足与接触网专业修程修制改革深化发展需求之间的矛盾仍未得到彻底解决。主要体现在以下几个方面。

(1)思想认知水平有待提高。一是部分管理人员未能准确、深刻理解接触网修程修制改革及运维中检测定义的内涵和外延，片面简单的理解成检测就是 6C 系统，而忽略了构成检测体系的四大模块“监测、静动检测、检查、零部件检验”中其他 6C 补充部分，人为地隔裂了检测工作体系，继而导致结合部管理漏洞长期存在，如检测盲区长期得不到有效控制，增加了设备安全风险。二是部分管理人员对检测工作在接触网运维管理中的定位不准，检测职能及专业逻辑关系理解模糊不清。对维修规则中“检、运、修”分开管理的理解走向两个极端，不是脱离接触网运维服务，为检测而检测，使得检测工作成为无本之木，就是使检测工作失去其独立性，从而不能客观、真实地反映设备运维水平。如检测数据在集中修的修前鉴定和修后验收中没有体现其指导和评价职能或者是兼职管理人员在日常设备评价中存在左右手互评，评价客观失真现象较为突出，上述问题在检测管理人员兼职的单位问题较为突出。

(2)检测数据价值应用有待提高。一是检测数据挖掘力度小，目前大部分单位对检测数据的应用还只停留在发现缺陷，处置缺陷的初级阶段，主动研究数据，挖掘设备变化规律及趋势还未形成规模。二是缺陷数据定级不准。缺陷数据分析标准不统一，主观性随意较强，导致缺陷筛选、定级差异化较大。三是检测数据对接触网运行、维修技术支持、应急安全保障方面还有很多应用价值可以挖掘，目前还未形成较为

完整的技术支持体系。如集中修修后质量评价、对设备阶段性运行品质的评价分析报告，存在不及时、分析水平低的问题。

(3)缺陷数据处置质量有待提高。一是表现为处置标准低或处置方法错误。如曲线处拉出值动态超限，在未核对静态拉出值是否是标准状态，就简单以列车速度低的因素进行了缺陷排除处置，更甚者明知静态数据在非标准状态下也对动态拉出值超限进行了排除，导致缺陷长期存在；导高超限缺陷在跨中位置，但现场复核只复测定位点，就做简单排除处置。二是缺陷处置力度不足。如一级缺陷的处置不及时及二级缺陷集中修期间销号率低现象较为突出；对结构性缺陷处置过于简单，只做简单排除，缺乏后续跟踪对比趋势分析；部分单位对检测缺陷区段重视不够，检测中重复出现，降低设备在全路检测的整体排名。三是缺陷数据处置系统性较差，“头痛医头、脚痛医脚”现象较为突出。如在导高缺陷较为集中区段，缺乏与工务系统的有效沟通和一体化设计，不是盲目调整就是被动等待，导致在导高缺陷的整治中整体效果较差。

(4)工作人员业务素养有待提高。目前生产业务需求与人员素质、数量不适应之间的矛盾仍十分突出，已成为影响检测工作开展，修程修制改革战略布局的主要因素。主要体现在：一是分析人员业务素养参差不齐，分析质量和时效差距较大。二是分析方法和组织形式较为单一，经验总结提炼较少。三是检测工作人员流动较大，直接影响检测岗位职能发挥。四是检测装置维护保养人员业务能力不足，导致部分检测装置检测精度不满足生产要求，甚至长期处于故障状态，影响检测工作。

(5)检测技术支持管理体系有待完善。一是目前检测技术支持体系还不够完善，在理解和运用上存在差异，统领性较差。二是检测技术支持体系缺乏软件系统的信息化支持，不适应大数据流转、自动化控制及高效管理，系统开发迫在眉睫。三是检测技术支持体系规章制度的支持还需完善，如流程图、指导书、权责界面图等还需在检测标准化建设管理文件的基础上进一步规范。

3　措施与对策

面对接触网修程修制改革和供电安全保障的迫切需求，供电系统各级管理人员必须高度重视检测工作，在过去工作成就的基础上总结经验、认知不足，重新审视自身检测工作，对存在问题不妥协，以着力正视、解决问题来夯实专业基础，完善检测技术支持，下面就如何解决检测工作当前遇到焦点问题给出相关建议。

(1)提高认识，确保思想统一。要通过会议宣讲和培训等形式进一步统一各级管理人员对检测工作的思想认知。一是要认知检测是实现“预防为主、重检慎修”方针的重要基础和推动力，彻底纠正部分管理人员将检测定位在辅助关系的观念。二是要统一认知检测的准确定义，正确理解检测体系是由监测、静动检测、检查、零部件检验四部分构成，6C系统检测监测任务的实施，主要由供电检测室组织车间完成落实；检查部分(巡视检查、全面检查、单项设备检查、非常规检查)任务实施的主体主要由接触网技术科组织供电或维修车间完成。各主体要相互协作，相辅相成。三是明确检测功能定位。检测工作要服务供电设备运行和维修需求，应围绕供电设备运行、维修的需求来开展，坚持分而不离的专业逻辑关系，即检测数据要以运行和维修为依托体现存在价值，又要保持数据的独立完整性，确保评价的客观准确。另外，检测工作是接触网专业管理的一部分，具有监督、指导接触网运行和维修，评价供电设备质量的职能。

(2)规范流程，提升数据分析、处置质量。通过要规范检测数据分析、处置流程，逐步形成标准化作业模式，提高数据运用质量和效果。就2C、3C数据分析处置流程进行举例：①2C分析管理流程。一是将检测作业人员的即时分析纳入流程管理。二是规范了全部数据定期分析要求。要求将外部环境(危树、彩钢瓦房子、大棚、构筑物、上跨线等)、历史缺陷、薄弱设备、重点处所、关键设备纳入数据分析参照表，并在数据分析时进行对比，如果发现异常立即启动应急流程。数据分析参照表应根据后续数据不断完善及时更新。三是明确了2C检测、数据分析、缺陷处置个环节的实施主体。具体如图1所示。②3C数据分析处置流程。一是区分了一二级缺陷的处置，分为紧急和非紧急分析处置流程。二是利用历史对比分析法分析重复性缺陷，通过分析视频、动态几何参数及燃弧像素、温度、时长等，对有劣化倾向的缺陷进行提级处置。三是将关联分析法纳入分析流程。对3C非重复性一级缺陷的，首先对当次3C红外、可见光视频、3C几何参数进行分析，判断有无异常；然后调用近期4C视频、2C视频、1C动态数据、静态几何数据、设计值进行关联分析，综合信息后做出判断。具体如图2所示。

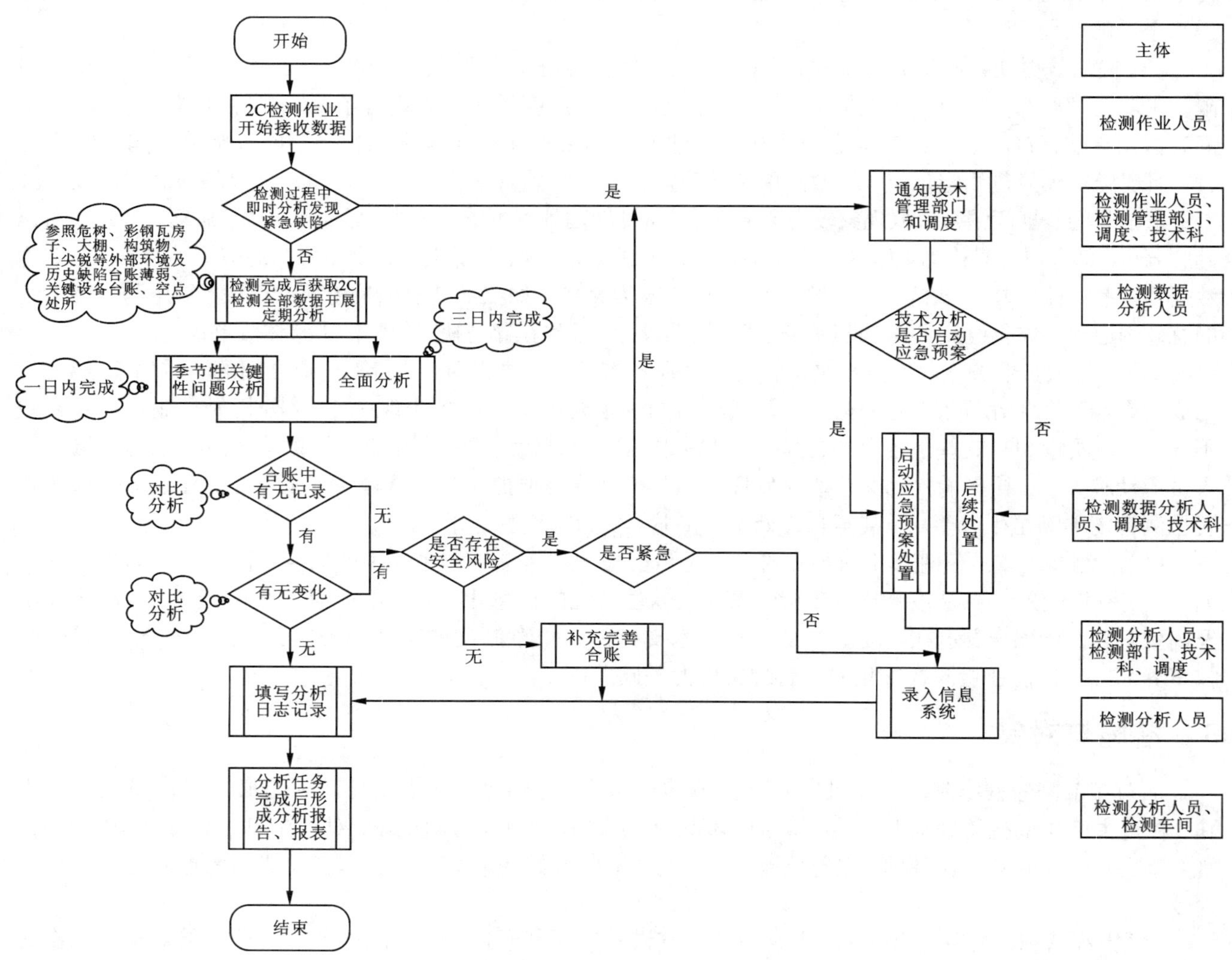

图 1 2C 检测数据分析流程图

(3)完善机制，提高缺陷定级质量。针对缺陷定级主观性较强的问题，要建立专家组定级制度和编制标准缺陷库。一是在供电段、车间成立检测缺陷定级评定专家组，实现由单人定级转化为专家组集体决策，通过集体论证的决策流程，提高缺陷数据定级的精准度。二是组织编写检测缺陷评定标准库，按照各线设计资料、安全需求、线路客观条件等编制缺陷等级评定标准，采用枚举法将接触网各部位零部件可能出现的缺陷类型图文并茂展示，缺陷按照树状目录赋予唯一编号，便于描述和索引，标准库要进行定期动态更新完善。具体格式如图 3 所示。

(4)加强检测盲区控制，降低安全风险。

检测盲区包括未覆盖区域、无效数据区域和检测设备技术盲区三种情况。未覆盖区域是指检测装置未通过径路；无效数据区域是指检测装置通过该径路，但数据漏检或数据图像模糊，不满足分析需求；检测设备技术盲区指检测设备由于技术原因无法拍摄、检测覆盖到的部分。检测盲区是检测工作的薄弱点，也是接触网设备风险不易发现、控制的薄弱部分，必须有针对性措施进行补强。

检测盲区补强措施主要包括人工全面检查、步行巡视及其他方式，补强周期按照维修规则规定执行。如：2C 按照巡视周期，4C 按照全面检查执行，单项设备按照单项设备检查周期执行。特殊情况应根据需要进行调整补强措施。

补强管理流程：由检测实施、数据分析部门填写检测盲区补强控制表，填写完成后将该表发至供电车间；由供电车间按照周期要求组织补强作业，完成后在该表进行填写并发至供电段技术科；由技术科进行定期分析汇总、统筹考核管理。检测盲区补强控制表具体格式如表 1、表 2 所示。

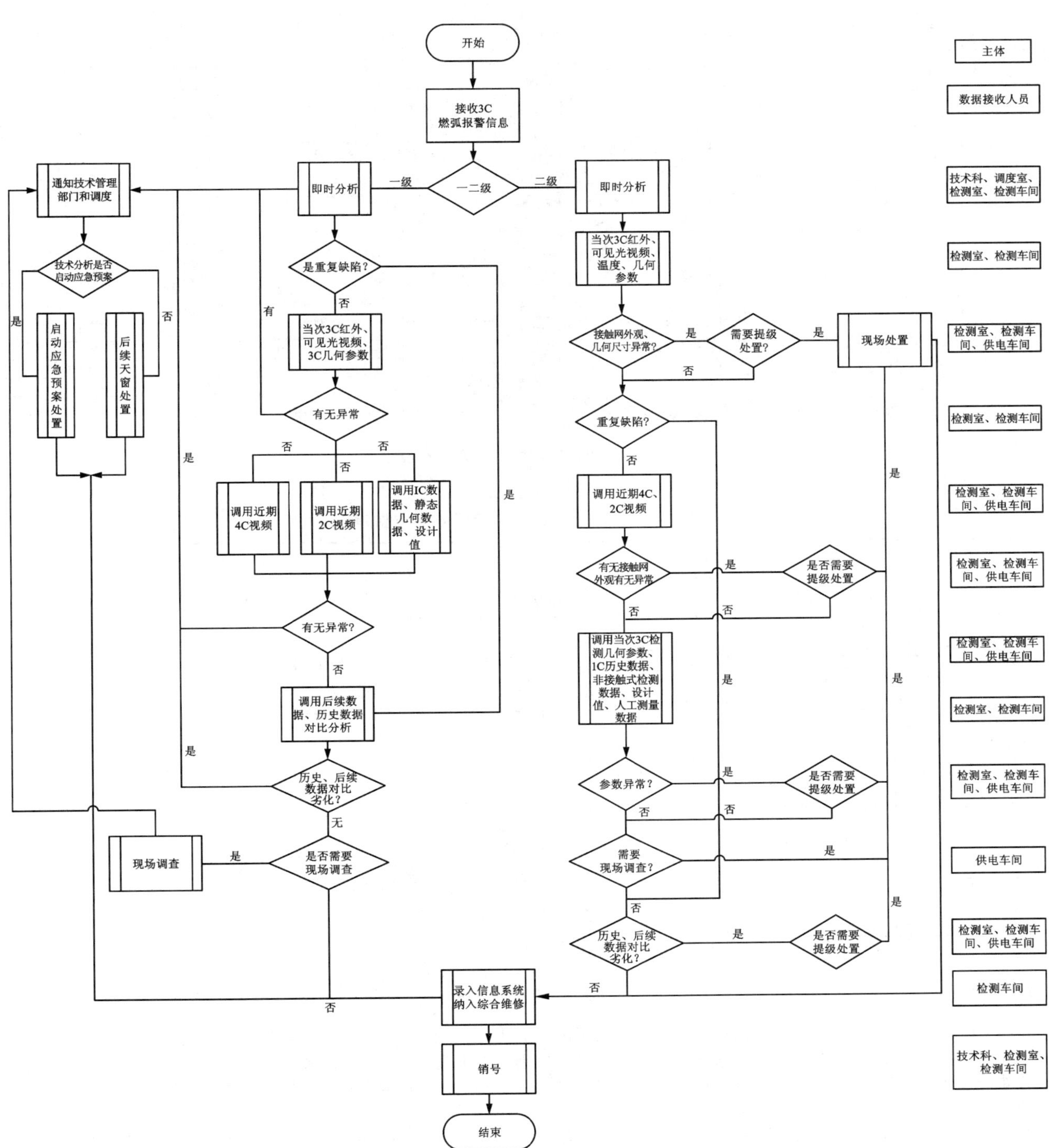

图2 动车组3C燃弧处置流程图

接触网设备状态类缺陷等级分类

序号	设备分类	设备名称	缺陷零部件位置	标准图	缺陷描述	缺陷图	缺陷类型	缺陷等级	
			承力索匹配		承力索与承力索座型号不匹配		安装错误	二级	
					承力索材质与悬吊滑轮型号不匹配		安装错误	二级	
					悬吊滑轮材质与承力索不匹配		安装错误	二级	
					承力索与预绞丝护线条型号不匹配		安装错误	二级	
					承力索与承力索吊弦线夹型号不匹配		安装错误	二级	
					承力索与电连接线夹型号不匹配		安装错误	二级	
					承力索与电连接线型号不匹配		安装错误	二级	
					承力索与接续线夹型号不匹配		安装错误	二级	
					承力索与双耳楔型线夹型号不匹配		安装错误	二级	
					承力索与锥套式接头线夹型号不匹配		安装错误	一级	
					承力索与补强线夹材质不匹配		安装错误	一级	
					承力索与补强线夹型号不匹配		安装错误	一级	
					承力索与接续导线材质不匹配		安装错误	一级	
					承力索与接续导线型号不匹配		安装错误	一级	
					承力索与承力索中心锚节线夹型号不匹配		安装错误	一级	
					承力索与承力索中心锚节线夹材质不匹配		安装错误	一级	
					交叉渡线处两支承力索交叉互磨（断股）		卡磨	一级	
					交叉渡线处两支承力索交叉互磨（未断股）		卡磨	二级	
					锚段关节非支转换处两支承力索交叉互磨（断股）		卡磨	一级	
					锚段关节非支转换处两支承力索交叉互磨（未断股）		卡磨	二级	

图 3 接触网设备状态类缺陷等级分类

表 1 ×××线 2C 检测盲区补强控制表

站场（区间）	上行							下行						
	组织主体：检测车间				组织主体：供电车间			组织主体：检测车间				组织主体：供电车间		
	通过股道号	无效数据范围	备注	分析人	补强检查时间	补强检查负责人	备注	检测通过股道号	无效数据范围	备注	分析人	补强检查时间	检查补强负责人	备注
A 站	正线/#线岔							正线						
A 站－B 站	正线	k99－k100	数据模糊不满足分析需求				登车、步行巡视检查	正线						
B 站	3 道/#线岔						步行巡视							
B 站－C 站	正线							正线						

备注：1. 本表是对 2C 检测未覆盖区域和数据无效区域进行统计，并由供电车间进行补强巡视的控制表，明确检测体系中各主体责任。供技术科、检测室、检测车间、供电车间使用。未覆盖区域是指检测装置未通过径路；无效数据区域是指检测装置通过该径路，但数据漏检或数据图像模糊，不满足分析需求；检测设备由于技术无法覆盖到的。本表由技术科汇总保存。

2. 检测部门检测作业、分析作业完成后要及时将相关信息发至其他主体部门，由补强主体按照要求进行补强检测，消除盲区。

3. 盲区的补强检测一般按照维修规则要求的周期进行，特殊情况以段具体要求为准。

表 2 ×××线 4C 检测盲区控制表

站场（区间）	上行							下行						
	组织主体：检测车间				组织主体：供电车间			组织主体：检测车间				组织主体：供电车间		
	通过股道	无效数据范围	备注	分析人	补强检查时间	补强检查负责人	备注	通过股道号	无效数据范围	备注	分析人	补强检查时间	检查补强负责人	备注
A 站	正线							正线						
A 站－B 站	正线	k99－k100 66#、108#	数据模糊不满足分析需求、漏检				梯车巡检、其他装置采集的同标准数据	正线						
B 站	3 道						梯巡							
B 站－C 站	正线							正线						

备注：(1)本表是对 4C 检测未覆盖区域和数据无效区域进行统计，并由供电车间进行补强检测的控制表，明确检测体系中各主体责任。供技术科、检测室、检测车间、供电车间使用。未覆盖区域是指检测装置未通过径路；无效数据区域是指检测装置通过该径路，但数据漏检或数据图像模糊，不满足分析需求；检测设备由于技术无法覆盖到的。本表由技术科汇总保存。(2)检测部门检测作业、分析作业完成后要及时将相关信息发至其他主体部门，由补强主体按照要求进行补强检测，梯车巡视或其他检测装置获取的同标准数据消除检测盲区。(3)盲区的补强检测一般按照维修规则要求的全面检查周期进行或以 4C 检测周期内完成，特殊情况以段具体要求为准。

(5)加强检测队伍建设，提高人员素质。检测队伍是检测工作的根本和基础，队伍整体业务素养体现检测工作优劣。主要从以下几个方面解决当前队伍业务素养不高的问题。一是设定检测人员选拔条件，检测工作人员必须有一定的接触网基础理论和现场工作经验，有一定的计算机及软件操作水平，并且通过岗位资格性认证方可从事检测工作。二是继续加强培训学习，局、段定期组织高质量的集中培训；车间、班组制定日常学习计划，举办技术比武、评选检测工作标兵，加强烘托和引领。三是加强交流学习和评比。定期组织段、车间、工区纵向和横向交流学习，互通有无，取长补短。将上述措施用制度固定下来，逐步形成长效机制，不断固本强基，提高检测队伍素养。

4 加强后续检测工作的思路

2020 年是检测工作推行标准化建设由量变到质变的关键年，应以“立足运维需求，夯实专业基础，全力完善检测技术支持管理体系”为抓手，一手抓问题整改，一手抓检测技术支持体系的构建。到 2020 年底实现工作目标“检测技术支持体系架构得到进一步完善，6C 数据中心建成并投入运用，大数据分析模型基本建成，检测队伍整体业务素养有明显提升，立足接触网运维的支持力度得到有效保障，检测工作形成较为科学的管理机制”。

要参考 6C 检测技术支持体系推进各项工作，具体内容及诠释如图 4 所示。

(1)推进检测内实建设。为快速提升检测工作的技术支持能力，从技术标准、管理标准、设备标准、人员标准四个方面进行内实强化，切实做到打铁自身硬。一是技术标准模块主要是建立完善的数据分析方法、缺陷定级标准和缺陷标准库。二是管理标准主要是建立检测专业维护、运用、数据分析的标准管理流程。三是设备标准主要规范检测装置配置数量、装置维护标准及装置的外观、稳定性、精度指标。四是人员标准主要规范人员的配置数量、岗位资格管理、技能培训及技术比武等项点。

(2)提升检测技术支持应用。推进检测管理从供给侧向需求侧改革，实现检测工作与接触网维修、运行的无缝对接，从能提供什么技术支持向运行维修需要提供什么技术支持改革，即要“将一切面向生产、一切满足生产”作为检测工作的出发点。技术支持具体体现形式有：

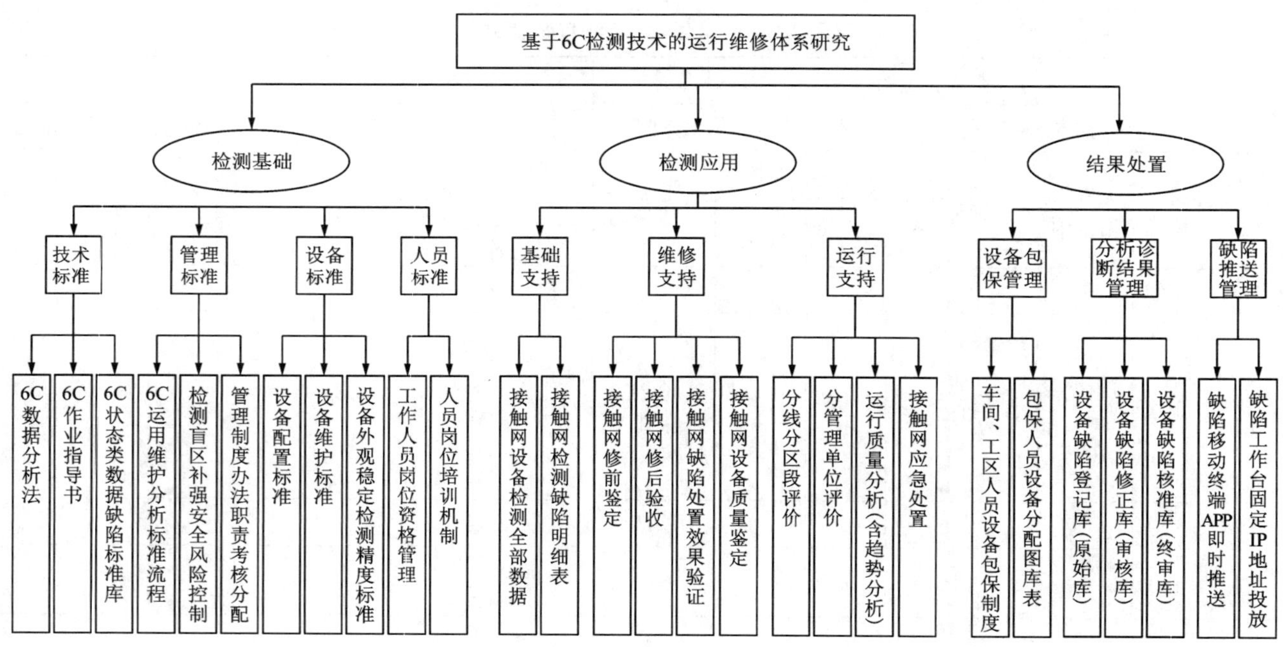

图 4 6C 检测技术的运行维修体系研究

基础支持：一是依靠供电 6C 检测系统按周期提供精准的检测数据，涉及视频、在线监控数据、动静态检测数据等，并能纳入系统并自动归档。二是按周期提供检测监测缺陷明细，辅助接触网运维部门、单位及时处置设备隐患。

维修支持：一是通过对日常检测数据的提炼形成修前鉴定报告，指导集中修(综合修)维修作业。修前鉴定报告中主要包括静动态检测缺陷类型、缺陷级别、缺陷值及建议调整方案；按每公里为单元，对评价分值在合格及以下的区段给出原因分析及集中整治方案建议。二是在集中修完成后及时完成修后验收报告对(综合修)维修质量进行客观评价。修后验收报告中主要利用动静态检测手段对维修区段的接触网设备进行评价、鉴定，并与修前得分进行对比分析，对修前鉴定报告中的缺陷进行追踪销号分析，验证缺陷处置效果。三是对于临时修一级缺陷的处置情况利用日常检测进行效果验证，观测设备趋势变化。四是利用检测监测装置完成每年度的接触网设备年度质量鉴定，评价设备状态，为次年维修计划及成本预算提供决策依据。

运行支持：一是通过分管理单位、分线、分区段定期评价，主要包括 CQI、百公里超限数量、设备优良率等进行横纵向对比分析，完成对各管理单位的评价考核，供电部评价到整条线、各个供电段，供电段应评价到管内线路、车间、工区。二是通过检测大数据挖掘对接触网运行质量进行深度分析，逐步实现设备的健康预测管理，丰富运行管理手段，提高设备运行质量。三是通过全部数据及缺陷明细协助调度应急中心应急指挥和故障点查找，缩短应急处置时间。

(3)检测结果应用。一是建立设备包保制度和设备包保分配数据库，实现设备包干到个人。二是对检测缺陷建立原始缺陷库、审核库、终审库。三是建立缺陷快速推送机制，通过开发手机终端 APP 和班组固定 IP 地址数据终端，直接将相关数据推送到包保人和班组。

5 结束语

实践证明构建科学的检测技术支持体系对接触网运维管理和安全风险控制意义重大，各级检测管理人员应静心思考、坚定信心、科学统筹，快速构建，不断推进，让检测工作在生产中发挥更大的作用。

作者简介

陈国成，中国铁路北京局集团有限公司供电部接触网检测室，主任

现代化铁路供电人才队伍建设的实践与探索

李永强

摘 要：随着我国进入特色社会主义新时代，必将给铁路的改革发展带来新的机遇，也提出了新的要求。推进铁路现代化治理必须有现代化的人才队伍作为强有力的组织保证和人才支撑。本文通过对供电人才队伍建设的实践与探索，并进行了一些思考，希望对推进铁路现代化治理发挥一些作用。

2019 年中国国家铁路集团有限公司科技创新大会上，董事长陆东福宣布：2019 年全国铁路营业里程将达到 13.9 万公里以上，其中高铁 3.5 万公里，高居世界第一，我国已建成了世界上最现代化的铁路网和最发达的高铁网，铁路技术达到世界领先水平。现代化铁路网的铺就和领跑世界的科技水平，离不开现代化人才队伍建设。全面加强人才队伍建设，是巩固发展我国铁路世界领跑优势的迫切需要，也是做强做优做大我国铁路产业的重要支撑。如何做好人才队伍建设，更好地适应铁路深层次变革发展需要，将人才优势发挥最大化，是铁路基础设施维护单位不断适应企业全面深化改革的突破口和着力点。

1 天津供电段人才队伍建设存在的问题

1.1 管理制度落实方面

1.1.1 人才政策学习不深入、不全面。对新时代党的组织路线学习不深入，对新时期好干部标准还存在着领会不深、理解不透、贯彻不全面的问题，在选人用人中考虑更多的是专业技术和安全生产能力，对选拔任用干部的综合素质不够重视。

1.1.2 人才制度理解、把握不准确。对集团公司管理办法的理解还不全面、不准确，特别是对《中国铁路北京局集团有限公司所属单位管理人员和专业技术人员管理工作实施办法》等办法的具体执行和落实上，有时概念模糊，把握不准。

1.1.3 人才制度办法宣传不到位。《中国铁路北京局集团有限公司专业技术职务评聘实施办法》印发后，受安全生产影响，大多数专业技术人员不能参加人事部门组织的培训，部分人员对内容存在误解、不解，影响专业技术人员的参评质量。

1.2 人才选拔任用方面

1.2.1 中层管理人员配备不齐。受我段人才队伍现状和中层管理人员任职经历的影响，部分中层管理岗位人员配备不到位，在中层正职选拔上还存在难选拔合适人员的突出问题，特别是业务性质较强的部门选拔存在断档。

1.2.2 生产经营机构人员不均衡。按照集团公司贯标落编工作要求，精简职能管理机构人员，加强生产经营机构技术力量，受安全生产和专业岗位限制以及部门撤销、调整的影响，现部分生产经营机构定编落实上还存在不均衡的问题。。

1.2.3 队伍自身存在的问题。近几年，我段选聘一线操作技能岗位人员 73 人，占管理和专业技术现员的 40%；提拔中层管理人员 48 人，占中层现员的 80%。管理和专业技术人员任职时间短，管理经验不足，工作方法欠缺，影响全段整体工作管理水平。

1.3 督查考核问责方面

1.3.1 督查方式方法少。通过结果考核多，督查过程考核少，督查考核内容更多的是突出岗位安全履职督查，考核的问题也多是安全问题。对个别干部身上存在着的对安全管理基础和设备状态底数不清，解决问题主动性不强等问题缺少有效过程监督。

1.3.2 履职考核不严。对干部日常履职督查还存在好人主义，发现的问题多停留在表面上，受专业技术能力限制，不能发现干部盯控作业现场履职中的严重问题。对干部工作质量要求的多，检查的少，真正考核时顾虑较多，督查不实、考核不严。

1.3.3 问责警诫作用不明显。针对安全管理上存在的“宽松软”问题，缺少较真精神，缺乏严考核、真追责的硬手腕，导致我段今年连续发生了 2 起 C 类事故。事故的发生反映出对执行制度办法不彻底、落实工作要求不到位的问题，惩戒力度不够，让少数干部存在的不愿管、不敢管、不能管的思想没有得到根本性的解决。

1.4 教育培训方面

1.4.1 业务素质还存在差距。专业技术人员不清楚岗位安全职责，对规章制度、作业标准不掌握，对专业知识一知半解，按习惯组织作业，凭经验管理专业，让习惯成为标准，不执行标准、不落实规章，甚至带头违章指挥、违章作业的顽疾还没彻底根除。

1.4.2 培训计划落实走过场。在落实培训计划上，组织乏力，监督不力，培训效果不明显。特别是专业科室、车间重安全生产、轻教育培训，平常不想培训，忙时不顾培训，出了问题补培训，不能针对专业技术人员业务素质短板采取有效的补强培训。

1.4.3 培训师资匮乏、培训方式单一。外聘师资讲解理论知识多，案例分析少，现场经验积累不足，造成培训内容与技术人员实际需求脱节。积极鼓励大学生制作微课，但受其本身现场实践少限制，在实用性上还存在不足。

2 工作实践

2019 年以来，按照集团公司组织人事工作要求，我们切实履行党管干部、党管人才责任，加强政策执行和教育培训，提高岗位能力和落实能力，注重培养考察，提升选拔任用质量，强化履职督查，发挥考核问责作用，进一步推进人事基础工作，为努力打造我段高素质专业化的干部人才队伍提供有力的人才支撑。

2.1 完善管理制度，提升执行落实能力

2.1.1 以习近平新时代中国特色社会主义思想为指导，围绕组织人事工作要求，采取多种形式，加大对《关于进一步激励集团公司广大干部新时代新担当新作为的实施办法》等系列文件的学习，深刻领会、掌握工作要求，强化政策意识。

2.1.2 结合段工作实际，先后修订了《天津供电段专业技术人员及一线大学生培养管理办法》等基本办法。日常工作中，在严格落实规定要求的同时，加强对上级部门的请示汇报和单位间横向交流沟通，努力提升人事工作执行能力。

2.1.3 《中国铁路北京局集团有限公司专业技术职务评聘实施办法》等办法实施后，充分利用干部履职督查、现场包保指导、自办班培训等方式，广泛宣传有关内容，让干部职工清楚明白变化点，促进干部严格执行政策。

2.2 注重培养考察，提升选拔任用质量

2.2.1 坚持选人用人原则和标准，严格履行选拔任用工作程序，执行选拔任用工作回避制度和审批制度，提高选人用人公信度。

2.2.2 通过考察日常表现、年度评价考核等方式，将 71 人纳入后备人才储备库，进行重点培养。进一步鼓励专业技术人员参与段“创新大师工作室”等组织的科技攻关，65 人参与的 9 项科技项目获局级以上科技进步奖、技术成果奖，积极给专业技术人员争做“百千万人才” 搭建平台。

2.2.3 落实大学生谈心谈话制度，组织座谈交流会，段主要领导、分管领导同一线大学生面对面座谈，有针对性地做好大学生培养工作。落实挂职锻炼、“双肩挑”等措施，选拔 1 名研究生挂职车间副主任、3 名大学生挂职车间党支部副书记、19 名大学生挂职副班组长，1 名大学生挂职班组长，有计划的进行培养锻炼。

2.3 抓实教育培训，提升岗位能力素质

2.3.1 选送管理人员和专业技术人员参加集团公司、国铁集团培训。其中参加国铁集团培训 13 人次、集团公司培训 237 人次，加强送培人员管理，严格执行培训管理规定，圆满完成了各项送培任务。

2.3.2 按照紧缺人才抓紧培训，关键岗位人才重点培训，技术岗位人才补强培训的思路，分类别分层次抓好自办培训班，通过外聘讲师集中授课、“津供大讲堂”网络学习、培训系统在线练习等方式，不断拓宽培训渠道。组织自办班 20 期，培训 600 余人次。管理和专业技术人员每月抽考不少于 1/4、每季度抽考不少于1/3，考试900余人次，将培训考试与岗位履责、工作质量考核挂钩，确保培训质量。

2.3.3　对一线岗位大学生实行双重管理要求，参加安全管理知识培训考试和职工星级考试，同场竞技，晾晒本领，激发学习积极性。按照“缺什么、补什么，干什么、学什么”，组织大学生岗位技能达标脱产培训。对62名一线岗位接触网专业大学生进行了5天集训暨岗位技能达标脱产培训。分专业组织新入职大学生参加为期100天的实作技能脱产培训，进一步提升大学生岗位技能。

2.4　强化履职督查，发挥考核问责作用

2.4.1　推进全员安全生产责任制，修订139个岗位安全管理职责，让安全履职有据可依，有标可循。践行岗位诚信履职，组织150名管理和专业技术人员签订“安全诚信责任书”，逐级传递责任压力，增强依规管理、对标履职的责任意识。

2.4.2　注重日常履职问题收集，采取日督查、周汇总、月点评、定期通报等方式，将典型事例和重点问题在生产分析会、安委会上通报，督查管理和专业技术人员382人次，通报批评142人次。不定期开展剖析帮促式的专项履职督查，重点对安全基础管理严重滑坡、发生事故的责任部门进行督查，倒查安全管理责任，进行考核问责。

2.4.3　优化履职考核评价机制，每月组织主管领导考核评价部门负责人，既加分激励，也减分考核，考核部门负责人71人次。各部门每月对标进行工作质量考核，考核905人次。严格追究事故管理责任，9人受到企业纪律处分；对管理不严、履职不佳的4人调整岗位、诫勉3人，营造了从严管理的良好氛围。

3　人才队伍建设的思索

3.1　突出岗位履职，落实安全生产责任制

3.1.1　按照新定编，落实好管理和专业技术人员定员配备，依据部门职责，确定每个岗位职责，为岗位履职尽责提供依据，组织各部门人员合理分工，落实好岗位责任制。

3.1.2　按照安全生产责任制编订管理办法，组织好各岗位人员安全生产责任制的动态修订，完善细化岗位安全管理职责，将安全风险项点纳入安全履责考评，持续推进全员安全生产责任制。

3.2　突出能力本领，落实教育培训措施

3.2.1　贯彻毕业生使用管理工作要求和大学生培养使用要求，落实大学毕业生培养使用管理措施；执行好专业技术职称评聘制度，以“百千万人才”为契机，注重培养专业能力，提升业务素质。

3.2.2　落实好新时代干部教育培训工作要求，采取理论培训、实践锻炼、技术支持、定期考试等方式，以岗位业务、专业技术、综合管理知识为重点，抓好培训工作计划的落实。

3.3　突出干事创业，落实选拔任用机制

3.3.1　落实新时代新担当新作为的人才激励政策，突出干事创业，讲担当、重担当的选人用人鲜明导向，梯次储备年轻人才，分层次制定培养规划，让年轻人才在实践锻炼中增长才干。

3.3.2　落实全面从严治党、从严管理干部的工作要求，严格执行选人用人工作制度，进一步规范选人用人工作，及时发现和纠正干部工作作风、选人用人中存在的问题，提高选人用人公信度。

3.4　突出担当作为，落实问责考核制度

3.4.1　按照履职督查、事故问责追责办法，开展安全履责考核评价，聚焦管理层，重点督查及问责安全制度不落实、履行职责不到位、问题整改不闭环等问题。坚持问题导向，发现实质问题，督促整改问题。

3.4.2　按照安全绩效考核制度，突出绩效考核的核心作用，探索研究从严管理和正向激励、年度考核和日常履职考核为重点的综合考核评价机制，解决干部不想为、不能为、不敢为等重点问题，全面准确地考核评价干部。

参考文献

[1] 陆东福. 国铁集团科技创新大会上的讲话[Z]. 世界轨道交通资讯网，2019.

作者简介

李永强，中国铁路北京局集团有限公司天津供电段，人事主任、工程师

浅谈数据分析中心升级网络、存储的必要性和可行性

魏利航

摘　要：随着站段信息化建设的不断推进，接触网 6C 检测监测的不断发展，同时设备检测监测的数据量也在以爆炸式的速度增长。数据是数据分析中心的基础，数据的传输和存储将是构建数据中心面临的最大难题，为解决这一难题，分析研究数据分析中心在现有的设备上升级局域网网络，加装磁盘阵列的必要性和可行性。

0　引言

自 2012 年以来，前铁道部制定颁发了《高速铁路供电安全检测监测系统(6C 系统)总体技术规范》之后，铁路接触网供电专业检测监测手段迅猛发展，1C－6C 各不相同的电子设备已经初步完善，各设备检测之后都具有原始监测数据的记录保存导出功能。数据的存储是数据分析中心的核心，数据的传输是数据分析中心的保障，但是目前数据分析中心的数据传输和数据存储还停留在五年前的阶段，仅仅靠百兆的双绞线网络传输和机械的移动硬盘、U 盘来存储，其存储容量、访问速度、可靠性、安全性等方面不适用的矛盾逐步凸显。因此，客观上需要更高速度的传输网络来访问数据，同时也需要一种容量大而且能安全、完整地保存数据的存储介质，满足计算机软件的调阅需求。综合考虑在原有的数据分析中心基础设备上，将之前的百兆双绞线局域网络升级为千兆的局域网络，同时在以前的服务器上加装磁盘阵列存储设备。这样使数据分析中心能适应目前的检测监测发展，保障铁路的快速发展和运营品质。

1　数据分析中心升级网络、存储的必要性分析

1.1　当前设备状况存在的问题

目前我们数据分析中心局域网采用的是传统的 UTP 5 类双绞线传输介质，理论上的最大带宽为 100 Mbps。数据分析中心电脑放置布局比较集中并且数量也较多，受空间的限制电源线与传输网线一并敷设，各电源线产生的电磁会对双绞线产生一定的干扰。另外我们在局域网内传输的数据主要是视频、图片文件，数据量也比较大，本身传输过程中双绞线对视频信号的衰减很大，同时占用网络带宽比较高，导致传输速度非常慢，查看分析时经常出现画面卡滞现象。

我们的存储介质主要采用的是 1 T、2 T 的机械移动硬盘。日常的检测分析工作正常开展需要的存储数据空间统计见表 1：

表 1　段管辖高铁线路 6C 数据存储需求空间

装置名称	检测周期	单周期数据量/G	数据保存时间	最小保存周期存储空间/G	备注
1C	15 天	1	不少于 1 年	24	
2C	10 天	130	不少于两个周期	390	
3C	实时	400	不少于 1 年	4800	
4C	3 个月	1089	不少于两个周期	3267	光芒：535 G 唐源：554 G
				共计：8481	

装置名称	检测周期	单周期数据量/G	数据保存时间	最小保存周期存储空间/G	备注
1C	3 个月	26.75	不少于 1 年	107	视频：26 G 波形图：0.75 G
2C	10 天	500	不少于两个周期	1500	Sony 相机：230 G 唐源：500 G
4C	6 个月	1722	不少于两个周期	5166	唐源：1032 G 集团公司：690 G
				共计：6773 G	

按照相关规章制度规定的数据最小保存周期，经统计数据分析中心需要的存储空间为 15254 G，2 T 的机械移动硬盘至少 8 块。

数据分析中心数据的存储面临着诸多问题。一是所需要的移动硬盘数量多，单块 2 T 的移动硬盘的价格也不便宜，易造成资金的浪费。二是单块硬盘的容量受到限制，单个数据文件容量比较大，数据的存储过于分散，给日常的数据分类归档整理工作造成一定的难度，不利于标准化的数据管理。三是移动硬盘在多台电脑之间相互地拔插，如果携带有攻击性病毒，容易导致多台电脑同时遭受病毒的攻击，批量电脑瘫痪，资料文件损坏等。四是经常地拔插移动硬盘，导致电脑的 USB 端口、移动硬盘的插线端口、传输数据线损坏，维修及更换的费用也比较高，还存在野蛮式地直接拔掉处于高速运转的硬盘，导致盘芯损坏的现象。五是高频次地拿取硬盘，易发生脱落、碰撞等不可修复的损坏，移动硬盘也不具备自动备份或恢复数据的功能。

1.2　千兆局域网和磁盘阵列的优势

千兆位以太网是一种新型高速局域网，它可以提供 1 Gbps 的通信带宽，采用和传统 10 M、100 M 以太网同样的 CSMA/CD 协议、帧格式和帧长，完全兼容的技术规范，因此千兆以太网除了继承传统以太局域网的优点外，还具有对现有以太网进行平滑的、无需中断的升级，而且无须增加附加的协议栈或中间件，实施容易、性价比高、可靠性较高和易于管理等优点，同时稳定性、可扩展性和安全性也非常强。从而实现千兆主干、千兆交换(或共享)到桌面的主流网络应用模式。

磁盘阵列是通过单个磁盘来进行数组组合的一类磁盘组，它是一种合成硬盘。主要优势就是扩大硬盘的存储容量，可由多个硬盘组成容量巨大的存储空间，使数据传输时效率增加，传输数据得到保障，相对于最大容量的硬盘来说还可以降低单位容量的成本，同时磁盘阵列也被分为几个级别，级别不同，安全性和作用功能都有一定的差异，关键功能就是容错处理，能够保证安全地使用和调用数据。

2　数据分析中心升级千兆局域网和加装磁盘阵列的优势

2.1　数据分析中心升级千兆局域网的优势

一是共享式分析数据的效率可以得到提高。数据的共享存储、高速度的局域网络、可分屏显示的大 LCD 液晶屏幕，实现多方式检测数据或多周期数据对比同步关联分析，使数据分析的效率得到提高，对缺陷的判别更具科学性。

二是缺陷数据上传和在线查看等待时间可以得到缩短。检测方式的多样化最终获取的检测数据种类也很多，容量的大小也不固定，在批量向综合数据处理系统上传分析后的缺陷数据时，较大的网络带宽提高上传的数据速率，相对的在线查看数据时，也缩短等待的时间。

三是预留适当的带宽为以后的发展准备。随着科学技术的发展，检测方式也在不断的完善，未来的铁路供电检测可能会产生更大的数据量，同时大数据时代对数据的分析使用更为频繁，保证预留足够的带宽，适应不断发展的需要。

2.2　数据分析中心加装磁盘阵列的优势

一是整合多块硬盘。将多个小容量的存储硬盘整合组成 1 个容量比较大的虚拟硬盘，提升了存储容量，同时对数据的存储、归档、共享、查看更加方便快捷。

二是提高数据的存储效率。当系统向硬盘中写入数据的时候，会先把大块的数据分割成多个小区块，并同时写到不同的硬盘中，可以提高硬盘的写入速度。同理，在读取的时候，也可以同时从不同的硬盘中读取，提高数据读取的速度。

三是提供比较高的安全性。通过将磁盘阵列作为 RAID 模式，当硬盘中的数据存储发生错误时，磁盘阵列技术能够利用现有的信息对损坏的数据进行自动修复。磁盘阵列会产生一个校验码。这个校验码会存放在不同的磁盘上。当某块磁盘突然出现损坏时，磁盘阵列技术就可以利用这个校验码来恢复损坏磁盘的数据。

四是降低人为损坏的可能性。由于单块硬盘人为地取拿拷贝数据，时常出现跌落、碰撞、拔插硬盘数据插线接口损坏等现象，造成硬盘不必要的损坏。

3 数据分析中心升级千兆局域网和加装磁盘阵列的可行性方案

3.1 方案说明

针对数据分析中心升级千兆局域网和加装磁盘阵列这一需求，做出了这样一个方案。

加装的设备及网络拓扑结构图见图 1。

硬件设备：服务器一台，磁盘阵列柜一台，24 端口千兆交换机一台，千兆超六类双绞网线一箱，数据分析主机若干台依据具体情况设置。

(1)对网络进行 VLAN 划分，根据需求分配固定 IP 地址；

(2)将服务器与磁盘阵列柜连接并配置对应的 RAID 模式；

(3)服务器通过超六类双绞线与 24 端口千兆交换机连接并配置对应的网络参数；

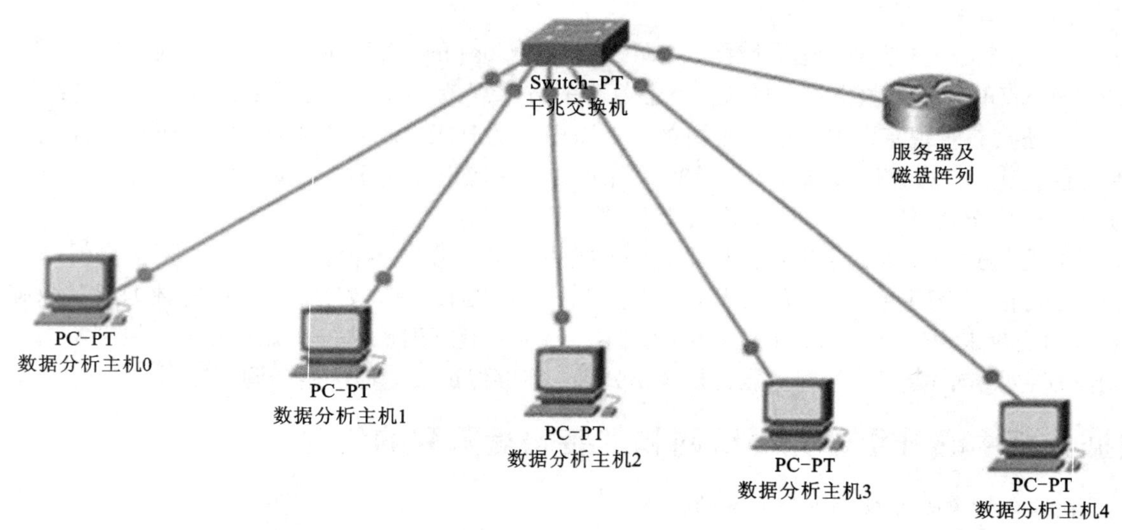

图 1 数据分析中心

(4)根据需求将对应的数据分析主机与 24 端口千兆交换机连接并配置对应的网络参数。

3.2 方案分析

此方案是在现有的设备基础上进行的添加升级，硬件设备的连接非常方便，只需增加存储设备同时更换为 24 端口千兆交换机和千兆超六类传输网线，就能建立起所需求的硬件平台，成本小且组建迅速。

典型的用户网络结构是目前大多数企业公司现行的网络结构，增加此方案中的磁盘阵列容易实现，能满足数据中心对数据的集中管理和存储备份的需求，会有立竿见影的作用且使用效率会很高，硬件设备方面的维护也相对简单。因此，这种方案对于解决数据分析中心局域网网速慢和数据存储管理不集中过于分散是可行的。

4　结束语

随着信息科技的发展，高铁大数据时代已经到来。数据分析中心为了适应当前的发展，实现快速的数据交换传输、数据的集中管理和应用分布方式，经过多重的分析，选择升级千兆局域网和加装磁盘阵列这种方式是非常好的。这一选择没有脱离单位的实际情况，不会导致资金浪费、信息化失败，遵循严格务实、精心规划、严密论证的原则，使数据分析中心既不过于超前，又能满足当前和未来若干年铁路接触网供电检测发展的需要，并能使信息化投入产生良好的效益。

参考文献

[1] 刘瑞新. 计算机组装与维护教程(第6版)[M]. 北京：机械工业出版社，2015.
[2] 雷震甲. 网络工程师教程(第5版)[M]. 北京：清华大学出版社，2018.
[3] 中国铁路总公司. 高速铁路供电安全检测监测系统(6C系统)总体技术规范(铁运〔2012〕136号)[S]. 2012.

作者简介

魏利航，中国铁局兰州局集团有限公司嘉峪关供电段，数据分析员，高级工

高速铁路综合一体化管理模式下接触网供电专业管理模式的探讨

甘向朋

摘　要：目前国家高速铁路基础设施管理基本采用综合维修生产一体化管理方式，但在实际运用中依然存在管理职责划分不明确、专业检修能力不足、天窗利用率低等问题，本文在总结宜昌综合维修段接触网供电专业管理模式经验基础上，提出健全完善接触网供电专业管理制度的建议。

0　引言

随着国家高速铁路综合维修生产一体化管理方式高效推进，对高速铁路基础设备维修模式和生产组织方式、精细分工、专业检修能力以及维修天窗的资源综合利用率提出了更高的要求。但在实际运用中，在既有的集中式垂直管理模式下，一是管理职责划分不明确，工区大包干；二是检测、监测科技手段运用少，修前调查不彻底，数据分析不及时，设备运行情况掌握不全面；三是作业项点庞杂，天窗利用率低，本文以宜昌综合维修段接触网专业为例，从一次出勤人员数量、劳动效率、天窗利用率三个方面，结合当前接触网供电专业在一体化管理中存在的人员作业多元化、专业检修能力下降化、修后验收内部化的问题，在对既有集中式管理模式和“运检分离”管理模式对比总结的基础上，提出补充性建议。

1　当前接触网专业管理模式及特点

当前我国的高速铁路接触网专业的管理模式主要有以下两种，一是集中式管理模式，即一个接触网工区同时担负着管内设备检查、巡视、环境整治、施工配合、应急处置等任务，简而言之就是集中粗放式大包干，其主要优点是工区人员集中度较高，便于管理，缺点是管理职责分工不明、人员劳动强度大、队伍专业弱化、检修效率低；二是运行与维修分离运行，即根据作业内容将集中式班组分为运行班组与专业维修班组(以下简称运检分离管理模式)，其主要优点是职责分工明确、队伍专业化、人员能够合理工休、检修效率相对提升，缺点是人员集中度相对分散，管理相对复杂。

2　集中式管理模式与运检分离管理模式的对比

2.1　一次天窗作业人员数量对比

2.1.1　集中式管理模式一次天窗作业人员组成及占比

以恩施车间为例。恩施车间下设4个接触网工班，各工班配置作业车2台。每次作业需出工20人，其中作业人员9人(上网作业2组计8人，工作领导人1人)，辅助人员7人(地线及防护人员6人，驻站防护员1人)，作业车司乘人员4人。各类人员占比如图1所示。

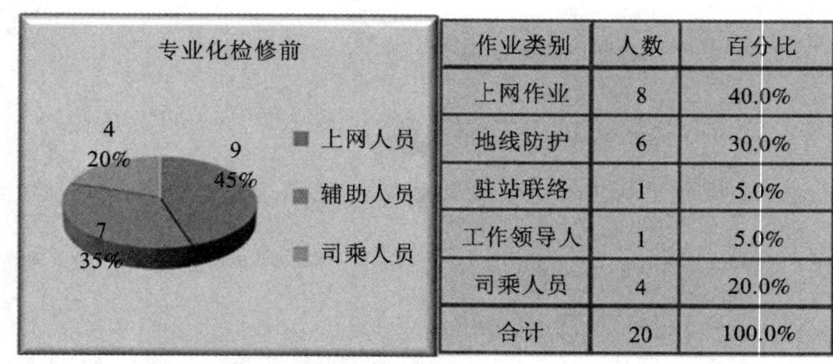

作业类别	人数	百分比
上网作业	8	40.0%
地线防护	6	30.0%
驻站联络	1	5.0%
工作领导人	1	5.0%
司乘人员	4	20.0%
合计	20	100.0%

图1　各类人员图

2.1.2　运检分离管理模式下一次天窗作业人员组成及占比

恩施车间下设4个接触网运行工班，1个接触网专业化检修工班。接触网专业化检修工班分为两组开展作业，每组配置作业车 3 台。每次作业需出工 27 人，其中作业人员 13 人(上网作业 3 组计 12 人，工作领导人 1 人)，辅助人员 8 人(地线及防护人员计 7 人，驻站防护员 1 人)，作业车司乘人员 6 人。各类人员占比如图 2 所示。

2.1.3　对比分析

成立专业化检修工班后，上网作业人员比例由原来的 45% 提升至 48%，提高 3 个百分点，提升比例为 11.1%，辅助人员比例由原来的 35% 下降至 30%，降低 5 个百分点，降低比例为 15.3%。如图 3 所示。

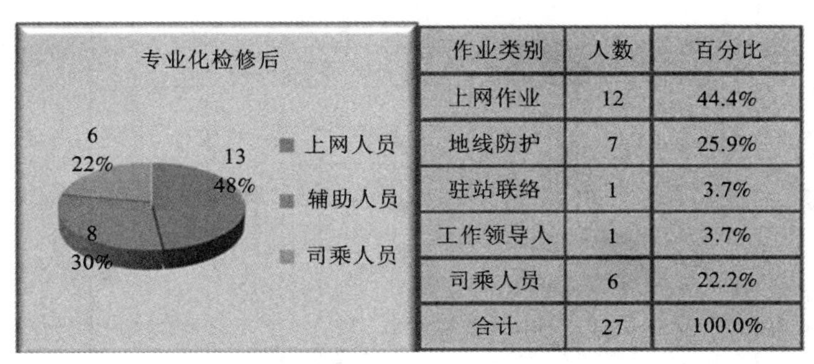

作业类别	人数	百分比
上网作业	12	44.4%
地线防护	7	25.9%
驻站联络	1	3.7%
工作领导人	1	3.7%
司乘人员	6	22.2%
合计	27	100.0%

图 2　各类人员图

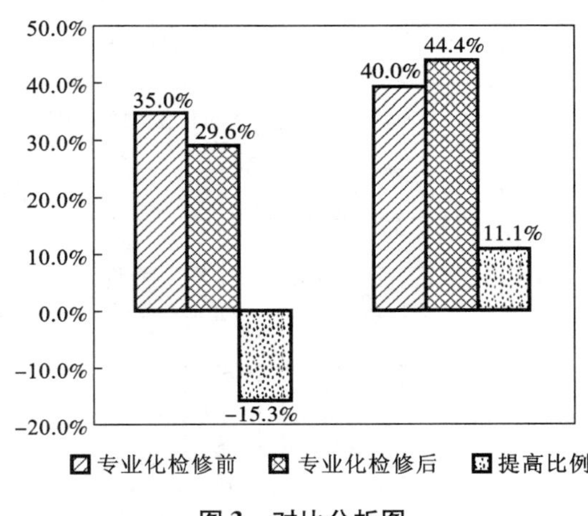

图 3　对比分析图

2.2　一次天窗作业劳动效率对比

2.2.1　集中式管理模式一次天窗作业工作量完成情况

成立专业检修班组前，接触网工班由于作业人员素质整体不平衡，检修效率及检修质量相对不高。一次天窗作业需 20 人分 2 个小组进行，每小组检调一组支撑定位装置需用时 12 min，检调一个跨距悬挂需用时 8 min，按照每个天窗纯作业时间 120 min、每跨 50 m 计算，每小组工作量为 0.3 条公里，即一次天窗作业工作量为 0.6 条公里。平均个人劳效为 0.03 条公里/人。

2.2.2　运检分离管理模式下一次天窗作业工作量完成情况

成立专业检修班组后，接触网专业化检修工班作业人员素质较高，能够保证检修质量，提高检修效率。一次天窗作业需 27 人分 3 个小组进行，每小组检调一组支撑定位装置需用时 10 min，检调一个跨距悬挂需用时 6 min，按照每个天窗纯作业时间 120 min、每跨 50 m 计算，每小组工作量为 0.375 条公里，即一次天窗作业工作量为 1.125 条公里。平均个人劳效为 0.0417 条公里/人，较专业化检修前提高 38.9%。如图 4 所示。

2.3　管内设备检修所需天窗次数对比分析

2.3.1　集中式管理模式下管内设备检修所需天窗次数

按照每天窗工作量 0.6 条公里计算，完成全部 517 条公里工作量需天窗 862 个(半年周期的单项设备检测可结合接触网全面检查一并进行，)。平均每工班每年需申报天窗 215 个，考虑节假日及春运影响，每年可兑现天窗约为 220 个左右，完成上述工作量，4 个接触网工班每年天窗需全部申报利用。

2.3.2　运检分离管理模式下管内设备检修所需天窗次数

由接触网专业化检修工班负责 517 条公里的全面检查及单项设备的第一周期检测工作，按照每天窗工作量 1.125 条公里计算，完成该工作量需天窗 460 个。专业化检修工班分为两组开展，平均每组每年需申报天窗 230 个。补偿装置、线岔、锚段关节、关节式分相、分段绝缘器、隔离开关等单项设备的第二周期检测由 4 个接触网运行工班负责，完成上述设备检修需天窗约 160 个。平均每工班每年需申报天窗 40 个。以上共计需天窗 620 个，较专业化检修前 862 个天窗减少天窗 242 个，减少天窗比例为 28.1%。如图 5 所示。

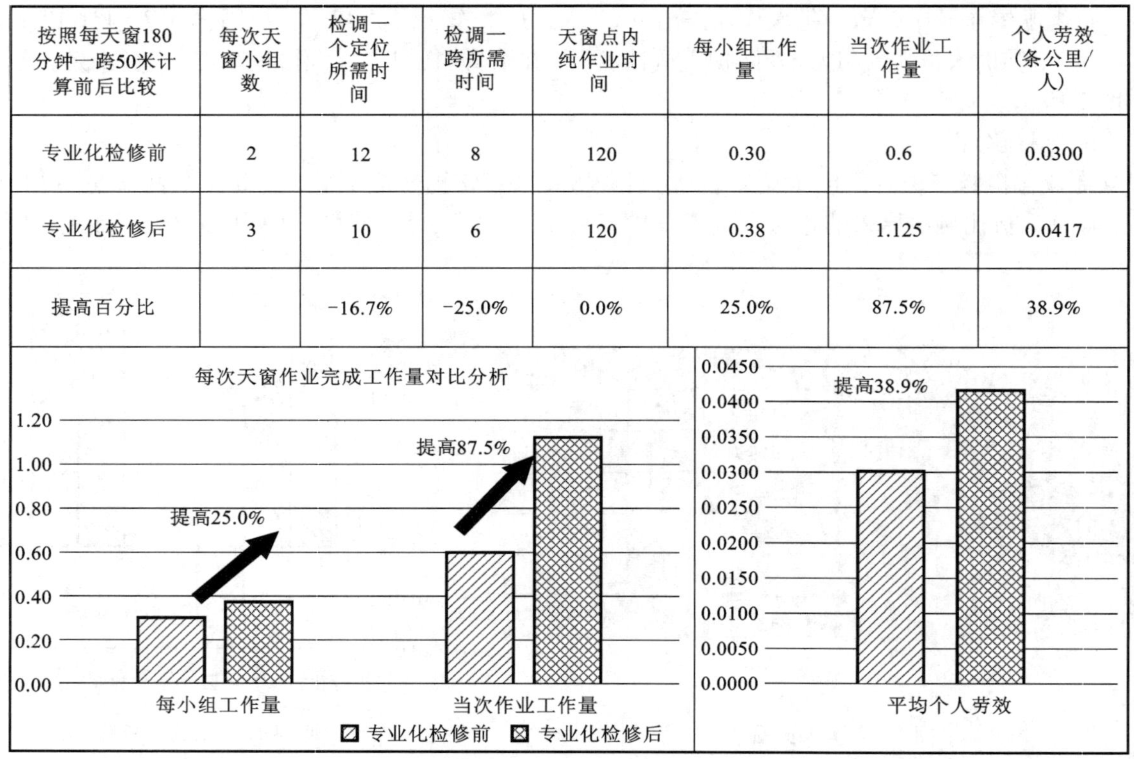

按照每天窗180分钟一跨50米计算前后比较	每次天窗小组数	检调一个定位所需时间	检调一跨所需时间	天窗点内纯作业时间	每小组工作量	当次作业工作量	个人劳效(条公里/人)
专业化检修前	2	12	8	120	0.30	0.6	0.0300
专业化检修后	3	10	6	120	0.38	1.125	0.0417
提高百分比		-16.7%	-25.0%	0.0%	25.0%	87.5%	38.9%

图 4 作业工作量完成图

按照全年完成检修任务计算	设备总数量(条公里)	设备检修工作量(条公里/天窗)	设备检修所需天窗数量	其他单项设备所需天窗数量	累计所需天窗数量	每年天窗作业天数	天窗占全年有效天窗百分比
成立专业化检修前	517	0.6	862	0	862	215	99.3%
专业化检修后	517	1.125	460	160	620	230	71.4%
提高百分比	0.0%	87.5%	-46.7%		-28.1%	6.7%	-28.1%

设备检修所需天窗数量对比分析

1000
800
600
400
200
0
降低28.1%
累计所需天窗数量
成立专业化检修前 专业化检修后

图 5 检修图

3 结论及建议

本文从一次天窗作业人员数量及占比、一次天窗劳动效率、管内设备完成检修所需天窗数三方面就行了有效对比，很明显，实行运检分离管理模式综合生产效率要高于集中式管理模式下的生产效率，基本能够满足一体化管理的需求。

但是，运检分离管理模式在实际的运用中，仍然存在集中式管理延伸化、管理职责模糊化、修后验收内部化，即在实际管理中，虽然已经实行运检分离，但只是在同一个生产车间成立检修班组，在制度的执行方面很多时候仅仅是集中式管理模式的延伸，进而导致设备负责范围不明确，再者，运行班组对检修班组修后的设备验收时存在本车间内部消化的现象，这样不利于设备的闭环管理，鉴于此，作者对运检分离管理模式在制度上提出以下三点建议：一是运检分离模式下，应从车间一级成立检修车间；二是责任范围明确化；三是检修质量互控化，通过增加以上三项制度从根本上杜绝延伸管理、责任范围不明确和修后验收内部消化的行为，能够切实提高设备闭环管理能力。

参考文献

[1] 唐正尧. 高速铁路接触网维修模式运用与研究[D]. 北京：中国铁道科学研究院，2019.

作者简介

甘向朋，中国铁路武汉局集团有限公司宜昌综合维修段供电技术科，代理助理工程师

高速铁路供电设备定位导航系统研制及应用

孙德英

摘　要： 针对高速铁路供电设备上桥点等关键处所及路径，在公用导航地图上没有显示，供电人员日常检修或故障抢修不能快速到达故障处所，影响抢修及作业效率这一问题，研制了高速铁路供电设备定位导航系统，系统实现了设备地点自主采集、地图自主叠加、导航路径自动生成。经现场应用，验证了其快速导航效果，为抢修人员故障抢修赢得了时间。

1　问题的提出

随着高速铁路运营里程的不断提高，高速铁路在我国民生中的重要性越来越突出，高铁供电系统是高速铁路运行的动力之源，一旦供电系统发生故障，必将造成高铁列车停驶，威胁高铁运输安全。如何在高速铁路供电设备发生故障后，尽快到达故障地点排除故障，用最短的时间恢复供电，一直是铁路供电专业人员探索的课题。

高铁供电单元由多部分组成，有上桥点、沿线车站、所亭、箱变等多个关键处所，在日常的管理维护中，每个关键处所的日常检查维修是保障铁路供电正常运行的基本保障，而能否准确快速地到达指定地点是日常巡查维修过程中的重要事项。由于供电管理单元的地理信息为独立所有，国内外任何电子地图上均无标注，铁路沿线大部分的道路都是乡村小道，道路难行，难找，影响日常检修作业和抢修队伍到达时间，而且因为道路等级，这些道路通行能力容易受恶劣天气、夜晚能见度低等多种因素影响。在恶劣情况下，就需要走其他的道路，而这些路况变化使得未去过某所亭、箱变、车站的人员和车辆找不到目的地，而延误高铁供电设备的及时抢修。

目前，国内外电子地图主要以主干道及高速公路及乡村城市或重要建筑物为标的。铁路路线虽然存在标注但并不是主要侧重部分。具体到铁路沿线各个上桥点及维护标的更是没有标注。所以我们提出研发“高速铁路供电设备定位导航系统”这一课题，以便在供电段日常维护和抢修的过程中，可以快速准确地到达指定地点，及时完成日常检查及抢修，保障铁路安全。

2　系统功能设计

2.1　需求分析

经现场调研和现有资源分析，所研发系统需要具备基本的定位、导航功能外，还需要具有路径自动采集、图层叠加、公用地图与专题导航图层融合、关键处所路线自动规划、后台管理、终端监控、数据交互等功能。随着计算机技术的发展及网络的普及，降低了研发门槛及使用成本，现在常见终端和后台结合的技术方案为 Android 设备作为导航终端，通过无线 4G 网络连接中心端电脑，实现数据的交互。

2.2　系统功能

根据需求分析，设计所研发导航定位系统功能包括：

2.2.1　数据处理，将采集的道路图添加到导航终端。

2.2.2　系统终端定位，在中心端显示作业人员位置，方便对突发情况采取就近调度。

2.2.3　建立道路沿线设施及纤细路网的专题导航图，监控车辆路径定位跟踪，全程语音导航，指引驾驶员按最佳路径抵达工作现场，为铁路应急抢险人员提供自动化的导航平台。

2.2.4　建立统一的管理系统，对全段车辆和人员实时监控，提高安全管理水平。

2.2.5　完成对专用路线和既有线周边设施及道路的采集，并编译为车载导航终端使用的导航数据，后台软件具备输出专题图的功能，实现专用道路一张图。

2.3　系统架构

课题组根据系统需求，设计系统的总体部署架构如图 1 所示。

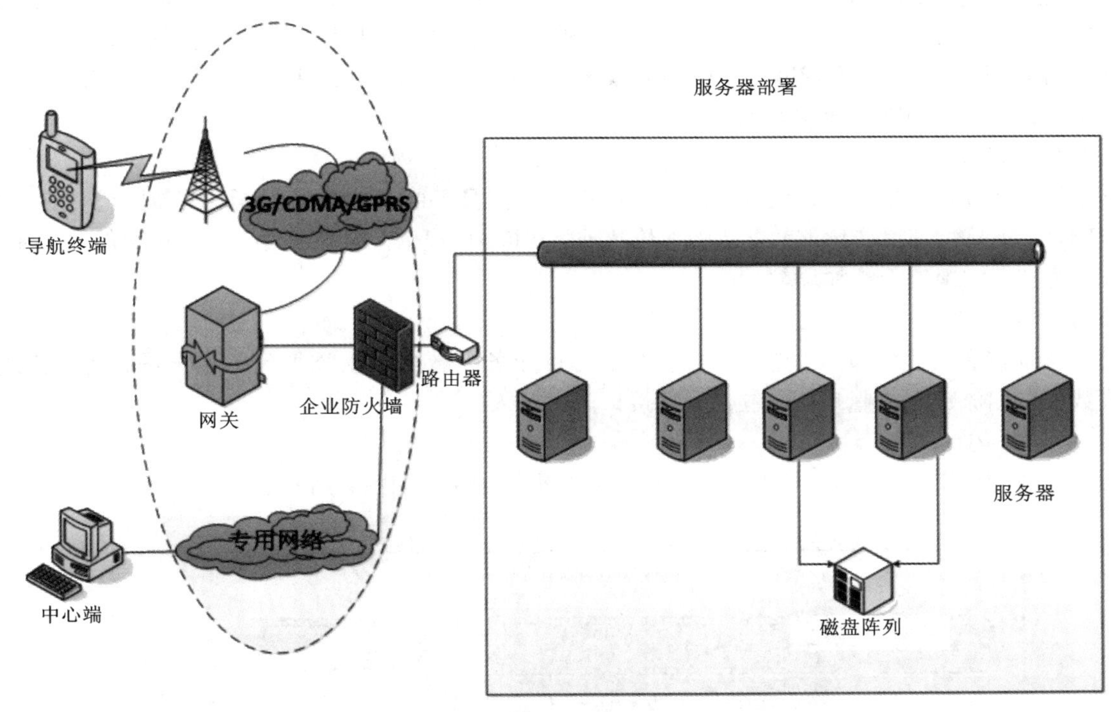

图 1　系统总体部署架构图

3　制定方案

3.1　软件技术选型

选用 EasyMap 移动 GIS 平台和图盟行业版导航 NaviStudio 平台结合，EasyMap 是一款 Android 系统上的 GIS 应用系统开发平台，能够在 Android 移动设备上提供专业的移动 GIS 服务。EasyMap 充分考虑了嵌入式和 Android 系统的特点，具有功能强大，内核精简，开发便捷，系统稳定，运行高效等特点。

EasyMap 不仅具有地图操作浏览，空间对象编辑、对象查询、空间关系运算、投影转换等传统 GIS 功能，还提供了专题图、符号库渲染，空间对象缓冲区分析，影像和矢量的叠加，导航，多点触控等特色功能。产品创新地在嵌入式终端上实现了桌面端 GIS 开发平台的所有功能，支持海量数据，内建高效索引机制保证了非常高效的显示与查询效率。

EasyMap 作为一款全新的 Android 系统上 GIS 平台，可以方便实现与其他 GIS 产品的集成和数据兼容共享。

3.2　系统主要功能特色

3.2.1　支持多源数据无缝集成叠加，灵活的数据存储管理方案。

3.2.2　多线程的地图显示、流畅的操作体验。

3.2.3　支持多种专题图和自定义样式的显示，美观的地图渲染。

3.2.4　易用的地图操作，便捷的对象创建和编辑。

3.2.5　支持海量影像高效显示，支持影像和矢量数据叠加显示。

3.2.6　支持 GPS、北斗、基站等多模式定位。

3.2.7　支持常用格式数据的导入和导出。

3.2.8　提供常用投影变换和空间运算功能。

3.2.9　先进的数据索引，高效的数据访问查询。

3.2.10 提供文档、示范程序等配套资料，使用上手方便。

NaviStudio 行业版是针对导航应用系统的二次开发商推出的一款导航应用软件开发工具包，主要包括导航软件开发工具包(SDK，Software DevelopmentKit)、导航软件模板两部分。产品功能涵盖地图操作、查询定位、模拟导航、多种方言语音导航、GPS 定位等传统导航功能，同时提供动态电子眼添加、轨迹管理、行程规划/行程管理、全能路况(实时交通、热点商圈、热点道路、情报板)等特色功能。该产品提供导航软件模板，轻松满足用户的基本导航需求。

3.3 硬件选型

根据系统实现功能的需要，我们主要确定了终端硬件需具备的基本功能包括：支持陀螺仪传感器、支持方向传感器、支持加速度传感器、支持磁力传感器、支持 4G 通信。手持终端，可实现导航数据 + 业务数据相结合的方式，实现地图叠加导航功能。

3.4 系统扩展与接口

关键的系统扩展与接口包括：地图信息扩展，可将业务点数据自由添加到矢量地图；地图路线扩展，可将路线数据自由添加到矢量地图；位置上报接口。

3.5 系统组成

系统主要由用户层、终端层、应用层、基础层和数据层组成，如图 2 所示。

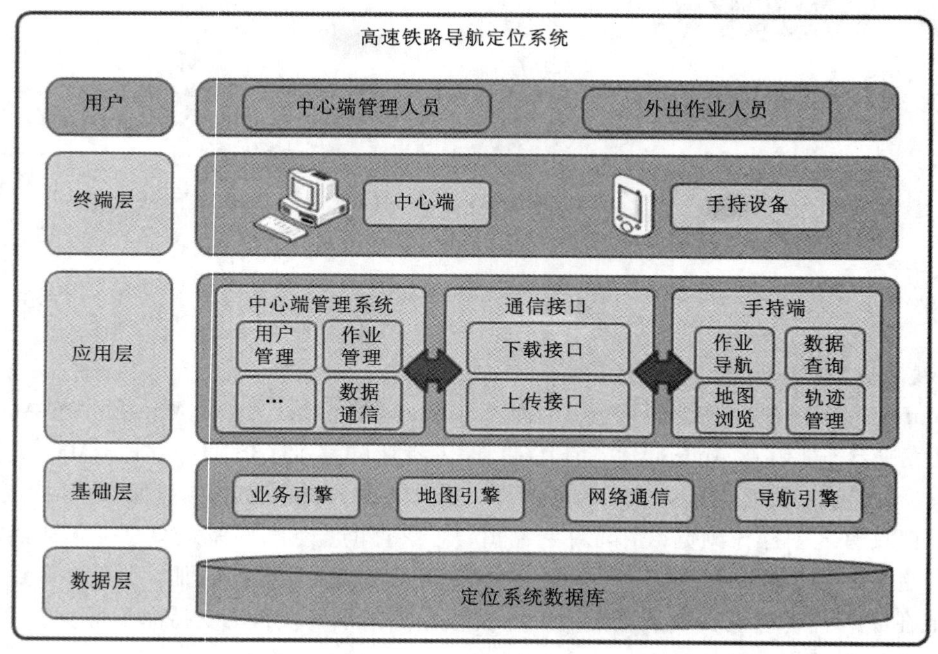

图 2 铁路导航定位系统组成图

4 方案细化实施

4.1 前端软件

前端嵌入式软件是运行在 Android 操作系统设备上的导向系统，承载着外业作业人员的各种需求，是本系统的核心部分，前端软件包括以下功能模块的研发。

4.1.1 路线轨迹采集及显示模块。提供两种采集方式，连续点采集和拐点采集。轨迹路线在地图上以显著颜色标示。

4.1.2 专题数据采集及图层控制模块。主要包括单位所在地、单位工区、专用基站、逃生通道、通信机械室、直放站、通话柱、新敷设的光电缆路径。各类数据分图层管理，设置不同符号显示并实现按图层显示和按比例尺显示功能。

4.1.3 车辆动态导航模块。当用户通过路径规划功能选择出最佳路径并按此路径行车时，系统在地图上实时显示当前位置，并综合车辆位置信息、规划路径、电子地图三者进行实时解算将所行道路的信息及时反馈给用户。

4.1.4　电子地图浏览模块。可以对电子地图进行放大、缩小、漫游、旋转等基本操作，方便用户对地图的自由浏览。

4.1.5　路径规划模块。路径规划功能模块，在现有导航地图结合新采集专题道路基础上，根据路径规划限制条件对用户设定的起点、经过点和终点进行路径分析，选择最佳路线高亮显示供用户参考，并提供该路径相关道路信息。

4.1.6　查询模块。查询是导航系统中一项重要功能，主要实现对地点名、坐标、兴趣点、道路及服务设施等地图要素空间查询和属性查询。按照查询对象的不同分为普通查找和专题查找。按照查询方式的不同分为区间查询、关键字查询、模糊查询等。

4.1.7　通信模块。通过无线网络与后台监控中心保持联系，实时回传位置信息。

4.2　后台监控软件

后台监控软件是系统管理人员对系统进行维护管理的交互软件，包括 GIS 功能模块、数据编辑模块、实时监控模块、通讯模块、权限管理及制图出图模块。

4.2.1　GIS 功能模块。地图的平移缩放漫游等浏览功能、图层叠加(遥感影像图、导航地图、专题图层等)

4.2.2　数据编辑模块。支持铁路相关专题数据的添加、删除、修改等功能，以及相应的统计、报表输出和制图出图功能。

4.2.3　实时监控模块。每台终端设备的实时位置显示，点击可以查看终端的当前状态(持有人信息、车辆信息、当前任务信息等)，同时可以查看当前轨迹及历史运动轨迹。

4.2.4　通信功能模块。通过 SIM 卡无线网络与每台设备终端保持数据及信息交互，能够执行诸如现场情况回传、预警提示、出险任务修改等功能。

4.2.5　权限管理模块。具备管理员和普通用户权限设置，管理员具备相应全部功能，普通用户登录只能浏览和查看。

4.2.6　制图出图模块。具备输出地图要素版面安排，从地图中选取特定的数据按图面设计安排地图信息和制图辅助信息，地图要素符号库的设置，按绘制要求进行图面艺术处理并打印输出等功能。

4.3　主要技术指标

(1)数据采集频率：1 次/秒；

(2)定位方式：GPS + 北斗定位；

(3)定位精度≤10 m。

5　系统应用

在课题组的共同努力下，我们先后对系统进行了功能测试及环境试验，试验结果基本满足要求。经过一段时间的测试和改进最终完成了铁路定位导航系统。

5.1　数据采集

数据采集，制定好采集规范，去现场采集实际业务点数据，作为系统应用的基础数据。

天津供电段管辖津秦高铁约 90 km 供电、电力设备维护工作，铁路沿线以每 3 km 一个上桥点计算，有将近 30 个上桥点，还有沿线车站、所亭箱变等多个站点，每个站点的位置数据都需要详细记录到地图系统中。课题组利用配置地理信息数据采集设备的车辆，现场采集道路、场地等目标的地理位置，所采集数据有效性和精度符合应用要求。

5.2　地图绘制

利用现场采集的位置信息和采集时间顺序，通过专用地图绘制软件描绘线性道路地图。绘制平移规则：单向采集，测绘数据整体左移 3 m；双向采集，测绘数据中间连线。

5.3　导航验证

为验证研制的定位导航系统能否为日常检修提供准确快速的引导，我们结合各个区段的巡检单元，进行了系统应用测试。

5.3.1 导航测试。为验证导航效果，首先实地测试10个目的地导航，每个目的地运行保持在30分钟以上，测试结果显示规划路径合理有效，导航语音提示正确无误。完全具备导航要求。

5.3.2 定位测试。对系统在市区和郊外都进行定位测试，测试结果定位精度在10米以内，数据采集频率小于1秒，满足定位需求。

5.3.3 业务数据查询操作。将业务数据导入后，进行数据查询引导等操作，反复测试200次，测试结果1万条数据查询速度小于2 s，在地图上显示正常。

5.4 系统特点

经现场测试，使用人员反映系统具有以下特点：

第一，具有机动、灵活的优点，每个工区可以单独采集标准位置数据。

第二，定位精度高，支持GPS和北斗定位，作业人员可以根据地图及时、准确到达目标位置。

第三，功能齐全，根据应用权限定制不同人员的使用功能，指挥人员可通过地图实时监控指挥现场抢修作业。

第四，地图展示效果好，准确标注各个标的位置的重要路线，导航信息清晰准确。

6 技术创新点

该系统主要创新点有以下几个方面：

6.1 地图制定的自主性

导航地图的制定完全由自己决定，无须依赖第三方地图商测绘；第三方地图商更新地图需要时间周期，在更新过程中还有范围确认，成本等许多问题需要协商，而本系统根据自己的需要随时添加位置点和更新道路。

6.2 导航信息的多媒体化

导航信息可通过位置信息、车载终端、语音同时进行，方便现场应用。

6.3 路径规划的及时性

在路况变化情况下，可实现导航实时更新。在发生恶劣天气，或发现道路塌方等异常导致原有线路不能使用时，或者因地方施工等原因，需要更换线路时，马上可以安排重新寻找通行道路，发布新路线。

6.4 系统的易推广性

只需一台服务器即可实现电子地图共享，任何一个单位部署该系统只需购置导航终端即可实现全部应用功能，推广成本非常低。

作者简介

孙德英，中国铁路北京局集团有限公司天津供电段，高级工程师

浅谈 FMEA 分析法在高铁四电工程建设中的应用

彭龙虎

摘　要：目前国内在建和投入运营的高速铁路，都采用了比较系统的风险和质量控制方法；在高铁四电工程的建设过程中，我们成功地引入了 FMEA 分析法，用于高速铁路四电工程建设的过程风险、故障分析控制。本文结合郑阜高铁四电工程的具体实际，对 FMEA 分析法在四电工程施工过程控制中的实施方法、具体应用以及所取得的实际效果进行详细的阐述。

0　引言

FMEA 分析法是一种项目风险分析控制的方法。在国外的项目管理中被广泛应用，目前国内主要应用在汽车生产、制造行业之中，用于产品和零部件生产过程中的各工序工艺标准和质量控制、故障分析。FMEA 分析法具体到铁路施工建筑行业，主要是针对具体的工程实际，分析研究出施工过程的各个工序和流程中存在的主要问题、故障和风险，根据其影响程度、严重度、发生概率、问题的检测难度等方面，从人、机、料、法、环、测六个方面分析制定出相应的预防和控制措施，明确相关责任人、制定进一步优化和改正措施，并制定出相应的风险管理和应对策略。在高铁四电工程建设过程中，我们采用了 FMEA 分析法对四电专业的各个工序进行安全、质量风险控制。

1　FMEA 分析法的工作原理

FMEA 分析法在高铁四电工程建设过程中的具体工作程序主要是通过以下步骤实现对工程建设过程中各个工序潜在安全质量风险的识别、分析，并制定相关改进措施。

(1)明确各施工工序中潜在的安全质量的失效或故障模式，并对失效或故障所产生的后果进行评分；

(2)客观评估各种原因出现的可能性，以及当某种原因出现时施工单位能检测出该原因发生的可能性；

(3)对各种潜在的流程和工序失效进行排序；

(4)以消除流程和工序中存在的问题为重点，并帮助避免问题的再次发生。

2　FMEA 分析法在实际施工过程控制中的实施步骤

在高铁四电工程建设过程中，我们分专业和工序制定了《施工过程故障(失效)模式与影响分析》表格来帮助完成 FMEA 的实施。四电专业的内容包括：

(1)功能要求：填写被分析过程(或工序)的简要说明和工艺描述；

(2)潜在失效模式：记录可能会出现的安全质量风险问题点；

(3)潜在失效后果：推测问题点可能会引发的不良影响和带来的不良后果；

(4)严重度(S)：评价上述失效后果并赋予分值(1～10 分，不良影响愈严重分值愈高)；

(5)潜在失效起因或机理：潜在问题点可能出现的原因或产生机理；

(6)频度(O)：上述潜在失效起因或机理出现的几率(1～10 分，出现的几率愈大分值愈高)；

(7)现行控制：列出目前施工单位对潜在问题点的控制方法；

(8)探测度(D)：在采用现行的控制方法实施控制时，潜在问题可被查出的难易程度(1～10，查出难度愈大分值愈高)；

(9)风险顺序数(RPN)：严重度、频度、探测度三者得分之积，其数值愈大潜在问题愈严重，愈应及时采取预防措施；

(10)建议措施：列出“风险顺序数”较高的潜在问题点，并制定相应预防措施，以防止潜在问题的发生；

(11)责任及目标完成日期：制定实施预防措施的计划案；

(12)措施结果：对预防措施计划案实施状况的确认。

3 FMEA分析法在高铁四电工程建设过程中的具体应用

3.1 制定四电工程FMEA评分标准

在FMEA分析法实施之前，首先对四电工程的特点进行了调研分析，在此基础上我们通过内部专家会议分析论证，制定了四电工程FMEA严重度评分标准、频度评分标准和检测难度的评分标准，具体内容如表1-表3所示。

表1 高铁四电工程FMEA-严重度评分标准

严重度	严重度评分标准
10	发生责任重伤事故或导致铁路行车一般C类以上事故
9	不合规定或发生铁路行车一般D类事故
8	设备、设施、器材性能或使用功能不能满足运营要求
7	设备、设施、器材性能或使用功能不能达到设计要求
6	设备、设施、器材部分受损，或者安装或检测不到位
5	不完全满足标准，与运营方的要求存在差距
4	满足标准，但与顾客、下道工序或运营方的要求存在差异
3	存在一定的缺陷，但可以通过局部整改克服
2	不显著，但对外观、工艺有轻微影响
1	不显著且不影响使用功能、满足运营要求

表2 高铁四电工程FMEA-频度评分标准

评分	频度评分标准(工程实施周期)
10	每个单位工程的实施过程中发生20次以上
9	每个单位工程的实施过程中发生10次
8	每个单位工程的实施过程中发生6次
7	每个单位工程的实施过程中发生4次
6	每个单位工程的实施过程中发生3次
5	每个单位工程的实施过程中发生2次
4	每个单位工程的实施过程中发生1次
3	6个月以上、1年以下的单位工程实施过程中发生1次
2	1年以上的单位工程实施过程中发生1次
1	1年以上工程开工后到保修期结束前发生1次

表 3　高铁四电工程 FMEA－检测难度评分标准

评分	检测难度评分标准
10	故障所导致的缺陷不可检测
9	偶尔能检查出是否有缺陷
8	需要全面检查分析并经专家论证后才可以发现
7	对系统进行全面检测并加以分析计算可以发现
6	必须有详细的故障描述及现场数据后专业机构才能检测
5	专业机构可以检测
4	组织单位内部专家分析论证制定全面的方案后可以检测
3	使用专业设备可以检测
2	专业人员可以直接检测和整改
1	缺陷很明显，且可以预防

3.2　编制四电工程 FMEA《施工过程故障(失效)模式与影响分析》表格

在建设过程中，四电工程每一个专业选取关键的工序编制了 FMEA《施工过程故障(失效)模式与影响分析》表格，FMEA《施工过程故障(失效)模式与影响分析》表格由过程 FMEA、改进措施与落实情况，以及风险管理计划三部分组成。其中，过程 FMEA 包括潜在故障(失效)模式、潜在故障(失效)影响分析、严重度评估、潜在故障(失效)原因或机理分析、频度评估、现行过程控制预防措施或检测措施、检测难度评估、风险顺序数等内容组成。

各个专业的 FMEA《施工过程故障(失效)模式与影响分析》表格具体内容包含：施工工序流程、工序流程中潜在故障(失效)模式、潜在故障(失效)造成的影响、潜在故障(失效)原因/机理、施工过程中的现行过程控制预防措施、现行的过程控制检测措施、风险管理策略、风险发生时的应对措施和相关责任人。同时还需要在表格中对所有潜在故障(失效)造成的影响严重度、潜在故障(失效)模式发生的频度以及检测难度按照 3.1 中的标准进行客观的评分，计算出相应的风险顺序数 *RPN* 值(*RPN* = 严重度 *S* × 频度 *O* × 检测难度 *D*)。

FMEA《施工过程故障(失效)模式与影响分析》表格示意如图 1 所示。

序号	流程步骤	潜在故障(失效)模式	潜在故障(失效)影响	严重度S	分类
1	1. 吊弦计算参数测量	1.1 测量数据错误或误差超标	1.1.1 无法进行计算	3	质量
2	1. 吊弦计算参数测量	1.1 测量数据错误或误差超标	1.1.1 无法进行计算	3	质量

潜在故障(失效)原因/机理	频度O	现行的过程控制预防措施	现行的过程控制检测措施	检测难度D	风险顺序数RPN
测量人员对仪器仪表使用错误	5	成立专业测量组，对测量组人员进行培训、考核	每一次测量前，由测量组组长或技术主管对测量人员的仪器使用进行复核和指导	3	45
测量人员读取或记录结果数据错误	5	对每一项测量数据的读取、记录结果要求进行专项交底	现场测量设置一人记录，一人复核	2	30

建议改进措施	责任人	目标完成日期	已采取的措施	严重度S	频度O	检测难度	RPN
测量组人员定期进行培训，组长由具有相关工作经验二年以上的技术人员担任	彭龙虎	2011.08	成立了三个测量组，组长由专业技术人员担任，测量组人员定期培训	2	4	3	24
测量数据表中增加天气情况和测量温度	王剑	2012.04	测量数据表中增加了天气情况和测量温度	2	7	2	28

风险管理策略	风险发生时的应对措施	风险应对负责人
减轻、承担	及时上报工程技术部，由总工组织分析，查出原因，组织测量组进行业务知识学习	彭龙虎、罗林生
减轻	及时上报技术主管，由技术部确定相关措施	柴正均

图 1　FMEA《施工过程故障(失效)模式与影响分析》表格示意图

3.3 FMEA分析法在四电工程施工过程控制中的落实

FMEA《施工过程故障(失效)模式与影响分析》表格制定好以后，经过内部技术、安全、施工方面专家组的分析论证后，各专业设置专人负责，施工现场各个工序的施工严格按照表格规定的内容落实。对于RPN值超过指挥部规定的目标上限值的，专家组提出建议改进措施、明确目标完成日期和责任人，改进措施与落实情况主要针对风险顺序数较大的前30%潜在风险展开，并在落实措施后对每条潜在风险重新评估其风险顺序数；风险管理计划针对所有识别的潜在风险，确定风险管理策略、制订风险发生时的应对措施，并指定风险应对负责人跟踪和反馈施工中已采取的措施。施工结束后形成完整的施工过程故障(失效)模式与影响分析书面台账。形成一套科学系统、契合铁路客专四电工程建设要求的质量安全风险管理模式。

4 FMEA分析法取得的实际效果

为验证FMEA分析法在高铁四电工程质量与安全风险控制方法的有效性和可行性，现以接触网专业为例来证明其取得的实际效果。我们在某铁路牵引供电专业选取一个区间的六个接触网锚段，对其吊弦及弹性吊索安装调试的技术参数指标进行跟踪测量，并对新方法应用前后的各项指标、数据进行了对比分析，对该区段施工过程中存在的安全隐患和发生的安全质量事件进行统计：

(1)每一根吊弦位置处的导线高度(设计高度5300 mm，高铁验标规定相邻吊弦点处接触线的高度差在±10 mm以内)。

(2)每个定位点的拉出值(对受电中心的偏移量，高铁验标规定允许偏差±30 mm)。

(3)统计出该区段接触网施工过程中存在的安全隐患和发生的安全质量事件。

此外，为衡量新方法对施工效率的提高，我们还对减少返工的数目进行了统计。

将各项指标和数据进行分类统计和总结后，我们请单位内部技术、安全、施工方面的骨干成员、业主相关专业工程师、浙江大学相关专业的教授组成的专家组进行了分析论证，实际结果表明：技术参数完全满足高铁设计要求和验标要求，安全、质量完全符建设部门的各项要求、有效地提高了施工效率、过程风险管理水平提高明显。事实证明FMEA分析法的理论与方法在高铁施工过程控制中，取得了良好的效果。

5 结束语

通过对参建的贵广、郑阜等几条铁路项目建设过程中的具体研究与分析，充分掌握高速铁路四电工程的特点，创新性地引入FMEA安全风险管理理论与方法，在理论上拓展FMEA管理方法在铁路工程建设领域的应用，在实践上强化了客运专线四电工程质量和安全风险管理；对持续提升铁路建设工程质量、不断强化安全风险管理、减少风险隐患具有重要的指导意义和应用价值。

参考文献

[1] 铁路电力牵引供电设计规范(TB 10009—2005)[S]. 2005.
[2] 铁路通信、信号、电力、电力牵引供电工程施工安全技术规程(TB 10306—2009)[S]. 2009.
[3] 高速铁路电力牵引供电工程施工技术规程(Q/CR 9609—2015)[S]. 2015.

作者简介

彭龙虎，中国铁建电气化局集团南方工程有限公司，高级工程师

综合工时弹性工作制对提高劳动生产效率的几点体会

李凤欢 穆 琦 张英男 韩秀峰 邢 晋 孙宇明

摘 要：以供电系统修程修制改革为契机，以提高职工作业效率、保障应急处置作业力量为目标，改进生产组织模式，在接触网供电车间实行综合工时弹性工作制，达到优化作业组织、提高劳动效率的目的。

0 引言

为有效维护职工合法权益，确保运输、生产及供电安全，在适应供电系统修程修制改革总体工作要求基础上，应不断提高劳动生产效率，在保证日常生产组织满足应急处置作业需求的前提下，应优化生产组织方式，实现对接触网供电车间劳动班制动态管理，调整班制施行综合工时弹性工作制，从而实现职工工作时间、劳动班制与生产作业方式有机结合。

1 班制现状及问题

现阶段供电系统班制多为轮班制，存在工时利用率不高，间歇时间和间歇方式不明确等问题，轮班制方式造成不能集中作业、职工居住地点与工作地点距离远则通勤时间较长等情况，不能根据工作性质和生产特点组织采取集中工作、集中休息或轮换调休的方式，则暂不能保证职工的休息时间、通勤问题和生产任务统筹安排。

2 综合工时弹性工作制实施情况

按照集团公司关于规范职工工作时间和劳动班制管理的要求，对段管辖的 8 个供电车间的职工工作时间和劳动班制管理工作进行调研，进行工作写实，通过优化生产组织、改变生产方式、修订规章，为规范职工工作时间和劳动班制创造条件，在供电车间实行以年为周期的综合工时弹性工作制度。

2.1 明确了综合工时的统计标准

职工按照日勤人员进行管理，日勤人员综合工时标准按照 8 小时计算，月平均标准工作时长为 166.6 小时。为保证日常夜间的应急处置工作，每日安排 7 ~ 8 名职工作为应急值守人员负责夜间的应急处置工作，夜间综合工时标准按照 4 小时计算。

2.2 规范了综合工时统计方式

职工综合工时管理由车间负责，采取日写实、月统计、年核定的方式进行。每日班组按照职工实际出勤作业时间，统计每名职工综合工时，填写《班组综合工时日写实分析表》。每月各车间对本车间每名职工的综合工时进行统计，同时分析职工综合工时节超情况。

2.3 细化了综合工时职工作息时间相关规定

根据供电检修和运行生产实际以及职工通勤时间要求，在充分考虑职工身体健康的前提下，按照集中作业、集中休息的原则，各车间结合地域、人员、生产组织等情况，分别细化了具体的职工日勤、夜间应急值守作息时间表，保证职工间歇时间。同时，针对自然灾害、设备故障抢修等五种特殊情形不受综合工时制度规定限制延长工作时间做出了规定。

2.4 确立了职工补休或享有节日加班费的落实制度

对法定假日以外超出标准综合工时的时间，由组织车间结合生产和职工实际，按标准及时组织职工进行补休、串休，确保职工得到充分休息。节假日因临时工作，非正常班制需当班人员，事先提报计划，逐级审批后，可享有 300% 节日加班费，其工作时间不统计在综合工时内。

3 综合工时弹性工作制实施过程的一些基础性工作

3.1 优化班组人员的数量

综合工时制执行过程，在满足应急处置前提下确定当日夜间应急班组人员数量，充分考虑夜间应急处置作业需要及抢修处置作业过程人员劳动强度，进行了班组作业承载能力的分析，在职工劳动效率最优化的前提下确定由 7 –8 名接触网工进行应急值守。

3.2 合理配置班组人员

为达到每一班组作业能力、队伍结构最优化，提前组织对车间接触网工的整体业务素质、操作技能和安全等级等情况进行综合分析，按照班组人员各方面的能力、素质能够达到互补和支持的原则，组织对各班组配置人员结构进行确定，以提高班组安全作业能力。

3.3 合理分配班组应急处置作业人员分工

在保证应急处置作业需求的前提下组织对班组应急处置作业人员进行分工，根据每名应急处置作业人员的业务素质、技能水平能力特点，安排其胜任的工作任务，使班组每名人员达到最佳工作负荷，针对兼职司机、值班员等特殊岗位采取固定人员的方式进行。

3.4 建立和谐融洽的班组工作关系

为凝聚好班组成员整体工作力量，使班组形成向心力、凝聚力，每班确定出一名管理专业能力突出、能够以身作则的职工担任班组长，负责班组日常生产工作的落实，每两个班组确定一名工长负责当日值班人员的整体生产组织、维修作业、应急处置工作管理，不仅保证了“能干者有位”同时还促进班组之间形成默契配合、相互协作的良好工作氛围。

4 综合工时弹性工作制优越性

4.1 调整增加日勤人员数量，保证昼间生产组织作业力量

按照运输组织，管内各线路施工、维修作业天窗时间多为昼间，设备维修也多需要在昼间组织完成，综合工时弹性工作制实施后日勤人员较原轮班制人员数量明显增加，有效保证了昼间生产组织作业力量，设备检修效率也得到了大幅提升。同时综合工时制的年核定制定，有效保证了施工繁忙季节人员集中进行施工、维修、配合等作业，施工淡季可进行调休，缓解了人员作业压力、保障了作业安全、确保了生产任务高效优质完成。同时班组间互为应急处置作业的备用，提高了处置临时性异物、鸟巢等突发性概况的能力。

4.2 实施工长、班组长负责制，有效提高工区的管理水平，培养人员管理能力

工区采取工长、班组长负责管理模式，管理层级增多、管理责任清晰，车间组织对班组的作业承载能力进行分析，工长对班组的日常工作量进行分配，班组长组织职工对生产、工作环节量化作业内容进行具体落实，保证各项工作高效落实，同时培养工长、班组长形成管理意识、提升管理能力，对于人员成长成才具有一定推动作用。

4.3 设置全员上班日，保证集体性工作有效落实

车间在组织综合工时制实施过程，每月确定 2 天时间为全员上班日，全员上班日时组织开展集中性的安全、技能培训及演练等工作以及集体性活动，保证日常生产工作落实、提高职工技术素质和安全生产意识的同时增强了职工集体感。

4.4 职工实行日勤制，规范加班工资管理

供电车间职工实行日勤制，在法定节假日安排一个班组 7 ~8 人进行应急值守加班，按照节假日当天支付职工加班工资，按程序组织进行公示、审批，日勤制职工加班工资比照轮班制职工加班工资支出节约 50% ，同时组织车间均衡生产任务，杜绝职工加班超劳情况发生。

4.5 实行弹性工作制，解决职工通勤困难问题

各车间职工多为通勤职工，家庭所在地相对较远，仅能利用公休日与父母、配偶团聚，车间集中性的生产组织、应急值守，职工在完成月份综合工时的情况下，超出工时按职工补休情况处理，增加职工休息时间，以解决职工通勤困难问题。

5　结束语

后续的工作应按照集团公司劳效标准定员，进一步加强人员管理，立足自身挖潜调剂，确保工区职工合理调配，在解决偏远地区职工通勤问题上多做一些优化。同时职工工作时间和劳动班制涉及职工切身利益，要畅通职工诉求渠道，消除职工的顾虑，化解存在的问题和矛盾，维护和保障好职工的合法权益。

作者简介

李凤欢，中国铁路哈尔滨局集团有限公司齐齐哈尔供电段，高级工程师
穆　琦，中国铁路哈尔滨局集团有限公司供电部，高级工程师
张英男，中国铁路哈尔滨局集团有限公司齐齐哈尔供电段，工程师
韩秀峰，中国铁路哈尔滨局集团有限公司哈尔滨供电段，工程师
邢　晋，中国铁路哈尔滨局集团有限公司哈尔滨供电段，工程师
孙宇明，中国铁路哈尔滨局集团有限公司调度所，工程师

铁路给水所设备远程监控系统建设探讨

江杨信

摘　要：目前，在广铁集团惠州电务段管内漳龙线铁路给水所均为人工操作有人值班模式，劳动效率低下，运营成本大。笔者查阅国内多家水务公司智慧供水案例和业内水泵房远程监控设备厂商成熟产品资料，结合铁路沿线给水所设备运行实际情况和铁路网络资源，因地制宜，探索铁路给水所设备远程监控系统如何建设，为企业给水专业生产组织改革提供参考。

0　前言

中国铁路广州局集团有限公司惠州电务段管辖的普速铁路给水所大多数位于偏僻小站，产水用以供应沿线小站和工区。铁路沿线供水的水井、水塔等设施分布比较分散，给水所目前仍采用单人单岗值班模式，电机水泵等设备靠人工操作和监测，生产劳效低下，在偏远小站单人单岗作业人身安全难以把控，企业用工成本较大。

集团公司近年深化推行生产组织改革，集团供电部提出沿线给水所有人值班模式要改为无人值守模式。惠州电务段漳龙线的给水所现有设备目前达不到无人值守技术要求，对供水的监控仍旧依靠电话同现场的操作人员取得联系进行判断现场供水情况。为了提高铁路沿线给水所设备管理，降低运营成本，需要一种更加高效、可靠的系统进行代替。为此，需要对给水所设备进行升级改造，充分地利用现有设备和网络资源，建设远程监控系统，实现给水所远程通信、远程测量、远程控制、远程视频功能(简称给水SCADA)。

1　设计思路及需解决问题

1.1　总体设计

1.1.1　总体架构(如图 1 所示)

(1)在水源井、清水池、水塔、水箱安装水位监测终端作为子测控终端。

(2)在给水所安装泵房远程测控终端作为主测控终端。

(3)在技术科、车间和工区电脑安装监控终端软件或通过内网 WEB 站作为维护子站。

(4)在站段调度中心建设远程监控中心作为监控主站，安装大屏幕，增加服务器、网络设备及电脑设备，显示各给水所泵站信息，进行远程控制，实现给水所遥信、遥测、遥控、遥视“四遥”功能。

1.1.2　监控软件主要功能

具备显示、存储、查询、控制、分析、报表等功能；地图上显示各给水所各泵站位置及状态；显示每个泵站具体信息；泵站出现故障时可及时弹出告警窗通知值班员；经授权的操作者可自由增加、修改、删除泵站信息和操作水泵电机启停。

1.1.3　实时数据采集

(1)采集泵房总电压、总电流、电能。

(2)采集每台水泵的单相电流。

(3)采集每台水泵的启停状态。

(4)采集每台水泵的故障状态。

(5)采集水源井、清水池、水塔、水箱的水位状态。

(6)采集进出水压力、出水流量。

(7)采集故障报警信息：过电压、欠电压、缺相、控制器故障、进水压力低、出水压力低、出水压力高、

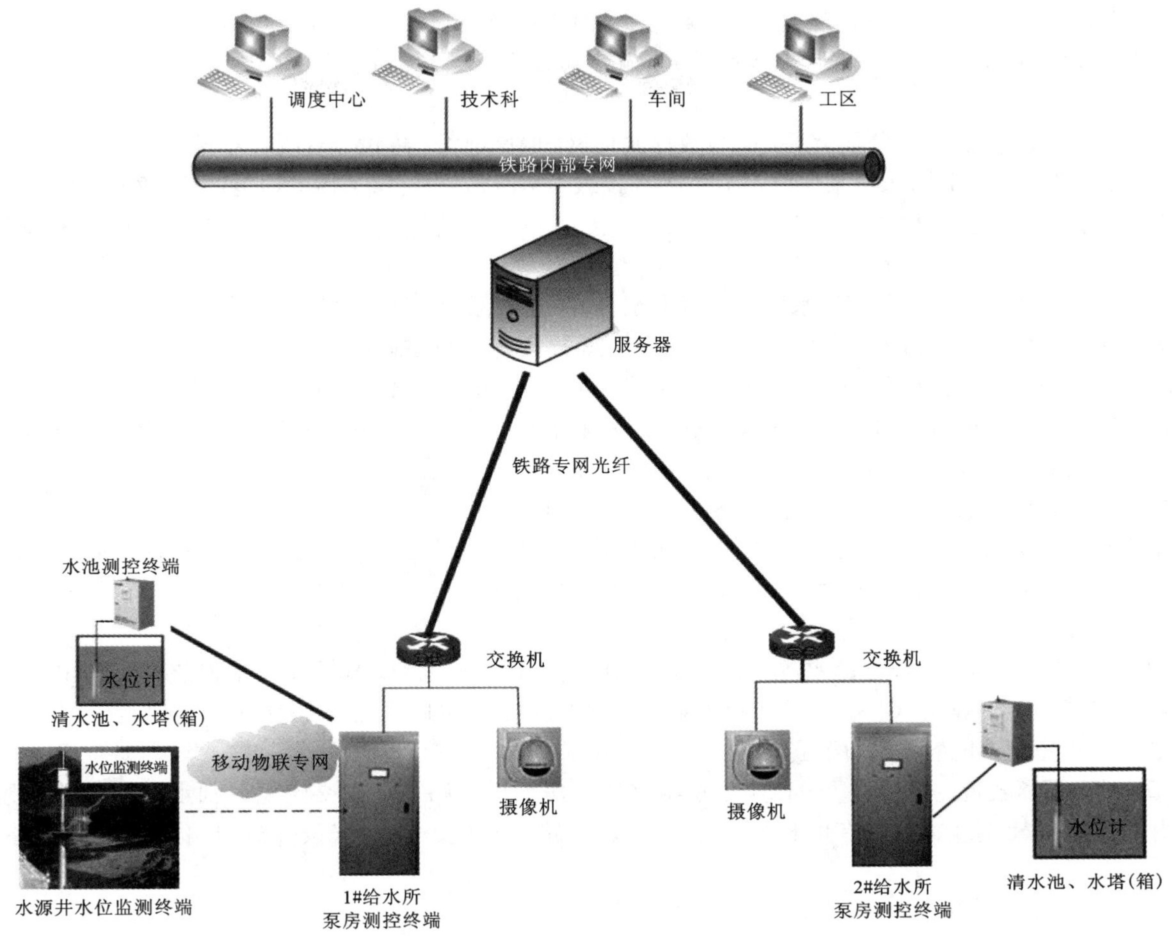

图1　给水所设备远程监控系统架构图

水位超限、异常大流量等几大类。

(8)可使用光纤的泵站，安装摄象机，采集泵房图像，将泵站的重要工位与泵房设备情况通过网络传输到监控中心。

1.1.4　控制功能

(1)就地/远程控制进水电动阀门的开闭。

(2)就地/远程控制水泵机组的启停。

(3)根据水位自动控制水泵机组的启停。

1.1.5　报警功能

(1)当进水或者出水压力超限时，测控终端立即将报警信息上报到监控中心。

(2)当泵房内水泵电源出现故障时(如过电压、过电流、欠电压、欠电流、缺相)，测控终端立即将报警信息上报到监控中心。

(3)当水泵电机出现保护状态时，测控终端立即将报警信息上报到监控中心。

1.1.6　远程维护功能

(1)终端的工作参数支持远程设置、修改，方便远程维护终端设备。

(2)测控终端可设置进出水压力、水箱水位、电流、电压等监测数据的上下限报警值。

1.2　需要解决的问题

1.2.1　首先要解决的就是数据传输问题。

惠州电务段漳龙线给水所有两种抽水模式。第一种是采用两级水泵抽水，第一级是从水源井抽到清水池，第二级是从清水池抽到水塔。第二种是采用一级抽水，从水源井或外购自来水流入清水池后，直接抽到水塔或屋顶水箱。给水所要实现远程监测控制，就必须要采集水泵电机电流、电压、管网压力、水源井和清水池及水塔水位、泵房图像等测量数据和传输控制信号等，该如何解决数据传输问题?

解决思路:

(1)近年铁路已完成了综合计算机网与数据通信网“两网融合”建设，沿线各小站和工区均敷设了“两网融合”传输光纤，部分给水所泵房已安装了光纤接入 ONU 设备，提供了传输通道，没有安装 ONU 设备的给水所，可就近从线路工区敷设通道。给水所泵房至水电调度远程监控中心宜采用“两网融合”传输通道，技术科、车间和工区通过铁路专网连接。

(2)考虑到水源井一般距离给水所泵房有 1 至 3 km 左右范围，且地处河边，比较偏僻，水源井水位数据宜采用 GPRS 物联网卡或 4G 网与给水泵房监控设备之间进行自主通信。

(3)给水所清水池、水塔一般都在给水所院子里面，与泵房距离不远，宜采用有线通信。

(4)车站或工区水箱根据与泵房距离远近，优先采用有线通信，如果距离较远，宜采用 GPRS 或 4G 物联网移动卡通过专用移动网络与给水泵房监控设备之间进行自主通信。

1.2.2 其次要解决水源井水位测控终端工作电源问题。

给水所水源井要安装水位监测终端用于采集传输水位信息，需要工作电源。目前所有的水源井是没有敷设电源的，井内水泵电机只有在开机时才通电，如何给终端供电?

解决思路:

(1)对于距离在 1 km 以上的水源井，安装太阳能电池板和蓄电池，作为水位监测终端工作电源，考虑水位监测终端功率一般在 10 W 以内，功率不大，太阳能电池板可以采用 30 ~ 50 W，蓄电池采用免维型铅酸蓄电池，容量 24 Ah 左右作为配套。

(2)对于距离较近的水源井，可以考虑从给水所泵房架设一路 220 V 交流电源到水源井，利用既有的水源井水泵电机架空线，在原有电杆横担下层安装一路架空线。地型有条件时也可考虑敷设一路电力电缆。

1.2.3 还要解决给水所管网配套改造优化问题。

实现给水所远程监控，除了水泵电机要实现自动启停机或远程集中控制启停机等主要功能外，还要考虑改为无人值守模式后，设备运行风险和运行稳定性、可靠性问题。

解决思路:

(1)对给水所老化的扬水管、配水管和阀门进行更换，减少漏水跑水，减少水泵电机工作时间。

(2)对水源井距离水塔或屋顶水箱距离较近的两级抽水方式给水所改为一级抽水方式，管路进行相应优化改造，采用高扬程深井泵，减少第二级电机水泵，进一步降低能耗。

(3)对于外购水源通过地方管网流入给水所清水池，要在进水口前加装远程电控阀门或根据水位控制的自动阀门。

2 监控中心与测控终端建设

给水所监控系统需结合铁路给水所特点，优先选择国内行业成熟厂商作业承包商。一是要产品先进性，系统和设备为给水行业控制系统的领先产品，泵房控制为国内领先的本行业安全型控制器，系统可对整个控制过程进行集中监控，能实时采集和显示供水各生产环节设备的运行状态，具备数据处理及与综合控制系统联网功能。二是要系统及设备可靠性，系统软件接口均采用国际标准接口，稳定性高连接方便。三是要考虑可扩展性，系统的软硬件留有充足的扩展余量，以保证将来的技术和产品升级。四是要考虑易操作性，用户无须进行任何编程，只需按照系统提示进行相应操作即可。五是监控设备采用集成化、模块化，通过接插电缆连接，易于安装和拆卸。

2.1 监控中心建设

2.1.1 硬件方面

(1)调度监控中心需配置服务器 1 台，客户端计算机 2 台，路由器 1 台，交换机 1 台，硬件防火墙 1 台，UPS 不间断电源 1 台，采集所有给水所泵站现场传回的数据进行处理和控制。同时在调度监控室安装投影仪或 DID 大屏幕拼接显示墙系统，显示墙的大小以办公室的尺寸为基准大小确定，将重要泵站的现场数据及画面在显示墙上显示。

(2)推荐服务器配置

CPU：Intel 双核 2.0G 或更高，

内存：推荐 4 G 以上。

(3)客户端监控计算机配置

CPU：Intel 双核 2.0 G 或更高，

内存：>2 GB，

硬盘：普通硬盘 >500 GB

2.1.2　软件方面(如图 2 所示)

监控中心服务器安装操作系统、数据库及给水自动化控制系统供应厂商的监控软件或组态软件，客户端计算机安装监控客户端软件或 WEB 工作站，软件配置要求：

服务器操作系统软件：Windows 2008 Server 或 Linux 服务器系统，

监控客户端操作系统软件：win7 专业版，

数据库软件：Microsoft SQL Server 2005 或其他商用数据库软件。

2.1.3　系统管理功能

(1)权限管理功能：该软件登录权限为管理员用户、单位级用户、普通用户，管理员具备软件操作的所有权限，单位级用户只有操作本单位的设备的权限，普通用户只能浏览，不能进行开停泵等操作。

(2)主界面——地图显示。

主界面以整个市区地图为背景，显示所有监测点位置分布情况(如图 3 所示)。

用户可以通过鼠标拖动自行编辑监测点的位置。

将鼠标置于监测点上，可以显示监测点的基本信息及最新监测数据，单击测点可进入该测点的实时监测界面，查看详细数据。

(3)数据采集与处理

1)遥测与遥信：

①界面可显示泵站总电压、每台水泵的单相电流。

②界面可显示泵站内各台水泵的运行状态、运行电流、故障状态。

③界面可显示通信设备或通道的运行状态。

2)遥控：

①监控中心可以远程开启或者关闭进水电动阀。

②监控中心远程控制水泵机组的启停。

③监控中心可以远程控制地面排水泵的启停。

④上位机软件可以远程控制摄像头云台进行移位变焦控制。

3)数据分析信息处理：

根据适时数据刷新监控画面状态及数据；根据报警信息，进行故障处理；记录报警、设备状态变化、用户注册登陆等运行信息；运行趋势分析；定时存入数据库。

(4)报警管理：

1)分级管理：系统区分报警的类型，确定不同的级别，采用不同的方式进行处理。

数据越初限处理：调整相应的工艺设备，并提示值班人员。

2)数据越极限处理：停止相关设备的运行，并提示值班人员。

3)设备故障报警：停止相关设备的运行，并提示值班人员。提示信息包括：报警内容，计算机处理内容，处理结果，维护提示，处理预案等系统软件按级别采用不同的方式提示值班人员。报警方式包括：颜色变化、闪烁、弹出文字信息、声音提示等。

(5)人机联系及操作：监控、操作、权限、实时曲线等功能。

(6)报表功能：系统可以对各遥测量自动做出日报、月报、年报，不同的时间段自动进行对比分析，通过分析历史数据，进而对未来做出数据预测。用户可以根据需要选择时间和类别，然后按预览/打印按钮，打印有关报表。打印包括定时打印和召唤打印，召唤打印包括实时打印和历史打印，事故、故障时自动打印。

打印的表格有：操作记录统计表，包括泵站机组开、停机时间和次数等；事故和故障统计表；越限和变位报警报表；事件顺序记录报表；日、月、年供水量统计表；历史报表；机组检修时间和次数；设备运行状态统计报表。日报：按设定的时间间隔，制作并打印某一天所需数据的报表。

(7)扩展：系统软件在完成既定监控任务的前提下，可以根据监控对象需求对其进行现场更改(有所增加，减少和更改)，而不需做二次开发。

(8)数据交换接口：监控软件中，可以将使用的数据导出，导出为其他相应的数据文件，可以提供给其他的应用程序使用。如：导出成为 EXCEL 表，并且提供友好的数据接口程序。

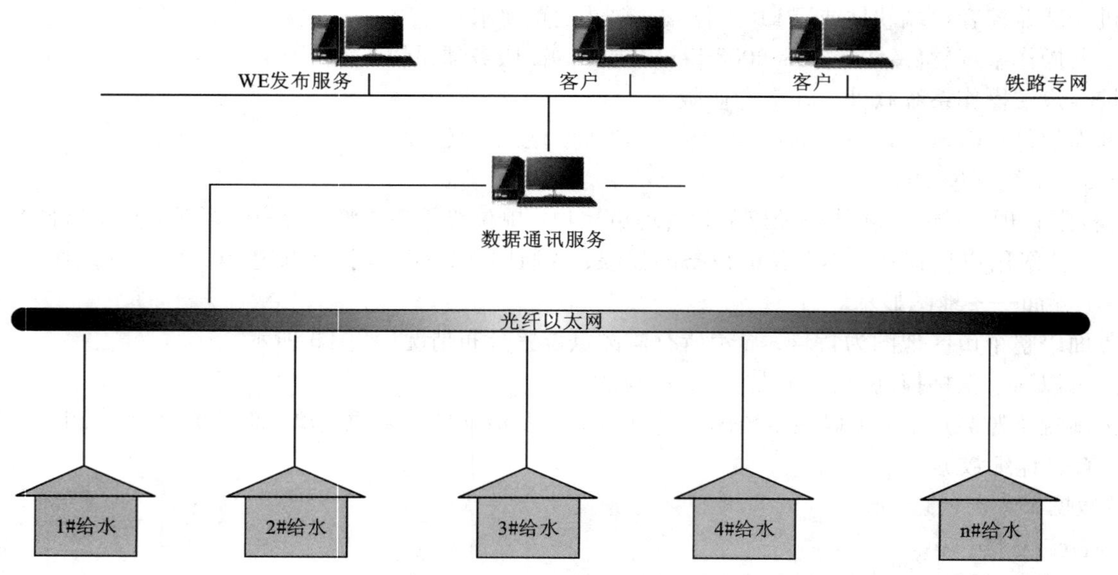

图 2 给水所远程监控系统拓扑

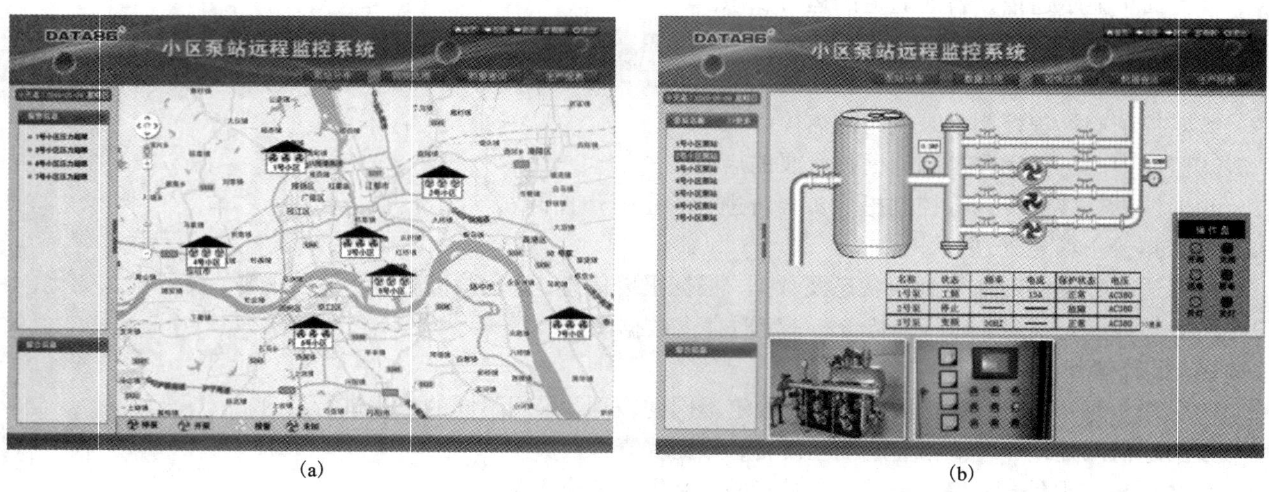

(a) (b)

图 3 监控系统界面(样图)

2.2 给水所测控终端建设

2.2.1 主测控终端

给水所泵房测控终端作为主测控终端，安装于供水泵站内，采集蓄水罐水位、管网压力、管网流量、泵组运行状态和参数，并根据水位自动控制水泵机组的运行。

2.2.2　子测控终端

水源井测控终端作为子测控终端，安装于各水源井泵房，每个子监控终端监控一台水源井，采集水源井水位、流量、泵的累计运行时间、泵运行状态，根据供水泵站内蓄水罐水位、各泵累计运行时间自动控制各水源井为蓄水罐补水。

2.2.3　通信关系

子测控终端数据传输到主测控终端，主测控终端可自主运行，自动控制泵房设备，并将泵站、水源井的水泵状态及运行参数、管道压力、管道流量、蓄水罐水位等数据全部上报给监控中心；数据越限，设备故障时，系统自动发信。

2.2.4　测控终端功能框图(如图4所示)

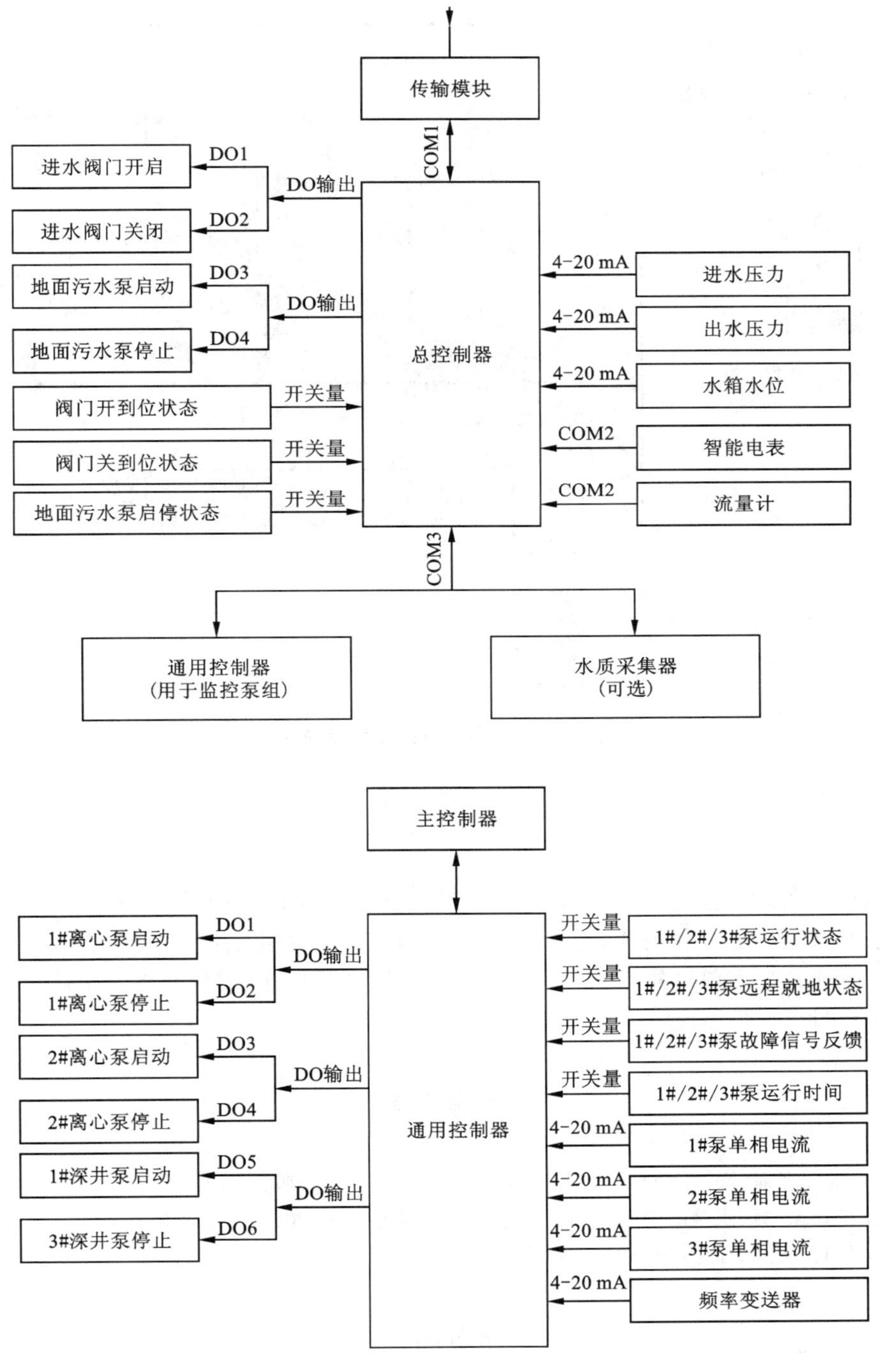

图4　铁路给水所泵房测控终端功能框图

2.2.5 需要加装的设备(如图5所示)

主要有:泵站远程测控一体化终端、水源井智能监控终端(含移动物联网设备及太阳能电源设备)、水位自动监测设备(水位计及传输装置)、智能电表(测量电流、电压、电能等)、流量计、压力变送器、电动(自动)阀门、远传水表、红外摄像机及视频服务器NVR、红外门禁、铁路专网传输设备。

2.2.6 需要改装的设备

给水所原有水泵启动控制柜如果老化,则需要更换为智能型水泵控制器或选用泵站启动测控一体型终端。

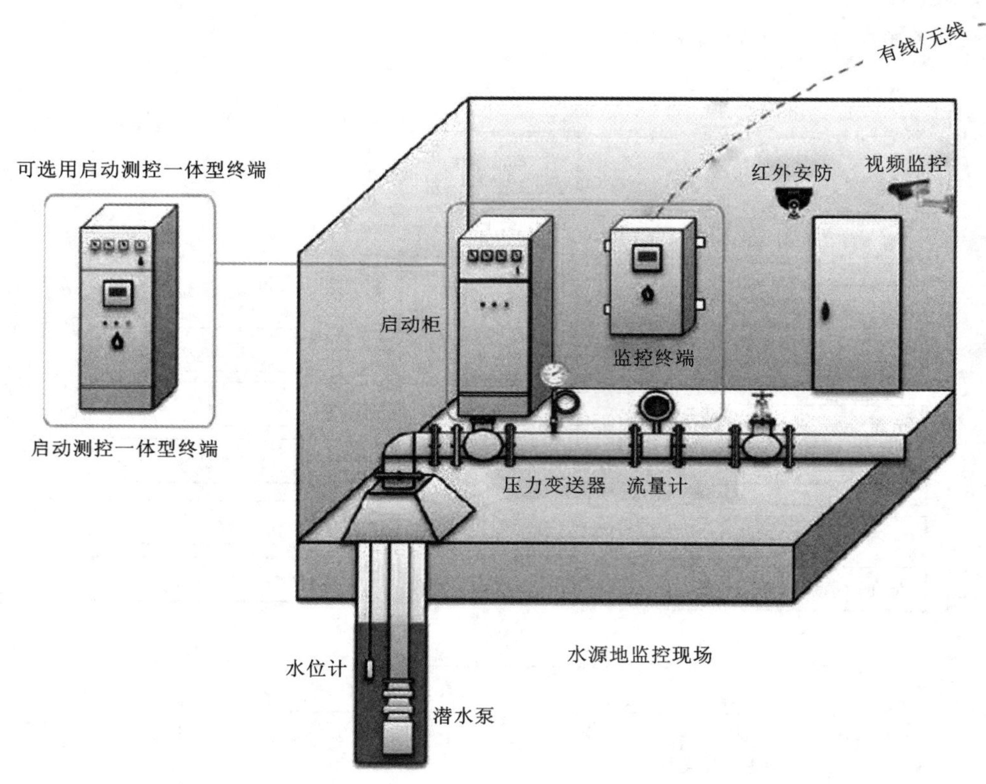

图5 泵房测控设备安装示意图

3 结束语

实施铁路给水所设备远程监控系统建设,不仅能够改变目前给水设备靠人工监控的落后现状,而且具有很好的经济效益和社会效益,利用现有的铁路专网资源实现对铁路沿线供水设备运行的监控,因地制宜加装测控设备,其设计方法简单可靠,后期运行成本低,特别是用于地理环境恶劣无人值守的环境下,具有操作可行性和推广性。

参考文献

[1] 铁道部. 铁路给水管理规程(铁运〔1999〕104号)[S].北京:中国铁道出版社,1999.
[2] 孙燕.远程监控系统在城镇污水泵站中的应用效果分析[J].河南科技,2013,(3):191.
[3] 许广龙.对泵站电气自动化的探讨[J].中国新技术新产品,2014,(2).

作者简介

江杨信,中国铁路广州局集团有限公司惠州电务段梅州水电车间,助理工程师

轨道作业车电气系统紧急恢复装置的设计与应用

崔成雄　付国安　李伟军

摘　要：分析了轨道作业车的发展现状，在铁路线路增多的情况下，轨道作业车等铁路工程车辆的重要作用，以及新时代对轨道作业车的更高要求。根据实际问题和工作环境，采用可编程控制技术设计了轨道作业车应急电气功能紧急恢复装置。实现轨道作业车在出现电气故障时，能够通过该装置迅速代替故障部分电气功能，减少轨道作业车在线路上的故障时间，保障铁路顺畅运行，该装置通过实验验证，取得了良好的效果。

0　引言

轨道作业车是一类特殊的铁路内燃机车，主要用于铁路线路的物料运输、施工作业和既有线路的检修养护作业，也可用于人员输送、调车作业等，是铁路供电、工务、电务部门的重要装备。

我国的轨道作业车发展历史可追溯至20世纪60年代末从前苏联引进的木棚轨道作业车，此类轨道作业车多采用66 kW汽油机驱动，最高运行速度低于50 km/h，结构及操作方式类似于汽车。此后多年，由于国内制造业技术落后且对铁路工程机械的需求量较少，轨道作业车发展趋于停滞。20世纪90年代末期开始，随着我国铁路数次提速，对铁路工程车辆的需求及要求也日益攀高，轨道作业车发展开始进入快车道，主要体现在以下几方面：

(1)复杂化，车辆结构趋同于正线机车。从最初的二轴无转向架演变为四轴带转向架，传动方式也从单一的机械传动发展到机械传动、液力传动、电传动三种传动方式。

(2)重型化，吨位及主机功率不断增大。汽油机逐步被大功率柴油机取代向，功率为216 kW(290 hp)到100 kW(1350 hp)，最高行车速度可达160 km/h。

(3)专业化，功能细分，设备先进。早期的轨道作业车多由轨道平车搭载起重机构成其功能仅限于搭载施工人员及装备进入现场。随着铁路列车密度不断加大，钢轨、轨枕的逐步重型化，区间占用时间少，作业质量高的机械化施工成为唯一选择，轨道作业车因此发展出诸如捣固车、清筛车、移动焊轨车、钢轨打磨车、接触网架设车、立杆作业车等多种适应工务段、电务段不同工种的车系。

随着我国经济的快速发展，对铁路运量的需求越来越大，铁路运输向高速、重载、密集方向发展，这对轨道作业车的性能提出了更高的标准。零部件使用寿命更长、故障率更低，可靠性更高，操作更简单舒适，占用区间时间更短、冒进信号事故更少将是新一代轨道作业车的基本要求。

1　轨道作业车电气故障

轨道作业车主要由发动机、传动、制动、车身、车架以及电气组成。随着轨道作业车电气系统复杂程度不断提高，电气故障在总故障率中比例不断增高。“先通后修”是轨道作业车故障处理的基本原则。当有故障发生时，首先要保证铁路能及时恢复畅通，不影响正常的铁路运行。电气故障发生时，随车人员往往很难及时地排查并处理既有故障。

其中继电器故障是电气故障中最常见的一种。由于电气系统中继电器数量较多，且逻辑连锁较为复杂，故很难在短时间内准确找出发生故障的继电器。为了避免因为继电器故障导致轨道作业车不能行走，设计了一种轨道作业车应急电气功能紧急恢复装置。

2　工作原理

电气功能紧急恢复装置主要由信号采集模块、逻辑处理器、信号输出模块三部分共同组成(见图1)。

信号采集模块：负责采集当前的控制指令状态，由继电器模组输入至逻辑处理器。

逻辑处理器：根据控制指令状态，结合正常工作时的控制逻辑，发出动作指令，由 PLC 完成。

信号输出模块：接收逻辑处理器的指令，根据指令，做出相应的动作响应，通过继电器模组输出。

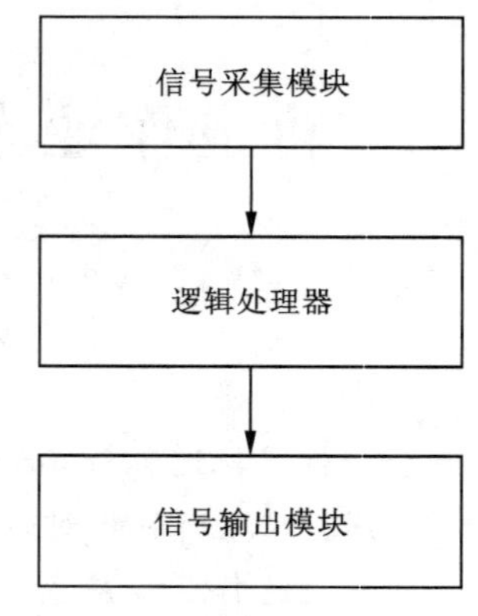

图 1　系统组成

2.1　PLC 可编程控制器(见图 2)

随着科学技术的发展，电气控制技术在各个领域得到了广泛的应用，PLC 可编程控制器作为电气领域的一个新技术，经过三十年的发展，已经形成了一系列完整的工业产品。本装置采用 PLC 可编程控制器作为系统主控逻辑处理器，具有稳定可靠、抗干扰能力强、耐环境能力强的特点，能够编写不同功能的电气程序实现各电气功能。

PLC 常见的供电方式分为：220 V 交流，24 V 直流等。轨道作业车上自带的控制电源为 DC24 V，因此我们选择 24 V 供电的 PLC 作为紧急恢复装置的主控制器。控制器自带 14 路数字量信号输入通道，10 路数字量信号输出通道。数字量信号输入通道为源型漏型兼容型输入通道，通过改变 COM 信号的电平，既可接收高电平有效信号输入，也可接收低电平有效信号输入。数字量信号输出通道为继电器型输出，相较于其他类型的输出方式，继电器输出更为灵活、带负载能力更强。

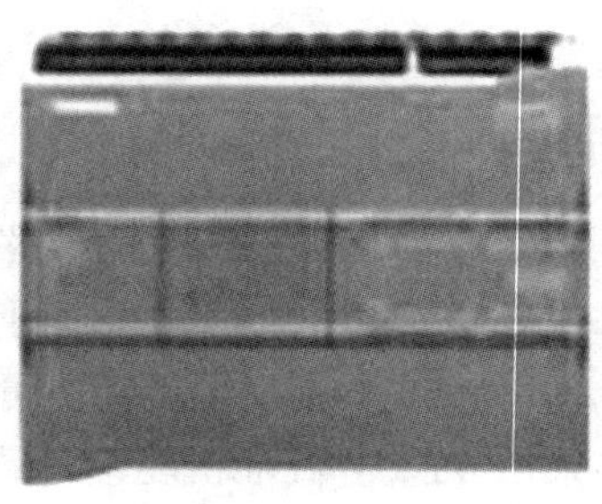

图 2　PLC 可编程控制器

2.2　中间继电器模组(见图 3)

继电器是一种根据特定形式输入信号而动作的自动控制电器。一般来说，继电器由承受机构、中间机构和执行机构三部分组成。承受机构反应继电器的输入量，并传递给中间机构，将它与预定量进行比较，当达到整定值时，中间机构就使执行机构产生输出量。中间继电器用于电路中传递和信号的转换，扩展控制路数，将小功率控制信号转换为大容量的触头控制，扩充控制作用。

原车上自带的继电器为 DC24 V 的中间继电器，继电器自带 4 组触点，最高可承载 6 A 的负载电流。为了匹配原车特性，继电器模组由欧姆龙的继电器组成，每个继电器自带两组触点，可以并联扩展，同样的，触点最高可承载 6 A 的负载电流。

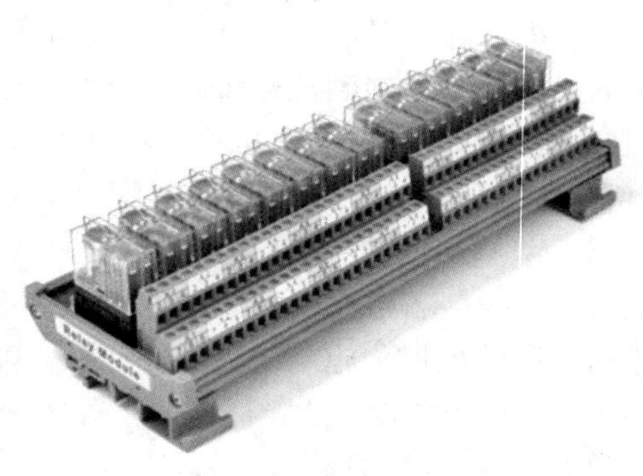

图 3　继电器模组

2.3　装置功能

(1)点火继电器功能恢复

由于点火继电器故障，导致轨道作业车不能正常启动时，启用电气功能紧急恢复装置，替代故障的点火继电器，使得轨道作业车能成功启动。

(2)熄火继电器功能恢复

熄火继电器故障时，导致轨道作业车一直处于熄火状态，不能正常点火，此时启用电气功能紧急恢复装置，导通熄火线路。

(3)油门继电器功能恢复

当油门相关继电器故障发生时，会导致轨道作业车怠速不稳定，转速不可调，启用电气功能紧急恢复装置后，油门电压变化恢复正常可调。

(4)变速箱使能继电器功能恢复

变速箱使能相关继电器故障发生时，会导致不能正常挂挡，轨道作业车不能正常运行，此时启用电气功能紧急恢复装置，保证变速箱使能信号能正常给出。

(5)控制电源继电器功能恢复

控制电源继电器由多个继电器功能组成，涉及输出控制较多。当继电器故障时，会造成行车电脑无显示、速度里程表不工作等现象。启用电气功能紧急恢复装置后，保证跟行车相关的仪表能正常工作。

3　电气功能紧急恢复工作流程

在轨道作业车出现不能运行情况时，随车人员需要确认是否存在机械故障，如不存在机械装置故障，则可以将电气功能紧急恢复装置接入车辆电气控制系统。接入成功之后，旋转旋钮，使得装置进入运行状态，此时输入采集模块负责采集操作台的手柄和按钮相关信号，传输给逻辑处理模块，经过逻辑处理之后，通过输出模块输出到相应的执行器件(见图4)。从而保证轨道作业车能够自行运转回库，待回库之后，工作人员再做进一步的详细检查，找到轨道作业车电气系统中的故障继电器，进行更换。轨道作业车故障排除之后，将紧急功能恢复装置关闭，从原车电气系统中排开。

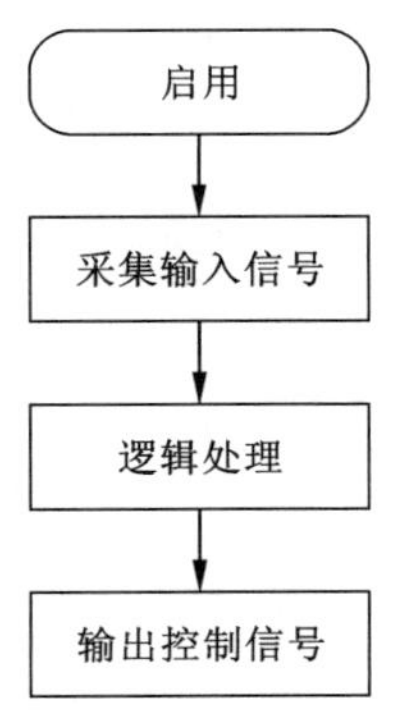

图4　装置工作流程

4　系统设计

电气功能紧急恢复装置的系统设计主要分为，输入信号采集电路、逻辑处理、输出信号放大电路三部分组成。

4.1　输入信号采集电路(见图5、图6)

输入信号主要采集轨道作业车电气系统中的与车辆行走密切相关的信号。

电气功能紧急恢复装置采集的原车信号都为数字量输入信号。其中，原车信号又分为高电平有效和低电平有效两种。为了统一信号类型输入到逻辑处理器中，在信号采集电路的设计中，将原车信号统一转换成为高电平有效之后再交给逻辑处理器识别。

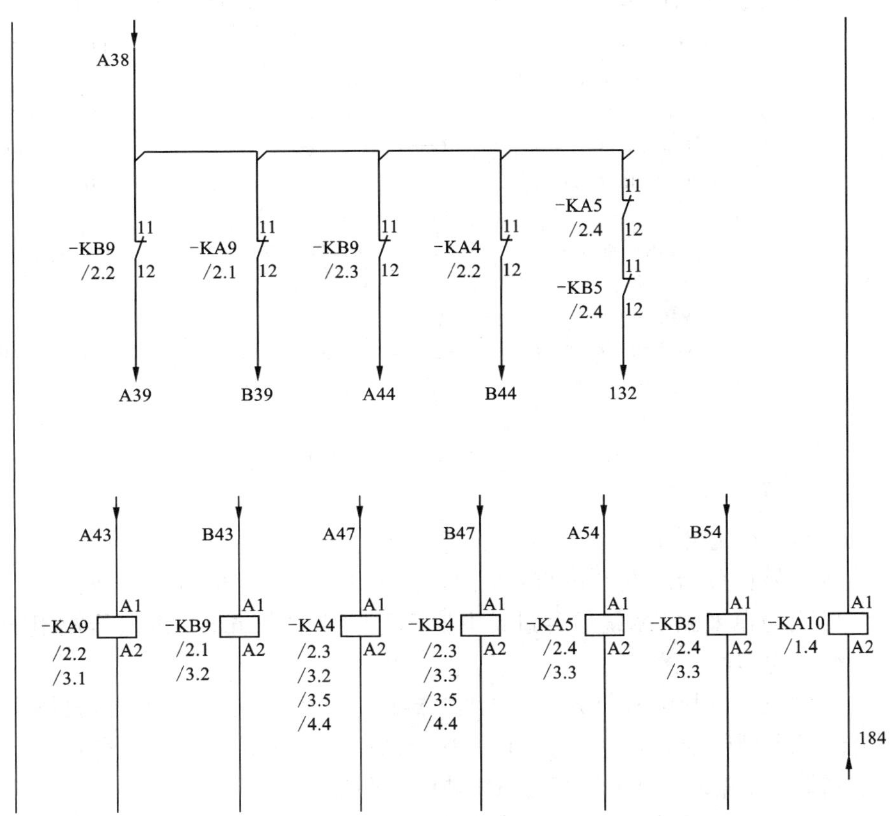

图5　信号采集电路1

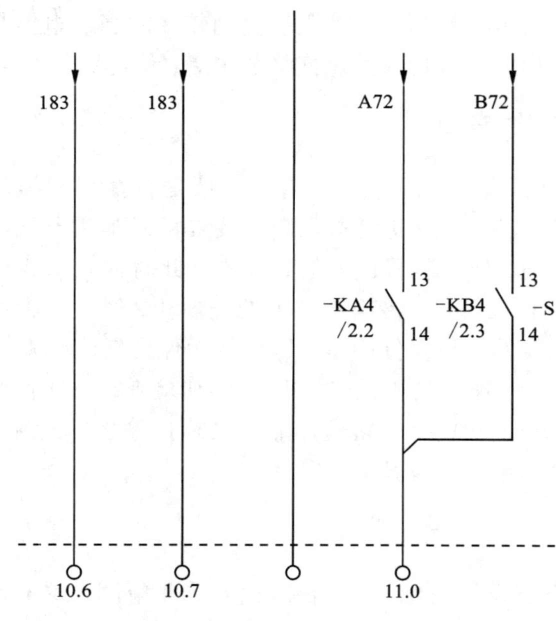

图 6　信号采集电路 2

4.2　逻辑处理

逻辑处理器根据输入信号，结合实际车辆运行的逻辑条件，做出判断。

由于原车的逻辑连锁较为复杂，且均由硬件电路直接构成，而硬件的使用都有一定的寿命限制，当硬件的机械寿命到达极限之后，就会出现故障。因此，在电气功能紧急恢复装置的逻辑处理中，我们将一部分较为繁琐的逻辑由逻辑处理器编程来进行完成，由程序来实现。部分程序代码如下：

```
//OB1
LD    First_Scan_On: SM0.1
R     POWER: Q1.1, 1
LDN   RUN: I1.1
CALL  运行: SBR0
=     GREEN: Q0.7
EU
R     POWER: Q1.1, 1
LD    RUN: I1.1
=     RED: Q1.0
R     KJ2KJ3:Q0.0, 3
S     KJ8:Q0.6, 1
R     KJ12:Q0.5, 1
=     RED: Q1.0
R     KJ2KJ3:Q0.0, 3
S     KJ8:Q0.6, 1
R     KJ12:Q0.5, 1
S     KA6KA7:Q0.3, 2
S     POWER: Q1.1, 1
//SBR0
LD    A43B43:I0.0
ED
S     V20.0, 1
S     POWER: Q1.1, 1
LDN   A43B43:I0.0
A     V20.0
TON   T37, 600
LD    T37
EU
R     POWER: Q1.1, 1
LD    A43B43:I0.0
EU
R     V20.0, 1
LD    A43B43:I0.0
=     KJ2KJ3:Q0.0
LD    A47:I0.1
AN    V20.0
=     KA1KA2KA3:Q0.1
LD    B47:I0.2
AN    V20.0
=     KB1KB2KB3:Q0.2
LD    A54:I0.3
=     KA6KA7:Q0.3
LD    B54:I0.4
=     KB6KB7:Q0.4
LD    i183:I0.6
O     i184:I0.5
O     i185:I0.7
=     KJ12:Q0.5
LD    A72B72:I1.0
=     KJ8:Q0.6
```

4.3　输出信号放大电路(见图 7)

原车的数字量控制信号也分为高电平和低电平两种，且有一些控制信号的负载较大，因此不能直接用逻辑控制器的数字量输出通道来驱动，需要经过继电器模组的放大来输出。继电器模组的触点可带 6A 的负载，跟原车继电器触点的容量一致。

根据对轨道作业车常见电气故障进行分析，当继电器故障导致车辆无法行走情况发生时，在外场很难排查，因此对该部分涉及车辆行走的继电器，通过外接控制箱进行功能备份。当该部分继电器一旦发生故障，通过手动开启控制箱，故障继电器被隔离，系统功能立即恢复。

通过本备份系统能迅速恢复功能，车辆无需救援能顺利回库。车辆回库后，再对电路进行排故。

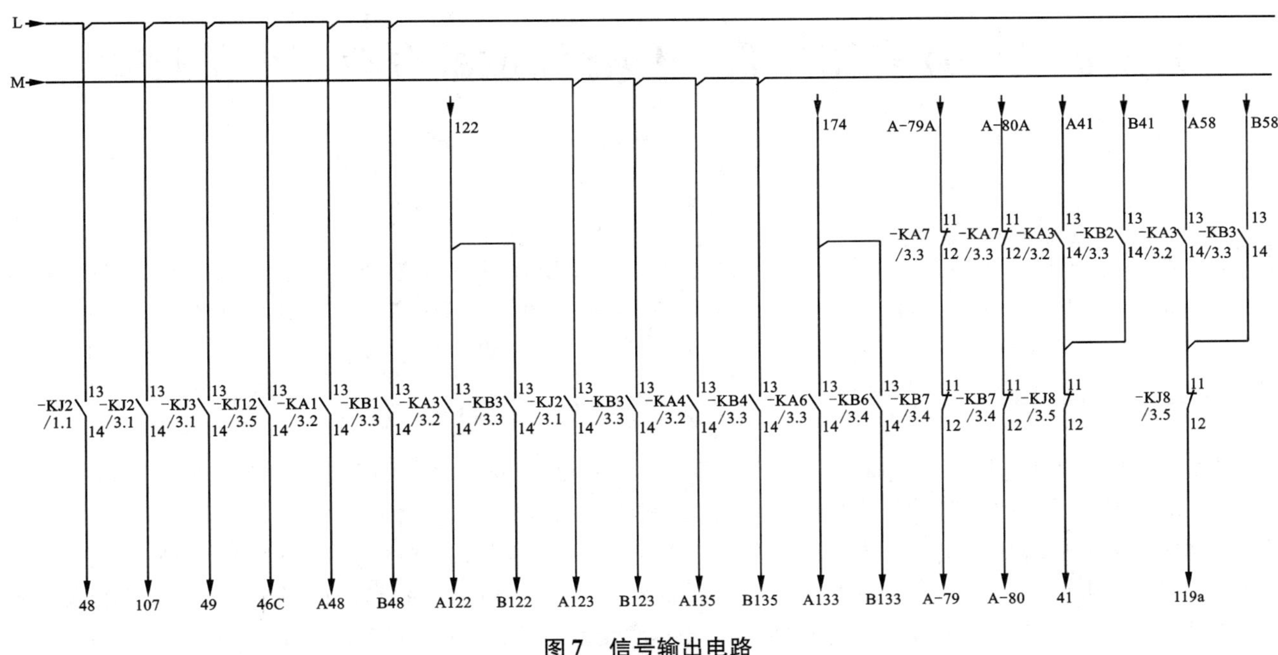

图7 信号输出电路

参考文献

[1] 金鹰重型工程机械有限公司. JW－4G 型接触网检修作业车使用保养说明书[Z]. 襄阳：金鹰重型工程机械有限公司，2014.

[2] 郑萍. 现代电气控制技术[M]. 重庆：重庆大学出版社，2001.

作者简介

付国安，中国铁路兰州局集团公司银川供电段设备科科长，工程师

崔成雄，中国铁路兰州局集团公司银川供电段职教科，教育干事，工程师

李伟军，中国铁路兰州局集团公司银川供电段设备科，技术员，助理工程师

关于供电专业在工电供一体化深度融合改革中的探索

董国杰

摘　要: 在修程修制改革的大环境下，工务、电务、供电专业已经慢慢走向融合，综合维修段和工电段已相继成立，如何在工电供一体化融合的生产模式下，将一体化改革引向深入，同时又强化供电专业管理。

0　引言

自 2008 年京津城际铁路开通运营以来，中国高铁基础设施维修基本采用专业垂直管理，主要由工务、电务、供电各专业普速管理延伸至高速管理。10 年来随着高铁技术装备水平大幅提升，高速动车组运行密度大幅增加，运营环境更趋复杂，传统的分专业管理模式已明显不适应技术设备高度融合的显示需要，天窗利用率低，专业结合部多，运维成本偏高等问题随之凸显。一体化管理能够有效地减少各专业维修作业相互干扰，有利于实现各项资源的综合利用。2018 年底全路有京沪、京广、沪昆等 15 条既有高铁线路实现了一体化管理，占总里程的 81%。2019 年 5 月 6 日宜昌综合维修段成立，原襄阳供电段、襄阳电务段管辖荆州、宜昌、恩施地区的设备、人员整体并入宜昌综合维修段，也是武汉铁路局集团有限公司第一家“工电供”一体化维修养护单位。

1　一体化深度融合中供电专业面临的主要问题

1.1　如何将供电专业与其他专业进行深度融合

供电专业与工务专业、电务专业在设备的日常管理和周期性管理，设备的检查项点、检查标准，设备的专业检修标准、日常维护标准，以及由来已久的基础管理模式等都存在很多根本上的不同。怎样将诸多不同的几个专业相互融合，共同作业，共同生产，这在一体化深度融合过程中是一个突出问题。

1.2　如何在深度融合的情况下，强化供电专业管理

深度融合并不是要摒弃专业管理，专业管理是我们的根本，如何在专业和融合上把握平衡，既很好的完成各专业的融合，又能在融合的基础上进一步强化专业管理。

2　当前我们采取的一些做法和措施

2.1　打破界限，推动“外融合”

2.1.1　推动组织机构融合

一是宜昌综合维修段打破了原有的线路、电务、供电车间“各自为政”的壁垒，成立综合维修车间，在综合维修车间管内的各车站设置了综合工区，由原工务、电务、接触网工区等组成，为便于日常对设备的管理，统一划定管辖分界，确保综合工区管界基本一致。综合工区主要负责对线路设备周期性、季节性巡查，线路病害整治；对站内道岔、信号机、轨道电路等室外设备的日常养护，对信号机械室内、控制台设备日常管理及巡视，组织接触网设备巡视检查、单项检查检修、以及车站侧线接触网设备全面检修和接触网一级修(临时修)，对外单位营业线施工安全质量监督，同时对负责管内设备故障处理和应急抢修。二是在各综合维修车间成立检测工区，仍从工务、电务、供电专业人员抽取，主要是对管辖内所有工务、电务、供电设备进行周期性静态检查和测量。以及各类病害的静态检查、复核及工作量调查，提出结构病害整治建议，配合完成维修设计、作业质量复核工作。三是成立监控分析工区，主要是收集汇总检测工区提供的检查资料及其他动静态检查资料，分析设备状态，通过技术手段监控各种手段监控作业流程，同时对 6C 装置进行运用、维护。

2.1.2　推动生产组织模式融合

一是突出专业和非专业的特点。对各专业的作业项目、作业内容、设备周期等进行梳理明确，找出各专业之间的共通点或相似点，按照“求同存异”的原则，梳理出了综合工区主要生产任务。二是主要检修模式上逐步统一。依托工务、电务、供电原有的检修模式，在日常检修工作中，使工务、电务、供电作业人员相互穿插作业，一方面使对方熟悉其他专业的作业流程，另一方面为以后推动综合维修工的岗位打下基础。三是固化应急抢修模式。对各专业的抢修项点进行梳理，综合各专业之间的特点，拟定了工务、电务、供电“3 +2 +7”的基本应急抢修单元，信号室内值班人员肩负应急抢修驻站防护职责，出现问题后由信号室内值班人员立即前往运转室了解情况，并做好登记、停用等工作，其他抢修人员按照抢修预案直接到达现场进行抢修。

2.2 优化专业，实现“内融合”

目前宜昌综合维修段管内沪蓉线牵引变电所14座，配电所10座；为弥补变配电人员不足的问题，将变电工区和配电工区进行融合，实现变电人员、配电人员作业巡视“三统一”，即统一进行值班值守，统一进行设备巡视，统一进行设备检修。

2.2.1 优化变配电值班值守融合

考虑当前我段变配电设备的基本情况和远动系统稳定程度，按照牵引变电所每所每天一人在岗值班值守，一人调休；能够远动的配电所不设专人值班值守，但设置3人的配电值班小组，为配合电力日常检修作业时，配电所设备进行停电倒闸作业，该值班值守方式，大大缩减了值班人员编制，提升了劳动效率。

2.2.2 优化变配电设备巡视融合

以往变电所(分区所、开闭所)的巡视和配电所的巡视工作是分开进行的，且相互之间巡视周期、巡视重点等也不尽相同，在融合成一个工区，我们对变配电所的巡视工作进一步优化，重新明确了巡视重点和巡视周期，并按照4个人组成的一个巡视小组，每周负责对管内无人值守的变配电所亭进行巡视检查。

2.3 强化专业，全面深化“运检修分离”

我段按照设备管理由属地车间负责和设备检修由专业车间负责的原则，将供电设备的运行、检修、验收等工作进一步分离。

2.3.1 深化接触网的“运检修分离”模式

在原供电段推行的运检修分离的基础上，将接触网维修工区的相关职责进一步强化，成立30人的专业维修工区，除担负接触网设备的检修外，同时对管内的部分大修、更改等项目进行作业，这样既能够提高设备的维修质量，也锻炼了人员队伍的素质。

2.3.2 创新电力的“运检分离”模式

我段打破了之前电力作业由供电车间独立完成的现状，在供电维修车间成立了电力维修工区，从各电力工区抽调业务能力强的人员，主要负责对全段电力设备进行检修配合电力运行工区对电力设备隐患、缺陷的处理工作。在电力检修的黄金周期，由电力专业维修工区担当主力，全面开展电力设备集中修工作。

2.4 积极探索，打造综合维修生产管理“新平台”

随着铁路高速、重载的技术发展，对工务、电务、供电设备高平顺性、高可靠性的技术要求，对三个专业设备的检测、监测、维修、养护、安全管理提出了更高要求，但前期各专业都有自己的信息系统。例如工务专业PWMIS系统、工务生产管理等系统的基础设备履历、监测检测、安全生产等信息；电务专业综合网管、信号集中监测、接口监测等系统的通信信号相关信息；供电专业一杆一档、一台一档、6C等系统的基础信息、监测检测等信息。这些数据分别部署于铁路内部服务网、安全生产网、铁路专网中，安全文本、视频、语音、图片等数据样式较多，安全各专业的数据量较大，安全数据增量较快。但仍然存在业务系统繁多、系统和数据存在重复建设、安全数据标准不规范、安全数据共享较难、铁路安全数据分析和挖掘较难等问题。为此我们需要重新打造一个安全生产平台，将原有的工务、电务、供电进行融合。

2.4.1 打造现场检查数据统一平台

一方面将各专业的检查数据进一步充实完善，另一方面重点对工务、电务、供电专业结合部，制定联合检查周期，规范结合部检查标准，使用一体化检查终端采集现场检查问题，实现工务、电务、供电专业联合检查数据采集，联合检查项目及专业分工如表1所示。

表 1 现场检查数据统一平台

序号	分项	相关专业	主体专业
1	道岔(含融雪装置)	工务	信号
2	绝缘接头	工务	信号
3	综合接地	电务、工务	供电
4	防灾系统	电务、通信、供电	工务
5	站台	工务	房建
6	电力箱变电源	电务、通信	供电
7	轭流变压器、吸上线	供电	电务

2.4.2 打造联合数据分析统一平台

利用工务、电务、供电专业检测、监测、检查数据，关联分析轨道几何超限和接触网病害，建立不同专业检测数据间的相关性。通过筛选各专业动静态检测、检查和监测病害数据，根据问题严重程度分级纳入设备问题库，为各专业生产状态修计划提供编制依据。通过对动静态检测数据的分析，综合判断病害成因，为合理制定综合维修生产计划，强化现场安全作业，远程调度指挥，科学、高效管控生产作业过程，为实现工电供生产信息的闭合管理提供有效技术支撑。实现了工电供设备状态大数据“一张图”，生产组织“一张表”。

2.4.3 打造联合生产调度统一平台

实现各专业年计划、月计划统一融合编制，对天窗计划及日计划编制和计划审批管理等纳入统一管理，对生产调度中的安全防护、作业监控等关键环节进行统一。

3 工电供一体化深度融合后的对比

3.1 机构融合前后资源对比如表 2 所示。

表 2 宜昌综合维修段机构融合总体资源对比表

车间	人员配置/人								交通工具/台			
	线路	信号	接触网	电力	变配电	通信	专职司机	总数	作业车	桥检车	轨道车	汽车
原荆州线路车间	64						2	66			4	4
原荆州电务车间		46					2	48				2
原荆州供电车间			71	9	19		1	100	6			2
原荆州通信车间						29	1	30				2
原宜昌东线路车间	141						4	145	1	1	2	9
原宜昌东电务车间		73					3	76				3
原宜昌东供电车间			50	19	37		5	111	5			4
原宜昌东通信车间						28	2	30				2
原恩施线路车间	129						2	131	1		3	8
原恩施电务车间		44					3	47				2
原恩施供电车间			81	16	28		2	127	8			3
原恩施通信车间						25		25				2
原合计	334	163	202	44	84	82	27	936	21	1	9	44

续表 2

车间	人员配置								交通工具			
	线路	信号	接触网	电力	变配电	通信	专职司机	总数	作业车	桥检车	轨道车	汽车
荆州综合维修车间	62	36	53	9	14		5	179	6	0	4	8
宜昌东综合维修车间	139	56	52	12	16		9	284	5	1	2	13
恩施综合维修车间	121	42	72	12	19		7	273	9		3	11
电务维修车间		30					2	32				3
供电维修车间			30	13	30		2	75				4
宜昌东通信车间						85	5	90				5
现定员	322	164	207	46	79	85	30	933	20	1	9	44
资源对比	12	－1	－5	－2	5	－3	－3	3	1	0	0	0

3.2　定员核减对比如表 3 所示。

表 3　宜昌综合维修段机构融合供电专业生产定员对比表

	供电/人
原定员	424
计划定员	409
定员对比	15
减员率	4%

4　深度融合后亟待解决的问题

4.1　多岗位、多工种，不便统一管理

自从各专业相融合后，多类型、多岗位、多工种并存，如“线路工、信号工、通信工、核算员、电力线路工、接触网工、变电工（值班）、配电工（值班）、电机钳工、试验工、定额员、远动工、接触网作业车司机、工务轨道车司机”，且各工种和岗位之间的工资挡序也不尽相同，成立综合工区后，休假、工资、作业等始终是存在较多争议，更不便于综合作业。

4.2　上级规章制度不完善

如总公司《轨道车管理规则》和《接触网作业车管理规则》对调车安全管理、防溜安全管理、运行揭示管理、施工管理等要求不统一，存在打架冲突；工电供三个专业的安全检查、评定的标准、办法不统一；缺少一体化作业、一体化防护等相关规章制度。

作者简介

董国杰，中国铁路武汉局集团有限公司宜昌综合维修段供电技术科，科员，助理工程师